# 中国财产保险重大灾因分析报告（2010）

主　编　王银成
副主编　王　和　李秀芳

中国财政经济出版社

**图书在版编目（CIP）数据**

中国财产保险重大灾因分析报告.2010/王银成主编.—北京：中国财政经济出版社，2012.2

ISBN 978-7-5095-3400-7

Ⅰ.①中… Ⅱ.①王… Ⅲ.①自然灾害—风险分析—研究报告—中国—2010 Ⅳ.①X43

中国版本图书馆 CIP 数据核字（2012）第 015137 号

责任编辑：翁晓红　　责任校对：陈可强
封面设计：邹海东　　版式设计：苏　红

中国财政经济出版社 出版

**URL**：http：//www.cfeph.cn
E-mail：cfeph@cfeph.cn



社址：北京市海淀区阜成路甲 28 号　邮政编码：100142
营销中心电话：010-88190406　北京财经书店电话：010-64033436
涿州市新华印刷有限公司印刷　各地新华书店经销
889×1194 毫米　16 开　42.25 印张　976 000 字
2012 年 2 月第 1 版　2012 年 2 月第 1 次印刷
定价：86.00 元
ISBN 978-7-5095-3400-7/F·2877
（图书出现印装问题，本社负责调换）
本社质量投诉电话：010-88190744

# 《中国财产保险重大灾因分析报告（2010）》

## 编　委　会

# 我国巨灾风险管理应与时俱进

## （代序）

2011 年 3 月 11 日，日本发生了 9.0 级的特大地震，地震引发大规模海啸和福岛核电站核泄漏事故，造成的各类社会损失超过 16.9 万亿日元，死亡人数超过 1.5 万人，大量灾民流离失所，放射性污染严重并长期威胁日本和国际安全。

日本大地震又一次给世人敲响了警钟，提醒我们巨灾风险无时不在，巨灾可能导致的损失，可能造成的后果往往是人类“始料未及”的。人们除了要对自然存有一份敬畏心，学会尊重规律、保护环境外，更要认识自然、管理风险、未雨绸缪。我国在汶川大地震之后，又遭受了舟曲泥石流、玉树地震等巨灾，表明我国仍然是全球自然灾害发生频率最高的国家之一。因此，建立完善的巨灾风险管理体系是确保国泰民安、长治久安和科学发展的关键，应当引起相关部门和全体国民的高度重视。

### 一、我国巨灾风险形势依然严峻

人们往往容易产生一种认识误区，认为随着科技的发展、社会的进步、管理的提升，巨灾风险暴露会逐步减少，对社会造成的损失也就会减少，人民生产生活越来越安全，继而就可以高枕无忧了。然而，事实是人们在巨灾风险管理方面的进步，固然能够在一定程度上改善和提升巨灾风险管理水平，但从根本上讲，人类在面对大自然，特别是巨灾风险的时候，仍然是渺小和力量有限的，而更重要的是由于人类不可持续的发展模式对自然平衡的破坏，结果是巨灾风险暴露不但没有减少，反而日益增加。与此同时，随着社会财富的积累，生活方式的改变，巨灾可能造成损失的绝对额不断加大，这从近年来的巨灾事件均能够得到印证。

从总体趋势看，我国巨灾风险的形势依然十分严峻。一是从发展趋势看，我国的巨灾发生频率呈现不断上升的趋势。据联合国有关统计资料显示，20 世纪全世界 54 次最严重的自然灾害中，发生在我国的就有 8 次，其中地震、洪水、台风带来的损失最为惨重。20 世纪 50 年代，我国灾害发生频率为 12.5%，60 年代升至 42.9%，80 年代高达 70%，而进入 21 世纪，几乎是年年均发生巨灾事件。二是从损失情况看，我国巨灾导致的人身伤亡和财产损失越来越大，最为突出的是 2008 年汶川大地震，造成死亡和失踪人数超 8 万人，直接经济损失超一万亿元人民币。之后，2010 年的玉树地震、舟曲泥石流、大面积旱灾和冰冻雨雪灾害等都造成了重大人员伤亡和财产损失。据统计，1990 ~2009 年的 20 年间，我国因灾直接经济损失占国内生产总值的 2.48%，平均每年约有 1/5 的国内生产总值增长率因自然灾害损失而抵消。三是从影响范围看，我国巨灾对国民经济的影响全面且深刻。2011 年我国各类自然灾害直接经济损失达 3 096.4 亿元（不含港、澳、台地区），农作物受灾面积 3 247.1 万公顷，其中绝收 289.2 万公顷，房屋倒塌 93.5 万间，损坏 331.1 万间，造成全国 4.3 亿人次受灾，1 126 人死亡，939.4 万人次紧急转移安置。

从 2011 年的情况看，我国灾害呈现以下特点：一是灾害多发频发，南方损失重。全国九成以上县（市、区）不同程度受灾。南方部分省份由于受低温雨雪冰冻灾害、阶段性干旱、洪涝灾害影响，重复受灾、连续受灾，损失较为严重。二是水灾、旱灾并重，旱涝交织影响。旱灾和洪涝灾害造成的直接经济损失分别占自然灾害总损失的 30% 和 40%。三是地震活动外围强内陆弱，小震大灾事件时有发生。大陆地区共发生 17 次 5 级以上地震。四是灾贫效应叠加，城市灾害突出。2011 年全国因灾造成的死亡（含失踪）人口、紧急转移安置人口、倒塌房屋数量超过 80% 分布于老、少、边、穷地区。自然灾害对城市的影响再次凸显，汛期全国130余个县级以上城市进水受淹，城市安全运行受到较大影响。除自然灾害外，近年来大规模污染事件、食品安全、突发公共卫生事件、恐怖主义等非传统巨灾风险不断凸显。如继2010年的大亚湾核电站泄漏事件、紫金矿业污染事件后，2011年又发生了渤海湾油田溢油事故、云南曲靖铬渣污染等。

综上所述，我国巨灾风险形势不容乐观，经济社会发展受巨灾影响点多面广，人员伤亡重，财产损失大，社会安全事故风险增多，而全社会风险意识普遍不高，抵御巨灾能力有待进一步增强，巨灾风险防御体系有待完善，巨灾风险管理工作任重道远。

## 二、我国巨灾风险管理体制现状及思考

**总体来看，当前我国巨灾风险管理体制是一种“举国体制”，即以政府为主体、以财政为支撑的巨灾风险管理体制。**“国”更多地体现在政府和财政。**“政府主体”**是指我国巨灾风险管理，特别是抢险救灾方面，更多的是以各级政府为主体，以军队和警察为核心力量的灾害管理体制，采用一种自上而下的纵向模式。**“财政支撑”**是指无论是在抢险救灾的过程，还是在灾后重建的过程，均是以财政资源作为主要来源，同时，辅之以社会力量，主要来自一些非政府组织、社会捐助、慈善、公益等。而以保险为主要形式的市场化解决手段发挥的作用甚微，在历次巨灾损失中，商业保险的补偿比例均只有2%左右。

**“举国体制”符合中国国情，经过实践检验，是具有中国特色的灾害管理体制。**在国家高度重视下，我国防灾减灾工作通过《国际减灾十年》、《减灾规划(1998～2010)》和《国家综合减灾“十一五”规划》等稳步推进，形成了具有中国特色的巨灾风险管理体系。其中，“举国体制”是一大特色，其最大优势在于集中力量办大事，高效、快速、大规模地调动社会资源和力量，最大程度地减少伤亡，加速灾后重建和生产生活恢复。如在2008年汶川地震救灾中，充分体

现了举国体制的优势，运用全国“一盘棋”策略，各军区部队快速集结出动，实施“一省帮一重灾县”对口支援，社会各界积极踊跃捐款，加快了灾后重建和生产生活恢复。

**随着社会的发展与进步，我国巨灾风险管理体制面临着新的问题和挑战。**毋庸置疑，我国巨灾风险管理的“举国体制”曾做出过独特和积极的历史贡献，功不可没。但面向未来，这种管理体制有待进一步完善，需要进行系统性反思：

**一是我国政府和财政面临“瘦身”需要。**“小政府，大社会”是现代社会发展的基本取向，即合理界定政府职责，原则上能够由市场实现的社会管理职能不应由政府承担。特别是在公共财政管理的框架下，其基本诉求是最低、确定和稳定。政府过多地承担巨灾风险管理职能，特别是灾后重建的职能，势必给财政带来巨大压力：一方面是在受灾年份及恢复重建期内，财政支出急剧增加，预算难以实现和稳定；另一方面由于重建的资金压力，不得不挤占本可以拨给其他部门和项目的资金，或者造成货币规模被动扩张，将影响经济健康发展。

**二是救灾救济的行政效率和行政成本。**由行政机构负责灾后重建的工作，更多的是采用救灾与救济的模式，这种模式面临的突出问题是行政效率问题。各级政府在履行巨灾风险管理职能时，特别是在灾后重建工作中，由于工作量巨大，势必增加机构、人员和投入，形成了行政成本的巨大压力。同时，在行政层级体系下开展这些工作，存在着缺乏内生性制约机制的突出问题，往往效率不高，还可能产生舞弊和腐败问题。

**三是灾害救助的公平问题。**首先，我国灾害救助的一个重要形式是“对口支援”，相当于地区间财富转移支付。财政资金来源于居民、企业纳税，财政资金转移支付实际上体现了国民财富的再分配。汶川地震 19 个对口支援省市共投入对口支援资金 843.8 亿元，完成了对口支援项目 4 121 个。灾后，北川、绵竹以及映秀的恢复重建情况均大大超过了山东、江苏和广东的一些地区、特别是偏远地区，这无疑存在着不公平。其次，灾民之间可能存在不公平。财政救助往往有广覆盖、一刀切特点，这导致无法根据个体受灾情况实行差异化的救助安排。

**四是公民意识的培养问题。**社会进步的一个重要标志是公民风险意识和行为习惯的养成，要实现这一目标，除了需要进行教育和普及知识外，还需要相应的制度安排。我国的举国体制面临的一个突出问题是无形中淡化了国民的风险意识，客观上产生和助长了依赖思想，容易产生“等、靠、要”现象。调查显示，大多数受访者承认自身存在巨灾风险，但却很少有通过购买保险转移这种风险的意愿，甚至有些受访者明确表示希望依赖政府救助。

**五是风险管理理念转变问题。**我国现行的灾害管理存在一定的误区，具体表现为：（1）重灾后抢救重建，轻灾前防灾减灾。由于灾前的防灾减灾缺乏紧迫性和成效性，故长期以来防灾减灾工作得不到真正重视，或流于形式。（2）重工程手段，轻非工程手段。社会资源更多地投入各种防御工程，提高抵御灾害能力，而对于立法、教育和保险等非工程手段重视和投入不足。（3）重政府和财政，轻市场和分散。从发达国家的先进经验看，除了要发挥政府和财政的作用外，很重要的一条是发挥市场的力量，通过市场机制分散巨灾损失风险，稳定社会和经济。

从我国建设有中国特色的社会主义市场经济的大方向看，这种具有很强阶段性特点的巨灾风险管理体制显然不能适应未来发展的需要，我们需要从面向未来，特别是从我国社会管理体制改革和完善的视角去思考和规划我国巨灾风险管理的新架构。

## 三、建立我国巨灾风险管理的新架构

**我国巨灾风险管理新架构的核心是“新举国体制”，**即在我国新的发展时期，特别是在科学发展观的基本框架下，赋予举国体制以新的内涵。**举国，不再仅是**

**举政府和财政之力，而要通过体制和机制创新，举市场之力，举全民之力。**我国当前的巨灾风险管理架构是科学和有效的，但存在的问题是政府和财政负担过重，未能通过制度化的安排，调动各个方面的积极性。因此，新架构的基本思路是在政府的主导、引导和推动下，逐步利用市场机制，进行适度和有效替换，最终实现一种全社会共同参与、共同管理、共同分散的巨灾风险管理新体制，而最佳的实现手段是巨灾保险制度。

通过巨灾保险制度的建设，能够很好地发挥市场机制的作用，并逐步将以巨灾保险为代表的市场机制“投影”并渗透到综合减灾的各个领域，实现一种合作、分担和接替。具体来看，安全建设方面，通过保险定价等机制，提升我国各类建筑物的设防水平；应急管理方面，发挥保险网络优势，联合政府、各行业建立灾情预报和紧急应对协作网；救灾救济方面，发挥保险业务优势，做好灾后理赔，通过经济补偿帮助灾后恢复和重建，协助政府做好灾后安置、灾情统计等工作；风险防范方面，发挥保险专业优势，全面参与国家综合灾害风险研究、风险技术研发、风险管理体系建设等。

**建立巨灾风险管理新架构已经刻不容缓。第一，建立“新举国体制”是社会救灾减灾资源优化配置之诉求。**历史经验表明，一个社会的资源优化配置需要“政府有形之手”和“市场无形之手”协调配合，在社会救灾减灾资源配置方面，应建立政府与市场、与企业形成合力的资源配置新机制和结合方式，克服局部“政府失灵”问题。如充分发挥保险功能，解决各类重大灾害保障不足的问题，提供人身、意外、财产安全等方面的风险保障，增加国家层面的防灾减灾公共服务供给。**第二，建立“新举国体制”是我国政府职能转变之诉求。**《关于深化行政管理体制改革的意见》指出加快推进政企分开、政资分开、政事分开、政府与市场中介组织分开，把不该由政府管理的事项转移出去，把该由政府管理的事项切实管好，从制度上更好地发挥市场在资源配置中的基础性作用，更好地发挥公民和社会组织在社会公共事务管理中的作用，更加有效地提供公共产品。《国家综合减灾十二五规划》指出应增强保险在灾害风险管理中的作用，明显提高自然灾害保险赔款占自然灾害损失的比例，建立健全灾害保险制度，充分发挥保险在灾害风险补偿中的作用，拓宽灾害风险转移渠道，完善财税、金融等方面的政策和具体配套措施，加强社会参与防灾减灾的管理，推动建立政府和社会协同的灾害风险分担机制。**第三，建立“新举国体制”是效率和公平之诉求。**充分发挥巨灾保险等市场机制作用，可以有效促进我国公共财政效率与公平，促使财政投入产生乘数放大效应，利用经济契约关系解决救灾减灾资源分配不公问题，利用保险等市场主体的业务优势、专业优势等解决道德风险和信息不对称等问题，推动社会风险意识的普及与提高。

建立巨灾风险管理新架构，将有利于建立市场化的运行机制，规范和完善社会积累的长效机制，最大限度地实现**藏救灾能力于市场，藏重建能力于民，**培育国民的风险意识。巨灾保险是实现新举国体制的重要载体，应将其纳入国家巨灾风险管理的整体战略，并成为重要组成部分。通过建立健全巨灾保险制度，充分发挥保险在巨灾风险补偿中的作用，拓宽灾害风险转移渠道，完善财税、金融等方面的政策和具体配套措施，加强社会参与防灾减灾的管理，推动建立政府和社会协同的灾害风险分担机制。在巨灾保险制度的建设过程中，应充分发挥其正外部性特征，实现有限的财政资源的乘数放大效应，配合社会管理模式改革与创新，实现行政的精简和效率提升，逐渐完成对“政府失灵”领域的接替和承担，逐步实现从政府和财政完全负责到政府提供“兜底”负责，再到全社会共同负责。

## 四、建立我国巨灾保险制度的建议

从国外巨灾保险制度建设的先进实践看，建立我国巨灾保障制度一方面有“水到渠成”的问题，即需要一个与之相适应的经济和社会发展环境；另一方面也有“逐步完善”的问题，即任何一个国家和地区的巨灾保险制度一开始不可能是尽善尽美的，总是在发展的过程中不断地加以完善。从我国经济和社会发展的现实情况看，已经基本具备了发展巨灾保险的条件，特别是在汶川地震之后，完善并创新社会管理的时代要求决定我国需要建立巨灾保险制度，特别是近年来巨灾事件的经验教训再次启示我们加快巨灾保险制度建设。

**一是加快整体战略与制度安排。**巨灾保险应纳入国家的整体战略。建议国务院发布《建立我国巨灾保险制度的指导意见》，明确国家对建立巨灾保险制度的指导思想、基本原则、基本架构、总体规划、运行方式、管理模式、实施步骤、组织保障、基金性质、制度建设、法制保障、政策支持、保障措施、试点条件等。由于巨灾保险制度具有公共产品特征，涉及国家基础制度建设，特别是涉及行政管理和财政预算的问题，涉及多部委的协调工作，必须从国家层面进行协调，需要一个高级别平台，建议成立国务院巨灾保险制度领导小组及其办公室。在条件成熟的时候，成立全国巨灾保险基金理事会作为国家巨灾保险制度和基金建设及管理的常设机构。同时加快我国巨灾保险相关法律法规的制定和出台，尽快制定颁布《地震保险法》、《洪水保险法》等。

**二是积极支持培育巨灾保险发展。**社会的巨灾保险属于公共或准公共产品范畴，这种产品的供给需要公共资源的配给，应当投入和配给一定的公共资源，这种资源包括资金和政策，各级财政均应当对巨灾保险制度的建设进行一定的资金投入，建立巨灾保险的后备基金，同时，对经营巨灾保险的单位实行税收减免政策，引导和鼓励社会力量参与巨灾保险制度建设。巨灾保险制度的建设离不开政府的投入和参与，而投入并不仅仅局限于财政资金，更多的应当是一些非资金形式的公共资源，例如减免经办保险公司的税赋、改革住房维修公积金管理模式、批准发行巨灾债券、批准发行巨灾彩票、提供紧急融资担保、为巨灾风险证券化创造条件等，同样能够为巨灾保险制度的建设创造良好的条件。同时，对一些财政预算压力较大的地区，还可以采用“授信”方式解决资金配套问题。

**三是实质性推动巨灾保险实践操作。**当前我国的巨灾保险制度建设仍存在“四多四少”的现象，即务虚多，务实少；研究国外多，结合国情少；讲问题困难多，讲解决思路少；建议想法多，方案行动少。建议从五个方面着手实质性推动巨灾保险开展：采用政府主导、市场运作的巨灾保险经营方式，解决模式选择问题；建立风险击穿和兜底机制，解决承保能力问题；建立多渠道的基金归集机制，解决基金规模和归集效率问题；明细责任与限额，解决保费充足度和可能性问题；建立保险与防灾减灾互动机制，通过保险定价、承保理赔、精算等业务优势和专业优势发挥正外部性，服务经济社会发展。

**四是加快试点实现巨灾保险突破。**巨灾保险制度建设面临许多困难，但我们已经不能等到巨灾发生之后再讨论巨灾保险制度建设问题。从国外的经验看，一般均是在某次巨灾之后的两年就建立起本国的巨灾保险制度。汶川大地震已过去三年了，我国的巨灾保险制度的建设工作应当抓紧推进。巨灾保险制度建立涉及大量的管理和技术问题，这些问题可以留给专家和技术人员去解决。同时，解放思想、创新思维是解决难题的法宝。当前，根据我国的成功实践，建议分灾种、分地区开展试点，如建立洪水流域基金、农业巨灾保险基金等，在局部取得如“浙江农房保险”、“广西农房保险”等成功案例，以点带面，逐渐搭建起我国巨灾保险体系。

任何一个国家的巨灾保险制度都不是尽善尽美，历史经验表明，任何一项制度建设都需要一个不断完善的过程。面向未来，居安思危，未雨绸缪，当前在我国巨灾风险管理体制建设上，高阶决策并迈出第一步至关重要。

中国人民财产保险股份有限公司执行副总裁

王 和

# 目　录

## 第二篇　洪涝灾因分析

## 第三篇　火灾灾因分析

## 第四篇　地震灾因分析

## 第五篇 暴雨灾因分析

## 第六篇　道路交通事故灾因分析

# 导　言

人类的发展史是一部依存于大自然又与大自然搏击的历史。大自然给人类提供了丰富的资源，但同时给人类带来了严酷的灾害。人类在利用各种自然资源的同时，还要不断地与台风、洪水、火灾、地震、暴雨等灾害抗争。在与自然相互适应的过程中，人类依靠智慧的力量，除害兴利，趋利避害，保护自然资源，减少自然灾害造成的损失，实现人与自然的相互依存、和谐发展，推动着人类社会进步与经济发展。

自然灾害的客观存在是保险制度产生的前提。从共同海损分摊制度在地中海兴起，保险作为人类在社会生产活动中规避自然灾害和意外事故风险的工具开始萌芽。商品经济的不断发展，特别是概率论与大数法则的运用，使人类找到了自然灾害和意外事故等各种随机现象运动的规律，能够较为准确地预测未来损失，从而采取必要的措施将可能的风险化解、分散、转移。此时，保险真正发展成为损失补偿的科学机制，真正发展成为风险管理技术中最有效率的手段，参与到社会管理中来。

近年来，极端天气频繁出现导致全球保险业发生巨额赔付。据统计，因自然灾害导致的保险赔偿从20世纪70年代末的每年30亿美元左右猛增到2010年的430亿美元。2010年，全球因自然灾害和意外事故导致的经济损失总额约为2 260亿美元。于是，全球非寿险业近年来加强对自然灾害和意外事故的研究，运用传统技术开发新型工具，力求更为准确地了解和掌握灾害事故发生的频率和分布特征，正确评估风险，在灾害事故频发的情况下改善经营业绩。

《中国财产保险重大灾因分析报告》应运而生。该书始于2004年中国人民财产保险股份有限公司对财产保险产品改造开发过程中，与南开大学风险管理与保险学系合作开展的财产保险灾因课题项目，该课题对影响财产保险的重大灾因进行系统的研究，对风险要素进行聚类分析，使财产保险费率的确定与风险水平更加匹配，提升了公司的风险选择能力和承保技术。此后，课题组经过两年的跟踪研究，于2007年将第一期成果——《中国财产保险重大灾因分析报告(2006)》（以下简称《灾因报告（2006)》）出版发行，2009年出版发行第二期成果——《中国财产保险重大灾因分析报告（2008)》（以下简称《灾因报告（2008)》）。该系列丛书在业内广受好评，中国保监会领导对本书给予充分肯定，业内多位知名学者也对本书作了很高的评价。继《灾因报告（2006)》于2008年12月被中国金融教育发展基金会评为“2008年金融教育优秀科研成果著作类一等奖”后，《灾因报告（2008)》又于2010年12月被中国金融教育发展基金会评为“2010年金融教育优秀研究成果著作类二等奖”。

前两期成果出版后，2009~2010年中国经济社会转型发展，结构优化升级，民生进一步改善，呈现新特点和新规律，其中我国保险市场呈现快速增长、效益提高、协调发展的良好态势。然而，过去的2010年也是我国近20年来仅次于2008年的第二个重灾年份，因灾直接经济损失高达5 339.9亿元，比2009年增加111.6%。过去的2008~2010年，世界罕见的金融危机也给全球经济带来严重冲击。一系列的灾害和风险，进一步唤起全社会对风险管理的更多关注。

我国是自然灾害的多发国家。联合国有关统计资料显示，20世纪世界范围内54次最严重的自然灾害，就有8次发生在我国。在巨大的经济损失面前，保险业风险承担和经济补偿能力不足，我国巨灾保险制度尚未建立。2008年初我国南方发生的特大雨雪冰冻灾害直接经济损失达1 516.5亿元，保险赔款10.4亿元；“5·12”汶川大地震直接经济损失达8 451亿元，保险赔款仅为16.6亿元。这与巨灾保险成熟市场中保险赔款占比30%以上相比，我国保险赔付占巨灾损失的比例与国际平均水平相比明显偏低。

巨灾保险制度的缺失引起我国政府的高度重视。《国家综合防灾减灾“十二五”规划》指出应增强保险在灾害风险管理中的作用，明显提高自然灾害保险赔款占自然灾害直接经济损失的比例，建立健全灾害保险制度，充分发挥保险在灾害风险转移中的作用，拓宽灾害风险转移渠道，推动建立规范合理的灾害风险分担机制。《中国保险业发展“十二五”规划纲要》指出要积极推动建立由国家支持的巨灾风险保险制度。第四次全国金融工作会议指出要以推动农业大灾保险为突破口，逐步建立国家政策支持的巨灾保险体系，完善巨灾风险分散转移和补偿机制。政府的支持和重视，为中国巨灾保险制度的建立提供了有利条件。

保险是市场经济条件下风险管理的基本手段，发挥保险业在灾害风险管理中的作用，是保险业应当承担的社会责任，也是保险业发展的自身要求。推动我国巨灾保险制度的建立，既要以制度为先导，更要靠技术作支撑。以技术为支撑，需要保险企业大力提高自身对于基础风险的认识和掌握能力，借助先进的技术和手段来完善自身对于风险的管理能力。基于这种认识，中国人民财产保险股份有限公司从战略的角度出发，持续深入地对中国财产保险重大灾因进行动态研究分析，以期满足在新形势下中国保险业对风险管理和企业经营的更高要求，进一步推动我国巨灾保险制度，特别是地震保险体系的建设和完善。

纵观保险制度的发展历史，不可否认，保险作为经营风险的技术手段，风险的增加推动着保险业的创新和发展，同时，风险的不断变化更需要保险业不断提高经营风险的技术和水平。金融危机引发了我国保险业内对于基础风险的高度关注，也促使业内更加理性地思考保险经营的本质。保险应随着经济社会发展的新变化、新情况，转变发展方式，回归商业本源和经营逻辑，防范系统性和区域性风险，保护消费者利益，提升服务质量和水平，实现又好又快发展。

对于我国非寿险业而言，车辆保险业务占比规模近70%，车辆保险的经营水平对整个非寿险业盈利将产生直接影响。当前，很多非寿险公司都加强了对基础风险的研究、对风险选择的关注、对承保技术的提高。为推动这种变化，在推出第一期重大灾因研究成果的基础上，课题组扩充了灾因的研究领域，将道路交通意外列入此次重大灾因的分析对象。众所周知，交通意外是各类意外事故中致死率最高的灾害。据公安部统计，近十多年来，我国因交通事故导致的死亡率一直是全球最高的。2010 年，全国道路交通事故达 22.0 万起，死亡人数为 6.5 万人。也就是说，在我国平均每天约有 178 人丧生于车祸，远远多于汽车保有量高得多的美国。交通意外的危害性已经足以和其他自然灾害相提并论。尤其在我国非寿险市场中，车险业务占据重要的份额，而车险经营面临的主要风险就是交通意外。在“道路交通事故灾因分析”篇中，课题组从我国道路交通意外事故的特征入手，系统分析了交通意外的发生频率、损失程度、发生原因等，归纳了影响交通意外事故的几类重要因素，最终按照区域差异将我国行政区域划分为五类，为车险的准确定价、提高车险的风险选择技术提供了有价值的参考。

经过多年的持续跟踪研究，我们深刻地体会到对重大灾因数据进行定期更新与分析并定期修订结果是一项非常有意义的工作。它的意义就在于，为保险人提供一套分析重大灾因的工具，使保险人能够在识别风险、估测风险和评价风险的基础上，提高专业化经营水平。作为中国最大的非寿险公司，我们希望《中国财产保险重大灾因分析报告》的研究成果能够给生机勃勃的中国保险市场提供有价值的参考，从而提高中国非寿险市场的整体经营水平。为此，在《灾因报告(2006)》和《灾因报告（2008)》的基础上，灾因报告项目组对已有的成果进行了适时的更新和完善，以精益求精和与时俱进的态度完成了《中国财产保险重大灾因分析报告（2010)》（以下简称《灾因报告（2010)》)，希望它能够为中国非寿险业的专业化经营和持续健康发展发挥更大的作用。

中国财产保险重大灾因项目不仅涉及非寿险精算领域，更重要的是，它是一项将自然灾害、意外事故的分析与非寿险精算研究相结合的综合性工作，它要求研究人员对各类自然灾害、意外事故有较为深入的了解和认知，能够较为精确地分析和研究各类自然灾害的孕灾环境、致灾因素、承灾体和灾情，并且在此基础上将其与保险工作和精算原理相结合。《灾因报告（2010)》在基本继承前两版研究体系的前提下，集合了保险业内和学界58位专家和学者的力量，对数据结果进行了全面的更新、补充及完善，经过两年的跟踪研究和数据分析最终成书。整个项目分为收集与整理资料、数据分析、形成报告等三个步骤展开，最终完成研究工作。

收集与整理资料是进行统计分析的基础。在充分利用网络、图书、年鉴等共享资源基础上，课题组开发了公共数据之外的新的数据来源，与民政部门、气象部门、气象研究所以及灾害统计机构合作获取数据。为保证数据的权威性与真实性，课题组对不同来源的数据进行了甄选，并据此开展汇总、分类、补充等工作。收集和经过整理的数据来源可靠，数量也较为充分，能够有效地支持现阶段的分析工作。

数据分析是此项研究的关键所在。课题组运用了多种统计方法对数据进行分析，主要分为定性分析和定量分析两个方面。其中定性分析主要涉及到各种灾害的成因、特性、各类技术指标的含义及关系等因素。对于各类灾害的定量分析是本课题的重点。课题组以收集和整理的数据为基础，以自然灾害理论及其分析方法为依据，结合非寿险精算理论，利用各种统计软件，对灾害的分布（空间分布、时间分布和概率分布等）、灾害的分类、灾害的分级、损失的影响因素和时间序列特征等方面进行了较为细致的分析，并在此基础上对如何以此分析结果为依据来辅助费率区域的划分和费率级别的制定给出了有价值的参考。

在数据分析基本完成之后进入报告形成阶段，在此阶段，课题组在利用Excel、Eviews、S-plus、SAS等多种统计软件以及Map-X绘图软件和工具的基础上，经过多次讨论，最终形成了《灾因报告(2010)》。《灾因报告（2010）》在前两期的基础上，增加了以下五方面的内容：一是更新了相关灾害数据。在前两期的积累数据基础上，课题组又补充了各类灾害的最新数据。二是加入承灾体的脆弱性研究。课题组采用灾害学中的脆弱性概念和分析方法，研究不同地区易受灾害影响的程度。三是针对海啸、地震开展专题研究。选取2011年日本海啸，分析其成因、日本防灾减灾机制、对我国的启示等；在地震专题中，总结归纳了近年来地震预测理论中的新进展，重点阐述地震的可预测性、预测的困难性、预测方法以及地震预报的新技术、新进展。四是绘制了灾害风险地图。本版课题组绘制了我国六大灾害的风险地图，全景展示灾害风险的区域分布特征及规律，希望为保险行业经营决策提供支持，为各级政府、社会各界的灾害防范与应对工作、生产布局和规划等工作提供参考。五是增加了近两年重大灾害研究。为更具实效性，本版还增加了近两年重大灾害研究，对其进行了深入的分析研究。

在研究方法方面，本版灾因报告主要采用了基本统计分析、回归分析方法、Gumbel异常值分析方法、SAS聚类分析以及时间序列ARIMA模型。与上版不同的是，我们引用了灾害学中的一些研究方法，如脆弱性分析法。它是指为重点受灾地区建立指标体系，选择多个指标描述影响灾情大小的因素，对各层次指标赋予权重，最后计算得到该地区的脆弱性指标。另外，采用了模糊数学中的层次分析法。层次分析法包括构造判断矩阵、求特征向量和特征根、一致性检验，通过这样的步骤为一系列的指标赋予权重，并以此为基础计算脆弱性指标。《灾因报告（2010）》由“台风灾因分析”、“洪涝灾因分析”、“火灾灾因分析”、“地震灾因分析”、“暴雨灾因分析”以及“道路交通事故灾因分析”6个子报告和地震预测综述以及日本海啸研究两个专题组成。在每个子报告中，包含了灾害的基本统计分析、灾害的影响因素分析、灾害的异常损失分析、灾害的脆弱性研究、灾害的聚类分析和趋势分析等内容。

《灾因报告（2010）》由中国人民财产保险股份有限公司王银成总裁担任主编，负责全书的总撰、审稿工作。由王和副总裁与南开大学李秀芳教授担任副主编，负责整个项目的统稿、组织与研究工作。编委会的其他成员对于本书的最终出版也都做出了重大的贡献。在此谨对参与项目研究及报告编写的所有人员表示衷心的感谢。

在整个项目的进程中，由于公共数据的统计口径不同，数据不完整，缺乏连续性等问题，为我们进行深入分析带来了一些困难；另外，将自然灾害与保险定价相联系在中国无论是学术界还是实务界都缺少现存的研究成果，定量分析主要是依靠课题组自身力量完成；加之我们水平所限，时间仓促，不足之处在所难免，恳请读者批评指正。

编　者

2011年12月

# 第一篇　台风灾因分析

# 第一章

# 台风与台风灾害

台风是热带气旋的一个类别。在气象学上，按世界气象组织定义：热带气旋中心持续风速达到12级（即32.7米/秒或以上）称为飓风（hurricane，日语：ハリケーン），飓风的名称使用在北大西洋及东太平洋；而北太平洋西部（赤道以北，国际日界线以西，东经100°以东）使用的近义词是台风（typhoon）。在非正式场合，“台风”甚至包括热带低气压、热带风暴、强热带风暴和台风等所有在北太平洋西部出现的热带气旋。

我国自古以来一直受到台风的影响，《福建通志》上记载着：“大风猛烈者曰飓，更甚者曰飏。”“5、6、7月份应属南方，台风将发则北风先至，转而东南，又转而南，又转而西南，始止。”可见台风在闽粤一带是妇孺皆知的现象。

全球台风主要发生于8个海区，而在菲律宾岛以东的海面上，即马里安那群岛和卡罗林群岛附近的热带太平洋，以及在关岛附近洋面和南海中部产生的台风对中国影响最大。

台风的风力很大，在海上可以掀起狂浪，击毁船只；登陆后常摧毁树木、房屋以及各种设备；它所带来的降雨也非常凶猛，常造成巨大水灾；并且因为它的中心气压特别低，加以风力向上，可使海面遽然上升，高潮、暴雨、巨浪同时向海岸冲击，造成所谓“海啸”，淹没海边的城市和乡镇。科学家估算，一个中等强度的台风所释放的能量相当于上百个氢弹，或10亿吨黄色炸药所释放能量的总和。

据统计，1947～1980年全球10种主要自然灾害中，由台风造成的死亡人数为49.9万人，占全球自然灾害死亡总人数的41%，比地震造成的死亡人数（45万人）还多。正是因为台风经常给沿海地区甚至内陆地区人民的生活带来灾难，才有必要对台风灾害的损失进行分析。在开始分析之前，我们应该了解关于台风的基本知识，例如，生成机理、路径、影响因素、一般发展趋势等。以下将对台风的背景知识进行简单扼要的介绍。

## 第一节　台风的界定

### 一、台风的定义

早在19世纪末，人们利用地面气象观测的风、气压、温度、湿度和降水等要素记录，已明确认识到台风过境前后要素变化的初步特征。以后的许多探测结果都说明当时观测到的要素特征是符合一般规律的。当然在细节上，各个台风都有自己的特点，但是典型台风是具备一定的规律的。

台风的横断面，即典型的水平截面，就像画在水平面上的一个大圆。这个大圆的周围，是呈逆时针旋转的气流。这个大圆的直径一般为600千米~1 000千米，在它的中心可以看到一个小圆圈，它的立体结构就是一个小圆柱，称为台风眼。台风眼的水平范围大小不一。台风眼区的范围是用小圆圈的直径说明的。

在台风眼的周围，有一圈宽约几十千米的眼壁，它是环抱着台风眼的一座高耸的云墙。这种环形的眼壁，是台风中天气最为恶劣的地区，那里风力极大，强对流作用形成了高耸如塔的积雨云，带来了很大的降水，而且多为特大暴雨。

台风是一个有暖中心的气旋。所谓“暖”也是相对的，因为温度在眼区最高，在眼壁内急剧下降，但是整个台风的温度仍比台风周围大气的温度高。

在气压不变的条件下，温度下降，使空气达到饱和时的温度，称为露点温度。露点温度是表达空气湿度的物理量之一。在台风眼内和眼壁区，露点温度的变化刚好相反。在台风眼内，温度露点差较大，说明空气较干燥，空气中水汽很少，故很少凝结成云致雨，天空中仅有少量的云。从眼内进入眼壁时，湿度猛增，眼壁内的空气湿度比眼区高得多。从地面向上，直到七八千米的高度，空气接近饱和状态。

在台风侵袭一个地方时，当地气象台站的气压记录，总是显现出“陡降陡升”的特点，从气压的垂直剖面图上，总能看出像陡峭的“峡谷”一样的气压谷，也可以形象地把它比作一个“漏斗”。

综上所述，可以把台风定义为：台风是发生在热带大洋上的一种具有暖中心结构的强气旋性涡旋，其总是伴有狂风暴风，常给其所影响的地区带来强烈的气象过程。

## 二、热带气旋的分类

一般说来，人们把发展强烈的热带气旋称为台风。但各国的标准和名称不完全相同；同一国家在不同时期，也会有不同的称谓。

为了统一标准，并与国际通用的标准接轨，我国国家气象局（现称“中国气象局”）于1989年决定采用世界气象组织（WMO）标准。2006年，中国气象局颁布了“关于实施热带气旋等级国家标准”GBT19201的通知，该标准以其气旋底层中心附近最大平均风速为标准来划分热带气旋等级。热带气旋分为热带低压、热带风暴、强热带风暴、台风、强台风和超强台风6个等级（见表1－1）。

**表1－1　　　热带气旋等级划分表**

| 热带气旋等级 | 底层中心附近最大平均风速（米/秒） | 底层中心附近最大风力（级） |
|---|---|---|
| 热带低压 | 10.8～17.1 | 6～7 |
| 热带风暴 | 17.2～24.4 | 8～9 |
| 强热带风暴 | 24.5～32.6 | 10～11 |
| 台风 | 32.7～41.4 | 12～13 |
| 强台风 | 41.5～50.9 | 14～15 |
| 超强台风 | ≥51.0 | 16或以上 |

资料来源：中国气象局“关于实施热带气旋等级国家标准”GBT19201－2006。

# 第二节　台风形成的机理

## 一、台风形成的动力

从结构上来说，热带气旋是一个由云、风和雷暴组成的巨型的旋转系统，它的基本能量来源是在高空水汽冷凝时汽化热的释放。所以，热带气旋可以被视为由地球的自转和引力支持的一个巨型的热力发动机①；另一方面，热带气旋也可被看成一种特别的中尺度对流复合体（Mesoscale Convective Complex），不断在广阔的暖湿气流来源上发展。因为当水冷凝时有一小部分释放出来的能量被转化为动能，水的冷凝是由热带气旋附近的高风速引发的②。高风速和其导致的低气压令蒸发增加，继而使更多的水汽冷凝。大部分释放出的能量驱动上升气流，使风暴云层的高度上升，进一步加快冷凝③。

附录一中的图 1－1 显示当飓风卡特里娜和飓风丽塔经过墨西哥湾时，该区的水温下降。热带气旋因此能够取得足够的能量自给自足，这是一个正反馈的循环，使得只要暖湿气流和较高的水温可以维持，越来越多的能量就会被热带气旋吸收。其他因素，例如空气，持续地不均衡分布也会给予热带气旋能量。地球的自转使热带气旋旋转并影响其路径，这就是科里奥利力的作用。综上，热带气旋形成的因素包括一个预先存在的天气扰动、高水温、湿润的空气和在高空中相对较低的风速。如果适合的环境持续，使热带气旋正反馈的机制借着大量的能量吸收被启动，热带气旋就可能形成。

深层对流作为一种驱动力，是热带气旋与其他气旋系统的主要区别④，因为深层对流在热带气候地区中最强，所以热带气旋大多在热带地区生成。中纬度气旋的主要能量来源是大气中已存在的水平温度梯度⑤。如果热带气旋要维持强度，就必须留在温暖的海面上，使正反馈机制得以持续。因此，当热带气旋移入内陆，强度便会迅速减弱⑥。

当热带气旋经过一片海洋，该处海域的表面温度会下降，从而影响热带气旋后来的发展。温度的下降主要是因为热带气旋带来的大风使海水翻滚，海底较冷的海水往上涌。较凉的雨水的下降、云层的遮蔽使海洋减少吸收太阳的辐射，也是表面海水温度下降的原因。以上因素相辅相成，会使一大片海洋的表面温度在几天内急剧下降⑦。

---

① 13.0 13.1 National Weather Service（September 2006）. Hurricanes…Unleashing Nature's Fury：A Preparedness Guide（PDF），NOAA.

② Atlantic Oceanographic and Meteorological Laboratory，Hurricane Research Division. Frequently Asked Questions：Why don't We Try to Destroy Tropical Cyclones by Nuking Them? NOAA.

③ 11.0 11.1 11.2 11.3 National Oceanic & Atmospheric Administration（August 2000）. NOAA 每月问题：一个飓风可以释放多少能量？NOAA。

④ 15.0 15.1 澳大利亚气象局："热带气旋与中纬度气旋有什么分别?"

⑤ Atlantic Oceanographic and Meteorological Laboratory，Hurricane Research Division："常见问题：陆地上的摩擦力杀死了热带气旋吗?" NOAA。

⑥ ⑦ Earth Observatory（2005）："飓风经过使整个海湾水温下降"，National Aeronautics and Space Administration。

## 二、台风形成的条件

台风一般在温暖的海面上生成。如果没有这个必要条件，就没有台风形成的物质基础。在温暖的季节，热带海洋表面的大部分地区温度为27℃，这是台风形成的最低温度。热带海洋的涡旋是台风诞生的“胚胎”雏形，是最基础的内因。但在涡旋基础上继续发展成为台风的，只是其中的一小部分。台风是怎样在涡旋的基础上发展起来，它的原始动力又是什么，还需要进一步分析。

台风形成的基础动力来自太阳。在纬度低的热带地区，夏季太阳辐射作用很强，这给海洋表面的水加了热，使海面温度升高。海洋表面的水，由于蒸发而进入空气，使水面上的空气不稳定，产生上升运动，这个位置四周的空气必然乘虚而入，从四面八方汇聚而来。这些汇聚来的空气，也吸收洋面的热辐射产生上升运动，就形成一般的或较强的对流左右作用。但由于地球的自转，在地转偏向力的作用下，这些空气就成了逆时针转动的涡旋了。

有了涡旋，就好比有了鸡蛋，但要使其孵化成小鸡，还得有孵化的条件。台风要进一步“孵化”出来，还需要以下条件：

**（一）热带海水提供巨能**

基本条件是洋面之下60米厚度层内的海水温度都在26.5℃以上，而低于这个温度，能量就不够了。台风内部的空气分子之间是有摩擦的，这种摩擦称为内摩擦。在每平方厘米的面积上，由于内摩擦作用，平均每分钟就产生12 654～16 782焦耳的能量。这么巨大的能量，只有广阔的热带海洋上释放出来的潜热才能提供。此外，热带气旋周围旋转着的强风，会导致其中心附近的海水翻腾，如果温度低于26.5℃，翻腾作用就难以维持了。

**（二）存在热带涡旋，大气才能转起来**

先期已经存在的热带弱涡旋中心部位，气压低于周围地区，于是周围的空气便携带着大量的水汽向涡旋中心流来，并在涡旋区内产生向上的运动；湿空气上升过程中，水汽凝结，释放出大量的凝结潜热，使大气运转。

**（三）地球自转，使低压得以维持**

众所周知，地球自转是自然规律，在这个旋转着的地球上，低气压周围的空气很难流进低压区。而在北半球，低压周围的空气围绕低压中心逆时针旋转，只有离地面较近（1 500米以下）的那一层空气，才因摩擦作用而或多或少地流进低压中心。这种因地球自转而产生的使空气流向变化的力，在地球科学中称为“地球自转偏向力”，它在维持低压方面起着别的条件不能替代的作用，这也是赤道附近（南北纬各5°之内）无台风的基本道理。

**（四）台风有个自上而下的暖心空气柱，使中心与周围形成很大的气压差**

要出现这样的暖中心，必须让台风对流云中水汽凝结释放出来的热量保留在这个低压系统之中，而不是从底层上空散失掉。这就要求对流层底层和上层的风向、风速差别都很小。在这种情况下，上下空气柱的行动步调才能一致，高层空气中的热量就容易积聚了，从而利于整层增暖。在北纬20°以北地区，高层风很大，不利于增暖，因而台风不易形成。

台风在热带海洋上诞生，以上四个条件缺一不可。比如赤道附近，缺地球自转偏向力；北纬20°以北，高空风与地面风速相差很大，即缺少气柱上下相通的条件。所以这些地区基本上不产生台风。冬季海水不热，也不易形成台风。有人指出，夏至前后，热带洋面之上的大气温度升高了，但需要几十天的时间才能渗透到海面的表层。因此，世界上大多数台风发生在夏至后数十天至秋分节气之前的时段内。而温暖的北太平洋地区，终年都有发生台风的可能性。

## 三、台风的生成理论

经过多年研究，科学界对台风的认识在许多方面达成了共识，但对于台风生成的理论却仍有许多分歧。目前有以下9种主要的生成理论学说：对流学说、南北半球气流汇合理论、极锋学说、气团角学说、反流学说、东风波理论、综合学说、雷暴群聚说、条件不稳定理论。

不难看出，关于台风的生成理论问题，直至现在依然是百家争鸣。由于尚无定论，而且涉及知识过于专业，在这里就不赘述。

## 四、台风的一般变化过程

典型台风生成之后，从生到灭，是有规律的。人们经过多年的研究，基本上了解了台风生灭的全过程。台风的整个生命史，主要分成三个阶段。

### （一）第一阶段：孕育发生

台风形成之前，在热带洋面上有不少小低压，或称为热带扰动，它们中的极少部分在适宜的大气环流背景下得以发展，形成台风。这是台风的“幼年期”。就好比初生的小老虎，还没有什么威力，伴随它的风雨也都不大。

### （二）第二阶段：发展成熟

台风形成后，一般受副热带高压南部边缘的东风气流影响，边移动，边发展，逐渐走向成熟。在成熟阶段，台风中心气压值很低，台风影响范围最广，所过之处，风急雨骤，而且有一个清晰可辨的台风眼。

登陆台风，一般都处于成熟阶段，它从海上侵袭到陆地，影响非常大。台风给人带来的危害和益处，也主要是在这个阶段。

据统计，在我国登陆的台风可以分为两种情况：第一种情况是登陆后即北上，在内陆维持一段时间后，再次入海，其在陆地上的维持时间，平均为46个小时，长的达100多个小时，最短的不足10个小时；第二种情况是深入内陆的，这样的台风在内陆的平均维持时间是34个小时，维持时间的长短与台风的强弱有关。

登陆台风一般都很强。在登陆我国的台风里，中心气压值大于或等于1 000百帕的只有3次。一次在湖北省消失，一次登陆西行消失，另一次则是在福建省消失；而中心气压值在990百帕以下的占82.5%，这些是比较强的台风，一般都下暴雨，有很大的风；在950百帕以下的占6.25%，其中最强的一次是1969年的11号台风，中心气压只有931百帕，9月27日2时在台湾花莲登陆。按照沙菲尔·辛普森的级别属于4级台风（按中心气压分，大于980百帕的为1级，在965～979百帕之间的为2级，在945～964百帕之间的为3级，在920～944百帕之间的为4级，920百帕以下的为5级）。

台风登陆时雨量强度与台风维持时间也有关系。据统计，暴雨区出现在两个象限以上者，台风维持时间超过60小时的占80%；大范围暴雨（东西宽达到150千米，南北长达到200千米）离台风中心远（超过160千米）的情况下，台风维持时间超过50小时的，约占95%。

对于小范围的暴雨来说，离台风中心近（雨区中心与台风中心距离在100千米以下）时，台风维持时间超过60个小时的情况，占90%；降水中心只是个别点，或者范围很小时，这些小范围降雨区如距台风中心110千米～160千米时，维持时间小于40小时的情况，占95%以上。

登陆台风到内陆，一般属于以下三种情况：一是台风低压类，指台风登陆后减弱成为低压环流并继续北上，时而与西风带浅槽结合，可产生大暴雨乃至特大暴雨；二是台风环流类，或副热带高压深入内陆，或副热带高压偏东，与内地的低压槽结合，有暴雨和大风；三是台风倒槽类，台风在海南省或华南登陆，其北的江淮地区的形式就好比是一个倒扣着的低压槽，这样的形式，有利于降大暴雨。登陆台风或单独作用，或与中纬度的天气系统相结合，易产生急风骤雨。

在我国，成熟阶段的台风直接能达到的陆地范围是比较广的，间接影响就更大了。近几十年直接受过台风影响的省（区、市）有：广东、广西、台湾、海南、福建、江苏、上海、山东、安徽、湖南、浙江、江西、湖北、河南、陕西、北京、天津、河北、辽宁、吉林、黑龙江。

**（三）第三阶段：衰减灭亡**

台风从发展之初就遇到了促使其消亡的种种条件。例如，在空中，较冷较干的空气能穿越台风涡旋，这种通风作用促使台风暖心冷却，对台风起到了一定的抑制作用。有了这样的抑制作用，台风就不可能无限制地增强。而台风与洋面之间的摩擦，只起到很小的阻碍作用；并且在气旋发展初期，摩擦作用使底层空气易流入台风，使台风内保持丰富的暖湿空气。因此，在海洋上，摩擦利于台风发展。而陆地上的情况恰恰相反，因为陆地有丘陵，有高山、森林、草原、高楼大厦、堤坝城垣等，摩擦力比海洋上大得多，可促使台风填塞。但促使台风填塞的主要原因不是摩擦，而是水汽凝结。水汽凝结释放出来的潜热，是使台风这部热机运转的能源。这种能源减少，台风就会削弱；陆地上供给的暖湿空气与海洋相比，可以说是少得可怜，用于凝结的水少了，凝结潜热必然减少，因此在陆地摩擦的配合下，台风逐渐消亡，而冷洋流、冷水面是台风消亡于水上的原因。台风移入中纬度，既可与那里的低压系统相结合，也可直接变性为中纬度的气旋风暴。

## 第三节　侵袭我国的台风路径

具体到在我国沿海省份登陆的台风路径，在不同的月份是不同的。西太平洋的登陆台风路径大概有7条，其中有4条可以在我国登陆。在1年之内，在我国登陆的台风平均为9个左右，但各年次数差异很大，多的年份为10多个，少的年份只有3个。在我国登陆的台风，登陆地点最多的省份是广东，然后是台湾，第三是福建。在广东登陆次数约占50%～60%；在浙江及以北沿海各省，总计不到10%；同时台风路径的季节变化也是很大的。

直到20世纪80年代以前，气象专家研究台风路径，一直以海上路径为主。其实，台风在登陆之后，向哪个方向去，能移到什么地方，是在陆地上填塞消失，还是移过陆地入海，这些都很重要，因为台风深入陆地可能很远。据统计，在我国登陆的台风，西可到陕西，北可到黑龙江，给陆地上造成的经济损失非常巨大。中国内陆台风路径特点及其对江淮地区雨量的影响见表1－2。

表1－2　　侵袭我国的7种台风路径表

| 路径类别 | 出现次数 | 路径特点 | 对江淮雨量的影响 |
|---|---|---|---|
| 1 | 15 | 在福州附近登陆，穿闽、赣、皖，由苏、鲁边界出海（或在内陆消失） | 雨量大，如7504号台风过程，雨量为850毫米 |
| 2 | 14 | 在浙江登陆，经皖西北转向或入豫消失 | 主要降雨区在皖南、皖西 |
| 3 | 5 | 在广州登陆转向东北，由长江口出海 | 主要降雨区在江淮东南，雨量一般不大 |
| 4 | 2 | 台风沿海岸线北上，在长江口附近，擦大陆边转向 | 对江淮东部雨量稍有影响 |
| 5 | 1 | 由冲绳岛北上，向西转向，在上海以北登陆后西行 | 影响皖东、皖南局部地区 |
| 6 | 4 | 由菲律宾北部向西北方向移动，在闽南登陆，至湘、鄂消失 | 大别山、江南西部降雨，淮北局部地区雨量较大 |
| 7 | 1 | 由黄海向西北行，在山东半岛登陆 | 影响皖东北 |

资料来源：《台风》，气象出版社2002年第1版。

台风路径尽管千变万化，但是在相似形势和条件的影响下，有其共同的特征。根据它们的主要特点，可以将对我国影响最大的西太平洋台风的基本路径概括为以下4类：

第Ⅰ类为西移路径。台风从菲律宾以东海面一直向西移动，经我国南海，在华南沿海和海南岛、越南沿海一带登陆。这条路径的台风对我国华南地区影响较大。例如8402号台风（见图1－2）。

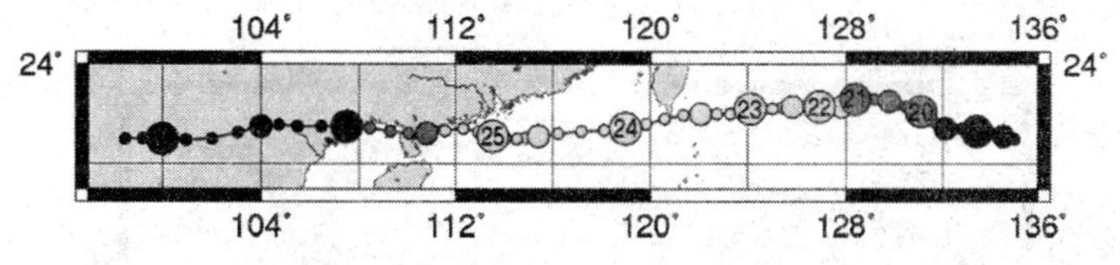


**图1－2　8402号台风路径图**

资料来源：日本国立情报局研究所（NI），http：//agora. ex. nii. ac. jp/digital－typhoon/。

第Ⅱ类为西北移路径。台风自菲律宾以东海面向西北方向移动，横穿我国台湾和台湾海峡，在闽、粤一带登陆；或者穿过琉球群岛，在江、浙沿海登陆。这条路径的台风常常侵袭我国大陆，对华东、华南均有很大的影响，所以有人称之为“登陆型台风路径”。例如9406号台风（见图1－3）。

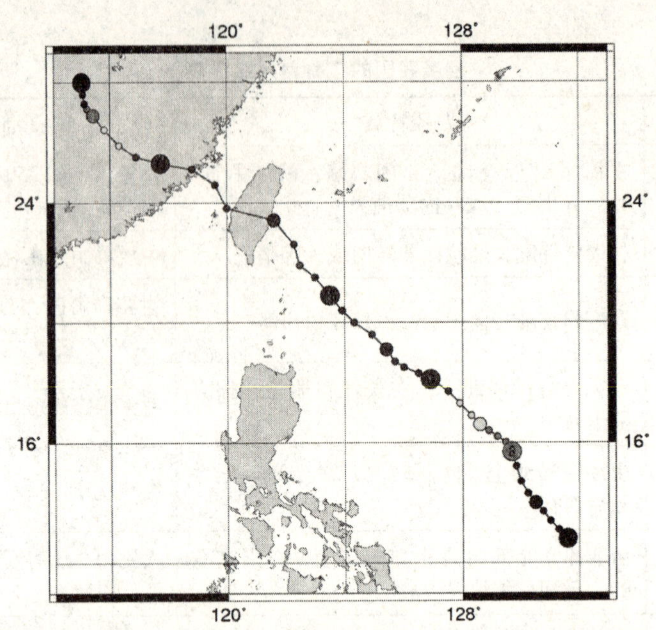


**图 1-3　9406 号台风路径图**

资料来源：日本国立情报局研究所（NI），http：//agora. ex. nii. ac. jp/digital - typhoon/。

第 III 类为转向路径。台风在菲律宾以东海面先向西北方向移动，以后转向东北，呈抛物线状，是最多见的路径。如台风在远海转向，主要袭击日本或在海上消失；如台风在近海转向，大多向东北方向移动，影响朝鲜，但有一小部分在北上的后期会折向西北，登陆我国辽鲁沿海。冬季这类台风的转向点偏南，有可能影响菲律宾和我国台湾一带。例如 8407 号台风（见图 1-4）。

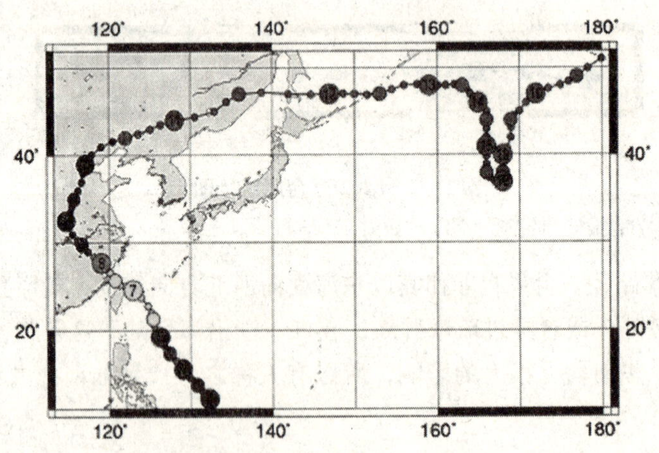


**图 1-4　8407 号台风路径图**

资料来源：日本国立情报局研究所（NI），http：//agora. ex. nii. ac. jp/digital - typhoon/。

第 IV 类为其他路径。如涡旋、盘旋、蛇移等，由于路径过于特殊，统将其归入其他类。图 1-5 和图 1-6 是其中的两种。

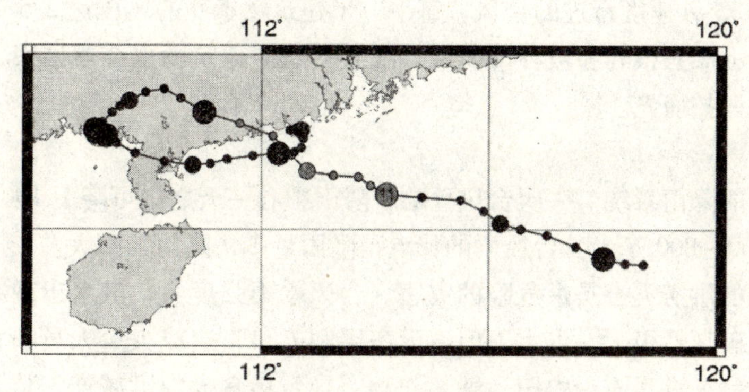


图1－5　0218号台风路径图

资料来源：日本国立情报局研究所（NI），http：//agora. ex. nii. ac. jp/digital－typhoon/。

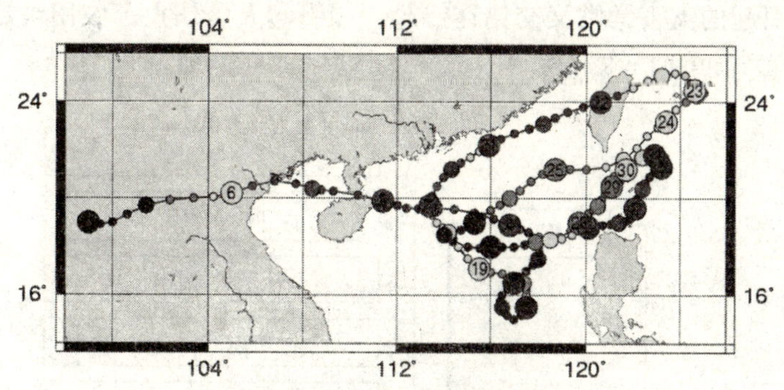


图1－6　8616号台风路径图

资料来源：日本国立情报局研究所（NI），http：//agora. ex. nii. ac. jp/digital－typhoon/。

## 第四节　台风的危害及台风灾因的研究思路与研究方法

### 一、台风的危害

台风给人们带来的危害是巨大的，台风的破坏力主要由强风、暴雨和风暴潮三个因素引起。

**（一）风暴潮**

风暴潮，就是台风移向陆地时，由于台风的强风和低气压的作用，使海水向海岸方向强力堆积，潮位猛涨，水浪排山倒海般向海岸压去。强台风的风暴潮能使海水水位上升5～6米。风暴潮与天文大潮高潮位相遇，产生高频率的潮位，导致潮水漫溢，海堤溃决，冲毁房屋和各类建筑设施，淹没城镇和农田，造成大量人员伤亡和财产损失。风暴潮还会造成海岸侵蚀，海水倒灌造成土地盐渍化等灾害。台风在未登陆之时在附近海面上会引起风暴潮，导致海水异常升降，使受其影响的海区的潮位大大超过平常潮位。

**（二）强风**

台风是一个巨大的能量库，其风速都在17米/秒以上，甚至在60米/秒以上。据测，当风力达到12级时，垂直于风向平面上每平方米风压可达230公斤。由于风力与风速的平方成正比，一个以100米/秒速度行进的台风，每平方米建筑物承受的风压达2.5吨。在如此强大风力的作用下，海上船只很容易被吞没而沉入海底；陆上建筑物也会遭摧毁，从而引起人员伤亡；农作物会被一扫而光。

**（三）暴雨**

台风是非常强的降雨系统。一次台风登陆，降雨中心一天之中可降下100～300毫米的大暴雨，甚至可达500～800毫米。台风雨的特点是降雨量多，降雨强度大。

台风暴雨造成的洪涝灾害是最危险的灾害。台风暴雨强度大，洪水出现频率高，波及范围广，来势凶猛，破坏性极大。洪水不但淹没房屋和人口，造成大量人员伤亡，而且还会卷走居住地的一切物品。洪水淹没农田，毁坏作物，导致粮食大幅度减产，从而造成饥荒。洪水还会破坏厂房、通讯与交通设施，损毁水利工程，从而对国民经济各部门造成破坏。洪涝灾害还造成继发性灾害，如滑坡、泥石流、疫病等的出现。

以上三种现象引起的灾害常常又交错在一起，如引起人员伤亡、农田被淹、房屋倒塌等，我们将这些灾害总结为如图1－7所示。

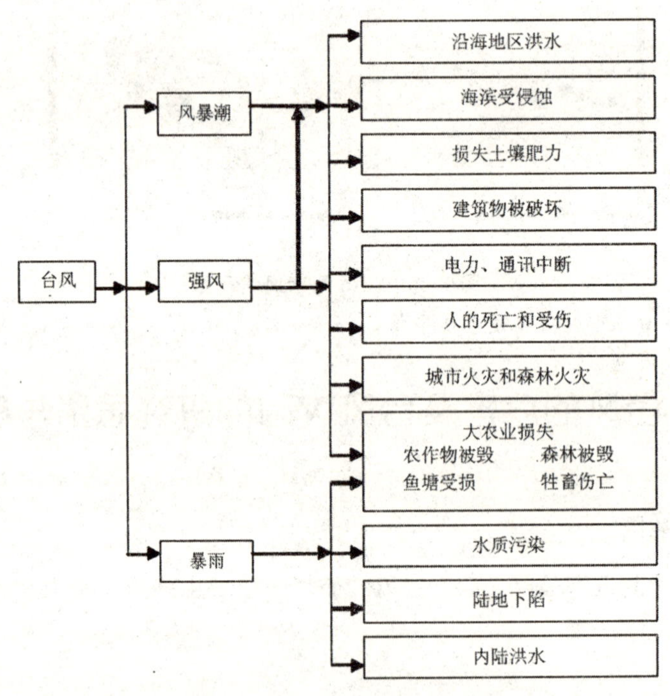


**图1－7　台风引起的各种灾害**

## 二、灾害研究的相关理论

目前国际和国内关于灾害研究的文献有很多，但主要有以下几种灾害理论：

**（一）致灾因子论**

致灾因子主要包括自然致灾因子，像洪水、台风、暴雨等，也包括人为致灾因子，比如战争、动乱。致灾因子论认为，没有致灾因子就没有灾害，因此对于一种灾因的研究分析应主要从致灾因子的角度出发，研究致灾因子的形成机制及风险评估。

### （二）孕灾环境论

孕灾环境论认为近年来的灾害频发与区域和全球的环境变化有密切关系，包括气候与地表覆盖的变化、物质文化环境的变化等。因此，灾害研究应重点关注区域环境演变的时间规律、不同空间的环境变化等。

### （三）承灾体论

承灾体主要指各种致灾因子作用的对象，是人类及其活动所在的社会与各种资源的集合。承灾体论认为没有承灾体就没有灾害，研究内容包括承灾体的分类、承灾体的脆弱性评估等。

### （四）区域灾害系统论

区域灾害系统论认为一种灾害并不是由单一因素造成的，而是致灾因子、孕灾环境和承灾体共同作用的结果。

对于台风来说，致灾因子主要包括强风、暴雨和风暴潮，并且表现为多重性，在外海为风、浪致灾，近海为风、浪、风暴潮致灾，内陆则表现为大风、暴雨以及暴雨引起的洪水。孕灾环境主要是台风途经地区的自然环境，包括气候、地理环境、水文、土壤、植被等多种要素，与台风配合可以在一定程度上加强或减弱台风致灾因子及次生灾害。台风灾害的承灾体主要指台风灾害侵袭的各种主体，包括人员、农作物、水利设施、通信交通设施、建筑物等（见图 1－8）。

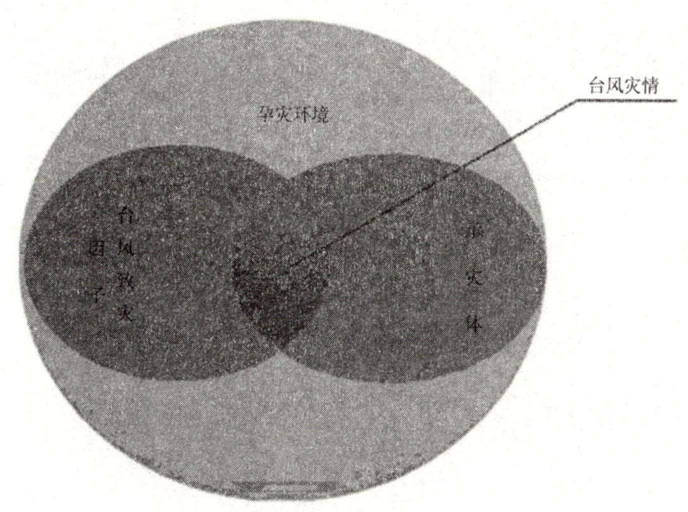


图 1－8　台风火情形成原因

## 三、台风灾因的研究思路与研究方法

### （一）研究思路

目前国内国外关于灾因研究的主流是区域灾害理论，并且主要针对致灾因子和承灾体，而对孕灾环境的研究较少。因此，台风灾因的研究分析结合保险精算知识和灾害理论，主要从以下角度出发：台风灾因的基本统计分析；影响台风灾因损失额的因素，回归方程中自变量的选取全面关注了致灾因子、孕灾环境和承灾体；不同地区台风灾因损失额的差异，并在其中加入不同承灾体的脆弱性研究；台风灾因的极值分析和台风灾因的趋势分析，力图从不同角度对台风灾因进行清晰、全面的研究分析。

**（二）研究方法**

主要采用SAS软件，对台风灾因的影响因素分析采用相关回归的方法，不同地区的差异分析采用聚类的方法，而趋势分析则主要是采用时间序列的分析方法。

# 第二章

# 台风灾害的基本统计分析

## 第一节 数据的来源及说明

### 一、数据的来源

台风自身的数据特征及损失数据是对台风灾害进行定量分析的基础。在数据的收集和整理过程中，我们主要依赖于相关年鉴、网站、相关网页及杂志提供的数据。具体数据来源见表2－1。

表2－1 数据来源表

| 变量名称 | | 文 献 |
|---|---|---|
| 台风基本信息 | 编号 | 《台风年鉴》[1]（1983～2008年）、台风资料查询、中国灾害性天气数据库 |
| | 名称 | 《台风年鉴》（1983～2008年）、台风资料查询 |
| | 生命期（起讫日期） | 《台风年鉴》（1983～2006年）、台风资料查询 |
| | 到达台风强度 | 《台风年鉴》（1983～2008年） |
| | 中心气压 | 《台风年鉴》（1983～2008年） |
| | 最大风速（风力） | 《台风年鉴》（1983～2008年）、台风资料查询 |
| | 发现地点 | 《台风年鉴》（1983～2008年） |
| | 登陆时间 | 《台风年鉴》（1983～2008年）、中国灾害性天气数据库 |
| | 登陆地点 | 《台风年鉴》（1983～2008年）、台风资料查询、中国灾害性天气数据库 |
| | 登陆风速（风力） | 《台风年鉴》（1983～2008年）、中国灾害性天气数据库 |
| | 登陆中心气压 | 《台风年鉴》（1983～2008年） |
| | 台风路径 | CMA－STI热带气旋最佳路径数据集 |
| 台风灾害信息 | 受灾地区和受灾面积 | 中国灾害性天气数据库、中国可持续发展网[2] |
| | 伤亡人数 | 中国灾害性天气数据库、中国可持续发展网 |
| | 损坏倒塌房屋数量 | 《台风年鉴》（1983～2008年） |
| | 直接经济损失 | 中国灾害性天气数据库、中国可持续发展网、其他期刊杂志[3] |
| | 过程降水量 | 中国灾害性天气数据库 |

续表

| 变量名称 | | 文　献 |
|---|---|---|
| 地区发展信息 | GDP 和农业 GDP | 《中国统计年鉴》、《地区统计年鉴》、《中国统计 50 年》 |
| | 人口密度 | 《中国统计年鉴》、《地区统计年鉴》、《中国统计 50 年》 |
| | 其他信息 | 《中国统计 50 年》 |

注：①《台风年鉴》从 1989 年起更名为《热带气旋年鉴》，但本文为了统一，通称为《台风年鉴》。

②中国可持续发展网中记录了 1990～2001 年所有风暴潮引起的灾害损失。

③由于篇幅所限，我们无法把所有期刊杂志的名称一一列出，该数据是关于分省台风损失记录，用于省份的聚类分析。我们所查到的记录是 1983～2008 年的。

鉴于数据来源的广泛性，相同编号台风在不同渠道来源上的记录出现差别在所难免，距离现在越远的年度，数据的可信程度会大幅降低。因此我们以《台风年鉴》作为最权威的数据，其他文献的数据只用于补充。同时需要说明的是，每年在西北太平洋上产生的台风有 10 多个，而有些台风虽然登陆我国，但是并未造成损失或者损失不明显，在这里不予考虑，统计的台风都是对我国部分地区实际造成损失，并且有资料可查的记录。

## 二、损失的标准化方法[①]

损失的标准化考虑的问题是：如果过去的台风发生在现在，会对社会经济带来多大的影响。这个方法是由 Pielke 和 Landsea（1998）[②] 提出的，他们所使用的标准化公式我们称为 PL05 方法。该方法的具体公式为：

$$D_{2008} = D_y \times l_y \times PWPC_y \times P_{2008/y}$$

其中，$D_{2008}$ 为调整后的损失，$l_y$ 为通货膨胀调整因子，$PWPC_y$ 为人均实物财富的调整因子，$P_{2008/y}$ 为沿海乡镇人口调整因子。这些因子的具体表达式为：

$$l_y = \frac{GDP_{2008}}{GDP_y}$$

$$PWPC_y = \frac{(Wealth_{2008}/Wealth_y)\ /l_y}{CP_{2008}/CP_y}$$

$$P_{2008/y} = \frac{P_{2008}}{P_y}$$

其中，$Wealth_y$ 代表 $y$ 年国家的财富水平，$CP_y$ 代表 $y$ 年国家总人口数。

另外关于标准化的方法，Collins 和 Lowe（2001）针对房屋财产保险，建立一个新的标准化方法，我们称之为 CL05 方法。它的具体表达式为：

$$D_{2008} = D_y \times l_y \times RWPHU_y \times HU_{2008/y}$$

其中，$D_{2008}$ 为调整后的损失，$l_y$ 为通货膨胀调整因子，$RWPHU_y$ 是平均每间房屋实物财

① 其他灾因分析部分损失的标准化方法相同，故后文中不再赘述。

② Pielke 和 Landsea（1998），Normalized Hurricane Damages in the United States：1925～1995.

富的调整因子，$HU_{2008/y}$是沿海房屋数量调整因子①。

由于我们使用的都是官方公共数据，所以关于国家财富和沿海地区人口这些数据我们无法得到，在本文中，我们所使用的标准化公式为：

$$D_{2008} = D_y \times I_y$$

由于本文只考虑台风对社会造成的整体损失，而不是只考虑对房屋的损失，所以采用 PL05 方法进行标准化。

## 第二节　台风登陆频数分析

从全球台风发生情况看，台风大多数发生在南、北纬度为5°~20°之间，尤其在10°~20°之间发生率占到65%，而在20°以上的高纬度发生的台风仅有13%，发生在5°以内赤道附近的台风极少。而我国海岸线较长，所处纬度也较为广泛，因此我国受台风袭击次数较多。

### 一、热带气旋生成数与台风登陆频数之间的关系

对中国来说，西北太平洋和南海中部形成的热带气旋造成的损失最大。每年在这两个海区形成的热带气旋数大概在 35 个左右，但是并不是所有的热带气旋都登陆成为台风。热带气旋生成数与台风登陆数之间的关系图如 2－1 所示。

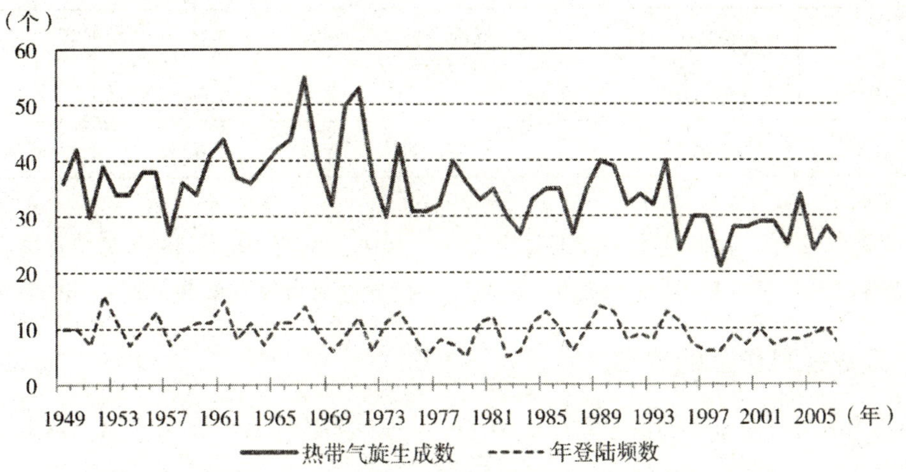


**图 2－1　热带气旋生成数与登陆频数的关系图**

为了找出这两者之间的数量关系，用热带气旋生成数对台风登陆数进行回归分析。表 2－2~表 2－4 是该回归分析的结果。

从表 2－3 方差分析指标来看，方程总体来说是显著的。根据表 2－4，自变量热带气旋生成数的系数为 0.19615，并且系数通过了 t 检验。回归方程如下：

台风登陆频数 =0.196×热带气旋生成数

① 具体计算公式详见 Collins 和 Lowe（2001），A Macro Validation Dataset for U. S. Hurricane Models，Casualty Actuarial Society Forum，Casualty Actuarial Society，Arlington，VA，217－251.

表 2－2　　热带气旋生成数与登陆频数回归统计指标

| | |
|---|---|
| Multiple R | 0.517 |
| $R^2$ | 0.267 |
| 调整 $R^2$ | 0.255 |
| 标准误差 | 2.294 |
| 观测值 | 60 |

表 2－3　　热带气旋生成数与登陆频数回归方差分析指标

| | 自由度 | SS | MS | F 统计量 | F 统计量显著性 |
|---|---|---|---|---|---|
| 回归分析 | 1 | 111.219 | 111.219 | 21.14 | <0.0001 |
| 残差 | 58 | 305.181 | 5.262 | | |
| 总计 | 59 | 416.400 | | | |

表 2－4　　热带气旋生成数与登陆频数回归参数值

| | 参数估计值 | 标准误差 | T 值 | P 值 |
|---|---|---|---|---|
| 截距项 | 2.649 | 1.49795 | 1.77 | 0.082 |
| 热带气旋生成数 | 0.196 | 0.04266 | 4.6 | < 0.0001 |

从长期趋势来看，在西北太平洋上每生成一个台风，就有 19.6% 的概率在我国登陆。但从表 2－2 可以看到，调整 $R^2$ 为 0.255。这说明回归方程对台风登陆数的解释能力比较弱。

## 二、频数在月份上的分布

每年我国沿海台风影响的情况大致是这样的：每年大约 4 月，台风开始在越南登陆，以后发生的台风逐渐向北移动；到 5 月，台风向北移至我国汕头附近登陆，台风开始影响我国东南沿海地区；6 月，台风在汕头与温州之间登陆的次数最多，影响地区逐渐扩大；7～9 月，台风在温州以南和以北的地区都会登陆，这一时期内我国受台风影响地区最广；9 月以后，在温州以北登陆，不过在汕头以北、温州以南的地区登陆的机会还是有的，这种机会一直到 11 月以后才完全消失，但是其影响地区仍然包括江苏省及整个华南地区。虽然每个月份中发生台风的概率有所不同，但台风在季节上是呈周期变化的。

西太平洋和南海上产生的热带气旋几乎每个月都有，但是热带气旋登陆我国集中于 6～11 月。根据中国气象科学院中国自然灾害天气网和《热带气旋年鉴》的数据整理了 1949～2008 年的台风登陆频数。从分析的结果来看，台风登陆我国以 7～9 月居多，约占全年的 89%；1～3 月基本上没有台风登陆我国；而其余月份总共登陆次数仅为 11%。在前人的研究里，7～10月被称为台风季，这一阶段正是各省（区、市）集中防灾防损的关键时期，也是保险公司赔付集中的时期（见表2－5）。

表2－5　　登陆频数在月份上的分布情况（1949～2008年）

| 月份 | 1～3 | 4 | 5 | 6 | 7 | 8 | 9 | 10 | 11 | 12 |
|---|---|---|---|---|---|---|---|---|---|---|
| 频数 | 0 | 4 | 16 | 63 | 143 | 173 | 117 | 30 | 11 | 0 |
| 频率 | 0.00 | 0.0072 | 0.0287 | 0.1131 | 0.2567 | 0.3106 | 0.2101 | 0.0539 | 0.0198 | 0.00 |

注：表中数据是指台风的登陆数，其中包括登陆我国但并未造成损失的台风。

同时，我们统计了1949～2008年我国各省（区、市）受台风影响频数的分布图（注：这里并不是台风的影响范围统计），以6～10月共5个月每月横向统计，并分月份给出分布图（见附录二中的图2－2～图2－6）。通过观察可以发现，每年的7月和8月台风对我国影响最大，影响地区涉及广泛，几乎包含了半个中国；而东南沿海地区则是在这5个月里一直遭受台风的侵扰，尤其以广东、福建为最。整个台风对我国的影响形式是：从6月份开始，台风陆续登陆我国，影响东南沿海5省；至7、8月份，影响范围扩展至华南、华中、华北及东北地区；9月份以后，台风威力减小，影响地区为华南地区；至10月份以后，台风在华南沿海5省仍时有发生。

## 三、台风登陆频数在区域上的分布

将各省（区、市）及台风登陆影响地区分类汇总之后，对1949～2008年存在损失记录的31个省（区、市）的台风登陆频数进行了统计（见表2－6）。

表2－6　　我国各省（区、市）及香港特区台风登陆频数表

| 省（区、市）（特区） | 浙江 | 上海 | 福建 | 香港 | 山东 | 广东 | 海南 | 广西 | 辽宁 | 江苏 |
|---|---|---|---|---|---|---|---|---|---|---|
| 登陆频数 | 27 | 4 | 98 | 11 | 9 | 204 | 95 | 11 | 10 | 3 |

从表2－6可以看出，台风在广东和福建登陆的频数远远超过别的省（区、市），其次是海南和浙江。

## 四、台风受灾频数在区域上的分布

在将各省（区、市）及台风登陆影响地区分类汇总之后，对1983～2008年存在损失记录的31个省（区、市）台风影响频数进行了统计。各省（区、市）台风受灾频数情况见表2－7。

表2－7　　我国各省（区、市）台风灾害频数表　　（单位：次）

| 省（区、市） | 北京 | 福建 | 广东 | 广西 | 贵州 | 海南 | 河北 | 河南 | 黑龙江 | 湖北 | 湖南 |
|---|---|---|---|---|---|---|---|---|---|---|---|
| 受灾频数 | 1 | 50 | 67 | 35 | 2 | 33 | 2 | 2 | 2 | 6 | 7 |

续表

| 省（区、市） | 安徽 | 吉林 | 江苏 | 江西 | 辽宁 | 内蒙古 | 山东 | 上海 | 天津 | 云南 | 浙江 |
|---|---|---|---|---|---|---|---|---|---|---|---|
| 受灾频数 | 10 | 5 | 18 | 10 | 6 | 1 | 12 | 6 | 3 | 2 | 43 |

注：这里的受灾频数统计，不包括受灾但没有损失统计的次数。

从表2－7可以看出，台风灾害频数位列前几位的省（区、市）依次为广东、福建、浙江、广西、海南，全部为东南沿海省份。其中，位列前3位的广东、福建、浙江的受灾频数远高于其他地区，依次为67次、50次和43次；之后的海南为33次，广西为35次；江苏为18次，山东为12次；其余各省（区、市）受灾次数均在10次或以下。

## 第三节　登陆频数的拟合分布

### 一、登陆台风频数的统计量分析

1949～2008年间，西北太平洋共发生热带、强热带风暴及台风2 065起，其中登陆我国的热带、强热带风暴及台风共564起。登陆频数的基本统计分析见表2－8和图2－7。

表2－8　登陆频数（1949～2008年）描述统计表

| 平均 | 9.4 | 区域 | 11 |
|---|---|---|---|
| 标准误差 | 0.343 | 最小值 | 5 |
| 中位数 | 9.5 | 最大值 | 16 |
| 众数 | 11 | 求和 | 564 |
| 标准差 | 2.6575 | 观测数 | 60 |
| 方差 | 7.058 | 最大（1） | 16 |
| 峰度 | －0.513 | 最小（1） | 5 |
| 偏度 | 0.315 | 置信度（95.0%） | 0.686 |

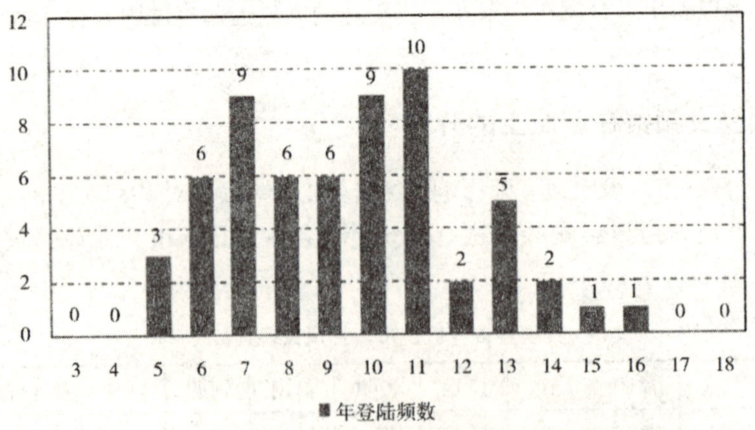


图2－7　年台风登陆频数直方图

## 二、登陆台风频数的拟合

根据表 2 - 8，年台风登陆次数 X 的均值、二阶原点矩和有偏方差为：

$E(X)=9.4$，$E(X^2)=9.418$，$D(X)=7.058$

由于均值大于方差，因此不能使用 Poisson 分布以及 Poisson 混合分布（比如负二项分布、泊松逆高斯分布）。这里我们所考虑的是均值大于方差的二项分布、广义二项分布。

### （一）广义二项分布的拟合以及检验

广义二项分布的分布函数为：

$$\Pr(X=k)=\frac{\Gamma(n+1)}{\Gamma(n-k+1)\Gamma(k+1)}p^k(1-p)^{n-k},\ k=0,1,2,\cdots$$

其中，

矩估计法得到参数估计为：

$$\begin{cases}\hat{n}=37.7224\\ \hat{p}=0.2492\end{cases}$$

得到的拟合结果为：

广义二项分布的分布函数：

$$\Pr(X=k)=\frac{\Gamma(37.7224)}{\Gamma(37.7224-k)\Gamma(k+1)}0.2492^k0.7508^{37.7224-k},\ k=0,1,2,\cdots$$

拟合的效果图见图 2 - 8 和图 2 - 9。

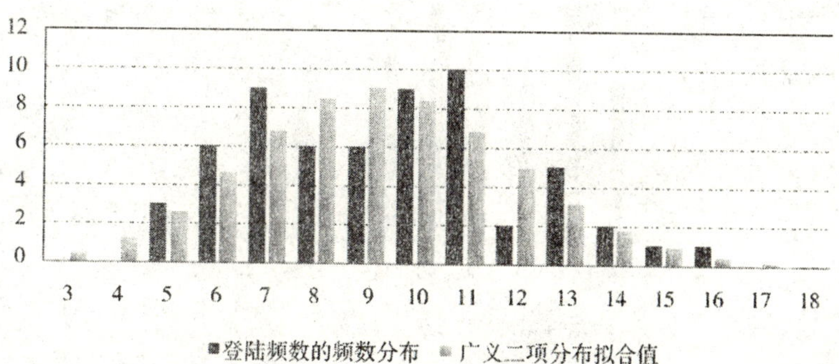


**图 2 - 8　广义二项分布的拟合效果直方图**

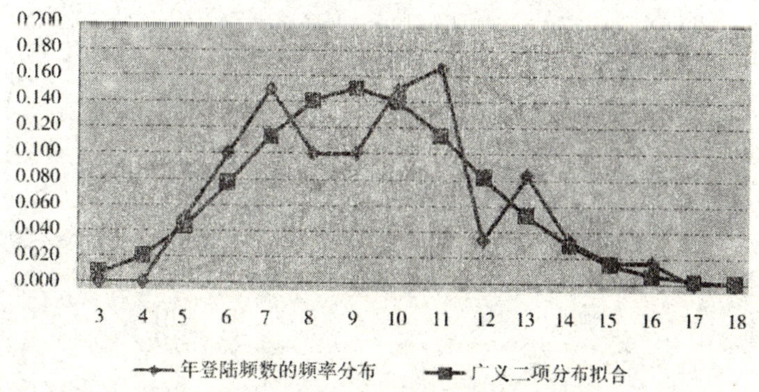


**图 2 - 9　广义二项分布的拟合效果折线图**

经过$\chi^2$拟合优度检验，$\chi^2=6.652718$，由于计算得到的p值为0.248，因此我们不能拒绝年台风次数服从广义二项分布。

**（二）二项分布的拟合以及检验**

由于广义二项分布过于复杂，不利于后面的分析，并且这里$\hat{n}=37.7224$，如果近似取$\hat{n}=38$，就可以尝试用简单的二项分布来拟合年台风次数。

二项分布的分布函数为：

$$\Pr(X=k)=\binom{n}{k}P^k(1-p)^{n-k},\ k=0,1,2,\cdots$$

其中，$n$为正整数，$0<p<1$。

矩估计法得到参数估计为：

$$\begin{cases}\hat{n}=38\\ \hat{p}=0.2474\end{cases}$$

拟合的结果为：

二项分布的分布函数：

$$\Pr(X=k)=\binom{38}{k}0.2474^k 0.7526^{38-k},\ k=0,1,2,\cdots$$

拟合效果图见图2-10、图2-11和表2-9。

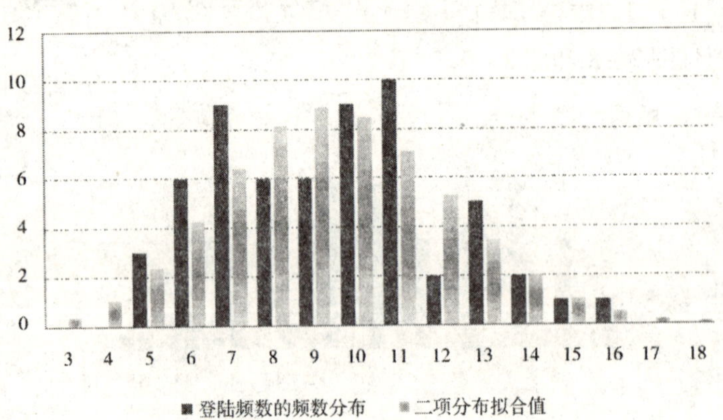


**图2-10　二项分布的拟合效果直方图**

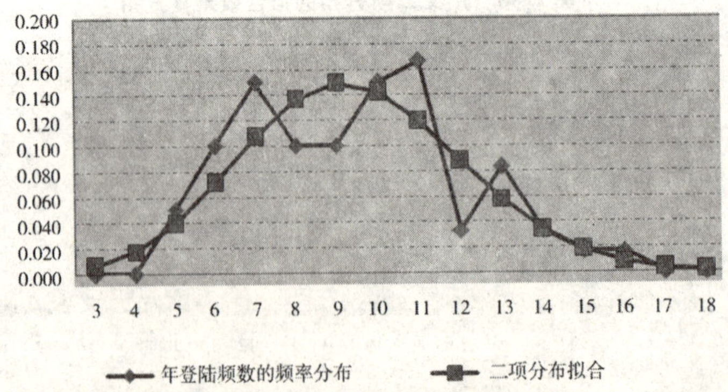


**图2-11　二项分布的拟合效果折线图**

表 2-9　年登陆频数的二项分布拟合值表

| 次数 | 频数 | 频率 | 二项分布拟合频率 | 拟合值 |
|---|---|---|---|---|
| <6 | 9 | 0.15 | 0.13593 | 8.155795 |
| 7 | 8 | 0.15 | 0.106791 | 6.407443 |
| 8 | 6 | 0.1 | 0.136009 | 8.160528 |
| 9 | 6 | 0.1 | 0.149007 | 8.940439 |
| 10 | 8 | 0.15 | 0.142026 | 8.521551 |
| 11 | 10 | 0.166667 | 0.118821 | 7.129282 |
| 12 | 2 | 0.033333 | 0.08787 | 5.272179 |
| >13 | 9 | 0.15 | 0.122867 | 7.372034 |

经过 $\chi^2$ 拟合优度检验，$\chi^2=6.248654$，由于计算得到的 p 概率的值为 0.28277，因此，不能拒绝年台风次数服从二项分布。

**（三）连续分布的拟合以及检验**

我们使用指数分布、韦伯分布、Gamma 分布等连续型分布拟合台风的年登陆频数，所得结果见表 2-10（连续型分布使用 K-S 检验拟合效果）。从表 2-10 可以看出，连续型分布对台风登陆频数的拟合效果都不能通过 5% 置信水平的 K-S 检验，下文将不再使用连续型分布拟合台风登陆频数。由于二项分布较广义二项分布简单，因此，我们选用二项分布进行后续的分析。

表 2-10　连续型分布拟合登陆频数

| 分布 | 参数 1 | 参数 2 | K-S 统计量 | K-S 结论（5% 置信度） |
|---|---|---|---|---|
| 正态分布 | $\mu=9.4$ | $\sigma=2.66$ | 0.117 | 不通过 |
| 对数正态分布 | $\mu=2.200$ | $\sigma=0.289$ | 0.111 | 不通过 |
| 指数分布 | $\theta=9.4$ | — | 0.363 | 不通过 |
| 韦伯分布 | $\theta=3.887$ | $\tau=10.391$ | 0.106 | 不通过 |
| Gamma 分布 | $\alpha=12.485$ | $\theta=0.753$ | 0.696 | 不通过 |

## 第四节　台风灾害的损失程度分析

### 一、损失的标准化

在开始台风灾害损失程度分析之前，首先将原有损失额进行调整。根据 Normalization 的理论，结合我们掌握的公共数据的情况，使用如下公式对年损失额进行调整：

$$LOSS = LOSS_y \times \frac{GDP_{2008}}{GDP_y}$$

之所以把数据都调整到2008年，这是因为我们所能掌握的最新的官方数据是于2008年公布的；之所以用GDP作为调整因子，有两个原因：一是因为GDP数据是我们能找到的分省数据中最全面和准确的；二是因为GDP作为一国宏观经济的重要数据，最能综合体现各省的经济发展状况。

## 二、台风灾害年度总损失额分析

由于1983年之前的数据甚为稀少，无法用其作年度损失额的统计，所以本文使用1983～2008年的年度总损失数据。将数据进行标准化后（见表2－11），用Excel软件获得台风灾害年总损失的事件分布条形图及相应的常用统计量分析（见图2－12和表2－12）。

**表2－11　　1983～2008年年损失额数据表**

| 年度 | 损失（亿元） | 标准化损失（亿元） | 年度 | 损失（亿元） | 标准化损失（亿元） |
|---|---|---|---|---|---|
| 1983 | 2.50 | 126.0639 | 1996 | 991.05 | 4 186.475 |
| 1984 | 8.80 | 367.0751 | 1997 | 537.41 | 2 046.054 |
| 1985 | 43.23 | 1 441.649 | 1998 | 12.44 | 44.31557 |
| 1986 | 46.70 | 1 366.525 | 1999 | 185.39 | 621.5772 |
| 1987 | 17.16 | 427.8681 | 2000 | 95.92 | 290.6858 |
| 1988 | 27.81 | 555.8553 | 2001 | 691.30 | 1 895.516 |
| 1989 | 42.60 | 753.7842 | 2002 | 186.10 | 464.9999 |
| 1990 | 79.51 | 1 280.614 | 2003 | 300.22 | 664.5952 |
| 1991 | 58.02 | 800.9032 | 2004 | 230.88 | 434.197 |
| 1992 | 131.75 | 1 471.328 | 2005 | 759.04 | 1 245.627 |
| 1993 | 100.84 | 858.0865 | 2006 | 569.99 | 808.6828 |
| 1994 | 642.44 | 4 007.698 | 2007 | 182.87 | 220.3534 |
| 1995 | 157.66 | 779.7454 | 2008 | 374.35 | 374.354 |

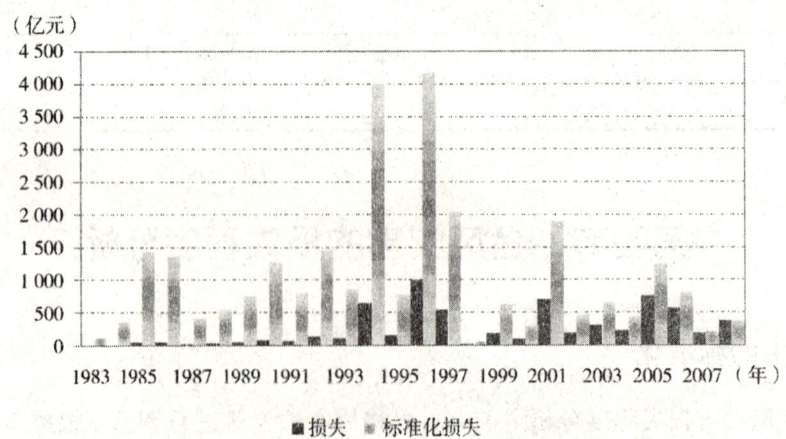


**图2－12　1983～2008年总损失与标准化年损失直方图**

表 2-12　　1983~2008 年年总损失的描述统计　　（单位：亿元）

| 平均 | 1 059.024 | 区域 | 4 142.159 |
|---|---|---|---|
| 标准误差 | 203.312 | 最小值 | 44.316 |
| 中位数 | 766.765 | 最大值 | 4 186.475 |
| 众数 | #N/A | 求和 | 27 534.63 |
| 标准差 | 1 036.694 | 观测数 | 26 |
| 方差 | 1 074 734.34 | 最大（1） | 4 186.475 |
| 峰度 | 4.375 | 最小（1） | 44.316 |
| 偏度 | 2.074 | 置信度（95.0%） | 418.730 |

## 三、台风灾害单次损失额的分析

考虑到我国遭受台风灾害严重的几年都是由于当年发生了某起或某几起重大台风灾害引起的，因此本文对历年我国的台风次损失数据进行了统计，损失数据采用 1983~2008 年各次产生灾害的台风损失数据，并利用 GDP 数据逐一对其标准化。标准化后的基本统计分析见表 2-13。

表 2-13　　1983~2008 年次损失的描述统计　　（单位：亿元）

| 平均 | 172.167 | 区域 | 2 757.20 |
|---|---|---|---|
| 标准误差 | 24.640 | 最小值 | 0 |
| 中位数 | 81.934 | 最大值 | 2 757.20 |
| 众数 | 0 | 求和 | 27 546.69 |
| 标准差 | 311.671 | 观测数 | 160 |
| 方差 | 97 138.99 | 最大（1） | 2 757.20 |
| 峰度 | 33.599 | 最小（1） | 0 |
| 偏度 | 5.0526 | 置信度（95.0%） | 48.663 |

可以看出，历年台风造成损失的均值为 172.167 亿元（按 2008 年的 GDP 换算之后），标准差是 311.6712843 亿元。根据这个结果，统计出共有 7 次的台风损失均超出 2 倍标准差（约 623 亿元），它们都属于台风巨灾，正是这几次巨灾造成的损失严重影响了台风灾害年总损失的平均值与标准差。

这 7 次分别是：

（1）1992 年 8 月 30 日（农历一九九二年八月初三）登陆台湾花莲和福建长乐的 9216 号台风。成灾范围：台、粤、闽、赣、琼、苏、鄂、皖、沪、浙、辽、吉、豫、鲁。

（2）1994 年 7 月 10 日（农历一九九四年六月十四日）登陆台湾新港、福建晋江的 9406 号台风。成灾范围：闽、浙、赣、湘、鄂、皖、豫、冀、京、津、蒙、辽、吉、黑。

（3）1994 年 8 月 21 日（农历一九九四年七月十五日）登陆浙江瑞安的 9417 号台风。成灾范围：闽、赣、湘、浙、皖、鄂、沪、苏、豫、鲁。

（4）1996 年 7 月 31 日（农历一九九六年六月十六）登陆台湾基隆、福建福清的 9608 号台风。成灾范围：粤、闽、浙、赣、湘、皖、鄂、豫。

（5）1996 年 9 月 9 日（农历一九九六年七月二十七日）登陆广东吴川 – 湛江、广西北海的 9615 号台风。成灾范围：粤、琼、桂、滇。

（6）1997 年 8 月 18 日（农历一九九七年七月十六日）登陆浙江温岭、辽宁营口的 9711 号台风。成灾范围：闽、赣、浙、皖、豫、鲁、津、冀、吉、黑。

（7）2001 年 9 月 26 日（农历二〇〇一年八月十日）登陆台湾台东的 0119 号台风。成灾范围：闽、浙、苏、沪、皖。

它们所造成的损失数据见表 2 – 14。

**表 2 – 14　　7 起巨灾台风损失比较**

| 编号 | 登陆地区 | 受灾区域 | 当年损失（亿元） | 调整后损失（亿元） | 损失率（当年损失占当年 GDP 比重,%） |
|---|---|---|---|---|---|
| 9216 | 台湾、福建 | 台、粤、闽、赣、琼、苏、鄂、皖、沪、浙、辽、吉、豫、鲁 | 76.01 | 848.811 | 2.211 |
| 9406 | 台湾、福建 | 闽、浙、赣、湘、鄂、皖、豫、冀、京、津、蒙、辽、吉、黑 | 207.59 | 1 294.997 | 1.884 |
| 9417 | 浙江 | 闽、赣、湘、浙、皖、鄂、沪、苏、豫、鲁 | 178.54 | 1 113.776 | 1.621 |
| 9608 | 台湾、福建 | 粤、闽、浙、赣、湘、皖、鄂、豫 | 652.70 | 2 757.202 | 2.717 |
| 9615 | 广东、广西 | 粤、琼、桂、滇 | 218.63 | 923.555 | 0.910 |
| 9711 | 浙江、辽宁 | 闽、赣、浙、皖、豫、鲁、津、冀、吉、黑 | 436.30 | 1 661.103 | 1.475 |
| 0119 | 台湾 | 闽、浙、苏、沪、皖 | 345.65 | 947.758 | 0.606 |

资料来源：台风年鉴（1983 ~ 2008 年）。

## 第五节　登陆台风次损失额的分布拟合

这一节中需要对次损失额的分布进行讨论，运用各种概率模型拟合标准化的次损失额，并试图寻找能够最好拟合标准化的次损失额的概率模型。

首先，使用核估计的方法拟合损失数据的经验分布，并根据数据的特点和国际上台风损失数据拟合常用连续性分布的经验，选取正态分布、对数正态分布、指数分布、Weibull 分布、Pareto 分布和 Gamma 分布对损失数据进行拟合，使用 Kolmogrov – Smirnov 检验（K – S 检验）样本是否服从相应的分布函数，并用施瓦茨 – 贝叶斯（SBC）统计量筛选最优拟合模型。

标准化损失经验分布的核估计情况见图 2 – 13，拟合分布的结果见表 2 – 15。

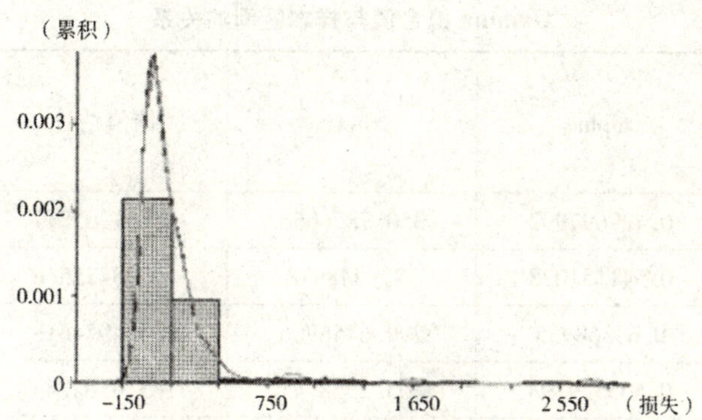


**图 2-13　全国台风灾害次损失额经验分布核估计图**

**表 2-15　　次损失额的分布拟合结果比较**

| 分布 | 参数 1 | 参数 2 | K-S 统计量 | K-S 结论 | SBC 统计量 |
| --- | --- | --- | --- | --- | --- |
| 正态分布 | $\mu=172.167$ | $\sigma=316.696$ | 0.283 | 不通过 | -0.857 |
| 对数正态分布 | $\mu=3.749$ | $\sigma=3.066$ | 0.169 | 不通过 | -1.596 |
| 指数分布 | $\theta=172.167$ | — | 0.161 | 不通过 | -1.795 |
| 韦伯分布 | $\theta=120.212$ | $\tau=0.606$ | 0.064 | 通过 | -3.806 |
| Pareto 分布 | $\alpha=1.874$ | $\theta=164.678$ | 0.093 | 通过 | -3.581 |
| Gamma 分布 | $\alpha=0.460$ | $\theta=374.292$ | 0.065 | 通过 | -3.913 |

由正态分布、对数正态分布、指数分布、韦伯分布、Pareto 分布和 Gamma 分布拟合的 K-S检验可以看出，正态分布、对数正态分布和指数分布不能通过 K-S 检验，即这 3 个分布无法描述损失的分布情况，而 Weibull 分布、Pareto 分布和 Gamma 分布能够较好地拟合标准化损失数据。利用 SBC 统计量筛选模型，SBC 统计量越小，则模型对损失数据的拟合越好。从表 2-15 可以看出，Gamma 的 SBC 统计量最小，因此，Gamma 分布时描述损失数据的模型最优。

利用拟合的结果，给出标准化损失数据服从 Gamma 分布的密度函数：

$$f(x)=\frac{(0.46x)^{374.292}\times e^{0.46x}}{\Gamma(374.292)}$$

同时，考虑到在保险定价过程中拟合损失分布的概率分布函数的参数估计值随着所用样本的变化而变化，我们要讨论使用不同区间段的样本估计出的 Gamma 分布的参数值以及由此计算的损失的均值、标准差与样本区间选择的关系。使用 10 年的台风损失数据作为一个样本分别使用 Gamma 分布进行拟合，并估计出损失数据均值和标准差。表 2-16 给出了不同样本的参数估计的结果，图 2-14 给出了不同样本区间估计出的损失分布的均值、标准差的变动趋势。可以看出，损失分布的参数估计值与样本的选取存在一定的联系，估计出的均值、标准差也有波动。经过计算，均值的波动率（标准差）为 48，标准差的波动率（标准差）为 68。因此，如何选择合理的样本还有待深入探讨。

**表 2－16　　Gamma 拟合值与样本区间的关系**

| 起始时间（年） | 停止时间（年） | alpha | theta | 均值估计 | 标准差估计 |
|---|---|---|---|---|---|
| 1983 | 1992 | 0.429697992 | 350.7826066 | 150.7305817 | 229.9427458 |
| 1984 | 1993 | 0.541151028 | 282.448978 | 152.8475546 | 207.7778515 |
| 1985 | 1994 | 0.64568955 | 299.6756906 | 193.4974618 | 240.803832 |
| 1986 | 1995 | 0.605529293 | 303.2358741 | 183.6182044 | 235.9653083 |
| 1987 | 1996 | 0.540451862 | 405.5217026 | 219.1649593 | 298.1210282 |
| 1988 | 1997 | 0.518676359 | 461.0793592 | 239.150963 | 332.0656152 |
| 1989 | 1998 | 0.48905692 | 488.0049853 | 238.6622148 | 341.2745971 |
| 1990 | 1999 | 0.504182208 | 498.8530248 | 251.5128196 | 354.2145266 |
| 1991 | 2000 | 0.566512743 | 448.3236044 | 253.9810349 | 337.4399102 |
| 1992 | 2001 | 0.526734081 | 480.5992671 | 253.1480132 | 348.8018773 |
| 1993 | 2002 | 0.52675025 | 465.2746719 | 245.0835496 | 337.6850132 |
| 1994 | 2003 | 0.501737581 | 474.5934858 | 238.1213875 | 336.1708782 |
| 1995 | 2004 | 0.461937956 | 426.5438915 | 197.0368132 | 289.9048966 |
| 1996 | 2005 | 0.464401725 | 434.09344 | 201.5937423 | 295.8217725 |
| 1997 | 2006 | 0.535530375 | 278.9899043 | 149.407568 | 204.1646471 |
| 1998 | 2007 | 0.536676876 | 208.1508312 | 111.7097378 | 152.4876217 |
| 1999 | 2008 | 0.533397675 | 199.7662822 | 106.5548706 | 145.8974652 |

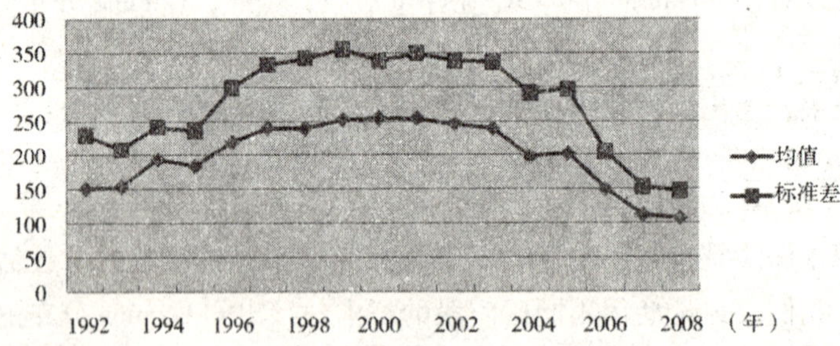


**图 2－14　Gamma 分布拟合的损失分布的均值和标准差变动趋势**

# 第三章

# 台风灾害的影响因素分析

## 第一节　台风灾害影响因素的定性分析

本节主要从台风的破坏力和受灾地区地理、社会经济环境的角度讨论台风灾害损失的影响因素。

首先，影响台风造成灾害程度大小的最主要因素就是台风自身的破坏力以及运动的方向。从台风灾害造成的损失来看，主要包括台风暴雨、大风、风暴潮等，其中大风造成的损失最为严重。在其他条件相同的前提下，台风的潜在破坏力的大小、登陆与否、运动路径都与灾害损失存在显著关系。一般而言，台风的潜在破坏力可以使用台风的风速、中心气压等指标衡量，登陆的台风一般造成的损失较大。周俊华等[①]（2004）选取台风风速为指标，计算了西北太平洋热带气旋风险，给出了10年一遇、20年一遇和50年一遇大风分布图，其认为风速强度指数和热带气旋中心位置次数的分布相差不大，但风速强度指数最高值范围明显比热带气旋中心位置次数高值区分布范围广。10年一遇和20年一遇热带气旋大风高值区主要分布在菲律宾群岛附近、南海南部及台湾岛以东的地区，相对集中；而50年一遇风速分布图中，具有多个高值中心。鲜有文献分析过台风的路径与台风损失之间关系，本文将在第二节的回归分析中进一步讨论。陈佩燕等[②]（2009）利用1980～2004年的台风基本资料，对我国台风（包括热带气旋、热带风暴、强热带风暴、台风、强台风和超强台风）灾害的成因进行了初步分析，结果表明：台风引起的大风和降水以及登陆台风的强度和登陆点位置等都是我国台风致灾的重要因素。台风造成的直接经济损失与台风大风、降水、登陆台风强度及移速关系密切，而房屋倒损则主要与台风引起的大风有关，农田受淹则主要取决于台风降水。李剑兵等[③]（2001）在分析广东省的台风灾害特征时发现，移速很快的台风往往容易引发大灾。但是，如果台风移速很慢甚至停滞（不足10公里/天）的台风，则易于产生局地洪涝，也会引发大灾（如7503号台风登陆后的停滞造成河南省“75·8”大洪水灾害）。台风登陆前后移速与台风灾情要素的正相关关系，一定程度上可以用台风登陆前后移速与台风登陆强度间的关系来解释。

---

① 周俊华，史培军，范一大和徐伟：“西北太平洋热带气旋风险分析”，《自然灾害学报》2004年第13卷第3期。

② 陈佩燕，杨玉华，雷小途，钱燕珍：“我国台风灾害成因分析及灾情预估”，《自然灾害学报》2009年第18卷第1期。

③ 李剑兵，侯雪梅：“台风临近环境预兆与台风灾害”，《广东气象》2001年第3期。

其次，讨论受灾地区地理因素与台风损失之间的关系。台风登陆前后，由于下垫面等特征发生了显著变化，复杂的海－气、陆－气及台风与中纬度系统的相互作用，使台风的路径、强度变化以及风雨分布更具不确定性，其影响大小与台风登陆时自身的强度、登陆点位置、登陆前后的移速以及在陆上的维持时间等有关。台风造成的经济损失主要是摧毁农田渔场和沿海居民的住房，破坏城市公共设施。摧毁性大风是台风的主要特征之一。台风的气压场表现为极低的中心气压和极大的气压梯度，所以一个成熟的台风其中心最大风速可达 12 级以上。在海上，狂风能掀起巨浪，倾覆过往船只，造成灭顶之灾；在陆上，能摧毁房屋建筑，刮倒树木庄稼，造成人员伤亡和财产损失。台风在海上产生灾害性海浪不仅能掀翻船只，还往往给海上工程、海上运输、海上军事活动及海洋渔业带来灾害性的影响。在岸边，灾害性海浪能冲毁海堤、码头，还常常由于其波浪涌水效应而加大风暴潮侵入陆地的面积，从而给海岸带的种植业、水产养殖业及人民的生命财产带来重大损失。如果受灾地区的耕地或渔业养殖面积越大，那么在其他条件相同的前提下，台风造成的损失很有可能就越大。台风是影响我国农业的重要天气系统之一，深刻影响着我国农业的生产活动。台风带来的大风、暴雨、风暴潮及其引发的次生灾害给农业生产带来巨大的破坏和损失。农业是一种生物的经济和自然的再生产过程，除社会经济、技术因素外，还受自然环境尤其是气候条件的制约。我国农业生产活动，包括农业自然资源分布、农业生产布局、农业结构、农事季节、农业生产的内容和形式等，这些影响长期积累，就形成了我国农业生产的特点，即大部分地区雨热同季，光、温、水资源的匹配适于农业生产，特别是种植业生产的开展。台风巨大的风力及其伴随的暴雨而给农业生产对象、农业生产场地以及农村住所甚至农业生产者的生命财产带来巨大的破坏和损失。受淹农田面积与台风登陆点的位置关系密切，事实上，1980～2004 年间，造成 100 万公顷以上农田受淹的台风，其登陆位置均在北纬 24°～30°区域，即主要在福建和浙江登陆，其受灾范围都在 4 个省份以上（包括 4 个），如导致农田受淹面积最大和次大的 9608 号和 9406 号台风均在福建登陆，第 3 大和第 4 大的 9711 号和 9417 号台风则登陆浙江。这可能与在浙江、福建登陆台风维持时间长、影响省份多（受灾省份 5 个以上的台风集中在浙江和福建沿海登陆、影响区域为主要粮食产区）有关。此外，登陆点的位置与台风造成的直接经济损失也有一定的关系。

最后，讨论受灾地区的社会经济因素与台风损失之间的关系。一般而言，经济越发达的地区，由于其经济总量较大，在遭受相同破坏力的台风袭击之后，损失应越大。同时，人口密度大的地区的经济也越发达（如广东、上海等沿海发达省市），经济越发达的地区的财富分布也越密集，一旦发生台风灾害，同一面积的区域上的经济损失自然越大。当然，受灾地区对防灾设施的投入程度同样影响着台风灾害的损失大小，对防灾设施的投入越大，则遭受台风时相应的损失越小。因此，台风损失与受灾地区的社会经济发达程度之间的关系也是在第二节回归定量分析中需要进一步讨论的。

综上所述，台风灾害的影响因素主要有台风自身的破坏力以及运动路径，受灾地区的农、渔业面积以及社会经济发展状况。

## 第二节 台风灾害影响因素的回归分析

根据灾因分析报告对公共数据的需求，首先进行数据收集和整理，然后对部分数据进行甄别和调整，最终得到可以进行统计计算的初等数据。步骤如图3－1所示。

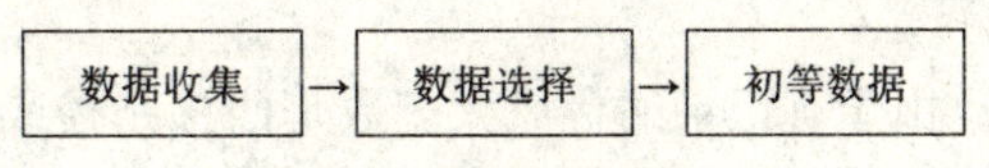


**图3－1 数据取得步骤**

下面对各个步骤进行解释说明。

参考《中国财产保险重大灾因分析报告（2008）》和公共数据，选择性地收集和整理了以下的官方的公共数据（见表3－1）：

**表3－1 用于回归分析的公共数据情况表**

| 数据名称 | | 单位 | 数据状况说明 |
|---|---|---|---|
| 热带气旋基本信息 | 热带气旋最佳路径数据记录 | | 1983～2008年，全 |
| | 热带气旋生命期 | 小时 | 1983～2008年，部分数据缺失 |
| | 中心气压 | 百帕 | 1983～2008年，全 |
| | 最大风速 | 米/秒 | 1983～2008年，全 |
| | 热带气旋路径 | | 1983～2008年，个别数据缺失 |
| 灾害信息 | 热带气旋损失数据 | 亿元 | 1983～2008年，部分数据缺失 |
| | 受灾省份GDP | | 2001～2008年，部分数据缺失 |
| | 受灾省份耕地面积 | 千公顷 | 2001～2008年，部分数据缺失 |
| | 受灾面积 | 千公顷 | 2001～2008年，部分数据缺失 |

根据收集整理的信息，与《中国财产保险重大灾因分析报告（2008）》所使用的数据进行对比，从中发现了一些差异，因此只有部分数据被选择性地继承下来。在这些差异中，有些是关于热带气旋的基本信息，由于我们使用了更权威的公共数据，自然较原来数据会有所不同，所以放弃了原来的数据而选择了新数据；另一些差异主要来源于各省（区、市）的GDP和人口指标，由于地区统计年鉴和国家统计年鉴对往年的部分数据进行了调整，所以使用的数据会较原来数据略有不同。

经过上述工作，得到可以用于回归分析的初等数据。下面就进入回归分析的论述。本章主要研究台风灾因造成损失额大小的影响因素，因此，回归方程中的因变量应该选择与台风造成损失额相关的变量。有两种选择：第一种是每次台风造成所有受灾省份损失额的加总，即台风的次损失；第二种是每次台风造成单个省份的损失额。由于第一种选择中损失额加总后可能会丢失相当程度的统计信息，因此我们以每次台风造成单个省份的损失额为研究对象。

而可供选择的自变量较多，结合相关的灾害理论，初步考虑：热带气旋的破坏力、热带气旋路径、登陆与否，这几个变量代表了热带气旋的致灾因子因素；受灾省份GDP、受灾省份地理面积、受灾省份耕地面积，体现了对承灾体的关注。对于热带气旋破坏力的估算，参照 Gray 等①（1992）的方法，使用台风生命周期中每 6 小时记录的中心最大风力的累积平方和衡量台风的潜在破坏力（TDP）。由于考虑到自变量较多，属于探索性分析，利用逐步回归的方法筛选变量，进行回归分析。

## 一、热带气旋的路径

台风的路径分为 7 类，由于有记录的台风大多数是西移路径或者西北移路径，所以在进行回归分析时将台风路径设置成两个虚拟变量，分别是西移路径变量（West）、西北移路径变量（Northwest）。西移路径和西北移路径的定义参见第一章。由于各个历史阶段我国对于热带气旋的路径记录所使用的术语不同，这给对台风的归类带来很大的麻烦，有些热带气旋的路径无法归入这 3 类路径当中。幸运的是，20 世纪 80 年代之后关于热带气旋的路径记录比较标准，而用于回归分析的数据都是 20 世纪 80 年代后的记录，所以路径记录的混乱并没有对回归分析造成影响。由于热带气旋的路径可能对损失造成影响，所以初步保留这个因素。

## 二、登陆与否

有的时候不登陆的台风也会造成损失，例如 0306 号热带气旋 Soudelor，它并未登陆，但是却造成了 199.7 亿元的损失。但是绝大多数造成损失的台风都是登陆的台风，而未登陆造成损失的热带气旋的公共记录只有 3 条。由于这个因素不具有代表性，因此，放弃这个变量。

## 三、GDP

GDP 考虑的是一个地区的经济发展水平，台风对一个地区造成的损失的大小是否与该地区的经济发展状况存在关系也是我们所关注的一个问题。

## 四、受灾地区面积及耕地面积

从直观上说，台风对一个地区造成的经济损失应该和该地区的面积存在一定的关系，而在台风造成的经济损失中尤以农业损失为重，因此，在回归分析中探讨台风造成的损失与受灾地区面积以及耕地面积的关系。

由于其他因素对损失都有不同程度的相关性，所以初步选择的自变量最终确定为：台风潜在破坏力、热带气旋路径、受灾地区面积、受灾省（区、市）耕地面积、GDP 5 个因素。变量名称定义如下：

因变量：Loss——热带气旋造成受灾省（区、市）损失。

自变量：TDP——台风潜在破坏力；GDP——受灾省（区、市）GDP；Area——受灾地区面积；Cultivation——受灾省（区、市）耕地面积；West——西移路径；Northwest——西北移路径。

本章使用回归分析的方法探讨影响台风造成损失的因素，这种方法属于探索性的研究，

---

① Gray 等（1992），Predicting Atlantic Seasonal Hurricane Activity 6 - 11 Months in Advance，Wea Forecasting.

由于缺少足够的先验信息和理论，因此，使用逐步回归的方法筛选自变量，找出最合适的模型。对数据进行整理，剔除不完整的数据，得到用于回归的样本量为 83 组。表 3－2 和表 3－3分别是各变量的基本统计量和相关系数阵，从表 3－3 可以看出各解释变量不具有相关性，其 pearson 相关系数大部分未能通过检验。表 3－4 是逐步回归的最终结果，变量 GDP、area、cultivaltion 和 TDP 的参数估计值均通过了 5% 的显著性检验，而代表台风路径的两个虚拟变量在逐步回归过程中被放弃。

**表 3－2　　解释变量的描述性统计**

| 变量名 | 均值 | 标准差 | 总和 | 最小值 | 最大值 |
|---|---|---|---|---|---|
| GDP | 9 306 | 8 334 | 1 665 774 | 526.82 | 35 696 |
| cultivation | 3 083 | 1 801 | 551 845 | 315.1 | 8 110 |
| area | 129.23 | 184.6 | 10 726 | 0.036 | 1 110 |
| TDP | 26 745 | 19 061 | 4 787 442 | 1 348 | 103 137 |

**表 3－3　　解释变量的相关系数阵**

| | GDP | cultivation | area | TDP |
|---|---|---|---|---|
| GDP | 1 | 0.172 | 0.040 | 0.021 |
| cultivation | 0.172 | 1 | 0.161 | −0.002 |
| area | 0.040 | 0.161 | 1 | 0.097 |
| TDP | 0.021 | −0.002 | 0.097 | 1 |

**表 3－4　　台风灾害影响因素分析（逐步回归最终结果）**

| 变量 | 回归系数 | F 值 | p 值 | 偏 $R^2$ |
|---|---|---|---|---|
| 截距 | 5.341 | 0.46 | 0.498 | — |
| GDP | 0.0006 | 5.01 | 0.028 | 0.035 |
| area | 0.0996 | 46.55 | $<0.01$ | 0.316 |
| cultivation | −0.005 | 11.24 | $<0.01$ | 0.066 |
| TDP | 0.00045 | 6.28 | 0.014 | 0.04 |
| $R^2$ | 0.456 | F 值 | 16.37 | — |

通过对模型的选择、变量的筛选，逐步回归，最终得到回归方程：

$$Loss = 5.341 + 0.0006 \times GDP + 0.0996 \times area - 0.005 \times cultivation + 0.00045 \times TDP$$

经过分析，可以得到以下几个结论：

第一，5 个影响因素中，仅路径因素未能通过 5% 的显著性检验，即台风造成的损失与其生成路径无显著关系。

第二，台风造成的损失大小与 GDP、受灾地区面积、台风潜在破坏力存在显著的正相关性，即受灾地区经济规模越大、面积越大、台风强度越强，台风造成的经济损失越大。

第三，受灾地区耕地面积与灾害损失的显著负相关关系与我们的直觉不符，这种现象可能与模型未考虑潜在的其他变量有关，亦或是研究方法缺少灾害理论的支持，只是统计上的一种表现，还有待深入探讨。

第四，考察模型中各变量的偏 $R^2$ 可以看出，受灾地区面积的偏 $R^2$ 最大（0.316）；其次是受灾地区耕地面积、潜在破坏力和 GDP 变量。即造成台风损失的最重要因素是受灾区域的面积。

# 第四章

# 台风灾害的脆弱性研究

本章将深入分析不同地区以及同一地区不同年度在面对同样的致灾因子强度时损失不同的原因。根据灾害理论的相关内容，灾害损失的严重程度由致灾因子的危险性、承灾体的脆弱性以及孕灾环境决定，大量的灾害案例表明承灾体的脆弱性是导致灾害产生巨大损失的重要原因，因此下文就针对我国各省（区、市）的脆弱性、同一地区不同年份的脆弱性以及重点省份（福建省）的设区市不同年度的脆弱性进行研究。

本章采用了2006～2009年的数据，脆弱性指标计算所需数据的来源见表4－1。

**表4－1　　脆弱性指标数据来源**

| 指标范围 | 指标 | 数据来源 | 年度 |
| --- | --- | --- | --- |
| 全国各省（区、市）指标 | 人口总数（万人） | 《中国统计年鉴》 | 2006～2008年 |
| | 地区面积（平方千米） | 《中国统计年鉴》 | 2006～2008年 |
| | 农村耕地面积（千公顷） | 《中国统计年鉴》 | 2006～2008年 |
| | 房地产开发投资（亿元） | 《中国经济年鉴》 | 2006～2008年 |
| | 第一产业比例（%） | 《中国统计年鉴》 | 2006～2008年 |
| | 地区生产总值（亿元） | 《中国统计年鉴》 | 2006～2008年 |
| | 建筑业生产总值（万元） | 《中国统计年鉴》 | 2006～2008年 |
| | 铁路营业里程（公里） | 《中国统计年鉴》 | 2006～2008年 |
| | 公路里程（公里） | 《中国统计年鉴》 | 2006～2008年 |
| | 长途光缆线路长度（公里） | 《中国统计年鉴》 | 2006～2008年 |
| | 年末供水管道长度（公里） | 《中国统计年鉴》 | 2006～2008年 |
| | 燃气管道长度（公里） | 《中国统计年鉴》 | 2006～2008年 |
| | 集中供热管道长度（公里） | 《中国统计年鉴》 | 2006～2008年 |
| | 水库容量（亿立方米） | 《中国统计年鉴》 | 2006～2008年 |
| | 地质灾害防治投资（万元） | 《中国统计年鉴》 | 2006～2008年 |
| | 水利建设投资完成额（万元） | 《中国水利年鉴》 | 2006～2008年 |

续表

| 指标范围 | 指标 | 数据来源 | 年度 |
|---|---|---|---|
| 福建省各市指标 | 人口总数（万人） | 《福建省统计年鉴》 | 2006～2009年 |
| | 农作物播种面积（千公顷） | 《福建省统计年鉴》 | 2006～2009年 |
| | 房地产开发投资（万元） | 《福建省统计年鉴》 | 2006～2009年 |
| | GDP（亿元） | 《福建省统计年鉴》 | 2006～2009年 |
| | 建筑业生产总值（亿元） | 《福建省统计年鉴》 | 2006～2009年 |
| | 公路里程（公里） | 《福建省统计年鉴》 | 2006～2009年 |
| | 农林水事务支出（万元） | 《福建省统计年鉴》 | 2006～2009年 |

## 第一节　脆弱性研究的基本方法①

承灾体脆弱性是指“一种状态，这种状态决定于一系列能够导致社会群体对灾害影响的敏感性增加的自然、社会和环境因素或者过程”。这就是说，承灾体表现出来的脆弱性是区域自然孕灾环境与各种人类活动相互作用的产物。图4－1说明了定量评价脆弱性的流程。

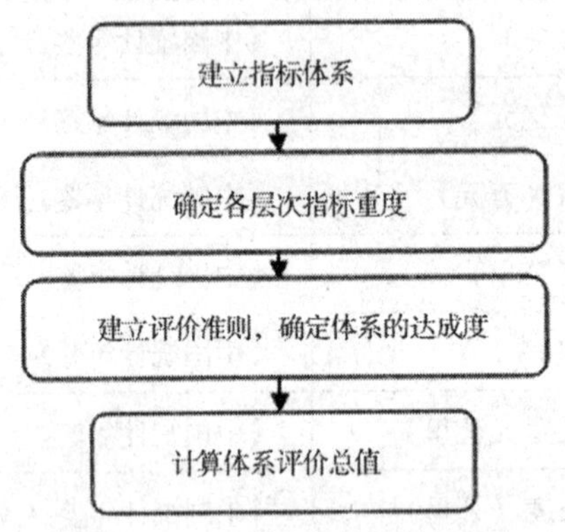


**图4－1　脆弱性评价流程图**

### 一、建立指标体系

由承灾体脆弱性的相关含义可知，脆弱性与人口、社会、环境等方面的因素有关，图4－2显示了指标的结构体系，其中A为一级指标，B为二级指标，C为三级指标。

① 以后各灾因不再赘述。

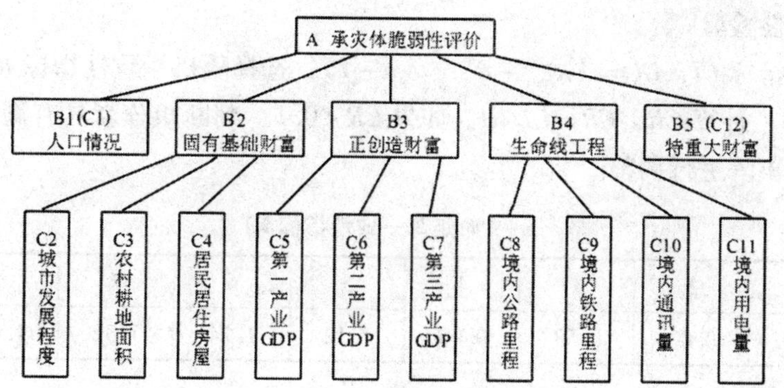


**图4-2 脆弱性指标的建立**

假设已经取出n个指标，有m个地区，以 $R_i=(r_1, r_2, \cdots, r_m)$、$i=1, 2, \cdots, n$ 表示第i个指标下各地区的指标数值。据此可以建立总的评价矩阵：

$$R=\begin{bmatrix} R_1 \\ R_2 \\ \vdots \\ R_n \end{bmatrix}=\begin{bmatrix} r_{11} & r_{12} & r_{1m} \\ r_{21} & r_{22} & r_{2m} \\ \vdots & \vdots & \vdots \\ r_{n1} & r_{n2} & r_{nm} \end{bmatrix}$$

## 二、确定各层次

评价指标的重度可以用层次分析法，其步骤如下：

第一，构造判断矩阵。

对同一层次的指标，通过两两比较的方法建立判断矩阵。表4-2为B层的判断矩阵，其中 $b_{ij}$ 表示 $B_i$ 比 $B_j$ 的重要程度，通常用1，2，3，…，9以及它们的倒数表示。

**表4-2 判断矩阵**

| A | $B_1$ | $B_2$ | $B_n$ |
|---|---|---|---|
| $B_1$ | $b_{11}$ | $b_{12}$ | $b_{1n}$ |
| $B_2$ | $b_{21}$ | $b_{22}$ | $b_{2n}$ |
| $B_n$ | $b_{n1}$ | $b_{n2}$ | $b_{nn}$ |

取值的含义为：

取值1：表示 $B_i$ 与 $B_j$ 一样重要；

取值3：表示 $B_i$ 比 $B_j$ 重要一点；

取值5：表示 $B_i$ 比 $B_j$ 重要；

取值7：表示 $B_i$ 比 $B_j$ 重要得多；

取值9：表示 $B_i$ 比 $B_j$ 极端重要。

取值2，4，6，8介于上述相邻两项之间，相应倒数表示不重要程度。

任何判断矩阵都满足 $b_{ii}=1$&$b_{ij}=1/b_{ji}$（i，j=1，2，…，n）。

第二，求特征向量 $\Gamma=(\tau_1, \tau_2, \cdots, \tau_n)$ 和最大特征根 $\lambda_{max}$，特征向量即为指标重度。

第三，一致性检验。

计算一致性指标 $CI$，$CI=(\lambda_{max}-n)/(n-1)$；选择随机一致性指标 $RI$，对于1～9阶的矩阵见表4－3；计算 $CR$，$CR=CI/RI$。如果 $CR<0.1$，判断矩阵就具有满意的一致性，否则就需要对判断矩阵进行调整。

表4－3　　1～9阶矩阵一致性指标RI

| 阶数 | 1 | 2 | 3 | 4 | 5 | 6 | 7 | 8 | 9 |
|---|---|---|---|---|---|---|---|---|---|
| RI | 0.00 | 0.00 | 0.58 | 0.90 | 1.12 | 1.24 | 1.32 | 1.41 | 1.45 |

## 三、计算评价总值

$$\Pi=(\pi_1,\pi_2,\cdots,\pi_n)=\Gamma^* R=(\tau_1,\tau_2,\cdots,\tau_n)^* \begin{bmatrix} r_{11} & r_{12} & r_{1m} \\ r_{21} & r_{22} & r_{2m} \\ \vdots & \vdots & \vdots \\ r_{n1} & r_{n2} & r_{nm} \end{bmatrix}$$

# 第二节　全国各省（区、市）台风灾害的脆弱性分析

本节首先研究同一年度我国各省（区、市）的脆弱性，以分析各省（区、市）脆弱性的差异，其次研究各个省（区、市）不同年度的脆弱性，以分析各省（区、市）在不同年度脆弱性的发展趋势。

脆弱性指标的计算过程，可以分为指标选取、权重赋值、构建矩阵、计算结果与分析等5步骤。

## 一、同一年度我国各省（区、市）的脆弱性分析

根据上述脆弱性研究的基本方法，选用我国各省（区、市）2008年的数据，进行各省（区、市）脆弱性研究。

### （一）指标评价体系

基于数据的可得性和台风灾因的特点，建立指标体系（见表4－4）。

表4－4　　台风灾害脆弱性指标

| | 一级指标 | 二级指标 |
|---|---|---|
| 脆弱性指标评价体系（A） | 人口情况（B1） | 人口密度（C1） |
| | 固有财富（B2） | 建筑物密度（C2） |
| | | 农村耕地密度（C3） |

续表

|  | 一级指标 | 二级指标 |
|---|---|---|
| 脆弱性指标评价体系（A） | 正创造财富（B3） | 经济密度（C4） |
|  |  | 建筑业经济密度（C5） |
|  |  | 第一产业比例（C6） |
|  | 生命线工程（B4） | 铁路密度（C7） |
|  |  | 公路密度（C8） |
|  |  | 电信通信密度（C9） |
|  |  | 城市生命线密度（C10） |
|  | 防灾能力（B5） | 水库容量密度（C11） |
|  |  | 地质灾害防治投资密度（C12） |
|  |  | 水利建设投资密度（C13） |

1. 人口情况。

人口密度＝人口总数/地区面积。人口集中程度越高，台风灾害的脆弱性越高。

2. 固有财富。建筑物经济密度反映了建筑密集程度，单位面积建筑密度越大，受到同等强度的台风灾害侵袭时越可能遭受更大的损失，即脆弱性越高。

农村耕地面积也是固有财富的一种，当有台风侵袭时，会对耕地造成一定的损毁，所以农村耕地密度越大，脆弱性越高。

3. 正创造财富。单位面积 GDP 的不同，遭受同等强度的台风灾害侵袭时，其绝对损失量有很大差别，财富、经济集中的易损性加大了台风灾害的脆弱性。所以经济密度越高，脆弱性越大。

建筑业经济密度反映了建筑业财富密集程度，单位面积建筑业经济密度越大，受到同等强度的台风灾害侵袭时越可能遭受更大的损失，即脆弱性越高。

单位面积第一产业比例越大，经济财富越集中，当地的脆弱性也相应越大。

4. 生命线工程。不论是公路、铁路、电信密度，还是城市管道的密度，这些生命线工程的密集度越高，说明同等强度的台风灾害侵袭时，对这些城市生命线工程的破坏越大，所以密度越高，脆弱性越大。

5. 防灾能力。水利设施越完善（这里利用指标水库容量密度），防灾和水利建设的投资越大（利用指标地质灾害防治投资密度和水利建设投资密度），防灾能力越强，受到同等强度的台风灾害侵袭时，损失量越小，脆弱性也越小。

**（二）评价指标权重**

根据层次分析法构造判断矩阵，计算 A 层到 B 层的重度，表 4－5 为一级指标的判断矩阵。

表 4－5　　一级指标的判断矩阵

| A→ | B1 | B2 | B3 | B4 | B5 |
|---|---|---|---|---|---|
| B1 | 1.00 | 0.20 | 0.14 | 2.00 | 0.33 |
| B2 | 5.00 | 1.00 | 0.33 | 7.00 | 2.00 |
| B3 | 7.00 | 3.00 | 1.00 | 9.00 | 4.00 |
| B4 | 0.50 | 0.14 | 0.11 | 1.00 | 0.17 |
| B5 | 3.00 | 0.50 | 0.25 | 6.00 | 1.00 |

再根据判断矩阵，利用和积法求出矩阵的特征向量和最大特征根。

特征向量 $\tau$ =（0.0608，0.2475，0.4963，0.0365，0.1589），即为B层指标的重度；最大特征根为5.1370。

计算一致性指标 $CR = 0.03425 < 0.1$，表明矩阵具有满意的一致性。

重复上述过程，计算B层到C层的重度，最终得到总权重（见表4－6）。

表 4－6　　各指标权重

| | 一级指标 | 一级权重 | 二级指标 | 二级权重 | 总权重 |
|---|---|---|---|---|---|
| 脆弱性指标评价体系（A） | 人口情况（B1） | 0.0608 | 人口密度（C1） | 1.0000 | 0.0608 |
| | 固有财富（B2） | 0.2475 | 建筑物密度（C2） | 0.2500 | 0.0619 |
| | | | 农村耕地密度（C3） | 0.7500 | 0.1856 |
| | 正创造财富（B3） | 0.4963 | 经济密度（C4） | 0.6333 | 0.3143 |
| | | | 建筑业经济密度（C5） | 0.1062 | 0.0527 |
| | | | 第一产业比例（C6） | 0.2605 | 0.1293 |
| | 生命线工程（B4） | 0.0365 | 铁路密度（C7） | 0.1477 | 0.0054 |
| | | | 公路密度（C8） | 0.2953 | 0.0108 |
| | | | 电信通信密度（C9） | 0.0601 | 0.0022 |
| | | | 城市生命线密度（C10） | 0.4969 | 0.0181 |
| | 防灾能力（B5） | 0.1589 | 水库容量密度（C11） | 0.2299 | 0.0365 |
| | | | 地质灾害防治投资密度（C12） | 0.1222 | 0.0194 |
| | | | 水利建设投资密度（C13） | 0.6479 | 0.1030 |

**（三）脆弱性指数的计算与结果分析**

在获得数据后，为消除量纲影响，必须对具有不同量纲的数据进行标准化处理。本文选用以下去量纲化公式：

某指标若与脆弱性正相关，则指标处理为 $\frac{X_i - X_{min}}{X_{max} - X_{min}}$；

若某指标与脆弱性负相关（例如防灾能力指标），则指标处理为$\frac{X_{max}-X_i}{X_{max}-X_{min}}$（因为此时该指标数值越大，脆弱性应该越小）。

最终得到各省（区、市）脆弱性指数（见表4－7），其中以0表示脆弱性程度最低，10表示脆弱性程度最高。

表4－7　全国各省（区、市）台风灾害脆弱性结果

| 北京 | 天津 | 河北 | 山西 | 内蒙古 | 辽宁 | 吉林 | 黑龙江 |
|---|---|---|---|---|---|---|---|
| 4.89 | 5.99 | 3.84 | 2.01 | 0.63 | 2.96 | 3.14 | 2.67 |
| 上海 | 江苏 | 浙江 | 安徽 | 福建 | 江西 | 山东 | 河南 |
| 10.00 | 5.64 | 2.17 | 4.68 | 1.50 | 2.38 | 5.55 | 5.56 |
| 湖北 | 湖南 | 广东 | 广西 | 海南 | 重庆 | 四川 | 贵州 |
| 2.93 | 2.70 | 2.03 | 2.66 | 3.97 | 2.68 | 1.98 | 2.59 |
| 云南 | 西藏 | 陕西 | 甘肃 | 青海 | 宁夏 | 新疆 | |
| 2.23 | 0.40 | 1.99 | 1.42 | 0.00 | 2.00 | 0.72 | |

根据以上结果，将各省（区、市）根据脆弱性程度进行排序，得到表4－8。

表4－8　全国各省（区、市）脆弱性分级

| 6～10 | 极端脆弱地区 | 上海　江苏 |
|---|---|---|
| 4～6 | 高度脆弱地区 | 天津　山东　河南　安徽　北京 |
| 2～4 | 中等脆弱地区 | 海南　河北　吉林　湖北　辽宁　湖南　浙江　重庆 |
| | | 黑龙江　广西　贵州　江西　云南　广东　山西　宁夏 |
| 1～2 | 低度脆弱地区 | 四川　陕西　福建　甘肃 |
| 0～1 | 较不脆弱地区 | 新疆　内蒙古　西藏　青海 |

结果显示，上海、江苏的脆弱性最高，主要原因在于其人口密度大，GDP较高，一旦发生台风，损失将比其他地区严重，具体见附录二中的图4－3。

## 二、我国各省（区、市）不同年度脆弱性分析

选用与各省（区、市）脆弱性分析相同的指标体系，得到相同的指标权重，根据我国各省（区、市）2006～2008年的数据，进行各省（区、市）不同年度的脆弱性研究。

最终得到各省（区、市）不同年度脆弱性指标（见表4－9），以0表示脆弱性最低，10表示脆弱性程度最高。

表4-9　各省（区、市）不同年度台风灾害脆弱性结果

| 时间＼省（区、市） | 北京 | 天津 | 河北 | 山西 | 内蒙古 | 辽宁 | 吉林 | 黑龙江 |
|---|---|---|---|---|---|---|---|---|
| 2006年 | 0.00 | 3.57 | 3.15 | 6.18 | 0.00 | 0.00 | 6.19 | 0.00 |
| 2007年 | 0.74 | 0.00 | 0.00 | 0.00 | 0.12 | 0.99 | 0.00 | 7.59 |
| 2008年 | 10.00 | 10.00 | 10.00 | 10.00 | 10.00 | 10.00 | 10.00 | 10.00 |
| 时间＼省（区、市） | 上海 | 江苏 | 浙江 | 安徽 | 福建 | 江西 | 山东 | 河南 |
| 2006年 | 7.18 | 0.00 | 3.53 | 6.14 | 6.04 | 5.27 | 2.66 | 6.99 |
| 2007年 | 0.00 | 6.86 | 0.00 | 0.00 | 0.00 | 0.00 | 0.00 | 0.00 |
| 2008年 | 10.00 | 10.00 | 10.00 | 10.00 | 10.00 | 10.00 | 10.00 | 10.00 |
| 时间＼省（区、市） | 湖北 | 湖南 | 广东 | 广西 | 海南 | 重庆 | 四川 | 贵州 |
| 2006年 | 1.00 | 1.11 | 0.00 | 0.64 | 4.52 | 5.57 | 0.00 | 6. 68 |
| 2007年 | 0.00 | 0.00 | 0.89 | 0.00 | 0.00 | 0.00 | 1.12 | 0.00 |
| 2008年 | 10.00 | 10.00 | 10.00 | 10.00 | 10.00 | 10.00 | 10.00 | 10.00 |
| 时间＼（区、市） | 云南 | 西藏 | 陕西 | 甘肃 | 青海 | 宁夏 | 新疆 | |
| 2006年 | 6.93 | 3.35 | 0.35 | 4.83 | 1.75 | 6.38 | 0.00 | |
| 2007年 | 0.00 | 0.00 | 0.00 | 0.00 | 0.00 | 0.00 | 8.41 | |
| 2008年 | 10.00 | 10.00 | 10.00 | 10.00 | 10.00 | 10.00 | 10.00 | |

根据以上结果，可以得到以下几点结论：

第一，各省（区、市）在2008年的脆弱性都是最高的。

第二，部分省（区、市）在2006年和2007年的脆弱性程度差不多，包括北京、内蒙古、辽宁、湖北、湖南、广东、广西、四川、陕西、青海。

第三，2006年、2007年脆弱性程度呈上升趋势的省（区、市）有：黑龙江、江苏、新疆；呈下降趋势的省（区、市）有：天津、河北、山西、吉林、上海、浙江、安徽、福建、江西、山东、河南、海南、重庆、贵州、云南、西藏、甘肃、宁夏。

总体来看，2006~2008年，各省（区、市）脆弱性呈上升的趋势，主要原因在于人口密度、建筑物密度、经济密度、建筑业密度、生命线工程密度等与脆弱性正相关的指标大多呈上升趋势，而与脆弱性负相关的防灾能力指标大多呈下降趋势。

# 第三节　福建省台风灾害脆弱性分析

## 一、福建省脆弱性影响和驱动因素

福建省地处我国东南沿海，毗邻浙江省、江西省、广东省，与台湾隔海相望，全省陆地面积 12.14 万平方公里，地势西北高、东南低，山地、丘陵和平原分别占 75%、15% 和 10%。海域面积 13.6 万平方公里，海岸线长达 3 324 公里，沿海岛屿有 1 400 多个。福建省属于亚热带湿润季风气候，西北有山脉阻挡寒风，东南有海风调节，夏季炎热，平均气温 20℃ ~39℃。受地理条件和高温气候影响，热带气旋多发，每年 7 ~9 月是台风季，降水量较多，台风灾害较多。由于亚洲地区 500hPa 大气环流影响，以及西太平洋副高偏弱偏北时有利于台风活跃和北上影响福建省，引起降雨异常。由于海岸对风的摩擦辐合作用，致使南北沿海地区常出现很强的台风暴雨中心。

## 二、脆弱性指标的计算过程

### （一）指标评价体系

由于部分地方统计数据缺失，所以将指标体系进行调整，减少了部分指标，具体见表 4 - 10。

**表 4 - 10　　福建省台风灾害脆弱性指标表**

| | 一级指标 | 二级指标 |
|---|---|---|
| 脆弱性指标评价体系（A） | 人口情况（B1） | 人口密度（C1） |
| | 固有财富（B2） | 建筑物密度（C2） |
| | | 农村耕地密度（C3） |
| | 正创造财富（B3） | 经济密度（C4） |
| | | 建筑业经济密度（C5） |
| | 生命线工程（B4） | 公路密度（C6） |
| | 防灾能力（B5） | 农林水事务支出密度（C7） |

1. 人口情况。

人口密度 = 人口总数/地区面积。人口集中程度越高，台风灾害的脆弱性越高。

2. 固有财富。建筑物经济密度反映了建筑密集程度，单位面积建筑密度越大，受到同等强度的台风灾害侵袭时越可能遭受更大的损失，即脆弱性越高。

农村耕地密度越大，脆弱性越高，在计算上，用农作物播种面积来替代。福建省地貌比较复杂，各市的差异有较大不同。

3. 正创造财富。财富的集中加大了台风灾害的脆弱性，所以经济密度越高，脆弱性越大。福建省各市的经济发展也存在较大不平衡，脆弱性有较大差别。

建筑业经济密度反映了建筑业财富密集程度，单位面积建筑业经济密度越大，受到同等强度的台风灾害侵袭时越可能遭受更大的损失，即脆弱性越高。

4. 生命线工程。生命线工程的密集度越高，同等强度的台风灾害侵袭时，遭受的破坏越大，所以密度越高，脆弱性越大。

5. 防灾能力。这里使用农林水事务支出这一指标来衡量，由于防灾和水利建设的投资越大，防灾能力越强，受到同等强度的台风灾害侵袭时，损失量越小，脆弱性也越小。

**（二）评价指标权重**

一级指标的转移矩阵与各省（区、市）脆弱性分析的转移矩阵是一样的，由于二级指标有所变化，重新计算权重（见表4－11）。

**表4－11　　各指标权重**

| | 一级指标 | 一级权重 | 二级指标 | 二级权重 | 总权重 |
|---|---|---|---|---|---|
| 脆弱性指标评价体系（A） | 人口情况（B1） | 0.0608 | 人口密度（C1） | 1.0000 | 0.0608 |
| | 固有财富（B2） | 0.2475 | 建筑物密度（C2） | 0.2500 | 0.0619 |
| | | | 农村耕地密度（C3） | 0.7500 | 0.1856 |
| | 正创造财富（B3） | 0.4963 | 经济密度（C4） | 0.8333 | 0.4135 |
| | | | 建筑业经济密度（C5） | 0.1667 | 0.0827 |
| | 生命线工程（B4） | 0.0365 | 公路密度（C6） | 1.0000 | 0.0365 |
| | 防灾能力（B5） | 0.1589 | 农林水支出密度（C7） | 1.0000 | 0.1589 |

**（三）脆弱性指数的计算与结果分析**

对指标的标准化处理与全国脆弱性指标数据标准化处理是一致的，最终得到各年度各设区市脆弱性指数（见表4－12）。

**表4－12　　福建省台风灾害脆弱性结果1**

| 时间<br>地区 | 2006年 | 2007年 | 2008年 | 2009年 |
|---|---|---|---|---|
| 福州市 | 0.6976 | 0.7066 | 0.7010 | 0.6999 |
| 厦门市 | 0.8721 | 0.8538 | 0.8545 | 0.8524 |
| 莆田市 | 0.7267 | 0.7299 | 0.7278 | 0.7225 |
| 三明市 | 0.5895 | 0.6061 | 0.6064 | 0.6038 |
| 泉州市 | 0.6938 | 0.7234 | 0.7232 | 0.7208 |
| 漳州市 | 0.6489 | 0.6519 | 0.6515 | 0.6419 |
| 南平市 | 0.5777 | 0.5840 | 0.5874 | 0.5875 |
| 龙岩市 | 0.5911 | 0.5846 | 0.5850 | 0.5860 |
| 宁德市 | 0.5995 | 0.6023 | 0.6030 | 0.6004 |

将脆弱性的指数按照年度统一化为0～10的数（见表4－13）。

表 4－13　　　　福建省台风灾害脆弱性结果 2

| 时间<br>地区 | 2006 年 | 2007 年 | 2008 年 | 2009 年 |
|---|---|---|---|---|
| 福州市 | 4.07 | 4.54 | 4.31 | 4.27 |
| 厦门市 | 10.00 | 10.00 | 10.00 | 10.00 |
| 莆田市 | 5.06 | 5.41 | 5.30 | 5.12 |
| 三明市 | 0.40 | 0.82 | 0.79 | 0.67 |
| 泉州市 | 3.94 | 5.17 | 5.13 | 5.06 |
| 漳州市 | 2.42 | 2.52 | 2.47 | 2.10 |
| 南平市 | 0.00 | 0.00 | 0.09 | 0.06 |
| 龙岩市 | 0.45 | 0.02 | 0.00 | 0.00 |
| 宁德市 | 0.74 | 0.68 | 0.67 | 0.54 |

根据以上结果，按照各省（区、市）脆弱性分级的标准，将福建省各市根据脆弱性程度进行排序，得到表 4－14。

表 4－14　　　　福建省内各市台风灾害脆弱性分级

| 6～10 | 极端脆弱地区 | 厦门市 |
|---|---|---|
| 4～6 | 高度脆弱地区 | 莆田市，福州市，泉州市（2007～2009 年） |
| 2～4 | 中等脆弱地区 | 漳州市，泉州市（2006 年） |
| 1～2 | 低度脆弱地区 | |
| 0～1 | 较不脆弱地区 | 南平市，龙岩市，宁德市，三明市 |

根据上面的结果，得到如下结论：

福建省脆弱性最高的城市为厦门市，脆弱性程度比较低的城市有 4 个——南平市、龙岩市、宁德市、三明市。这表明脆弱性受人口密度和经济发展程度的影响很大。

鉴于此，为更好地防范台风灾害，需要提高台风灾害预报能力，做好气象防灾减灾工作；另外要加强防灾的配套设施，加强抵御灾害的能力，具体见附录二中的图 4－4。

# 第五章

# 台风灾害的异常损失分析

## 第一节 台风灾害的极值分析

### 一、Gumbel 异常值方法说明①

Gumbel Distribution 是用来拟合给定的时间段内发生损失的极值分布函数，这是最初的 Gumbel 方法，被称为标准的 Gumbel 方法。后来这个方法有了进一步的发展，Harris 提出了修正的 Gumbel 方法，就是在拟合年度极值的 Gumbel 模型中，在估计参数时使用了加权最小二乘方法，同时准确地推导了顺序变量的分布形式。

**（一）标准的 Gumbel 方法**

在标准的 Gumbel 方法中，风速（$x$）的极值样本通过 Gumbel Distribution 来拟合。Gumbel Distribution 的数学形式如下：

$$F(x) = \exp(-e^{-(\alpha x-\pi)})$$

其中 $\alpha$，$\pi$ 分别是台风的分散度和特征的一个衡量。关于 Gumbel Distribution 的经验分布可以在 Gumbel 关于概率的论文中找到。而 $\alpha$ 和 $\pi$ 的估计可以通过经典的最小二乘方法得到。

**（二）修正的 Gumbel 方法**

Harris 在 Gumbel 之后提出了修正的 Gumbel 方法，主要是改变了顺序变量的使用，同时用加权最小二乘方法代替普通最小二乘方法来预测分布的参数。Harris 明确地归纳出在 Gumbel 分布中的顺序统计量的平均位次，其中第 k 个上顺序统计量的分布如下：

$$\overline{y}_k = \frac{n!}{(k-1)!(n-k)!}\int_0^1 ln[-ln(Z)]Z^{n-k}(1-Z)^{k-1}dZ$$

这里 $Z=F(x)$，代表了 Gumbel 分布中的累积概率。

**（三）Gumbel's Method of Exceedance**

这里，Gumbel's Method of Exceedance 是用来分析极值问题的一种方法，是修正的 Gumbel 方法的一个运用。

过去发生的损失 $X_1$，…，$X_n$ 可以看成是独立同分布的有限连续随机变量的实现值，$X_{1,n}>\cdots>X_{n,n}$是关于 $X_1$，…，$X_n$ 的顺序统计量，其中 $X_{k,n}$是样本的第 $k$ 个顺序统计量。把 $X_{k,n}$作为一个起始值，可以定义 $S_r^n(k)$ 为未来的 $r$ 个观察值 $X_{1+1}$，…，$X_{n+r}$中超过 $X_{k,n}$的个数。$S_r^n(k)$ 的定义式如下：

$$S_r^n(k) = \sum_{i=1}^{r} I_{\{X_{n+i}>X_{k,n}\}}$$

---

① 其他灾因分析部分不再赘述。

根据定理，随机变量 S 具有超几何分布：

$$P\{S=j\}=\frac{\binom{r+n-k-j}{n-k}\binom{j+k-1}{k-1}}{\binom{r+n}{n}}$$

证明如下：

$$P\{S=j\}=\int_{o}^{\infty}P(S=j\mid X_{k,n}=u)\,dF_{k,n}(u)$$

其中 $F_{k,n}(u)$ 表示 $X_{k,n}$ 的分布函数。由于 $(X_1,\cdots,X_n)$ 和 $(X_{n+1},\cdots,X_{n+r})$ 之间是独立的，$\sum_{i=1}^{r}I_{\{X_{n+i>u}\}}$ 是一个二项分布，参数分别是 $r$ 和 $\overline{F(u)}$，同时根据顺序统计量的特性，有：

$$dF_{k,u}(u)=\frac{n!}{(k-1)!\,(n-k)!}F^{n-k}(u)\,\overline{F}^{k-1}(u)\,dF(u)$$

因此可以得到：

$$P\{S=j\}=\frac{\binom{r+n-k-j}{n-k}\binom{j+k-1}{k-1}}{\binom{r+n}{n}}$$

## 二、对于登陆台风在未来一年内超过单次历史最高值的可能性分析

根据台风频数拟合的信息，台风的年度登陆频数符合参数值为 $n=38$，$p=0.2474$ 的二项分布。据此可计算未来一年台风登陆的不同次数所对应的概率，再根据 S 的分布，可以得到未来一年内，单次台风损失超过历史最高值的概率。

由于在给定未来一年的台风登陆频数的情况下，S 是一个超几何分布，而台风登陆的频数符合一个二项分布，因此可以用全概率公式来计算未来一年内超过历史单次最大损失的个数为 0 的概率，即：

$$P(S=0)=\sum_{i=0}^{n}P(S=0\mid r=i)\,P(i)$$

通过计算，得到未来一年内，登陆的台风不超过历史单次最大损失的概率为 0.938997。

在给定未来一年台风登陆频数的情况下，未来一年中单次台风损失不超过历史最大值的概率见图 5 - 1。

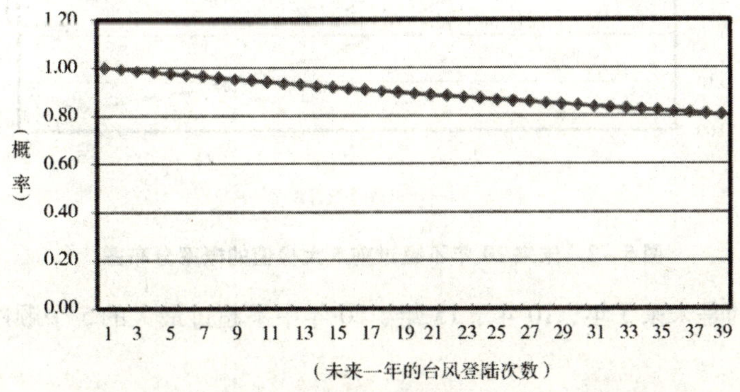


**图 5 - 1 未来一年单次台风损失不超过历史最大值的概率**

可以看到，随着未来一年登陆台风次数增加，未来一年不超过历史最大值的概率下降，即超过历史最大值的概率上升。但是不超过历史最大值的概率一直维持在75%以上。

## 三、对未来年度台风造成的总损失的预测

在未来年度台风造成的总损失的预测中，可以利用的年度损失数据是1983~2008年的数据，一共26个，数据量较小，其中最大值为1996年的991.052亿元（未经调整）。

先对数据进行排序，然后通过计算，得到表5-1，未来20年内台风年度总损失不超过1996年991.052亿元的概率为0.5652，超过1996年一次的概率为0.2512，超过两次的概率为0.1085。同样的，未来20年中，台风年度总损失不超过以前第二大总损失的概率为0.3140，超过一次的概率为0.2855，超过两次的概率为0.1892。

**表5-1　　未来20年内台风年度总损失预测情况**

| | 不超过 | 超过一次 | 超过两次 | 超过三次 | 超过四次 |
|---|---|---|---|---|---|
| 最大值 | 0.5652 | 0.2512 | 0.1085 | 0.0454 | 0.0184 |
| 第二顺序统计量 | 0.3140 | 0.2855 | 0.1892 | 0.1081 | 0.0560 |
| 第三顺序统计量 | 0.1713 | 0.2390 | 0.2162 | 0.1582 | 0.1009 |
| 第四顺序统计量 | 0.0916 | 0.1745 | 0.2022 | 0.1820 | 0.1388 |
| 第五顺序统计量 | 0.0480 | 0.1170 | 0.1668 | 0.1796 | 0.1607 |

从图5-2中可以看到，未来20年不超过前5大极值的概率逐渐变小，而且概率下降速度非常快。未来20年内不超过最大值的概率还是比较大，但是不超过第5顺序变量的概率非常小，即说明未来20年超过2001年年度损失345.65亿元的概率非常大。

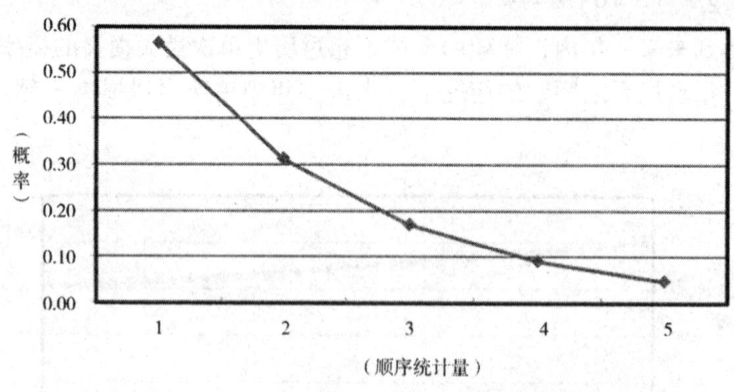


**图5-2　未来20年不超过前5大极值的概率分布图**

图5-3展示的是未来5年、10年、15年、20年中不超过最大的5个顺序统计量的概率。

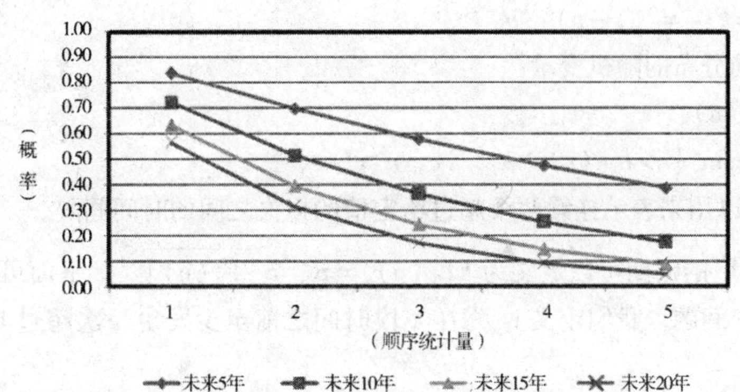


**图 5-3 未来不超过最大的 5 个顺序统计量的概率**

从图 5-3 可以看到，预测的时间期限越长，不超过特定值的概率越小，即超过特定值的概率越大，这跟我们的常识理解是一致的。但是这几条线的曲度不是很一致。在预测未来 5 年的情况下，不超过前 5 大极值的概率差不多呈直线型下降，而预测期为未来 20 年的情况下，是一个下凸型的下降曲线，概率下降速度先快后慢。

从图 5-4 中可以看到未来 20 年的年度损失量中，不超过最大损失量的概率比较大，超过一次的概率约在 0.3 的位置，以后超过次数越多，概率越小。

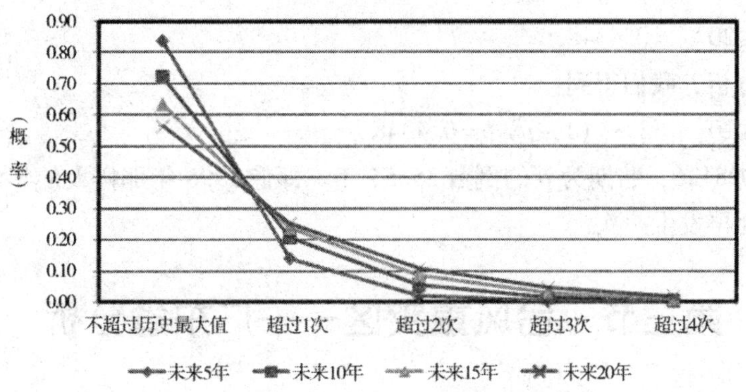


**图 5-4 未来年度损失量的极值预测图**

图 5-4 对比了未来 5 年、10 年、15 年、20 年中超过历史最大值的概率，可以看到未来不超过最大值的概率随着估计年限的增长而降低，而超过未来最大值的概率，随着估计年限的增长而增长。

## 第二节 台风的赔期

$X_i$ 可以作为分布为 $F$ 的独立的随机变量，$u$ 定义为一个已经给定的开始值。这样我们可以把 $I_{\{X_i>u\}}$ 当成是一个 Bernoulli 随机变量，成功概率为 $p=\overline{F}(u)$。定义第一次成功的时间为：

$L(u)=\min\{i\geqslant 1: X_i>u\}$

则：

$P\{L(u)=k\}=(1-p)^{k-1}p$

注意到独立同分布的随机变量：

$L_1(u)=L(u)$

$L_{n+1}(u)=\min\{i>L_n(u):X_i>u\},n\geqslant1$

$L_{n+1}(u)$ 可以用来表示连续两个超过给定值的损失之间的时间间隔。

事件 $\{X_i>u\}$ 的赔期可以定义为 $EL(u)=p^{-1}=[\overline{F(u)}]^{-1}$。下面可以通过几何分布的特性来解决这个问题。我们定义 $r_k$ 为在 k 段时间之前至少发生一次超过 u 的损失的概率。表达式如下：

$$r_k=P\{L(u)\leqslant k\}=p\sum_{i=1}^{k}(1-p)^{i-1}=1-(1-p)^k,\ k\in N$$

这样就得到了 $r_k$ 与 p 之间一一对应的关系。

在赔期之前的时间内发生一次超过 $u$ 的损失的概率表示如下：

$$P\{L(u)\leqslant EL(u)\}=p\{L(u)\leqslant[\frac{1}{p}]\}=1-(1-p)^{[\frac{1}{p}]}$$

根据前面对年度总损失的预测，可以得到未来 20 年内损失超过 u 的概率为：

$P\{X_i>u\}=1-P\{X_i<u\}=1-0.5652=0.4348$

即：

$P\{L(u)\leqslant20\}=0.4348$

根据前面的分析，我们得到：

$P\{L(u)\leqslant20\}=1-(1-p)^{20}=0.4348$

解得 p 为 0.028126，赔期为 p 的倒数 35.55 年。即像 1996 年那样大的年度损失，统计意义上 35.55 年才会再发生一次。

## 第三节　台风重灾区——广东省分析

广东省位于太平洋西岸，濒临南海，是西太平洋台风登陆中国的主要地区。每年登陆中国的 9.5 个台风中，广东省就占了 3.5 个，海南省、台湾次之，分别有 2.5 个和 2.1 个，其他沿海地区共 1.4 个。每次台风袭击都会对国民经济各个部门造成严重危害。据 1950～1992 年初步统计，广东省发生重大台风灾害近 30 次，其中自 1985 年以来因台风和洪水造成的直接经济损失超过 200 亿元，平均每年损失 20 亿元，1991 年更是高达 43 亿多元。随着广东省经济的飞速发展，这种损失将不断增加。台风灾害严重制约了广东省经济的可持续发展。下面重点研究广东省的台风灾害发生情况。

国内外对于几种主要灾害的理论研究主要有致灾因子论、孕灾环境论和承灾体论。下面分别从这三个方面分析为什么广东省是全国台风灾害最严重的地区。

### 一、致灾因子

一般认为灾害是致灾因子对承灾体作用的结果，没有致灾因子就没有灾害，台风灾害致灾因子主要指台风本身携带的大风、暴雨和风暴潮等。

**（一）狂风灾害**

由于台风中心气压很低，台风环流圈内的气压梯度较大，在台风中心附近，风力相当强劲。尤其是台风前进方向的左侧与副热带高压相邻，气压梯度更大，往往是浓云飞驰，狂风怒吼。台风移近广东省近海时，风力通常仍较大，主要是由于此时台风大多处于成熟或发展阶段，海面水汽充分，能量集中，加上海面的摩擦小，有利于台风强度的维持。台风中心附近的狂风及其引起的巨浪，对海上船只和海上各种生产设施有极严重的破坏作用。台风登陆后，水汽来源不足，供给减少，地形摩擦加大，能量损耗，风力开始明显减弱，但有时仍可达 12 级，对沿海地区有较大的破坏力。

**（二）暴雨灾害**

由于暖湿空气的急剧上升，台风登陆后通常有较大的降水。台风造成的后讯期降水占广东省年雨量的 40% ~50%，它可基本解除夏季和秋季的旱情。但由于广东省地势北高南低，在沿海又有北东东到南西西走向的山脉，台风在沿海地区登陆时，受气旋性涡旋本身动力抬升和地形强迫抬升，常可出现过于集中和较大范围的暴雨、大暴雨甚至特大暴雨，往往造成山洪暴发，江河陡涨，从而导致河堤决口，水库垮坝，公路、铁路、桥梁被冲毁，农田受淹，酿成严重的灾难。

**（三）风暴潮灾害**

台风中心气压很低，海水位相应较高，加之强风时沿海海水的壅积现象，若遇上农历每月的初三或十八前后两次天文大潮期，那么，台风在逼近广东省沿海而移向右侧时引起的巨浪，常使码头、仓库及港内停泊的船只遭到破坏。此时如遇江河上游地区山洪暴发，下游海水倒灌，大潮就会顶托河水向岸上倾泻，使江河沿岸城镇和农田受淹。

## 二、孕灾环境

台风孕灾环境主要受台风产生和登陆地区的气候条件、移动路径和登陆地区地理条件、台风登陆地区水文条件、土壤条件和植被条件等共同影响，各影响因素又分为若干个子因子。这些环境条件与台风配合，在一定程度上能加强或减弱台风致灾因子及次生灾害，直接影响灾情。

热带气旋是发生在热带亚热带地区海面上的气旋性环流，由水蒸气冷却凝固时放出潜热发展而出的暖心结构。所以当热带气旋登陆后，或者当热带气旋移到温度较低的洋面上，便会因为失去温暖、潮湿的空气供应能量，而减弱消散，或失去热带气旋的特性，转化为温带气旋。广东省地处我国南端，常年气候炎热，热带气旋容易减弱消散转为温带气旋。因此，广东省历来是台风多发地区。

## 三、承灾体

台风灾害承灾体主要包括台风影响地区人口、农作物、工矿企业、水利设施系统和交通通讯生命线系统等，这些指标同样包含若干个下一级因子，它们的数量与质量组合是台风成灾的主要原因和重要因素。广东省台风灾害造成的损失相当严重。虽然每年登陆的台风个数不等，强度不同，损失程度各异，但总体来说损失呈上升趋势。这反映了台风灾害不仅与致灾因子的强度有关，承灾体的脆弱性也是影响灾情严重程度的一个重要因素。广东省的经济飞速发展，承灾体的人口密度和财产密度也随之增加，灾害损失自然不断增加。尤其广东省近些年一直是我国 GDP 第一大省，人口密度与财产密度又排在前列，承灾体十分脆弱。

广东省位于中国改革开放的前沿。自 1979 年以来，广东省国民经济持续、快速、健康发展，综合经济实力连续多年居全国前列，生产总值、工业增加值等重要经济指标均居全国第一位。随着经济的迅速发展，财产密度也随之增加，灾害损失自然不断增加。

近些年，随着广东省经济的迅速发展，省外人口大量流入。广东省统计局公布的广东省第六次全国人口普查数据显示，全省常住人口与第五次全国人口普查的 8 642 万人相比，10 年共增加了 1 788 万人，增长 21.13%，平均每年增加 178.8 万人，年平均增长率为 1.90%。而同期，全国总人口增长 5.84%，年平均增长率为 0.57%，广东省常住人口增长率明显快于全国平均水平。人口密度骤增，灾害损失随之增加。

## 第四节　2008 年、2009 年重大台风分析

### 一、0814 号台风“黑格比”分析

“黑格比”是 2008 年热带气旋登陆我国大陆最强的一个台风，是继 1996 年 9615 号（Sally）之后登陆广东省最强的台风，也是 2008 年在我国大陆所造成损失最为严重的一个台风。共造成受灾人口 1 472.4 万人，紧急转移安置人口 157.2 万人，因灾死亡 43 人，失踪 12 人，受灾面积 1 191.1 千公顷，绝收面积 91.0 千公顷，损毁房屋 4.133 万间，直接经济损失 195.741 亿元。广东省出现罕见的风暴潮，其潮位之高为百年一遇，水利设施遭受严重破坏（见图 5－5 和表 5－2）。

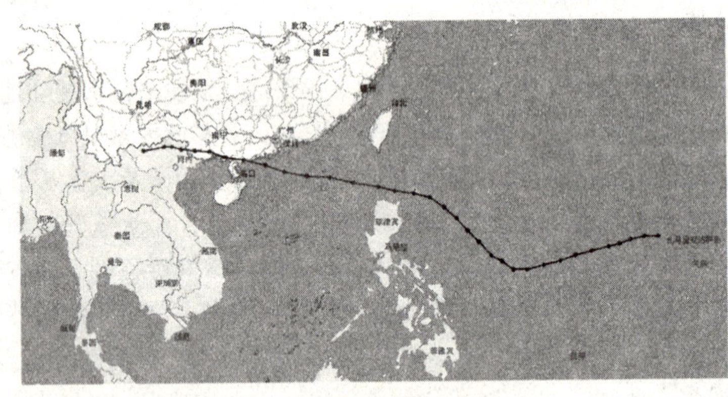

**图 5－5　0814 号台风路径**

**表 5－2　强台风“黑格比（Hagupit）”在广东、广西、海南三省（区）引发的灾情**

| 受灾省（区） | 受灾人口（万人） | 死亡人数（人） | 失踪人口（人） | 紧急转移安置人口（万人） | 受灾面积（千公顷） | 绝收面积（千公顷） | 倒塌房屋（万间） | 直接经济损失（亿元） |
|---|---|---|---|---|---|---|---|---|
| 广东 | 777.9 | 22 | 4 | 48.7 | 514.6 | 57.8 | 2.200 | 125.500 |
| 广西 | 665.0 | 21 | 8 | 105.3 | 656.6 | 32.0 | 1.930 | 69.700 |
| 海南 | 29.2 | 0 | 0 | 3.2 | 19.9 | 1.2 | 0.003 | 0.541 |
| 合计 | 1 472.1 | 43 | 12 | 157.2 | 1 191.1 | 91.0 | 4.133 | 195.741 |

### （一）致灾因子与孕灾环境

0814号强台风“黑格比”是2008年影响华南地区的重大天气气候事件之一，与通常台风相比，台风“黑格比”进入南海后移动速度突然加快，演变成为快速台风，至登陆前，移动速度稳定在30公里/小时以上，全程快速奔袭了广东、广西和海南等省（区）。登陆中心经过广西南部仅用了20个小时。而与历年快速台风相比，台风“黑格比”在广西造成的大范围暴雨持续了3天，影响时间明显偏长，与快速台风暴雨时间短的常理不相符，因此造成预报难度大增。经分析可知，“黑格比”与常理不符之处主要源自台风后期移动速度突然减慢，台风环流水汽辐合明显偏大。与通常台风 $-30 \sim -40 \times 10^{-5} S^{-1} g/(s.cm^2.hpa)$ 相比，“黑格比”的水汽通量散度明显偏大1倍多，至9月25日8时，台风“黑格比”的水汽通量散度仍有 $-60 \times 10^{-5} S^{-1} g/(s.cm^2.hpa)$，因此进入越南后，其后部的偏南风造成广西西南部出现大暴雨。

在台风“黑格比”影响期间，虽然没有明显的西南急流汇入其环流中，但是因台风“黑格比”涡度大，环流结构对称，其本身水汽通量散度持续偏大，造成了大范围暴雨持续时间比历年快速台风偏长，这是台风“黑格比”与通常台风及其他快速台风不同的地方。

### （二）承灾体

台风“黑格比”对广东、广西和海南等省（区）造成的损失相当严重。主要由于近些年，广东、广西及海南的经济飞速发展，综合经济实力连续多年居全国前列，生产总值、工业增加值等重要经济指标均居全国第一位，尤其广东省近些年一直是我国GDP第一大省，随着经济的迅速发展，财产密度也随之增加，承灾体十分脆弱，此次台风“黑格比”快速袭来，自然损失较大。

另一方面，随着近些年广东省经济的迅速发展，省外人口大量流入，人口密度骤增，相关防灾减灾知识普及不及时，台风“黑格比”突然光顾，广大群众措手不及，受灾人口庞大，伤亡惨重，灾害损失巨大。

## 二、0908号台风“莫拉克”分析

“莫拉克”是2009年热带气旋登陆我国大陆最强的一个台风，“莫拉克”台风吹袭台湾时，恰为1959年台湾史上最严重水患——“八七水灾”50周年。又因为在2009年8月8日台风“莫拉克”在台湾中南部多处降下刷新历史记录的大雨，亦称“八八水灾”。台风“莫拉克”在福建省霞浦县再次登陆后，带来狂风暴雨，一路北上，福建省、浙江省、江苏省及安徽省共紧急疏散超过140万人，超过880万人受灾。其中华阳降雨800多毫米，属百年一遇，苍南县城出现50年一遇大雨，雨量亦超过800毫米，温州雨量则超过700毫米，多处出现山体塌方及泥石流等次生灾害。据统计，“莫拉克”带来的损失至少34亿美元。

福建省气象台于2009年8月6日对中北部沿海地区首先发出台风蓝色预警信号，8月7日上午改发黄色预警，12时18分升为第二高级别的橙色预警信号，再于8月8日6时10分发出最高级别的台风红色预警信号。8月9日，受台风“莫拉克”影响，一艘超过3万吨的大型货轮，凌晨在宁德市青山岛附近搁浅，船上8名船员等待救援。截至8月8日12时，浙江省已发生公路塌方约3万方，冲毁涵洞14道。因淹水和塌方等原因中断交通，经抢修尚有2条省道、16条县道中断。公路、水路交通未有人员死伤情况报告。台风“莫拉克”8月9

日约16时在福建省霞浦县登陆后，减弱为强烈热带风暴。福建省和浙江省有狂风大雨，两省另加江苏省及安徽省共紧急疏散超过140万人，7万多艘船回港避风。“莫拉克”逐步由浙江省移向江苏省南部，总死亡人数增至最少6人，另有3人失踪，超过880万人受灾。福建省、浙江省、安徽省、江苏省等地相继下暴雨，有6 000间房屋倒塌、38万公顷农作物受灾，直接经济损失达到90亿元人民币（见图5-6）。

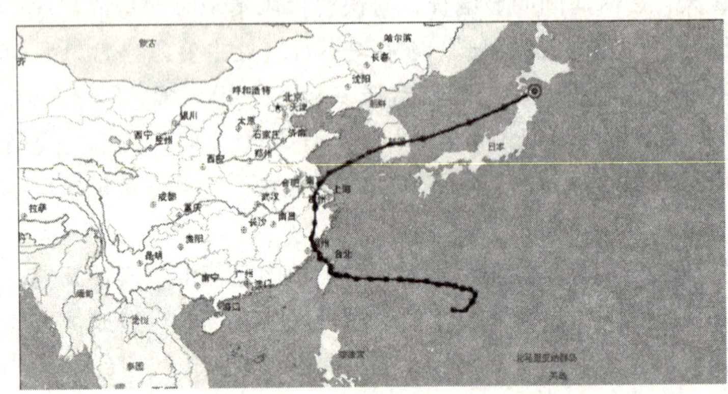


图5-6　0908号台风路径

**（一）致灾因子与孕灾环境**

由副高引导气流以及洋面上存在三台风相互牵制效应，台风“莫拉克”移速缓慢，影响范围广，强度大，维持时间长，移动路径复杂多变。台风“莫拉克”生成后，随着其强度的不断加强，范围不断扩大，7级风圈半径从100公里发展至最强时的500公里。强降雨区主要出现在其移动路径的南到东南一侧，呈现出典型的非对称分布。由于台风移动缓慢，加之西南季风将丰沛水汽源源不断地补给到“莫拉克”云系中去，给此次台风带来了超乎想像的惊人雨量。

**（二）承灾体**

台风“莫拉克”带来了巨大的水灾，造成了极大的经济损失和人员伤亡，这与承灾体特点是密切相关的。东南沿海山脉地形在一定条件下形成的地形辐合往往是台风低压内部制造中尺度对流系统的根源。山脉对台风“莫拉克”的暴雨增幅作用非常明显，台风“莫拉克”登陆福建省，遇到迎风坡的效应形成的地形雨，雨量更为猛烈。山脉地形是暴雨形成的主要外在条件。登陆时台风中心气压970百帕，近中心最大风速33米/秒，相当于12级风，随后移动速度稍稍加快。

台风“莫拉克”对南台湾地区的影响巨大，据统计，台湾南部很多地方的雨量都超过了1 000毫米，很多地方还超过2 000毫米，阿里山区就达到了2 855毫米，这相当于北京市5~6年的降水量。由于台湾山区坡度极为陡峭，加上“9·21”地震后山区地质松动，而过度开发也易造成植被覆盖率低、水土流失，台风夹带暴雨来袭时，容易导致泥石流等地质灾害。由山区汇集而下的洪流，除了带给水库淤积，也易造成下游坡度平缓的地区形成水灾和土石淤积。此外，大城市局部地区因暴雨的雨量超过排水设施的设计标准，有淹水发生，给人民生命财产造成严重损失。社会日益富裕，以及人口集中于城市，也使得灾害损失程度增加。

# 第六章

# 台风灾害的聚类分析

本章将使用聚类分析的方法对各省（区、市）进行分组。数据采用1983～2008年各个省（区、市）的损失数据，其中，1983～2000年的数据来自可持续发展网；2001～2005年的分省（区、市）台风数据来源于《热带气旋年鉴（光盘版）》，2006～2008年的数据来源于《热带气旋年鉴》。

## 第一节　聚类的基本原理[①]

### 一、聚类分析概述

聚类分析依赖于对观测间的接近程度（距离）或相似程度的理解，定义不同的距离量度和相似性量度就可以产生不同的聚类结果。SAS中提供了谱系聚类、快速聚类、变量聚类等聚类过程。本文将采用谱系聚类法进行聚类分析。

谱系聚类是一种逐次合并类的方法，最后得到一个聚类的二叉树聚类图。其主要思路是：对于n个观测，先计算其两两的距离，得到一个距离矩阵，然后把离得最近的两个观测合并为一类，于是只剩下n－1个类，再计算其两两之间的距离，找到离得最近的两个类并将其合并，就只剩下n－2个类……直到剩下两个类，把它们合并为一个类为止。当然，真的合并为一个类就失去了聚类的意义，所以上面的聚类过程应该在达到某个类水平数（即未合并的类数）时停下来，最终的类就取这些未合并的类。

### 二、聚类方法简介

根据类间距离计算方法的不同，可以有多种不同的聚类方法。这里介绍最常用的几种。

设观测个数为n，变量个数为v，G为在某一聚类水平上的类的个数，$x_i$为第i个观测，$C_k$是当前（水平G）的第K类，$N_K$为$C_K$中的观测个数，$\overline{X}$为均值向量，$\overline{X}_k$为类$C_K$中的均值向量（中心）。假设某一步聚类把类$C_K$和类$C_L$合并为下一水平的类$C_M$，则定义$B_{KL}$为合并导致的类内离差平方和的增量。用$d(x, y)$代表两个观测之间的距离或非相似性测度，$D_{KL}$为第$G$水平的类$C_K$和类$C_L$之间的距离或非相似性测度。

**（一）类平均法**

测量两类中每对观测间的平均距离，即：

---

① 其他灾因分析部分不再赘述。

$$D_{KL}=\frac{1}{N_K N_L}\sum_{i\in C_K}\sum_{j\in C_L}d\ (x_i,\ y_j)$$

**（二）Ward 最小方差法**

Ward 最小方差法也称 Ward 离差平方和法。组间距离为：

$$D_{KL}=B_{KL}=\|\overline{X}_K-\overline{X}_L\|^2/\ (1/N_K+1/N_L)$$

## 第二节　按次均损失额聚类分析

### 一、变量的选择

根据所掌握的官方公共数据，分省（区、市）数据比较齐全的有1983～2008年间的台风登陆频数、台风受灾记录以及GDP水平和人口密度，我们就从中选取可以用来作聚类分析的变量。

**（一）台风登陆频数**

台风登陆频数的定义可以是在某一时间段内台风在某一省（区、市）登陆次数的总和，也可以是某段时间内台风在某一省（区、市）每年登陆的平均次数。虽然可以证明选择哪种定义对聚类分析的结果不存在影响，但是很明显后者更便于解释，所以我们把每年登陆的平均次数作为一个变量。由于只有沿海的省（区、市）才有可能遭遇台风登陆，所以该变量实际上是把沿海省（区、市）和非沿海的省（区、市）区别开来，同时也把遭遇台风登陆较多的省（区、市）和遭遇台风登陆较少的省（区、市）区别开来。

**（二）台风受灾频数**

台风受灾频数的定义可以是台风在某时间段在某一省（区、市）造成灾害的次数的总和，也可以是某时间段内台风在某一省（区、市）每年造成灾害的平均次数。同样可以证明选择哪种定义对聚类结果不存在影响，但是后者便于解释，所以我们把每年受灾的平均次数作为一个变量。该变量实际上是把经常受灾的省（区、市）和不经常受灾的省（区、市）区别开来。

**（三）次均损失额**

要计算次均损失额，首先需要把所有的损失额进行标准化，采用如下公式进行标准化：

$$LOSS=LOSS_y\times\frac{GDP_{2008}}{GDP_y}$$

然后计算出次均损失额的平均值，具体公式为：

$$MLOSS=\frac{\sum_{i=1}^{K}LOSS_i}{K}$$

其中，MLOSS为平均次损失额，K为某省（区、市）历年损失记录总数。

之所以选择次均损失额而不是年均损失额，是因为年均损失额与台风受灾频数具有很强的正相关性。如果各地区的次损失差异不大，那么受灾频率高的省（区、市）自然年均损失额会高。如此一来，实际上是加大了受灾记录在聚类分析中的权重。次均损失额则不存在这样的问题，因为在次均损失额中，没有考虑某省（区、市）受灾频率的问题。表6－1为分别用次均损失额和年均损失额与登陆频数和受灾频数的相关系数计算的结果。从中可以看到，次均损失额比年均损失额更有优势。

**表6－1　　年均损失额、次均损失额与受灾频数和登陆频数的相关系数表**

| | 受灾频数 | 登陆频数 |
|---|---|---|
| 年均损失额 | 0.9123 | 0.7776 |
| p值 | <.0001 | <.0001 |
| 次均损失额 | 0.6659 | 0.4611 |
| p值 | <.0001 | 0.009 |

结合1983～2008年各省（区、市）统计的台风灾害记录，标准化次均损失如表6－2所示。

**表6－2　　1983～2008年各省（区、市）台风次均损失额**　　（单位：亿元）

| 重庆 | 浙江 | 云南 | 新疆 | 西藏 | 天津 |
|---|---|---|---|---|---|
| 0.00 | 184.42 | 9.27 | 0.00 | 0.00 | 29.72 |
| 四川 | 上海 | 陕西 | 山西 | 山东 | 宁夏 |
| 0.00 | 9.13 | 0.00 | 0.00 | 123.78 | 0.00 |
| 内蒙古 | 辽宁 | 江西 | 江苏 | 吉林 | 湖南 |
| 142.94 | 167.43 | 8.65 | 75.06 | 90.70 | 37.87 |
| 湖北 | 黑龙江 | 河南 | 河北 | 海南 | 贵州 |
| 12.57 | 75.42 | 3.20 | 20.67 | 34.92 | 13.43 |
| 青海 | 广西 | 广东 | 甘肃 | 福建 | 北京 |
| 0.00 | 95.34 | 140.99 | 0.00 | 75.95 | 64.10 |
| 安徽 | | | | | |
| 15.4 | | | | | |

综上所述，我们选择了三个变量：登陆频数、受灾频数和次均损失额。

## 二、聚类分析

使用Ward方法进行聚类。综合考虑了CCC指标、PSF指标、PST2指标和实际情况，我们把31个省（区、市）分为7组，分组结果如下：

第一组：广东省；

第二组：浙江省；

第三组：福建省、海南省；

第四组：江苏省、广西壮族自治区；

第五组：辽宁省、山东省、内蒙古自治区；

第六组：北京市、黑龙江省、吉林省；

第七组：重庆市、新疆维吾尔自治区、西藏自治区、四川省、山西省、陕西省、宁夏回族自治区、青海省、甘肃省、河南省、云南省、河北省、贵州省、天津市、上海市、江西省、湖北省、安徽省、湖南省。

其树形图见图6－1。

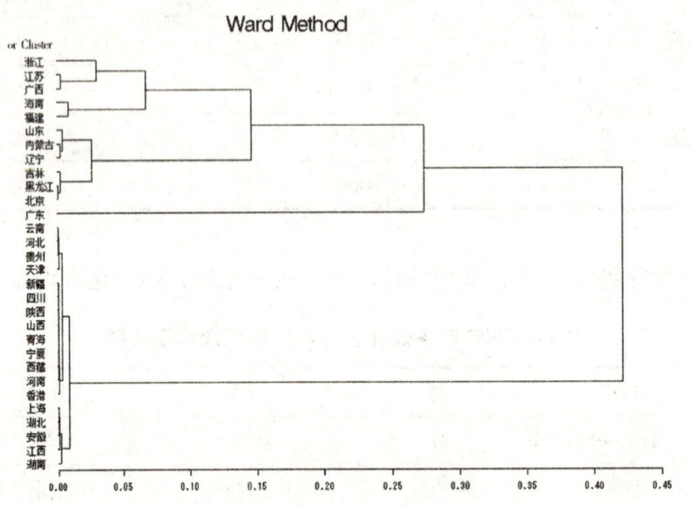


**图6－1　按年损失额聚类结果的树形图**

按照各省（区、市）次均损失额数据画出地图，依据各省（区、市）标准化次均损失额的排名进行着色。标准化的公式为：

某省（区、市）标准化次均损失额＝［该省（区、市）次均损失额－全国次均损失额的最小值］/（全国次均损失额的最大值－全国次均损失额的最小值）。具体见附录二中的图6－2。

# 第三节　按次均损失率聚类分析和方差分析

## 一、变量的选择

沿用上节的登陆频数和受灾频数。定义次均损失率为次均损失额除以该省（区、市）在2008年的GDP水平。计算结果如表6－3所示。

**表6－3　　1983～2008年各省（区、市）台风次均损失率**　　（单位：亿元）

| 重庆 | 浙江 | 云南 | 新疆 | 西藏 | 天津 |
|---|---|---|---|---|---|
| 0 | 0.008583 | 0.001626 | 0 | 0 | 0.004678 |
| 四川 | 上海 | 陕西 | 山西 | 山东 | 宁夏 |
| 0 | 0.000667 | 0 | 0 | 0.003984 | 0 |
| 内蒙古 | 辽宁 | 江西 | 江苏 | 吉林 | 湖南 |
| 0.018416 | 0.012438 | 0.001335 | 0.002476 | 0.014119 | 0.003395 |

续表

| 湖北 | 黑龙江 | 河南 | 河北 | 海南 | 贵州 |
|---|---|---|---|---|---|
| 0.00111 | 0.009075 | 0.000174 | 0.001277 | 0.023932 | 0.004028 |
| 青海 | 广西 | 广东 | 甘肃 | 福建 | 北京 |
| 0 | 0.013294 | 0.00395 | 0 | 0.007017 | 0.006112 |
| 安徽 | | | | | |
| 0.001736 | | | | | |

次均损失率与登陆频数和受灾频数的相关系数计算结果见表6－4。

**表6－4　　次均损失率与受灾频数和登陆频数的相关系数表**

| | 受灾频数 | 登陆频数 |
|---|---|---|
| 次均损失率 | 0.3393 | 0.25133 |
| p值 | 0.0666 | 0.0486 |

## 二、聚类分析

使用Ward方法进行聚类。综合考虑了CCC指标、PSF指标、PST2指标和实际情况，我们把31个省（区、市）分为6组，分组结果如下：

第一组：广东省；

第二组：海南省；

第三组：福建省；

第四组：浙江省、广西壮族自治区；

第五组：内蒙古自治区、吉林省、辽宁省；

第六组：重庆市、新疆维吾尔自治区、西藏自治区、四川省、山西省、陕西省、宁夏回族自治区、青海省、甘肃省、云南省、河南省、河北省、天津市、贵州省、北京市、上海市、江西省、湖北省、安徽省、山东省、湖南省、江苏省。

其树形图见图6－3。

按照各省（区、市）次均损失率数据画出地图，依据各省（区、市）次均损失率按最大值和最小值进行标准化后的排名进行着色。标准化的公式为：

某省（区、市）标准化次均损失率＝［该省（区、市）次均损失率－全国次均损失率的最小值］/（全国次均损失率的最大值－全国次均损失率的最小值）。具体见附录二中的图6－4。

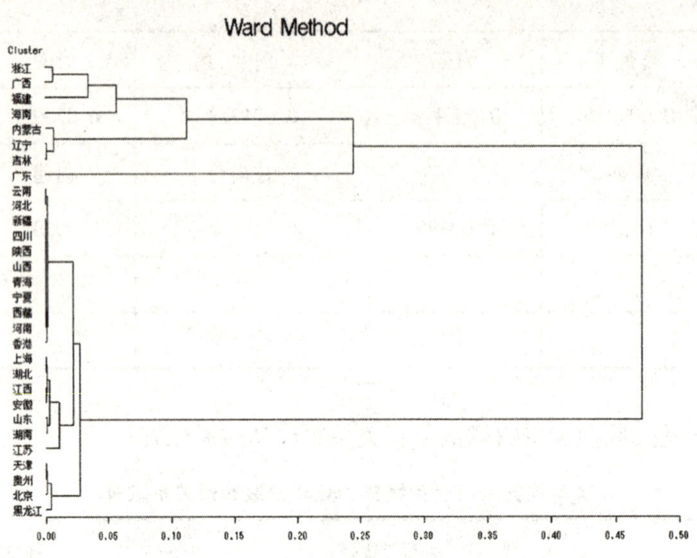


**图 6－3　Ward 法按次均损失率聚类的树形图**

# 第四节　差异率计算方法说明[①]

所谓各省（区、市）差异率，也就是各地区之间遭受台风损失的差别。这种差别体现在各方面，比如各省（区、市）遭受台风损失的差异，或者是各省（区、市）遭受台风袭击的次数差别等等。但是保险公司最需要的应该是有关损失的数据，因此，这里以各地年平均总损失为基准计算差异率。

## 一、年平均总损失额（率）计算说明

各省（区、市）年平均总损失的计算可以分为如下两种方法：

**（一）直接计算**

年平均总损失额 = $\left(\sum_{i=1}^{N}\sum_{j=1}^{M_i} Loss_{ij}\right) / N$

公式说明：$N$ 为所计年度总数；$Loss_{ij}$ 为经全国 GDP 调整后的第 i 年第 j 次台风造成的损失额（率）；$M_i$ 为第 i 年发生的台风总数。

直接计算公式以各省（区、市）历年调整损失（Loss）之和除以所计年度（N）。这种计算方式简单实用，同时体现了间接计算方法中的次损失和年平均频数，并且符合精算界对损失进行估计的最直接意图。

年平均损失率的计算与年平均损失额的计算类似，只是将每次的损失除以当年当地 GDP 得到每次损失的损失率，再进行平均即得到年平均损失率（LossR）。

$$LossR = \frac{\sum \left(Loss_i / GDPP_i\right)}{N}$$

---

① 其他灾因分析部分不再赘述。

公式说明：N 为所计年度总数；我们用台风造成的当地每次的损失除以当年当地的 GDP 得到每次损失的损失率，再除以所计年度总数即得到年平均损失率。

**（二）间接计算**

年平均总损失额（率）=年平均频数 × 平均次损失额（率）

即：

$$年平均损失额=\frac{\sum_{i=1}^{N}\sum_{j=1}^{M_i}Loss_{ij}}{\sum_{i=1}^{N}M_i}\times\frac{\sum_{i=1}^{N}M_i}{N}=\left(\sum_{i=1}^{N}\sum_{j=1}^{M_i}Loss_{ij}\right)/N$$

$$年平均总损失率=\frac{\sum_{i=1}^{N}(Loss_i/GDPP_i)}{\sum_{i=1}^{N}M_i}\times\frac{\sum_{i=1}^{N}M_i}{N}=\sum_{i=1}^{N}(Loss_i/GDPP_i)/N$$

间接计算年平均损失法没有直接计算年平均总损失，而是通过造成总损失的两个方面的分别计算得到结果，这种对年平均损失额（率）的因素分解来源于保险定价中的频数×损失这种计算方法。事实上，这种方法正是聚合损失模型的一个应用。聚合损失模型是假设总损失 Z 是 N 个独立同分布随机变量 X 的累加，其中，N 值本身也是随机变量。此模型的期望和方差可以表示为：

$$E(Z)=E(X)\cdot E(N)$$

$$Var(Z)=E(N)\cdot Var(X)+Var(N)\cdot[E(X)]^2$$

除了使用上述方式建立年均损失额（率）的差异率外，也考虑对损失额（率）及频数这两个因素分别计算损失率。因为，这两个因素从不同角度体现了各地区之间的差异，而这种差异对于保险公司来说是很有意义的。因此在使用间接计算方法计算差异率的时候，实际上得到了三组差异率，分别是损失额（率）、频数以及年均损失额（率）的差异率。

通过公式推导可知，这两种方法得到的结果应当是一致的。但是事实上计算所得到的结果有所不同，原因是两种计算使用的原始数据有所不同。在直接计算中，使用的是分省（区、市）的原数据，这些数据来源于网络与《台风年鉴》，其中包含几个无法考证的明显统计失误项，已经被删除。而在间接计算中，由于将损失与频数因素可以分开计算，我们放弃了使用这部分不太准确的分省（区、市）数据频数，而是对气象局公布的台风数据中每起台风影响地区进行了频数统计，后者的可信程度明显高于前者。因此会出现结果不一致的情况，我们更推荐使用后者。

## 二、分组计算说明

分组后对各变量的差异率计算原理在按损失额分组与按损失率分组两种情况下的计算是不同的。

**（一）组间损失率差异率的计算方法说明**

在各省（区、市）损失率的计算中，用各省（区、市）的 GDP 对该省（区、市）的损失作出相应的调整。而在分组计算中，则使用组内各省（区、市）的总损失除以组内各省（区、市）总 GDP 来得到每年各组的损失率。

每年各组损失率=当年组内各省（区、市）损失总和/当年组内各省（区、市）GDP 总和而我们真正关心的问题是每个组的年均组损失率，有了上面的公式，可以继续给出年均组损失率的公式：

年均组损失率 = 每年各组损失率之和/总年数

**（二）组间损失额差异率计算说明**

损失额的概念不同于损失率，损失率是一个相对的概念，是个比值，而损失额是一个绝对的概念。因此在计算损失额的差异率时，会遇到这样的问题：在计算年均损失额的时候既可以平均到组，又可以平均到每组每省（区、市）。这样就有了两种计算组间损失额差异的方法，这两种方法计算方差的程序也不相同。

方法一：

以一组的总损失额为单位，不考虑组内各省（区、市）的情况。

各年组损失额 = 该年组内各省（区、市）损失额之和；

年均组损失额 = 各年组损失额之和/年数；

组损失额方差 = （各年组损失额 - 年均组损失额）的平方的和/年数；

组损失额标准差 = 组损失额方差的平方根。

方法二：

以组内省（区、市）为考虑的最小单位。

年均每组每省（区、市）损失额 = 组内各省（区、市）各年损失额之和/（年数 × 该组内省数）；

组损失额方差 = [该年该省（区、市）损失额 - 年均每组每省（区、市）损失额] 的平方的和/（年数 × 组内省数）；

组损失额标准差 = 组损失额方差的平方根。

### 三、差异率计算说明

针对上述直接与间接计算的年平均损失指标及各分量，分别计算其差异率。差异率计算方法为：

某省（区、市）某指标差异率 = 该省（区、市）该指标额 / 基准指标。

其中，基准指标可以采用全国平均指标或者直接采用某地区指标计算。一般采用广东省作基数，分组时则采用包含广东省的第一费率组作基数。

## 第五节　损失额差异率分析

### 一、各省（区、市）年平均损失额差异率分析

通过直接计算来计算各地差异率。为了统一标准，在进行差异率分析时均以广东省为 1，其他省（区、市）差异率数值为该省（区、市）相对广东省的比例。

应用直接计算方法，对 1984 ~ 2008 年的各省（区、市）台风数据进行汇总并计算得到表 6 - 5。以下所列省（区、市）为所有 1984 ~ 2008 年间发生过台风并存在损失记录的地区。表 6 - 5 中年均损失额与年均损失额标准差为将各省（区、市）损失额按年划分后统计得到的各

省（区、市）每年总损失额的均值与方差；年均损失额差异率为单纯使用均值计算差异率得到的结果；1倍、2倍、3倍标准差差异率为均值加上1倍、2倍、3倍标准差后的结果计算的差异率（表格形式下同）。

**表6-5　　各省（区、市）直接计算差异率表**

| 省（区、市） | 年均损失额（亿元） | 年均损失额标准差 | 年均损失额差异率 | 1倍标准差差异率 | 2倍标准差差异率 | 3倍标准差差异率 |
|---|---|---|---|---|---|---|
| 广东 | 372.215 | 510.269 | 1.000 | 1.000 | 1.000 | 1.000 |
| 浙江 | 309.825 | 422.558 | 0.832 | 0.830 | 0.829 | 0.829 |
| 福建 | 151.901 | 185.487 | 0.408 | 0.382 | 0.375 | 0.372 |
| 广西 | 122.644 | 276.294 | 0.329 | 0.452 | 0.485 | 0.500 |
| 山东 | 58.996 | 144.978 | 0.159 | 0.231 | 0.251 | 0.260 |
| 江苏 | 54.040 | 134.131 | 0.145 | 0.213 | 0.231 | 0.240 |
| 海南 | 43.023 | 102.062 | 0.116 | 0.164 | 0.177 | 0.184 |
| 辽宁 | 40.185 | 119.283 | 0.108 | 0.181 | 0.200 | 0.209 |
| 吉林 | 18.140 | 70.246 | 0.049 | 0.100 | 0.114 | 0.120 |
| 湖南 | 10.605 | 30.011 | 0.028 | 0.046 | 0.051 | 0.053 |
| 安徽 | 6.161 | 18.658 | 0.017 | 0.028 | 0.031 | 0.033 |
| 黑龙江 | 6.033 | 28.971 | 0.016 | 0.040 | 0.046 | 0.049 |
| 内蒙古 | 5.718 | 28.588 | 0.015 | 0.039 | 0.045 | 0.048 |
| 江西 | 3.461 | 8.366 | 0.009 | 0.013 | 0.014 | 0.015 |
| 天津 | 3.262 | 12.798 | 0.009 | 0.018 | 0.021 | 0.022 |
| 湖北 | 3.143 | 11.147 | 0.008 | 0.016 | 0.018 | 0.019 |
| 北京 | 2.564 | 12.820 | 0.007 | 0.017 | 0.020 | 0.022 |
| 上海 | 1.827 | 6.275 | 0.005 | 0.009 | 0.010 | 0.011 |
| 河北 | 1.654 | 8.099 | 0.004 | 0.011 | 0.013 | 0.014 |
| 贵州 | 1.074 | 3.763 | 0.003 | 0.005 | 0.006 | 0.006 |
| 云南 | 0.741 | 2.618 | 0.002 | 0.004 | 0.004 | 0.005 |
| 河南 | 0.256 | 0.941 | 0.001 | 0.001 | 0.002 | 0.002 |

从表6-5中可以看出，广东的年平均损失最高，浙江其次，二者年均损失远大于其他省（区、市）；再往后依次是福建［台风年平均损失仅为广东年平均损失的一半（0.408）］、广西（0.329）、山东（0.159）等。

## 二、按损失额分组组间损失额差异率分析

通过直接计算的方式来计算各组差异率。

同各省（区、市）分析一样，为了统一标准，在进行以下差异率分析时均以第一组为1，其他组差异率数值为该组相对第一组的比例。

分组类别：

第一组：广东省；

第二组：浙江省；

第三组：福建省、海南省；

第四组：江苏省、广西壮族自治区；

第五组：辽宁省、山东省、内蒙古自治区；

第六组：北京市、黑龙江省、吉林省；

第七组：重庆市、新疆维吾尔自治区、西藏自治区、四川省、山西省、陕西省、宁夏回族自治区、青海省、甘肃省、河南省、云南省、河北省、贵州省、天津市、上海市、江西省、湖北省、安徽省、湖南省。

平均每年每组总损失额差异率如表6－6所示。

表6－6 直接计算分组差异率表

| 分组 | 年均损失额（亿元） | 年均损失额标准差 | 年均损失额差异率 | 1倍标准差差异率 | 2倍标准差差异率 | 3倍标准差差异率 |
|---|---|---|---|---|---|---|
| 第一组 | 372.215 | 510.269 | 1.000 | 1.000 | 1.000 | 1.000 |
| 第二组 | 309.825 | 422.558 | 0.832 | 0.830 | 0.829 | 0.829 |
| 第三组 | 194.924 | 204.206 | 0.524 | 0.452 | 0.433 | 0.424 |
| 第四组 | 176.684 | 293.904 | 0.475 | 0.533 | 0.549 | 0.556 |
| 第五组 | 104.899 | 212.936 | 0.282 | 0.360 | 0.381 | 0.391 |
| 第六组 | 26.738 | 110.748 | 0.072 | 0.156 | 0.178 | 0.189 |
| 第七组 | 32.058 | 52.463 | 0.086 | 0.096 | 0.098 | 0.100 |

通过计算各组年均损失额的差异率，得到如下结论：如果以第一组的年平均损失额为单位损失额的话，则第二组的损失额约为第一组年平均损失额的0.832倍；第三组的损失额和第四组差不多，相当于第一组的0.475～0.524倍；第五组约为第一组的28.2%；第六组、第七组最少，为第一组的7%～9%。

## 第六节 损失率差异率分析

我们在第一节中提到，将绝对的损失额化为损失率可以解决由于各组省（区、市）数不同所造成的统计口径问题，因此这一节对损失率的差异率也作了分析。

### 一、各省（区、市）年平均损失率差异率分析

事实上，对损失率的分析和前述损失额的分析不同之处在于：损失额是使用全国GDP将损失额调整到2008年水平；而损失率是将每次损失额除以当年当地［以省（区、市）为单

位］的比例值，而并没有调整到某年水平，这是一个相对的概念。因此这两种对损失不同的度量值，其差异在于对损失估计的代表变量选择不同上，并且其侧重点也不同。

表6－7分别为直接计算年平均损失率差异率、各省（区、市）次损失差异率以及间接计算得到的年平均损失差异率表。这里仍然以广东省为基准，即其他省（区、市）标准差为相比广东省的倍数。

**表6－7　直接计算年平均损失率差异率表**

| 省（区、市） | 年均损失率 | 年均损失率标准差 | 年均损失率差异率 | 1倍标准差差异率 | 2倍标准差差异率 | 3倍标准差差异率 |
|---|---|---|---|---|---|---|
| 江苏 | 0.02802 | 0.07015 | 2.68744 | 3.97104 | 4.31409 | 4.47316 |
| 广西 | 0.01604 | 0.03843 | 1.53852 | 2.20345 | 2.38116 | 2.46356 |
| 浙江 | 0.01442 | 0.01967 | 1.38285 | 1.37874 | 1.37764 | 1.37713 |
| 福建 | 0.01403 | 0.01714 | 1.34599 | 1.26095 | 1.23822 | 1.22768 |
| 广东 | 0.01043 | 0.01429 | 1.00000 | 1.00000 | 1.00000 | 1.00000 |
| 山东 | 0.00299 | 0.00886 | 0.28628 | 0.47918 | 0.53073 | 0.55463 |
| 吉林 | 0.00282 | 0.01093 | 0.27081 | 0.55654 | 0.63290 | 0.66831 |
| 辽宁 | 0.00179 | 0.00468 | 0.17197 | 0.26177 | 0.28577 | 0.29690 |
| 海南 | 0.00178 | 0.00442 | 0.17097 | 0.25110 | 0.27252 | 0.28245 |
| 湖南 | 0.00095 | 0.00269 | 0.09116 | 0.14726 | 0.16225 | 0.16920 |
| 内蒙古 | 0.00074 | 0.00368 | 0.07064 | 0.17878 | 0.20768 | 0.22108 |
| 安徽 | 0.00073 | 0.00349 | 0.06963 | 0.17039 | 0.19732 | 0.20980 |
| 黑龙江 | 0.00069 | 0.00210 | 0.06658 | 0.11313 | 0.12557 | 0.13134 |
| 湖北 | 0.00056 | 0.00202 | 0.05383 | 0.10423 | 0.11770 | 0.12395 |
| 江西 | 0.00053 | 0.00129 | 0.05122 | 0.07383 | 0.07987 | 0.08267 |
| 贵州 | 0.00032 | 0.00113 | 0.03091 | 0.05870 | 0.06613 | 0.06958 |
| 天津 | 0.00028 | 0.00098 | 0.02661 | 0.05102 | 0.05754 | 0.06057 |
| 上海 | 0.00024 | 0.00122 | 0.02345 | 0.05933 | 0.06893 | 0.07337 |
| 北京 | 0.00013 | 0.00046 | 0.01279 | 0.02392 | 0.02690 | 0.02828 |
| 云南 | 0.00013 | 0.00046 | 0.01247 | 0.02384 | 0.02687 | 0.02828 |
| 河北 | 0.00010 | 0.00050 | 0.00980 | 0.02437 | 0.02826 | 0.03007 |
| 河南 | 0.00001 | 0.00005 | 0.00133 | 0.00263 | 0.00298 | 0.00314 |

将损失额转化为损失率后，我们发现，在损失率的排序上相比损失额而言起了很大的变化。原来绝对损失额最大的广东省现在已经排在第五的位置上了，而江苏省却一跃成为台风受灾最严重的省份，直接年均损失率差异率为2.687倍。其他几个原先排在广东省后面而现在排到了前面的省（区、市）也是一样，这几个省（区、市）是广西、浙江、福建。

## 二、按损失率分组组间损失率差异率分析

按损失率分组后的差异率与按损失额分组的差异率计算有所不同。因为将损失化为相对值后简化了损失额绝对值计算时关于是计算各组总损失额还是组内各省（区、市）平均损失额的问题，计算各组损失率和计算各省（区、市）损失率的原理相同，不同的是平均损失率的计算。分组后各组的损失率定义为：

各组损失率＝组内各省（区、市）损失率的平均值

按照损失率聚类后得到的分组进行计算，其中，这种分组的各组内省（区、市）分别为：

第一组：广东省；

第二组：海南省；

第三组：福建省；

第四组：浙江省、广西壮族自治区；

第五组：内蒙古自治区、吉林省、辽宁省；

第六组：重庆市、新疆维吾尔自治区、西藏自治区、四川省、山西省、陕西省、宁夏回族自治区、青海省、甘肃省、云南省、河南省、河北省、天津市、贵州省、北京市、上海市、江西省、湖北省、安徽省、山东省、湖南省、江苏省。

按上述损失率定义方式重新计算各组损失率后重新统计，得到直接差异率表（见表6－8）。

**表6－8　　直接法计算损失率分组损失率差异率**

| 分组 | 年均损失率 | 年均损失率标准差 | 年均损失率差异率 | 1倍标准差差异率 | 2倍标准差差异率 | 3倍标准差差异率 |
|---|---|---|---|---|---|---|
| 第一组 | 0.01043 | 0.01429 | 1.00000 | 1.00000 | 1.00000 | 1.00000 |
| 第二组 | 0.02802 | 0.07015 | 2.68744 | 3.97104 | 4.31409 | 4.47316 |
| 第三组 | 0.01403 | 0.01714 | 1.34599 | 1.26095 | 1.23822 | 1.22768 |
| 第四组 | 0.01523 | 0.02656 | 1.46069 | 1.69054 | 1.75197 | 1.78045 |
| 第五组 | 0.00218 | 0.00663 | 0.20925 | 0.35655 | 0.39592 | 0.41417 |
| 第六组 | 0.00059 | 0.00091 | 0.05655 | 0.06061 | 0.06170 | 0.06220 |

通过计算各组年平均损失率差异率，得到如下结论：如果以第一组的年平均损失率为单位损失率的话，则第二组的损失率很高，约为第一组年平均损失率的2.68648倍；第三组的损失率和第四组差不多，相当于第一组的1.34599～1.46069倍；第五组约为第一组的20%；第六组最少，为第一组的5%。

事实上，山西省、陕西省、云南省等省在1988年之前是有台风记录的，但是也都是仅有一起左右罢了。由于数据统计的年度较短，第六组的各省（区、市）遭受台风侵袭的概率已经非常小了。但是，总的来看，第六组中的省（区、市）都有遭受台风的可能，但是这个概率很小，而且，由于这几个省（区、市）身处内陆，即使遭受台风，其损失也极小。

海南省是个特例，海南省的地理位置是在我国东南沿海的最西面，台风从东面过来后到

达海南省一般已经减弱，其受灾次数远小于广东省、福建省，其损失额也不大。但是由于海南省的 GDP 太小，所以损失率巨大，达到 0.02802，这个数字也是令人相当惊讶的。

总体来看，除海南省外，受灾最严重的地区包含广东省、福建省、浙江省、江西省四省，其他省（区、市）的损失率均在 2% 以下。

## 第七节 台风灾害损失程度的分组统计分析

本章第二、三节根据次均损失额和次均损失率对我国各省（区、市）1983～2008 年遭受台风损失的情况进行了分组。由于在分组过程中，选择的因素不同，所以分组结果之间存在着差异。下面，在这两种分类的基础上，对按照次均损失率分组的结果进行组内损失程度统计分析。之所以只对按次均损失率分组的结果进行统计分析，是因为次均损失率相对于次均损失额来讲，加入了各省（区、市）GDP 的数据，从而分组的结果更能够反映划分为同一组的各省（区、市）承灾程度的相似性。这个原因来源于对脆弱性分析方法的理解：脆弱性分析可以用来衡量区域受灾体承灾程度的大小，据此对地区进行排名。与第二章对全部样本的年登陆频数的分析不同的是，经过分组的年登陆频数的统计性质发生了变化，其样本方差大于均值，因此，本章使用负二项分布对各组样本进行拟合。负二项分布的概率公式如下：

$$P(X=k)=\binom{k+n+1}{n-1}p^n(1-p)^k,\ k=0,1,2,\cdots$$

### 一、第一组：广东省

我们首先对该组内台风登陆频数进行基本统计分析，结果如表 6－9 所示。

从表 6－9 可以看出广东省每年平均有 2.64 次台风登陆，数量最多时曾达到 7 次。登陆频数负二项分布的拟合结果是 $n=1.12$，$p=0.42$。

从表 6－10 可以看到，广东省在 1983～2008 年间有损失记录的台风次数是 66 次，次均损失为 140.99 亿元（经过 GDP 调整，下同）。从广东省的损失概率密度图（见图 6－5）可以看到，广东省的台风损失额呈现右偏分布，损失额主要集中在 200 亿元以下的区间内。同时，使用 SAS 软件对损失额的分布作拟合，拟合结果如图 6－6 所示①。

**表 6－9　　广东省台风年登陆频数基本统计量**

| 平均 | 2.64 | 区域 | 7 |
|---|---|---|---|
| 标准误差 | 0.37807 | 最小值 | 0 |
| 中位数 | 3 | 最大值 | 7 |
| 众数 | 3 | 求和 | 66 |
| 标准差 | 1.89033 | 观测数 | 25 |
| 方差 | 3.57333 | 最大（1） | 7 |
| 峰度 | －0.1957 | 最小（1） | 0 |
| 偏度 | 0.56849 | 置信度（95.0%） | 0.78029 |

① 其余各组只报告描述性统计和拟合结果。

表 6－10　　广东省台风登陆次损失额的描述性统计

| 平均 | 140.9904 | 区域 | 1208.536 |
|---|---|---|---|
| 标准误差 | 27.30177 | 最小值 | 0.009 |
| 中位数 | 61.15957 | 最大值 | 1208.545 |
| 众数 | #N/A | 求和 | 9305.367 |
| 标准差 | 221.8006 | 观测数 | 66 |
| 方差 | 49195.53 | 最大（1） | 1208.545 |
| 峰度 | 10.40356 | 最小（1） | 0.009 |
| 偏度 | 3.006946 | 置信度（95.0%） | 54.5254 |

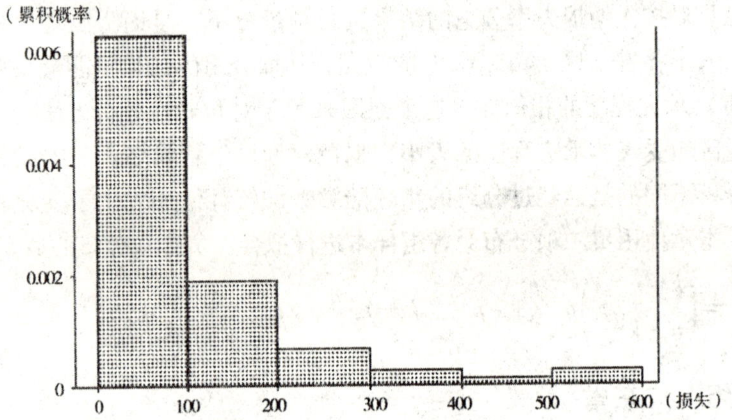

（累积概率）

0.006

0.004

0.002

0

0　100　200　300　400　500　600（损失）

图 6－5　广东省损失概率密度图

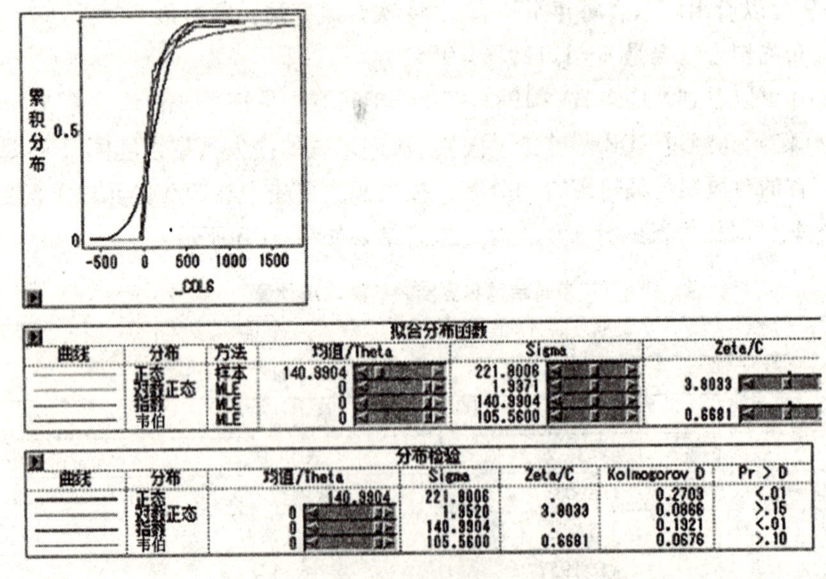


图 6－6　广东省损失额拟合分布累计函数结果及曲线图

从检验的结果来看，在原假设服从某个分布的条件下，在 5% 显著性水平上，只有对数正态分布、指数分布能通过原假设。

由拟合分布的输出结果可以看到，除正态分布采用矩估计以外，其他三种拟合均采用极大似然估计，因此，应按照极大似然估计计算参数的方法来计算拟合分布中的参数。但由于韦伯分布在两个参数 $\theta$ 和 $\tau$ 均未知的情况下，无法得到数值解，对韦伯分布采用选取 75% 和 25% 分位数相对应的 $Q_3$ 和 $Q_1$ 两个观察值来计算出累积分布函数 $F(x)$ 的方法进行计算，从而得到密度函数 $f(x)$。

对数正态分布函数：

$$f(x)=\frac{1}{\sqrt{2\pi}\times 1.9520x}e^{-\frac{(\ln x-3.8033)^2}{2\times 1.9520}}\quad (0<x<\infty)$$

韦伯分布函数：

$$f(x)=\frac{0.87\left(\frac{x}{55.19}\right)^{0.87}e^{-\left(\frac{x}{55.19}\right)^{0.87}}}{x}\quad (0<x<\infty)$$

指数分布函数：

$$f(x)=140.9904\times e^{-140.9904x}\quad (x>0)$$

## 二、第二组：海南省

从表 6－11 和表 6－12 可以看出，第二组（海南省）平均每年有 1.28 次台风登陆，平均次损失额为 7.7796 亿元。使用负二项分布拟合改组的台风登陆频数的结果为：$n=0.47$，$p=0.37$。

表 6－11　　第二组台风登陆频数的描述性统计

| 平均 | 1.28 | 区域 | 4 |
|---|---|---|---|
| 标准误差 | 0.297321 | 最小值 | 0 |
| 中位数 | 1 | 最大值 | 4 |
| 众数 | 0 | 求和 | 32 |
| 标准差 | 1.486607 | 观测数 | 25 |
| 方差 | 2.21 | 最大（1） | 4 |
| 峰度 | －0.96274 | 最小（1） | 0 |
| 偏度 | 0.715418 | 置信度（95.0%） | 0.613641 |

表 6－12　　第二组台风次损失额描述性统计

| 平均 | 7.779655 | 区域 | 116.27 |
|---|---|---|---|
| 标准误差 | 3.511662 | 最小值 | 0.2 |
| 中位数 | 2.4 | 最大值 | 116.47 |
| 众数 | 6.275 | 求和 | 256.7286 |
| 标准差 | 20.17296 | 观测数 | 33 |
| 方差 | 406.9484 | 最大（1） | 116.47 |
| 峰度 | 28.4861 | 最小（1） | 0.2 |
| 偏度 | 5.190832 | 置信度（95.0%） | 7.153022 |

使用概率模型拟合次损失额，从检验的结果来看，在原假设服从某个分布的条件下，在5%显著性水平上，只有对数正态分布和韦伯分布能通过原假设。

对数正态分布函数：

$$f(x) = \frac{1}{\sqrt{2\pi} \times 1.6618x} e^{-\frac{(\ln x - 2.3690)^2}{2 \times 1.6618^2}} \quad (0 < x < \infty)$$

韦伯分布函数：

$$f(x) = \frac{0.6446 \left(\frac{x}{24.4326}\right)^{0.6446} e^{-\left(\frac{x}{24.4326}\right)^{0.6646}}}{x} \quad (0 < x < \infty)$$

## 三、第三组：福建省

从表6－13和表6－14可以看出，第三组（福建省）平均每年有2次台风登陆，次平均损失额达到75.95亿元。使用负二项分布拟合登陆频数的结果为：$n = 0.81$，$p = 0.41$。

表6－13　第三组台风登陆频数的描述性统计

| 平均 | 2 | 区域 | 7 |
|---|---|---|---|
| 标准误差 | 0.341565 | 最小值 | 0 |
| 中位数 | 2 | 最大值 | 7 |
| 众数 | 1 | 求和 | 50 |
| 标准差 | 1.707825 | 观测数 | 25 |
| 方差 | 2.916667 | 最大（1） | 7 |
| 峰度 | 1.706542 | 最小（1） | 0 |
| 偏度 | 1.200175 | 置信度（95.0%） | 0.704956 |

表6－14　第三组台风次损失额描述性统计

| 平均 | 75.95056 | 区域 | 559.0571 |
|---|---|---|---|
| 标准误差 | 14.64923 | 最小值 | 0.239 |
| 中位数 | 39.72961 | 最大值 | 559.2961 |
| 众数 | #N/A | 求和 | 3797.528 |
| 标准差 | 103.5857 | 观测数 | 50 |
| 方差 | 10729.99 | 最大（1） | 559.2961 |
| 峰度 | 9.310312 | 最小（1） | 0.239 |
| 偏度 | 2.706521 | 置信度（95.0%） | 29.43872 |

使用概率模型拟合次损失额，从检验的结果来看，在原假设服从某个分布的条件下，在5%显著性水平上，只有对数正态分布、韦伯分布能通过原假设。

对数正态分布函数：

$$f(x)=\frac{1}{\sqrt{2\pi}\times 1.6078x}e^{-\frac{(lnx-3.4058)^2}{2\times 1.6078^2}}\quad(0<x<\infty)$$

韦伯分布函数：

$$f(x)=\frac{0.7543\left(\frac{x}{63.7757}\right)^{0.7543}e^{-\left(\frac{x}{63.7757}\right)^{0.7543}}}{x}\quad(0<x<\infty)$$

## 四、第四组：浙江省、广西壮族自治区

从表6－15和表6－16可以看出，第四组平均每年有3.04次台风登陆，次平均损失额达到143.9亿元。使用负二项分布拟合登陆频数的结果为：$n=1.26$，$p=0.41$。

表6－15　　第四组台风登陆频数的描述性统计

| 平均 | 3.04 | 区域 | 7 |
|---|---|---|---|
| 标准误差 | 0.414246 | 最小值 | 1 |
| 中位数 | 2 | 最大值 | 8 |
| 众数 | 1 | 求和 | 76 |
| 标准差 | 2.071232 | 观测数 | 25 |
| 方差 | 4.29 | 最大（1） | 8 |
| 峰度 | －0.16336 | 最小（1） | 1 |
| 偏度 | 0.890157 | 置信度（95.0%） | 0.854962 |

表6－16　　第四组台风次损失额描述性统计

| 平均 | 143.929 | 区域 | 1418.835 |
|---|---|---|---|
| 标准误差 | 26.72234 | 最小值 | 0.160834 |
| 中位数 | 42.96868 | 最大值 | 1418.996 |
| 众数 | 95.71118 | 求和 | 11082.54 |
| 标准差 | 234.4876 | 观测数 | 77 |
| 方差 | 54984.44 | 最大（1） | 1418.996 |
| 峰度 | 12.61537 | 最小（1） | 0.160834 |
| 偏度 | 3.154469 | 置信度（95.0%） | 53.22216 |

使用概率模型拟合次损失额，从检验的结果来看，在原假设服从某个分布的条件下，在5%显著性水平上，只有对数正态分布和韦伯分布能通过原假设。

对数正态分布函数：

$$f(x)=\frac{1}{\sqrt{2\pi}\times 1.6705x}e^{-\frac{(lnx-3.5348)^2}{2\times 1.6705^2}}\quad(0<x<\infty)$$

韦伯分布函数：

$$f(x)=\frac{0.62\left(\frac{x}{83.49}\right)^{0.62}e^{-\left(\frac{x}{83.49}\right)^{0.62}}}{x}\quad(0<x<\infty)$$

## 五、第五组：内蒙古自治区、吉林省、辽宁省

从表6-17和表6-18可以看出，第五组平均每年有0.48次台风登陆，次平均损失额达到133.4亿元。使用负二项分布拟合登陆频数的结果为：$n=0.10$，$p=0.21$。

**表6-17　　第五组台风登陆频数的描述性统计**

| 平均 | 0.48 | 区域 | 6 |
|---|---|---|---|
| 标准误差 | 0.26533 | 最小值 | 0 |
| 中位数 | 0 | 最大值 | 6 |
| 众数 | 0 | 求和 | 12 |
| 标准差 | 1.32665 | 观测数 | 25 |
| 方差 | 1.76 | 最大（1） | 6 |
| 峰度 | 13.34684 | 最小（1） | 0 |
| 偏度 | 3.538178 | 置信度（95.0%） | 0.547614 |

**表6-18　　第五组台风次损失额描述性统计**

| 平均 | 133.4225 | 区域 | 516.926 |
|---|---|---|---|
| 标准误差 | 39.45067 | 最小值 | 10.2749 |
| 中位数 | 121.5481 | 最大值 | 527.2009 |
| 众数 | #N/A | 求和 | 1601.07 |
| 标准差 | 136.6611 | 观测数 | 12 |
| 方差 | 18676.26 | 最大（1） | 527.2009 |
| 峰度 | 7.084724 | 最小（1） | 10.2749 |
| 偏度 | 2.427185 | 置信度（95.0%） | 86.83033 |

使用概率模型拟合次损失额，从检验的结果来看，在原假设服从某个分布的条件下，在5%显著性水平上，对数正态分布、韦伯分布和指数分布能通过原假设。

对数正态分布函数：

$$f(x)=\frac{1}{\sqrt{2\pi}\times1.0617x}e^{-\frac{(\ln x-4.4357)^2}{2\times1.0617^2}}\quad(0<x<\infty)$$

韦伯分布函数：

$$f(x)=\frac{1.1049\left(\frac{x}{138.7644}\right)^{1.1049}e^{-\left(\frac{x}{138.7644}\right)^{1.1049}}}{x}\quad(0<x<\infty)$$

指数分布函数：

$$f(x)=133.4225e^{-133.4225x}\quad(0<x<\infty)$$

## 六、第六组：重庆市、新疆维吾尔自治区、西藏自治区、四川省、山西省、陕西省、宁夏回族自治区、青海省、甘肃省、云南省、河南省、河北省、天津市、贵州省、北京市、上海市、江西省、湖北省、安徽省、山东省、湖南省、江苏省、黑龙江省

从表6-19和表6-20可以看出，第六组平均每年有3.16次台风登陆，次平均损失额达到47.08亿元。使用负二项分布拟合登陆频数的结果为：$n=0.74$，$p=0.23$。

表6-19　第六组台风登陆频数的描述性统计

| 平均 | 3.16 | 区域 | 10 |
|---|---|---|---|
| 标准误差 | 0.64467 | 最小值 | 0 |
| 中位数 | 1 | 最大值 | 10 |
| 众数 | 1 | 求和 | 79 |
| 标准差 | 3.223352 | 观测数 | 25 |
| 方差 | 10.39 | 最大（1） | 10 |
| 峰度 | -0.41575 | 最小（1） | 0 |
| 偏度 | 0.825189 | 置信度（95.0%） | 1.330534 |

表6-20　第六组台风次损失额描述性统计

| 平均 | 47.07755 | 区域 | 587.1825 |
|---|---|---|---|
| 标准误差 | 12.1536 | 最小值 | 0.016968 |
| 中位数 | 9.973117 | 最大值 | 587.1995 |
| 众数 | #N/A | 求和 | 3860.359 |
| 标准差 | 110.0555 | 观测数 | 82 |
| 方差 | 12112.21 | 最大（1） | 587.1995 |
| 峰度 | 14.122 | 最小（1） | 0.016968 |
| 偏度 | 3.781296 | 置信度（95.0%） | 24.18184 |

使用概率模型拟合次损失额，从检验结果来看，在原假设服从某个分布的条件下，在5%显著性水平上，只有对数正态分布能通过原假设。

对数正态分布函数：

$$f(x)=\frac{1}{\sqrt{2\pi}\times 2.0358x}e^{-\frac{(\ln x-2.1949)^2}{2\times 2.0358^2}}\quad(0<x<\infty)$$

# 第七章

# 台风灾害的趋势分析

## 第一节　数据说明

本章讨论台风或热带气旋相关变量对自身的影响。考虑到可以得到的公共数据，我们选择热带气旋生成数。热带气旋生成数的数据比较准确齐全，同时对热带气旋生成数的预测也比较有意义。

数据的情况如表 7－1 所示。

表 7－1　　时间序列数据情况

| 数据名称 | 单位 | 数据描述 |
| --- | --- | --- |
| 热带气旋生成数（$Y_t$） | 个 | 1949～2008 年，数据完整 |

部分数据是不完整的，例如编号为 8309、8403 和 9017 的直接经济损失是无数据的。针对这种情况，可以采用平均直接经济损失，剔除数据缺失对数据分析的影响。

## 第二节　热带气旋变化趋势概述

本节从数据在统计上的表现，对 1949～2008 年热带气旋在我国的活动情况作概述，至于造成下文所述变化情况的原因，是多种物理因素综合而成的，如全球变暖导致海洋温度变化，进而对气旋生成数量造成影响，若要探究背后原因，仍需更多的气象学理论支持，已超出本书讨论范围。

下文将从热带气旋生成的频数、强度以及生命期三个方面来进行变化趋势的概述。

### 一、热带气旋频数变化趋势

自 20 世纪 40 年代末以来，我国登陆热带气旋频率基本平稳，但依然具有明显的年代际变化特征，厄尔尼诺年登陆热带气旋频数偏少，拉尼娜年登陆热带气旋频数偏多。就年代来说，20 世纪 90 年代中后期以来是热带气旋登陆我国频数偏少的气候阶段。

登陆热带气旋频数具有明显的年代际变化，20 世纪 50～70 年代中期登陆热带气旋频数呈减少趋势，而同时期在西北太平洋生成的热带气旋和影响我国的热带气旋则呈增加趋势，80 年代略有增加，进入 90 年代又呈减少趋势，50 年代和 60 年代登陆热带气旋频数较多，其次是 80 年代，70 年代相对较少，1991～2004 年是热带气旋登陆我国频数最少的时期，为各年代平均频次最低值。1982～1983年和1997～1998年是典型的ENSO暖位相年，登陆我国的热带气旋频数均较少。值得注意的是，在ENSO暖事件爆发当年（1982年和1997年），登陆热带气旋频数少于次年（1983年和1998年）。

### 二、热带气旋强度变化趋势

登陆台风的强度主要为热带风暴和强热带风暴，1962年平均强度最大，为37米/秒，1991年次之，为36米/秒。1962年有8个热带气旋登陆，其中6个登陆强度达到台风强度。同样在1991年的7个登陆热带气旋中，有5个登陆强度为台风。1949～2008年平均登陆强度呈波动变化，不存在明显的趋势。最大登陆强度以台风最多，共有21年，占总数的39%，强台风占1/3，超强台风占26%。最大登陆强度在20世纪50～70年代处于偏强时期，其中50年代明显偏强。1958～1962年是最大登陆强度持续异常偏强时期，这期间最大强度均超过60米/秒，1959年达到历史最大值，为78.1米/秒。近几年来最大强度持续偏弱，但仍不难看出有增强的趋势。1998年的最大强度仅为30米/秒，为历史最低值，也就是说，在这一年，我国没有出现登陆强度为台风的热带气旋，这也是自1951年以来唯一没有出现登陆强度为台风的年份。

### 三、热带气旋生命期变化趋势

登陆热带气旋的平均生命期在20世纪60～80年代偏长，50～90年代以后相对偏短。登陆热带气旋的平均强度在50～70年代初为偏强阶段，90年代起明显减弱。平均生命期的缩短、平均强度的减弱和具有较强强度的频数的减少直接导致了登陆热带气旋破坏潜力的减弱。

20世纪70年代以后卫星和飞机等观测手段的引入更为精确地确定了热带气旋的强度，最大登陆强度的减弱、具有较强强度登陆热带气旋频数的显著减少、破坏潜力的减弱以及登陆热带气旋平均强度的减弱在一定程度上与观测手段的改变有关。

## 第三节　热带气旋生成数时间序列分析

2008年西北太平洋和南海的热带气旋共有24个，其中超强台风3个，强台风4个，台风4个，强热带风暴3个，热带风暴8个，热带低压2个。热带风暴级以上的热带气旋出现次数偏少于往年的均值。从热带气旋生成数的基本统计分析来看，1949～2006年的生成数均值在34个左右，标准差约为7。从这个分析可以看到，热带气旋生成数在这60年中还是比较平稳的，没有特别大的波动（见表7－2和表7－3）。

表7－2　热带气旋生成数基本统计分析

| 平均 | 34.417 | 区域 | 34 |
|---|---|---|---|
| 标准误差 | 0.904 | 最小值 | 21 |
| 中位数 | 34 | 最大值 | 55 |
| 众数 | 30 | 求和 | 2065 |

续表

| 标准差 | 6.999 | 观测数 | 60 |
|---|---|---|---|
| 方差 | 48.993 | 最大（1） | 55 |
| 峰度 | 0.811 | 最小（1） | 21 |
| 偏度 | 0.636 | 置信度（95.0%） | 1.808 |

**表7-3　　热带气旋生成数的单位根检验**

| 序列名 | (c, t, p) | ADF值 | P值 | 结论 |
|---|---|---|---|---|
| 热带气旋生成数 | (1, 1, 0) | -5.86 | 接近0 | 平稳 |

注：(c, t, p) 为检验类型，c 和 t 表示带有常数项和时间趋势项，p 表示所采用的滞后阶数。

热带气旋生成数序列图见图7-1。1949~1965年，热带气旋生成数序列比较平稳，虽然有波动，但是波动不大。1965~1975年间，热带气旋生成数的波动比较大，1967年热带气旋生成数突然达到了历史最大值55个。之后，热带气旋年度生成数开始平稳波动，还略微显示出减少的趋势。对数据作带有常数项和时间趋势的ADF单位根检验，ADF值的p值几乎为0，拒绝序列存在单位根的原假设，即热带气旋生成数序列属于平稳序列，不需要对其进行差分。

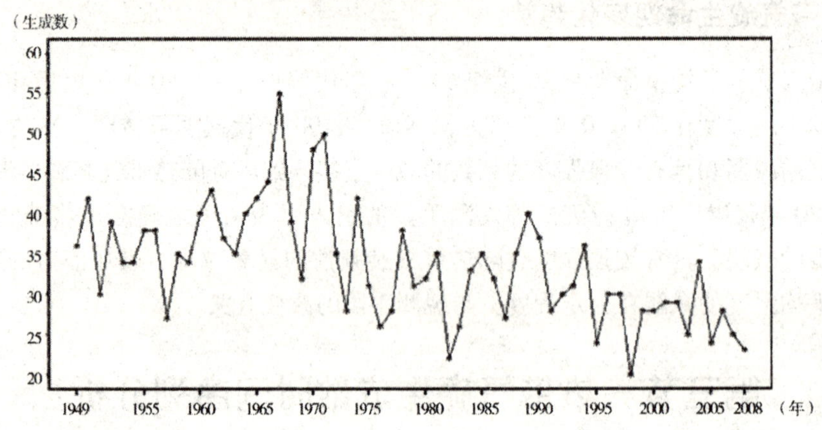


**图7-1　热带气旋生成数时序图**

为了能够更好地分析热带气旋生成数时间序列的性质，使用ARMA (p, q) 模型对时间序列进行拟合，并对其趋势作出预测。由于ARMA滞后阶数的确定具有一定的难度，在时间序列的拟合中根据贝叶斯信息判别准则（BIC准则）对模型进行筛选，ARMA (4, 0) 模型［即AR (4)］是拟合热带气旋生成数时间序列的最优模型。表7-4是热带气旋生成数的AR (4)模型拟合结果，同时利用时间序列模型对热带气旋生成数进行预测，图7-2和图7-3是模型对序列的拟合图和预测图。

**表7-4　　热带气旋生成数的AR (4) 模型拟合结果**

| 变量 | 常数项 | AR (1) | AR (2) | AR (3) | AR (4) | AIC | SBC |
|---|---|---|---|---|---|---|---|
| | 34.269<br>(11.47)*** | 0.273<br>(2.08)** | 0.013<br>(0.10) | 0.284<br>(2.10)** | 0.260<br>(1.92)* | 386 | 396 |

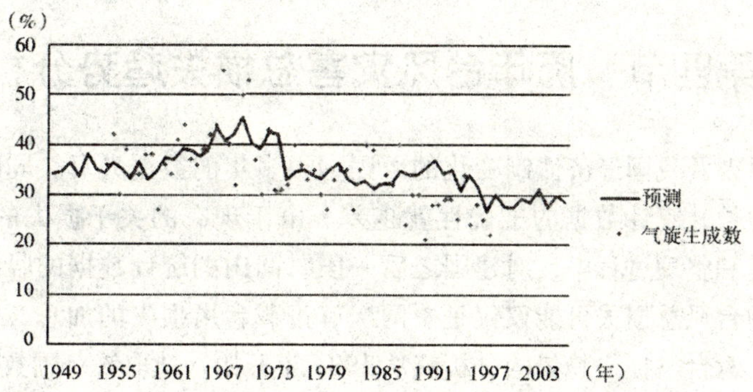


图7-2 ARMA (4, 0) 模型对历史数据的拟合图

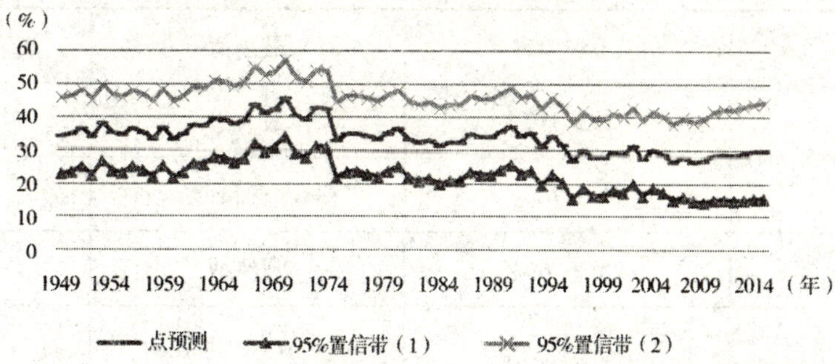


图7-3 ARMA (4, 0) 模型对时间序列的预测图 (95%置信带)

为了提高数据拟合的效果，使用SAS软件的时间序列预测系统自动选择最优拟合模型进行预测。图7-4是SAS自动选择的最优拟合模型的预测图（对数线性指数平滑模型）。

从图7-3和图7-4可以看出近年来热带气旋生成数量略有下降趋势，但是对未来10年生成数的预测存在一定的差异，ARMA（4，0）模型的预测结果是未来若干年热带气旋生成数将增加，而对数线性指数平滑模型则表现出下降的趋势。当然，这与模型本身性质的差异是相关的，仅仅是数据在统计上的表现，仍需更多的气象学理论支持。

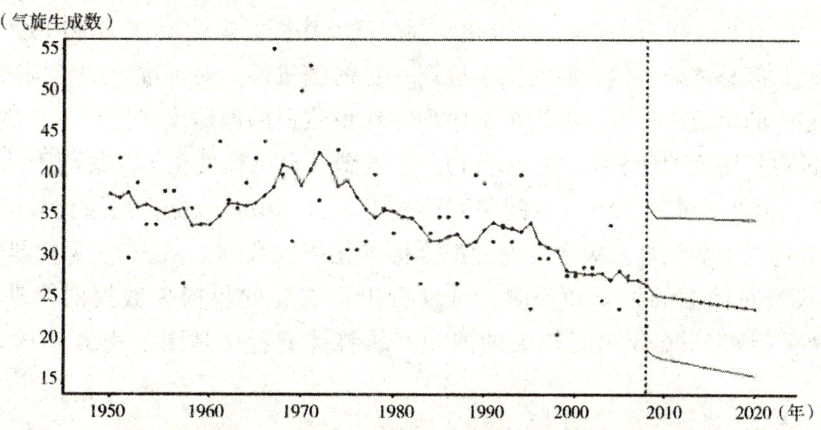


图7-4 热带气旋生成数对数线性指数平滑模型的预测

# 第四节 历年台风灾害总损失趋势分析

由于历史的原因及我国经济体制变化的原因，很多年的数据失真。同时，由于统计口径上的差别，时间越长，统计数据的准确性就越差。由于现有的关于损失的数据从1949年开始，在数据的收集和整理过程中，对建国之后一段时间内的统计数据的收集是不完整的，也就是说某些年度的台风总损失可能仅仅是一两次有记载台风损失的加总，并不能够代表当年的总损失。所以，对台风损失趋势的分析就从1983年开始。选取该范围数据的好处在于这些数据具备一定的可比性，在数据的真实性方面远远大于以前年度（见表7－5）。

**表7－5　　1983～2008年台风年标准化损失额基本统计指标**　　（单位：亿元）

| 平均 | 1 059.024 | 最小值 | 44.316 |
|---|---|---|---|
| 标准误差 | 203.312 | 最大值 | 4 186.475 |
| 中位数 | 766.765 | 求和 | 27 534.63 |
| 标准差 | 1 036.694 | 观测数 | 26 |
| 方差 | 1 074 734 | 最大（1） | 4 186.475 |
| 峰度 | 4.375 | 最小（1） | 44.31557 |
| 偏度 | 2.0740 | 置信度（95.0%） | 418.7297 |
| 区域 | 4 142.159 | | |

从图7－5来看，1983～1993年，损失额基本是直线递增的，损失存在确定性趋势。1993年之后，损失额波动很大。这样，以1993年为分界线，未调整损失的变动呈现两种趋势，这很不利于后面的分析。再看图7－6标准化年损失额时序图。虽然1994年和1996年的损失额有很大的波动，但总体来讲损失额的波动呈现一定的随机性。对标准化的年损失额作带有常数项和时间趋势的单位根检验，结论拒绝序列存在单位根的原假设，即标准化的年损失额是平稳的。通过观察序列的偏相关系数和自相关系数图，台风标准化年损失额不适合使用ARIMA模型拟合，因此，使用SAS的时间序列预测工具自动拟合数据，通过比较各种模型的均方误差，最终选择对数线性指数平滑模型拟合标准化损失数据。从表7－7和图7－7对数线性指数平滑模型对数据的拟合和预测，可以看出标准化的年损失数据的变动趋势十分平稳，除了1994年和1996年出现较大的波动，从整体上看还是围绕均值（约1 000亿元）上下波动。

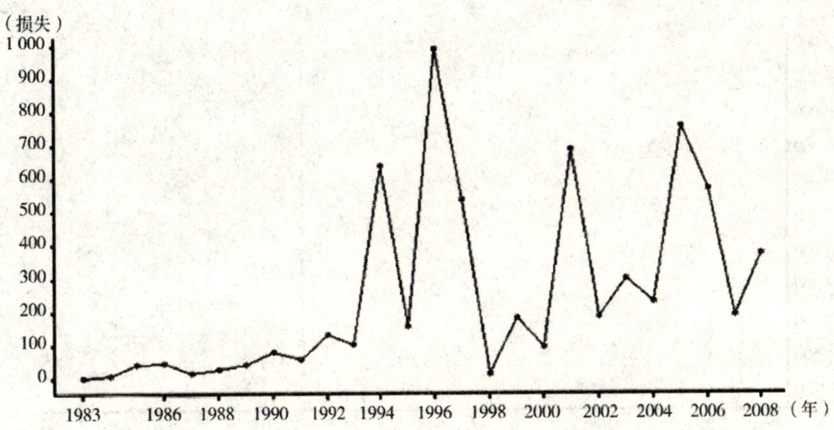


图7－5 1983～2008年全国台风年损失额（未调整）时序图

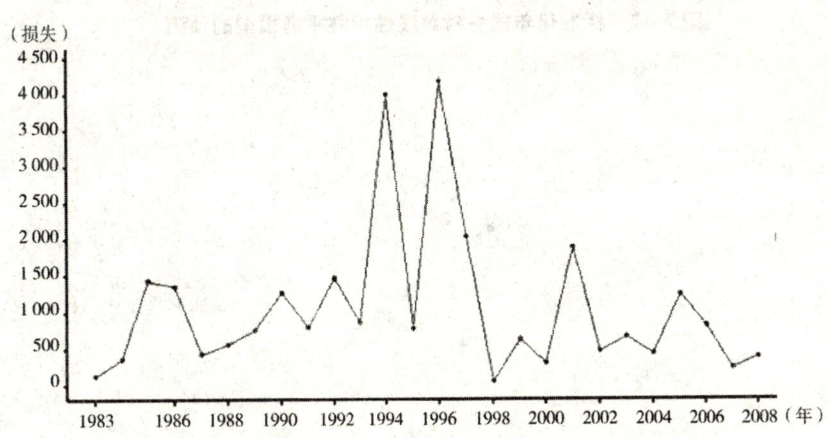


图7－6 1983～2008年全国台风标准化年损失额时序图

表7－6 1983～2008年台风标准化年损失额序列的单位根检验

| 序列名 | （c，t，p） | ADF值 | P值 | 结论 |
| --- | --- | --- | --- | --- |
| 热带气旋生成数 | （1，1，0） | －4.61 | 0.006 | 平稳 |

注：（c，t，p）为检验类型，c和t表示带有常数项和时间趋势项，p表示所采用的滞后阶数。

表7－7 标准化年损失对数线性指数平滑模型的拟合结果

| 参数 | 估计值 | 标准差 | T值 | P值 |
| --- | --- | --- | --- | --- |
| LEVEL | 0.042 | 0.037 | 1.13 | 0.27 |
| TREND | 0.001 | 0.088 | 0.01 | 0.99 |
| 残差 | 1.082 | | | |
| SMOOTHED LEVEL | 6.363 | | | |
| SMOOTHED TREND | －0.010 | | | |

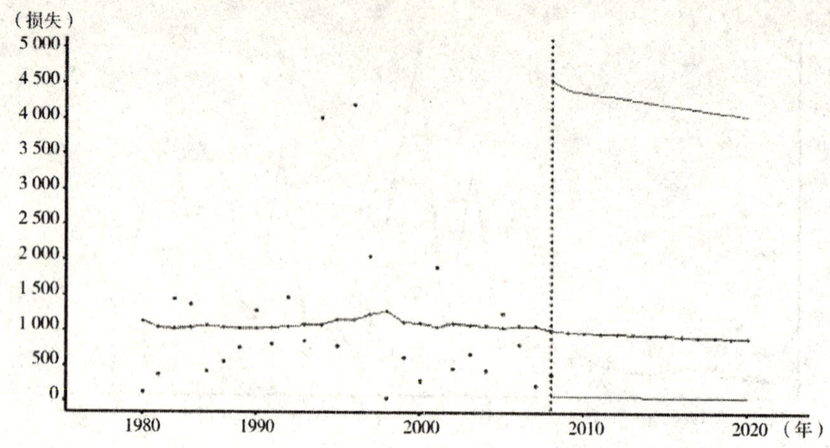


**图7－7　标准化年损失对数线性指数平滑模型的预测**

# 第二篇　洪涝灾因分析

# 第八章

# 洪涝与洪涝灾害

## 第一节　洪涝灾害的界定

### 一、洪水和雨涝

洪涝实际上是洪水和雨涝的统称。根据《现代地理学词典》，洪水是河流水位超过河滩地面溢流现象的统称，而雨涝是指雨水过多使低洼的地方积水所造成的灾害。本文中所指的洪涝灾害是对洪水和雨涝所引起的灾害的统称。本文中所有的统计分析都是基于洪涝灾害的损失数据进行的。

**（一）洪水分类**

洪水按其基本水体的不同可以分为：河流型洪水、湖泊型洪水和风暴潮型洪水。

1. 河流型洪水。河流型洪水指由于外来的因素使江河水量增加，冲破堤岸或漫溢出堤岸而导致的洪水。河流型洪水按照成因和成灾形态又可以有不同的分类（见图 8－1）。

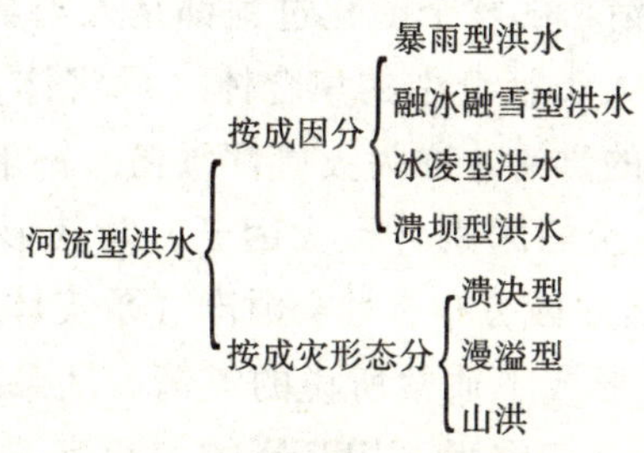


**图 8－1　河流型洪水的分类**

（1）河流型洪水按其成因又可以分为：暴雨型洪水、融冰融雪型洪水、冰凌型洪水和溃坝型洪水。

① 暴雨型洪水是指由数日甚至数周大面积密集和（或）连续降雨造成的大范围强降雨而使江河泛滥，或者在地势陡峭地区小范围内集中降雨造成的山洪。发生频率最高、威胁最大、造成灾害最重的洪水就是暴雨型洪水，它由强度较大、相对集中的降雨形成。暴雨型洪水是我国洪水灾害的主要来源。我国大部分地区在大陆季风气候的影响下，降雨时间集中，强度很大。全年降雨量，除新疆维吾尔自治区北部和湖南省南部以外，绝大部分地区 50% 以上集中在 5～9 月。

② 融冰融雪型洪水是指以积雪和冰川融水为主要来源而形成的洪水。

③ 冰凌型洪水是指春季江河解冻时冰块漂浮遇阻，堆积成坝，堵塞江道，造成水位急剧

上升，以致冰凌、江水溢出江道，漫溢成灾。

④ 溃坝型洪水指大坝在蓄水状态下突然崩溃而形成的向下游急速推进的特大洪流。

（2）河流型洪水按其成灾形态又可以分为溃决型、漫溢型、山洪[①]。山洪指发生于山区河流中暴涨暴落的突发性洪涝灾害。山洪的影响因素有暴雨、融雪、冰川消融。

2. 湖泊型洪水。湖泊型洪水指湖泊漫溢引起的洪水。

3. 风暴潮型洪水。风暴潮型洪水是一种由热带风暴（如台风、飓风）、温带气旋或寒潮过境所引起的海面异常升高，造成海水外溢，泛滥成灾。

**（二）雨涝**

雨涝主要影响的是农作物，但同时雨涝对城市的危害也巨大。城市具有独特的地表形态和性质（如不透水地面面积比较大），有天然和人工地下管两套排水系统，因此，常常导致地面径流系数大，汇流速度大，时间短，下渗少。雨涝对城市的破坏性也很大。

由于各地地势分布不一样，在一次持续大面积的降水过程中，很多时候可能洪水和雨涝灾害同时存在，所以将洪水和雨涝统称为洪涝灾害。

## 二、洪涝灾害的形成因素

洪涝灾害是一种常见的自然灾害。自然灾害的形成包括三个方面：孕灾环境、致灾因子和承灾体。对洪涝灾害来说，其孕灾环境包括大气海洋环境、水文气象、下垫面环境。就致灾因子来说，洪水的致灾因子有暴雨、融雪、冰凌和溃坝，而雨涝的致灾因子是暴雨，所以下面只研究暴雨洪涝。其承灾体包括人、建筑、工矿、农林牧渔、交通、环境、水利设施等。

洪涝灾害的发生、发展及消亡的整个演化过程都是人与自然关系的一种表现。由于洪涝灾害的最终承受体是人类及人类社会中的集合体（承灾体），因而，只有对承灾体的部分或整体造成直接或间接损害的洪涝才称为灾害性洪涝。一般而言，形成洪涝灾害必须具有两个条件：一是存在诱发洪涝的因素（致灾因子）及其形成洪涝灾害的环境（孕灾环境）；二是洪涝影响区有人类居住或分布有社会财产（承灾体）。致灾因子、孕灾环境、承灾体三者之间相互作用的结果形成了通常所说的灾情。从系统论的观点来看，孕灾环境、致灾因子、承灾体及灾情之间相互作用，相互影响，相互联系，形成了一个具有一定结构、功能及特征的复杂体系，这就是洪涝灾害系统[②]。图8－2描述了该系统的组成特征。

对保险行业来说，研究洪涝灾害的重点是研究承灾体（一般指受灾区域）的经济损失规律。承灾体的经济损失受到两个方面的影响，即洪涝灾害的活动强度和受灾区域的易损性。其中洪涝灾害的活动强度很大程度上受到孕灾环境和致灾因子的影响。

---

① 国外称骤发洪水。骤发洪水是小范围内集中降雨的结果，地面通常并未完全饱和，但土壤渗透率比降水速度要低得多。

② WEIYM，JNJL. The General System for Flood Disaster Evaluation and Analysis［C］. Proceedings of WGIS’97. 1997. 7：841－947.

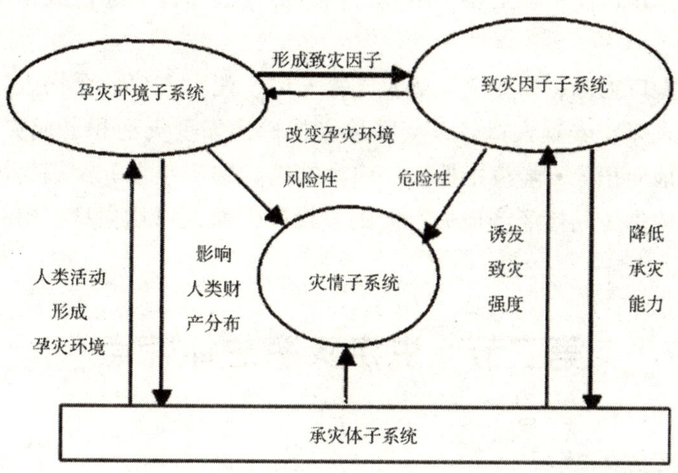


**图8－2　洪涝灾害系统**

## 三、洪涝灾害的活动强度

### （一）描述指标

描述洪涝灾害的活动强度一般用洪水三要素以及重现期、水深、历时、含沙量这几个指标①。

洪水三要素即洪峰水位（洪峰流量）、洪水总量和洪水历时。

洪水重现期是描述洪水活动强度的最为普遍的一种方法。洪水重现期越长，频率越低，表示洪水的强度越大。目前我国洪水强度一般分为5级：一般洪水为重现期小于10年；较大洪水为重现期10～20年；大洪水为重现期20～50年；特大洪水为重现期50～100年；罕见的特大洪水为重现期大于100年。

水深、历时表示洪水在洪泛平原上漫溢的水深和持续时间。

### （二）孕灾环境和致灾因子

如果从孕灾环境和致灾因子（主要指暴雨）方面来考虑，孕灾环境指标主要有大气海洋环境指标、天体背景指标、水文气象环境指标②和下垫面指标③。致灾因子（主要指暴雨）指标则包括次暴雨总量、降雨强度和暴雨历时。

### （三）承灾体易损性分析

承灾体易损性包括灾前指标和灾后指标。

灾前指标包括人口指标，如区域人口总数、人口密度、城市人口比例等；经济指标，如区域年总产值、区域内人均产值、区域总资产、土地价值等；土地利用指标，如土地利用类

---

①　描述雨涝灾害的活动强度主要是指暴雨活动强度。这一点和洪水灾害的致灾因子指标相同。

②　水文气象指标包括：多年平均降水量、年平均降水量变率、多年平均暴雨次数、年最大暴雨量、年最大洪峰流量、频次。

③　下垫面指标：区域位置、区域面积、地面高程、上游集水面积、坡度、植被密度、河道糙率、某一河道干流长度、河道断面面积、河道长度、水体污染源、区域贮水能力、河道安全泄量。

型、耕地面积、居住建筑面积、工农业用地比例、交通线密度、通讯线密度、区域牲畜密度等。

灾后指标包括人口指标，如受灾人口、成灾人口、死亡人口、受伤人口、患病人口、受困人口、无家可归人口、安置人口等；空间展布指标，如受灾面积、成灾面积、绝收面积、受淹范围、毁坏耕地面积等；经济指标，如粮食损失、减产粮食、倒塌房屋、损坏房屋、牲畜死亡、直接经济损失、间接经济损失；损失率指标，如人口伤亡率、财产损失率、综合财产损失率等。

## 第二节　洪涝灾害总体特点

### 一、洪涝灾害成因概况

灾害的成因可以按照不同的分类标准进行讨论。

**（一）按照地理形态进行分类**

从地理形态上讲，我国可以分为山地丘陵区、平原地区和滨海地区。这些地区的气候和地面条件差别很大，洪涝灾害的成因也不同。

1. 山地丘陵区。山地丘陵区主要发生山洪，一般海拔在 2 000 米以下的中低山体易发生山洪。山洪灾害的特点是突发性强，来势猛，灾区范围小。

2. 平原地区。平原地区集中分布在我国东部，主要有东北平原、华北平原、长江中下游和珠江三角洲平原。平原地区一般发生漫溢型的河流洪水和湖泊洪水。洪水泛滥以后，水流扩散，受平原微地形影响，行洪速度缓慢，水流冲击力大为降低，一般情况下人员伤亡比较少。北方平原河道漫溢或决口，往往形成滚坡水，波及面积很大，但洪水总量比较小，淹没水深较浅，时间较短。南方平原及滨海的平原，绝大部分已经形成围田，围田内地面高程低于洪水汛期水位，一旦围田溃决，则整个围田被淹没，一般洪水退水迟缓，淹没历时长，灾情严重。

3. 滨海地区。滨海地区一般发生风暴潮（包括天文大潮、风暴潮和海啸）。我国风暴潮灾害从南到北均有发生，几乎遍及所有海岸与岛屿。而成灾率高，灾害严重段主要集中在东海、南海和台湾、海南等岛屿。

**（二）按照河流的成因条件进行分类**

按河流的成因条件可以分为暴雨洪水、冰凌洪水和融冰融雪洪水。

1. 暴雨洪水。我国造成严重洪涝灾害的洪水主要由暴雨产生。暴雨洪水有三种类型：一是短历时局地性大洪水。在我国气候干旱的西北地区，包括晋西北、陕北、河北省的坝上高原，内蒙古自治区、宁夏回族自治区以及甘肃省、青海省、新疆维吾尔自治区部分地区，一般不易产生大面积暴雨洪水，而局地性暴雨洪水在这些地区显得很突出。二是中等历时区域性大洪水。多出现于我国中部和东部广大地区，是我国灾害性洪水中最主要的一种类型。三是长历时大范围的洪水。这是由多个地区连续多次暴雨组合产生的洪水。降雨持续时间可以1～2 个月，在几个流域同时发生大洪水。例如 1998 年发生的大洪水。这种类型的洪水成的灾害最为严重。

2. 冰凌洪水。危害比较大的冰凌洪水主要发生在黄河干流和松花江。黄河干流冰凌洪水主要发生在上游宁蒙河段和下游河段。内蒙古自治区河段封冻日期比上游早，开河日期比上游晚。解冻期凌峰演进过程中，在河道弯曲段极易卡冰形成冰坝，因此，内蒙古自治区自然情况下年年都有不同程度的凌汛灾害。下游河段自郑州以下至河口，是一个不稳定封冻河段，约有10%年份不封冻。发生冰凌灾害时也很严重。松花江是我国位置最北的一条大河，冬季漫长，气候寒冷，冰凌灾害主要发生在干流下游。松花江干流凌汛灾害比较严重的地点在依兰以下河段。

3. 融冰融雪洪水。由冰川消融形成的一年一度的季节洪水，一般发生在7、8两个月。我国冰川主要分布在西藏自治区和新疆维吾尔自治区境内，分别占冰川面积的47%和44%，其余零星分布在青海省和甘肃省境内。冰川洪水峰量大小取决于冰川消融区的面积，洪水过程变化缓慢，无明显暴涨暴落现象，流量与气温有明显的同步关系。河流上游冰湖、冰坝突然溃决，造成突发性冰川洪水，是冰川洪水的一种特例。冰川洪水主要分布在天山中段北坡的玛纳斯地区，天山西段南坡的木扎提河、台兰河，昆仑山喀拉喀什河，叶尔羌河，祁连山西部昌马河、党河以及喜马拉雅山北坡雅鲁藏布江部分支流。西部高寒山区，一些有冰川和融雪补给的河流，因春夏强烈降水和雨催雪化形成雨雪洪水，在缓慢涨落的洪水过程中突然增加峰形尖瘦的暴雨洪水，其洪峰流量有时比单纯融雪洪水或暴雨洪水大，造成比较严重的灾害。我国融雪洪水主要分布在新疆维吾尔自治区阿尔泰山和东北一些河流，由于积雪厚度不大，融雪洪水很少造成灾害。

## 二、主要江河洪水特性

洪水是按流域水系形成的。水系的分布情况在一定程度上反映了我国洪水的地区分布特点。我国河流众多，流域面积在100平方千米以上的河流约50 000条，流域面积在1 000平方千米以上的河流约1 500条，超过10 000平方千米的河流有79条。全国河川年径流总量达27 115亿立方米。

河流流域的气候要素[①]等决定着洪水的形成和变化特性。我国的地形特征对江河湖泊的发育影响深远，我国三个地形阶梯之间的隆起带是我国外流河的三个主要发源地带和主要的暴雨中心地带。第一阶梯青藏高原东、南缘是我国长江、黄河的发源地；第二阶梯青藏高原外缘至大兴安岭、太行山、巫山一带，是黑龙江、辽河、海河、淮河和珠江的发源地；第三阶梯即长白山——山东低山丘陵——东南沿海山地是闽江、鸭绿江等发源地。特殊的地形地势决定了我国主要江河水系自西向东入海的总趋势。表8－1显示了我国主要江河及其年径流量统计表。

暴雨洪水发生的季节在地域上有一定规律。影响洪水季节变化的因素有两个：一是季风雨带的季节性位移，二是夏秋频繁的台风活动。洪水季节特征一般可以用汛期起止时间和汛期内各旬、月洪水发生的频率来反映。由于地理位置、天气系统等差异，我国七大江河的汛期迟早不一。即使是同一河流各年也有早有迟。按季节的不同，我国有四汛，即桃花汛（春

---

① 如降水、蒸发、气温等和下垫面条件，如地貌、地质、植被、湖泊、沼泽、流域形态。

汛）、伏汛（夏汛）、秋汛和凌汛。其中伏汛和秋汛最大。通常所说的汛期主要指这两汛而言。主汛期是含于这两汛之中极易产生洪水的时期。根据降雨、洪水发生规律和气象成因分析，我国七大江河汛期大致划分如下：

表 8－1 我国主要江河及其年径流量统计表

| 河名 | 流域面积（平方千米） | 河流长度（公里） | 多年平均 | | |
|---|---|---|---|---|---|
| | | | 年径流量（亿平方米） | 年径流深（毫米） | 年平均流量（平方米/秒） |
| 松花江 | 557 180 | 2 308 | 733 | 134 | 2 320 |
| 辽河 | 228 960 | 1 390 | 126 | 55 | 400 |
| 海河 | 263 631 | 1 090 | 228 | 87 | 723 |
| 黄河 | 752 443 | 5 464 | 628 | 84 | 1 990 |
| 淮河 | 269 283 | 1 000 | 611 | 231 | 1 940 |
| 长江 | 1 808 500 | 6 300 | 9 280 | 513 | 29 460 |

资料来源：《中国水利统计年鉴 2010》，中国水利水电出版社 2010 年版。

珠江：4～9 月；长江：5～10 月；淮河：6～9 月；黄河：6～10 月；海河：6～9 月；辽河：6～9 月；松花江：6～9 月。

七大江河主汛期分别为：

珠江：5～7 月；长江：6～9 月；淮河：6～8 月；黄河：7～9 月；海河：7～8 月；辽河：7～8 月；松花江：7～8 月①。

下面就分流域分析各主要江河大洪水的季节特征、汛期、主汛期等洪水特点。

**（一）黄河流域**

黄河干流自河源至内蒙古自治区托克托为上游，托克托至河南省桃花峪为中游，桃花峪以下为下游。黄河上中游占全流域面积 97%，绝大部分为高原山地。下游河道穿行于华北大平原总部，河道比较平缓，除东平湖、陈山口至济南玉符河口局部地段为山丘外，绝大部分河段全靠堤防约束，由于泥沙淤积，目前河床平均高程约高出地面 3～5 米，部分河段高出 10 米，成为举世闻名的“悬河”，对两侧大平原造成严重的洪水威胁。黄河流域成灾主要是由暴雨和冰凌形成。暴雨洪水发生在 7～8 月的称为“伏汛”，9～10 月的称为“秋汛”，“伏秋大汛”是黄河的主汛期。每年 2～3 月，上游宁、蒙河段和下游山东省河段发生冰凌洪水，称为“凌汛”。暴雨洪水来源有 3 个地区：兰州以上地区、中游托克托至三门峡至花园口区间。这 3 个地区一般不会遭遇洪水。兰州以上地区，雨区面积大，历时长，强度不大，加以有湖泊、沼泽的滞蓄，洪水过程涨落平缓，历时较长，洪水主要威胁兰州市和宁、蒙灌区以及河套平原。中游托克托至三门峡洪水，托克托至龙门区间是黄河流域主要暴雨区，暴雨强

① 国家防汛抗旱总指挥部办公室，http：//www.mwr.gov.cn/ztpd/2011ztbd/2011fxkhzt/2011fxkhcs/2011fxkhcs/201105/t20110523_267902.html。

度大，历时短，干、支流坡度大，常形成涨落迅猛锋高量小的洪水过程，同时挟带大量泥沙，为黄河泥沙主要来源。当中游地区发生西南—东北向分布的大面积暴雨时，干流龙门以上的洪水有可能与渭河洪水遭遇，形成三门峡峰高量大的洪水过程。三门峡至花园口区间来水为主的洪水称为“下大型”洪水。下游洪水特点有：

1. 洪水峰高量小，历时短。

2. 洪水含沙量大，水沙异源。

3. 洪水年际变化大。目前威胁黄河下游的洪水主要来自三门峡至花园口区间，这个地区是黄河暴雨中心区之一，洪水年际变化较大。

4. 河道削峰作用明显。由于下游河道高悬于两岸平原，水流多沙，洪涝灾害比一般河道更为严重。

**（二）长江流域**

长江干流宜昌以上为上游，宜宾以上称为金沙江，宜宾至宜昌区间汇入岷江、沱江、嘉陵江、乌江等重要支流。宜昌至湖口为中游，主要支流有清江、沮漳河、洞庭湖水系的湘、资、沅、澧四水和鄱阳湖水系的赣、抚、信、饶、修五河及汉江。其中自枝城至城陵矶的干流河段称荆江，南岸有松滋、太平、藕池、调弦四口分江水入洞庭湖。湖口以下为下游，主要支流有青戈江、水阳江、巢湖水系和太湖水系，淮河下游大部分水量也通过入江水道进入长江。长江洪水主要由暴雨形成，流域各支流大洪水出现时间，最早始于4月上旬，最晚至10月上旬，7、8两月最为集中。一般年份，汛期中下游早于上游，江南先于江北，鄱阳湖水系、湘江、资水为4~7月，沅江、澧水、清江、乌江为5~7月，上游各支流及汉江为7~10月。正常年份干支流洪水可以错开，不致酿成大灾。如果气候反常，各支流洪水出现时间提前或错后，上下游、干支流洪水遭遇，就有可能形成全江性大洪水。另外，洪峰和水量的大小不仅和当地的降雨量有关，还和雨带的移动趋势密切相关。如果雨带的移动趋势与洪峰走势相同，则会引起更大的洪峰，造成特大洪涝灾害的危险性更大。长江洪水具有以下几个特点：

1. 洪水峰高量大、历时长。

2. 洪水比较稳定，年际变化小。

3. 含沙量低，输沙量大。

长江洪涝灾害主要集中在中下游平原地区。洪水来量大，河湖蓄泄能力不足是主要原因。

**（三）淮河流域**

淮河流域分淮河、沂沭泗河两大水系，两水系洪水特性不同。

淮河水系洪水，主要来自上游伏牛山区及淮南山区，就其影响范围，可以分为全流域性洪水和局地性洪水。

1. 全流域性洪水由梅雨期大范围连续多次暴雨造成，其特点是中、上游山区普遍发生洪水，洪峰接踵而至，中游左岸平原支流洪水相继汇入干流，形成全流域性大洪水，洪水过程可达2个月以上，消退缓慢，淮河沿线长时间处于高水行洪状态，影响淮北地区排水。

2. 局地性洪水是由台风或者涡切变天气系统暴雨形成，暴雨强度大，洪峰流量很大。

沂沭泗水系发源于沂蒙山区，是我国暴雨洪水量级最大的地区之一，洪水出现的时间比淮河稍迟。沂沭泗河上中游均为山区，地面比降大，集流快，洪水来势迅猛。淮河流域洪水年际变化率比长江流域要大。

**（四）海河流域**

海河流域包括海河、徒骇河、马颊河各水系。海河水系由漳卫河、子牙河、大清河、永定河、潮白河、北运河、蓟运河7条河流组成，山区、平原各占一半。海河流域北部和西部为山地高原，东部和东南部为辽阔平原，山地至平原过渡带甚短。海河平原是由黄河与海河各支流冲积而成，地势由西北、西、西南三面向天津缓缓倾斜，由于受黄河屡次迁徙改道影响和南北大运河的束缚限制，形成缓岗坡洼相间分布的复杂地形，洪涝排水困难。海河洪水来自夏季暴雨，暴雨发生时间主要集中在7、8两月，尤其是7月下旬~8月上旬，约占大暴雨次数的85%。太行山、燕山的东南迎风坡是暴雨集中分布的地带，暴雨强度大，历时长。背风山区、坝上草原也会出现大强度暴雨，但属于短历时局地暴雨，不致形成大洪水。由于暴雨中心落区不同，流域性大洪水可分为南系洪水和北系洪水。海河洪水特点有：

1. 7、8两月为汛期，大洪水主要集中在7月下旬~8月上旬。

2. 洪峰流域年际变化很大。

3. 洪水地区来源比较集中。海河大洪水主要来源于太行山和燕山的迎风山区。

**（五）辽河流域**

辽河流域的西辽河和东辽河在福德店汇合后称辽河。1958年以后，辽河流域分成两个分别入海的水系：辽河水系由西辽河、东辽河和辽河干流各支流组成，经盘山市双子台河入海；大辽河水系由浑河和太子河两大支流在三岔河合流后经营口入海。辽河流域山地丘陵占60%，平原占34%，沙丘占6%。辽河流域洪水主要集中在7、8月，洪水发生的地区分3种情况：

1. 西辽河洪水。洪水主要来自上游老哈河与西拉木伦河的山地丘陵区，洪水流经西辽河平原，沿途有平原水库、洼地，海槽容蓄量大，洪峰削减较大，对辽河干流影响不大。

2. 辽河干流洪水。主要来自东辽河及左岸清、柴、泛等支流，是辽河流域主要暴雨中心区，洪水量级大。辽河中游右侧支流洪水一般不大，但柳河水土流失严重，大量泥沙输入辽河干流，致使河床淤高，泄洪能力减弱。

3. 浑河、太子河洪水，主要来自沈阳和辽阳山地丘陵区，与辽河东侧支流同处于暴雨中心区。浑河、太子河两河相邻，洪水同步，量级很大。

**（六）松花江流域**

松花江流域是黑龙江流域在我国的最大支流，上游嫩江与第二松花江在吉林省扶余县三岔河汇合后称为松花江，至同江县与黑龙江汇合。松花江流域山地、丘陵占74%，平原占26%。松花江洪水主要由暴雨形成，大洪水多发生在7~9月，4月还会出现冰凌洪水。松花江干流洪水往往是由嫩江和第二松花江较大洪水遭遇而造成。嫩江流域一般降雨强度不大，当接连出现几场大雨之后，即可形成干流较大洪水。嫩江干流河道比较平缓，中游河段洪水期间水面宽可达10余千米，河槽调蓄能力很大，洪水涨落缓慢，过程历时长达2个月。第二松花江流域暴雨强度大，洪水过程陡涨陡落，大洪水主要出现在7、8两月，因此嫩江的洪水过程下来很容易与第二松花江、拉林河的洪水发生遭遇，造成松花江干流大洪水。

### （七）珠江流域

珠江流域由西江、北江、东江及珠江三角洲诸河组成。全流域山地、丘陵占94.4%，平原占5.6%。西江是珠江主要支流，发源于云南省沾益县马雄山，流经贵州省、广西壮族自治区，于广东省山水县与北江汇合。北江发源于江西省信丰县，东江发源于江西省寻乌县。珠江洪水均由暴雨形成，4～7月为前汛期，8～9月为后汛期，大洪水主要发生在前汛期。西江洪水峰高量大，历时长。北江洪水发生季节略早于西江，峰形尖峭，洪水过程呈连续多峰形。如果西江、北江洪水遭遇，往往形成三角洲特大洪水。

# 第九章

# 洪涝灾害的基本统计分析

## 第一节　数据的来源及说明

在数据的收集和整理过程中，我们主要依赖于相关年鉴、网站提供的数据库和杂志。由于我国统计制度的变迁，在数据的整理过程中发生数据失真的情况在所难免。同时，由于数据年代久远，一些数据难免有所缺失。因而在数据的整理过程中，通过对各种数据来源进行斟酌之后决定是否使用。

### 一、数据的来源

具体数据来源如表 9－1 所示。

表 9－1　　基本统计分析指标数据来源

| 指标 | 数据来源 | 年度 |
|---|---|---|
| 洪涝灾害发生频数 | 《中国减灾》 | 1991～2010 年 |
| 洪涝灾害直接经济损失 | 《中国水利年鉴》 | 1991～2010 年 |
| 洪涝灾害各流域洪涝次数 | 可持续发展信息网：http：//www. sdinfo. net. cn/dataquery/ | |
| 洪涝灾害各流域经济损失 | 可持续发展信息网：http：//www. sdinfo. net. cn/dataquery/ | |
| GDP | 《中国统计年鉴》 | 1991～2010 年 |

### 二、数据使用的说明

鉴于数据来源的广泛性，不同资料来源的数据的侧重点有所不同。来源于《中国减灾》杂志的数据记录了各年各省（区、市）单次洪涝灾害的受灾面积、受灾人口、死亡人口以及直接经济损失，所以此部分数据主要用于洪涝灾害损失次数以及洪涝灾害损失程度的统计。各流域的损失数据主要来自可持续发展信息网。由于《中国减灾》杂志中的数据并不是十分完整，在聚类分析与差异率分析中，需要用到各省（区、市）的年损失率，此部分数据主要来源于《中国水利年鉴》中关于洪涝灾害直接经济损失的记录。

所用数据大多是 1990～2009 年的数据，1990 年之前的数据由于统计的原因，有许多不完善之处，所以就剔除掉了，对结果影响不大。还有就是有关各大流域的洪涝统计数据，只找到 1994～2004 年的，而 2005 年及以后的数据无法获得，因此使用的是 1994～2004 年的数据。

同时需要说明的是，由于数据年代久远以及统计口径的不一致，《中国减灾》杂志中关于洪涝灾害的损失记录并不十分完整，这可能对统计结果的准确性有一定的影响。

### 三、数据的修正

洪涝灾害损失的载体是财产和生命，由于损失是对财产价值或生命价值的度量，因而财产损失的确定势必与经济发展水平相关。同时由于通货膨胀作用，损失额在不同的年度之间也缺乏可比性，因而就必须对数据进行修正，使得数据代表的意义相一致，增强可比性。

使用 GDP 对损失数据进行调整（频数不需要进行调整），并将所有的损失都调整到 2009 年的水平。调整方法为：

$$调整后损失=未调整损失\times\frac{2009\text{ 年 GDP}}{当年\text{ GDP}}$$

### 四、相关数字特征及统计分析

对频数、损失程度、损失影响因素分别进行分析，同时在分析的基础上，对相关省（区、市）的灾害情况进行聚类分析和差异率分析。由于在分析过程中，是对全国、各省（区、市）、聚类各组分别独立进行的，因而对于相关数字特征及统计分析，也放在各个具体的章节进行表述。

## 第二节 洪涝灾害频数的基本统计分析

### 一、历年洪涝灾害的频数分析

根据《中国减灾》杂志所记录的 1990 ~ 2009 年数据（其中 2008 年洪涝灾害损失数据在 2009 年的《中国减灾》中不全，采用了《中国水利年鉴 2009》中的数据），针对期间发生的 1 379 次洪涝灾害损失进行统计分析，各年度内洪涝灾害损失次数的具体分布见表 9 – 2。由于《中国减灾》杂志所记录的我国洪涝灾害事件可能有所缺失，所以洪涝灾害损失高的年度，其损失频数并不一定很高。

**表 9 – 2　　1990 ~ 2009 年历年洪涝灾害发生频数表**

| 年度 | 频数（次） | 年度 | 频数（次） | 年度 | 频数（次） | 年度 | 频数（次） |
|---|---|---|---|---|---|---|---|
| 1990 | 38 | 1995 | 73 | 2000 | 40 | 2005 | 154 |
| 1991 | 57 | 1996 | 64 | 2001 | 21 | 2006 | 164 |
| 1992 | 39 | 1997 | 22 | 2002 | 10 | 2007 | 79 |
| 1993 | 57 | 1998 | 39 | 2003 | 88 | 2008 | 98 |
| 1994 | 51 | 1999 | 49 | 2004 | 60 | 2009 | 176 |

对历年洪涝灾害发生频数进行统计分析。由图9－1可知，我国年洪涝灾害平均发生频数为69次，标准差为47次，这说明，我国各年洪涝灾害发生频数之间存在巨大差异。在1990～2009年这20年中，洪涝灾害发生频数最大的一年为2009年，176次；洪涝灾害发生最少的一年为2002年，10次。

| Moments | | | |
|---|---|---|---|
| N | 20.0000 | Sum Wgts | 20.0000 |
| Mean | 68.9500 | Sum | 1379.0000 |
| Std Dev | 46.8654 | Variance | 2196.3658 |
| Skewness | 1.2436 | Kurtosis | 0.8318 |
| USS | 136813.000 | CSS | 41730.9500 |
| CV | 67.9701 | Std Mean | 10.4794 |

**图9－1　1990～2009年历年洪涝灾害发生频数矩估计量**

**（一）频数的离散分布拟合**

由于频数本身是离散的，可以先考虑用离散函数对其进行拟合。但历年洪涝灾害发生频数的方差大于其均值，可以考虑用负二项分布拟合洪涝灾害发生频数（见图9－2和图9－3）。

| Quantiles | | | |
|---|---|---|---|
| 100% Max | 176.0000 | 99.0% | 176.0000 |
| 75% Q3 | 83.5000 | 97.5% | 176.0000 |
| 50% Med | 57.0000 | 95.0% | 170.0000 |
| 25% Q1 | 39.0000 | 90.0% | 159.0000 |
| 0% Min | 10.0000 | 10.0% | 21.5000 |
| Range | 166.0000 | 5.0% | 15.5000 |
| Q3-Q1 | 44.5000 | 2.5% | 10.0000 |
| Mode | 39.0000 | 1.0% | 10.0000 |

**图9－2　1990～2009年历年洪涝灾害发生频数分位数**

| Value | Count | Cell Percent | Cum Percent |
|---|---|---|---|
| 10.0000 | 1 | 5.0 | 5.0 |
| 21.0000 | 1 | 5.0 | 10.0 |
| 22.0000 | 1 | 5.0 | 15.0 |
| 38.0000 | 1 | 5.0 | 20.0 |
| 39.0000 | 2 | 10.0 | 30.0 |
| 40.0000 | 1 | 5.0 | 35.0 |
| 49.0000 | 1 | 5.0 | 40.0 |
| 51.0000 | 1 | 5.0 | 45.0 |
| 57.0000 | 2 | 10.0 | 55.0 |
| 60.0000 | 1 | 5.0 | 60.0 |
| 64.0000 | 1 | 5.0 | 65.0 |
| 73.0000 | 1 | 5.0 | 70.0 |
| 79.0000 | 1 | 5.0 | 75.0 |
| 88.0000 | 1 | 5.0 | 80.0 |
| 98.0000 | 1 | 5.0 | 85.0 |
| 154.0000 | 1 | 5.0 | 90.0 |
| 164.0000 | 1 | 5.0 | 95.0 |
| 176.0000 | 1 | 5.0 | 100.0 |

**图9－3　1990～2009年历年洪涝灾害发生频数统计**

对于负二项分布有：

$E(x) = \frac{r}{p}$，$p+q=1$，$Var(x) = \frac{rp}{p^2}$

根据样本数据可以得到 $p=0.0304$，$q=0.9696$，$r=2.09$，在负二项分布中，$r$ 应该是一个整数，所以将 $r$ 近似取为 2，再用一阶矩估计求得 $p=0.029$，$q=0.971$。

然后再利用 K－S 方法检验，检验过程见表 9－3。

**表 9－3　负二项分布检验**

| 累计频数 | 频率样本点 | $F(x^-)$ | $F(x^+)$ | $F^*(x)$ | 最大误差 |
|---|---|---|---|---|---|
| 1 | 10 | — | 0.05 | 0.04 | 0.0449 |
| 2 | 21 | 0.05 | 0.10 | 0.14 | 0.0919 |
| 3 | 22 | 0.10 | 0.15 | 0.15 | 0.0520 |
| 4 | 38 | 0.15 | 0.20 | 0.32 | 0.1730 |
| 5 | 39 | 0.20 | 0.30 | 0.33 | 0.1336 |
| 6 | 40 | 0.30 | 0.35 | 0.34 | 0.0443 |
| 7 | 49 | 0.35 | 0.40 | 0.44 | 0.0868 |
| 8 | 51 | 0.40 | 0.45 | 0.46 | 0.0564 |
| 9 | 57 | 0.45 | 0.55 | 0.51 | 0.0627 |
| 10 | 57 | 0.45 | 0.55 | 0.51 | 0.0627 |
| 11 | 64 | 0.60 | 0.65 | 0.57 | 0.0767 |
| 12 | 73 | 0.65 | 0.70 | 0.64 | 0.0572 |
| 13 | 79 | 0.70 | 0.75 | 0.68 | 0.0660 |
| 14 | 88 | 0.75 | 0.80 | 0.74 | 0.0617 |
| 15 | 98 | 0.80 | 0.85 | 0.79 | 0.0609 |
| 16 | 154 | 0.85 | 0.90 | 0.94 | 0.0918 |
| 17 | 164 | 0.90 | 0.95 | 0.95 | 0.0542 |
| 18 | 176 | 0.95 | 1.00 | 0.97 | 0.0343 |

在 95% 的置信区间下，判别值可以粗略地估计为 $\frac{1.36}{\sqrt{20}}=0.304$，而拟合函数 D 值为 0.173，所以在 95% 的置信区间，负二项分布通过了检验。其函数形式为：

$$p(X=k) = \binom{r+k-1}{r-1} p^r q^k = (k+1)\ p^2 q^k \qquad (k=0,1,2\cdots)$$

**（二）频数的连续分布拟合**

按照 4 种分布情况进行分布的拟合，拟合结果见图 9－4～图 9－6。

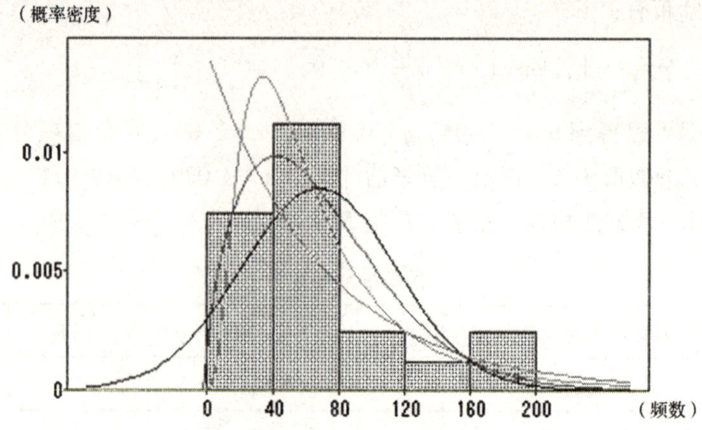


图9-4 全国洪涝灾害发生频数分布拟合曲线

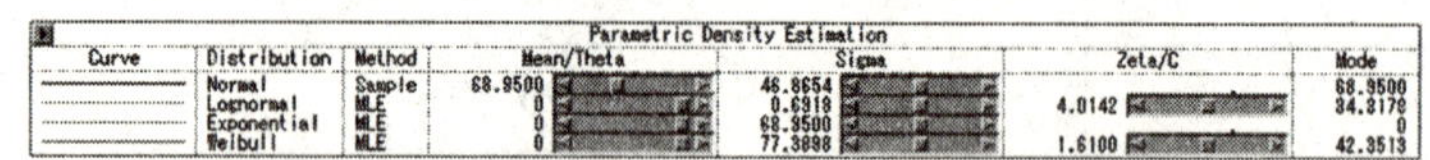

Parametric Density Estimation

| Curve | Distribution | Method | Mean/Theta | Sigma | Zeta/C | Mode |
|---|---|---|---|---|---|---|
|  | Normal | Sample | 68.9500 | 46.8654 |  | 68.9500 |
|  | Lognormal | MLE | 0 | 0.6918 | 4.0142 | 34.3178 |
|  | Exponential | MLE | 0 | 68.9500 |  | 0 |
|  | Weibull | MLE | 0 | 77.3898 | 1.6100 | 42.3513 |

图9-5 全国洪涝灾害发生频数分布拟合结果

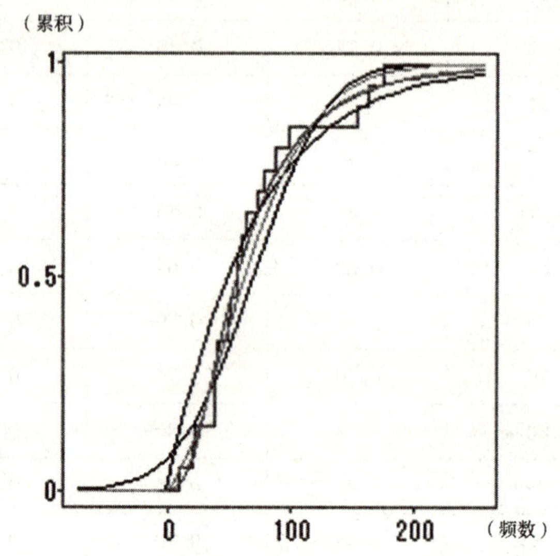


图9-6 全国洪涝灾害发生频数分布累计函数曲线图

对以上的拟合结果进行检验（见图9-7）。

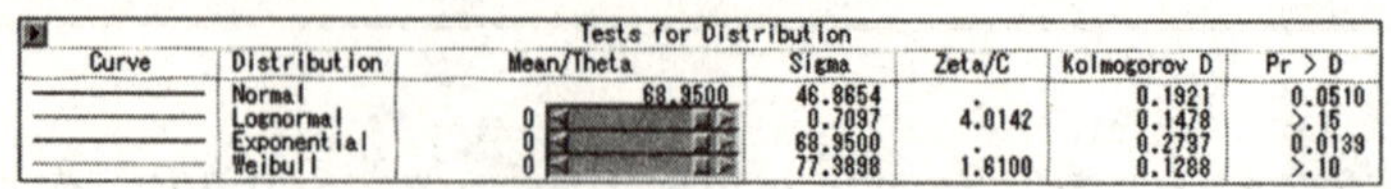

Tests for Distribution

| Curve | Distribution | Mean/Theta | Sigma | Zeta/C | Kolmogorov D | Pr > D |
|---|---|---|---|---|---|---|
|  | Normal | 68.9500 | 46.8654 | . | 0.1921 | 0.0510 |
|  | Lognormal | 0 | 0.7097 | 4.0142 | 0.1478 | >.15 |
|  | Exponential | 0 | 68.9500 | . | 0.2737 | 0.0139 |
|  | Weibull | 0 | 77.3898 | 1.6100 | 0.1288 | >.10 |

图9-7 全国洪涝灾害发生频数拟合分布检验

从检验的结果来看，在原假设服从某个分布条件下，在5%显著性水平上，仅指数分布能通过检验。

指数分布函数：

$f(x) = 0.0145e^{-0.0145x}\quad(0<x<\infty)$

## 二、各大流域洪涝灾害的频数分析

据统计，1994～2004年我国共发生洪涝灾害损失517次，并且该时间段内的灾害统计对流域进行了详细的记载。其中长江流域发生洪涝灾害331次，占全国总发生次数的64%；其次是黄河流域，发生62次，占12%；接着是珠江、松辽、东南沿海诸河分别发生37次、28次、37次，它们占总发生次数的7%、5%、3%。发生次数比较少的流域有淮河、海河、内陆河和西南国际河流域（见图9－8）。

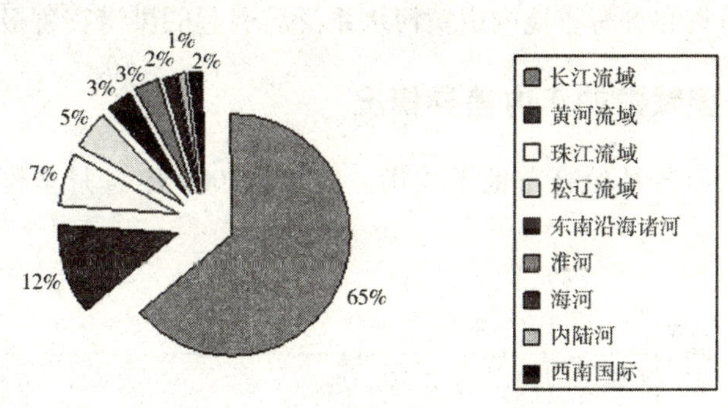


图9－8 1994～2004年各流域洪涝灾害发生次数比率图

### （一）长江流域洪涝灾害频数分析

长江流域涉及中国17个省、自治区和2个直辖市。各省（区、市）发生洪涝灾害的次数差别也很大。据统计，1994～2004年间湖南省发生洪涝灾害57次，占整个长江流域总发生次数的17%；湖北省发生58次，占18%；四川省（包括重庆市）发生63次，占19%；江西省发生33次，约占10%；贵州省、安徽省分别发生36次、26次，分别占11%、8%；其他省如云南省、甘肃省、河北省、陕西省则占17%（见图9－9）。

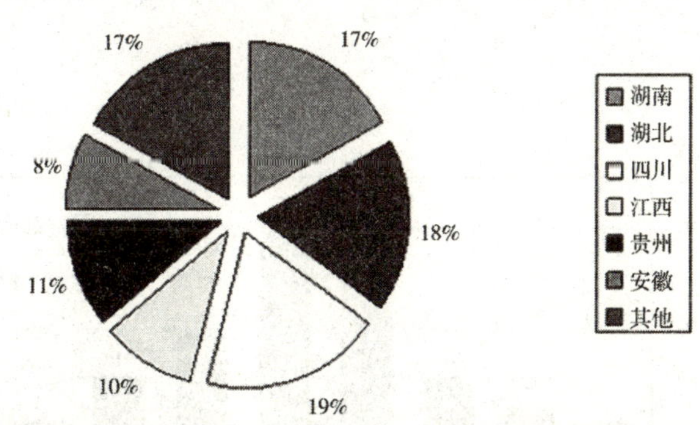


图9－9 1994～2004年长江流域各省（区、市）洪涝灾害发生次数比率图

湖南省、湖北省、四川省、江西省是典型的长江流域省份，它们省内面积全部或绝大部分都属于长江流域，因此发生次数占总次数比重很大。而贵州省属于长江流域的面积占

65.74%，安徽省属于长江流域的面积占47.3%，这两个省由于长江干支流引起的洪涝次数比较大。其余的省（区、市）属于长江流域的面积有限，因此省（区、市）内长江流域干支流引起的洪涝灾害比较少。

**（二）黄河流域洪涝灾害频数分析**

黄河流域涉及青海省、四川省、甘肃省、宁夏回族自治区、内蒙古自治区、陕西省、山西省、河南省、山东省9个省（自治区）。山东省地处黄河下游，洪涝灾害频发。据统计，1994～2004年间，山东省内因黄河泛滥引起的洪水达18次，占29%；陕西省发生15次，占24%；而河南省、甘肃省、山西省、青海省、内蒙古自治区、宁夏回族自治区分别发生了6～9次左右。四川省和青海省境内由黄河水系泛滥引起的洪涝灾害极少。

## 三、洪涝灾害频数的年内差异情况

洪涝灾害在1年各月份分布也不均衡。1990～2009年各月全国洪涝灾害发生次数见图9－10。

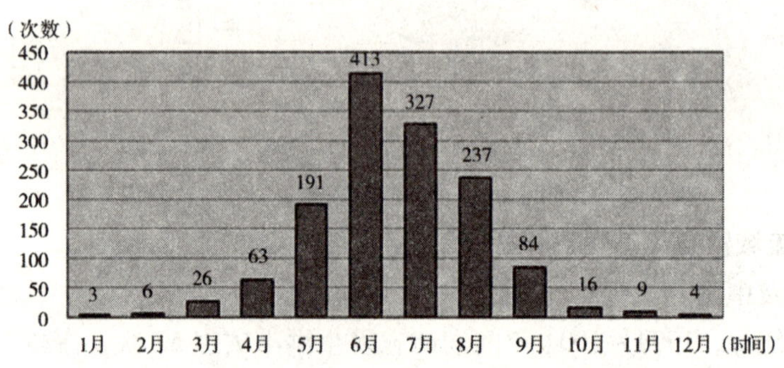


**图9－10　1990～2009年全国各月洪涝灾害发生频数图**

可以看出全国洪涝灾害主要发生在5～8月，这也是全国各大流域的主要汛期。

下面以洪涝重灾省份湖南省为例，统计1990～2009年湖南省各月发生洪涝灾害的次数（见图9－11）。

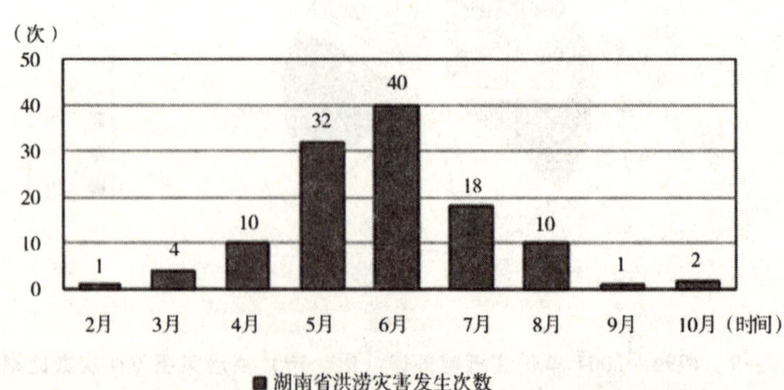


**图9－11　1990～2009年湖南省每月洪涝灾害发生频数图**

## 四、洪涝灾害发生频数的各省（区、市）差异情况

我国省（区、市）众多，各省（区、市）水系不同，有的省（区、市）可能含有多个水系，因此统计了1994~2009年各省（区、市）发生洪涝灾害的频数（重庆市合并到四川省）（见表9-4）。

表9-4　　1994~2009年各省（区、市）洪涝灾害发生频数表

| 省（区、市） | 湖南 | 湖北 | 四川 | 江西 | 贵州 | 安徽 | 广东 | 山东 | 浙江 | 广西 |
|---|---|---|---|---|---|---|---|---|---|---|
| 频数 | 97 | 103 | 160 | 71 | 71 | 55 | 39 | 35 | 33 | 60 |
| 省（区、市） | 陕西 | 黑龙江 | 河北 | 福建 | 云南 | 河南 | 辽宁 | 吉林 | 甘肃 | 山西 |
| 频数 | 40 | 35 | 32 | 25 | 61 | 41 | 10 | 16 | 35 | 24 |
| 省（区、市） | 青海 | 江苏 | 新疆 | 北京 | 海南 | 宁夏 | 内蒙古 | 西藏 | 天津 | 上海 |
| 频数 | 23 | 19 | 31 | 5 | 6 | 14 | 39 | 4 | 1 | 1 |

将发生50次以上的省（区、市）定义为频发区，湖南、湖北、四川、江西、安徽、贵州都属于这个范畴，而这6个洪涝灾害频发的省份都属于长江流域。将发生10次以下的定义为少发区，北京、海南、西藏、天津、上海都属于这个范畴。北京、天津、上海因为防洪措施完善，所以洪涝灾害发生次数比较少；而西藏属于西部干旱地区，降雨量少，所以洪涝灾害发生次数少。

图9-12~图9-21是1994~2009年全国各省（区、市）洪涝灾害的逐月累计发生频数示意图及总累计频数示意图，具体见附录二。

# 第三节　洪涝灾害的损失程度分析

依据《中国减灾》杂志以及《中国水利年鉴》所记录的我国洪涝灾害事件表进行我国洪涝灾害的损失程度情况分析。本部分统计的为全国洪涝灾害损失情况，使用的数据主要来源于《中国水利年鉴》。这主要是因为，《中国水利年鉴》统计的数据准确性较高，统计结果更精确。由于《中国水利年鉴》的数据只有各年总损失数据，无法划分流域以及单次洪涝灾害发生的次损失数据，所以后面统计分流域、分月份的洪涝灾害损失情况时，使用数据主要来源于可持续发展信息网、《中国减灾》杂志。

## 一、全国洪涝灾害损失情况

### （一）损失率

损失的特征不仅包括损失发生的次数、绝对损失额，还包括损失率。表9-5是全国的损失率情况。

表 9－5　　**1990～2009 年全国洪涝灾害损失率表**

| 年度 | 经济损失（亿元） | 调整后经济损失（亿元） | 损失率（%） |
|---|---|---|---|
| 1990 | 239.00 | 4 359.43 | 1.28 |
| 1991 | 779.08 | 12 179.24 | 3.58 |
| 1992 | 413.00 | 5 223.30 | 1.53 |
| 1993 | 641.74 | 6 184.34 | 1.82 |
| 1994 | 1 796.55 | 12 692.22 | 3.73 |
| 1995 | 1 653.30 | 9 260.17 | 2.72 |
| 1996 | 2 208.36 | 10 564.73 | 3.10 |
| 1997 | 930.11 | 4 010.34 | 1.18 |
| 1998 | 2 550.90 | 10 291.18 | 3.02 |
| 1999 | 930.23 | 3 532.12 | 1.04 |
| 2000 | 711.63 | 2 442.33 | 0.72 |
| 2001 | 623.03 | 1 934.66 | 0.57 |
| 2002 | 838.00 | 2 371.30 | 0.70 |
| 2003 | 1 300.51 | 3 260.37 | 0.96 |
| 2004 | 713.50 | 1 519.60 | 0.45 |
| 2005 | 1 662.21 | 3 089.19 | 0.91 |
| 2006 | 1 332.50 | 2 140.99 | 0.63 |
| 2007 | 1 123.30 | 1 532.85 | 0.45 |
| 2008 | 955.45 | 1 082.04 | 0.32 |
| 2009 | 845.96 | 845.96 | 0.25 |

由图 9－22 可以看出，1994～1999 年全国的年损失额（调整后）变化很大，但总体来说，2000 年以后调整后总损失额稳定在 2 000 亿元左右。由于我国的 GDP 持续增长，因此自 1994 年以后的损失率呈下降趋势。1990～1993 年的平均损失率为 2.07%，而 1999～2009 年的平均损失率为 0.63%。1994～1998 年间我国遭受了巨大的洪涝损失，除了 1997 年的年损失额小于 1 000 亿元外，其余各年均达到 1 500 亿元以上。1994～2009 年的平均损失率为 1.45%。

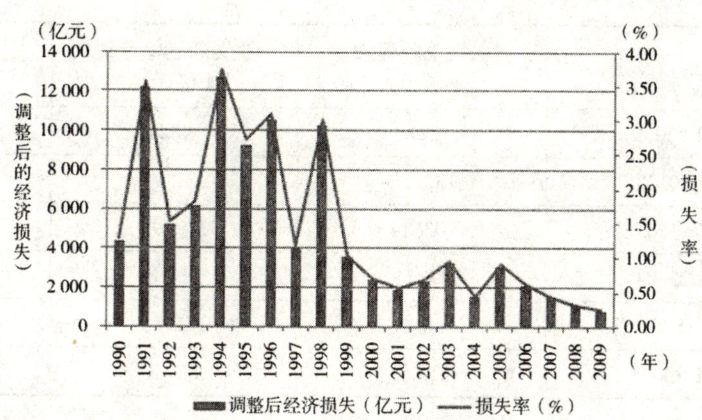


图 9－22　1990～2009 年全国洪涝灾害直接经济损失（调整后）与损失率图

### （二）修正损失率

年损失额中各产业的损失额组成比率不同，总损失、工业交通业损失、水利设施损失比较的直方图见图 9－23（鉴于《中国水利年鉴》仅对 1992～2003 年的经济损失进行了细分，所以以下分析限于 1992～2003 年）。

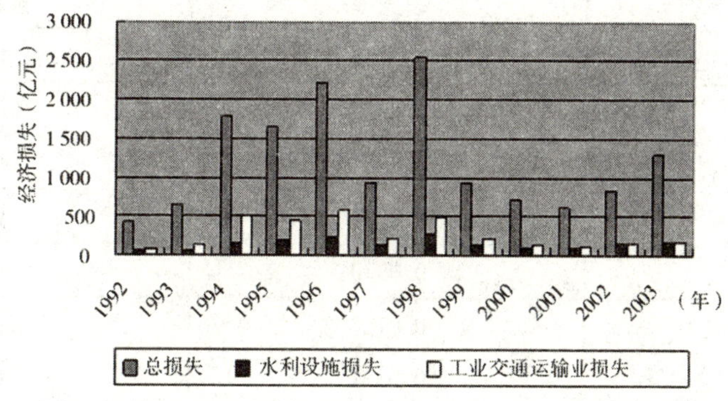


图 9－23　1992～2003 年全国洪涝灾害直接经济损失、工业交通业损失、水利设施损失图

1992～2003 年间，工业交通业和水利设施损失占总损失的比率最小是 2003 年的 0.276，最大是 2002 年的 0.391，平均值是 0.347（见表 9－6）。

表 9－6　1992～2003 年全国洪涝灾害经济损失及非农业损失比率

| 年度 | 总损失（亿元） | 水利设施损失（亿元） | 工业交通运输业损失（亿元） | 非农业损失所占比率 |
|---|---|---|---|---|
| 1992 | 413 | 52.71 | 77 | 0.314 |
| 1993 | 641.74 | 65.8 | 138.47 | 0.318 |
| 1994 | 1 796.6 | 153.06 | 497.69 | 0.362 |
| 1995 | 1 653.3 | 199.5 | 436.19 | 0.384 |
| 1996 | 2 208.36 | 240.8 | 585.14 | 0.374 |
| 1997 | 930.11 | 142.38 | 215.35 | 0.385 |

续表

| 年度 | 总损失（亿元） | 水利设施损失（亿元） | 工业交通运输业损失（亿元） | 非农业损失所占比率 |
|---|---|---|---|---|
| 1998 | 2 550.9 | 287 | 482 | 0.301 |
| 1999 | 930.23 | 132.12 | 221.95 | 0.381 |
| 2000 | 711.63 | 103.14 | 132.95 | 0.332 |
| 2001 | 623.03 | 97.71 | 114.8 | 0.341 |
| 2002 | 838 | 166.08 | 161.35 | 0.391 |
| 2003 | 1 300.5 | 173.2 | 185.1 | 0.276 |

前面研究的损失率包含了农业损失和农业 GDP，对于企业财产保险，更多关注的是工业交通业和水利设施的损失。

将修正损失率定义为工业交通业损失与水利设施损失之和除以第二、第三产业 GDP（见表 9－7）。

**表 9－7　　1992～2003 年全国洪涝灾害损失率与修正损失率**

| 年度 | 损失率 | 修正损失率 |
|---|---|---|
| 1992 | 0.0155 | 0.0062 |
| 1993 | 0.0186 | 0.0074 |
| 1994 | 0.0385 | 0.0174 |
| 1995 | 0.0288 | 0.0137 |
| 1996 | 0.0330 | 0.0153 |
| 1997 | 0.0127 | 0.0059 |
| 1998 | 0.0331 | 0.0121 |
| 1999 | 0.0115 | 0.0052 |
| 2000 | 0.0081 | 0.0032 |
| 2001 | 0.0065 | 0.0026 |
| 2002 | 0.0081 | 0.0037 |
| 2003 | 0.0111 | 0.0036 |

从表 9－7 可以看出，修正损失率比损失率要低。这是因为总损失中农业损失占绝大部分，而在 GDP 中农业的比重相对比较小。修正损失率的变化趋势与损失率基本一致。

损失率和修正损失率具有以下关系：

$y = 0.43208x$

其中 y 表示修正损失率，x 表示损失率。判别系数为 0.966，通过检验，说明修正损失率与损失率呈线性正相关关系。

## 二、全国洪涝灾害损失程度统计分析

在分析损失率的基础上，对 1990 ~2009 年全国洪涝灾害调整后年损失进行统计分析。图 9 - 24 ~ 图 9 - 26 是全国洪涝灾害损失的基本统计量。

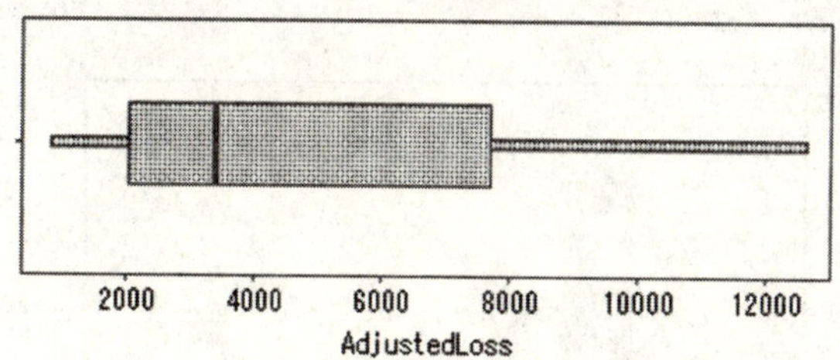


图 9 - 24 全国洪涝灾害年损失额分布盒状图

| Moments | | | |
|---|---|---|---|
| N | 20.0000 | Sum Wgts | 20.0000 |
| Mean | 4925.8184 | Sum | 98516.3671 |
| Std Dev | 3887.5691 | Variance | 15113193.6 |
| Skewness | 0.9646 | Kurtosis | -0.5004 |
| USS | 772424407 | CSS | 287150678 |
| CV | 78.9223 | Std Mean | 869.2869 |

图 9 - 25 全国洪涝灾害年损失额分布矩统计量

| Quantiles | | | |
|---|---|---|---|
| 100% Max | 12692.2174 | 99.0% | 12692.2174 |
| 75% Q3 | 7722.2518 | 97.5% | 12692.2174 |
| 50% Med | 3396.2435 | 95.0% | 12435.7288 |
| 25% Q1 | 2037.8259 | 90.0% | 11371.9876 |
| 0% Min | 845.9600 | 10.0% | 1300.8223 |
| Range | 11846.2574 | 5.0% | 964.0006 |
| Q3-Q1 | 5684.4258 | 2.5% | 845.9600 |
| Mode | . | 1.0% | 845.9600 |

图 9 - 26 全国洪涝灾害年损失额分布分位数

从分析结果可以看出，全国洪涝灾害平均绝对损失额为 4 925. 8184 亿元，标准差为 3 887. 5691，这说明各年洪涝灾害损失额波动较大。

根据上面的统计量来看一下损失额的核估计情况（见图 9 - 27 和图 9 - 28）。

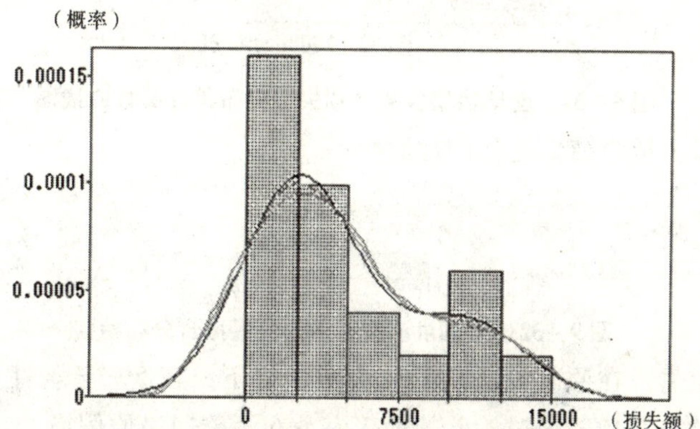


图 9 - 27 全国洪涝灾害年损失额分布核估计曲线

| Kernel Density Estimation | | | | | | |
|---|---|---|---|---|---|---|
| Curve | Weight | Method | C Value | Bandwidth | Mode | AMISE (Normal) |
| | Normal | AMISE | 0.7852 | 2451.6747 | 2789.4866 | 7.191E-06 |
| | Triangular | AMISE | 1.9096 | 5962.4683 | 2419.2911 | 6.988E-06 |
| | Quadratic | AMISE | 1.7383 | 5427.5282 | 2882.0355 | 6.909E-06 |

**图 9－28　全国洪涝灾害年损失额分布核估计损失分布和估计结果**

按照 4 种分布情况进行分布的拟合，拟合结果如图 9－29～图 9－31 所示。

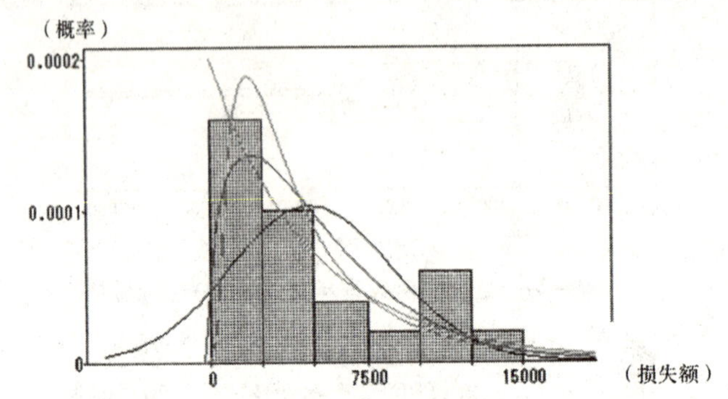


**图 9－29　全国洪涝灾害年损失额分布拟合曲线图**

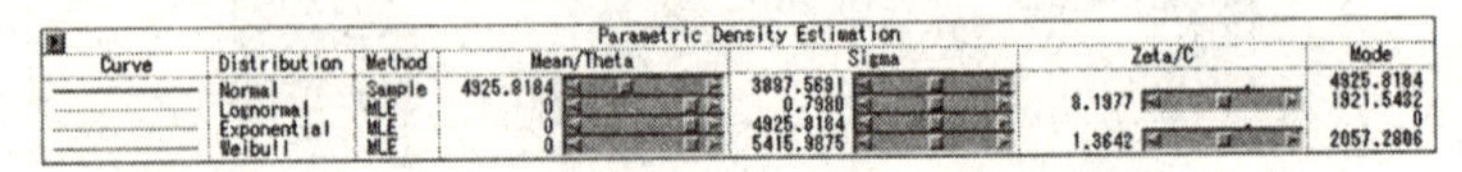

| Parametric Density Estimation | | | | | | |
|---|---|---|---|---|---|---|
| Curve | Distribution | Method | Mean/Theta | Sigma | Zeta/C | Mode |
| | Normal | Sample | 4925.8184 | 3897.5691 | | 4925.8184 |
| | Lognormal | MLE | 0 | 0.7980 | 8.1977 | 1921.5432 |
| | Exponential | MLE | 0 | 4925.8184 | | 0 |
| | Weibull | MLE | 0 | 5415.9875 | 1.3642 | 2057.2806 |

**图 9－30　全国洪涝灾害年损失额分布拟合结果**

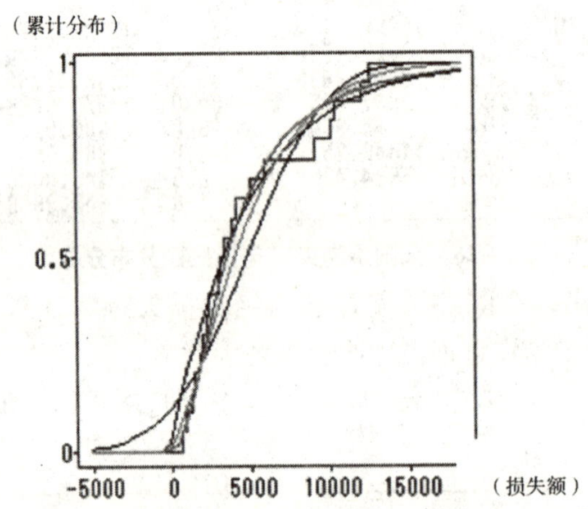


**图 9－31　全国洪涝灾害年损失额分布累计函数曲线图**

图 9－32 是对以上拟合结果进行的检验。

| Tests for Distribution | | | | | | |
|---|---|---|---|---|---|---|
| Curve | Distribution | Mean/Theta | Sigma | Zeta/C | Kolmogorov D | Pr > D |
| | Normal | 4925.8184 | 3887.5691 | . | 0.2079 | 0.0227 |
| | Lognormal | 0 | 0.8187 | 8.1977 | 0.1235 | >.15 |
| | Exponential | 0 | 4925.8184 | . | 0.1655 | >.15 |
| | Weibull | 0 | 5415.9875 | 1.3642 | 0.1253 | >.10 |

**图 9－32　全国洪涝灾害年损失额拟合分布检验**

从检验的结果来看，在原假设服从某个分布条件下，在 5% 显著性水平上，对数正态分布、指数分布、韦伯分布均能通过检验，而正态分布不能通过原假设。

对数正态分布函数：

$$f(x)=\frac{1}{\sqrt{2\pi}\times 0.8187x}e^{-\frac{(\ln x-8.1977)^2}{2\times 0.8187^2}}\quad(0<x<\infty)$$

指数分布函数：

$$f(x)=0.000203e^{-0.000203x}\quad(0<x<\infty)$$

直接计算韦伯函数的参数比较复杂，使用一种间接的方法来对韦伯函数的参数进行估计。由于韦伯函数累积分布形式为 $F(x)=1-e^{-cx^r}$，因而通过图 9－29，选取 75% 和 25% 分位数①下相对应的 $Q_3$ 和 $Q_1$ 两个观察值，从而计算出累积分布函数 $F(x)$，再计算出密度函数 $f(x)$：

$$f(x)=0.00001393x^{0.35284}e^{-0.0000103x^{1.35284}}$$

## 三、各大流域洪涝灾害损失程度分析

1994～2004 年我国有经济损失记录的洪涝灾害有 379 次，经济损失共计 3 080.3 亿元。在这些有经济损失记录的洪涝灾害中，长江流域经济损失为 2 107.5 亿元，占全国总损失的 68%；其次是珠江流域，经济损失为 281.3 亿元，占 9%；接着是黄河、松辽和其他流域，它们占总经济损失的 6%、8%、9%（见图 9－33）。与长江流域洪涝灾害的发生次数相比，长江流域洪涝灾害经济损失在全国所占比例高于其发生次数的所占比例，这显示长江流域洪涝灾害强度较大，防洪措施较为落后。

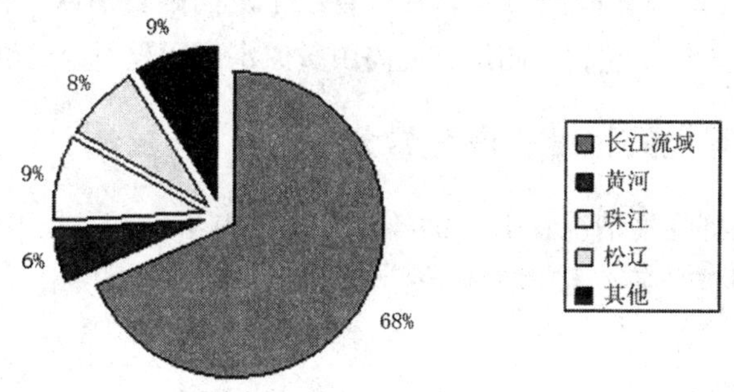


**图 9－33 1994～2004 年各流域洪涝灾害经济损失比率图**

### （一）长江流域

长江流域各省（区、市）发生洪涝灾害损失程度的差别也很大。据统计，1994～2004 年湖南省发生洪涝灾害的经济损失共计 459 亿元，占整个长江流域总经济损失的 22%；湖北省经济损失为 250 亿元，占 12%；四川省（包括重庆市）经济损失为 235 亿元，占 11%；江西省经济损失为 406 亿元，约占 19%；贵州省、安徽省经济损失分别为 126 亿元和 164 亿元，分别占 6%、8%；其他省如云南省、甘肃省、河北省、陕西省则占 22%（见图 9－34）。

① 采用不同分位数对韦伯函数的参数进行估计可能会得到不同的密度函数，但这确实是计算韦伯函数参数的一种简单有效的方法。在此，我们选用实践中常用的 75% 和 25% 分位数进行估计。

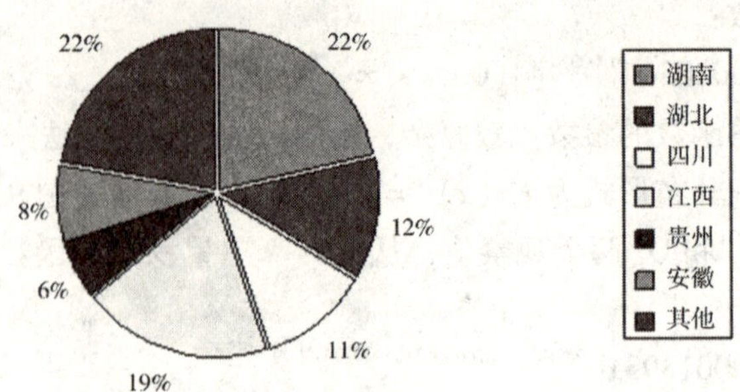


图 9－34　1994～2004 年长江流域各省（区、市）洪涝灾害损失程度比率图

与长江流域各省（区、市）洪涝灾害发生次数比率图相比，江西省洪涝灾害发生次数在长江流域各省（区、市）中只占10%，但其经济损失却占到了19%。而湖北省正好相反，其洪涝灾害发生次数占到了长江流域的18%，经济损失却只占12%。

**（二）黄河流域**

据统计，在1994～2004年，黄河流域涉及的9个省（区）当中，山东省洪涝灾害不仅发生的次数多，经济损失更是占了黄河流域的64%，高达145亿元；陕西省因洪涝灾害引起经济损失47亿元，占21%；而山西省、甘肃省、宁夏回族自治区、内蒙古自治区、青海省经济损失分别为18亿～3亿元左右；四川省境内由黄河水系泛滥引起的洪涝灾害的经济损失极少。

## 四、洪涝灾害损失程度年内差异分析

洪涝灾害的经济损失情况在1年的各月份分布也不均衡。图9－35直观地表述了1990～2009年各月全国洪涝灾害经济损失程度。

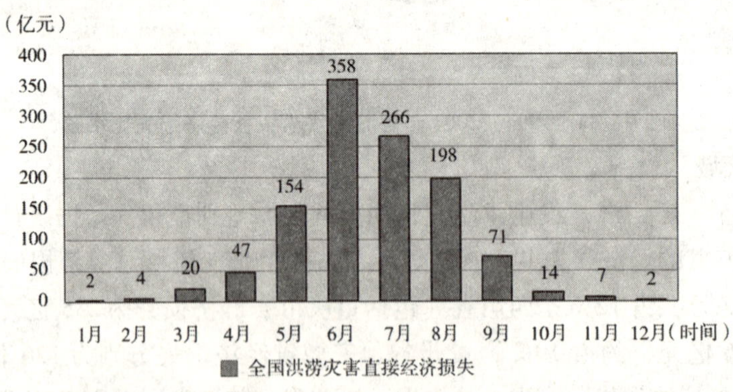


图 9－35　1990～2009 年各月洪涝灾害损失程度图

可以看出和洪涝灾害发生次数一样，全国洪涝灾害经济损失也主要集中在5～8月。

下面，仍以重灾省份湖南省为例，统计1990～2009年湖南省各月发生洪涝灾害的直接经济损失（见图9－36）。

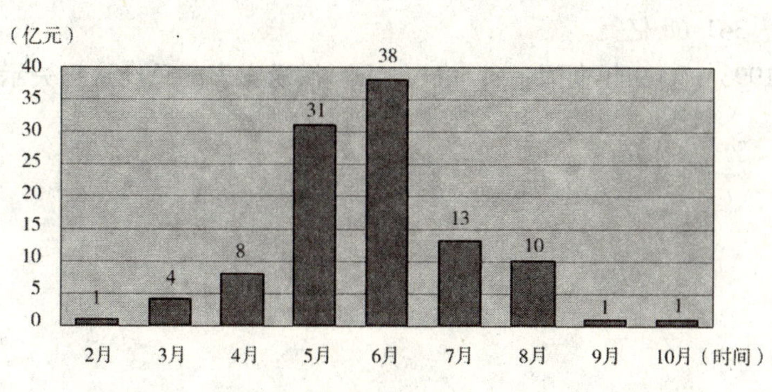


**图 9-36　1990～2009 年湖南省每月洪涝灾害经济损失图**

由于各省（区、市）分月洪涝灾害直接经济损失数据来源于《中国减灾》杂志，数据统计口径与《中国水利年鉴》不同，所以图 9-35 和图 9-36 的经济损失数据与表 9-8 不一致。

## 五、洪涝灾害损失程度各省（区、市）差异情况

表 9-8 是根据《中国水利年鉴》统计的 1993～2009 年各省（区、市）发生洪涝灾害的经济损失程度（重庆合并到四川）。

**表 9-8　　1993～2009 年各省（区、市）洪涝灾害经济损失程度表**　　（单位：亿元）

| 省（区、市） | 北京 | 天津 | 河北 | 山西 | 内蒙古 | 辽宁 | 吉林 | 黑龙江 |
|---|---|---|---|---|---|---|---|---|
| 经济损失 | 16.97 | 23.89 | 518 | 229.95 | 345.14 | 649.74 | 505.64 | 527.18 |
| 省（区、市） | 浙江 | 安徽 | 福建 | 江西 | 山东 | 河南 | 湖北 | 湖南 |
| 经济损失 | 2 079.97 | 1 154.1 | 1 365.16 | 1 302.74 | 669.44 | 648.22 | 1 103.65 | 2 377.49 |
| 省（区、市） | 海南 | 四川 | 贵州 | 云南 | 西藏 | 陕西 | 甘肃 | 青海 |
| 经济损失 | 341.68 | 1 190.3 | 390.97 | 461.26 | 28.26 | 378.46 | 144.07 | 43.05 |
| 省（区、市） | 江苏 | 广西 | 新疆 | 上海 | 广东 | 宁夏 | | |
| 经济损失 | 717.02 | 1 516.28 | 173.27 | 50.58 | 1 834.51 | 25.57 | | |

我们将经济损失超过 1 000 亿元的省（区、市）定义为重灾区，湖南、湖北、浙江、江西、福建、广西、广东、安徽都属于这个范畴，而在这 7 个重灾区中，除广东、广西外都属于长江流域。我们将经济损失小于 100 亿元的省（区、市）定义为轻度受灾区，北京、天津、上海、宁夏、青海、西藏都属于这个范畴。与受灾频数类似，北京、天津、上海由于防洪措施完善、发生次数较少，因此经济损失也较少；而青海、宁夏、西藏等西部干旱地区经

济损失也较少。与洪涝灾害发生次数不同的是，海南虽然发生次数较少（仅为7次），但其经济损失却已高达341.68亿元。

图9－37是1993～2009年全国各省（区、市）洪涝灾害的总经济损失示意图，具体见附录二。

# 第十章

# 洪涝灾害的影响因素分析

## 第一节　洪涝灾害影响因素的定性分析

### 一、自然环境因素

#### （一）大气海洋环境因素

我国是大陆性季风气候国家，每年的北温带夏季风活动导致出现洪涝灾害性天气，从而对我国降水产生重要的影响。以东经105°~110°为界，夏季风分为东南夏季风和西南夏季风两种，其中西南夏季风爆发性很强，从每年的5月下旬开始爆发北进，使云南、四川等地降水迅速增加，10月逐步撤退。这样的季风气候使我国的年降水量分布从东南沿海到西北内陆逐渐减少。以大兴安岭向西南延伸至西藏拉萨附近的400厘米等降水量线为界，此线以东年降水量较多，均在400厘米以上，为湿润地区；此线以西，年降水量从400厘米减小到100厘米以下，为干旱地区。这条等降水量线使我国的降水量年际变化很大，促成我国各地的雨季分布。我国主要地区雨季起止日期与夏季风起止日期基本对应。等降水量线使暴雨在我国频繁出现，与世界其他国家相比，我国暴雨强度大，范围广。按照暴雨的时空尺度特征，大强度暴雨分为局地性暴雨和大面积暴雨，其中，大面积暴雨是导致大江大河产生洪水的主要原因。

#### （二）天体背景因素

太阳黑子的周期活动，包括厄尔尼诺和ENSO现象和全球变化也会给我国带来气候异常，引起洪涝灾害，这里既有全世界性的共同规律，又有中国的国情特点。国家气候中心气候预测室主任赵振国研究员认为①，1998年长江流域洪水与1997年5月发生20世纪以来最强的厄尔尼诺现象造成1998年我国江南地区夏季多雨有关。同时1998年是太阳黑子爆发年，太阳黑子大约11年爆发1次，每次爆发必造成洪灾。此外，温室效应及全球气候变暖，使青藏高原积雪融化量增大，也对我国成灾有一定影响。

#### （三）下垫面因素

1. 地形地势。我国地势西高东低，呈三级阶梯状分布。以青藏高原为代表的高原区域，平均海拔高达4 000米以上，是许多江河的主要产水区，在这个区域内，因为多数河流切割较深，自然形态原始，所以受洪水威胁相对较小。地势的第二阶梯平均海拔为1 000~2 000米，其中四川省盆地受洪水威胁较重。第三阶梯包括东部宽广的平原和丘陵，其中平原面积

① 游雪晴："洪涝高温轮番登场气候专家细说缘由"，《科技日报》1998年7月25日。

约占全国面积的12%，人口稠密，经济发达，人水关系复杂，江河湖泊的主要泄洪通道都分布于此，所以洪水威胁最为严重。除此之外，岩溶、黄土、沙漠、冰川等较小规模的地貌特征对洪水也有一定的影响。例如黄土高原是我国主要的黄土分布地，由于黄土的土质疏松，透水性强，抗腐蚀力差，加之植被缺乏，使得这一地区水流侵蚀严重，水土大量流失，洪水含沙量较大，造成一些支流和细小河流的大量淤积，甚至出现泥石流现象，极易形成河流洪水。

2. 河川径流量。我国河川年径流量为27 115亿立方米，居于世界第三位，存在地区分布差别大，季节分配、年际变化不平衡，河流携带泥沙较多的特点。由于地势特点和年降水量分布我国年径流量总趋势是由南向北递减，近海、外流河、山地等区域相对较多。在一年四季中大部分地区夏秋径流多，春冬径流少，极易发生季节性洪涝灾害。此外河川径流大导致河川泥沙含量增多，加大了大江河的洪峰流量，加剧了洪涝灾害的发生。

3. 湖泊。我国湖泊众多，东部地区大型湖泊分布密集，季风气候影响导致湖泊水位变化显著，所以调蓄水量、防洪调洪的功能显著。自1949年以后，我国东部鄱阳湖、洞庭湖等大型湖泊多已建闸控制，由天然湖泊转变为水库型湖泊，起到防洪蓄水的作用，从而减轻了江河洪水的威胁。

## 二、人为原因

洪水灾害的发展与演变就是人与自然关系的发展和演变。我国人口分布特点基本为东部季风区的广大平原地区人口密集，而西部干旱、半干旱气候区人口分布稀少。人口的增长和分布与耕地面积的扩展基本一致，二者的发展都受到自然条件的制约，人类对不利于自身发展的自然条件的改造加剧了自然灾害的发生。与此同时，随着经济的发展、社会的进步，人类对洪水的调控能力不断增强，江河洪水形成机制和规律也逐步发生变化。

### （一）植被减少

人类的过度砍伐导致地表植被逐年减少，植被减少对洪涝灾害的影响以森林最为突出，森林过度砍伐削弱了对降水的储蓄能力和对雨洪的再分配功能，使林地径流速度加快，洪水相对集中，从而加大了河流的泥沙淤积和中小河流的山洪威胁。

### （二）水土流失

水土流失是森林等植被过度砍伐后的必然结果，对洪水灾害的影响表现为增加河流的含沙量，形成下游水库湖泊的淤积，破坏天然河湖调蓄和宣泄洪水的能力，加剧了洪水的危害。所以，阻止水土流失是我国防洪减灾工作有效实施的重要因素之一。

### （三）湖泊围垦

大规模围垦对洪水的影响是严重的，长江中下游是我国洪涝灾害的多发地区，区内分布有众多的通江湖泊和洼地，是长江洪水的天然调蓄场所，对减轻洪涝灾害、保护湖区人民生命财产起着重大作用。但是，近几十年来，由于泥沙淤积和人类围垦，长江中下游湖泊面积减少了1/3，调蓄洪水的能力大大降低。湖泊本是江河的调节器，湖泊围垦后不但减少了对江河洪水调蓄的容积，而且大量的涝渍水还要向江河排放。围垦恶化了湖区的水情，导致洪水位升高，洪水持续时间延长，洪水频率升高，洪、涝、渍灾害加重，成为制约湖区甚至我国经济发展的隐患。

## 第二节 洪涝灾害影响因素的定量分析

### 一、数据来源

数据来源见表 10－1。

**表 10－1** 影响因素分析指标数据来源

| 指标 | 数据来源 | 年度 |
| --- | --- | --- |
| 直接经济损失（亿元） | 《中国水利年鉴》 | 1994～2010 年 |
| 受灾人口（万人） | 《中国水利年鉴》 | 1994～2010 年 |
| 死亡人口（人） | 《中国水利年鉴》 | 1994～2010 年 |
| 倒塌房屋（万间） | 《中国水利年鉴》 | 1994～2010 年 |
| 水利设施损失（亿元） | 《中国水利年鉴》 | 1994～2010 年 |
| 受灾面积（万公顷） | 《中国水利年鉴》 | 1994～2010 年 |
| 成灾面积（万公顷） | 《中国水利年鉴》 | 1994～2010 年 |
| 洪涝频数（次） | 《中国减灾》 | 1993～2010 年 |

### 二、被解释变量和解释变量的选取

在对我国洪涝灾害次损失影响因素分析之前，应该首先分析哪些变量作为被解释变量、哪些变量作为解释变量。首先应对被解释变量和解释变量的选取进行分析，变量名称后面括号内的英文是在用统计软件作分析时为这个变量起的名称。

**（一）被解释变量（Loss）**

选取洪涝灾害造成的经济损失或者对数经济损失作为被解释变量。在分析时，由于经济因素通常存在异方差，统计上可采用对经济变量取对数来消除异方差。本文先对这些变量作逐步回归，然后对回归的残差作残差图进行残差图分析，进行异方差检验。若检验显示异方差显著，就对经济损失去对数来作为被解释变量，否则就不用对经济损失去对数。

**（二）解释变量 X**

通过对洪涝灾害数据和洪涝灾害本身的研究，我们认为洪涝灾害损失和很多因素相关，其中包括洪涝灾害本身的特征，也包括受灾范围、死亡受伤人数等非经济损失的变量。这些可以作为造成洪涝灾害损失解释变量的量，在这里将一一进行分析。

可能影响洪涝灾害损失的变量有以下几种：

1. 受灾人口（Affected）。受灾人口具有间接体现洪涝灾害损失大小的作用。作为一个影响洪涝灾害损失的变量，它与洪涝灾害损失的相关性很高。

2. 死亡人口（Deaths）。洪涝灾害一旦发生，其灾害程度不可估量，我国已在逐渐完善减灾防损工作，以尽量减少损失。通过对历年死亡人数数据的分析来看，死亡人数逐年减少。因此我们选取死亡人数（Deaths）作为防灾减损工作的指标以及洪灾损失程度的反映。为反映防灾减损对损失的影响，将死亡人数加入解释变量。

3. 倒塌房屋（Collapse）。倒塌房屋直接体现洪涝灾害的损失大小。房屋作为农民的重要财产，与洪涝灾害的经济损失有直接紧密的联系。

4. 受灾面积（Damage）。洪水在一定范围造成灾害，受灾地域的大小也应与经济损失相关。在前人的研究中，普遍认为受灾面积也是形成洪涝灾害损失的主要组成部分，有文章分析时甚至在损失时因没有直接经济损失数值，所以选用了受灾面积作为替代变量。

5. 成灾面积（Disaster）。成灾面积是指在遭受洪涝灾害的受灾面积中，农作物实际收获量较常年产量减少三成以上的播种面积，与直接经济损失有相关关系。

6. 洪涝频数（Frequency）。洪涝灾害所造成的损失，主要与其发生频数有很大的关系，因此，这一变量是很直观、很重要的影响因素。

## 三、回归分析

本节对上述6个解释变量进行回归分析，但由于共线性问题，本文采用逐步回归方法去剔除共线性比较强的变量。先以损失额作为被解释变量进行逐步回归分析。因为解释变量有洪涝频次，假如某年没有发生洪涝，那么就不会有任何损失，所以采用没有截距项的逐步回归模型。以损失绝对额为被解释变量，各个自变量仍用其原始值。建立如下回归方程：

$$Ln\text{loss} = a_1\text{Affected} + a_2\text{Deaths} + a_3\text{Collapse} + a_4\text{Damage} + a_5\text{Disaster} + a_6\text{Frequency}$$

由于采用逐步回归法，消除了多重共线性。

利用SAS软件得出的分析结果如表10－2所示。

**表10－2　　不含截距项的逐步回归分析结果**

| 变量 | 回归系数 | Std. E | F | p |
|---|---|---|---|---|
| Affected | 0.01919 | 0.00764 | 134.31 | <0.0001 |
| Collapse | 2.91197 | 0.37704 | 23.91 | 0.0002 |
| Frequency | 4.08591 | 1.02905 | 15.77 | 0.0012 |

由上述统计分析结果可以得到如下方程：

$$\text{Loss} = 0.01919\text{Affected} + 2.91197\text{Collapse} + 4.08591\text{Frequency}$$

可以看出，由逐步回归得出的方程共包含3个解释变量，它们为受灾人口、倒塌房屋和洪涝频数。这3个解释变量的参数都是正的，表明它们对经济损失的贡献都是正的，随着这3个解释变量数值的增大，洪涝灾害的损失也越大。而对于其余的3个解释变量：成灾面积、受灾面积、水利设施损失，没有被该回归模型所选中，可由图10－1中的相关系数来试着解释。Deaths、Damage和Disaster的重要性水平都较低，不能较好地解释被解释变量Loss、Affected与Deaths的相关系数的0.72020，相关性比较强，因此，在入选为解释变量时，为消除共线性，剔除了其中之一；Damage与Disaster的相关系数更是达到了0.99992，几乎可以视为一个变量，且该变量与被解释变量Loss的相关系数较小，两个变量同时剔除。最后只剩下倒塌房屋、受灾人口和洪涝频数 3 个解释变量。该模型的拟合优度 $R^2$ 等于 0.9780，模型的 F 检验值为 222.68，远远大于 95% 置信度的 F 函数的值。

The CORR Procedure

7 Variables: Loss Affected Deaths Collapse Damage Disaster Frequency

Simple Statistics

| Variable | N | Mean | Std Dev | Sum | Minimum | Maximum | Label |
|---|---|---|---|---|---|---|---|
| Loss | 18 | 1179 | 586.29312 | 21230 | 413.00000 | 2551 | Loss |
| Affected | 18 | 16878 | 4453 | 303799 | 10673 | 26694 | Affected |
| Deaths | 18 | 2496 | 1518 | 44924 | 538.00000 | 5840 | Deaths |
| Collapse | 18 | 192.19778 | 173.50073 | 3460 | 44.07000 | 685.03000 | Collapse |
| Damage | 18 | 3049 | 7596 | 54891 | 713.77800 | 33438 | Damage |
| Disaster | 18 | 1807 | 4718 | 32519 | 379.58000 | 20678 | Disaster |
| Frequency | 18 | 71.33333 | 48.85031 | 1284 | 10.00000 | 176.00000 | Frequency |

Pearson Correlation Coefficients, N = 18
Prob > |r| under H0: Rho=0

| | Loss | Affected | Deaths | Collapse | Damage | Disaster | Frequency |
|---|---|---|---|---|---|---|---|
| Loss | 1.00000 | 0.64726 | 0.62063 | 0.87776 | 0.61546 | 0.61697 | 0.14424 |
| Loss | | 0.0037 | 0.0060 | <.0001 | 0.0065 | 0.0064 | 0.5680 |
| Affected | 0.64726 | 1.00000 | 0.72020 | 0.64358 | 0.15113 | 0.15162 | -0.06793 |
| Affected | 0.0037 | | 0.0007 | 0.0040 | 0.5494 | 0.5481 | 0.7888 |
| Deaths | 0.62063 | 0.72020 | 1.00000 | 0.75731 | 0.30680 | 0.30758 | -0.33236 |
| Deaths | 0.0060 | 0.0007 | | 0.0003 | 0.2156 | 0.2144 | 0.1778 |
| Collapse | 0.87776 | 0.64358 | 0.75731 | 1.00000 | 0.73946 | 0.74191 | -0.20278 |
| Collapse | <.0001 | 0.0040 | 0.0003 | | 0.0005 | 0.0004 | 0.4197 |
| Damage | 0.61546 | 0.15113 | 0.30680 | 0.73946 | 1.00000 | 0.99992 | -0.16514 |
| Damage | 0.0065 | 0.5494 | 0.2156 | 0.0005 | | <.0001 | 0.5126 |
| Disaster | 0.61697 | 0.15162 | 0.30758 | 0.74191 | 0.99992 | 1.00000 | -0.16858 |
| Disaster | 0.0064 | 0.5481 | 0.2144 | 0.0004 | <.0001 | | 0.5037 |
| Frequency | 0.14424 | -0.06793 | -0.33236 | -0.20278 | -0.16514 | -0.16858 | 1.00000 |
| Frequency | 0.5680 | 0.7888 | 0.1778 | 0.4197 | 0.5126 | 0.5037 | |

**图 10－1　相关系数图**

通过上述模型的拟合，最后可以确定，有 3 个解释变量对洪涝灾害有比较大的影响，分别是倒塌房屋、受灾人口和洪涝频数，而死亡人口、受灾面积和成灾面积对洪涝灾害的影响较小。

# 第十一章

# 洪涝灾害的脆弱性分析

## 第一节　洪涝灾害脆弱性

### 一、洪涝灾害脆弱性定义及研究意义

基于对脆弱性的理解和国内外灾害理论，洪涝灾害脆弱性定义为：承灾体易于或敏感于遭受洪涝威胁和损失的性质与状态，一个区域的自然系统、社会经济系统及其组合关系均对该区的洪涝灾害脆弱性产生影响。

### 二、洪涝灾害脆弱性形成过程

根据区域灾害脆弱性理论，洪涝灾害是致灾因子洪水雨涝与区域洪涝灾害脆弱性相互作用的动态压力超过了区域系统承受阈值的结果。即“洪涝灾害 = 洪水雨涝 + 洪涝灾害脆弱性”。洪水雨涝是水运动的一种特殊现象，它需要在一定的自然或人为条件下或环境中才会形成洪涝灾害。虽然洪涝通常是由降水过多引起，而且一定时间和空间内的降水量的确与洪涝灾害成正相关，但洪涝不等于洪涝灾害。致灾事件（降水量大大多于年平均值）洪水雨涝的发生是导致洪涝灾害发生发展的触发因素，区域系统洪涝灾害脆弱性的存在是洪涝致灾的前提。实际上，洪涝灾害的强度及其影响往往与洪涝灾害脆弱性空间一致，而不是与自然降水因子一致。区域洪涝灾害系统内部，致灾因子和区域洪涝灾害脆弱性两种动态压力中，任何一方的变化都会导致区域洪涝灾害系统压力增加，影响区域洪涝灾害灾情。然而，致灾因子降水受全球大气环流的影响，其过程和时间、空间分布规律很难大范围改变或控制，而且从地球环境演化来看，降水波动是必然的。因此，减轻区域洪涝灾害及其影响，最有效、最可行的是进行人类经济活动的调整与适应，在调整与适应的过程中，降低区域洪涝灾害脆弱性，释放区域洪涝灾害系统压力。

在区域生态环境和社会经济活动稳定的情况下，区域洪涝灾害脆弱性随洪涝强度增大而升高。而在洪涝强度一定的情况下，区域洪涝灾情及其影响则与区域洪涝灾害脆弱性空间一致。区域洪涝灾害脆弱性在时间上是动态变化的，它动态演化的方向，受到人类社会生产和经营过程中各种社会经济行为的深刻影响，这些影响是加大还是释放脆弱性形成压力，对区域洪涝灾害系统非常重要。如果人类能够通过社会经济行为调整、减轻压力，则区域系统向可持续发展方向前进；如果系统压力得不到及时有效的释放，则区域洪涝灾害脆弱性增强，洪涝灾害灾情加剧，洪涝灾害的社会经济、资源环境影响扩大，甚至导致区域系统崩溃。

## 三、洪涝脆弱性形成因素

根据对洪涝灾害形成因素的分析，下文将从致灾因子、孕灾环境和承灾体（社会经济子系统）三方面分析洪涝脆弱性形成的影响因素。

### （一）致灾因子

洪涝致灾因子通常包括暴雨、海啸、台风、冰雪消融、冰川阻湖、冰凌、溃坝等，就区域洪涝灾害系统而言，汛期降水和暴雨是导致洪涝灾害的主要因子。汛期降水量的多少与洪涝灾害系统脆弱性成正相关。降水的时空分布不均是洪涝灾害形成的直接原因。暴雨期越长、强度愈大，洪涝灾害脆弱性必然也愈大。

### （二）孕灾环境

一个地区受洪涝的强度和频度，除了气象因素外，还与其地理条件密切相关。地理因素包括地形、河流网络和植被、土壤等。地形地貌和水系特征是洪涝灾害系统脆弱性形成的诱发因素，而土壤状况与植被覆盖是洪涝灾害脆弱性的激发因素。森林具有调节气候、涵养水源、防止洪涝灾害等功能。随着森林覆盖率的增加，涝渍灾害脆弱度会相应降低。池塘具有蓄存雨水的能力，能够遏制地表径流，减少和延缓雨水的汇集，能有效地调整地表水和地下水，改变水的时间和空间分布，成为可持续的防洪抗涝的重要措施之一。

### （三）社会经济子系统

人既是承灾体，又是致灾因子。人口因素既是降低脆弱性的动力，也是增加脆弱性的根源之一。一方面，人口密度过大对资源环境的压力大，就成为环境系统失衡的诱发因素；另一方面，人作为最具有活力和能动性的生产要素，其文化素质、劳动技能和健康水平的提高，又可以接受和应用现代科学技术，提高降雨预测准确性、提高洪涝灾害风险意识、及时作出灾害反应，从而降低洪涝灾害脆弱性。

区域社会经济结构是区域自然资源结构、经济区位、人力资源和产业政策等多重要素复杂作用的产物，它通过收入构成反作用于区域资源、环境与人口之间的矛盾运动，决定洪涝灾害风险的暴露及减灾资金投入的保障水平。

## 四、数据来源

本部分的研究从两个层面展开。首先对全国各省（区、市）的洪涝灾害脆弱性作比较，同时观察2006～2010年各省（区、市）脆弱性的发展变化。然后选择洪涝灾害的重灾省——湖南省进行进一步的分析，由于缺少2010年最新数据，我们采用了2005～2009年的数据进行湖南省脆弱性分析。脆弱性指标计算所需数据来源见表11－1。

表 11-1　　脆弱性指标数据来源

| 指标范围 | 指标 | 数据来源 | 年度 |
|---|---|---|---|
| 全国各省（区、市）指标 | 汛期 4~9 月降水量（毫米） | 《中国统计年鉴》 | 2006~2010 年 |
| | 森林覆盖率（%） | 《中国统计年鉴》 | 2006~2010 年 |
| | 人口总数（亿人） | 《中国统计年鉴》 | 2006~2010 年 |
| | 第一产业生产总值（亿元） | 《中国统计年鉴》 | 2006~2010 年 |
| | 水库容量（万立方米） | 《中国统计年鉴》 | 2006~2010 年 |
| | 人均生产总值（元） | 《中国统计年鉴》 | 2006~2010 年 |
| | 地区面积（平方千米） | 《中国统计年鉴》 | 2006~2010 年 |
| | 水利建设投资完成额——防洪（万元） | 《中国水利年鉴》 | 2006~2010 年 |
| 湖南省各市指标 | 汛期 4~9 月降水量（毫米） | 《湖南统计年鉴》 | 2005~2009 年 |
| | 耕地面积（千公顷） | 《湖南统计年鉴》 | 2005~2009 年 |
| | 水田面积（千公顷） | 《湖南统计年鉴》 | 2005~2009 年 |
| | 人口总数（万人） | 《湖南统计年鉴》 | 2005~2009 年 |
| | 第一产业生产总值（亿元） | 《湖南统计年鉴》 | 2005~2009 年 |
| | 水库容量（万立方米） | 《湖南统计年鉴》 | 2005~2009 年 |
| | 塘坝容量（万立方米） | 《湖南统计年鉴》 | 2005~2009 年 |
| | 人均生产总值（元） | 《湖南统计年鉴》 | 2005~2009 年 |
| | 地区面积（平方千米） | 《湖南水资源公报》 | 2005~2009 年 |

## 第二节　全国各省（区、市）洪涝灾害脆弱性分析

脆弱性指标的计算过程，可以分为指标选取、权重赋值、构建矩阵、计算结果与分析等五步骤。

### 一、全国各省（区、市）洪涝灾害脆弱性评价指标体系

此体系见表 11-2。

表 11-2　　全国各省（区、市）洪涝灾害脆弱性评价指标体系

| 一级指标 | 二级指标 | 指标数值与计算 |
|---|---|---|
| 1. 自然环境因素 | 1.1 气候因素 | 主汛期降水量 |
| | 1.2 森林覆盖率 | 森林覆盖率 |
| 2. 社会经济因素 | 2.1 人口密度 | 人口总数/地区面积 |
| | 2.2 第一产业比值 | 第一产业 GDP/地区面积 |
| | 2.3 水利设施 | 水库容量 |
| | 2.4 经济发展水平 | 人均 GDP |
| | 2.5 防洪投入 | 防洪投资 |

**（一）自然环境因素指标**

1. 气候因素指标。以区域主汛期降水量衡量降水对区域洪水灾害脆弱性的影响程度。由于数据的可得性，我们采用省会城市每年4～9月降水量之和作为此指标的数值。用省会城市作为该省的代表值，会有偏差，对研究会产生影响。主汛期降水量越大，脆弱性越大。

2. 森林覆盖率。森林覆盖率＝森林面积/土地总面积×100%。森林和植被具有调节气候、涵养水源、保持水土等功能，森林覆盖率高与区域农业洪水灾害脆弱性成负相关，覆盖率增加，脆弱性降低。

**（二）社会经济因素指标**

1. 人口密度。人口密度＝人口总数/地区面积。人口集中的易损性加大了洪水灾害的脆弱性。

2. 地均第一产业GDP。单位面积第一产业GDP的不同，遭受同等强度的洪水灾害侵袭时，其绝对损失量有很大差别，财富、经济集中的易损性加大了农业洪水灾害的脆弱性。第一产业GDP/该省份面积的数值越高，当地的脆弱性也相应越大。

3. 水利设施。完善的水利设施能够增强洪涝灾害系统的抗灾潜力和强度。通过水利设施建设，能够对水资源进行调配。水利设施工程陈旧老化，防洪库容不足，布局不合理，会使遭遇洪涝灾害的几率增加，降低了防洪效应。全国脆弱性的计算使用了水库容量作为水利设施的指标。

4. 经济发展水平。人均收入水平是洪涝灾害系统的间接驱动因子。人均收入高导致洪涝灾害对地区造成的经济社会损失增加，加大了洪涝灾害的脆弱性。

5. 防洪投入。防洪投入能够改善水利设施建设，临时性的人员转移能够大大减少将要发生的洪涝灾害造成的损失，防洪投入是洪涝灾害脆弱性的重要指标之一。

## 二、评价指标权重赋值

权重是衡量各项指标和准则层对其目标层贡献程度大小的物理量。在多指标建模的过程中，权重分配是一个不可避免的问题。层次分析法（AHP）是将决策有关的元素分解成目标、准则、方案等层次，在此基础上进行定性和定量分析的决策方法。其基本原理是把复杂的问题分解为各个组成元素，将这些元素按支配关系分组形成有序的递阶层次结构，根据一定的比率标度，通过两两比较的方式，将判断定量化，形成比较判断矩阵，计算确定层次中各元素的相对重要性。这种方法的特点是在对复杂的决策问题的本质、影响因素及其内在关系等进行深入分析的基础上，利用较少的定量信息使决策的思维过程数学化，从而为多目标、多准则或无结构特性的复杂决策问题提供简便的决策方法。

具体方法是，首先建立各层指标判断矩阵。通过对相关文献的阅读及整理，我们把某一层中的要素和与它高一层次因素之间的相对重要程度用矩阵表示出来，决定各元素相对重要性总的顺序（见表11－3）。

表 11－3　　全国各省（区、市）洪涝灾害脆弱性指标判断矩阵

| | 地均第一产业 GDP | 人口密度 | 主汛期降水量 | 森林覆盖率 | 水库容量 | 防洪投资 | 人均 GDP |
|---|---|---|---|---|---|---|---|
| 地均第一产业 GDP | 1 | 2 | 3 | 4 | 5 | 6 | 7 |
| 人口密度 | 1/2 | 1 | 2 | 3 | 4 | 5 | 6 |
| 主汛期降水量 | 1/3 | 1/2 | 1 | 2 | 3 | 4 | 5 |
| 森林覆盖率 | 1/4 | 1/3 | 1/2 | 1 | 2 | 3 | 4 |
| 水库容量 | 1/5 | 1/4 | 1/3 | 1/2 | 1 | 2 | 3 |
| 防洪投资 | 1/6 | 1/5 | 1/4 | 1/3 | 1/2 | 1 | 2 |
| 人均 GDP | 1/7 | 1/6 | 1/5 | 1/4 | 1/3 | 1/2 | 1 |

然后计算层次单排序权重。层次单排序的目的是对于上层次中的某元素而言，确定本层次与之有联系的元素重要性次序的权重值。它是本层次所有元素对上一层次而言的重要性排序。

根据上述判断矩阵得到最终的各指标权重（见表 11－4）。

表 11－4　　脆弱性指标权重

| | |
|---|---|
| 地均第一产业 GDP | 35.04% |
| 人口密度 | 23.75% |
| 主汛期降水量 | 15.90% |
| 森林覆盖率 | 10.56% |
| 水库容量 | 6.96% |
| 防洪投资 | 4.62% |
| 人均 GDP | 3.18% |

## 三、指标标准化处理及矩阵构建

在获得数据后，为消除量纲影响，必须对具有不同量纲的数据进行标准化处理。本文选用以下去量纲化公式：

某指标若与脆弱性正相关，则指标处理为$\frac{X_i - X_{min}}{X_{max} - X_{min}}$；

若某指标与脆弱性负相关（例如防灾投入、堤坝建设等），则指标处理为$\frac{X_{max} - X_i}{X_{max} - X_{min}}$（因为此时该指标数值越大，脆弱性应该越小）。

## 四、脆弱性指数的计算与结果分析

在上述指标体系基础上，构造区域洪水灾害脆弱性评价模型。本章采用的脆弱性评价模

型为：

$$V = \sum_i P_i \times W_i$$

式中，V 表示脆弱性指数；$P_i$ 表示某省第 i 种指标的标准值；$W_i$ 表示第 i 种指标所占权重。

不仅可以在各省（区、市）之间进行横向脆弱性计算与比较，对于任何一个省（区、市），每年的脆弱性指标同样会发生变化，因此，我们对脆弱性指数分别进行了横向与纵向的计算，结果如表 11－5 所示。

**表 11－5　全国各省（区、市）脆弱性指数（2005～2009 年）**　（单位:％）

| 省（区、市） | 2009 年 | 2008 年 | 2007 年 | 2006 年 | 2005 年 |
|---|---|---|---|---|---|
| 北京 | 41.31 | 43.20 | 39.44 | 38.19 | 38.84 |
| 天津 | 53.28 | 51.60 | 47.26 | 49.05 | 49.59 |
| 河北 | 42.94 | 43.84 | 38.55 | 37.17 | 35.86 |
| 山西 | 30.10 | 27.13 | 27.64 | 27.35 | 26.06 |
| 内蒙古 | 21.69 | 24.38 | 20.82 | 21.08 | 21.30 |
| 辽宁 | 35.15 | 36.46 | 33.45 | 30.86 | 32.22 |
| 吉林 | 26.06 | 27.96 | 25.24 | 25.07 | 24.93 |
| 黑龙江 | 21.72 | 21.83 | 21.05 | 21.42 | 21.36 |
| 上海 | 81.33 | 80.84 | 80.20 | 76.50 | 71.64 |
| 江苏 | 66.53 | 63.30 | 59.05 | 54.24 | 53.13 |
| 浙江 | 37.71 | 38.20 | 35.46 | 33.46 | 31.99 |
| 安徽 | 38.86 | 39.73 | 36.85 | 36.05 | 35.67 |
| 福建 | 37.26 | 37.68 | 32.56 | 36.94 | 33.74 |
| 江西 | 26.58 | 29.83 | 26.70 | 29.83 | 27.69 |
| 山东 | 58.30 | 59.45 | 54.25 | 50.71 | 51.05 |
| 河南 | 50.78 | 50.80 | 44.56 | 44.30 | 43.22 |
| 湖北 | 32.64 | 35.22 | 30.00 | 31.35 | 31.32 |
| 湖南 | 33.36 | 36.07 | 31.12 | 30.46 | 30.60 |
| 广东 | 37.68 | 46.54 | 38.92 | 41.88 | 41.02 |
| 广西 | 26.84 | 33.71 | 29.74 | 29.88 | 28.76 |
| 海南 | 52.50 | 46.85 | 40.21 | 41.10 | 38.19 |
| 重庆 | 37.45 | 35.47 | 39.84 | 32.95 | 35.59 |
| 四川 | 28.61 | 31.72 | 28.02 | 27.07 | 27.03 |
| 贵州 | 26.65 | 31.87 | 29.85 | 28.47 | 29.49 |
| 云南 | 21.44 | 25.31 | 25.14 | 24.64 | 23.90 |

续表

| 省（区、市） | 2009 年 | 2008 年 | 2007 年 | 2006 年 | 2005 年 |
|---|---|---|---|---|---|
| 西藏 | 23.09 | 24.62 | 24.30 | 23.01 | 24.07 |
| 陕西 | 27.03 | 26.71 | 26.83 | 24.07 | 23.86 |
| 甘肃 | 23.24 | 24.67 | 24.90 | 23.42 | 24.98 |
| 青海 | 23.20 | 22.60 | 23.64 | 22.29 | 23.18 |
| 宁夏 | 25.68 | 26.35 | 25.78 | 25.14 | 23.99 |
| 新疆 | 22.88 | 22.31 | 24.73 | 22.31 | 23.37 |

全国各省（区、市）的脆弱性水平存在较大的差异，以 2009 年为例，脆弱性水平最高的 3 个地区分别为上海、江苏和山东；脆弱性水平最低的 3 个地区分别为云南、内蒙古和黑龙江。同一省（区、市）历年的脆弱性水平也会发生变化。大部分省（区、市）脆弱性指数随着时间的推移增加，主要是由于人口增加、经济发展引起的；也有部分省（区、市）的脆弱性水平变化趋势不明显，是因为主汛期降水量随机性较大，并且经济发展等正相关因素与防洪投入等负相关因素相互作用导致的。

以上海为例，其脆弱性指标远远大于其他地区是由以下几个原因造成的：（1）人口多，面积小，人口密度大；（2）人均 GDP 高居全国之首；（3）虽然第一产业 GDP 总量在三个产业中的比例并不高，但是上海地区面积小，地均第一产业 GDP 也全国领先。由于以上原因，上海的脆弱性指标较大，一旦发生洪涝灾害，损失将较其他地区更加严重。

脆弱性水平较低的地区以云南为例，其地均第一产业 GDP 较小，人均 GDP 较低，而森林覆盖率等脆弱性负相关的指标表现较好，因此其脆弱性指数较低，具体见附录二中的图 11－1。

# 第三节　湖南省洪涝灾害脆弱性分析

## 一、湖南省洪涝灾害脆弱性影响和驱动因素

湖南省位于长江中游南岸，地势南高北低，东西南三面环山，高度多在 800 米以上；北为洞庭湖盆地，海拔一般为 25～30 米，呈马蹄形由南向北倾斜，湘、资、沅、澧四水汇集于洞庭湖，构成了独立的洞庭湖水系，四水的 80% 以上分布在湖南省境内。此外，长江“四口”，即松滋、太平、藕池、调弦（已于 1958 年堵塞），自北向南分别注入洞庭湖，形成了一个以洞庭湖为中心的辐射状水系。湖南省河网密布，水系完整，水资源丰富。由于降水季节分配不均匀，年内河湖水位差变化较大，一般高水位出现在 4～9 月，也是流量最大时期。全省连续 2～3 天的大范围暴雨几乎每年可见。洞庭湖区河湖交错，水系复杂，汛期洪峰不一，彼此干扰，相互顶托，导致了泥沙淤积，水位抬高，调洪能力很差，洪水频繁。在 1998 年的大洪水中，全省 39 个县受灾，其中 31 个县为重灾，损失严重。

## 二、脆弱性指标的计算过程

脆弱性指标的计算过程可以分为指标选取、数据收集、权重赋值、构建矩阵、计算结果

与分析等五步骤。

**（一）湖南省各市洪涝灾害脆弱性评价指标体系（见表11－6）**

**表11－6 湖南省各市洪涝灾害脆弱性评价指标体系**

| 一级指标 | 二级指标 | 指标数值与计算 |
|---|---|---|
| 1. 自然环境因素 | 1.1 气候因素 | 降水量 |
| | 1.2 耕地结构 | 水田面积/耕地面积 |
| 2. 社会经济因素 | 2.1 人口密度 | 人口总数/地区面积 |
| | 2.2 地均第一产业 GDP | 第一产业 GDP/地区面积 |
| | 2.3 水利设施 | 水库水塘密度 |
| | 2.4 经济发展水平 | 人均 GDP |

1. 自然环境因素指标。

（1）气候因素指标。受季风环流和地形因素的影响，湖南省年降水量集中在4～9月，约占全年降水量的69%，故4～9月（即汛期）降水量与湖南省洪涝灾害脆弱性密切相关，汛期降水且以局地性或全省性暴雨形式出现，使山地丘陵区山洪暴发，脆弱性增强。

（2）耕地结构。耕地结构表示了水系分布与地形特征对农业水灾的影响。水系越发达，地势越低，水田面积越大，越容易遭受洪涝的威胁，农业水灾脆弱性就越强。湖南省属于洞庭湖水系，湘、资、沅、醴四水汇注洞庭湖，加之洞庭湖平原地势低洼，长江客水倒灌，使得洞庭湖平原洪水危险性最大；同时洞庭湖平原人口密集，农业发达，导致农业水灾脆弱性最强。

2. 社会经济因素指标。

（1）人口密度。人口密度＝人口总数/地区面积。人口集中的易损性加大了洪水灾害的脆弱性。

（2）地均第一产业 GDP。单位面积第一产业 GDP 的不同，遭受同等强度的洪水灾害侵袭时，其绝对损失量有很大差别，财富、经济集中的易损性加大了农业洪水灾害的脆弱性。第一产业 GDP/该省（区、市）面积的数值越高，当地的脆弱性也相应越大。

（3）水利设施。水利设施的完备与否，直接影响洪涝灾害防治水平和损失程度。湖南省湘江干流缺乏控制型的水利枢纽，加强了北部的脆弱性。

（4）经济发展水平。经济水平的高低影响洪涝灾害造成的损失程度大小，进而影响脆弱性水平。湖南省各市的经济发展也存在较大不平衡，脆弱性有较大差别。

**（二）评价指标权重赋值**

这里，仍然用蚕蛹层次分析法（AHP）对各层指标建立判断矩阵。通过对相关文献的阅读及整理，得出如下判断举证（见表11－7）。

表 11-7　湖南省各市洪涝灾害脆弱性指标判断矩阵

| | 地均第一产业 GDP | 人口密度 | 主汛期降水量 | 水库水塘密度 | 水田面积占比 | 人均 GDP |
|---|---|---|---|---|---|---|
| 地均第一产业 GDP | 1 | 2 | 3 | 4 | 5 | 6 |
| 人口密度 | 1/2 | 1 | 2 | 3 | 4 | 5 |
| 主汛期降水量 | 1/3 | 1/2 | 1 | 2 | 3 | 4 |
| 水库水塘密度 | 1/4 | 1/3 | 1/2 | 1 | 2 | 3 |
| 水田面积占比 | 1/5 | 1/4 | 1/3 | 1/2 | 1 | 2 |
| 人均 GDP | 1/6 | 1/5 | 1/4 | 1/3 | 1/2 | 1 |

**（三）指标标准化处理及矩阵构建**

同全国脆弱性指标数据标准化处理。

**（四）脆弱性指数的计算与结果分析**

在上述指标体系基础上，构造区域洪水灾害脆弱性评价模型。本章采用的脆弱性评价模型为：

$$V = \sum_i P_i \times W_i$$

式中，V 表示脆弱性指数；$P_i$ 表示某省（区、市）第 i 种指标的标准值；$W_i$ 表示第 i 种指标所占权重。

如表 11-8 所示，湖南省脆弱性水平最高的 3 个地区分别为湘潭市、长沙市和衡阳市；脆弱性水平最低的 3 个地区为怀化市、张家界市和郴州市。与全国脆弱性结论较一致，湖南省绝大多数地区的脆弱性水平呈现历年增大的趋势，人口增加、经济发展水平提高是导致脆弱性水平上升的主要因素。湖南省各地必须加大防洪投入，增加森林覆盖率，提高应对洪涝灾害的能力，具体见附录二中的图 11-2。

表 11-8　湖南省各市（自治州）脆弱性指数（2004～2008 年）

| 湖南省 | 2008 年 | 2007 年 | 2006 年 | 2005 年 | 2004 年 |
|---|---|---|---|---|---|
| 长沙市 | 67.64% | 55.38% | 56.03% | 54.81% | 50.50% |
| 株洲市 | 43.83% | 43.22% | 37.61% | 37.20% | 35.42% |
| 湘潭市 | 72.30% | 66.57% | 62.83% | 57.35% | 52.49% |
| 衡阳市 | 62.88% | 57.96% | 54.65% | 48.32% | 49.71% |
| 邵阳市 | 40.07% | 36.34% | 40.13% | 35.12% | 34.95% |
| 岳阳市 | 55.12% | 49.07% | 42.38% | 40.78% | 46.67% |
| 常德市 | 54.54% | 47.99% | 45.19% | 41.59% | 41.75% |
| 张家界市 | 22.97% | 20.99% | 14.66% | 14.81% | 21.52% |
| 益阳市 | 45.05% | 38.67% | 36.49% | 37.77% | 36.02% |
| 郴州市 | 24.75% | 27.20% | 31.96% | 19.51% | 21.19% |

续表

| 湖南省 | 2008 年 | 2007 年 | 2006 年 | 2005 年 | 2004 年 |
|---|---|---|---|---|---|
| 永州市 | 32.27% | 33.02% | 33.36% | 27.02% | 31.11% |
| 怀化市 | 14.53% | 17.37% | 16.26% | 13.62% | 17.55% |
| 娄底市 | 60.29% | 66.10% | 53.65% | 50.04% | 51.23% |
| 湘西州 | 26.24% | 30.04% | 20.04% | 19.99% | 24.91% |

对于湘潭市而言，人口密度大、水田面积占比小、地均第一产业 GDP 大是脆弱性指数高最重要的三个原因。而脆弱性指数最小的怀化市，人口密度与地均第一产业 GDP 都是湖南省最小的地区。

通过以上分析，可知应采取防灾减损措施：

1. 进行农业结构调整，增强对洪涝灾害的应变能力。湖南省降水季节主要在 4 ~6 月，洪涝灾害对早稻生产影响最大，因此从防灾避灾的角度出发，根据汛期规律，在农作物品种的选择上，早稻种植宜采取“早中求高，早中求优”的配置方式，而早稻收割力争在 7 月中旬以前完成，避开洪涝期。同时应在洪涝频繁地区做到退耕还林、还草，保护地表植被，提高灌、排水能力，适时扩种需水作物。

2. 加强防洪水利综合配套工程建设，做好水库的科学调蓄工作。湖南省湘南地区洪涝受灾日益严重，特别是受极端天气引发的强降水影响更为严重，此时，水库的调蓄功能就显得尤为重要。因此对于大中型水库，要加强整修工作，确保其充分发挥防汛抗旱的主要作用。改造农田水利基本设施，确保水利灌溉系统和渍水排水系统顺畅，减轻洪涝灾害损失。

3. 提高洪涝灾害预报能力，做好气象防灾减灾工作。降水分布不均是产生旱涝灾害的重要因素，准确预报旱涝灾害发生的时间、强度、区域，可提前做好防灾减灾准备。在汛期到来之前做好水库的调度，避免和降低洪灾影响程度。

# 第十二章

# 洪涝灾害的异常损失分析

## 第一节　洪涝灾害的异常情况分析

### 一、对于洪涝灾害在未来一年内超过单次历史最高值的分析

根据洪涝频数拟合的信息，洪涝灾害的年度发生频数符合参数值为 $p=0.030437$，$q=0.969563$，$r=2$ 的负二项分布，有记载的频数最大为 176，我们取 $n=176$。以此可以计算未来一年洪涝发生的不同次数所对应的概率，再根据第一部分 S 的分布，可以得到未来一年内，单次洪涝损失超过历史最高值的概率。

由于在给定未来一年的洪涝发生频数的情况下 S 是一个超几何分布，而洪涝发生的频数符合一个负二项分布，因此可以用全概率公式来计算未来一年内不超过历史单次最大损失的概率，即：

$$P(S=0)=\sum_{i=0}^{176}P(S=0 \mid r=i)\ P(i)$$

通过计算，得到未来一年内，发生的洪涝不超过历史单次最大损失的概率为 0.745142。

在给定未来一年发生洪涝的频数的情况下，未来一年中单次洪涝损失不超过历史最大值的条件概率如图 12－1 所示，由于数量太大，我们仅取部分示意。

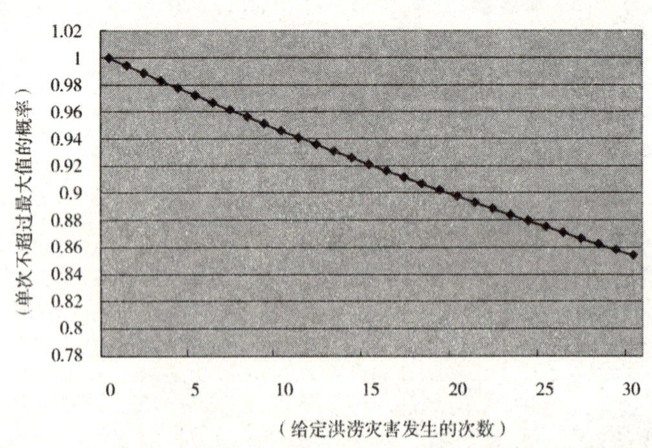


**图 12－1　未来一年中单次洪涝损失不超过历史最大值的概率图**

可以看到，随着未来一年发生洪涝次数增加，未来一年不超过历史最大值的概率下降，

即超过历史最大值的概率上升。

## 二、对未来年度洪涝造成的总损失情况的分析

在未来年度洪涝造成的总损失的预测中，可以利用的年度损失数据是1990～2009年的数据，一共20个，数据量较小，其中最大值为1998年的2 550.9亿元（未经调整）。

先对数据进行排序，然后通过计算，得到表12－1，未来10年内洪涝年度总损失不超过1998年2 550.9亿元的概率为0.474，超过1998年一次的概率为0.256，超过两次的概率为0.135。同样的，未来20年中，洪涝年度总损失不超过以前第二大总损失的概率为0.218，超过一次的概率为0.242，超过两次的概率为0.197。

**表12－1　　未来20年内洪涝年度总损失分析情况**

| | 不超过 | 超过一次 | 超过两次 | 超过三次 | 超过四次 |
|---|---|---|---|---|---|
| 最大值 | 0.4737 | 0.2560 | 0.1351 | 0.0695 | 0.0347 |
| 第二顺序量 | 0.2176 | 0.2418 | 0.1969 | 0.1390 | 0.0895 |
| 第三顺序量 | 0.0967 | 0.1658 | 0.1853 | 0.1685 | 0.1343 |
| 第四顺序量 | 0.0415 | 0.0975 | 0.1404 | 0.1580 | 0.1516 |
| 第五顺序量 | 0.0171 | 0.0517 | 0.0921 | 0.1248 | 0.1415 |

从图12－2中可以看到，未来20年不超过前5大极值的概率逐渐变小，而且概率下降速度非常快。未来20年内不超过最大值的概率还是比较大，但是不超过第5顺序变量的概率非常小，即说明未来20年超过1995年年度损失1 653.3亿元的概率非常大。

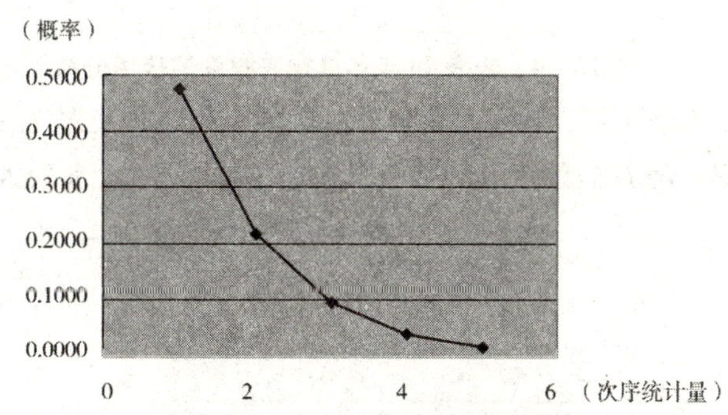


**图12－2　未来20年不超过前5大极值的概率分布图**

图12－3展示的是未来5年、10年、15年、20年中不超过最大的5个顺序统计量的概率。

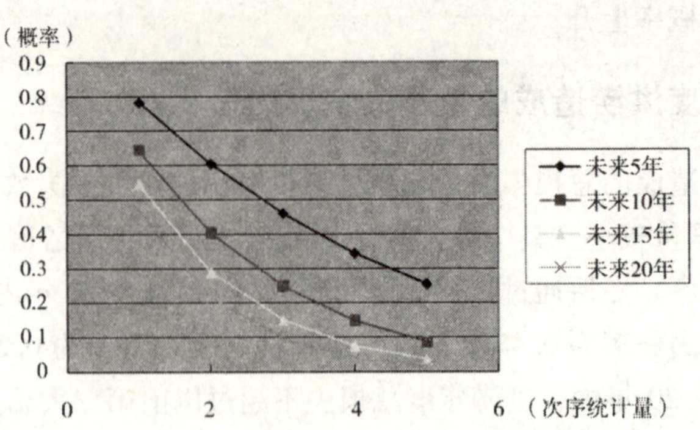


**图 12－3 未来不超过最大的 5 个顺序统计量的概率**

从图 12－3 可以看到，时间期限越长，不超过特定值的概率越小，即超过特定值的概率越大，这跟我们的常识理解是一致的。但是这几条线的曲度不是很一致。未来 5 年的情况下，不超过前 5 大极值的概率差不多呈直线型下降，而预测期为未来 20 年的情况下，是一个下凸型的下降曲线，概率下降速度先快后慢。

从图 12－4 中可以看到未来 20 年的年度损失量中，不超过最大损失量的概率比较大，超过一次的概率约在 0.3 的位置，以后超过次数越多，概率越小。

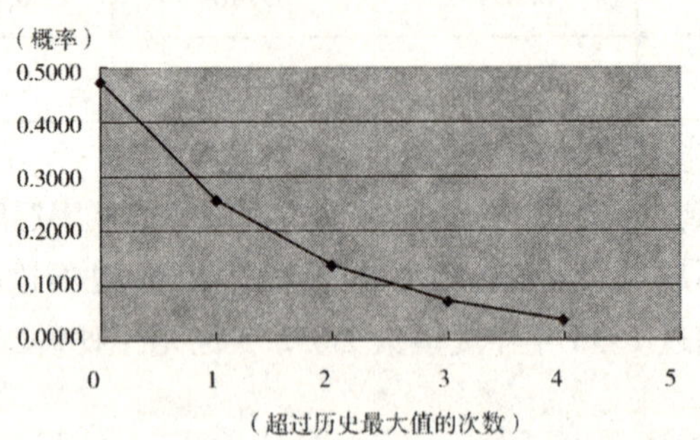


**图 12－4 未来 20 年年度损失程度的极值分析图**

图 12－5 对比了未来 5 年、10 年、15 年、20 年中超过历史最大值的概率，可以看到未来不超过最大值的概率，随着估计年限的增长而降低，而超过未来最大值的概率，随着估计年限的增长而提高。

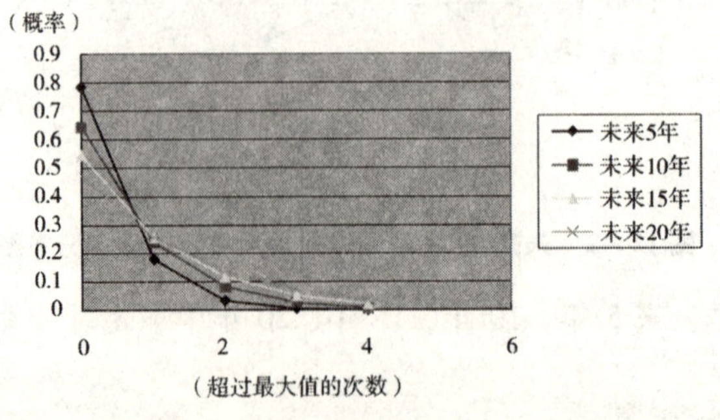


**图 12－5 未来年度损失量的极值分析图**

## 第二节　洪涝的赔期

$X_i$ 可以作为分布为 F 的独立的随机变量，u 定义为一个已经给定的开始值。这样可以把 $I_{\{X_i>u\}}$ 当成是一个 Bernoulli 随机变量，成功概率为 $p=\overline{F}(u)$。定义第一次成功的时间为：

$$L(u)=\min(i\geqslant 1: X_i>u)$$

则：

$$P(L(u)=k)=(1-p)^{k-1}p$$

注意到独立同分布的随机变量：

$$L_1(u)=L(u)$$

$$L_{n+1}(u)=\min\{i>L_n(u): X_i>u\},\ n\geqslant 1$$

$L_{n+1}(u)$ 可以用来表示连续两个超过给定值的损失之间的时间间隔。

事件 $\{X_i>u\}$ 的赔期可以定义为 $EL(u)=p^{-1}=(\overline{F(u)})^{-1}$。下面可以通过几何分布的特性来解决这个问题。定义 $r_k$ 为在 k 段时间之前至少发生一次超过 u 的损失的概率。表达式如下：

$$r_k=P(L(u)\leqslant k)=p\sum_{i=1}^{k}(1-p)^{i-1}=1-(1-p)^k,\ k\in N$$

这样就得到了 $r_k$ 与 p 之间一一对应的关系。

在赔期之前的时间内发生一次超过 u 的损失的概率表示如下：

$$P(L(u)\leqslant EL(u))=P(L(u)\leqslant[1/p])=1-(1-p)^{[1/p]}$$

根据前面对年度总损失的预测，可以得到未来 20 年内损失超过 u 的概率为：

$$P(X_i>u)=1-P(X_i<u)=1-0.474=0.526$$

即：

$$P(L(u)\leqslant 20)=0.526$$

根据前面的分析，得到：

$$P(L(u)\leqslant 20)=1-(1-p)^{20}=0.526$$

解得 p 为 0.036639，赔期为 p 的倒数 27.3 年。即像 1998 年那样大的年度损失，统计意义上 27.3 年才会再发生一次。

## 第三节　洪涝重灾区——湖南省分析

湖南省地处长江中游，历来洪涝灾害较为频繁。洞庭湖向北敞口，冷空气经常长驱直入，静止在南岭附近，使降水天气持续很久。湖南省汛期除受到西风带系统影响外，还常受到台风和东风波等系统影响，易于形成致洪暴雨。一旦大气和海温发生异常，湘、资、沅、澧“四水”的洪水与长江洪水相遇，则往往酿成特大洪涝灾害。进入 20 世纪 90 年代以来，湖南省几乎每年夏季都不得安宁，水灾发生频率明显提高，灾情愈来愈重，其中仅 1996 年就因水灾造成直接经济损失达到 506 149 亿元，死亡 500 多人；1998 年更发生了 1949 年以来仅次于

1954 年的特大洪涝。下面重点研究湖南省的洪涝发生情况。

国内外对于几种主要灾害的理论研究主要有致灾因子论、孕灾环境论和承灾体论。下面分别从这三个方面分析为什么湖南省是全国洪涝灾害最严重的地区。

## 一、致灾因子

一般认为灾害是致灾因子对承灾体作用的结果，没有致灾因子就没有灾害，洪涝灾害的主要致灾因子是暴雨。气候条件严重影响着湖南省的水灾。每年 4 ~ 8 月，气候常常受控于副热带高压、西风带环流、东南季风和西南季风等环流体系的辐合影响，副热带气候的北跳南移，西风带环流的南进北退，以及东南季风与西南季风的融合交汇，在此作用下，全年平均降雨量在 1 462 毫米以上，属全国多雨区之一。降雨四季分布极不均匀，年际变率大，4 ~ 9 月雨量约占全年雨量的 69%，其中 4 ~ 6 月雨量最为集中，约占全年雨量的 50%，往往造成山丘区一年多次发生洪灾，洞庭湖区长时间洪涝灾害。7 ~ 8 月易受台风影响，高强度、集中降雨也往往发生在这一时期，每年平均最大 7 天暴雨为 140 ~ 300 毫米，这也是造成山洪暴发、河水陡涨的主要原因。

## 二、孕灾环境

孕灾环境指标主要有大气海洋环境指标、天体背景指标、水文气象环境指标和下垫面指标。湖南省东西南三面山地环绕，逐级向中部和东北部倾斜，湿地面积大，地貌活跃复杂，高低起伏大，坡陡、谷深，地表切割强烈，部分土壤抗蚀能力弱等等，极易于降雨后地表径流迅速汇集，洪水流速大，涨势猛，冲刷严重，水土流失，常常造成洪涝灾害。洞庭湖区垸老田低，生产地面高程一般低于外河洪水位 5 ~ 8 米，个别地方超过 10 米，生产地面是半年在水下，半年在水上，生产生活完全靠堤防保护。因此，在洞庭湖没有得到彻底根治前，难免遭受洪水灾害，地理环境决定了洞庭湖水灾比其他地区多，威胁大，而且这种威胁随着水情变化、水位抬升而加剧，随着江湖蓄洪条件的恶化而恶化。湖南省境内河流稠密，湘、资、沅、澧联结着 800 多条大小支流，总长 43 000 多公里，全省 95% 以上的城镇沿河而建，1/3 的耕地分布在洞庭湖和这些干支流之间。由于受气候、地理、水系等因素的制约和影响，湖南省历来是自然灾害多发地区，其中尤以水灾最为严重。

## 三、承灾体

承灾体是各种致灾因子作用的对象，是人类及其活动所在的社会与各种资源的集合。作为洪涝主要致灾因子的暴雨的承灾体包括人、建筑、工矿、农林牧渔、交通、环境、水利设施等。造成水灾频繁的原因除气候、地理、江湖等因素的影响外，洞庭湖泥沙淤积，生态环境遭受破坏，水利工程失修，人类社会活动的加速等等，也是其重要原因。

### （一）洞庭湖泄洪功能日益衰退，总容量日益缩小

由于大量泥沙淤填和围湖造田，洞庭湖水面和容量在短期内迅速锐减。据记载，1524 ~ 1860 年，洞庭湖水面为 6 270 平方公里，到 1949 年水面减少到 4 350 平方公里，蓄洪容量为 793 亿立方米，90 年内水面减少 30.6%；1949 ~ 1980 年水面减少到 2 691 平方公里，容量减少到 194 亿立方米，30 年内水面减少 38.01%，容量减少 34%，相应水位抬高 1.5 ~ 2.5 米。

这是湖区水灾频繁发生的主要原因之一。

**（二）生态平衡遭到破坏，水土流失严重**

多年来由于各种因素和人为的乱砍滥伐，毁林开荒，植被受到严重破坏，特别是长江中上游植被受到破坏，导致大量水土流失，每逢大雨，泥沙在没有任何阻挡的情况下随着滚滚洪水冲入江湖，最后沉积在江河湖底，致使江湖河床淤高，水流受阻，水位抬升，造成灾害。植被受到破坏，生态失去平衡，由此带来的是局部或大部分地区气候反常，或久晴无雨，或长时期淫雨徘徊，或短时期暴雨不止的恶劣天气，这也是近几十年来湖南省气候反常和水灾多发的又一原因。

**（三）水利设施薄弱**

据湖南省水利厅调查统计资料，目前全省大约有617×105平方公里耕地缺乏足够的水利设施，洞庭湖3 471平方公里沿湖大堤就有险段1 290平方公里；全省病险水库较多，仅在1954～1990年间全省就因洪水冲垮水库大坝306座。“四水”及洞庭湖堤防标准普遍不高，多数不到10年一遇，加上洪水水位不断抬升，抗洪能力下降。省内一部分城镇堤防标准较低或根本不设堤防，暴雨洪水一来，街道进水，房屋被淹，工农业生产和人民生命财产都遭到重大损失，尤其工矿企业和商店等经济行业的损失往往极为惨重。

**（四）人口激增**

据湖南省统计局的资料，20世纪初50年代初湖南省有2 987万人，至1996年全省人口激增至6 400多万人。随着人口激增，吃饭问题越来越严重，人们对耕地资源的利用逐渐由适应性开发变为超量掠夺性开发，自然资源严重受损，生态环境不断恶化，最终造成洪涝等自然灾害的频发与加剧。

## 第四节　1998年特大洪水分析

多年以来，随着防洪投入与防灾抗损能力的不断加强，我国防汛能力正在逐渐加强。但是洪水是由江河水量迅猛增加及水位急剧上涨引起的自然现象，是由各种自然因素综合作用的结果。由《中国水利年鉴》中的数据可以看出，1998年我国洪涝灾害的直接经济损失（绝对值）为历年最高。这主要是由于1998年长江流域以及松花江流域的特大洪水引起的。下面仍然从致灾因子、孕灾环境、承灾体三个方面对1998年特大洪水进行分析。

### 一、致灾因子与孕灾环境

1998年我国气候异常。长江流域主汛期降雨频繁，强度大，覆盖范围广，持续时间长；松花江流域雨季提前，降雨量明显偏多。

**（一）厄尔尼诺事件（即赤道东太平洋附近水温异常升高现象）**

1997年5月发生了20世纪以来最强的厄尔尼诺事件，当年年底达到盛期，到1998年6月基本结束。统计资料分析表明，每次厄尔尼诺事件发生的第二年，我国夏季多出现南北两条多雨带，一条位于长江及其以南地区，另一条位于北方地区。这次异常偏强的厄尔尼诺事件，是造成1998年我国夏季长江流域多雨的主要原因之一。

### （二）高原积雪偏多

根据气候规律分析，冬春欧亚和青藏高原地区积雪偏多时，东亚季风一般要推迟，夏季季风偏弱，主要雨带位置偏南，长江流域多雨。1997 年冬季，青藏高原积雪异常偏多，是影响 1998 年夏季长江及江南地区降雨偏多的一个重要因素。

### （三）西太平洋副热带高压（以下简称“副高”）异常

副高是影响我国降雨带位置和强度的重要因素。1998 年 6 ~ 8 月，副高异常强大，脊线位置持续维持偏南、偏西，并且呈稳定的东北—西南走向。这一现象是近 40 年来罕见的。6 月中下旬，副高位置尚属正常，降雨带主要位于长江中下游地区；6 月底 ~ 7 月上旬，副高短暂北抬；从 7 月中旬开始，副高反常地突然南退，位置异常偏南偏西，并持续稳定了一个多月，使长江上中游地区一直处于西南气流与冷空气交汇处，暴雨天气频繁出现，导致长江上中游洪峰迭起，中下游江湖水位不断攀升。

### （四）亚洲中纬度环流异常，阻塞高压活动频繁

1998 年 6 ~ 8 月，在亚洲中高纬度的乌拉尔山、贝加尔湖西侧和鄂霍茨克海三个地区多次出现阻塞高压形势，尤其是鄂霍茨克海阻塞高压稳定少动，亚洲西风带经向环流占绝对优势，促使西伯利亚的冷空气频繁南下影响我国，这是长江流域持续多雨的冷空气条件。

1998 年 6 ~ 8 月长江流域面平均降雨量为 670 毫米，比多年同期平均值多 183 毫米，偏多 37.5%，仅比 1954 年同期少 36 毫米，为 20 世纪第二多。汛期期间，长江流域的雨带出现明显的南北拉锯及上下游摆动现象，大致分为四个阶段：

第一阶段为 6 月 12 日 ~ 27 日，江南北部和华南西部出现了入汛以来第一次大范围持续性强降雨过程，总降雨量达 250 ~ 500 毫米。其中江西省北部、湖南省北部、安徽省南部、浙江省西南部、福建省北部、广西壮族自治区东北部降雨量达 600 ~ 900 毫米，比常年同期偏多最高至 2 倍。

第二阶段为 6 月 28 日 ~ 7 月 20 日，降雨主要集中在长江上游、汉江上游和淮河上游，降雨强度较第一阶段为弱。

第三阶段为 7 月 21 日 ~ 31 日，降雨主要集中在江南北部和长江中游地区，雨量一般为 90 ~ 300 毫米，其中湖南省西北部和南部、湖北省东南部、江西省北部等地降雨量达 300 ~ 550 毫米，局部超过 800 毫米，比常年同期偏多 1 ~ 5 倍。

第四阶段为 8 月 1 日 ~ 27 日，降雨主要在长江上游、清江、澧水、汉江流域，其中嘉陵江、三峡区间和清江、汉江流域的降雨量比常年同期偏多最高至 2 倍。

松花江上游的嫩江流域，6 月上旬至下旬出现持续性降雨过程，部分地区降了暴雨。7 月上旬降雨仍然偏多，下旬又出现持续性强降雨过程。8 月上中旬再次出现强降雨过程，大部分地区出现了大暴雨，局部地区半个月的雨量接近常年全年的雨量。嫩江流域 6 ~ 8 月面平均降雨量 577 毫米，比多年同期平均值多 255 毫米，偏多 79.2%。松花江干流地区 6 ~ 8 月面平均降雨量 492 毫米，比多年同期平均值多 103 毫米，偏多 26.5%。

由于 1998 年气候异常，汛期降雨量明显偏多，造成了长江、松花江等流域的大洪水。

## 二、承灾体

1998 年的大洪水与承灾体的脆弱性分不开。

**（一）湖泊调蓄能力降低**

历史上我国江河两岸地势低洼地区分布着众多的湖泊，是调蓄洪水的天然场所。但是，随着人口的增加和经济的发展，人与水争地的现象日趋严重，大量的湖泊被围垦，调蓄容积急剧减少，加重了洪涝灾害。1949 年长江中下游通江湖泊总面积 17 198 平方公里，目前只剩下洞庭湖和鄱阳湖仍与长江相通，总面积 6 000 多平方公里。近 40 多年来，洞庭湖因淤积围垦减少面积 1 600 平方公里，减少容量 100 多亿立方米；鄱阳湖减少面积 1 400 平方公里，减少容量 80 多亿立方米。如果用 1954 年的天然调蓄容积对 1998 年实际洪水量进行演算，洞庭湖、鄱阳湖及长江中游 1998 年的洪水位可降低 1 米左右。

**（二）长江流域水土流失**

长江洪水泛滥是长江流域森林乱砍滥伐造成的水土流失，中下游围湖造田、乱占河道带来的直接后果。长江两岸有 4 亿人口居住，20 世纪 50 年代中期，长江上游森林覆盖率为 22%，由于不断进行的农地开垦、建厂和城市化，使两岸 80% 的森林被砍伐殆尽。四川省 193 个县中，森林覆盖面积超过 30% 以上的仅有 12 个县，一些县的森林覆盖面积还不到 3%。为此，长江流域 180 万平方公里土地中，有 20% 发生水土流失，每年丧失表土 24 亿吨，每年从上游携带下来 5 亿吨以上的土沙顺着长江流入了东海。由于年复一年的土沙淤积，长江的河床从多年前开始就已高出了地面，成为继黄河之后的又一条“悬河”。长江的“碧水”早已荡然无存，其“浑黄”程度可以和黄河“媲美”。

1998 年的长江洪水无疑在向人们示警：长江流域的生态环境已危机四伏，它随时可以给人们带来新的巨大灾难。

## 第五节　重点案例分析

长江作为我国第一、世界第三大河流，全长 6 300 多公里，流域面积 180 万平方公里，占中国陆地面积的 1/5，是我国重要的水源地。然而，在长江流域大规模开发及经济快速发展的同时，人类活动与自然规律的负面效应相互叠加，导致了流域环境的生态调节和自我恢复功能大幅降低，引起日趋严重的洪涝灾害威胁加剧等问题。以近两年来的洪涝灾害为例，仍然从致灾因子、孕灾环境和承灾体三个方面来分析长江流域洪涝灾害的特点。

2009 ~ 2010 年，我国天气异常，洪涝灾害频繁发生，其中，2009 年长江上游干流发生 2004 年以来最大洪水。2010 年长江上游干流发生了 3 次超警洪水，出现了 1987 年以来的最大洪水，中下游干流水位超警。长江上游支流岷江、沱江、嘉陵江、乌江及中下游洞庭湖、鄱阳湖、汉江、滁河、鄂东四水等水系共有 160 多条河流发生超警以上洪水，40 多条河流发生超历史洪水，其中汉江支流丹江，鄱阳湖水系的信江、抚河和赣江发生了超历史实测记录洪水。

### 一、致灾因子与孕灾环境

与 1998 年的流域性大洪水相比，2010 年长江中上游区域性洪水在致灾因子和孕灾环境方面有相同之处，也有明显差异。

**（一）相同之处**

1. 厄尔尼诺现象。2010 年和 1998 年都是赤道中东太平洋海温发生厄尔尼诺事件的次年，只是强度上有明显差异。2009 年 6 月 ~2010 年 4 月，赤道中东太平洋地区海表温度异常增温，海温的异常表明 2009/2010 年又发生了一次厄尔尼诺事件。此次厄尔尼诺事件于 2010 年 5 月结束，属于中等强度。

2. 夏季风偏弱。我国东部地区属于季风气候区，夏季风与我国夏季主要雨带具有密切关系：夏季风偏强时，我国雨带位置偏北；夏季风偏弱时，我国雨带位置偏南。2010 年夏季风爆发时间较常年偏晚，强度明显偏弱。2010 年夏季长江流域为多雨区。

3. 台风偏少。2010 年截至 9 月中旬，西太平洋已有 11 个台风或热带风暴生成，较常年偏少，有 6 个在我国登陆。3 月生成了 2010 年第 1 号热带风暴，初次台风登陆时间在 7 月。

4. 西太平洋副热带高压异常。受热带海气异常即厄尔尼诺事件的影响，2010 年 1 ~8 月，西北太平洋副热带高压面积较常年同期偏大，强度显著偏强。副高脊线位置 4 月基本正常，5、6 月明显偏南，7 月正常，8 月明显偏北。2010 年 1 ~8 月，副高西伸脊点位置与多年平均位置相比，均为异常偏西。

**（二）明显差异**

1997/1998 年秋冬季青藏高原积雪异常偏多，而 2009/2010 年秋冬季青藏高原积雪偏少；1998 年汛期亚欧中高纬度地区稳定存在东西两个阻塞高压；2010 年汛期上述地区未出现明显阻塞形势。

## 二、承灾体

近年来洪涝灾害的频发与长江流域生态环境的变化分不开。

**（一）森林调控降水能力下降**

由于多年的过伐和毁林开荒，长江上游的天然林遭到了严重破坏，由此造成的森林拦蓄降水的能力下降和河床、水库泥沙淤泥的加剧，是降水转化为洪水比例提高的重要原因。

**（二）河系湖泊调节能力丧失**

在平原湖区，由于大规模围湖垦殖和泥沙淤积，湖泊萎缩严重，数目也在不断减少，从而减少了调蓄量，增加了长江的泄洪流量，加重了洪灾的威胁。

**（三）水库调蓄洪水的能力有限**

水库在汛前降低水位，预留较大防洪库容，是调节洪峰的重要措施。但是，由于水库管理部门担心降低水位有可能影响全年发电的用水需求，预留库容往往较小，削弱了水库调蓄洪水的能力。

**（四）三峡水库的防洪能力**

2010 年 7 月开始，受持续强降雨影响，长江流域发生超警戒洪水，中下游干流不同地点水位上涨，长江流域面临着 20 年来的最高水位。从 19 日 15 时开始，按长江防总调令拦蓄长江大洪水的三峡水库，截至 20 日 15 时蓄洪 18 亿多立方米，极大缓解了长江中下游的防汛压力。三峡水库在汛期水位降至 145 米时，具备 221.5 亿立方米的巨大防洪库容。以其优越的地理位置，三峡水库可有效地控制长江上游来的洪水，使荆江河段的防洪标准从现在的十年一遇提高到百年一遇。长江中下游洪灾的基本成因是上游巨大的洪水来量超过了中下游河道的安全下泄能力，超容量洪水泛滥即会成灾。而以防洪为首要目标的三峡水库正好利用其巨大的防洪库容，有效拦蓄了这些洪水。

# 第十三章

# 洪涝灾害的聚类分析

## 第一节　聚类分析

### 一、聚类分析方法说明

为了能够更好地分析洪涝灾害的特征，按照不同地区的地理、经济和洪水损失等方面进行分组，使用的方法是根据聚类分析的结果结合地区实际情况进行分析。

聚类分析主要考虑的因素包括：各省（区、市）平均损失；平均损失率①；平均损失率方差；受灾人口平均值；房屋损失平均值；水利设施损失。

其中，1994～2009年各省（区、市）洪涝灾害经济损失率见表13－1，其中各省（区、市）损失数据来源于《中国水利年鉴》。1994～2009年各省（区、市）平均经济损失率见表13－2。

**表13－1　　1994～2009年各省（区、市）洪涝灾害经济损失率表**

| 省（区、市）\时间 | 1994年 | 1995年 | 1996年 | 1997年 | 1998年 | 1999年 | 2000年 | 2001年 |
|---|---|---|---|---|---|---|---|---|
| 北京 | 0.0065 | 0.0014 | 0.0013 | 0.0001 | 0.0008 | 0 | 0.0002 | 0.00002 |
| 天津 | 0.0049 | 0.0011 | 0.0108 | 0.001 | 0 | 0 | 0 | 0.00029 |
| 河北 | 0.0365 | 0.0065 | 0.0843 | 0.0029 | 0.005 | 0.0007 | 0.0083 | 0.00055 |
| 山西 | 0.0037 | 0.0247 | 0.0623 | 0.0026 | 0.0056 | 0.0023 | 0.0017 | 0.00192 |
| 内蒙古 | 0.0512 | 0.0101 | 0.008 | 0.0097 | 0.1259 | 0.0017 | 0.003 | 0.00216 |
| 辽宁 | 0.0621 | 0.1147 | 0.0069 | 0.0088 | 0.0015 | 0.0002 | 0.0001 | 0.00239 |
| 吉林 | 0.0603 | 0.1773 | 0.0075 | 0.0029 | 0.0888 | 0.0011 | 0.0032 | 0.00284 |
| 黑龙江 | 0.0438 | 0.0012 | 0.0108 | 0.0043 | 0.0786 | 0.0014 | 0.0012 | 0.00132 |
| 上海 | 0 | 0.0006 | 0.0004 | 0.0019 | 0 | 0.0022 | 0.0004 | 0.00062 |
| 江苏 | 0.0003 | 0.002 | 0.0051 | 0.0083 | 0.0037 | 0.003 | 0.0078 | 0.00119 |
| 浙江 | 0.0675 | 0.015 | 0.0193 | 0.0469 | 0.0091 | 0.0272 | 0.011 | 0.00386 |
| 安徽 | 0.0032 | 0.0503 | 0.0659 | 0.0072 | 0.0513 | 0.0575 | 0.0054 | 0.00188 |
| 福建 | 0.1013 | 0.0233 | 0.0225 | 0.0205 | 0.0278 | 0.03 | 0.017 | 0.01461 |

---

① 损失率＝经济损失/各省（区、市）当年GDP；平均损失率为各年损失率的平均值。

续表

| 时间<br>省（区、市） | 1994 年 | 1995 年 | 1996 年 | 1997 年 | 1998 年 | 1999 年 | 2000 年 | 2001 年 |
|---|---|---|---|---|---|---|---|---|
| 江西 | 0.1055 | 0.1325 | 0.049 | 0.0379 | 0.2373 | 0.0408 | 0.0079 | 0.00382 |
| 山东 | 0.0117 | 0.0059 | 0.0081 | 0.0062 | 0.008 | 0.0016 | 0.0008 | 0.0041 |
| 河南 | 0.0075 | 0.0026 | 0.0194 | 0.0007 | 0.0094 | 0.0004 | 0.024 | 0.00099 |
| 湖北 | 0.0094 | 0.0217 | 0.0484 | 0.0164 | 0.1146 | 0.03 | 0.0062 | 0.00346 |
| 湖南 | 0.0926 | 0.1325 | 0.1924 | 0.0211 | 0.1397 | 0.0256 | 0.0035 | 0.00656 |
| 广东 | 0.0572 | 0.0192 | 0.0253 | 0.0141 | 0.0089 | 0.0036 | 0.0027 | 0.00766 |
| 广西 | 0.3069 | 0.0349 | 0.0939 | 0.0246 | 0.0601 | 0.0119 | 0.0077 | 0.07024 |
| 海南 | 0.0113 | 0.0418 | 0.1299 | 0.0162 | 0.0009 | 0.0068 | 0.1069 | 0.03157 |
| 四川 | 0.0053 | 0.0203 | 0.0103 | 0.0078 | 0.0265 | 0.0074 | 0.0093 | 0.00924 |
| 贵州 | 0.0138 | 0.0917 | 0.1365 | 0.0302 | 0.0119 | 0.0279 | 0.0311 | 0.00558 |
| 云南 | 0.0197 | 0.0175 | 0.0207 | 0.0292 | 0.0126 | 0.0181 | 0.0157 | 0.01801 |
| 西藏 | 0.0141 | 0 | 0.0023 | 0 | 0.0503 | 0.0125 | 0.0364 | 0.01078 |
| 陕西 | 0.0192 | 0.0073 | 0.0247 | 0.002 | 0.0295 | 0.0028 | 0.0111 | 0.00134 |
| 甘肃 | 0.0082 | 0.0055 | 0.0217 | 0.0038 | 0.0032 | 0.0059 | 0.0077 | 0.00472 |
| 青海 | 0.0058 | 0.011 | 0.0132 | 0.0251 | 0.0032 | 0.0109 | 0.0046 | 0.01746 |
| 宁夏 | 0.0059 | 0.0034 | 0.0116 | 0.0117 | 0.013 | 0.006 | 0.0036 | 0.00362 |
| 新疆 | 0.0069 | 0.0028 | 0.0536 | 0.0028 | 0.0096 | 0.0276 | 0.004 | 0.0038 |

| 时间<br>省（区、市） | 2002 年 | 2003 年 | 2004 年 | 2005 年 | 2006 年 | 2007 年 | 2008 年 | 2009 年 |
|---|---|---|---|---|---|---|---|---|
| 北京 | 0.0001 | 0.0000 | 0.0001 | 0.0000 | 0.0000 | 0.0001 | 0.0000 | 0.0000 |
| 天津 | 0.0000 | 0.0005 | 0.0000 | 0.0006 | 0.0003 | 0.0001 | 0.0000 | 0.0000 |
| 河北 | 0.0002 | 0.0007 | 0.0010 | 0.0003 | 0.0002 | 0.0011 | 0.0003 | 0.0001 |
| 山西 | 0.0031 | 0.0063 | 0.0015 | 0.0003 | 0.0006 | 0.0077 | 0.0000 | 0.0006 |
| 内蒙古 | 0.0049 | 0.0071 | 0.0021 | 0.0014 | 0.0020 | 0.0007 | 0.0040 | 0.0020 |
| 辽宁 | 0.0029 | 0.0008 | 0.0009 | 0.0073 | 0.0005 | 0.0004 | 0.0003 | 0.0001 |
| 吉林 | 0.0047 | 0.0008 | 0.0039 | 0.0072 | 0.0023 | 0.0005 | 0.0003 | 0.0003 |
| 黑龙江 | 0.0028 | 0.0112 | 0.0025 | 0.0060 | 0.0042 | 0.0003 | 0.0005 | 0.0053 |
| 上海 | 0.0007 | 0.0000 | 0.0001 | 0.0018 | 0.0000 | 0.0001 | 0.0000 | 0.0002 |
| 江苏 | 0.0010 | 0.0172 | 0.0004 | 0.0030 | 0.0032 | 0.0022 | 0.0005 | 0.0003 |

续表

| 时间<br>省（区、市） | 2002 年 | 2003 年 | 2004 年 | 2005 年 | 2006 年 | 2007 年 | 2008 年 | 2009 年 |
|---|---|---|---|---|---|---|---|---|
| 浙江 | 0.0098 | 0.0008 | 0.0181 | 0.0314 | 0.0092 | 0.0087 | 0.0029 | 0.0051 |
| 安徽 | 0.0077 | 0.0517 | 0.0019 | 0.0219 | 0.0031 | 0.0158 | 0.0062 | 0.0042 |
| 福建 | 0.0173 | 0.0013 | 0.0060 | 0.0341 | 0.0331 | 0.0053 | 0.0029 | 0.0025 |
| 江西 | 0.0217 | 0.0126 | 0.0034 | 0.0132 | 0.0151 | 0.0038 | 0.0093 | 0.0069 |
| 山东 | 0.0002 | 0.0075 | 0.0020 | 0.0028 | 0.0008 | 0.0022 | 0.0003 | 0.0018 |
| 河南 | 0.0010 | 0.0268 | 0.0045 | 0.0061 | 0.0009 | 0.0042 | 0.0002 | 0.0003 |
| 湖北 | 0.0091 | 0.0142 | 0.0074 | 0.0080 | 0.0013 | 0.0072 | 0.0061 | 0.0028 |
| 湖南 | 0.0346 | 0.0143 | 0.0115 | 0.0085 | 0.0267 | 0.0105 | 0.0091 | 0.0052 |
| 广东 | 0.0026 | 0.0047 | 0.0002 | 0.0024 | 0.0117 | 0.0016 | 0.0058 | 0.0014 |
| 广西 | 0.0380 | 0.0164 | 0.0084 | 0.0189 | 0.0175 | 0.0048 | 0.0218 | 0.0055 |
| 海南 | 0.0165 | 0.0402 | 0.0006 | 0.1310 | 0.0009 | 0.0044 | 0.0081 | 0.0061 |
| 四川 | 0.0099 | 0.0078 | 0.0135 | 0.0110 | 0.0016 | 0.0090 | 0.0026 | 0.0054 |
| 贵州 | 0.0173 | 0.0061 | 0.0052 | 0.0025 | 0.0073 | 0.0110 | 0.0055 | 0.0031 |
| 云南 | 0.0151 | 0.0048 | 0.0115 | 0.0025 | 0.0041 | 0.0071 | 0.0061 | 0.0026 |
| 西藏 | 0.0279 | 0.0068 | 0.0099 | 0.0020 | 0.0041 | 0.0053 | 0.0070 | 0.0030 |
| 陕西 | 0.0192 | 0.0339 | 0.0009 | 0.0070 | 0.0029 | 0.0098 | 0.0012 | 0.0008 |
| 甘肃 | 0.0029 | 0.0046 | 0.0018 | 0.0036 | 0.0050 | 0.0056 | 0.0031 | 0.0108 |
| 青海 | 0.0082 | 0.0049 | 0.0029 | 0.0002 | 0.0030 | 0.0039 | 0.0032 | 0.0055 |
| 宁夏 | 0.0078 | 0.0025 | 0.0024 | 0.0007 | 0.0042 | 0.0019 | 0.0004 | 0.0008 |
| 新疆 | 0.0128 | 0.0026 | 0.0014 | 0.0040 | 0.0017 | 0.0025 | 0.0005 | 0.0006 |

**表 13-2　　1994~2009 年各省（区、市）洪涝灾害平均经济损失率表**

| 省（区、市） | 平均经济损失（亿元） | 平均损失率 | 损失率方差 |
|---|---|---|---|
| 北京 | 8.16842 | 0.00067 | 0.00000 |
| 天津 | 9.21406 | 0.00122 | 0.00001 |
| 河北 | 160.35702 | 0.00930 | 0.00048 |
| 山西 | 57.40072 | 0.00780 | 0.00025 |
| 内蒙古 | 143.71299 | 0.01475 | 0.00103 |
| 辽宁 | 199.57246 | 0.01312 | 0.00096 |
| 吉林 | 165.62750 | 0.02275 | 0.00232 |

续表

| 省（区、市） | 平均经济损失（亿元） | 平均损失率 | 损失率方差 |
| --- | --- | --- | --- |
| 黑龙江 | 94.11724 | 0.01096 | 0.00044 |
| 上海 | 8.66522 | 0.00058 | 0.00000 |
| 江苏 | 127.16892 | 0.00369 | 0.00002 |
| 浙江 | 410.62255 | 0.01786 | 0.00032 |
| 安徽 | 223.32301 | 0.02219 | 0.00057 |
| 福建 | 275.00206 | 0.02247 | 0.00056 |
| 江西 | 335.28505 | 0.04380 | 0.00407 |
| 山东 | 135.68356 | 0.00400 | 0.00001 |
| 河南 | 132.67685 | 0.00681 | 0.00008 |
| 湖北 | 248.05707 | 0.01914 | 0.00079 |
| 湖南 | 599.51183 | 0.04591 | 0.00351 |
| 广东 | 416.91593 | 0.01056 | 0.00020 |
| 广西 | 359.55674 | 0.04634 | 0.00548 |
| 海南 | 57.18449 | 0.03457 | 0.00210 |
| 四川 | 202.74511 | 0.00980 | 0.00004 |
| 贵州 | 99.41967 | 0.02541 | 0.00135 |
| 云南 | 79.15169 | 0.01283 | 0.00006 |
| 西藏 | 5.30573 | 0.01202 | 0.00020 |
| 陕西 | 88.61972 | 0.01085 | 0.00012 |
| 甘肃 | 20.78484 | 0.00614 | 0.00002 |
| 青海 | 8.32008 | 0.00769 | 0.00004 |
| 宁夏 | 6.72544 | 0.00497 | 0.00002 |
| 新疆 | 36.68012 | 0.00858 | 0.00019 |

以七大江河（见附录一中的图 13－1）的堤防工程标准、资产密度作为减灾特性指标。依据《防洪规划》（2001 年初稿）、《中国七大江河洪涝灾害和防洪工程分布图》，得到防洪工程标准。

从图 13－2 中可看出，减灾指标比较高的地区包括：上海市以及江苏省的部分地区（防洪设施为抗 50～100 年一遇大洪水标准）；广东省珠江干流（防洪设施为抗 50～100 年一遇大洪水标准）；河南省、山东省黄河干流（防洪设施为抗 50～100 年一遇大洪水标准）；京津地区（防洪设施为抗 20～50 年一遇大洪水标准）。

另外，地区资产密度越大，洪涝灾害造成的损失也越大；同时，在资产密度大的区域建筑结构质量较高，区域排洪等基础设施较好，因此资产密度指标（见附录一中的图 13－3）可用来判断一个地区的减灾指标。

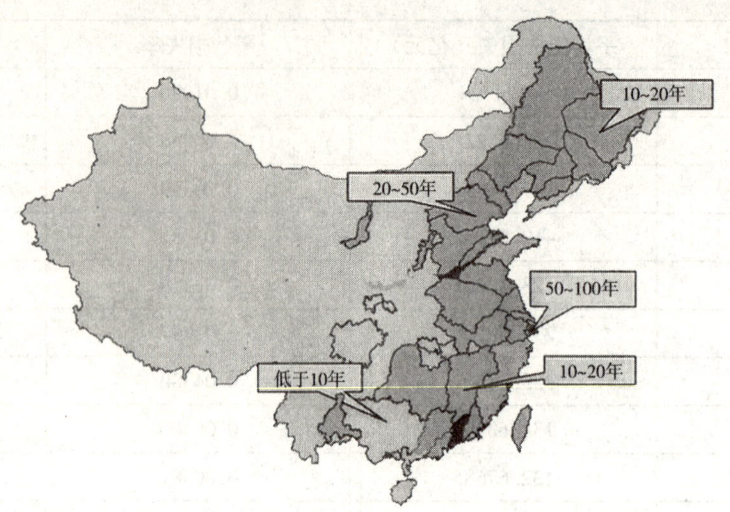


图 13-2　防洪工程保护区范围（限中国内地）

资料来源：中国水利规划计划司：http：//ghjh. mwr. gov. cn/lyxx/。

## 二、分组结果

根据前文所述的6种指标，采用Ward聚类，运用SAS编程中的cluster过程，得到对我国30个省（区、市）（重庆市并入四川省，港、澳、台地区除外）的聚类结果（见图13-4）。

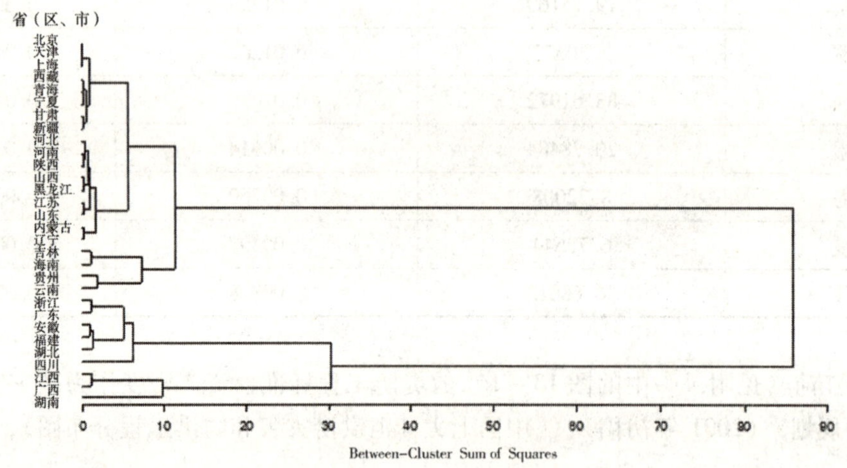


图 13-4　聚类结果图

考虑到对于洪涝灾害，地域因素对各个省（区、市）的洪涝灾害损失影响很重要，因此对上述的聚类结果根据地域性稍作调整，得到下面的聚类结果。

把全国30个省（区、市）（重庆市并入四川省，港、澳、台地区除外）按照年均组损失率从小到大划分为如下9组（见附录二中的图13-5）：

第一组：北京市、天津市、上海市；

第二组：江苏省、山东省、河南省；

第三组：青海省、宁夏回族自治区、新疆维吾尔自治区、西藏自治区、甘肃省、陕西省；
第四组：四川省、云南省、贵州省；
第五组：河北省、辽宁省、山西省、黑龙江省、内蒙古自治区、吉林省；
第六组：浙江省、广东省；
第七组：湖北省、安徽省、福建省；
第八组：江西省、广西壮族自治区、海南省；
第九组：湖南省。

## 三、分组特点描述

对每一组的特点进行分析，同一组中的省（区、市）在地域特征、水文特征和防灾能力等方面有一定的相似性。

**（一）第一组：北京市、天津市、上海市**

本组包含除重庆市外的3大直辖市。同处各自流域的下游，经济发达，资产密度大。由于特殊的政治、经济地位，使得政府对该地区的防洪设施投入巨大，并且已初见成效，分别达到了抗50年一遇及百年一遇大洪水标准。该地区发生洪涝灾害的几率极小、损失率极低。

**（二）第二组：江苏省、山东省、河南省**

此组3省份以淮河流域为纽带，地域紧紧相连。地区资产密度较大，2009年3省份总GDP为87 834.41亿元，占全国GDP的24.04%，经济发达。均位于所在流域的下游，地域相连，全年降雨集中于夏季。经济相对发达，资产密度高，洪涝灾害威胁性较大，但防洪设施完善，损失率低。

**（三）第三组：青海省、宁夏回族自治区、新疆维吾尔自治区、西藏自治区、甘肃省、陕西省**

本组以1994~2009年平均损失率为主要划分依据，并且考虑了地域、气候、水文特征以及防灾能力等原因。本组各省（区）多位于我国西部地区，年降雨量小，经济发展滞后，防洪设施建设普遍落后，但资本密度小，绝对损失额低（如西藏平均年损失额仅为1.8亿元，宁夏1.6亿元，青海2.5亿元），年平均损失率低，仍属于我国洪涝灾害低损失率地区。

西藏在本组的损失率最高，究其原因，是由于其GDP太低，单单就其绝对损失额来说并不高。本组中，新疆绝对损失额最大，主要原因是，新疆在本组中经济最为发达，且经济发达区均位于水资源较丰富的地区，发生洪涝灾害所造成的损失也就相对较大。

**（四）第四组：四川省、云南省、贵州省**

这3个省份都属于我国西南地区，而且经济发展水平相当，水资源丰富，但是时空分布十分不均。旱灾损失大于洪涝损失。洪涝灾害主要形式为暴雨引起的山区型洪灾，防洪设施落后，防灾减灾能力弱，但是由于人口稀少，损失额并不大。

**（五）第五组：河北省、辽宁省、山西省、黑龙江省、内蒙古自治区、吉林省**

本组在东三省和内蒙古自治区的基础上加入了河北省和山西省。地域性明显，集中了东三省、内蒙古自治区以及河北省、山西省两省。

把内蒙古自治区划入本组主要基于以下考虑：（1）地域相连，处于我国的北方地区，降雨集中于6~9月的夏季汛期。（2）根据内蒙古自治区的降雨和水资源分布特性，大部分集中于与东北三省相邻的东北地区，同样也是这部分地区发生洪涝灾害的危险性更大。（3）防洪设施建设水平相近，都具有一定的防洪能力，但仍存在不足。（4）内蒙古自治区1994～2009年平均损失率介于辽宁省与吉林省之间，略高于黑龙江省。

把河北与山西两省划归为此组的原因，一是缘于加入新的统计数据后的聚类结果；二是由于这些省（区、市）在地域上相连，降雨特点、经济水平都有相似之处，因此将它们划归为一组。

**（六）第六组：浙江省、广东省**

本组的这两个省经济发达，经济发展水平相当，而且由于防洪基础设施建设好，所以损失率不高。

**（七）第七组：湖北省、安徽省、福建省**

本组事实上包含了两个流域，其一为长江中游的湖北省及江淮流域的安徽省，另外加入了东南沿海诸河水系的福建省。两部分虽然处于不同流域，但是地域相连，省内水系众多，容易发生洪涝灾害。降雨集中于夏季汛期，防汛抗洪设施建设有一定基础，但仍然不够完善。

**（八）第八组：江西省、广西壮族自治区、海南省**

本组包含长江中游的江西省、珠江流域的广西壮族自治区，以及独立水系的海南省。本组1994～2009年平均损失率极高，均在3%以上，高于临近的湖北、安徽等省。洪涝灾害的主要形式为：台风、集中降雨、江湖洪水交汇以及山区暴雨洪水带来的淹没损失、水土流失和崩山泥石流灾害。本组的共同点是：水系众多，降雨时空分布不均，降雨集中，易发生洪涝灾害，防汛抗洪设施整体不够完善。

**（九）第九组：湖南省**

湖南省的年平均损失率很高，是我国受灾最严重、损失率最高的地区。湖南全省境内溪河纵横，水系发达，分属长江流域和珠江流域。由于气候、地理因素的双重影响，湖南省历来就是水旱灾害的严重地区。洪涝灾害的主要形式为：集中降雨、江湖洪水交汇以及山区暴雨洪水带来的淹没损失、水土流失和崩山泥石流灾害。新中国成立后，湖南省水利工程建设取得巨大进展，但仍然存在不足。

由《中国水利年鉴》的数据显示：在受灾人口、房屋损失、总损失、死亡人口等方面，湖南省的损失均是全国最高的，因此把它单列一组。

## 第二节　洪涝灾害损失率分析

本节数据来源为《中国水利年鉴》所记录的各省（区、市）洪涝灾害年损失额情况，以及《中国统计年鉴》所记录的各省（区、市）当年GDP。

### 一、第一组：北京市、天津市、上海市

本组与前面研究的全国损失率变化趋势基本一致，1999年以后损失率呈减少趋势。1996年天津市海河流域遭受比较严重的洪涝灾害，损失率较高。由于1998年大洪水并未影响到这几个地区，所以其1998年损失率比全国平均水平低很多（见图13－6）。

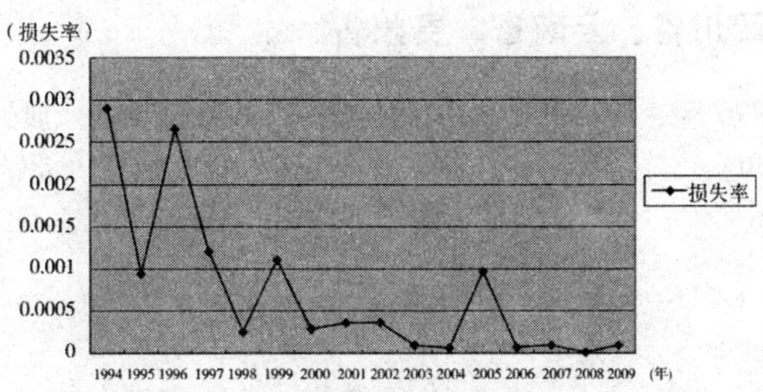


图 13－6　1994～2009 年第一组洪涝灾害损失率折线图

## 二、第二组：山东省、河南省、江苏省

本组趋势和全国损失率变化趋势基本一致，由于 1996 年、2000 年两年河南省的洪涝灾害都比较严重，形成了较大的损失，使得本组 1996 年、2000 年的损失率较高，但是均低于 1%。另外，在 2003 年，江苏、河南两省的直接经济损失分别高达 214 亿元和 184 亿元，因此这一年的损失率很高（见图 13－7）。

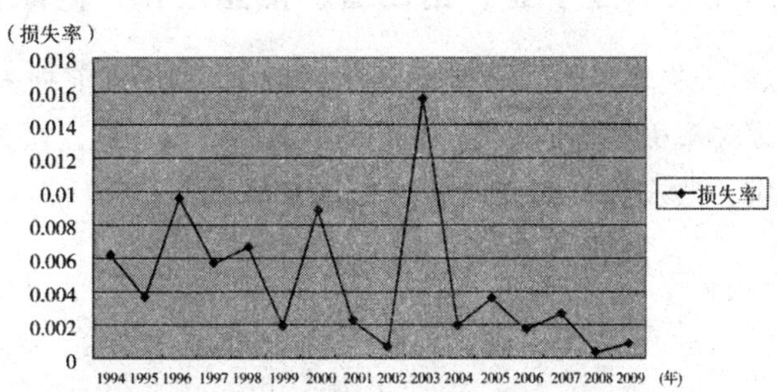


图 13－7　1994～2009 年第二组洪涝灾害损失率折线图

## 三、第三组：青海省、西藏自治区、新疆维吾尔自治区、宁夏回族自治区、甘肃省、陕西省

除 1996 年新疆维吾尔自治区发生特大洪涝灾害造成较大损失率以外，其他年度损失率变化不大，基本上都低于 1.5%（见图 13－8）。

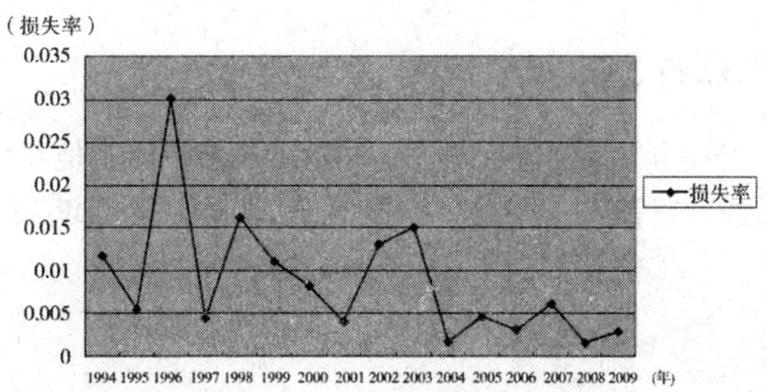


图 13－8　1994～2009 年第三组洪涝灾害损失率折线图

## 四、第四组：四川省、云南省、贵州省

本组1995年、1996年、1998年的损失率很高，1998年以后，损失率相对比较平稳，呈下降趋势（见图13-9）。

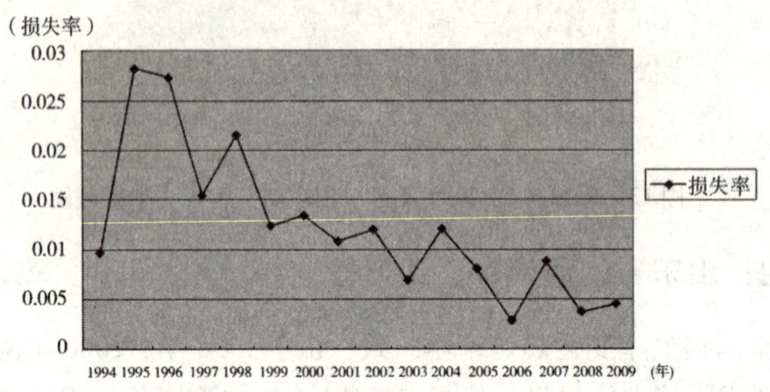


**图13-9　1994~2009年第四组洪涝灾害损失率折线图**

## 五、第五组：河北省、辽宁省、山西省、黑龙江省、内蒙古自治区、吉林省

本组在1998年以后损失率降低，且波动不大，但1998年以前损失波动率较大，小灾年损失率较低，大灾年损失率极高。1995年、1998年就属于大灾年，松花江、嫩江、辽河都发生了较严重的洪涝灾害，造成巨大损失（见图13-10）。

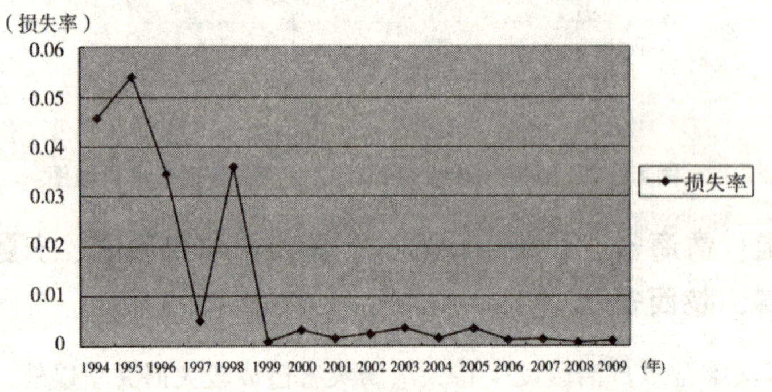


**图13-10　1994~2009年第五组洪涝灾害损失率折线图**

## 六、第六组：浙江省、广东省

本组除1994年、1997年遭受了较严重的洪涝灾害之外，其他年度损失率都不高，且比较平稳。虽然2006年的绝对损失额较大，但是由于2006年的GDP很大，因此损失率并不是很高（见图13-11）。

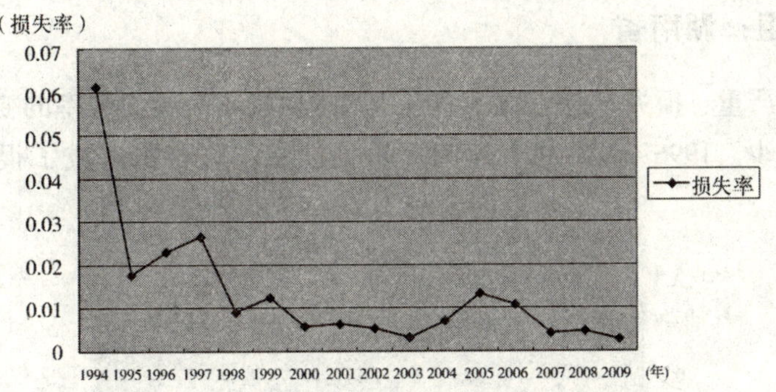


图 13－11　1994～2009 年第六组洪涝灾害损失率折线图

## 七、第七组：湖北省、安徽省、福建省

本组变化趋势与全国损失率变化趋势基本一致，1998 年受长江流域大洪水影响，损失率较高。2000 年以后损失率相对 2000 年以前有所下降（见图 13－12）。

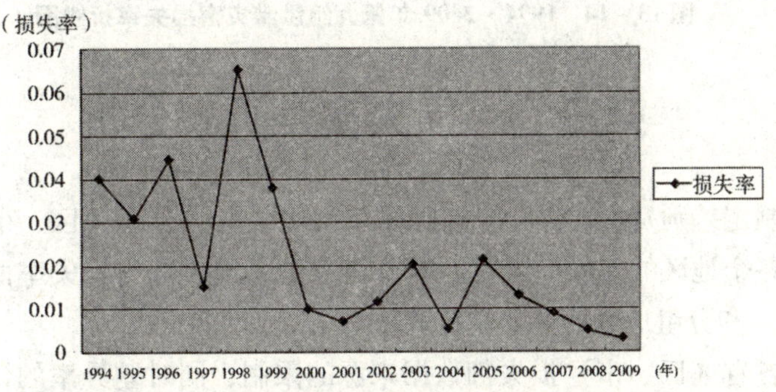


图 13－12　1994～2009 年第七组洪涝灾害损失率折线图

## 八、第八组：江西省、广西壮族自治区、海南省

本组损失率基本体现了全国损失率的变化趋势。1999 年以后损失率逐渐减少。1994 年、1998 年两个重大洪涝灾害年都造成了很高的损失率（见图 13－13）。

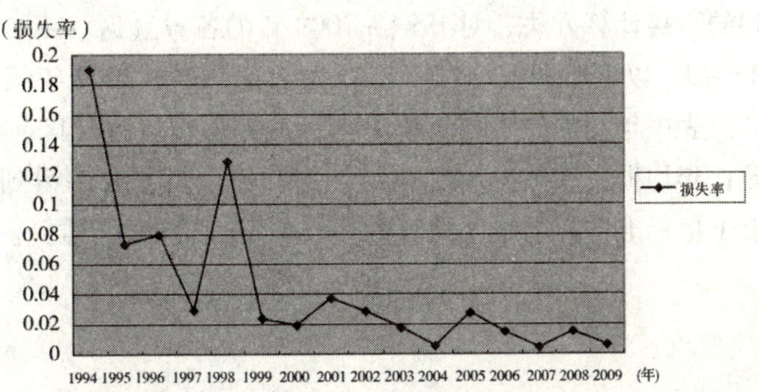


图 13－13　1994～2009 年第八组洪涝灾害损失率折线图

## 九、第九组：湖南省

作为受灾最严重、损失率最高的一个组，基本体现了全国损失率的变化趋势。1999 年以后损失率逐渐减少。1996 年和 1998 年两个重大洪涝灾害年都造成了很高的损失率（见图 13－14）。

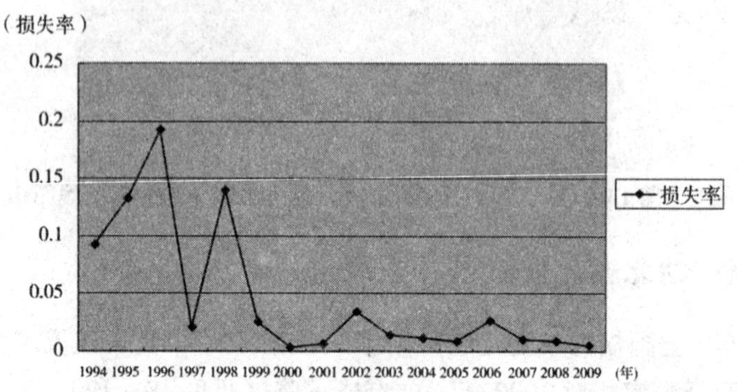


**图 13－14　1994～2009 年第九组洪涝灾害损失率折线图**

# 第三节　损失率差异率分析

为了更好地制定差别费率，保险公司除了了解以上有关分省（区、市）和分组的信息之外，还需要掌握各个地区的差异率情况。本节将分别就损失额与损失率两种变量给出其各自的分省（区、市）和分组地区的差异率计算。

由于受洪水各省（区、市）损失额数据来源的限制，同时差异率的计算主要考虑年度数据，因此本节只采用了 1994～2009 年《中国水利年鉴》的数据进行分析。文中采用历年来损失率很高的湖南省作基数，分组时则采用第九组的损失率作基数。

## 一、各省（区、市）年平均损失率差异率分析

表 13－3 为直接计算年平均损失率差异率表。使用湖南省为基准，即其他省（区、市）差异率为相比湖南省的倍数。

应用上文提到的直接计算方法，对 1994～2009 年的各省（区、市）洪涝灾害数据进行汇总并计算得到表 13－3。以下所列省（区、市）为所有 1994～2009 年间发生过洪涝灾害并存在损失记录的地区。表中年均损失率与年损失率标准差为对各省（区、市）各年的损失率计算的均值和标准差；年均损失率差异率为单纯使用均值计算差异率得到的结果；1 倍标准差差异率为均值加上 1 倍标准差后的结果计算的差异率（表格形式下同）。

表 13 －3　　直接计算年平均损失率差异率表

| 省（区、市） | 年平均损失率 | 损失率标准差 | 年均损失率差异率 | 1 倍标准差差异率 |
| --- | --- | --- | --- | --- |
| 北京 | 0. 00067 | 0. 00163 | 0. 01464 | 0. 02193 |
| 天津 | 0. 00122 | 0. 00284 | 0. 02668 | 0. 03864 |
| 河北 | 0. 00930 | 0. 02192 | 0. 20267 | 0. 29694 |
| 山西 | 0. 00780 | 0. 01568 | 0. 16993 | 0. 22333 |
| 内蒙古 | 0. 01475 | 0. 03202 | 0. 32141 | 0. 44485 |
| 辽宁 | 0. 01312 | 0. 03104 | 0. 28578 | 0. 41993 |
| 吉林 | 0. 02275 | 0. 04819 | 0. 49569 | 0. 67470 |
| 黑龙江 | 0. 01096 | 0. 02087 | 0. 23876 | 0. 30271 |
| 上海 | 0. 00058 | 0. 00075 | 0. 01255 | 0. 01257 |
| 江苏 | 0. 00369 | 0. 00436 | 0. 08040 | 0. 07659 |
| 浙江 | 0. 01786 | 0. 01790 | 0. 38907 | 0. 34009 |
| 安徽 | 0. 02219 | 0. 02388 | 0. 48345 | 0. 43815 |
| 福建 | 0. 02247 | 0. 02376 | 0. 48957 | 0. 43970 |
| 江西 | 0. 04380 | 0. 06381 | 0. 95410 | 1. 02336 |
| 山东 | 0. 00400 | 0. 00347 | 0. 08720 | 0. 07108 |
| 河南 | 0. 00681 | 0. 00879 | 0. 14836 | 0. 14839 |
| 湖北 | 0. 01914 | 0. 02817 | 0. 41691 | 0. 44986 |
| 湖南 | 0. 04591 | 0. 05925 | 1. 00000 | 1. 00000 |
| 广东 | 0. 01056 | 0. 01428 | 0. 23003 | 0. 23625 |
| 广西 | 0. 04634 | 0. 07401 | 1. 00946 | 1. 14450 |
| 海南 | 0. 03457 | 0. 04585 | 0. 75305 | 0. 76478 |
| 四川 | 0. 00980 | 0. 00621 | 0. 21355 | 0. 15224 |
| 贵州 | 0. 02541 | 0. 03679 | 0. 55352 | 0. 59153 |
| 云南 | 0. 01283 | 0. 00773 | 0. 27947 | 0. 19551 |
| 西藏 | 0. 01202 | 0. 01426 | 0. 26187 | 0. 24990 |
| 陕西 | 0. 01085 | 0. 01103 | 0. 23629 | 0. 20806 |
| 甘肃 | 0. 00614 | 0. 00474 | 0. 13366 | 0. 10342 |
| 青海 | 0. 00769 | 0. 00650 | 0. 16762 | 0. 13500 |
| 宁夏 | 0. 00497 | 0. 00408 | 0. 10826 | 0. 08604 |
| 新疆 | 0. 00858 | 0. 01376 | 0. 18682 | 0. 21243 |

从表 13 －3 中可以看到，广西壮族自治区的年平均损失率最大，而湖南省和江西省紧随其后，这 3 个省（区）的损失明显高于其他省（区、市）。若按照 1 倍标准差差异率的计算

结果来排序的话，广西壮族自治区的差异率最大，这是由于广西壮族自治区年平均损失标准差较大造成的。但无论从哪个差异率的计算标准来看，湖南省、广西壮族自治区、江西3个省（区）的损失率都排在全国前3位，而且损失率远远高于其他省（区、市）。

## 二、组间损失率差异率分析

根据前面聚类分析得到分组结果：

第一组：北京市、天津市、上海市；

第二组：江苏省、山东省、河南省；

第三组：青海省、宁夏回族自治区、新疆维吾尔自治区、西藏自治区、甘肃省、陕西省；

第四组：四川省、云南省、贵州省；

第五组：河北省、辽宁省、山西省、黑龙江省、内蒙古自治区、吉林省；

第六组：浙江省、广东省；

第七组：湖北省、安徽省、福建省；

第八组：江西省、广西壮族自治区、海南省；

第九组：湖南省。

按照第三节第一部分的方法，就可以计算出组间差异率的统计结果（见表13-4）。

表13-4　按损失率分组组间损失率差异分析表

| 分组 | 年均组损失率 | 标准差 | 差异率 | 1倍标准差差异率 |
|---|---|---|---|---|
| 第一组 | 0.00072 | 0.00090 | 0.01562 | 0.01538 |
| 第二组 | 0.00451 | 0.00410 | 0.09827 | 0.08188 |
| 第三组 | 0.00869 | 0.00741 | 0.18938 | 0.15318 |
| 第四组 | 0.01235 | 0.00758 | 0.26896 | 0.18954 |
| 第五组 | 0.01236 | 0.01851 | 0.26925 | 0.29355 |
| 第六组 | 0.01329 | 0.01452 | 0.28948 | 0.26449 |
| 第七组 | 0.02122 | 0.01775 | 0.46236 | 0.37060 |
| 第八组 | 0.04376 | 0.05123 | 0.95334 | 0.90338 |
| 第九组 | 0.04591 | 0.05925 | 1.00000 | 1.00000 |

参考表13-4，可以帮助保险公司制定差异费率。从表中不难发现，从第一组到第九组损失率依次升高，第九组损失率最高，第八组仅次于第九组，约为第九组损失率的95%。

从表13-4各组间的差异率发现，第八组和第九组的差异率太过于接近，它们的相近性大于它们的差异，可以考虑将第八组和第九组合并成一组。

分组情况调整如下：

第一组：北京市、天津市、上海市；

第二组：山东省、河南省、江苏省；

第三组：青海省、宁夏回族自治区、新疆维吾尔自治区、西藏自治区、甘肃省、陕西省；

第四组：四川省、云南省、贵州省；

第五组：河北省、辽宁省、山西省、黑龙江省、内蒙古自治区、吉林省；

第六组：浙江省、广东省；

第七组：湖北省、安徽省、福建省；

第八组：江西省、广西壮族自治区、海南省、湖南省。

仍然按照第三节第一部分的方法，计算调整后各组的差异率，得到表 13－5。其中的结果是根据平均损失率按照升序排列得到的。

表 13－5 按损失率分组组间损失率差异分析表

| 分组 | 年均组损失率 | 标准差 | 差异率 | 1 倍标准差差异率 |
|---|---|---|---|---|
| 第一组 | 0.00072 | 0.00090 | 0.01603 | 0.01694 |
| 第二组 | 0.00451 | 0.00410 | 0.10086 | 0.09016 |
| 第三组 | 0.00869 | 0.00741 | 0.19437 | 0.16868 |
| 第四组 | 0.01235 | 0.00758 | 0.27604 | 0.20872 |
| 第五组 | 0.01236 | 0.01851 | 0.27634 | 0.32326 |
| 第六组 | 0.01329 | 0.01452 | 0.29710 | 0.29126 |
| 第七组 | 0.02122 | 0.01775 | 0.47453 | 0.40811 |
| 第八组 | 0.04473 | 0.05076 | 1.00000 | 1.00000 |

由表 13－5 可以看出，经过调整，组间差异率有了明显的改善。以第八组为基准，第七组的差异率为 47%，第六组的差异率为 27%，第五组为 30%，每一组之间的差异率比较明显。由此可见，对分组的调整更有利于保险公司差异费率的计算。

## 三、组内损失率差异率分析

### （一）第一组：北京市、天津市、上海市

由前面计算过的 1994～2009 年全国各省（区、市）洪涝灾害平均经济损失率（见表 13－1），我们计算出北京市、天津市 、上海市 3 市平均损失率为 0.00076，则组内损失率差异率见表 13－6。

其中，组内损失率差异率－各省（区、市）年平均损失率/所在组年平均损失率。

表 13－6 第一组组内损失率差异率

| 省（区、市） | 年平均损失率 | 组内损失率差异率 |
|---|---|---|
| 北京 | 0.00067 | 0.937352 |
| 天津 | 0.00122 | 1.708345 |
| 上海 | 0.00058 | 0.803147 |

从表 13－6 可以看出，在这一组中，天津的洪涝灾情相对比较严重，而上海的损失比较轻。

**（二）第二组：山东省、河南省、江苏省**

运用同样的方法，得到第二组组内损失率差异率（见表13-7）。

表13-7 第二组组内损失率差异率

| 省（区、市） | 年平均损失率 | 组内损失率差异率 |
|---|---|---|
| 江苏 | 0.00369 | 0.818114 |
| 山东 | 0.00400 | 0.887328 |
| 河南 | 0.00681 | 1.509767 |

在这一组中，河南省洪涝灾害损失比较严重，而山东省和江苏省两省的损失相当。

**（三）第三组：西藏自治区、甘肃省、青海省、宁夏回族自治区、新疆维吾尔自治区、陕西省**

第三组各省（区、市）组内损失率差异率如表13-8所示。

表13-8 第三组组内损失率差异率

| 省（区、市） | 年平均损失率 | 组内损失率差异率 |
|---|---|---|
| 青海 | 0.00769 | 0.885091 |
| 宁夏 | 0.00497 | 0.571634 |
| 新疆 | 0.00858 | 0.986463 |
| 西藏 | 0.01202 | 1.382759 |
| 甘肃 | 0.00614 | 0.705755 |
| 陕西 | 0.01085 | 1.247709 |

在这一组中，西藏自治区的平均损失率最大，这主要是由于一方面西藏自治区的防洪减灾能力比较弱，因此损失也比较大；另一方面，损失率是一个比值，由于西藏自治区的GDP数额相对较小，因此得到的损失率会比较高。

**（四）第四组：四川省、云南省、贵州省**

第四组各省（区、市）组内损失率差异率如表13-9所示。

表13-9 第四组组内损失率差异率

| 省（区、市） | 年平均损失率 | 组内损失率差异率 |
|---|---|---|
| 四川 | 0.00980 | 0.794 |
| 云南 | 0.01283 | 1.039059 |
| 贵州 | 0.02541 | 2.058002 |

**（五）第五组：河北省、山西省、内蒙古自治区、辽宁省、吉林省、黑龙江省**

第五组各省（区、市）组内损失率差异率如表13-10所示。

表 13 - 10　　第五组组内损失率差异率

| 省（区、市） | 年平均损失率 | 组内损失率差异率 |
| --- | --- | --- |
| 河北 | 0.00930 | 0.752733 |
| 辽宁 | 0.01312 | 1.061395 |
| 山西 | 0.00780 | 0.631126 |
| 黑龙江 | 0.01096 | 0.886756 |
| 内蒙古 | 0.01475 | 1.19372 |
| 吉林 | 0.02275 | 1.840993 |

**（六）第六组：浙江省、广东省**

第六组各省（区、市）组内损失率差异率如表 13 - 11 所示。

表 13 - 11　　第六组组内损失率差异率

| 省（区、市） | 年平均损失率 | 组内损失率差异率 |
| --- | --- | --- |
| 浙江 | 0.01786 | 1.344063 |
| 广东 | 0.01056 | 0.855246 |

由于广东省的 GDP 位于全国首列，所以其损失率小于浙江省的损失率。

**（七）第七组：湖北省、安徽省、福建省**

第七组各省（区、市）组内损失率差异率如表 13 - 12 所示。

表 13 - 12　　第七组组内损失率差异率

| 省（区、市） | 年平均损失率 | 组内损失率差异率 |
| --- | --- | --- |
| 湖北 | 0.01914 | 0.901708 |
| 安徽 | 0.02219 | 1.04561 |
| 福建 | 0.02247 | 1.058848 |

**（八）第八组：江西省、广西壮族自治区、海南省、湖南省**

第八组各省（区、市）组内损失率差异率如表 13 - 13 所示。

表 13 - 13　　第八组组内损失率差异率

| 省（区、市） | 年平均损失率 | 组内损失率差异率 |
| --- | --- | --- |
| 江西 | 0.04380 | 0.979213 |
| 广西 | 0.04634 | 1.036028 |
| 海南 | 0.03457 | 0.77287 |
| 湖南 | 0.04591 | 1.026322 |

# 第四节　损失额差异率分析

事实上，对损失额的分析和前述损失率的分析不同之处在于，损失额是使用全国各省GDP将损失额调整到2009年水平；而损失率部分是将每次损失额除以当年当地［以省（区、市）为单位］的比例值，而并没有调整到某年水平，这是一个相对的概念。因此这两种不同的对损失的度量值，其差异在于对损失估计的代表变量选择不同上，并且其侧重点也不同。因此以下以年均损失额为基准计算差异率和分组。

## 一、各省（区、市）年平均损失额差异率分析

表13－14为直接计算年平均损失额差异率表。这里使用湖南省为基准，即其他省（区、市）差异率为相比湖南省的倍数。这里的平均损失额是调整到2009年GDP水平的数据。

**表13－14　　直接计算年平均损失额差异率表**

| 省（区、市） | 年平均经济损失额 | 标准差 | 差异率 | 1倍标准差差异率 |
|---|---|---|---|---|
| 北京 | 8.16842 | 19.86315 | 0.01363 | 0.02041 |
| 天津 | 9.21406 | 21.35271 | 0.01537 | 0.02226 |
| 河北 | 160.35702 | 377.81945 | 0.26748 | 0.39188 |
| 山西 | 57.40072 | 115.40681 | 0.09575 | 0.12583 |
| 内蒙古 | 143.71299 | 311.92403 | 0.23972 | 0.33178 |
| 辽宁 | 199.57246 | 472.18809 | 0.33289 | 0.48915 |
| 吉林 | 165.62750 | 350.79591 | 0.27627 | 0.37604 |
| 黑龙江 | 94.11724 | 179.22477 | 0.15699 | 0.19904 |
| 上海 | 8.66522 | 11.21838 | 0.01445 | 0.01448 |
| 江苏 | 127.16892 | 150.36700 | 0.21212 | 0.20209 |
| 浙江 | 410.62255 | 411.57262 | 0.68493 | 0.59869 |
| 安徽 | 223.32301 | 240.32200 | 0.37251 | 0.33761 |
| 福建 | 275.00206 | 290.77988 | 0.45871 | 0.41198 |
| 江西 | 335.28505 | 488.51265 | 0.55926 | 0.59986 |
| 山东 | 135.68356 | 117.67757 | 0.22632 | 0.18449 |
| 河南 | 132.67685 | 171.29389 | 0.22131 | 0.22134 |
| 湖北 | 248.05707 | 365.08052 | 0.41377 | 0.44646 |
| 湖南 | 599.51183 | 773.80583 | 1.00000 | 1.00000 |
| 广东 | 416.91593 | 563.96668 | 0.69543 | 0.71424 |
| 广西 | 359.55674 | 574.27339 | 0.59975 | 0.67998 |
| 海南 | 57.18449 | 75.84951 | 0.09539 | 0.09687 |

续表

| 省（区、市） | 年平均经济损失额 | 标准差 | 差异率 | 1 倍标准差差异率 |
|---|---|---|---|---|
| 四川 | 202.74511 | 128.34011 | 0.33818 | 0.24108 |
| 贵州 | 99.41967 | 143.96203 | 0.16583 | 0.17722 |
| 云南 | 79.15169 | 47.69046 | 0.13203 | 0.09236 |
| 西藏 | 5.30573 | 6.29282 | 0.00885 | 0.00845 |
| 陕西 | 88.61972 | 90.12427 | 0.14782 | 0.13015 |
| 甘肃 | 20.78484 | 16.05627 | 0.03467 | 0.02683 |
| 青海 | 8.32008 | 7.02945 | 0.01388 | 0.01118 |
| 宁夏 | 6.72544 | 5.51857 | 0.01122 | 0.00892 |
| 新疆 | 36.68012 | 58.86196 | 0.06118 | 0.06957 |

将年均损失率转化成年均损失额之后，发现各省（区、市）按年均损失的排序起了很明显的变化，这主要是由于各省（区、市）GDP 水平差异造成的，广东省、浙江省的 GDP 水平处于全国高水平，这使得它们的年均损失额这一绝对数额较高，因此排名顺序发生较大变化；相类似的还有海南省，由于其省内 GDP 连年处于较低水平，使得其绝对损失较少。但广西壮族自治区、湖南省、江西省、湖北省这些洪水频发区，无论从年平均损失率还是年平均损失额的角度计算，其损失水平都明显高于全国其他省（区、市）。

## 二、按损失额分组组间损失额差异率分析

第一组：北京市、天津市、上海市；

第二组：江苏省、山东省、河南省；

第三组：青海省、宁夏回族自治区、新疆维吾尔自治区、西藏自治区、甘肃省、陕西省；

第四组：四川省、云南省、贵州省；

第五组：河北省、辽宁省、山西省、黑龙江省、内蒙古自治区、吉林省；

第六组：浙江省、广东省；

第七组：湖北省、安徽省、福建省；

第八组：江西省、广西壮族自治区、海南省；

第九组：湖南省。

按照前面介绍的方法，得到表 13－15。

**表 13－15　　损失额分组差异率**

| 分组 | 平均损失额 | 标准差 | 差异率 | 1 倍标准差差异率 |
|---|---|---|---|---|
| 第一组 | 8.68257 | 35.43481 | 0.01448 | 0.03212 |
| 第二组 | 131.84311 | 358.18580 | 0.21992 | 0.35682 |
| 第三组 | 27.73932 | 138.79166 | 0.04627 | 0.12126 |

续表

| 分组 | 平均损失额 | 标准差 | 差异率 | 1倍标准差差异率 |
|---|---|---|---|---|
| 第四组 | 127.10549 | 241.54510 | 0.21201 | 0.26844 |
| 第五组 | 136.79799 | 1 217.19318 | 0.22818 | 0.98593 |
| 第六组 | 413.76924 | 907.11982 | 0.69018 | 0.96182 |
| 第七组 | 248.79405 | 631.37682 | 0.41499 | 0.64091 |
| 第八组 | 250.67543 | 880.57569 | 0.41813 | 0.82374 |
| 第九组 | 599.51183 | 773.80583 | 1.00000 | 1.00000 |

这里选用平均损失额最大的第九组作为基准，计算其他组的差异率。

观察前面的表可以发现组差异率的排列不同于利用损失率算出的差异率顺序，这是因为，在进行损失率的计算时，考虑了各省（区、市）GDP不同这个问题。而这里没有考虑，计算的是单纯的损失额。损失额大的组，有可能因为GDP也很大，而损失率并不大，以组为单位指定保费的话，可以根据表13－15提供的差异率，即若第九组保费为1的话，则第六组为0.690，第七组为0.415，以此类推。

## 第五节　各组频数及损失程度统计分析

前文已经对各省（区、市）损失情况进行了分组，最终的分组情况为：

第一组：北京市、天津市、上海市；

第二组：江苏省、山东省、河南省；

第三组：青海省、宁夏回族自治区、新疆维吾尔自治区、西藏自治区、甘肃省、陕西省；

第四组：四川省、云南省、贵州省；

第五组：河北省、辽宁省、山西省、黑龙江省、内蒙古自治区、吉林省；

第六组：浙江省、广东省；

第七组：湖北省、安徽省、福建省；

第八组：江西省、广西壮族自治区、海南省；

第九组：湖南省。

在洪水保险定价中，常需要对洪水次损失及洪水频数的分布类型进行拟合，对其分布中的未知参数进行估计。当统计数据比较充足时，定价人员常用经验分布对损失进行拟合，但由于洪水属于巨灾风险，一旦发生，往往会导致巨大的经济损失，且其统计数据非常有限，因此定价人员也常常用理论分布对损失进行拟合。显然，分布假设的合理性显著影响着最终精算定价结果的正确性。

保险定价需要考虑很多因素，但最直接的一个因素就是承保标的的损失大小，或者更直接地说是可能发生的赔付大小。因此，对洪水损失的拟合或者对其分布进行拟合是讨论洪水保险定价问题的基础。本节将采取对数正态分布、正态分布、韦伯分布、指数分布和负二项分布分别对我国洪水次绝对损失和洪水频数进行拟合与比较。

洪水次损失是指每次洪水所造成的直接经济损失，在非寿险精算中洪水等巨灾损失的分布通常具有不对称、定义域非负、尾部较厚的特点，故一般采用双参数模型。本章将采取对数正态分布、正态分布、韦伯分布、指数分布对我国洪水次绝对损失进行拟合与比较。虽然指数分布是单参数的，但考虑到它是伽玛分布的一种形式，仍将它作为一种分布进行拟合。

洪水频数是指我国每年发生的洪水次数。泊松模型（Poisson Model）和负二项模型（Negative Binomial Model）都是描述随机变量变化规律的概率模型，常用于分析现实生活中很少发生的某类稀疏性事件，而洪水等巨灾事件极为符合其描述的范畴，且泊松分布和负二项分布都属于离散型分布，更为符合洪水频数的特征。但是在对频数进行基本统计分析之后发现其方差大于均值，符合负二项分布的特点，因此，下文只用负二项分布进行拟合及假设检验。

需要指出的是，损失频数与损失数据主要都是基于《中国减灾》上关于洪涝灾害的统计数据中的数据整理的，此章的数据期间为 1994 ~ 2009 年。

由于损失率非常接近的省（区、市）存在损失额相差巨大的情况，所以在作每一组损失程度统计分析的时候有些组的核估计图是无法表示出来的，但这并不影响作各种分布拟合。在组内损失额相差不大的情况下，我们也会给出核估计图作为一种直观参照。

## 一、第一组频数及损失程度统计分析

第一组中包含北京、天津和上海 3 个直辖市。

### （一）第一组洪涝灾害频数统计分析

图 13 - 15 是第一组洪涝灾害频数的基本统计量。

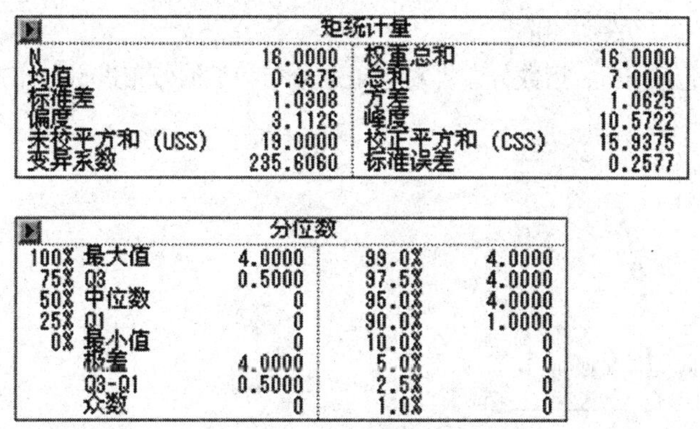

矩统计量

| | | | |
|---|---|---|---|
| N | 16.0000 | 权重总和 | 16.0000 |
| 均值 | 0.4375 | 总和 | 7.0000 |
| 标准差 | 1.0308 | 方差 | 1.0625 |
| 偏度 | 3.1126 | 峰度 | 10.5722 |
| 未校平方和 (USS) | 19.0000 | 校正平方和 (CSS) | 15.9375 |
| 变异系数 | 235.6060 | 标准误差 | 0.2577 |

分位数

| | | | |
|---|---|---|---|
| 100% 最大值 | 4.0000 | 99.0% | 4.0000 |
| 75% Q3 | 0.5000 | 97.5% | 4.0000 |
| 50% 中位数 | 0 | 95.0% | 4.0000 |
| 25% Q1 | 0 | 90.0% | 1.0000 |
| 0% 最小值 | 0 | 10.0% | 0 |
| 极差 | 4.0000 | 5.0% | 0 |
| Q3-Q1 | 0.5000 | 2.5% | 0 |
| 众数 | 0 | 1.0% | 0 |

**图 13 - 15　第一组洪涝灾害频数基本统计量**

从统计的情况看，该组的均值最小，这说明第一组是损失发生频率最低的一组。由于每年洪涝灾害的分布情况是离散的，其损失均值 0.4375 小于其方差 1.0625，并且其偏度与峰度均大于 0，说明此分布为尖峰右偏的，可以采用负二项分布对其进行拟合。

可以得到以下表达式：

$$P\{X=k\} = \binom{k+r-1}{r-1} p^r q^k,\ k=0,\ 1,\ 2\cdots$$

其中，$r=0$；$p=0.291667$；$q=0.708333$。

因为r值只能取正整数，所以上述拟合式没有意义。从数据来看，由于数据太少，不足以作频数拟合，所以负二项分布不能拟合该组频数。尝试用SAS中的4种连续分布拟合频数分布，正态分布不能通过检验，而其他3种分布没有拟合结果。

### （二）第一组洪涝灾害损失程度统计分析

由于损失数据中存在着一些异常大或异常小的数值，这会影响到拟合分布的合理估计，因此在作基本统计分析之前，先剔除掉这些异常值，然后得到第一组洪涝灾害损失的基本统计量。在以后的分析中，采取相同的方法，即若存在异常大或异常小的数值，在剔除异常值之后，进行分布的拟合及假设检验。

图13－16是第一组洪涝灾害损失的基本统计量。

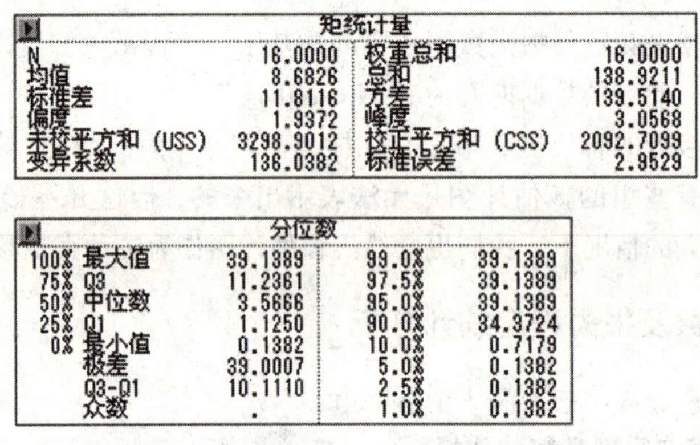

矩统计量

| | | | |
|---|---|---|---|
| N | 16.0000 | 权重总和 | 16.0000 |
| 均值 | 8.6826 | 总和 | 138.9211 |
| 标准差 | 11.8116 | 方差 | 139.5140 |
| 偏度 | 1.9372 | 峰度 | 3.0568 |
| 未校平方和（USS） | 3298.9012 | 校正平方和（CSS） | 2092.7099 |
| 变异系数 | 136.0382 | 标准误差 | 2.9529 |

分位数

| | | | | |
|---|---|---|---|---|
| 100% | 最大值 | 39.1389 | 99.0% | 39.1389 |
| 75% | Q3 | 11.2361 | 97.5% | 39.1389 |
| 50% | 中位数 | 3.5666 | 95.0% | 39.1389 |
| 25% | Q1 | 1.1250 | 90.0% | 34.3724 |
| 0% | 最小值 | 0.1382 | 10.0% | 0.7179 |
| | 极差 | 39.0007 | 5.0% | 0.1382 |
| | Q3-Q1 | 10.1110 | 2.5% | 0.1382 |
| | 众数 | . | 1.0% | 0.1382 |

**图13－16　第一组损失额分布基本统计量**

从此组的分析结果中可以看出，该组单次洪涝灾害的平均绝对损失额在2009年GDP水平下为8.6826亿元。

图13－17是按照正态分布、指数分布、对数正态分布和韦伯分布进行分布拟合及检验的结果。

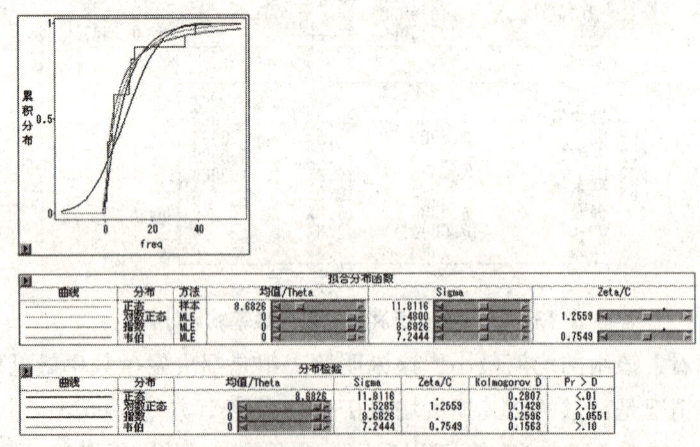


拟合分布函数

| 曲线 | 分布 | 方法 | 均值/Theta | Sigma | Zeta/C |
|---|---|---|---|---|---|
| | 正态 | 样本 | 8.6826 | 11.8116 | |
| | 对数正态 | MLE | 0 | 1.4800 | 1.2559 |
| | 指数 | MLE | 0 | 8.6826 | |
| | 韦伯 | MLE | 0 | 7.2444 | 0.7549 |

分布检验

| 曲线 | 分布 | 均值/Theta | Sigma | Zeta/C | Kolmogorov D | Pr > D |
|---|---|---|---|---|---|---|
| | 正态 | 8.6826 | 11.8116 | . | 0.2807 | <.01 |
| | 对数正态 | 0 | 1.5285 | 1.2559 | 0.1428 | >.15 |
| | 指数 | 0 | 8.6826 | . | 0.2596 | 0.0551 |
| | 韦伯 | 0 | 7.2444 | 0.7549 | 0.1563 | >.10 |

**图13－17　第一组损失额拟合分布累计函数结果及曲线图**

从检验的结果来看，在原假设服从某个分布的条件下，在5%显著性水平上，只有对数正态分布和韦伯分布能通过原假设。

由拟合分布的输出结果可以看到，除正态分布采用矩估计以外，其他3种拟合均采用极大似然估计，因此应按照极大似然估计计算参数的方法来计算拟合分布中的参数。但由于韦伯分布在两个参数 $\theta$ 和 $\tau$ 均未知的情况下，无法得到数值解，因此，对韦伯分布采用选取75%和25%分位数相对应的 $Q_3$ 和 $Q_1$ 两个观察值来计算出累积分布函数 $F(x)$ 的方法进行计算，从而得到密度函数 $f(x)$。

对数正态分布函数：

$$f(x)=\frac{1}{\sqrt{2\pi}\times 1.4800x}e^{-\frac{(\ln x-1.2559)^2}{2\times 1.4800^2}}\quad(0<x<\infty)$$

韦伯分布函数：

$$f(x)=0.2275x^{-0.2882}e^{-0.6393x^{0.3559}}\quad(0<x<\infty)$$

## 二、第二组频数及损失程度统计分析

第二组中包含江苏、山东、河南3个省。

### （一）第二组洪涝灾害频数统计分析

图13－18是第二组洪涝灾害频数的基本统计量。

矩统计量

| | | | |
|---|---|---|---|
| N | 16.0000 | 权重总和 | 16.0000 |
| 均值 | 5.9375 | 总和 | 95.0000 |
| 标准差 | 5.2848 | 方差 | 27.9292 |
| 偏度 | 0.9320 | 峰度 | 0.1318 |
| 未校平方和（USS） | 983.0000 | 校正平方和（CSS） | 418.9375 |
| 变异系数 | 89.0072 | 标准误差 | 1.3212 |

分位数

| | | | | |
|---|---|---|---|---|
| 100% | 最大值 | 17.0000 | 99.0% | 17.0000 |
| 75% | Q3 | 9.0000 | 97.5% | 17.0000 |
| 50% | 中位数 | 5.0000 | 95.0% | 17.0000 |
| 25% | Q1 | 1.5000 | 90.0% | 16.0000 |
| 0% | 最小值 | 0 | 10.0% | 0 |
| | 极差 | 17.0000 | 5.0% | 0 |
| | Q3-Q1 | 7.5000 | 2.5% | 0 |
| | 众数 | 5.0000 | 1.0% | 0 |

**图13－18　第二组洪涝灾害频数基本统计量**

从统计的情况看，该组的均值远远大于第一组。由于每年洪涝灾害的分布情况是离散的，其损失均值小于其方差，并且其偏度与峰度均大于0，说明此分布为右偏，可以采用负二项分布对其进行拟合。

可以得到以下表达式：

$$P\{X=k\}=\binom{k+r-1}{r-1}p^rq^k,\ k=0,1,2\cdots$$

其中，$r=1$；$p=0.175320$；$q=0.824680$。

### （二）第二组洪涝灾害损失程度统计分析

图13－19是第二组洪涝灾害损失的基本统计量。

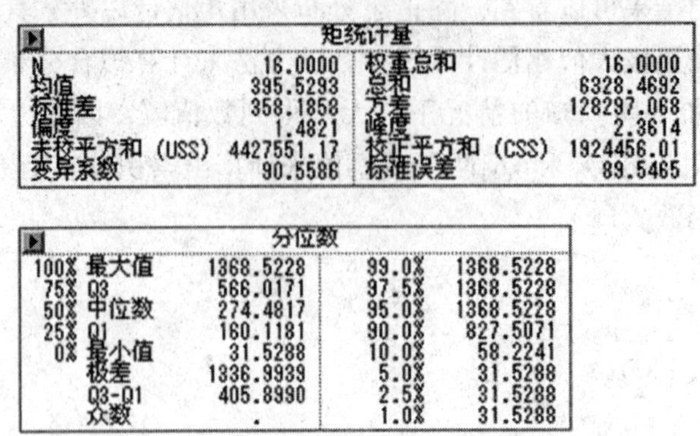

| 矩统计量 | | | |
|---|---|---|---|
| N | 16.0000 | 权重总和 | 16.0000 |
| 均值 | 395.5293 | 总和 | 6328.4692 |
| 标准差 | 358.1858 | 方差 | 128297.068 |
| 偏度 | 1.4821 | 峰度 | 2.3614 |
| 未校平方和（USS） | 4427551.17 | 校正平方和（CSS） | 1924456.01 |
| 变异系数 | 90.5586 | 标准误差 | 89.5465 |

| 分位数 | | | | |
|---|---|---|---|---|
| 100% | 最大值 | 1368.5228 | 99.0% | 1368.5228 |
| 75% | Q3 | 566.0171 | 97.5% | 1368.5228 |
| 50% | 中位数 | 274.4817 | 95.0% | 1368.5228 |
| 25% | Q1 | 160.1181 | 90.0% | 827.5071 |
| 0% | 最小值 | 31.5288 | 10.0% | 58.2241 |
| | 极差 | 1336.9939 | 5.0% | 31.5288 |
| | Q3-Q1 | 405.8990 | 2.5% | 31.5288 |
| | 众数 | . | 1.0% | 31.5288 |

**图 13－19　第二组损失额分布基本统计量**

图 13－20 是按照正态分布、指数分布、对数正态分布和韦伯分布进行分布拟合及检验的结果。

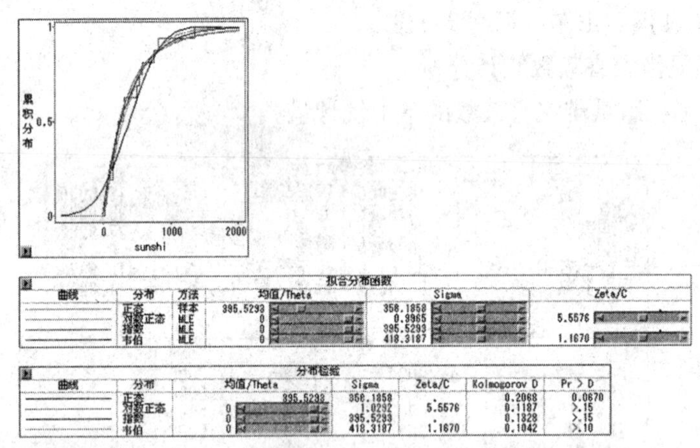


| 拟合分布函数 | | | | | |
|---|---|---|---|---|---|
| 曲线 | 分布 | 方法 | 均值/Theta | Sigma | Zeta/C |
| | 正态 | 样本 | 395.5293 | 358.1858 | |
| | 对数正态 | MLE | 0 | 0.9965 | 5.5576 |
| | 指数 | MLE | 0 | 395.5293 | |
| | 韦伯 | MLE | 0 | 418.3187 | 1.1670 |

| 分布检验 | | | | | | |
|---|---|---|---|---|---|---|
| 曲线 | 分布 | 均值/Theta | Sigma | Zeta/C | Kolmogorov D | Pr > D |
| | 正态 | 395.5293 | 358.1858 | . | 0.2068 | 0.0670 |
| | 对数正态 | 0 | 1.0292 | 5.5576 | 0.1187 | >.15 |
| | 指数 | 0 | 395.5293 | . | 0.1828 | >.15 |
| | 韦伯 | 0 | 418.3187 | 1.1670 | 0.1042 | >.10 |

**图 13－20　第二组损失额拟合分布累计函数结果及曲线图**

从检验的结果来看，在原假设服从某个分布的条件下，在 5% 显著性水平上，对数正态分布、指数分布和韦伯分布能通过原假设。韦伯分布的参数计算与第一组中的计算方法一致。

对数正态分布函数：

$$f(x)=\frac{1}{\sqrt{2\pi}\times 0.5320x}e^{-\frac{(\ln x-5.0307)^2}{2\times 0.5320^2}}\quad(0<x<\infty)$$

指数分布函数：

$$f(x)=0.002528e^{-0.002528x}\quad(0<x<\infty)$$

韦伯分布函数：

$$f(x)=0.000644x^{0.245361}e^{-0.000517x^{1.245361}}\quad(0<x<\infty)$$

## 三、第三组频数及损失程度统计分析

第三组中包含青海、宁夏、新疆、西藏、甘肃、陕西 6 个省（区）。

### （一）第三组洪涝灾害频数统计分析

图 13－21 是第三组洪涝灾害频数的基本统计量。

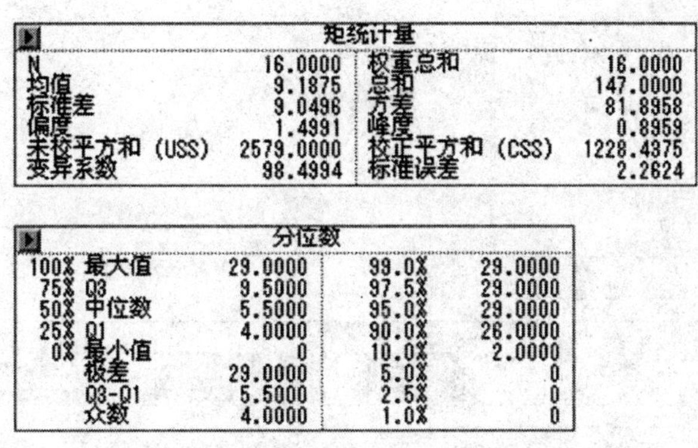

| 矩统计量 | | | |
|---|---|---|---|
| N | 16.0000 | 权重总和 | 16.0000 |
| 均值 | 9.1875 | 总和 | 147.0000 |
| 标准差 | 9.0496 | 方差 | 81.8958 |
| 偏度 | 1.4991 | 峰度 | 0.8959 |
| 未校平方和 (USS) | 2579.0000 | 校正平方和 (CSS) | 1228.4375 |
| 变异系数 | 98.4994 | 标准误差 | 2.2624 |

| 分位数 | | | |
|---|---|---|---|
| 100% 最大值 | 29.0000 | 99.0% | 29.0000 |
| 75% Q3 | 9.5000 | 97.5% | 29.0000 |
| 50% 中位数 | 5.5000 | 95.0% | 29.0000 |
| 25% Q1 | 4.0000 | 90.0% | 26.0000 |
| 0% 最小值 | 0 | 10.0% | 2.0000 |
| 极差 | 29.0000 | 5.0% | 0 |
| Q3-Q1 | 5.5000 | 2.5% | 0 |
| 众数 | 4.0000 | 1.0% | 0 |

**图 13－21　第三组洪涝灾害频数基本统计量**

从统计的情况看，该组的均值比第二组的大，由于每年洪涝灾害的分布情况是离散的，其损失均值小于其方差，并且其偏度与峰度均大于 0，说明此分布为右偏，可以采用负二项分布对其进行拟合。

可以得到以下表达式：

$$P\{X=k\}=\binom{k+r-1}{r-1}p^r q^k,\ k=0,\ 1,\ 2\cdots$$

其中，$r=1$；$p=0.100869$；$q=0.899131$。

## （二）第三组洪涝灾害损失程度统计分析

图 13－22 是第三组洪涝灾害损失的基本统计量。

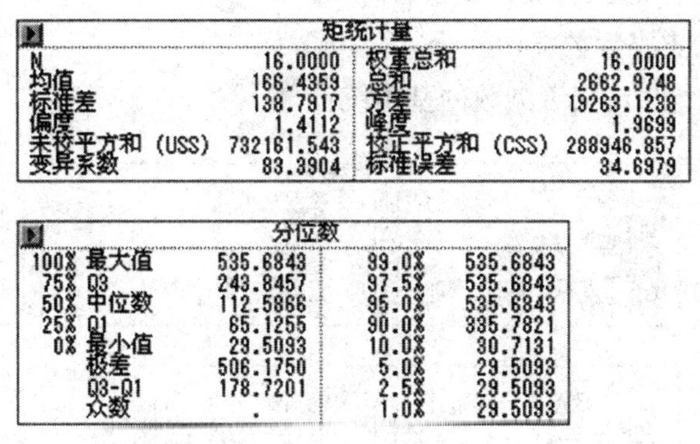

| 矩统计量 | | | |
|---|---|---|---|
| N | 16.0000 | 权重总和 | 16.0000 |
| 均值 | 166.4359 | 总和 | 2662.9748 |
| 标准差 | 138.7917 | 方差 | 19263.1238 |
| 偏度 | 1.4112 | 峰度 | 1.9699 |
| 未校平方和 (USS) | 732161.543 | 校正平方和 (CSS) | 288946.857 |
| 变异系数 | 83.3904 | 标准误差 | 34.6979 |

| 分位数 | | | |
|---|---|---|---|
| 100% 最大值 | 535.6843 | 99.0% | 535.6843 |
| 75% Q3 | 243.8457 | 97.5% | 535.6843 |
| 50% 中位数 | 112.5866 | 95.0% | 535.6843 |
| 25% Q1 | 65.1255 | 90.0% | 335.7821 |
| 0% 最小值 | 29.5093 | 10.0% | 30.7131 |
| 极差 | 506.1750 | 5.0% | 29.5093 |
| Q3-Q1 | 178.7201 | 2.5% | 29.5093 |
| 众数 | . | 1.0% | 29.5093 |

**图 13－22　第三组损失额分布基本统计量**

图 13－23 是按照正态分布、指数分布、对数正态分布和韦伯分布进行分布拟合及检验的结果。

从检验的结果来看，在原假设服从某个分布条件下，在 5% 显著性水平上，对数正态分布、指数分布和韦伯分布通过检验。

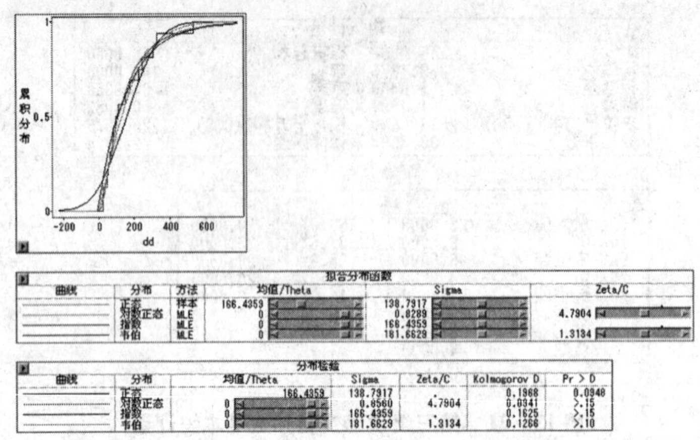


拟合分布函数

| 曲线 | 分布 | 方法 | 均值/Theta | Sigma | Zeta/C |
|---|---|---|---|---|---|
| | 正态 | 样本 | 166.4359 | 138.7917 | |
| | 对数正态 | MLE | 0 | 0.8289 | 4.7904 |
| | 指数 | MLE | 0 | 166.4359 | |
| | 韦伯 | MLE | 0 | 181.6629 | 1.3134 |

分布检验

| 曲线 | 分布 | 均值/Theta | Sigma | Zeta/C | Kolmogorov D | Pr > D |
|---|---|---|---|---|---|---|
| | 正态 | 166.4359 | 138.7917 | . | 0.1968 | 0.0948 |
| | 对数正态 | 0 | 0.8560 | 4.7904 | 0.0341 | >.15 |
| | 指数 | 0 | 166.4359 | . | 0.1625 | >.15 |
| | 韦伯 | 0 | 181.6629 | 1.3134 | 0.1266 | >.10 |

**图 13－23　第三组损失额拟合分布累计函数结果及曲线图**

对数正态分布函数：

$$f(x)=\frac{1}{\sqrt{2\pi}\times 0.8560x}e^{-\frac{(\ln x-4.7904)^2}{2\times 0.8560^2}}\quad(0<x<\infty)$$

指数分布函数：

$$f(x)=0.005364e^{-0.005364x}\quad(0<x<\infty)$$

韦伯分布函数：

$$f(x)=0.002369x^{-0.191115}e^{-0.001989x^{1.191115}}\quad(0<x<\infty)$$

## 四、第四组频数及损失程度统计分析

第四组中包含四川、云南、贵州 3 个省。

### （一）第四组洪涝灾害频数统计分析

图 13－24 是第四组洪涝灾害频数的基本统计量。

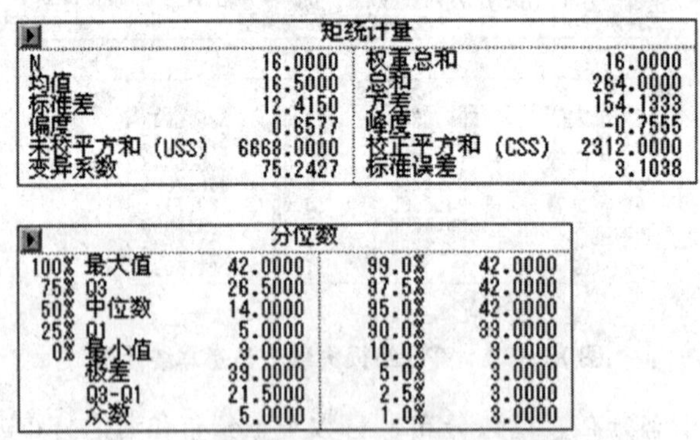

矩统计量

| | | | |
|---|---|---|---|
| N | 16.0000 | 权重总和 | 16.0000 |
| 均值 | 16.5000 | 总和 | 264.0000 |
| 标准差 | 12.4150 | 方差 | 154.1333 |
| 偏度 | 0.6577 | 峰度 | -0.7555 |
| 未校平方和 (USS) | 6668.0000 | 校正平方和 (CSS) | 2312.0000 |
| 变异系数 | 75.2427 | 标准误差 | 3.1038 |

分位数

| | | | | |
|---|---|---|---|---|
| 100% | 最大值 | 42.0000 | 99.0% | 42.0000 |
| 75% | Q3 | 26.5000 | 97.5% | 42.0000 |
| 50% | 中位数 | 14.0000 | 95.0% | 42.0000 |
| 25% | Q1 | 5.0000 | 90.0% | 33.0000 |
| 0% | 最小值 | 3.0000 | 10.0% | 3.0000 |
| | 极差 | 39.0000 | 5.0% | 3.0000 |
| | Q3-Q1 | 21.5000 | 2.5% | 3.0000 |
| | 众数 | 5.0000 | 1.0% | 3.0000 |

**图 13－24　第四组洪涝灾害频数基本统计量**

从统计的情况看，该组的均值为 16.5，是 9 组聚类结果中最高的一组，这是由于近年来四川省洪涝灾害频发造成的，每年发生的洪涝灾害次数均居全国首列。由于每年洪涝灾害的分布情况是离散的，其损失均值小于其方差，并且其偏度与峰度均大于 0，说明此分布为右偏，可以采用负二项分布对其进行拟合。

可以得到以下表达式：

$$P\ \{X=k\}\ =\binom{k+r-1}{r-1}p^{r}q^{k},\ k=0,\ 1,\ 2\cdots$$

其中，$r=2$；$p=0.090699$；$q=0.903301$。

**（二）第四组洪涝灾害损失程度统计分析**

图 13－25 是第四组洪涝灾害损失的基本统计量。

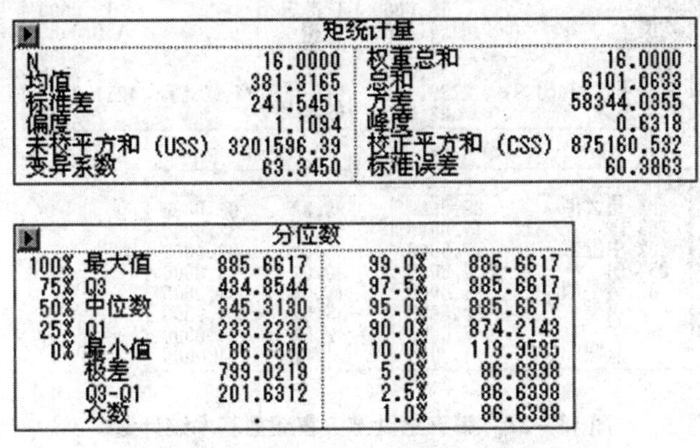

矩统计量

| | | | |
|---|---|---|---|
| N | 16.0000 | 权重总和 | 16.0000 |
| 均值 | 381.3165 | 总和 | 6101.0633 |
| 标准差 | 241.5451 | 方差 | 58344.0355 |
| 偏度 | 1.1094 | 峰度 | 0.6318 |
| 未校平方和（USS） | 3201596.39 | 校正平方和（CSS） | 875160.532 |
| 变异系数 | 63.3450 | 标准误差 | 60.3863 |

分位数

| | | | | |
|---|---|---|---|---|
| 100% | 最大值 | 885.6617 | 99.0% | 885.6617 |
| 75% | Q3 | 434.8544 | 97.5% | 885.6617 |
| 50% | 中位数 | 345.3130 | 95.0% | 885.6617 |
| 25% | Q1 | 233.2232 | 90.0% | 874.2143 |
| 0% | 最小值 | 86.6390 | 10.0% | 113.9535 |
| | 极差 | 799.0219 | 5.0% | 86.6398 |
| | Q3-Q1 | 201.6312 | 2.5% | 86.6398 |
| | 众数 | . | 1.0% | 86.6398 |

图 13－25　第四组损失额分布基本统计量

图 13－26 是按照正态分布、指数分布、对数正态分布和韦伯分布进行分布拟合及检验的结果。

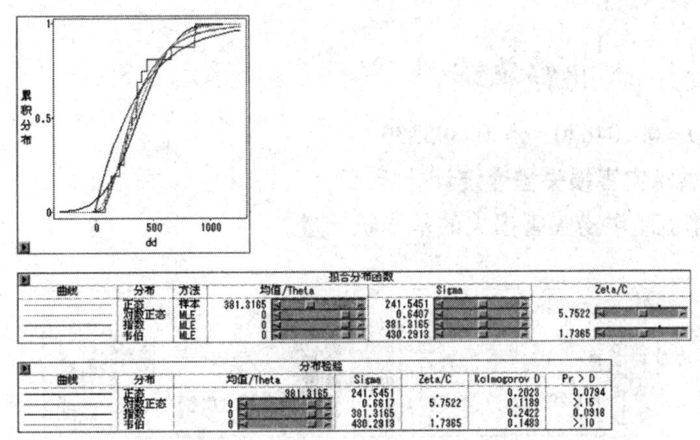


拟合分布函数

| 分布 | 方法 | 均值/Theta | Sigma | Zeta/C |
|---|---|---|---|---|
| 正态 | 样本 | 381.3165 | 241.5451 | |
| 对数正态 | MLE | 0 | 0.6407 | 5.7522 |
| 指数 | MLE | 0 | 381.3165 | |
| 韦伯 | MLE | 0 | 430.2913 | 1.7365 |

分布检验

| 分布 | 均值/Theta | Sigma | Zeta/C | Kolmogorov D | Pr > D |
|---|---|---|---|---|---|
| 正态 | 381.3165 | 241.5451 | . | 0.2023 | 0.0794 |
| 对数正态 | 0 | 0.6617 | 5.7522 | 0.1189 | >.15 |
| 指数 | 0 | 381.3165 | . | 0.2422 | 0.0918 |
| 韦伯 | 0 | 430.2913 | 1.7365 | 0.1483 | >.10 |

图 13－26　第四组损失额拟合分布累计函数结果及曲线图

从检验的结果来看，在原假设服从某个分布条件下，在 5% 显著性水平上，对数正态分布和韦伯分布均能接受原假设。

对数正态分布函数：

$$f\ (x)\ =\frac{1}{\sqrt{2\pi}\times0.6617x}e^{-\frac{(lnx-5.7522)^{2}}{2\times0.6617^{2}}}\ \ (0<x<\infty)$$

韦伯分布函数：

$$f\ (x)\ =0.000001x^{1.524069}e^{-0.000001x^{2.524069}}\ \ (0<x<\infty)$$

## 五、第五组频数及损失程度统计分析

第五组中包含河北、辽宁、山西、黑龙江、内蒙古、吉林6个省（区）。

### （一）第五组洪涝灾害频数统计分析

图13－27是第五组洪涝灾害频数的基本统计量。

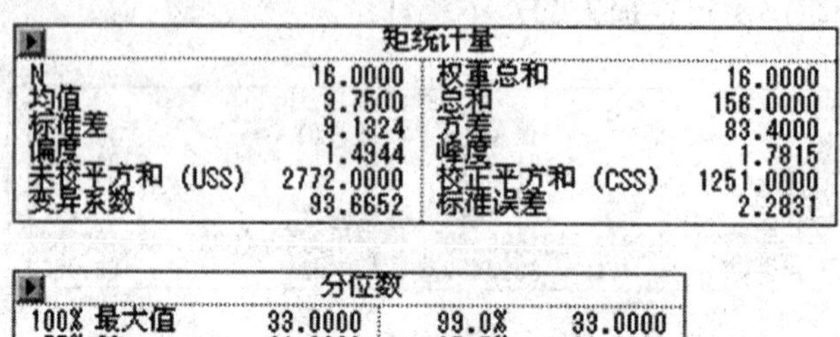

| 矩统计量 | | | |
|---|---|---|---|
| N | 16.0000 | 权重总和 | 16.0000 |
| 均值 | 9.7500 | 总和 | 156.0000 |
| 标准差 | 9.1324 | 方差 | 83.4000 |
| 偏度 | 1.4944 | 峰度 | 1.7815 |
| 未校平方和（USS） | 2772.0000 | 校正平方和（CSS） | 1251.0000 |
| 变异系数 | 93.6652 | 标准误差 | 2.2831 |

| 分位数 | | | |
|---|---|---|---|
| 100% 最大值 | 33.0000 | 99.0% | 33.0000 |
| 75% Q3 | 11.0000 | 97.5% | 33.0000 |
| 50% 中位数 | 7.5000 | 95.0% | 33.0000 |
| 25% Q1 | 4.0000 | 90.0% | 25.0000 |
| 0% 最小值 | 1.0000 | 10.0% | 1.0000 |
| 极差 | 32.0000 | 5.0% | 1.0000 |
| Q3-Q1 | 7.0000 | 2.5% | 1.0000 |
| 众数 | 1.0000 | 1.0% | 1.0000 |

图13－27　第五组洪涝灾害频数基本统计量

从统计的情况看，该组的均值和第三组差不多。由于每年洪涝灾害的分布情况是离散的，其损失均值小于其方差，并且其偏度大于0，说明此分布为右偏，可以采用负二项分布对其进行拟合。

可以得到以下表达式：

$$P\{X=k\}=\binom{k+r-1}{r-1}p^r q^k,\ k=0,\ 1,\ 2\cdots$$

其中，$r=1$；$p=0.104670$；$q=0.895330$。

### （二）第五组洪涝灾害损失程度统计分析

图13－28是第五组洪涝灾害损失的基本统计量。

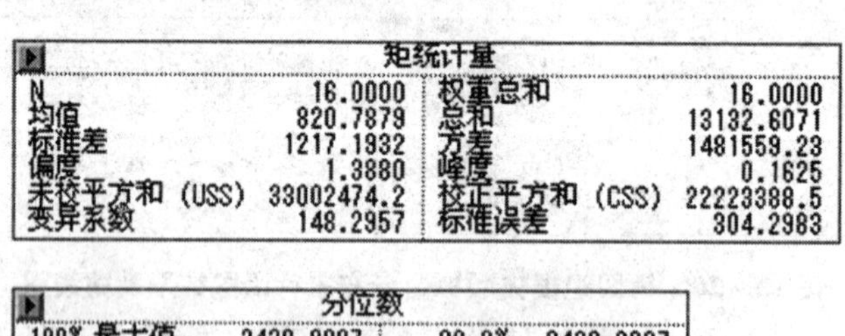

| 矩统计量 | | | |
|---|---|---|---|
| N | 16.0000 | 权重总和 | 16.0000 |
| 均值 | 820.7879 | 总和 | 13132.6071 |
| 标准差 | 1217.1932 | 方差 | 1481559.23 |
| 偏度 | 1.3880 | 峰度 | 0.1625 |
| 未校平方和（USS） | 33002474.2 | 校正平方和（CSS） | 22223388.5 |
| 变异系数 | 148.2957 | 标准误差 | 304.2983 |

| 分位数 | | | |
|---|---|---|---|
| 100% 最大值 | 3438.0997 | 99.0% | 3438.0997 |
| 75% Q3 | 1298.5811 | 97.5% | 3438.0997 |
| 50% 中位数 | 199.2553 | 95.0% | 3438.0997 |
| 25% Q1 | 90.9341 | 90.0% | 2914.4532 |
| 0% 最小值 | 55.7853 | 10.0% | 68.4610 |
| 极差 | 3382.3145 | 5.0% | 55.7853 |
| Q3-Q1 | 1207.6469 | 2.5% | 55.7853 |
| 众数 | . | 1.0% | 55.7853 |

图13－28　第五组损失额分布基本统计量

图13－29是按照正态分布、指数分布、对数正态分布和韦伯分布进行分布拟合及检验的结果。

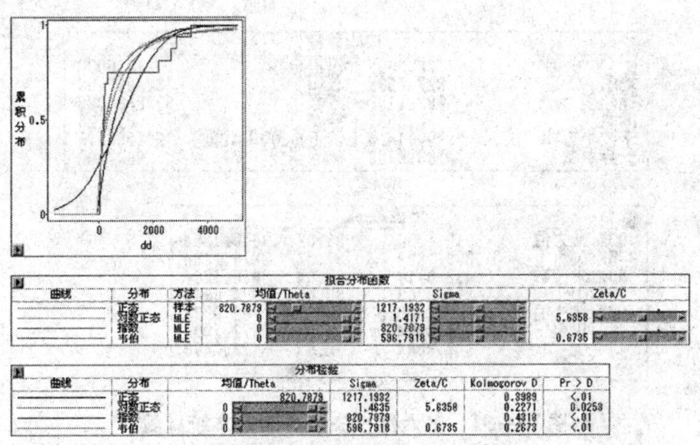


| 拟合分布函数 | | | | | |
|---|---|---|---|---|---|
| 曲线 | 分布 | 方法 | 均值/Theta | Sigma | Zeta/C |
| | 正态 | 样本 | 820.7879 | 1217.1932 | |
| | 对数正态 | MLE | 0 | 1.4171 | 5.6358 |
| | 指数 | MLE | 0 | 820.7879 | |
| | 韦伯 | MLE | 0 | 596.7918 | 0.6735 |

| 分布检验 | | | | | | |
|---|---|---|---|---|---|---|
| 曲线 | 分布 | 均值/Theta | Sigma | Zeta/C | Kolmogorov D | Pr > D |
| | 正态 | 820.7879 | 1217.1932 | . | 0.3989 | <.01 |
| | 对数正态 | 0 | 1.4635 | 5.6358 | 0.2271 | 0.0253 |
| | 指数 | 0 | 820.7879 | . | 0.4318 | <.01 |
| | 韦伯 | 0 | 596.7918 | 0.6735 | 0.2673 | <.01 |

**图 13－29　第五组损失额拟合分布累计函数结果及曲线图**

## 六、第六组频数及损失程度统计分析

第六组中包含浙江、广东两个省。

### （一）第六组洪涝灾害频数统计分析

图 13－30 是第六组洪涝灾害频数的基本统计量。

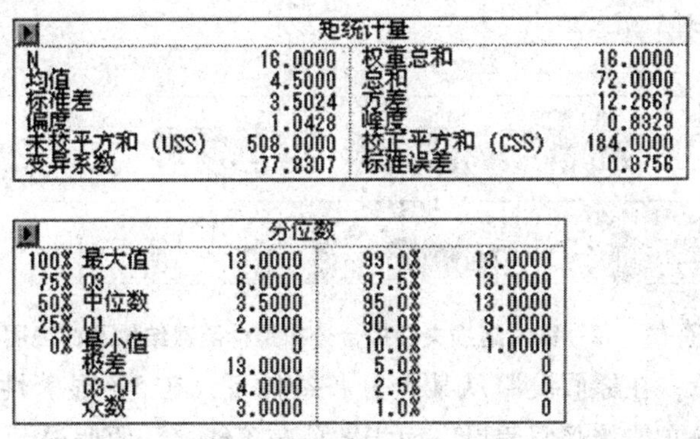

| 矩统计量 | | | |
|---|---|---|---|
| N | 16.0000 | 权重总和 | 16.0000 |
| 均值 | 4.5000 | 总和 | 72.0000 |
| 标准差 | 3.5024 | 方差 | 12.2667 |
| 偏度 | 1.0428 | 峰度 | 0.8329 |
| 未校平方和 (USS) | 508.0000 | 校正平方和 (CSS) | 184.0000 |
| 变异系数 | 77.8307 | 标准误差 | 0.8756 |

| 分位数 | | | |
|---|---|---|---|
| 100% 最大值 | 13.0000 | 99.0% | 13.0000 |
| 75% Q3 | 6.0000 | 97.5% | 13.0000 |
| 50% 中位数 | 3.5000 | 95.0% | 13.0000 |
| 25% Q1 | 2.0000 | 90.0% | 9.0000 |
| 0% 最小值 | 0 | 10.0% | 1.0000 |
| 极差 | 13.0000 | 5.0% | 0 |
| Q3-Q1 | 4.0000 | 2.5% | 0 |
| 众数 | 3.0000 | 1.0% | 0 |

**图 13－30　第六组洪涝灾害频数基本统计量**

从统计的情况看，由于每年洪涝灾害的分布情况是离散的，其损失均值小于其方差，并且其偏度大于 0，说明此分布为右偏，可以采用负二项分布对其进行拟合。

可以得到以下表达式：

$$P\{X=k\}=\binom{k+r-1}{r-1}p^{r}q^{k},\ k=0,1,2\cdots$$

其中，$r=1$；$p=0.268390$；$q=0.731610$。

### （二）第六组洪涝灾害损失程度统计分析

图 13－31 是第六组洪涝灾害损失的基本统计量。

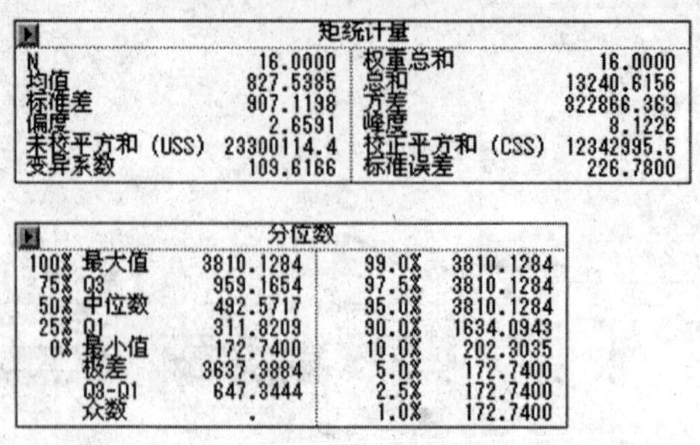

| 矩统计量 | | | |
|---|---|---|---|
| N | 16.0000 | 权重总和 | 16.0000 |
| 均值 | 827.5385 | 总和 | 13240.6156 |
| 标准差 | 907.1198 | 方差 | 822866.369 |
| 偏度 | 2.6591 | 峰度 | 8.1226 |
| 未校平方和（USS） | 23300114.4 | 校正平方和（CSS） | 12342995.5 |
| 变异系数 | 109.6166 | 标准误差 | 226.7800 |

| 分位数 | | | | |
|---|---|---|---|---|
| 100% | 最大值 | 3810.1284 | 99.0% | 3810.1284 |
| 75% | Q3 | 959.1654 | 97.5% | 3810.1284 |
| 50% | 中位数 | 492.5717 | 95.0% | 3810.1284 |
| 25% | Q1 | 311.8209 | 90.0% | 1634.0943 |
| 0% | 最小值 | 172.7400 | 10.0% | 202.3035 |
| | 极差 | 3637.3884 | 5.0% | 172.7400 |
| | Q3-Q1 | 647.3444 | 2.5% | 172.7400 |
| | 众数 | . | 1.0% | 172.7400 |

图 13－31　第六组损失额分布基本统计量

图 13－32 是按照正态分布、指数分布、对数正态分布和韦伯分布进行分布拟合及检验的结果。

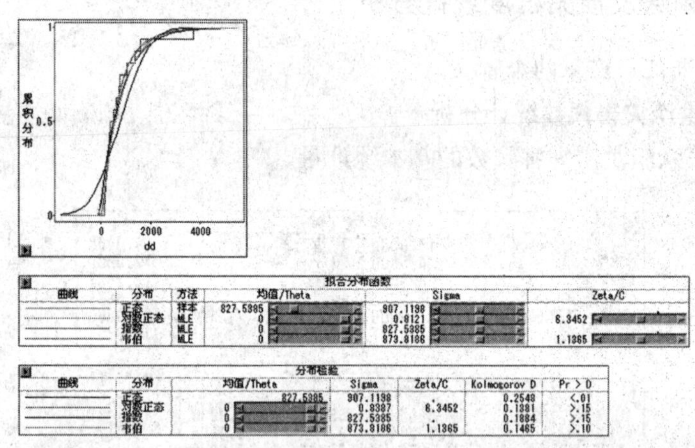


| 拟合分布函数 | | | | | |
|---|---|---|---|---|---|
| 曲线 | 分布 | 方法 | 均值/Theta | Sigma | Zeta/C |
| | 正态 | 样本 | 827.5385 | 907.1198 | |
| | 对数正态 | MLE | 0 | 0.8121 | 6.3452 |
| | 指数 | MLE | 0 | 827.5385 | |
| | 韦伯 | MLE | 0 | 873.8186 | 1.1365 |

| 分布检验 | | | | | | |
|---|---|---|---|---|---|---|
| 曲线 | 分布 | 均值/Theta | Sigma | Zeta/C | Kolmogorov D | Pr > D |
| | 正态 | 827.5385 | 907.1198 | . | 0.2548 | <.01 |
| | 对数正态 | 0 | 0.8387 | 6.3452 | 0.1381 | >.15 |
| | 指数 | 0 | 827.5385 | . | 0.1884 | >.15 |
| | 韦伯 | 0 | 873.8186 | 1.1365 | 0.1465 | >.10 |

图 13－32　第六组损失额拟合分布累计函数结果及曲线图

从检验的结果来看，在原假设服从某个分布条件下，在 5% 显著性水平上，对数正态分布、指数分布和韦伯分布能接受原假设，而指数分布不能接受原假设。

对数正态分布函数：

$$f(x) = \frac{1}{\sqrt{2\pi}\times 0.8387x} e^{-\frac{(\ln x-6.3452)^2}{2\times 0.0837^2}} \quad (0 < x < \infty)$$

指数分布函数：

$$f(x) = 0.001208e^{-0.001208x} \quad (0 < x < \infty)$$

韦伯分布函数：

$$f(x) = 0.000130x^{0.399506} e^{-0.000093x^{1.399506}} \quad (0 < x < \infty)$$

## 七、第七组频数及损失程度统计分析

第七组中包含安徽、福建、湖北 3 个省。

### （一）第七组洪涝灾害频数统计分析

图 13－33 是第七组洪涝灾害频数的基本统计量。

| 矩统计量 | | | |
|---|---|---|---|
| N | 16.0000 | 权重总和 | 16.0000 |
| 均值 | 11.4375 | 总和 | 183.0000 |
| 标准差 | 6.4495 | 方差 | 41.5958 |
| 偏度 | 0.0195 | 峰度 | -0.5153 |
| 未校平方和（USS） | 2717.0000 | 校正平方和（CSS） | 623.9375 |
| 变异系数 | 56.3889 | 标准误差 | 1.6124 |

| 分位数 | | | |
|---|---|---|---|
| 100% 最大值 | 23.0000 | 99.0% | 23.0000 |
| 75% Q3 | 15.5000 | 97.5% | 23.0000 |
| 50% 中位数 | 11.5000 | 95.0% | 23.0000 |
| 25% Q1 | 6.5000 | 90.0% | 21.0000 |
| 0% 最小值 | 1.0000 | 10.0% | 1.0000 |
| 极差 | 22.0000 | 5.0% | 1.0000 |
| Q3-Q1 | 9.0000 | 2.5% | 1.0000 |
| 众数 | 1.0000 | 1.0% | 1.0000 |

**图 13－33　第七组洪涝灾害频数基本统计量**

从统计的情况看，该组的均值为 11.4375，由于每年洪涝灾害的分布情况是离散的，其损失均值小于其方差，并且其偏度大于 0，说明此分布为右偏，可以采用负二项分布对其进行拟合。

可以得到以下表达式：

$$P\ \{X=k\}\ =\binom{k+r-1}{r-1}p^r q^k,\ k=0,\ 1,\ 2\cdots$$

其中，$r=2$；$p=0.215666$；$q=784334$。

**（二）第七组洪涝灾害损失程度统计分析**

图 13－34 是第七组洪涝灾害损失的基本统计量。

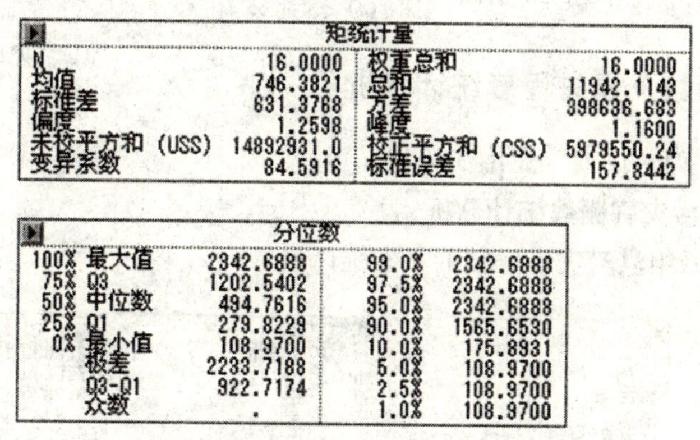

| 矩统计量 | | | |
|---|---|---|---|
| N | 16.0000 | 权重总和 | 16.0000 |
| 均值 | 746.3821 | 总和 | 11942.1143 |
| 标准差 | 631.3768 | 方差 | 398636.683 |
| 偏度 | 1.2598 | 峰度 | 1.1600 |
| 未校平方和（USS） | 14892931.0 | 校正平方和（CSS） | 5979550.24 |
| 变异系数 | 84.5916 | 标准误差 | 157.8442 |

| 分位数 | | | |
|---|---|---|---|
| 100% 最大值 | 2342.6888 | 99.0% | 2342.6888 |
| 75% Q3 | 1202.5402 | 97.5% | 2342.6888 |
| 50% 中位数 | 494.7616 | 95.0% | 2342.6888 |
| 25% Q1 | 279.8229 | 90.0% | 1565.6530 |
| 0% 最小值 | 108.9700 | 10.0% | 175.8931 |
| 极差 | 2233.7188 | 5.0% | 108.9700 |
| Q3-Q1 | 922.7174 | 2.5% | 108.9700 |
| 众数 | . | 1.0% | 108.9700 |

**图 13－34　第七组损失额分布基本统计量**

图 13－35 是按照正态分布、指数分布、对数正态分布和韦伯分布进行分布拟合及检验的结果。

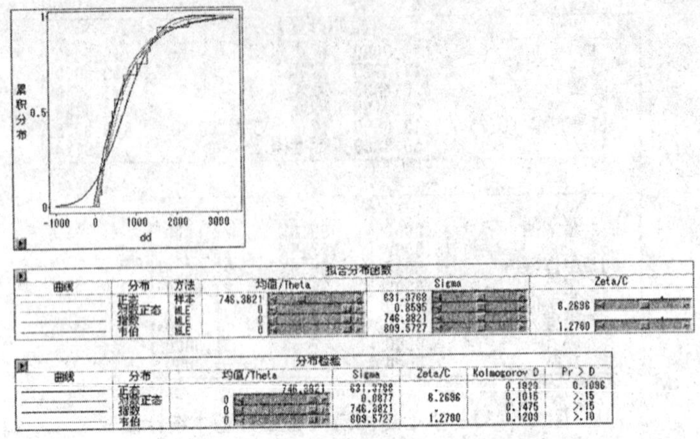


拟合分布函数

| 曲线 | 分布 | 方法 | 均值/Theta | Sigma | Zeta/C |
|---|---|---|---|---|---|
| | 正态 | 样本 | 746.3821 | 631.3768 | |
| | 对数正态 | MLE | 0 | 0.8595 | 6.2696 |
| | 指数 | MLE | 0 | 746.3821 | |
| | 韦伯 | MLE | 0 | 809.5727 | 1.2760 |

分布检验

| 曲线 | 分布 | 均值/Theta | Sigma | Zeta/C | Kolmogorov D | Pr > D |
|---|---|---|---|---|---|---|
| | 正态 | 746.3821 | 631.3768 | | 0.1929 | 0.1096 |
| | 对数正态 | 0 | 0.8877 | 6.2696 | 0.1015 | >.15 |
| | 指数 | 0 | 746.3821 | | 0.1475 | >.15 |
| | 韦伯 | 0 | 809.5727 | 1.2760 | 0.1209 | >.10 |

**图 13－35　第七组损失额拟合分布累计函数结果及曲线图**

从检验的结果来看，在原假设服从某个分布条件下，在5%显著性水平上，对数正态分布、指数分布和韦伯分布能通过检验。

对数正态分布函数：

$$f(x)=\frac{1}{\sqrt{2\pi}\times 0.8877x}e^{-\frac{(\ln x-6.2696)^2}{2\times 0.8877^2}}\quad (0<x<\infty)$$

指数分布函数：

$$f(x)=0.001340e^{-0.001340x}\quad (0<x<\infty)$$

韦伯分布函数：

$$f(x)=0.000712x^{-0.078530}e^{-0.000661x^{1.078530}}\quad (0<x<\infty)$$

## 八、第八组频数及损失程度统计分析

第八组中包含江西、广西、海南3个省（区）。

### （一）第八组洪涝灾害频数统计分析

图 13－36 是第八组洪涝灾害频数的基本统计量。

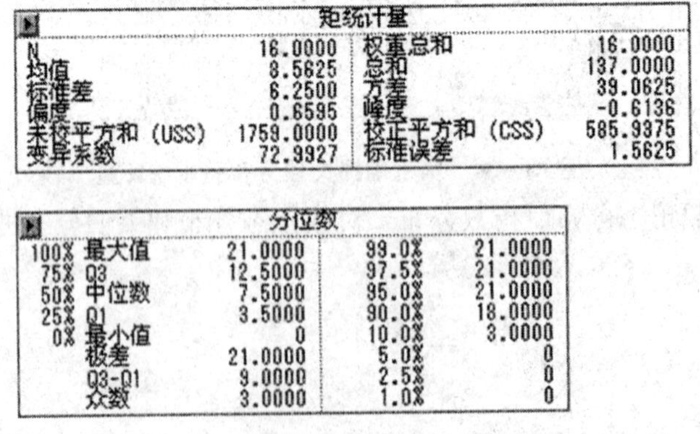

矩统计量

| | | | |
|---|---|---|---|
| N | 16.0000 | 权重总和 | 16.0000 |
| 均值 | 8.5625 | 总和 | 137.0000 |
| 标准差 | 6.2500 | 方差 | 39.0625 |
| 偏度 | 0.6595 | 峰度 | -0.6136 |
| 未校平方和（USS） | 1759.0000 | 校正平方和（CSS） | 585.9375 |
| 变异系数 | 72.9927 | 标准误差 | 1.5625 |

分位数

| | | | | |
|---|---|---|---|---|
| 100% | 最大值 | 21.0000 | 99.0% | 21.0000 |
| 75% | Q3 | 12.5000 | 97.5% | 21.0000 |
| 50% | 中位数 | 7.5000 | 95.0% | 21.0000 |
| 25% | Q1 | 3.5000 | 90.0% | 18.0000 |
| 0% | 最小值 | 0 | 10.0% | 3.0000 |
| | 极差 | 21.0000 | 5.0% | 0 |
| | Q3-Q1 | 9.0000 | 2.5% | 0 |
| | 众数 | 3.0000 | 1.0% | 0 |

**图 13－36　第八组洪涝灾害频数基本统计量**

从统计的情况看，该组的均值为8.5625，由于每年洪涝灾害的分布情况是离散的，其损失均值小于其方差，并且其偏度大于0，说明此分布为右偏，可以采用负二项分布对其进行拟合。

可以得到以下表达式：

$$P\{X=k\}=\binom{k+r-1}{r-1}p^r q^k,\ k=0,1,2\cdots$$

其中，$r=2$；$p=0.179790$；$q=0.820210$。

### （二）第八组洪涝灾害损失程度统计分析

图 13－37 是第八组洪涝灾害损失的基本统计量。

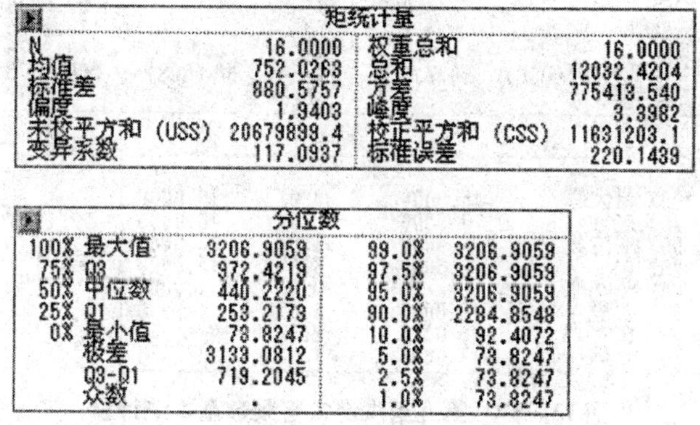

| 矩统计量 | | | |
|---|---|---|---|
| N | 16.0000 | 权重总和 | 16.0000 |
| 均值 | 752.0263 | 总和 | 12032.4204 |
| 标准差 | 880.5757 | 方差 | 775413.540 |
| 偏度 | 1.9403 | 峰度 | 3.3982 |
| 未校平方和（USS） | 20679899.4 | 校正平方和（CSS） | 11631203.1 |
| 变异系数 | 117.0937 | 标准误差 | 220.1439 |

| 分位数 | | | | |
|---|---|---|---|---|
| 100% | 最大值 | 3206.9059 | 99.0% | 3206.9059 |
| 75% | Q3 | 972.4219 | 97.5% | 3206.9059 |
| 50% | 中位数 | 440.2220 | 95.0% | 3206.9059 |
| 25% | Q1 | 253.2173 | 90.0% | 2284.8548 |
| 0% | 最小值 | 73.8247 | 10.0% | 92.4072 |
| | 极差 | 3133.0812 | 5.0% | 73.8247 |
| | Q3-Q1 | 719.2045 | 2.5% | 73.8247 |
| | 众数 | . | 1.0% | 73.8247 |

图 13－37　第八组损失额分布基本统计量

图 13－38 是按照正态分布、指数分布、对数正态分布和韦伯分布进行分布拟合及检验的结果。

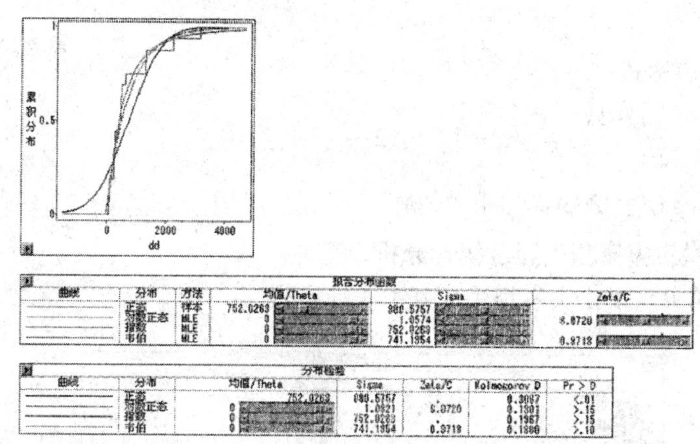


| 拟合分布函数 | | | | | |
|---|---|---|---|---|---|
| 曲线 | 分布 | 方法 | 均值/Theta | Sigma | Zeta/C |
| | 正态 | 样本 | 752.0263 | 880.5757 | |
| | 对数正态 | MLE | 0 | 1.0574 | 6.0720 |
| | 指数 | MLE | 0 | 752.0263 | |
| | 韦伯 | MLE | 0 | 741.1954 | 0.9718 |

| 分布检验 | | | | | | |
|---|---|---|---|---|---|---|
| 曲线 | 分布 | 均值/Theta | Sigma | Zeta/C | Kolmogorov D | Pr > D |
| | 正态 | 752.0263 | 880.5757 | . | 0.3087 | <.01 |
| | 对数正态 | 0 | 1.0921 | 6.0720 | 0.1301 | >.15 |
| | 指数 | 0 | 752.0263 | . | 0.1967 | >.15 |
| | 韦伯 | 0 | 741.1954 | 0.9718 | 0.1800 | >.10 |

图 13－38　第八组损失额拟合分布累计函数结果及曲线图

从检验的结果来看，在原假设服从某个分布条件下，在 5% 显著性水平上，对数正态分布、指数分布和韦伯分布能通过检验。

对数正态分布函数：

$$f(x)=\frac{1}{\sqrt{2\pi}\times 1.0921x}e^{-\frac{(\ln x-6.0720)^2}{2\times 1.0921^2}}\quad(0<x<\infty)$$

指数分布函数：

$$f(x)=0.001330e^{-0.001330x}\quad(0<x<\infty)$$

韦伯分布函数：

$$f(x) = 0.000522x^{0.168699}e^{-0.000447x^{1.168699}} \quad (0 < x < \infty)$$

## 九、第九组频数及损失程度统计分析

第九组中包含湖南1个省。

### （一）第九组洪涝灾害频数统计分析

图13－39是第九组洪涝灾害频数的基本统计量。

| 矩统计量 | | | |
|---|---|---|---|
| N | 16.0000 | 权重总和 | 16.0000 |
| 均值 | 6.0625 | 总和 | 97.0000 |
| 标准差 | 4.3889 | 方差 | 19.2625 |
| 偏度 | 0.6118 | 峰度 | -0.2179 |
| 未校平方和 (USS) | 877.0000 | 校正平方和 (CSS) | 288.9375 |
| 变异系数 | 72.3943 | 标准误差 | 1.0972 |

| 分位数 | | | |
|---|---|---|---|
| 100% 最大值 | 15.0000 | 99.0% | 15.0000 |
| 75% Q3 | 7.5000 | 97.5% | 15.0000 |
| 50% 中位数 | 6.0000 | 95.0% | 15.0000 |
| 25% Q1 | 2.5000 | 90.0% | 13.0000 |
| 0% 最小值 | 0 | 10.0% | 1.0000 |
| 极差 | 15.0000 | 5.0% | 0 |
| Q3-Q1 | 5.0000 | 2.5% | 0 |
| 众数 | 7.0000 | 1.0% | 0 |

**图13－39　第九组洪涝灾害频数基本统计量**

从统计的情况看，该组的均值为6.0625，较1992～2004年间的均值5.5385基本上没有变化，说明近年来湖南省发生的洪涝灾情与之前基本相似。由于每年洪涝灾害的分布情况是离散的，其损失均值小于其方差，并且其偏度大于0，说明此分布为右偏，可以采用负二项分布对其进行拟合。

可以得到以下表达式：

$$P\{X = k\} = \binom{k+r-1}{r-1}p^r q^k,\ k = 0,\ 1,\ 2\cdots$$

其中，$r = 1$；$p = 0.239388$；$q = 0.760612$。

### （二）第九组洪涝灾害损失程度统计分析

图13－40是第九组洪涝灾害损失的基本统计量。

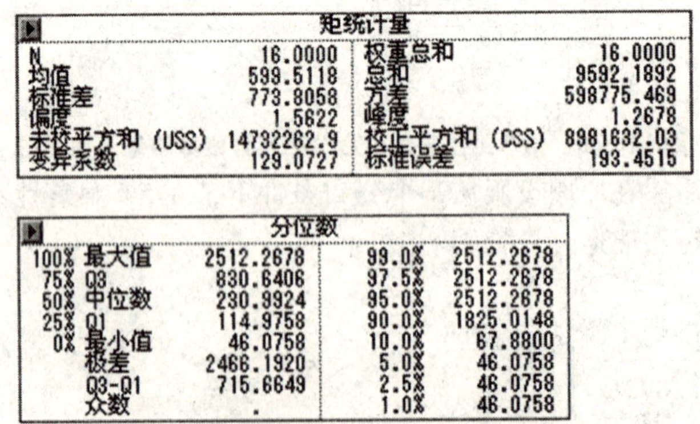

| 矩统计量 | | | |
|---|---|---|---|
| N | 16.0000 | 权重总和 | 16.0000 |
| 均值 | 599.5118 | 总和 | 9592.1892 |
| 标准差 | 773.8058 | 方差 | 598775.469 |
| 偏度 | 1.5622 | 峰度 | 1.2678 |
| 未校平方和 (USS) | 14732262.9 | 校正平方和 (CSS) | 8981632.03 |
| 变异系数 | 129.0727 | 标准误差 | 193.4515 |

| 分位数 | | | |
|---|---|---|---|
| 100% 最大值 | 2512.2678 | 99.0% | 2512.2678 |
| 75% Q3 | 830.6406 | 97.5% | 2512.2678 |
| 50% 中位数 | 230.9924 | 95.0% | 2512.2678 |
| 25% Q1 | 114.9758 | 90.0% | 1825.0148 |
| 0% 最小值 | 46.0758 | 10.0% | 67.8800 |
| 极差 | 2466.1920 | 5.0% | 46.0758 |
| Q3-Q1 | 715.6649 | 2.5% | 46.0758 |
| 众数 | . | 1.0% | 46.0758 |

**图13－40　第九组损失额分布基本统计量**

图13－41是按照正态分布、指数分布、对数正态分布和韦伯分布进行分布拟合及检验的

结果。

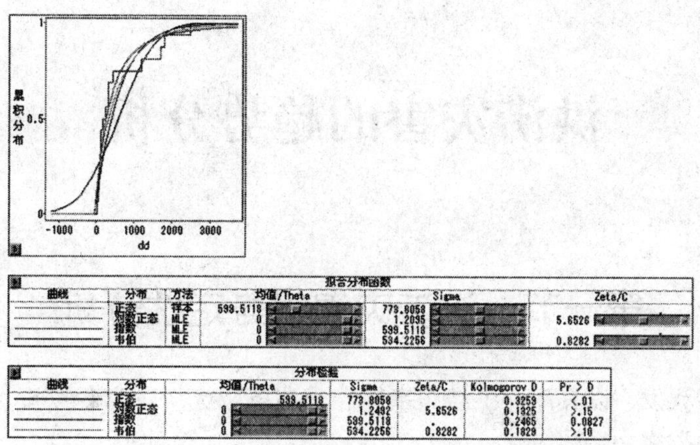


拟合分布函数

| 曲线 | 分布 | 方法 | 均值/Theta | Sigma | Zeta/C |
| --- | --- | --- | --- | --- | --- |
| | 正态 | 样本 | 599.5118 | 773.8058 | |
| | 对数正态 | MLE | 0 | 1.2095 | 5.6526 |
| | 指数 | MLE | 0 | 599.5118 | |
| | 韦伯 | MLE | 0 | 534.2256 | 0.8282 |

分布检验

| 曲线 | 分布 | 均值/Theta | Sigma | Zeta/C | Kolmogorov D | Pr > D |
| --- | --- | --- | --- | --- | --- | --- |
| | 正态 | 599.5118 | 773.8058 | . | 0.3259 | <.01 |
| | 对数正态 | 0 | 1.2492 | 5.6526 | 0.1325 | >.15 |
| | 指数 | 0 | 599.5118 | . | 0.2465 | 0.0827 |
| | 韦伯 | 0 | 534.2256 | 0.8282 | 0.1829 | >.10 |

**图 13-41　第九组损失额拟合分布累计函数结果及曲线图**

从检验的结果来看，在原假设服从某个分布条件下，在5%显著性水平上，只有对数正态分布和韦伯分布能通过检验。

对数正态分布函数：

$$f(x) = \frac{1}{\sqrt{2\pi} \times 1.2492x} e^{-\frac{(lnx - 5.6526)^2}{2 \times 1.2492^2}} \quad (0 < x < \infty)$$

韦伯分布函数：

$$f(x) = 0.005257x^{-0.204777} e^{-0.006611x^{0.795223}} \quad (0 < x < \infty)$$

# 第十四章

# 洪涝灾害的趋势分析

## 第一节　洪涝灾害趋势定性分析

我国洪涝灾害频发，以其库存洪涝频率高、分布范围大、灾害程度重、经济损失大而成为最严重的灾害种类之一。

据研究，北半球平均气温正距平时，我国长江以南地区和东北南部降水量偏多，尤以苏、浙、闽沿海最为明显。如果再考虑全球变暖，海温升高对中国东南部地区的作用，那么20世纪南方洪涝灾害加剧的可能性是可以肯定的。而生态系统恶化包括森林的恢复不力，调洪湖泊面积大幅度减少，城市化导致不透水地面增加，海平面上升降低了河流排水入海的速度，都是增加洪涝灾害的因素。1994年南方为主北方为次和1998年长江领域、松花江流域的特大洪涝灾害，可能表明了气候转暖期间波动性的洪涝加剧发展趋势。洪涝灾害带来生命财产的损失超过干旱灾害，其预测预防的难度也比较大。应估计到像1998年那样长江流域大洪水造成国家直接经济损失达1 600亿元的洪水大灾在20世纪前期多次发生甚至大规模出现的可能性，必须采取坚决措施，增强洪涝灾害的预防能力。

20世纪90年代以来，我国先后发生了1991年江淮大水，1994年珠江大水，1995年辽河、浑河和第二松花江大水，1996年七大江河流域大范围洪水和1998年的长江全流域性大洪水和嫩江、松花江特大洪水，8年中一共有5个年头发生大洪水，经济损失由几百亿元上升到2 000多亿元，呈现愈来愈重的趋势，其主要原因如下：（1）近几年全球气候变暖趋势严重，恶劣的天气条件造成超常规高强度的降雨，大江大河来水量和稀遇程度不断加大。（2）防洪建设滞后，江河防洪标准偏低，不能适应国民经济和社会发展的要求。（3）许多河流上游地区水土流失严重，以及河道泄洪、蓄洪能力降低，造成洪涝灾害的范围和严重程度逐年增加。（4）随着国民经济和人民生活水平的不断提高，集体和个人的财产日益积累，洪灾损失加大，特别是1998年发生大洪水的长江中下游地区和松嫩平原，都是主要的粮棉产区和经济发达地区，而且近几年的经济发展速度很快，社会财富不断增加，受灾后经济损失相应加大。

未来中国洪涝灾害加剧的地区有两个：一个是南方长江以南地区，另一个是西部地区，尤其是西北。减缓的主要地区是北方的华北、东北和长江下游的安徽省、江苏省、浙江省和上海市。此外，广东省与海南省在21世纪洪灾受灾面积也有所趋缓。

中国洪涝灾害的未来趋势主要有三个特点：

### 一、证实了中国近年旱涝分布大势的“南涝北旱”特征

这种分布是受20世纪50年代以来主要多雨区南移影响的。北方各省（区、市）的洪涝

灾害趋势减弱，可以看作是华北、东北干旱化的一种表现。

## 二、中国胡焕庸线以西地区的洪涝灾害有所加剧

胡焕庸线是中国人口分布的重要分界线，有学者发现全国的洪涝灾害主要分布在胡焕庸线以东。这一方面反映人类活动对洪灾的加剧作用，另一方面也是受中国降水量从东南向西北递减的影响。不过西北的东部，新疆维吾尔自治区、甘肃省、青海省、宁夏回族自治区等省（区）部分呈现出洪涝灾害加剧的现象。这是因为，一方面，由于西北地区对气候变暖的响应比较明显，气温升高而造成冰川消融增加，引起冰川洪水多发；另一方面，这是对西北地区降水量增加的一种响应，50 年来西北大部分地区年降水量有增长的趋势，大约每 10 年增长 10% ~20%。

## 三、城市内涝问题加剧

我国目前正处于工业化和城市化高速发展时期，城市在发展的同时深刻地改变了当地自然环境，增大了洪涝灾害风险。2011 年 6 月开始，我国大部分城市陆续遭遇暴雨袭击，城市部分道路出现积水现象，严重的地区甚至被当地市民戏称可在“内陆观海”。随着城市人口增加，财富集中，城市防洪任务更加艰巨。研究城市洪涝，做好城市防洪工作已经是洪涝灾害研究的趋势。

### （一）城市内涝的原因分析

1. 城市洪涝灾害孕灾环境改变。城市地面硬化，使所在流域内不透水面积增加，透水面积减少，地表径流系数成倍增加。同样的降雨使排水河道水量增加，洪水速度加快。城市发展中填埋河湖，缩窄河道，加上城市水土流失导致河湖淤积等原因，城市对雨洪的调蓄和排涝能力降低。城市地面沉降，低洼易涝区增加。城市能源消耗增加，热岛效应产生垂直气流，拦截湿冷空气使城区降雨强度和降雨频率有所增加。城市排放的大量污染物也成为降雨的催化剂，使城区容易形成高强度暴雨。

2. 城市洪涝灾害承灾体改变。城市结构复杂，对于基础设施过度依赖，使城市相对于洪涝灾害变得脆弱，更容易遭到损害。城市排涝标准低，设施陈旧老化，排涝能力不足。城市人口和资产密度增加，单位面积下同样淹没所造成的生命财产损失会相应增加。城市地下设施增加，洪涝易损度加大。地下交通、下潜式立交、地下商城、地下车库、仓储等设施大量增加，遭遇暴雨时往往首先受害。各类高层建筑和大型公共建筑也大多将配电设施置于地下层，一旦水淹可能造成整栋建筑瘫痪。城市中的水、电、油、气、交通、通信、信息等网络系统发达，被称为城市的生命线系统，是维持城市正常活动的基本保障。但是遭遇洪水时，系统中一处损坏就可能导致系统瘫痪。而且生命线系统大多置于地下，发生洪涝灾害时容易受损。城市洪涝灾害诱发次生灾害的隐患多。如街道变成了行洪通道，汽车熄火并被冲入河道造成伤亡；洪涝造成地面塌陷，形成水坑，车、人误入造成伤亡；地下交通和地下商城突然进水造成伤亡；电气设施漏电，造成电击伤亡；广告牌或围墙倒塌造成伤亡；因金属导体或接听手机、MP3 等导致雷击等。

### （二）城市防洪工程措施

1. 提高城市规划中的排涝标准，地下管网进行配套建设。

2. 疏通城市水系，恢复河道行洪能力。同时对水系进行综合治理，内容包括防洪排涝、水源保障、水资源保护、水景观、水生态修复和水文化等。

3. 增加城市水面比例，低洼地恢复湿地。同时制定和实施城市雨洪调蓄和利用规划，利用公园绿地、运动场、楼间空地、地下水库、地下河等多样措施增加城市对雨洪的调蓄能力。

**（三）城市防洪非工程措施**

除了采用传统的工程措施减少城市洪涝风险，利用水文、水动力学模型及 GIS 技术增强对城市洪涝风险变化的预测能力，对提高防汛预警决策科学化水平和减少城市洪涝灾害损失具有重要的意义。下面介绍几种城市洪涝过程模拟方法。

1. 结合水文学中的产汇流理论与水力学方法，分别用于模拟城市地面产汇流过程及雨水在排水管网中的运动。该方法的计算基本单元是水文概念上的集水区域，所以其计算结果仅能反映计算范围内关键位置或断面的洪涝过程①。

2. 采用一、二维水动力学模型模拟城市内洪水的演进过程，充分考虑城市地形和建筑物的分布特点，可以较好地模拟城区洪水的物理运动过程，并可详细提供洪水演进过程中各水力要素值的变化情况②。

3. 利用 GIS 的数字地形技术分析洪水的扩散范围、流动路径，从而确定积水区域，该方法以水体由高向低运动的原理作为计算的基本依据，所提供计算结果仅能反映城市洪水运动的最后状态，不能详细描述洪水的运动过程③。

## 第二节　我国洪涝灾害趋势定量分析

本节使用《中国减灾》中记载的 1990 ~ 2009 年灾害损失数据，对我国洪涝灾害趋势作定量分析。尽管《中国减灾》杂志所记录的我国洪涝灾害事件可能有所缺失，但毕竟统计口径一致，在此基础上分析出的结果还是有一定价值的。

仅利用这 20 年的数据作 SAS 时间序列分析，难以得出准确的趋势预测结果。在洪涝灾害时间序列中，存在明显的周期性变化，这种周期是由于季节性变化引起的。因此我们考虑将年度时间序列细分为季节性序列，同时将样本数量从 20 增加到 80。本节选用的季节划分标准是气象学标准，主要以时间为划分标准：每年的 3 ~ 5 月为春季，每 3 个月为一个季节，依此类推，每年的 12 月到次年的 2 月是当年的冬季。这个标准在全国大范围采用。我们作一个调整：以上年的 12 月到当年的 2 月为当年的第一个季节，每 3 个月为一个季节，依此类推下去。可以看出，这并不影响全国洪涝灾害的趋势分析。

### 一、全国洪涝灾害频数趋势分析

**（一）对平稳性和季节性的识别**

1990 ~ 2009 年度的洪涝灾害季节频数如表 14 - 1 所示。

---

①　徐向阳，刘俊，郝庆庆等："城市暴雨积水过程的模拟"［J］，《水科学进展》2003 年 14（2）。

②　程晓陶，仇劲卫，李娜等："城市洪涝仿真模型开发研究总结报告"，中国水利水电科学研究院，1997 年。

③　向素玉，陈军："基于 GIS 城市洪水淹没模拟分析"，《地球科学》1995 年 20（5）。

表 14-1　　1990~2009 年度的洪涝灾害季节频数

| 年度\季度频数 | 第一季度 | 第二季度 | 第三季度 | 第四季度 |
|---|---|---|---|---|
| 1990 | 1 | 5 | 29 | 3 |
| 1991 | 0 | 15 | 39 | 3 |
| 1992 | 1 | 9 | 20 | 9 |
| 1993 | 1 | 7 | 47 | 2 |
| 1994 | 0 | 7 | 38 | 6 |
| 1995 | 0 | 9 | 60 | 4 |
| 1996 | 0 | 7 | 53 | 4 |
| 1997 | 0 | 7 | 15 | 0 |
| 1998 | 1 | 16 | 21 | 1 |
| 1999 | 0 | 11 | 36 | 2 |
| 2000 | 0 | 8 | 29 | 3 |
| 2001 | 0 | 7 | 14 | 0 |
| 2002 | 0 | 1 | 9 | 0 |
| 2003 | 0 | 24 | 56 | 8 |
| 2004 | 1 | 10 | 32 | 17 |
| 2005 | 2 | 22 | 116 | 14 |
| 2006 | 2 | 29 | 123 | 10 |
| 2007 | 4 | 29 | 44 | 2 |
| 2008 | 0 | 19 | 69 | 10 |
| 2009 | 0 | 38 | 127 | 11 |

用 SAS 做出频数的折线图（见图 14-1）。

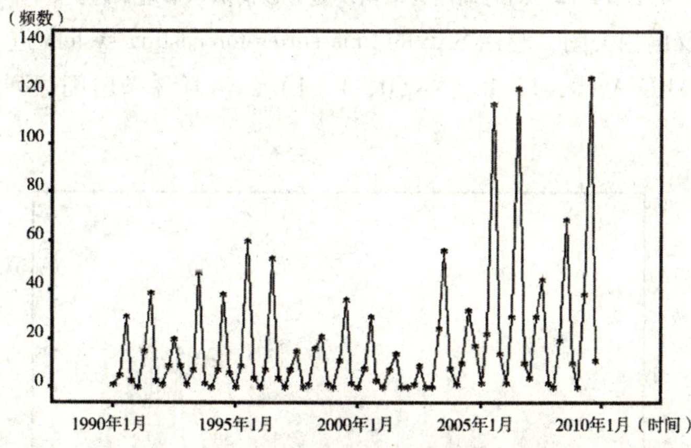


图 14-1　1990~2009 年我国各季洪涝灾害频数时间序列折线图

由图 14-1 可以看出，我国洪涝灾害频数没有明显的上升或下降趋势，但具有季节性变化，而且季节变化的振幅越来越大；分段来看，均值和方差变化很大，由此看出该序列不具有平稳性。通过自相关图，发现季节频数与其 4 倍数的滞后期存在显著的自相关关系。自相关图显示出来的这个性质和该序列时序图显示出的周期性质是非常吻合的，说明其具有很强的周期性。此外，自相关函数衰减很慢，这也进一步印证了该时间序列是非平稳的。

### （二）ARIMA 模型

用 ARIMA 模型对 1990～2009 年度洪涝灾害的季节频数作时间序列分析。由于该序列不平稳，需要对其作差分处理。利用 ADF 检验控制差分过程，经过试验，发现对该序列作一次季节和非季节差分之后，能够通过 ADF 检验，这意味着这个序列已经被转换为平稳时间序列（见表 14－2）。

**表 14－2　季节频数序列的 ADF 检验**

| 序列名 | （c，t，p） | ADF 统计量 | 结论 |
|---|---|---|---|
| 频数 | （0，0，1） | －6.43 | 平稳 |

注：（c，t，p）为检验类型，c 和 t 表示带有常数项和时间趋势项，p 表示所采用的滞后阶数。

差分效果图见图 14－2。

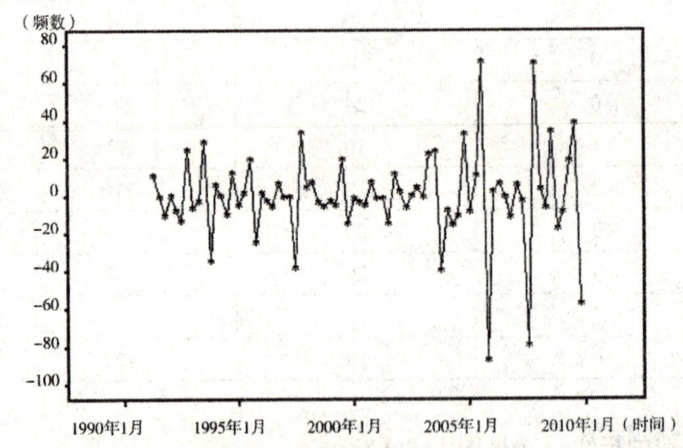


**图 14－2　对时间序列取两次差分以消除季节增长趋势**

分析自相关图及偏相关图，利用 SAS 的 time series forecasting system 进行筛选，最终选定洪涝发生频数服从 ARIMA（2，1，1）×（0，1，1）s＝4 阶季节时间序列模型。拟合结果见图 14－3。

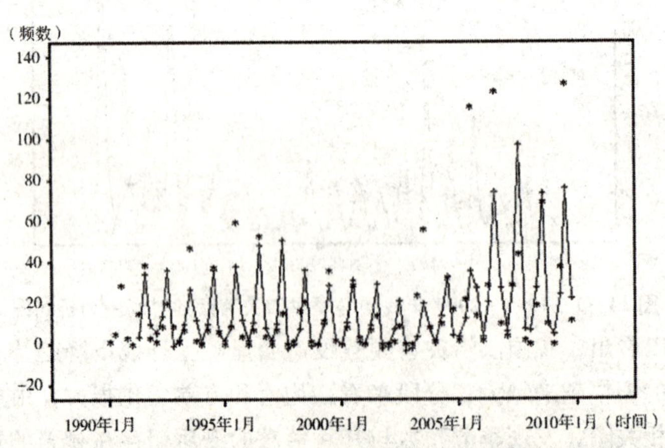


**图 14－3　1990～2009 年我国各季洪涝灾害频数拟合值**

从SAS的输出结果可以发现：白噪声检验图中的所有滞后量在5%的显著性水平下均与0无差异，接受残差序列为白噪声的原假设，说明残差中蕴含的信息已经被完全提取出来了；除常数项外，各个参数均显著通过t检验，但常数项也非常接近于0。由于使用差分，可决系数不可能太高，总体来看，可以把上述模型作为最终估计结果。

模型的参数估计结果如表14－3所示。

**表14－3　ARIMA（2，1，1）（0，1，1）s NOINT 模型参数估计结果**

| 参数 | SA（1） | SMA（1） | AR（1） | AR（2） |
|---|---|---|---|---|
| 估计值 | 0.95 | 0.59 | 0.16 | －0.036 |
| | (13.68)*** | (4.84)*** | (1.29)*** | (－0.27)*** |

注：括号中数字为参数的t检验值，***、**、*分别为在1%、5%、10%置信水平下统计显著。

各季洪涝灾害频数时间序列方程如下：

$$(1-0.16B+0.036B^2)(1-B)(1-B^4)x_t=(1-0.95B)(1-0.59B^4)e_t$$

其中，$x_t$ 表示洪涝灾害季节发生频数随机变量，$B$ 称为滞后算子，其定义是 $B^n x_t = x_{t-n}$，$e_t$ 为白噪声过程。

预测结果见图14－4和表14－4。

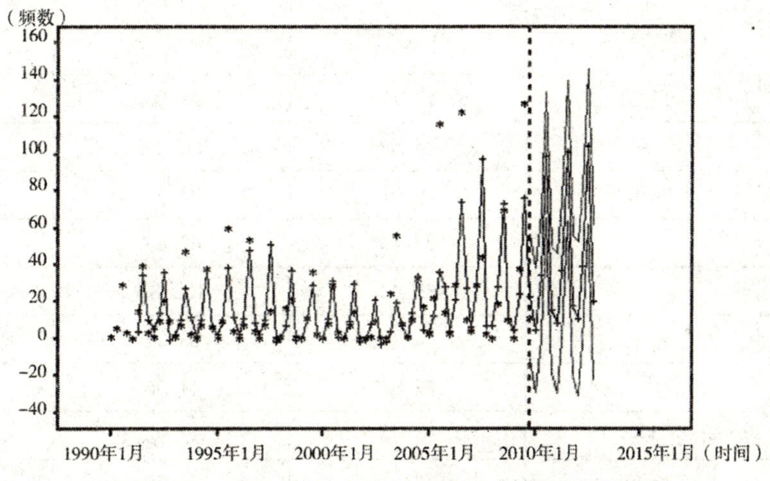


**图14－4　1990～2009年我国各季洪涝灾害频数预测图**

**表14－4　2010～2012年我国各季洪涝灾害预测结果**

| 季度 | 预测值 | 95%置信区间 |
|---|---|---|
| 2010年第一季度 | 4.54 | （0，38.11） |
| 2010年第二季度 | 34.36 | （0.06，68.67） |
| 2010年第三季度 | 99.32 | （64.98，133.66） |
| 2010年第四季度 | 15.42 | （0，49.79） |
| 2011年第一季度 | 8.37 | （0，46.07） |

续表

| 季度 | 预测值 | 95%置信区间 |
|---|---|---|
| 2011 年第二季度 | 36.96 | （0，74.96） |
| 2011 年第三季度 | 101.80 | （63.64，139.83） |
| 2011 年第四季度 | 17.84 | （0，56.02） |
| 2012 年第一季度 | 10.80 | （0，52.31） |
| 2012 年第二季度 | 39.40 | （0，81.26） |
| 2012 年第三季度 | 104.17 | （62.18，146.17） |
| 2012 年第四季度 | 20.28 | （0，62.41） |

注：置信区间的下界可能是负数，但是损失不可能为负，因此对于负的置信区间下界，可以用0替代。

## 二、全国洪涝灾害次损失额趋势分析

### （一）对平稳性和季节性的识别

1990～2009 年度的洪涝灾害季度平均次损失额如表 14－5 所示。

表 14－5　**1990～2009 年度的洪涝灾害季度平均次损失额**　（单位：亿元）

| 年度＼季度<br>平均次损失 | 第一季度 | 第二季度 | 第三季度 | 第四季度 |
|---|---|---|---|---|
| 1990 | 17.51 | 12.41 | 58.06 | 6.52 |
| 1991 | — | 45.09 | 315.58 | 14.55 |
| 1992 | 24.03 | 46.01 | 93.51 | 60.81 |
| 1993 | — | 29.47 | 62.43 | 23.13 |
| 1994 | — | 83.43 | 102.83 | 9.02 |
| 1995 | — | 4.13 | 63.22 | 2.21 |
| 1996 | — | 38.92 | 41.56 | 15.31 |
| 1997 | — | 22.73 | 33.95 | — |
| 1998 | 6.05 | 12.31 | 74.75 | 51.24 |
| 1999 | — | 19.93 | 38.25 | 10.63 |
| 2000 | — | 2.29 | 19.48 | 60.50 |
| 2001 | — | 3.49 | 12.16 | — |
| 2002 | — | — | 0.31 | — |
| 2003 | — | 7.47 | 11.97 | 4.48 |
| 2004 | — | 3.80 | 3.02 | 8.51 |
| 2005 | 0.61 | 3.85 | 7.49 | 7.84 |
| 2006 | 0.48 | 4.41 | 10.12 | 1.12 |
| 2007 | — | 1.37 | 13.12 | 2.63 |

续表

| 年度\季度 平均次损失 | 第一季度 | 第二季度 | 第三季度 | 第四季度 |
|---|---|---|---|---|
| 2008 | — | 1.06 | 7.03 | 20.82 |
| 2009 | — | 1.33 | 3.15 | 1.09 |

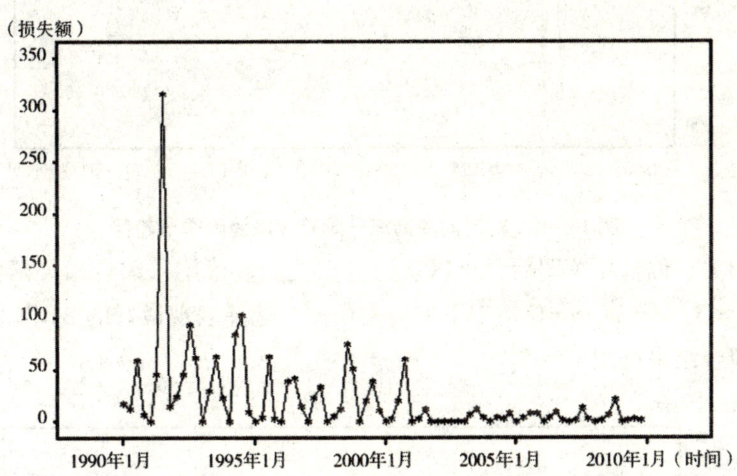


**图 14－5　1990～2009 年我国各季次损失额时间序列折线图**

由图 14－5 可以看出，我国洪涝灾害季度平均次损失额没有明显的上升或下降趋势，但具有季节性变化，而且季节性变化的振幅变动幅度较大（分段来看，均值和方差变化很大），由此看出该序列不具有平稳性。进一步从自相关系数图来分析，发现季节频数与其 4 倍数的滞后期存在显著的自相关关系。自相关图显示出来的这个性质和该序列时序图显示出的周期性质是非常吻合的，说明其具有很强的周期性。此外，自相关函数衰减很慢，这也进一步印证了该时间序列是非平稳的。

**（二）ARIMA 模型**

用 ARIMA 模型对 1990～2009 年度洪涝灾害的季度次损失额作时间序列分析。由于该序列不平稳，需要对其作差分处理。利用 ADF 检验控制差分过程，经过试验，发现对该序列作一阶差分之后，能够通过 ADF 检验，意味着该序列已经被转换为平稳时间序列（见表 14－6）。

**表 14－6　　洪涝灾害季度次损失额序列的 ADF 检验**

| 序列名 | (c, t, p) | ADF 统计量 | 结论 |
|---|---|---|---|
| 损失额 | (0, 0, 1) | $-12.28^{***}$ | 平稳 |

注：(c, t, p) 为检验类型，c 和 t 表示带有常数项和时间趋势项，p 表示所采用的滞后阶数，***、**、*分别为在 1%、5%、10%置信水平下统计显著。

差分效果图如图 14－6 所示。

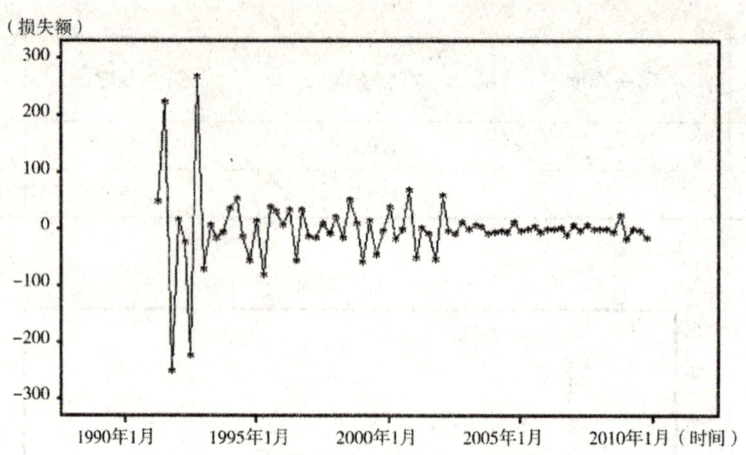


**图 14－6　对时间序列取一阶差分以消除季节趋势**

观察其自相关、偏自相关图后，可以认为自相关函数截尾，偏自相关函数可以认为 3 步截尾，比较在 $p\leqslant3$、$d=1$、$q=0$ 情形下的各种模型，选择表现最好的 ARIMA（3，1，0）模型来研究。其拟合结果见图 14－7。

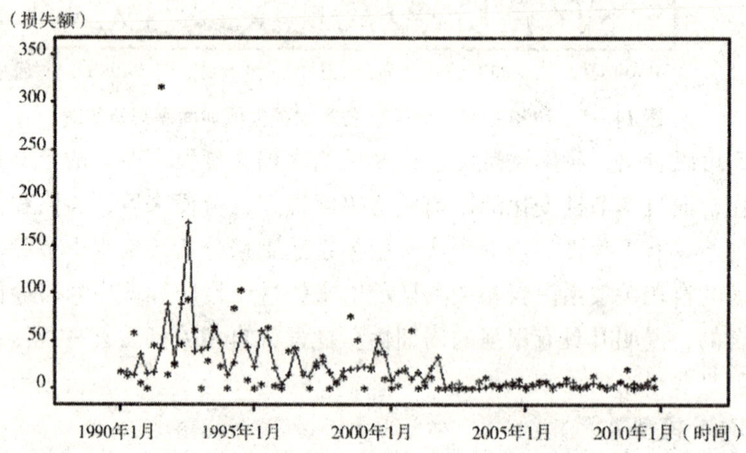


**图 14－7　1990～2009 年我国各季洪涝灾害季度平均次损失额拟合值**

从上述 SAS 的输出结果可以看出：白噪声检验图中的所有滞后量在 5% 的显著性水平下均与 0 无差异，接受残差序列为白噪声的原假设，说明残差中蕴含的信息已经被完全提取出来了；模型中所有参数均通过 t 检验。由于使用差分的缘故，可决系数不可能太高，总体来看，模型拟合效果较佳，可以作为最终模型（见表 14－7）。

**表 14－7　　ARIMA（3，1，0）模型参数估计结果**

| 参数 | AR（1） | AR（2） | AR（3） |
|---|---|---|---|
| 估计值 | －0.74 | －0.69 | －0.50 |
| | （－7.56）*** | （－6.78）*** | （－5.14）*** |

注：括号中数字为参数的 t 检验值，***、**、* 分别为在 1%、5%、10% 置信水平下统计显著。

各季度洪涝灾害频数时间序列方程如下：

$$(1+0.74B+0.69B^2+0.50B^3)(1-B)x_t=e_t$$

其中，$x_t$ 表示洪涝灾害季节次损失的随机变量，$B$ 称为滞后算子，其定义是 $B^n x_t = x_{t-n}$，$e_t$ 为白噪声过程。

预测结果见图 14－8 和表 14－8。

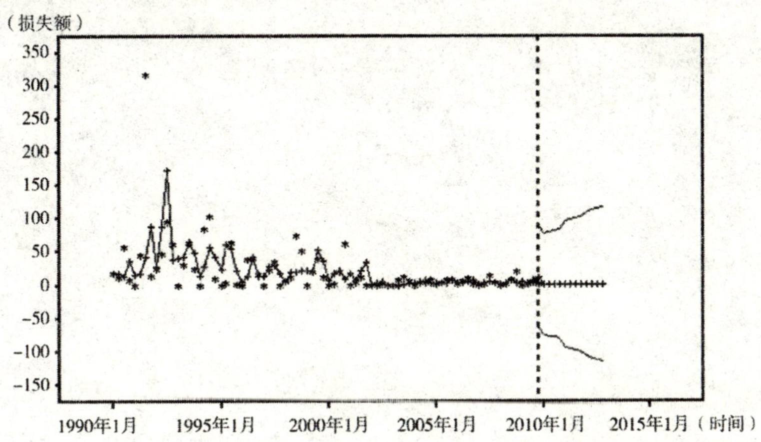


**图 14－8　1990～2009 年我国洪涝灾害季度平均次损失额预测图**

**表 14－8　　2010～2012 年我国各季度洪涝灾害损失额预测结果**

| 季度 | 预测值 | 95% 置信区间 |
|---|---|---|
| 2010 年第一季度 | 0.69 | (0，77.58) |
| 2010 年第二季度 | 1.49 | (0，81) |
| 2010 年第三季度 | 2.21 | (0，82.23) |
| 2010 年第四季度 | 1.33 | (0，83.32) |
| 2011 年第一季度 | 1.09 | (0，95.76) |
| 2011 年第二季度 | 1.51 | (0，99.48) |
| 2011 年第三季度 | 1.09 | (0，101.22) |
| 2011 年第四季度 | 1.42 | (0，103.57) |
| 2012 年第一季度 | 1.29 | (0，109.40) |
| 2012 年第二季度 | 1.50 | (0，112.75) |
| 2012 年第三季度 | 1.63 | (0，114.94) |
| 2012 年第四季度 | 1.45 | (0，117.56) |

注：置信区间的下界可能是负数，但是损失不可能为负，因此对于负的置信区间下界，我们可以用 0 替代。

# 第三篇　火灾灾因分析

# 第十五章

# 火　灾

## 第一节　概　述

火灾，是指在时间或空间上失去控制的燃烧所造成的灾害。凡是具备燃烧条件的地方，如果用火不当，或者由于某些事故或其他因素，造成了火焰不受限制地向外扩张，就可能形成火灾。

火灾对人类和社会造成的破坏巨大，其造成的损失大大超过其直接财产损失。如果不考虑火灾对环境破坏造成的影响，我们可以把直接、间接财产损失、人员伤亡损失、消防补救费用、保险管理费用以及投入的火灾防护工程费用统称为火灾代价。根据世界火灾统计中心以及欧洲共同体研究的结果，大多数发达国家每年火灾直接损失约占国民经济总产值的2‰左右，而整个火灾代价约占1%以上。如果将火灾对环境造成的破坏计算在内，其损失程度将更大。近年来，在全球范围内，每年发生的火灾就有600万~700万起，有65 000~75 000人死于火灾。由此可见，火灾防治是人类社会的一项长期的重要任务。

根据火灾发生的场所，火灾主要可分为建筑火灾、森林火灾、工矿火灾及交通工具火灾等类型。近年来，随着我国经济建设的快速发展，导致火灾的因素也大量增加，火灾形势日趋严峻。

下面简要介绍燃烧现象和火灾发展的基本过程。

### 一、燃烧现象概述

火灾是由燃烧造成的，燃烧是可燃物与助燃物（氧化剂）之间的剧烈的发光发热的化学反应。燃烧有三要素：可燃物、助燃物及热源。可燃物的存在是燃烧的基本条件，但可燃物的燃烧还需要助燃物的参与，在火灾中最常见的助燃物就是空气中的氧气；为了促使可燃物和助燃物之间发生反应，还需要一定热源的作用以使得温度达到燃点。可燃物的燃烧受到多种因素的影响，可燃物的性质、组织、形态是主要因素，此外，可燃性气体的浓度、初温和压力等都对最小引燃能量有一定的影响。

着火是可燃物发生燃烧的起始阶段。可燃物的着火主要有自燃和点燃两种类型。

**（一）自燃**

自燃是物质在一定的条件下由于本身温度升高超过燃点而发生的着火。这类着火不需要由外界加热，而是在常温下依靠自身的化学反应或热量的积累引发的。金属钠在空气中的自燃、长期堆积且通风不良的柴草自燃就是这类现象。

**（二）点燃**

对于冷态可燃物，使小火焰、电火花、电弧、热物体等高温热源作用于其局部，可引起该区首先着火。随后，发生燃烧部分的火焰向体系的其他部分传播。

从本质上来说，可燃物着火是其氧化反应由慢速加速到一定程度的现象。引起氧化反应的加速，或是由于温度的升高，或是由于活性中心的积累。

## 二、火灾发展的基本过程

整个火灾过程大体上可以分为初期增长、充分发展和减弱三个阶段。

**（一）初期增长阶段**

这一阶段火灾范围较小，还没有产生高热量辐射及强气体对流，因此不具有强烈破坏性，如果扑救及时，方法得当，完全可以将火灾控制在局部，甚至完全扑灭。

**（二）充分发展阶段**

当火灾没有得到及时控制发展到剧烈燃烧时便进入了火灾的充分发展阶段，此时火场燃烧速度加快，温度急剧升高，产生高温辐射和气流，并会伴随可燃物不完全燃烧或者高温分解产生有毒有害气体，甚至由于可燃性气体的积聚产生爆燃。此阶段不仅火势难以控制，而且会对扑救人员和被困人员形成巨大的安全威胁。

**（三）减弱阶段**

随着可燃物的消耗，火灾的燃烧程度逐渐减弱，以致明火焰熄灭。不过剩下的焦炭通常还将持续燃烧一段时间。同时由于燃烧释放的热量不会很快散失，着火区内温度仍然较高。这一阶段会因为地理位置、火场环境的不同持续时间有所不同。特别注意，此阶段若处理不当便会出现“死灰复燃”现象。

回燃是建筑火灾的另一种危害严重的火灾现象。如果火灾发生在基本封闭的房间内，则空气难以满足旺盛燃烧的需要，这时的燃烧规模较小；同时燃烧很不完全，烟气中含有大量的可燃成分。但是如果房间突然形成通风口，例如门被突然打开或者窗户碎裂，新鲜空气突然进入，则热烟气和新鲜空气可以发生较大范围的混合。这种可燃混合气体很容易被小火源点燃，并发生猛烈的燃烧，大团的火焰往往可以烧到建筑物之外。这种突发性的燃烧对人员安全，特别是扑救人员的安全构成很大的威胁。

以上描述的是火灾的自然发展过程。人们会采取各种可行的措施来控制或扑灭火灾，不同的措施可以在火灾不同阶段发挥作用。例如，在火灾早期，启动喷水灭火装置可以有效控制温度的升高，使得室内不能发生轰燃，并且火灾也会较快地被熄灭。

# 第二节　火灾的分类及特点

## 一、根据火场分类

根据火灾发生的场所，火灾主要可分为建筑火灾、森林火灾、工矿火灾及交通工具火灾等类型。

**（一）建筑火灾**

在各类火灾类型中，以建筑火灾对人们的危害最严重、最直接，因为各种类型的建筑物是人们生产和生活的主要场所，也是财富高度集中的场所。我国建筑火灾的形势一直比较严峻，这与我国的建筑结构形式、人民的生产和生活特点、我国的地理位置、气候条件、社会习俗等诸多因素有关。建筑物发生火灾时产生大量的烟雾，烟雾中有害气体是火灾伤亡的最主要原因。在火灾中，材料分解产生大量的热量，引起建筑物内温度升高，混凝土在一定温度下将分解成无黏结力的石灰和二氧化碳，从而造成了楼层坍塌，使建筑物遭受灾难性的毁坏。造成当前建筑火灾比较突出的因素是多方面的。应当注意，其中不少因素与当前我国经济快速发展的状况有着密切关系。随着我国城市化水平的迅速提高，建筑业得到了突飞猛进的发展，各种建筑物的数量大大增加，出现了许多新型、大型、高层的特殊类型建筑，如超高层建筑、地下建筑及大型商场、剧场、仓库、车间、候车厅等。这些建筑的使用功能和所使用的建筑材料也发生了巨大的变化，建筑物内使用的电力、热力设备大大增加，从而增大了火灾发生的可能性，同时也使得火灾的风险程度发生了很大变化。

**（二）森林火灾**

森林中微小的火并不会造成明显的损失，有时甚至益大于弊，因此，所谓森林火灾，确切地说是指森林大火造成的灾害。其主要特点有：

1. 延烧时间长，大多为几天、十几天甚至更长。

2. 火烧面积大，大多为数百、数千公顷、数十万公顷或更大。

3. 火强度大，有明显的对流柱。当有飞火和火旋风出现时，就更容易跳跃和飞跃各种障碍（防火线、道路、河流等）。

4. 受可燃物种类、环境、地形、气象等条件影响大。在长期干旱的末期，森林含水量约在15%以下，有大风时发生的森林火灾是一种十分复杂而异常可怕的灾害现象。

5. 对林木的危害严重，可使70%以上甚至100%林木被烧死，同时对生态和环境构成不同程度的破坏。

**（三）工矿火灾**

在我国，工矿火灾是很严重的。由瓦斯爆炸引发的特大煤矿火灾屡有发生，煤矿、生产烟火爆竹等危险品的私营企业、储存有危险品的场所时有火灾发生，酿成了巨大损失，尤其是人员伤亡严重，给社会造成极大影响。

**（四）交通工具火灾**

生产和交换的发展带动了交通运输业的迅猛发展。众多可燃物的流通和调配，大量人员的转移，使交通工具火灾明显增多。例如2000年山东省共发生交通工具火灾940起，死3人，伤8人，造成直接财产损失940万元，分别占全省火灾发生总数的5.5%、总死亡人数的1.4%、总的直接财产损失的11%。再如，2001年北京市汽车拥有量为166.4万辆，共发生汽车火灾637起，直接损失400余万元。近年交通工具火灾发生起数和财产损失的额度增长趋势迅猛。

## 二、根据可燃性类型和燃烧特性分类

我国自2009年4月1日起，开始实施GB/T4968－2008《火灾分类》推荐性国家标准，这一标准采用了ISO3941：2007《火灾分类》（英文版），并结合国情作出修改。这一标准根据可燃物的类型和燃烧特性将火灾定义为以下六个不同的类别：

**（一）A类火灾**

A类火灾指固体物质火灾。这种物质通常具有有机物性质，一般在燃烧时能产生灼热的余烬。

**（二）B类火灾**

B类火灾指液体或可熔化的固体物质火灾。

**（三）C类火灾**

C类火灾指气体火灾。

**（四）D类火灾**

D类火灾指金属火灾。

**（五）E类火灾**

E类火灾指带电火灾。

**（六）F类火灾**

F类火灾指烹饪器具内的烹饪物（如动植物油脂）火灾。

## 第三节　我国火灾直接损失的统计方法①

每起火灾直接财产损失应包括房屋、构筑物、设备和其他各类财产的火灾损失，在具体统计时，应逐项计算损失，将各项损失之和作为本起火灾的直接财产损失。损失额计算单位一律以人民币（元）为计算单位，不足1元的四舍五入。

烧损率的评价方法对于直接损失的统计至关重要，因此这里重点介绍，其他详细内容参照有关规定。

### 一、烧损率的评价方法

为了科学地进行火灾损失计算，就要对火灾现场建筑物、设备、物资的残留部分进行全面细致的检验，准确地评价它们的烧损率。

**（一）房屋、建筑物烧损率评价方法**

根据公安部《房屋、建筑物烧损率评价方法》，将房屋、建筑物烧损率分为以下四种情况：

1. 基本烧损。基本烧损的烧损率按90%以上计算，是指房屋、建筑物的主体结构大部分倒塌，装修和设备等大部分烧损，已无重新修复价值，需要全部拆除重建。

烧损率为90%的房屋、构筑物的标准如下：90%梁、柱、墙、板等承重构件及非承重构件保护层，大部分或全部严重剥落、露筋或断裂，主体结构严重损坏，丧失使用功能，有倒塌危险。门、窗、装修及室内水卫、电照、暖气、煤气具与特种设备（消火栓和避雷装置等公共设施）大部分或全部烧损脱落，已无修复价值，需采用翻修工程，拆除重建。

① 本节部分内容摘自田玉敏等著：《消防经济学》，化学工业出版社2007年版。

2. 严重烧损。严重烧损的烧损率按70%～90%计算，其特征是房屋、建筑物主体部分倒塌，但部分可以修复，有些建筑材料可以利用。

烧损率为70%的房屋、构筑物的标准如下：梁、柱、墙、板等承重构件及非承重构件保护层，部分严重剥落，局部露筋或开裂，个别主体结构倾斜或塌落。木结构门、窗、装修大部分严重炭化或烧损，钢结构门窗大部分严重变形，部分脱落。室内水卫、电照、暖气、煤气具与特种设备（消火栓和避雷装置等公共设施）大部分严重变形或烧损，修缮时需牵动或拆除部分主体接头，采用大修工程修复，方能恢复正常使用功能。

3. 局部烧损。局部烧损的烧损率按30%～70%计算，其特征是房屋、建筑物没有倒塌，只有部分墙倒塌，只需要修复小损小坏部分就可以恢复房屋、建筑物的正常使用功能。

烧损率为40%的房屋、构筑物的标准如下：梁、柱、墙、板等承重构件及非承重构件保护层，局部剥落或炭化，个别主体构件出现细小裂缝或烧损。木结构门、窗、装修局部炭化、翘裂或烧损。钢结构门、窗局部变形、翘曲。室内水卫、电照、暖气、煤气具与特种设备（消火栓和避雷装置等公共设施）局部变形或烧损。修缮时需牵动或拆除少量主体接头，采用中修工程修复，方能恢复正常使用功能。

4. 轻度烧损。轻度烧损的烧损率按30%以下计算。它是指建筑物基本完好，仅局部门窗烧损，墙壁被烟熏黑，灭火时稍有损坏等。

烧损率为10%的房屋、构筑物的标准如下：梁、柱、墙、板等承重构件及非承重构件保护层，外观受损或局部稍有剥落，主体结构保护完好。少量的门、窗、装修及室内水卫、电照、暖气、煤气具与特种设备（消火栓和避雷装置等公共设施）稍有变形或局部烧损。只需采用小修工程修复，即可恢复正常使用功能。

**（二）设备固定资产烧损率评价方法**

设备固定资产是指各类工业企业单位，包括全民所有制和集体所有制企业、私营企业、外商投资企业、有限公司、股份有限公司等各类组织形式的企、事业单位、国家机关、社会团体按照财政部有关规定，确定为固定资产管理的各类设备。

设备固定资产烧损率，是指其在火灾中被火烧、烟熏、砸摔和灭火过程中因破拆、水渍等原因造成的外观、使用功能和精度的损坏程度，用百分比表示。评价设备固定资产烧损率，应当根据设备归属单位的设备固定资产账目，以台、套、个、座、架、节、辆等作为评价单位。

1. 全部烧损。烧损率为70%以上（不含70%）时，按100%计算。其特征是：

（1）烧损后无法修复使用。

（2）大部分零部件、附属件或关键零部件损坏，失去了原有的全部使用价值。

（3）修复费达国家有关部分规定的报废标准。

（4）经过鉴定，大修虽能恢复精度，但不如更新经济的，或继续大修后技术性能仍不能满足工艺要求和保证产品质量的。

2. 严重烧损。烧损率40%以上（不含40%）、70%以下时，按70%计算。其特征是：

（1）大部分零部件、附属件或关键零部件损坏、导致大部分使用功能和精度降低或丧失，必须通过大修，全部拆卸分解，修理或更换烧损件，才能修复。

（2）部分使用功能或精度虽不能修复到火灾前的使用状态，但能满足使用要求，尚可使用。

3. 局部烧损。烧损率为10%以上、40%以下时，按40%计算。其特征是：设备的部分零部件、附属件损坏，导致部分使用功能和精度降低或丧失，需要部分拆卸分解，修理或更换烧损件，才能恢复到火灾前的使用状态。

4. 轻微烧损。烧损率为10%以下，按10%计算。其特征是：

（1）仅外观受损，使用功能和精度未受影响，通过一般的维护、保养，即可恢复。

（2）少量零部件、附属件受损，使用功能和精度基本未受影响，通过小修，进行简单的修理或更换，即可恢复到火灾前的使用状态。

## 二、房屋、构筑物财产损失计算

目前，我国对房屋构筑物的价值进行评估时，采用的最基本方法就是固定资产重置折旧计算方法，以重置完全价值作为确定房屋建筑价值的基本依据。

### （一）在用房屋、构筑物财产损失计算公式

$$\text{损失额（元）}=\text{重置完全价值（元）}\times\left\{1-\left[\frac{1}{\text{折旧年限（年）}}\right]\times\text{已使用年限（年）}\right\}\times\text{烧损率（\%）}$$

重置完全价值是指重新建造或重新购置财产时所需的全部费用。

房屋、构筑物重置价值（不含土地购置费）的计算公式：

重置价值=失火时该房屋、构筑物工程造价（元/平方米）×受灾房屋、构筑物建筑面积（平方米）

式中，失火房屋、构筑物的工程造价，按当地建委建设工程定额管理站或房管部门的规定执行。折旧年限按《火灾直接财产损失统计方法》（GA185－1998）中附表B计算。

### （二）在建房屋、构筑物财产损失计算公式

损失额（元）＝在建工程造价（元/平方米）×受灾房屋、构筑物建筑面积（平方米）×烧损率（%）

式中，在建工程造价（元/平方米）依据在建工程受灾时已投入资金确定。

### （三）房屋装修财产损失计算

各类装修已成为现代化建筑的一部分，特别是商用建筑的装修档次及频率日趋提高。内外装修一般指的是建筑物的二次装修。一是烧损后能够修复的，按实际修复费计算；二是烧损后不能够修复的，按全部烧损计算。

计算公式：

$$\text{损失额（元）}=\text{重置完全价值（元）}\times\left\{1-\left[\frac{1}{\text{折旧年限（年）}}\right]\times\text{已使用时间（年）}\right\}$$

### （四）文物建筑火灾直接财产损失统计方法

单座文物建筑的火灾直接财产损失计算公式：$H_s=C(X_B+X_{BT})S$

式中：$H_s$——文物建筑火灾损失额，元；

$C$——文物建筑重建费，元；

$X_B$——文物建筑保护级别系数；

$X_{BT}$——文物建筑保护级别调节系数；

$S$——烧损率，%。

文物建筑组、群的火灾直接财产损失为组成文物建筑组、群的各单座文物建筑的火灾损失之和。

文物建筑重建费 C，由文物部门参照当地有关部门颁布的古建筑修缮概（预）算定额，依据发生火灾时的实际修缮费提出。文物建筑的保护级别系数 $X_B$，单座文物建筑的保护级别调节系数 $X_{BT}$，文物建筑组、群中的单座文物建筑保护级别调节系数 $X_{BT}$，以及文物建筑烧损率 S 的取值可查公安部颁布的《火灾直接财产损失统计方法》（GA185－1998）得到。

## 三、设备（含房屋、构筑物内配套设备及施工设备）财产损失计算方法

设备火灾损失的计算公式：

$$损失额（元）=重置完全价值（元）\times \left\{1-\left[\frac{1}{折旧年限（年）}\right]\times 已使用年限（年）\right\}\times 烧损率（\%）$$

## 四、计算火灾直接损失的其他规定

**（一）房屋、构筑物及设备类财产的使用时间达到或超过规定折旧年限的 80%，但仍有使用价值的**

其财产损失按下式计算：

损失额（元）＝重置价值（元）×20%×烧损率（%）

**（二）轻微烧损的房屋、构筑物财产损失**

直接按照实际修复费计算。

**（三）商品、原材料、燃料财产损失计算**

按烧损前购进价格加上税金、运输、仓储等费用扣除残值计算。

**（四）在产品、半成品、成品、协作产品财产损失计算**

按成本价格扣除残值计算。

**（五）低值易耗品财产损失计算**

按烧损前财产总量价值的 20% 计算。

**（六）城乡居民财产损失计算**

城乡居民火灾属多发性火灾，全年火灾起数约占全国总火灾起数的一半左右。城乡居民火灾损失根据其烧损财产类别，分三种计算方法：

1. 家电、家具、文体用品等财产按当地当时市场价格，以折旧年限 10 年计算，计算公式为：

$$损失额（元）=市场价格（元）\times \left[1-\left(\frac{1}{10}\right)\times 已使用时间（年）\right]$$

其中使用时间达到或超过 8 年，但仍有使用价值的，其财产损失按重置价值的 20% 计算。

2. 衣物、日常生活用品等财产损失一律按烧损财产总量价值的 30% 计算。

3. 金银饰品等财产损失一律按当地当时的加工费计算。

**（七）图书资料财产损失计算**

图书、期刊按上年度的分类平均书价计算；缩微胶片（卷）、磁带、光盘等非图书资料按购进价格计算。

**（八）火灾中烧毁的汽车、大型设备、大型施工机械等重置完全价值计算**

可按工作量计算折旧，折旧率为：(1/规定的总工作量)，计算公式为：

损失额（元）=重置完全价值（元）×［1－（1/规定工作量）×已使用年限（年）］×烧损率（%）

**（九）对流动资产类火灾损失额按其购入价减去残值计算**

商品全部烧毁的损失价值就是其进货价格总额；部分烧毁、受损、污染的，将原值扣除残值所得之差即为损失额。

# 第四节 火灾统计标准

## 一、1949～1979年火灾统计标准

火灾标准：个人烧毁财物直接财产损失在20元以上①；国家、集体烧毁财物直接财产损失在50元以上。没有明确重大和特大火灾的界线。

## 二、1980～1989年火灾统计标准

**（一）火灾**

个人烧毁财物直接损失折款在50元以上；国家、集体烧毁财物直接损失折款在100元以上；因火灾死亡或重伤1人以上。

**（二）重大火灾**

1次火灾损失在1万元以上；1次死亡3人或死伤5人、伤10人以上；农村1次受灾30户以上。

**（三）特大火灾**

1次火灾损失30万元以上；死亡10人以上；受灾50户以上；国家一级重点保护文物、古建筑和国家项目或引进的成套设备发生火灾造成重大损失，严重影响施工、投产或政治影响很坏的。

## 三、1990～1996年火灾统计标准

**（一）火灾**

凡失去控制并对财物和人身造成损害的燃烧现象，都为火灾。

**（二）火灾分类标准**

按照一次火灾事故所造成的人员伤亡、受灾户数和财物直接损失金额，火灾划分为三类：

① “以上”包括本数，“以下”不包括本数，下同。

1. 具有下列情形之一的，为特大火灾：死亡10人以上（含本数，下同）；重伤20人以上；死亡、重伤20人以上；受灾50户以上；烧毁财物损失50万元以上。

2. 具有下列情形之一的，为重大火灾：死亡3人以上；重伤10人以上；死亡、重伤10人以上；受灾30户以上；烧毁财物损失5万元以上。

3. 不具有前列两项情形的燃烧事故，为一般火灾。

## 四、1997~2007年5月火灾统计标准

### （一）火灾

凡在时间或空间上失去控制的燃烧所造成的灾害，都为火灾。

### （二）火灾分类标准

按照一次火灾事故所造成的人员伤亡、受灾户数和直接财产损失，火灾等级划分为三类：

1. 具有下列情形之一的火灾，为特大火灾：死亡10人以上（含本数，下同）；重伤20人以上；死亡、重伤20人以上；受灾50户以上；直接财产损失100万元以上。

2. 具有下列情形之一的火灾，为重大火灾：死亡3人以上；重伤10人以上；死亡、重伤10人以上；受灾30户以上；直接财产损失30万元以上。

3. 不具有前列两项情形的火灾为一般火灾①。

## 五、2007年6月至今火灾统计标准②

公安部将火灾等级由原来的特大火灾、重大火灾、一般火灾三个等级调整为特别重大火灾、重大火灾、较大火灾和一般火灾四个等级。

根据《生产安全事故报告和调查处理条例》规定的生产安全事故等级标准，特别重大、重大、较大和一般火灾的等级标准分别为：

### （一）特别重大火灾

指造成30人以上死亡，或者100人以上重伤，或者1亿元以上直接财产损失的火灾。

### （二）重大火灾

指造成10人以上30人以下死亡，或者50人以上100人以下重伤，或者5 000万元以上1亿元以下直接财产损失的火灾。

### （三）较大火灾

指造成3人以上10人以下死亡，或者10人以上50人以下重伤，或者1 000万元以上5 000万元以下直接财产损失的火灾。

### （四）一般火灾

指造成3人以下死亡，或者10人以下重伤，或者1 000万元以下直接财产损失的火灾。

---

① 本部分内容摘自范维澄，孙金华，陆守香等著：《火灾风险评估方法学》，科学技术出版社2004年版。

② 摘自公安部《关于调整火灾等级标准的通知》（2007年6月26日，公消［2007］234号）。

# 第十六章

# 火灾的基本统计分析

## 第一节　数据来源及说明

### 一、数据的来源

具体数据来源如表 16－1 所示。

表 16－1　　　　基本统计分析指标数据来源

| 指标 | 数据来源 | 年度 |
|---|---|---|
| 火灾灾害发生频数及其他相关信息 | 《中国火灾统计年鉴》 | 1998～2003 年 |
| | 《中国消防年鉴》 | 2004～2010 年 |
| 经济类指标（GDP 等） | 《中国统计年鉴》 | 1997～2010 年 |
| 大专以上人数 | 国家统计局网站 | 1997～2010 年 |

### 二、数据使用的说明和修正

本文的火灾数据均来自公安部消防局编写的 1998～2003 年《中国火灾统计年鉴》和 2004～2010 年《中国消防年鉴》，其中，1998 年《中国火灾统计年鉴》主要记录了 1997 年的火灾数据，其余依此类推。

所有涉及起火原因的数据是公安消防机构调查的火灾数据，其总数不一定等于按其他方式统计的总火灾数据。

根据《中国火灾统计年鉴》，行业分类标准在 2000 年有变化：在“工业”大类中加入了“水电气生产供应”一个小类；去掉了“卫生”、“教育”；添加了“房地产业”、“社会服务”、“教科文卫业”和“科学技术”；将以前的“娱乐服务业”作为小类归于“社会服务”大类下。

本文将火灾的起数、损失额和死伤人数按照不同的分类方法进行了分析。这些分类方法包括起火原因、行业、地区、起火月份和起火时段。

使用 GDP 对损失数据进行调整（频数不需要进行调整），并将所有的损失都调整到 2009 年的水平。调整方法为：

$$调整后损失 = 未调整损失 \times \frac{2009\text{ 年 GDP}}{当年\text{ GDP}}$$

## 三、相关数字特征及统计分析

需要对频数、损失程度、损失影响因素分别进行分析，同时在分析的基础上，对相关省（区、市）的灾害情况进行聚类分析和差异率分析。由于在分析过程中，是对全国、各省（区、市）、聚类各组分别独立进行的，因而对于相关数字特征及统计分析，也放在各个具体的章节进行表述。

# 第二节　火灾情况综述

## 一、整体特征

近年来，随着我国经济建设的快速发展，导致火灾的因素也大量增加，火灾形势日趋严峻，火灾次数总体呈现逐年增多态势，火灾损失也日趋上升（见表16－2和图16－1）。

表16－2　　1950～2009年我国历年火灾发生次数、损失额和死伤人数统计表

| 年度（年） | 起数（起） | 直接损失（万元） | 死人（人） | 伤人（人） | 年度（年） | 起数（起） | 直接损失（万元） | 死人（人） | 伤人（人） |
|---|---|---|---|---|---|---|---|---|---|
| 1950 | 19 692 | 1 778.8 | 908 | 1 873 | 1973 | 84 966 | 22 141.9 | 4 337 | 9 095 |
| 1951 | 19 740 | 4 420.1 | 754 | 2 526 | 1974 | 86 614 | 27 527.8 | 4 348 | 8 799 |
| 1952 | 36 585 | 7 321.3 | 741 | 2 967 | 1975 | 82 221 | 21 343 | 4 818 | 8 674 |
| 1953 | 37 766 | 8 077.2 | 1 180 | 4 292 | 1976 | 81 634 | 25 418.9 | 5 673 | 9 865 |
| 1954 | 43 849 | 3 962.6 | 1 414 | 2 773 | 1977 | 85 442 | 33 519.4 | 5 583 | 8 699 |
| 1955 | 89 703 | 4 158.6 | 1 865 | 5 210 | 1978 | 81 667 | 22 743.4 | 4 046 | 7 990 |
| 1956 | 89 680 | 6 141.9 | 3 408 | 14 454 | 1979 | 88 082 | 23 236.2 | 3 696 | 6 175 |
| 1957 | 75 579 | 5 818.2 | 2 929 | 9 742 | 1980 | 54 333 | 17 609.3 | 3 043 | 3 710 |
| 1958 | 73 315 | 8 173.9 | 5 310 | 11 352 | 1981 | 50 034 | 23 130.6 | 2 643 | 3 480 |
| 1959 | 114 880 | 11 616.9 | 10 131 | 14 617 | 1982 | 41 541 | 18 926.3 | 2 249 | 2 929 |
| 1960 | 90 845 | 17 886.3 | 10 843 | 13 809 | 1983 | 37 026 | 20 398 | 2 161 | 2 741 |
| 1961 | 103 485 | 23 009.2 | 6 989 | 10 597 | 1984 | 33 618 | 16 086.4 | 2 085 | 2 690 |
| 1962 | 105 064 | 17 389.6 | 4 990 | 8 555 | 1985 | 34 996 | 28 421.9 | 2 241 | 3 543 |
| 1963 | 106 468 | 16 691.2 | 4 798 | 8 939 | 1986 | 38 766 | 32 584.4 | 2 691 | 4 344 |
| 1964 | 63 301 | 9 724 | 3 441 | 6 646 | 1987 | 32 053 | 80 560.8 | 2 411 | 4 009 |
| 1965 | 76 859 | 9 588.2 | 4 179 | 8 283 | 1988 | 29 852 | 35 424.4 | 2 234 | 3 206 |
| 1966 | 85 377 | 19 695 | 5 386 | 12 171 | 1989 | 24 154 | 49 125.7 | 1 838 | 3 195 |
| 1967 | 36 861 | 6 403.4 | 1 912 | 4 199 | 1990 | 58 207 | 53 688.6 | 2 172 | 4 926 |
| 1968 | 25 940 | 5 538.9 | 1 114 | 2 484 | 1991 | 45 167 | 52 158.8 | 2 105 | 3 771 |
| 1969 | 35 205 | 9 651.2 | 1 348 | 3 615 | 1992 | 39 391 | 69 025.7 | 1 937 | 3 388 |
| 1970 | 39 925 | 9 904.9 | 2 167 | 5 658 | 1993 | 38 073 | 111 658.3 | 2 378 | 5 937 |
| 1971 | 75 593 | 30 428.4 | 4 362 | 12 368 | 1994 | 39 337 | 124 391 | 2 765 | 4 249 |
| 1972 | 88 417 | 26 625.7 | 4 629 | 10 437 | 1995 | 37 915 | 110 315.5 | 2 278 | 3 838 |

续表

| 年度（年） | 起数（起） | 直接损失（万元） | 死人（人） | 伤人（人） | 年度（年） | 起数（起） | 直接损失（万元） | 死人（人） | 伤人（人） |
|---|---|---|---|---|---|---|---|---|---|
| 1996 | 36 856 | 102 908. 5 | 2 225 | 3 428 | 2003 | 253 932 | 159 088. 6 | 2 482 | 3 087 |
| 1997 | 140 280 | 154 140. 6 | 2 722 | 4 930 | 2004 | 252 804 | 167 357 | 2 562 | 2 969 |
| 1998 | 142 326 | 144 257. 3 | 2 389 | 4 905 | 2005 | 235 941 | 136 603. 4 | 2 500 | 2 508 |
| 1999 | 179 955 | 143 394 | 2 744 | 4 572 | 2006 | 231 881 | 86 044 | 1 720 | 1 565 |
| 2000 | 189 185 | 152 217. 3 | 3 021 | 4 404 | 2007 | 163 521 | 112 515. 8 | 1 617 | 969 |
| 2001 | 216 784 | 140 326. 1 | 2 334 | 3 781 | 2008 | 136 835 | 182 202. 5 | 1 521 | 743 |
| 2002 | 258 315 | 154 446. 4 | 2 393 | 3 414 | 2009 | 129 382 | 162 392. 4 | 1 236 | 651 |

资料来源：公安部消防局著：《中国火灾统计年鉴》1998～2003 年，《中国消防年鉴》2004～2010 年①。

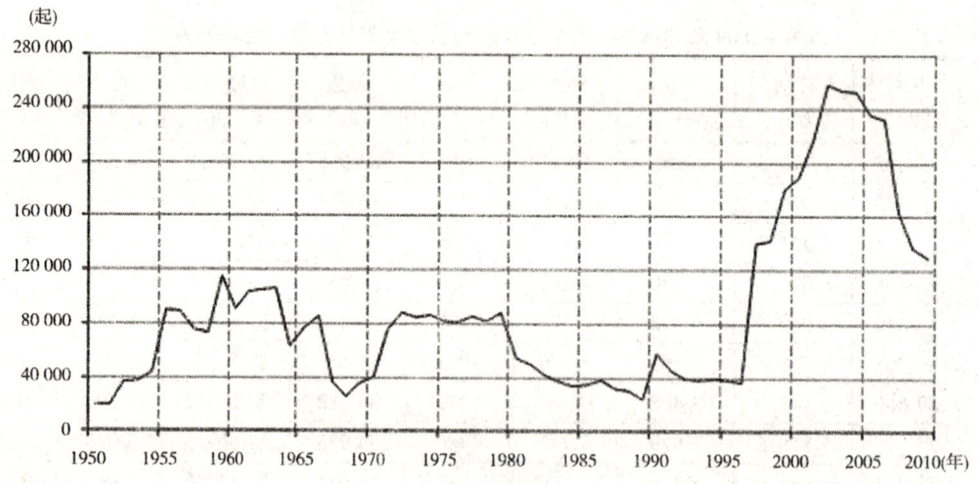


**图 16－1 1950～2009 年我国每年火灾发生起数**

对图 16－1 中波动较大的几个地方作一些说明：

第一，在建国初期，国家统计部门建设不完善，统计方法以及数据质量有一定问题，所以第一阶段数据波动性很大，经历了“三年自然灾害”和“文化大革命”的影响后，年火灾发生次数在 20 世纪 70 年代进入稳定期。

第二，1980 年起数的减少是因为火灾统计标准提高。之前个人损失在 20 元以上、国家集体损失在 50 元以上确认为火灾，之后个人损失在 50 元以上、国家集体损失在 100 元以上确认为火灾。

第三，1990 年起数的增加是因为火灾统计标准降低。凡失去控制并对财物和人身造成损害的燃烧现象，都确认为火灾。

第四，1997 年起数的迅速增加是因为实施了新的火灾统计方法，将以往难以统计的小火

① 2003 年以后《中国火灾统计年鉴》未再版，而相关数据承接于《中国消防年鉴》，故 2004 年起我们使用《中国消防年鉴》的数据，下同。

灾计入火灾发生数。

需要注意的是，1997 年新火灾统计方法实施对火灾起数的统计有很大的影响，致使其实施前后的数据没有可比性。而自其实施以来至 2009 年只有 13 年的数据，不足以进行起数和次损失额年度数据的分布拟合及统计检验，所以本节只对 1997 年之后的起数和次损失额数据进行基本的统计描述（见表 16－3 和表 16－4）。

**表 16－3　　1997～2009 年火灾发生次数统计描述**　　（单位：次）

| | |
|---|---|
| 平均值 | 194 703.2 |
| 标准差 | 49 194.9 |
| 峰度 | －1.76558 |
| 偏度 | －0.01447 |
| 最小值 | 129 382 |
| 最大值 | 258 315 |
| 观测数 | 13 |

资料来源：公安部消防局著：1998～2003 年《中国火灾统计年鉴》，2004～2010 年《中国消防年鉴》。

**表 16－4　　1997～2009 年火灾次损失额统计描述**（按 2009 年 GDP 调整）　　（单位：万元）

| | |
|---|---|
| 平均值 | 2.0516 |
| 标准差 | 1.2527 |
| 方差 | 1.5692 |
| 峰度 | 0.4457 |
| 偏度 | 1.1345 |
| 最小值 | 0.5962 |
| 最大值 | 4.7377 |
| 观测数 | 13 |

资料来源：公安部消防局著：1998～2003 年《中国火灾统计年鉴》，2004～2010 年《中国消防年鉴》。

由图 16－2 和图 16－3 可以看出，我国火灾每年的总损失增长较快，但经 GDP 调整后呈下降的趋势，这说明火灾造成损失的增长速度没有超过 GDP 的增长速度。图中 1987 年的峰值是因为发生了大兴安岭特大火灾，其损失超过 5 亿元。

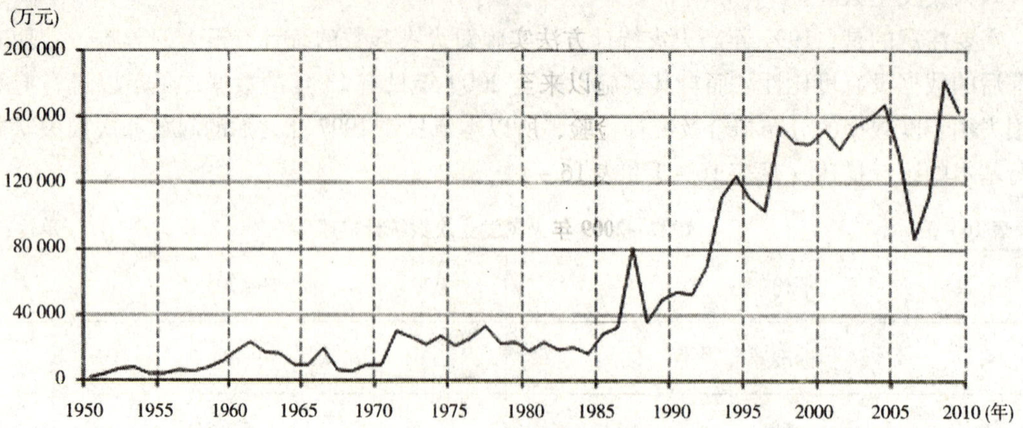


**图 16－2　1950～2009 年我国每年火灾造成损失示意图**

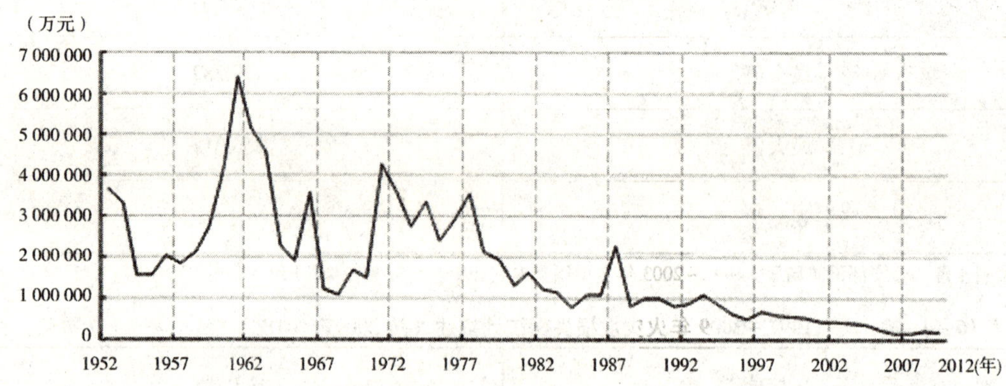


**图 16－3　1952～2009 年我国火灾造成损失示意图（按 2009 年 GDP 调整）**

由图 16－4 可以看出，1978 年以后，我国火灾造成的总死亡人数和受伤人数渐趋于稳定。

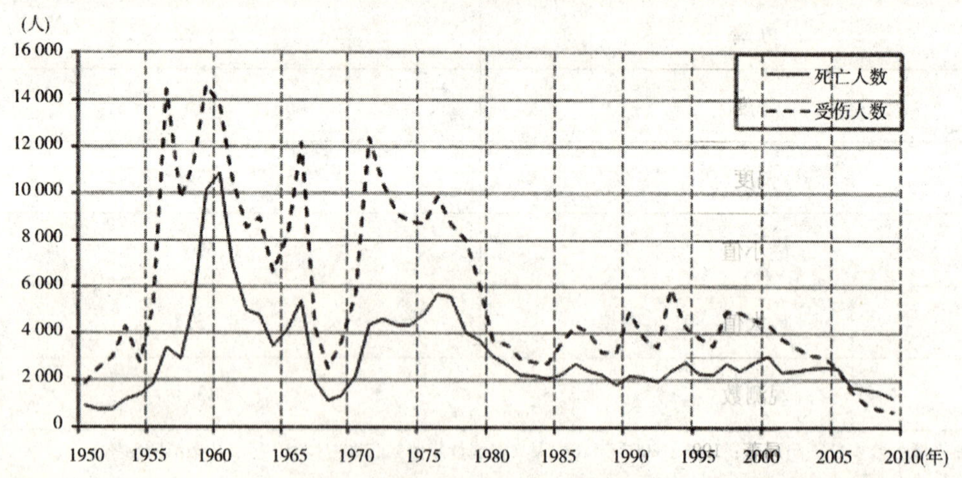


**图 16－4　1950～2009 年我国每年火灾造成死亡人数和受伤人数示意图**

由图 16－5、图 16－6 和图 16－7 可以看出，最近几年来，火灾的起数和造成死亡人数具有较明显的季节性，冬春两季较高，夏秋两季较少；而火灾造成损失则相对不太稳定。

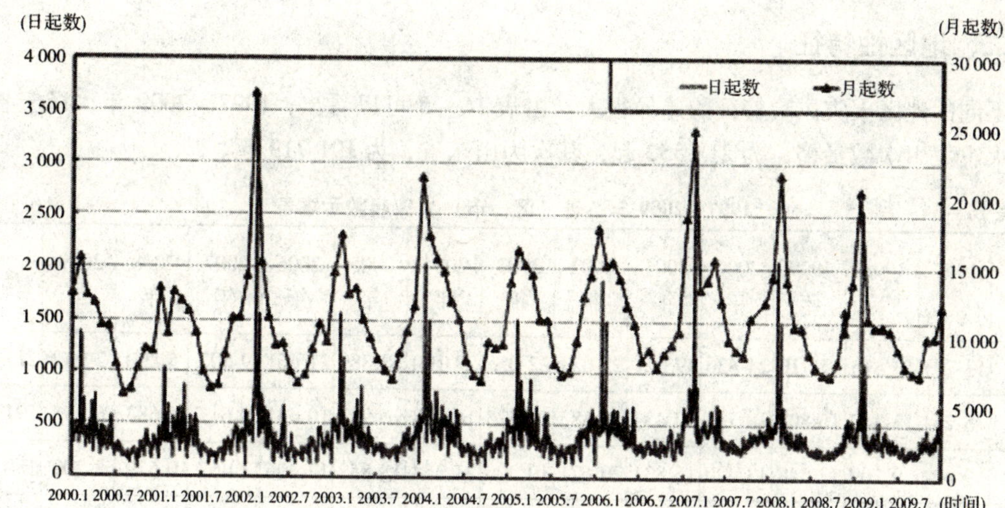


**图 16－5　2000～2009 年火灾发生起数日线和月线图**

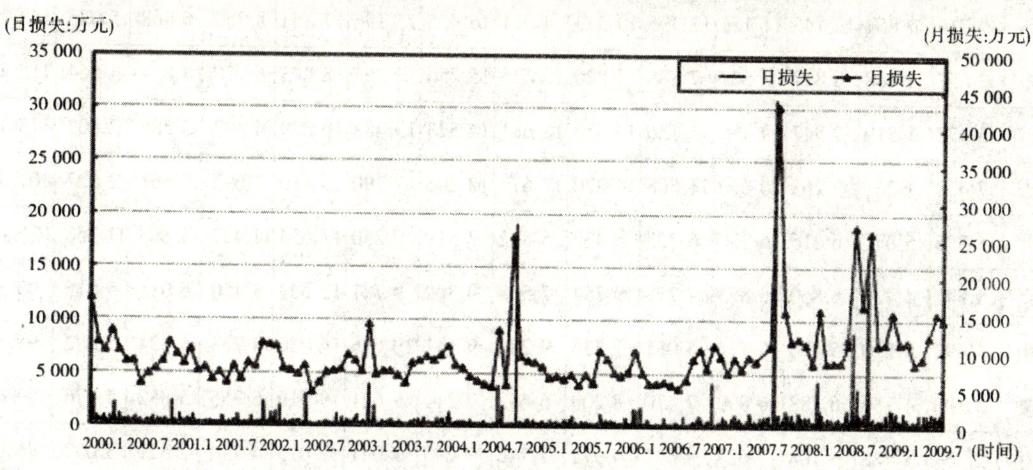


**图 16－6　2000～2009 年火灾造成损失日线和月线图**

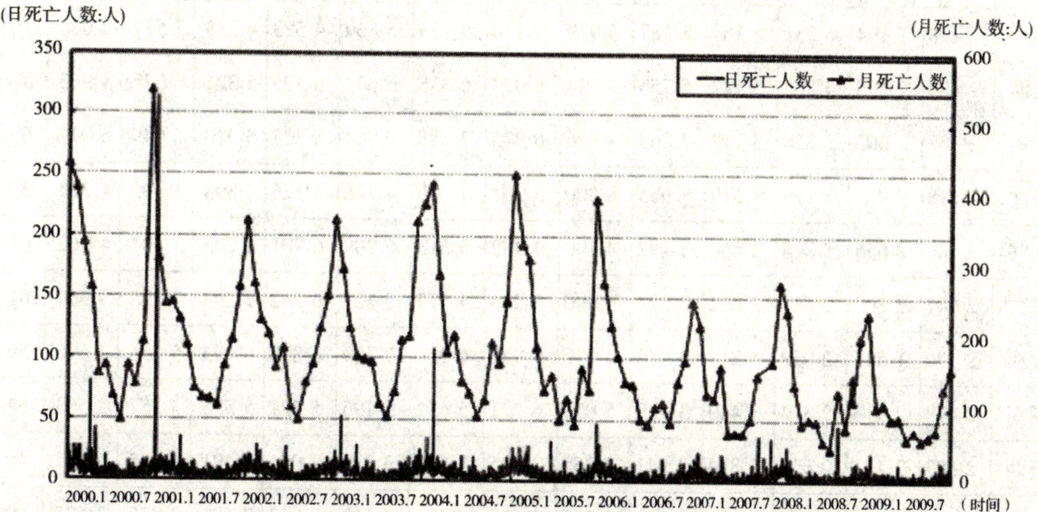


**图 16－7　2000～2009 年火灾造成死亡人数日线和月线图**

## 二、地区性特征

不同的地区火灾风险特征的差异很大。由表 16－5 可以看出，1997～2009 年，辽宁省的累计火灾发生次数最多，为 213 552 起，其次为山东省，为 191 719 起。

表 16－5　　1997～2009 年各省（区、市）火灾起数示意表　　（单位：起）

| 省（区、市） | 1997年 | 1998年 | 1999年 | 2000年 | 2001年 | 2002年 | 2003年 | 2004年 | 2005年 | 2006年 | 2007年 | 2008年 | 2009年 | 总计 |
|---|---|---|---|---|---|---|---|---|---|---|---|---|---|---|
| 辽宁 | 13 705 | 13 415 | 15 710 | 14 836 | 19 321 | 25 029 | 22 055 | 27 190 | 22 889 | 21 661 | 9 502 | 5 290 | 2 949 | 213 552 |
| 山东 | 15 264 | 13 340 | 16 804 | 18 783 | 19 434 | 25 583 | 17 525 | 16 058 | 16 932 | 10 441 | 8 617 | 6 683 | 6 255 | 191 719 |
| 吉林 | 9 404 | 9 109 | 12 548 | 13 420 | 16 831 | 20 671 | 19 200 | 21 354 | 18 852 | 17 496 | 11 467 | 10 579 | 8 209 | 189 140 |
| 浙江 | 11 009 | 13 592 | 17 582 | 14 207 | 17 334 | 20 589 | 29 606 | 13 724 | 6 755 | 6 444 | 5 064 | 4 770 | 4 323 | 164 999 |
| 江苏 | 9 714 | 9 854 | 12 146 | 11 156 | 12 795 | 14 333 | 14 011 | 16 475 | 15 196 | 17 354 | 8 359 | 6 868 | 5 035 | 153 296 |
| 广东 | 3 657 | 4 488 | 8 817 | 8 622 | 7 885 | 13 820 | 15 635 | 15 756 | 13 266 | 8 873 | 6 170 | 4 874 | 4 564 | 115 427 |
| 黑龙江 | 3 472 | 3 519 | 2 947 | 9 498 | 15 130 | 14 553 | 16 681 | 14 523 | 13 488 | 10 839 | 4 387 | 3 585 | 2 802 | 115 424 |
| 河南 | 7 424 | 7 261 | 9 263 | 10 050 | 11 508 | 14 220 | 11 677 | 12 206 | 7 390 | 6 410 | 3 697 | 3 661 | 2 627 | 107 394 |
| 湖北 | 5 356 | 5 871 | 6 216 | 6 780 | 6 225 | 5 437 | 5 862 | 7 519 | 9 250 | 11 624 | 11 437 | 11 805 | 11 358 | 104 740 |
| 北京 | 4 547 | 4 426 | 6 860 | 6 875 | 7 779 | 9 784 | 7 548 | 9 302 | 9 781 | 12 323 | 8 450 | 6 018 | 5 615 | 99 308 |
| 四川 | 4 692 | 5 210 | 5 733 | 5 718 | 6 051 | 7 536 | 9 286 | 9 141 | 10 676 | 14 030 | 8 773 | 5 884 | 5 682 | 98 412 |
| 安徽 | 5 100 | 4 786 | 6 288 | 6 099 | 7 470 | 8 200 | 6 683 | 7 214 | 7 621 | 9 510 | 6 755 | 5 882 | 5 476 | 87 084 |
| 河北 | 2 364 | 3 428 | 5 108 | 7 627 | 8 641 | 9 972 | 7 746 | 7 690 | 7 041 | 7 015 | 4 750 | 2 529 | 3 052 | 76 963 |
| 福建 | 3 592 | 4 293 | 5 200 | 3 839 | 5 707 | 6 109 | 8 261 | 7 727 | 6 579 | 8 238 | 4 680 | 3 691 | 3 747 | 71 663 |
| 上海 | 7 428 | 7 194 | 6 551 | 5 164 | 3 187 | 5 979 | 5 820 | 5 133 | 5 869 | 4 523 | 4 233 | 3 511 | 6 086 | 70 678 |
| 江西 | 2 184 | 2 575 | 4 305 | 5 317 | 5 755 | 5 714 | 8 029 | 6 335 | 6 674 | 6 125 | 5 324 | 6 037 | 5 963 | 70 337 |
| 重庆 | 2 357 | 2 602 | 3 228 | 3 712 | 4 263 | 4 626 | 6 973 | 7 388 | 7 904 | 8 328 | 5 920 | 6 049 | 6 017 | 69 367 |
| 天津 | 4 818 | 3 923 | 7 113 | 7 519 | 7 955 | 8 000 | 5 261 | 4 659 | 4 728 | 4 325 | 1 898 | 1 483 | 1 328 | 63 010 |
| 新疆 | 3 766 | 2 655 | 3 723 | 3 666 | 3 992 | 4 190 | 4 482 | 5 513 | 6 209 | 6 701 | 6 205 | 5 404 | 4 962 | 61 468 |
| 内蒙古 | 2 607 | 2 302 | 2 631 | 2 022 | 3 524 | 4 090 | 3 523 | 4 577 | 5 351 | 6 062 | 7 293 | 7 755 | 9 364 | 61 101 |
| 陕西 | 2 170 | 1 545 | 2 028 | 3 818 | 3 413 | 4 640 | 3 947 | 6 954 | 7 489 | 6 877 | 6 993 | 5 056 | 4 696 | 59 626 |
| 湖南 | 2 479 | 2 913 | 2 874 | 3 440 | 3 979 | 5 054 | 6 221 | 5 611 | 5 195 | 5 227 | 5 525 | 3 357 | 2 563 | 54 438 |
| 山西 | 2 387 | 2 121 | 2 654 | 2 844 | 3 541 | 3 765 | 3 545 | 3 571 | 3 319 | 4 056 | 4 491 | 4 295 | 4 777 | 45 366 |
| 云南 | 2 558 | 3 024 | 3 252 | 2 890 | 3 301 | 3 373 | 3 910 | 3 564 | 4 112 | 3 963 | 2 489 | 2 075 | 2 175 | 40 686 |

续表

| 省（区、市） | 1997年 | 1998年 | 1999年 | 2000年 | 2001年 | 2002年 | 2003年 | 2004年 | 2005年 | 2006年 | 2007年 | 2008年 | 2009年 | 总计 |
|---|---|---|---|---|---|---|---|---|---|---|---|---|---|---|
| 宁夏 | 2 031 | 2 107 | 2 793 | 2 893 | 2 844 | 3 324 | 2 724 | 3 384 | 3 347 | 3 264 | 4 039 | 3 600 | 3 938 | 40 288 |
| 广西 | 1 772 | 2 695 | 2 761 | 3 189 | 2 752 | 2 705 | 2 975 | 2 926 | 2 678 | 2 806 | 1 881 | 1 324 | 1 101 | 31 565 |
| 甘肃 | 2 127 | 2 090 | 2 202 | 2 212 | 2 775 | 3 222 | 3 058 | 3 029 | 2 526 | 2 665 | 1 682 | 1 306 | 1 244 | 30 138 |
| 贵州 | 1 172 | 1 223 | 1 087 | 1 606 | 1 882 | 2 158 | 1 846 | 2 028 | 2 299 | 1 919 | 833 | 799 | 912 | 19 764 |
| 海南 | 473 | 436 | 663 | 591 | 562 | 811 | 937 | 1 092 | 1 335 | 1 469 | 1 243 | 1 122 | 1 007 | 11 741 |
| 青海 | 525 | 603 | 646 | 670 | 693 | 667 | 734 | 958 | 936 | 1 064 | 1 147 | 1 372 | 1 349 | 11 364 |
| 西藏 | 121 | 125 | 115 | 122 | 248 | 161 | 171 | 203 | 254 | 249 | 217 | 170 | 206 | 2 362 |

资料来源：公安部消防局著：1998～2003 年《中国火灾统计年鉴》，2004～2010 年《中国消防年鉴》。

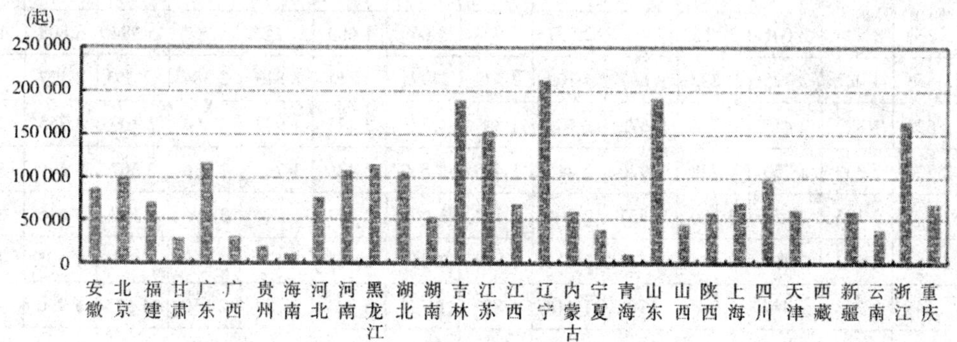


**图 16－8　1997～2009 年各省（区、市）火灾发生起数比较**

由表 16－6 和图 16－9 可以看出，1997～2009 年，浙江省的累计造成损失最多，为 160 450万元；其次为广东省，为 160 225 万元。

**表 16－6　1997～2009 年各省（区、市）火灾造成损失表**　（单位：万元）

| 省（区、市） | 1997年 | 1998年 | 1999年 | 2000年 | 2001年 | 2002年 | 2003年 | 2004年 | 2005年 | 2006年 | 2007年 | 2008年 | 2009年 | 总计 |
|---|---|---|---|---|---|---|---|---|---|---|---|---|---|---|
| 浙江 | 15 275 | 12 118 | 12 223 | 16 266 | 16 328 | 17 379 | 24 044 | 14 491 | 7 778 | 5 807 | 6 765 | 5 914 | 6 063 | 160 450 |
| 广东 | 10 937 | 11 612 | 14 426 | 12 980 | 10 721 | 14 981 | 13 753 | 17 452 | 12 418 | 5 893 | 10 182 | 11 478 | 13 392 | 160 225 |
| 辽宁 | 8 334 | 7 020 | 6 822 | 8 083 | 9 767 | 10 577 | 10 988 | 11 638 | 9 395 | 3 539 | 7 312 | 4 085 | 2 756 | 100 315 |
| 山东 | 8 753 | 8 012 | 10 281 | 9 373 | 8 399 | 9 623 | 11 225 | 6 032 | 6 540 | 3 430 | 5 132 | 4 927 | 5 334 | 97 061 |
| 江苏 | 8 337 | 7 966 | 7 422 | 9 482 | 7 102 | 8 259 | 8 856 | 11 012 | 7 429 | 4 075 | 4 829 | 5 761 | 7 714 | 98 244 |
| 湖南 | 7 746 | 6 049 | 6 339 | 5 227 | 5 159 | 6 517 | 6 379 | 24 688 | 5 769 | 3 891 | 6 775 | 8 959 | 9 964 | 103 460 |
| 福建 | 5 916 | 7 965 | 8 696 | 6 923 | 6 133 | 5 857 | 8 661 | 7 375 | 6 003 | 3 885 | 8 685 | 9 794 | 12 158 | 98 050 |
| 黑龙江 | 7 578 | 11 543 | 2 999 | 6 928 | 9 101 | 8 243 | 9 042 | 5 878 | 4 751 | 2 502 | 2 782 | 3 732 | 5 910 | 80 991 |

续表

| 省（区、市） | 1997年 | 1998年 | 1999年 | 2000年 | 2001年 | 2002年 | 2003年 | 2004年 | 2005年 | 2006年 | 2007年 | 2008年 | 2009年 | 总计 |
|---|---|---|---|---|---|---|---|---|---|---|---|---|---|---|
| 河南 | 5 460 | 5 240 | 6 476 | 8 281 | 6 981 | 7 899 | 7 331 | 6 149 | 3 635 | 2 097 | 2 205 | 2 566 | 2 680 | 66 999 |
| 四川 | 5 827 | 5 129 | 8 866 | 4 410 | 4 731 | 5 707 | 4 656 | 4 515 | 7 688 | 4 398 | 5 788 | 6 133 | 7 243 | 75 089 |
| 安徽 | 5 068 | 4 194 | 3 958 | 6 819 | 4 874 | 7 511 | 4 891 | 4 670 | 4 956 | 6 235 | 5 624 | 8 619 | 8 402 | 75 819 |
| 吉林 | 6 093 | 4 385 | 6 772 | 4 581 | 5 268 | 4 726 | 3 721 | 4 386 | 4 928 | 3 922 | 2 742 | 2 572 | 3 384 | 57 481 |
| 云南 | 4 545 | 6 196 | 6 391 | 6 223 | 4 420 | 3 858 | 4 477 | 3 596 | 4 456 | 3 051 | 3 164 | 4 192 | 5 805 | 60 374 |
| 江西 | 4 338 | 5 787 | 3 846 | 4 267 | 3 483 | 4 142 | 4 921 | 4 527 | 5 288 | 3 663 | 4 213 | 9 947 | 6 710 | 65 132 |
| 广西 | 4 834 | 5 586 | 4 192 | 4 084 | 3 366 | 3 087 | 3 260 | 4 155 | 5 320 | 3 370 | 4 159 | 3 165 | 4 993 | 53 571 |
| 河北 | 2 557 | 3 671 | 3 150 | 5 175 | 6 459 | 5 457 | 4 458 | 4 106 | 4 605 | 2 472 | 3 142 | 3 859 | 4 148 | 53 258 |
| 湖北 | 4 421 | 3 467 | 2 330 | 3 934 | 3 274 | 3 500 | 3 633 | 4 399 | 5 511 | 2 671 | 3 560 | 4 376 | 5 078 | 50 155 |
| 北京 | 13 160 | 4 181 | 3 312 | 2 355 | 2 631 | 3 248 | 2 150 | 3 526 | 1 671 | 1 197 | 913.6 | 841.2 | 15 926 | 55 110 |
| 陕西 | 3 230 | 3 636 | 2 001 | 3 853 | 2 484 | 2 997 | 2 508 | 3 660 | 4 683 | 3 242 | 3 967 | 5 984 | 6 808 | 49 052 |
| 新疆 | 3 853 | 4 087 | 2 725 | 2 372 | 2 687 | 4 109 | 2 539 | 2 994 | 2 811 | 3 813 | 2 384 | 32 363 | 2 127 | 68 864 |
| 重庆 | 1 622 | 1 822 | 2 445 | 2 718 | 2 872 | 2 534 | 3 307 | 3 373 | 3 725 | 1 932 | 2 400 | 2 109 | 3 765 | 34 625 |
| 山西 | 2 326 | 2 339 | 2 753 | 4 738 | 1 940 | 2 440 | 2 425 | 2 539 | 2 425 | 1 787 | 1 970 | 2 567 | 3 609 | 33 857 |
| 贵州 | 2 567 | 3 175 | 2 952 | 3 256 | 2 527 | 2 704 | 1 161 | 2 058 | 2 427 | 1 224 | 3 096 | 3 569 | 3 616 | 34 332 |
| 甘肃 | 2 363 | 2 513 | 2 151 | 2 556 | 2 534 | 2 611 | 2 083 | 2 411 | 2 469 | 1 576 | 1 558 | 1 991 | 1 505 | 28 319 |
| 上海 | 2 645 | 2 225 | 1 487 | 1 944 | 990 | 1 418 | 1 887 | 1 798 | 2 704 | 2 254 | 2 650 | 14 523 | 3 990 | 40 516 |
| 天津 | 672 | 444.9 | 3 019 | 1 684 | 1 412 | 1 650 | 1 843 | 1 766 | 2 041 | 522 | 1 344 | 291.8 | 940.8 | 17 630 |
| 内蒙古 | 1 432 | 949.2 | 980 | 1 395 | 1 405 | 837.9 | 1 283 | 1 473 | 1 957 | 1 583 | 3 057 | 6 764 | 5 353 | 28 469 |
| 海南 | 1 300 | 728.6 | 753.2 | 547 | 419.7 | 706.4 | 778.8 | 798.3 | 1 229 | 715.1 | 545.5 | 5 125 | 1 472 | 15 118 |
| 宁夏 | 689.7 | 597.2 | 760.7 | 966.5 | 621.1 | 921.6 | 1 010 | 800.8 | 913.6 | 470.6 | 520.8 | 533.8 | 326.2 | 9 132.9 |
| 西藏 | 826.2 | 1 207 | 909.3 | 314.6 | 1 173 | 547.9 | 1 394 | 502.4 | 535.3 | 341.4 | 345.6 | 4 806 | 411.7 | 13 314 |
| 青海 | 293.7 | 315.8 | 770.5 | 479.3 | 317.8 | 400.3 | 424 | 590.5 | 442.6 | 485.9 | 707.3 | 655.1 | 850.7 | 6 733.5 |

资料来源：公安部消防局著：1998~2003年《中国火灾统计年鉴》，2004~2010年《中国消防年鉴》。

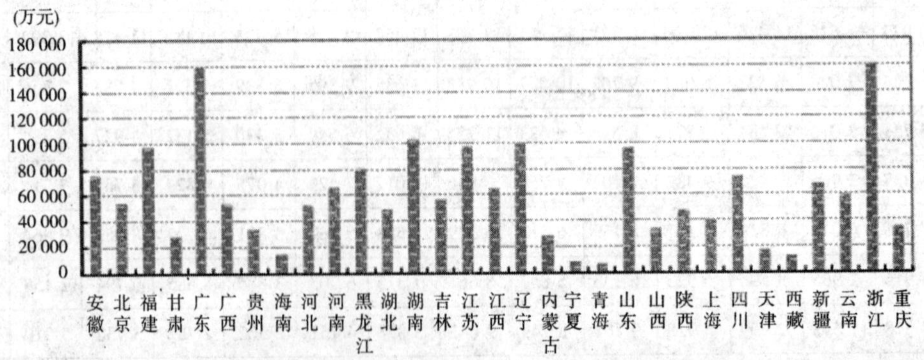


**图16-9　1997~2009年各省（区、市）火灾造成损失额比较**

由表 16－7 和图 16－10 可以看出，1997～2009 年，广东省的累计造成死亡人数最多，为 3 099 人；其次为浙江省，为 2 138 人。

**表 16－7　　1997～2009 年各省（区、市）火灾造成死亡人数表**　　（单位：人）

| 省（区、市） | 1997年 | 1998年 | 1999年 | 2000年 | 2001年 | 2002年 | 2003年 | 2004年 | 2005年 | 2006年 | 2007年 | 2008年 | 2009年 | 总计 |
|---|---|---|---|---|---|---|---|---|---|---|---|---|---|---|
| 广东 | 241 | 242 | 352 | 261 | 248 | 188 | 248 | 279 | 298 | 279 | 188 | 241 | 134 | 3 099 |
| 浙江 | 195 | 158 | 192 | 167 | 158 | 178 | 236 | 339 | 112 | 109 | 118 | 89 | 87 | 2 138 |
| 江苏 | 133 | 191 | 199 | 164 | 162 | 160 | 192 | 187 | 166 | 824 | 96 | 72 | 824 | 1 890 |
| 辽宁 | 166 | 122 | 150 | 138 | 145 | 147 | 113 | 176 | 161 | 119 | 82 | 43 | 19 | 1 581 |
| 河南 | 125 | 116 | 137 | 523 | 121 | 158 | 125 | 84 | 61 | 32 | 20 | 20 | 15 | 1 537 |
| 四川 | 143 | 127 | 163 | 102 | 101 | 128 | 123 | 138 | 114 | 133 | 106 | 71 | 51 | 1 500 |
| 云南 | 116 | 121 | 114 | 107 | 114 | 132 | 107 | 90 | 107 | 106 | 57 | 74 | 64 | 1 309 |
| 山东 | 138 | 124 | 176 | 215 | 110 | 105 | 129 | 37 | 48 | 19 | 28 | 23 | 34 | 1 186 |
| 吉林 | 78 | 103 | 102 | 95 | 89 | 108 | 76 | 148 | 135 | 72 | 29 | 27 | 44 | 1 106 |
| 黑龙江 | 246 | 95 | 89 | 95 | 66 | 68 | 119 | 106 | 71 | 43 | 32 | 27 | 24 | 1 081 |
| 福建 | 115 | 77 | 98 | 99 | 66 | 62 | 95 | 89 | 97 | 84 | 124 | 82 | 52 | 1 140 |
| 湖南 | 130 | 83 | 86 | 102 | 95 | 70 | 102 | 64 | 121 | 61 | 55 | 90 | 52 | 1 111 |
| 广西 | 89 | 96 | 77 | 102 | 62 | 76 | 100 | 115 | 118 | 54 | 40 | 38 | 37 | 1 004 |
| 河北 | 60 | 74 | 51 | 102 | 91 | 83 | 81 | 74 | 92 | 63 | 57 | 45 | 34 | 907 |
| 安徽 | 79 | 61 | 69 | 79 | 77 | 83 | 71 | 96 | 93 | 49 | 60 | 72 | 45 | 934 |
| 贵州 | 58 | 80 | 81 | 68 | 93 | 98 | 22 | 63 | 97 | 63 | 85 | 77 | 80 | 965 |
| 江西 | 58 | 39 | 84 | 92 | 83 | 65 | 72 | 40 | 60 | 38 | 40 | 23 | 23 | 717 |
| 湖北 | 109 | 77 | 58 | 54 | 49 | 48 | 47 | 48 | 56 | 63 | 61 | 41 | 42 | 753 |
| 重庆 | 61 | 42 | 60 | 56 | 68 | 44 | 58 | 63 | 57 | 44 | 46 | 42 | 43 | 684 |
| 新疆 | 70 | 60 | 74 | 57 | 62 | 44 | 50 | 28 | 61 | 48 | 37 | 46 | 44 | 681 |
| 陕西 | 53 | 75 | 35 | 77 | 23 | 36 | 42 | 43 | 64 | 40 | 32 | 28 | 31 | 579 |
| 北京 | 63 | 40 | 53 | 41 | 27 | 67 | 42 | 59 | 50 | 49 | 28 | 28 | 33 | 580 |

续表

| 省（区、市） | 1997年 | 1998年 | 1999年 | 2000年 | 2001年 | 2002年 | 2003年 | 2004年 | 2005年 | 2006年 | 2007年 | 2008年 | 2009年 | 总计 |
|---|---|---|---|---|---|---|---|---|---|---|---|---|---|---|
| 上海 | 51 | 42 | 43 | 40 | 31 | 39 | 48 | 30 | 54 | 45 | 50 | 50 | 63 | 586 |
| 山西 | 38 | 26 | 29 | 45 | 39 | 45 | 48 | 48 | 55 | 12 | 20 | 59 | 7 | 471 |
| 内蒙古 | 21 | 21 | 50 | 25 | 29 | 35 | 25 | 26 | 37 | 50 | 51 | 47 | 46 | 463 |
| 甘肃 | 29 | 52 | 36 | 25 | 54 | 31 | 31 | 24 | 30 | 16 | 15 | 11 | 5 | 359 |
| 天津 | 26 | 16 | 35 | 43 | 26 | 27 | 30 | 34 | 40 | 21 | 25 | 25 | 15 | 363 |
| 海南 | 13 | 1 | 7 | 7 | 12 | 29 | 12 | 7 | 15 | 7 | 5 | 16 | 6 | 137 |
| 西藏 | 2 | 1 | 12 | 15 | 10 | 5 | 16 | 14 | 9 | 9 | 10 | 6 | 10 | 119 |
| 宁夏 | 7 | 16 | 6 | 16 | 4 | 16 | 9 | 4 | 7 | 5 | 10 | 5 | 4 | 109 |
| 青海 | 4 | 5 | 6 | 9 | 5 | 18 | 13 | 10 | 14 | 3 | 10 | 3 | 8 | 108 |

资料来源：公安部消防局著：1998～2003年《中国火灾统计年鉴》，2004～2010年《中国消防年鉴》。

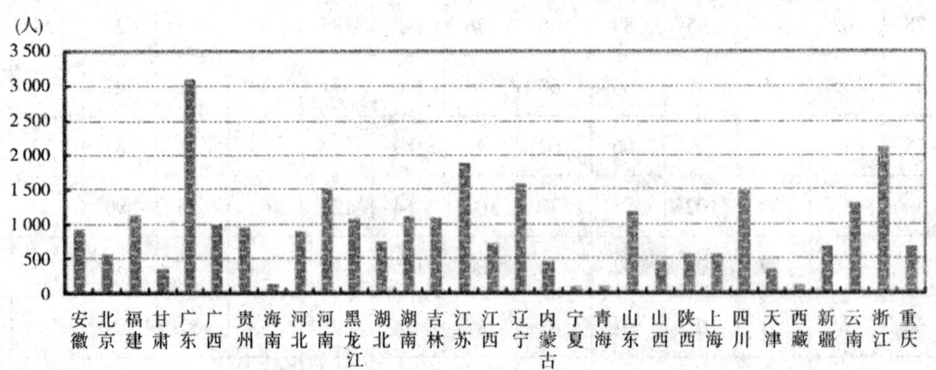


**图16－10 1997～2009年各省（区、市）火灾造成死亡人数比较**

由图16－11可以看出，1997～2009年，西藏自治区的次损失额最高，为5.63万元；其次为湖南省，为1.90万元。

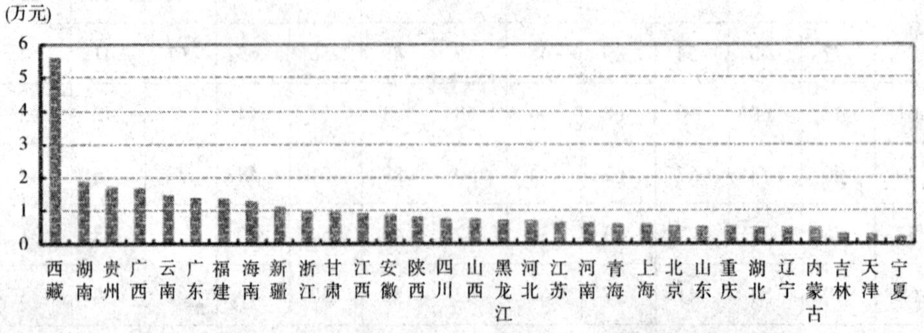


**图16－11 1997～2009年各省（区、市）火灾次损失额比较**

## 三、季节性特征

火灾的季节性非常明显，冬、春季节火灾多发，伤亡人数及财产损失也占较大比重，近10年来，冬春季（11月至次年4月）火灾起数占全部火灾的60.21%，损失额占57.80%，死亡人数占66.27%。

由图16－12可以看出，2月是火灾的高发季节，8、9月火灾次数则相对较少。这很大程度上是因为春节期间燃放烟花爆竹而造成的火灾，而且冬季较为干燥，火灾容易引发；而8、9月一般降水较多，空气较为湿润，所以火灾引发较少。

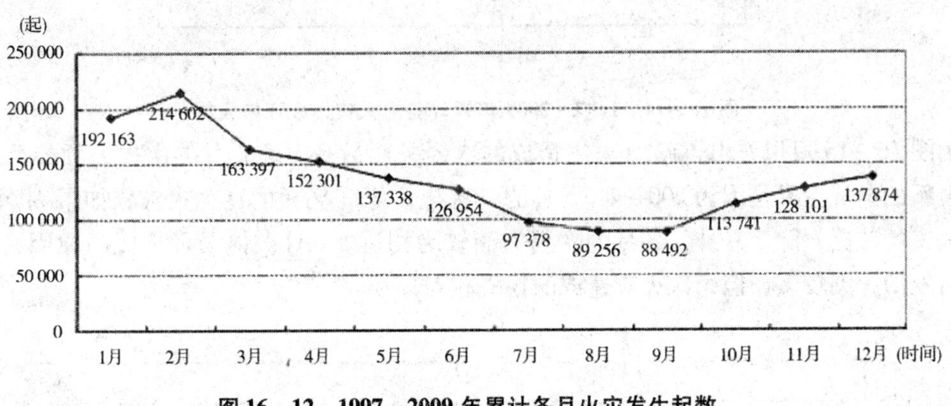


**图16－12　1997～2009年累计各月火灾发生起数**

由图16－13可以看出，1月、12月火灾造成的损失最高，8、9月火灾造成的损失相对较小。这主要是因为冬季天气干燥，而夏季湿润多雨。

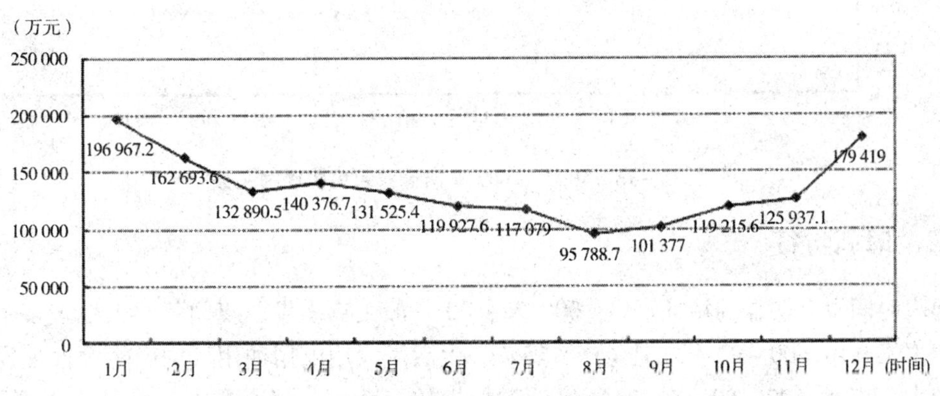


**图16－13　1997～2009年累计各月火灾造成损失**

由图16－14可以看出，1月、12月火灾造成的死亡人数最高，7、8月火灾造成的死伤人数相对较少。而受伤人数分布在全年，相对较为平均。

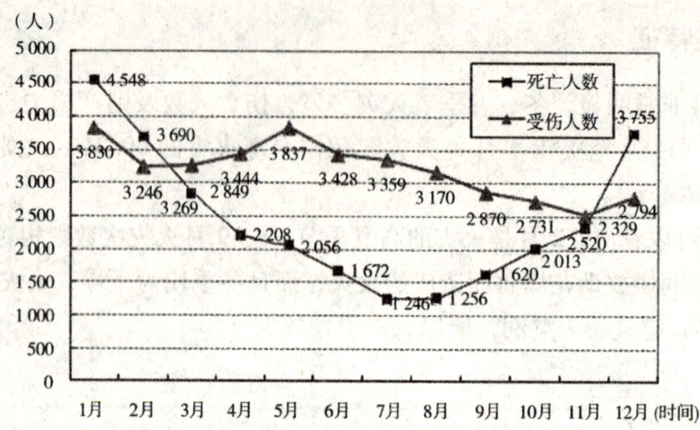


**图 16－14　1997～2009 年累计各月火灾造成死伤人数**

由图 16－15 可以看出，12 月火灾造成的次损失额最高，而 2 月的次损失额最低。12 月次损失额的异常主要是因为 2004 年 12 月的一次损失近 2 亿元的特大火灾，如果剔除了这次特大火灾的数据，除 2 月外，各月的次损失额较为相近。2 月次损失额最低的原因则是烟花爆竹引发的火灾较多，但每次火灾造成的损失相对较小。

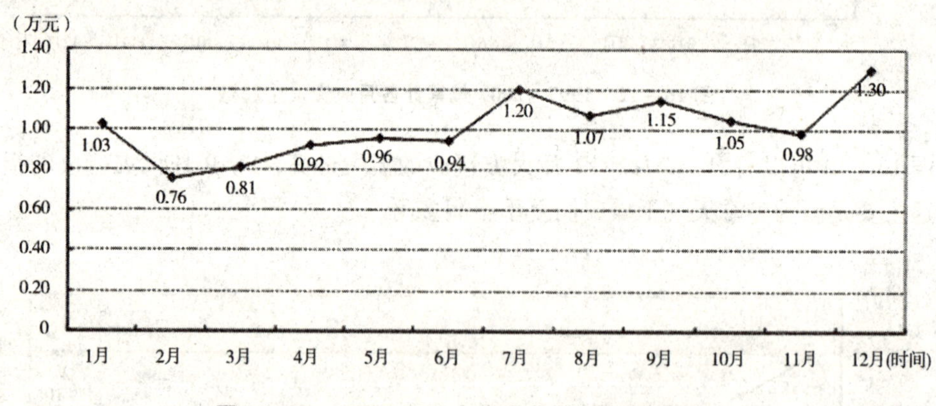


**图 16－15　1997～2009 年累计各月火灾次损失额**

## 四、时间特征

起火时间也有明显的特征。10：00～22：00 一般火灾多发，夜间死亡人数较多，重、特大火灾多发。10：00～22：00 是生产、经营、生活用火用电用油用气的高峰，火灾发生比率也比较大。夜间（22：00～6：00）的消防管理较为薄弱，群众逃生自救能力也相对较低，重、特大火灾多发生在该时段，死亡人数也较多。

由图 16－16 可以看出，10：00～22：00 火灾发生起数较多，4：00～8：00 火灾发生起数较少。这是由于 10：00～22：00 这个时段各类社会活动较多，容易由于各种电气事故、用火不慎、违章操作等引发火灾。

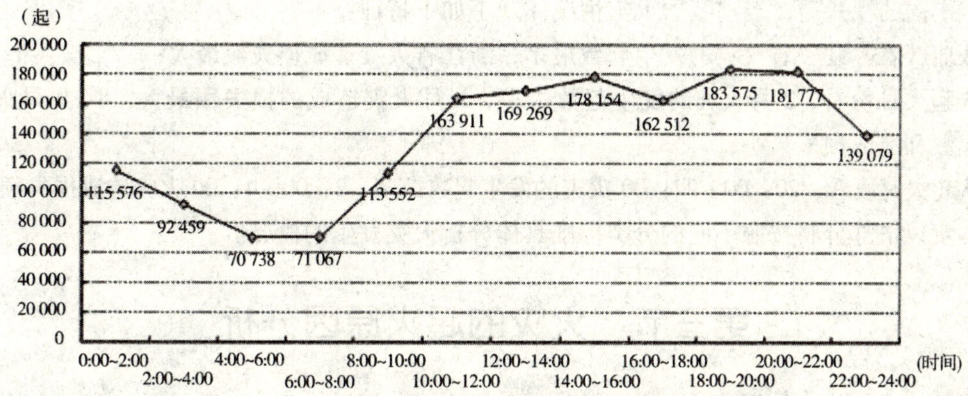


**图 16－16　1997～2009 年各时段火灾发生起数示意图**

由图 16－17 可以看出，0：00～4：00 造成的损失额较高，而其他时段损失额较低，这主要是由于凌晨时分人们大都在睡眠状态，火灾发生后往往不能及时报警，延误火灾救援，致使实际损失较高。

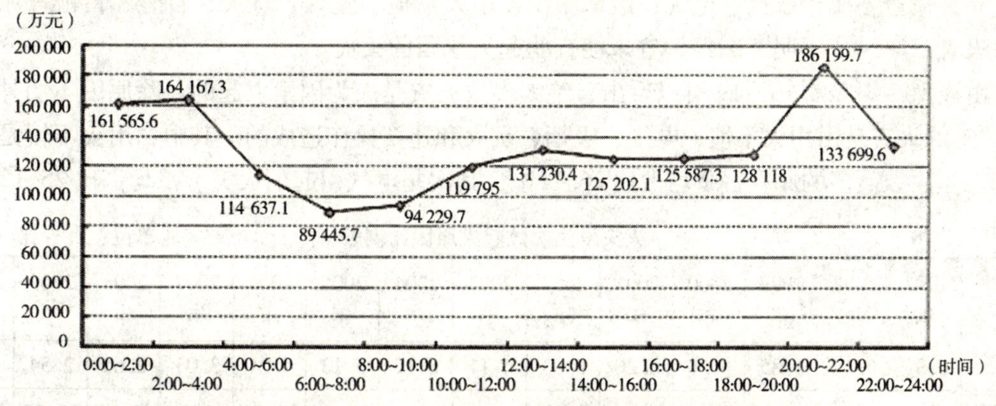


**图 16－17　1997～2009 年各时段火灾造成损失示意图**

由图 16－18 可以看出，凌晨时分 0：00～4：00 造成的死亡人数较多，而其他时段死亡人数较少，这也是由于凌晨时分人们大都在睡眠，警惕性较低，不易发现灾情；受伤人数的高点则发生在中午到下午各类社会活动较多的时段。

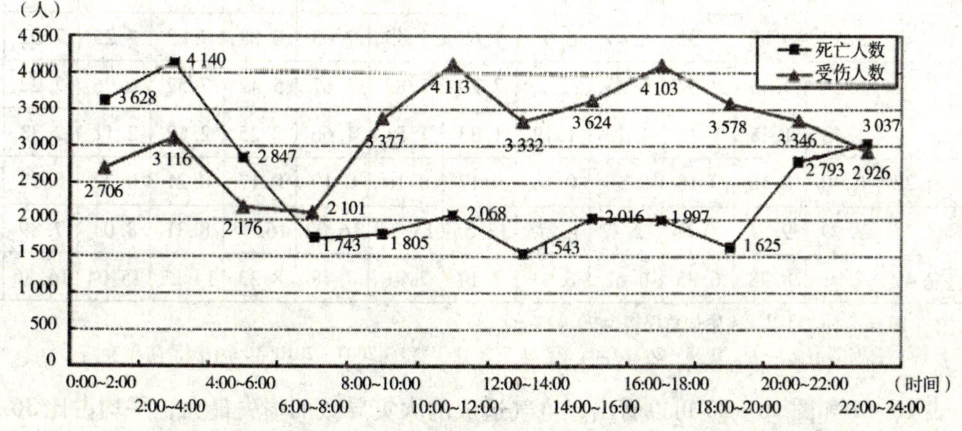


**图 16－18　1997～2009 年各时段火灾造成死伤人数示意图**

从不同的视角看，当前我国火灾情况体现了如下特征：

从地区看，辽宁省火灾的发生起数最多，浙江省火灾造成损失额最大；

从起火月份看，2月火灾的发生起数最多，1月火灾造成的损失额最大，8、9月火灾的发生起数和造成损失最小；

从起火时段看，20：00～22：00火灾的发生起数最多，2：00～4：00火灾造成损失额最大。

本章以下部分将按照不同的分类标准具体分析火灾发生的概况。

## 第三节　火灾的起火原因分析

### 一、起火原因概况

对起火原因进行分类分析是对风险进行分类的重要依据。下面以1997～2009年的数据为基础，进行火灾起火原因分类统计分析。本节中数据是公安消防机构调查的数据，原因“其他”指经调查不属于放火、电气、违章操作、用火不慎、吸烟、玩火、自燃、雷击等原因造成的火灾，原因“不明”指经调查未能查明起火原因的火灾。

由表16－8和图16－19可以看出，绝大多数火灾是人为因素引起的。除原因不明外，有72.20%的火灾是由用火不慎、电气、吸烟、玩火和违章操作造成的。其中，用火不慎是引起火灾发生次数最多的原因，平均占比26.71%；其次是电气引起的火灾，平均占比25.12%。

**表16－8　火灾发生次数起火原因比例表**　［单位：百分比（%）］

| 时间／原因 | 1997年 | 1998年 | 1999年 | 2000年 | 2001年 | 2002年 | 2003年 | 2004年 | 2005年 | 2006年 | 2007年 | 2008年 | 2009年 | 总计 |
|---|---|---|---|---|---|---|---|---|---|---|---|---|---|---|
| 放火 | 6.33 | 6.14 | 5.85 | 6.10 | 6.20 | 6.03 | 6.11 | 6.13 | 5.13 | 4.24 | 3.03 | 2.65 | 2.54 | 4.99 |
| 电气 | 26.55 | 27.55 | 24.81 | 26.13 | 24.91 | 21.31 | 22.98 | 20.66 | 21.91 | 23.05 | 28.31 | 29.70 | 30.25 | 25.12 |
| 违章操作 | 7.19 | 7.15 | 6.18 | 5.80 | 5.01 | 4.27 | 4.84 | 4.28 | 4.28 | 3.83 | 5.59 | 5.42 | 5.13 | 5.16 |
| 用火不慎 | 24.92 | 25.47 | 26.47 | 27.46 | 28.79 | 27.77 | 28.98 | 30.15 | 30.64 | 29.26 | 22.80 | 22.62 | 21.05 | 26.71 |
| 吸烟 | 10.60 | 9.53 | 9.57 | 8.32 | 8.41 | 8.08 | 7.62 | 7.43 | 7.03 | 6.88 | 7.83 | 7.25 | 7.02 | 7.95 |
| 玩火 | 7.02 | 6.54 | 7.45 | 7.37 | 6.35 | 11.38 | 7.29 | 7.82 | 5.67 | 5.42 | 7.52 | 6.96 | 7.22 | 7.26 |
| 自燃 | 1.54 | 1.43 | 1.15 | 1.16 | 1.13 | 1.19 | 1.33 | 1.51 | 1.66 | 2.25 | 2.12 | 2.11 | 2.38 | 1.64 |
| 雷击 | 0.22 | 0.30 | 0.16 | 0.18 | 0.18 | 0.18 | 0.17 | 0.16 | 0.19 | 0.17 | 0.21 | 0.22 | 0.17 | 0.19 |
| 不明 | 8.14 | 7.99 | 9.57 | 10.64 | 12.42 | 13.75 | 13.55 | 13.94 | 16.02 | 16.57 | 8.31 | 8.04 | 7.89 | 11.54 |
| 其他 | 7.49 | 7.91 | 8.78 | 6.85 | 6.62 | 6.03 | 7.14 | 7.91 | 7.48 | 8.33 | 14.27 | 15.04 | 16.36 | 9.43 |

注：由于四舍五入的原因，表中加总比例为99.99%。

资料来源：公安部消防局著：1998～2003年《中国火灾统计年鉴》，2004～2010年《中国消防年鉴》。

由表16－9和图16－20可以看出，电气造成的火灾导致的损失最大，平均占比36.08%；其次是用火不慎，平均占比11.65%。

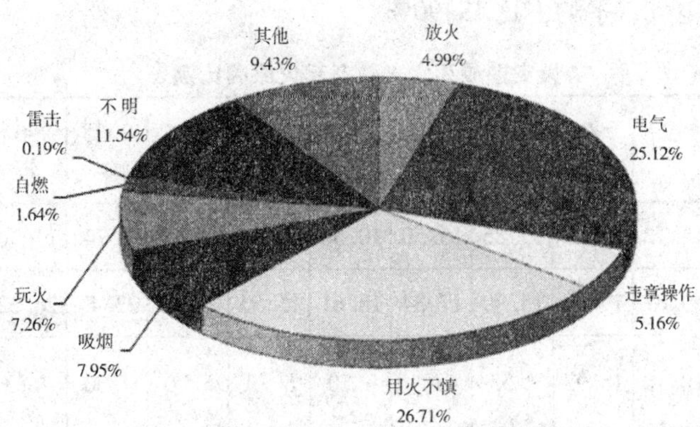


注：由于四舍五入的原因，图中加总比例为99.99%。

**图16－19　1997～2009年火灾发生次数起火原因比例图**

**表16－9**　　　　**火灾损失起火原因比例表**　　　　［单位：百分比（%）］

| 时间<br>原因 | 1997年 | 1998年 | 1999年 | 2000年 | 2001年 | 2002年 | 2003年 | 2004年 | 2005年 | 2006年 | 2007年 | 2008年 | 2009年 | 总计 |
|---|---|---|---|---|---|---|---|---|---|---|---|---|---|---|
| 放火 | 6.01 | 7.96 | 8.92 | 9.07 | 8.76 | 10.15 | 7.49 | 5.09 | 7.22 | 5.62 | 4.16 | 5.31 | 5.03 | 6.85 |
| 电气 | 43.95 | 37.35 | 35.41 | 38.09 | 31.90 | 32.52 | 32.95 | 42.33 | 32.23 | 35.21 | 40.06 | 33.15 | 32.07 | 36.08 |
| 违章操作 | 9.11 | 9.30 | 9.97 | 9.38 | 9.18 | 7.64 | 9.52 | 10.61 | 10.45 | 8.51 | 15.65 | 11.49 | 15.25 | 10.68 |
| 用火不慎 | 12.01 | 12.28 | 13.92 | 12.05 | 15.98 | 13.59 | 12.66 | 10.58 | 14.90 | 15.41 | 10.45 | 6.69 | 7.72 | 11.65 |
| 吸烟 | 4.96 | 4.78 | 4.69 | 3.65 | 2.95 | 4.10 | 1.92 | 2.20 | 1.95 | 1.52 | 2.03 | 1.62 | 1.20 | 2.92 |
| 玩火 | 2.04 | 2.37 | 2.70 | 5.23 | 2.94 | 3.40 | 2.36 | 2.11 | 2.39 | 2.49 | 2.07 | 1.48 | 11.33 | 3.46 |
| 自燃 | 3.41 | 3.31 | 2.90 | 2.31 | 2.62 | 2.54 | 2.72 | 2.55 | 3.36 | 3.28 | 3.02 | 2.68 | 2.77 | 2.87 |
| 雷击 | 0.42 | 2.22 | 0.20 | 0.57 | 0.47 | 0.54 | 0.50 | 0.34 | 0.39 | 0.91 | 0.46 | 0.40 | 0.59 | 0.62 |
| 不明 | 9.28 | 10.24 | 11.33 | 11.49 | 14.28 | 14.39 | 15.94 | 12.78 | 15.65 | 15.63 | 11.34 | 11.26 | 11.90 | 12.34 |
| 其他 | 8.80 | 10.30 | 9.97 | 8.17 | 10.94 | 11.13 | 13.96 | 11.42 | 11.47 | 11.43 | 10.75 | 25.91 | 12.15 | 12.52 |

注：由于四舍五入的原因，图中加总比例为99.99%。
资料来源：公安部消防局著：1998～2003年《中国火灾统计年鉴》，2004～2009年《中国消防年鉴》。

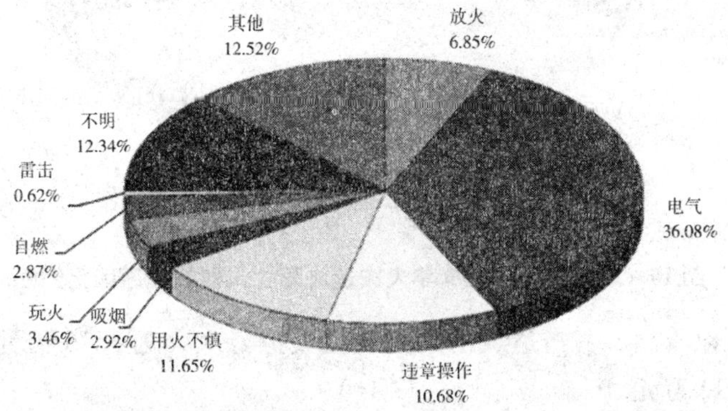


注：由于四舍五入的原因，图中加总比例为99.99%。

**图16－20　1997～2009年火灾损失起火原因比例图**

由表16－10和图16－21可以看出，用火不慎造成的火灾导致的死亡人数最多，平均占比28.31%；其次是电气，平均占比19.90%。

表16－10　火灾造成死亡人数各起火原因比例表　[单位：百分比（%）]

| 原因＼时间 | 1997年 | 1998年 | 1999年 | 2000年 | 2001年 | 2002年 | 2003年 | 2004年 | 2005年 | 2006年 | 2007年 | 2008年 | 2009年 | 总计 |
|---|---|---|---|---|---|---|---|---|---|---|---|---|---|---|
| 放火 | 11.32 | 10.94 | 11.12 | 12.18 | 15.85 | 15.50 | 10.56 | 10.57 | 7.92 | 6.74 | 11.76 | 9.01 | 12.94 | 11.35 |
| 电气 | 17.63 | 17.86 | 19.87 | 19.50 | 15.90 | 17.34 | 18.61 | 15.53 | 20.04 | 23.43 | 26.32 | 28.14 | 30.42 | 19.90 |
| 违章操作 | 17.74 | 14.34 | 10.10 | 18.93 | 9.55 | 6.81 | 8.70 | 5.19 | 5.20 | 4.30 | 4.83 | 3.55 | 2.43 | 9.49 |
| 用火不慎 | 26.89 | 27.00 | 27.74 | 25.32 | 28.62 | 28.33 | 30.54 | 33.36 | 33.20 | 31.16 | 25.57 | 25.18 | 20.55 | 28.31 |
| 吸烟 | 8.82 | 9.73 | 10.43 | 8.11 | 8.14 | 8.86 | 8.78 | 12.60 | 9.92 | 10.93 | 10.84 | 11.57 | 10.68 | 9.80 |
| 玩火 | 3.97 | 4.44 | 5.25 | 4.90 | 4.76 | 5.56 | 3.79 | 4.92 | 4.76 | 4.94 | 6.32 | 7.30 | 5.66 | 4.98 |
| 自燃 | 0.59 | 1.01 | 0.44 | 0.17 | 0.34 | 0.04 | 0.44 | 0.39 | 0.24 | 0.47 | 0.25 | 0.07 | 0.00 | 0.36 |
| 雷击 | 0.07 | 0.04 | 0.11 | 0.13 | 0.34 | 0.17 | 0.16 | 0.00 | 0.08 | 0.12 | 0.06 | 0.00 | 0.00 | 0.11 |
| 不明 | 6.91 | 7.13 | 8.13 | 5.46 | 9.60 | 10.28 | 11.72 | 10.34 | 11.76 | 11.45 | 7.06 | 6.11 | 6.72 | 8.73 |
| 其他 | 6.06 | 7.51 | 6.82 | 5.30 | 6.90 | 7.10 | 6.69 | 7.10 | 6.88 | 6.45 | 7.00 | 9.07 | 10.60 | 6.96 |

注：由于四舍五入的原因，表中加总比例为99.99%。

资料来源：公安部消防局著：1998～2003年《中国火灾统计年鉴》，2004～2010年《中国消防年鉴》。

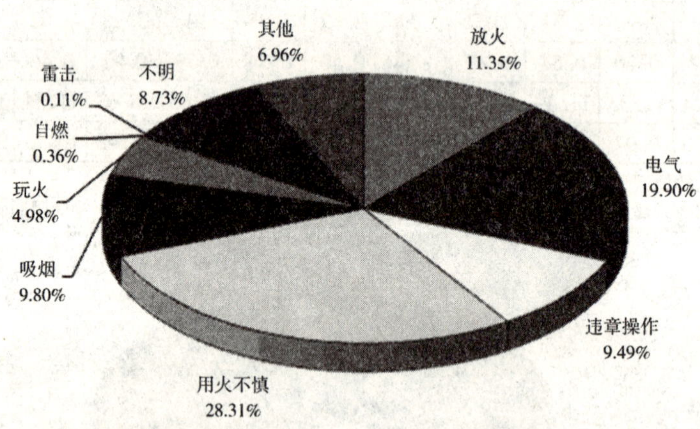


注：由于四舍五入的原因，图中加总比例为99.99%。

图16－21　1997～2009年火灾造成死亡人数起火原因比例图

由图16－22可以看出，雷击造成的火灾次损失额最大，为3.15万元；其次为违章操作造成的火灾，为1.99万元。

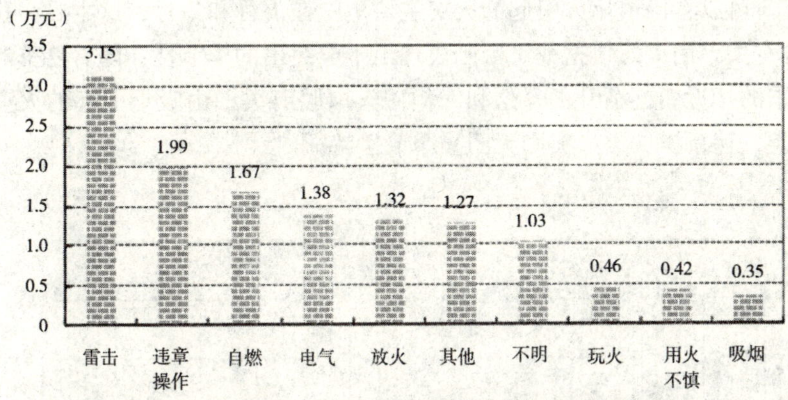


**图 16－22 1997～2009 年火灾次损失额各起火原因比较**

## 二、起火原因的差异性

由图 16－23 可以看出，农业火灾灾因主要表现为用火不慎；工业火灾中的绝大部分都是由于电气、违章操作和用火不慎；交通运输业灾因则主要表现为电气火灾。

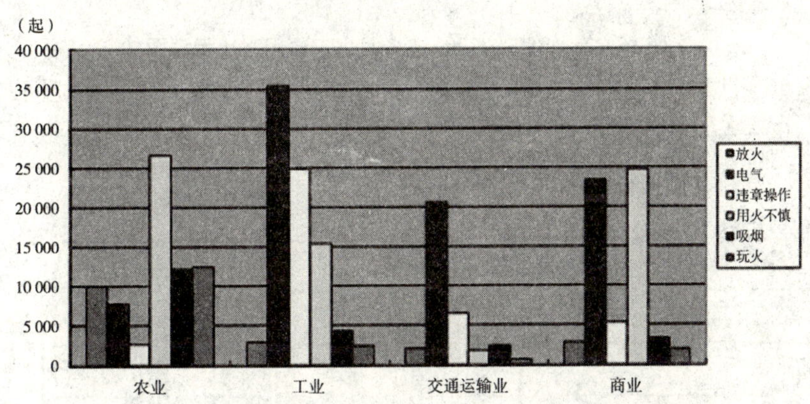


**图 16－23 1997～2009 年各行业火灾原因对比示意图**

由图 16－24 可以看出华北、东北、西北这些北方地区火灾起因以用火不慎为主，华东、中南、西南南方地区则以电气火灾为主。

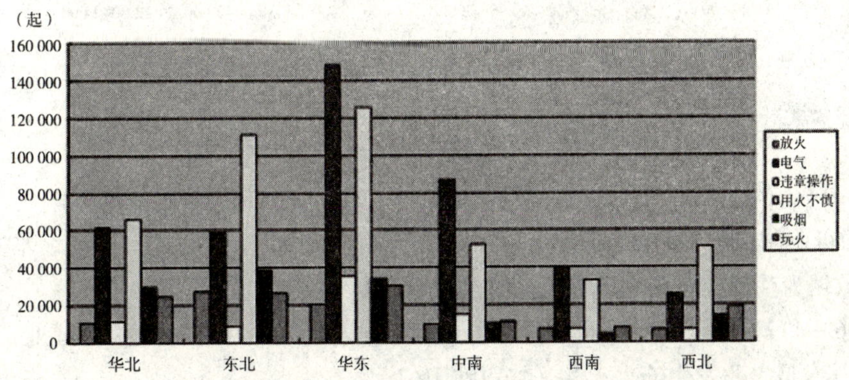


**图 16－24 1997～2009 年各地区火灾原因对比示意图**

由图 16－25 可以看出由玩火引起的火灾主要集中在 1 月和 2 月，这主要和我国农历新年一般在 1、2 月有关。用火不慎这一灾因则表现出十分突出的季节性：随着夏季的到来而逐渐降低，随着冬季的接近而逐渐升高，这和人们用火取暖有关；由吸烟引起的火灾，在夏季明显减少；电气类、违章操作类火灾则无明显季节性特征。

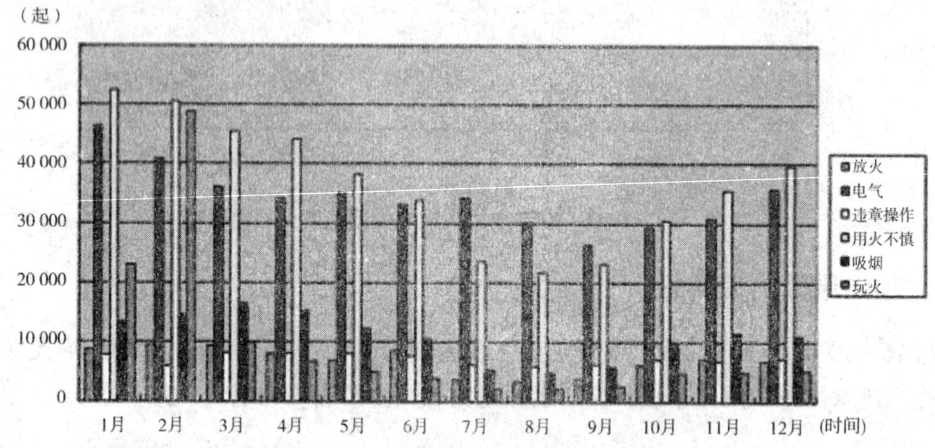


**图 16－25　1997～2009 年各月火灾原因对比示意图**

由图 16－26 可以看出，除放火外，各类型火灾多发于 8：00～24：00 之间，放火引起火灾多发于 20：00～4：00 时段。

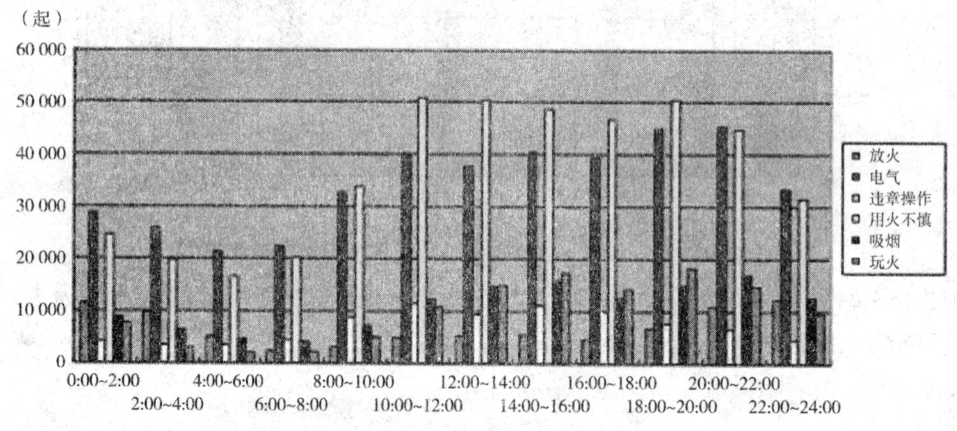


**图 16－26　1997～2009 年各时段火灾原因对比示意图**

## 第四节　火灾的行业性分析

不同的行业体现出不同的风险特征。由于行业分类标准在 2000 年有变化，本文以2000～2009 年的数据为基础，按火灾起火行业分类进行分析。

由表 16－11 和图 16－27 可以看出，工业是火灾发生次数最多的行业，平均占比 21.22%；其次是农业发生的火灾，平均占比 16.61%。

表 16－11　　各行业火灾发生起数比例表　　[单位：百分比（%）]

| 行业＼时间 | 2002年 | 2003年 | 2004年 | 2005年 | 2006年 | 2007年 | 2008年 | 2009年 | 总计 |
|---|---|---|---|---|---|---|---|---|---|
| 农业 | 18.60 | 13.41 | 16.87 | 17.22 | 16.94 | 19.63 | 14.31 | 13.94 | 16.61 |
| 工业 | 18.44 | 21.77 | 20.25 | 20.38 | 20.26 | 28.87 | 28.05 | 31.46 | 21.22 |
| 交通运输业 | 8.85 | 11.62 | 10.55 | 10.42 | 10.36 | 14.33 | 13.29 | 11.44 | 10.63 |
| 邮电通信业 | 0.48 | 0.58 | 0.57 | 0.40 | 0.37 | 0.00 | 0.00 | 0.00 | 0.42 |
| 仓储业 | 1.08 | 1.18 | 1.06 | 1.10 | 1.12 | 2.85 | 15.25 | 4.39 | 1.76 |
| 商业 | 12.09 | 13.30 | 12.90 | 12.06 | 12.46 | 23.62 | 20.49 | 26.73 | 13.81 |
| 金融保险业 | 0.30 | 0.34 | 0.25 | 0.23 | 0.21 | 0.33 | 0.40 | 0.39 | 0.28 |
| 房地产业 | 0.16 | 0.20 | 0.17 | 0.25 | 0.27 | 0.51 | 0.34 | 0.60 | 0.24 |
| 社会服务 | 4.67 | 5.04 | 4.92 | 4.60 | 4.43 | 4.71 | 3.43 | 5.02 | 4.70 |
| 教科文卫业 | 2.38 | 2.35 | 2.24 | 1.98 | 1.93 | 3.47 | 2.78 | 3.25 | 2.30 |
| 科学技术 | 0.15 | 0.12 | 0.12 | 0.10 | 0.08 | 0.17 | 0.20 | 0.19 | 0.12 |
| 机关团体 | 0.99 | 1.13 | 0.89 | 0.77 | 0.72 | 0.83 | 0.73 | 0.91 | 0.90 |
| 其他 | 31.83 | 28.98 | 29.19 | 30.50 | 30.86 | 0.68 | 0.73 | 1.65 | 27.02 |

注：由于四舍五入的原因，表中数据加总为 100.01%。

资料来源：公安部消防局著：1998～2003 年《中国火灾统计年鉴》，2004～2010 年《中国消防年鉴》。

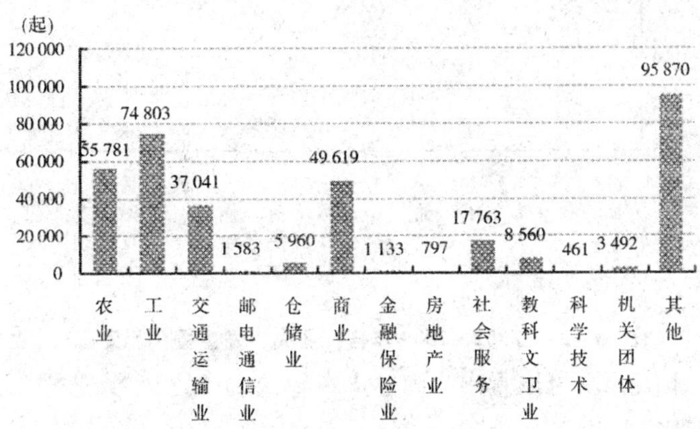


注：由于四舍五入的原因，图中数据加总为 100.01%。

**图 16－27　2002～2009 年各行业火灾发生起数示意图**

由表 16－12 和图 16－28 可以看出，工业火灾导致的损失最大，平均占比 36.76%；其次是商业，平均占比 28.66%。

表 16－12　　各行业火灾造成损失比例表　　[单位：百分比（%）]

| 行业＼时间 | 2002年 | 2003年 | 2004年 | 2005年 | 2006年 | 2007年 | 2008年 | 2009年 | 总计 |
|---|---|---|---|---|---|---|---|---|---|
| 农业 | 3.55 | 3.13 | 3.24 | 4.84 | 5.67 | 8.22 | 2.19 | 5.48 | 4.08 |
| 工业 | 39.78 | 44.65 | 34.02 | 39.27 | 36.48 | 39.55 | 18.77 | 49.31 | 36.76 |
| 交通运输业 | 13.23 | 15.13 | 10.20 | 13.81 | 12.61 | 9.33 | 3.27 | 5.53 | 10.58 |

续表

| 行业＼时间 | 2002年 | 2003年 | 2004年 | 2005年 | 2006年 | 2007年 | 2008年 | 2009年 | 总计 |
|---|---|---|---|---|---|---|---|---|---|
| 邮电通信业 | 0.36 | 0.22 | 0.21 | 0.31 | 0.21 | 0.00 | 0.00 | 0.00 | 0.18 |
| 仓储业 | 7.76 | 4.36 | 1.67 | 4.80 | 6.93 | 9.18 | 14.49 | 8.59 | 6.88 |
| 商业 | 18.86 | 16.41 | 37.50 | 17.33 | 21.21 | 27.10 | 58.89 | 22.33 | 28.66 |
| 金融保险业 | 0.38 | 0.25 | 0.23 | 0.16 | 0.28 | 0.25 | 0.07 | 0.04 | 0.21 |
| 房地产业 | 0.17 | 0.07 | 0.68 | 0.08 | 0.12 | 0.28 | 0.02 | 2.33 | 0.40 |
| 社会服务 | 6.09 | 3.82 | 2.68 | 3.55 | 2.98 | 1.88 | 1.71 | 4.04 | 3.40 |
| 教科文卫业 | 1.31 | 1.36 | 0.84 | 2.67 | 2.48 | 2.57 | 0.31 | 0.67 | 1.40 |
| 科学技术 | 0.05 | 0.08 | 0.07 | 0.26 | 0.08 | 0.41 | 0.04 | 0.04 | 0.11 |
| 机关团体 | 0.78 | 0.66 | 0.55 | 0.62 | 0.39 | 0.37 | 0.18 | 0.19 | 0.49 |
| 其他 | 7.68 | 9.86 | 8.10 | 12.29 | 10.56 | 0.83 | 0.04 | 1.44 | 6.84 |

注：由于四舍五入的原因，表中数据加总为99.99%。

资料来源：公安部消防局著：1998～2003年《中国火灾统计年鉴》，2004～2010年《中国消防年鉴》。

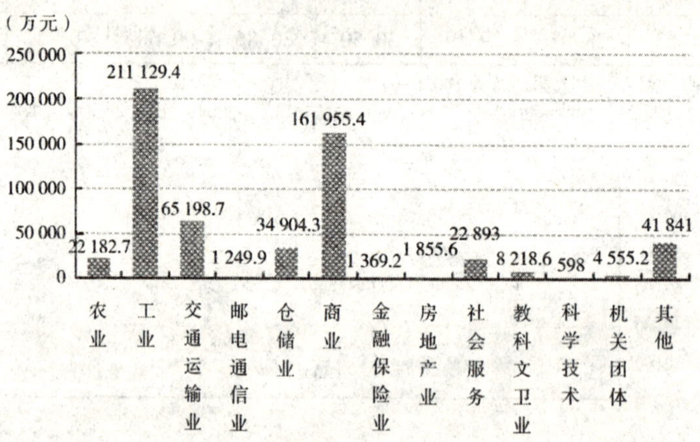


**图16－28　2002～2009年各行业火灾发生损失示意图**

由表16－13和图16－29可以看出，商业火灾导致的死亡人数最多，平均占比32.93%；其次是工业，平均占比24.48%。

**表16－13　各行业火灾造成死亡人数比例表**　［单位：百分比（%）］

| 行业＼时间 | 2002年 | 2003年 | 2004年 | 2005年 | 2006年 | 2007年 | 2008年 | 2009年 | 总计 |
|---|---|---|---|---|---|---|---|---|---|
| 农业 | 2.76 | 2.73 | 4.12 | 3.95 | 7.10 | 5.22 | 2.87 | 2.60 | 4.08 |
| 工业 | 25.12 | 28.18 | 27.89 | 22.24 | 24.32 | 17.83 | 20.69 | 15.58 | 24.86 |
| 交通运输业 | 4.21 | 7.42 | 2.54 | 2.31 | 1.91 | 0.87 | 1.72 | 1.30 | 5.43 |
| 邮电通信业 | 0.65 | 0.15 | 0.00 | 0.66 | 0.00 | 0.00 | 0.00 | 0.00 | 0.21 |
| 仓储业 | 1.78 | 0.61 | 0.16 | 0.66 | 0.82 | 0.87 | 2.30 | 0.65 | 0.78 |
| 商业 | 30.47 | 27.42 | 31.70 | 21.58 | 33.61 | 48.70 | 39.66 | 50.00 | 32.93 |

续表

| 时间<br>行业 | 2002年 | 2003年 | 2004年 | 2005年 | 2006年 | 2007年 | 2008年 | 2009年 | 总计 |
|---|---|---|---|---|---|---|---|---|---|
| 金融保险业 | 0.00 | 0.00 | 0.00 | 0.16 | 0.00 | 0.00 | 0.00 | 0.00 | 0.11 |
| 房地产业 | 0.00 | 0.00 | 0.00 | 0.49 | 1.64 | 0.00 | 0.00 | 0.00 | 0.26 |
| 社会服务 | 22.04 | 17.88 | 11.09 | 19.60 | 10.11 | 6.52 | 9.20 | 11.69 | 15.83 |
| 教科文卫业 | 2.11 | 1.21 | 1.43 | 8.07 | 1.09 | 3.48 | 4.02 | 3.25 | 2.61 |
| 科学技术 | 0.00 | 0.00 | 0.00 | 0.00 | 0.00 | 0.00 | 0.00 | 0.00 | 0.04 |
| 机关团体 | 0.81 | 0.15 | 0.95 | 0.49 | 0.27 | 0.00 | 0.00 | 0.65 | 0.63 |
| 其他 | 10.05 | 14.24 | 20.13 | 19.77 | 19.13 | 0.00 | 0.57 | 1.30 | 12.23 |

资料来源：公安部消防局著：1998～2003年《中国火灾统计年鉴》，2004～2010年《中国消防年鉴》。

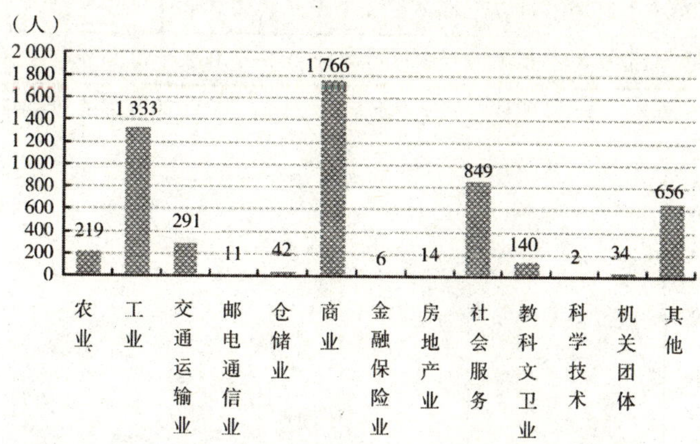


**图16－29　2002～2009年各行业火灾造成死亡人数示意图**

由图16－30可以看出，仓储业火灾的次损失额最大，为5.86万元；其次是商业，为3.26万元。

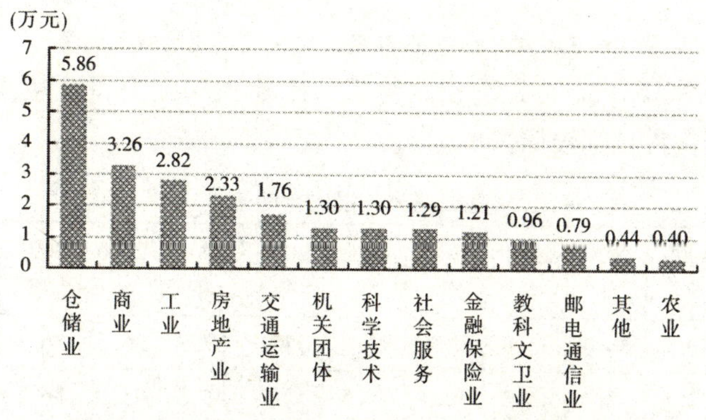


**图16－30　2000～2009年各行业火灾次损失额示意图**

## 第五节　火灾的发生场所分析

因为不同的火灾发生场所影响火灾发展的因素差异性很大，所以，火灾损失会表现出明显的火场特性，本节将按照火灾发生场所的不同进行分析。由于目前获得的分火场数据只是从1997年开始，故而本节的所有分析数据都只是基于1997年以来的数据。

由表16－14和图16－31可以看出，建筑火灾占到50.3%，占到了半数以上；其次是工业火灾，占到了24.3%；其他火场占比都较少。

表16－14 各火场火灾发生起数比例表 ［单位：百分比（%）］

| 火场＼时间 | 1997年 | 1998年 | 1999年 | 2000年 | 2001年 | 2002年 | 2003年 | 2004年 | 2005年 | 2006年 | 2007年 | 2008年 | 2009年 | 总计 |
|---|---|---|---|---|---|---|---|---|---|---|---|---|---|---|
| 工业 | 20.0 | 18.3 | 17.1 | 25.7 | 29.7 | 33.0 | 31.0 | 34.6 | 33.8 | 33.0 | 12.4 | 12.7 | 12.3 | 24.3 |
| 建筑 | 49.3 | 51.7 | 49.4 | 56.2 | 51.3 | 49.7 | 52.2 | 51.0 | 50.3 | 50.4 | 47.5 | 47.7 | 48.5 | 50.3 |
| 交通工具 | 6.4 | 7.2 | 6.1 | 6.8 | 6.8 | 5.4 | 7.8 | 6.3 | 7.9 | 8.3 | 8.2 | 8.8 | 9.2 | 7.4 |
| 其他 | 24.0 | 22.5 | 26.9 | 11.0 | 11.7 | 11.6 | 8.7 | 7.8 | 7.8 | 7.9 | 31.9 | 30.8 | 30.0 | 17.8 |
| 森林 | 0.2 | 0.3 | 0.4 | 0.3 | 0.4 | 0.3 | 0.4 | 0.3 | 0.3 | 0.4 | — | — | — | 0.2 |

资料来源：公安部消防局著：1997～2003年《中国火灾统计年鉴》，2004～2010年《中国消防年鉴》。

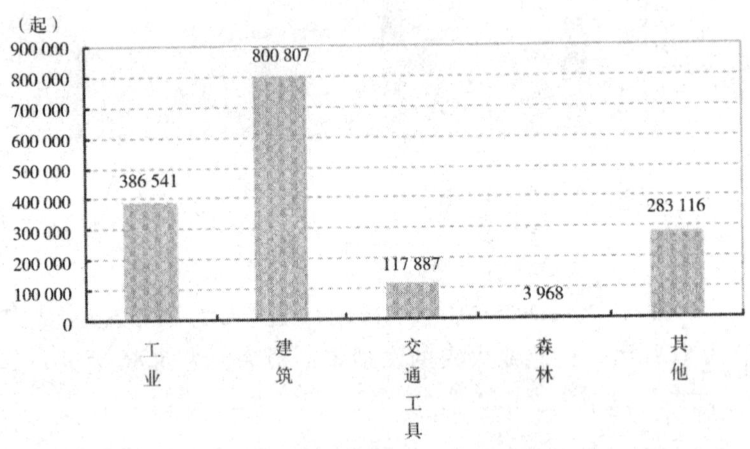


图16－31 1997～2009年各火场火灾发生起数示意图

由表16－15和图16－32可以看出，建筑、工业火灾损失占比较高，分别为40.6%、33.8%，其他火场损失占比都较低。

表16－15 各火场火灾损失比例表 ［单位：百分比（%）］

| 火场＼时间 | 1997年 | 1998年 | 1999年 | 2000年 | 2001年 | 2002年 | 2003年 | 2004年 | 2005年 | 2006年 | 2007年 | 2008年 | 2009年 | 总计 |
|---|---|---|---|---|---|---|---|---|---|---|---|---|---|---|
| 工业 | 32.5 | 34.6 | 19.5 | 36.0 | 33.9 | 38.1 | 41.3 | 33.1 | 37.9 | 36.5 | 36.1 | 38.6 | 37.8 | 33.8 |
| 建筑 | 43.8 | 47.3 | 22.5 | 50.0 | 45.3 | 46.3 | 40.5 | 52.2 | 43.3 | 45.0 | 36.2 | 42.1 | 37.9 | 40.6 |
| 交通工具 | 9.6 | 10.3 | 5.6 | 10.8 | 17.7 | 12.4 | 15.0 | 11.8 | 15.7 | 15.6 | 12.1 | 9.0 | 10.5 | 11.0 |
| 其他 | 14.1 | 7.8 | 52.4 | 3.1 | 2.9 | 3.1 | 3.1 | 2.7 | 2.9 | 2.8 | 15.7 | 10.4 | 13.8 | 14.5 |
| 森林 | 0.0 | 0.1 | 0.0 | 0.1 | 0.2 | 0.1 | 0.1 | 0.2 | 0.2 | 0.1 | — | — | — | 0.1 |

资料来源：公安部消防局著：1997～2003年《中国火灾统计年鉴》，2004～2010年《中国消防年鉴》。

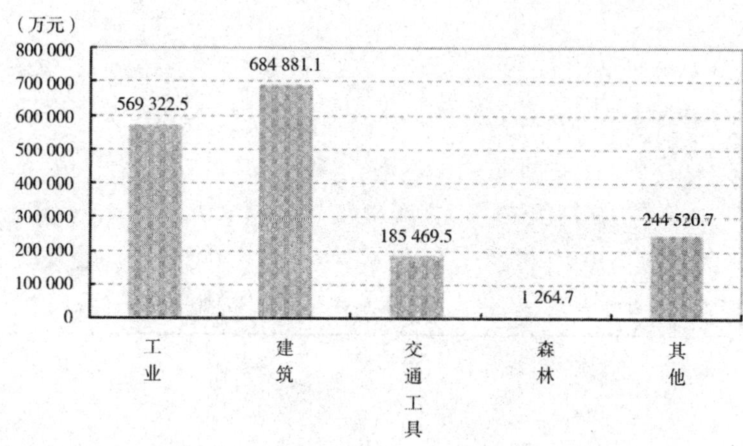


图 16－32 1997～2009 年累计各月火灾次损失

由表 16－16 和图 16－33 可以看出，建筑火灾造成的人员伤亡比例最高，占到 3/4 以上，可以说造成人员伤亡的火灾几乎都集中在建筑火灾中。

表 16－16 各火场火灾人员伤亡比例表 ［单位：百分比（%）］

| 时间<br>火场 | 1997年 | 1998年 | 1999年 | 2000年 | 2001年 | 2002年 | 2003年 | 2004年 | 2005年 | 2006年 | 2007年 | 2008年 | 2009年 | 总计 |
|---|---|---|---|---|---|---|---|---|---|---|---|---|---|---|
| 工业 | 13.5 | 12.4 | 12.6 | 16.0 | 13.3 | 10.9 | 12.9 | 11.2 | 8.1 | 10.9 | 7.0 | 6.2 | 3.5 | 11.3 |
| 建筑 | 65.4 | 75.0 | 71.8 | 78.8 | 77.8 | 84.9 | 82.2 | 84.3 | 88.4 | 86.2 | 74.6 | 77.3 | 78.4 | 78.5 |
| 交通工具 | 10.0 | 5.2 | 4.8 | 3.1 | 5.6 | 2.4 | 3.5 | 1.3 | 1.2 | 1.2 | 0.4 | 0.7 | 1.8 | 3.5 |
| 其他 | 11.1 | 7.3 | 10.7 | 2.1 | 3.2 | 1.8 | 1.4 | 3.3 | 2.3 | 1.8 | 18.1 | 15.8 | 16.3 | 6.6 |
| 森林 | — | — | 0.1 | 0.0 | 0.2 | 0.0 | — | — | — | — | — | — | — | 0.1 |

资料来源：公安部消防局著：1997～2003 年《中国火灾统计年鉴》，2004～2010 年《中国消防年鉴》。

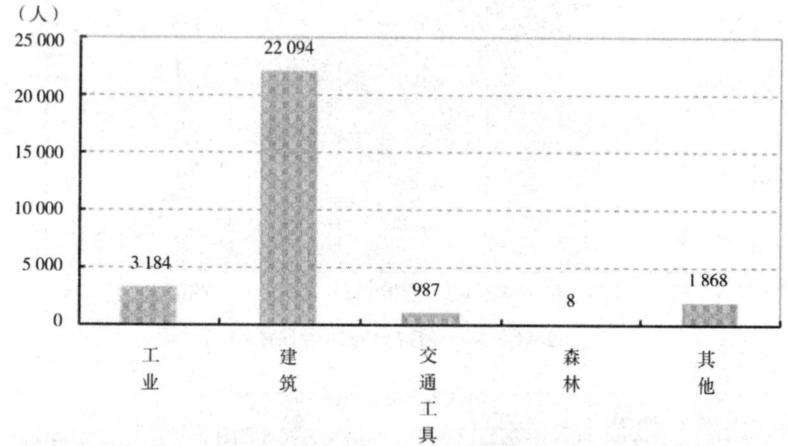


图 16－33 2000～2009 年各火场死亡人数示意图

由图 16－34 可以看出，交通工具火灾次损失额较大，其次是工业火灾，其他都较小；建筑火灾虽然损失额总额较大，但是发生起数较大，所以次损失额较小。

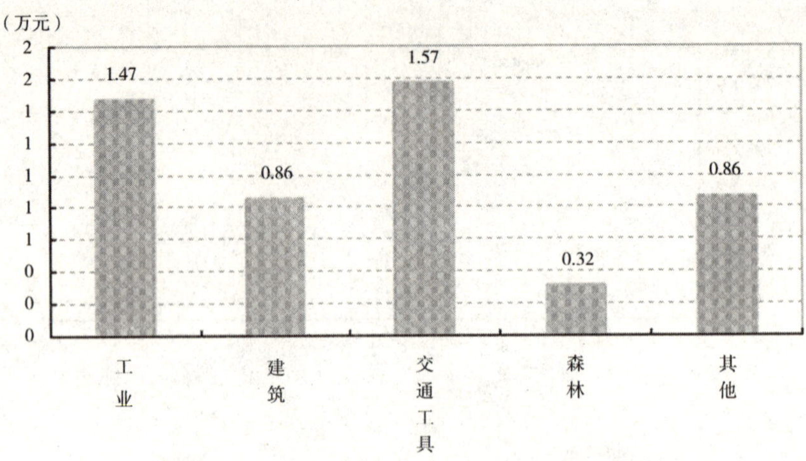


图 16－34　2000～2009 年各火场次损失额示意图

# 第六节　火灾的频数及次损失分布情况

## 一、连续分布拟合

有关火灾频数的基本统计描述在本章第一节已详细列出，不再赘述。利用 SAS 统计软件对频率和损失用连续型分布进行拟合。SAS 统计软件采用拟合分布为正态、对数正态、指数和韦伯分布。拟合效果图见图 16－35～图 16－37。

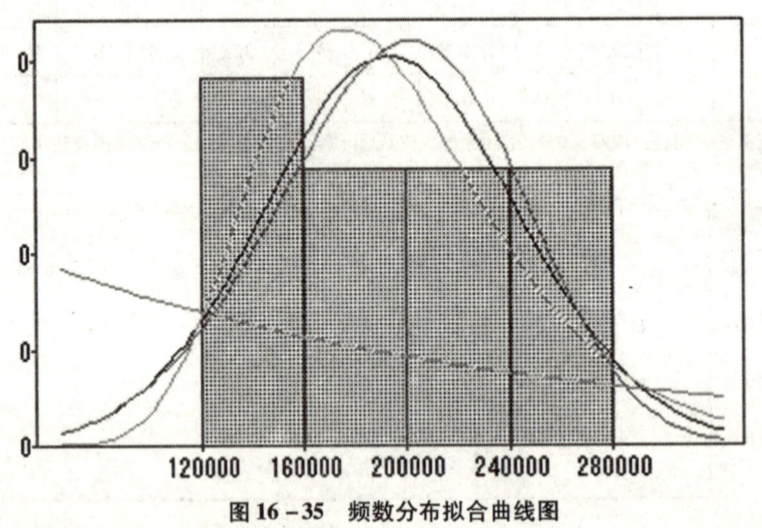


图 16－35　频数分布拟合曲线图

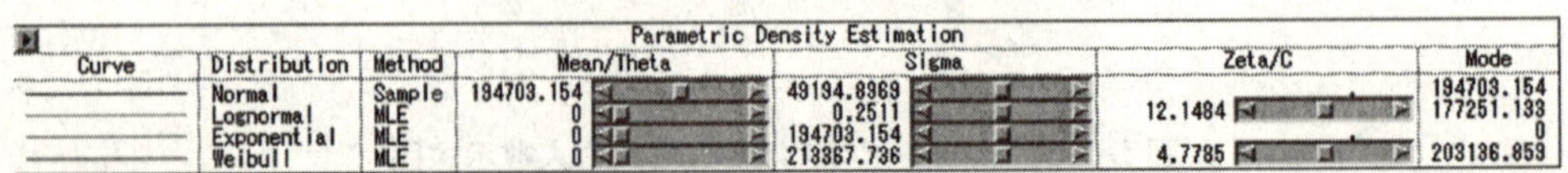

Parametric Density Estimation

| Curve | Distribution | Method | Mean/Theta | Sigma | Zeta/C | Mode |
|---|---|---|---|---|---|---|
| | Normal | Sample | 194703.154 | 49194.8969 | | 194703.154 |
| | Lognormal | MLE | 0 | 0.2511 | 12.1484 | 177251.133 |
| | Exponential | MLE | 0 | 194703.154 | | 0 |
| | Weibull | MLE | 0 | 213367.736 | 4.7785 | 203136.859 |

图 16－36　频数分布拟合结果

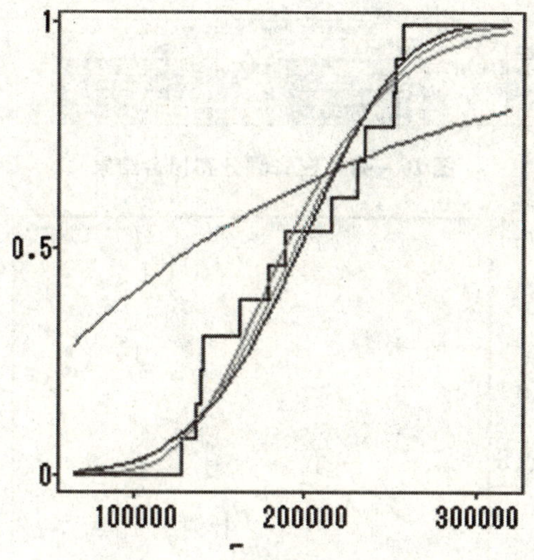


图 16－37　频数分布累计曲线

从图 16－38 的检验结果可以看出，在原假设是服从某个分布的前提下，当显著性水平为 5%时，按照 Test for Distribution 的 P 值标准，只有指数分布没有通过检验。考虑到影响火灾频数的因素很多，我们更倾向于用正态分布作为频数分布的拟合，拟合密度函数如下：

$$f(x) = \frac{1}{49\,194.90\sqrt{2\pi}} e^{-\frac{1}{2}\left(\frac{x-194\,703.154}{49\,194.90}\right)^2} \quad (x>0)$$

Tests for Distribution

| Curve | Distribution | Mean/Theta | Sigma | Zeta/C | Kolmogorov D | Pr > D |
|---|---|---|---|---|---|---|
| | Normal | 194703.154 | 49194.8969 | . | 0.1642 | >.15 |
| | Lognormal | 0 | 0.2614 | 12.1484 | 0.1688 | >.15 |
| | Exponential | 0 | 194703.154 | . | 0.4855 | <.01 |
| | Weibull | 0 | 213367.736 | 4.7785 | 0.1732 | >.10 |

图 16－38　频数分布拟合检验

同样，对于次损失额也用 SAS 来作分布拟合，得到图 16－39～图 16－41。

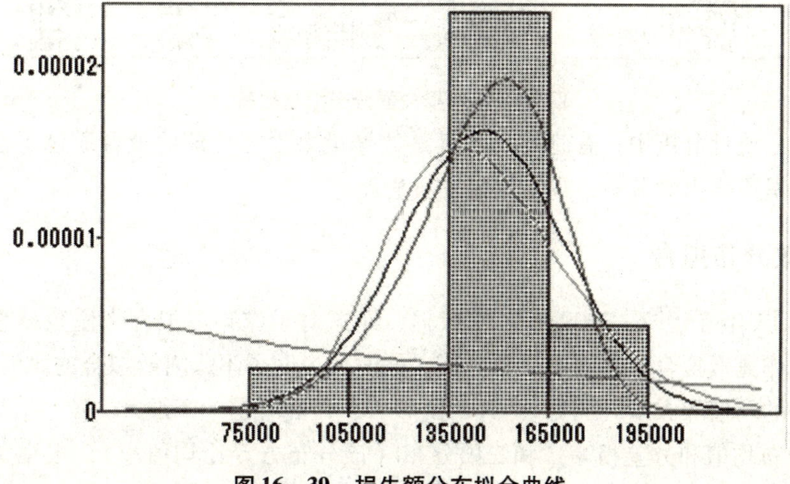


图 16－39　损失额分布拟合曲线

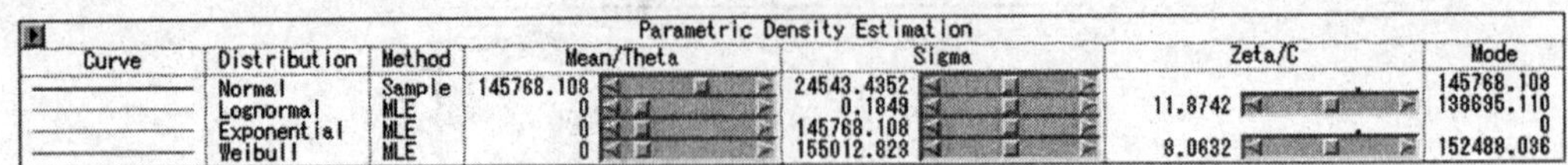

| Parametric Density Estimation | | | | | | |
|---|---|---|---|---|---|---|
| Curve | Distribution | Method | Mean/Theta | Sigma | Zeta/C | Mode |
| | Normal | Sample | 145768.108 | 24543.4352 | | 145768.108 |
| | Lognormal | MLE | 0 | 0.1849 | 11.8742 | 138695.110 |
| | Exponential | MLE | 0 | 145768.108 | | 0 |
| | Weibull | MLE | 0 | 155012.823 | 8.0632 | 152488.036 |

图 16－40　损失额分布拟合结果

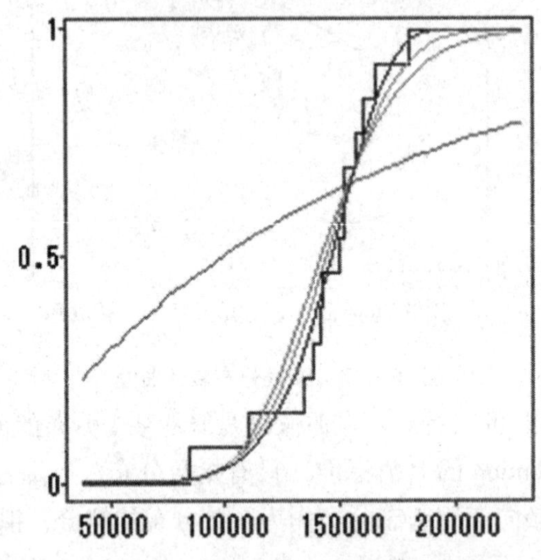


图 16－41　损失额分布拟合累计曲线

从图 16－42 的检验结果可以看出，在原假设是服从某个分布的前提下，当显著性水平为 5%时，按照 Test for Distribution 的 P 值标准，只有指数分布没有通过检验。同样，这里只给出正态分布的拟合曲线，拟合密度函数如下：

$$f(x)=\frac{1}{24\,543\sqrt{2\pi}}e^{-\frac{1}{2}\left(\frac{x-145\,768}{24\,543}\right)^2}\quad (x>0)$$

| Tests for Distribution | | | | | | |
|---|---|---|---|---|---|---|
| Curve | Distribution | Mean/Theta | Sigma | Zeta/C | Kolmogorov D | Pr > D |
| | Normal | 145768.108 | 24543.4352 | . | 0.2006 | >.15 |
| | Lognormal | 0 | 0.1924 | 11.8742 | 0.2449 | 0.0320 |
| | Exponential | 0 | 145768.108 | . | 0.4609 | <.01 |
| | Weibull | 0 | 155012.823 | 8.0632 | 0.1490 | >.10 |

图 16－42　损失额分布拟合检验

事实上，在统计分析中，有时候（尤其是数据量太少时）即使拟合通过了检验，也未必是正确的，这里所作出的分析，只是提供一种思路。

## 二、离散分布拟合

由于只有 13 年（1997～2009 年）的数据，而这对于作频数拟合来说数据量过小，所以暂且不对频数作离散拟合，以下作简要分析，同时也说明了不作离散拟合的原因。

频数数据的均值和方差分别为 194703 和 491952，后者是一个很大的数，所以首先排除泊松分布（该分布均值和方差相等）和二项分布（该分布方差比均值小），根据负二项分布的特征，作距估计，得出的 p 值大于 1，不可能是负二项分布。利用距估计求出泊松逆高斯分布的相关参数后，对应每一数据的概率都极小，导致其根本无法通过检验。

当然，随着数据的增多，慢慢会表现出自身的统计特征，到那时也许就可以得出合理的离散拟合了。

对于死亡人数使用泊松分布、几何分布、负二项分布和泊松逆高斯分布进行了拟合，其中泊松逆高斯分布和负二项分布拟合得到了较好的结果，但仍无法通过 $\chi^2$ 检验（见表 16－17）。

表 16－17　　2001～2009 年火灾起数按死亡人数区间分段表

| 死亡人数（人） | 无 | 1 人 | 2 人 | 3 人 | 4～5 人 | 6～9 人 | 10 人以上 |
|---|---|---|---|---|---|---|---|
| 起数（起） | 1 238 566 | 11 025 | 1 683 | 480 | 253 | 100 | 42 |

资料来源：公安部消防局著：2002～2003 年《中国火灾统计年鉴》，2004～2010 年《中国消防年鉴》。因 2000 年以前的《中国火灾统计年鉴》没有统计死亡人数为 0 的火灾起数，所以本表数据从 2001 年开始。

在尝试剔除死亡 6 人以上的火灾数据进行分布拟合后，泊松逆高斯分布通过了检验。主要是因为火灾造成死亡人数分布的尾部较厚，即使其他部分拟合效果较好，尾部拟合值与真实值的差距也足以让 $\chi^2$ 统计量的值变得很大（见表 16－18 和图 16－43）。

表 16－18　　2001～2009 年火灾起数按死亡人数区间分段拟合结果

| 死亡人数 | 起数真实值 | 泊松逆高斯分布 | 负二项分布 |
|---|---|---|---|
| 无 | 1 238 566 | 1 238 465 | 1 237 929 |
| 1 人 | 11 025 | 10 237 | 10 842 |
| 2 人 | 1 683 | 2 461 | 2 321 |
| 3 人 | 480 | 558 | 594 |
| 4～5 人 | 253 | 306 | 358 |
| 6～9 人 | 100 | 109 | 98 |
| 10 人以上 | 42 | 13 | 7 |

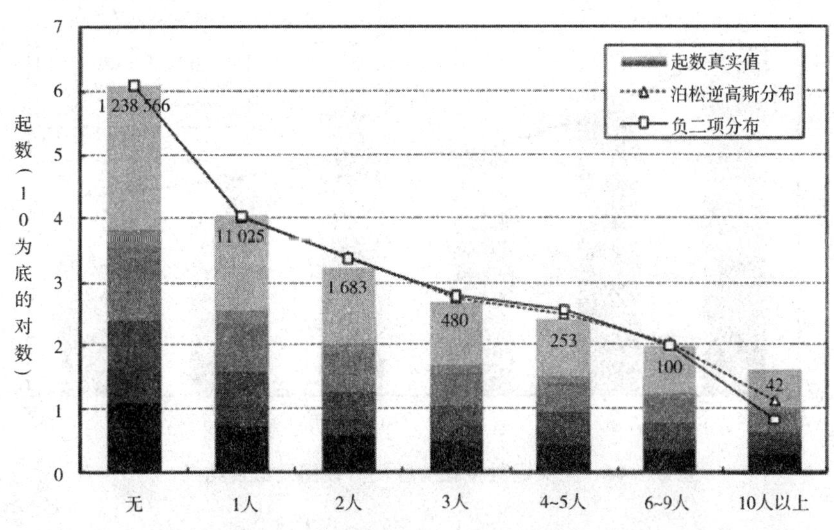


图 16－43　火灾起数按死亡人数区间分段图及拟合结果

对于火灾造成损失使用对数正态分布、指数分布、韦伯分布、逆高斯分布、帕累托分布、伽玛分布进行了拟合，其中帕累托分布和对数正态分布得到了最好的结果，但仍无法通过$\chi^2$检验（见表16－19、表16－20和图16－44）。主要是因为火灾造成损失额分布的尾部较厚，拟合时参数为了照顾“厚尾”而不得不牺牲其余部分的拟合效果，致使最终结果无法通过$\chi^2$检验。

**表16－19　　1998～2009年火灾起数按损失区间分段表**

| 造成损失 | 1万元以下 | 1万～5万元 | 5万～10万元 | 10万～30万元 | 30万～100万元 | 100万元以上 |
|---|---|---|---|---|---|---|
| 起数（起） | 1 289 753 | 97 868 | 24 104 | 18 262 | 3 252 | 641 |

资料来源：公安部消防局著：1999～2003年《中国火灾统计年鉴》，2004～2009年《中国消防年鉴》，因2001年《中国火灾统计年鉴》此处数据有误，本表不包括2000年数据。

**表16－20　　1998～2009年火灾起数按损失区间分段拟合结果**

| 造成损失 | 起数真实值 | 帕累托分布 | 对数正态分布 |
|---|---|---|---|
| 1万元以下 | 1 289 753 | 1 290 416 | 1 289 689 |
| 1万～5万元 | 97 868 | 104 931 | 105 068 |
| 5万～10万元 | 24 104 | 19 118 | 18 112 |
| 10万～30万元 | 18 262 | 12 318 | 11 701 |
| 30万～100万元 | 3 252 | 5 505 | 6 192 |
| 100万元以上 | 641 | 1 591 | 3 119 |

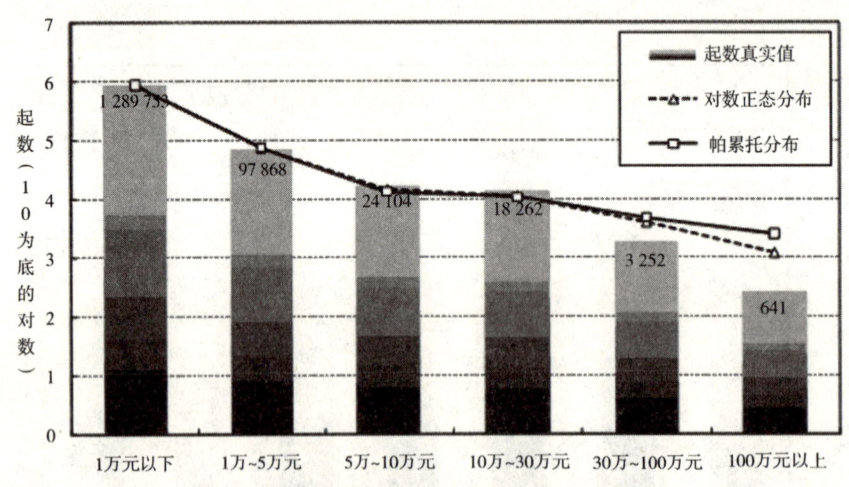


**图16－44　火灾起数按损失区间分段图及拟合结果**

# 第十七章

# 火灾的影响因素分析

## 第一节　火灾损失的定性分析

在此把影响火灾的因素分为物质因素、自然因素、社会因素、经济因素以及消防建设因素五点来进行归纳和分析。

### 一、物质因素

这里所指的物质因素主要可以分为建筑物结构、建筑物用途、建筑物消防设计、居住区规划等。

#### （一）建筑物结构

建筑物结构会影响火灾的发生。建筑物的结构一般可以分为木结构、砖混结构、钢筋混凝土结构、钢结构等。一般来说木结构发生火灾的可能性更大一些，钢结构发生火灾的强度会更大一些。而高层建筑相对于中低层建筑，火灾的抢险扑救更难，高层建筑一旦发生火灾，往往会造成大量的损失和人员伤亡。

#### （二）建筑物用途

不同用途的建筑物同样会影响火灾的发生以及火灾的严重程度。不同行业、不同场所的建筑物起火次数差异很大，住宅、医院、办公用地、电影院的火灾脆弱性各不相同（见图 17－1），商场、工业用地、生产场所是火灾的高发地带，而仓储业由于人流量小、管理科学，起火数很少，教科文卫业、社会服务类建筑同样如此。

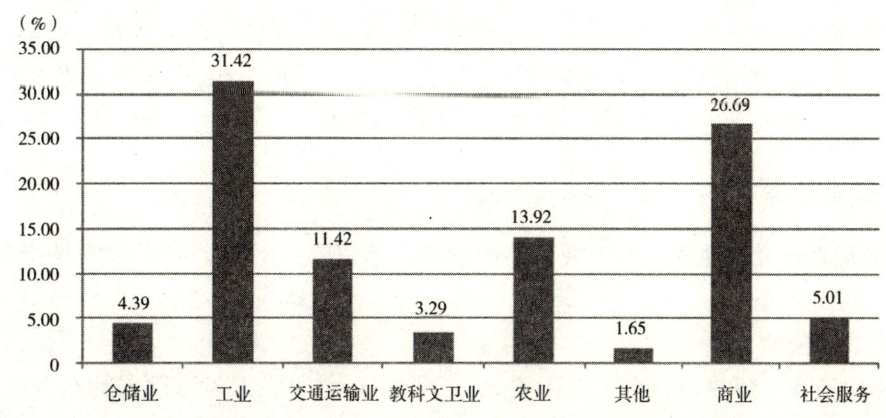


**图 17－1　2009 年主要行业起火起数比例直方图**

资料来源：《中国消防年鉴 2010》。

**（三）建筑物消防设计**

建筑物消防设计在火灾控制中起着至关重要的作用。一般来说，拥有良好消防设计的建筑物起火的可能性较小，即使发生火灾，火势也能得到有效的控制，从而降低火灾损失。建筑物消防设计包括合理的功能分区、消防通道的设计以及喷淋、灭火器等灭火设施的配备。

**（四）居住区规划**

建筑物的起火与整个居住区的规划设计也有密切的联系。如居住区的容积率高更容易发生火灾，居住区内高风险建筑的比例越高越容易发生火灾等。

## 二、自然因素①

火灾的发生与气象条件有密切的联系，从宏观角度看与风险单位所处的气候带有关，从微观角度分析则与当时的气象条件有关。以下从微观角度来分析各个影响因素。

**（一）连续无降水日数与火灾的关系**

分析发现，连续无降水日数的长短与火灾发生数大致成正比关系，连续无降水日数越长，发生火灾的次数越多。80%以上的城乡火灾均发生在连续无降水的天气里。

**（二）湿度与火灾的关系**

空气湿度较大时火灾相对较少，而空气干燥时火灾则相对较多。若选取每日14：00的（$T-T_d$）值来表征当日空气的饱和程度，以当日和前日最小相对湿度之和来表征天气在一段时间内的湿度状况。经过对以往火灾资料的分析发现：85%左右的火灾发生在（$T-T_d$）>4.0℃时；同时，72.5%的火灾发生在当日和前日最小相对湿度之和<120%的情况下。

**（三）最高气温与火灾的关系**

不同月份、不同的最高气温值对火灾的发生有不同的影响。统计发现，65%以上的火灾发生在日最高气温高于月平均最高气温的情况。尤其天气在连续晴朗时期，空气干燥，若出现多日的气温异常增高，就容易引发老化的电器线路短路或易燃物品自燃，进而引发火灾。

**（四）风与火灾的关系**

风助火长，飞火的距离与风速有密切关系。据调查统计，在五级大风中，飞火的距离可达500~700米；在六级大风中，飞火的距离最远可达2.7公里。强风条件下的火灾，有时会出现火灾“风暴”（即形成小气候区，风力瞬间加大），有时出现“涡流”（即风力遇到障碍时，会使周围的可燃物瞬时点燃），甚至会出现“跳跃式”燃烧（即火势越过低矮的建筑物，点燃较高处的可燃物），导致火势迅速扩大。另外，风还能使死火复燃，能使建筑火灾浓烟蔓延速度加快，改变火灾蔓延的方向，增加灭火救援的难度。

## 三、社会因素

人类的活动对火灾的发生有着最直接的影响。这里所指的社会因素主要是指人口密度、人口素质、社会习俗等。

**（一）人口密度**

人口密度是影响火灾损失的重要因素之一。同等条件下，人口密度大的地方更容易发生

---

① 本部分内容参照何刚：“火灾与气象因素的二元线性回归关系浅析”，《消防管理研究》2005年第5期。

火灾，而且人员伤亡的概率更大。有证据显示，人口密度与森林火灾概率之间存在较好的幂律关系。

**（二）人口素质**

教育水平是人口素质的一个重要方面，低教育水平导致公众防火意识差，逃生能力差，因此会增加火灾发生率与火灾死亡率。低教育水平人口具有较低的语言文字沟通能力，这大大限制了他们理解和响应火灾安全信息的能力。据《中国火灾统计年鉴（2000 年）》显示，职工群众缺乏自防自救常识是导致火灾和造成人员伤亡的重要原因之一。此外，吸烟、酗酒等不良嗜好和火灾危险也有直接的关系。

**（三）社会习俗**

社会习俗也会影响火灾的发生。例如我国有清明扫墓的习惯，在野外不安全用火，曾导致多次森林火灾等。

### 四、经济因素

衡量火灾损失时多以货币价值来表示，因此，经济因素，如 GDP、人均收入等也会影响火灾的损失。在这里，可以把经济因素称为经济发展水平。

经济发展水平的高低对火灾损失有影响，但是不能简单地说是正相关还是负相关。从火灾发生的频率上看，较为全面的关系应该是：随着经济的发展，火灾发生率先升高后降低。也就是说，随经济发展，火灾发生率存在一个“顶点”，至于是升高还是降低，就要看这个国家所处的经济发展阶段。因为首先随着经济的发展，风险单位的数量会增加，但消防力量一般不会同步增加，只有经济发展到一定程度以后，由于人们开始有余力治理外部性问题，抑制火灾危险的因素占了主要地位，此时火灾形势就会逐渐好转。从火灾发生的强度上看，一般是呈现正向关系，即随着经济的发展，火灾损失强度会越来越大。

### 五、消防建设因素

这里所指的消防建设主要是指政府或民间对消防设施的建设。消防建设在现代火灾控制中是不可或缺的，因为其地位特殊，因此将其单列出来加以说明。

**（一）市政消防给水**

市政消防给水包括消防水源数量、管道消防供水能力、消防栓设置等，市政消防给水的能力越强，火灾发生的频率越低，强度越小。

**（二）移动消防力量**

移动消防力量包括消防站的数量，消防装备的数量（如消防车、泡沫车和水罐车等），消防员的数量等，该因素与火灾的关系也显而易见，即移动消防力量越强，火灾发生的频率越低，强度越小。

## 第二节　火灾与社会经济因素的定量分析

影响火灾损失的因素很多，既有物质因素、自然因素，又有社会经济因素，目前较为成熟的理论是学者基于燃烧学、传热学、流体力学、化学、灾害学及计算机科学等学科发展起来的火灾科学①。该学科的出现，大大促进了人们对火灾过程的深入了解与定量分析，但过于偏重对具体的、微观方面的研究，而忽略了社会的、宏观的一面。火灾也是社会的产物，人们发现引起火灾更基本的原因是社会经济原因，是经济、人口等原因决定着一个地区的火灾情况。因此，研究社会经济因素与火灾的关系对于从宏观方面了解和预测一个国家或地区的火灾形势有着重要的意义。国外的研究认为，社会经济因素是一个地区火灾发生率的最好的预测因子之一②。

## 一、相关数据来源说明

从 1998 ~ 2003 年《中国火灾统计年鉴》、2004 ~ 2010 年《中国消防年鉴》和 1998 ~ 2010 年《中国统计年鉴》可以直接得到 1997 ~ 2009 年 31 个省（区、市）的火灾发生起数、地区生产总值和人均生产总值。需要说明的是，各地区生产总值在各年年鉴中有部分重复出现，但数据不一致，本文数据采用最新年鉴的数据，比如 2003 年北京市的国内生产总值在 2004 年《中国统计年鉴》中的数值为 3 663. 1 亿元，而在 2010 年《中国统计年鉴》中的数值为 5 023. 77亿元，两个数值不同，本文采用最新的 2010 年《中国统计年鉴》的数据。各省（区、市）大专以上人口资料来源于国家统计局网站公布的数据。

参考《中国财产保险重大灾因分析报告（2008）》和公共数据，我们选择性地收集和整理了以下的官方的公共数据（见表 17 - 1）。

**表 17 - 1　　用于回归分析的公共数据情况表**

| 数据名称 | 单位 | 数据状况说明 |
|---|---|---|
| 火灾起数 | 起 | 1997 ~ 2009 年，全 |
| GDP | 亿元 | 1997 ~ 2009 年，全 |
| 实际 GDP | 亿元 | 1997 ~ 2009 年，全，按 GDP 平减指数调整 |
| 大专以上教育人口 | 万人 | 1997 ~ 2009 年，全 |
| 各地区占地面积 | 万平方千米 | 全，各年数据一致 |

## 二、变量选取

### （一）被解释变量

变量的选择参照了杨立中③的文章，该文选择火灾发生率和火灾死亡率作为参数，经济水平用人均国民生产总值衡量，教育水平用大专以上人口比例衡量。本文考虑到数据的平稳

---

① 范维澄，王清安，周建军：《火灾学简明教程》，中国科学技术大学出版社 1995 年版。

② National Fire Data Center. Socioecomonomic Factors and the Incidence of Fire [R] . United States Fire Administration, Federal Emergency Management Agency, 1997 June. Report No FA170.

③ 杨立中，江大白：“中国火灾与社会经济因素的关系”，《中国工程科学》2003 年第 2 期。

性问题[①]，选取火灾发生起数作为回归分析的被解释变量，是因为它最能代表火灾因素，而且在中国这个变量的数据较容易获得。未选择直接经济损失作为被解释变量，是因为当某个地区出现特大火灾时，直接经济损失会出现大幅度的增加，使得数据的可比性很差，必须进行极值的剔除。

**（二）解释变量**

选取经济水平和教育水平来度量社会经济因素，其中经济水平用地区生产总值或者人均生产总值来衡量，教育水平用地区大专以上人口数来衡量。通过图17－2可以看出，火灾是“天灾”，又是“人祸”，但主要是“人祸”。80%以上火灾是违章用火、用电、用气和违反安全操作规程等人为因素引起的。火灾的发生情况与人口素质也有较密切的关系，本节考虑用大专以上人口数量化人口素质。

根据定性分析，在计量分析之初，准备对以下解释变量对被解释变量（火灾起数）的影响进行逐步分析，筛选合适的解释变量：GDP（利用GDP平减指数进行调整后），EDRK（教育人口基数），POPU（人口基数），PERGDP（人均GDP），以及SM［各省（区、市）面积］、INDEN（人口密度）等。但是经过作图分析及逐步回归分析后，发现只有GDP水平与教育人口基数EDRK（或人口基数）与火灾起数有明显的线性关系（教育人口与人口基数有较强的共线性，故此处选择大专以上人口）。

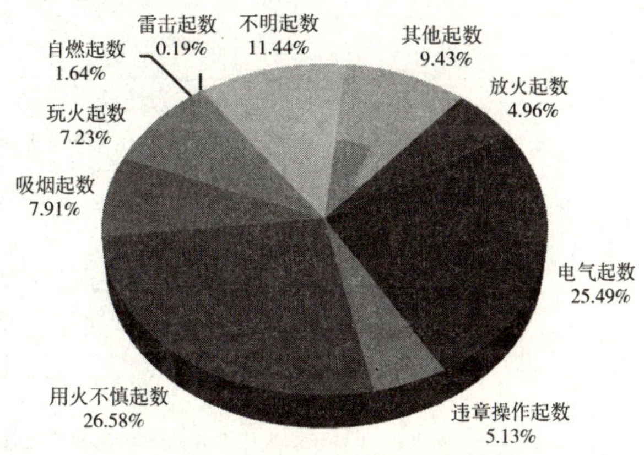


**图17－2　1997～2009年火灾发生起数各原因占比**

资料来源：《中国消防年鉴2010》。

本文所研究的地区为中国内地的31个省（区、市），统计区间为1997～2009年。变量选取的标准是能较全面地反映中国的火灾情况与社会经济状况；时间选取的标准是1997年实施了新的火灾统计方法，更早的数据没有可比性。

## 三、研究方法

因为选取的数据为1997～2009年13年的数据，样本容量较小，在作回归分析时不满足样本容量的最小要求，所以本文利用面板数据建立模型，其好处是：由于观测值的增多，可以增加估计量的抽样精度；对于固定效应回归模型能够得到参数的一致估计量；建模比单截

① 张晓峒：《应用数量经济学》，中国机械工业出版社2007年版。

面建模可以获得更多的动态信息。

## 四、数据分析和模型估计

### （一）数据分析

本文以中国31个省（区、市）1997～2009年这13年的面板数据对社会经济因素对火灾的影响进行分析，所以一共有403组数据。

FREQUENCY表示火灾起数（单位：起），这个变量为被解释变量，SJGDP表示各地区实际生产总值（经GDP平减指数调整）（单位：亿元），PERGDP表示各地区的人均国内生产总值（单位：元/人），EDRK表示大专以上教育人口（单位：万人）。

图17－3为按人均GDP排序后31个省（区、市）的火灾起数，从图17－3可以看出，总体趋势是随着人均GDP的下降，火灾起数在下降，但也有个别省（区、市）例外，比如上海、北京、天津3个直辖市人均GDP值较高，但火灾起数的水平较低，只相当于四川省、安徽省的水平，并且规律也不是人均GDP越低，火灾起数越小，火灾起数随人均GDP的减少呈波浪式减少，并且起伏性较大。

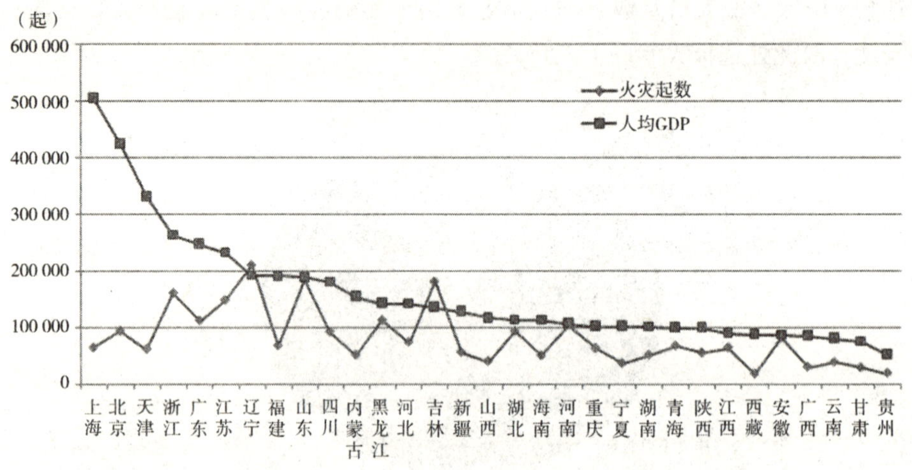


注：此处“人均GDP”和火灾起数为1997～2009年各年的人均GDP及火灾起数求和后所得。

**图17－3　按人均GDP排序后的31个省（区、市）的火灾起数**

资料来源：《中国消防年鉴》。

图17－4为按GDP排列的31个省（区、市）火灾起数。从图17－4可以看到，总体趋势也是随着GDP的下降，火灾起数在下降，与图17－3相比，图17－4的变化具有很强的规律性，只有广东省的数据最为特殊，火灾起数对应的点在GDP对应的点之下，说明GDP高，起数较小；剩余的点火灾起数对应的点均在GDP对应的点之上。在GDP总体下降的过程中，有两个特殊点：（1）在小区域内，出现了火灾起数的“高峰值”，这3个点对应的区域分别为辽宁省、黑龙江省、吉林省，说明东北老工业基地的情况比较特殊；（2）GDP最低的4个省（区、市）——海南、宁夏、青海、西藏，由于都是地广人稀、工业较不发达地区，教育水平也更低，故火灾起火数与GDP成反方向发展趋势。这些特殊问题可以通过设置虚拟变量的方式来解决，以此提高模型的拟合优度。

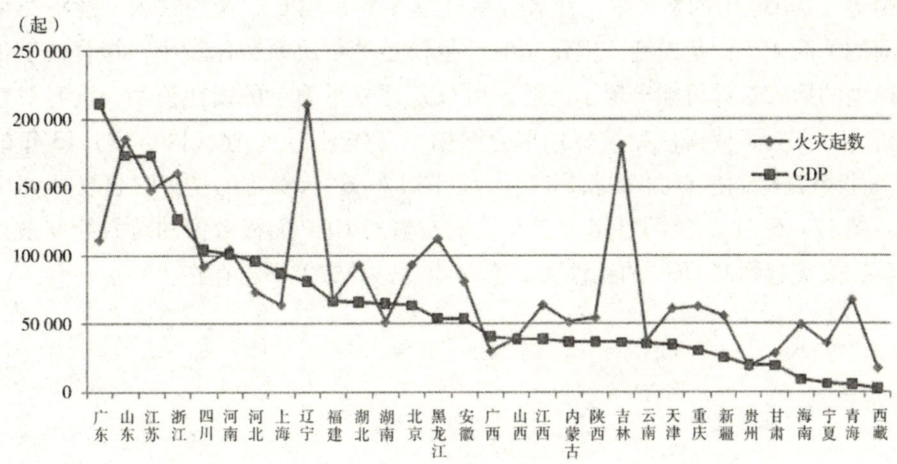


注：此处“人均 GDP”和火灾起数为 1997 ~ 2009 年各年的人均 GDP 及火灾起数求和后所得。

**图 17 - 4 按 GDP 排序后的 31 个省（区、市）的火灾起数**

资料来源：《中国消防年鉴》。

综上所述，当以火灾起数为被解释变量时，选取 GDP 为解释变量比选取人均 GDP 为解释变量更有规律性，所以本文在建立回归模型时依据数据本身的特点，选取 GDP 为解释变量。

另外，由于不同年代统计口径不一致，统计数据也出现了很多不一致之处（见图 17 - 5）。1997 年后的数据明显可以分为 3 个阶段：1997 ~ 2002 年，2003 ~ 2006 年，2007 ~ 2009 年，而数据不一致性的原因可能有：统计口径的不一致、消防重视程度的某些年度显著提高等等，但是暂时没能找到合适的解释变量来解释、代表，故在之后的分析中只能加入虚拟变量进行分析，或者直接根据实际情况对数据进行调整。

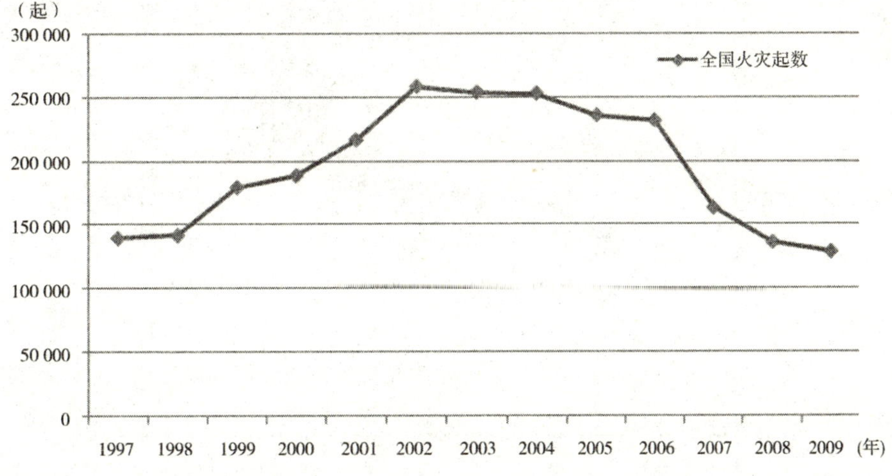


**图 17 - 5 全国火灾起数统计数据结果趋势图**

资料来源：《中国消防年鉴 2010》。

在李树等（2005）[①] 的文章中，作者分别建立了经济增长、人均收入、经济类型及产业与火灾之间的关系4个计量模型，但建立的计量模型的可决系数比较小，拟合优度偏低。我们认为是模型的形式选择可能出现了问题，他只是建立了简单的线性模型，没有对数据进行具体的分析，本文为了使得模型较好地拟合数据，首先对31个省（区、市）13年的火灾起数对GDP面板数据绘制散点图（见图17－6）。图17－6－a给出的是火灾起数对GDP面板数据散点图，图17－6－b给出的是用火灾起数的对数对GDP面板数据的对数绘制散点图，取了对数以后，火灾起数对GDP的线性关系十分明显，异方差不再存在。

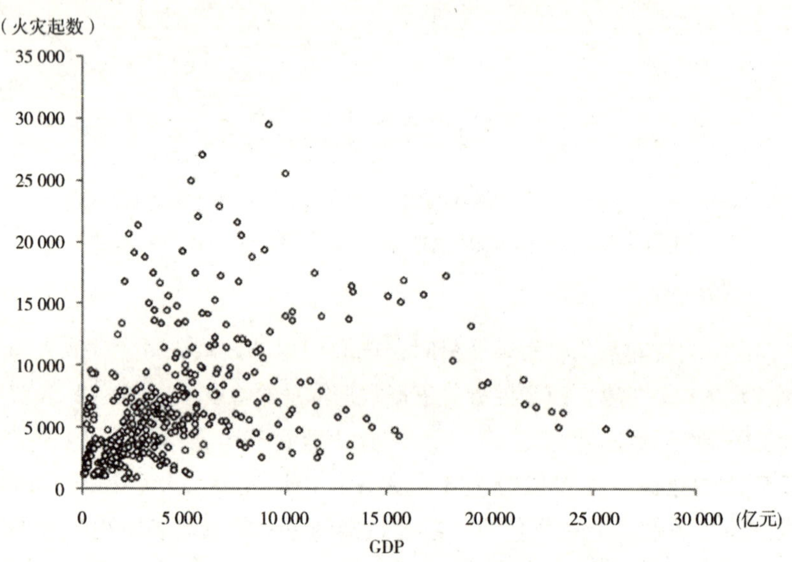


**图17－6－a　火灾起数对GDP面板数据散点图**

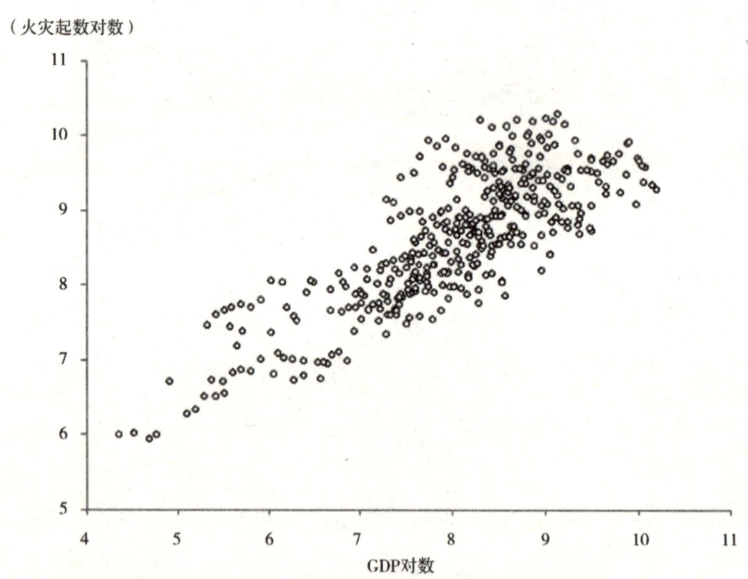


**图17－6－b　火灾起数对数与GDP面板数据对数散点图**

资料来源：《中国消防年鉴2010》。

① 李树，吕昭河等："浅析经济发展与火灾的关系"，《火灾工程与技术》2005年第7期。

同理，可以给出火灾起数对大专以上教育人口的面板数据散点图和对数火灾起数与对数大专以上教育人口的散点图，结论是应该建立对数火灾起数和对数大专以上教育人口的线性关系。

结合图形分析，建立如下计量模型：

$$\text{lnfrequency}_{it} = c_{it} + \alpha \ln GDP_{it} + \beta \ln EDRK_{it} + u_{it} \tag{17-1}$$

散点图数据调整说明：如前所述，本例所采用的火灾起火数面板数据比较凌乱，有两点比较特殊：横截面，东北老工业区三省（辽宁，吉林，黑龙江）及 GDP 最低的四省（区）（海南、宁夏、青海、西藏）显示出与大趋势不一致之处，初步分析时加入虚拟变量 $D_1$，$D_2$ 表示；纵截面上，统计口径等问题的不一致导致火灾起数发展不规律，基本分为三段，初步分析时加入虚拟变量 $D_3$，$D_4$ 表示。如果不调整，散点图极为凌乱。

**（二）模型估计**

1. 混合回归模型。以火灾起数为被解释变量，以实际 GDP 水平与 EDRK（教育人口基数），$D_1$，$D_2$，$D_3$，$D_4$ 为解释变量，采用 SAS9.0 中的逐步回归模型进行回归分析，得到估计结果如下：

$$\begin{gathered} ln\text{frequency}_{it} = 3.0665 + 0.5439 lnSJGDP_{it} + 0.1147 ln\ EDRK_{it} + 0.7988 D_1 + 1.153 D_2 - 0.7937 D_3 \\ (94.92) \quad (109.17) \quad (5.22) \quad (104.64) \quad (103.78) \quad (188.74) \\ R^2 = 0.6093 \qquad F = 123.82 \end{gathered} \tag{17-2}$$

其中，$D_1$ 的定义为：将辽宁省、黑龙江省、吉林省的各个数据设为 1，其他省（区、市）设为 0；

$D_2$ 的定义为：将海南省、青海省、宁夏回族自治区、西藏自治区的各个数据设为 1，其他省（区、市）设为 0；

$D_3$ 的定义为：将 2007 ~ 2009 年的数据设为 1，其他年度设为 0；

$D_4$ 的定义为：将 2002 ~ 2006 年的数据设为 1，其他年度设为 0。

被估参数均通过显著性检验，回归方程拟合优度不好，虚拟变量 $D_4$ 被 SAS 逐步回归分析模型剔除，但虚拟变量 $D_1$、$D_2$，$D_3$、教育水平 LNEDRK、实际 GDP 水平都通过显著性检验，说明 2002 ~ 2006 年数据统计口径的变化不显著，但对东北三省、经济欠发达四省及 2007 ~ 2009 年数据统计口径的独立研究十分显著，而解释变量 GDP 水平和教育水平对火灾起数的显著性影响同样明显（其实大专以上教育人口与人口总数对火灾起数显著性相当，但存在极高的多重共线性，为体现教育水平对火灾的影响，也为与之前版本一致，故在此使用大专以上人口这一解释变量代替人口总数）。仅用混合回归模型简单最小二乘方法无法很好地解释面板数据库，过低的 DW 值表明存在自相关，本例中，各年统计口径的不一致，研究自相关的意义就显得很小，这可能是由于模型设定错误［如把所有省（区、市）斜率假定为相同］引起的。下面采用个体固定效应回归模型进行分析。

2. 个体固定效应回归模型。FIXONE（固定个体效应）回归模型假定斜率相同，固定效应的维度的截距项不同。本例中，首先采用固定省（区、市）模型——截距项的不同体现了不同省（区、市）的差异化，而后的固定时间模型则将截距项的不同理解为不同年度的差异化导致了截距项的不同。

（1）固定省（区、市）模型。将面板数据的各省（区、市）固定，故各省（区、市）数据被自然独立分析，横截面方面的虚拟变量 $D_1$，$D_2$（定义同混合模型）在此模型中没有意义，故首先选取变量为 GDP，EDRK，$D_3$，$D_4$。但是初步的拟合结果发现，EDRK 和 $D_4$ 没能通过显著性检验，故最终选择 GDP、$D_3$ 为解释变量。省（区、市）个体固定效应模型的拟合优度很好，为了便于观察和分析结果，将个体固定效应不同省（区、市）的参数值及解释变量的拟合值及拟合优度情况列于表 17－2 中。

**表 17－2　　省（区、市）个体固定效应拟合结果**

| 省（区、市） | Estimate | Standard Error | t | Value |
|---|---|---|---|---|
| 安徽 | 3.686671 | 0.6048 | 6.10 | <.0001 |
| 北京 | 3.706293 | 0.6146 | 6.03 | <.0001 |
| 重庆 | 3.763213 | 0.5640 | 6.67 | <.0001 |
| 福建 | 3.323939 | 0.6206 | 5.36 | <.0001 |
| 甘肃 | 3.268601 | 0.5299 | 6.17 | <.0001 |
| 广东 | 3.02031 | 0.7019 | 4.30 | <.0001 |
| 广西 | 2.828359 | 0.5840 | 4.84 | <.0001 |
| 贵州 | 2.814589 | 0.5310 | 5.30 | <.0001 |
| 海南 | 4.180387 | 0.4672 | 8.95 | <.0001 |
| 河北 | 3.116276 | 0.6457 | 4.83 | <.0001 |
| 黑龙江 | 3.751592 | 0.6061 | 6.19 | <.0001 |
| 河南 | 3.415554 | 0.6485 | 5.27 | <.0001 |
| 湖北 | 3.712547 | 0.6193 | 5.99 | <.0001 |
| 湖南 | 3.061323 | 0.6188 | 4.95 | <.0001 |
| 江苏 | 3.481074 | 0.6876 | 5.06 | <.0001 |
| 江西 | 3.652499 | 0.5805 | 6.29 | <.0001 |
| 吉林 | 4.686196 | 0.5758 | 8.14 | <.0001 |
| 辽宁 | 4.184853 | 0.6349 | 6.59 | <.0001 |
| 内蒙古 | 3.525768 | 0.5724 | 6.16 | <.0001 |
| 宁夏 | 4.332663 | 0.4459 | 9.72 | <.0001 |
| 青海 | 4.77699 | 0.4336 | 11.02 | <.0001 |
| 陕西 | 3.477594 | 0.5754 | 6.04 | <.0001 |
| 山东 | 3.688981 | 0.6869 | 5.37 | <.0001 |
| 上海 | 3.163788 | 0.6389 | 4.95 | <.0001 |
| 山西 | 3.255348 | 0.5789 | 5.62 | <.0001 |
| 四川 | 3.348547 | 0.6528 | 5.13 | <.0001 |
| 天津 | 3.526892 | 0.5718 | 6.17 | <.0001 |

续表

| 省（区、市） | Estimate | Standard Error | t | Value |
|---|---|---|---|---|
| 新疆 | 3.821172 | 0.5489 | 6.96 | <.0001 |
| 西藏 | 4.378442 | 0.3797 | 11.53 | <.0001 |
| 云南 | 3.183503 | 0.5752 | 5.53 | <.0001 |
| 浙江 | 3.646107 | 0.6643 | 5.49 | <.0001 |
| lnsjgdp | 0.641311 | 0.0734 | 8.74 | <.0001 |
| $D_3$ | -0.85551 | 0.0671 | -12.76 | <.0001 |

（2）固定时间模型。同固定省（区、市）个体效应模型一样，固定时间个体效应模型的各不同截距项体现了各年度火灾的发展情况，但截距项不随省（区、市）变化。同样因为细分面板数据进行分析的原因，拟合情况同样很好，但是教育水平 EDRK 的拟合优度有所提高，但仍然没能通过显著性检验，各解释变量和年度参数拟合值及拟合优度情况见表 17-3。

**表 17-3　　时间个体固定效应拟合结果**

| 年度 | Estimate | Standard Error | t | Value |
|---|---|---|---|---|
| 1997 | 3.040684 | 0.3398 | 8.95 | <.0001 |
| 1998 | 3.012032 | 0.3404 | 8.85 | <.0001 |
| 1999 | 3.164666 | 0.3442 | 9.20 | <.0001 |
| 2000 | 3.173999 | 0.3512 | 9.04 | <.0001 |
| 2001 | 3.250167 | 0.3538 | 9.19 | <.0001 |
| 2002 | 3.315759 | 0.3591 | 9.23 | <.0001 |
| 2003 | 3.234674 | 0.3657 | 8.85 | <.0001 |
| 2004 | 3.129666 | 0.3687 | 8.49 | <.0001 |
| 2005 | 3.042653 | 0.3686 | 8.26 | <.0001 |
| 2006 | 2.92549 | 0.3688 | 7.93 | <.0001 |
| 2007 | 2.572149 | 0.3656 | 7.03 | <.0001 |
| 2008 | 2.311621 | 0.3694 | 6.26 | <.0001 |
| 2009 | 2.217112 | 0.3721 | 5.96 | <.0001 |
| lnsjgdp | 0.569782 | 0.0537 | 10.61 | <.0001 |
| lnEDRK | 0.08548 | 0.0528 | 1.62 | 0.1064 |
| $D_1$ | 0.804079 | 0.0790 | 10.18 | <.0001 |
| $D_2$ | 1.090229 | 0.1197 | 9.11 | <.0001 |

可以看到，教育水平的显著性依然偏低［但比固定省（区、市）模型的显著性高］，说明教育水平与 GDP 水平有很高的相关性，在同一年度的不同省（区、市）或同省（区、市）

的不同年度，教育水平高低对火灾起数的影响相对 GDP 也要小很多。

## 五、回归结果分析与讨论

### （一）混合回归模型

混合回归模型（17－2）的共同特点是：无论对于任何个体和截面，回归系数都相同。根据这一特点，用混合回归模型来考察全国的火灾起数和经济社会因素之间的关系。在模型中添加的虚拟变量 $D_1$，$D_2$，$D_3$ 通过显著性检验，系数分别为 0.7988，1.153，－0.7937。如果虚拟变量为 1，则在火灾起数的截距项 3.0665 的基础上，分别加上对应的值，使得截距项上移或下移的位移较大，说明辽宁省、黑龙江省和吉林省即东北老工业基地的火灾形势需引起当地政府的重视，而海南省、青海省、西藏自治区、宁夏回族自治区由于发展程度不高，地广人稀，相对的火灾起数也很少（如前说明，自然火灾的次数和损失均远小于人为引起的火灾）。年度数据统计口径的不一致也很明显，尤其是近 3 年，这在另一方面也说明最近 3 年各方面对安全用火、控制火灾等方面有长足的进步。所以此模型的自相关研究也就显得不是那么意义重大。通过查阅《中国火灾统计年鉴》和《中国消防年鉴》可知，1997～2009 年黑龙江省、辽宁省的平均消防车辆为 743.9 辆、695.8 辆，仅低于广东省，而吉林省为 347.4 辆，也高于北京市和上海市。这说明这些地区的重点不是加强硬件的投入，而是加强软件的建设，例如，增强安全教育力度、完善规章制度、加强监督检查等。

从模型（17－2）可以看出，GDP 对火灾起数（FREQUENCY）的弹性系数为 0.5439，说明 GDP 每增长 1%，火灾起数增加 0.5439%，进一步验证了在中国，经济水平越高的地区火灾发生率越高，并且随着经济的发展火灾发生率也升高的结论。前一个结果杨立中、李树等人在其工作中就发现过，但他们没有给出具体的量化指标。从经济学的角度分析，火灾像环境污染一样，属于负面外部性。在经济上升时期，人们不会立刻注意到负面外部性的不利影响，而更为关心的是如何获得更大的利润。在经济发展的初期阶段，更关键的还是人们意识的滞后。在这种情况下，增加火灾危险的因素占到了主要地位，一个国家的火灾形势就会趋于严重。到了经济发达阶段，由于人们开始有余力治理外部性问题，所以抑制或消除危险的因素占了主要地位，此时火灾形势就会逐渐好转。

在混合模型中，$ln\ EDRK_{it}$前的系数为 0.1147，说明大专以上教育人口每增加 1%，火灾起数增加 0.1147%，也就是教育人口越多，火灾起数越多，这似乎和常理相悖，但仔细考虑之后该结论是说得通的。因为考虑数据的平稳性，代表人口素质的变量我们选择的是大专以上教育人口，而不是大专以上教育人口比例，受教育人口和火灾起数正相关，这个结果可能有两个原因。第一，人口数量多，人口密度大，火灾起数大，教育人口多，火灾起数大，说明人口在对火灾起作用时，是人口的绝对量起着主导性的作用，人口的素质起着辅助的作用；第二，教育水平对火灾的影响具有滞后性，即受良好教育人口不会立刻对火灾形势的好转产生影响，而是有一个滞后时间，因为他们还不能立刻对社会产生影响。所以，在防止火灾发生方面，加强教育是势在必行。低教育水平导致公众防火意识差，逃生能力差，因此会增加火灾发生率与火灾死亡率。Fahy（1989）指出，低教育水平的人口似乎在“捕捉公众防火教育的重点”方面具有较低的能力。Mavis Duncanson 等人认为，低教育水平人口具有较低的语言文字沟通能力，这大大限制了他们理解和响应火灾安全信息的能力，加强公众教育对减少火灾发生率、降低火灾死亡率会有很好的效果。

**（二）个体固定效应模型**

对于个体固定效应模型，固定省（区、市）模型可以变形为31个等式，而固定时间模型可以变形为13个等式，通式分别为：

固定省（区、市）个体效应模型：

$$ln\ \text{frequency}_{it} = \alpha_i + 0.6413 ln\ \text{SJGDP}_{it} - 0.8551 D_3$$

其中，$i=1, 2, \cdots, 31$；　$t=1, 2, \cdots, 13\beta$。　(17-3)

固定时间个体效应模型：

$$ln\ \text{frequency}_{it} = \beta_i + 0.5698 ln\ \text{SJGDP}_{it} + 0.0855 ln\ \text{EDRK}_{it} + 0.8041 D_1 + 1.0902 D_2$$

其中，$i=1, 2, \cdots, 31$；　$t=1, 2, \cdots, 13$。　(17-4)

以上分别是省（区、市）个体固定效应回归模型和时间个体固定效应回归模型的形式；每个个体回归函数的斜率相等，截距 $\alpha_i$ 和 $\beta_i$ 却因个体不同而变化，但是面板数据的另一维不会影响截距 $\alpha_i$ 和 $\beta_i$ 的大小，这个特点使得本文可以针对全国31个省（区、市）进行横向比较以及针对1997~2009年13年的数据进行纵向比较。

省（区、市）个体固定效应回归模型中的截距项 $\alpha_i$ 是研究此模型的重点，它包括那些随个体变化，但不随时间变化的难以观测的变量的影响。比如，各地的产业结构不同，并且产业结构的影响在火灾起数中分布不同，而各个地区的产业结构不相同，人们的素质也不同，人口的密度也不同，这些因素都可以包含在 $\alpha_i$ 中。在式（17-3）中，$\alpha_i$ 的值等于表17-2中的不同项的值，排在前几位的省（区、市）为青海、吉林、西藏、辽宁、宁夏、辽宁、海南、黑龙江。其中青海、西藏、宁夏、海南的GDP水平是最低的4省（区），所以火灾起数相对GDP水平的发展趋势偏离的也多，这种情况有两种可能性：（1）这些省（区、市）教育水平低，教育水平对火灾的影响效果更加明显，而体现人口总数的共线性效果减弱；（2）这些省（区、市）地广人稀，与其他省（区、市）人为因素起火占绝大多数不同，可能非人为因素（自然界）起火的比重显著提升，人为因素起火占比相对下降，故体现出与大趋势相矛盾的地方。但需要引起注意的省是吉林、辽宁、黑龙江，这里的火灾起数与GDP水平也不一致，再次证明了东北三省应引起有关部门的高度重视，千万不可掉以轻心。排在后几位的（省、区）依次为陕西、内蒙古、云南、上海、湖南、山西、甘肃、广西、贵州，这说明在一定范围内大的趋势是经济落后的地区，火灾发生的起数较少。但上海例外。

另外，广东省也比较特殊，广东省GDP水平最高，而火灾起数的截距却排在较后的位置。中国的火灾起数与地区经济水平的高低有关，基本呈现出经济水平越高的地区火灾起数越多的特征，但吉林省、辽宁省、山东省、黑龙江省表现出与经济水平不相符合的特征，并且少数经济发达地区火灾形势出现好转的可能性，例如，广东省和上海市。这个结果与中国总体火灾形势相反，与发达国家火灾形势相同。原因就是广东省和上海市的经济已经比较发达。广东省的GDP排名第一位，上海市人均GDP排名第一位，它们的经济水平很可能已经过了“最高峰”相对应的位置，所以它的火灾形势会逐年好转。广东省、上海市的火灾和经济水平的关系代表了中国未来经济发达以后火灾和经济水平的关系。

年度（时间）个体固定效应模型中的截距项 $\beta_i$ 同样也是研究此模型的重点，它包括随时间变化、但不随个体变化的难以观测的变量的影响，也可以减少各年度统计口径不一致对总体拟合效果的影响。$\beta_i$ 的值在 2002 年前，随着时间单增变化，而 2002 年以后曾单减变化，尤其在 2006 年以后，截距项值快速减少至 3 以下，对此有两种解释：（1）统计口径不同，2002 年和 2006 年统计部门的统计口径有两次调整，这样，在时间轴上的数据如果不加入虚拟变量加以区别，混合模型回归分析可能会有较大偏差，这说明以上分析都是比较合理的；（2）表 17－3 中 $\beta_i$ 的值 2002 年以后逐年递减，也说明社会各界和有关部门对火灾的防范和安全生产等问题在 2002 年以后更加重视，监管效果也明显提高，这些都是好的发展趋势。

## 六、结论

以前的学者通过统计分析和相关分析的方法得出了中国的火灾发生率随着经济水平的提高先有增加的趋势，本文使用面板数据的分析方法，克服了样本值较少的缺点以及各年度数据统计口径不一致的问题，通过混合回归模型来分析全国的火灾起数与社会经济的关系，个体固定效应分析 31 个省（区、市）火灾起数以及 13 个自然年度火灾起火数与社会经济因素的关系，得出以下结论：中国的火灾起数与经济的发展正相关，从全国来看，经济 GDP 每增长 1%，火灾起数增加 0.5439%，这给出了经济发展的定量的负面效应；火灾起数与大专以上的教育人口在一定范围内正相关，说明对火灾的发生，在一定经济发展水平范围内人口的数量起主导作用，人口素质起辅助作用；中国的火灾起数与地区经济水平的高低有关，基本呈现出经济水平越高的地区火灾起数越多的特征，但广东省和上海市少数经济发达地区出现火灾形势随经济发展而好转的可能性，而青海省、西藏自治区、宁夏回族自治区、海南省 4 省（区）经济水平偏低，地广人稀，人口素质水平不高，火灾起火数也较大；辽宁省、黑龙江省和吉林省即东北老工业基地的火灾形势表现出与经济水平不相适应的特征，火灾形势严峻，需引起当地政府和相关部门的重视。从时间上看，各年度火灾起火数统计口径可能有较大不同，研究时应引起注意，但是随着社会的发展和进步，对控制火灾发生的投入和监管力度也在不断增加和加强，火灾起火数也在向一个不断减少的总趋势发展，呈现出良好的态势。

# 第十八章

# 火灾脆弱性分析

## 第一节　火灾脆弱性及其形成机理

本章将利用脆弱性分析方法，结合火灾方面相关的数据，对火灾的脆弱性进行分析。先简单地论述火灾脆弱性这一概念。

### 一、火灾脆弱性的概念

灾害学中，脆弱性主要强调人类社会经济系统受灾害影响时抗御、应对和恢复的能力，侧重于灾害产生的人为因素，是指在一定社会政治、经济、文化背景下，某孕灾环境内特定承灾体面对自然灾害表现出的易于受到伤害和损失的性质，这是区域自然孕灾环境与人类活动相互作用的综合产物。

对于火灾而言，它的承灾体可以是孕灾环境中的任何事物，如建筑、农田、人类等等。火灾承灾体脆弱性描述的就是这些事物受到火灾伤害的敏感程度。脆弱性越高，安全性就越低，抗御和从灾害影响中恢复的能力就越差。

简言之，火灾脆弱性即衡量火灾承灾体损害的程度，是灾害损失和风险评估的重要环节。

### 二、火灾脆弱性的形成机理

火灾脆弱性的形成存在多方面的原因。

**（一）承灾体本身存在着致灾因素**

对于火灾来说，建筑物通常是受到损失最大的承灾体。而建筑物本身的构造、使用的年份、电路老化的程度等等，都会对它的脆弱性产生很大的影响。这些因素之间的相互作用，决定着建筑物致灾的可能性以及其在火灾中可能遭受的损失。

**（二）从孕灾环境来看，地区的降水量和蒸发量是决定这一地区火灾脆弱性的重要因素**

火灾的多发季节是降水量偏少的冬季。天气越干燥，火灾孕灾环境的脆弱性就越高，发生火灾的可能性就越大。

**（三）和其他的自然灾害不同，火灾发生的人为因素占了很大的比率**

在一个孕灾环境下，每一个人都有可能对孕灾环境的稳定性造成冲击。如果一个地区的人口数量庞大，会直接影响这一地区的火灾脆弱性。

火灾脆弱性的影响因素还有很多，但综合以上三点分析，已经可以粗略看出火灾脆弱性的形成机理，对一个地区的火灾脆弱性进行全面系统的分析是非常重要的。本章即采取脆弱性分析方法，对我国各地区及建筑物的火灾脆弱性加以评价，从而了解各地区的火灾脆弱性等级状况。

## 第二节 按地区划分的火灾脆弱性分析

### 一、承灾体脆弱性评价指标体系的建立

在火灾脆弱性形成机理的指导下，利用层次分析法（AHP 方法）建立火灾脆弱性层次结构，即脆弱性评价的指标体系。

通过对初步选取指标的线性回归，根据显著性判断，选出了对被解释变量影响最大的 6 个指标作为待确定指标。

我们将影响火灾脆弱性的指标划分为两大类别：承灾体指标和孕灾环境指标。承灾体指标主要包括地区的工业数据、建筑物的评级数据、地区的人口数这三个方面的指标；孕灾环境指标主要包括社会经济发展状况、自然环境状况、人口素质这三个方面的指标（见图 18－1）。

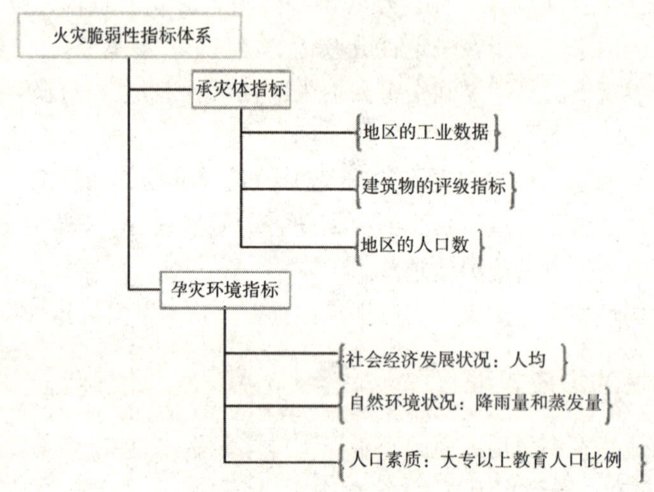


**图 18－1 火灾脆弱性指标体系**

根据指标数据收集的程度以及指标的代表性，最终选取 4 个指标作为火灾脆弱性的分析指标：大专以上教育人口比例、人均 GDP、建筑物密度和人口密度。由于建筑物的评级指标数据不好得到，地区工业数据和人均 GDP 又存在一定的共线性，所以选取了建筑物密度指标代替，即分别从承灾体指标和孕灾环境指标中选取了两个。

### 二、承灾体脆弱性评价指标的权重计算

根据层次分析法，采用如下步骤确定评价指标的权重：

**（一）构造判断矩阵**

对火灾起数、死亡人数、受伤人数和直接财产损失进行无量纲化处理后，直接相加作为被解释变量。然后，对最终选取的 4 个指标再进行一次线性回归，并由此对这 4 个指标的重要性进行排序：人均 GDP > 建筑物密度 > 人口密度 > 大专以上教育人口比例。

确定了指标的重要性排序后，就可以通过两两比较的方式建立判断矩阵。分别用 $B_1$，$B_2$，$B_3$，$B_4$ 表示人均 GDP、建筑物密度、人口密度以及大专以上教育人口比例这 4 个指标。判断矩阵中各项 $b_{ij}$ 表示该项所对应的 $B_i$ 比 $B_j$ 的重要程度。通常用 1，2，3，…，9 以及它们的倒数表示，数值越大，表明相对的重要程度越高。

根据经验判断以及对各指标重要性的衡量，构建火灾脆弱性判断矩阵（见表18－1）。

**表 18－1** 火灾脆弱性判断矩阵

| 判断矩阵（B） | 人均 GDP | 建筑物密度 | 人口密度 | 大专以上教育人口 |
|---|---|---|---|---|
| 人均 GDP | 1 | 4 | 6 | 7 |
| 建筑物密度 | 0.25 | 1 | 4 | 5 |
| 人口密度 | 0.167 | 0.25 | 1 | 3 |
| 大专以上教育人口 | 0.143 | 0.2 | 0.333 | 1 |

### （二）求特征根和特征向量

求特征向量就是为了找出每个元素的权重，这里采用合积法。

首先，对判断矩阵（$B$）的每一列进行归一化；其次，按行加总各归一化后的列；再次，将加总后的向量再归一化，所得的结果即为所求的特征向量（$W$）；最后，计算判断矩阵的最大特征根 $\lambda_{max}$，$\lambda_{max} = \sum \frac{(BW)_i}{nW_i}$。

### （三）一致性检验

由于判断矩阵的构造是根据研究者的主观经验对各指标的重要性进行比对后得出的，因此必然带有研究者的主观成分。为了极大限度地减小主观因素对判断矩阵的影响，对判断矩阵的合理性要加以进一步的检验。一旦检验不合格，则需要重新构造判断矩阵，这两步很有可能要反复进行多次才能够得到令人满意的矩阵结果。

第一步，根据上面求得的最大特征根计算一致性指标 CI：

$CI = \frac{\lambda_{max} - n}{n-1} = 0.081505$，其中 $n$ 表示矩阵阶数，即选取指标数量。

第二步，选择随机一致性指标 RI，对于 1～9 阶矩阵，RI 如表 18－2 所示。

**表 18－2** RI 表

| 阶数 | 1 | 2 | 3 | 4 | 5 | 6 | 7 | 8 | 9 |
|---|---|---|---|---|---|---|---|---|---|
| RI | 0.00 | 0.00 | 0.58 | 0.90 | 1.12 | 1.24 | 1.32 | 1.41 | 1.45 |

第三步，计算 CR。根据公式可得：

$$CR = CI/CR = \frac{0.081505}{0.9} = 0.0905061$$

若 CR <0.1 时，可以认定判断矩阵具有满意的一致性，否则就需要对判断矩阵进行调整。由于 0.0905061 <0.1，故不需要对判断矩阵进行调整。

## 三、脆弱性指标体系的综合评价和分析

通过对脆弱性指标体系权重向量（W）和指标体系矩阵（Q）进行矩阵乘法，可以求得最终的承灾体脆弱性结果：

$D = W \times Q$

但从所选择的指标数据中可以看出，这 4 个指标存在着量纲上的差别。因此，再进行矩阵乘法之前，需要对指标体系矩阵进行无量纲化处理，消除因为单位不统一造成的结果差异，得到表 18－3。

**表 18－3　　火灾组处理后的各地区脆弱性指标**

| 省（区、市） | 人均 GDP | 建筑物密度 | 人口密度 | 大专以上教育人口比例 |
|---|---|---|---|---|
| 北京 | 0.077492764 | 0.000256189 | 0.082678649 | 0.055709851 |
| 天津 | 0.068536737 | 0.000401966 | 0.086020515 | 0.021527403 |
| 河北 | 0.0274189 | 0.00195331 | 0.029302116 | 0.040629359 |
| 山西 | 0.024025479 | 0.005438576 | 0.017388441 | 0.027622435 |
| 内蒙古 | 0.045002549 | 0.027910235 | 0.001742688 | 0.020346097 |
| 辽宁 | 0.039415842 | 0.001258092 | 0.023461144 | 0.054930693 |
| 吉林 | 0.02973249 | 0.00377597 | 0.011594797 | 0.024040818 |
| 黑龙江 | 0.025115984 | 0.010927316 | 0.006456507 | 0.026780441 |
| 上海 | 0.087651709 | 8.63731E－05 | 0.245223003 | 0.048446081 |
| 江苏 | 0.049915619 | 0.000188782 | 0.059590449 | 0.062772548 |
| 浙江 | 0.049667183 | 0.000201591 | 0.0402724 | 0.054478278 |
| 安徽 | 0.018367164 | 0.00125689 | 0.034909373 | 0.029658301 |
| 福建 | 0.037754127 | 0.0012861 | 0.023921689 | 0.03667073 |
| 江西 | 0.019328309 | 0.002233398 | 0.021055511 | 0.030751637 |
| 山东 | 0.040054079 | 0.000732379 | 0.048988917 | 0.059417139 |
| 河南 | 0.022978624 | 0.001109485 | 0.044961207 | 0.05034371 |
| 湖北 | 0.025357097 | 0.001452525 | 0.024157499 | 0.046020635 |
| 湖南 | 0.022813906 | 0.001661133 | 0.024143108 | 0.040893268 |
| 广东 | 0.0458429 | 0.001333377 | 0.04101092 | 0.069269727 |
| 广西 | 0.017880915 | 0.00507144 | 0.016709997 | 0.020270695 |
| 海南 | 0.021423746 | 0.006938089 | 0.020113865 | 0.006057331 |
| 重庆 | 0.025555608 | 0.000874354 | 0.02759471 | 0.0163372 |
| 四川 | 0.028275653 | 0.003413024 | 0.01327469 | 0.048307843 |
| 贵州 | 0.011528507 | 0.01088843 | 0.017682008 | 0.013006924 |

续表

| 省（区、市） | 人均 GDP | 建筑物密度 | 人口密度 | 大专以上教育人口比例 |
|---|---|---|---|---|
| 云南 | 0.015104629 | 0.008325133 | 0.009182069 | 0.014477272 |
| 西藏 | 0.017029573 | 0.547818545 | 0.000188152 | 0.000502683 |
| 陕西 | 0.024237814 | 0.005222 | 0.014562749 | 0.036256016 |
| 甘肃 | 0.014384152 | 0.0207949 | 0.00463521 | 0.013233132 |
| 青海 | 0.021711949 | 0.271004396 | 0.000612607 | 0.005064532 |
| 宁夏 | 0.024223229 | 0.005547898 | 0.007497225 | 0.005341008 |
| 新疆 | 0.022172763 | 0.050638107 | 0.001067785 | 0.020836213 |

资料来源：由国家统计局网站数据整理而得。

之后，将无量纲化后的指标矩阵乘以指标权重，可得各地区承灾体的脆弱性结果。按照一定的值域，将地区的脆弱性进行分类（见表 18－4 和表 18－5）。

**表 18－4　　脆弱性等级**

| 区间范围 | 脆弱性等级 |
|---|---|
| [0.05，1) | 极高脆弱性 |
| [0.04，0.05) | 高脆弱性 |
| [0.03，0.04) | 较高脆弱性 |
| [0.02，0.03) | 脆弱 |
| (0，0.02) | 低脆弱性 |

**表 18－5　　火灾组各地区脆弱性等级**

| 省（区、市） | 脆弱性 | 脆弱性等级 |
|---|---|---|
| 北京 | 0.057362429 | 极高脆弱性 |
| 天津 | 0.050631667 | 极高脆弱性 |
| 河北 | 0.021923175 | 脆弱 |
| 山西 | 0.018822826 | 低脆弱性 |
| 内蒙古 | 0.034696604 | 较高脆弱性 |
| 辽宁 | 0.028933184 | 脆弱 |
| 吉林 | 0.020926575 | 脆弱 |
| 黑龙江 | 0.019628205 | 低脆弱性 |
| 上海 | 0.080286526 | 极高脆弱性 |
| 江苏 | 0.039114341 | 较高脆弱性 |
| 浙江 | 0.0364452 | 较高脆弱性 |

续表

| 省（区、市） | 脆弱性 | 脆弱性等级 |
| --- | --- | --- |
| 安徽 | 0. 016444725 | 低脆弱性 |
| 福建 | 0. 027011287 | 脆弱 |
| 江西 | 0. 015829373 | 低脆弱性 |
| 山东 | 0. 032156939 | 较高脆弱性 |
| 河南 | 0. 02132361 | 脆弱 |
| 湖北 | 0. 020335224 | 脆弱 |
| 湖南 | 0. 018615018 | 低脆弱性 |
| 广东 | 0. 035385315 | 较高脆弱性 |
| 广西 | 0. 014655207 | 低脆弱性 |
| 海南 | 0. 01678256 | 低脆弱性 |
| 重庆 | 0. 019039502 | 低脆弱性 |
| 四川 | 0. 021498275 | 脆弱 |
| 贵州 | 0. 012107862 | 低脆弱性 |
| 云南 | 0. 012724936 | 低脆弱性 |
| 西藏 | 0. 148232048 | 极高脆弱性 |
| 陕西 | 0. 019065065 | 低脆弱性 |
| 甘肃 | 0. 01489345 | 低脆弱性 |
| 青海 | 0. 081430321 | 极高脆弱性 |
| 宁夏 | 0. 016679336 | 低脆弱性 |
| 新疆 | 0. 027019217 | 脆弱 |

从以上数据可以看出，北京、上海、天津等经济比较发达，而且人口密度比较大的地区火灾脆弱性是极高的，其中上海市的火灾脆弱性甚至达到了 0. 080286526。具有较高脆弱性和高脆弱性的 5 个省（区、市），经济的发展水平都略低于极高脆弱性地区，但是人口密度也不小，因此对火灾的敏感度依然很大。河北、辽宁、吉林、福建、河南、湖北、四川、新疆这 8 个省（区、市）的脆弱性等级为“脆弱”，这些省（区、市）大多数都处于气候潮湿的地区，新疆虽然气候干燥，但因为人口密度偏小，脆弱性也较低。具有低脆弱性的省（区、市）都是一些经济欠发达的地区，人口密度也偏低。综上分析，我们得到的脆弱性结果和预期相差不大，这也间接证明了脆弱性分析在火灾敏感度方面的适用性。

## 第三节　按建筑物本身划分的火灾脆弱性分析①

上一节仅对地区作了脆弱性研究，这是远远不够的，还应对建筑物本身的脆弱性进行研究，以便保险公司更好地进行差别费率定价。

本节主要综合运用专家打分、层次分析等方法，建立基于抵御和破坏能力分析的火灾风险评价方法。

### 一、抵御和破坏能力分析方法概述

抵御和破坏能力分析方法也被称为能力和脆弱性风险评价方法。基于能力和脆弱性视角的国际公共安全评估框架存在能力和脆弱性评估两个构面，可归纳为3大类：（1）单纯评估脆弱性的框架，DRI等；（2）单纯评估能力的框架，如COOP等；（3）综合评估能力和脆弱性两方面的框架，DRMI等。

### 二、建筑消防安全抵御力量指标体系

抵御力量包括被动防火措施、主动防火措施、内部消防管理、消防团队和支援力量，这些指标都是消防安全的抵御力量，这些因素的安全性和可靠性越高，得分也越高。

图18－2为火灾风险抵御力量的指标体系，根据打分标准和采集的信息，专家可以对基本指标进行打分，安全性和可靠性越高，分值越高，从而得到抵御力量的总分值。

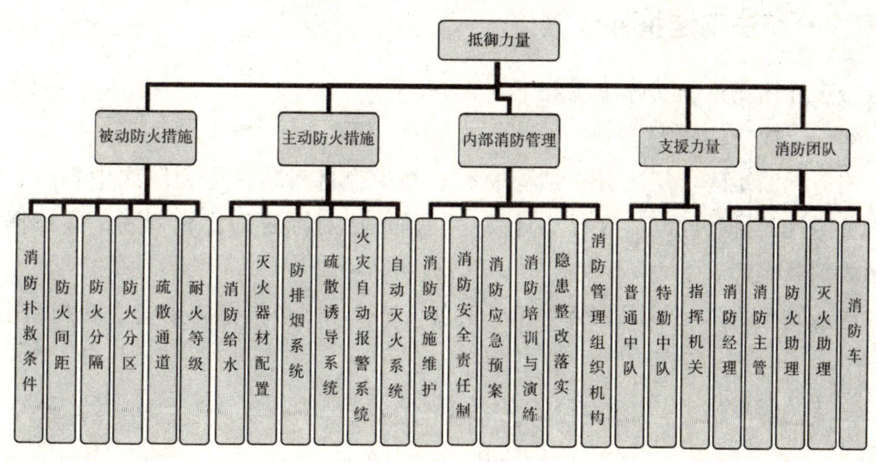


**图18－2　火灾抵御力量指标体系**

### 三、建筑消防安全破坏力量指标体系

破坏力量包括客观存在的危险因素、导致火灾的人为因素和建筑特性，这些指标都是造成火灾发生和增加火灾损失的破坏力量，这些因素的风险性越高，得分也越高。图18－3为

① 本节内容参照了刘松涛，刘文利，张向阳，张靖岩和彭华："基于能力和脆弱性分析的火灾风险综合评价体系研究"，《建筑科学》2010年第5期。

火灾风险破坏力量的指标体系。

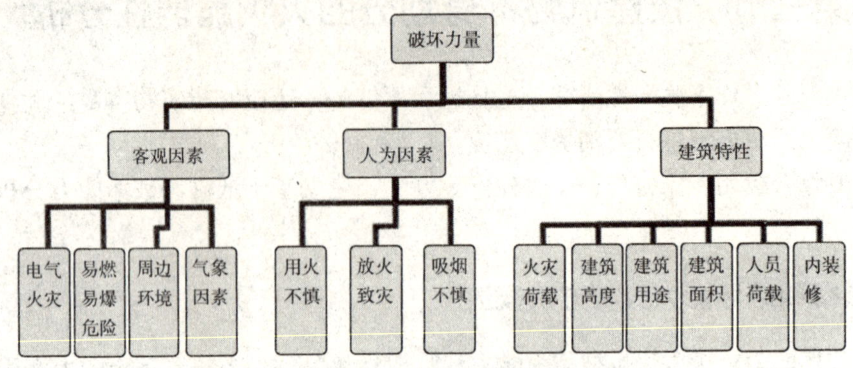


图 18－3　火灾风险破坏力量指标体系

## 四、专家系统评价基本单元

专家评价系统对基本指标单元赋分，专家系统评价活动是在熟悉评价指标体系的基础上进行的。根据建立的建筑消防安全破坏力量和抵御力量指标体系，把不同的评价目标划分为基本的评价单元。多专家评价通过对指标体系进行评估（打分）完成。对于多人决策来说，权重分为两类：第一类为指标体系中各指标权重，用以确定破坏力量和抵御力量的水平；第二类为各决策者（专家）权重，用以衡量各评审专家在本次评审过程中所占决策份额，即各评审专家的决策不是均权。

## 五、层次分析法确定指标权重

层次分析法计算权重的实施步骤如下：

第一，建立层次结构模型。

第二，构造判断矩阵。层次分析结构模型建立后，将问题转化为层次中各因素相对于上层因素相对重要性的排序问题。在排序计算中，采取成对因素的比较判断，并根据一定的比率标度，形成判断矩阵。

第三，构造判断矩阵。设问题 A 中有 $B_1$，$B_2$，…，$B_n$ 个指标，则构造的判断矩阵 B 为：

$$\begin{vmatrix} b_{11} & b_{12} & \cdots & b_{1n} \\ \vdots & \vdots & \cdots & \vdots \\ b_{n1} & b_{n2} & \cdots & b_{nn} \end{vmatrix}$$

$b_{ij}$表示纵列 $B_i$ 与横行 $B_j$ 的比较结果。

第四，计算判断矩阵的最大特征根和特征向量。

第五，检验判断者判断思维的一致性。将 $CI=\frac{\lambda-n}{n-1}$定义为一致性指标。$CI=0$ 时，B 为完全一致矩阵；CI 越大，表示 B 的不一致程度越严重。

## 六、建筑火灾风险判定

用线性加权模型分别计算火灾风险破坏力量和抵御力量的分值。

$$F_{i-1} = \sum_{i=1}^{n} W_i F_i$$

$$V = F_1$$

式中，$V$ 为破坏力量或抵御力量的分值，$W_i$ 为各级指标权重，$F_i$ 为最低层指标的分值。

通过比较破坏力量和抵御力量的分值判断评价对象的火灾风险。设 R = 破坏力量/抵御力量，R 的大小与火灾风险关系如表 18－6 所示。

表 18－6　火灾风险分级标准

| R | <0.4 | 0.4～0.8 | 0.8～1.2 | 1.2～1.6 | >1.6 |
|---|---|---|---|---|---|
| 风险 | 低风险 | 较低风险 | 中等风险 | 较高风险 | 极高风险 |

通过计算破坏力量与抵御力量的比值 R，可以得到评价对象的火灾风险水平。针对不同的火灾风险等级，可以进行火灾风险特征描述，采取不同的应对措施。

## 七、应用实例

将国家体育馆作为评价对象进行火灾风险评估。

表 18－7 为火灾风险破坏力量的计算结果汇总。可知，破坏力量的最终得分为 22.9，即 $V_1 = 22.9$。

表 18－7　火灾风险破坏力量的计算结果汇总表

| 破坏力量 | 二级指标 | 权重 | 分值 | 贡献 | 三级指标 | 权重 | 分值 | 贡献 |
|---|---|---|---|---|---|---|---|---|
| 22.9 | 客观因素 | 0.3 | 14.3 | 4.3 | 电气火灾 | 0.4 | 16.9 | 6.8 |
| | | | | | 易燃易爆危险品 | 0.4 | 4.5 | 1.8 |
| | | | | | 周边环境 | 0.1 | 23.3 | 2.3 |
| | | | | | 气象因素 | 0.1 | 33.5 | 3.4 |
| | 人为因素 | 0.4 | 8.3 | 3.3 | 用火不慎 | 0.5 | 10.7 | 5.3 |
| | | | | | 防火致灾 | 0.2 | 12.5 | 2.5 |
| | | | | | 吸烟不慎 | 0.3 | 1.7 | 0.5 |
| | 建筑特性 | 0.3 | 51 | 15.3 | 火灾载荷 | 0.2 | 29.5 | 5.9 |
| | | | | | 赛事特点 | 0.2 | 73.3 | 14.7 |
| | | | | | 建筑高度 | 0.2 | 53.3 | 10.7 |
| | | | | | 建筑面积 | 0.1 | 33.3 | 3.3 |
| | | | | | 人员载荷 | 0.3 | 40.2 | 12.1 |
| | | | | | 内装修 | 0.2 | 21.8 | 4.4 |

表 18－8 为火灾风险抵御力量的计算结果汇总。可知，抵御力量的最终得分为 80.9，即 $V_2 = 80.9$。

表 18－8　　火灾风险抵御力量的计算结果汇总表

| 抵御力量 | 二级指标 | 权重 | 分值 | 贡献 | 三级指标 | 权重 | 分值 | 贡献 |
|---|---|---|---|---|---|---|---|---|
| 80.9 | 被动防火设施 | 0.2 | 86.1 | 17.2 | 防火间距 | 0.2 | 91.7 | 18.3 |
| | | | | | 耐火等级 | 0.2 | 90 | 18 |
| | | | | | 防火分区 | 0.1 | 38.3 | 3.8 |
| | | | | | 扑救条件 | 0.2 | 60.8 | 12.2 |
| | | | | | 防火分隔 | 0.2 | 70 | 14 |
| | | | | | 疏散通道 | 0.3 | 65.8 | 19.8 |
| | 主动防火设施 | 0.2 | 71.6 | 14.3 | 消防给水 | 0.2 | 76.3 | 15.3 |
| | | | | | 防排烟系统 | 0.2 | 31.2 | 6.2 |
| | | | | | 火灾自动报警系统 | 0.2 | 78.5 | 15.7 |
| | | | | | 自动灭火系统 | 0.2 | 89 | 17.8 |
| | | | | | 灭火器 | 0.1 | 86.7 | 8.7 |
| | | | | | 诱导系统 | 0.1 | 79.3 | 7.9 |
| | 内部消防管理 | 0.3 | 81.3 | 24.4 | 消防设施维护 | 0.2 | 80 | 16 |
| | | | | | 消防安全责任制 | 0.2 | 86.7 | 17.3 |
| | | | | | 消防应急预案 | 0.1 | 76.7 | 7.7 |
| | | | | | 消防培训与演练 | 0.2 | 81.7 | 16.3 |
| | | | | | 隐患整改落实 | 0.1 | 83.3 | 8.3 |
| | | | | | 消防管理组织机构 | 0.2 | 78.3 | 15.7 |
| | 支援力量 | 0.1 | 78.5 | 7.9 | 普通中队 | 0.3 | 75 | 22.5 |
| | | | | | 特勤中队 | 0.4 | 80 | 32 |
| | | | | | 指挥机关 | 0.3 | 80 | 24 |
| | 消防团队 | 0.2 | 85.3 | 17.1 | 消防经理 | 0.3 | 85 | 25.5 |
| | | | | | 消防主管 | 0.2 | 83.3 | 16.7 |
| | | | | | 防火助理 | 0.1 | 83.3 | 8.3 |
| | | | | | 灭火助理 | 0.1 | 83.3 | 8.3 |
| | | | | | 消防车 | 0.3 | 88.3 | 26.5 |

计算结果显示，场馆的火灾风险破坏力量分值 $V_1=22.9$，抵御力量分值 $V_2=80.9$，其比值为：$R=\frac{V_1}{V_2}=0.283$。因为 0.283＜0.4，由表 18－6 可知，国家体育馆的火灾风险为低风险。

# 第十九章

# 火灾的异常损失分析

在前面的章节中，主要根据《中国火灾统计年鉴》和国家统计局的数据对我国各年份、各地区、各行业的火灾风险进行了纵向和横向的研究。火灾给人们的生产和生活都带来了负面影响，特别是重特大火灾，更是给社会生活带来巨大的破坏。

## 第一节 火灾灾害的极值分析

### 一、对于重大火灾在未来 1 年内超过单次历史最高值的分析

由于火灾统计口径每隔几年就会有较大调整，而 20 世纪 90 年代以前的数据极不充分，故选取死亡人数作为衡量火灾大小的标准，并假设死亡人数超过 30 人的火灾即为重大火灾，利用这些数据进行分析，得到表 19－1。

表 19－1 重大火灾频数（1979～2009 年）描述统计表 （单位：起）

| 平均 | 1.226 | 最小值 | 0 |
|---|---|---|---|
| 标准误差 | 0.2397 | 最大值 | 5 |
| 中位数 | 1 | 求和 | 38 |
| 众数 | 0 | 观测数 | 31 |
| 标准差 | 1.334 | 峰度 | 0.4066 |
| 方差 | 1.781 | 偏度 | 0.9966 |

资料来源：《中国消防年鉴 2010》。死亡人数超过 30 人的火灾在此年鉴有专门的统计表格。

根据以上重大火灾频数的拟合，重大火灾的年度发生数符合参数值为 $r=3$，$\beta=0.4087$ 的负二项分布，有记载的重大火灾最大频数为 5，故综合考虑，选 $n=10$。据此可计算未来 1 年重大火灾的不同次数所对应的概率，再根据 S 的分布，可以得到未来 1 年内，单次重大火灾损失超过历史最高值的概率。

由于在给定未来 1 年的重大火灾发生频数的情况下 S 是一个超几何分布，而重大火灾的频数符合一个负二项分布，因此可以用全概率公式来计算未来 1 年内超过历史单次最大损失的概率，即：

$$P\ (S=0)=\sum_{i=0}^{10}P\ (S=0\mid r=i)\ P\ (i)$$

通过计算，得到未来 1 年内重大火灾不超过历史单次最大损失的概率为 0.9635。

在给定未来 1 年重大火灾发生频数的情况下，未来 1 年中单次重大火灾损失不超过历史最大值的概率图如图 19－1 所示。

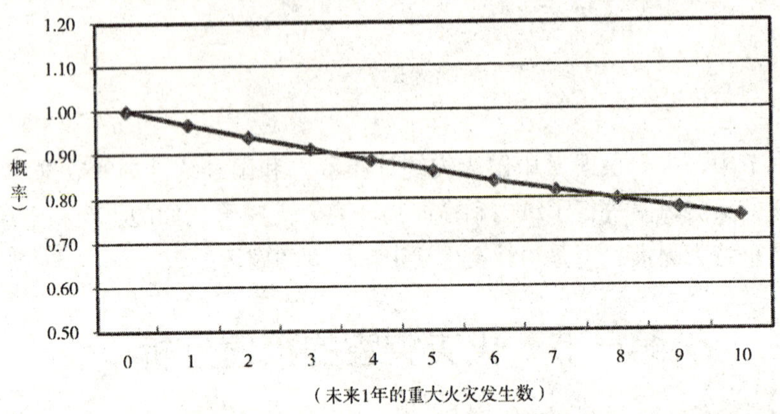


**图 19－1　未来 1 年中单次重大火灾损失不超过历史最大值的概率**

可以看到，随着未来 1 年重大火灾发生数的增加，未来 1 年不超过历史最大值的概率下降，即超过历史最大值的概率上升。但是不超过历史最大值的概率一直维持在 75% 以上。

## 二、对未来年份火灾造成的总死亡人数的分析

在未来年份火灾的总死亡人数的分析中，可以利用的、比较合理并且具有一致性的年度火灾损失数据是 1981～2009 年的数据，一共 29 个，数据量较小，其中最大值为 2000 年火灾死亡 3 021 人，第二顺序统计量为 1994 年火灾总死亡人数 2 765 人。

先对数据进行排序，然后通过计算，得到表 19－2，未来 20 年内火灾年度总死亡人数不超过 2000 年死亡 3 021 人的概率为 0.5918，超过 2000 年一次的概率为 0.2466，超过两次的概率为 0.0997。同样的，未来 20 年中，重大火灾年度总死亡人数不超过以前第二大总损失的概率为 0.3452，超过一次的概率为 0.2938，超过两次的概率为 0.1820。

**表 19－2　未来 20 年内重大火灾年度总死亡人数分析情况**

| | 不超过 | 超过一次 | 超过两次 | 超过三次 | 超过四次 |
|---|---|---|---|---|---|
| 最大值 | 0.5918 | 0.2466 | 0.0997 | 0.0390 | 0.0147 |
| 第二顺序统计量 | 0.3452 | 0.2938 | 0.1820 | 0.0971 | 0.0469 |
| 第三顺序统计量 | 0.1983 | 0.2587 | 0.2184 | 0.1489 | 0.0883 |
| 第四顺序统计量 | 0.1121 | 0.1993 | 0.2151 | 0.1801 | 0.1276 |
| 第五顺序统计量 | 0.0623 | 0.1415 | 0.1876 | 0.1876 | 0.1556 |

从图 19－2 中可以看到，未来 20 年不超过前 5 大极值的概率逐渐变小，而且概率下降速度非常快。未来 20 年内不超过最大值的概率还是比较大，但是不超过第 5 顺序变量的概率非常小，即说明未来 20 年超过 1986 年年度死亡 2 691 人的概率非常大。

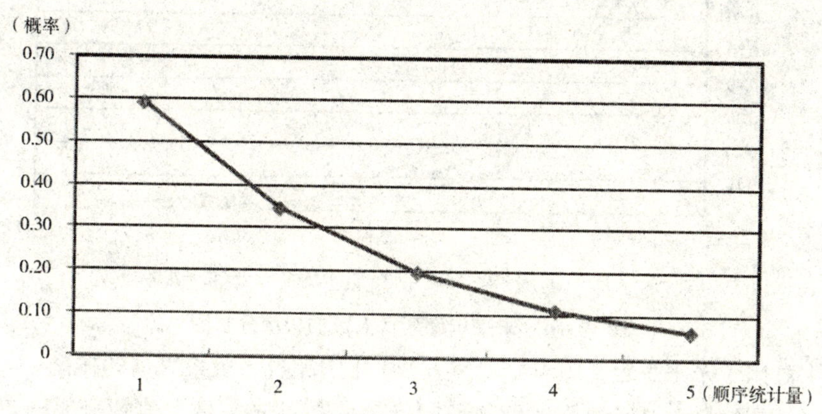


**图 19－2　未来 20 年不超过前 5 大极值的概率分布图**

图 19－3 展示的是未来 5 年、10 年、15 年、20 年中不超过最大的 5 个顺序统计量的概率。

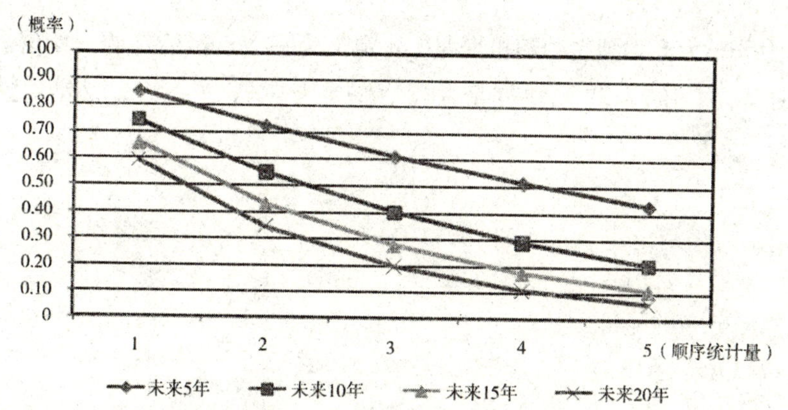


**图 19－3　未来不超过最大的 5 个顺序统计量的概率**

从图 19－3 可以看到，预测的时间期限越长，不超过特定值的概率越小，即超过特定值的概率越大，这跟我们的常识理解是一致的。但是这几条线的曲度不是很一致。在预测未来 5 年的情况下，不超过前 5 大极值的概率差不多呈直线型下降，而预测期为未来 20 年的情况下，是一个下凸型的下降曲线，概率下降速度先快后慢。

从图 19－4 中可以看到未来 20 年的年度死亡人数中，不超过最大死亡人数的概率比较大，超过一次的概率约在 0.25 的位置，以后超过次数越多，概率越小。

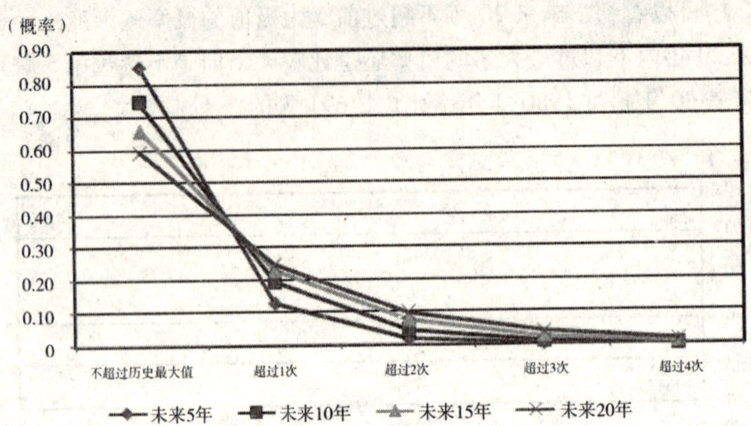


**图 19－4　未来年度死亡人数的极值分析图**

图 19－4 对比了未来 5 年、10 年、15 年、20 年中超过历史最大值的概率，可以看到未来不超过最大值的概率随着估计年限的增长而降低，而超过未来最大值的概率随着估计年限的增长而增长。

## 第二节　重大火灾的赔期

$X_i$ 可以作为分布为 F 的独立的随机变量，u 定义为一个已经给定的开始值。这样我们可以把 $I_{\{X_i>u\}}$ 当成是一个 Bernoulli 随机变量，成功概率为 $p=\overline{F}(u)$。定义第一次成功的时间为：

$$L(u)=\min(i\geqslant 1: X_i>u)$$

则：

$$P(L(u)=k)=(1-p)^{k-1}p$$

注意到独立同分布的随机变量：

$$L_1(u)=L(u)$$

$$L_{n+1}(u)=\min\{i>L_n(u): X_i>u\},\ n\geqslant 1$$

$L_{n+1}(u)$ 可以用来表示连续两个超过给定值的损失之间的时间间隔。

事件 $\{X_i>u\}$ 的赔期可以定义为 $EL(u)=p^{-1}=(\overline{F(u)})^{-1}$。下面可以通过几何分布的特性来解决这个问题。我们定义 $r_k$ 为在 $k$ 段时间之前至少发生一次超过 u 的损失的概率，表达式如下：

$$r_k=P(L(u)\leqslant k)=p\sum_{i=1}^{k}(1-p)^{i-1}=1-(1-p)^k,\ k\in N$$

这样我们就得到了 $r_k$ 与 $p$ 之间一一对应的关系。

在赔期之前的时间内发生一次超过 u 的损失的概率表示如下：

$$P(L(u)\leqslant EL(u))=P(L(u)\leqslant[1/p])=1-(1-p)^{[1/p]}$$

根据前面对年度总损失的分析，可以得到未来 20 年内损失超过 u 的概率，即：

$$P(L(u)\leqslant 20)=0.4082$$

根据前面的分析，可得到：

$P(L(u) \leqslant 20) = 1 - (1-p)^{20} = 0.4082$

解得p为0.02589，赔期为p的倒数38.63年。即像2000年那样多火灾死亡人数的年度，统计意义上38.63年才会再发生一次。

## 第三节 火灾重点地区分析——辽宁省

火灾的起火原因绝大部分是人为因素，虽然也有许多森林大火等自然原因引起的火灾，但是数据显示，无论从起火次数、经济损失还是从死亡人数看，自然界火灾都大大小于人类社会火灾。所以，经过对已有数据的研究发现，火灾高发地区一般为经济较发达、人口基数大、工业化程度高、人口密度高、消防设施较为老化、居民和相关部门消防意识和投入较差的地区。由于人为因素的波动性较大，每年的统计口径也不太一致，每年火灾发生次数最多、经济损失最大的地区也在不断变化，故只能选取较为典型的辽宁省进行分析说明。

附录二中的图19-5反映了1997~2009年我国各地区起火总数的分布情况，结合《中国火灾统计年鉴》（1998~2003年）、《中国消防年鉴》（2004~2010年）的数据可以发现，总起火次数最多的省为辽宁省。辽宁省为我国重要的老工业基地，GDP产能较高，人口基数也很大，由于过去十几年很多设备老化，年久失修，因而引起的火灾起数占了很高的比例，而工业生产过程中以及人民生活中的疏忽也是主要的起火原因。再加上一到冬季天气干冷，风速较快，人们冬天生活很依赖供热供暖，出行也较少，对可疑的潜在起火因素控制和防范意识下降等，都可能加剧火灾的发生。

但是，从1997~2009年各地区火灾发生总损失的分布情况可以看到附录二中的图19-6，1997~2009年我国火灾发生引起的经济损失最大的省并非辽宁省，而是广东省、江苏省、山东省和湖南省。这说明辽宁省的起火次数虽多，但是因此造成的损失相对较小，处于较低水平。通过查阅《中国火灾统计年鉴》和《中国消防年鉴》得知，1997~2009年辽宁省平均的消防车辆为695.8辆，仅低于广东省、黑龙江省，高于北京市、上海市、江苏省等很多经济较发达地区，说明虽然辽宁省作为老工业基地，火灾脆弱性很高，但是其防火、控火、灭火的水平和意识较强，这几年消防工作的成效较为显著。而仅就2009年的起火数据来看，辽宁省全省共发生火灾2 949起，死亡19人，受伤6人，直接财产损失2 757万元，与上年相比，4项数字分别下降了44.4%、55.8%、60%和32.5%，这些都说明辽宁省虽然过去十几年总的来说是一个火灾重灾省，但是通过最近几年社会各界的努力，着力完善消防安全责任体系，消防工作社会化水平、部队灭火救援水平都不断提升。这也说明，人类社会的主要火灾致灾因素往往是人为因素，所以，只要社会各界共同努力，不断提高消防安全意识和消防保障的投入和建设，就一定能将不必要的火灾发生和损失控制在最小的范围以内。

## 第四节 重大火灾案例分析

对特大火灾损失额和火灾死亡人数使用3倍均值方法，得到的属于异常损失的火灾见表19-3。

表 19-3 根据损失额及火灾死亡人数筛选得到的异常损失火灾

| 时间 | 省（区、市） | 名称 | 死人 | 伤人 | 直接损失（万元） | 火灾类别 | 火灾原因 |
|---|---|---|---|---|---|---|---|
| 1987 年 5 月 6 日 | 黑龙江 | 大兴安岭林区 | 193 | 171 | 52 666.1 | 森林 | 违章操作 |
| 2010 年 11 月 15 日 | 上海 | 上海市“11·15”高层住宅大火 | 58 | 70 | 50 000 以上 | 高层建筑 | 违章操作 |
| 2008 年 1 月 2 日 | 新疆 | 乌鲁木齐市德汇国际广场批发市场 | 5 | 0 | 30 000 | 市场 | 外来火源 |
| 2004 年 12 月 21 日 | 湖南 | 常德市鼎城区桥南市场火灾 | 1 | 23 | 18 758 | 市场 | 电气 |
| 2009 年 2 月 9 日 | 北京 | 中央电视台新台址园区附属文化中心用地 | 1 | 6 | 16 383 | 高层建筑 | 烟花燃放 |
| 1994 年 6 月 16 日 | 广东 | 珠海市前山纺织城 | 93 | 156 | 9 500 | 高层厂房 | 违章操作 |
| 1994 年 12 月 8 日 | 新疆 | 克拉玛依市友谊宾馆 | 325 | 130 | 210.9 | 礼堂 | 电气 |
| 2000 年 12 月 25 日 | 河南 | 洛阳市东都商厦 | 309 | 7 | 275.3 | 商场 | 违章操作 |
| 1994 年 11 月 27 日 | 辽宁 | 阜新市艺苑歌舞厅 | 233 | 20 | 12.8 | 歌舞厅 | 玩火 |

资料来源：公安部消防局著：1998～2003 年《中国火灾统计年鉴》，2004～2010 年《中国消防年鉴》。

以下根据已有资料和我们的调查，对其中损失额最大的大兴安岭林区重大火灾以及死亡人数最多的新疆维吾尔自治区克拉玛依市友谊宾馆特大火灾进行较为详细的回顾、说明和分析，将这两次大型火灾的发生、发展及灾后的处理、责任认定、原因分析等进行记录、归纳和总结。

## 一、经济损失最大的重大火灾——1987 年大兴安岭特大森林火灾

### （一）基本情况

大兴安岭是我国重点林区和主要木材生产基地，总面积 2 268 万公顷，其中有林面积 1 344万公顷，森林蓄积量 12.5 亿立方米。这个林区有两个林业管理局，一个隶属内蒙古自治区，一个直属林业部。这次森林大火发生在林业部所属管理局的北部林区。这个管理局所辖林区面积 964 万公顷，森林总蓄积量 5.5 亿立方米。从 1964 年起开发建设，到现在共建成 8 个林业局，年产木材 450 万立方米。

1987 年是我国北方气候异常干旱的一年，东北林区已经连续 3 年没有下过大面积的透雨，而 1986 年冬季的雪又下得较往年稀少，这就使 1987 年的春季变得更加干燥。

### （二）起火经过和扑救情况

火灾发生在漠河县境内，1987 年 5 月 6 日 14：00 左右，古莲林场区内的清林工人违反森林防火规定，野外吸烟，使用割灌机喷火，结果引燃了地上的汽油，割灌机也着了。如果他脱下大衣一捂，火就可能被扑灭，可他却拖着机器跑了七八米。等他叫人来时，火势已变成很难控制的树冠火了。

当地有关部门接到报告后，立即组织力量扑救。5 月 7 日 16：30，黑龙江省森林办事处防火办公室向林业部的报告中声称已控制火势。其实，所谓“控制”都是假象，虽然明火已

经熄灭，但还没有打净残火余火。5 月 7 日傍晚，大风骤起，情况突变，已被“控制”的火重新蹿起熊熊烈焰，变得更加凶猛。西线的大火借着强劲的西北风，从西、北、南三个方向，向漠河县城西林吉扑去。由于风力较大，火头推进非常快，5 个小时就推进了 100 公里，铁路、公路、河流，甚至 500 米宽的防火隔离带都阻挡不住。一个晚上就烧毁了西林吉、图强、阿木尔 3 个林业局所在地和 7 个林场、4 个贮木场。当天夜间，东部塔河县盘古林场的火势也迅猛异常。

这场森林大火是通过 4 个战役逐步消灭的：

1. 西林吉、图强、阿木尔 3 镇烧毁后，距火头只有 20 多公里的塔河县城就受到了严重威胁。于是，第一仗就是“死保塔河”。到 5 月 12 日，在火头和塔河县城中间打通了一条几十公里长的隔离带，使塔河县城转危为安。

2. 到 5 月 19 日，东部火区的明火被消灭，并开通了 300 公里长的隔离带，东部火区危险基本解除。

3. 5 月 20 日以后，集中扑火力量于西部火区，经过 6 个昼夜奋力扑打，到 5 月 26 日凌晨，西部火区明火也全部打火，并围绕这个火区开通 200 多公里长的隔离带。

4. 5 月 26 日以后，集中力量消灭余火、残火、暗火，防止死灰复燃，并继续开辟隔离带。到 6 月 2 日，按计划，891 公里防火隔离带全部开通。同日整个火区普遍降雨，全体军民冒雨清理火场，消灭一切暗火、残火。

参加这次扑火的军民共 5. 88 万多人，其中解放军 3. 4 万多人，森林警察、消防干警和专业扑火队员 2 100 多人，预备役民兵、林业工人和群众 2 万多人。

**（三）火灾损失**

经核查，这起火灾共死 193 人，伤 171 人，烧毁西林吉、阿木尔、图强、漠河 4 个储木场木材以及铁路、邮电、工商等 12 个系统的大量物资，烧毁粮食 32 608 吨，受灾 10 843 户、44 975 人，直接经济损失 52 666. 1 万元（不含森林资源损失）。这是建国以来最为惨重的一起特大火灾。

**（四）火灾原因**

经调查认定，这起特大火灾发生的原因是：古莲林场区内的清林工人违反森林防火规定，野外吸烟，使用割灌机喷火，结果引燃了地上的汽油，割灌机也着了。

**（五）主要经验教训**

1. 条块分割，多头领导，无法统一指挥、统一调动。大兴安岭是林业部直属的森工企业，地方行政却归属黑龙江省，而版图又属内蒙古自治区，这种“一仆三主”式条块分割、多头领导的管理体制，必然造成各级领导有利都管、无利都不管的局面，指挥紊乱，使下级无所适从。在防火工作中也是这样，防火指挥部归属地方政府，森警属于武装森林警察部队，空降灭火队则属东北航空护林局，这种三足鼎立式的组织结构，根本无法统一指挥、统一调动。

2. 信息不畅，监督不力。大兴安岭地区在信息沟通上障碍重重，防火戒严期间禁止使用割灌机的通知被部分截留，大风和高温的警报则全部被中断，因而也就丧失了防患于未然的机会。信息传输中的这些障碍，以及漠河县领导没有落实“一定管好”护林防火工作的保证，都反映了大兴安岭地区行政沟通和行政监督机制极不健全，对行政决策的执行完全听其自然，出乱子也就难以避免了。

3. 官僚主义，效率低下，贻误了战机。这场大火确实暴露了大兴安岭地区部分领导和干部纪律松懈、制度不严、忽视安全、玩忽职守以及官僚主义作风等现象非常严重。比如，他们不重视解决“拌子城”的问题，不事先修隔离带，不积极建森林瞭望塔，不理会气象台提供的科学情报等等。他们不善于适应情况的变化采用恰当的领导方式，在大火已危及国家和人民生命财产安全的紧急情况下，不是采取集中统一指挥的领导方式，立即行动，而仍然一如既往，层层开会商量，结果贻误了战机，未能把大火消灭在萌芽状态。

4. 林区管理混乱，规章制度废弛，职工纪律松懈，违反操作规程，违章作业。事后查明，造成这场特大森林火灾的直接原因并不是天灾，也不是坏人破坏。最初火源是林业工人违反规章制度吸烟，以及违反防火期禁止使用割灌机的规定，违章作业造成的。这个林区防火制度废弛到了相当严重的程度。比如，在防火期，无关人员随便进出林区，对进山人员发放许可证的管理制度被取消，防火期封山、搜山制度也废弛了。在流进人员中，也没有进行护林防火、安全生产、法制的教育。林区管理松松垮垮，有章不循，有禁不止。进山人员随便抽烟弄火。就在这场大火扑灭之后，一股又一股的明火仍时有发现，可见这一地区火灾的隐患、漏洞很多。这种状况说明，不从思想上、制度上、纪律上加强管理和教育，林区的安全很难得到保障。

5. 防火力量薄弱，专业队伍很不健全。这次扑火战斗证明，森林警察对护林防火可以发挥很大的作用，但是这支队伍的建设被忽视了。在这次火灾中遭受惨重损失的漠河县，竟然在防火期之前的3月撤销了一个有76人的森林警察中队，人为地削弱了专业消防力量。这是一个很大的教训。目前森林警察队伍无论从数量上、素质上都远不能适应需要，应该有计划地加强，做到一旦发生火情，就能够依靠自己的专业队伍就地扑灭，打早打小打了，不使小火酿成大祸。

6. 林区防火的基础设施很差，远远不能适应护林防火的需要。大兴安岭林区的森林面积是伊春林区的两倍，而瞭望台仅31个，不足伊春的1/3。一个灭火机的灭火能量可顶十几个人，而大兴安岭林区风力灭火机只有301台，是伊春的1/3，控制火灾能力很差。大兴安岭林区道路很少，目前每公顷平均只有1.1米；防火隔离带也很少，着了火就连成一片，人、车都很难上去。这是造成这次扑火难度大的一个很重要的原因。

7. “拌子城”是林区的一大隐患。林区许多住房都是“板夹泥”的，而且到处都是板杖子、木棚子、劈材拌子。据调查，平均每户有30立方米的木拌子，可供做饭取暖烧几年。全大兴安岭地区每年要烧掉60万立方米木拌子，这不仅是资源上的浪费，而且给安全带来隐患。这次大火之所以烧毁了城镇，“拌子城”是个重要因素。因此，应当下决心清理“拌子城”，可以采取集中管理、以煤代木等办法解决。

## 二、死亡人数最多的重大火灾——1994年新疆维吾尔自治区克拉玛依市特大火灾

### （一）基本情况

友谊宾馆位于新疆维吾尔自治区克拉玛依市人民公园南侧，始建于1958年，1991年重新装修投入使用。1994年12月8日下午由市教委组织在友谊宾馆举办专场文艺汇报演出。

该市7所中学、8所小学共15个规范班及部分教师、有关领导共计796人到会。友谊宾馆正门和南北两侧共有7个安全疏散门，火灾发生时仅有1个正门开启。南北两侧的安全疏散门加装了防盗推拉门并上锁，观众厅通向过厅的6个过渡门也有2个上锁。

**（二）起火经过和扑救情况**

1994年12月8日18时20分，文艺演出进行到第二个节目时，台上演员和台下许多人看到舞台正中偏后上方掉火星。由于舞台空间大，舞台用品都是高分子化纤织物，因此，火灾一开始便迅速形成立体燃烧，火场温度迅速升高，并伴随大量有毒气体产生。现场灯光因火烧短路而全部熄灭，在场的7～15岁中、小学生及其他人员因安全疏散门封闭而来不及疏散，短时间内中毒窒息，造成大量人员伤亡。新疆石油管理局消防支队18：25接警，立即出动3辆消防车3分钟后赶到火场。此时建筑门窗等处冒出大量浓黑、刺鼻烟雾，疏散门除一道正门外，其他6道门全部关闭。消防人员奋力破拆门、窗，想方设法抢救人员，同时消防支队又调集3个中队6辆消防车赶到现场增援。120余名官兵、11辆消防车、6辆指挥车、供水车分别从西、北、南3个方向展开战斗，抢救伤亡人员260余人。19：10大火基本扑灭。

**（三）火灾损失**

经核查，这起火灾共死亡325人（其中中、小学生288人，干部、教师及工作人员37人），伤130人（其中重伤68人），烧毁观众厅内装修材料及灯火、音响设备，直接经济损失210.9万元。

**（四）火灾原因**

经调查认定，这起特大火灾发生的原因是：舞台正中偏后北侧上方倒数第二道光柱灯（1 000W）与纱幕距离过近，高温灯具烤燃纱幕。

**（五）主要经验教训**

1. 安全门锁闭，疏散通道堵塞，是造成人员伤亡的主要原因。友谊宾馆共有7个向室外疏散的出口，演出时两侧和舞台左侧5个出口都被关闭锁死，还安装着铁栅栏；前厅有3个安装铝合金卷帘门的出口，只有1个开启。观众厅内两侧通道因装修被堵塞，南侧大厅通道堆放杂物变成仓库。观众厅有6个内门，南侧两个内门关闭上锁，上百个死难学生就堆积在门口周围。

2. 火灾隐患久拖不改，致使养患成灾。友谊宾馆是克拉玛依市最大的公共娱乐场所，1992年改造装修，未经消防部门审核检查验收。1992年7月31日、1994年1月22日、1994年9月28日，当地公安消防部门在三次安全检查中向该馆提出疏散门被锁、楼梯口堆放可燃物、没有应急照明装置和疏散指示标志、室内消火栓被堵、吊顶电气线路没有穿阻燃管、电气开关用铜丝代替保险丝等问题，特别提出照明灯距幕布太近，约20～30厘米，不符合安全规定，幕布已被烤变颜色，要求立即整改，灯具距幕布不应小于50厘米。该馆负责人虽然在检查意见书上签字认可，但没有认真采取整改措施。该馆1993年和1994年曾两次发生灯具烤着幕布的事故，幸被电工及时处置。这次演出前，该馆负责人又把电工派走出差，临时找人操纵电气设备。这种对安全不负责任的行为，已经到了不可容忍的程度。

3. 室内装饰、装修及舞台用品大量采用易燃可燃材料及高分子材料。火灾时产生大量有毒气体，使现场人员短时间内便中毒窒息，丧失逃生能力。

4. 火灾初起时处置不当。舞台上方纱幕着火时，馆内工作人员无人在场，在场人员惊慌失措，活动组织单位也没有及时有效地组织人员疏散。

5. 克拉玛依市消防基础设施十分薄弱。克拉玛依市的公共消防设施没有纳入城市建设总体规划。市区只有5个消火栓，还被埋压两处。这次救火，消防车要到5公里外去加水。市内许多建筑项目和装修工程都不按规定送交公安消防部门进行消防设计审核，也不经公安消防部门消防验收就投入使用。

## 三、近两年重大火灾分析

### （一）上海“11·15”高层住宅大火——死亡58人，直接经济损失超过5亿元[①]

1. 事故背景信息。

事故工程概况：事故项目为上海市静安区胶州教师公寓墙体保温改造工程。起火大楼为28层楼高的公寓楼，其中底层为商场，2～4层为办公用房，5～28层为住宅，建筑高度85米。大楼建成日期是1998年1月。发生火灾时，该大楼正在进行保温改造工程，业主为上海市静安区建交委。工程总承包方为上海市静安建设总公司（国企），工程第一分包商为上海市佳艺建筑装饰工程公司（国企），监理单位为上海市静安建设监理公司（国企）。

2. 事故概况。2010年11月15日，上海静安区胶州路718号胶州教师公寓正在进行外墙整体节能保温改造，14：00前后由于电焊工违章操作，引燃周围保温材料，起火点位于10～12层之间。不久，整栋大楼被大火吞噬，消防部门出动数十辆消防车、云梯、直升机等全力进行救援，至19：00后大火基本被扑灭。最终导致58人在火灾中遇难，70余人在医院接受治疗。据有关人员估算，仅房产一项损失多达5亿元以上。

3. 事故原因分析。

（1）直接原因：

①焊接人员无证上岗，同时未采取有效防护措施，导致焊接熔化物溅到周围的保温材料上，保温材料迅速燃烧，大火迅速蔓延至整栋大楼。

2010年刚刚颁布的《特种作业人员安全技术培训考核管理规定》第五条、《建设工程安全生产管理条例》第六条、《中华人民共和国安全生产法》第八十二条第四款都要求焊接等特种作业人员需经过专业培训，取得《中华人民共和国特种作业操作证》后方可上岗作业。

焊接人员未向业主单位或者施工单位办理动火审批手续，同时焊接时未能按照焊工安全操作规程采取防护措施，焊工安全操作规程规定：“在工作中，不论是站立还是仰卧都应垫放绝缘体；严禁在易燃品或者易爆品周围焊接，必须焊接时，必须超过5米区域外方可操作。”

②工程中所采用的聚氨酯等保温材料可能存在不合格的情况。

（2）间接原因：

①装修工程违法违规，层层多次分包，导致安全责任不落实。

发生事故的大楼外墙节能保温改造由上海静安建设总公司总承包，总承包方将全部工程分包给上海市佳艺建筑装饰工程公司，上海市佳艺建筑装饰工程公司又将工程进一步分包，脚手架搭设作业分包给上海迪姆物业管理有限公司施工，节能工程、保温工程和铝窗作业，

---

① 资料来源：《上海“11·15”高层住宅大火事故调查》。

通过政府采购程序分别选择正捷节能工程有限公司和中航铝门窗有限公司进行施工。上海市迪姆物业管理有限公司将脚手架工程又分包给其他公司、施工队等；正捷节能工程有限公司将保温材料又分包给其他3家单位。

《中华人民共和国建筑法》第二十八条规定："禁止承包单位将其承包的全部建筑工程转包给他人，禁止承包单位将其承包的全部建筑工程肢解以后以分包的名义分别转包给他人。"第二十九条规定："施工总承包的，建筑工程主体结构的施工必须由总承包单位自行完成"。而这里的施工总承包单位上海市静安建设总公司却将所有工程分包给上海市佳艺建筑装饰工程公司。第二十九条同时规定："禁止分包单位将其承包的工程再分包。"而分包商上海市佳艺建筑装饰工程公司却将工程层层分包给数家单位施工，使得安全责任层层减弱，给安全管理带来很大的阻碍，给施工带来很大的事故隐患。

②监理单位、施工单位、建设单位存在隶属或者利害关系。建设单位（业主单位）是上海市静安区建交委，直接管辖着工程总承包单位上海市静安建设总公司，而第一分包单位上海市佳艺建筑装饰工程公司及监理单位都是上海市静安建设总公司的全资子公司，因此，监理单位、施工单位、建设单位存在明显的隶属及利害关系。《中华人民共和国建筑法》第三十四条规定："工程监理单位与被监理工程的承包单位以及建筑材料、建筑构配件和设备供应单位不得有隶属关系或者其他利害关系。"这次事故中，监理单位、施工单位、建设单位存在相互串通的可能性。

监理公司没有认真履行建设工程安全生产职责，未依照法律、法规规定施行工程监理，对无证施工行为未能采取有效措施加以制止，未认真落实《建设工程安全生产管理条例》第十四条第二款规定的安全责任，在施工单位仍不停止违法施工的情况下，并没有及时向有关主管部门报告，对事故发生负有监督不力的责任。

③有关部门监管不力，致使多次分包、多家作业和无证电焊工上岗，建设主体单位存在利害关系。相关部门对建筑市场监管匮乏，未能对工程承包、分包起到监督作用，缺乏对施工现场的监督检查，对施工现场无证上岗等情况未能及时发现并处置。有管部门对于业主单位上报备案的施工单位、监理单位未能进行检查，导致施工单位与监理单位存在"兄弟单位"关系。

4. 事故性质。根据对事故的原因分析，依据《中华人民共和国建筑法》等相关法律，本事故是典型的责任事故。

**（二）2009年北京市中央电视台新台址园区在建附属文化中心工地火灾[①]——死亡1人，直接经济损失超过1.6亿元**

1. 火灾概况。2009年2月9日，北京市中央电视台新址园区在建附属文化中心工地因违规燃放烟花爆竹引发火灾，造成1名消防员牺牲，6名消防员受伤，工程主体建筑的外墙装饰、保温材料及楼内的部分装饰和设备不同程度过火，直接经济损失总计16 383万元（其中直接财产损失15 072.2万元）。北京市公安消防总队接到报警后，先后调集85辆消防车、595名官兵到场扑救，共疏散人员800余人，并于2月10日凌晨2：00将大火彻底扑灭，确保了

① 资料来源：《中国消防年鉴2010》。

该建筑北立面及西侧演播大厅、南侧央视主楼和北侧居民楼安全，实现了中央及北京市领导关于防止建筑物坍塌、造成群众伤亡等次生灾害的指示要求，最大限度地减少了人民群众伤亡和国家财产损失。

2. 起火单位基本情况。北京市中央电视台新址园区在建附属文化中心工地位于朝阳区东三环中路32号，建设单位为中央电视台新台址建设工程办公室，施工总承包单位为北京市城建集团有限责任公司，外装修单位为中山盛兴股份有限公司。该工程东侧94米为央视服务楼；南侧93米为央视新址大楼；西侧49米为东三环中路；北侧38米为两栋居民楼。

该工程主体为钢筋混凝土结构及钢结构的混合结构，地上30层、地下3层，建筑高度159米，总建筑面积1 036 489平方米。该工程于2005年3月开工建设，起火时尚未竣工。其1层为录音棚、剧场影院、宴会厅；2层为新闻发布厅、数字传送机房；3、4层为视听室和水疗室；5层为酒店公共活动场所及大堂；6～12层、15～26层为酒店客房；13层为设备层、14层为避难层；27层、28层为酒廊和餐厅；29层、30层为设备层。南、北外立面装修材料为玻璃幕墙，东、西外立面为钛锌板（一种以高纯度金属锌与少量的钛和铜熔炼而成的材料，熔融点为418℃，热容量大，液流性良好，在火灾情况下极易融化流淌），使用挤塑板（一种保温材料，可燃烧，自燃温度500℃，燃烧后产生大量有毒烟气，对呼吸道有较强烈的刺激作用）、聚氨酯泡沫（又名硬质聚酯型聚氨酯泡沫塑料，主要起保温、隔音等作用，可燃烧，燃烧后产生大量有毒烟气，对呼吸道有较强烈的刺激作用）等作为外墙保温材料。

央视新址园区内部共有地下消火栓23个，其中附属文化中心9个，能源服务楼2个，央视主楼12个，管径为300毫米，环状管网。附属文化中心建筑内有墙壁消火栓435个，管径为150毫米，消防水箱2个，总储水量84吨，分别位于13层（储水量60吨）和23层（储水量24吨）。消火栓水泵接合器6个（位于大楼正北侧，由东向西依次排列，距离大楼约15米），喷淋水泵接合器6个（位于大楼西北侧，由东向西依次排列，距离大楼约20米）。央视新址园区500米范围内共有市政消火栓6个，其中朝阳路4个，管径为600毫米；光华路2个，管径为300毫米。

火灾发生时，气温2℃～5℃，风向西南，风力2～3级。

3. 火灾原因及性质分析。通过调查、勘验，认定起火部位位于附属文化中心工程主体建筑顶部西侧中间位置。经现场勘验和调查询问，认定火灾系中央电视台新台址建设工程办公室负责人委托他人联系的湖南省浏阳市三湘烟花制造有限公司有关人员在施工现场燃放的礼花焰火落至工程主体建筑顶部，引燃可燃材料所致。

中央电视台副总工程师、央视新址办主任徐某，央视新址办副主任王某，央视国金公司副总经理兼总工程师高某等44名事故责任人被移送司法机关依法追究刑事责任。2010年5月10日，北京市第二中级人民法院一审宣判：央视新址办原主任徐某等20人以危险物品肇事罪被判处7年到3年不等的有期徒刑，北京城建集团有限责任公司央视电视文化中心工程总承包部安保部干部陈某因犯罪行为轻微免予刑事处罚。27名事故责任人受到党纪、政纪处分。

# 第二十章

# 火灾的聚类分析

## 第一节　聚类分析

### 一、聚类分析方法说明

用聚类分析对各地区的火灾情况进行分组。在方法上，选择系统聚类中的离差平方和法，对数据作标准化处理，使其均值为0，标准差为1。样本间的距离用SAS默认的欧式距离。

对于火灾经常统计的4项指标火灾起数、死亡人数、受伤人数和GDP调整后的直接损失（经GDP调整到2009年）进行一定的处理。

将各地区火灾起数逐年加总，得到火灾起数的指标。

将死亡人数、受伤人数和GDP调整后的直接损失处理为次死亡人数、次受伤人数和GDP调整后的次直接损失。具体为将各个年份统计数值加总，除以相应地区的各年事故次数加总。需要注意的是，次死亡人数和次受伤人数得到的结果均为小数，作为聚类的指标，不考虑其实际意义，只将其作为聚类分组的依据之一。

具体指标见表20－1。

表20－1　　各地区火灾事故频数及损失统计表

| 省（区、市） | 火灾起数 | 平均次死亡人数 | 平均次受伤人数 | 平均次损失（万元，调整至2009年） |
|---|---|---|---|---|
| 北京 | 99 308 | 0.00584 | 0.011993 | 1.4870449 |
| 天津 | 63 010 | 0.005761 | 0.005983 | 0.7475663 |
| 河北 | 76 963 | 0.011785 | 0.015397 | 1.7710858 |
| 山西 | 45 366 | 0.010382 | 0.01662 | 1.9216218 |
| 内蒙古 | 61 101 | 0.007578 | 0.00856 | 0.8996126 |
| 辽宁 | 213 552 | 0.007403 | 0.007792 | 1.2689973 |
| 吉林 | 189 140 | 0.005843 | 0.005536 | 0.8422272 |
| 黑龙江 | 115 424 | 0.009365 | 0.008802 | 1.9750609 |
| 上海 | 70 678 | 0.008291 | 0.013328 | 1.1467503 |

续表

| 省（区、市） | 火灾起数 | 平均次死亡人数 | 平均次受伤人数 | 平均次损失（万元，调整至2009年） |
|---|---|---|---|---|
| 江苏 | 153 296 | 0.012329 | 0.01865 | 1.7030476 |
| 浙江 | 164 999 | 0.012958 | 0.01237 | 2.7502116 |
| 安徽 | 87 084 | 0.010725 | 0.016306 | 2.0768655 |
| 福建 | 71 663 | 0.015908 | 0.019843 | 3.3484099 |
| 江西 | 70 337 | 0.010194 | 0.014203 | 2.2072549 |
| 山东 | 191 719 | 0.006186 | 0.009717 | 1.4143046 |
| 河南 | 107 394 | 0.014312 | 0.017515 | 1.7869866 |
| 湖北 | 104 740 | 0.007189 | 0.009948 | 1.1778736 |
| 湖南 | 54 438 | 0.020409 | 0.02805 | 4.5770863 |
| 广东 | 116 427 | 0.026618 | 0.033686 | 3.5515109 |
| 广西 | 31 565 | 0.031807 | 0.053224 | 4.4060426 |
| 海南 | 11 741 | 0.011669 | 0.016268 | 2.698952 |
| 重庆 | 69 367 | 0.009861 | 0.015238 | 1.210635 |
| 四川 | 98 412 | 0.015242 | 0.022355 | 1.9324868 |
| 贵州 | 19 764 | 0.048826 | 0.040984 | 4.422848 |
| 云南 | 40 686 | 0.032173 | 0.035393 | 3.9766551 |
| 西藏 | 2 362 | 0.050381 | 0.117273 | 12.951321 |
| 陕西 | 59 626 | 0.009711 | 0.011505 | 1.8884436 |
| 甘肃 | 30 138 | 0.011912 | 0.023857 | 2.5178422 |
| 青海 | 11 364 | 0.009504 | 0.026487 | 1.3826271 |
| 宁夏 | 40 288 | 0.002706 | 0.005237 | 0.6071 |
| 新疆 | 61 468 | 0.011079 | 0.018985 | 2.2399451 |

## 二、分组结果

输出的树形图如图 20－1 所示。

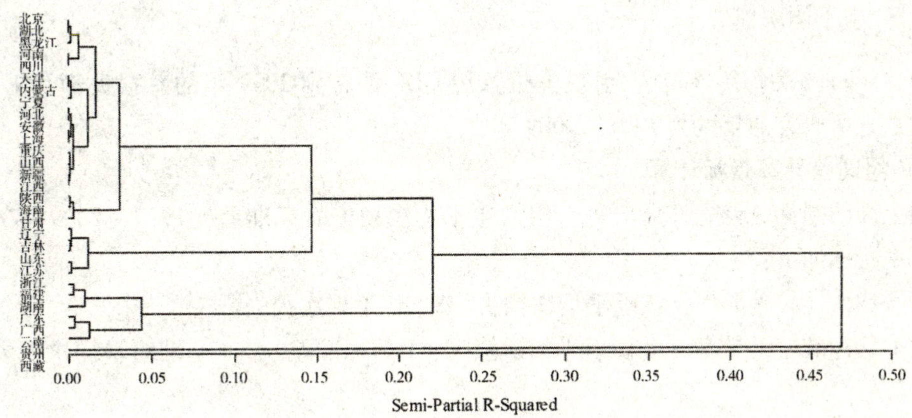


图 20－1 SAS 聚类树形图

根据第一部分所述的 4 种指标，采用 Ward 方法聚类，运用 SAS 中的 cluster 过程，得到以下聚类结果：

第一组：西藏自治区；

第二组：福建省、湖南省、广东省、广西壮族自治区、云南省、贵州省；

第三组：北京市、湖北省、黑龙江省、河南省、四川省、天津市、内蒙古自治区、宁夏回族自治区、河北省、安徽省、上海市、重庆市、山西省、新疆维吾尔自治区、江西省、陕西省、海南省、甘肃省、青海省、辽宁省、吉林省、山东省、江苏省、浙江省。

## 第二节 差异率分析

以上对各组的损失发生频数和损失额度进行了分析，除此之外，各个组之间的差异率状况也是很重要的信息，对保险公司差别费率的制定有重大意义。因此本节的主要目的是讨论各组之间的损失差异率，讨论保险公司分地区进行定价的必要性。

### 一、差异率计算的说明

#### （一）指标选取说明

差异率是各个地区之间火灾损失发生情况的差别，可以是事故发生次数、死亡人数、受伤人数等指标。根据保险公司的需要，这里所研究的是各地区每次发生火灾带来损失之间的差异率。

进行差异率分析时，使用聚类分析所利用的平均次损失指标，反映了损失和频数，同时用 GDP 调整，更具有现实的参考意义。

某年某地区/组平均次损失 $=\dfrac{adjloss_i}{N_i}$

其中 $adjloss_i$ 为第 i 年某地区/组的损失折款用 GDP 调整到 2009 年的损失额，$N_i$ 为该年该地区发生事故次数。

某地区/组平均次损失 = $\frac{adjloss_i}{N_i}$

其中，$adjloss_i$ 为每年该地区/组损失折款用 GDP 调整到 2009 年的总损失额，$N_i$ 为事故发生总次数，所研究的年度为 1997～2009 年。

**（二）组间差异率指标计算**

根据上面的指标，首先计算出每一组内年平均次损失的标准差（1997～2009 年），然后计算差异率指标如下：

该组平均次损失差异率 = 该组平均次损失/基准组平均次损失

该组 1 倍标准差差异率 = （该组平均次损失 +1 倍标准差）/（基准组平均次损失 +1 倍标准差）

**（三）组内差异率指标计算**

组内平均次损失差异率 = 该地区平均次损失/组平均次损失

## 二、组间差异率分析

根据上面组间差异率计算方法，得到表 20－2。

**表 20－2　组间差异率分析表**

| 组别 | 平均次损失 | 标准差 | 差异率 | 1 倍标准差差异率 |
|---|---|---|---|---|
| 第一组 | 12.95132 | 13.25076 | 1 | 1 |
| 第二组 | 3.802054 | 3.084063 | 0.293565 | 0.262808 |
| 第三组 | 1.603508 | 1.041207 | 0.12381 | 0.100935 |

从表 20－2 可以看出，第一、第二、第三组的平均次损失依次递减，因此，在火灾保险定价过程中可以参考这一结果，使费率厘定更加合理化。

## 三、组内差异率分析

**（一）第一组：西藏自治区**

由于该组只包含一个地区，因此不用考虑组内差异率分析。

**（二）第二组：福建省、湖南省、广东省、广西壮族自治区、云南省、贵州省**

根据组内损失差异率计算方法得到表 20－3。

表 20-3　　第二组组内损失差异率分析

| | 损失率分析 | 差异率分析 |
|---|---|---|
| 福建 | 3.34841 | 0.880685 |
| 湖南 | 4.577086 | 1.203846 |
| 广东 | 3.551511 | 0.934103 |
| 广西 | 4.406043 | 1.158859 |
| 云南 | 4.065118 | 1.06919 |
| 贵州 | 3.45371 | 0.90838 |

在该组中，组内差异不是很明显，间接证明了之前的聚类是正确的。

**（三）第三组：北京市、湖北省、黑龙江省、河南省、四川省、天津市、内蒙古自治区、宁夏回族自治区、河北省、安徽省、上海市、重庆市、山西省、新疆维吾尔自治区、江西省、陕西省、海南省、甘肃省、青海省、辽宁省、吉林省、山东省、江苏省、浙江省**

根据组内损失差异率计算方法得到表 20-4。

表 20-4　　第三组组内损失差异率分析表

| 省（区、市） | 损失率分析 | 差异率分析 |
|---|---|---|
| 北京 | 1.487044907 | 0.9273699 |
| 天津 | 0.74756625 | 0.466206794 |
| 河北 | 1.771085766 | 1.104507081 |
| 山西 | 1.921621797 | 1.198386279 |
| 内蒙古 | 0.899612608 | 0.561027881 |
| 辽宁 | 1.268997277 | 0.791388257 |
| 吉林 | 0.842227236 | 0.525240484 |
| 黑龙江 | 1.975060891 | 1.231712648 |
| 上海 | 1.146750303 | 0.715151041 |
| 江苏 | 1.703047648 | 1.062076282 |
| 浙江 | 2.750211624 | 1.715122029 |
| 安徽 | 2.076865521 | 1.295201349 |
| 江西 | 2.207254855 | 1.376516408 |
| 山东 | 1.414304572 | 0.882006645 |
| 河南 | 1.786986572 | 1.114423344 |
| 湖北 | 1.177873605 | 0.734560552 |
| 海南 | 2.698952004 | 1.683154851 |
| 重庆 | 1.210635038 | 0.754991654 |

续表

| 省（区、市） | 损失率分析 | 差异率分析 |
|---|---|---|
| 四川 | 1.932486782 | 1.205162039 |
| 陕西 | 1.888443602 | 1.17769527 |
| 甘肃 | 2.517842248 | 1.570208877 |
| 青海 | 1.382627143 | 0.862251563 |
| 宁夏 | 0.607099977 | 0.378607426 |
| 新疆 | 2.239945075 | 1.396903099 |

该组的组内差异比较明显，其中浙江、海南损失率较高，而天津、宁夏等地的损失率较低。

# 第三节　各组频数及损失程度统计分析

本节根据前面聚类所得到的结果，对各组火灾发生的频数和损失进行了分析，得出了各组频数和损失的均值等基本统计数据，再对各组频数和损失额进行拟合分析。

## 一、第一组火灾的频数和损失分析

### （一）频数分析

第一组只有西藏自治区，对这一组的火灾发生频数进行分析（见表 20－5）。

表 20－5　　1997～2009 年第一组各年火灾频数统计　　（单位：起）

| 年度 | 起数 | 年度 | 起数 | 年度 | 起数 | 年度 | 起数 | 年度 | 起数 |
|---|---|---|---|---|---|---|---|---|---|
| 1997 | 121 | 2000 | 122 | 2003 | 171 | 2006 | 249 | 2009 | 206 |
| 1998 | 125 | 2001 | 248 | 2004 | 203 | 2007 | 217 | | |
| 1999 | 115 | 2002 | 161 | 2005 | 254 | 2008 | 170 | | |

用 SAS 对上述数据分析可得到图 20－2～图 20－4。

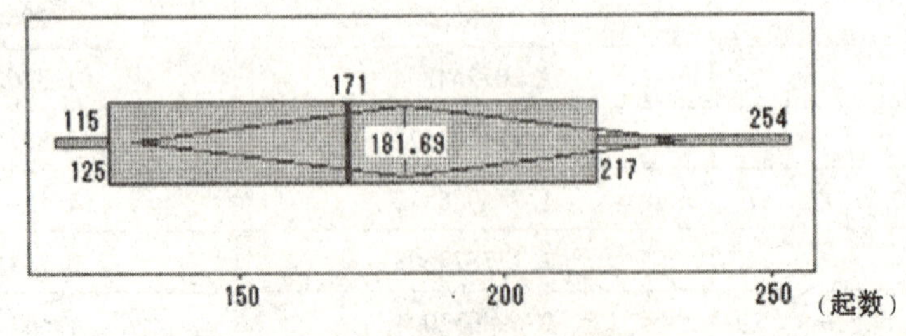


图 20－2　第一组频数盒状图

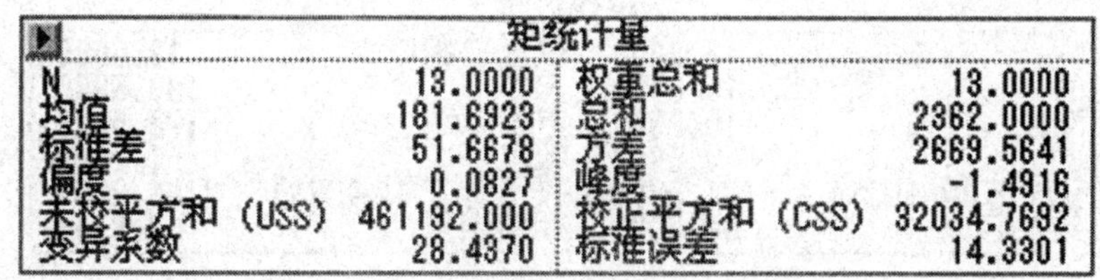

| 矩统计量 | | | |
|---|---|---|---|
| N | 13.0000 | 权重总和 | 13.0000 |
| 均值 | 181.6923 | 总和 | 2362.0000 |
| 标准差 | 51.6678 | 方差 | 2669.5641 |
| 偏度 | 0.0827 | 峰度 | -1.4916 |
| 未校平方和（USS） | 461192.000 | 校正平方和（CSS） | 32034.7692 |
| 变异系数 | 28.4370 | 标准误差 | 14.3301 |

图 20－3　第一组频数矩统计量

| 分位数 | | | | |
|---|---|---|---|---|
| 100% | 最大值 | 254.0000 | 99.0% | 254.0000 |
| 75% | Q3 | 217.0000 | 97.5% | 254.0000 |
| 50% | 中位数 | 171.0000 | 95.0% | 254.0000 |
| 25% | Q1 | 125.0000 | 90.0% | 249.0000 |
| 0% | 最小值 | 115.0000 | 10.0% | 121.0000 |
| | 极差 | 139.0000 | 5.0% | 115.0000 |
| | Q3-Q1 | 92.0000 | 2.5% | 115.0000 |
| | 众数 | . | 1.0% | 115.0000 |

图 20－4　第一组频数分位数

从图 20－2～图 20－4 可以清晰地看出，1997 年后第一组的火灾发生频数最多为 254 起，最低为 115 起，均值为 181.6923 起。大部分年份的发生频数都落在 125～217 起之间。另外，可以看出第一组频数的偏度系数为 0.0827，为右偏，同时偏度系数比较接近 0。

**（二）损失分析**

以西藏自治区 1997～2009 年间各年火灾次均损失记录为基础，为了消除时间对货币价值的影响，使历史记录能够用于拟合现在或将来的损失分布，选用了 2009 年的 GDP 对原始损失记录进行了调整，使其具有可比性。调整结果见表 20－6。

**表 20－6**　　**1997～2009 年第一组各年调整后火灾损失额统计**　　（单元：万元）

| 年度 | 次损失 | 年度 | 次损失 | 年度 | 次损失 | 年度 | 次损失 | 年度 | 次损失 |
|---|---|---|---|---|---|---|---|---|---|
| 1997 | 29.44062 | 2000 | 8.850125 | 2003 | 20.43127 | 2006 | 2.202982 | 2009 | 1.998544 |
| 1998 | 38.95552 | 2001 | 14.69235 | 2004 | 5.270962 | 2007 | 2.173508 | | |
| 1999 | 30.02299 | 2002 | 9.62981 | 2005 | 3.916722 | 2008 | 32.0136 | | |

对表 20－6 用 SAS 进行统计分析，分析结果见图 20－5～图 20－7。

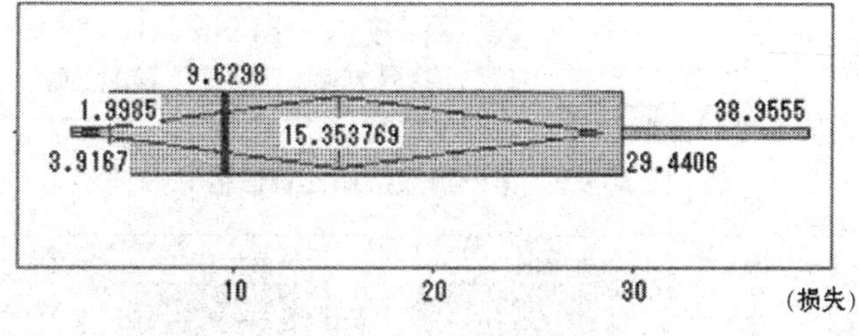


图 20－5　第一组损失盒状图

| 矩统计量 | | | |
|---|---|---|---|
| N | 13.0000 | 权重总和 | 13.0000 |
| 均值 | 15.3538 | 总和 | 199.5990 |
| 标准差 | 13.2508 | 方差 | 175.5826 |
| 偏度 | 0.5894 | 峰度 | -1.2623 |
| 未校平方和（USS） | 5171.5880 | 校正平方和（CSS） | 2106.9911 |
| 变异系数 | 86.3030 | 标准误差 | 3.6751 |

图 20－6　第一组损失矩统计量

| 分位数 | | | | |
|---|---|---|---|---|
| 100% | 最大值 | 38.9555 | 99.0% | 38.9555 |
| 75% | Q3 | 29.4406 | 97.5% | 38.9555 |
| 50% | 中位数 | 9.6298 | 95.0% | 38.9555 |
| 25% | Q1 | 3.9167 | 90.0% | 32.0136 |
| 0% | 最小值 | 1.9985 | 10.0% | 2.1735 |
| | 极差 | 36.9570 | 5.0% | 1.9985 |
| | Q3-Q1 | 25.5239 | 2.5% | 1.9985 |
| | 众数 | . | 1.0% | 1.9985 |

图 20－7　第一组损失分位数

基本统计特征为：最大值 38.9555 万元，最小值为 1.9985 万元，均值为 15.3538 万元，偏度系数 0.5894 >0，右偏。

**（三）频数拟合**

根据 SAS 统计分析的结果，用正态分布、指数分布、对数正态分布和韦伯分布对火灾频数进行拟合。拟合效果图见图 20－8～图 20－10。

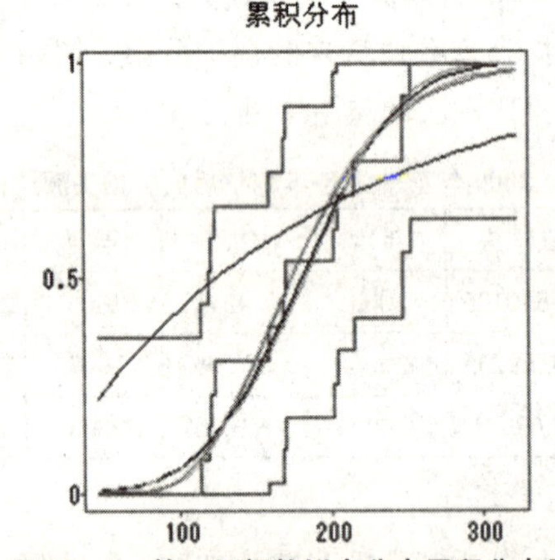

图 20－8　第一组频数拟合分布累积分布函数

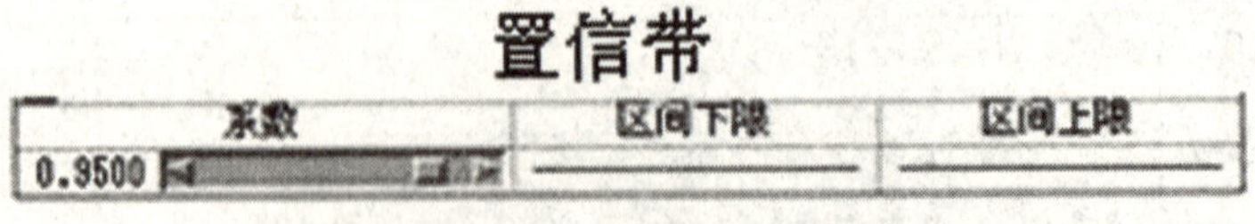

**置信带**

| 系数 | 区间下限 | 区间上限 |
|---|---|---|
| 0.9500 | | |

图 20－9　第一组频数拟合置信带

| 拟合分布函数 | | | | | |
|---|---|---|---|---|---|
| 曲线 | 分布 | 方法 | 均值/Theta | Sigma | Zeta/C |
| | 正态 | 样本 | 181.6923 | 51.6678 | |
| | 对数正态 | MLE | 0 | 0.2833 | 5.1632 |
| | 指数 | MLE | 0 | 181.6923 | |
| | 韦伯 | MLE | 0 | 200.6235 | 4.1629 |

图 20－10　第一组频数拟合分布函数

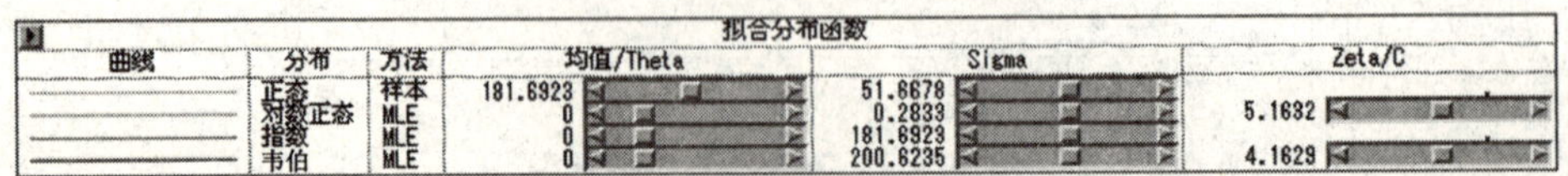

从图 20－11 的检验结果来看，在 5% 的显著性水平下，只有指数分布函数不能通过检验。由拟合分布的输出结果可以看到，除正态分布采用矩估计外，其他拟合均采用极大似然估计。由于韦伯分布在两个参数 θ 和 $\tau$ 均未知的情况下无法得到数值解，因此这里对韦伯分布采用选取 75% 和 25% 分位数相对应的 Q3 和 Q1 两个观察值来计算出累计分布函数的方法进行计算，从而得到密度函数。

分布检验

| 曲线 | 分布 | 均值/Theta | Sigma | Zeta/C | Kolmogorov D | Pr > D |
|---|---|---|---|---|---|---|
| | 正态 | 181.6923 | 51.6678 | . | 0.1714 | >.15 |
| | 对数正态 | 0 | 0.2949 | 5.1632 | 0.1796 | >.15 |
| | 指数 | 0 | 181.6923 | . | 0.4690 | <.01 |
| | 韦伯 | 0 | 200.6235 | 4.1629 | 0.1775 | >.10 |

图 20－11　第一组频数分布检验图

正态分布：

$$f(x)=\frac{1}{51.6678\sqrt{2\pi}}e^{-\frac{1}{2}\left(\frac{x-181.6923}{51.6678}\right)^2}\quad(x>0)$$

对数正态分布：

$$f(x)=\frac{1}{0.2833\sqrt{2\pi}x}e^{-\frac{1}{2}\left(\frac{\ln x-5.1632}{0.2833}\right)^2}\quad(x>0)$$

韦伯分布：

$$f(x)=\frac{-\ln 0.75}{125^{2.85094}}\cdot 2.85094\cdot x^{1.85094}\cdot e^{-\frac{-\ln 0.75}{125^{2.85094}}x^{2.85094}}$$

**（四）损失拟合**

根据基本统计分析的结果，用韦伯分布和正态分布对损失额数据进行拟合。拟合效果图见图 20－12～图 20－14。

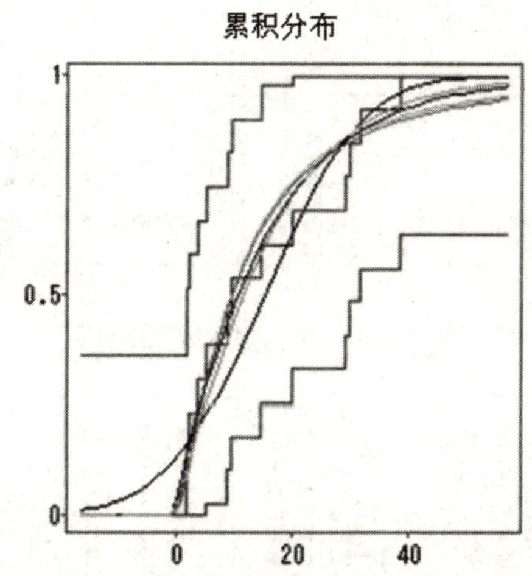


图 20－12　第一组损失拟合分布累积分布图

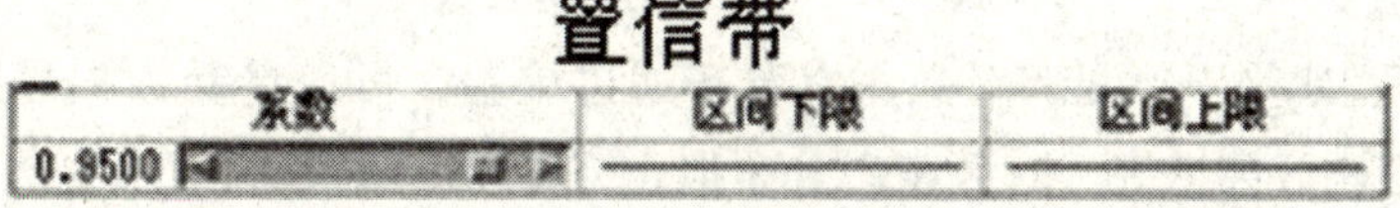

置信带

| 系数 | 区间下限 | 区间上限 |
|---|---|---|
| 0.9500 | | |

图 20－13　第一组损失拟合分布置信带

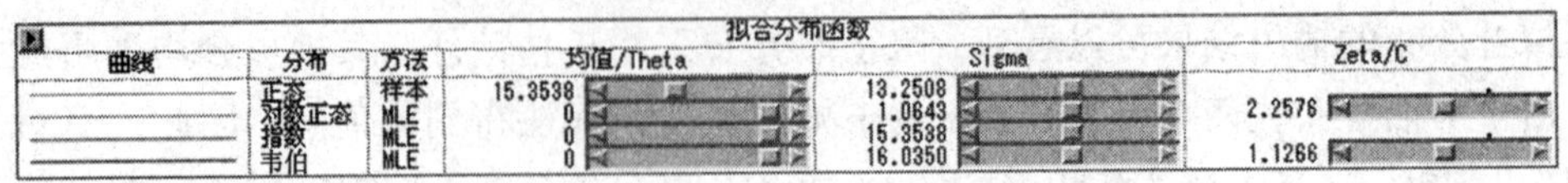

| 拟合分布函数 | | | | | |
|---|---|---|---|---|---|
| 曲线 | 分布 | 方法 | 均值/Theta | Sigma | Zeta/C |
| | 正态 | 样本 | 15.3538 | 13.2508 | |
| | 对数正态 | MLE | 0 | 1.0643 | 2.2576 |
| | 指数 | MLE | 0 | 15.3538 | |
| | 韦伯 | MLE | 0 | 16.0350 | 1.1266 |

图 20－14　第一组损失拟合分布函数

从检验结果（见图 20－15）来看，在 5% 的显著性水平下，4 种分布全都通过检验。现给出正态分布和对数正态分布的分布函数。

| 分布检验 | | | | | | |
|---|---|---|---|---|---|---|
| 曲线 | 分布 | 均值/Theta | Sigma | Zeta/C | Kolmogorov D | Pr > D |
| | 正态 | 15.3538 | 13.2508 | . | 0.2056 | 0.1356 |
| | 对数正态 | 0 | 1.1078 | 2.2576 | 0.1527 | >.15 |
| | 指数 | 0 | 15.3538 | . | 0.1607 | >.15 |
| | 韦伯 | 0 | 16.0350 | 1.1266 | 0.1700 | >.10 |

图 20－15　第一组损失拟合分布检验

正态分布：

$$f(x)=\frac{1}{13.2508\sqrt{2\pi}}e^{-\frac{1}{2}\left(\frac{x-15.3528}{13.2508}\right)^2}\quad(x>0)$$

对数正态分布：

$$f(x)=\frac{1}{1.0643\sqrt{2\pi}x}e^{-\frac{1}{2}\left(\frac{\ln x-2.2576}{1.0643}\right)^2}\quad(x>0)$$

## 二、第二组火灾的频数和损失分析

### （一）频数

第二组火灾频数见图 20－16 和图 20－17。

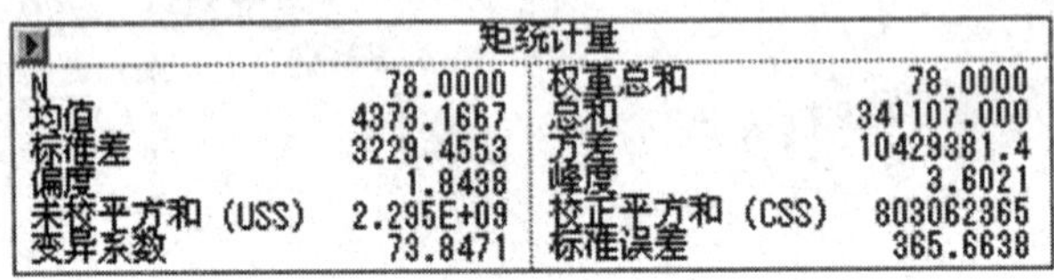

| 矩统计量 | | | |
|---|---|---|---|
| N | 78.0000 | 权重总和 | 78.0000 |
| 均值 | 4373.1667 | 总和 | 341107.000 |
| 标准差 | 3229.4553 | 方差 | 10429381.4 |
| 偏度 | 1.8438 | 峰度 | 3.6021 |
| 未校平方和 (USS) | 2.295E+09 | 校正平方和 (CSS) | 803062365 |
| 变异系数 | 73.8471 | 标准误差 | 365.6638 |

图 20－16　第二组频数矩统计量

| 分位数 | | | | |
|---|---|---|---|---|
| 100% | 最大值 | 15756.0000 | 99.0% | 15756.0000 |
| 75% | Q3 | 5227.0000 | 97.5% | 15635.0000 |
| 50% | 中位数 | 3365.0000 | 95.0% | 13266.0000 |
| 25% | Q1 | 2479.0000 | 90.0% | 8622.0000 |
| 0% | 最小值 | 799.0000 | 10.0% | 1324.0000 |
| | 极差 | 14957.0000 | 5.0% | 1087.0000 |
| | Q3-Q1 | 2748.0000 | 2.5% | 833.0000 |
| | 众数 | . | 1.0% | 799.0000 |

图 20－17　第二组频数分位数图

在 5% 的显著性水平下，只有对数正态分布通过检验，可以接受数据服从对数正态分布的原假设，并且拟合效果良好。对数正态分布拟合分布密度函数为：

$$f(x)=\frac{1}{0.666\sqrt{2\pi}x}e^{-\frac{1}{2}\left(\frac{\ln x-8.1598}{0.666}\right)^2}\quad(x>0)$$

### （二）损失

第二组损失见图 20－18 和图 20－19。

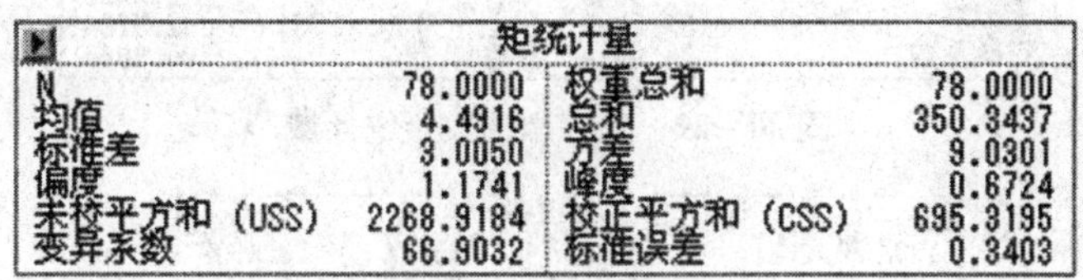

矩统计量

| | | | |
|---|---|---|---|
| N | 78.0000 | 权重总和 | 78.0000 |
| 均值 | 4.4916 | 总和 | 350.3437 |
| 标准差 | 3.0050 | 方差 | 9.0301 |
| 偏度 | 1.1741 | 峰度 | 0.6724 |
| 未校平方和（USS） | 2268.9184 | 校正平方和（CSS） | 695.3195 |
| 变异系数 | 66.9032 | 标准误差 | 0.3403 |

图 20－18　第二组损失矩统计量

分位数

| | | | | |
|---|---|---|---|---|
| 100% | 最大值 | 13.4721 | 99.0% | 13.4721 |
| 75% | Q3 | 6.2125 | 97.5% | 12.8953 |
| 50% | 中位数 | 3.2907 | 95.0% | 10.4731 |
| 25% | Q1 | 2.2881 | 90.0% | 9.3707 |
| 0% | 最小值 | 0.7577 | 10.0% | 1.6732 |
| | 极差 | 12.7144 | 5.0% | 1.1962 |
| | Q3-Q1 | 3.9244 | 2.5% | 1.0252 |
| | 众数 | . | 1.0% | 0.7577 |

图 20－19　第二组损失分位数图

在 5% 的显著性水平下，只有对数正态分布能通过检验，可以接受数据服从对数正态分布的原假设，并且拟合效果良好。对数正态分布拟合的密度函数为：

$$f(x) = \frac{1}{0.6525\sqrt{2\pi}x} e^{-\frac{1}{2}\left(\frac{\ln x - 1.2932}{0.6525}\right)^2} \quad (x > 0)$$

## 三、第三组火灾的频数和损失分析

### （一）频数

第三组频数见图 20－20 和图 20－21。

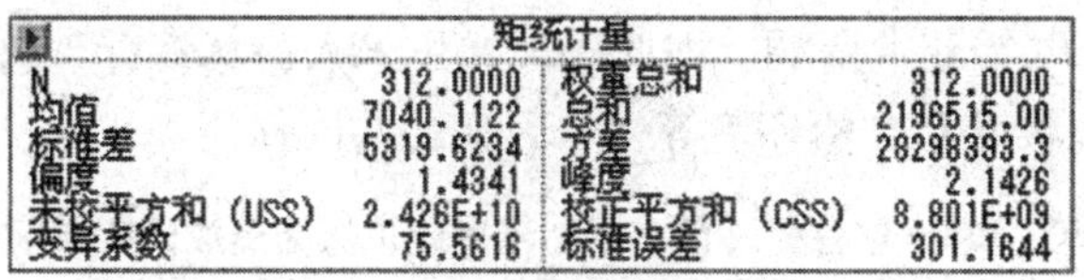

矩统计量

| | | | |
|---|---|---|---|
| N | 312.0000 | 权重总和 | 312.0000 |
| 均值 | 7040.1122 | 总和 | 2196515.00 |
| 标准差 | 5319.6234 | 方差 | 28298393.3 |
| 偏度 | 1.4341 | 峰度 | 2.1426 |
| 未校平方和（USS） | 2.426E+10 | 校正平方和（CSS） | 8.801E+09 |
| 变异系数 | 75.5616 | 标准误差 | 301.1644 |

图 20－20　第三组频数矩统计量

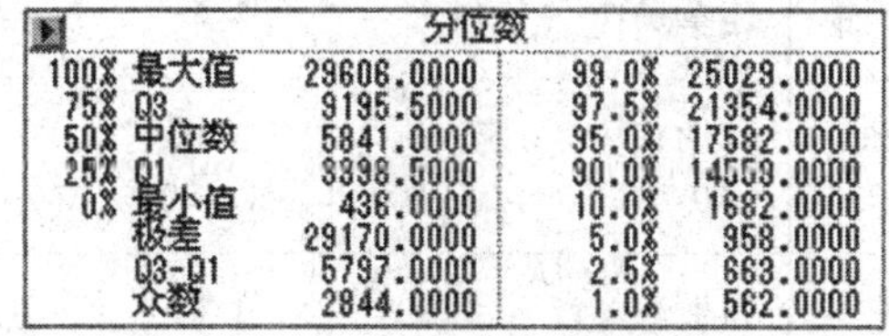

分位数

| | | | | |
|---|---|---|---|---|
| 100% | 最大值 | 29606.0000 | 99.0% | 25029.0000 |
| 75% | Q3 | 9195.5000 | 97.5% | 21354.0000 |
| 50% | 中位数 | 5841.0000 | 95.0% | 17582.0000 |
| 25% | Q1 | 3398.5000 | 90.0% | 14559.0000 |
| 0% | 最小值 | 436.0000 | 10.0% | 1682.0000 |
| | 极差 | 29170.0000 | 5.0% | 958.0000 |
| | Q3-Q1 | 5797.0000 | 2.5% | 663.0000 |
| | 众数 | 2844.0000 | 1.0% | 562.0000 |

图 20－21　第三组频数分位数图

在 5% 的显著性水平下，在 SAS 给出的正态分布、对数正态分布、指数分布、韦伯分布这 4 个分布中没有一个通过显著性检验，即这几种分布无法对其进行拟合。

### （二）损失

第三组损失见图 20－22 和图 20－23。

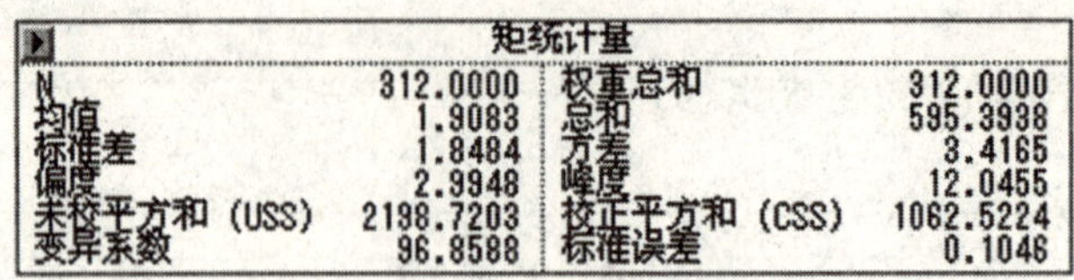

| 矩统计量 | | | |
|---|---|---|---|
| N | 312.0000 | 权重总和 | 312.0000 |
| 均值 | 1.9083 | 总和 | 595.3938 |
| 标准差 | 1.8484 | 方差 | 3.4165 |
| 偏度 | 2.9948 | 峰度 | 12.0455 |
| 未校平方和（USS） | 2198.7203 | 校正平方和（CSS） | 1062.5224 |
| 变异系数 | 96.8588 | 标准误差 | 0.1046 |

**图 20－22　第三组损失矩统计量**

| 分位数 | | | |
|---|---|---|---|
| 100% 最大值 | 13.2337 | 99.0% | 9.4933 |
| 75% Q3 | 2.3258 | 97.5% | 6.7822 |
| 50% 中位数 | 1.4172 | 95.0% | 5.1727 |
| 25% Q1 | 0.8135 | 90.0% | 3.8644 |
| 0% 最小值 | 0.0828 | 10.0% | 0.5073 |
| 极差 | 13.1509 | 5.0% | 0.3709 |
| Q3-Q1 | 1.5123 | 2.5% | 0.2228 |
| 众数 | . | 1.0% | 0.1583 |

**图 20－23　第三组损失分位数图**

在5%的置信水平下，只有对数正态分布可以通过检验，并且拟合效果良好。对数正态分布拟合的分布密度函数为：

$$f(x)=\frac{1}{0.8192\sqrt{2\pi x}}e^{-\frac{1}{2}\left(\frac{\ln x-0.3140}{0.8192}\right)^2}\quad(x>0)$$

# 第四节　火灾的各地区特点分析

由表20－7和图20－24可见，按照不同的起火原因分类，各地区体现了不同的特征：山东省、吉林省、辽宁省、江苏省4省包揽了几乎所有起火原因起数的前几名，原因在于这4个省都属于工业大省，风险单位相对较多，而且地域多在华北和东北，气候较为干燥，因此火灾起数最多；海南省、青海省、西藏自治区则包揽了几乎所有起火原因起数的后3名，原因在于青海省和西藏自治区经济欠发达，工业化水平较低，人口稀少，平均气温也较低，海南省由于其地理环境，气候非常湿润，因此不易发生火灾。从数据上可以初步认为各省（区、市）的火灾次数受经济状况和自然环境等多个因素的共同作用。

**表20－7　　1997～2009年各省（区、市）不同起火原因造成的火灾起数**

（单位：起）

| 排名 | 电气 | 用火不慎 | 违章操作 | 放火 | 吸烟 | 自燃 | 玩火 | 雷击 |
|---|---|---|---|---|---|---|---|---|
| 1 | 山东（40 229） | 吉林（55 473） | 山东（10 788） | 辽宁（12 960） | 吉林（22 430） | 江苏（2 670） | 吉林（11 870） | 江苏（282） |
| 2 | 湖北（31 934） | 山东（45 994） | 上海（6 627） | 山东（11 031） | 山东（13 807） | 山东（2 464） | 辽宁（11 341） | 上海（233） |
| 3 | 吉林（26 593） | 辽宁（36 951） | 江苏（6 041） | 吉林（8 189） | 北京（10 396） | 河南（1 570） | 山东（10 402） | 吉林（217） |
| 4 | 江苏（24 649） | 新疆（19 522） | 河南（3 779） | 黑龙江（6 426） | 辽宁（9 852） | 江西（1 515） | 内蒙古（7 751） | 广东（203） |

续表

| 排名 | 电气 | 用火不慎 | 违章操作 | 放火 | 吸烟 | 自燃 | 玩火 | 雷击 |
|---|---|---|---|---|---|---|---|---|
| 5 | 上海（23 116） | 内蒙古（19 376） | 四川（3 459） | 河南（3 581） | 上海（7 868） | 吉林（1 422） | 宁夏（7 097） | 山东（174） |
| 6 | 北京（20 462） | 黑龙江（18 618） | 浙江（3 181） | 河北（3 440） | 内蒙古（7 591） | 四川（1 399） | 上海（5 481） | 四川（164） |
| 7 | 安徽（18 294） | 北京（17 845） | 广东（3 156） | 四川（2 850） | 黑龙江（6 120） | 湖北（1 329） | 安徽（5 303） | 江西（152） |
| 8 | 辽宁（18 041） | 江苏（16 667） | 安徽（3 098） | 北京（2 847） | 新疆（4 520） | 广东（1 323） | 河北（5 097） | 安徽（142） |
| 9 | 河南（17 595） | 江西（16 210） | 湖北（3 003） | 安徽（2 628） | 天津（4 514） | 河北（1 015） | 北京（4 576） | 北京（138） |
| 10 | 四川（17 426） | 上海（14 881） | 江西（2 996） | 江苏（2 434） | 宁夏（4 196） | 福建（927） | 新疆（4 526） | 湖北（136） |
| 11 | 江西（16 464） | 安徽（14 378） | 辽宁（2 964） | 新疆（2 315） | 河北（3 884） | 安徽（917） | 山西（4 136） | 浙江（124） |
| 12 | 广东（14 397） | 河南（13 909） | 黑龙江（2 928） | 云南（2 190） | 江苏（3 755） | 重庆（878） | 河南（3 883） | 辽宁（112） |
| 13 | 黑龙江（14 106） | 四川（13 783） | 河北（2 906） | 湖北（1 763） | 安徽（3 637） | 内蒙古（860） | 黑龙江（3 439） | 黑龙江（107） |
| 14 | 浙江（13 981） | 宁夏（13 172） | 吉林（2 894） | 广西（1 693） | 河南（3 588） | 浙江（821） | 江苏（3 434） | 天津（103） |
| 15 | 重庆（13 560） | 河北（11 938） | 内蒙古（2 817） | 内蒙古（1 433） | 湖北（3 519） | 辽宁（803） | 湖北（3 415） | 河北（102） |
| 16 | 湖南（12 345） | 湖北（11 579） | 福建（2 690） | 陕西（1 409） | 山西（3 173） | 北京（773） | 四川（3 103） | 内蒙古（97） |
| 17 | 河北（11 993） | 湖南（10 413） | 新疆（2 613） | 广东（1 339） | 陕西（2 136） | 山西（748） | 甘肃（3 061） | 重庆（94） |
| 18 | 福建（11 811） | 重庆（9 991） | 北京（2 583） | 天津（1 339） | 浙江（2 095） | 湖南（712） | 天津（2 872） | 广西（89） |

续表

| 排名 | 电气 | 用火不慎 | 违章操作 | 放火 | 吸烟 | 自燃 | 玩火 | 雷击 |
| --- | --- | --- | --- | --- | --- | --- | --- | --- |
| 19 | 山西（11 734） | 福建（9 115） | 湖南（2 193） | 重庆（1 307） | 甘肃（1 929） | 陕西（649） | 江西（2 668） | 福建（81） |
| 20 | 内蒙古（10 518） | 山西（8 916） | 山西（2 161） | 山西（1 292） | 江西（1 730） | 新疆（624） | 青海（2 377） | 河南（75） |
| 21 | 新疆（9 569） | 浙江（8 394） | 广西（2 008） | 上海（1 252） | 四川（1 721） | 上海（601） | 陕西（2 075） | 湖南（67） |
| 22 | 广西（8 747） | 天津（7 574） | 重庆（1 868） | 甘肃（1 195） | 重庆（1 236） | 黑龙江（547） | 重庆（1 877） | 山西（57） |
| 23 | 陕西（6 917） | 广西（7 563） | 陕西（1 788） | 浙江（1 157） | 云南（1 183） | 广西（542） | 云南（1 867） | 云南（43） |
| 24 | 天津（6 584） | 陕西（7 560） | 云南（1 425） | 福建（1 104） | 青海（1 142） | 天津（418） | 浙江（1 849） | 贵州（36） |
| 25 | 云南（5 417） | 广东（7 101） | 甘肃（1 065） | 宁夏（1 066） | 福建（1 037） | 云南（390） | 广西（1 563） | 陕西（18） |
| 26 | 甘肃（4 323） | 甘肃（7 101） | 天津（958） | 湖南（956） | 广东（1 006） | 宁夏（347） | 广东（1 141） | 宁夏（16） |
| 27 | 宁夏（3 027） | 云南（6 309） | 宁夏（955） | 江西（955） | 广西（941） | 甘肃（290） | 福建（1 012） | 新疆（15） |
| 28 | 贵州（2 833） | 青海（3 478） | 贵州（593） | 贵州（725） | 湖南（890） | 海南（156） | 湖南（817） | 海南（13） |
| 29 | 海南（1 684） | 贵州（2 158） | 海南（491） | 青海（571） | 贵州（288） | 贵州（154） | 贵州（614） | 甘肃（11） |
| 30 | 青海（1 603） | 海南（1 526） | 青海（479） | 海南（291） | 海南（210） | 青海（95） | 海南（309） | 青海（3） |
| 31 | 西藏（419） | 西藏（870） | 西藏（123） | 西藏（80） | 西藏（85） | 西藏（23） | 西藏（251） | 西藏（1） |

资料来源：公安部消防局著：1998～2003 年《中国火灾统计年鉴》，2004～2010 年《中国消防年鉴》。

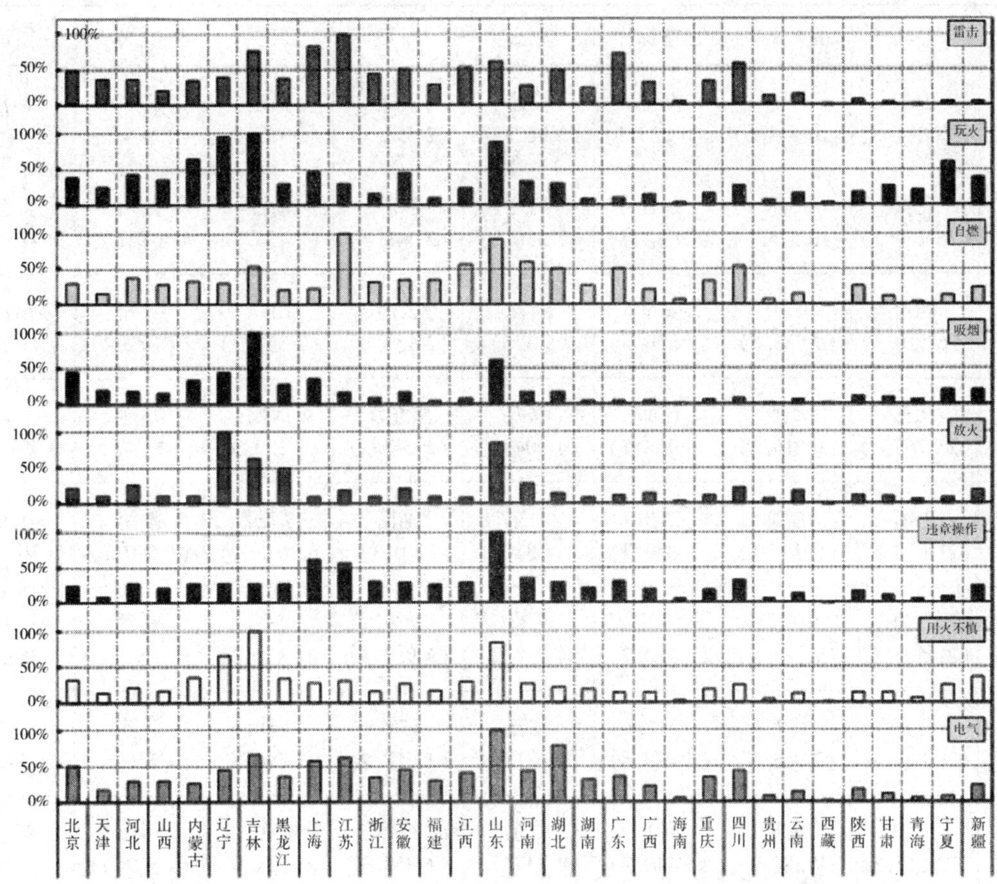


图 20－24 1997～2009 年各省（区、市）火灾起数按起火原因比较

由表 20－8 和图 20－25 可见，各地区各种原因火灾造成的损失体现了与起数不同的特征：广东、浙江等经济发达省（区、市）在很多起火原因造成的损失中位居前列；天津、海南、青海、西藏在几乎所有起火原因造成的损失中位于最后。其中天津已经连续 15 年未发生重大火灾，火灾次数较少的主要原因是消防设施完善以及居民消防意识高。

表 20－8 1997～2009 年各省（区、市）不同起火原因造成的火灾损失额 （单位：万元）

| 排名 | 电气 | 用火不慎 | 违章操作 | 放火 | 吸烟 | 自燃 | 玩火 | 雷击 |
|---|---|---|---|---|---|---|---|---|
| 1 | 广东<br>（60 323.1） | 湖南<br>（12 986.3） | 广东<br>（17 662.6） | 黑龙江<br>（8 160.2） | 辽宁<br>（3 831.6） | 广东<br>（6 258.8） | 北京<br>（15 485.6） | 江西<br>（2 256.3） |
| 2 | 浙江<br>（47 052.1） | 浙江<br>（12 953.2） | 山东<br>（13 930.1） | 辽宁<br>（7 867.1） | 山东<br>（3 590.1） | 湖南<br>（3 800.2） | 云南<br>（4 790） | 广东<br>（1 148.3） |
| 3 | 湖南<br>（42 816.7） | 云南<br>（10 979.2） | 浙江<br>（11 643.4） | 吉林<br>（5 954.4） | 吉林<br>（2 761.1） | 江苏<br>（3 314.6） | 广西<br>（2 614） | 福建<br>（708.3） |
| 4 | 福建<br>（33 617.8） | 辽宁<br>（10 900） | 江苏<br>（10 448.7） | 安徽<br>（5 938） | 浙江<br>（2 684.4） | 江西<br>（3 006.5） | 浙江<br>（2 594.7） | 湖南<br>（662.6） |

续表

| 排名 | 电气 | 用火不慎 | 违章操作 | 放火 | 吸烟 | 自燃 | 玩火 | 雷击 |
|---|---|---|---|---|---|---|---|---|
| 5 | 山东（33 014.6） | 吉林（10 634.6） | 湖南（10 225.1） | 福建（5 862.5） | 安徽（2 558.1） | 福建（2 757.7） | 广东（2 194.9） | 吉林（544.2） |
| 6 | 安徽（26 768.1） | 山东（10 575.3） | 福建（9 220） | 河北（5 388.8） | 江苏（2 148.4） | 浙江（2 433.2） | 四川（1 916） | 江苏（476.4） |
| 7 | 四川（26 510.3） | 四川（9 585.6） | 安徽（7 826.5） | 浙江（5 376） | 云南（2 134.8） | 山东（2 350.2） | 贵州（1 882.4） | 浙江（417.5） |
| 8 | 江苏（25 765.7） | 江西（9 215.6） | 江西（6 968.5） | 海南（4 904.3） | 黑龙江（2 047.3） | 河南（2 120.9） | 福建（1 747） | 广西（391.1） |
| 9 | 上海（21 670.6） | 福建（8 936.1） | 四川（6 859.3） | 山东（4 810） | 湖南（2 013） | 广西（2 038.1） | 湖南（1 690.7） | 山东（365.6） |
| 10 | 广西（21 507.3） | 黑龙江（7 981.5） | 河南（5 910.7） | 云南（4 684.2） | 四川（1 917.5） | 安徽（1 858.8） | 安徽（1 651.4） | 黑龙江（364.4） |
| 11 | 北京（20 868.8） | 广东（7 968.8） | 上海（5 469.6） | 江苏（4 471.1） | 广东（1 757.7） | 四川（1 744.4） | 江苏（1 546.6） | 安徽（347） |
| 12 | 辽宁（20 368.3） | 贵州（7 288.9） | 河北（5 440.2） | 广东（4 347.7） | 福建（1 757.3） | 内蒙古（1 524.9） | 河南（1 502.4） | 湖北（341） |
| 13 | 黑龙江（20 127.2） | 广西（7 211.5） | 广西（5 083.9） | 山西（3 754.3） | 河南（1 600） | 云南（1 501.1） | 江西（1 405.2） | 贵州（224.7） |
| 14 | 江西（16 495.8） | 河南（5 955） | 黑龙江（4 982.3） | 广西（3 674.3） | 陕西（1 575） | 陕西（1 253.3） | 甘肃（1 174.2） | 河南（204.1） |
| 15 | 河南（15 852.7） | 江苏（5 393.4） | 陕西（4 922.3） | 河南（3 660.1） | 甘肃（1 566.2） | 湖北（1 246.3） | 山东（1 159.4） | 重庆（200.2） |
| 16 | 陕西（14 070.1） | 安徽（5 207.1） | 辽宁（4 552.2） | 湖南（3 599.5） | 新疆（1 396.9） | 河北（1 145.9） | 辽宁（1 153.6） | 四川（199.8） |
| 17 | 河北（13 690.2） | 新疆（4 907.2） | 内蒙古（4 263.3） | 四川（3 256.2） | 河北（1 341.7） | 山西（1 086.6） | 河北（1 110.7） | 河北（151.03） |
| 18 | 湖北（13 414.2） | 陕西（4 396.2） | 新疆（4 180） | 天津（2 853.5） | 上海（1 317.4） | 辽宁（1 000.1） | 山西（1 051.4） | 山西（134.8） |

续表

| 排名 | 电气 | 用火不慎 | 违章操作 | 放火 | 吸烟 | 自燃 | 玩火 | 雷击 |
|---|---|---|---|---|---|---|---|---|
| 19 | 云南<br>(12 766.3) | 甘肃<br>(3 691) | 湖北<br>(4 080.7) | 新疆<br>(2 739.4) | 贵州<br>(1 201.9) | 上海<br>(737.6) | 湖北<br>(1 026.9) | 云南<br>(125) |
| 20 | 山西<br>(12 060.3) | 湖北<br>(3 390.1) | 吉林<br>(3 925) | 湖北<br>(2 368.7) | 广西<br>(1 190.1) | 重庆<br>(630.7) | 陕西<br>(829.8) | 辽宁<br>(119.2) |
| 21 | 吉林<br>(11 010.5) | 河北<br>(3 255.7) | 云南<br>(3 625.8) | 江西<br>(2 272.5) | 山西<br>(920.3) | 甘肃<br>(622.8) | 重庆<br>(813.5) | 宁夏<br>(104.32) |
| 22 | 重庆<br>(10 591.4) | 山西<br>(2 932.6) | 山西<br>(3 529.6) | 北京<br>(2 056.4) | 湖北<br>(864.7) | 吉林<br>(496.3) | 吉林<br>(810.1) | 内蒙古<br>(98.3) |
| 23 | 贵州<br>(9 980.2) | 重庆<br>(2 851.6) | 甘肃<br>(3 527) | 内蒙古<br>(1 929.2) | 江西<br>(857.9) | 新疆<br>(423.4) | 上海<br>(775.2) | 陕西<br>(73.7) |
| 24 | 新疆<br>(9 337.8) | 西藏<br>(2 842) | 重庆<br>(3 433.6) | 贵州<br>(1 657.5) | 内蒙古<br>(795.7) | 黑龙江<br>(390) | 新疆<br>(749.8) | 上海<br>(70.7) |
| 25 | 内蒙古<br>(7 852.4) | 内蒙古<br>(2 800.5) | 贵州<br>(1 672.7) | 甘肃<br>(1 603.1) | 北京<br>(671.5) | 贵州<br>(335.6) | 内蒙古<br>(690.2) | 北京<br>(45.5) |
| 26 | 甘肃<br>(7 173.2) | 上海<br>(2 160.1) | 北京<br>(1 559.3) | 重庆<br>(1 414.8) | 重庆<br>(465.1) | 海南<br>(265) | 黑龙江<br>(677.5) | 天津<br>(27.5) |
| 27 | 西藏<br>(5 890.5) | 北京<br>(1 764.5) | 宁夏<br>(1 469.1) | 上海<br>(1 353) | 宁夏<br>(306.4) | 北京<br>(247.5) | 宁夏<br>(497.6) | 甘肃<br>(25.11) |
| 28 | 海南<br>(2 444) | 青海<br>(1 687) | 海南<br>(963.8) | 陕西<br>(1 017.9) | 青海<br>(230.1) | 天津<br>(224) | 西藏<br>(424.2) | 新疆<br>(11.8) |
| 29 | 天津<br>(2 175.1) | 宁夏<br>(1 144.3) | 青海<br>(926.9) | 宁夏<br>(674.3) | 海南<br>(175.6) | 青海<br>(171) | 青海<br>(348.4) | 海南<br>(2.2) |
| 30 | 青海<br>(1 532.4) | 海南<br>(1 136) | 西藏<br>(702.6) | 青海<br>(231.5) | 天津<br>(152.9) | 宁夏<br>(94.9) | 海南<br>(167.8) | 西藏<br>(0) |
| 31 | 宁夏<br>(985.2) | 天津<br>(503) | 天津<br>(521.9) | 西藏<br>(103.6) | 西藏<br>(99.5) | 西藏<br>(43.2) | 天津<br>(70.4) | 青海<br>(0) |

资料来源：公安部消防局著：1998～2003 年《中国火灾统计年鉴》，2004～2010 年《中国消防年鉴》。

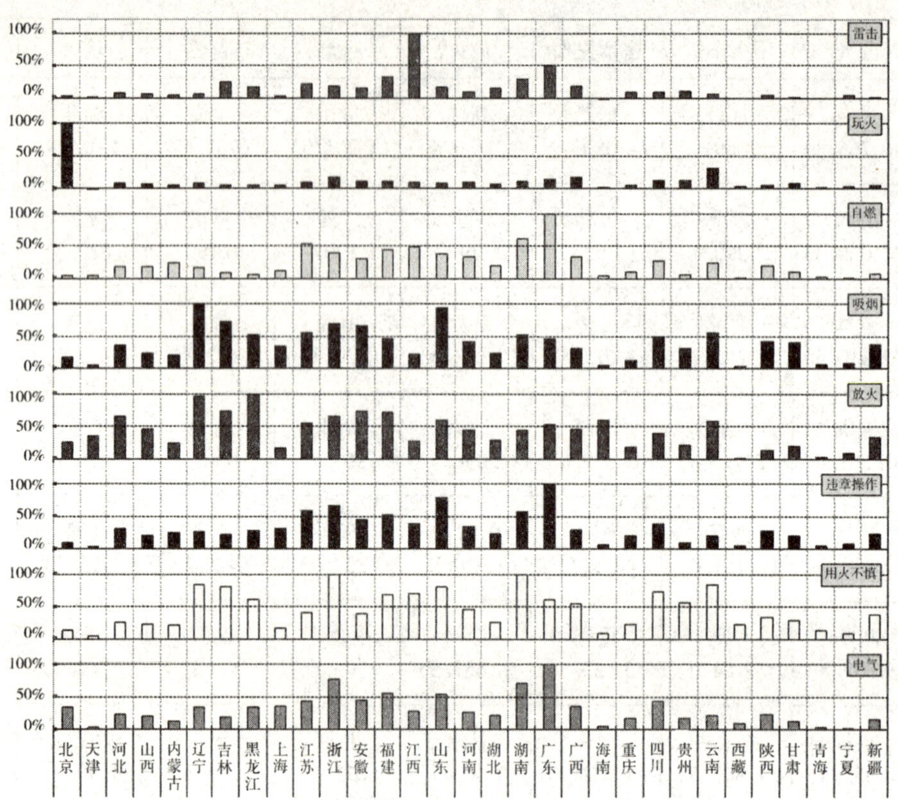


**图 20－25　1997～2009 年各省（区、市）火灾造成损失按起火原因比较**

1997～2009 年各省（区、市）火灾起数按起火原因统计图见附录一中的图 20－26；1997～2009 年各省（区、市）火灾造成损失按起火原因统计图见附录一中的图 20－27。

# 第二十一章

# 火灾的趋势分析

趋势分析是指对各种经济数据的指标形成的时间序列建立模型，通过模型预测经济指标的发展趋势。趋势分析有很多方法，大体上可以分为确定性时间序列模型和随机时间序列模型。确定性时间序列模型是指假设不存在不确定的影响因素，对数据的时间相关性和结构进行分析，最后给出确定的模型。而随机时间序列模型则在建立方程的过程中引入随机扰动项，从而更加准确地拟合数据的波动性。火灾的发生受到诸如气候、消防水平以及工业化水平等许多因素的影响，而这些经济和气候因素又具有明显的不确定性。本章采用随机时间序列模型进行火灾总体趋势分析并按发生原因分析火灾发生的趋势情况。

## 第一节　火灾总趋势分析

把1997~2009年每月火灾发生的次数做出折线图（见图21-1），火灾的发生具有明显的季节性，冬季是火灾的高发季节，夏季则相对较少。

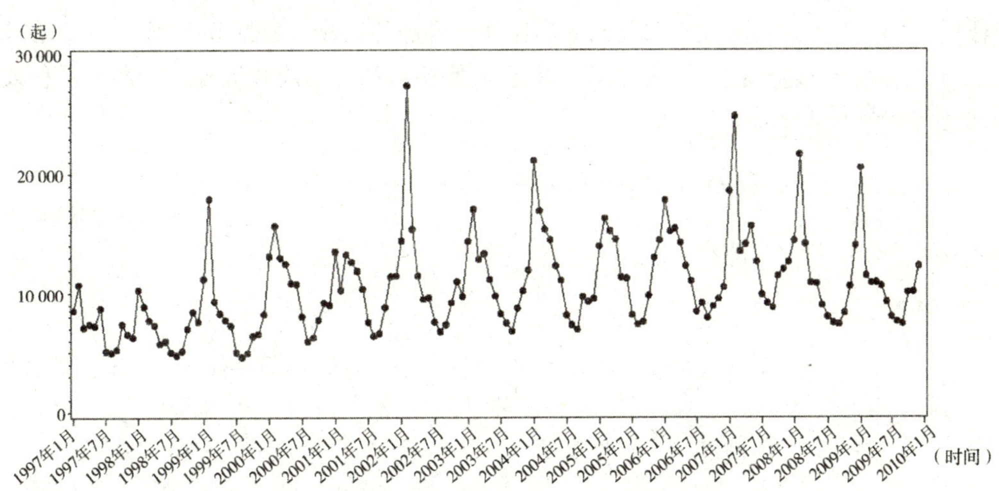


**图21-1　1997~2009年火灾发生起数示意图**

通过对时间序列自相关、偏自相关图的观察，并使用AIC信息准则对模型的滞后阶数进行筛选，并对各种滞后阶数的模型进行估计比较，SARIMA（1，1，1）＊（0，1，1）$_{12}$模型较好地拟合了时间序列，因此，采用SARIMA（1，1，1）＊（0，1，1）$_{12}$模型对时间序列作预测。观察Autocorrelation Check for White Noise的检验结果，基本可以认为根据模型构造的时间序列是平稳的（见表21-1~表21-3）。

表 21 - 1　　1997 ~ 2009 年火灾每月发生起数模型平稳性结果

| To lag | Chi - Square | DF | Pr > ChiSq | 结论 |
|---|---|---|---|---|
| 6 | 2. 13 | 3 | 0. 5455 | 平稳 |
| 12 | 8. 48 | 9 | 0. 4864 | 平稳 |
| 18 | 14. 86 | 15 | 0. 4617 | 平稳 |

表 21 - 2　　火灾调整总损失额度 ARIMA 模型 MINIC 筛选值

| 筛选值 | AR（0） | AR（1） | AR（2） | AR（3） | AR（4） | AR（5） |
|---|---|---|---|---|---|---|
| MA（0） | 23. 86253 | 22. 99916 | 22. 40395 | 22. 50445 | 21. 64299 | - 11. 972 |
| MA（3） | 23. 43722 | 22. 77285 | 22. 51281 | 22. 39587 | 21. 26353 | - 15. 7748 |

可知，火灾每月总起数服从 SARIMA（1，1，1）∗（0，1，1）$_{12}$模型，模型的数学方程如下：

$$(1 - 0.30062L)\ \Delta\Delta_{12} y_t = -16.2223 + (1 - 0.96909L)\ (1 - 0.84113L^{12})\ v_t$$

表 21 - 3　　SARIMA（1，1，1）∗（0，1，1）$_{12}$模型参数估计结果

| 参数 | 常数项 | AR（1） | MA（1） | SMA（12） | AIC | SBC |
|---|---|---|---|---|---|---|
| 估计值 | - 16. 22<br>（- 5. 75）*** | 0. 30<br>（3. 43）*** | 0. 97<br>（- 40. 2）*** | 0. 84<br>（15. 12）*** | 2 610. 58 | 2 622. 43 |

根据图 21 - 2 可知，火灾总起数的周期性和上升趋势明显。根据 SARIMA（1，1，1）∗（0，1，1）$_{12}$模型的拟合结果，可以发现，除少数值偏离拟合曲线较远外，大部分月份发生火灾的起数符合模型结果。

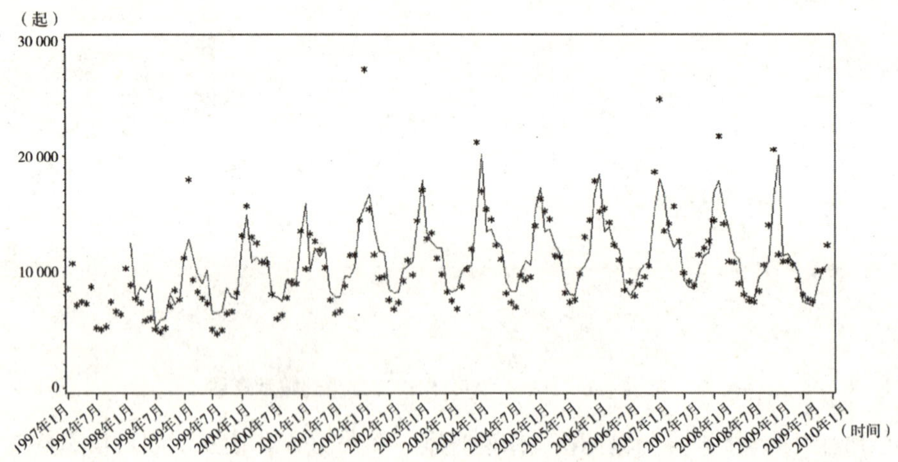


图 21 - 2　SARIMA（1，1，1）∗（0，1，1）$_{12}$模型对火灾起数的拟合图

根据预测模型，对未来 24 个月的数据进行预测，结果见表 21 - 4 和图 21 - 3。

表 21－4　　未来 2 年火灾总起数预测

| 时间 | 预测值 | 标准差 | 95%置信区间 |
|---|---|---|---|
| 2010 年 1 月 | 15 961 | 2 197.686 | (11653 : 20268) |
| 2010 年 2 月 | 16 562 | 2 315.316 | (12024 : 21100) |
| 2010 年 3 月 | 12 321 | 2 333.032 | (7747 : 16893) |
| 2010 年 4 月 | 11 406 | 2 338.122 | (6823 : 15989) |
| 2010 年 5 月 | 10 463 | 2 340.914 | (5874 : 15050) |
| 2010 年 6 月 | 9 406 | 2 343.148 | (4813 : 13998) |
| 2010 年 7 月 | 7 056 | 2 345.225 | (2459 : 11652) |
| 2010 年 8 月 | 6 472 | 2 347.255 | (1871 : 11072) |
| 2010 年 9 月 | 6 222 | 2 349.27 | (1617 : 10826) |
| 2010 年 10 月 | 8 128 | 2 351.279 | (3519 : 12736) |
| 2010 年 11 月 | 8 949 | 2 353.285 | (4336 : 13561) |
| 2010 年 12 月 | 9 979 | 2 355.289 | (5362 : 14594) |
| 2011 年 1 月 | 14 606 | 2 397.198 | (9907 : 19304) |
| 2011 年 2 月 | 15 486 | 2 406.633 | (10769 : 20203) |
| 2011 年 3 月 | 11 317 | 2 410.862 | (6592 : 16042) |
| 2011 年 4 月 | 10 414 | 2 413.928 | (5682 : 15144) |
| 2011 年 5 月 | 9 462 | 2 416.68 | (4724 : 14198) |
| 2011 年 6 月 | 8 391 | 2 419.338 | (3649 : 13133) |
| 2011 年 7 月 | 6 026 | 2 421.967 | (1278 : 10772) |
| 2011 年 8 月 | 5 426 | 2 424.585 | (673 : 10177) |
| 2011 年 9 月 | 5 160 | 2 427.197 | (402 : 9916) |
| 2011 年 10 月 | 7 049 | 2 429.806 | (2287 : 11811) |
| 2011 年 11 月 | 7 854 | 2 432.413 | (3086 : 12621) |
| 2011 年 12 月 | 8 867 | 2 435.016 | (4094 : 13639) |

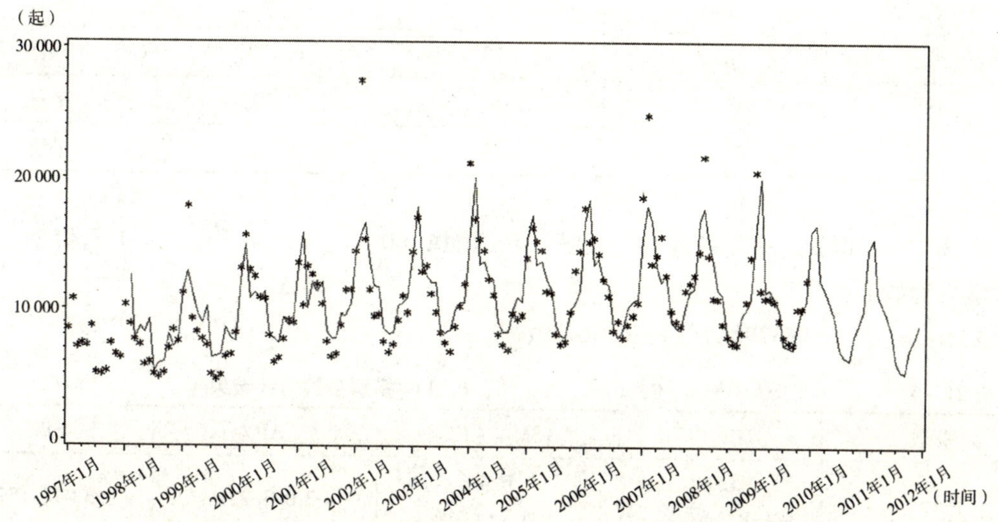


图 21－3　2010 年 1 月～2011 年 12 月火灾发生次数的预测结果

把经过2009年GDP调整后的1997～2009年每月火灾损失金额做出折线图（见图21－4）可以看出，火灾的损失金额也有明显的周期性，这主要是由于火灾的发生具有周期性引起的；而且随着近几年消防设施建设的完善以及国民消防意识的加强，火灾的损失金额呈现下降趋势。

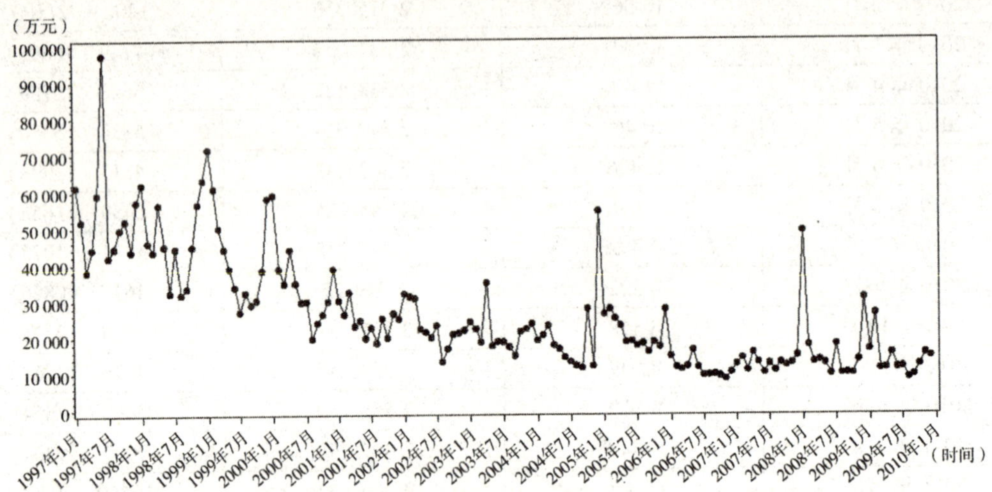


注：损失金额以2009年的GDP为基准进行了调整。

**图21－4　1997～2009年火灾损失金额示意图**

然后通过对时间序列自相关、偏自相关图的观察，并使用AIC信息准则对模型的滞后阶数进行筛选，并对各种滞后阶数的模型进行估计比较，SARIMA（0，1，1）＊（0，1，1）$_{12}$模型较好地拟合了损失金额大小，因此，采用SARIMA（0，1，1）＊（0，1，1）$_{12}$模型对时间序列作预测。观察Autocorrelation Check for White Noise的检验结果，基本可以认为构造模型的时间序列是平稳的（见表21－5）。

**表21－5　1997～2009年火灾每月损失金额模型参数估计结果**

| To lag | Chi－Square | DF | Pr > ChiSq | 结论 |
|---|---|---|---|---|
| 6 | 8.3 | 4 | 0.0813 | 平稳 |
| 12 | 14.97 | 10 | 0.1332 | 平稳 |
| 18 | 16.89 | 16 | 0.393 | 平稳 |
| 24 | 24.29 | 22 | 0.3323 | 平稳 |

由表21－6可知，火灾每月总起数服从SARIMA（0，1，1）＊（0，1，1）$_{12}$模型，模型的数学方程如下：

$$\Delta\Delta_{12}y_t=(1-0.83796L)(1-0.46139L^{12})\nu_t$$

**表21－6　SARIMA（0，1，1）＊（0，1，1）$_{12}$模型参数估计结果**

| 参数 | MA（1） | SMA（12） | AIC | SBC |
|---|---|---|---|---|
| 估计值 | 0.84<br>(18.2)＊＊＊ | 0.46<br>(6.13)＊＊＊ | 3 043.231 | 3 048.157 |

根据图 21－5 可知，火灾总起数的周期性和上升趋势明显。根据 SARIMA（0，1，1）＊（0，1，1）$_{12}$模型的拟合结果，发现除少数值偏离拟合曲线较远外，大部分月份发生火灾的起数符合模型结果。其中 2004 年底实际损失金额出现了一次峰值，原因是湖南省常德一次损失近 2 亿元的特大火灾；2008 年出现另一次峰值的原因是新疆乌鲁木齐一次损失 3 亿元的特大火灾。

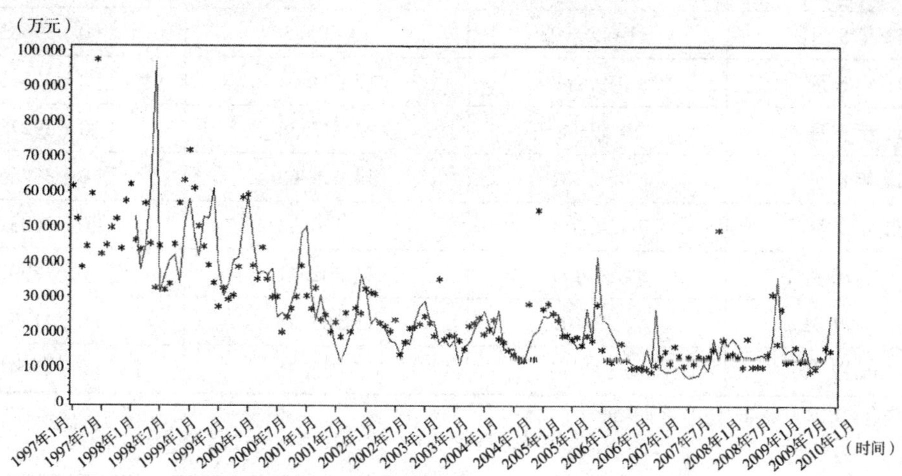


注：损失金额以 2009 年的 GDP 为基准进行了调整。

**图 21－5 SARIMA（0，1，1）＊（0，1，1）$_{12}$模型对火灾损失金额的拟合图**

根据预测模型，可对 2010 年 1 月～2011 年 12 月的火灾损失金额进行预测，结果见表21－7和图 21－6。

**表 21－7 未来 2 年火灾损失金额预测**

| 时间 | 预测值 | 标准差 | 95% 置信区间 |
|---|---|---|---|
| 2010 年 1 月 | 22 389.5 | 10 044.56 | (2702 : 42076) |
| 2010 年 2 月 | 19 945.16 | 10 175.57 | (1 : 39888) |
| 2010 年 3 月 | 10 162.1 | 10 304.92 | (0 : 30359) |
| 2010 年 4 月 | 10 964.57 | 10 432.67 | (0 : 31412) |
| 2010 年 5 月 | 12 657.9 | 10 558.86 | (0 : 33352) |
| 2010 年 6 月 | 9 112.179 | 10 683.57 | (0 : 30051) |
| 2010 年 7 月 | 11 426.71 | 10 806.84 | (0 : 32607) |
| 2010 年 8 月 | 7 501.041 | 10 928.72 | (0 : 28920) |
| 2010 年 9 月 | 8 157.221 | 11 049.25 | (0 : 29813) |
| 2010 年 10 月 | 9 917.087 | 11 168.49 | (0 : 31806) |
| 2010 年 11 月 | 12 323.36 | 11 286.46 | (0 : 34444) |
| 2010 年 12 月 | 17 175.02 | 11 403.21 | (0 : 39524) |
| 2011 年 1 月 | 21 356.59 | 13 400.09 | (0 : 47620) |

续表

| 时间 | 预测值 | 标准差 | 95%置信区间 |
| --- | --- | --- | --- |
| 2011 年 2 月 | 18 912.25 | 13 632.08 | (0 : 45630) |
| 2011 年 3 月 | 9 129.195 | 13 860.19 | (0 : 36294) |
| 2011 年 4 月 | 9 931.659 | 14 084.61 | (0 : 37536) |
| 2011 年 5 月 | 11 624.99 | 14 305.5 | (0 : 39663) |
| 2011 年 6 月 | 8 079.269 | 14 523.04 | (0 : 36543) |
| 2011 年 7 月 | 10 393.8 | 14 737.36 | (0 : 39278) |
| 2011 年 8 月 | 6 468.131 | 14 948.62 | (0 : 35766) |
| 2011 年 9 月 | 7 124.311 | 15 156.93 | (0 : 36831) |
| 2011 年 10 月 | 8 884.177 | 15 362.41 | (0 : 38993) |
| 2011 年 11 月 | 11 290.45 | 15 565.18 | (0 : 41797) |
| 2011 年 12 月 | 16 142.11 | 15 765.35 | (0 : 47041) |

注：损失金额以 2009 年的 GDP 为基准进行了调整。

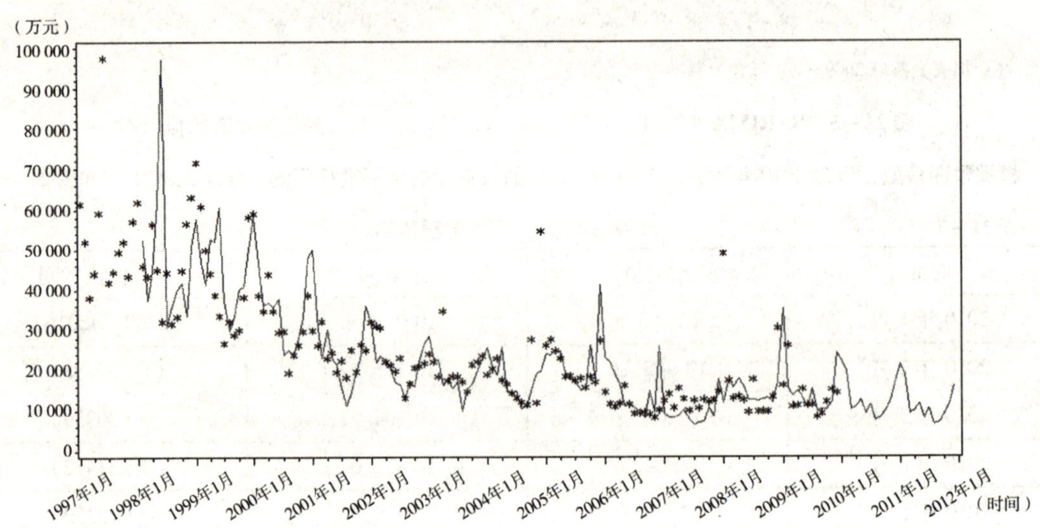


注：损失金额以 2009 年的 GDP 为基准进行了调整。

**图 21－6　2010 年 1 月～2011 年 12 月火灾损失金额的预测结果**

## 第二节　按起火原因趋势分析

**从各种起火原因看，周期性也是非常明显的。从图 21－7 可以看出，引发火灾次数最多的几种起火原因：用火不慎、电气、吸烟、玩火都在冬季高发，而在夏季较少出现。尤其是玩火造成的火灾，主要集中在春节期间，绝大多数是由于燃放烟花爆竹造成的火灾。**

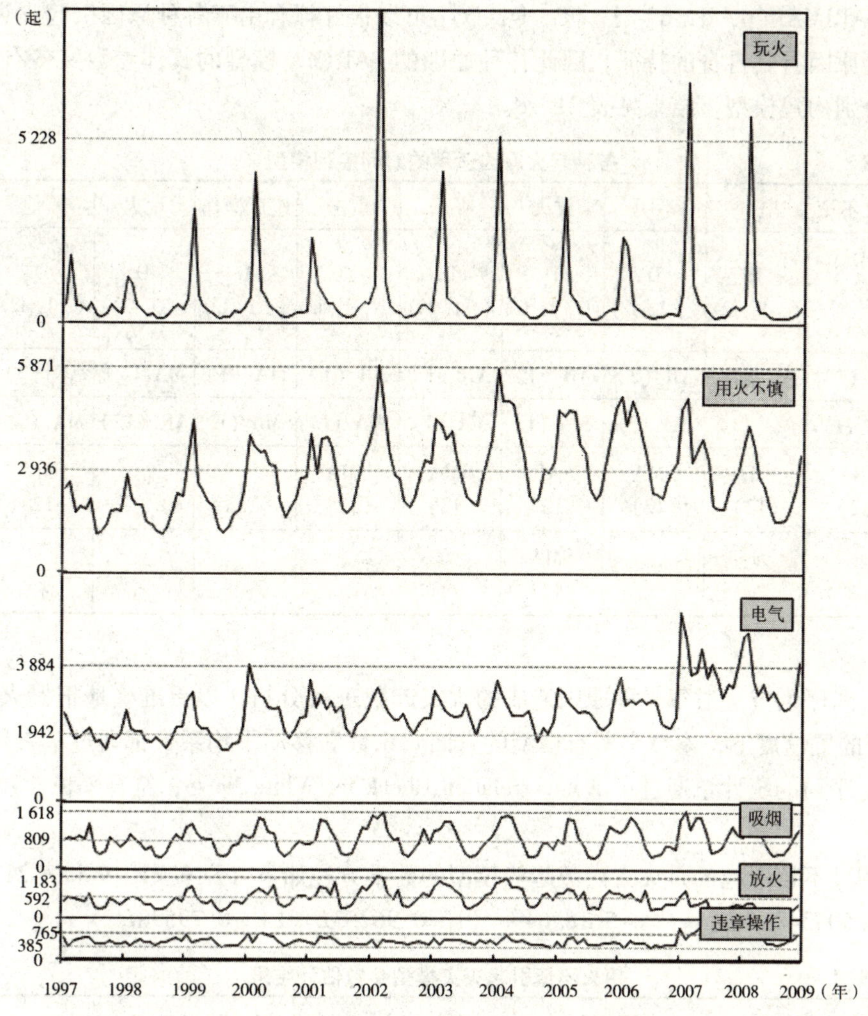


图 21－7　1997～2009 年分人为原因引起火灾起数示意图

与人为造成的火灾不同，因为高温造成的自燃、因为天气造成的雷击引发的火灾则多发于夏季，但其相对数量较少（见图 21－8）。

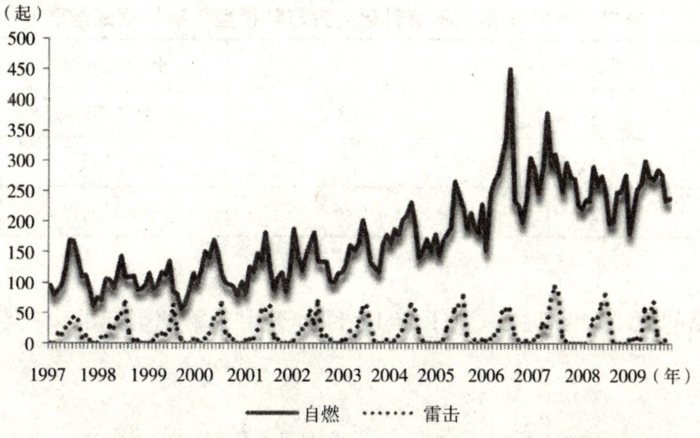


图 21－8　1997～2009 年非人为原因火灾起数示意图

使用 SARIMA（p，d，q）*（P，D，Q）$_{12}$可以很好拟合由于各种原因引起火灾的次数，但由于各种原因有其自身的特征，因此各种原因的 SARIMA 模型的具体参数又各有不同，对各种原因分别构建模型，结果见表 21－8。

**表 21－8　各种起火原因适用的时间序列模型**

| 总起数 | 用火不慎 | 电气 | 不明 | 放火 | 吸烟 | 雷击 | 违章操作 | 玩火 | 其他 | 自燃 |
|---|---|---|---|---|---|---|---|---|---|---|
| D (N, 1, 12) | D (N, 1, 12) | D (, 1, 12) | D (, 1, 12) | D (N, 1, 12) | D (, 1, 12) | D (N, 1, 12) | D (, 1, 12) | D (,, 12) | D (, 1, 12) | D (, 1, 12) |
| AR（1） | AR（1） | AR（1） | AR（2） | AR（1） | AR（1） | AR（1） | MA（1） | MA（1） | AR（2） | AR（1） |
| MA（1） | MA（1） | MA（1） | MA（3） | MA（1） | MA（1） | MA（1） | SMA（12） | AR（12） | MA（3） | MA（1） |
| SMA（12） | SMA（12） | SMA（12） | SMA（12） | SAR（12） | SMA（12） | SMA（12） | | | SMA（12） | SMA（12） |
| | | | | SMA（12） | | | | | | |

使用时间序列方法对每一种原因造成的火灾起数进行分析，以更准确地把握火灾发生规律。在 5% 的置信度下，本节中所有模型的自回归系数和移动平均系数都通过了参数估计的 t 检验，残差序列的统计量通过了 Autocorrelation Check for White Noise，符合平稳性和可逆性的要求。

由于用火不慎引起的月火灾次数趋势模型的数学方程如下（见表 21－9 和表 21－10）：

$$(1-0.50434L)\ \Delta\Delta_{12}y_t=-5.18564+\ (1-0.96253L)\ (1-0.79598L^{12})\ \nu_t$$

**表 21－9　用火不慎引起火灾模型参数估计结果**

| 参数 | 常数项 | AR（1） | MA（1） | SMA（12） | AIC | SBC |
|---|---|---|---|---|---|---|
| 估计值 | －5.19 (－4.8)*** | 0.50 (5.98)*** | 0.96 (33.7)*** | 0.80 (14.10)*** | 2165.657 | 2177.51 |

**表 21－10　1997～2009 年用火不慎引起火灾起数模型平稳性测试结果**

| To lag | Chi－Square | DF | Pr > ChiSq | 结论 |
|---|---|---|---|---|
| 6 | 4.92 | 3 | 0.1779 | 平稳 |
| 12 | 11.91 | 9 | 0.2183 | 平稳 |
| 18 | 22.91 | 15 | 0.0861 | 平稳 |

根据模型预测的 2010 年 1 月～2011 年 12 月由于用火不慎引起的火灾起数见图 21－9。

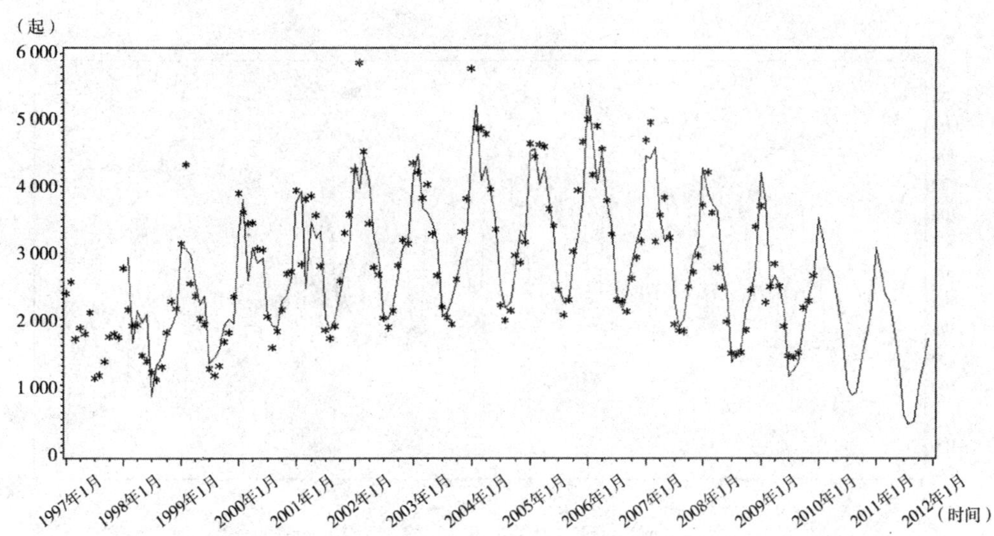


**图 21－9 2010 年 1 月～2011 年 12 月用火不慎引起的火灾次数的预测结果**

由表 21－11 和表 21－12 可知，由于放火引起的月火灾次数趋势模型的数学方程如下：

$$(1-0.5318L)\ (1-0.28191L^{12})\ \Delta\Delta_{12}y_t = -0.76042 + (1-0.94767L)\ (1-0.92421L^{12})\ \nu_t$$

**表 21－11 放火引起火灾起数模型参数估计结果**

| 参数 | 常数项 | AR（1） | SAR（12） | MA（1） | SMA（12） | AIC | SBC |
|---|---|---|---|---|---|---|---|
| 估计值 | －0.76<br>（－2.4）*** | 0.53<br>(6.18)*** | 0.28<br>(2.55) | 0.95<br>(28.9)*** | 0.92<br>(16.12)*** | 1770.36 | 1785.2 |

**表 21－12 1997～2009 年放火引起火灾起数模型平稳性测试结果**

| To lag | Chi－Squae | DF | Pr > ChiSq | 结论 |
|---|---|---|---|---|
| 6 | 2.53 | 2 | 0.2821 | 平稳 |
| 12 | 6.49 | 8 | 0.5929 | 平稳 |
| 18 | 12.97 | 14 | 0.5288 | 平稳 |
| 24 | 21.00 | 20 | 0.3971 | 平稳 |

根据模型预测的 2010 年 1 月～2011 年 12 月由于放火引起的火灾起数见图 21－10。

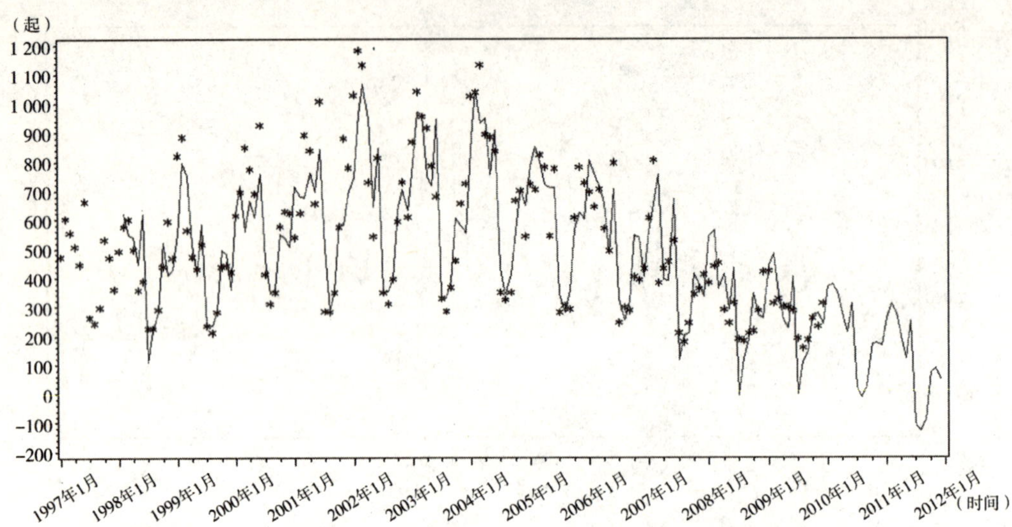


**图 21－10　2010 年 1 月～2011 年 12 月放火引起的火灾次数的预测结果**

由于电气引起的月火灾次数趋势模型的数学方程如下（见表 21－13 和表 21－14）：

$$(1-0.43217L)\ \Delta\Delta_{12}y_t = (1-0.8618L)\ (1-0.8072L^{12})\ \nu_t$$

**表 21－13　　电气引起火灾起数模型参数估计结果**

| 参数 | AR（1） | MA（1） | SMA（12） | AIC | SBC |
|---|---|---|---|---|---|
| 估计值 | 0.43<br>(3.85)*** | 0.86<br>(13.7)*** | 0.81<br>(13.8)*** | 2085.859 | 2094.747 |

**表 21－14　　1997～2009 年电气引起火灾起数模型平稳性测试结果**

| To lag | Chi－Square | DF | Pr > ChiSq | 结论 |
|---|---|---|---|---|
| 6 | 3.54 | 3 | 0.3156 | 平稳 |
| 12 | 4.26 | 9 | 0.8932 | 平稳 |
| 18 | 11.01 | 15 | 0.7517 | 平稳 |
| 24 | 20.35 | 21 | 0.4990 | 平稳 |

根据模型预测的 2010 年 1 月～2011 年 12 月由于电气引起的火灾起数见图 21－11。

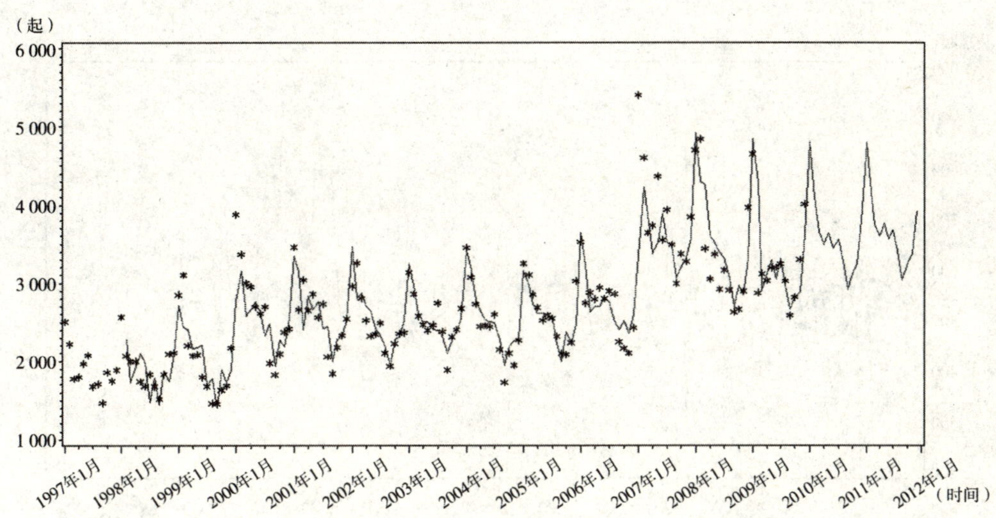


**图 21－11　2010 年 1 月～2011 年 12 月电气引起的火灾次数的预测结果**

由于违章操作引起的月火灾次数趋势模型的数学方程如下（见表 21－15 和表 21－16）：

$\Delta\Delta_{12}y_t = (1-0.45179L)(1-0.79426L^{12})\nu_t$

**表 21－15　违章操作引起火灾起数模型参数估计结果**

| 参数 | MA（1） | SMA（12） | AIC | SBC |
|---|---|---|---|---|
| 估计值 | 0.45<br>（5.89）*** | 0.79<br>（13.87）*** | 1689.402 | 1704.328 |

**表 21－16　1997～2009 年违章操作引起火灾起数模型平稳性测试结果**

| To lag | Chi－Squae | DF | Pr > ChiSq | 结论 |
|---|---|---|---|---|
| 6 | 1.50 | 4 | 0.8261 | 平稳 |
| 12 | 3.35 | 10 | 0.9720 | 平稳 |
| 18 | 9.88 | 16 | 0.8726 | 平稳 |
| 24 | 14.62 | 22 | 0.8782 | 平稳 |

根据模型预测的 2010 年 1 月～2011 年 12 月由于违章操作引起的火灾起数见图 21－12。

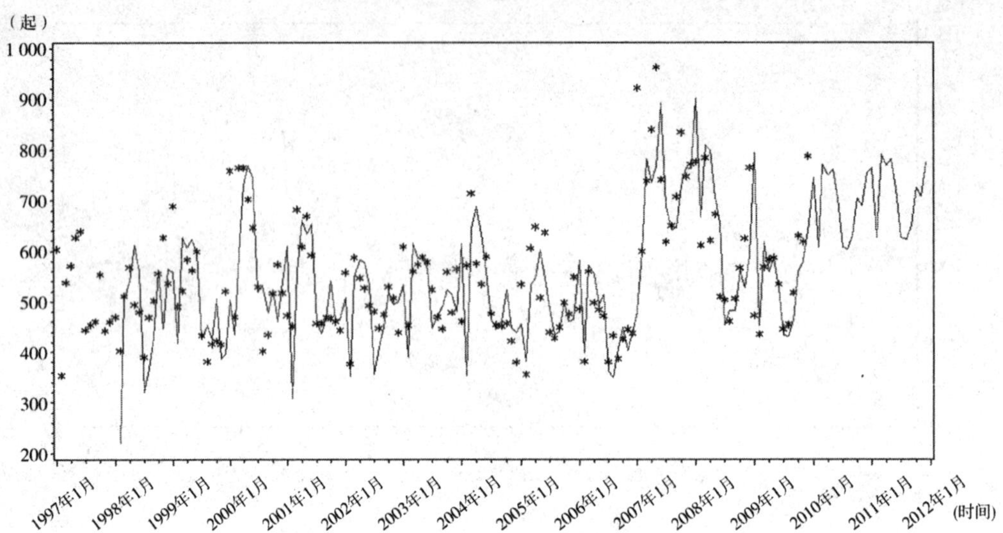


**图 21－12　2010 年 1 月～2011 年 12 月违章操作引起的火灾次数的预测结果**

由于吸烟引起的月火灾次数趋势模型的数学方程如下（见表 21－17 和表 21－18）：

$$(1-0.5211L)\ \Delta\Delta_{12}y_t=(1-0.97462L)(1-0.66485L^{12})\ \nu_t$$

表 21－17　　吸烟引起火灾起数模型参数估计结果

| 参数 | AR（1） | MA（1） | SMA（12） | AIC | SBC |
|---|---|---|---|---|---|
| 估计值 | 0.52<br>(6.59) | 0.97<br>(46.22)*** | 0.66<br>(9.85)*** | 1918.53 | 1927.419 |

表 21－18　　1997～2009 年吸烟引起火灾起数模型平稳性测试结果

| To lag | Chi－Squae | DF | Pr > ChiSq | 结论 |
|---|---|---|---|---|
| 6 | 6.66 | 3 | 0.0835 | 平稳 |
| 12 | 14.39 | 9 | 0.1091 | 平稳 |
| 18 | 19.15 | 15 | 0.2069 | 平稳 |
| 24 | 27.19 | 21 | 0.1648 | 平稳 |

根据模型预测的 2010 年 1 月～2011 年 12 月由于吸烟引起的火灾起数见图 21－13。

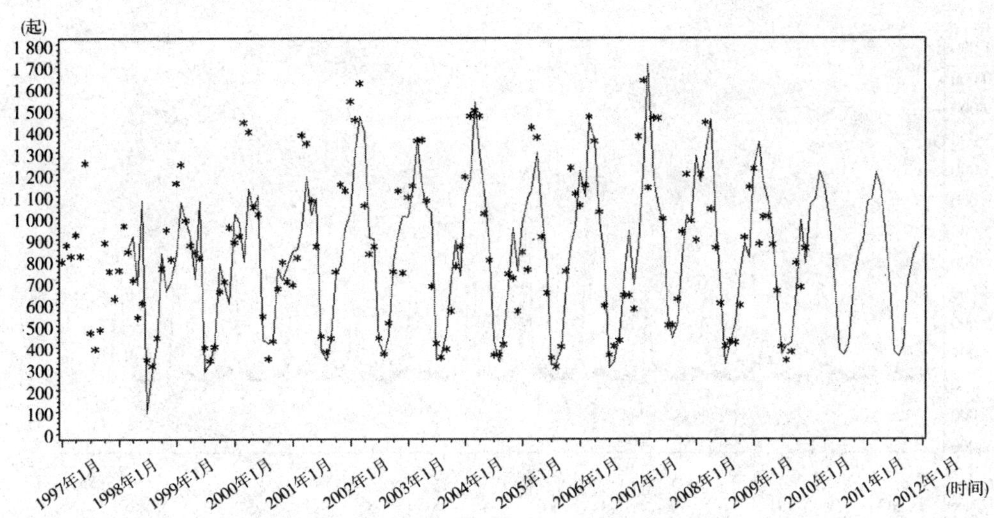


**图21－13 2010年1月～2011年12月吸烟引起的火灾次数的预测结果**

由于玩火引起的月火灾次数趋势模型的数学方程如下（见表21－19和表21－20）：

$$(1+0.55353L^{12})\ \Delta_{12}y_t=(1-0.25173L)\ \nu_t$$

**表21－19 玩火引起火灾起数模型参数估计结果**

| 参数 | AR（12） | MA（1） | AIC | SBC |
|---|---|---|---|---|
| 估计值 | −0.55<br>（−7.17）*** | 0.25<br>（3.06）*** | 2435.613 | 2441.552 |

**表21－20 1997～2009年玩火引起火灾起数模型平稳性测试结果**

| To lag | Chi－Square | DF | Pr > ChiSq | 结论 |
|---|---|---|---|---|
| 6 | 0.08 | 4 | 0.9991 | 平稳 |
| 12 | 7.59 | 10 | 0.6687 | 平稳 |
| 18 | 8.04 | 16 | 0.9476 | 平稳 |
| 24 | 30.98 | 22 | 0.0965 | 平稳 |

根据模型预测的2010年1月～2011年12月由于玩火引起的火灾起数见图21－14。

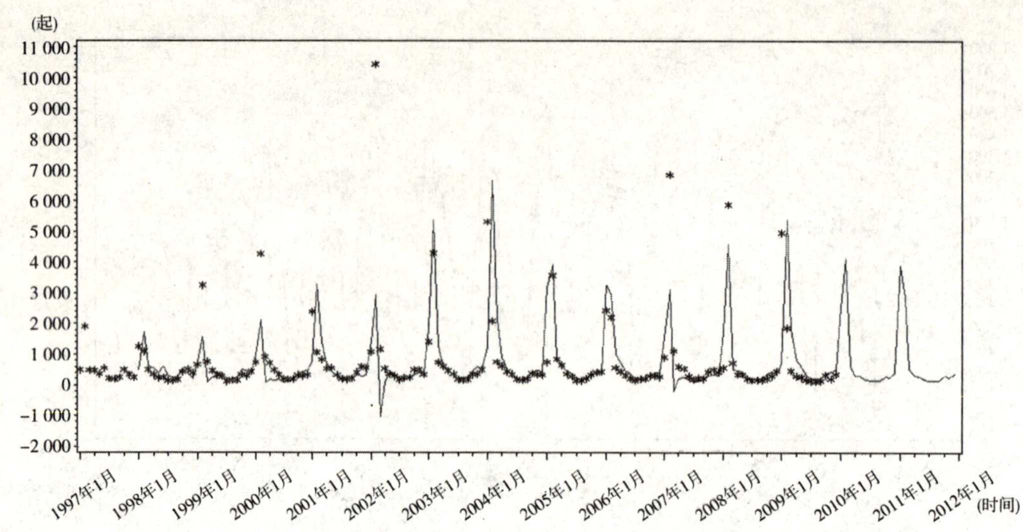


**图 21 - 14 2010 年 1 月 ~2011 年 12 月玩火引起的火灾次数的预测结果**

由于自燃引起的月火灾次数趋势模型的数学方程如下（见表 21 - 21 和表 21 - 22）：

$$(1-0.27533L)\ \Delta\Delta_{12}y_t=(1-0.78765L)\ (1-0.8367L^{12})\ \nu_t$$

**表 21 - 21　　自燃引起火灾起数模型参数估计结果**

| 参数 | AR（1） | MA（1） | SMA（12） | AIC | SBC |
|---|---|---|---|---|---|
| 估计值 | 0.28<br>（2.2）*** | 0.79<br>（9.87）*** | 0.84<br>（16.41）*** | 1407.089 | 1415.977 |

**表 21 - 22　　1997 ~2009 年自燃引起火灾起数模型平稳性测试结果**

| To lag | Chi - Squae | DF | Pr > ChiSq | 结论 |
|---|---|---|---|---|
| 6 | 5.30 | 3 | 0.1511 | 平稳 |
| 12 | 14.11 | 9 | 0.1184 | 平稳 |
| 18 | 23.60 | 15 | 0.0722 | 平稳 |
| 24 | 26.59 | 21 | 0.1847 | 平稳 |

根据模型预测的 2010 年 1 月 ~2011 年 12 月由于自燃引起的火灾起数见图 21 - 15。

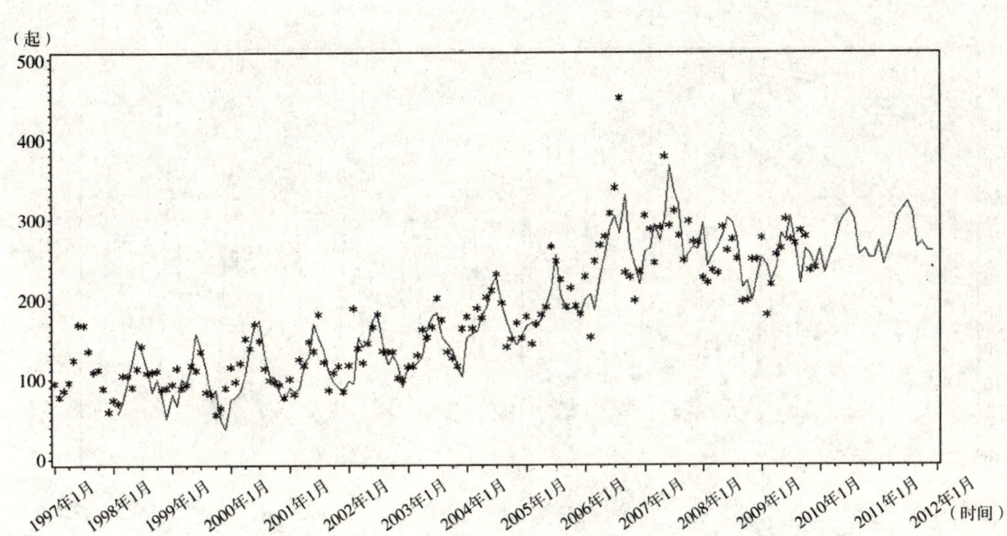


**图 21－15　2010 年 1 月－2011 年 12 月自燃引起的火灾次数的预测结果**

由于雷击引起的月火灾次数趋势模型的数学方程如下（见表 21－23 和表 21－24）:

$$(1-0.30401L)\ \Delta\Delta_{12}y_t = (1-0.96093L)\ (1-0.70764L^{12})\ \nu_t$$

**表 21－23　雷击引起火灾起数模型参数估计结果**

| 参数 | AR（1） | MA（1） | SMA（12） | AIC | SBC |
|---|---|---|---|---|---|
| 估计值 | 0.34<br>(3.49)*** | 0.96<br>(36.45)*** | 0.71<br>(11.03)*** | 1054.709 | 1063.598 |

**表 21－24　1997～2009 年雷击引起火灾起数模型平稳性测试结果**

| To lag | Chi－Square | DF | Pr > ChiSq | 结论 |
|---|---|---|---|---|
| 6 | 2.88 | 3 | 0.4104 | 平稳 |
| 12 | 8.31 | 9 | 0.5032 | 平稳 |
| 18 | 13.10 | 15 | 0.5947 | 平稳 |
| 24 | 15.50 | 21 | 0.7968 | 平稳 |

根据模型预测的 2010 年 1 月～2011 年 12 月由于雷击引起的火灾起数见图 21－16。

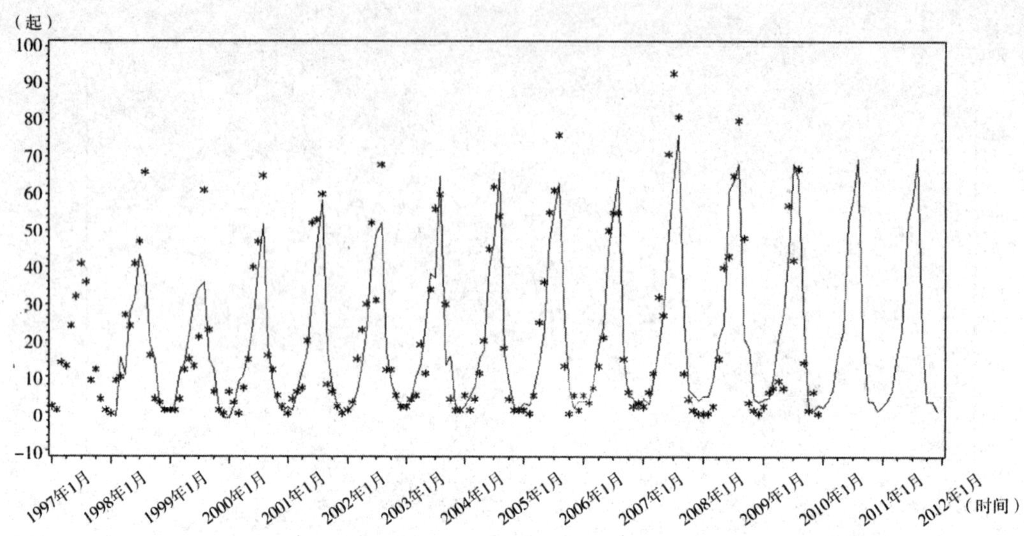


**图 21－16　2010 年 1 月～2011 年 12 月雷击引起的火灾次数的预测结果**

原因不明的月火灾次数趋势模型的数学方程如下（见表 21－25 和表 21－26）：

$$(1-1.71275L+0.97888L^2)\ \Delta\Delta_{12}y_t=(1-2.0744L+1.53637L^2-0.33782L^3)(1-0.96416L^{12})\ \nu_t$$

**表 21－25　不明原因引起火灾起数模型参数估计结果**

| 参数 | AR（1） | AR（2） | MA（1） | MA（2） | MA（3） | SMA（12） | AIC | SBC |
|---|---|---|---|---|---|---|---|---|
| 估计值 | 1.71<br>(73.9)*** | -0.98<br>(-41.6)*** | 2.07<br>(23.9)*** | -1.54<br>(-9.8)*** | 0.34<br>(3.86)*** | 0.96<br>(22.59)*** | 2034.7 | 2052.5 |

**表 21－26　1997～2009 年不明原因引起火灾起数模型平稳性测试结果**

| To lag | Chi－Square | DF | Pr > ChiSq | 结论 |
|---|---|---|---|---|
| 6 | | 0 | | 平稳 |
| 12 | 6.99 | 6 | 0.3215 | 平稳 |
| 18 | 12.09 | 12 | 0.4385 | 平稳 |
| 24 | 20.31 | 18 | 0.3154 | 平稳 |

根据模型预测的 2010 年 1 月～2011 年 12 月由于不明原因引起的火灾起数见图 21－17。

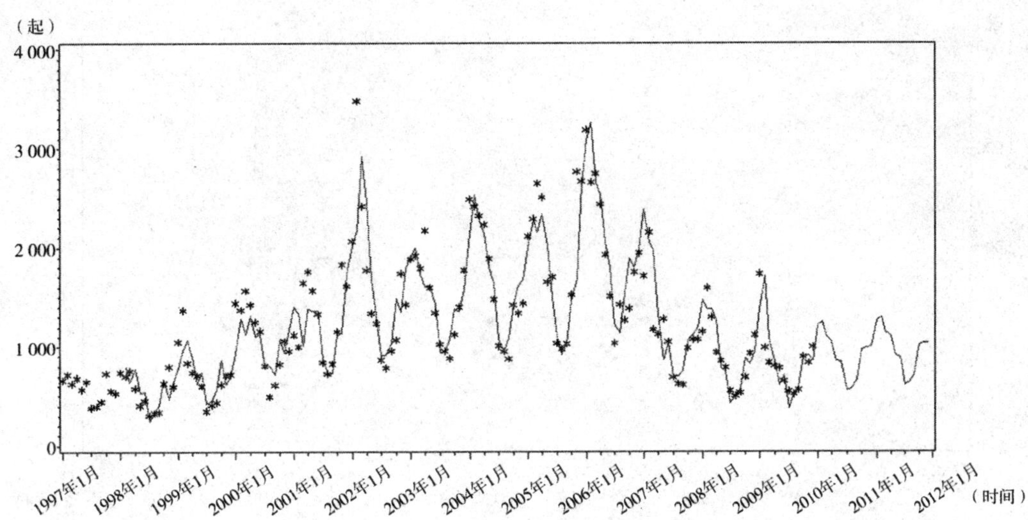


**图 21-17　2010 年 1 月～2011 年 12 月不明原因引起的火灾次数的预测结果**

其他原因的月火灾次数趋势模型的数学方程如下（见表 21-27 和表 21-28）：

$$(1+0.56991L^{12})\ \Delta\Delta_{12}y_t = (1-0.5514L-0.19252L^2)\ \nu_t$$

**表 21-27　　其他原因引起火灾起数模型参数估计结果**

| 参数 | SAR（12） | MA（1） | MA（2） | AIC | SBC |
|---|---|---|---|---|---|
| 估计值 | -0.57<br>(-7.36)*** | 0.55<br>(6.58)*** | 0.19<br>(-2.29)** | 2116.2 | 2125.1 |

**表 21-28　　1997～2009 年其他原因引起火灾起数模型平稳性测试结果**

| To lag | Chi-Square | DF | Pr > ChiSq | 结论 |
|---|---|---|---|---|
| 6 | 0.77 | 3 | 0.8576 | 平稳 |
| 12 | 10.05 | 9 | 0.3462 | 平稳 |
| 18 | 17.04 | 15 | 0.3165 | 平稳 |

根据模型预测的 2010 年 1 月～2011 年 12 月由于不明原因引起的火灾起数见图 21-18。

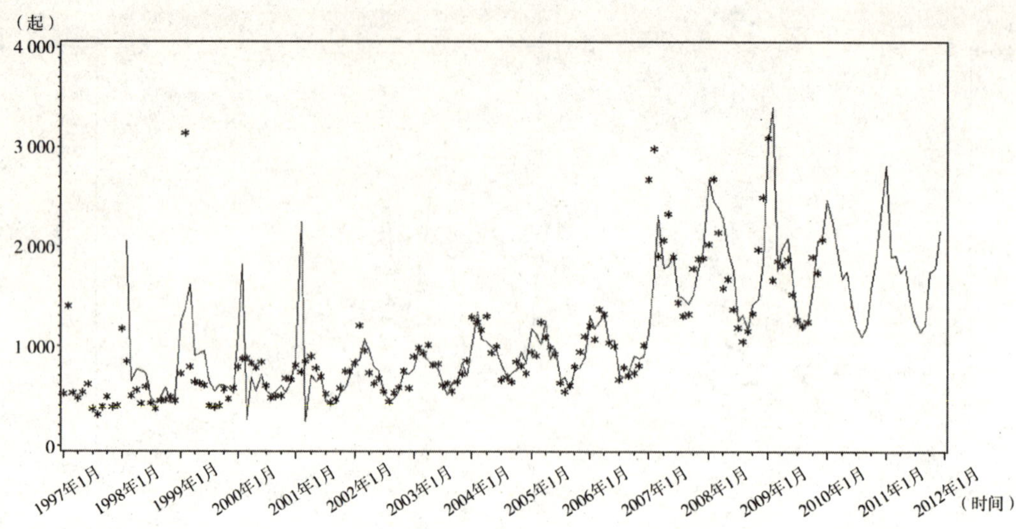


**图 21－18 2010 年 1 月～2011 年 12 月其他原因引起的火灾次数的预测结果**

# 第三节 火灾防灾防损研究

我国正处在工业化和城市化高速发展时期，随着我国国民经济的快速发展，重大恶性火灾及爆炸事件频繁发生，我国面临的火灾损失风险也在不断加大。如何应对火灾及其带来的相关灾害等问题已经引起了党中央和国务院的高度重视。降低火灾及其引发的其他灾害已经成为迫切需要解决的问题。江泽民主席就曾指示："责任重于泰山、隐患险于明火、防范胜于救灾。"

## 一、企业在火灾防灾防损中应采取的防范措施

企业是支持我国经济发展的最重要力量，而我国的企业又以中小企业居多。企业一旦发生火灾往往损失巨大，但在我国经济高速发展的现阶段，建立完善的火灾防灾防损系统却被我国企业特别是中小企业忽略。我国的企业在火灾防灾防损中应采取以下措施应对风险：

**（一）贯彻"预防在先、重在建设"的理念，加强对企业发展过程中的源头监管**

加强建筑工程消防审核、验收以及营业性公众聚集场所消防安全检查工作，既可以防止企业工程建设中产生先天性火灾隐患，又可以使企业负责人和相关办事人员在一次次与公安消防部门工作联系中增强对消防安全的认识，使许多企业主由消防安全的"门外汉"成为"入门者"，甚至成为贯彻执行消防法律法规的典范。

**（二）加强消防安全专门培训和宣传，着力提高单位管理人员和全员消防安全意识、知识和技能**

目前，消防法律法规对相关人员须接受消防安全专门培训未作强制规定，消防安全专门培训主要依靠公安消防部门组织，受警力限制，单位消防安全责任人、消防安全管理人、消防安全从业人员的受训率并不高。因此，应进一步完善消防培训体系。

**（三）加强风险转移机制，加深与险企的合作**

在防损防灾职能上，保险公司与消防部门具有高度的一致性，这就为二者的良性互动打下了坚实的基础。消防机构本就是由保险公司为实现其防灾防损职能而成立的，以后为促进整个地区消防资源的有效利用而由政府出面合并管辖，推动了公共消防事业的发展。因此，企业应加强风险转移机制，加深与险企合作，避免火灾带来难以承受的巨大风险而严重影响企业的生产活动。

## 二、保险企业应对火灾风险应采取的防范措施

加强对火灾风险的防范是一项社会系统工程，向保险公司投保来化解风险是企业防范火灾的最佳途径之一。因此，加强火灾防灾防损建设必须由保险公司和企业共同努力，而险企在其中又占主体引导地位。具体来说险企为应对火灾风险应做到以下几点：

**（一）加强与消防部门的联系，增强保险企业的消防安全意识**

保险公司应积极与消防部门配合，督促投保企业切实遵守消防法律、法规，建立和完善消防安全自我约束机制，建立健全各项消防安全制度和消防操作规程，并加强消防安全管理力度，做到层层把关、层层负责，尽量避免火灾事故的发生。

**（二）加强对消防设施的投入，增强城市抵御火灾的能力**

保险公司应积极配合消防部门，增拨一定的防灾费用，逐年加大消防投入，以增强城市抵御火灾的整体能力。同时，帮助消防部门改善消防装备，促使消防装备水平适应扑救重特大火灾事故的需要。

**（三）坚持验险承保，提高承保质量**

首先，对要求投保的企业尤其是大量的公共场所、机构进行风险查验，这是企业财产保险风险管理的第一道"关口"，一定要把好这一关。其次，私营企业普遍存有重效益、轻安全的思想，房屋设施简陋，电气设备老化并超负荷运转现象日益突出，造成火灾发生率急剧上升。因此，在对以上企业进行承保时，一定要注重风险查验，承保后也要经常关注这些单位的消防情况，尽可能避免火灾事故的发生。

## 三、政府为充分发挥险企防范火灾作用应采取措施

火灾造成的经济损失往往很大，我国政府在火灾防灾防损工作中一直扮演着引导者的角色。2006 年 5 月 10 日国务院在下发的《国务院关于进一步加强消防工作的意见》中提出，到 2010 年基本建立适应社会主义市场经济体制要求的消防法律法规和技术规范体系。但是，我国尚缺乏完善的消防与保险互动法律法规体系，缺乏相关法律保障体系。为了使保险企业更好地发挥在火灾防灾防损中的积极作用，政府应做到以下几点：

**（一）建立法律法规，实行强制性火灾公众责任保险**

据不完全统计，目前在各家保险公司中，责任保费虽逐年递增，但在财产险总保费中的比例仍没有超过 5%。上海市是全国公众责任险实行最好的城市之一，责任险保费收入所占财产险保费收入的比率也不过为 7.5%，远低于发达国家的平均水平，如美国此比例达到 45%。

**（二）完善消防中介立法**

消防中介机构在消防与保险的合作中起到不可替代的作用，目前我国消防中介尚无统一的行业管理法规。虽然各地都有地方立法，但体现出地方保护主义较重、满足不了形势发展的需要。

**（三）加强对标的及相关责任人的管理**

通过相关的法律法规对投保前火灾保险标的所具备的消防安全条件作一些明确、可操作的规定；对投保人履行消防安全职责的硬性约束；对消防部门执法人员的消防监督管理行政行为加以规范等等。

# 第四篇　地震灾因分析

# 第二十二章

# 地震与地震灾害

## 第一节　地震的界定

地震是因地球内动力作用而发生在岩石圈内的一种物质运动形式，它是由积聚在岩石内的能量突然释放而引起的，同台风、洪水等一样，是一种自然现象。

据美国地质调查局统计，全球每年能探测到的地震约50万次，其中有10万多次可以感觉到，而能造成破坏地震约100次①。

### 一、地震的基本概念

#### （一）震源、震中、震源深度

最初释放能量的地下发射源为震源。震源在地面上的垂直投影为震中。震中到震源的距离称为震源深度。震中附近震动最大，一般也是破坏性最严重的地区，称为极震区。在地面上，受地震影响的任何一点到震中的距离为震中距，到震源的距离为震源距。通常根据震源的深浅，把地震分为浅源地震（震源深度小于70公里）、中源地震（震源深度70～300公里）和深源地震（震源深度大于300公里）。全世界95%以上的地震都是浅源地震，震源深度集中在5～20公里上下。

图22－1是地震构造示例图。

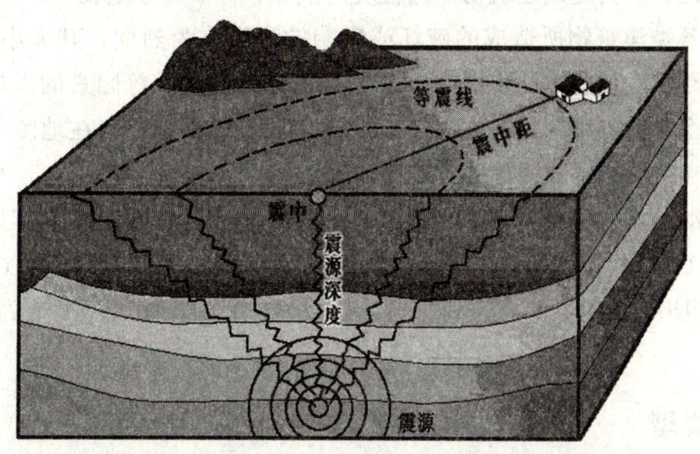


图22－1　地震构造示例图

资料来源：http：//www. xcaj. gov. cn/Content. jsp？ infoid＝188。

① Earthquake Facts，USGS，http：//earthquake. usgs. gov/learn/facts. php.

### （二）地震波

地震所产生的震动是以弹性波的形式传播出来的，这种弹性波称为地震波。地震时通过地壳岩体在介质内部传播的波称为体波；体波经过折射、反射而沿地面附近传播的波称为面波。面波是体波的次生波。

体波包括纵波和横波。纵波又叫疏密波，由介质体积变化而产生，并靠介质的扩张与收缩而传递，质点振动与波的前进方向一致；在某一瞬间沿波的传播方向形成一疏一密的分布。纵波振幅小，周期短，每秒钟传播速度5～6千米，能引起地面上下跳动。横波又叫扭动波，是介质性状变化的结果，质点振动与波的传播方向相互垂直。与纵波相比，横波振幅大，周期长，传播速度较慢，每秒3～4千米，能引起地面水平晃动。纵波可以在固体介质或液体介质中传播，而横波只能通过固体介质。

地震发生时产生的地震波引起对地面建筑物的破坏，导致人员伤亡，造成了地震灾害。地震对建筑物的破坏，主要是由地震力通过地震波起作用的，即纵波地震力使建筑物上下颠簸，引起建筑物的纵向结构松动，随后横波地震力再使建筑物发生水平晃动，引起横向结构损坏。当先颠后晃的地震力超过建筑物的承受力时，在几秒钟内就能使建筑物遭受破坏。

另外，地震力引起的断层错动开裂、地基不均匀沉降以及沙土液化等地基失效问题，也间接造成建筑物的倾倒和损坏。

### （三）震级、烈度

地震能否使某一地区建筑物受到破坏，取决于地震能量的大小和该建筑物区距震中的远近。震级和烈度是衡量地震能量大小和破坏强烈程度的指标。

震级（Ms）是地震强度大小的度量，它与地震所释放的能量总和有关。由于一次地震释放出来的能量是恒定的，所以不论在任何地方测定，只有一个震级。震级每差1.0级，能量相差大约32倍；相差2.0级，能量相差约1 000倍。小于2.5级的地震，人们一般不易感觉到，称为小震或微震；2.5～5.0级的地震，震中附近的人会有不同程度的感觉，称有感地震；大于5.0级的地震，会造成建筑物不同程度的损坏，称破坏性地震。

地震对地面及各类建筑物所造成的破坏或影响的程度称为烈度，其大小，受震级大小、震源深浅、距震中距离、地震波的传播介质及场地地质构造条件等因素的影响。因此，一次地震，震级只有一个，但烈度却随地方而异，由震中向外逐渐降低。在地图上，把同一次地震烈度相同的各点连接起来的曲线称为等震线。

我国目前使用的地震烈度共分为12度，5度以上才会造成破坏。1976年唐山7.6级大地震，极震区烈度达11～12度，北京、天津的烈度则为6～7度。2008年5月12日发生的汶川8.0级大地震，以四川省汶川县映秀镇和北川县县城为中心的极震区烈度达到11度，而成都的烈度为7度。

## 二、地震的类型

地震归纳起来分为人工地震和天然地震两大类。由人类活动（如开山、开矿、爆破等）引起的是人工地震，除此之外统称为天然地震。天然地震按成因主要分为构造地震、火山地震、塌陷地震和诱发地震四种类型。

### （一）构造地震

地壳运动过程中，在地壳不同部位受到地应力的作用，在构造脆弱的部位容易发生破裂和错动而引起地震，这就是构造地震。全球90%以上的地震都属于构造地震。强烈的构造地震破坏力很大，是人类预防地震灾害的主要对象。

### （二）火山地震

由于火山喷发前岩浆在地壳内积聚、膨胀，使岩浆附近的老断裂产生新活动，也可以产生新断裂，这些新老断裂的形成和发展均伴随有地震产生，称为火山地震。这种地震一般较小，造成的破坏也极少，并且只占地震总数的7%左右。

### （三）塌陷地震

自然界大规模的崩塌、滑坡或地面塌陷产生的地震为塌陷地震。例如，地下水溶解了可溶性岩石，使岩石中出现空洞并逐渐扩大，造成岩石顶部和土层崩塌陷落，引起地震。这类地震约占地震总数的3%左右，震级都很小。

### （四）诱发地震

在特定的地区因采矿、地下核爆破及水库蓄水或向地下注水等某种地壳外界因素诱发而引起的地震为诱发地震。其中最常见的是水库地震。例如，福建省水口电站自1993年3月底水库开始蓄水，当年5月起的2年内，共诱发0.3级以上地震近千次，其中最大的3.9级，由于震源浅，2级以上地震当地就会感到晃动。

## 三、地震的时空分布特征

### （一）地震的时间分布特征

历史地震和现今地震大量资料的统计表明，地震活动在时间上具有一定的周期性，即在一个时间段内发生地震的频次高、强度大，称为地震活跃期；而在另一个时间段内发生的地震相对频次低、强度小，称为地震平静期。根据地震发生的特征，又可在活跃期中划出若干“活跃幕”。

关于地震周期的形成机制，目前地质学界达成的共识是：太阳活动、月球运动轨道的变化及各行星运动轨道的周期性变化，通过磁力及万有引力改变地球内部物质的分布，从而引起地球自转速度的周期性变化，最终致使地震出现周期性地震活跃期与平静期。关于地质学更深一步的理论，本文不再作探讨。

### （二）地震的空间分布特征

地震的地理分布受地质构造影响，因而它有一定的规律，最明显的是集中在某些特定地带，总的来说，地震主要发生在洋脊和裂谷、海沟、转换断层和大陆内部的各个板块边缘等构造活动带。全球的地震主要分布在以下几个地震带：

1. 环太平洋地震带，这是世界上最大、地震最活跃的地带，全球80%的浅源地震、90%的中源地震和几乎全部深源地震都集中于此，释放的地震能量占全球的75%。该带从美洲南端的合恩角沿西海岸到阿拉斯加向西横跨到亚洲，在亚洲沿太平洋海岸自北向南经过堪察加、日本、菲律宾、新几内亚、斐济，最后到达南端的新西兰而构成环路。

2. 欧亚地震带，又称地中海喜马拉雅地震带，是全球第二大地震带，全球15%左右的地震发生在这条带上。震中分布较环太平洋地震带分散，从直布罗陀一直向东伸展到东南亚。

此地震带以浅源地震为主，中源地震集中在帕米尔、喜马拉雅，深源地震主要分布于印尼岛弧。

3. 大洋中脊地震带，呈线状分布于各大洋的中部附近。这一地震带远离大陆，所有地震均产生于岩石圈内，震源深度小于30公里，且多为弱震，震级绝大多数小于5级（见图22－2）。

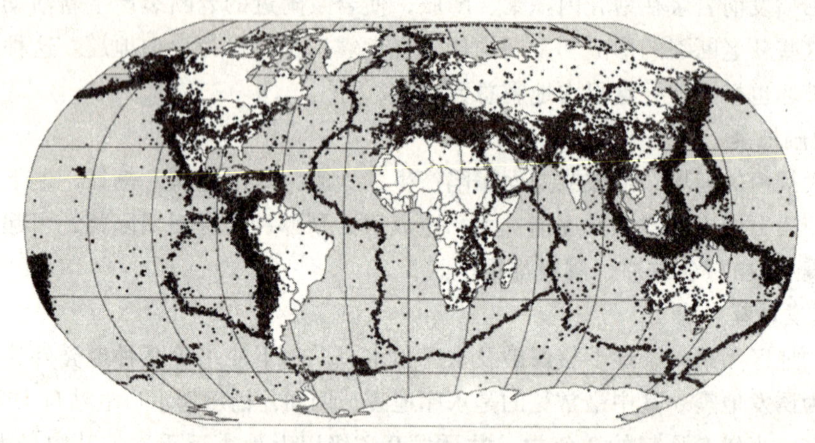

图22－2　1963～1998年全球地震震中图

资料来源：NASA，http：//denali. gsfc. nasa. gov/dtam/seismic/。

## 第二节　地震灾害介绍

地震是一种自然现象，地震灾害是地震作用于人类社会形成的社会事件。由于地震灾害有突发性、连锁性等特点，因此地震造成的灾害后果往往十分严重和广泛，其灾害程度和范围又常常同地震成灾机制、成灾条件密切相关。

### 一、地震灾害的特点

#### （一）突发性

地震一般是在平静的情况下突然发生的地质现象。强烈的地震可以在几秒或几十秒的短暂时间内造成巨大的破坏，严重的顷刻之间可使一座城市变成废墟。尤其发生在夜间的地震，后果更为严重。如唐山大地震发生在凌晨3：42，当时人们正在酣睡，事先毫无警觉，结果伤亡惨重，造成经济损失达百亿元以上。

#### （二）成纵性

在一个区域，或者一次强烈地震发生后，区域应力场受到破坏，岩石破裂，造成地质结构不稳定，往往在某一时间内地震活动会频繁发生，呈成纵性出现，连续造成灾害。

#### （三）续发性

强烈的地震不仅可以直接造成建筑物、工程设施的破坏和人员的伤亡，而且往往引发一系列次生灾害和衍生灾害，造成更大的破坏。如由地震灾害诱发的火灾、水灾、毒气和化学药品的泄漏污染，以及细菌污染、放射性污染等，还有滑坡、泥石流、海啸等次生灾害，以及上述灾害所造成的社会各种损失。

## 二、地震灾害的后果

地震造成的震灾后果虽十分广泛，但归纳起来主要有对人员的伤害、对财产的破坏、对资源环境的破坏和对社会经济功能的影响等四个方面。

### （一）对人员的伤害及影响

对人员的伤害及影响包括人员伤亡，生理受伤，心理、精神创伤，以及对居住和生活状况的影响等。

### （二）对财产的破坏

对财产的破坏包括对建筑物如房屋、设施的破坏，对生命线工程如通讯、交通、供水、供电、供气设施的破坏，对设备和家庭财产等的破坏，以及因此而造成的直接经济损失。

### （三）对资源环境的破坏

对资源环境的破坏包括地震造成山体崩塌、滑坡，地表裂缝、塌陷、上隆或喷沙冒水、砂土液化，海水或江湖水激起波浪或积水上漫等，造成森林、土地、水等资源和环境的破坏及其带来的直接经济损失。

### （四）社会经济的影响

对社会经济的影响指地震对社会产生的综合影响，包括对经济功能和社会功能的影响及由此而造成的间接损失，如生产条件破坏造成自然停工停产和因恐震心理造成人为停工停产、人员外流、搭建防震棚等带来的间接经济损失和影响社会安定，以及地震灾害对社会发展的长远影响等。

上述震灾要素或指标，反映了地震灾害的基本情况。但是，从保险公司角度来看，应着重关心直接经济损失。同时，由于统计数据的局限性，本文着重使用人员伤亡、经济损失两项。倒塌房屋也是一个重要的因素，但是由于数据不完整，无法在本文对倒塌房屋和受损房屋进行分析。

## 三、成灾机制

地震成灾机制是指地震对人和社会造成危害的原因、方式和过程，按照《地震社会学初探》一书的划分，地震成灾大致有四种机制，造成的灾害称为原生灾害、直接灾害、次生灾害、诱发灾害和伴生灾害。

### （一）原生灾害

原生灾害是指地震断层，大范围地面倾斜、升降和变形等地震原生现象直接造成的灾害。原生灾害多发生在震中区，其破坏力大，成灾严重。

### （二）直接灾害

直接灾害是指地震产生的弹性波引起地面震动和地面破裂变形而造成的灾害。它包括三种情形：一是建筑物、工程设施的破坏，这是造成社会财富损失的最重要原因，也是造成人畜伤亡最直接、最主要的原因。二是地表破坏，常见的有山崩、滑坡、地裂、坍塌、喷砂、冒水等。三是海底的震源错动引起水体扰动而发生海啸，以及地震波引起湖啸造成的破坏。还有一种直接灾害：由逸出的可燃性气体造成地震，主要是烧伤人畜和植物。它的发生不局限于震中区。原生灾害和直接灾害虽然成灾机制不同，但都是地震的直接后果，有时两者难以区分，因此有时把两者统称为直接灾害。

**（三）次生灾害**

次生灾害是指由建筑物或自然物遭地震破坏后而导致的其他灾害，又称二次灾害。次生灾害对人类的危害也是十分严重的。如地震造成的火灾，地震造成的水灾，地震使毒气、毒液及放射性物质逸出而造成的地震中毒灾害等。

**（四）诱发灾害**

诱发灾害又称衍生灾害，是由地震灾害引发的各种社会性危害，常见的有瘟疫和饥荒等。近代社会还容易出现经济失调、停工停产、社会秩序混乱以及由心理恐惧、创伤造成的一些灾害。

**（五）伴生灾害**

此外，还有与地震并无成因联系的某些特殊自然现象或灾害，因恰好与地震同时发生而造成或加重的灾害，称为伴生灾害。伴生灾害同次生灾害和诱发灾害的区别，在于该种灾害同地震是否有成因上的联系。在不必严格区分的情况下，也常常把伴生灾害归入次生灾害或衍生灾害。

不同地震的灾害构成或成灾机制可以不同。例如，城市地区发生的地震，其次生灾害、诱发灾害较其他地区的地震更为严重，其中，地震火灾往往是最为严重的次生灾害。对成灾机制的研究和分析可以使我们了解地震对人类和社会造成灾害的原因和条件，并可通过适当的防范措施减轻地震所造成的灾害，尤其是地震造成的次生灾害和诱发灾害。

## 四、成灾条件

地震是否成灾与成灾大小，一方面取决于地震本身的条件，另一方面取决于受灾对象——人和社会状况。

**（一）地震方面的条件**

1. 地震强度、频度的影响。地震灾害同地震强度、频度呈正相关。地震强度越大，灾害越大。一般说来，小震无灾，5 级左右地震可造成轻微或一般破坏，6 级左右地震可造成中等破坏，7 级左右地震造成严重破坏，8 级左右地震可造成特大破坏。地震次数越多，灾害也越重。

2. 地点的影响。地震灾害同其他自然灾害一样，都是自然同人的关系的表现，离开了人和社会，任何自然现象就无灾可言。地震发生的地点对灾害大小具有制约作用，发生在人口密集的城市比发生在人口稀少的山区的地震，其灾害将严重得多。1976 年的唐山地震，震级仅为 7.8 级，但地震发生在城市地区，属城市直下型地震，其死亡人数高达 24.2 万人。地震发生的地点对于震灾种类也有制约作用，发生在山区的地震，多伴有滑坡、泥石流等灾害；临近水域的地震有可能发生水灾。

3. 时间的影响。地震发生的时间对于震灾大小具有明显的影响。一方面，夜间地震死亡人数比日间地震死亡人数大得多。据对我国 1900 年以来有灾害的和有明确时间的震级大于 6 级的地震的统计，每个地震平均死亡人数，夜间与日间的比例约为 7∶1。另一方面，地震发生的时间对于震灾种类也有制约作用，干冷的冬季发生地震往往易发生冻灾和火灾；在多雨水、炎热的夏季，则有可能发生水灾和疫病流行等。

**（二）受灾对象方面的条件**

1. 人口、建筑物等财产密度。地震灾害大小同人口密度、建筑物等财产密度和经济发展程度呈明显正相关，人口密度、房屋密度大，地震造成的损失就大，震灾就大。我国的人口和经济发展程度存在明显的地区差别，这种差别是我国地震活动水平虽是西部高但灾害却是东部重的一个重要原因。

应当指出，随着科学技术的进步，人类抗御地震灾害的能力固然增强了，但是成灾对象（人口、建筑物等财产的类型、数量和密集程度等）增加得更快，因此，至少在目前阶段，地震灾害随着科学技术的进步并不是随之减轻，而是仍呈递增趋势。然而，随着科学技术进步、社会经济的发展、防灾法规的健全和防灾投入的增加，地震损失同财产总值（或国民生产总值）之比将逐渐减少。

2. 对地震的防备程度。地震灾害是否发生、灾害大小，关键的因素是人和社会的警觉和防备程度，地震灾害大小同防备程度强弱呈负相关。

（1）建筑物的抗震性能。对新建工程按抗震设防标准进行抗震设计，对现有不符合抗震设防标准要求的建筑物进行抗震加固，增强建筑物抗震能力可以大大减轻地震造成的灾害。

（2）政府的防灾职能和公众的防灾意识。政府的防灾职能和公众的防灾意识强，不仅在房屋、生命线工程等建设中实施抗震设防，而且能根据预报意见事先做好防震准备和避震疏散，也可避免或减轻地震灾害。

## 第三节 我国地震的特点

我国地域广阔，地震活动频繁，从统计分析结果来看，地震活动的时空分布呈现不均衡的特质，总体上看有着活跃期与平静期交替出现的规律。

### 一、地震活动的总体特征

我国地处欧亚板块的东南部，受环太平洋地震带和欧亚地震带的影响，是世界上蒙受地震灾害最为深重的国家之一。根据中国地震烈度区划图（1990），大陆 7 级以上的地震占全球大陆 7 级以上地震的 1/3 左右；因地震死亡人数占全球的 1/2 左右；全国有 41% 的国土、一半以上的城市位于地震基本烈度 7 度或 7 度以上地区，6 度及 6 度以上地区占国土面积的 79%。

从全球地震带的角度看，我国位于欧亚地震带的东部，地震活动大多数属于欧亚地震带，环太平洋地震带从我国台湾经过。从板块构造分析，我国大陆位于欧亚板块东南部，台湾坐落于欧亚板块和菲律宾板块的边界上。大陆内部的地震属于板内地震，台湾及其附近的地震则是板间地震。

我国的地震活动总体上具有的特征为：频度高，强度大，活动分布广泛，震源深度浅。根据数据统计，除了东北和东海一带有少数中深源地震外，我国绝大多数地震的震源深度在 40 公里以内。大陆东部震源更浅，多在 10 ~ 20 公里以内。

## 二、地震活动的空间分布

我国地震活动在空间分布上呈现不均匀性，这是在分析地震灾害时将全国各省（区、市）进行分组的重要依据之一。

### （一）我国地震活动地域分布概况

台湾及其附近海域是我国震中分布最密集的地区，是我国地震活动水平最高的省份。这里的地震活动不但频度高，而且强度大。

我国大陆以宝鸡、汉中、贵阳一线（东经107.5°线附近）为界划分为东西两部分，西部的地震活动水平明显高于东部，呈现出西强东弱的特征。

大陆东部地区，地震活动呈现明显的不均匀分布，其中地震活动水平最高的地区依次为华北、东南沿海、东北及南黄海海域等。华北地区包括陕西省、山西省、河北省、山东省及渤海附近，它是大陆东部地震活动水平最高的地区。而且近期地震活动也相当活跃，1966年以来先后发生7级以上的地震多次，如1966年邢台地震，1969年渤海地震，1975年海城地震和1976年唐山地震。东南沿海地区地震活动的频度不高，但是强度较高，东北中俄朝交界的绥芬河与图们之间地区历史上曾频繁发生6级以上地震，这里地震的震源较深。除此之外，大陆东部的广大地区，包括苏、浙、皖、豫、湘、鄂、赣、闽、粤、黔等10个省的绝大多数地区，历史上仅发生过少数的6级左右地震，未有7级以上地震的记载。

在大陆西部，6级以上地震几乎散布全区，其中地震活动水平最高的是银川—兰州—成都—昆明一线附近（常称为南北地震带）以及西南、西北边境线附近的西藏和新疆部分地区。在银川—昆明这一大体南北走向的地震活动地带附近，地震活动的频度高、强度大，震中分布密集成带，且本区近期地震也十分活跃，仅1970年以来的短短30多年里，即发生7级以上地震多次。如1970年云南省通海地震，1973年四川省炉霍地震，1974年云南省昭通地震，1976年云南省龙陵地震，1976年四川省松潘—平武地震，1988年云南省澜沧—耿马地震等。西藏唐古拉山南麓，地震活动的强度很高，发生于1950年的察隅—墨脱8.6级是迄今为止我国震级最高的地震。新疆维吾尔自治区西北部的中俄边境线附近，从喀什到富蕴，地震活动水平也相当高。

### （二）我国地震烈度区划

1990年颁布了新的"中国地震烈度区划图"（1990年），这是我国第三代地震区划图。该图①所标示的地震烈度值系指50年期限内，一般条件下，可能遭遇超越概率为10%的烈度值，即达到和超过图上烈度值的概率为10%。50年超越概率为10%的风险水平，是目前国际上一般建筑物普遍采用的抗震设防标准。该图在我国国土上划分出东北、华北、华中、华南、新疆维吾尔自治区、青藏高原、台湾、南海等8个地震区和约30个地震带，其中位于人口密度较高地区的高强度地震带有郯城—庐江带、华北平原带、汾渭带、东南沿海带、河套

---

① 地震烈度区划引自中华人民共和国国家统计局、中华人民共和国民政部编的《中国灾情报告1949～1995》之《地震灾情报告》。

—银川带等等[①]。

附录一中的图22－3为中国地震烈度区划图（1990年）。

## 三、地震活动的时间分布

我国地震活动的时间分布也是不均匀的，呈现出活跃与平静相间的特征。对于中国大陆地区的强震活动，许多学者研究了其在时间轴上高低起伏的轮回特征，并给出强震活动平静期和活跃期的划分原则。由于强震和成灾地震有很强的相关关系，故可以将其视为近似地震周期。表22－1给出了部分学者的典型研究成果。

**表22－1　中国大陆地区强震活动轮回**

| 分期 | 第一轮回 | 第二轮回 | | 第三轮回 | |
|---|---|---|---|---|---|
| | 活跃期 | 平静期 | 活跃期 | 平静期 | 活跃期 |
| 马宗晋等 | 1897～1912 | 1912～1920 | 1920～1937 | 1937～1946 | 1946～1957 |
| 张国民等 | 1900～1912 | 1912～1920 | 1920～1938 | 1938～1946 | 1946～1957 |
| 赵洪声等 | ～1906 | 1907～1919 | 1920～1933 | 1934～1946 | 1947～1955 |
| 分期 | 第四轮回 | | 第五轮回 | | |
| | 平静期 | 活跃期 | 平静期 | 活跃期 | |
| 马宗晋等 | 1957～1966 | 1966～1980 | | | |
| 张国民等 | 1957～1966 | 1966～1976 | 1976～1985 | 1985～ | |
| 赵洪声等 | 1956～1965 | 1966～1976 | 1977～1987 | 1988～ | |

资料来源：

（1）李善邦：《中国地震》，地震出版社1981年版。

（2）张国民，李丽："地震大形势预测的科学思路及未来几年我国地震形势"，国家地震局分析预报中心：《中国地震趋势预测研究（1998年度）》，地震出版社1997年版。

研究表明，20世纪以来，我国大陆及其邻区已经历过4个地震活跃期（1897～1912年、1920～1934年、1944～1957年和1966～1976年）和4个地震平静期（1913～1919年、1935～1943年、1958～1965年和1977～1984年），活跃期的平均持续时间约为14年，平静期的平均持续时间约为8年。其中第4个活跃期大体是1966～1976年。在这10年间，我国大陆共发生14次7级以上的大地震，造成27万人死亡和数百亿元的经济损失。根据多数专家的研究判定，20世纪90年代到21世纪前几年可能是我国大陆地区地震活动的第5个高潮期，其间可能发生多次7级、个别甚至更大的地震，强震的主体活动地区将在我国西部，东部地区中强地震活动也将相对活跃[②]。而实际结果也确实印证了这种预测，20世纪90年代到2011年实际发生7级以上地震7次，这其中就包括汶川、舟曲、玉树等造成巨大灾害的特大地震。

① 潘懋，李铁锋：《灾害地质学》，北京大学出版社2002年版；《中国灾情报告1949～1995》之《地震灾情报告》。

② 赵洪声："对中国本世纪第五次大震高潮的探讨"，《地震研究》1990年第4期。

# 第二十三章

# 地震灾害的基本统计分析

本章主要对我国成灾地震的频数和损失额进行基本统计分析，鉴于以后章节中可获得的相关数据最早只到1952年，故本章在对4级以上成灾地震进行分析时也只从1952年开始，而对于部分未统计损失额的地震数据本篇未使用。

## 第一节　数据来源及说明

本报告数据主要来源于《中国地震年鉴》、中国可持续发展网①（http：//www. sdinfo. net. cn）和中国地震信息网（http：//www. csi. ac. cn）。由于《中国地震年鉴》从1995年开始才有经济损失数据记录，所以从中国可持续发展网摘录了1952～1994年中国发生的4级以上的成灾地震经济损失记录，而除经济损失之外的其他的地震信息参数基本都来源于《中国统计年鉴》。1995～2007年的所有地震数据都来源于《中国地震年鉴》。2008年和2009年数据基本来源于中国地震信息网。

分析过程中，我们对经济损失用GDP进行了调整，以消除通货膨胀的影响。所用的GDP数据参考了《中国统计年鉴》和中华人民共和国国家统计局（http：//www. stats. gov. cn）1952年以来各年各省（区、市）的GDP数据。

报告中用到1952年以来我国各省（区、市）的人口密度来源于《中国人口年鉴》。

另外，在数据整理过程中，还参考了中国统计出版社出版的《中国灾情报告1949～1995》、地震出版社出版的《中国大陆地震灾害损失评估汇编》（1990～1995年，1996～2000年），并对以上所有来源的数据进行了整理。

由于我们较多关心的是地震造成的损失，通过中国地震局求证，《中国地震年鉴》有些地震没有损失的数据，是因为该次地震没有造成损失，或者造成的经济损失微乎其微，可以忽略。于是，我们以此为依据删除了没有损失数据的地震记录，仅用有损失数据的地震记录进行了分析，本报告把有损失数据的地震称为成灾地震。

但是，即使经过多方面的努力，所收集到的数据还是存在一定的问题。第一，1994年以前的经济损失数据主要来源于网络，可能会有所遗漏；并且1994年以前的数据关于每次成灾地震的各类损失描述不够详细；第二，各年度数据统计口径不同，导致分析的结果可信度降低；第三，地震损失的一个重要的影响因素是建筑物结构，不同地区的建筑物结构有很大的区别，而地震发生时，建筑物结构又是影响损失的一个重要因素，但是，因为收集不到数据，

① 中国可持续发展网记录了1952～2004年的地震受灾记录。

所以无法作任何统计上的分析。

在以下章节，将会使用的数据有地震基本信息、地震灾害损失数据、全国及各省（区、市）GDP、各省（区、市）2009年人口密度，这些数据的来源见表23－1。

表23－1 数据来源说明表

<table>
<tr><th colspan="2">变量</th><th>来源（文献）</th></tr>
<tr><td rowspan="4">地震基本信息</td><td>震级</td><td>《中国地震年鉴》，中国地震信息网，数据完整</td></tr>
<tr><td>深度</td><td>《中国地震年鉴》，中国地震信息网，数据有缺失</td></tr>
<tr><td>烈度</td><td>《中国地震年鉴》，中国地震信息网，数据有缺失</td></tr>
<tr><td>地震发生时刻</td><td>《中国地震年鉴》，中国地震信息网，数据有缺失</td></tr>
<tr><td rowspan="6">地震灾害信息</td><td rowspan="2">直接经济损失（万元）</td><td>可持续发展网，《中国地震年鉴》1952～1994年</td></tr>
<tr><td>《中国地震年鉴》1995～2007年，中国地震信息网</td></tr>
<tr><td rowspan="2">死亡人数（人）</td><td>可持续发展网，《中国地震年鉴》1952～1994年</td></tr>
<tr><td>《中国地震年鉴》1995～2007年，中国地震信息网</td></tr>
<tr><td rowspan="2">受伤人数（人）</td><td>可持续发展网，《中国地震年鉴》1952～1994年</td></tr>
<tr><td>《中国地震年鉴》1995～2007年，中国地震信息网</td></tr>
<tr><td rowspan="3">地区发展信息</td><td>全国1952～2009年GDP（亿元）</td><td>《中国统计年鉴》（2010年）</td></tr>
<tr><td>各省（区、市）1952～2009年GDP（亿元）</td><td>《中国统计年鉴》，《地区统计年鉴》，《中国统计50年》</td></tr>
<tr><td>各省（区、市）2009年人口密度（人/平方公里）</td><td>《中国统计年鉴》，《地区统计年鉴》</td></tr>
</table>

## 第二节 各省（区、市）4级以上成灾地震的频数分析

我国地震次数很不均衡，各个省（区、市）之间存在很大的差异，总体上来看，地震发生的频率西部大于东部；在此只考虑我国大陆地区的地震情况。

根据原始数据统计得出各省（区、市）1952～2009年4级以上成灾地震发生次数（见表23－2）。

表23－2 各省（区、市）1952～2009年4级以上成灾地震发生频数 （单位：次）

| 省（区、市） | 频数 | 省（区、市） | 频数 | 省（区、市） | 频数 | 省（区、市） | 频数 |
|---|---|---|---|---|---|---|---|
| 云南 | 116 | 山西 | 11 | 广东 | 4 | 辽宁 | 1 |
| 新疆 | 72 | 宁夏 | 11 | 福建 | 4 | 河南 | 1 |
| 四川 | 67 | 江西 | 5 | 山东 | 3 | 海南 | 1 |
| 青海 | 37 | 江苏 | 5 | 吉林 | 3 | 上海 | 0 |

续表

| 省（区、市） | 频数 | 省（区、市） | 频数 | 省（区、市） | 频数 | 省（区、市） | 频数 |
|---|---|---|---|---|---|---|---|
| 西藏 | 23 | 重庆 | 4 | 浙江 | 2 | 湖南 | 0 |
| 甘肃 | 22 | 陕西 | 4 | 天津 | 2 | 贵州 | 0 |
| 河北 | 18 | 黑龙江 | 4 | 湖北 | 2 | 北京 | 0 |
| 内蒙古 | 17 | 广西 | 4 | 安徽 | 2 | | |

由表 23－2 可见，地震活动水平最高的是云南省，新疆维吾尔自治区、四川省、青海省、甘肃省和西藏自治区 5 省区都处于较高的水平，紧随其后的是河北省、内蒙古自治区、山西省和宁夏回族自治区。这一段时期内大陆地震活动最强的 10 个省区中，西部占 7 个，东部仅占 3 个，西部活动水平明显高于东部。附录二中的图 23－1 显示了各省（区、市）地震频数分布的情况。

其中颜色由深到浅表示地震的频数由大到小，从地图上可以看出，西部地区（颜色较深）的地震发生频率明显高于东部地区（颜色相对较浅）。

对于地震频发的省（区）——云南省、新疆维吾尔自治区和四川省，后面将重点讨论。

## 第三节　各年度地震次数的频数分析

从一个较长的历史时期看，地震活动存在着明显的活跃期与平静期，因而从时间角度对地震发生频数进行分析具有必要性。

表 23－3 给出了中国大陆地区 1952～2009 年 4 级以上成灾地震次数。

**表 23－3　1952～2009 年全国 4 级以上成灾地震发生频数**　（单位：次）

| 年度 | 次数 | 年度 | 次数 | 年度 | 次数 | 年度 | 次数 | 年度 | 次数 |
|---|---|---|---|---|---|---|---|---|---|
| 1952 | 7 | 1964 | 4 | 1976 | 15 | 1988 | 10 | 2000 | 9 |
| 1953 | 3 | 1965 | 4 | 1977 | 7 | 1989 | 9 | 2001 | 16 |
| 1954 | 4 | 1966 | 9 | 1978 | 7 | 1990 | 9 | 2002 | 5 |
| 1955 | 7 | 1967 | 6 | 1979 | 10 | 1991 | 10 | 2003 | 16 |
| 1956 | 2 | 1968 | 1 | 1980 | 7 | 1992 | 8 | 2004 | 9 |
| 1957 | 3 | 1969 | 4 | 1981 | 7 | 1993 | 11 | 2005 | 10 |
| 1958 | 2 | 1970 | 6 | 1982 | 9 | 1994 | 11 | 2006 | 10 |
| 1959 | 2 | 1971 | 9 | 1983 | 5 | 1995 | 13 | 2007 | 3 |
| 1960 | 3 | 1972 | 8 | 1984 | 6 | 1996 | 12 | 2008 | 4 |
| 1961 | 6 | 1973 | 11 | 1985 | 7 | 1997 | 10 | 2009 | 1 |
| 1962 | 9 | 1974 | 8 | 1986 | 9 | 1998 | 15 | | |
| 1963 | 4 | 1975 | 10 | 1987 | 11 | 1999 | 15 | | |

图 23－2 是我国 1952～2009 年地震频数的折线图。

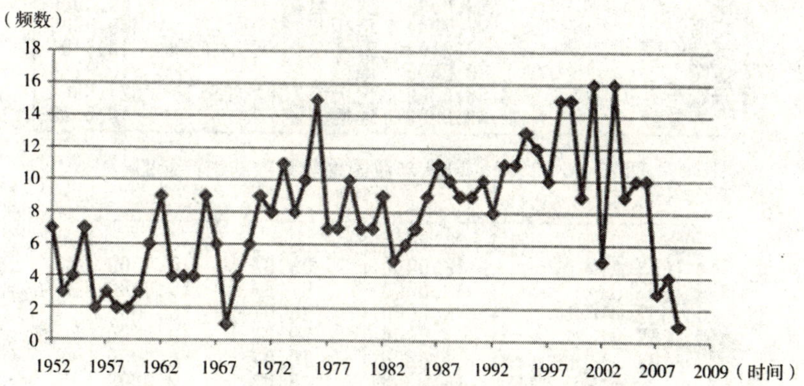


**图 23－2 1952～2009 年我国地震频数的折线图**

根据统计数据及折线图可以看出我国地震发生次数在各个年度分布很不均匀，地震活动呈现出活跃与平静的交替性。但另一方面，由于数据统计的因素，早期的数据可能存在遗漏，因此，从统计上看，近几年地震灾害的发生次数明显增加，这也为按年度进行地震发生次数的频数分析带来了一定的干扰。

首先，用 SAS 对上表数据进行频数分析，得到结果见图 23－3～图 23－7。

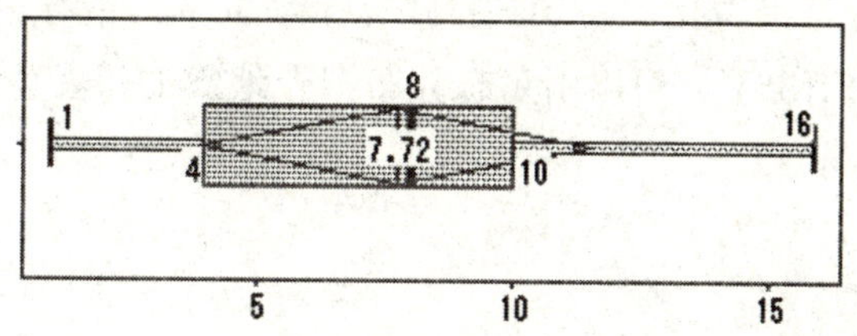


**图 23－3 1952～2009 年我国地震频数的盒状图**

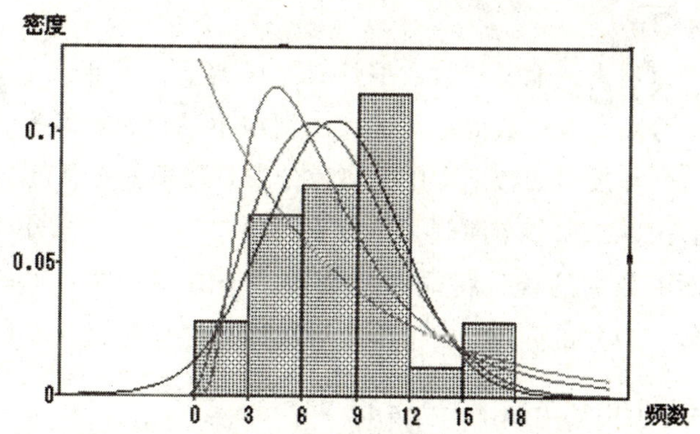


**图 23－4 1952～2009 年我国地震频数的直方图**

分布检验

| 曲线 | 分布 | 均值/Theta | Sigma | Zeta/C | Kolmogorov | Pr > D |
|---|---|---|---|---|---|---|
| | 正态 | 7.7241 | 3.8104 | . | 0.0966 | >.15 |
| | 对数正 | 0 | 0.6385 | 1.8835 | 0.1769 | <.01 |
| | 指数 | 0 | 7.7241 | . | 0.2490 | <.01 |
| | 韦伯 | 0 | 8.7092 | 2.1452 | 0.1235 | 0.0209 |

**图 23－5 1952～2009 年我国地震频数的分布检验图**

| 矩统计量 | | | |
|---|---|---|---|
| N | 58.0000 | 权重总和 | 58.0000 |
| 均值 | 7.7241 | 总和 | 448.0000 |
| 标准偏差 | 3.8104 | 方差 | 14.5191 |
| 偏度 | 0.2595 | 峰度 | -0.3746 |
| 未校平方和（USS） | 4288.0000 | 校正平方和（CSS） | 827.5862 |
| 变异系数 | 49.3309 | 标准误差 | 0.5003 |

**图 23-6　1952～2009 年我国地震频数的统计量图**

| 分位数 | | | | |
|---|---|---|---|---|
| 100% | 最大值 | 16.0000 | 99.0% | 16.0000 |
| 75% | Q3 | 10.0000 | 97.5% | 16.0000 |
| 50% | 中位数 | 8.0000 | 95.0% | 15.0000 |
| 25% | Q1 | 4.0000 | 90.0% | 13.0000 |
| 0% | 最小值 | 1.0000 | 10.0% | 3.0000 |
| | 极差 | 15.0000 | 5.0% | 2.0000 |
| | Q3-Q1 | 6.0000 | 2.5% | 1.0000 |
| | 众数 | 9.0000 | 1.0% | 1.0000 |

**图 23-7　1952～2009 年我国地震频数的分位数图**

由以上的输出结果可以看出，1952～2009 年，我国共发生 4 级以上成灾地震 448 次，平均每年 7.72 次，地震发生最多的年发生次数为 16 次，有 75% 的年度年发生成灾地震 10 次以下，有 50% 的年度成灾地震发生次数集中在 1～8 次。

对于数据的分布拟合可以看出，在 5% 的显著性水平下，只有正态分布可以通过检验。因此，在数据量足够大的情况下，可以用正态分布拟合地震的年发生频数，参数均值和方差为：

$\mu=7.9107$，$\sigma=3.7333$

其概率密度函数为：

$$f(x)=\frac{1}{3.7333\times\sqrt{2\pi}}e^{-\frac{1}{2}\left(\frac{x-7.9107}{3.7333}\right)^2}$$

但是，由直方图可以看出，地震频数数据具有厚尾特征，因此，正态分布的拟合情况并不是很好。而且，正态分布只有在数据量足够大的情况下适用，在数据量较小的时候，需要用离散分布来拟合地震的年发生频数。常用的离散分布有二项分布、负二项分布和泊松分布。

由统计特征可以看出，二项分布期望大于方差，负二项分布期望小于方差，而泊松分布的期望与方差相等。而由数据的统计特征知其期望小于方差，即 $\mu\ (=7.9107)<\sigma^2\ (=13.9375)$，从而只有负二项分布符合数据情况，可以用来拟合数据。

则有期望 $r\frac{1-p}{p}=7.9107$，方差 $r\frac{1-p}{p^2}=13.9375$。

解得：

$p=0.5676$，$r=10.3835$

由于 $r$ 必须取整数，因此调整参数使得：

$r^*=10$，$p^*=0.5583$

下面检验负二项分布对数据的拟合优度问题。使用 $\chi^2$ - 统计量（或皮尔逊统计量）来对其拟合优度进行检验。$\chi^2$ - 统计量为：

$$\chi^2=\sum_{i=1}^{n}\frac{(O_i-E_i)^2}{E_i}\sim\chi_\alpha^2\ (f)$$

其中，$O_i$ 为实际观察的频数值，$E_i$ 为理论值，$\alpha$ 为置信度水平，自由度 $f$ 等于样本数减去1。

实际及理论频数值的统计情况见表23－4。

表23－4 实际及理论频数值统计表

| Num | 1 | 2 | 3 | 4 | 5 | 6 | 7 | 8 |
|---|---|---|---|---|---|---|---|---|
| $O_i$ | 2 | 3 | 4 | 6 | 2 | 4 | 7 | 3 |
| $E_i$ | 0.91257 | 2.10738 | 3.56878 | 4.94478 | 5.93782 | 6.39897 | 6.33300 | 5.84986 |
| Num | 9 | 10 | 11 | 12 | 13 | 14 | 15 | 16 |
| $O_i$ | 9 | 7 | 4 | 1 | 1 | 0 | 3 | 2 |
| $E_i$ | 5.10339 | 4.24265 | 3.38458 | 2.60531 | 1.94376 | 1.41073 | 0.99905 | 0.69212 |

计算得 $\chi^2$－统计量为19.61324，自由度为15，查 $\chi^2$ 分布临界值表得 $\chi^2_{0.05}(15)=24.996>19.61324$，因此不拒绝频数服从负二项分布的假设。即频数服从负二项分布，分布的概率密度为：

$$P\{X=k\}=f(k;\ r,\ p)=\frac{(k+10-1)!}{[k!\ (10-1)!]}\times0.5583^{10}\times(1-0.5583)^k$$

其拟合情况的直方图见图23－8。

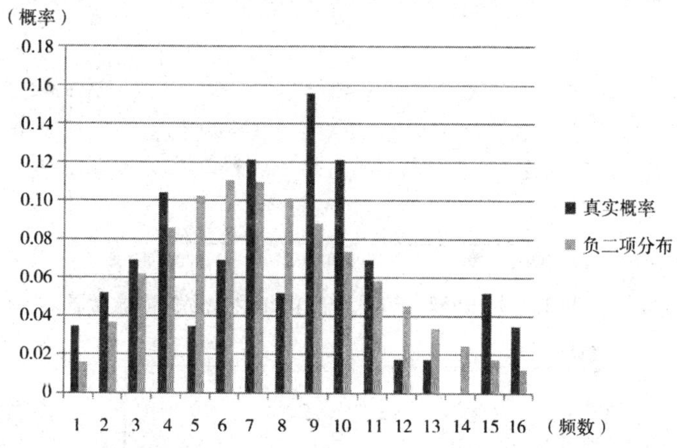


图23－8 1952～2009年我国地震频数负二项分布拟合情况的直方图

由图23－8可以看出，负二项分布较好地拟合了地震的年发生频数。对照全国1952～2009年各年度地震损失频数得出如下结论：

第一，4级以上成灾地震年发生次数在各年间波动较不规律，特别是1966年以前，年发生次数以2～4次居多。究其原因：一方面我国大陆地区在1955～1966年经历了一个地震平静阶段，地震发生次数相对较少；另一方面，我国在1952～1970年经济发展水平较低，特别是云南省、新疆维吾尔自治区地区经济发展水平更是低下，因而成灾地震次数较少。

第二，1966～1976 年是我国 20 世纪地震活动的第 4 个活跃期，较之 1966 年以前，年频数有明显的增加，在 10 次左右波动。

第三，随后各年度略有下降，进入 20 世纪 90 年代后，直至 21 世纪初，地震活动进入又一个活跃期，同时由于我国国民经济高速增长，成灾地震的年发生次数基本都在 10 次以上。

## 第四节　4 级以上成灾地震次损失额分析

下面将对中国大陆地区发生的 4 级以上成灾地震的次损失额数据进行统计分析，从而观察我国地震损失的额度是否具有某些明显的分布特征。在数据的收集方面，由于目前可获取的 GDP 数据最早只到 1952 年，因此在这里仅对 1952～2009 年间的地震损失额数据进行分析。由于原始数据中各年度损失额为当年的实际经济损失额，是一个货币值，而要衡量的地震损失程度是一个不受经济价值影响的量，故为保证各年度损失额数据之间具有可比性，在分析之前，需对原始数据进行调整，剔除经济价值因素的影响。这里用 GDP 将各年度地震损失额调整到 2009 年的货币水平，计算公式如下：

$$\text{调整后损失额} = \text{实际损失额} \times \frac{2009\text{年}\ GDP}{\text{地震发生年的}\ GDP}$$

本节将对中国大陆地区 1952～2009 年间发生的 4 级以上成灾地震的次损失额进行分析，判断其分布特点。由于数据来源不完善，对我国 4 级以上成灾地震的损失额统计难免存在遗漏和偏差；此外由于统计口径不统一，有一部分 4 级以上成灾地震无法得到具体的经济损失额数据，本节的统计分析中所用数据不包括这部分缺失的数据。

对各次地震的调整后损失额进行简单的统计分析，可以得到其分布特点（见图 23－9～图 23－14）。

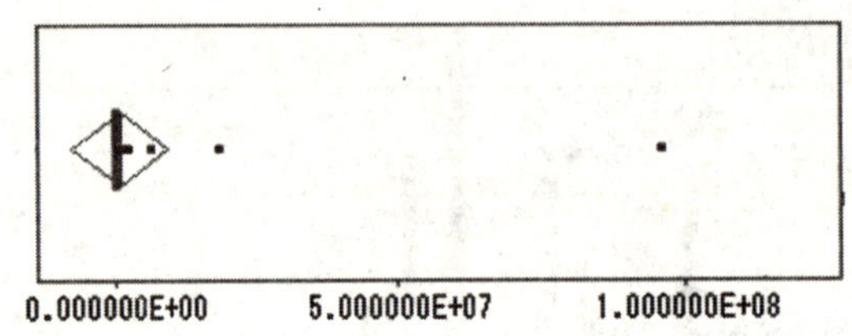


图 23－9　1952～2009 年我国地震次损失额盒状图

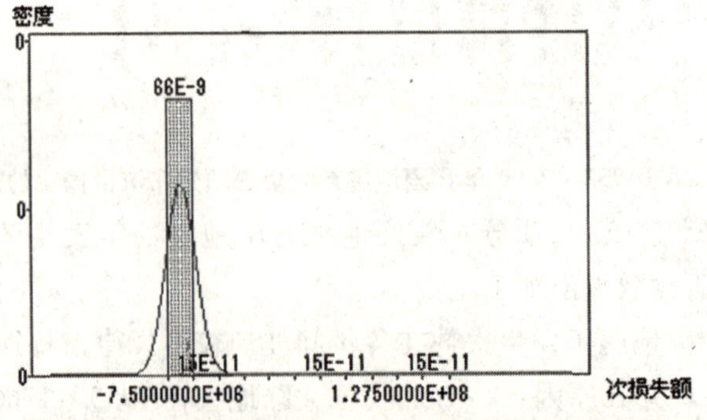


图 23－10　1952～2009 年我国地震次损失额直方图

| 参数密度估计 | | | | | | |
|---|---|---|---|---|---|---|
| 曲线 | 分布 | 方法 | 均值/Theta | Sigma | Zeta/C | 众数 |
| | 正态 | 样本 | 668826.516 | 8545902.74 | | 668826.516 |
| | 对数正态 | MLE | 0 | 2.4506 | 8.6926 | 14.6913 |
| | 指数 | MLE | 0 | 668826.516 | | 0 |
| | 韦伯 | MLE | 0 | 21109.2181 | 0.3544 | 0 |

图 23－11　1952～2009 年我国地震次损失额参数估计图

| 分布检验 | | | | | | |
|---|---|---|---|---|---|---|
| 曲线 | 分布 | 均值/Theta | Sigma | Zeta/C | Kolmogorov D | Pr > D |
| | 正态 | 668826.516 | 8545902.74 | . | 0.4735 | <.01 |
| | 对数正态 | 0 | 2.4533 | 8.6926 | 0.0307 | >.15 |
| | 指数 | 0 | 668826.516 | . | 0.7652 | <.01 |
| | 韦伯 | 0 | 21109.2181 | 0.3544 | 0.1184 | <.01 |

图 23－12　1952～2009 年我国地震次损失额分布检验图

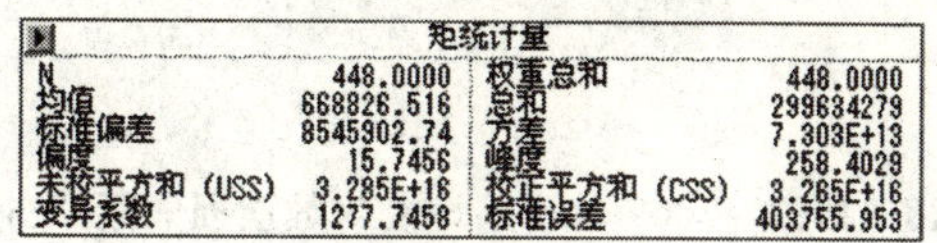

| 矩统计量 | | | |
|---|---|---|---|
| N | 448.0000 | 权重总和 | 448.0000 |
| 均值 | 668826.516 | 总和 | 299634279 |
| 标准偏差 | 8545902.74 | 方差 | 7.303E+13 |
| 偏度 | 15.7456 | 峰度 | 258.4029 |
| 未校平方和 (USS) | 3.285E+16 | 校正平方和 (CSS) | 3.265E+16 |
| 变异系数 | 1277.7458 | 标准误差 | 403755.953 |

图 23－13　1952～2009 年我国地震次损失额统计量图

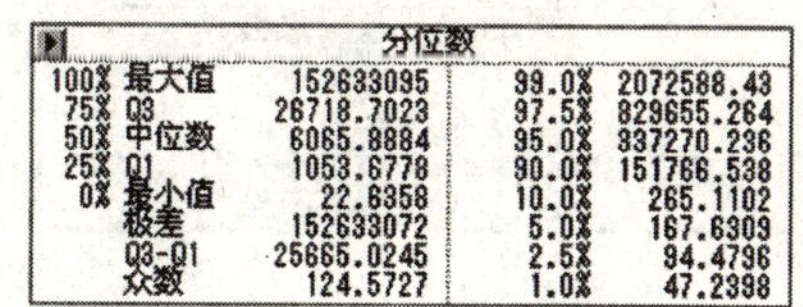

| 分位数 | | | | |
|---|---|---|---|---|
| 100% | 最大值 | 152633095 | 99.0% | 2072588.43 |
| 75% | Q3 | 26718.7023 | 97.5% | 829655.264 |
| 50% | 中位数 | 6065.8884 | 95.0% | 337270.236 |
| 25% | Q1 | 1053.6778 | 90.0% | 151766.538 |
| 0% | 最小值 | 22.6358 | 10.0% | 265.1102 |
| | 极差 | 152633072 | 5.0% | 167.6309 |
| | Q3-Q1 | 25665.0245 | 2.5% | 94.4796 |
| | 众数 | 124.5727 | 1.0% | 47.2398 |

图 23－14　1952～2009 年我国地震次损失额分位数图

由输出结果可以得到，1952～2009 年的 448 次成灾地震的平均次损失额为 668 826.516 万元，其中，最高损失达 152 633 095 万元，有一半的损失额小于 6 065.8884 万元。

从对常用分布关于次损失额进行分布拟合的检验结果可以看出，在 5% 的显著性水平下，只有对数正态分布是通过检验的，即可以用对数正态分布来拟合次损失额数据。

接下来，对次损失额数据取对数后进行分析。输出结果见图 23－15～图 23－20。

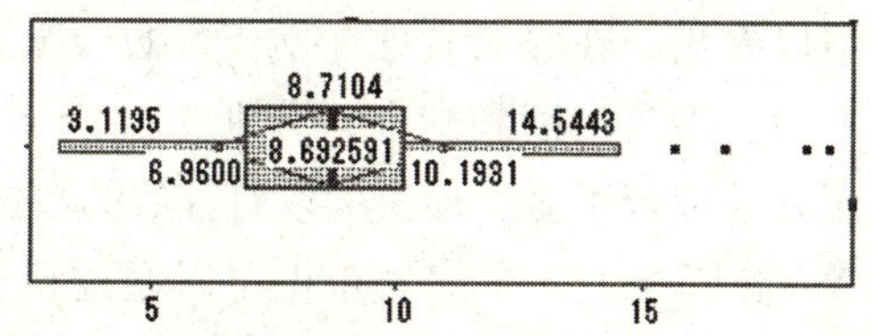


图 23－15　1952～2009 年我国地震对数次损失额盒状图

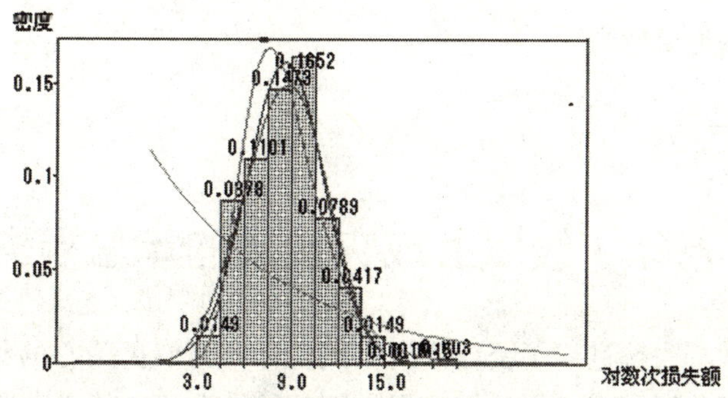


图 23－16　1952～2009 年我国地震对数次损失额直方图

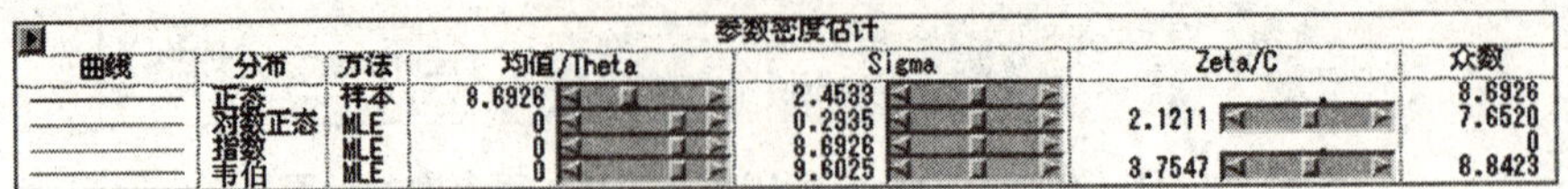

| 参数密度估计 | | | | | | |
|---|---|---|---|---|---|---|
| 曲线 | 分布 | 方法 | 均值/Theta | Sigma | Zeta/C | 众数 |
| | 正态 | 样本 | 8.6926 | 2.4533 | | 8.6926 |
| | 对数正态 | MLE | 0 | 0.2935 | 2.1211 | 7.6520 |
| | 指数 | MLE | 0 | 8.6926 | | 0 |
| | 韦伯 | MLE | 0 | 9.6025 | 3.7547 | 8.8423 |

**图 23－17　1952～2009 年我国地震对数次损失额参数估计图**

| 分布检验 | | | | | | |
|---|---|---|---|---|---|---|
| 曲线 | 分布 | 均值/Theta | Sigma | Zeta/C | Kolmogorov D | Pr > D |
| | 正态 | 8.6926 | 2.4533 | . | 0.0307 | >.15 |
| | 对数正态 | 0 | 0.2938 | 2.1211 | 0.0681 | <.01 |
| | 指数 | 0 | 8.6926 | . | 0.3966 | <.01 |
| | 韦伯 | 0 | 9.6025 | 3.7547 | 0.0450 | 0.0219 |

**图 23－18　1952～2009 年我国地震对数次损失额分布检验图**

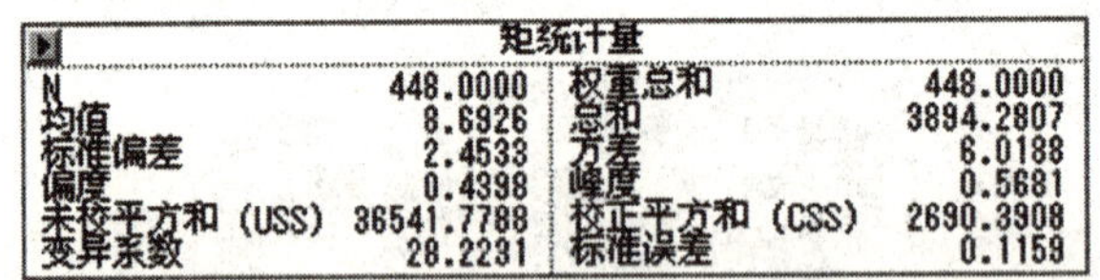

| 矩统计量 | | | |
|---|---|---|---|
| N | 448.0000 | 权重总和 | 448.0000 |
| 均值 | 8.6926 | 总和 | 3894.2807 |
| 标准偏差 | 2.4533 | 方差 | 6.0188 |
| 偏度 | 0.4398 | 峰度 | 0.5681 |
| 未校平方和（USS） | 36541.7788 | 校正平方和（CSS） | 2690.3908 |
| 变异系数 | 28.2231 | 标准误差 | 0.1159 |

**图 23－19　1952～2009 年我国地震对数次损失额统计量图**

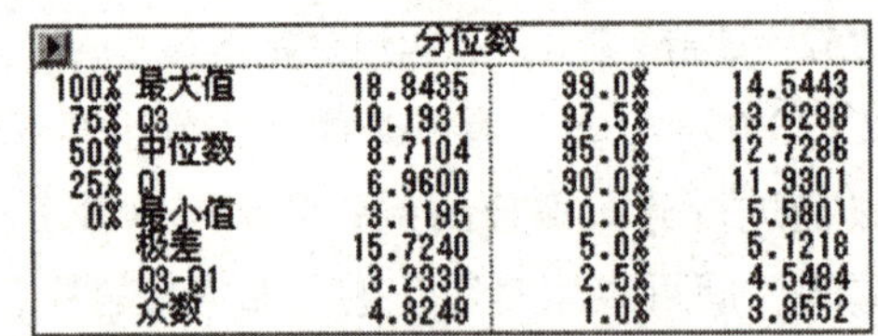

| 分位数 | | | |
|---|---|---|---|
| 100% 最大值 | 18.8435 | 99.0% | 14.5443 |
| 75% Q3 | 10.1931 | 97.5% | 13.6288 |
| 50% 中位数 | 8.7104 | 95.0% | 12.7286 |
| 25% Q1 | 6.9600 | 90.0% | 11.9301 |
| 0% 最小值 | 3.1195 | 10.0% | 5.5801 |
| 极差 | 15.7240 | 5.0% | 5.1218 |
| Q3-Q1 | 3.2330 | 2.5% | 4.5484 |
| 众数 | 4.8249 | 1.0% | 3.8552 |

**图 23－20　1952～2009 年我国地震对数次损失额分位数图**

由分布检验的输出结果可以看出，在显著性水平为 5% 的情况下，对次损失额取对数后的数据可以通过正态分布的检验，参数均值和标准差分别为：$\mu = 8.6926$，$\sigma = 2.4533$。由直方图也可以看出，正态分布很好地拟合了对次损失额取对数后的数据。

此外，在显著性水平为 5% 的情况下，韦伯分布也可以通过显著性检验，即对次损失额取对数后的数据也可以用韦伯分布来拟合，但其拟合效果不如正态分布，这一情况也可以从直方图看出。

对数正态分布的密度函数为：

$$f(x) = \frac{1}{2.4533\sqrt{2\pi} \cdot x} e^{-\frac{1}{2}\left(\frac{\ln x - 8.6926}{2.4533}\right)^2}$$

## 第五节　各年 4 级以上成灾地震的年总损失额分析

第四节对地震的次损失额进行了统计分析，而实际中人们更关心的是每年地震总损失额的情况，第五节即是对我国成灾地震的年总损失额的统计分析，第六节将对年平均次损失额进行分析。

首先对全国每年总损失额数据（包括所有4级以上成灾地震）进行SAS处理，得到的结果见图23－21～图23－25。

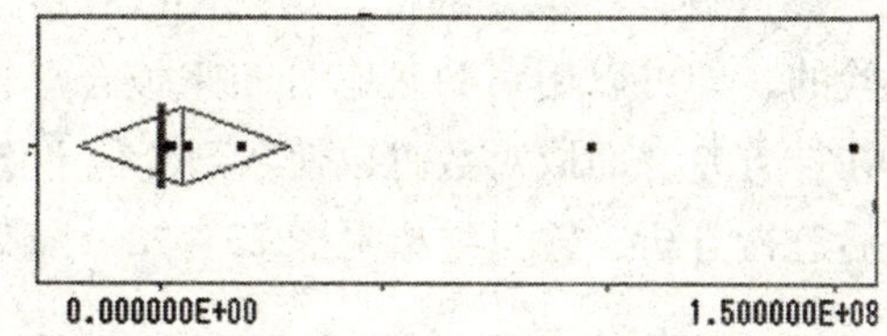


图23－21　1952～2009年各年我国地震总损失额盒状图

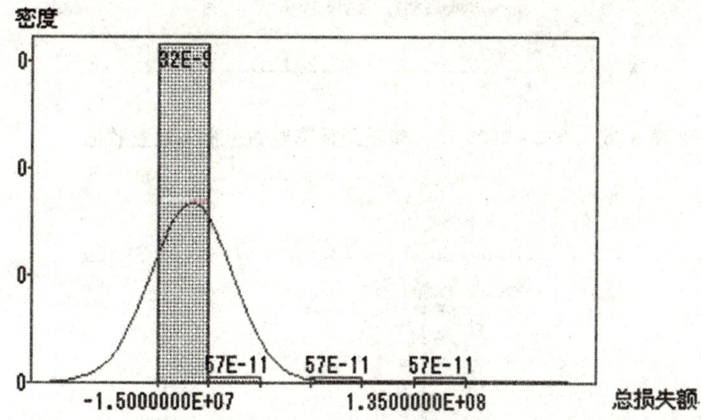


图23－22　1952～2009年各年我国地震总损失额直方图

分布检验

| 曲线 | 分布 | 均值/Theta | Sigma | Zeta/C | Kolmogorov D | Pr > D |
|---|---|---|---|---|---|---|
| | 正态 | 5166108.26 | 23675371.7 | . | 0.4712 | <.01 |
| | 对数正态 | 0 | 2.4149 | 12.1754 | 0.0881 | >.15 |
| | 指数 | 0 | 5166108.26 | . | 0.6642 | <.01 |
| | 韦伯 | 0 | 656060.747 | 0.3870 | 0.1492 | <.01 |

图23－23　1952～2009年各年我国地震总损失额分布检验图

矩统计量

| | | | |
|---|---|---|---|
| N | 58.0000 | 权重总和 | 58.0000 |
| 均值 | 5166108.26 | 总和 | 299634279 |
| 标准偏差 | 23675371.7 | 方差 | 5.605E+14 |
| 偏度 | 5.5814 | 峰度 | 31.9178 |
| 未校平方和 (USS) | 3.350E+16 | 校正平方和 (CSS) | 3.195E+16 |
| 变异系数 | 458.2825 | 标准误差 | 3108728.60 |

图23－24　1952～2009年各年我国地震总损失额统计量图

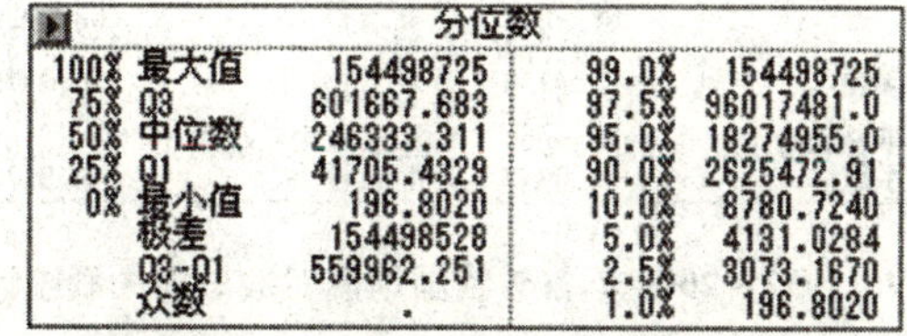

分位数

| | | | | |
|---|---|---|---|---|
| 100% | 最大值 | 154498725 | 99.0% | 154498725 |
| 75% | Q3 | 601667.683 | 97.5% | 96017481.0 |
| 50% | 中位数 | 246333.311 | 95.0% | 18274955.0 |
| 25% | Q1 | 41705.4329 | 90.0% | 2625472.91 |
| 0% | 最小值 | 196.8020 | 10.0% | 8780.7240 |
| | 极差 | 154498528 | 5.0% | 4131.0284 |
| | Q3-Q1 | 559962.251 | 2.5% | 3073.1670 |
| | 众数 | . | 1.0% | 196.8020 |

图23－25　1952～2009年各年我国地震总损失额分位数图

由以上输出结果可以看出，1952～2009年的地震年总损失额存在很大的差异，均值和标准差分别为：

$\mu = 5\ 166\ 108.26$，$\sigma = 23\ 675\ 371.7$

其中，最高的总损失额为154 498 725万元，有一半的年总损失额小于246 333.311万元。

从对常用分布关于总损失额进行分布拟合的检验结果可以看出，在5%的显著性水平下，只有对数正态分布是通过检验的，即可以用对数正态分布来拟合总损失额数据。由于经济变量往往受到时间的影响而存在异方差，而取对数可以使数列变得平稳。

对总损失额数据取对数后进行分析，输出结果见图23－26～图23－30。

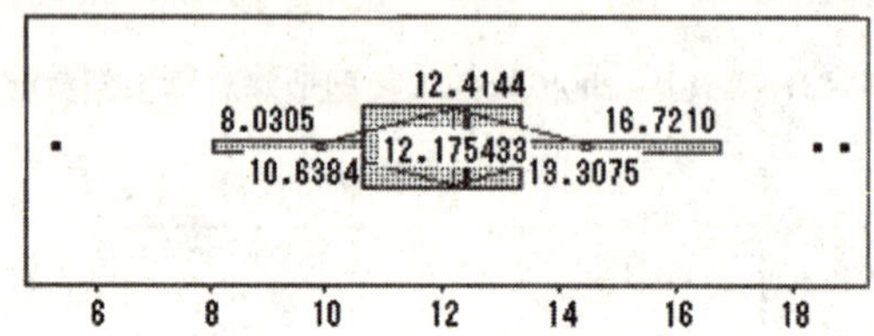


图23－26　1952～2009年各年我国地震对数总损失额盒状图

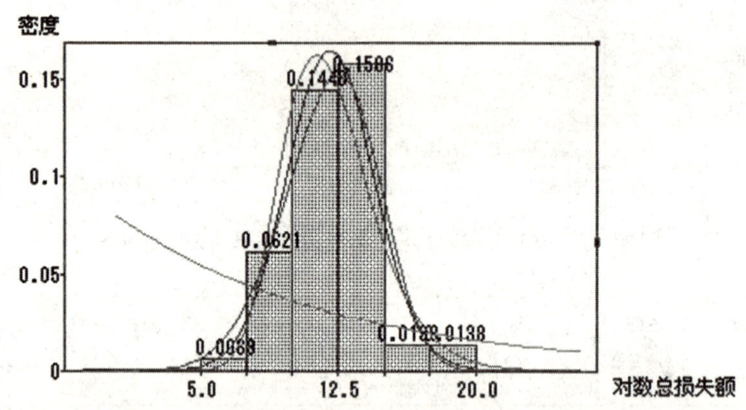


图23－27　1952～2009年各年我国地震对数总损失额直方图

分布检验

| 曲线 | 分布 | 均值/Theta | Sigma | Zeta/C | Kolmogorov D | Pr > D |
|---|---|---|---|---|---|---|
| | 正态 | 12.1754 | 2.4149 | . | 0.0881 | >.15 |
| | 对数正态 | 0 | 0.2116 | 2.4786 | 0.1232 | 0.0268 |
| | 指数 | 0 | 12.1754 | . | 0.4657 | <.01 |
| | 韦伯 | 0 | 13.1478 | 5.3480 | 0.1125 | 0.0501 |

图23－28　1952～2009年各年我国地震对数总损失额分布检验图

矩统计量

| | | | |
|---|---|---|---|
| N | 58.0000 | 权重总和 | 58.0000 |
| 均值 | 12.1754 | 总和 | 706.1751 |
| 标准偏差 | 2.4149 | 方差 | 5.8319 |
| 偏度 | 0.1213 | 峰度 | 1.2557 |
| 未校平方和（USS） | 8930.4073 | 校正平方和（CSS） | 332.4200 |
| 变异系数 | 19.8345 | 标准误差 | 0.3171 |

图23－29　1952～2009年各年我国地震对数总损失额统计量图

| 分位数 | | | | |
|---|---|---|---|---|
| 100% | 最大值 | 18.8557 | 99.0% | 18.8557 |
| 75% | Q3 | 13.3075 | 97.5% | 18.3800 |
| 50% | 中位数 | 12.4144 | 95.0% | 16.7210 |
| 25% | Q1 | 10.6384 | 90.0% | 14.7808 |
| 0% | 最小值 | 5.2822 | 10.0% | 9.0803 |
| | 极差 | 13.5735 | 5.0% | 8.3263 |
| | Q3-Q1 | 2.6691 | 2.5% | 8.0305 |
| | 众数 | . | 1.0% | 5.2822 |

**图 23-30　1952~2009 年各年我国地震对数总损失额分位数图**

由分布检验的输出结果可以看出，在显著性水平为 5% 的情况下，对年总损失额取对数后的数据可以通过正态分布的检验，参数均值和标准差分别为：$\mu = 12.1754$，$\sigma = 2.4149$。由直方图也可以看出，正态分布很好地拟合了对年总损失额取对数后的数据。此外，在显著性水平为 5% 的情况下，韦伯分布也可以通过显著性检验，即对年总损失额取对数后的数据也可以用韦伯分布来拟合，但其拟合效果不如正态分布，这一情况也可以从直方图看出。

对数正态分布的密度函数为：

$$f(x) = \frac{1}{2.4149\sqrt{2\pi \cdot x}} e^{-\frac{1}{2}(\frac{\ln x - 12.1754}{2.4149})^2}$$

## 第六节　各年 4 级以上成灾地震的平均次损失额分析

由于各年地震的频数存在很大的差异，因此对于总损失额的分析受频数影响较大，意义并不是很大。本节将对每年的平均次损失额（每年的总损失额除以本年度的频数）进行分析，这样就部分抵消了频数对于损失额的影响。

对全国每年的平均次损失额数据进行 SAS 处理，得到图 23-31 ~ 图 23-35。

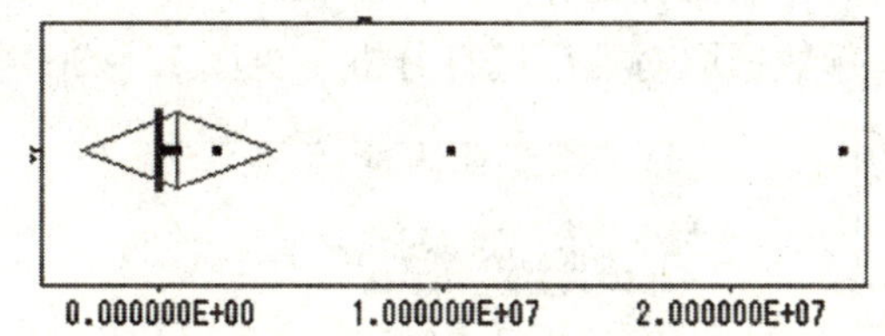


**图 23-31　1952~2009 年各年我国地震平均次损失额盒状图**

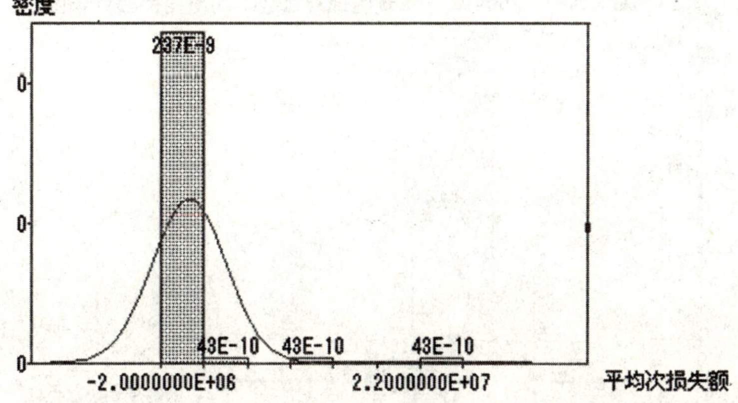


**图 23-32　1952~2009 年各年我国地震平均次损失额直方图**

| 分布检验 | | | | | | |
|---|---|---|---|---|---|---|
| 曲线 | 分布 | 均值/Theta | Sigma | Zeta/C | Kolmogorov D | Pr > D |
| | 正态 | 694481.358 | 3401536.08 | . | 0.4614 | <.01 |
| | 对数正态 | 0 | 2.1677 | 10.2920 | 0.1040 | 0.1183 |
| | 指数 | 0 | 694481.358 | . | 0.6704 | <.01 |
| | 韦伯 | 0 | 91520.8369 | 0.4005 | 0.1685 | <.01 |

图 23－33　1952～2009 年各年我国地震平均次损失额分布检验图

| 矩统计量 | | | |
|---|---|---|---|
| N | 58.0000 | 权重总和 | 58.0000 |
| 均值 | 694481.358 | 总和 | 40279918.7 |
| 标准偏差 | 3401536.08 | 方差 | 1.157E+13 |
| 偏度 | 6.2509 | 峰度 | 41.0615 |
| 未校平方和（USS） | 6.875E+14 | 校正平方和（CSS） | 6.595E+14 |
| 变异系数 | 489.7952 | 标准误差 | 446643.569 |

图 23－34　1952～2009 年各年我国地震平均次损失额统计量图

| 分位数 | | | |
|---|---|---|---|
| 100% 最大值 | 24004370.2 | 99.0% | 24004370.2 |
| 75% Q3 | 71285.9340 | 97.5% | 10299915.0 |
| 50% 中位数 | 23996.4759 | 95.0% | 2030550.55 |
| 25% Q1 | 8400.4372 | 90.0% | 358641.019 |
| 0% 最小值 | 196.8020 | 10.0% | 1616.0262 |
| 极差 | 24004173.4 | 5.0% | 1254.3891 |
| Q3-Q1 | 62885.4968 | 2.5% | 1032.7571 |
| 众数 | . | 1.0% | 196.8020 |

图 23－35　1952～2009 年各年我国地震平均次损失额分位数图

从输出结果可以看出每年的平均次损失额差异也较大，其均值和标准差分别为：$\mu$ = 694 481.358，$\sigma$ = 3 401 536.08。其中，平均次损失额最大为 24 004 370.2，有一半的损失额小于 23 996.4759。

从对常用分布关于年平均次损失额进行分布拟合的检验结果可以看出，在 5% 的显著性水平下，只有对数正态分布是通过检验的，即可以用对数正态分布来拟合平均次损失额数据。由于经济变量往往受到时间的影响而存在异方差，而取对数可以使得数列变得平稳。

接下来，对平均次损失额数据取对数后进行分析（见图 23－36～图 23－40）。

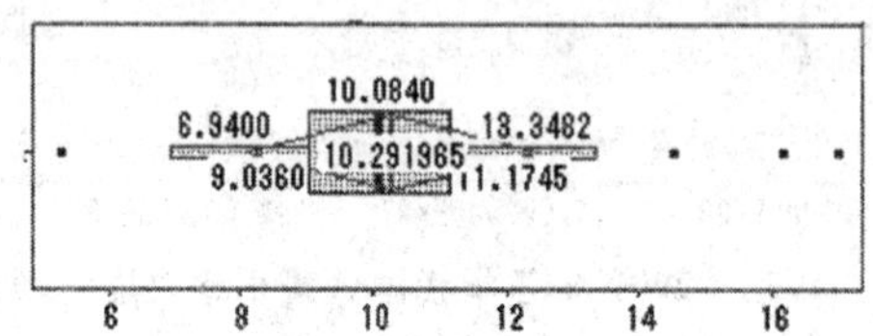


图 23－36　1952～2009 年各年我国地震对数平均次损失额盒状图

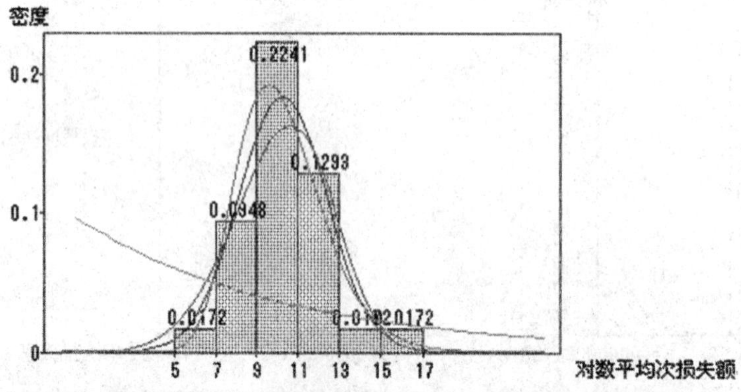


图 23－37　1952～2009 年各年我国地震对数平均次损失额直方图

| 曲线 | 分布 | 均值/Theta | Sigma | Zeta/C | Kolmogorov D | Pr > D |
|---|---|---|---|---|---|---|
| | 正态 | 10.2920 | 2.1677 | . | 0.1040 | 0.1183 |
| | 对数正态 | 0 | 0.2122 | 2.3096 | 0.1046 | 0.1134 |
| | 指数 | 0 | 10.2920 | . | 0.4733 | <.01 |
| | 韦伯 | 0 | 11.1669 | 4.8372 | 0.1295 | 0.0105 |

图 23－38　1952～2009 年各年我国地震对数平均次损失额分布检验图

| 矩统计量 | | | |
|---|---|---|---|
| N | 58.0000 | 权重总和 | 58.0000 |
| 均值 | 10.2920 | 总和 | 596.9339 |
| 标准偏差 | 2.1677 | 方差 | 4.6989 |
| 偏度 | 0.5921 | 峰度 | 1.3216 |
| 未校平方和 (USS) | 6411.4578 | 校正平方和 (CSS) | 267.8348 |
| 变异系数 | 21.0619 | 标准误差 | 0.2846 |

图 23－39　1952～2009 年各年我国地震对数平均次损失额统计量图

| 分位数 | | | |
|---|---|---|---|
| 100% 最大值 | 16.9937 | 99.0% | 16.9937 |
| 75% Q3 | 11.1745 | 97.5% | 16.1476 |
| 50% 中位数 | 10.0840 | 95.0% | 14.5238 |
| 25% Q1 | 9.0360 | 90.0% | 12.7301 |
| 0% 最小值 | 5.2822 | 10.0% | 7.3877 |
| 极差 | 11.7115 | 5.0% | 7.1344 |
| Q3-Q1 | 2.1384 | 2.5% | 6.9400 |
| 众数 | . | 1.0% | 5.2822 |

图 23－40　1952～2009 年各年我国地震对数平均次损失额分位数图

由分布检验的输出结果可以看出，在显著性水平为 5% 的情况下，对年平均次损失额取对数后的数据可以通过正态分布的检验，均值和标准差分别为：$\mu=10.2920$，$\sigma=2.1677$。由直方图也可以看出，正态分布很好地拟合了对年平均次损失额取对数后的数据。此外，在显著性水平为 5% 的情况下，对数正态分布也可以通过显著性检验，即对年平均次损失额取对数后的数据也可以用对数正态分布来拟合，但其拟合效果不如正态分布，这一情况也可以从直方图看出。

对数正态分布的密度函数为：

$$f(x)=\frac{1}{2.1677\sqrt{2\pi}\cdot x}e^{-\frac{1}{2}\left(\frac{\ln x-10.2920}{2.1677}\right)^2}$$

## 第七节　全国各省（区、市）成灾地震损失额分析

以上是从全国角度对成灾地震损失进行统计分析，然而由于地震带的分布特点，地震的发生具有明显的地域性。我国幅员辽阔，各地区间地震发生状况差别很大，鉴于此，按地理位置对地震发生的情况进行统计更具合理性。然而受制于数据统计方法，本节仅从行政区域角度对地震数据进行地域性分析，虽然不如完全依照地理位置进行划分准确，但从结果来看，仍具有一定的参考价值。本节使用经 GDP 调整后的中国大陆地区 1952～2009 年间各省（区、市）发生的 4 级以上成灾地震的总损失额和平均次损失额分别进行分析。表 23－5 是我国各省（区、市）地震总损失额情况。

表 23－5　　1952～2009 年全国 4 级以上成灾地震总损失额　　（单位：万元）

| 省（区、市） | 总损失 | 省（区、市） | 总损失 | 省（区、市） | 总损失 |
|---|---|---|---|---|---|
| 北京 | 0 | 安徽 | 1 274.452694 | 四川 | 98 495 658.56 |
| 天津 | 43 739.01801 | 福建 | 185 039.2924 | 贵州 | 0 |
| 河北 | 171 596 699.9 | 江西 | 553 643.4982 | 云南 | 14 127 215.2 |
| 山西 | 1 321 893.447 | 山东 | 2 615 333.335 | 西藏 | 235 347.393 |
| 内蒙古 | 2 035 374.56 | 河南 | 19 493.90596 | 陕西 | 7 195.830683 |
| 辽宁 | 32 232.26923 | 湖北 | 3 924.195039 | 甘肃 | 809 035.4929 |
| 吉林 | 93 793.30363 | 湖南 | 0 | 青海 | 702 899.2537 |
| 黑龙江 | 532 539.076 | 广东 | 866 252.0158 | 宁夏 | 248 189.227 |
| 上海 | 0 | 广西 | 21 908.38701 | 新疆 | 1 939 936.123 |
| 江苏 | 2 741 382.989 | 海南 | 192.8893692 | | |
| 浙江 | 18 334.99686 | 重庆 | 365 663.1873 | | |

可以看出，各省（区、市）1952～2009 年的地震总损失额存在很大的差异，附录二中的图23－41是我国各省（区、市）的地震总损失情况。

其中颜色由深到浅表示总损失额由大到小，从地图上可以看出，河北、山东、云南、江苏、四川和内蒙古、新疆颜色较深，即其总损失额较大，这一部分是由于这几个省区地震的频数较高引起的。河北的颜色较深、总损失额较大，则部分是由于其地震频数较高，部分是由于历史上的几次重大地震引起的。而山东、江苏的总损失额较大则与它们的经济发展状况有一定的关系。中部地区的地震总损失额相对较小。

由于总损失额受到频数影响较大，下面将对平均次损失额进行分析。表 23－6 是我国各省（区、市）地震平均次损失额情况。

表 23－6　　1952～2009 年全国 4 级以上成灾地震平均次损失额　　（单位：万元）

| 省（区、市） | 平均次损失 | 省（区、市） | 平均次损失 | 省（区、市） | 平均次损失 |
|---|---|---|---|---|---|
| 北京 | 0 | 安徽 | 637.2263469 | 四川 | 1 470 084.456 |
| 天津 | 21 869.50901 | 福建 | 46 259.82309 | 贵州 | 0 |
| 河北 | 9 533 149.996 | 江西 | 110 728.6996 | 云南 | 121 786.3379 |
| 山西 | 120 172.1316 | 山东 | 871 777.7784 | 西藏 | 10 232.49535 |
| 内蒙古 | 119 727.9153 | 河南 | 19 493.90596 | 陕西 | 1 798.957671 |
| 辽宁 | 32 232.26923 | 湖北 | 1 962.097519 | 甘肃 | 36 774.34059 |
| 吉林 | 31 264.43454 | 湖南 | 0 | 青海 | 18 997.27713 |
| 黑龙江 | 133 134.769 | 广东 | 216 563.0039 | 宁夏 | 22 562.657 |

续表

| 省（区、市） | 平均次损失 | 省（区、市） | 平均次损失 | 省（区、市） | 平均次损失 |
|---|---|---|---|---|---|
| 上海 | 0 | 广西 | 5 477. 096753 | 新疆 | 26 943. 55726 |
| 江苏 | 548 276. 5978 | 海南 | 192. 8893692 | | |
| 浙江 | 9 167. 49843 | 重庆 | 91 415. 79683 | | |

可以看出，各省（区、市）1952 ~ 2009 年的地震平均次损失额仍存在很大的差异，附录二中的图 23 - 42 是我国各省（区、市）的地震平均次损失情况。

其中颜色由深到浅表示平均损失额由大到小。可以看出，平均损失额的地图与总损失额的地图情况差异很大，这是因为平均损失额部分剔除了地震频数对损失额的影响而造成的。其中，河北省的颜色最深，平均损失额最大，这主要是因为河北省历史上的几次重大地震的结果。云南省也由于几次较大地震拉高了其平均损失额。

下面分析各省（区、市）平均损失率的数据。平均损失率的概念是经 GDP 调整后的 1952 ~ 2009 年各省（区、市）平均次损失额与该省（区、市）2009 年的 GDP 相比，得到该省（区、市）的平均损失率。表 23 - 7 是我国各省（区、市）地震平均次损失率情况。

**表 23 - 7　　1952 ~ 2009 年全国 4 级以上成灾地震平均损失率**

| 省（区、市） | 损失率 | 省（区、市） | 损失率 | 省（区、市） | 损失率 |
|---|---|---|---|---|---|
| 北京 | 0 | 安徽 | 6. 33248E - 06 | 四川 | 0. 007108282 |
| 天津 | 0. 000290746 | 福建 | 0. 000378047 | 贵州 | 0 |
| 河北 | 0. 055311195 | 江西 | 0. 001446455 | 云南 | 0. 001973927 |
| 山西 | 0. 001633149 | 山东 | 0. 00257187 | 西藏 | 0. 002318401 |
| 内蒙古 | 0. 001229208 | 河南 | 0. 000100069 | 陕西 | 2. 20196E - 05 |
| 辽宁 | 0. 00021188 | 湖北 | 1. 51384E - 05 | 甘肃 | 0. 00108557 |
| 吉林 | 0. 00042953 | 湖南 | 0 | 青海 | 0. 001756941 |
| 黑龙江 | 0. 001550422 | 广东 | 0. 000548503 | 宁夏 | 0. 00166722 |
| 上海 | 0 | 广西 | 7. 05888E - 05 | 新疆 | 0. 000629957 |
| 江苏 | 0. 001591177 | 海南 | 1. 16605E - 05 | | |
| 浙江 | 3. 98754E - 05 | 重庆 | 0. 001399933 | | |

附录二中的图 23 - 43 显示了我国各省（区、市）地震平均损失率的情况。

比较图 23 - 43 和图 23 - 42，可以看出这两个地图存在明显的差异，这是由于图 23 - 43 经省 GDP 调整，剔除了经济发展不平衡因素的影响。可以看出，河北省的平均损失率是最高的，与其他省（区、市）有较大差异。其后是山东省、宁夏回族自治区、云南省、青海省和西藏自治区。其他省（区、市）的平均损失率相对较小。

# 第二十四章

# 地震灾害的影响因素分析

这部分的数据来源于我国大陆地区 1952～2009 年 4 级以上的成灾地震记录，具体来源见第二章第一节，对于所有的成灾地震采取以下处理方法：（1）为了消除峰值对于影响函数拟合的影响，剔除了历史数据中的 14 个异常数据，对异常损失的分析将在后面异常损失分析中详细介绍；（2）由于部分数据的缺失，比如有些地震缺少深度或烈度等信息记录，剔除了这些数据不完整的历史记录，最后得到 295 次数据完整的地震损失记录，将其作为分析拟合的数据样本，这样可能会有一些偏差，但是由于数据的总量较大，所以也可以保证回归方程的准确性。

## 第一节　定性分析

地震造成的损失主要受两方面因素的影响，一个是自然因素，另一个是人为因素。

### 一、自然因素

**（一）震级（Ms）**

一般情况下，地震发生的震级越大，造成的经济损失也越大。震级大于 9.0 的地震，为最大级地震，自有地震观测以来全世界共发生过 5 次。震级 8.0～8.9 的地震为第一级大地震，如果震中在陆地上会造成大灾难，如果震中在海底则会引起大海啸，并且主震后会有很多余震，自 1900 年以来，全世界大约平均每年发生 1 次。震级 7.0～7.9 的地震，自 1900 年以来，全世界大约平均每年发生 19 次。震级 6.0～6.9 的地震，世界上任何主要地震观测站均可测得其地震波，自 1900 年以来，全世界平均每年发生 120 次。震级 5.0～5.9 的地震，有感区域相当大，震中附近会造成灾害，自 1900 年以来，全世界平均每年发生约 800 次。

**（二）震源深度（千米）**

震源深度是指震源与震中的垂直距离。一般情况下，震源越深，发震位置离地面越远，地震造成的经济损失越小。震源深度 300 千米以上的称为深源地震，震源深度 60 千米～300 千米的称为中源地震，震源深度 0～60 千米的称为浅源地震。

**（三）地震烈度**

地震烈度是指地面及各类建筑物遭受地震的破坏程度，其大小，受震级大小、震源深浅、距震中距离、地震波的传播介质及场地地质构造条件等因素的影响，因此地震烈度是一个综合因素。一般情况下，烈度越大，震灾越大，造成的损失也越大。根据《新的中国烈度表》，地震烈度11度以上为毁灭性地震，地震烈度9～10.9度房屋严重破坏以致倒塌，并有地表自然环境的破坏，地震烈度7～8.9度为破坏性地震，地震烈度6～6.9度有轻微损坏。

**（四）发生地点**

地震发生的地点对灾害大小也有影响，发生在人口密集的地区或省（区、市）的地震与发生在人口稀少的山区相比，其造成的损失大很多；此外，发生地点的地质结构也是重要的影响因素。

**（五）发生时刻**

地震发生的时间对于震灾大小，尤其是人员死亡具有明显的影响。由于夜间人多在室内，夜深后人又处于睡眠状态，对地震的反应比较迟钝，逃离房屋的速度也比较慢，加上夜间外部抢救能力也比夜间差得多，因此夜间地震造成的死亡人数比日间大得多。

## 二、人为因素

**（一）GDP（亿元）**

国民生产总值越大，经济发展水平越高，地震造成的直接经济损失也就越大。

**（二）人口密度**

人口密度和经济发展程度呈正相关关系，人口密度越大，造成的损失越大。

**（三）建筑物**

一个区域内不同类型房屋建筑的比例和分布与地震造成灾害大小有很大关系，木质结构抗震能力会明显低于钢筋混凝土结构；另外，建筑物分布集中还会造成相互间的损害，也会加大地震损害程度。

**（四）防灾减损能力**

区域一般都会有相应的防灾减损设施，比如应急避难场所等，发达地区和地震重点灾区在防灾减损方面做得要比其他地区好。

综上所述，最终提取的变量如下：

被解释变量：

调整后的次损失 ad_ loss（万元）（第y年的调整次损失为 $ad\_\ loss_y = loss_y \cdot \frac{GDP_{2009}}{GDP_y}$）。

解释变量：

全国生产总值：GDP（亿元）；

各省人口密度：Density（人/平方公里）；

震级：Ms；

深度：Depth（千米）；

烈度：Intensity；

发生时刻：time。

## 第二节　定量分析

### 一、变量选取

#### （一）被解释变量

次损失额（万元）：每次地震造成的直接经济损失额作为被解释变量。考虑到经济数据通常在回归时存在异方差，所以下文会专门进行异方差检验，若存在异方差，一般对经济数据取对数可消除。

#### （二）解释变量

从直观上理解，地震烈度的高低、震级的大小、震源的深浅都与地震造成的直接经济损失有直接的联系，都会影响到损失额的大小。而且，这几个因素都是可以量化的，所以暂且将这几个因素定为解释变量。

首先，对所有的解释变量进行分析，它们的相关性可由表 24 –1 看出。

**表 24 –1　　各个解释变量的相关性分析**

| | Pearson 相关系数，N =294<br>当 H0：Rho =0 时，Prob > \| r \| | | | | |
|---|---|---|---|---|---|
| | Ms | Intensity | Depth | GDP | Density |
| Ms | 1.00000 | 0.78667 | 0.16607 | –0.21417 | –0.31663 |
| Ms | | <.0001 | 0.0043 | 0.0002 | <.0001 |
| Intensity | 0.78667 | 1.00000 | –0.01548 | –0.17261 | –0.19488 |
| Intensity | <.0001 | | 0.7916 | 0.0030 | 0.0008 |
| Depth | 0.16607 | –0.01548 | 1.00000 | –0.17744 | –0.24186 |
| Depth | 0.0043 | 0.7916 | | 0.0023 | <.0001 |
| GDP | –0.21417 | –0.17261 | –0.17744 | 1.00000 | –0.00178 |
| GDP | 0.0002 | 0.0030 | 0.0023 | | 0.9757 |
| Density | –0.31663 | –0.19483 | –0.24186 | –0.00178 | 1.00000 |
| Density | <.0001 | 0.0008 | <.0001 | 0.9757 | |

根据表 24 –1 可以看出，这些变量中震级 Ms 和烈度 Intensity 之间存在较强的正相关性，达到了 0.78667，这是因为烈度受到深度和震级等的影响，是一个综合因素，所以根据相关性分析结果，只需在震级和烈度中可以选择一个作为解释变量，至于最终选取哪一个，下文根据进一步的分析决定。此外，其他的变量间相关性并不显著。

### 二、回归分析

为了对解释变量和被解释变量之间的关系有初步了解，首先对它们作完全的回归，然后根据结果对模型进行修正，解释变量包括上面列出的所有变量和地震参数间的交叉变量：震级 Ms、烈度 Intensity、深度 Depth、GDP、人口密度 Density、Ms * Intensity、Ms * Depth、Intensity * Depth。回归结果见表 24－2。

表 24－2　所有变量的全回归模型

| 变量名 | 回归系数 | t 值 | p 值 |
|---|---|---|---|
| Intercept | －593845 | －2.15 | 0.0323 |
| Ms | 100372 | 1.91 | 0.0572 |
| Intensity | 40989 | 1.07 | 0.2857 |
| Depth | 358.028 | 0.06 | 0.9484 |
| GDP | 0.17279 | 2.41 | 0.0165 |
| Density | 152.199 | 4.11 | <.0001 |
| Ms * Intensity | －5900.50593 | －0.99 | 0.3241 |
| Ms * Depth | －1586.64 | －1.15 | 0.2513 |
| Intensity * Depth | 1199.42 | 1.39 | 0.1656 |
| 拟合优度 $R^2$ | | 0.2060 | |

根据图 24－1 可以看出，全回归模型存在以下几个问题：

（1）调整可决系数太低，只有 0.2060，这意味着所有的自变量只能对因变量作出 20.60% 的解释，这个水平偏低；

（2）根据 t 检验的 P 值可以看出，在 0.05 的置信水平下，部分变量无法通过检验，说明这些变量与被解释变量的相关性不显著；

（3）部分自变量和因变量之间存在很强的异方差性，其中因变量次损失额的异方差最为明显；此外，GDP 也有较强的异方差特征。

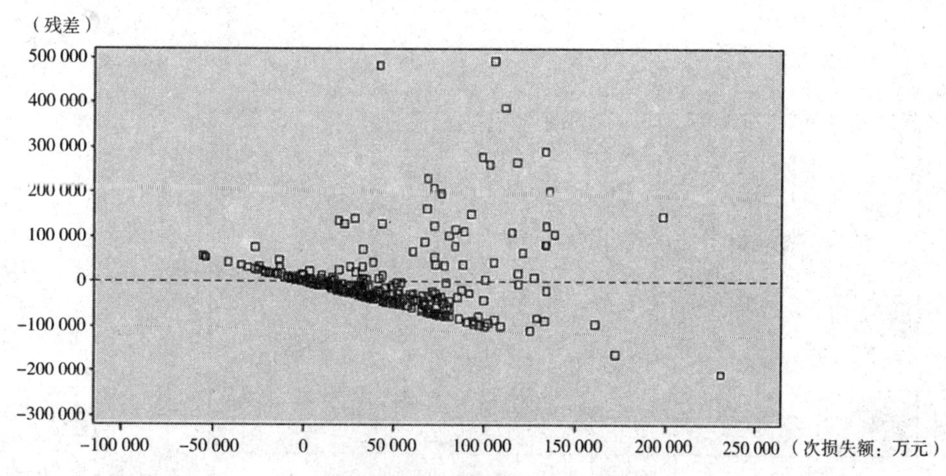


图 24－1　次损失额的残差图

根据以上存在的问题，对模型进行以下修正：

（1）为了消除异方差，分别对次损失额和 GDP 取对数；

（2）为了使通过 t 检验的变量进入模型，采用逐步回归法，它的基本思想是逐个引入自变量，每次引入对被解释变量 Y 影响最显著的自变量，并对方程中的老变量逐个检验，把变为不显著的变量逐个从方程中剔除掉。最终得到的方程既不漏掉对 Y 影响显著的变量，又不包含对 Y 影响不显著的变量。

对模型进行了上述修正后，输入 LnGDP、Ms、Depth、Intensity、Density、Ms * Depth、Intensity * Depth、Ms * Intensity 8 个自变量，然后用 SAS 软件进行逐步回归分析，得到的结果如表 24 -3 所示。

**表 24 -3　　逐步回归**

| 步骤 | 变量名 | 回归系数 | F 值 | p 值 | Partial $R^2$ |
|---|---|---|---|---|---|
| | Intercept | -3.01059 | 6.64 | 0.0105 | 0.1427 |
| 1 | Intensity | 1.17427 | 103.96 | <.0001 | 0.102 |
| 2 | ln - GDP | 0.39945 | 39.37 | <.0001 | 0.0526 |
| 3 | Density | 0.0031 | 15.56 | <.0001 | 0.015 |
| 4 | Intensity * Depth | -0.00461 | 6.31 | 0.0125 | 0.0125 |
| 拟合优度 $R^2$ | 0.206 | | F 值 | <.0001 | |

可以看出，首先，F 检验的 P 值小于 0.0001，说明从整体上来说，因变量与自变量存在显著的线性相关性；模型的可决系数达到了 0.3123，一般来说，可决系数越大，模型拟合得越好，这说明自变量对于因变量的变异性作出了 31.23% 的解释，与修正前的模型相比拟合效果有了很大的提高；在最终的结果中，有 4 个变量因为没有通过 t 检验被剔除出了模型，之前对所有解释变量的相关性分析中，Ms 和 Intensity 具有很强的正相关性，而逐步分析正好剔除了其中之一，剩下的解释变量之间的相关性都不显著。而且通过分别对次损失额和 GDP 取对数，使得这两个变量的异方差得到了很好的修正，这可以通过残差图 24 -2 和图 24 -3 看出。

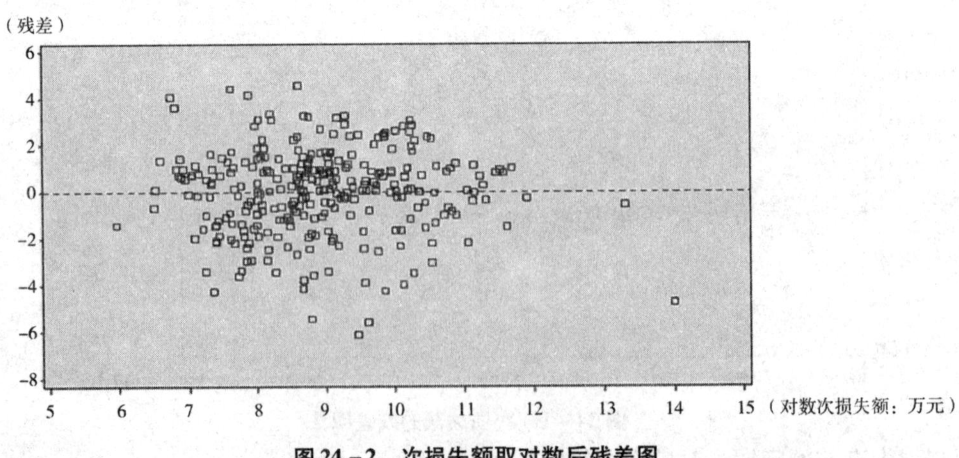


**图 24 -2　次损失额取对数后残差图**

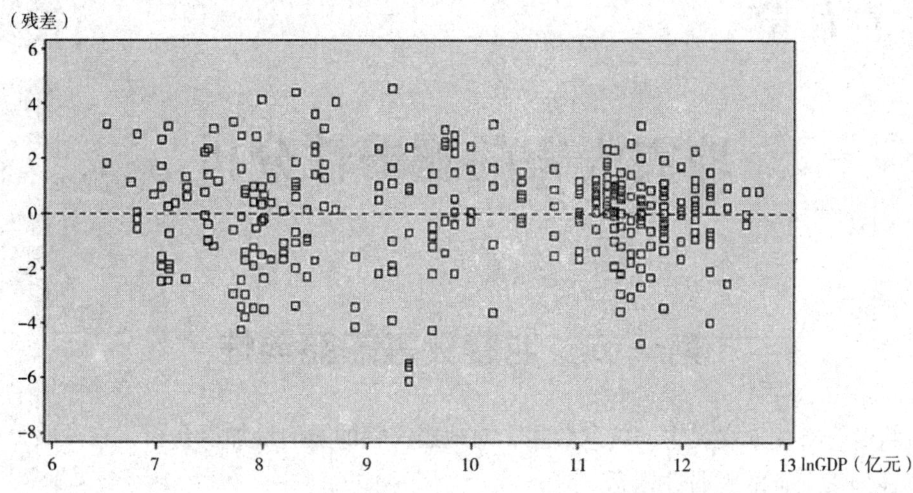


**图 24－3 GDP 取对数后残差图**

最终得到的回归模型为：

$$ln\_Loss = -3.0106 + 1.1743\ Intensity + 0.3995\ ln\_GDP + 0.0031\ Density - 0.0046\ Intensity\_Depth$$

对模型的解释：

从模型中看到，地震的物理特征和地区的经济水平、人口密度共同决定了一次地震造成的损失。对数化的次损失额受到了震源深度、烈度、人口密度、GDP 的影响，且每一个影响因素都具有很高的显著性，整个回归方程拟合效果比较理想，回归方程在理论上成立；另一方面考虑实际情况，此回归方程具有合理的经济意义：

1. 根据回归方程，对数损失额与深度和烈度的乘积负相关，根据模型，地震深度与烈度的乘积每增加 1 个单位，造成的直接经济损失减少 0.46%。

2. GDP 水平与经济损失正相关，GDP 每增长 1%，地震造成的经济损失增长 0.3995%，这也是符合实际情况的。GDP 越大，说明经济水平越高，地震发生对财产造成的损失越严重。

3. 烈度与经济损失正相关，地震烈度反映了地面及各类建筑物遭受地震破坏程度，烈度越大，造成的经济损失也就越大。根据模型，烈度每增加 1 度，经济损失增加 117.43%，可见烈度对损失的影响比较大。

4. 人口密度与经济损失成正比，人口密度每增加 1 个单位，经济损失增加 0.31%。

# 第二十五章

# 地震灾害的脆弱性分析

## 第一节　地震灾害的脆弱性

本章将结合有关地震灾害的信息数据，对地震灾害的脆弱性加以分析。在开始分析之前，先简单阐述地震灾害的脆弱性概念。

### 一、地震灾害脆弱性的概念

地震灾害的脆弱性指的是承灾体在遭受地震等灾变事件打击时所表现出来的破坏损失机会多少、破坏损失潜力大小和破坏后恢复能力强弱等方面的综合性质。

地震等自然灾变事件的承灾体是多种类和多层面的，且可粗略地分成三类：一是单一建筑物和单个人等承灾体单体，其脆弱性是通过它们的材料、结构以及（生物）物理属性来体现的。二是承灾体群体，如具有某种相同或相似特征的一类建筑物和一群人等，它们的脆弱性一般仅通过承灾单体的脆弱性、在统计意义上的联系及统计意义上一致性和差异性来体现的，如相同类型建筑物的结构脆弱性（国内地震灾害研究领域一般称“易损性”）相似、男人和女人承受和应对灾害能力的不同等。三是承灾体系统，概括地说就是由一系列承灾体单体和群体通过一定社会经济和资源环境关系组合而成的、具有一定社会经济和资源环境功能的“活的”有机整体，简单如一个家庭和一座工厂，复杂如一座城市和一个区域社会经济体系都是承灾体系统；此时，组成承灾体系统的各承灾单体及群体自身的脆弱性虽然也很重要、甚至是整个系统灾害脆弱性的存在基础，但是，对于承灾体系统整体的脆弱性而言则是次一级的问题，承灾体系统的脆弱性更主要地体现在维系承灾体系统存在的社会经济及资源环境关系和反映承灾体系统存在价值的社会经济或资源环境功能方面，如生命线系统的运行机制（本源、分布和服务三部分的相互配置和相互依赖）及相应的供水、供电与供气功能等。

下文主要基于承灾体系统（区域）进行分析。如果将该区域内的人类社会整体看作是灾害的综合承灾体，那么该承灾体系统的地震灾害综合宏观脆弱性则是相对于该区域人类社会经济体系中的各种承灾单体、群体和各种次级承灾体系统的微观、具体或特定层次的灾害脆弱性状况而言的。

根据上述承灾体灾害脆弱性的基本概念内涵，下文将讨论的地震灾害区域宏观脆弱性的含义可大体表述为：区域人类社会经济系统在遭受地震事件打击时所表现出来的破坏损失机会多少、破坏损失潜力大小和破坏后恢复能力强弱等方面的整体性质；且这种整体性质是特定区域人类社会经济系统自身的固有属性、具有明确的空间范围和空间尺度性质（这里为区域尺度）、是对特定区域人类社会经济体系中的各种微观、具体和特定层面上的脆弱性，在区域尺度上的宏观概括和整体综合。

## 二、数据来源

本部分的研究从两个层面展开。首先对全国各省（区、市）的地震灾害脆弱性作比较，同时观察在近 3 年内各省（区、市）脆弱性的发展变化。接着选择地震灾害的重灾省——云南省进行进一步的分析。脆弱性指标计算所需数据来源见表 25－1。

表 25－1　　脆弱性指标数据来源

| 指标范围 | 指标 | 数据来源 | 年度 |
| --- | --- | --- | --- |
| 全国各省（区、市）指标 | 建成区面积（平方公里） | 《中国统计年鉴》 | 2008～2010 年 |
| | 城镇居民人均消费性支出（元/人） | 《中国统计年鉴》 | 2008～2010 年 |
| | GDP 密度（亿元/平方公里） | 《中国统计年鉴》 | 2008～2010 年 |
| | 总人口分布密度（万人/平方公里） | 《中国统计年鉴》 | 2008～2010 年 |
| | 老幼人口比重（65 岁以上/14 岁以下） | 《中国统计年鉴》 | 2008～2010 年 |
| | 全社会固定资产投资分布密度（亿元/平方公里） | 《中国统计年鉴》 | 2008～2010 年 |
| | 城乡居民人均储蓄存款余额（元/人） | 《中国统计年鉴》 | 2008～2010 年 |
| | 万人均医护人员数（人/万人） | 《中国统计年鉴》 | 2008～2010 年 |
| | 道路密度（公里/平方公里） | 《中国统计年鉴》 | 2008～2010 年 |
| 云南省各市指标 | 建成区面积（平方公里） | 《云南统计年鉴》 | 2006～2008 年 |
| | 人均消费品零售额（元/人） | 《云南统计年鉴》 | 2006～2008 年 |
| | GDP 密度（亿元/平方公里） | 《云南统计年鉴》 | 2006～2008 年 |
| | 总人口分布密度（万人/平方公里） | 《云南统计年鉴》 | 2006～2008 年 |
| | 男女人口比重（男/女） | 《云南统计年鉴》 | 2006～2008 年 |
| | 全社会固定资产投资分布密度（亿元/平方公里） | 《云南统计年鉴》 | 2006～2008 年 |
| | 城乡居民人均储蓄存款余额（元/人） | 《云南统计年鉴》 | 2006～2008 年 |
| | 人口自然增长率（%） | 《云南统计年鉴》 | 2006～2008 年 |
| | 道路密度（公里/平方公里） | 《云南统计年鉴》 | 2006～2008 年 |

# 第二节　全国各省（区、市）地震灾害脆弱性分析

## 一、地震灾害区域宏观脆弱性的分析层次和描述角度

如何描述和定量分析一个区域人类社会经济体系的地震灾害综合整体脆弱性，目前国内外尚无较为成熟而统一的模式和方法。但是，综合国内外的主要认识来看（见图 25－1），从不同层次和角度先逐步地加以系统分析，然后再予以某种形式的概括和综合，可能是必由之

路。其中，分析层次大体有结构和（生物）物理、功能和经济、社会和组织3个；概括地讲，分别与区域人类社会经济体系的结构和（生物）物理属性、功能和经济属性以及社会的组织方式和运行机制等相对应，前者如一个区域内不同类型房屋建筑的比例和分布、人口数量及其分布等，功能和经济以及社会和组织属性，如管线和道路等生命线、厂房与设备等生产线以及家庭和机关企事业单位等经济和社会组织单元的社会经济职能及其相互配置和相互依赖关系等。描述角度大体有暴露、敏感性、弹性和恢复潜力，是相对于区域人类社会经济体系因面临地震危险或遭受地震打击而表现出来的一系列状态和性质而言的。其中，暴露指面临某种危险程度地震威胁或遭受某种强度地震打击的承灾体数量的多少，对于一个空间范围一定的区域而言，区域内承灾体数量越多，则该区域一旦遭受地震打击，产生的损失一般越多，因此该区域的脆弱性一般越大。敏感性、弹性和恢复潜力的含义有时有所交叉，但一般来说，敏感性通常与承灾体的类型有关，即不同类型的承灾体对地震威胁或地震事件打击的敏感程度不同，敏感性越强，脆弱性越大。例如相比农田、农作物和农业生产系统而言，厂房、设备和工业生产系统对地震打击的敏感性强，因此一个区域工业成分越多，则脆弱性越大。弹性主要指承灾体受到地震作用造成损失前所表现出来的抵御或自我适应的能力，例如房屋建筑的结构类型和构建质量不同，抗震性能不同；再如地震应急救灾能力较强的地区，遭受同等强度和相似特点的地震作用时，灾害损失势必整体较小。而恢复潜力则主要指人类社会承灾体中的社会体系和经济系统遭受地震打击形成灾害后，在恢复到震前状态或发展到其他某种状态的过程中所体现出来的自我调整能力，自我调整能力越强，恢复能力越强，因此脆弱性越小，例如发达地区的自我恢复能力通常较贫困地区强，因此灾害脆弱性较小。

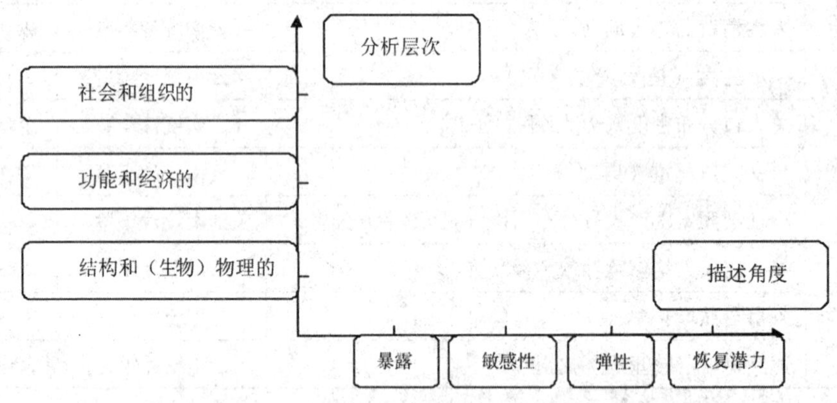


**图25－1　承灾体系统灾害脆弱性的分析层次和描述角度**

## 二、地震灾害区域宏观脆弱性的描述指标

假如能够按照上述分析层次和描述角度，建立具体结构物的损失率曲线或破坏概率矩阵那样，从地震致灾成害的过程与机理出发，先分不同层次和角度，后进行某种概括，进而综合出整个区域、宏观而综合的灾害脆弱性数理表达式或数理模型，那自然是最好不过的了。但是，对于十分复杂的区域灾害脆弱性问题而言，这样做目前尚缺乏基础理论、基本数理方法和基础震害资料的支持。从国内外灾害脆弱性研究的进展来看，从上述不同分析层次和描述角度，提取与之相对应的各种可定量化的宏观脆弱性描述指标，然后再以这些指标为基础

进行某种形式的数理概括和综合，是目前定量分析地震灾害区域宏观脆弱性的现实和主要途径之一。

为此，在分析地震事件致灾成害、应急救援和灾后恢复重建过程的特点及其各类影响因素的基础上，从描述地震灾害区域宏观脆弱性的不同层次、特别是不同角度出发，对其宏观性的描述指标进行了初步的归纳整理（见图 25－2）。例如，区域人类社会承灾体系统中的人口和经济要素，从暴露的角度讲，人口密度和经济密度等可用来描述该区域的宏观脆弱性水平，即某地区的人口密度和经济密度越大，则该地区受到地震威胁或地震发生时受到影响的人口和财产数量就可能越多，灾害风险或灾害损失可能越大，因此脆弱性越大；而从敏感性或弹性的角度讲，特定地区产业结构中的农业比重越大、人口构成中的老幼人口比例越小，地震时受到的影响就可能越小（前者），而人们应对灾害的能力一般越强（后者），因此脆弱性较低；再来看恢复潜力，一个地区地方政府的财政收入较多、人们较富裕，那么该地区通常具有较强的自我恢复能力，因此脆弱性较小。

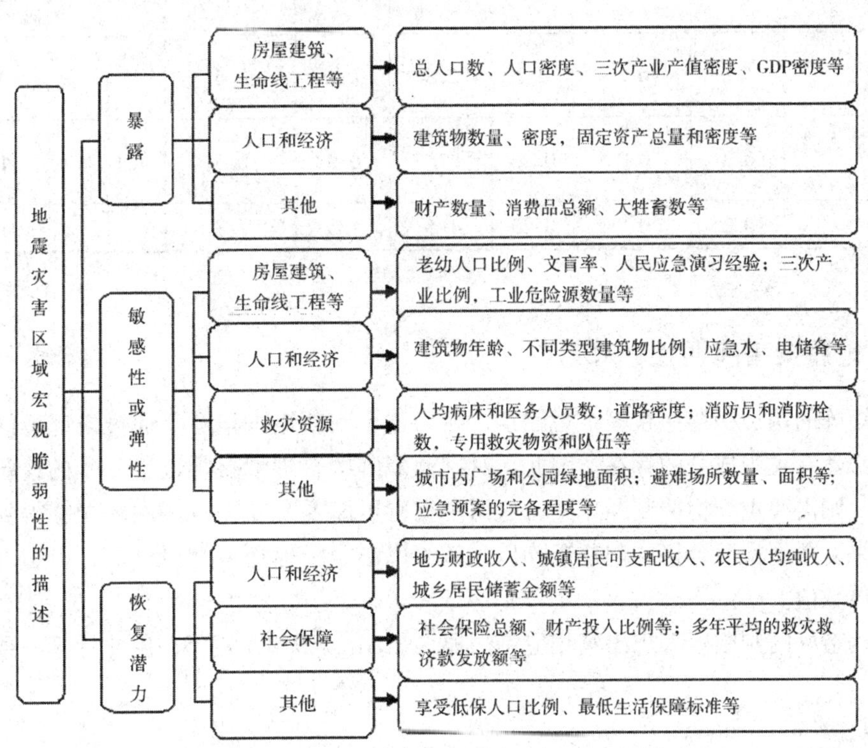


**图 25－2　地震灾害区域宏观脆弱性的描述指标**

图 25－2 中前 7 项和后 3 项指标对脆弱性的影响方向是相反的，即前 7 项取值越大，脆弱性越强，后 3 项反之。

## 三、构造判断矩阵

建立了上述指标体系并且处理好相应数据后，需要构造一个判断矩阵，来分析选取的 9 项指标的重要性。为确定指标的重要程度，我们将各指标分别作了影响因素分析，由此对指标的重要程度进行排序，并假设由此根据重要等级排序可以建立如下判断矩阵

（见表 25－2）。

表 25－2　　全国各省（区、市）地震灾害脆弱性判断矩阵

| | 建成区面积 | 城镇居民人均消费性支出 | GDP 密度 | 总人口分布密度 | 老幼人口比重 | 全社会固定资产投资分布密度 | 城乡居民人均储蓄存款余额 | 万人均医护人员数 | 道路密度 |
|---|---|---|---|---|---|---|---|---|---|
| 建成区面积 | 1 | 2 | 3 | 5 | 6 | 5 | 6 | 5 | 5 |
| 城镇居民人均消费性支出 | 0.5 | 1 | 2 | 5 | 6 | 5 | 5 | 5 | 5 |
| GDP 密度 | 1/3 | 0.5 | 1 | 4 | 5 | 3 | 5 | 4 | 4 |
| 总人口分布密度 | 0.2 | 0.2 | 0.25 | 1 | 3 | 2 | 3 | 1 | 3 |
| 老幼人口比重 | 1/6 | 1/6 | 0.2 | 1/3 | 1 | 2 | 4 | 2 | 3 |
| 全社会固定资产投资分布密度 | 0.2 | 0.2 | 1/3 | 0.5 | 0.5 | 1 | 2 | 2 | 3 |
| 城乡居民人均储蓄存款余额 | 1/6 | 0.2 | 0.2 | 1/3 | 0.25 | 0.5 | 1 | 3 | 1 |
| 万人均医护人员数 | 0.2 | 0.2 | 0.25 | 1 | 0.5 | 0.5 | 1/3 | 1 | 1 |
| 道路密度 | 0.2 | 0.2 | 0.25 | 1/3 | 1/3 | 1/3 | 1 | 1 | 1 |

## 四、地震灾害脆弱性计算

判断矩阵的构造中存在很多主观因素，因为这个判断矩阵毕竟是通过研究者的比较得出的，其中必然有主观成分的存在。因此，对判断矩阵的合理性要加以进一步的检验，一旦检验不合格，则需要重新构造判断矩阵，这两步很有可能要反复进行多次才能够得到令人满意的矩阵结果。得到检验合格的判断矩阵后，就可以结合指标矩阵加以计算，得出地震灾害脆弱性的具体数值。

利用构造好的判断矩阵求出其相应特征根，知 $\lambda_{max}=9.9009756$，由此计算一致性检验指标 $CI$：

$$CI=\frac{\lambda_{max}-n}{n-1}=\frac{9.9009756-9}{9-1}=0.1126$$

其中，n 表示矩阵阶数，即选取指标数量。查表得到 9 阶矩阵对应的平均随机一致性指标 RI，该值为 1.45，则矩阵的随机一致性比例 CR＝CI/RI＝0.0777，小于 0.1，说明该矩阵具有满意的一致性。那么该判断矩阵的特征向量就可以作为脆弱性分析的指标权重进行计算了。将指标矩阵与特征向量相乘，即可得到各地区相应的地震灾害脆弱性数值。

不仅可以在各省（区、市）之间进行横向脆弱性计算与比较，对于任何一个省（区）市，每年的脆弱性指标同样会发生变化，因此对脆弱性指数分别进行横向与纵向计算，结果见表 25－3。

表 25-3 全国各省（区、市）地震灾害脆弱性指数（2007~2009 年）

| 省（区、市） | 2007 年 | 2008 年 | 2009 年 |
| --- | --- | --- | --- |
| 北京 | 44.15% | 50.03% | 51.97% |
| 天津 | 36.66% | 38.63% | 41.05% |
| 河北 | 24.58% | 23.38% | 24.11% |
| 山西 | 17.58% | 16.91% | 17.19% |
| 内蒙古 | 18.21% | 27.33% | 24.10% |
| 辽宁 | 28.08% | 30.42% | 31.78% |
| 吉林 | 20.14% | 22.96% | 23.85% |
| 黑龙江 | 21.75% | 16.54% | 17.15% |
| 上海 | 100.00% | 100.00% | 100.00% |
| 江苏 | 41.17% | 40.15% | 40.34% |
| 浙江 | 34.06% | 34.65% | 35.52% |
| 安徽 | 23.02% | 22.87% | 23.44% |
| 福建 | 22.35% | 22.88% | 23.14% |
| 江西 | 18.53% | 15.76% | 16.29% |
| 山东 | 39.22% | 43.48% | 44.62% |
| 河南 | 26.99% | 20.90% | 22.19% |
| 湖北 | 22.74% | 25.96% | 26.86% |
| 湖南 | 21.85% | 19.39% | 20.24% |
| 广东 | 45.67% | 43.41% | 44.18% |
| 广西 | 18.65% | 21.02% | 21.39% |
| 海南 | 15.14% | 15.13% | 15.46% |
| 重庆 | 19.96% | 22.92% | 23.63% |
| 四川 | 21.95% | 20.80% | 21.53% |
| 贵州 | 15.41% | 15.00% | 15.24% |
| 云南 | 16.00% | 15.03% | 15.60% |
| 西藏 | 12.28% | 12.14% | 12.38% |
| 陕西 | 17.58% | 15.73% | 16.13% |
| 甘肃 | 15.58% | 13.82% | 14.12% |
| 青海 | 12.15% | 12.08% | 12.20% |
| 宁夏 | 13.78% | 15.55% | 16.01% |
| 新疆 | 15.41% | 12.92% | 13.21% |

全国各省（区、市）的地震灾害脆弱性水平存在较大的差异，以2009年为例，脆弱性水平最高的3个地区分别为上海市、北京市和山东省；脆弱性水平最低的3个地区分别为青海省、西藏自治区和新疆维吾尔自治区。同一省（区、市）历年的脆弱性水平也会发生变化。对大部分省（区、市）而言，脆弱性指数随着时间的推移增加，主要是由于人口增加、经济发展引起的；也有部分省（区、市）的脆弱性水平变化趋势不明显，这是因为地震灾害的物理特征随机性较大，并且经济发展等正相关因素与灾后恢复能力等负相关因素相互作用导致的。

以上海市为例，其脆弱性指标远远大于其他地区是由以下几个原因造成的：（1）人口多、面积小，人口密度大；（2）人均GDP高居全国之首，导致GDP密度也最大。一旦发生地震灾害，损失将为较其他地区更加严重。

脆弱性水平较低的地区以青海省为例：（1）建成区面积较小；（2）总人口分布密度小；（3）GDP密度较低。因此其脆弱性指数较低，具体见附录二中的图25－3。

## 第三节　云南省地震灾害脆弱性分析

对于云南省的地震灾害脆弱性分析可以分为指标选取、数据收集、权重赋值、构建矩阵、计算结果与分析等5步骤。具体过程与全国地震灾害脆弱性指标计算相同，不再赘述，结果见表25－4。

**表25－4　云南省各市地震灾害脆弱性指标（2005～2007年）**

| 云南省 | 2005年 | 2006年 | 2007年 |
| --- | --- | --- | --- |
| 昆明市 | 1.0000 | 1.0000 | 1.0000 |
| 曲靖市 | 0.2909 | 0.2920 | 0.2922 |
| 玉溪市 | 0.2787 | 0.2729 | 0.2746 |
| 保山市 | 0.1479 | 0.1480 | 0.1516 |
| 昭通市 | 0.1499 | 0.1507 | 0.1501 |
| 丽江市 | 0.1059 | 0.1088 | 0.1109 |
| 普洱市 | 0.1285 | 0.1282 | 0.1287 |
| 临沧市 | 0.1267 | 0.1231 | 0.1234 |
| 楚雄州 | 0.1689 | 0.1687 | 0.1689 |
| 红河州 | 0.2314 | 0.2335 | 0.2357 |
| 文山州 | 0.1452 | 0.1475 | 0.1487 |
| 西双版纳州 | 0.1260 | 0.1251 | 0.1229 |
| 大理州 | 0.1849 | 0.1841 | 0.1815 |
| 德宏州 | 0.1210 | 0.1222 | 0.1248 |
| 怒江州 | 0.0911 | 0.0870 | 0.0858 |
| 迪庆州 | 0.1085 | 0.1109 | 0.1129 |

云南省脆弱性水平最高的地区是昆明市、曲靖市、玉溪市；脆弱性水平最低的3个地区为怒江州、丽江市和迪庆州。

对于昆明市而言，建成区面积大、GDP密度高、人口密度高是脆弱性指数高最重要的3个原因。而脆弱性指数最小的怒江州，建成区面积小、GDP密度低、人口密度低是最重要的3个原因，具体见附录二中的图25－4。

# 第二十六章

# 地震灾害的异常损失分析

所谓异常损失，是指损失数额异常大，区别于一般损失数据的损失。异常损失事件发生的频率很低，但是造成的危害却十分巨大，因此如何准确地刻画这些异常事件是保险业风险管理刻不容缓的任务。极值理论是专门针对异常数据建模的一种方法，可以方便地描述一个数据集中异常数值的规律；而极值分布具有解析的函数形式，计算也相当简便，可以准确地描述分布尾部的分位数，应用起来非常方便。运用极值理论，可以对特大地震单独分析，比如取得赔期这个对保险公司定价十分重要的指标。因此这一章使用极值理论对异常损失进行分析。

## 第一节　地震灾害的异常情况分析

### 一、对于地震灾害在未来1年内超过单次历史最高值的分析

根据地震频数拟合的信息，地震灾害的年度发生频数符合参数值为 p = 0.538144，r = 9 的负二项分布，有记载的频数最大为16，我们取 n = 16。以此可以计算未来1年地震发生的不同次数所对应的概率，再根据第一部分 S 的分布，可以得到未来1年内，单次地震损失超过历史最高值的概率。

由于在给定未来1年的地震发生频数的情况下，S 是一个超几何分布，而地震发生的频数符合一个负二项分布，因此可以用全概率公式来计算未来1年内不超过历史单次最大损失的概率，即：

$$P(S=0) = \sum_{i=0}^{n} P(S=0 \mid r=i)\ P(i)$$

通过计算，得到未来1年内发生的地震不超过历史单次最大损失的概率为0.960848。

在给定未来1年发生地震的频数的情况下，未来1年中单次地震损失不超过历史最大值的条件概率如图26-1所示。

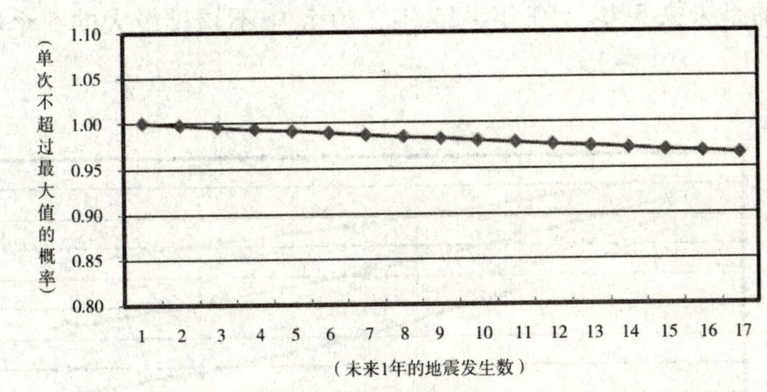


**图 26－1 未来 1 年中单次地震损失不超过历史最大值的概率图**

可以看到，随着未来 1 年发生地震次数的增加，未来 1 年不超过历史最大值的概率下降，即超过历史最大值的概率上升。

## 二、对未来年度地震造成的总损失情况的分析

在未来年度地震造成的总损失的预测中，可以利用的年度损失数据是 1952－2009 年的数据，一共 58 个，其中最大值为 1990 年的 109.58 亿元。

先对数据进行排序，然后通过计算，得到表 26－1，未来 20 年内地震年度总损失不超过 1990 年的 109.58 亿元的概率为 0.7436，超过 1990 年一次的概率为 0.1931，超过两次的概率为 0.0483。

**表 26－1 未来 20 年内地震年度总损失预测情况**

| | 不超过 | 超过一次 | 超过两次 | 超过三次 | 超过四次 |
|---|---|---|---|---|---|
| 最大值 | 0.7436 | 0.1931 | 0.0483 | 0.0116 | 0.0027 |
| 第二顺序量 | 0.5504 | 0.2897 | 0.1101 | 0.0357 | 0.0104 |
| 第三顺序量 | 0.4056 | 0.3245 | 0.1666 | 0.0685 | 0.0243 |
| 第四顺序量 | 0.2974 | 0.3216 | 0.2092 | 0.1046 | 0.0438 |
| 第五顺序量 | 0.2170 | 0.2973 | 0.2354 | 0.1392 | 0.0676 |

从图 26－2 中可以看到，未来 20 年不超过前 5 大极值的概率逐渐变小，而且概率下降速度非常快。未来 20 年内不超过最大值的概率还是比较大。

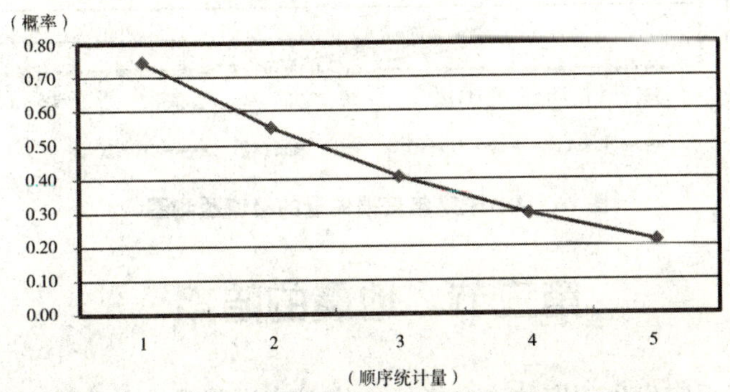


**图 26－2 未来 20 年不超过前 5 大极值的概率分布图**

图 26－3 展示的是未来 5 年、10 年、15 年、20 年中不超过最大的 5 个顺序统计量的概率。

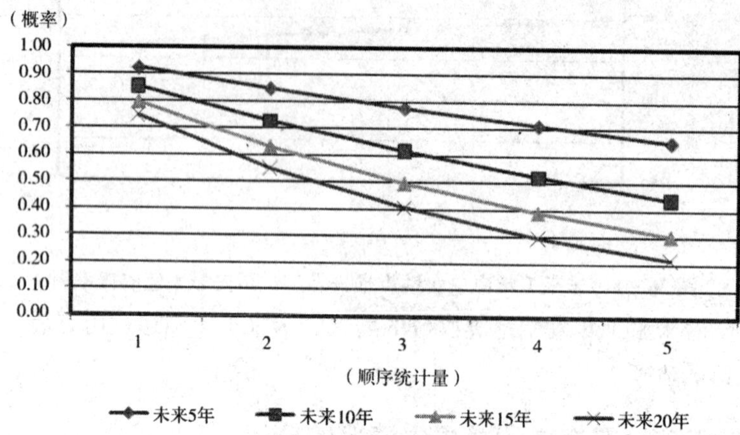


**图 26－3　未来不超过最大的 5 个顺序统计量的概率**

从图 26－3 可以看到，预测的时间期限越长，不超过特定值的概率越小，即超过特定值的概率越大，这跟我们的常识理解是一致的。但是这几条线的曲度不是很一致。未来 5 年的情况下，不超过前 5 大极值的概率差不多呈直线型下降，而预测期为未来 20 年的情况下，是一个下凸型的下降曲线，概率下降速度先快后慢。

从图 26－4 中可以看到未来 5 年的年度损失量中，不超过最大损失量的概率比较大，超过一次的概率约在 0.2 的位置，以后超过次数越多，概率越小。

图 26－4 对比了未来 5 年、10 年、15 年、20 年中超过历史最大值的概率，可以看到未来不超过最大值的概率随着估计年限的增长而降低，而超过未来最大值的概率随着估计年限的增长而提高。

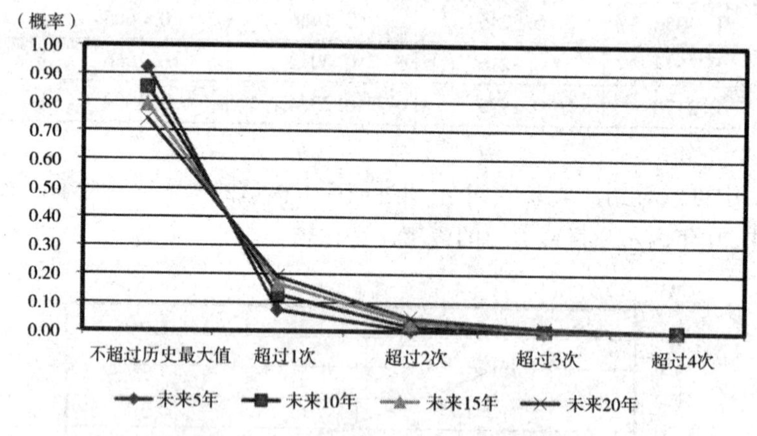


**图 26－4　未来年度损失量的极值预测图**

## 第二节　地震的赔期

赔期是用来描述巨灾发生频率的一个指标，简单来讲就是连续发生的两次巨灾平均间隔的年数。

$X_i$ 可以作为分布为 $F$ 的独立的随机变量，$u$ 定义为一个已经给定的开始值。这样可以把 $I_{\{x_i>u\}}$ 当成是一个 Bernoulli 随机变量，成功概率为 $p=\bar{F}(u)$。定义第一次成功的时间为：

$$L(u)=\min(i\geqslant 1:X_i>u)$$

则：

$$P(L(u)=k)=(1-p)^{k-1}p$$

注意到独立同分布的随机变量：

$$L_1(u)=L(u)$$

$$L_{n+1}(u)=\min\{i>L_n(u):X_i>u\},\ n\geqslant 1$$

$L_{n+1}(u)$ 可以用来表示连续两个超过给定值的损失之间的时间间隔。

事件 $\{X_i>u\}$ 的赔期可以定义为 $EL(u)=p^{-1}=[\overline{F(u)}]^{-1}$。下面可以通过几何分布的特性来解决这个问题。我们定义 $r_k$ 为在 $k$ 段时间之前至少发生一次超过 $u$ 的损失的概率，表达式如下：

$$r_k=P(L(u)\leqslant k)=p\sum_{i=1}^{k}(1-p)^{i-1}=1-(1-p)^k,\ k\in N$$

这样就得到 $r_k$ 与 $p$ 之间一一对应的关系。

在赔期之前的时间内发生一次超过 $u$ 的损失的概率表示如下：

$$P(L(u)\leqslant EL(u))=P(L(u))\leqslant[1/p]=1-(1-p)^{[\frac{1}{p}]}$$

根据前面对年度总损失的预测，可以得到未来损失超过 $u$ 的概率为：

$$P(X_i>u)=1-P(X_i<u)=0.0294$$

这样，赔期为 $p$ 的倒数约 34 年，即超过像 1989 年山西省大同、阳高地震那样的 732 060.0556万元年度损失，统计意义上 34 年才会发生一次。

## 第三节 地震重点灾区分析

中国位于世界两大地震带——环太平洋地震带与欧亚地震带之间，受太平洋板块、印度板块和菲律宾海板块的挤压，地震断裂带发达。20 世纪以来，中国共发生 6 级以上地震近 800 次，遍布除贵州、浙江两省和香港特别行政区以外所有的省（区、市）。

中国地震活动频度高、强度大、震源浅、分布广，是一个震灾严重的国家。1900 年以来，中国死于地震的人数达55 万人，占全球地震死亡人数的53%；1949 年以来，100 多次破坏性地震袭击了 22 个省（区、市），其中涉及东部地区 14 个省（区、市），造成 27 万余人丧生，占全国各类灾害死亡人数的54%，地震成灾面积达 30 多万平方公里，房屋倒塌达 700 万间。地震及其他自然灾害的严重性构成了中国的基本国情之一。

我国的地震活动主要分布在 5 个地区的 23 条地震带上。这 5 个地区是：(1) 台湾省及其附近海域；(2) 西南地区，主要是西藏自治区、四川省西部和云南省中西部；(3) 西北地区，主要在甘肃省河西走廊、青海省、宁夏回族自治区、天山南北麓；(4) 华北地区，主要在太行山两侧、汾渭河谷、阴山—燕山一带、山东省中部和渤海湾；(5) 东南沿海的广东省、福建省等地。我国的台湾省位于环太平洋地震带上，西藏自治区、新疆维吾尔自治区、云南省、四川省、青海省等省（区）位于喜马拉雅—地中海地震带上，其他省（区、市）处于相关的地震带上。

可以看出，云南省、新疆维吾尔自治区和四川省地处较活跃的地震带，地震频发。且这几个省（区）近几十年的地震情况也印证了这一理论。由于其地震发生的频数较大，会对全国及本省（区）的情况有比较大的影响，因此需要重点考虑。下面就云南省、新疆维吾尔自治区、四川省进行统计描述分析以及区域系统灾害分析。

## 一、统计描述分析

### （一）云南省

1. 频数分析。

（1）基本分析。表 26－2 给出了 1952～2009 年各年度云南省发生 4 级以上成灾地震的频数。

**表 26－2　1952～2009 年我国云南省 4 级以上成灾地震次数**　（单位：次）

| 年度 | 次数 | 年度 | 次数 | 年度 | 次数 | 年度 | 次数 | 年度 | 次数 |
|---|---|---|---|---|---|---|---|---|---|
| 1952 | 2 | 1964 | 2 | 1976 | 6 | 1988 | 2 | 2000 | 4 |
| 1953 | 1 | 1965 | 2 | 1977 | 1 | 1989 | 2 | 2001 | 8 |
| 1954 | 0 | 1966 | 5 | 1978 | 2 | 1990 | 1 | 2002 | 0 |
| 1955 | 2 | 1967 | 0 | 1979 | 2 | 1991 | 1 | 2003 | 4 |
| 1956 | 0 | 1968 | 0 | 1980 | 0 | 1992 | 2 | 2004 | 3 |
| 1957 | 0 | 1969 | 0 | 1981 | 3 | 1993 | 4 | 2005 | 3 |
| 1958 | 0 | 1970 | 0 | 1982 | 5 | 1994 | 1 | 2006 | 3 |
| 1959 | 0 | 1971 | 2 | 1983 | 1 | 1995 | 3 | 2007 | 1 |
| 1960 | 0 | 1972 | 2 | 1984 | 1 | 1996 | 3 | 2008 | 0 |
| 1961 | 2 | 1973 | 5 | 1985 | 2 | 1997 | 2 | 2009 | 1 |
| 1962 | 2 | 1974 | 3 | 1986 | 2 | 1998 | 3 | | |
| 1963 | 1 | 1975 | 5 | 1987 | 3 | 1999 | 1 | | |

图 26－5 是云南省 1952～2009 年的频数折线图。

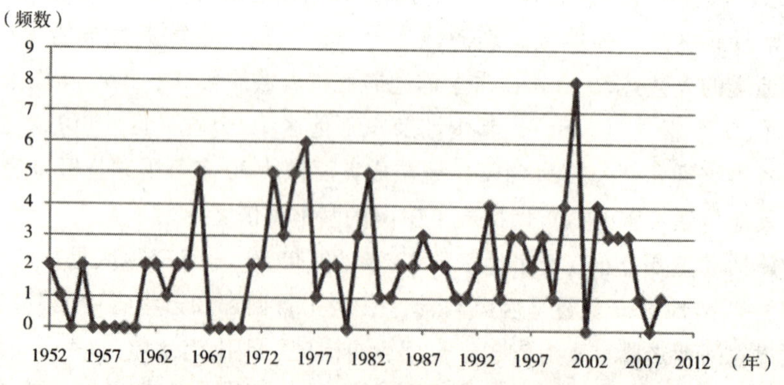


**图 26－5　1952～2009 年我国云南省地震频数的折线图**

与全国总的年地震发生次数相似，云南省的地震发生次数在各个年度之间分布很不均匀，地震活动呈现出活跃与平静的交替性。

首先，用 SAS 对上表数据进行频数分析，得到的结果见图 26－6～图 26－9。

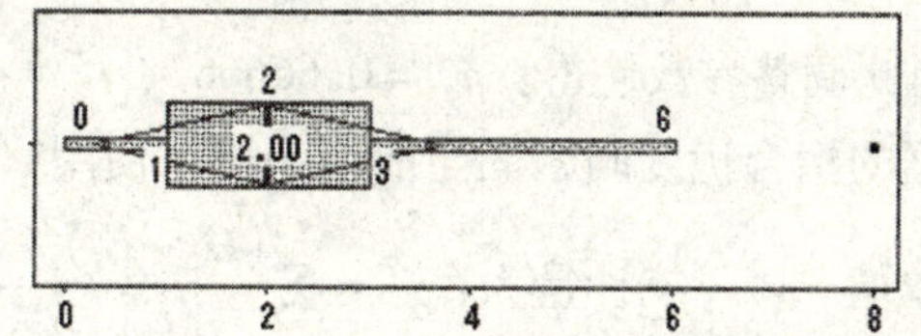


图 26－6 1952～2009 年我国云南省地震频数的盒状图

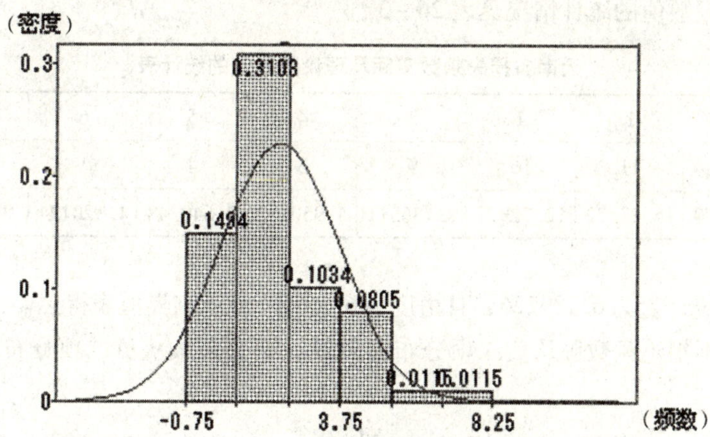


图 26－7 1952～2009 年我国云南省地震频数的直方图

| 矩统计量 | | | |
|---|---|---|---|
| N | 58.0000 | 权重总和 | 58.0000 |
| 均值 | 2.0000 | 总和 | 116.0000 |
| 标准偏差 | 1.7371 | 方差 | 3.0175 |
| 偏度 | 1.0607 | 峰度 | 1.4421 |
| 未校平方和（USS） | 404.0000 | 校正平方和（CSS） | 172.0000 |
| 变异系数 | 86.8554 | 标准误差 | 0.2281 |

图 26－8 1952～2009 年我国云南省地震频数的统计量图

| 分位数 | | | | |
|---|---|---|---|---|
| 100% | 最大值 | 8.0000 | 99.0% | 8.0000 |
| 75% | Q3 | 3.0000 | 97.5% | 6.0000 |
| 50% | 中位数 | 2.0000 | 95.0% | 5.0000 |
| 25% | Q1 | 1.0000 | 90.0% | 6.0000 |
| 0% | 最小值 | 0 | 10.0% | 0 |
| | 极差 | 8.0000 | 5.0% | 0 |
| | Q3-Q1 | 2.0000 | 2.5% | 0 |
| | 众数 | 2.0000 | 1.0% | 0 |

图 26－9 1952～2009 年我国云南省地震频数的分位数图

由以上的输出结果可以看出，1952～2009 年，云南省共发生 4 级以上成灾地震 116 次，平均每年 2 次，地震发生最多的年发生次数为 8 次，有 75% 的年度年发生成灾地震 3 次以下，有 50% 的年度成灾地震发生次数集中在 2 次及以下。

（2）频数的理论离散分布拟合。下面用离散分布来拟合云南省地震的年发生频数。

由数据的统计特征知其期望小于方差，即 $\mu$（＝2）$<\sigma^2$（3.0175），从而在常见的离散

分布中，只有负二项分布符合数据情况，可以用来拟合数据。

则期望 $r\frac{1-p}{p}=2$，方差 $r\frac{1-p}{p^2}=3.0175$。

解得：$p=0.662791$，$r=3.931094$。

由于r必须取整数，因此调整参数使得：$p^*=0.666667$，$r^*=4$。

检验负二项分布对数据的拟合优度问题。与前面一样，使用$\chi^2$－统计量（或皮尔逊统计量）来对其拟合优度进行检验。$\chi^2$－统计量为：$\chi^2=\sum_{i=1}^{n}\frac{(O_i-E_i)^2}{E_i}\sim\chi_\alpha^2(f)$。其中，$O_i$ 为实际观察的频数值，$E_i$ 为理论值，$\alpha$ 为置信度水平，自由度$f$等于样本数减去3。

实际及理论频数值的统计情况见表26－3。

**表26－3　云南省损失频数实际及理论频数值的统计表**

| num | 0 | 1 | 2 | 3 | 4 | 5 | 6 | 7 | 8 |
|---|---|---|---|---|---|---|---|---|---|
| Oi | 13 | 11 | 16 | 9 | 3 | 4 | 1 | 0 | 1 |
| Ei | 11.45679 | 15.27572 | 12.72977 | 8.486511 | 4.950465 | 2.640248 | 1.320124 | 0.62863 | 0.288122 |

计算得$\chi^2$－统计量为6.209726，自由度为6，查$\chi^2$分布临界值表得$\chi_{0.05}^2(6)=14.449>6.209726$，因此不拒绝频数服从负二项分布的假设。即频数服从负二项分布，分布的概率密度为：

$$P\{X=k\}=f(k,r,p)=\frac{(k+4-1)!}{[k!(4-1)!]}\times0.666667^4(1-0.666667)^k$$

其拟合情况的直方图如图26－10所示。

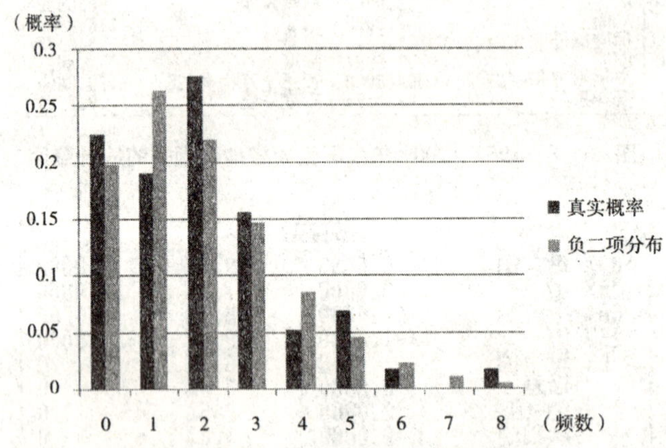


**图26－10　1952～2009年我国云南省地震频数负二项分布拟合情况的直方图**

由图26－10可以看出，负二项分布较好地拟合了云南省地震的年发生频数。

2. 次损失额分析。

（1）次损失额分析。下面将对云南省1952～2009年间发生的4级以上成灾地震的次损失额进行分析，判断其分布特点。

对各次地震的调整后损失额进行简单的统计分析，得到其分布特点（见图26－11～图

26－15）。

图 26－11　1952～2009 年我国云南省地震次损失额盒状图

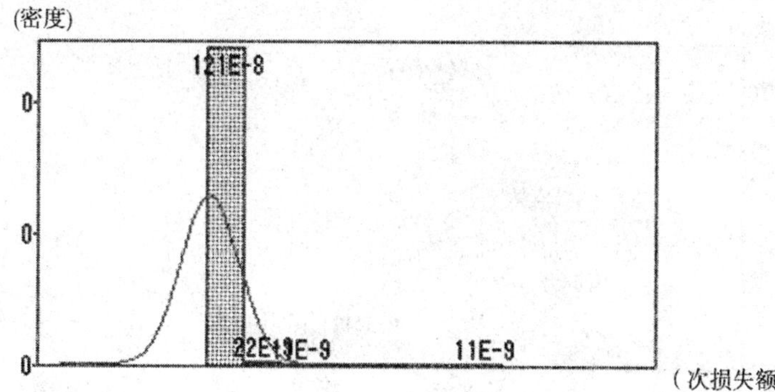


图 26－12　1952～2009 年我国云南省地震次损失额直方图

| 分布检验 | | | | | | |
|---|---|---|---|---|---|---|
| 曲线 | 分布 | 均值/Theta | Sigma | Zeta/C | Kolmogorov D | Pr > D |
| ———— | 正态 | 9.0569 | 2.3538 | . | 0.0659 | >.15 |
| ———— | 对数正态 | 0 | 0.2793 | 2.1670 | 0.1159 | <.01 |
| ———— | 指数 | 0 | 9.0569 | . | 0.3958 | <.01 |
| ———— | 韦伯 | 0 | 9.9503 | 4.2901 | 0.0522 | >.10 |

图 26－13　1952～2009 年我国云南省地震次损失额分布检验图

| 矩统计量 | | | |
|---|---|---|---|
| N | 116.0000 | 权重总和 | 116.0000 |
| 均值 | 9.0569 | 总和 | 1050.5999 |
| 标准偏差 | 2.3538 | 方差 | 5.5405 |
| 偏度 | 0.0406 | 峰度 | -0.2975 |
| 未校平方和（USS） | 10152.3283 | 校正平方和（CSS） | 637.1553 |
| 变异系数 | 25.9893 | 标准误差 | 0.2185 |

图 26－14　1952～2009 年我国云南省地震次损失额统计量图

| 分位数 | | | | |
|---|---|---|---|---|
| 100% | 最大值 | 15.6441 | 99.0% | 14.2318 |
| 75% | Q3 | 10.5475 | 97.5% | 14.0036 |
| 50% | 中位数 | 9.3466 | 95.0% | 12.4649 |
| 25% | Q1 | 7.1432 | 90.0% | 11.9076 |
| 0% | 最小值 | 3.8552 | 10.0% | 5.8261 |
| | 极差 | 11.7888 | 5.0% | 5.2028 |
| | Q3-Q1 | 3.4043 | 2.5% | 4.8249 |
| | 众数 | 4.8249 | 1.0% | 4.2429 |

图 26－15　1952～2009 年我国云南省地震次损失额分位数图

由输出结果可以得到，1952～2009 年的 116 次成灾地震的平均次损失额为 121 786.338 万元，其中，最高损失达 6 224 855.36 万元，有一半的损失额小于 11 460.2693 万元。

从对常用分布关于次损失额进行分布拟合的检验结果可以看出，在 5% 的显著性水平下，只有对数正态分布是通过检验的，即可以用对数正态分布来拟合次损失额数据。

（2）对数次损失额分析。对云南省的地震次损失额数据取对数后进行分析（见图5－16～图26－20）。

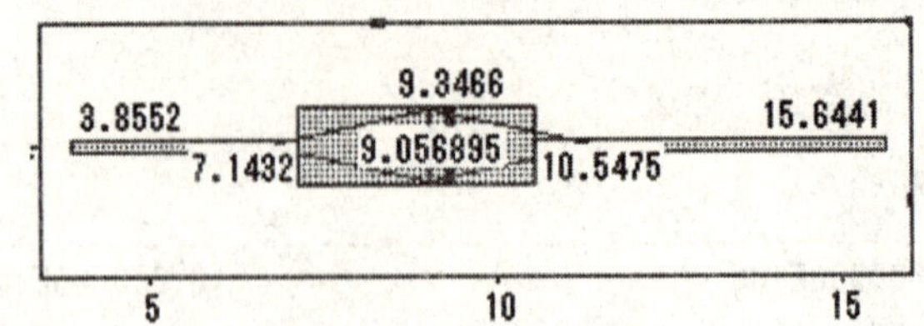


图26－16　1952～2009年我国云南省地震对数次损失额盒状图

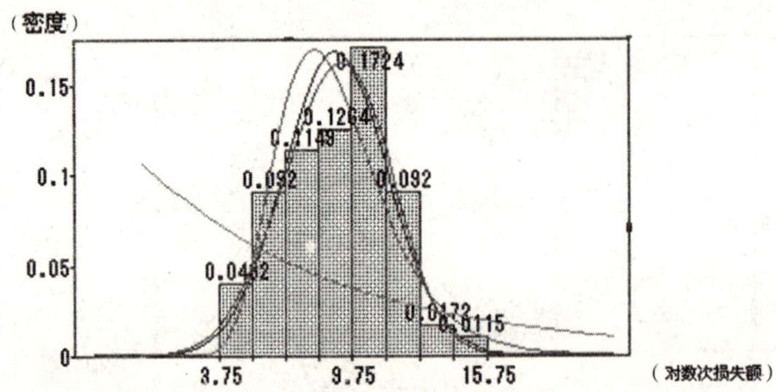


图26－17　1952～2009年我国云南省地震对数次损失额直方图

分布检验

| 曲线 | 分布 | 均值/Theta | Sigma | Zeta/C | Kolmogorov D | Pr > D |
|---|---|---|---|---|---|---|
| —— | 正态 | 9.0569 | 2.3538 | . | 0.0658 | >.15 |
| —— | 对数正态 | 0 | 0.2793 | 2.1670 | 0.1159 | <.01 |
| —— | 指数 | 0 | 9.0569 | . | 0.3958 | <.01 |
| —— | 韦伯 | 0 | 9.9503 | 4.2901 | 0.0522 | >.10 |

图26－18　1952～2009年我国云南省地震对数次损失额分布检验图

矩统计量

| | | | |
|---|---|---|---|
| N | 116.0000 | 权重总和 | 116.0000 |
| 均值 | 9.0569 | 总和 | 1050.5999 |
| 标准偏差 | 2.3538 | 方差 | 5.5405 |
| 偏度 | 0.0406 | 峰度 | -0.2975 |
| 未校平方和（USS） | 10152.3283 | 校正平方和（CSS） | 637.1553 |
| 变异系数 | 25.9893 | 标准误差 | 0.2185 |

图26－19　1952～2009年我国云南省地震对数次损失额统计量图

分位数

| | | | |
|---|---|---|---|
| 100% 最大值 | 15.6441 | 99.0% | 14.2916 |
| 75% Q3 | 10.5475 | 97.5% | 14.0036 |
| 50% 中位数 | 9.3466 | 95.0% | 12.4649 |
| 25% Q1 | 7.1432 | 90.0% | 11.9076 |
| 0% 最小值 | 3.8552 | 10.0% | 5.8261 |
| 极差 | 11.7888 | 5.0% | 5.2028 |
| Q3-Q1 | 3.4043 | 2.5% | 4.8249 |
| 众数 | 4.8249 | 1.0% | 4.2429 |

图26－20　1952～2009年我国云南省地震对数次损失额分位数图

由分布检验的输出结果可以看出，在显著性水平为5%的情况下，对次损失额取对数后的数据可以通过正态分布的检验，均值和标准差分别为：$\mu=9.6569$，$\alpha=2.3538$。由直方图也可以看出，正态分布较好地拟合了对次损失额取对数后的数据。此外，在显著性水平为

5%的情况下，韦伯分布也可以通过显著性检验，即对次损失额取对数后的数据也可以用韦伯分布来拟合，但其拟合效果不如正态分布，这一情况也可以从直方图看出。

对数正态分布的密度函数为：

$$f(x) = \frac{1}{2.3538\sqrt{2\pi} \cdot x} e^{-\frac{1}{2}\left(\frac{\ln x - 9.6569}{2.3538}\right)^2}$$

**（二）新疆维吾尔自治区**

1. 频数分析。

（1）基础分析。表 26－4 给出了 1952～2009 年各年度新疆维吾尔自治区发生地震的频数。

**表 26－4　　1952～2009 年我国新疆 4 级以上成灾地震次数**　　（单位：次）

| 年度 | 次数 | 年度 | 次数 | 年度 | 次数 | 年度 | 次数 | 年度 | 次数 |
|---|---|---|---|---|---|---|---|---|---|
| 1952 | 0 | 1964 | 0 | 1976 | 2 | 1988 | 1 | 2000 | 1 |
| 1953 | 0 | 1965 | 0 | 1977 | 2 | 1989 | 0 | 2001 | 1 |
| 1954 | 0 | 1966 | 0 | 1978 | 2 | 1990 | 1 | 2002 | 1 |
| 1955 | 2 | 1967 | 0 | 1979 | 1 | 1991 | 2 | 2003 | 6 |
| 1956 | 0 | 1968 | 0 | 1980 | 2 | 1992 | 1 | 2004 | 0 |
| 1957 | 0 | 1969 | 2 | 1981 | 0 | 1993 | 3 | 2005 | 2 |
| 1958 | 0 | 1970 | 1 | 1982 | 0 | 1994 | 1 | 2006 | 1 |
| 1959 | 1 | 1971 | 3 | 1983 | 1 | 1995 | 3 | 2007 | 1 |
| 1960 | 0 | 1972 | 2 | 1984 | 0 | 1996 | 3 | 2008 | 0 |
| 1961 | 1 | 1973 | 1 | 1985 | 2 | 1997 | 3 | 2009 | 0 |
| 1962 | 1 | 1974 | 0 | 1986 | 0 | 1998 | 6 | | |
| 1963 | 1 | 1975 | 2 | 1987 | 3 | 1999 | 3 | | |

图 26－21 是新疆维吾尔自治区 1952～2009 年地震频数的折线图。

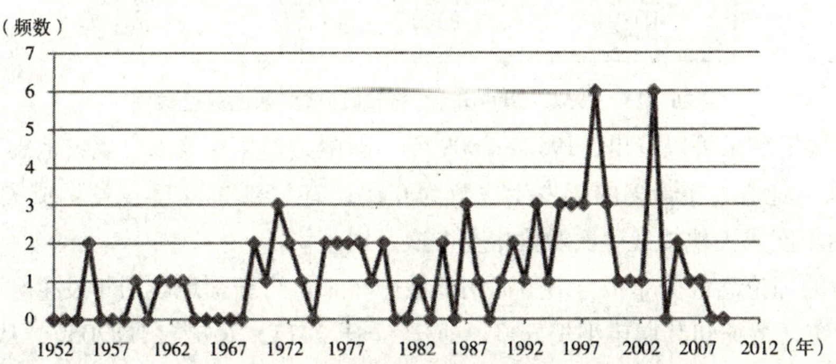


**图 26－21　1952～2009 年我国新疆地震频数的折线图**

与全国总的年地震发生次数相似，新疆维吾尔自治区的地震发生次数在各个年度之间分布很不均匀，地震活动呈现出活跃与平静的交替性。

首先，用 SAS 对上表数据进行频数分析，得到的结果见图 26－22～图 26－25。

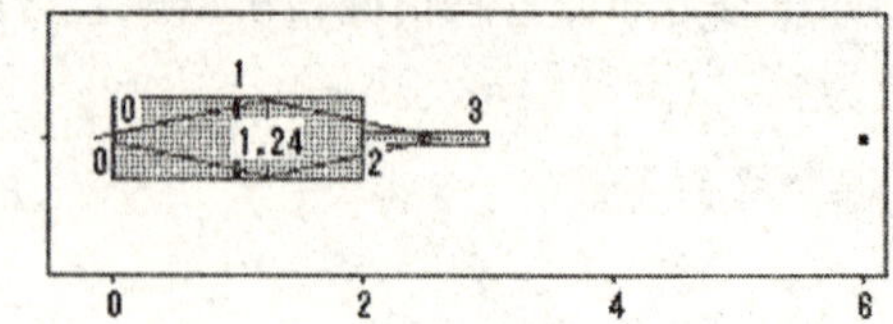


**图 26－22　1952～2009 年我国新疆地震频数的盒状图**

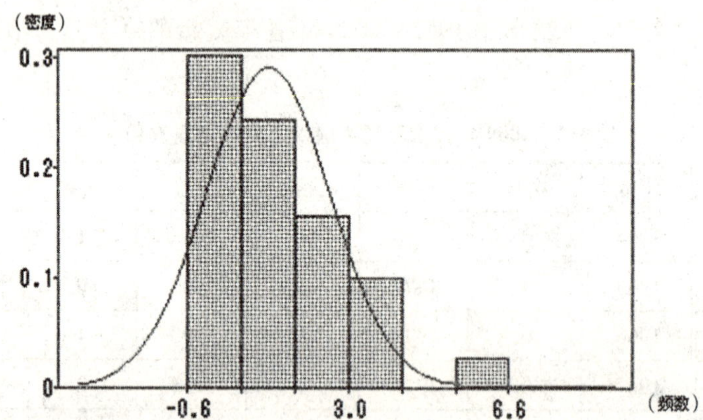


**图 26－23　1952～2009 年我国新疆地震频数的直方图**

| 矩统计量 | | | |
|---|---|---|---|
| N | 58.0000 | 权重总和 | 58.0000 |
| 均值 | 1.2414 | 总和 | 72.0000 |
| 标准偏差 | 1.3677 | 方差 | 1.8705 |
| 偏度 | 1.5482 | 峰度 | 3.2200 |
| 未校平方和（USS） | 196.0000 | 校正平方和（CSS） | 106.6207 |
| 变异系数 | 110.1739 | 标准误差 | 0.1796 |

**图 26－24　1952～2009 年我国新疆地震频数的统计量图**

| 分位数 | | | |
|---|---|---|---|
| 100% 最大值 | 6.0000 | 99.0% | 6.0000 |
| 75% Q3 | 2.0000 | 97.5% | 6.0000 |
| 50% 中位数 | 1.0000 | 95.0% | 3.0000 |
| 25% Q1 | 0 | 90.0% | 3.0000 |
| 0% 最小值 | 0 | 10.0% | 0 |
| 极差 | 6.0000 | 5.0% | 0 |
| Q3-Q1 | 2.0000 | 2.5% | 0 |
| 众数 | 0 | 1.0% | 0 |

**图 26－25　1952～2009 年我国新疆地震频数的分位数图**

由以上的输出结果可以看出，1952～2009 年，新疆共发生 4 级以上成灾地震 72 次，平均每年 1.2414 次，地震发生最多的年发生次数为 6 次，有 75% 的年度年发生成灾地震 2 次以下，有 50% 的年度成灾地震发生次数集中在 1 次及以下。

（2）频数的理论离散分布拟合。下面用离散分布来拟合新疆地震的年发生频数。

由数据的统计特征知其期望小于方差，即 $\mu$（$=1.2414$）$<\sigma^2$（$1.8705$），从而在常见的离散分布中，只有负二项分布符合数据情况，可以用来拟合数据。

则期望 $r\dfrac{1-p}{p}=1.2414$，方差 $r\dfrac{1-p}{p^2}=1.8705$。

解得：$p=0.663648$，$r=2.449337$。

由于r必须取整数，因此调整参数使得：$p^*=0.617201$，$r^*=2$。

下面检验负二项分布对数据的拟合优度问题。使用$\chi^2$-统计量（或皮尔逊统计量）来对其拟合优度进行检验。$\chi^2$-统计量为：$\chi^2=\sum_{i=1}^{n}\frac{(O_i-E_i)^2}{E_i}\sim\chi_\alpha^2(f)$。其中，$O_i$为实际观察的频数值，$E_i$为理论值，$\alpha$为置信度水平，自由度$f$等于样本数减去1。

实际及理论频数值的统计情况见表26-5。

表26-5 新疆损失频数实际及理论频数值的统计表

| num | 0 | 1 | 2 | 3 | 4 | 5 | 6 |
|---|---|---|---|---|---|---|---|
| Oi | 21 | 17 | 11 | 7 | 0 | 0 | 2 |
| Ei | 22.08148 | 16.91348 | 9.716253 | 4.961491 | 2.375182 | 1.091573 | 0.487724 |

计算得$\chi^2$-统计量为9.216416，自由度为4，查$\chi^2$分布临界值表得$\chi^2_{0.05}(4)=9.488>9.216516$，因此不拒绝频数服从负二项分布的假设。即频数服从负二项分布，分布的概率密度为：

$$P\{X=k\}=f(k,r,p)=\frac{(k+2-1)!}{[k!(2-1)!]}\times0.617201^2(1-0.617201)^k$$

其拟合情况的直方图如图26-26所示。

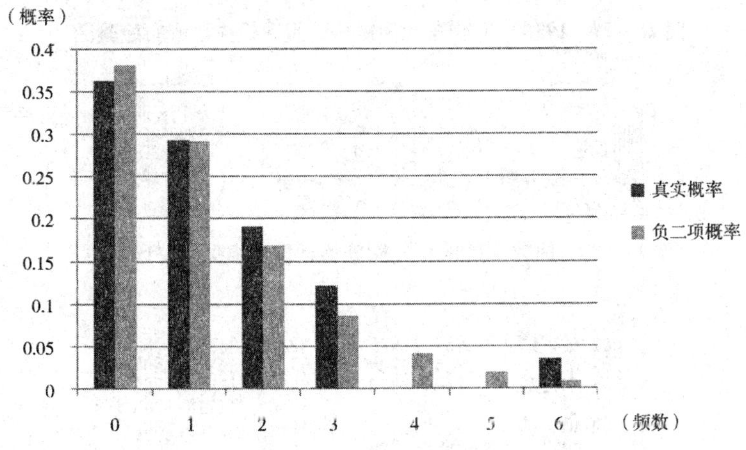


图26-26 1952~2009年我国新疆地震频数负二项分布拟合情况的直方图

由图26-26可以看出，负二项分布较好地拟合了新疆地震的年发生频数。

2. 次损失额分析。

（1）次损失额分析。下面对新疆1952~2009年间发生的4级以上成灾地震的次损失额进行分析，来判断其分布特点。

对各次地震的调整后损失额进行简单的统计分析，得到其分布特点（见图26-27~图26-31）。

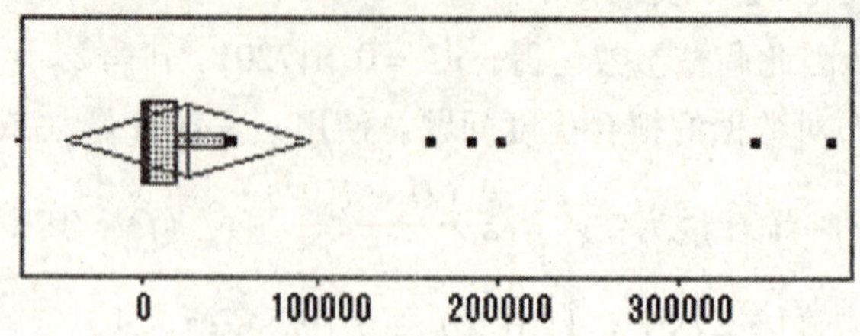


图 26－27　1952～2009 年我国新疆地震次损失额盒状图

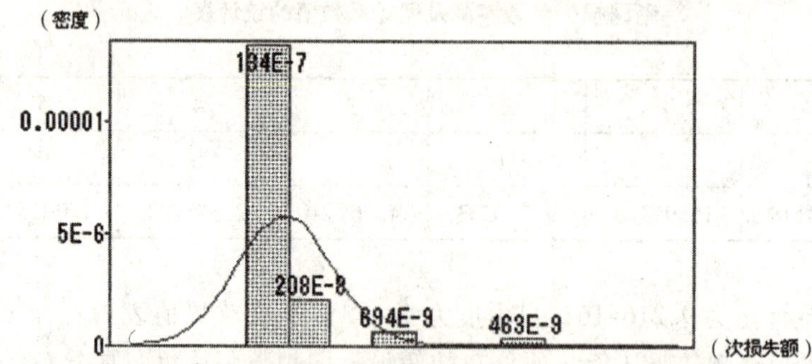


图 26－28　1952～2009 年我国新疆地震次损失额直方图

| 分布检验 | | | | | | |
|---|---|---|---|---|---|---|
| 曲线 | 分布 | 均值/Theta | Sigma | Zeta/C | Kolmogorov D | Pr > D |
| | 正态 | 26943.5573 | 68870.3070 | . | 0.3479 | <.01 |
| | 对数正态 | 0 | 2.3482 | 7.9988 | 0.0989 | 0.0806 |
| | 指数 | 0 | 26943.5573 | . | 0.4399 | <.01 |
| | 韦伯 | 0 | 9585.2942 | 0.4513 | 0.1087 | 0.0255 |

图 26－29　1952～2009 年我国新疆地震次损失额分布检验图

| 矩统计量 | | | |
|---|---|---|---|
| N | 72.0000 | 权重总和 | 72.0000 |
| 均值 | 26943.5573 | 总和 | 1939986.12 |
| 标准偏差 | 68870.3070 | 方差 | 4.743E+09 |
| 偏度 | 3.9513 | 峰度 | 16.3346 |
| 未校平方和（USS） | 3.890E+11 | 校正平方和（CSS） | 3.368E+11 |
| 变异系数 | 255.6096 | 标准误差 | 8116.4435 |

图 26－30　1952～2009 年我国新疆地震次损失额统计量图

| 分位数 | | | | |
|---|---|---|---|---|
| 100% | 最大值 | 385712.385 | 99.0% | 385712.385 |
| 75% | Q3 | 19248.2649 | 97.5% | 343785.582 |
| 50% | 中位数 | 2443.2614 | 95.0% | 185139.759 |
| 25% | Q1 | 393.2267 | 90.0% | 47119.7903 |
| 0% | 最小值 | 22.6358 | 10.0% | 150.5802 |
| | 极差 | 385689.749 | 5.0% | 113.0088 |
| | Q3-Q1 | 18855.0382 | 2.5% | 28.2376 |
| | 众数 | 113.0088 | 1.0% | 22.6358 |

图 26－31　1952～2009 年我国新疆地震次损失额分位数图

由输出结果可以得到，1952～2009 年的 72 次成灾地震的平均次损失额为 26 943.5573 万元，其中，最高损失达 385 712.385 万元，有一半的损失额小于 2 443.2614 万元。

从常用分布关于次损失额进行分布拟合的检验结果可以看出，在 5% 的显著性水平下，只有对数正态分布是通过检验的，即可以用对数正态分布来拟合次损失额数据。

（2）对数次损失额分析。接下来，对新疆的地震次损失额数据取对数后进行分析（见图 26－32～图 26－36）。

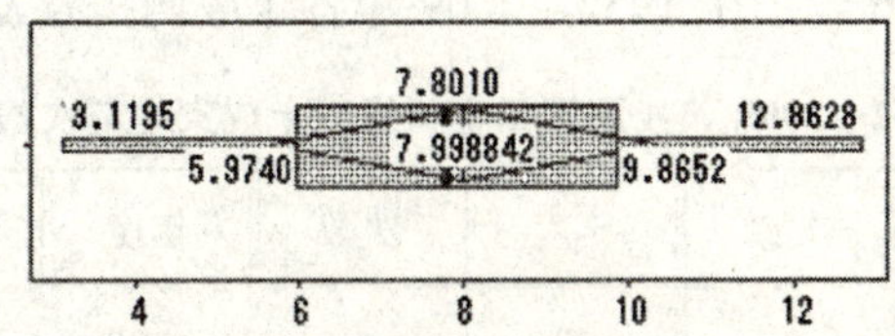


图 26-32 1952~2009 年我国新疆地震对数次损失额盒状图

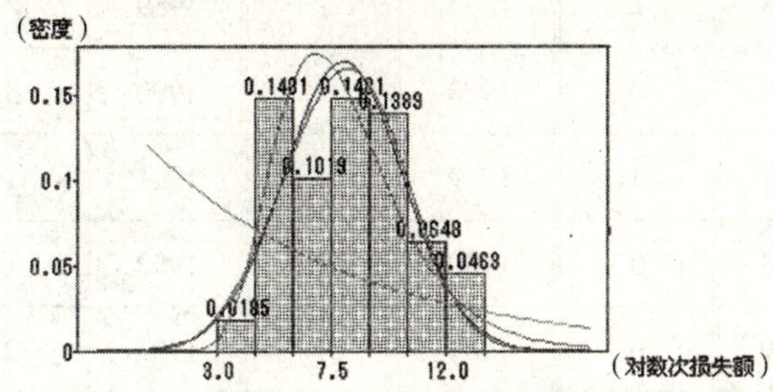


图 26-33 1952~2009 年我国新疆地震对数次损失额直方图

| 分布检验 | | | | | | |
|---|---|---|---|---|---|---|
| 曲线 | 分布 | 均值/Theta | Sigma | Zeta/C | Kolmogorov D | Pr > D |
| —— | 正态 | 7.9988 | 2.3482 | . | 0.0989 | 0.0806 |
| —— | 对数正态 | 0 | 0.3167 | 2.0327 | 0.1100 | 0.0297 |
| —— | 指数 | 0 | 7.9988 | . | 0.4051 | <.01 |
| —— | 韦伯 | 0 | 8.8591 | 3.8450 | 0.0973 | 0.0743 |

图 26-34 1952~2009 年我国新疆地震对数次损失额分布检验图

| 矩统计量 | | | |
|---|---|---|---|
| N | 72.0000 | 权重总和 | 72.0000 |
| 均值 | 7.9988 | 总和 | 575.9166 |
| 标准偏差 | 2.3482 | 方差 | 5.5141 |
| 偏度 | 0.0625 | 峰度 | -0.7984 |
| 未校平方和 (USS) | 4998.1652 | 校正平方和 (CSS) | 391.4992 |
| 变异系数 | 29.3568 | 标准误差 | 0.2767 |

图 26-35 1952~2009 年我国新疆地震对数次损失额统计量图

| 分位数 | | | | |
|---|---|---|---|---|
| 100% | 最大值 | 12.8628 | 99.0% | 12.8628 |
| 75% | Q3 | 9.8652 | 97.5% | 12.7478 |
| 50% | 中位数 | 7.8010 | 95.0% | 12.1289 |
| 25% | Q1 | 5.9740 | 90.0% | 10.7604 |
| 0% | 最小值 | 3.1195 | 10.0% | 5.0145 |
| | 极差 | 9.7433 | 5.0% | 4.7275 |
| | Q3-Q1 | 3.8911 | 2.5% | 3.3407 |
| | 众数 | 4.7275 | 1.0% | 3.1195 |

图 26-36 1952~2009 年我国新疆地震对数次损失额分位数图

由分布检验的输出结果可以看出，在显著性水平为 5% 的情况下，对次损失额取对数后的数据可以通过正态分布的检验，均值和标准差分别为：$\mu=7.9988$，$\sigma=2.3482$。由直方图也可以看出，正态分布可以拟合对次损失额取对数后的数据，但是拟合效果并不是很理想，其余几种分布的拟合情况也较差。

对数正态分布的密度函数为：

$$f(x)=\frac{1}{2.3482\sqrt{2\pi}\cdot x}e^{-\frac{1}{2}(\frac{\ln x-7.9988}{2.3482})^2}$$

**（三）四川省**

1. 频数分析。

（1）基本分析。表 26-6 给出了 1952~2009 年各年度四川省发生地震的频数。

表 26-6　1952~2009 年我国四川省 4 级以上成灾地震次数　（单位：次）

| 年度 | 次数 | 年度 | 次数 | 年度 | 次数 | 年度 | 次数 | 年度 | 次数 |
|---|---|---|---|---|---|---|---|---|---|
| 1952 | 3 | 1964 | 0 | 1976 | 1 | 1988 | 2 | 2000 | 0 |
| 1953 | 0 | 1965 | 1 | 1977 | 1 | 1989 | 4 | 2001 | 2 |
| 1954 | 1 | 1966 | 0 | 1978 | 2 | 1990 | 3 | 2002 | 1 |
| 1955 | 3 | 1967 | 2 | 1979 | 0 | 1991 | 1 | 2003 | 1 |
| 1956 | 0 | 1968 | 0 | 1980 | 1 | 1992 | 1 | 2004 | 0 |
| 1957 | 1 | 1969 | 0 | 1981 | 1 | 1993 | 2 | 2005 | 1 |
| 1958 | 1 | 1970 | 4 | 1982 | 1 | 1994 | 2 | 2006 | 0 |
| 1959 | 0 | 1971 | 1 | 1983 | 0 | 1995 | 1 | 2007 | 0 |
| 1960 | 1 | 1972 | 2 | 1984 | 0 | 1996 | 2 | 2008 | 2 |
| 1961 | 1 | 1973 | 4 | 1985 | 0 | 1997 | 0 | 2009 | 0 |
| 1962 | 2 | 1974 | 4 | 1986 | 2 | 1998 | 0 | | |
| 1963 | 0 | 1975 | 1 | 1987 | 0 | 1999 | 1 | | |

图 26-37 是四川省地震发生频数的折线图。

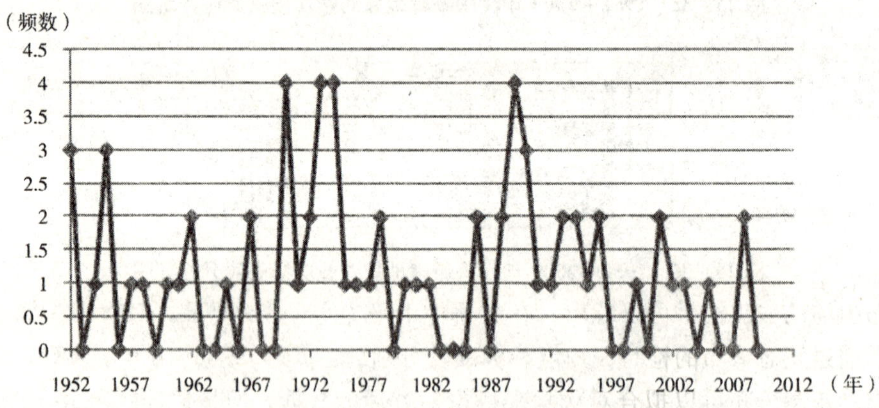


图 26-37　1952~2009 年我国四川省地震频数的折线图

与全国总的年地震发生次数相似，四川省的地震发生次数在各个年度之间分布很不均匀，地震活动呈现出活跃与平静的交替性。

首先，用 SAS 对上表数据进行频数分析，得到的结果见图 26-38~图 26-41。

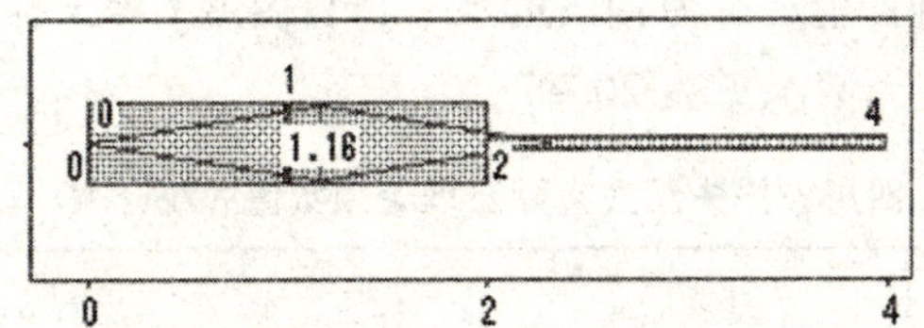


图 26－38 1952～2009 年我国四川省地震频数的盒状图

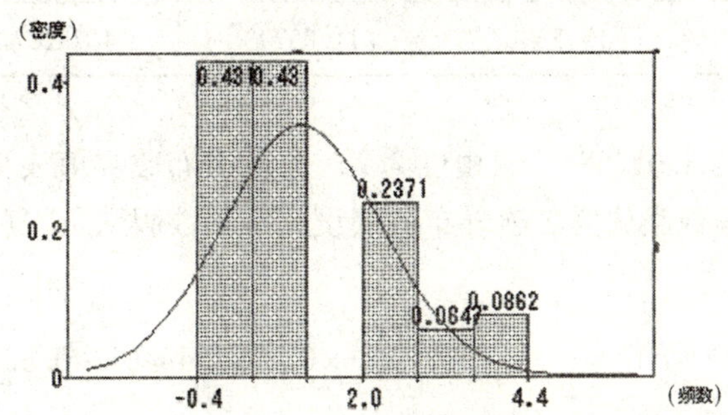


图 26－39 1952～2009 年我国四川省地震频数的直方图

| 矩统计量 | | | |
|---|---|---|---|
| N | 58.0000 | 权重总和 | 58.0000 |
| 均值 | 1.1552 | 总和 | 67.0000 |
| 标准偏差 | 1.1668 | 方差 | 1.3615 |
| 偏度 | 0.9912 | 峰度 | 0.3894 |
| 未校平方和 (USS) | 155.0000 | 校正平方和 (CSS) | 77.6034 |
| 变异系数 | 101.0081 | 标准误差 | 0.1532 |

图 26－40 1952～2009 年我国四川省地震频数的统计量图

| 分位数 | | | |
|---|---|---|---|
| 100% 最大值 | 4.0000 | 99.0% | 4.0000 |
| 75% Q3 | 2.0000 | 97.5% | 4.0000 |
| 50% 中位数 | 1.0000 | 95.0% | 4.0000 |
| 25% Q1 | 0 | 90.0% | 3.0000 |
| 0% 最小值 | 0 | 10.0% | 0 |
| 极差 | 4.0000 | 5.0% | 0 |
| Q3-Q1 | 2.0000 | 2.5% | 0 |
| 众数 | 0 | 1.0% | 0 |

图 26－41 1952～2009 年我国四川省地震频数的分位数图

由以上的输出结果可以看出，1952～2009 年，四川省共发生 4 级以上成灾地震 67 次，平均每年 1.1552 次，地震发生最多的年发生次数为 4 次，有 75% 的年度年发生成灾地震 2 次以下，有 50% 的年度年发生成灾地震集中在 1 次。

（2）频数的理论离散分布拟合。下面用离散分布来拟合四川省地震的年发生频数。

由数据的统计特征知其期望小于方差，即 $\mu$（$=1.1552$）$<\sigma^2$（1.1668），从而在常见的离散分布中，只有负二项分布符合数据情况，可以用来拟合数据。

则期望 $r\dfrac{1-p}{p}=1.1552$，方差 $r\dfrac{1-p}{p^2}=1.1668$。

解得：$p=0.848478$，$r=6.468627$。

由于 $r$ 必须取整数，因此调整参数使得：$p^*=0.838554$，$r^*=6$。

下面检验负二项分布对数据的拟合优度问题。与前面一样，使用 $\chi^2$－统计量（或皮尔逊统计量）来对其拟合优度进行检验。$\chi^2$－统计量为：$\chi^2=\sum\limits_{i=1}^{n}\dfrac{(O_i-E_i)^2}{E_i}\sim\chi_\alpha^2(f)$。其中，$O_i$ 为实际观察的频数值，$E_i$ 为理论值，$\alpha$ 为置信度水平，自由度 $f$ 等于样本数减去 1。

实际及理论频数值的统计情况见表 26－7。

**表 26－7　　四川省损失频数实际及理论频数值的统计表**

| num | 0 | 1 | 2 | 3 | 4 |
|---|---|---|---|---|---|
| Oi | 20 | 20 | 11 | 3 | 4 |
| Ei | 20.16577 | 19.53407 | 11.03793 | 4.752072 | 1.726205 |

计算得 $\chi^2$－统计量为 3.653684，自由度为 2，查 $\chi^2$ 分布临界值表得 $\chi^2_{0.05}(2)=5.991>3.653684$，因此不拒绝频数服从负二项分布的假设，即频数服从负二项分布，分布的概率密度为：

$$P\{X=k\}=f(k,r,p)=\frac{(k+6-1)!}{[k!(6-1)!]}\times 0.838554^6(1-0.838554)^k$$

其拟合情况的直方图见图 26－42。

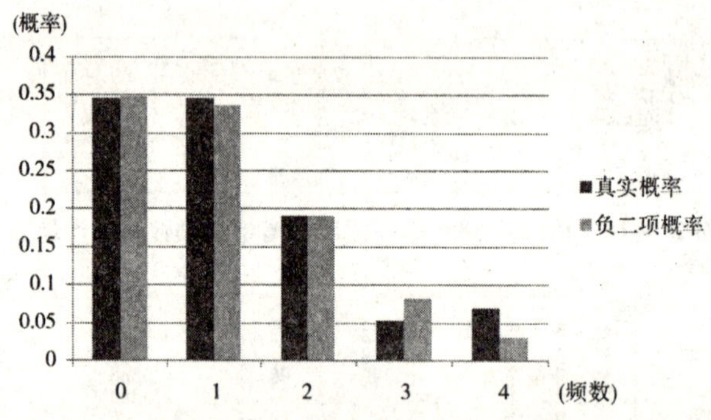


**图 26－42　1952～2009 年我国四川省地震频数负二项分布拟合情况的直方图**

由图 26－42 可以看出，负二项分布较好地拟合了四川省地震的年发生频数。

2. 次损失额分析。

（1）次损失额分析。对四川省 1952～2009 年间发生的 4 级以上成灾地震的次损失额进行分析，判断其分布特点。

对各次地震的调整后损失额进行简单的统计分析，得到其分布特点（见图 26－43～图 26－47）。

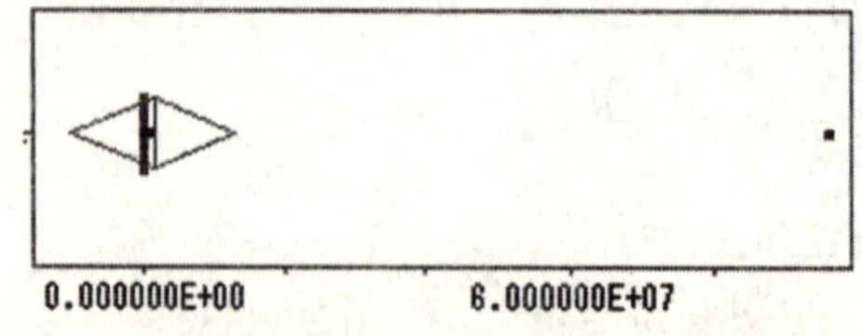


**图 26－43　1952～2009 年四川省地震次损失额盒状图**

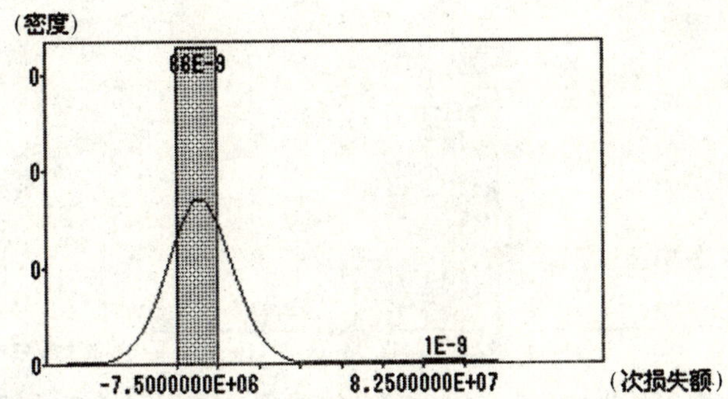


图 26－44　1952～2009 年四川省地震次损失额直方图

| 分布检验 | | | | | | |
|---|---|---|---|---|---|---|
| 曲线 | 分布 | 均值/Theta | Sigma | Zeta/C | Kolmogorov D | Pr > D |
|  | 正态 | 1470084.46 | 11688011.4 | . | 0.5072 | <.01 |
|  | 对数正态 | 0 | 2.3498 | 8.7255 | 0.0972 | 0.1162 |
|  | 指数 | 0 | 1470084.46 | . | 0.8662 | <.01 |
|  | 韦伯 | 0 | 22055.8159 | 0.3214 | 0.1826 | <.01 |

图 26－45　1952～2009 年四川省地震次损失额分布检验图

| 矩统计量 | | | |
|---|---|---|---|
| N | 67.0000 | 权重总和 | 67.0000 |
| 均值 | 1470084.46 | 总和 | 98495658.6 |
| 标准偏差 | 11688011.4 | 方差 | 1.366E+14 |
| 偏度 | 8.1839 | 峰度 | 66.9833 |
| 未校平方和 (USS) | 9.161E+15 | 校正平方和 (CSS) | 9.016E+15 |
| 变异系数 | 795.0571 | 标准误差 | 1427917.86 |

图 26－46　1952～2009 年四川省地震次损失额统计量图

| 分位数 | | | | |
|---|---|---|---|---|
| 100% | 最大值 | 95707048.0 | 99.0% | 95707048.0 |
| 75% | Q3 | 24690.0852 | 97.5% | 822435.366 |
| 50% | 中位数 | 4982.9063 | 95.0% | 243486.159 |
| 25% | Q1 | 1154.4277 | 90.0% | 66546.1443 |
| 0% | 最小值 | 124.5727 | 10.0% | 451.7405 |
|  | 极差 | 95706923.4 | 5.0% | 278.8983 |
|  | Q3-Q1 | 23535.6575 | 2.5% | 198.2919 |
|  | 众数 | 1869.2737 | 1.0% | 124.5727 |

图 26－47　1952～2009 年四川省地震次损失额分位数图

由输出结果可以得到，1952～2009 年的 67 次成灾地震的平均次损失额为 1 470 084.46 元，最高损失达 95 707 048.0 元，有一半的损失额小于 4 982.9063 元。

从常用分布关于次损失额进行分布拟合的检验结果可以看出，在 5% 的显著性水平下，只有对数正态分布是通过检验的，即可以用对数正态分布来拟合次损失额数据。

（2）对数次损失额分析。对四川省的地震次损失额数据取对数后进行分析，结果见图 26－48～图 26－52。

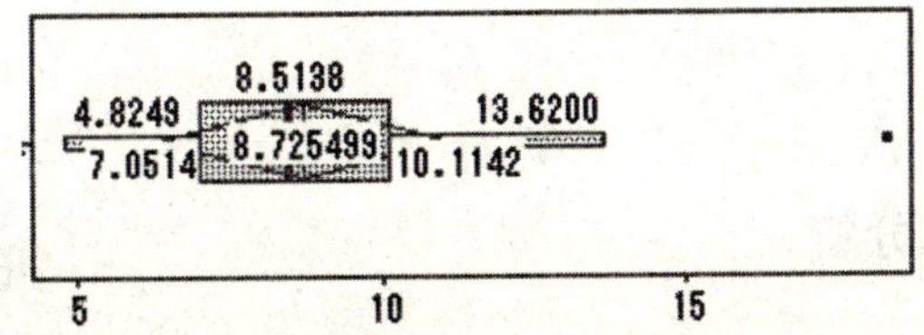

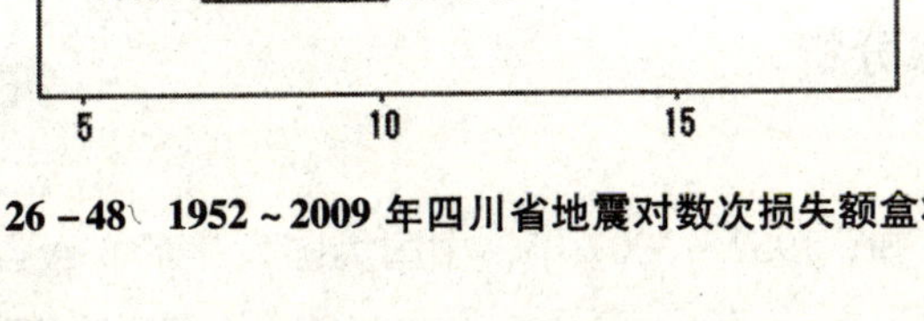

图 26－48　1952～2009 年四川省地震对数次损失额盒状图

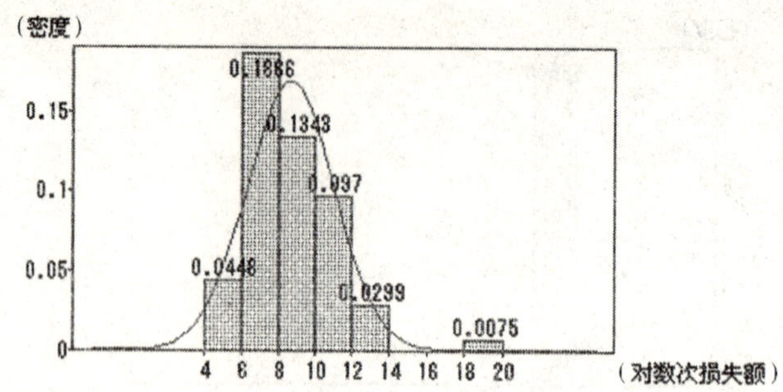


图 26－49　1952～2009 年四川省地震对数次损失额直方图

| 分布检验 | | | | | | |
|---|---|---|---|---|---|---|
| 曲线 | 分布 | 均值/Theta | Sigma | Zeta/C | Kolmogorov D | Pr > D |
| | 正态 | 8.7255 | 2.3498 | . | 0.0972 | 0.1162 |
| | 对数正态 | 0 | 0.2569 | 2.1331 | 0.0585 | >.15 |
| | 指数 | 0 | 8.7255 | . | 0.4397 | <.01 |
| | 韦伯 | 0 | 9.6097 | 3.6816 | 0.0925 | >.10 |

图 26－50　1952～2009 年四川省地震对数次损失额分布检验图

| 矩统计量 | | | |
|---|---|---|---|
| N | 67.0000 | 权重总和 | 67.0000 |
| 均值 | 8.7255 | 总和 | 584.6084 |
| 标准偏差 | 2.3498 | 方差 | 5.5215 |
| 偏度 | 1.1784 | 峰度 | 3.0533 |
| 未校平方和（USS） | 5465.4215 | 校正平方和（CSS） | 364.4213 |
| 变异系数 | 26.9302 | 标准误差 | 0.2871 |

图 26－51　1952～2009 年四川省地震对数次损失额统计量图

| 分位数 | | | | |
|---|---|---|---|---|
| 100% | 最大值 | 18.3768 | 99.0% | 18.3768 |
| 75% | Q3 | 10.1142 | 97.5% | 13.6200 |
| 50% | 中位数 | 8.5138 | 95.0% | 12.4028 |
| 25% | Q1 | 7.0514 | 90.0% | 11.1057 |
| 0% | 最小值 | 4.8249 | 10.0% | 6.1131 |
| | 极差 | 13.5519 | 5.0% | 5.6308 |
| | Q3-Q1 | 3.0628 | 2.5% | 5.2897 |
| | 众数 | 7.5333 | 1.0% | 4.8249 |

图 26－52　1952～2009 年四川省地震对数次损失额分位数图

由分布检验的输出结果可以看出，在显著性水平为 5% 的情况下，对次损失额取对数后的数据可以通过正态分布的检验，均值和标准差分别为：$\mu = 8.7255$，$\sigma = 2.3498$。此外，在显著性水平为 5% 的情况下，对数正态分布以及韦伯分布也可以通过显著性检验，即对次损失额取对数后的数据也可以用对数正态分布或者韦伯分布来拟合，但其拟合效果不如正态分布。由直方图可以看出，任何一种分布的拟合情况都不是很好。

对数正态分布的密度函数为：

$$f(x) = \frac{1}{2.3498\sqrt{2\pi} \cdot x} e^{-\frac{1}{2}(\frac{\ln x - 8.7255}{2.3498})^2}$$

## 二、区域系统灾害分析

（一）致灾因子

通过对数据库分析可知，1952～2007 年，中国大陆发生的 4 级以上、且造成经济损失的地震共有 441 起，其中发生在云南省、新疆维吾尔自治区、四川省的分别有 115、72、65 起，占总数的26.08%、16.33%、14.74%。而排名第4位的青海省仅有35起，约占7.94%，仅为四川省的1/2（见图26-53）。

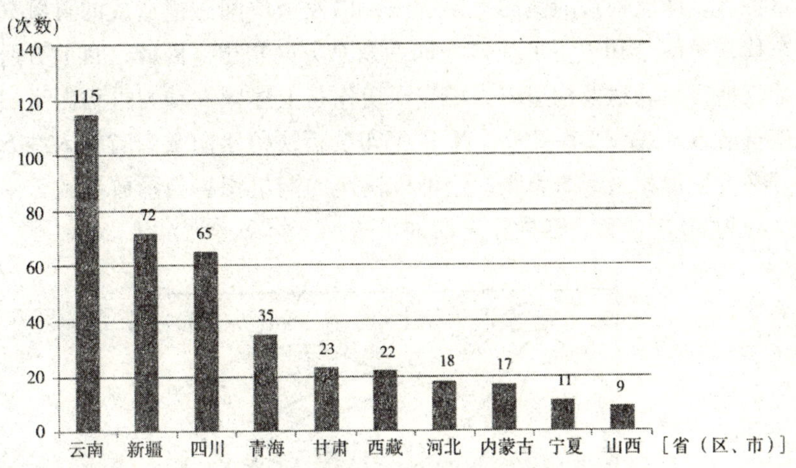


图26-53　各省（区、市）地震次数分布（震级4级以上）

根据《中国地震烈度表》（GB/T 17742-1999），我们将烈度在7级以上的地震认作破坏型地震。通过对数据库的分析，1952~2007年，中国大陆共发生了236次烈度在7级以上的地震，而排名前3位的仍为云南省、新疆维吾尔自治区、四川省，分别为62、43、38起，分别占总数的26.27%、18.22%、16.10%（见图26-54）。

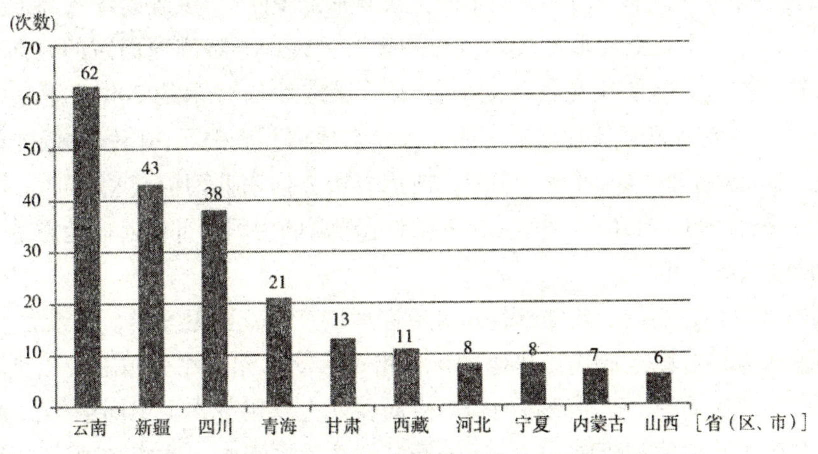


图26-54　各省（区、市）地震次数分布（烈度7级以上）

通过以上分析可知，云南省、新疆维吾尔自治区、四川省在过去近60年间，发生地震的次数多，而且破坏性地震比例大（50%以上）。而云南省4级以上地震发生次数、破坏性地震发生次数居全国之首，且破坏性地震比例高达54%。

**（二）孕灾环境**

世界上的大多数地震几乎都是发生在两大地震带上：环太平洋地震带和喜马拉雅-地中海地震带。而我国云南省、四川省、新疆维吾尔自治区3个地震重灾区正好都处于喜马拉雅-地中海地震带上。

1. 云南省。在地质历史上，云南省地区系扬子准地台、华南褶皱系和唐古拉—昌都—兰坪—思茅褶皱系3个一级大地构造单元的交汇区，自古地壳变动就十分剧烈（云南省地质矿产局，1990）。云南省位于板块碰撞带东侧，地学区位十分特殊，地震活动具有板缘和板内构造地震的双重特点。印度板块的侧向直接挤压，以及板块间碰撞造成的青藏高原上隆，西藏自治区地块东移，驱使“川滇菱形块体”向南南东方向挤出。因此，目前普遍认为云南省强烈的地壳运动、地震活动以及构造应力场空间变化是上述同一动力过程派生出的两个分量共同作用于云南省所致（见图26－55）。20世纪印度板块每年向云南省输入约6.5级地震的能量，平均每万平方公里相当于5.5级，这种极快速的能量积累与释放导致云南省大地震的复发间隔较短，约为50年，且自西向东逐渐加长①。

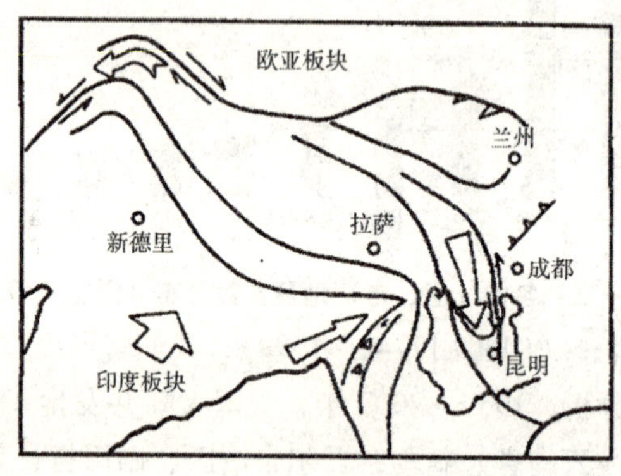


**图26－55　云南省及邻区大地构造与动力来源示意图**

2. 四川省。印度板块以每年50毫米的速度向亚洲俯冲，在造成青藏高原隆升的同时，因东侧四川省、鄂尔多斯低地形形成的位势和重力势差，导致高原向东的侧向流动和挤压。又由于四川省、鄂尔多斯地块是具有岩石圈根的稳定地块（深约200公里），自晚侏罗纪（1.6亿年）以来深深地扎根于地球的深部，犹如“地轴”和磐石，坚强地抵抗着青藏高原的挤压，迫使物质堆积并向四川省地块超覆，或沿着边界向南北两侧流动，形成宽大的南北向构造活动带（东经105°～110°）。这条地震带就是著名的中国中部南北向地震带②。

3. 新疆维吾尔自治区③。

（1）独特地质构造格局。新疆维吾尔自治区地域辽阔，山系交错，体系繁多，活动程度不一样。两盆地为相对稳定地块，其他体系为相对活动单元，在分布上天山夹在地块中间，其他山系围绕在地块周围，这种独特的构造格局在外力作用下产生不同结果，从而构成强烈地震的发生基础。当地球自转加速时，由于受其惯性力的影响，准噶尔地块、塔里木地块就要向南向西推挤，致使天山北缘、昆仑山北缘、帕米尔和阿图什一带受力而发震。当地球惯性力改变方向，则在相反部位发震。这样在不同方向外力作用下都有地方发震，因此显得地震特别多。

① 皇甫岗等：“20世纪云南地震活动研究”，《地震研究》2001年第23卷第1期。

② 董树文等：“四川汶川Ms8.0地震地表破裂构造初步调查与发震背景分析”，《地球学报》2008年第29卷第3期。

③ 王新政：“新疆地震活动主要特点及其与地质构造的关系”，《中国地质科学学院院报》五六二综合大队分刊第2卷第1号。

（2）世界上两大地震带对新疆维吾尔自治区都有影响。新疆维吾尔自治区受喜马拉雅－地中海地震带控制，但是自西太平洋进入第二活动期后，阿尔泰带（包括蒙古境内部分）也跟着活动起来，其活动期基本能相对应，只是比太平洋地震带迟了1～2年。因此认为新疆维吾尔自治区还受到太平洋地震带的影响。

**（三）承灾体**

1. 分析角度。

（1）根据自然灾害系统理论，致灾因子强度和承灾体的脆弱性共同决定了灾情的大小。城市承灾体与农村承灾体之间存在着巨大的不同，而绝大多数致灾地震发生在广大农村和乡镇地区，且农村地区造成致灾地震的强度低，往往6～7级地震影响就会造成相当数量的房屋严重破坏或倒塌，损失严重，因此我们将着重分析农村承灾体的情况。

（2）根据《城乡承灾体差异对地震灾情的影响》（王瑛，王阳，2009），除了人员伤亡之外，地震主要造成4方面的损失：房屋建筑、室内财产、生命线及基础设施、企业生产科研设备。而无论城市还是农村，地震灾害引起的最主要间接损失都是建筑物的破坏，而室内财产都不是地震灾害的主要承灾体①。因此，分析承灾体时还应以建筑物为主。

2. 区域承灾体暴露性水平。区域承灾体暴露性水平指的是：在自然灾害发生时，受到危险因素威胁的人和财产，一个地区暴露性程度越高，可能遭受潜在损失就越大②。根据《基于DEA模型的我国自然灾害区域脆弱性评价》（刘毅等，2010），结合上文的分析，最终选取的评价指标是人口密度、GDP密度、第一产业密度、农村收入密度以及农村人口密度。

由《新中国六十年统计资料汇编》、《中国统计年鉴》（2010）、《中国区域经济年鉴》（2010）可以计算出我国大陆31个省（区、市）的这5个评价指标，然后进行排名。其中时间跨度为1952～2007年，每5年计算一次（见表26－8～表26－12）。

**表26－8　1952～2007年各省（区、市）人口密度排名与位置**

| 年度 | 排名 | | | 总数 | 位置 | | |
|---|---|---|---|---|---|---|---|
| | 云南 | 四川 | 新疆 | | 云南 | 四川 | 新疆 |
| 1952 | 24 | 17 | 29 | 31 | 下 | 中下 | 下 |
| 1957 | 24 | 17 | 29 | 31 | 下 | 中下 | 下 |
| 1962 | 24 | 19 | 29 | 31 | 下 | 中下 | 下 |
| 1967 | 24 | 18 | 29 | 31 | 下 | 中下 | 下 |
| 1972 | 24 | 19 | 29 | 31 | 下 | 中下 | 下 |

① 王瑛，王阳："城乡承灾体差异对地震灾情的影响"，《灾害学》2009年第24卷第1期。

② 刘毅："基于DEA模型的我国自然灾害区域脆弱性评价"，《地理研究》2010年第29卷第7期。

续表

| 年度 | 排名 | | | 总数 | 位置 | | |
|---|---|---|---|---|---|---|---|
| | 云南 | 四川 | 新疆 | | 云南 | 四川 | 新疆 |
| 1977 | 24 | 20 | 29 | 31 | 下 | 中下 | 下 |
| 1982 | 24 | 21 | 29 | 31 | 下 | 中下 | 下 |
| 1987 | 24 | 21 | 29 | 31 | 下 | 中下 | 下 |
| 1992 | 24 | 22 | 29 | 31 | 下 | 中下 | 下 |
| 1997 | 24 | 22 | 29 | 31 | 下 | 中下 | 下 |
| 2002 | 24 | 22 | 29 | 31 | 下 | 中下 | 下 |
| 2007 | 24 | 22 | 29 | 31 | 下 | 中下 | 下 |

**表 26－9　　　　1952～2007 年各省（区、市）GDP 密度排名与位置**

| 年度 | 排名 | | | 总数 | 位置 | | |
|---|---|---|---|---|---|---|---|
| | 云南 | 四川 | 新疆 | | 云南 | 四川 | 新疆 |
| 1952 | 24 | 22 | 28 | 30 | 下 | 中下 | 下 |
| 1957 | 24 | 20 | 28 | 30 | 下 | 中下 | 下 |
| 1962 | 24 | 21 | 28 | 30 | 下 | 中下 | 下 |
| 1967 | 24 | 21 | 28 | 30 | 下 | 中下 | 下 |
| 1972 | 25 | 22 | 28 | 30 | 下 | 中下 | 下 |
| 1977 | 25 | 21 | 28 | 30 | 下 | 中下 | 下 |
| 1982 | 25 | 20 | 29 | 31 | 下 | 中下 | 下 |
| 1987 | 26 | 21 | 29 | 31 | 下 | 中下 | 下 |
| 1992 | 25 | 22 | 29 | 31 | 下 | 中下 | 下 |
| 1997 | 25 | 21 | 29 | 31 | 下 | 中下 | 下 |
| 2002 | 25 | 22 | 29 | 31 | 下 | 中下 | 下 |
| 2007 | 26 | 22 | 29 | 31 | 下 | 中下 | 下 |

**表 26－10　　　　1952～2007 年各省（区、市）第一产业密度排名与位置**

| 年度 | 排名 | | | 总数 | 位置 | | |
|---|---|---|---|---|---|---|---|
| | 云南 | 四川 | 新疆 | | 云南 | 四川 | 新疆 |
| 1952 | 26 | 22 | 28 | 30 | 下 | 中下 | 下 |
| 1957 | 24 | 19 | 28 | 30 | 下 | 中下 | 下 |

续表

| 年度 | 排名 | | | 总数 | 位置 | | |
|---|---|---|---|---|---|---|---|
| | 云南 | 四川 | 新疆 | | 云南 | 四川 | 新疆 |
| 1962 | 24 | 18 | 28 | 30 | 下 | 中下 | 下 |
| 1967 | 24 | 20 | 28 | 30 | 下 | 中下 | 下 |
| 1972 | 23 | 20 | 28 | 30 | 下 | 中下 | 下 |
| 1977 | 24 | 17 | 28 | 30 | 下 | 中下 | 下 |
| 1982 | 25 | 19 | 29 | 31 | 下 | 中下 | 下 |
| 1987 | 24 | 20 | 29 | 31 | 下 | 中下 | 下 |
| 1992 | 24 | 19 | 29 | 31 | 下 | 中下 | 下 |
| 1997 | 25 | 20 | 29 | 31 | 下 | 中下 | 下 |
| 2002 | 24 | 20 | 29 | 31 | 下 | 中下 | 下 |
| 2007 | 23 | 19 | 29 | 31 | 中下 | 中下 | 下 |

**表 26－11　　1952～2007 年各省（区、市）农村人口密度排名与位置**

| 年度 | 排名 | | | 总数 | 位置 | | |
|---|---|---|---|---|---|---|---|
| | 云南 | 四川 | 新疆 | | 云南 | 四川 | 新疆 |
| 1952 | 15 | | 20 | 21 | 中下 | | 下 |
| 1957 | 16 | | 22 | 23 | 中下 | | 下 |
| 1962 | 16 | | 21 | 22 | 中下 | | 下 |
| 1967 | 14 | | 19 | 20 | 中下 | | 下 |
| 1972 | 15 | | 21 | 23 | 中下 | | 下 |
| 1977 | 15 | | 21 | 23 | 中下 | | 下 |
| 1982 | 17 | | 23 | 25 | 中下 | | 下 |
| 1987 | 17 | | 23 | 25 | 中下 | | 下 |
| 1992 | 16 | | 22 | 24 | 中下 | | 下 |
| 1997 | 17 | | 23 | 25 | 中下 | | 下 |
| 2002 | 18 | | 24 | 27 | 中下 | | 下 |
| 2007 | 22 | 21 | 27 | 30 | 中下 | 中下 | 下 |

表 26－12　　1952～2007 年各省（区、市）农村收入密度排名与位置

| 年度 | 排名 | | | 总数 | 位置 | | |
|---|---|---|---|---|---|---|---|
| | 云南 | 四川 | 新疆 | | 云南 | 四川 | 新疆 |
| 1952 | | | | 0 | | | |
| 1957 | | | | 0 | | | |
| 1962 | | | | 0 | | | |
| 1967 | | | | 0 | | | |
| 1972 | | | | 0 | | | |
| 1977 | | | | 0 | | | |
| 1982 | 16 | | 22 | 24 | 中下 | | 下 |
| 1987 | 17 | | 23 | 25 | 中下 | | 下 |
| 1992 | 16 | | 22 | 24 | 中下 | | 下 |
| 1997 | 18 | | 23 | 25 | 中下 | | 下 |
| 2002 | 20 | | 24 | 27 | 中下 | | 下 |
| 2007 | 23 | 19 | 27 | 30 | 下 | 中下 | 下 |

注：（1）位置分为上、中上、中下、下 4 段，分别对应于全国排名前 25%、25%～50%、50%～75%、75%～100%；（2）由于年鉴上数据并不完整，因此有些年度或省（区、市）并无相应数据；（3）农村面积历年数据缺乏，因此统计用 2009 年农村面积代替。

5 种密度粗略地反映了各省（区、市）财产、人口的集中趋势和暴露水平，密度越大，在发生地震时可能遭到的最大损失就越高。云南、四川、新疆 3 省（区）的各种统计密度基本都处于全国中下游和下游的位置。因此可以认为，区域承灾体暴露性水平并非这 3 省（区）成为地震重灾的主要原因。

3. 农村住房结构。根据《中国大陆地震灾害损失评估报告汇编（1996～2000 年）》，农村居民住房主要分为 4 大类：土木结构、砖木结构、砖混结构和框架结构。其中，砖混结构和框架结构均为混凝土结构。在抗震性能方面，总的来说，框架结构 > 砖混结构 > 砖木结构 > 土木结构。

因为《中国统计年鉴》上只有较少年度有各省（区、市）农村居民房屋结构数据，且没有区分框架与砖混结构，因此只能得到表 26－13～表 26－15。

表 26－13　　1987 年重灾省（区、市）农村房屋结构及位置

| 1987 年 | 比例 | | | 全国位置 | | |
|---|---|---|---|---|---|---|
| | 土木 | 砖木 | 混凝土 | 土木 | 砖木 | 混凝土 |
| 四川 | 78.0% | 20.7% | 1.2% | 中上 | 中下 | 中下 |
| 云南 | 95.1% | 4.2% | 0.7% | 上 | 下 | 中下 |
| 新疆 | 79.6% | 19.6% | 0.8% | 中上 | 中下 | 中下 |

表 26-14 2002 年重灾省（区、市）农村房屋结构及位置

| 2002 年 | 比例 | | | 全国位置 | | |
|---|---|---|---|---|---|---|
| | 土木 | 砖木 | 混凝土 | 土木 | 砖木 | 混凝土 |
| 四川 | 31.9% | 45.5% | 22.6% | 中上 | 中下 | 中上 |
| 云南 | 66.9% | 18.5% | 14.5% | 上 | 下 | 中下 |
| 新疆 | 72.9% | 22.8% | 4.3% | 上 | 下 | 下 |

表 26-15 2007 年重灾省（区、市）农村房屋结构及位置

| 2007 年 | 比例 | | | 全国位置 | | |
|---|---|---|---|---|---|---|
| | 土木 | 砖木 | 混凝土 | 土木 | 砖木 | 混凝土 |
| 四川 | 20.7% | 45.4% | 33.9% | 中上 | 中下 | 中上 |
| 云南 | 56.0% | 20.8% | 23.2% | 上 | 下 | 中下 |
| 新疆 | 53.7% | 40.4% | 5.9% | 上 | 中下 | 下 |

注：位置分为上、中上、中下、下 4 段，分别对应于全国排名前 25%、25% ~50%、50% ~75%、75% ~100%。

通过对 3 个表的简单分析，可以得到 3 个省（区、市）农村住房结构的一些特点：

（1）云南省：钢筋混凝土结构房屋较少，在各年中均处于全国中下游。砖木结构房屋比例特别少，在各年中均处于全国下游。而土木结构房屋却高达 53%，为全国最多的省份之一。不过，云南省土木结构的脆弱性几乎与砖木结构相同。这是由于云南省地区土木结构房屋多为穿斗木骨架形式，相对于北方地区的双坡木骨架形式，整体性强，抗震性能好（殷维翰等，1997）。这类房屋由木屋架支撑屋顶和楼层重量，墙体只起围护作用，因而屋架与墙体之间没有拉接，具有一定的抗震能力。此外，在有的地震多发区，当地农民建房时都比较注重建房质量，因此总的来说，云南省的土木结构抗震性能要好于其他省（区、市）①。

（2）四川省：在全国范围来看，3 种住房结构比例均处于中等水平。而四川省是一个多民族的大省，有 55 个少数民族，其中世居的少数民族共有 14 个。四川省民族地区幅员辽阔，面积 30.21 万平方公里，占全省总面积的 60.14%。如凉山彝族自治州是全国最大的彝族聚居区；四川省也是全国第二大藏区，还拥有全国唯一的羌族聚居区。因此其很多住房具有传统民族特色，如彝族的土掌房等，虽然不属于钢筋混凝土结构，但是仍具有一定的抗震能力。

（3）新疆维吾尔自治区：钢筋混凝土结构以及砖木结构比例在各年中几乎均为全国倒数，而抗震最差的土木结构住房却非常多。且土木结构类住房大多是维吾尔族的民族住房：土疙瘩房与一般的土坯房。土疙瘩房的墙体由就近挖起的不规则土疙瘩砌筑，屋顶由木梁及苇席、稻草等组成。土疙瘩形状的不规则性造成墙体的粘结性能差，这类房屋是抗震性能最差的一类，在高烈度区几乎全部毁坏。在灾区民房中占绝对多数的是土坯房，其墙体由土坯、泥浆砌筑而成，屋顶的做法与土疙瘩房类似。这类房屋的抗震性能较土疙瘩房有所提高，但砌筑墙体采用的材料决定了其抗震性能先天不足。

① 王瑛等："云南省农村乡镇地震灾害房屋损失评估"，《地震学报》2005 年第 27 卷第 5 期。

综上所述，云南省虽然土木结构住房较多，但其建造方式特殊，抗震性较好，其总体抗震性能一般。四川省在这3省中，钢筋混凝土结构房屋明显较多，而且民族传统建筑具有一定的防震能力，其总体抗震性较好。新疆维吾尔自治区钢筋混凝土结构住房比例过低，土木结构住房很高，而且主要为土疙瘩房与土坯房，其总体抗震性较差。

（4）结论。根据数据库的资料，在剔除了极值数据后，对自1952年以来各省（区、市）因地震造成的调整后经济损失加总并排序，得到图26－56。云南省、四川省、新疆维吾尔自治区3省（区）因地震造成的总损失非常高，而云南省由于地震造成的总损失远远超过其他省（区、市）。

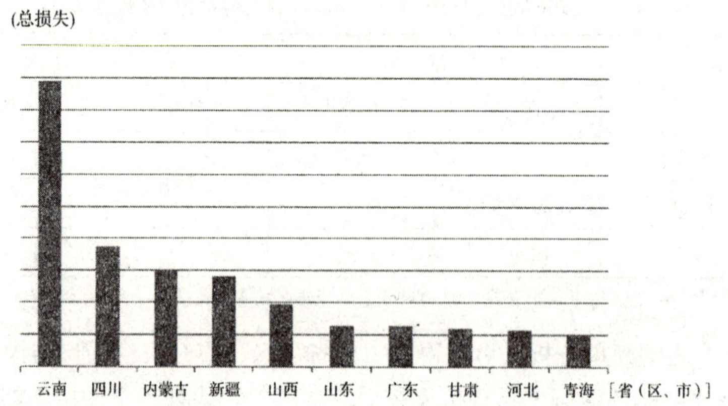


**图26－56　各省（区、市）地震损失总额（调整后）**

对致灾因子、孕灾环境和承灾体三方面分析后，可以得到以下结论：

云南省是近50年来全国因为地震造成经济损失最严重的省份。其承灾体相对于全国其他地方并没有特别明显的脆弱之处，而由于云南省特殊的地质结构，地震发生频率尤其是破坏性地震的发生频率特别高——这就是云南省成为全国最严重地震灾害区的主要原因。

四川省在过去50余年也因地震遭受了非常严重的经济损失，但是其承灾体的暴露水平偏低，房屋抗震性较好。四川省成为全国最严重地震灾害区之一的主要原因是引发其地震发生频率过高的特殊的地质结构。

新疆维吾尔自治区虽然承灾体的暴露水平非常低，但是其居民住房结构很差，不具备抗震能力的土木结构住房太多。不过，在较强地震的发生频率方面，新疆维吾尔自治区仅次于云南。新疆维吾尔自治区成为地震重灾区的主要原因有两个：一是其地质结构导致地震多发；二是多数住房抗震性较差。

## 第四节　特大地震分析

### 一、分析对象

世界各国在最近几年都出现了七八级的大地震，有专家认为，现在7级以上的地震发生频次明显高于以往，从以往100年的地震活动来看，地震活动有可能进入一种周期性特征的活跃阶段。因此，深入探讨强震的发生及其影响，并从中得出一定的防灾减灾经验，对于减少灾后损失、安定人们生活具有重要意义。为此，本节选取了给我国造成重大影响的两次特大地震——2008 年 5 月 12 日的四川省汶川地震和 2010 年 4 月 14 日的青海省玉树地震，以及 2011 年 3 月 11 日发生在日本本州岛东海岸附近海域的强震为研究对象，进行更深一步的探讨。

## 二、分析内容

### （一）损失数据

这 3 次特大地震的相关数据见表 26－16。

表 26－16　　近年来 3 次特大地震基础数据

| 序号 | 年度 | 震中 | 发生时刻 | 震源深度（公里） | 震级（Ms） | 震中烈度 |
|---|---|---|---|---|---|---|
| 1 | 2008 | 四川省汶川 | 14：28 | 14.00 | 8.0 | Ⅺ |
| 2 | 2010 | 青海省玉树 | 7：49 | 14.00 | 7.1 | Ⅸ |
| 3 | 2011 | 日本本州东海岸附近海域 | 14：46 | 20.00 | 9.0 | Ⅺ |
| **序号** | **倒塌房屋（间）** | **受损房屋（间）** | **死亡人数（人）** | **受伤人数（人）** | **直接经济损失（万元）** | |
| 1 | 7 789 100 | 24 590 000 | 87 679 | 374 171 | 84 510 000.00 | |
| 2 | 15 000 | | 2 220 | 12 135 | 66 711.46 | |
| 3 | 18 800 | 119 300 | 27 048 | | | |

### （二）地震预报

目前的科学研究并不能实现对地震精确及时的预报，但是地震并不是完全不可测的，现在的科学发展水平已经可以作出相对准确和及时的预报。比如在日本大地震中，东京等地均在地震波到来前数十秒拉响警报。而对于汶川地震和玉树地震，震前都没有得到科学的预报。总的来说，我国的预报水平仍然很低，能作出预报的地震只是极少数，当前地震预报仍停留在有限的经验基础上。

日本的气象部门和广电部门联手合作，已经能够做到在地震爆发后极短的时间内，向相关地区的民众发布地震波将要到达的信息，从而为民众逃生赢得宝贵的时间。日本能够在地震发生前发出警报，归功于日本政府在 2005 年正式提出建立的“全民危机警报系统”。这套系统由地面数字电视、手机短信、人室警报设备等多个媒介组成，当震级达到 4 级以上时，预报就通过电视等媒介发送出去。政府通过广播、电视和卫星数据传输系统来播发地震警报。一些订阅了特殊预报服务的人还能通过手机和电子邮件收到警报。

虽然日本气象厅早已不再试图精准预测地震，但始终没有放弃地震的“临震警报”，即在地震来到人身边的几十秒之内发出通知。根据日本的经验，在地震来袭之前，哪怕能提前 10 秒预警，对于人们完成自我保护工作来说都是非常重要的。

### （三）灾后救援

1. 地震的影响。从表 26－16 的数据可以看出，每一次特大地震都给人们的生命和财产带来了不可估量的损失。尤其以汶川地震为甚，伤亡人数十分巨大，死亡人数超过8万人；房屋大面积倒塌，倒塌房屋778.91万间，损坏房屋2 459万间，北川县城、汶川映秀等一些城镇几乎夷为平地；基础设施严重损毁，震中地区周围的16条国道、省道干线公路和宝成线等6条铁路受损中断，电力、通信、供水等系统大面积瘫痪；次生灾害多发，山体崩塌、滑坡、泥石流频发，阻塞江河形成较大堰塞湖35处，2 473座水库一度出现不同程度险情；正常生产生活秩序受到严重影响，6 443个规模以上工业企业一度停产，机关、学校、医院等严重受损；部分农田和农业设施被毁，因灾损失畜禽达4 462万头（只）。这是新中国成立以来破坏性最大、救灾难度最大的一次地震灾害。

玉树地震也给灾区人民生命财产造成重大损失。居民住房大量倒塌；学校、医院等公共服务设施严重损毁；部分公路沉陷、桥涵坍塌，供电、供水、通信设施遭受破坏；农牧业生产设施受损，牲畜大量死亡；商贸、旅游、金融、加工企业损失严重；山体滑坡崩塌，生态环境受到严重威胁。

2011年3月11日日本强震的9.0级震级是自有记录以来的全世界第3高，也是日本自1923年官方测定地震震级以来，该国震级最高的一次地震。依据美国国家航空航天局收集的资料，这次强震使日本本州岛向东移动大约3.6米，地轴移动25厘米，使地球自转加快1.6微秒。日本国土地理院19日宣布，由于2011年3月11日在日本东北部海域发生的里氏9级强烈地震，位于震中西北部的宫城县牡鹿半岛向震中所在的东南方向移动了约5.3米，同时下沉了约1.2米，这是日本有观测史以来最大的地壳变动记录。而朝鲜半岛也东移5.16厘米；我国北方地区也出现几毫米的东移现象。美国风险分析业者AIR Worldwide表示，西太平洋9级强震致保险损失金额高达近350亿美元，成为史上代价最昂贵的灾难，这还未计入海啸造成的损失。这项数额几乎等同于2010年全球保险业的全世界整体灾损金额，或许会迫使保险市场调高保费。

地震往往会使人们家破人亡，失去家园。震后首先需要的是物质重建，避难场所的搭建，救灾物资的保障等，都是安定灾区人民的首要条件。然而，相对于物质的重建，我们更要意识到地震对灾区人民的精神影响。失去亲人的痛苦，面临地震的恐慌，都需要专业人士的安抚和开导。

2. 救灾机制及其效率。可以从地震发生后政府的应急预案及其措施的制定，救灾的反应速度（如第一批救援人员到达的时间，第一批救援物资送达的时间）看出政府的救灾机制及其效率，看出其危机公关能力。

（1）四川省汶川地震。2008年5月12日汶川地震发生后，总参谋部立即命令有关部队迅速展开抗震救灾工作。总参谋部指示有关抗震救灾部队，紧急灾情和有关情况可直接向设置在北京的指挥部报告，以减少指挥环节。成都军区迅速派出3架直升机紧急赶赴汶川现场救援。当日，成都军区向灾区各个方向派出的救援人员已达6 100人。20：00，武警四川省总队阿坝支队向汶川灾区出发。20：02，空军两架伊尔76军用运输机从北京南苑机场起飞，运送国家地震救援队175人飞往灾区。深夜，第三军医大学紧急抽调联合应急医疗队赶赴四川省灾区。医疗队于13日凌晨到达四川省德阳灾区一线后，迅即开展救灾工作。13日上午7：00，总指挥温家宝总理再次召开国务院抗震救灾指挥部会议。他强调，务必要在晚上12：00以前打通通往震中灾区的道路，全面开展抗震、抢险、救人工作。下午4：00许，温家宝总理看望了四川省绵阳、德阳两市的部分受灾群众，鼓励他们勇敢面对自然灾难，团结一致，互相帮助，共渡难关，战胜这场特大地震灾害。

（2）青海省玉树地震。2010 年 4 月 14 日中午前，青海省派出 62 人组成的地震灾害紧急救援队于第一时间赶到震区，国家地震救援队也整装完毕，赶赴灾区。下午，首列救灾物资专列从湖北省启运，紧急驰援震区。到了晚上，回良玉副总理抵达玉树地震灾区，立即投入工作。

（3）日本地震。地震发生后，日本政府迅速做出反应，在首相官邸危机管理中心设立官邸对策室，发出指示让所有内阁成员到官邸集中，并指示防卫大臣北泽俊美派自卫队参与救灾活动。数小时以后，日本首相菅直人发表电视讲话，就救灾工作作出部署。防卫省也设立地震灾害对策本部，负责与受灾的日本各地进行联系，并下令在灾区的自卫队随时待命。当天日本自卫队派遣 8 000 名救援人员展开救援行动，所有停泊在横须贺港的自卫队军舰已受命前往宫城县。8 架 F－15 型战机从位于石川县和北海道的航空自卫队基地起飞，赴灾区核实受损情况。陆上自卫队派出几架搭载有视频传送仪器的直升机。

从中可以看出，相比于汶川地震，在应对玉树地震时，中国政府的应急救灾机制水平又有了很大的提高。相比于日本这样具有丰富抗震经验的发达国家，在关键时刻我国政府的反应也堪称迅速。

## 三、经验及启示

这样的巨灾告诉我们，应对大地震这样的自然灾害的发生，做再多的准备都不为过，只有做到防患于未然，才能在大的天灾面前，变得沉着和自信。

### （一）学习日本的地震预警系统，哪怕只提前 10 秒，也试图作“临震预警”

地震的震源主要产生两种地震波。一种地震波是纵波，也称为 P 波，会使地面发生程度较低的上下振动，破坏性较弱；另一种地震波是横波，也称为 S 波，会使地面前后、左右发生较强的抖动，具有很大的破坏力。所幸的是，这两种地震波的传播速度并不一样，纵波在地壳中的传播速度稍快，大约为每秒 7 公里，横波的速度稍慢，大约为每秒 4 公里。也就是说，两种地震波到达震源之外同一个地区的时间有先后，破坏力较小的纵波会先抵达，然后才是破坏力较大的横波。这给地震警报提供了可能性。地震发生后，速度较快的 P 波首先被震源附近的地震仪监测到，通过地震仪采集的数据立刻估算出震源位置、地震强度等信息，同时估算出破坏力巨大的 S 波的传导范围和到达有关地区的时间，随后将地震警报通过广播电视等手段向相关地区的人们播发。由于电磁波的传播速度达到每秒近 30 万公里，远远快过地震波速度，因此完全可以抢在地震波到达之前发出警报。

因此，气象部门可以和广电部门联手合作，在地震爆发后极短的时间内，向相关地区的民众发布地震波将要到达的信息，从而为民众逃生赢得宝贵的时间。

### （二）普及民众的防震知识，加强相关教育和演练，增强居民的自救意识

日本人民在面对地震时的秩序和表现，跟他们时常受到地震威胁、经常进行这方面的教育和演练有关，这也恰恰是我们对我国的愿景。我国需要大力普及地震科学知识，提高全民族的地震防灾、避灾意识和能力。如应从小培养抗震防灾意识，可以在学校开设相关的培训课程及演练机会；推进地震避险知识“进社区”活动，充分发挥公众媒体优势，做好地震防

灾减灾知识的宣传工作；建立相关的展厅或防灾体验中心，免费向市民开放，供人们亲身体验发生灾害时的实况，了解避难方法。

**（三）科学的震后救援**

国外多次参加过地震救援的专业人员总结出了一些经验和教训。这些经验和教训包括：一是正确认识幸存者的存活时间。专业搜救人员认为受损甚至坍塌的建筑物里充满蜂巢状的空间，由于各种因素，许多受灾人员能顽强地坚持多天。比如，1985 年，墨西哥大地震中有一个 9 岁男孩在大地震 15 天后才获救。因此，只要还有一点希望，搜救工作就不要中止。二是尽量多派专业搜救人员并紧急培训非专业人员。专业搜救人员掌握正确的搜救知识和技巧，拥有专业的搜救工具和丰富的搜救经验，能将有关危险降至最小，并提高受灾人员的生还率。因此，应尽量多派经验丰富的专业人员参与震后搜救工作，并加强对非专业救援人员的现场紧急培训。三是搜救行动应该持续。在清理废墟的同时要继续进行搜寻工作，随时准备抢救此前未发现的幸存者。因此，搜救工作应该是持续性的，直到所有受损建筑物检查完毕，废墟清理工作全部完成，以及寻找幸存者的希望完全消失，搜救工作才应宣布结束。

**（四）建立地质活动数据库**

一次成功的地震预报，可以有效减少损失，效益是巨大的。但迄今为止，地震预报还是探索中的科学难题。其中一个重大原因就是地震发生的频率相当低，具体到某一个地区而言，可供研究的经验数据更是少之又少。因此，对每一次地震进行详尽的记录，对于地震的后续研究具有相当重要的作用。

# 第二十七章

# 地震灾害的聚类分析

本章根据各省（区、市）地震发生的频数和地震造成的损失以及我国地震带的分布对全国各省（区、市）作出了分组，所采用的数据是1952～2009年中国大陆地区4级以上的所有成灾地震，并根据1952～2009年的数据给出了各组的差异。

## 第一节　聚类分析

用聚类分析对各地区地震发生的情况进行分组。在方法上，选择系统聚类中的离差平方和法（Ward），样本间的距离用SAS默认的欧式距离。

目前我们所掌握的数据中，有各省（区、市）的地震发生频数、直接经济损失额、地震的物理参数（震级、深度和烈度）、死亡人口、GDP水平和人口密度，可以从中选取聚类分析的变量。根据第三章的影响因素分析得到，地震的物理参数，像烈度和深度对于地震的经济损失有很大影响，因此损失变量已经反映了物理参数的影响，在这部分不再对物理参数进行分析。

下面首先提出三类指标，然后经过相关性等分析选择最终的聚类变量。

### 一、地震发生频数

由于地震的发生具有极强的地理差异，而频数是反映地震地理差异中最为直观的变量，所以频数是聚类分析中最重要的变量，这里频数选取的是各省（区、市）1952～2009年发生的成灾地震频数的总和。

### 二、地震造成的经济损失指标

要计算经济损失，首先需要将损失标准化，将每次损失通过全国GDP调整到2009年水平，即：

$$ad\_\ loss_y = loss_y \cdot \frac{GDP_{2009}}{GDP_y}$$

在描述地震造成的经济损失指标上有几个备选变量：

第一，各省（区、市）历史地震损失总额ad_ loss（万元），即1952～2009年各省（区、市）成灾地震损失总和：

$$ad\_\ loss = \Sigma ad\_\ loss_y$$

第二，各省（区、市）平均次损失averageloss，即用地震总损失额除以地震发生频数：

$$averageloss = \frac{ad\_\ loss}{k}$$

第三，各省（区、市）平均次损失率 lossrate，即用各省（区、市）平均次损失除以各省（区、市）2009 年的 GDP：

$$lossrate_i = \frac{averageloss}{GDP_{i,2009}}$$

## 三、死亡人口指标

在对地震发生的损失程度的衡量中，死亡人口也是一个重要的描述变量。死亡人口也可以采用不同的描述方式：

各省（区、市）1952 ~2009 年地震导致的死亡人口总额表示为 death。

各省（区、市）地震导致的平均死亡人数表示为 averagedeath，即用死亡人口总额除以地震发生频数（k）进行调整：

$$averagedeath = \frac{death}{k}$$

下面对各类指标进行筛选。在聚类分析中，聚类变量应该满足以下要求：（1）代表性强，指该项变量能反映这类指标的大部分信息，可作为这类指标的代表参与评价；（2）独立性好，该项变量与其他类别的变量间几乎无关，不可被其他类别的指标代替。基于此，先对所有的备选变量用 SAS 软件进行相关性分析，得到结果如图 27 -1 所示。

Pearson 相关系数，N = 31
当 H0: Rho=0 时，Prob > |r|

| | ad_loss | num | averageloss | death | averagedeath | lossrate |
|---|---|---|---|---|---|---|
| ad_loss<br>ad-loss | 1.00000 | 0.26916<br>0.1431 | 0.92261<br><.0001 | 0.98112<br><.0001 | 0.90543<br><.0001 | 0.91369<br><.0001 |
| num<br>num | 0.26916<br>0.1431 | 1.00000 | 0.07801<br>0.6766 | 0.16151<br>0.3854 | 0.06286<br>0.7369 | 0.09929<br>0.5951 |
| averageloss<br>averageloss | 0.92261<br><.0001 | 0.07801<br>0.6766 | 1.00000 | 0.97533<br><.0001 | 0.99334<br><.0001 | 0.99564<br><.0001 |
| death<br>death | 0.98112<br><.0001 | 0.16151<br>0.3854 | 0.97533<br><.0001 | 1.00000 | 0.96932<br><.0001 | 0.97145<br><.0001 |
| averagedeath<br>averagedeath | 0.90543<br><.0001 | 0.06286<br>0.7369 | 0.99334<br><.0001 | 0.96932<br><.0001 | 1.00000 | 0.99658<br><.0001 |
| lossrate<br>lossrate | 0.91369<br><.0001 | 0.09929<br>0.5951 | 0.99564<br><.0001 | 0.97145<br><.0001 | 0.99658<br><.0001 | 1.00000 |

**图 27 -1　聚类变量的相关性分析**

由于频数（num）与其他变量相关性都很差，所以首先选定的是最为重要的变量—频数（num）；其他所有指标相关性都很强，所以只需选择其中一个。根据图 27 -1 可以看出频数（num）与总损失（ad - loss）的相关性最强，达到了 0. 26916，所以将 ad_ loss 这个变量剔除，剩下的变量中，平均损失率更加合适。因为它考虑了该省（区、市）的经济发展水平，比如相同的损失额对于西藏自治区与广东省影响程度是绝对不同的，所以损失率（lossrate）这个变量更能反映出地震对于该省（区、市）的影响程度，相比其他指标反映的内容更加全面，并且与其他损失指标和死亡人数指标有很强的相关性，所以选择它作为衡量各省（区、市）损失的指标，作为聚类的变量之一。

最终，聚类分析选取地震频数（num）和平均损失率（lossrate）两个指标作为聚类变量。各省（区、市）的这两个指标汇总如表 27 -1 所示。

表 27-1 1952~2009 年各省（区、市）频数和平均次损失率汇总

| 省（区、市） | 频数（num） | 平均次损失率（loss lossrate） |
|---|---|---|
| 北京 | 0 | 0 |
| 天津 | 2 | 0.000291 |
| 河北 | 18 | 0.055311 |
| 山西 | 11 | 0.001633 |
| 内蒙古 | 17 | 0.001229 |
| 辽宁 | 1 | 0.000212 |
| 吉林 | 3 | 0.00043 |
| 黑龙江 | 4 | 0.00155 |
| 上海 | 0 | 0 |
| 江苏 | 5 | 0.001591 |
| 浙江 | 2 | 3.99E-05 |
| 安徽 | 2 | 6.33E-06 |
| 福建 | 4 | 0.000378 |
| 江西 | 5 | 0.001446 |
| 山东 | 3 | 0.002572 |
| 河南 | 1 | 0.0001 |
| 湖北 | 2 | 1.51E-05 |
| 湖南 | 0 | 0 |
| 广东 | 4 | 0.000549 |
| 广西 | 4 | 7.06E-05 |
| 海南 | 1 | 1.17E-05 |
| 重庆 | 4 | 0.0014 |
| 四川 | 67 | 0.007108 |
| 贵州 | 0 | 0 |
| 云南 | 116 | 0.001973 |
| 西藏 | 23 | 0.002318 |
| 陕西 | 4 | 2.2E-05 |
| 甘肃 | 22 | 0.001086 |
| 青海 | 37 | 0.001757 |
| 宁夏 | 11 | 0.001667 |
| 新疆 | 72 | 0.00063 |

根据表 27-1，用 SAS 软件对数据进行聚类分析。

SAS 输出结果给出了全国 31 个省（区、市）聚类的全部过程，先聚成 30 类，再依次进行，直至聚为一类。合适的聚类数目可以由输出的 CCC、PSF、PST2 这些量决定。一般情况下，CCC 和 PSF 出现峰值时所对应的分类数较为合适，PST2 出现峰值的前一行所对应的分类数较为合适。同时，还可以通过再合并成新类时 RSQ 值的减少最多（即每一次合并时，信息的损失程度 SPRSQ 值最大）来验证。由上面的输出结果可知，PST2 的局部峰值出现在 n = 12、n = 9 和 n = 3 处，因此建议分类数为 11、8 或 2；CCC 的峰值出现在 n = 5 处，建议分类数为 5；SPRSQ 在 5 到 4 的过程中减少了 0.0399，较之前的值也有一个明显的增加。

输出的树形图如图 27 – 2 所示。

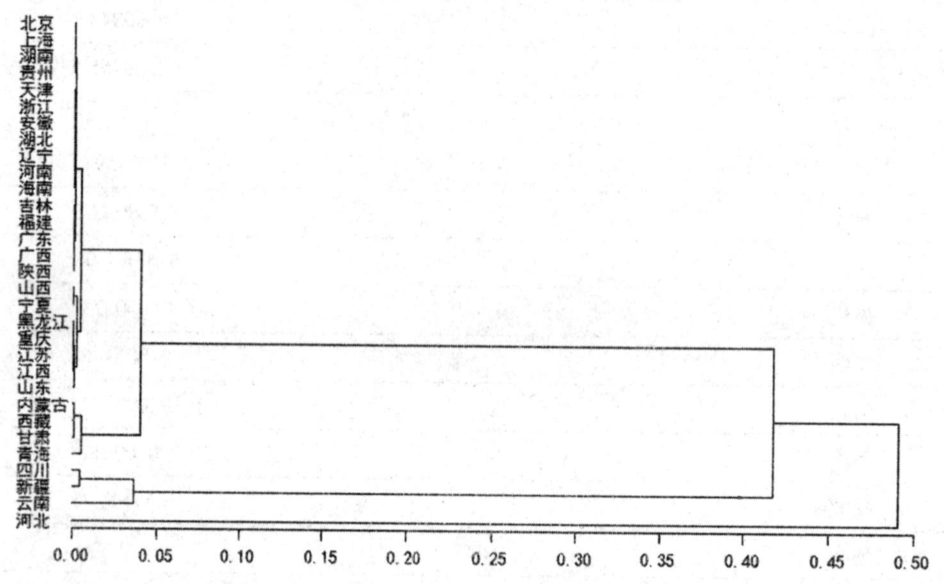


**图 27 – 2　聚类树形图**

综合各类指标值和树形图，把分类数定为 8，得到的分组如下：

第一组：河北省；

第二组：云南省；

第三组：新疆维吾尔自治区；

第四组：四川省；

第五组：青海省；

第六组：内蒙古自治区、西藏自治区、甘肃省；

第七组：山西省、宁夏回族自治区、黑龙江省、重庆市、江苏省、江西省、山东省；

第八组：北京市、上海市、湖南省、贵州省、天津市、浙江省、安徽省、湖北省、辽宁省、河南省、海南省、吉林省、福建省、广东省、广西壮族自治区、陕西省。

由以上结果可以看出，单纯按变量进行聚类，各组内省（区、市）分布较分散，未能有效反映地震带以及经济发展等因素，因此，在对全国各省（区、市）进行分组时，既要用以上聚类分析结果作为依据，又要考虑到全国地震带的分布和经济水平等因素的影响。

首先，看地震带的分布。地震实际上也是沿地震带分布的。根据中国地震学家的研究，全国可以划分出许多大大小小的地震带。根据地质力学的观点，我国大致可分为以下20个地震带：台湾带、闽粤沿海带、东北深震带、营口—郯城—庐江带、河北平原带、海原—松潘—雅安带、山西带、渭河平原带、银川带、兰州—天水带、河西走廊带、马边—巧家—通海带、冕宁—西昌—鱼鲢带、腾冲—澜沧带、哀牢山带、炉霍—乾宁带、花石峡带、拉萨—察隅带、西藏西部带、天山带。其中特别应当提到的是纵贯中国中部的南北地震带，它北起宁夏回族自治区，经甘肃省东部、四川省西部直到云南省，是一个强震集中而且活跃的地带。这些地震带大致可以分为4个地震多发区：台湾省、福建省、广东省及其沿海地区；青藏高原、云南省、四川省西部地区；新疆维吾尔自治区及部分陕、甘、宁、青地区；太行山沿线及京、津、唐、渤地区。

其次，考虑地理位置和经济水平。按照地理位置、经济发展水平相近的原则把分组进行调整。

综合各方面考虑，将全国各省（区、市）分为6组，其具体分组结果为：

第一组：云南省、新疆维吾尔自治区、四川省；

第二组：青海省、甘肃省、西藏自治区、内蒙古自治区；

第三组：宁夏回族自治区、山西省、陕西省；

第四组：河北省、天津市、北京市、山东省；

第五组：江苏省、江西省、重庆市、黑龙江省、广西壮族自治区、福建省、广东省、吉林省、辽宁省；

第六组：河南省、海南省、浙江省、湖北省、安徽省、贵州省、湖南省、上海市。

## 第二节　各组差异性分析

本节对上节调整过后的分组情况进行分析和解释，从定量和定性两方面给出分组的依据。

### 一、定性分析

第一组调整后结果为云南省、新疆维吾尔自治区和四川省。在聚类中，这3个省（区）分别属于第一、第二组。从地震带来看，云南省和四川省同处于喜马拉雅地震带上，属于地震多发区，尤其是云南省，虽然其土地面积仅占国土的4%，却承受全国破坏性地震平均量的20%。从经济发展水平来看，云南省与新疆维吾尔自治区大体相当，属于经济水平相对落后地区。虽然新疆维吾尔自治区在地理位置上并不在喜马拉雅地震带上，但通过对损失频率和损失额的聚类分析，将新疆维吾尔自治区与四川省聚到一组；而且，云南省、新疆维吾尔自治区、四川省的地震数据具有很多相似性（见表27-2），故将其归为一组。

表 27-2 调整后第一组基本信息

| 省（区、市） | 发生频数 | 调整总损失（万元） | 人口密度（人/平方公里） | 各省（区、市）GDP（亿元） | 死亡人数（人） |
|---|---|---|---|---|---|
| 四川 | 67 | 98 495 659 | 167.7254 | 14 151.28 | 88 258 |
| 新疆 | 72 | 1 939 936 | 13.4914 | 4 277.05 | 439 |
| 云南 | 116 | 14 127 215 | 116.0152 | 6 169.75 | 3 285 |

第二组调整后结果为青海省、甘肃省、西藏自治区和内蒙古自治区。这 4 个省区地理位置相邻，其共同点在于人烟稀少、经济欠发达。尽管强烈地震较多，也较频繁，但多数发生在山区，造成的人员和财产损失与我国东部几条地震带相比要小许多。另外，从地震本身的参数来看，1952～2009 年地震发生频数和总损失都比较接近（见表 27-3）。

表 27-3 调整后第二组基本信息

| 省（区、市） | 发生频数 | 调整总损失（万元） | 人口密度（人/平方公里） | 各省（区、市）GDP（亿元） | 死亡人数（人） |
|---|---|---|---|---|---|
| 内蒙古 | 17 | 2 035 375.0 | 22.01882 | 9 740.25 | 75 |
| 甘肃 | 22 | 809 035.5 | 58.56578 | 3 387.56 | 66 |
| 西藏 | 23 | 235 347.4 | 2.37730 | 441.36 | 100 |
| 青海 | 37 | 702 899.3 | 7.74028 | 1 081.27 | 119 |

第三组调整后的结果为山西省、陕西省、宁夏回族自治区。本组中，除陕西省之外，其他两地聚类分析时就归为一组，本身就有很强的相似性。之所以把陕西省加入，是因为此三地都位于西部，地理位置相邻，而且经济发展水平、人口密度等都极为相似（见表27-4）。

表 27-4 调整后第三组基本信息

| 省（区、市） | 发生频数 | 调整总损失（万元） | 人口密度（人/平方公里） | 各省（区、市）GDP（亿元） | 死亡人数（人） |
|---|---|---|---|---|---|
| 陕西 | 4 | 7 195.831 | 184 | 8 169.80 | 1 |
| 山西 | 11 | 1 321 893.0 | 219.7026 | 7 358.31 | 101 |
| 宁夏 | 11 | 248 189.2 | 94.72727 | 1 353.31 | 117 |

第四组调整后的结果为河北省、山东省、北京市、天津市。从地理位置上来看，河北省环抱京、津两地，同属于环渤海地震带，首都圈位于这个地区内，所以格外引人关注。数据显示，该地区发生过 1966 年 7.2 级的邢台地震、1969 年 7.4 级的山东省渤海地震、1976 年 7.8 级的唐山地震和 1983 年山东省菏泽地震等特大地震。加之人口稠密，大城市集中，政治和经济、文化、交通都很发达，地震灾害的威胁极为严重。另外，由于在统计经济损失时，北京市、天津市的损失也常常跟河北省统计在一起，数据无法分开，故将这 3 个省市放在一

组（见表27－5）。

表27－5　调整后第四组基本信息

| 省（区、市） | 发生频数 | 调整总损失（万元） | 人口密度（人/平方公里） | 各省（区、市）GDP（亿元） | 死亡人数（人） |
|---|---|---|---|---|---|
| 北京 | 0 | 0 | 1 044.643 | 12 153.03 | 0 |
| 天津 | 2 | 43 739.02 | 1 086.867 | 7 521.85 | 0 |
| 山东 | 3 | 2 615 333 | 618.974 | 33 896.65 | 55 |
| 河北 | 18 | 1.72E+08 | 370.232 | 17 235.48 | 250 096 |

第五组调整后的结果为江苏省、福建省、江西省、重庆市、黑龙江省、广西壮族自治区、吉林省和辽宁省。这些地区地震发生频数相近，而且经济发展水平居于全国中上水平，发生地震的震级虽然不大，但造成的损失都比较严重。其中，江苏省、福建省和广东省位于东南沿海地震带上，黑龙江省、吉林省和辽宁省位于东北深震带上，这些地震带相对于西部地震带和华北地震区，发生地震的频数低，但由于人口密度较大，造成的次损失也是比较大的（见表27－6）。

表27－6　调整后第五组基本信息

| 省（区、市） | 发生频数 | 调整总损失（万元） | 人口密度（人/平方公里） | 各省（区、市）GDP（亿元） | 死亡人数（人） |
|---|---|---|---|---|---|
| 辽宁 | 1 | 32 232.27 | 296.431 | 15 212.49 | 0 |
| 吉林 | 3 | 93 793.3 | 146.5 | 7 278.75 | 0 |
| 广西 | 4 | 21 908.39 | 211.1304 | 7 759.16 | 1 |
| 福建 | 4 | 185 039.3 | 302.25 | 12 236.53 | 292 |
| 广东 | 4 | 866 252 | 518.172 | 39 482.56 | 33 |
| 黑龙江 | 4 | 532 539.1 | 81.57783 | 8 587.00 | 1 |
| 重庆 | 4 | 365 663.2 | 348.6585 | 6 530.01 | 3 |
| 江西 | 5 | 553 643.5 | 266.0359 | 7 655.18 | 16 |
| 江苏 | 5 | 2 741 383 | 752.924 | 34 457.30 | 52 |

第六组调整后为浙江省、湖北省、安徽省、河南省、海南省、贵州省、湖南省和上海市。这些地区在历史上很少发生地震或者没有发生地震，这是由于这些地区不在我国主要的地震带上。

表 27－7　　调整后第六组基本信息

| 省（区、市） | 发生频数 | 调整总损失（万元） | 人口密度（人/平方公里） | 各省（区、市）GDP（亿元） | 死亡人数（人） |
|---|---|---|---|---|---|
| 上海 | 0 | 0 | 3 098.3870 | 15 046.45 | 0 |
| 湖南 | 0 | 0 | 305.0476 | 13 059.69 | 0 |
| 贵州 | 0 | 0 | 223.4118 | 3 912.68 | 0 |
| 海南 | 1 | 193 | 254.1382 | 1 654.21 | 0 |
| 河南 | 1 | 19 494 | 568.0838 | 19 480.46 | 1 |
| 安徽 | 2 | 1 275 | 441.0791 | 10 062.82 | 1 |
| 湖北 | 2 | 3 924 | 305.2295 | 12 961.10 | 0 |
| 浙江 | 2 | 18 335 | 508.8409 | 22 990.35 | 0 |

## 二、定量分析——差异率分析

### （一）地震发生频数差异率分析

为了更好地制定差别费率，保险公司还需要了解各个地区的差异率情况。本部分分别就地震发生的频数与次损失率两个指标给出其各自的分省（区、市）和分组地区的差异率计算。

本部分采用1952～2008年的年度数据进行分析。在分省（区、市）的研究中，选择地震频数最多的云南省为基数；在分组研究中，选择地震风险最大的第一组的地震频数作为基数。

1. 各省（区、市）年平均地震频数差异率分析。表27－8为各省（区、市）年平均地震频数差异率表。这里使用年平均地震频数最多的云南省为基准，即其他省（区、市）差异率为相比云南省的倍数。

表中，“年平均地震频数”和“频数标准差”为对各省（区、市）各年地震发生次数计算的均值和标准差；“年均频数差异率”为单纯使用均值计算差异率得到的结果；“1倍标准差差异率”为根据均值加上1倍标准差后的结果计算的差异率。

表 27－8　　年平均地震频数差异率表

| 省（区、市） | 年平均地震频数 | 频数标准差 | 年均频数差异率 | 1倍标准差差异率 |
|---|---|---|---|---|
| 云南 | 1.931034 | 1.689938 | 1.000000 | 1.000000 |
| 新疆 | 1.241379 | 1.367676 | 0.642857 | 0.720540 |
| 四川 | 1.120690 | 1.125017 | 0.580357 | 0.620194 |
| 青海 | 0.637931 | 0.949576 | 0.330357 | 0.438420 |
| 西藏 | 0.396552 | 0.647252 | 0.205357 | 0.288266 |
| 甘肃 | 0.379310 | 0.587220 | 0.196429 | 0.266926 |

续表

| 省（区、市） | 年平均地震频数 | 频数标准差 | 年均频数差异率 | 1 倍标准差差异率 |
|---|---|---|---|---|
| 河北 | 0.275862 | 0.555455 | 0.142857 | 0.229584 |
| 内蒙 | 0.275862 | 0.555455 | 0.142857 | 0.229584 |
| 宁夏 | 0.189655 | 0.475981 | 0.098214 | 0.183828 |
| 山西 | 0.172414 | 0.424592 | 0.089286 | 0.164874 |
| 江西 | 0.086207 | 0.339478 | 0.044643 | 0.117561 |
| 福建 | 0.068966 | 0.255609 | 0.035714 | 0.089637 |
| 广西 | 0.068966 | 0.255609 | 0.035714 | 0.089637 |
| 黑龙江 | 0.068966 | 0.255609 | 0.035714 | 0.089637 |
| 江苏 | 0.068966 | 0.255609 | 0.035714 | 0.089637 |
| 陕西 | 0.068966 | 0.255609 | 0.035714 | 0.089637 |
| 重庆 | 0.068966 | 0.255609 | 0.035714 | 0.089637 |
| 广东 | 0.051724 | 0.223404 | 0.026786 | 0.075982 |
| 吉林 | 0.051724 | 0.223404 | 0.026786 | 0.075982 |
| 安徽 | 0.034483 | 0.184059 | 0.017857 | 0.060355 |
| 湖北 | 0.034483 | 0.184059 | 0.017857 | 0.060355 |
| 天津 | 0.034483 | 0.184059 | 0.017857 | 0.060355 |
| 浙江 | 0.034483 | 0.184059 | 0.017857 | 0.060355 |
| 海南 | 0.017241 | 0.131306 | 0.008929 | 0.041024 |
| 河南 | 0.017241 | 0.131306 | 0.008929 | 0.041024 |
| 辽宁 | 0.017241 | 0.131306 | 0.008929 | 0.041024 |
| 山东 | 0.017241 | 0.131306 | 0.008929 | 0.041024 |
| 北京 | 0.000000 | 0.000000 | 0.000000 | 0.000000 |
| 上海 | 0.000000 | 0.000000 | 0.000000 | 0.000000 |
| 湖南 | 0.000000 | 0.000000 | 0.000000 | 0.000000 |
| 贵州 | 0.000000 | 0.000000 | 0.000000 | 0.000000 |

从表 27－8 可以看出，云南省的地震发生频率最大，这与云南省处于地震活跃地带是吻合的，新疆维吾尔自治区与四川省也属于地震多发地区。这 3 个省（区）的地震发生频数标准差也远高于其他地区。因此，不管是从年均频数差异率还是从 1 倍标准差差异率来看，都可以得到这一相同的结论。而北京市、上海市、湖南省、贵州省这 4 个省（市）在观察期内都未曾发生过地震，面临的地震风险较小。

2. 组间地震频数差异率分析。根据前面聚类分析得到的分组结果如下：

第一组：云南省、新疆维吾尔自治区、四川省；

第二组：青海省、甘肃省、西藏自治区、内蒙古自治区；

第三组：宁夏回族自治区、山西省、陕西省；

第四组：河北省、天津市、北京市、山东省；

第五组：江苏省、江西省、重庆市、黑龙江省、广西壮族自治区、福建省、广东省、吉林省、辽宁省；

第六组：河南省、海南省、浙江省、湖北省、安徽省、贵州省、湖南省、上海市。

其中，每组的“年平均频数”为该组内所有省（区、市）每年地震频数和的平均数除以该组的地区数；“标准差”为该组内所有省（区、市）的每年地震频数和的标准差除以该组数的平方根（见表27-9）。

表27-9　组间年平均频数差异率表

| 分组 | 年平均频数 | 标准差 | 差异率 | 1倍标准差差异率 |
|---|---|---|---|---|
| 第一组 | 1.431034 | 1.521242 | 1.000000 | 1.000000 |
| 第二组 | 0.422414 | 0.727699 | 0.295181 | 0.389568 |
| 第三组 | 0.143678 | 0.425258 | 0.100402 | 0.192711 |
| 第四组 | 0.081897 | 0.320182 | 0.057229 | 0.136193 |
| 第五组 | 0.061303 | 0.268608 | 0.042838 | 0.111748 |
| 第六组 | 0.017241 | 0.141880 | 0.012048 | 0.053898 |

从表27-9可以看出，不管从哪个差异率的计算标准来看，第一组的地震发生频数都是最高的，而且远高于其他组。即云南省、新疆维吾尔自治区、四川省这3个省（区）是最容易发生地震灾害的，这是由于这3个省（区）位于板块交接处，地壳活动比较频繁，属于地震多发地区。另外，从第一组到第六组，地震发生频数是依次降低的，面临的地震风险也是依次减少的。

**（二）损失率差异率分析**

为了全面了解各地区及分组地区面临的地震风险，除了需要关注地震发生频数之外，还需要关注地震造成的损失，即需要进行地震损失率的差异率分析。在本节中，由于统计数据的限制及地震风险的特殊性，我们使用的指标是次损失率，而不是年损失率。

1. 各省（区、市）平均次损失率差异率分析。由1952～2008年的数据计算出的各省（区、市）的平均次损失率差异率如表27-10所示。这里选择平均次损失率最高的河北省为基数，其他省（区、市）的差异率为相对河北省的倍数。

表27-10　各省（区、市）平均次损失率差异率表

| 省（区、市） | 平均次损失率 | 次损失率标准差 | 平均次损失率差异率 | 1倍标准差差异率 |
|---|---|---|---|---|
| 河北 | 0.05531120 | 0.23363759 | 1.000000 | 1.000000 |
| 四川 | 0.00710828 | 0.05862650 | 0.128514 | 0.227496 |
| 山东 | 0.00257187 | 0.00338329 | 0.046498 | 0.020610 |
| 西藏 | 0.00231840 | 0.00447220 | 0.041916 | 0.023501 |

续表

| 省（区、市） | 平均次损失率 | 次损失率标准差 | 平均次损失率差异率 | 1 倍标准差差异率 |
|---|---|---|---|---|
| 云南 | 0.00197393 | 0.00907214 | 0.035688 | 0.038228 |
| 青海 | 0.00175694 | 0.00640739 | 0.031765 | 0.028255 |
| 宁夏 | 0.00166722 | 0.00350545 | 0.030143 | 0.017902 |
| 山西 | 0.00163315 | 0.00291458 | 0.029527 | 0.015739 |
| 江苏 | 0.00159118 | 0.00347343 | 0.028768 | 0.017528 |
| 黑龙江 | 0.00155042 | 0.00197495 | 0.028031 | 0.012201 |
| 江西 | 0.00144645 | 0.00208217 | 0.026151 | 0.012212 |
| 重庆 | 0.00139993 | 0.00213938 | 0.025310 | 0.012249 |
| 内蒙古 | 0.00122921 | 0.00627191 | 0.022223 | 0.025960 |
| 甘肃 | 0.00108557 | 0.00154641 | 0.019627 | 0.009109 |
| 新疆 | 0.00062996 | 0.00155809 | 0.011389 | 0.007572 |
| 广东 | 0.00054850 | 0.00238613 | 0.009917 | 0.010156 |
| 吉林 | 0.00042953 | 0.00036317 | 0.007766 | 0.002743 |
| 福建 | 0.00037805 | 0.00072608 | 0.006835 | 0.003821 |
| 天津 | 0.00029075 | 0.00004294 | 0.005257 | 0.001155 |
| 辽宁 | 0.00021188 | 0.00000000 | 0.003831 | 0.000733 |
| 河南 | 0.00010007 | 0.00000000 | 0.001809 | 0.000346 |
| 广西 | 0.00007059 | 0.00003329 | 0.001276 | 0.000359 |
| 浙江 | 0.00003988 | 0.00003723 | 0.000721 | 0.000267 |
| 陕西 | 0.00002202 | 0.00002086 | 0.000398 | 0.000148 |
| 湖北 | 0.00001514 | 0.00000472 | 0.000274 | 0.000069 |
| 海南 | 0.00001166 | 0.00000000 | 0.000211 | 0.000040 |
| 安徽 | 0.00000633 | 0.00000164 | 0.000114 | 0.000028 |
| 北京 | 0.00000000 | 0.00000000 | 0.000000 | 0.000000 |
| 上海 | 0.00000000 | 0.00000000 | 0.000000 | 0.000000 |
| 湖南 | 0.00000000 | 0.00000000 | 0.000000 | 0.000000 |
| 贵州 | 0.00000000 | 0.00000000 | 0.000000 | 0.000000 |

由表 27－10 可以看出，河北省的平均次损失率最高，且远高于其他地区。从“平均值”这一标准来看，排名第二位的四川省的次损失率仅相当于河北省的不到 13%。这主要是由于河北省的经济较为发达，工农业产值都较高，人口密度较大，一旦发生地震，将会造成大量的人员伤亡和经济损失。表 27－10 的统计结果与之前由地震频数得到的统计结果有一定差异。这是因为次损失率主要受当地经济发展水平、人口密度及震级等的影响，经济越发达、

人口密度越大的地区，受地震影响造成的损失一般也越多。因此，要评估一个地区面临的地震风险，需要从多个指标进行多方面的考量。

2. 组间次损失率差异率分析。根据聚类得到的分组结果，计算组间次损失率差异率。各组的平均次损失率为组内各地区次损失率的 GDP 加权平均值。以平均次损失率最大的第四组作为基准，计算差异率，得到表 27－11。

**表 27－11　组间次损失率差异率表**

| 分组 | 组平均次损失率 | 标准差 | 差异率 | 1 倍标准差差异率 |
|---|---|---|---|---|
| 第一组 | 0.006581 | 0.030634 | 0.446897 | 0.167895 |
| 第二组 | 0.001268 | 0.005182 | 0.086106 | 0.029099 |
| 第三组 | 0.000856 | 0.002969 | 0.058128 | 0.017258 |
| 第四组 | 0.014726 | 0.206929 | 1.000000 | 1.000000 |
| 第五组 | 0.000873 | 0.001954 | 0.059283 | 0.012756 |
| 第六组 | 0.000032 | 0.000038 | 0.002173 | 0.000318 |

由表 27－11 可以看出，第四组成为次损失率最大的组，第一组平均次损失率相当于第四组不到一半的水平。这两个组的平均次损失率远高于其他组。这是由于第四组河北省、天津市、北京市、山东省 4 个省（市）虽然地震发生频数不是很高，但由于处于首都经济圈中，经济、政治、文化都较为发达，一旦发生地震，仍会造成很大的威胁。而第一组云南省、新疆维吾尔自治区、四川省虽然地震发生频率较高，但由于经济发展水平相对不发达，因此地震造成的损失会低于第一组，但由于其位于板块交接地带，容易发生震级较高的较大地震，因此第一组的次损失率仍然明显高于其他组。

3. 组内次损失率差异率分析。

（1）第一组：云南省、新疆维吾尔自治区、四川省。

组内次损失率差异率＝各省（区、市）平均次损失率/所在组平均次损失率

由此计算出第一组组内次损失率差异率（见表 27－12）。

**表 27－12　第一组组内次损失率差异率表**

| 省（区、市） | 平均次损失率 | 组内损失率差异率 |
|---|---|---|
| 云南 | 0.00197393 | 0.299943265 |
| 新疆 | 0.00062996 | 0.095723532 |
| 四川 | 0.00710828 | 1.080121897 |

从表 27－12 可以看出，在这一组中，四川省的地震灾害相对较为严重，而新疆维吾尔自治区的损失相对较轻。

（2）第二组：青海省、甘肃省、西藏自治区、内蒙古自治区。根据同样的方法，得到第二组的组内次损失率差异率（见表 27－13）。

表 27－13　第二组组内次损失率差异率表

| 省（区、市） | 平均次损失率 | 组内损失率差异率 |
|---|---|---|
| 青海 | 0.001757 | 1.385600244 |
| 甘肃 | 0.001086 | 0.856127888 |
| 西藏 | 0.002318 | 1.82839208 |
| 内蒙古 | 0.001229 | 0.969406803 |

在这一组中，西藏自治区和青海省如遭遇地震造成的损失较为严重，内蒙古自治区和甘肃省两地的损失相差不大。

（3）第三组：宁夏回族自治区、山西省、陕西省。第三组各地区组内次损失率差异率见表 27－14。

表 27－14　第三组组内次损失率差异率表

| 省（区、市） | 平均次损失率 | 组内损失率差异率 |
|---|---|---|
| 宁夏 | 0.00166722 | 1.94768709 |
| 山西 | 0.00163315 | 1.907883796 |
| 陕西 | 0.00002202 | 0.025723837 |

在这一组中，宁夏回族自治区与山西省两地面临的地震造成的损失风险大致相当，而陕西省的损失明显低于这两地。

（4）第四组：河北省、天津市、北京市、山东省。第四组各省（市）组内次损失率差异率如表 27－15 所示。

表 27－15　第四组组内次损失率差异率表

| 省（区、市） | 平均次损失率 | 组内损失率差异率 |
|---|---|---|
| 河北 | 0.05531120 | 3.756023038 |
| 天津 | 0.00029075 | 0.019743747 |
| 北京 | 0.00000000 | 0.000000000 |
| 山东 | 0.00257187 | 0.174648242 |

在这一组中，各地区组内次损失率的差距较为显著，河北省的次损失率是组内平均次损失率的 3 倍多，山东省则不到 20%，天津市的损失更少，而北京市在观察期内则没有发生过地震。

（5）第五组：江苏省、江西省、重庆市、黑龙江省、广西壮族自治区、福建省、广东省、吉林省、辽宁省。第五组各省（区）组内次损失率差异率如表 27－16 所示。

表 27－16　第五组组内次损失率差异率表

| 省（区、市） | 平均次损失率 | 组内损失率差异率 |
|---|---|---|
| 江苏 | 0.00159118 | 1.822653951 |
| 江西 | 0.00144645 | 1.656878067 |
| 重庆 | 0.00139993 | 1.603589335 |
| 黑龙江 | 0.00155042 | 1.775970643 |
| 广西 | 0.00007059 | 0.080857715 |
| 福建 | 0.00037805 | 0.433043421 |
| 广东 | 0.00054850 | 0.628296614 |
| 吉林 | 0.00042953 | 0.492016346 |
| 辽宁 | 0.00021188 | 0.242703664 |

这一组中，江苏省、黑龙江省、重庆市、江西省 4 省（市）的次损失率差异不大，都高于组平均水平，广西壮族自治区的平均次损失率最小。

（6）第六组：河南省、海南省、浙江省、湖北省、安徽省、贵州省、湖南省、上海市。第六组各地区组内次损失率差异率如表 27－17 所示。

表 27－17　第六组组内次损失率差异率表

| 省（区、市） | 平均次损失率 | 组内损失率差异率 |
|---|---|---|
| 河南 | 0.00010007 | 3.127156963 |
| 海南 | 0.00001166 | 0.364391026 |
| 浙江 | 0.00003988 | 1.246106849 |
| 湖北 | 0.00001514 | 0.473073639 |
| 安徽 | 0.00000633 | 0.197890088 |
| 贵州 | 0.00000000 | 0.000000000 |
| 湖南 | 0.00000000 | 0.000000000 |
| 上海 | 0.00000000 | 0.000000000 |

这一组的省（区、市）较多，差异也较为明显，其中河南省的次损失率最大，这主要是由于河南省是人口大省，人口密度较大，地震发生也容易造成较大的损失。这一组中的贵州省、湖南省、上海市在统计年份内都没有地震发生。

## 第三节　各组频数与次损失额分析

本节对聚类分组后各组的地震频数和调整后的次损失额进行统计分析，分布拟合部分的结果仅输出了拟合最优的分布，其中频数拟合优度的标准采用的是比较样本数据的期望与方差大小。下面各组的结果都是期望小于方差，因此都采用了负二项分步进行拟合；调整后的次损失额拟合优度的标准采用的是 SBC 准则，下面的实际结果都是采用对数正态分布结果最优。

## 一、第一组频数及损失程度统计分析

本节对聚类分组后第一组的地震频数和调整后的次损失额进行 SAS 分析，该组包括 3 个省（区）：云南省、新疆维吾尔自治区、四川省。

### （一）频数分析

1. 频数拟合。表 27－18 统计的是第一区域小组（云南省、新疆维吾尔自治区、四川省）1952～2009 年每年发生的 Ms＞4 且造成较大经济损失的地震次数。

表 27－18　　第一组每年地震发生次数统计

| 年度 | 频数 | 年度 | 频数 | 年度 | 频数 | 年度 | 频数 | 年度 | 频数 |
|---|---|---|---|---|---|---|---|---|---|
| 1952 | 5 | 1964 | 2 | 1976 | 9 | 1988 | 5 | 2000 | 5 |
| 1953 | 1 | 1965 | 3 | 1977 | 4 | 1989 | 6 | 2001 | 11 |
| 1954 | 1 | 1966 | 5 | 1978 | 6 | 1990 | 5 | 2002 | 2 |
| 1955 | 7 | 1967 | 2 | 1979 | 3 | 1991 | 4 | 2003 | 11 |
| 1956 | 0 | 1968 | 0 | 1980 | 3 | 1992 | 4 | 2004 | 3 |
| 1957 | 1 | 1969 | 2 | 1981 | 4 | 1993 | 9 | 2005 | 6 |
| 1958 | 1 | 1970 | 5 | 1982 | 6 | 1994 | 4 | 2006 | 4 |
| 1959 | 1 | 1971 | 6 | 1983 | 2 | 1995 | 7 | 2007 | 2 |
| 1960 | 1 | 1972 | 6 | 1984 | 1 | 1996 | 8 | 2008 | 2 |
| 1961 | 4 | 1973 | 10 | 1985 | 4 | 1997 | 5 | 2009 | 1 |
| 1962 | 5 | 1974 | 7 | 1986 | 4 | 1998 | 9 | | |
| 1963 | 2 | 1975 | 8 | 1987 | 6 | 1999 | 5 | | |

用 SAS 对表 27－18 数据进行分析，得到图 27－3～图 27－6 所示的结果。

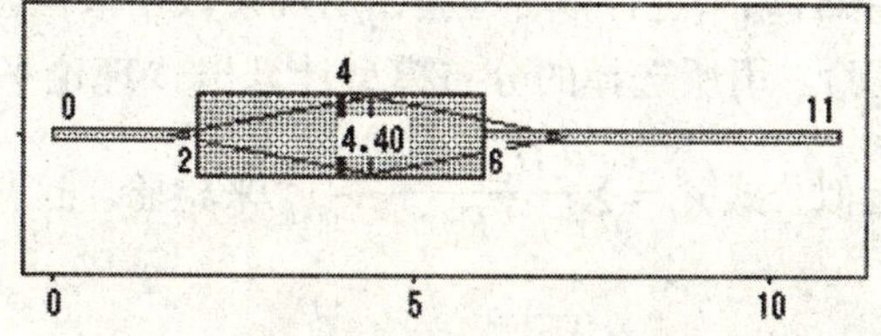


图 27－3　第一组频数盒状图

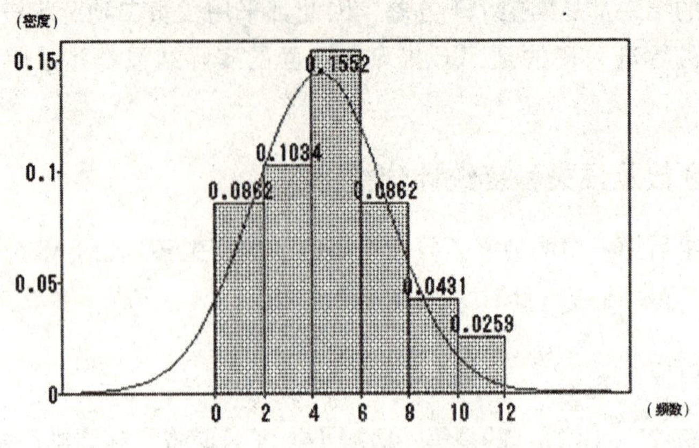


图 27－4　第一组频数直方图

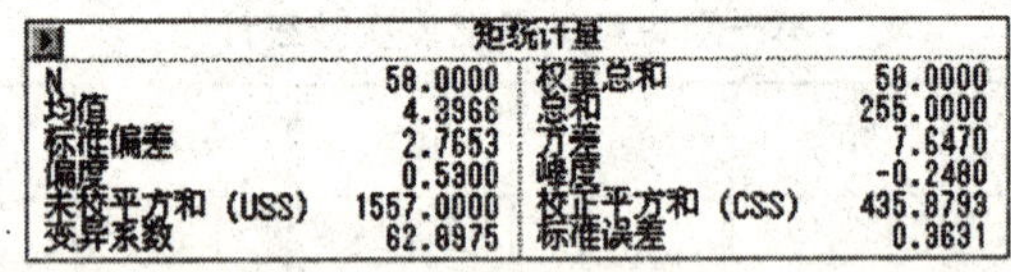

| 矩统计量 | | | |
|---|---|---|---|
| N | 58.0000 | 权重总和 | 58.0000 |
| 均值 | 4.3966 | 总和 | 255.0000 |
| 标准偏差 | 2.7653 | 方差 | 7.6470 |
| 偏度 | 0.5300 | 峰度 | -0.2480 |
| 未校平方和（USS） | 1557.0000 | 校正平方和（CSS） | 435.8793 |
| 变异系数 | 62.8975 | 标准误差 | 0.3631 |

图 27－5　第一组地震频数的统计量图

| 分位数 | | | | |
|---|---|---|---|---|
| 100% | 最大值 | 11.0000 | 99.0% | 11.0000 |
| 75% | Q3 | 6.0000 | 97.5% | 11.0000 |
| 50% | 中位数 | 4.0000 | 95.0% | 10.0000 |
| 25% | Q1 | 2.0000 | 90.0% | 9.0000 |
| 0% | 最小值 | 0 | 10.0% | 1.0000 |
| | 极差 | 11.0000 | 5.0% | 1.0000 |
| | Q3-Q1 | 4.0000 | 2.5% | 0 |
| | 众数 | 4.0000 | 1.0% | 0 |

图 27－6　第一组地震频数的分位数图

分析得出，1952～2009 年第一组地震年发生次数最多为 11 次，有 75% 的年度地震发生次数在 6 次以下，有 50% 的年度地震发生次数在 4 次以下。另外，频数均值 $\mu$ 为 4.3966，方差 $\sigma^2$ 为 7.6470，可见期望 $\mu$ 小于方差 $\sigma^2$。由统计经验，对于频数分布，在分布的期望小于方差时，符合负二项分布的特点，可以用负二项分布来拟合频数数据。

由负二项分布的特点可以求得：

$r=6$，$p=0.577114$

概率分布为：

$$P\{X=k\}=f(k,r,p)=\frac{(k+6-1)!}{[k!(6-1)!]}\times 0.577114^6(1-0.577114)^k$$

2. 拟合检验。对上述拟合结果进行拟合检验，用观察数据来检验对损失分布的拟合是否恰当，常用的方法是 $\chi^2$ 检验。用所选择的分布模型计算出“理论平均值（$E_i$）”，并记录相应的观察值（$O_i$），利用近似公式 $\chi^2=\sum_{i=1}^{n}\frac{(O_i-E_i)^2}{E_i}\sim\chi_f^2$ 来检验。这里，$\chi_f^2$ 表示自由度为 $f$ 的 $\chi^2$ 分布。

利用上面所列出的负二项分布概率分布函数，可以算出不同取值的概率，具体如表 27－19所示。

表 27－19　　第一组 $\chi^2$ 统计量的计算

| Num | 0 | 1 | 2 | 3 | 4 | 5 | 6 | 7 | 8 | 9 | 10 | 11 |
|---|---|---|---|---|---|---|---|---|---|---|---|---|
| Oi | 2 | 8 | 8 | 4 | 9 | 9 | 7 | 3 | 2 | 3 | 1 | 2 |
| Ei | 2.14 | 5.44 | 8.05 | 9.08 | 8.63 | 7.30 | 5.66 | 4.10 | 2.82 | 1.86 | 1.18 | 0.72 |

根据表 27－19 计算可得，卡方统计量的值为 8.299，自由度为 9。查表得，自由度为 9、显著性为 0.05 的卡方统计量临界值为 9.488，而 8.299 < 16.919，所以该拟合分布通过了显著性为 5% 的卡方检验，即可以采用负二项分布拟合频数分布。

3. 结论。从 1952～2009 年损失频数来看，本组的发生次数波动较大。1970 年以前，发生次数都在 5 次以下，随后有整体上升趋势。究其原因，一方面，我国内地在 1951～1966 年经历了一个地震平静期，地震发生次数相对较少；另一方面，我国在 1952～1970 年经济发展水平较低，特别是本组的新疆维吾尔自治区、云南省的经济发展水平更是低下，因而使得成灾地震发生频数较少。

观察图 27－6 可以发现，发生频数的 1/4 分位数为 2，中位数为 4，3/4 分位数为 6。也就是说，有 1/4 的年度成灾地震发生次数≤2 次，3/4 年度的成灾地震的发生次数≤6 次。

**（二）损失额分析**

为了消除时间对货币价值的影响，使历史记录能够更好地拟合现在或将来的损失分布，首先用每年的 GDP 趋势因子对原始损失额数据作相应调整，使其更具可比性。

用 SAS 分析云南省、新疆维吾尔自治区、四川省 1952～2009 年调整后的损失额，可以得到图 27－7～图 27－10 所示的结果。

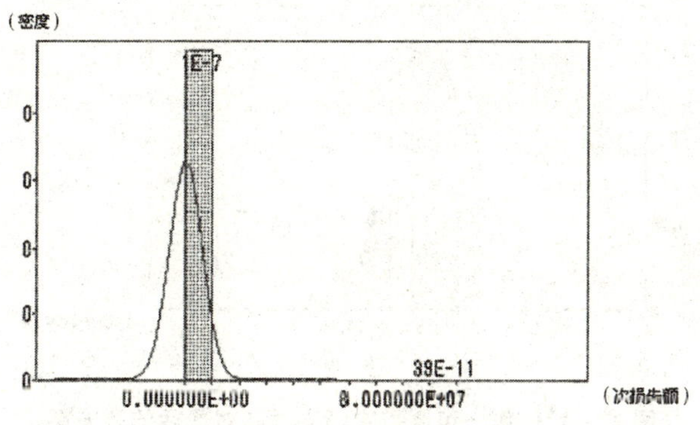


图 27－7　第一组调整次损失额直方图　（单位：万元）

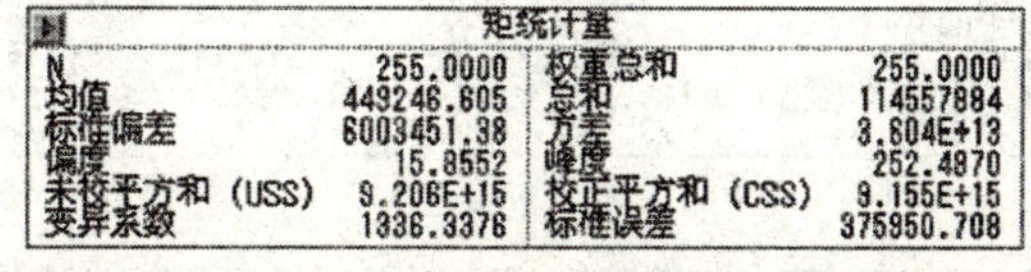

矩统计量

| | | | |
|---|---|---|---|
| N | 255.0000 | 权重总和 | 255.0000 |
| 均值 | 449246.605 | 总和 | 114557884 |
| 标准偏差 | 6003451.38 | 方差 | 3.604E+13 |
| 偏度 | 15.8552 | 峰度 | 252.4870 |
| 未校平方和（USS） | 9.206E+15 | 校正平方和（CSS） | 9.155E+15 |
| 变异系数 | 1336.3376 | 标准误差 | 375950.708 |

图 27－8　第一组调整次损失额的统计量图

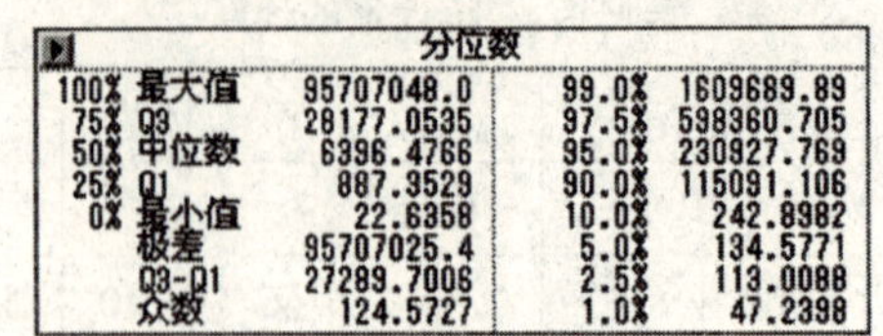

| 分位数 | | | | |
|---|---|---|---|---|
| 100% | 最大值 | 95707048.0 | 99.0% | 1609689.89 |
| 75% | Q3 | 28177.0535 | 97.5% | 598360.705 |
| 50% | 中位数 | 6396.4766 | 95.0% | 230927.769 |
| 25% | Q1 | 887.3529 | 90.0% | 115091.106 |
| 0% | 最小值 | 22.6358 | 10.0% | 242.8982 |
| | 极差 | 95707025.4 | 5.0% | 134.5771 |
| | Q3-Q1 | 27289.7006 | 2.5% | 113.0088 |
| | 众数 | 124.5727 | 1.0% | 47.2398 |

图 27－9　第一组调整次损失额的分位数图

分布检验

| 曲线 | 分布 | 均值/Theta | Sigma | Zeta/C | Kolmogorov D | Pr > D |
|---|---|---|---|---|---|---|
| | 正态 | 449246.605 | 6008451.38 | . | 0.4768 | <.01 |
| | 对数正态 | 0 | 2.3978 | 8.6553 | 0.0419 | >.15 |
| | 指数 | 0 | 449246.605 | . | 0.7310 | <.01 |
| | 韦伯 | 0 | 19443.6207 | 0.3724 | 0.1132 | <.01 |

图 27－10　第一组调整次损失额的分布检验

观察发现，在原假设服从某种分布的前提下，当显著性水平为5%时，对数正态分布的拟合效果最好，因此选取对数正态分布对调整次损失额进行拟合。

然而，由于调整次损失额的跨度较大，所以直方图效果不明显，因此对调整次损失取对数处理，然后对处理后的数据进行SAS分析，效果见图27－11～图27－14。

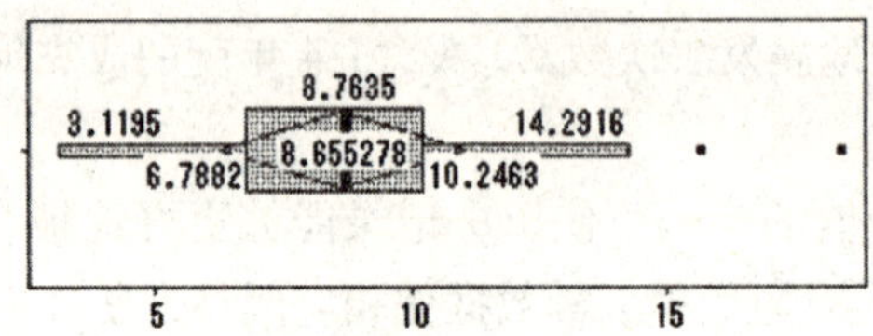


图 27－11　第一组调整次损失额取对数后的盒状图

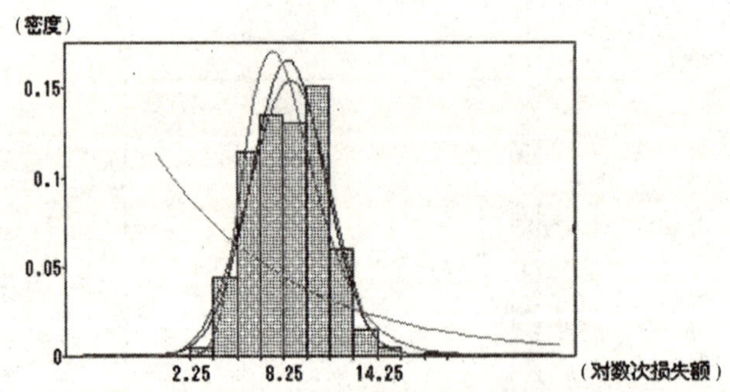


图 27－12　第一组调整次损失额取对数后的直方图

矩统计量

| | | | |
|---|---|---|---|
| N | 255.0000 | 权重总和 | 255.0000 |
| 均值 | 8.6553 | 总和 | 2207.0960 |
| 标准偏差 | 2.3979 | 方差 | 5.7499 |
| 偏度 | 0.3117 | 峰度 | 0.3189 |
| 未校平方和（USS） | 20563.4931 | 校正平方和（CSS） | 1460.4629 |
| 变异系数 | 27.7043 | 标准误差 | 0.1502 |

图 27－13　第一组调整次损失额取对数后的统计量图

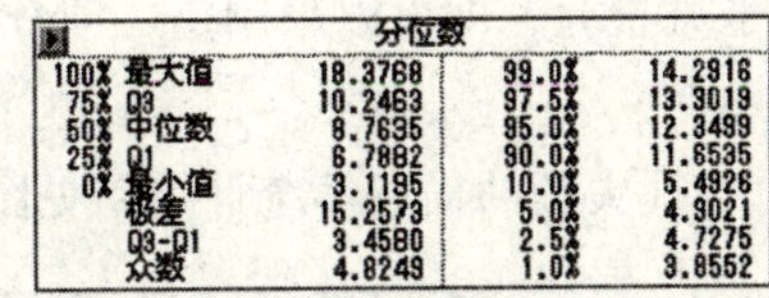

| 分位数 | | | | |
|---|---|---|---|---|
| 100% | 最大值 | 18.3768 | 99.0% | 14.2916 |
| 75% | Q3 | 10.2463 | 97.5% | 13.3019 |
| 50% | 中位数 | 8.7635 | 95.0% | 12.3499 |
| 25% | Q1 | 6.7882 | 90.0% | 11.6535 |
| 0% | 最小值 | 3.1195 | 10.0% | 5.4926 |
| | 极差 | 15.2573 | 5.0% | 4.9021 |
| | Q3-Q1 | 3.4580 | 2.5% | 4.7275 |
| | 众数 | 4.8249 | 1.0% | 3.8552 |

**图 27-14　第一组调整次损失额取对数后的分位数图**

可以看出，该组调整后次损失取对数后的均值为 8.6553，标准差为 2.3979。最大值是 18.3768，75% 分位数是 10.2463，中位数是 8.7635。

因此可以得到本组新疆维吾尔自治区、云南省、四川省的地震次损失额分布的密度函数为：

$$f(x)=\frac{1}{2.3979\sqrt{2\pi}\cdot x}e^{-\frac{1}{2}\left(\frac{\ln x-8.6553}{2.3979}\right)^2}$$

## 二、第二组频数及损失程度统计分析

本部分对聚类分组后第二组的地震频数和调整后的次损失额进行 SAS 分析，该组包括 4 个省（区）：青海省、甘肃省、西藏自治区、内蒙古自治区。

### （一）频数分析

1952～2009 年第二组地震年发生次数的描述性统计结果见图 27-15 和图 27-16。

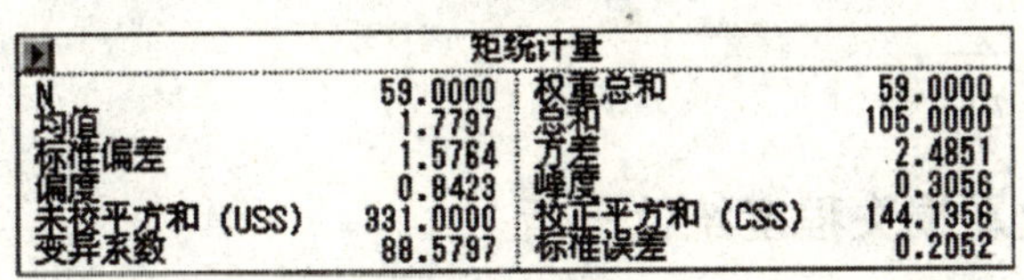

| 矩统计量 | | | |
|---|---|---|---|
| N | 59.0000 | 权重总和 | 59.0000 |
| 均值 | 1.7797 | 总和 | 105.0000 |
| 标准偏差 | 1.5764 | 方差 | 2.4851 |
| 偏度 | 0.8423 | 峰度 | 0.3056 |
| 未校平方和（USS） | 331.0000 | 校正平方和（CSS） | 144.1356 |
| 变异系数 | 88.5797 | 标准误差 | 0.2052 |

**图 27-15　第二组地震频数的统计量图**

| 分位数 | | | | |
|---|---|---|---|---|
| 100% | 最大值 | 6.0000 | 99.0% | 6.0000 |
| 75% | Q3 | 3.0000 | 97.5% | 6.0000 |
| 50% | 中位数 | 2.0000 | 95.0% | 5.0000 |
| 25% | Q1 | 0 | 90.0% | 4.0000 |
| 0% | 最小值 | 0 | 10.0% | 0 |
| | 极差 | 6.0000 | 5.0% | 0 |
| | Q3-Q1 | 3.0000 | 2.5% | 0 |
| | 众数 | 0 | 1.0% | 0 |

**图 27-16　第二组地震频数的分位数图**

另外，地震发生次数的期望为 1.7797，方差为 2.4851，符合负二项分布期望小于方差的特点，因此用负二项分布对第二组的频数进行拟合分析。

由负二项分布的特点可以求得：

$r=6$，$p=0.7785$

概率分布为：

$$P\{X=k\}=f(k,r,p)=\frac{(k+6-1)!}{[k!(6-1)!]}\times 0.7785^{6}(1-0.7785)^{k}$$

拟合检验：卡方统计量的值为 1.73192，自由度为 2。查表得，自由度为 2 显著性为 0.05 的卡方统计量临界值为 5.991，计算得到的卡方统计量的值为 1.73192，小于 5.991，所以该拟合分布通过了显著性为5%的卡方检验，即可以采用负二项分布拟合第二组的频数分布。

### （二）损失额分析

1952～2009年第二组地震对数损失额的描述性统计结果见图27－17和图27－18。

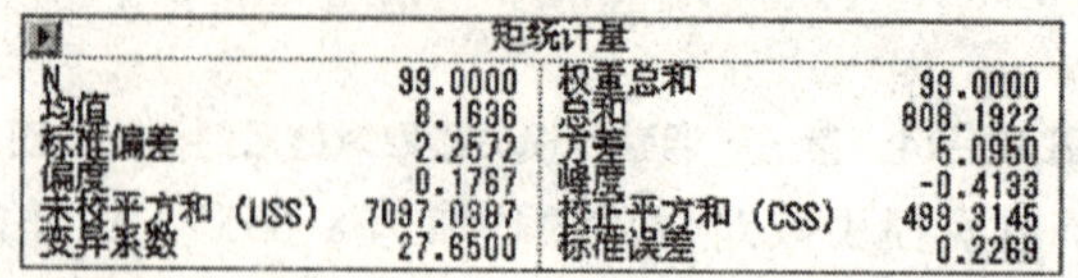

| 矩统计量 | | | |
|---|---|---|---|
| N | 99.0000 | 权重总和 | 99.0000 |
| 均值 | 8.1636 | 总和 | 808.1922 |
| 标准偏差 | 2.2572 | 方差 | 5.0950 |
| 偏度 | 0.1767 | 峰度 | -0.4133 |
| 未校平方和（USS） | 7097.0387 | 校正平方和（CSS） | 499.3145 |
| 变异系数 | 27.6500 | 标准误差 | 0.2269 |

图27－17　第二组调整次损失额取对数后的统计量图

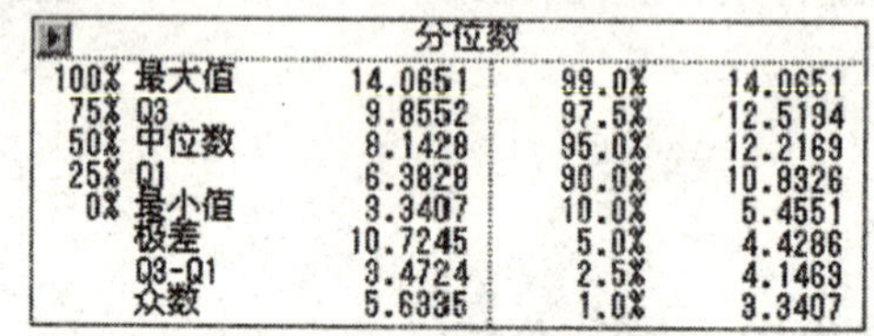

| 分位数 | | | |
|---|---|---|---|
| 100% 最大值 | 14.0651 | 99.0% | 14.0651 |
| 75% Q3 | 9.8552 | 97.5% | 12.5194 |
| 50% 中位数 | 8.1428 | 95.0% | 12.2169 |
| 25% Q1 | 6.3828 | 90.0% | 10.8326 |
| 0% 最小值 | 3.3407 | 10.0% | 5.4551 |
| 极差 | 10.7245 | 5.0% | 4.4286 |
| Q3-Q1 | 3.4724 | 2.5% | 4.1469 |
| 众数 | 5.6335 | 1.0% | 3.3407 |

图27－18　第二组调整次损失额取对数后的分位数图

在原假设服从某种分布的前提下，当显著性水平为5%时，对数正态分布的拟合效果最好，因此选取对数正态分布对调整次损失额进行拟合。

可以得到本组青海省、甘肃省、西藏自治区、内蒙古自治区的地震次损失额分布的密度函数为：

$$f(x) = \frac{1}{2.2572\sqrt{2\pi}\cdot x}e^{-\frac{1}{2}\left(\frac{\ln x - 8.1636}{2.2572}\right)^2}$$

## 三、第三组频数及损失程度统计分析

本节对聚类分组后第三组的地震频数和调整后的次损失额进行SAS分析，该组包括3个省（区）：宁夏回族自治区、山西省、陕西省。

### （一）频数分析

1952～2009年第三组地震年发生次数的描述性统计结果见图27－19和图27－20。

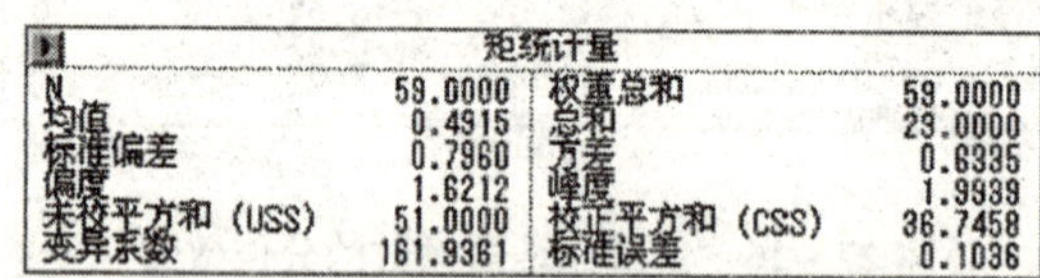

| 矩统计量 | | | |
|---|---|---|---|
| N | 59.0000 | 权重总和 | 59.0000 |
| 均值 | 0.4915 | 总和 | 29.0000 |
| 标准偏差 | 0.7960 | 方差 | 0.6335 |
| 偏度 | 1.6212 | 峰度 | 1.9939 |
| 未校平方和（USS） | 51.0000 | 校正平方和（CSS） | 36.7458 |
| 变异系数 | 161.9361 | 标准误差 | 0.1036 |

图27－19　第三组地震频数的统计量图

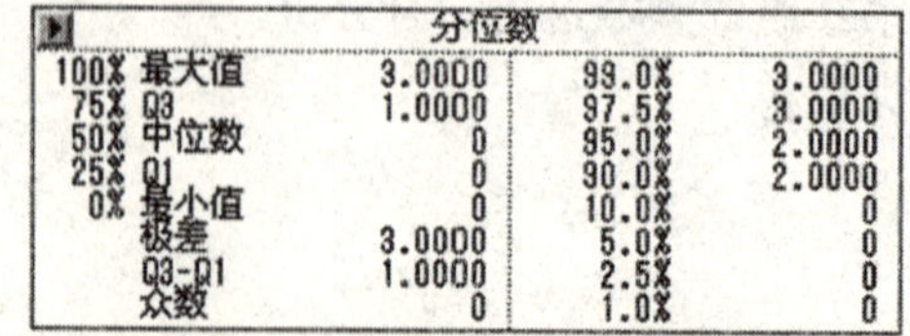

| 分位数 | | | |
|---|---|---|---|
| 100% 最大值 | 3.0000 | 99.0% | 3.0000 |
| 75% Q3 | 1.0000 | 97.5% | 3.0000 |
| 50% 中位数 | 0 | 95.0% | 2.0000 |
| 25% Q1 | 0 | 90.0% | 2.0000 |
| 0% 最小值 | 0 | 10.0% | 0 |
| 极差 | 3.0000 | 5.0% | 0 |
| Q3-Q1 | 1.0000 | 2.5% | 0 |
| 众数 | 0 | 1.0% | 0 |

图27－20　第三组地震频数的分位数图

另外，频数均值$\mu$为0.4915，方差$\sigma^2$为0.6335，符合负二项分布期望小于方差的特点，因此用负二项分布对第二组的频数进行拟合分析。

由负二项分布的特点可以求得：

$r=2$，$p=0.8169$

概率分布为：

$$P\{X=k\}=f(k,r,p)=\frac{(k+2-1)!}{[k!(2-1)!]}\times 0.8169^2(1-0.8169)^k$$

拟合检验：卡方统计量的值为0.42，自由度为1。查表得，自由度为1显著性为0.05的卡方统计量临界值为3.841，计算得到的卡方统计量的值为0.42，小于3.841，所以该拟合分布通过了显著性为5%的卡方检验，即可以采用负二项分布拟合第二组的频数分布。

从1952～2009年损失频数来看，第三组的发生次数集中在0～2次，发生频数的中位数为0，3/4分位数为1。也就是说，有一半年度的成灾地震发生次数为0，3/4年度的成灾地震发生次数≤1次。

**（二）损失额分析**

1952～2009年第三组地震对数损失额的描述性统计结果见图27－21和图27－22。

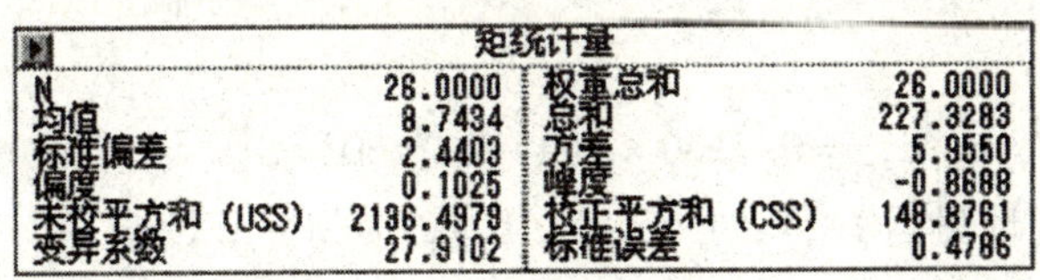

| 矩统计量 | | | |
|---|---|---|---|
| N | 26.0000 | 权重总和 | 26.0000 |
| 均值 | 8.7434 | 总和 | 227.3283 |
| 标准偏差 | 2.4403 | 方差 | 5.9550 |
| 偏度 | 0.1025 | 峰度 | -0.8688 |
| 未校平方和（USS） | 2136.4979 | 校正平方和（CSS） | 148.8761 |
| 变异系数 | 27.9102 | 标准误差 | 0.4786 |

**图27－21 第三组调整次损失额取对数后的统计量图**

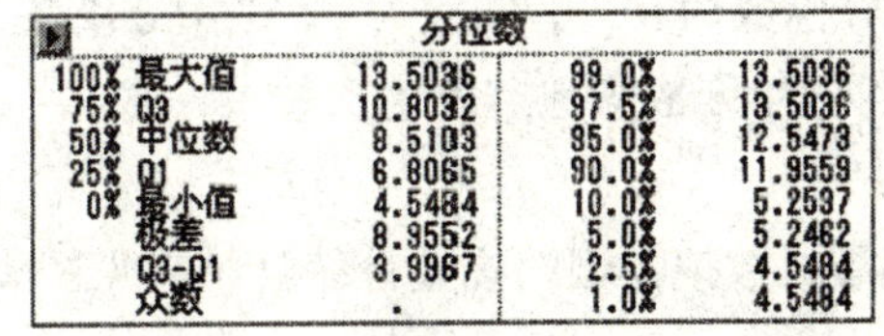

| 分位数 | | | | |
|---|---|---|---|---|
| 100% | 最大值 | 13.5036 | 99.0% | 13.5036 |
| 75% | Q3 | 10.8032 | 97.5% | 13.5036 |
| 50% | 中位数 | 8.5103 | 95.0% | 12.5473 |
| 25% | Q1 | 6.8065 | 90.0% | 11.9559 |
| 0% | 最小值 | 4.5484 | 10.0% | 5.2537 |
| | 极差 | 8.9552 | 5.0% | 5.2462 |
| | Q3-Q1 | 3.9967 | 2.5% | 4.5484 |
| | 众数 | . | 1.0% | 4.5484 |

**图27－22 第三组调整次损失额取对数后的分位数图**

在原假设服从某种分布的前提下，当显著性水平为5%时，对数正态分布的拟合效果最好，因此选取对数正态分布来对调整次损失额进行拟合。

可以得到本组宁夏回族自治区、山西省、陕西省的地震次损失额分布的密度函数为：

$$f(x)=\frac{1}{2.4403\sqrt{2\pi}\cdot x}e^{-\frac{1}{2}\left(\frac{\ln x-8.7434}{2.4403}\right)^2}$$

## 四、第四组频数及损失程度统计分析

本部分对聚类分组后第四组的地震频数和调整后的次损失额进行SAS分析，该组包括河北省、山东省、天津市、北京市。

**（一）频数分析**

1952～2009年第四组地震年发生次数的描述性统计结果见图27－23和图27－24。

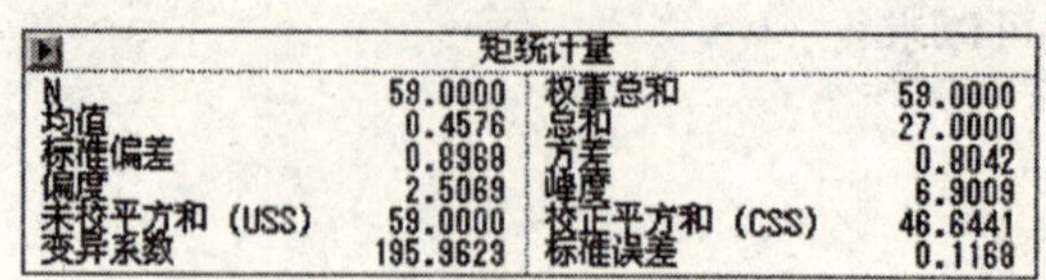

| 矩统计量 | | | |
|---|---|---|---|
| N | 59.0000 | 权重总和 | 59.0000 |
| 均值 | 0.4576 | 总和 | 27.0000 |
| 标准偏差 | 0.8968 | 方差 | 0.8042 |
| 偏度 | 2.5069 | 峰度 | 6.9009 |
| 未校平方和 (USS) | 59.0000 | 校正平方和 (CSS) | 46.6441 |
| 变异系数 | 195.9623 | 标准误差 | 0.1168 |

**图 27-23　第四组地震频数的统计量图**

| 分位数 | | | |
|---|---|---|---|
| 100% 最大值 | 4.0000 | 99.0% | 4.0000 |
| 75% Q3 | 1.0000 | 97.5% | 4.0000 |
| 50% 中位数 | 0 | 95.0% | 2.0000 |
| 25% Q1 | 0 | 90.0% | 2.0000 |
| 0% 最小值 | 0 | 10.0% | 0 |
| 极差 | 4.0000 | 5.0% | 0 |
| Q3-Q1 | 1.0000 | 2.5% | 0 |
| 众数 | 0 | 1.0% | 0 |

**图 27-24　第四组地震频数的分位数图**

地震发生次数的平均值为0.4576，方差为0.8042，根据均值小于方差，可以近似地用负二项分布来拟合，计算可得参数：

$r=1$，$p=0.7160$

概率分布为：

$P\{X=k\}=f(k, r, p)=0.7160\times(1-0.7160)^{k}$

拟合检验：卡方统计量为1.14，自由度为1，查表得显著性水平为0.05的卡方统计量临界值为3.841，而1.14<3.841，通过显著性检验，接受原假设，从而第四组频数可以采用所示的负二项分布进行拟合。

第四组发生频数的1/4分位数为0，中位数为0，3/4分位数为1。也就是说，有1/2的年度没有成灾地震发生，3/4的年度成灾地震发生次数≤1次。

**（二）损失额分析**

1952~2009年第四组地震对数损失额的描述性统计结果见图27-25和图27-26。

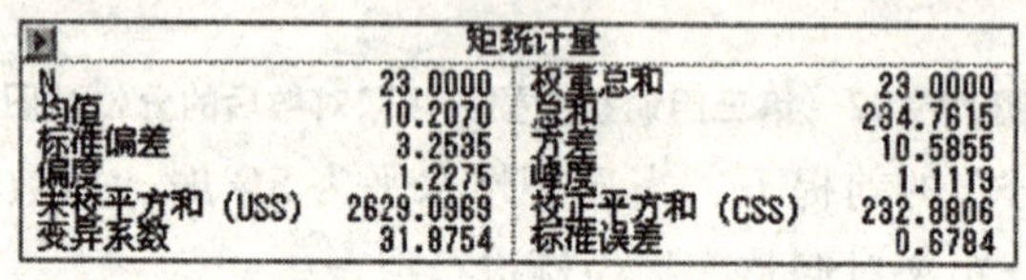

| 矩统计量 | | | |
|---|---|---|---|
| N | 23.0000 | 权重总和 | 23.0000 |
| 均值 | 10.2070 | 总和 | 234.7615 |
| 标准偏差 | 3.2535 | 方差 | 10.5855 |
| 偏度 | 1.2275 | 峰度 | 1.1119 |
| 未校平方和 (USS) | 2629.0969 | 校正平方和 (CSS) | 232.8806 |
| 变异系数 | 31.8754 | 标准误差 | 0.6784 |

**图 27-25　第四组调整次损失额取对数后的统计量图**

| 分位数 | | | |
|---|---|---|---|
| 100% 最大值 | 18.8435 | 99.0% | 18.8435 |
| 75% Q3 | 12.5640 | 97.5% | 18.8435 |
| 50% 中位数 | 9.1000 | 95.0% | 16.7158 |
| 25% Q1 | 8.1440 | 90.0% | 14.3671 |
| 0% 最小值 | 5.9235 | 10.0% | 7.2784 |
| 极差 | 12.9200 | 5.0% | 7.0454 |
| Q3-Q1 | 4.4200 | 2.5% | 5.9235 |
| 众数 | . | 1.0% | 5.9235 |

**图 27-26　第四组调整次损失额取对数后的分位数图**

在原假设服从某种分布的前提下，当显著性水平为5%时，对数正态分布的拟合效果最好，因此选取对数正态分布对调整次损失额进行拟合。

因此可以得到本组地震次损失额分布的密度函数为：

$$f(x)=\frac{1}{3.2535\sqrt{2\pi}\cdot x}e^{-\frac{1}{2}(\frac{\ln x-10.2070}{3.2535})^2}$$

## 五、第五组频数和损失程度统计分析

本部分对聚类分组后第五组的地震频数和调整后的次损失额进行SAS分析，该组包括江苏省、江西省、广东省、广西壮族自治区、重庆市、福建省、黑龙江省、吉林省、辽宁省。

### （一）频数分析

1952~2009年第五组地震年发生次数的描述性统计结果见图27-27和图27-28。

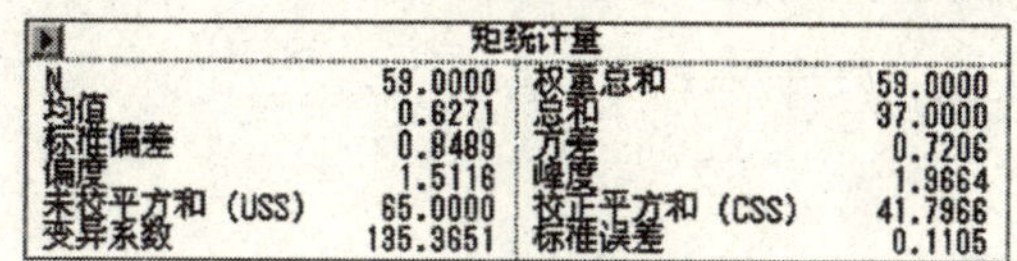

| 矩统计量 | | | |
|---|---|---|---|
| N | 59.0000 | 权重总和 | 59.0000 |
| 均值 | 0.6271 | 总和 | 37.0000 |
| 标准偏差 | 0.8489 | 方差 | 0.7206 |
| 偏度 | 1.5116 | 峰度 | 1.9664 |
| 未校平方和（USS） | 65.0000 | 校正平方和（CSS） | 41.7966 |
| 变异系数 | 135.3651 | 标准误差 | 0.1105 |

图27-27　第五组地震频数的统计量图

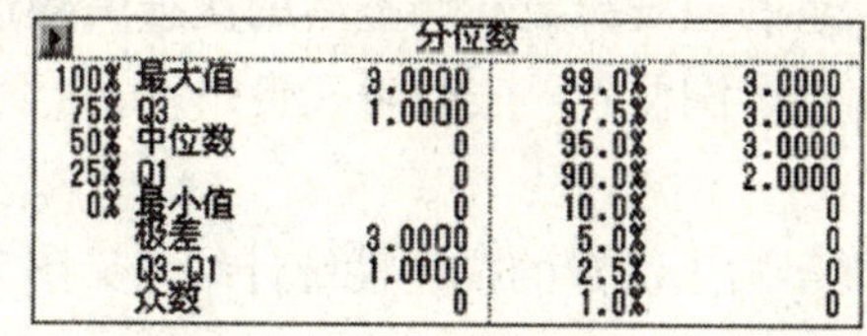

| 分位数 | | | | |
|---|---|---|---|---|
| 100% | 最大值 | 3.0000 | 99.0% | 3.0000 |
| 75% | Q3 | 1.0000 | 97.5% | 3.0000 |
| 50% | 中位数 | 0 | 95.0% | 3.0000 |
| 25% | Q1 | 0 | 90.0% | 2.0000 |
| 0% | 最小值 | 0 | 10.0% | 0 |
| | 极差 | 3.0000 | 5.0% | 0 |
| | Q3-Q1 | 1.0000 | 2.5% | 0 |
| | 众数 | 0 | 1.0% | 0 |

图27-28　第五组地震频数的分位数图

还可以看出，地震发生次数的平均值为0.6271，方差为0.7206，根据均值小于方差，可以近似地用负二项分布来拟合，根据均值和方差可以得到：

$r=7$，$p=0.9227$

概率分布为：

$$P\{X=k\}=f(k,r,p)=\frac{(k+7-1)!}{[k!(7-1)!]}\times0.9227^2(1-0.9227)^k$$

拟合检验：卡方统计量为5.14，自由度为1，查表得显著性水平为0.05的卡方统计量临界值为3.841，5.14>3.841，通过显著性检验，拒绝原假设，从而第五组频数不能采用所示负二项分布进行拟合。

第五组发生频数的1/4分位数为0，中位数为0，3/4分位数为1。也就是说，有1/2年度没有成灾地震发生，3/4年度的成灾地震发生次数小于等于1次。

### （二）损失额分析

1952~2009年第五组地震对数损失额的描述性统计结果见图27-29及图27-30。

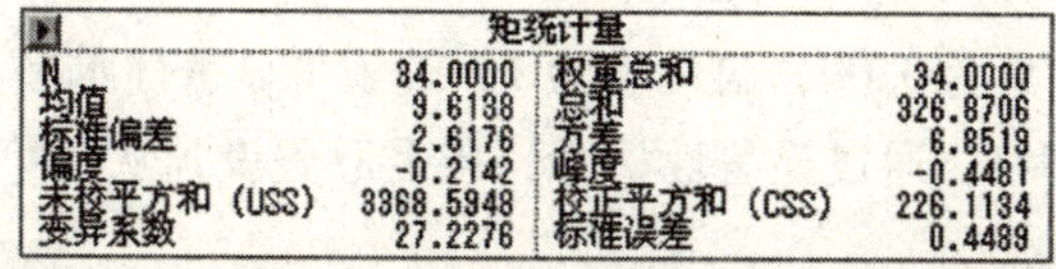

| 矩统计量 | | | |
|---|---|---|---|
| N | 34.0000 | 权重总和 | 34.0000 |
| 均值 | 9.6138 | 总和 | 326.8706 |
| 标准偏差 | 2.6176 | 方差 | 6.8519 |
| 偏度 | -0.2142 | 峰度 | -0.4481 |
| 未校平方和（USS） | 3368.5948 | 校正平方和（CSS） | 226.1134 |
| 变异系数 | 27.2276 | 标准误差 | 0.4489 |

图27-29　第五组调整次损失额取对数后的统计量图

| 分位数 | | | |
|---|---|---|---|
| 100% 最大值 | 14.5443 | 99.0% | 14.5443 |
| 75% Q3 | 11.7605 | 97.5% | 14.5443 |
| 50% 中位数 | 9.7577 | 95.0% | 13.6288 |
| 25% Q1 | 8.4530 | 90.0% | 12.9574 |
| 0% 最小值 | 4.0338 | 10.0% | 5.6182 |
| 极差 | 10.5105 | 5.0% | 5.2462 |
| Q3-Q1 | 3.3074 | 2.5% | 4.0338 |
| 众数 | . | 1.0% | 4.0338 |

**图 27－30　第五组调整次损失额取对数后的分位数图**

在原假设服从某种分布的前提下，当显著性水平为5%时，对数正态分布的拟合效果最好，因此选取对数正态分布对调整次损失额进行拟合。

因此可以得到本组地震次损失额分布的密度函数为：

$$f(x)=\frac{1}{2.6176\sqrt{2\pi}\cdot x}e^{-\frac{1}{2}(\frac{\ln x-9.6138}{2.6176})^2}$$

## 六、第六组频数和损失程度统计分析

本部分对聚类分组后第六组的地震频数和调整后的次损失额进行SAS分析，该组包括河南省、海南省、浙江省、湖南省、湖北省、安徽省、贵州省、上海市。

### （一）频数分析

1952～2009年第六组地震年发生次数的描述性统计结果见图27－31和图27－32。

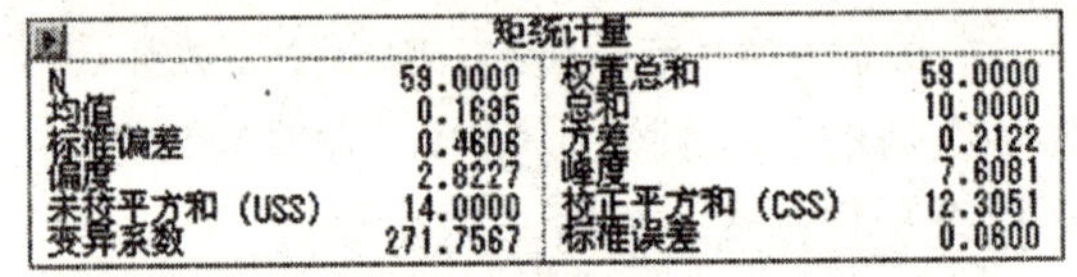

| 矩统计量 | | | |
|---|---|---|---|
| N | 59.0000 | 权重总和 | 59.0000 |
| 均值 | 0.1695 | 总和 | 10.0000 |
| 标准偏差 | 0.4606 | 方差 | 0.2122 |
| 偏度 | 2.8227 | 峰度 | 7.6081 |
| 未校平方和 (USS) | 14.0000 | 校正平方和 (CSS) | 12.3051 |
| 变异系数 | 271.7567 | 标准误差 | 0.0600 |

**图 27－31　第六组地震频数的统计量图**

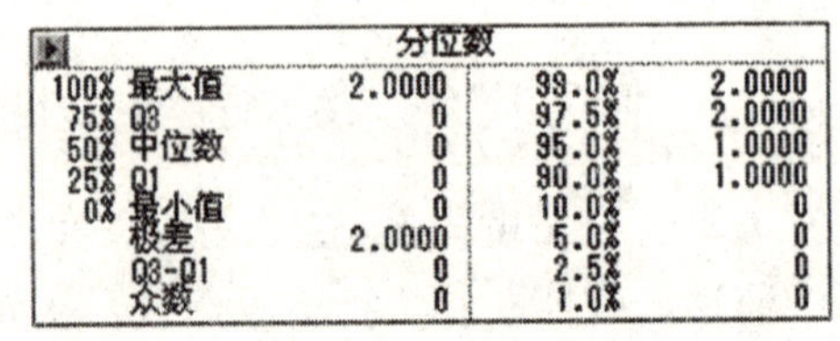

| 分位数 | | | |
|---|---|---|---|
| 100% 最大值 | 2.0000 | 99.0% | 2.0000 |
| 75% Q3 | 0 | 97.5% | 2.0000 |
| 50% 中位数 | 0 | 95.0% | 1.0000 |
| 25% Q1 | 0 | 90.0% | 1.0000 |
| 0% 最小值 | 0 | 10.0% | 0 |
| 极差 | 2.0000 | 5.0% | 0 |
| Q3-Q1 | 0 | 2.5% | 0 |
| 众数 | 0 | 1.0% | 0 |

**图 27－32　第六组地震频数的分位数图**

可以看出，地震发生次数的平均值为0.1695，方差为0.2122，根据均值小于方差，可以近似地用负二项分布来拟合，根据均值和方差可以得到：

$r=1$，$p=0.8788$

概率分布为：

$P\{X=k\}=f(k, r, p)=0.8788\times(1-0.8788)^k$

拟合检验：卡方统计量为0.09，自由度为1，查表得显著性水平为0.05的卡方统计量临界值为3.841，0.09＜3.841，通过显著性检验，接受原假设，从而第六组频数可以采用上面所示的负二项分布进行拟合。

第六组发生频数的1/4分位数为0，中位数为0，3/4分位数为0。也就是说，有3/4的年度没有成灾地震发生，地震发生次数极少。

### （二）损失额分析

1952～2009 年第六组地震对数损失额的描述性统计结果见图 27－33 和图 27－34。

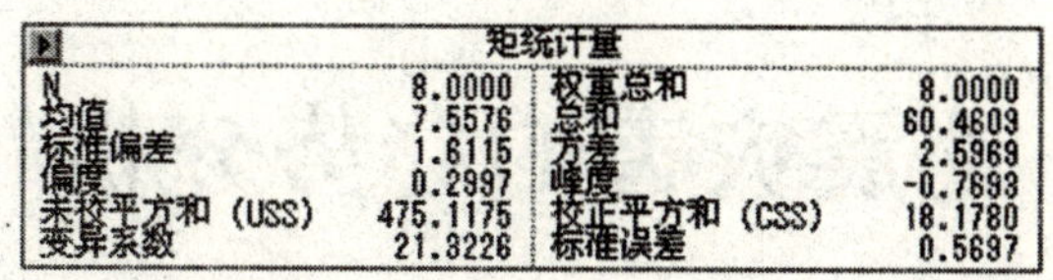

| 矩统计量 | | | |
|---|---|---|---|
| N | 8.0000 | 权重总和 | 8.0000 |
| 均值 | 7.5576 | 总和 | 60.4609 |
| 标准偏差 | 1.6115 | 方差 | 2.5969 |
| 偏度 | 0.2997 | 峰度 | -0.7693 |
| 未校平方和（USS） | 475.1175 | 校正平方和（CSS） | 18.1780 |
| 变异系数 | 21.3226 | 标准误差 | 0.5697 |

图 27－33 第六组调整次损失额取对数后的统计量图

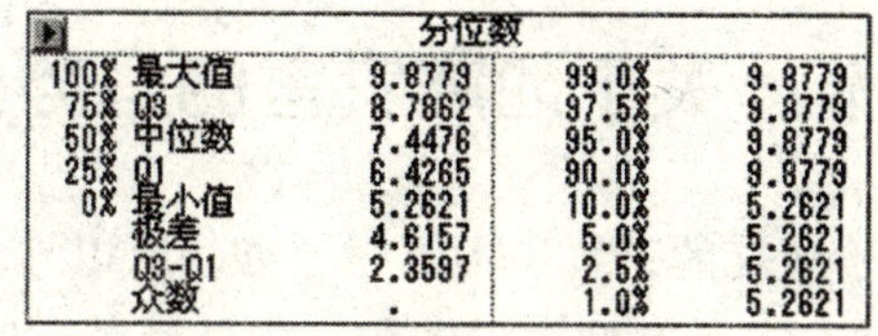

| 分位数 | | | | |
|---|---|---|---|---|
| 100% | 最大值 | 9.8779 | 99.0% | 9.8779 |
| 75% | Q3 | 8.7862 | 97.5% | 9.8779 |
| 50% | 中位数 | 7.4476 | 95.0% | 9.8779 |
| 25% | Q1 | 6.4265 | 90.0% | 9.8779 |
| 0% | 最小值 | 5.2621 | 10.0% | 5.2621 |
| | 极差 | 4.6157 | 5.0% | 5.2621 |
| | Q3-Q1 | 2.3597 | 2.5% | 5.2621 |
| | 众数 | . | 1.0% | 5.2621 |

图 27－34 第六组调整次损失额取对数后的分位数图

在原假设服从某种分布的前提下，当显著性水平为 5% 时，对数正态分布的拟合效果最好，因此选取对数正态分布对调整次损失额进行拟合。

可以得到本组地震次损失额分布的密度函数为：

$$f(x)=\frac{1}{1.6115\sqrt{2\pi}\cdot x}e^{-\frac{1}{2}\left(\frac{\ln x-7.5576}{1.6115}\right)^2}$$

# 第二十八章

# 地震灾害的趋势分析

## 第一节　关于地震灾害的趋势分析

到目前为止，科学家对于地震的了解还不算很透彻，所以地震是否存在明显的规律性、规律是否可以认识等，依然是一个无法解答的问题。科学界对于地震是否可以预报也众说纷纭。具体而言，地震预报必须同时包括时间、地点和强度。由于地震情况复杂，有些地震能预报，有些则无法预报，现在全球预报地震的准确率只有20%多。目前，包括美国、日本等发达国家在内，地震预报仍然处于探索阶段，地震预报还远远没有做到像天气预报那样准确。近年来，国际上有一些科学家对地震预测持否定意见。有人甚至发表"地震无法预测"的论文，明确提出"地震是无法预测的"论点；但另有一些地震科学家对地震预报的成就给予了肯定，认为地震发生地点、时间、震级的短期预报终将实现，而长期预报的成就则更加突出。

为了不同的用途和目的，地震预报分为4种类型。按照国家的标准分法，对10年以后的破坏型地震预报为"长期预报"；两年以后的为"周期预报"；3个月以后的为"短期预报"；10天左右以后的为"临震预报"。

长期预报是对某一地区今后数年到数十年强震形势的粗略估计与概率性预测。主要依据的是对历史地震活动资料的统计分析，对现今地质构造活动（尤其是断层）背景、地震活动背景、其他地球物理场的变化背景、地壳形变（幅度、速率、方向等）的观测研究，并考虑到天体运动、地球自转等因素。通过断层活动与其他这些因素的组合特征及发展趋势，对区内的发震可能性及其变化方式进行分析，提出长期性的趋势预报意见。

地震中期预报依据各种前兆趋势异常的时空分布特征圈定危险区，并据经验公式判断发震时间与强度。

地震形势预测是中期预报阶段中的基础性工作。据历史地震资料，运用统计学分析，如线性预测、极值理论、相关分析等方法或宏观震史学分析可研究地震活动的时间分布特征，并划分区域地震的活动阶段，据此可估计区域强震活动进入活跃状态的时间及相应的概率值。

从方法角度而言，预报地震的方法大体有3种：地震地质法、地震统计法、地震前兆法。现有的文献大多是地质力学专家从专业的地震地质角度以及地质力学角度去描述地震特点和未来发生的可能性。罗灼礼等人对于中国大陆原发性地震活动的特点有详细描述，刘希强博士等人运用Morlet小波理论对于地震活动的韵律进行分析尝试。

本章使用的时间序列分析，可以看作是地震统计法的一个粗略体现，相比于以上几位专家的研究更显粗浅，但本章的重点在于通过这一分析方法，揭示地震及其带来的经济损失的特征，故单独作为一章。

# 第二节　地震发生次数趋势分析

## 一、模型的建立

### （一）数据处理

本节所研究的数据是全国地震发生次数（未剔除异常损失地震，以下不再说明），取样区间是1952年2月~2009年12月，以年为单位，共56个数据。数据处理用EXCEL及SAS完成，用$N_t$表示发生次数序列（见表28-1及图28-1）。

表28-1　　1952~2009年全国地震发生次数表

| 年度 | 次数 | 年度 | 次数 | 年度 | 次数 | 年度 | 次数 |
|---|---|---|---|---|---|---|---|
| 1952 | 7 | 1967 | 6 | 1982 | 9 | 1997 | 10 |
| 1953 | 3 | 1968 | 1 | 1983 | 5 | 1998 | 15 |
| 1954 | 4 | 1969 | 4 | 1984 | 6 | 1999 | 15 |
| 1955 | 7 | 1970 | 6 | 1985 | 7 | 2000 | 9 |
| 1956 | 2 | 1971 | 9 | 1986 | 9 | 2001 | 16 |
| 1957 | 3 | 1972 | 8 | 1987 | 11 | 2002 | 5 |
| 1958 | 2 | 1973 | 11 | 1988 | 10 | 2003 | 16 |
| 1959 | 2 | 1974 | 8 | 1989 | 9 | 2004 | 9 |
| 1960 | 3 | 1975 | 10 | 1990 | 9 | 2005 | 10 |
| 1961 | 6 | 1976 | 15 | 1991 | 10 | 2006 | 10 |
| 1962 | 9 | 1977 | 7 | 1992 | 8 | 2007 | 3 |
| 1963 | 4 | 1978 | 7 | 1993 | 11 | 2008 | 4 |
| 1964 | 4 | 1979 | 10 | 1994 | 11 | 2009 | 1 |
| 1965 | 4 | 1980 | 7 | 1995 | 13 | | |
| 1966 | 9 | 1981 | 7 | 1996 | 12 | | |

通过对发生次数的初步分析，可以看出，每年地震发生次数总体呈上升趋势，需要对序列进行差分；无明显周期，并且无明显指数上升、振幅增大的趋势（为了分析数据是否需要取对数）。

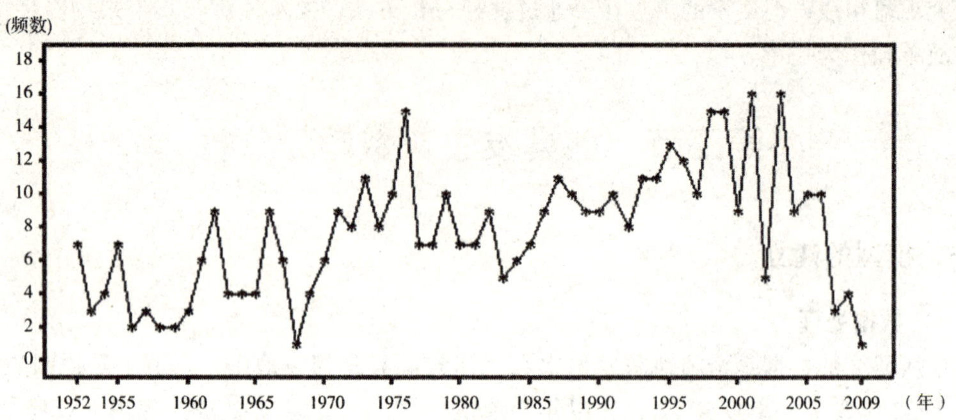


**图 28－1　1952～2009 年全国地震发生次数折线图**

### （二）序列的平稳化和回归

利用 SAS 中的 time series viewer 作地震发生次数序列自相关图（见图 28－2）。

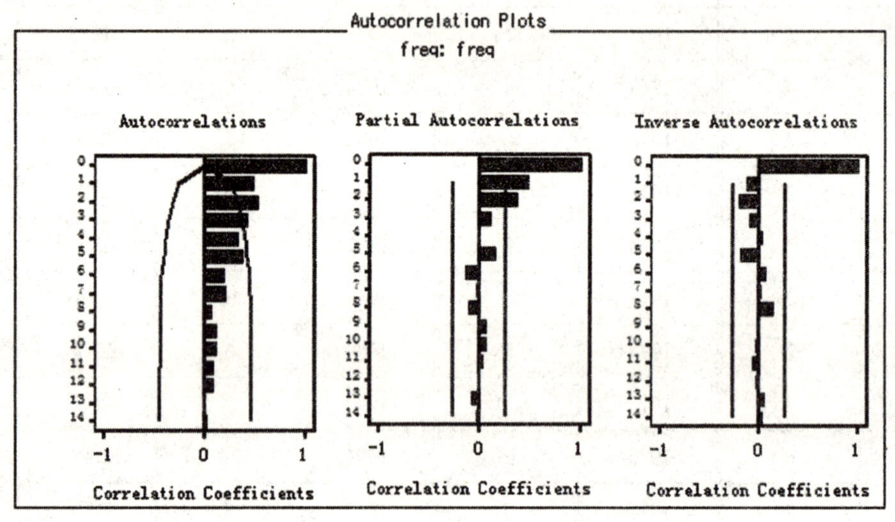


**图 28－2　1952～2009 年全国地震发生次数序列自相关图**

观察图 28－2，可以发现自相关系数衰减很慢，并且长期位于 0 轴正的一边，这是非平稳时间序列的特征。为了消除这种不平稳性，对发生次数时间序列进行一阶差分，得到差分序列 $DX_t$。接下来为了确保分析的正确性，对序列一阶差分的平稳性进行识别，以排除人为判断的主观性（见图 28－3 和表 28－2）。

从自相关图可以看出，自相关系数延迟 1 阶后落入两倍标准差内，像是在 1 处截尾。又根据偏相关图偏自相关系数在 1 处显著不为零，2 处落在两倍标准差的边缘，因此可以选择 MA 的阶数为 1，AR 的阶数为 0、1 或 2。最后白噪声检验的统计量为 25.76，$p = 0.0002 < 0.05$，拒绝序列为白噪声的原假设。说明地震发生次数序列经过一次差分后转换成平稳的非白噪声序列。

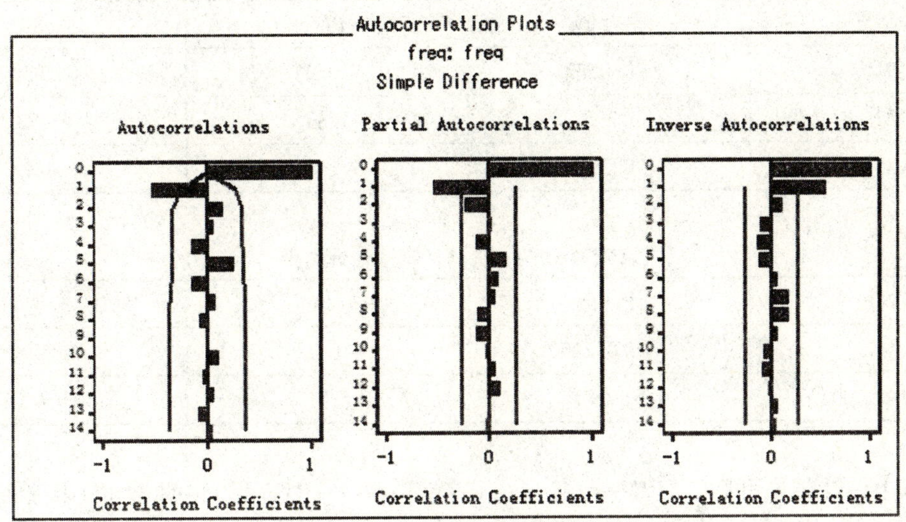


图 28－3　一阶差分序列自相关图

表 28－2　白噪声检验结果

| Chi－Square | P 值 |
|---|---|
| 25.76 | 0.0002 |

在辨别时间序列模型 ARIMA 的 p、q 后，分别对这几种模型进行参数估计。常用的方法有极大似然估计、最小二乘估计、条件最小二乘估计。本文采用 SAS 默认的条件最小二乘估计方法（见表 28－3）。

表 28－3　ARIMA（2，1，1）模型估计结果

| 参数 | 估计值 | t 值 | p 值 |
|---|---|---|---|
| MU | －0.05724 | －0.27 | 0.7862 |
| MA1，1 | 0.26246 | 0.44 | 0.6633 |
| AR1，1 | －0.42502 | －0.71 | 0.478 |
| AR1，2 | －0.09216 | －0.25 | 0.803 |

t 统计量为检验该回归系数是否为 0 的统计观察值，由图中可见“MA1，1”、“AR1，1”、“AR1，2”接受原假设，都不能通过检验，即此回归系数为 0。所以应放弃该模型，重新估计，即考虑模型 ARIMA（1，1，1）、ARIMA（0，1，1）模型，结果见表 28－4 和表 28－5。

表 28－4　　ARIMA（1，1，1）模型估计结果

| 参数 | 估计值 | t 值 | p 值 |
|---|---|---|---|
| MU | －0.0522 | －0.26 | 0.7958 |
| MA1，1 | 0.395 | 1.83 | 0.073 |
| AR1，1 | －0.2909 | －1.34 | 0.1873 |

表 28－5　　ARIMA（0，1，1）模型估计结果

| 参数 | 估计值 | t 值 | p 值 |
|---|---|---|---|
| MU | －0.03215 | －0.18 | 0.8551 |
| MA1，1 | 0.59887 | 5.01 | <0.0001 |

由以上估计结果可见，ARIMA（1，1，1）模型中“AR1，1”的系数的 t 检验统计量的 p 值为 0.1873＞0.05，未能通过检验；而 ARIMA（0，1，1）模型系数显然通过检验。对残差进行白噪声检验，结果见表 28－6。

表 28－6　　ARIMA（0，1，1）模型残差白噪声检验

| Chi－Square | P 值 |
|---|---|
| 5.14 | 0.3989 |

由表 28－6 可见，对残差序列进行白噪声检验，其 $\chi$ 统计量为 5.14，p 值为 0.3989＞0.05，通过残差不存在自相关的检验，说明模型充分提取了信息，可以认为 ARIMA（0，1，1）模型是对地震每年发生次数序列的合适估计。

进一步，由 SAS 输出结果（见图 28－4）可以得到：成灾地震发生次数服从如下时间序列分布：

$(1-B)\ N_t = -0.03215 + (1-0.59887)\ a_t$

整理后为：

$N_t = -0.03215 + N_{t-1} + a_t - 0.59887 a_{t-1}$

其中，$B$ 为滞后算子，$a_t$ 为白噪声序列。

可见，当年地震发生次数和前一年地震发生次数存在很强的相关关系，且与前一年系统扰动存在负相关关系，相关系数为－0.59887。

```
                The ARIMA Procedure

              Model for variable freq

        Estimated Mean               -0.03215
        Period(s) of Differencing           1


              Moving Average Factors

           Factor 1:  1 - 0.59887 B**(1)
```

图 28－4　ARIMA（0，1，1）模型输出结果

## 二、对模型的分析和相关地震背景

根据ARIMA模型对地震发生次数序列进行拟合（见图28-5），可见模型对地震次数的拟合较好，地震发生次数总体上有上升趋势。由于数据限制以及地震周期的不确定性，本文未对地震发生次数序列进行周期性差分处理，但是从拟合图仍能看出1952~1976年为一个周期，1976年开始进入下一个周期，这与地质学家对中国大陆地震“轮回”的划分基本一致。

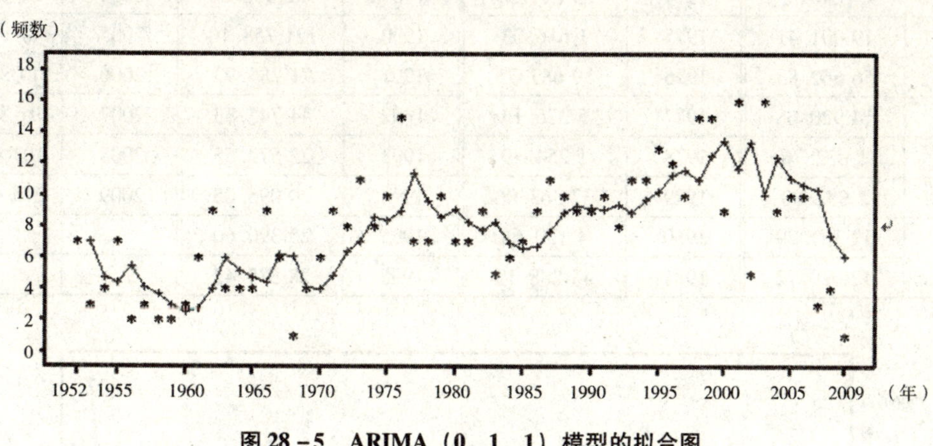


图28-5　ARIMA（0，1，1）模型的拟合图

# 第三节　地震平均次损失额趋势分析

## 一、模型的建立

### （一）数据处理

本节所研究的数据是全国每年平均次损失额（剔除异常损失地震，以下不再说明），即年次损失额，是指将一年当中所有成灾地震造成的总损失额除以当年成灾地震次数。这一指标代表了某一年当中发生一次地震造成损失的平均水平，以万元为单位。在某些年度，由于受到巨灾因素的影响，损失额会有不同的峰值。对于这类数据，有必要进行一些处理，从数据中剔除。取样区间为1952年1月~2009年12月，以年为单位，共56个数据，数据处理用EXCEL及SAS完成。

### （二）模型的平稳化和回归

首先需要将地震年次损失额度用GDP进行调整，用$X_t$表示经GDP调整后的损失（见表28-7和图28-6）。

表28-7　　1952~2009年全国成灾地震年次损失额表（剔除异常损失）　　（单位：万元）

| 年度 | 年次损失额 | 年度 | 年次损失额 | 年度 | 年次损失额 | 年度 | 年次损失额 |
|---|---|---|---|---|---|---|---|
| 1952 | 63 974. 89 | 1967 | 14 026. 01 | 1982 | 16 069. 37 | 1997 | 55 727. 92 |
| 1953 | 8 400. 44 | 1968 | 196. 80 | 1983 | 14 290. 93 | 1998 | 47 206. 49 |
| 1954 | 62 800. 03 | 1969 | 18 987. 05 | 1984 | 2 401. 36 | 1999 | 11 300. 69 |

续表

| 年度 | 年次损失额 | 年度 | 年次损失额 | 年度 | 年次损失额 | 年度 | 年次损失额 |
|---|---|---|---|---|---|---|---|
| 1955 | 39 788.83 | 1970 | 18 496.26 | 1985 | 77 378.79 | 2000 | 54 910.81 |
| 1956 | 21 343.73 | 1971 | 15 162.85 | 1986 | 66 851.96 | 2001 | 29 612.89 |
| 1957 | 1 698.342 | 1972 | 1 581.28 | 1987 | 22 215.33 | 2002 | 8 341.09 |
| 1958 | 3 253.58 | 1973 | 3 442.74 | 1988 | 4 680.59 | 2003 | 67 832.76 |
| 1959 | 1 536.58 | 1974 | 63 847.54 | 1989 | 152 996.80 | 2004 | 22 602.35 |
| 1960 | 19 001.41 | 1975 | 1 616.03 | 1990 | 121 758.10 | 2005 | 47 988.93 |
| 1961 | 56 662.83 | 1976 | 19 687.75 | 1991 | 71 285.93 | 2006 | 14 336.94 |
| 1962 | 14 920.68 | 1977 | 5 376.18 | 1992 | 44 745.83 | 2007 | 91 847.18 |
| 1963 | 1 032.76 | 1978 | 1 254.39 | 1993 | 22 572.55 | 2008 | 103 477.70 |
| 1964 | 2 982.80 | 1979 | 37 363.06 | 1994 | 10 095.05 | 2009 | 215 410.00 |
| 1965 | 13 781.29 | 1980 | 4 130.68 | 1995 | 25 390.60 | | |
| 1966 | 12 020.72 | 1981 | 43 288.15 | 1996 | 28 575.42 | | |

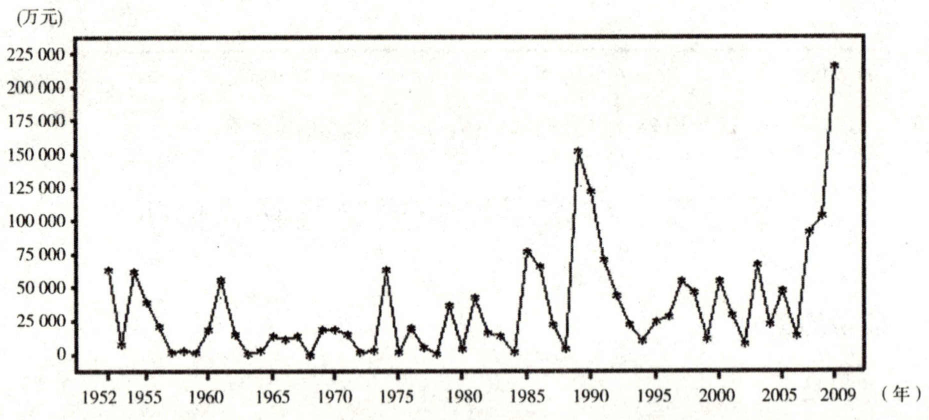


**图 28－6　1952～2009 年全国成灾地震年次损失额折线图**

通过对年次损失额的初步分析，可以看出，成灾地震的年次损失额总体无明显周期，并且无明显指数上升，但有振幅增大的趋势，为消除异方差对数据取对数，得到取对数后的序列 $\ln X_t$，观察 $\ln X_t$ 的折线图（见图 28－7）。

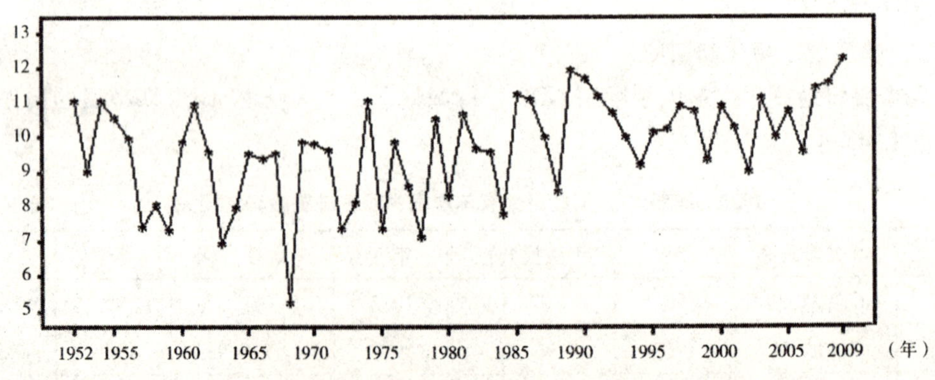


**图 28－7　1952～2009 年全国成灾地震年次损失额取对数后折线图**

取对数消除了异方差，且序列总体上有上升的趋势，故对序列进行一阶差分，得到序列 $D\ln X_t$（见图 28－8）。

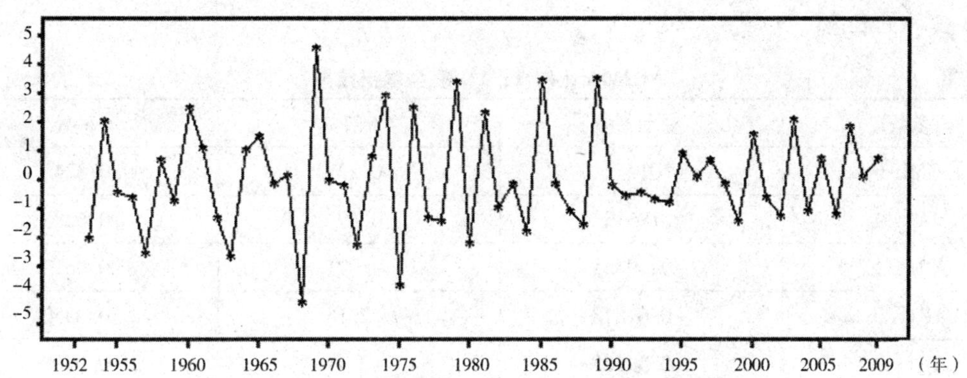


**图 28－8　1952～2009 年全国成灾地震年次损失额取对数再一阶差分折线图**

由折线图可见，经过取对数并差分后，序列基本满足平稳性要求。为了进一步确保分析的正确性，再对序列的平稳性进行识别，以排除人为判断的主观性（见图 28－9）。

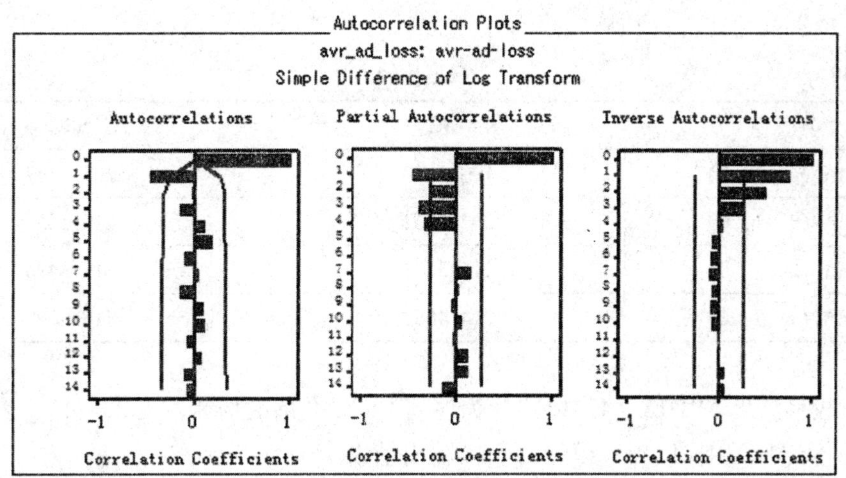


**图 28－9　1952～2009 年全国成灾地震年次损失额取对数再一阶自相关图**

调用 SAS 程序对差分序列进行白噪声检验，结果见表 28－8。

**表 28－8　差分序列的白噪声检验结果**

| Chi－Square | P 值 |
| --- | --- |
| 17.02 | 0.0092 |

从自相关图可以看出，自相关系数延迟 1 阶后落入两倍标准差内，像是在 1 处截尾。又根据偏相关图偏自相关系数在 1、3、4 处显著不为零，2 处落在两倍标准差的边缘，因此可以选择 MA 的阶数为 1，AR 的阶数为 1、2、3 或 4。最后白噪声检验的统计量为 17.02，$p = 0.0092 < 0.05$，拒绝序列为白噪声的原假设。说明地震年次损失额序列经过对数化及一次差分后转换成平稳的非白噪声序列。

在辨别时间序列模型 ARIMA 的 p、q 后，分别对这几种模型进行参数估计。常用的方法有极大似然估计、最小二乘估计、条件最小二乘估计。本文采用 SAS 中默认的条件最小二乘估计方法（见表 28－9）。

**表 28－9　ARIMA（4，1，1）模型输出结果**

| 参数 | 估计值 | t 值 | p 值 |
|---|---|---|---|
| MU | 0.01072 | 0.22 | 0.8245 |
| MA1，1 | 0.18539 | 0.49 | 0.6293 |
| AR1，1 | －0.69855 | －1.91 | 0.0613 |
| AR1，2 | －0.61818 | －2.16 | 0.0352 |
| AR1，3 | －0.59588 | －2.47 | 0.0168 |
| AR1，4 | －0.29357 | －1.38 | 0.1721 |

可见“MA1，1”、“AR1，1”、“AR1，4”未能通过显著性水平为 0.05 的 t 检验，故调整 p、q 重新估计可得到表 28－10 中的模型，参数均通过了检验，进而通过比较 AIC/SBC 的值选出最优模型。

**表 28－10　模型比较**

| 模型 | AIC | SBC |
|---|---|---|
| ARIMA（4，1，0） | 196.5780 | 206.6147 |
| ARIMA（3，1，0） | 202.5362 | 210.5655 |
| ARIMA（2，1，0） | 211.3205 | 217.3425 |
| ARIMA（1，1，0） | 214.4662 | 218.4809 |

通过比较可选出 ARIMA（4，1，0）为序列 $DlnX_t$ 合适的估计，表 28－11、表 28－12 和图28－10是 ARIMA（4，1，0）模型的 SAS 输出结果。

**表 28－11　ARIMA（4，1，0）模型回归参数**

| 参数 | 估计值 | t 值 | p 值 |
|---|---|---|---|
| MU | 0.0114 | 0.22 | 0.8257 |
| AR1，1 | －0.85868 | －6.57 | <0.0001 |
| AR1，2 | －0.73118 | －4.82 | <0.0001 |
| AR1，3 | －0.6803 | －4.44 | <0.0001 |
| AR1，4 | －0.36089 | －2.73 | 0.0087 |

**表 28－12　ARIMA（4，1，0）模型残差白噪声检验**

| Chi－Square | P 值 |
|---|---|
| 0.41 | 0.8157 |

```
Model for variable ln_avr_ad_loss

Estimated Mean                  0.011404
Period(s) of Differencing              1

Autoregressive Factors

Factor 1:  1 + 0.85868 B**(1) + 0.73118 B**(2) + 0.6803 B**(3) + 0.36089 B**(4)
```

**图 28－10 模型输出结果**

由以上分析结果可得序列 $D\ln X_t$ 的模型表达式：

$$(1-B)\ \ln N_t = 0.011404 + \frac{1}{1+0.85868B+0.73118B^2+0.6803B^3+0.36089B^4}a_t$$

## 二、对模型的分析

根据 ARIMA 模型对地震年次损失额序列进行拟合，可见模型对地震损失的拟合较好，地震年次损失总体上有上升趋势，这与中国经济发展水平不断上升有直接关系。在此值得注意的是，本节分析的是剔除异常损失的年次损失额。

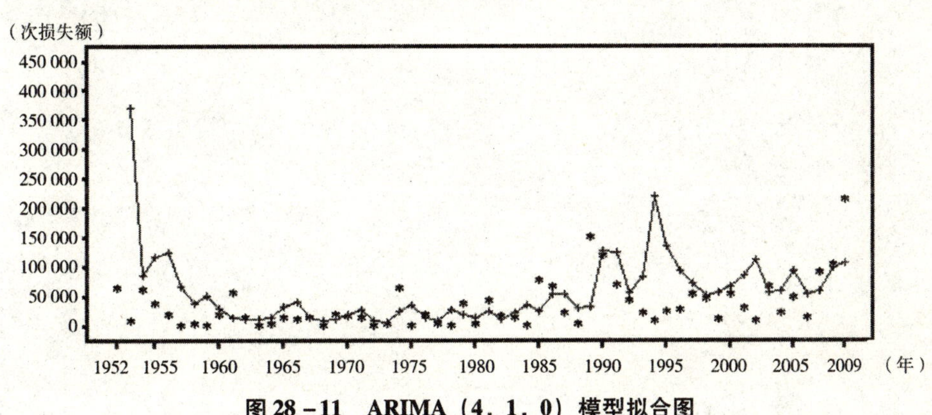


**图 28－11 ARIMA（4，1，0）模型拟合图**

## 三、关于地震预测

上述内容对地震的预测是基于时间序列的方法，主要是对以往地震发生数据的数理统计描述，与地震的成因等物理因素没有关系。而在对地震的研究中，有很多用地震成因等物理因素对地震的预测，用数理方法结合物理方法，地震预测会更加准确，关于最新的研究方法在本文最后有专题详细阐述。

# 第五篇　暴雨灾因分析

# 第二十九章

# 暴雨与暴雨灾害

## 第一节　暴雨的界定

暴雨是降水强度很大的雨，雨势倾盆。我国气象学规定，24 小时降水量为 50 毫米或以上的雨称为“暴雨”，按其降水强度大小又分为“暴雨”、“大暴雨”、“特大暴雨”三个等级。

我国气象部门是以 24 小时降雨量的多少来规定降水的等级。降水量是用来衡量降水多少的一个概念，它是指雨水（或融化后的固体降水）既不流走，也不渗透到地里，也不蒸发而积聚起来的一层水的深度，通常以毫米为单位。降雨量可以用雨量器来测量，还可以用雨量器来自动记录雨势的变化和雨量的大小。在气象学上通常用某一段时间内降水量的多少来划分降水强度。最常用的对降雨的分类方法是按降水量的多少来划分降雨的等级。根据国家气象部门规定的降水量标准，降雨可分为小雨、中雨、大雨、暴雨、大暴雨和特大暴雨 6 种（见表 29－1）。该降水强度等级划分标准由国家气象局颁布。

**表 29－1　　降水强度等级划分标准（内陆部分）**　　（单位：毫米）

| 项　目 | | 24 小时降水总量 | 12 小时降水总量 |
|---|---|---|---|
| 降水强度的等级 | 小雨、阵雨 | 0.1～9.9 | ≤4.9 |
| | 小雨～中雨 | 5.0～16.9 | 3.0～9.9 |
| | 中雨 | 10.0～24.9 | 5.0～14.9 |
| | 中雨～大雨 | 17.0～37.9 | 10.0～22.9 |
| | 大雨 | 25.0～49.9 | 15.0～29.9 |
| | 大雨～暴雨 | 33.0～74.9 | 23.0～49.9 |
| | 暴雨 | 50.0～99.9 | 30.0～69.9 |
| | 暴雨～大暴雨 | 75.0～174.9 | 50.0～104.9 |
| | 大暴雨 | 100.0～249.9 | 70.0～139.9 |
| | 大暴雨～特大暴雨 | 175.0～299.9 | 105.0～169.9 |
| | 特大暴雨 | ≥250.0 | ≥140.0 |

资料来源：中国气象局网站，http：//www.cma.gov.cn/。

由于我国幅员辽阔，东西、南北地区的降水差别很大有少数地区根据本地区具体情况另制定了暴雨的地方标准。例如，广东省 24 小时内下 50～70 毫米雨的机会较多，当地气象部门规定24小时降水量在80毫米以上的雨才算作暴雨。在新疆维吾尔自治区、甘肃省、宁夏回族自治区、内蒙古自治区等，24小时内下50毫米雨的机会极少，则规定24小时降水量在30毫米以上的雨都可算作暴雨。

在没有测量雨量的情况下，也可以从降雨状况来判断降水强度：

小雨：雨滴下降清晰可辨；地面全湿，但无积水或积水形成很慢。

中雨：雨滴下降连续成线，雨滴四溅，可闻雨声；地面积水形成较快。

大雨：雨滴下降模糊成片，四溅很高，雨声激烈；地面积水形成很快。

暴雨：雨如倾盆，雨声猛烈，开窗说话时，声音受雨声干扰而听不清楚；积水形成特别快，下水道往往来不及排泄，常有外溢现象。

我国财产保险公司的企业财产保险产品条款中对暴雨的定义与我国气象部门降水等级规定中对暴雨的定义是一致的，即“暴雨指每小时降雨量达16毫米以上，或连续12小时降雨量达30毫米以上，或连续24小时降雨量达50毫米以上”。

## 第二节　我国暴雨的成因

暴雨是众多自然灾害的一种，属于一种气候变化现象，它的发生与整个气候系统有密切的关系。气候变化与异常不仅仅是大气圈的内部热力、动力作用的结果，而是大气圈、水圈、冰雪圈和岩石圈所构成的地球气候系统中各圈层相互作用的结果。因此，气候灾害发生不仅与大气内部过程有关，而且还与大气外部如海洋、陆面等的热力状况有关。暴雨形成的过程是相当复杂的，一般来讲有物理条件和环流条件。

### 一、暴雨形成的物理条件

从物理条件来说，大气的降水过程需要有充沛的水汽，对流层下部饱和层要厚，而且要有源源不断的水汽供应，要有强烈的上升气流，对流不稳定等条件。地形的影响也会促使暴雨的形成。

#### （一）有充沛的水汽

一个地区的暴雨，特别是持续时间久、强度大的暴雨，单纯靠当地大气中的水汽含量是不够的，而是由水汽源地向降水区源源不断输送。对于我国大范围、持续时间久的降水，其水汽源地主要是南海、孟加拉湾以及太平洋。此外，江河、湖泊等也是水汽源地之一。关于水汽的输送，主要有西太平洋副高西侧的偏西南气流或南侧的偏东气流能将海洋的暖湿气流输向我国。此外，高空槽前的西南气流以及热带风暴移近我国等都能起到输送水汽的作用。

#### （二）有强烈的上升气流

上升气流对降水有重要作用，主要是将含有水汽的暖湿气流抬升到高空，使之冷却达到饱和，然后水汽凝结为雨滴降落下来。大气中的垂直运动通常需要靠有关的天气系统来提供，如低压、切变线、锋面、雷暴等。据研究，水平范围5~22公里的积雨云单体，其上升运动量级为102厘米/小时，相应的降水量量级为102毫米/小时；水平范围25~250公里的积雨云单体，其上升运动量级为101厘米/小时，相应的降水量量级为101毫米/小时。由此可见，仅有天气尺度系统是达不到暴雨强度的。暴雨往往是由具有强烈上升运动的中小尺度天气系统造成的。

**（三）对流不稳定条件**

大气的对流性不稳定，是产生暴雨的重要条件。暴雨一般都是在强对流条件下发生的，而对流的出现，往往是大气中不稳定能量释放的结果。所以，对大气中不稳定能量的分析是暴雨预报中的主要内容。一般来说，当大气温、湿度垂直分布表现为高空干冷、低层暖湿的特征时，大气中就储存了大量的不稳定能量，这种不稳定能量一旦有合适的“冲击力”就会得到释放，形成强对流天气。这种“冲击力”常由一些天气系统来提供，如气旋、低涡、锋面、切变线等系统中的上升运动。

**（四）地形的作用**

根据观测，在山区的迎风坡或喇叭口的河谷地带一般雨量比山顶或背风坡大得多，有的甚至可大2~3倍，这主要由于迎风坡或喇叭口河谷都能强迫空气抬升，加大了上升速度，有利于降水量的增加。

## 二、暴雨形成的环流条件

暴雨是各种尺度天气系统相互作用的产物，尤其是持续时间久的连续性暴雨和特大暴雨更是出现在多种尺度天气系统明显相互作用的情况下。这里简要介绍各种天气尺度的作用。

**（一）行星尺度天气系统**

行星尺度天气系统是一种大型天气系统，例如阻塞高压、副热带高压、青藏高压、高空大槽以及热带辐合带等等。这类大尺度天气系统不直接产生降水，但可以决定降水过程的环流形势特点，制约天气尺度的系统活动区域。同时，可以将南孟加拉湾或西太平洋的水汽不断输送到暴雨区，而行星尺度的变动往往使得大雨带及暴雨区发生变动。

**（二）天气尺度系统**

引起我国降水和暴雨的天气尺度系统有低涡、切变线、温带气旋、热带气旋、锋面、东风波、飑线、低空气流台风、热带云团以及东风波等。这些天气系统对暴雨的形成有重要作用，主要将输送来的暖湿空气相对集中起来，同时也有利于大气不稳定能量的形成和集结。另外，这些系统还可以产生大范围的上升运动，有利于一些中小尺度天气系统的产生，从而促使不稳定能量释放，产生暴雨。

**（三）中小尺度天气系统**

雷暴、龙卷、中尺度低压、中尺度切变线等都是中小尺度天气系统。这类天气系统有强烈的上升运动，可促使大气不稳定能量的释放，从而产生暴雨。中小尺度天气系统是暴雨的直接制造者。

另外，需要指出的是，一些持续时间久、能造成大范围洪水灾害的异常降雨现象，往往与大气环流的异常变化密切相关。而大气环流的异常变化又与其他因素有关，例如海－气、地－气之间的相互作用、太阳活动等。例如，据研究，1998年夏季长江流域出现的持续性特大暴雨的主要原因，至少有以下一些因素：1997年5月开始出现了20世纪以来最强的厄尔尼诺现象，直到1998年6月结束，赤道太平洋东部海面温度异常增暖，必然引起强烈的海－气相互作用。这对大气环流变化会起作用，也可能影响我国夏季长江流域等地区的降水。这一年西太平洋副高出现了异常变化，6月初位置正常偏南，使江南北部及华南西部连续降大暴雨；7 月初正常北跳，北方开始雨季；但从 7 月中旬开始，副高又忽然南退，回到长江中下游流域上空，使得这一带又出现大暴雨；而到 8 月副高位置又变成西南 - 东北向倾斜状态，致使长江上游的四川省、重庆市、三峡区间长时间降雨，洪水迭起，出现几次洪峰。另外，1998 年夏季风明显偏弱，热带辐合带不活跃，台风很少，直到 8 月 4 日热带风暴才初次登陆我国，这是历史上未有过的。这种异常变化也致使西太平洋副高长期徘徊在长江流域。而这一年在中高纬地区的阻塞高压偏强，活动频繁，使得冷空气不断南下，与南方暖湿空气交汇，形成连续的降雨。研究还表明，上一年冬季青藏高原上多雨雪，积雪面积增大，对这一年的季风和长江流域降水也有影响。

## 三、影响我国暴雨的气候系统

影响我国暴雨灾害发生的气候系统主要是东亚气候系统，初步归纳有如下几个物理因子：

### （一）ENSO 循环

赤道太平洋海面水温的变化与全球大气环流尤其是热带大气环流紧密相关。其中最直接的联系就是日界线以西的西太平洋—印度洋之间海平面气压的反相关关系，及南方涛动现象(SO)。在拉尼娜期间，东南太平洋气压明显升高，印度尼西亚和澳大利亚的气压减弱。厄尔尼诺期间的情况正好相反。鉴于厄尔尼诺与南方涛动之间的密切关系，气象学上把两者合称为“ENSO”。这种全球尺度的气候震荡被称为“ENSO 循环”。

当 ENSO 事件处于发展阶段，即当赤道东太平洋海温处于上升阶段时，该年夏季我国江淮流域降水将会偏多，可能发生暴雨，引起洪涝灾害。而黄河流域、华北地区的降水往往偏少，易发生干旱；我国东北往往产生低温天气。相反，在 ENSO 事件处于衰减阶段或 La 事件的发展阶段时，也就是赤道中、东太平洋海温处于下降阶段时，我国淮河流域的降水往往偏少，并可能发生干旱，而黄河流域、华北地区及长江流域南部、华南地区的降水则可能偏多，我国长江流域的严重洪涝均发生在此阶段。此外，在 ENSO 事件成熟期，我国北方往往发生暖冬。20 世纪长江流域 3 次特大洪涝均发生在赤道太平洋 ENSO 事件的衰减期或 La 事件的发展期。

### （二）西太平洋暖池海水热力异常

当西太平洋暖池的海温高时，从菲律宾周围经南海到中印半岛的对流活动强，长江中下游地区和淮河流域的降水往往偏少；相反，当西太平洋暖池的海温偏低时，菲律宾周围的对流活动较弱，长江中下游地区和淮河流域的降水往往偏多。1998 年夏季整个热带西太平洋暖池海域的次表层海温处于偏低状态，故菲律宾周围的对流活动很弱，西太平洋副热带高压偏南，从而造成雨带稳定在长江流域，使得长江流域连降暴雨，发生特大洪涝。

### （三）青藏高原上空的热源异常

青藏高原冬、春雪盖面积与我国长江流域南部的汛期降水有明显的正相关，即青藏高原冬、春雪盖面积大，夏季洞庭湖、鄱阳湖和江南地区的梅雨强。1997 年冬和 1998 年春青藏高原降了历史上罕见的大雪，这促进了夏季洞庭湖和鄱阳湖降水增加，进而发生洪涝。

### （四）亚洲季风环流异常

由于东亚气候受到东亚季风很大影响，因此，东亚气候的年际变化是很大的，从而造成东亚旱涝等气候灾害发生频率高，尤其在我国东部、韩国和日本。许多研究表明，东亚夏季风降水有明显的准两年周期振荡，特别在江淮流域、黄河流域和华北地区。在亚洲季风偏弱时，长江流域的降水偏多，易发暴雨、连阴雨，容易引起洪涝灾害，而华北地区则易发生干旱。1998 年东亚夏季风偏弱使得长江流域多雨，发生严重洪涝。

**（五）西太平洋副热带高压异常**

东亚雨带的北移与西太平洋副热带高压的北跳有关。研究表明，我国夏季在夏季风环流背景下，在青藏高原的影响下，在副热带高压的西侧与北侧，季风暴雨具有突发性与多发性，从而引起洪涝。由于东亚夏季风与西太平洋副热带高压密切相关，西太平洋副热带高压偏南时，我国长江流域梅雨强。1998 年春到夏，菲律宾周围对流活动弱，使得西太平洋副热带高压位置偏南，引起了从孟加拉湾和热带西太平洋水汽输送到长江流域偏强，从而造成此地区降水过多，引发严重洪涝。

## 第三节　我国暴雨灾害总体特点

我国地处中、低纬度，东邻太平洋，南靠南海，西南隔中南半岛与孟加拉湾相望，水汽来源充沛，加上地形复杂，是一个多暴雨的国家。受太阳直接辐射的影响，在我国，暴雨存在明显的季节变化，冬季极少有暴雨出现，夏季则是暴雨的多发季节，而且夏季暴雨有范围广、强度大、持续时间长等特点。我国把 5 ~ 10 月这段多降雨和暴雨的时段称为汛期。入汛后，暴雨带先有规律地北上，盛夏过后又有规律地南撤。受水汽条件的影响，我国暴雨呈现沿海多、内陆少的地理分布特点，而且从东南地区到西北地区暴雨的出现几率呈明显递减趋势。在华南和东南沿海，1 年出现几次甚至十几次暴雨司空见惯，大暴雨也屡见不鲜；但在西北地区，暴雨出现的机会就很少了；戈壁沙漠地带根本就没有暴雨的记载。

我国暴雨主要表现出以下几个特点：

### 一、暴雨的空间分布沿海和内陆差异明显

从我国降水量及暴雨地理分布特征看，基本上是东南沿海多，西北内陆少。如位于东南沿海的台湾省、海南省及广东省、福建省、浙江省南部等地平均年降水量一般在 2 000 毫米左右；黄河下游、陕甘南部、华北平原为 600 毫米；西北内陆则在 200 毫米以下；青藏高原西北地区不足 50 毫米；南疆沙漠地区仅 10 毫米左右。如果从最大雨量来反映降水的强度，则大于 50 毫米的暴雨主要出现在我国东部及东南部，而在西北部则很少出现很强的降水。在华南地区、长江全流域及淮河流域、华北地区的东部、东北地区南部都能产生大于 200 毫米的日最大降水量。以上是指多年平均状况。由于每年季风活动有差异，在不同的年度暴雨出现的地区也会不同，甚至出现异常。例如，由于 7503 号台风侵入河南省，出现了历史上罕见的河南省“75 · 8”特大暴雨。

我国地域辽阔，南方和北方的暴雨特点各不相同。北方的暴雨特点是：（1）暴雨频数少。北方暴雨出现的次数比南方要少得多，除山东省沿海、辽东半岛及若干迎风坡的气象站平均每年暴雨日数达 2 ~ 4 天外，其余大部地区只有 1 ~ 2 个暴雨日，甚至更少，比江南少 1/3。据统计，24 小时降水量大于 200 毫米的站数仅占全国的 26.4%。（2）暴雨强度大。北方暴雨次数虽少，但因大部分处在中纬度，夏季冷空气活动频繁，而暖湿空气又达到强盛阶

段，冷暖空气激烈交锋，造成很强的暴雨。中国历时5分钟～7天的最大降水量，均出现在北方地区，其中大多数是由台风登陆引起的。北方1～12小时的降水量最大值都接近世界记录。(3) 暴雨时间集中。华北及东北等地的暴雨有80%集中出现在7～8月，尤以7月下半月～8月上半月最多。从降水量来说，7～8月的雨量，一般占全年总降水量的70%左右。所以北方严重的洪涝灾害多出现在7月下旬～8月上旬。(4) 年际变化大。一般北方最大日降水量可占该地多年平均值的40%。京、津、冀地区可占到40%以上，有的可达数倍。如新疆维吾尔自治区若羌1981年7月5日10小时降了73.5毫米的大暴雨，相当于该地多年平均雨量的4倍多。因此北方大部分地区年降水量变化比南方大。(5) 历时短，范围小。北方除华北和东北平原外，其他地区属于干旱或半干旱气候区，常常在2～6小时内即可出现200～600毫米的降水，且局地性强。

## 二、暴雨的出现有明显的季节性

我国雨季主要在夏季风活跃期，即主要在下半年，所以，我国暴雨也主要出现在下半年的雨季中，我国东部雨季的出现还常表现为大雨带的出现和移动。这主要与西太平洋副热带高压从春到夏自南向北推进有密切关系。当西太平洋副热带高压进入我国沿海时，其西北侧往往将海洋上的暖湿空气送到我国大陆上，此时又与北方冷空气相遇，在副热带高压北侧形成雨带。

如果西太平洋副热带高压有异常变化，则往往使我国出现异常的旱涝现象。例如1954年、1980年、1991年、1998年西太平洋副热带高压脊线较长时间徘徊在北纬20～50度，造成这几年长江流域的洪涝。而1978年、1994年因西太平洋副热带高压脊线很快北移，没有在北纬20～50度停留，形成“空梅”，造成江淮流域的干旱。因此，我国雨季与暴雨的出现有明显的季节性，但每年出现的时间、地区会有差异。

## 三、暴雨的形成受多种天气系统影响

我国地跨高、中、低纬地区，暴雨特别是连续性暴雨和特大暴雨，往往是中、高纬度天气系统和低纬度天气系统相互作用的结果。例如，对我国夏季降水有重要作用的大尺度环流系统有中、高纬度的阻塞高压及低纬地区的西太平洋副热带高压，以及移入我国的西风带槽、南支槽等，天气尺度的系统则有温带气旋、锋面（冷锋、暖锋、准静止锋）、切变线、低涡以及热带风暴等。

一次暴雨过程的出现往往是大尺度环流背景下，多种天气尺度天气系统共同作用的结果。例如，低槽或切变线与低涡结合、温带气旋与准静止锋共同作用等。

# 第三十章

# 暴雨灾害的基本统计分析

## 第一节　数据来源及说明

### 一、数据的来源

暴雨灾害分析数据来源如表 30－1 所示。

**表 30－1　　暴雨灾因分析的数据来源**

| 变量名称 | | 文　献 |
|---|---|---|
| 暴雨基本信息 | 发生年度 | 《中国减灾》（1990～2010 年），因 2008 年数据缺失，采用《中国水利年鉴》 |
| | 起始日期 | 《中国减灾》（1990～2010 年），因 2008 年数据缺失，采用《中国水利年鉴》 |
| | 时间长度 | 《中国减灾》（1990～2010 年），因 2008 年数据缺失，采用《中国水利年鉴》 |
| | 受灾省（区、市） | 《中国减灾》（1990～2010 年），因 2008 年数据缺失，采用《中国水利年鉴》 |
| 暴雨灾害信息 | 受灾人口 | 《中国减灾》（1990～2010 年），因 2008 年数据缺失，采用《中国水利年鉴》 |
| | 农作物受灾面积 | 《中国减灾》（1990～2010 年），因 2008 年数据缺失，采用《中国水利年鉴》 |
| | 房屋倒塌数量 | 《中国减灾》（1990～2010 年），因 2008 年数据缺失，采用《中国水利年鉴》 |
| | 伤亡人口 | 《中国减灾》（1990～2010 年），因 2008 年数据缺失，采用《中国水利年鉴》 |
| | 经济损失 | 《中国减灾》（1990～2010 年），因 2008 年数据缺失，采用《中国水利年鉴》 |

### 二、数据的说明

**（一）数据的来源**

数据分析来源于 1990～2010 年《中国减灾》上有记录的暴雨数据①，其中 2008 年暴雨数据采用《中国水利年鉴 2009》。

**（二）暴雨灾害相关数据的处理方法**

收集《中国减灾》中暴雨与并发灾害（风、雹等）、继发灾害（洪涝、滑坡、泥石流等）的灾害记录（许多损失是由暴雨及并发灾害、继发灾害共同造成的），对灾害发生原因进行分析，得到暴雨灾害的数据。具体方法如下：

① 网上可搜到 1987～1989 年的灾害数据，但考虑到与《中国减灾》的统计口径不一致，未采用。

1. 资料中只要明确指出发生暴雨（暴风雨）灾害的，频数及损失数据保留。

2. 资料中指出发生强降雨/水引起较严重损失，但由于降水量数据不完整不确定是否达到暴雨等级的，但因为同样频数及损失数据保留。

3. 对于因台风引起的暴雨，根据近因原则，频数及损失数据删去。

4. 数据按次统计，统计的指标包括年度、起止日、降雨量、受灾人口数量、倒塌房屋数量、农作物受灾面积、死亡及失踪人口数量、直接经济损失，以及暴雨的并发灾害和继发灾害等。

## 第二节　暴雨灾害的基本统计分析

### 一、我国暴雨的季节分布特征

我国暴雨主要出现在夏季，其次是春秋季节，冬季出现暴雨的机会很少，大部分地区没有出现过暴雨。暴雨主要集中发生在6月、7月的夏季，根据1990~2009年的暴雨数据，6月、7月暴雨频数的比重占所有月份发生暴雨频数的55%左右（见图30-1）。

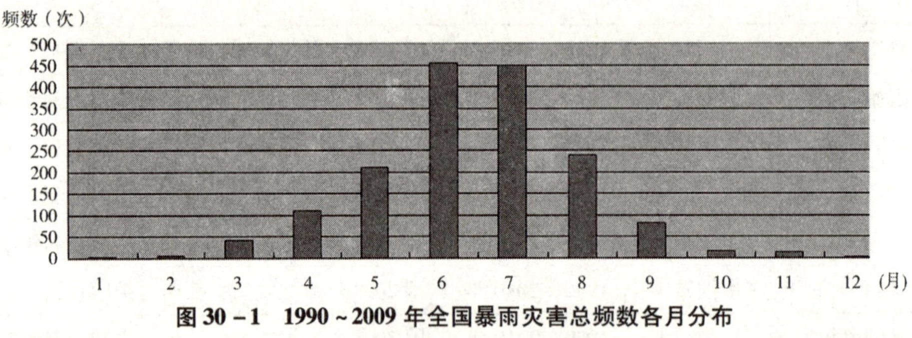


**图30-1　1990~2009年全国暴雨灾害总频数各月分布**

我国东部和西部地区为季风区，每年季风进退同主要雨带的季节性位移有密切关系。夏季风起始于5月，由南向北推进，在北进过程中有3个相对稳定的阶段和2个跃进阶段，相应有3个雨季，即华南雨季、江淮梅雨季和东北、华北雨季。表30-2列出了我国暴雨的主要季节分布特征。

**表30-2　　我国暴雨的季节分布特征**

| 雨季月份 | 名称 | 地区 | 24小时平均雨量（毫米） | 天气因素 |
|---|---|---|---|---|
| 4~6月 | 华南前汛期暴雨 | 桂北、粤北、赣东、闽 | 200~400 | 锋面、涡切变、中低空南支槽 |
| 6月中旬~7月中旬 | 江淮梅雨期暴雨 | 长江中下游 | 400~500 | 切变、低涡、静止风 |
| 7月中下旬~8月 | 华北、东北盛夏暴雨 | 华北、东北 | 300~400 | 切变、台风、低涡、西风槽 |

#### （一）华南前汛期暴雨

从4月开始，北方南下冷空气进入华南上空并趋于静止状态，我国南方各地区进入雨季，暴雨频繁发生。4~6月，除沿海地区外，暴雨发生的次数占全年的50%以上，南岭附近及其以北地区一般占70%左右，其中桂北、粤北、赣东等地甚至占80%。前汛期暴雨天气系统主要有锋面、切变线、涡切变、低涡和热低压。据桂、粤、闽地区159次暴雨天气系统统计，锋面占多数，为54%；其次为涡切变，占15%。此外，中低空南支槽也是华南前汛期暴雨主要天气系统，如1982年5月12日北江特大暴雨，清远最大24小时雨量646.7毫米，即是由南支槽引发的。前汛期暴雨的特点是：暴雨历时短的不足1天，长的可达5~7天，暴雨强度大，24小时雨量200~400毫米比较常见，特大暴雨达到800毫米以上。从统计资料来看，长历时特大暴雨几乎都出现在前汛期，如1977年5月27日~31日，广东省陆丰县白石门水库5天总降雨量达1 461毫米；1973年5月24日~30日，广东省台山县果子园总雨量达1 268毫米；1964年6月13日~15日，福建省连城县罗胜3天总雨量达1 104.2毫米。

**（二）江淮梅雨期暴雨**

一般年度，从6月中旬到7月中旬，在长江中下游维持一条稳定持久的雨带，这段时期称为梅雨期。梅雨期间，江、淮流域上空维持一条东西向地面准静止锋，在其上空大多有切变线对应。当高空槽沿切变线东移时，常诱生低涡及地面气旋并向东移动，暴雨就发生在大范围梅雨锋内。由于高空环流形势稳定，这种短期降水过程可以重复多次出现，造成多个暴雨中心。据213次暴雨统计，江淮地区天气系统主要为切变、低涡和静止锋，分别占28%、27%和23%。

梅雨锋暴雨是在大尺度环流系统和多种天气尺度系统相互作用下形成的。大气环流的变化，导致各年梅雨期的开始有早有迟，梅雨持续时间有长有短。据资料分析，多年平均入梅期为6月15日，出梅期为7月9日，典型梅雨期平均为24天。梅雨期的暴雨特点是雨区范围广，持续时间长，暴雨强度相对较小，最大24小时点暴雨量一般为400~500毫米，可以出现连续多次暴雨。梅雨期的早晚、长短和降雨量的大小，对长江中下游和淮河流域水旱灾害有很大影响。1931年和1954年江淮特大洪水就是以梅雨为主形成的。

**（三）华北、东北盛夏暴雨**

7月中下旬华北雨季开始。7月和8月华北为暴雨多发期。据北京、天津、石家庄等站资料统计，7月和8月暴雨发生次数占全年的80%~90%，其中又以7月中下旬至8月上中旬最为集中。西风带系统、热带低压系统均可产生强烈暴雨。如1975年8月河南省特大暴雨与台风有关；1963年8月河北省大暴雨与西南涡流有关。

## 二、我国暴雨的强度特征

我国大部分地区受季风气候控制，夏季雨量集中，暴雨强度大，从各地出现的暴雨来看，强度之大是很惊人的。如1971年7月1日山西省太原梅洞沟，5分钟雨量达53.1毫米；1976年6月19日青海省大通县小叶坝，0.5小时雨量达240毫米（调查）；1985年8月12日甘肃省武山县天局村，70分钟雨量达436毫米（调查）；1975年8月7日河南省林庄，6小时雨量达830.1毫米，24小时雨量达1 060.3毫米。

暴雨强度还与流域有关，不同流域的暴雨强度有着较大差别。一般来说，内陆河流域的降雨量最小，黄河、松辽、海河和淮河流域的降雨量居中，而长江、西南诸河、珠江和东南沿海诸河流域的降雨量比较大。同一流域中不同河流的降雨量变化也很大。内陆河流域西北部的伊犁、额敏河和额尔齐斯河降雨量比较大。黄河上中下游的降雨量依次增大，上中游的降雨量比较小，而下游降雨量比较大。松花江、辽河和海河的降雨量比较接近。松花江和辽河同属松辽流域，但松花江的降雨量比辽河略大。淮河与长江上游的降雨量较为接近。长江流域中游的降雨量比上下游都大，这也导致长江中游的湖南省、湖北省、江西省的洪涝灾害发生次数和年损失率比上下游严重。西南沿海诸河包括雅鲁藏布江、澜沧江等河流，这个流域的降雨量与长江下游的降雨量比较接近。珠江和东南沿海诸河的降雨量远远超过了其他流域。由于这两大流域的水系发达，实际发生的洪涝灾害损失小于长江中游。

## 三、我国暴雨的地区分布特征

天气条件和下垫面因素对暴雨时空分布影响显著，可以从以下三个方面说明我国暴雨地区分布的基本特征。

### （一）我国年最大24小时点雨量多年平均值分布

图30－2为我国年最大24小时点雨量均值廓图。图中有3条等雨量线，反映了我国暴雨特征在地域上的差异。

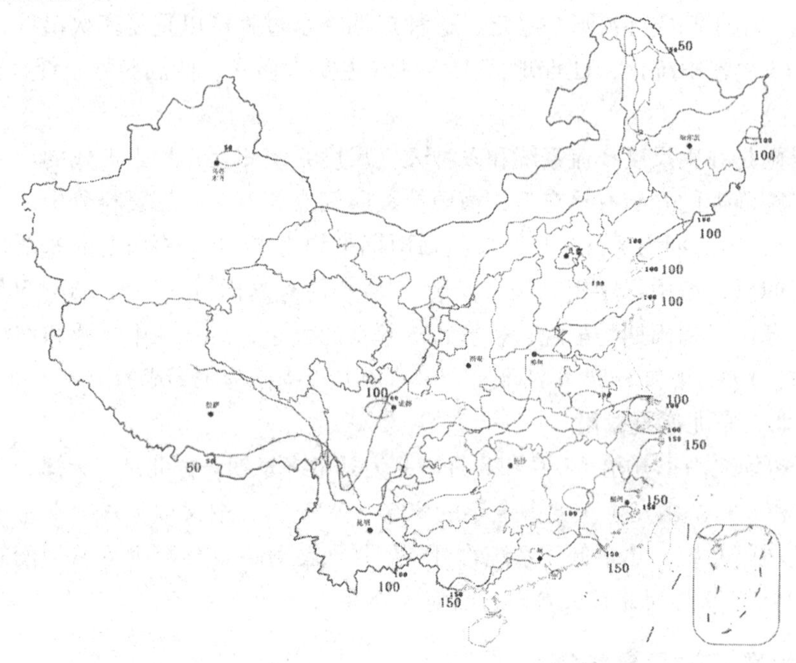


图30－2　我国年最大24小时点雨量均值廓图

1. 50毫米等雨量线：从云南省腾冲往北至黑龙江省呼玛，这条西南—东北向的斜线，将我国大陆面积分成大致相等的东西半部。西半部气候干燥，暴雨机会少，除天山南北、祁连山麓和内蒙古自治区草原地区偶有暴雨出现外，大部分地区属高寒山地和戈壁沙漠，不会发生暴雨；东半部多年平均年暴雨日数一般在1天以上，最高地区多达16天，雨季集中，暴雨强度大，是我国主要的暴雨洪水区。

2. 100毫米等雨量线：从辽东半岛往西沿燕山、太行山、伏牛山、巫山东南山麓至云贵高原南缘，是我国大面积暴雨与局地暴雨的地理分界线。在100毫米等雨量线以西与50毫米等雨量线之间的内蒙古自治区高原、山陕高原、云贵高原，地势在海拔1 500米以上，暴雨特点是以短历时局地性暴雨为主，其中除四川省盆地、东北长白山区出现较长历时的大面积暴雨外，其他地区很少出现。100毫米等雨量线以东的平原丘陵区，受天气系统和地形影响，是我国大面积暴雨集中分布地区。

3. 150毫米等雨量线：从浙江省舟山往南至广西北部湾沿滨海迎风山坡分布。此线在东滨海地区和岛屿，大暴雨主要由台风造成，是我国暴雨最频繁、强度最大的地带。

**（二）我国暴雨的极值分布**

暴雨极值是暴雨特征的一个重要方面。从我国各地大暴雨情况看，最大24小时雨量包括一次大暴雨雨量的全部或其主要部分。因此暴雨极值可以用24小时雨量来代表。我国最大24小时点雨量均值地域分布见图30－2，有3个暴雨高值带。

1. 从辽东半岛往南至十万大山南侧沿海地带，包括台湾省和海南岛，受台风和热带云团影响，经常出现强烈大暴雨。24小时600毫米以上大暴雨比较常见，粤东沿海曾多次出现800毫米以上的特大暴雨；1 000毫米以上的大暴雨仅止于台湾省。

2. 太行山、伏牛山东侧以及长江中下游幕阜山、大别山、黄山山区，暴雨强度也很大，最大24小时点雨量一般可达600～800毫米，最大可达1 000毫米以上。

3. 长江上游四川省盆地周边山区也是暴雨比较大的地区，最大24小时点雨量一般可达400～600毫米。

东北地区（辽东半岛渤海湾两岸除外）、关中地区、云贵高原，是暴雨极值比较低的地区，最大24小时点雨量一般在200～400毫米。此外在南岭和武夷山的背风区，即赣江、湘江上游，暴雨极值比周围都低，在200～400毫米之间。

**（三）大面积暴雨特征**

按照暴雨时空尺度特征，我国大强度暴雨可以分为局地性暴雨和大面积暴雨两种类型。大江大河的洪水都是由大面积暴雨产生的。

暴雨历时、笼罩面积、降水总量是大面积暴雨的3个基本特征要素，三者之间存在一定的制约关系。从统计结果可以看出我国大面积暴雨有以下一些特点：

1. 次暴雨过程历时一般1～7天，梅雨锋暴雨历时最长可达9天，暴雨笼罩面积一般为3万～13万平方公里，最大可以达到22万平方公里，相应面积总降水量为100亿～700亿立方米。从降水量最大的5次暴雨来看（见表30－3），降水总量为500亿～700亿立方米，变化较稳定。

**表30－3　　5次大暴雨时、面、量特征**

| 名称 | 历时（天） | 笼罩面积（万平方公里） | 降水总量（亿立方米） | 中心点雨量（毫米） |
|---|---|---|---|---|
| 1935年7月长江中游暴雨 | 5 | 11.9 | 593 | 1 282 |
| 1955年6月浙赣暴雨 | 7 | 15.0 | 530 | 681 |
| 1963年8月海河南系暴雨 | 7 | 10.3 | 545 | 2 050 |
| 1969年7月长江中下游暴雨 | 7 | 21.9 | 722 | 1 206 |
| 1982年6月浙、赣、湘暴雨 | 9 | 18.2 | 628 | 718 |

2. 大面积暴雨时、面、量特征的地区变化有一定规律。东北地区大暴雨的暴雨时、面、量特征比较稳定，次暴雨过程历时一般2~3天，暴雨笼罩面积为5万~10万平方公里，相应降水总量为100亿~250亿立方米；海滦河流域大暴雨，历时比东北地区长，一般为3~7天，笼罩面积为7万~10万平方公里，最大可达到20万平方公里以上，降水总量最大可超过500亿立方米；淮河流域气候处于南北过渡带，受梅雨锋影响，次暴雨历时3~7天，笼罩面积一般在4万~10万平方公里，降水总量一般在100亿~300亿立方米，著名的“75·8”大暴雨，笼罩面积仅4.38万平方公里，降水总量为201亿立方米，不及海河“63·8”大暴雨的一半，但是中心强度大；长江中下游大面积暴雨主要由梅雨锋形成，次暴雨历时比上述地区都长，一般可达5~9天，笼罩面积10万~20万平方公里，相应降水总量为300亿~700亿立方米。

3. 东南沿海地区，受低纬度热带天气系统影响，台风暴雨频繁。台风暴雨水汽充沛，强度很大，一次强台风登陆，两三天内暴雨中心雨量就可达800毫米。台风暴雨的特点是：停滞时间短，暴雨范围比较小。

4. 大面积暴雨地区分布，受地形和天气系统的影响明显。在我国大地形的第二阶梯与第三阶梯接壤的丘陵地带，是大面积暴雨集中出现的地区。如1930年8月辽西大暴雨、1963年6月海河南系大暴雨等都发生在这个地带。

当地势登上海拔1 500米以上的第二阶梯，内蒙古自治区高原、山陕高原、云贵高原距海较远，一般不容易形成大面积暴雨。只有四川盆地和周边山地以及关中地区可出现大暴雨，但暴雨笼罩面积、降水总量都不及东部地区。

天气系统对大暴雨的分布影响也很明显。梅雨锋是形成我国大面积暴雨的重要天气系统，长江中下游大面积暴雨主要是由梅雨锋形成的。梅雨锋暴雨的分布受地形影响小，降雨强度较均匀，雨带呈纬向分布。它的特点是历时长、范围广、降水总量大。如1982年6月闽、赣、湘地区暴雨，历时9天，相应总降水量为628亿立方米。

台风暴雨携带丰沛水汽，降雨强度大。直接由台风形成的暴雨，主要分布在我国广东省、广西壮族自治区、福建省、浙江省、江苏省、辽宁省沿海地区和台湾省、海南省等地。但是当台风在东南沿海登陆后并不消失，一般在北纬30°~35°附近转向北上，风速减缓形成低压。这时若与北方冷空气结合，就可能形成大范围降水过程。这类受台风影响的大暴雨，在北方地区大面积暴雨中占很大比重。

## 四、我国暴雨的并发灾害及继发灾害

暴雨发生时往往伴随着一些并发灾害和继发灾害。暴雨并发灾害是风灾和冰雹等，继发灾害是洪涝、山体滑坡、泥石流等。

暴雨伴随风灾和雹灾会损坏农作物、毁坏建筑物、扩散污染，间接威胁人的生命安全。

暴雨是引致洪涝灾害的直接因素。在全球范围内，每年都有不同程度的暴雨洪水发生，亚洲是每年全球洪水发生最多的地区。我国每年都有不同程度的暴雨洪涝灾害发生。

山体滑坡是暴雨或连绵不断的降雨使山体不堪重负，山体由薄弱地带断开，整体下滑。山体滑坡会掩埋周围的房屋、人和动物，对人的生命财产安全造成严重危害。

泥石流是含有大量泥沙、石块的特殊洪流，其特征是往往突然暴发。它的祸首之一就是暴雨。强降水在地表形成径流，将地表松散的泥沙、石块冲刷而下，在很短时间内将大量泥沙、石块冲出沟外，在宽阔的堆积区横冲直撞、漫流堆积，常常给人类生命财产造成重大危害。近几十年来，随着煤矿、铜矿等地下矿产不断被开采致使地面下沉，地质松散，当出现持续降雨及强大的暴雨时，坡度较大、土质松散的地区受直接冲击，必然暴发泥石流、滑坡等地质灾害。

根据1990～2009年的暴雨数据可以得出图30－3，即单纯的暴雨灾害及其并发、继发灾害的频数。

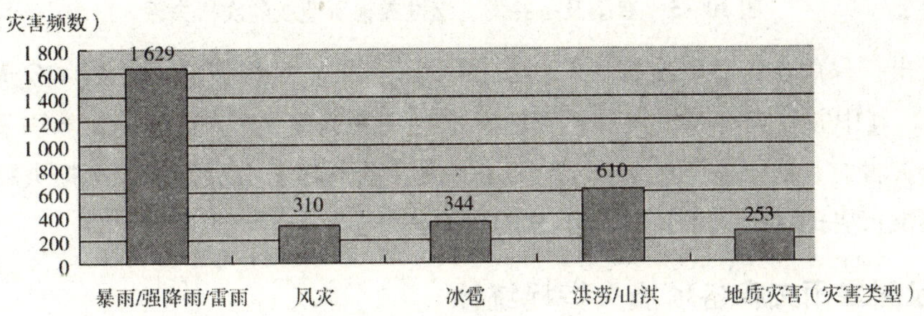


**图30－3　暴雨灾害及其并发、继发灾害的频数**

经收集整理，1990～2009年有记录的暴雨频数为1 653次。由图30－3可以看出，单纯暴雨、强降雨的频数为1 629次，伴随着大风、龙卷风的暴雨灾害为310次，伴随着冰雹的暴雨灾害次数为344次，有610次暴雨引发了洪涝灾害，253次暴雨灾害引发了滑坡、泥石流类地质灾害[①]。

经收集整理，1990～2009年有记录的暴雨造成的总损失约为8 828.41亿元，图30－4为20年来暴雨及各并发、继发灾害造成的损失图。

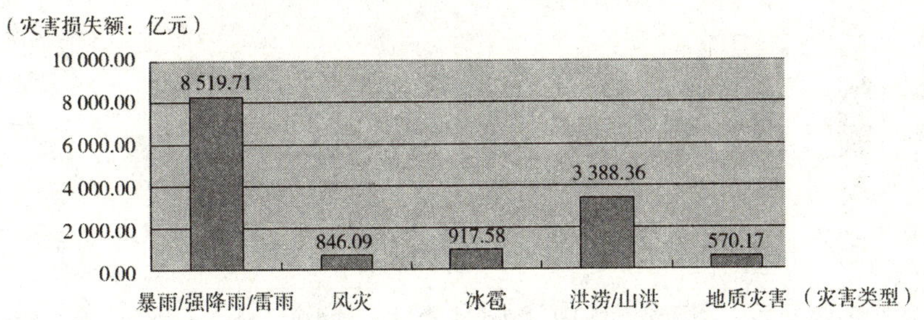


**图30－4　暴雨灾害及其并发、继发灾害造成的损失额**

通过对20年来每次暴雨及其并发、继发灾害造成的次损失额与总体次损失额对比，得到图30－5。次损失额的计算方法为图30－4中的各项损失额与图30－3中各项频数额相除。需要说明的是，有部分灾害没有经济损失的记录，在计算损失时，当次灾害频数仍然保留，即当次损失记为0。

① 暴雨的并发灾害及继发灾害之间并非互斥，例如伴随强降雨的暴雨可能同时伴随大风。

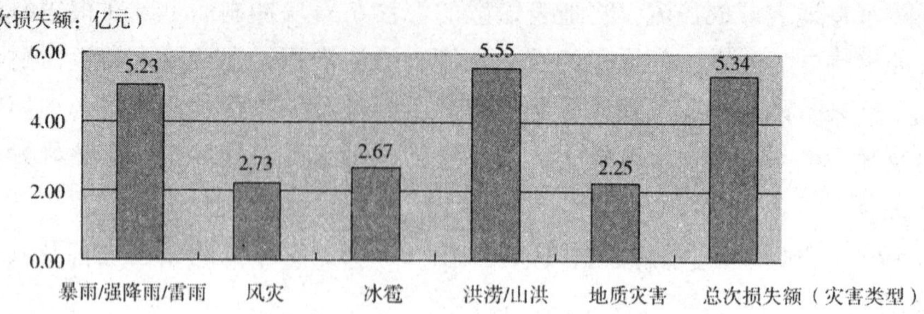


**图 30－5 暴雨及各并发、继发灾害所造成的次损失额**

可以看出，暴雨灾害总的次损失额为5.34亿元，即总的损失额8 828.41亿元除以总的频数1 653次。其中并发灾害为风灾、雹灾时，次损失额为2亿~3亿元间，当引发山体滑坡和泥石流地质灾害时，次损失额约为2.25亿元，而一旦引起了洪涝灾害，次损失将大大超过其他并发、继发灾害的次损失额，并高于总的次损失额。

## 五、我国暴雨灾害各项损失指标统计

直观上对暴雨灾害的各项指标进行排序，分别得到我们考察的这20年中，受灾人口数量、农作物受灾面积、倒塌房屋数量、直接经济损失排名在前10位的单次暴雨灾害，以及综合考虑20年暴雨灾害导致各省（区、市）的平均受灾人口数量、平均农作物受灾面积、平均倒塌房屋数量以及平均直接经济损失排名在前10位的省（区、市）。各均值的计算方法为各省（区、市）20年的总损失值除以总灾害频数。

### （一）单次暴雨所致各项损失指标统计

1. 导致受灾人口数量前10位的单次暴雨灾害（见图30－6）。

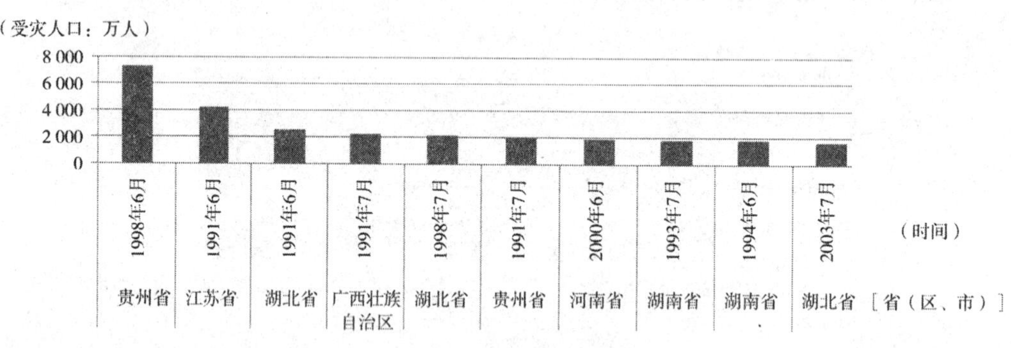


**图 30－6 单次暴雨灾害受灾人口数量前10位**

从图30－6可以看出，1998年6月发生在贵州省的暴雨灾害导致了最多的受灾人口，约为7 261万人；其次是1991年6月发生在江苏省的暴雨灾害，导致约4 200万人受灾；再次是1991年6月发生在湖北省的暴雨灾害，导致了约2 600人受灾。从图中可以看出，导致受灾人口众多的暴雨都是发生在6、7月。

2. 导致农作物受灾面积前10位的单次暴雨灾害（见图30－7）。

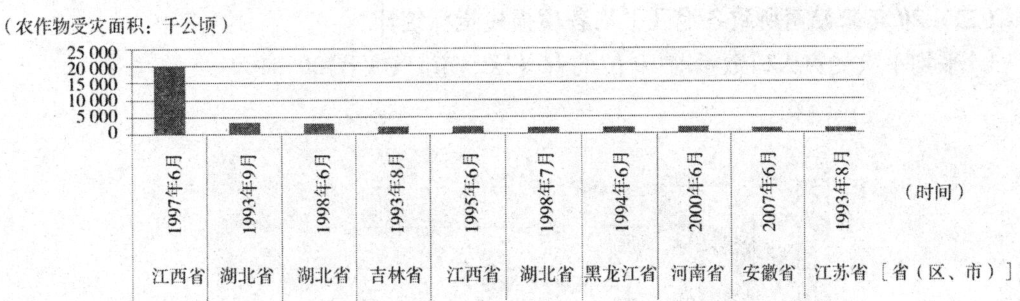


**图 30－7 单次暴雨灾害导致农作物受灾面积前 10 位**

从图 30－7 可以看出，1997 年 6 月发生在江西省的暴雨导致约 19 620 千公顷农作物受灾，远远高于发生在 1993 年 9 月湖北省的暴雨灾害导致的约 3 205 千公顷的农作物受灾面积，也高于发生在 1998 年湖北省的暴雨导致的约 2 860 千公顷的农作物受灾面积。

3. 导致房屋倒塌数量前 10 位的单次暴雨灾害（见图 30－8）。

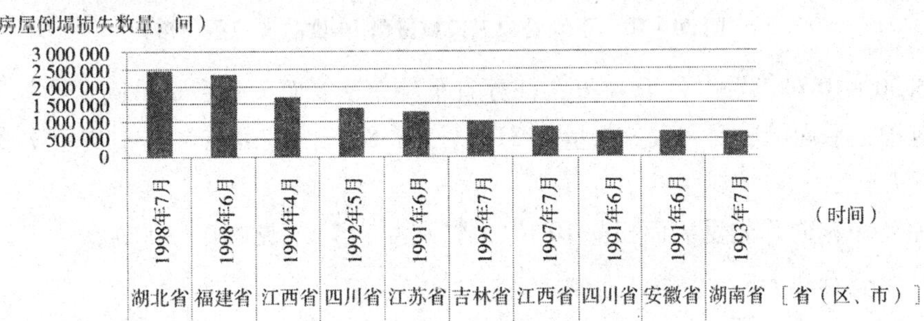


**图 30－8 单次暴雨灾害导致房屋倒塌数量前 10 位**

从图 30－8 可以看出，1998 年 7 月发生在湖北省的暴雨致使 246.4 万间房屋倒塌；是发生在 1998 年 6 月福建省的暴雨导致 234.8 万间房屋倒塌；是发生在 1994 年 4 月江西省的暴雨，导致 171.9 万间房屋倒塌。

4. 导致经济损失前 10 位的单次暴雨灾害（见图 30－9）。

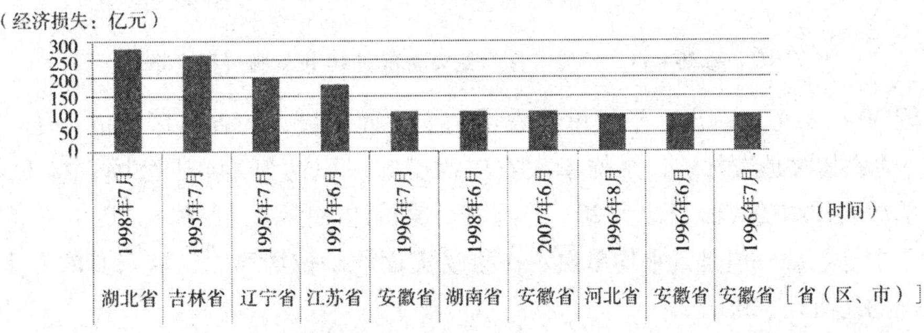


**图 30－9 暴雨灾害导致经济损失前 10 位**

从图 30－9 可以看出，发生在 1998 年 7 月湖北省的暴雨导致了约 280 亿元的经济损失，排 20 年来所有暴雨造成的损失首位；第二是 1995 年 7 月发生在吉林省的暴雨，造成约 262 亿元的经济损失；第三是发生在 1995 年 7 月辽宁省的暴雨。

## （二）20年来暴雨所致各地区平均各项损失指标统计

1. 平均单次受灾人口数量前10位的省（区、市）（见图30－10）。

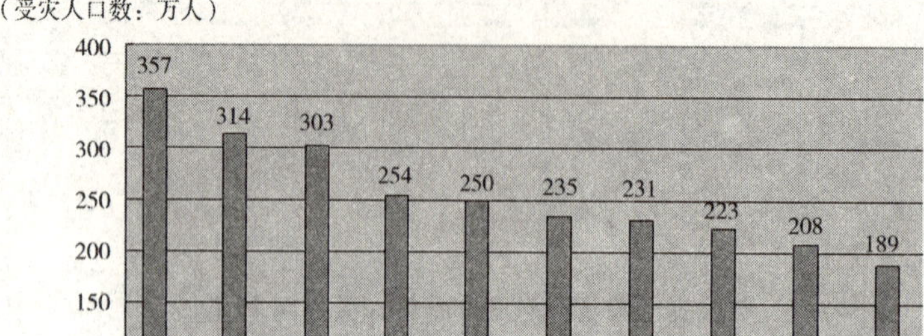


**图30－10　平均受灾人口数量前10位的省（区、市）**

由图30－10可以看出，20年来，江苏省平均单次受灾人口数量最高，约为357万人；第二为湖南省，平均单次受灾人口数量为314万人；第三为湖北省，其平均单次受灾人口数量为303万人。

2. 平均单次农作物受灾面积前10位的省（区、市）（见图30－11）。

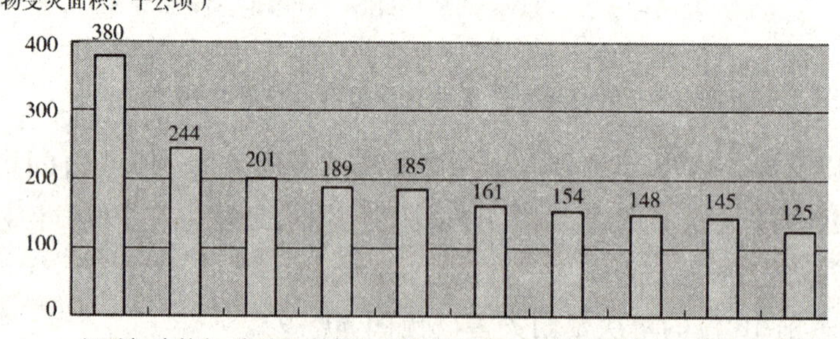


**图30－11　平均农作物受灾面积前10位的省（区、市）**

由图30－11可以看出，平均单次农作物受灾面积最大的省（区、市）是江西省，约为380千公顷；其次是吉林省，平均单次农作物受灾面积约为244千公顷；接下来是湖北省，其平均单次农作物受灾面积约为201千公顷。值得注意的是，吉林省20年来暴雨频数为29次，属于中等数量，但是其平均单次农作物受灾面积却位居第二，这与其农业大省有关。有同样情况的还有辽宁省。

3. 平均单次房屋倒塌数量前10位的省（区、市）（见图30－12）。

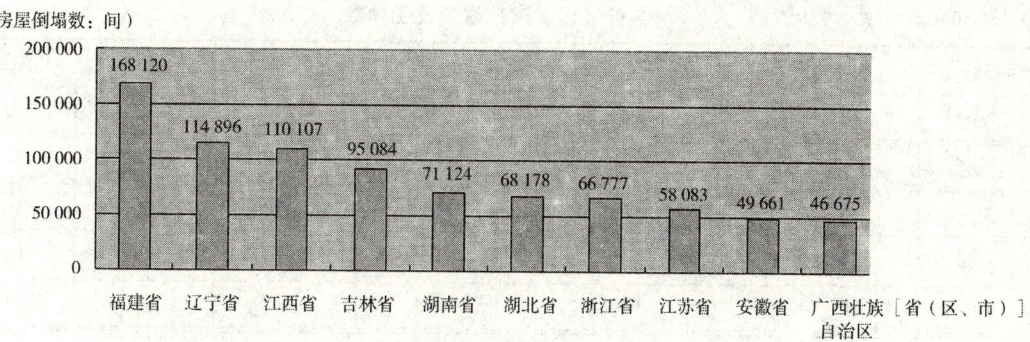


**图 30－12 平均房屋倒塌数量前 10 位的省（区、市）**

图 30－12 表明，福建省在 20 年中，平均单次暴雨导致的房屋倒塌数量最大，约为 168 120间；第二为辽宁省，平均单次房屋倒塌数量约为 114 896 间；第三为江西省，平均单次房屋倒塌数量约为 110 107 间。

4. 平均单次经济损失前 10 位的省（区、市）（见图 30－13）。

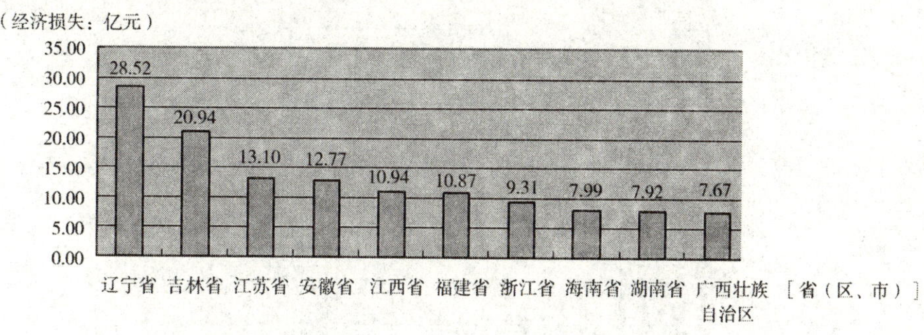


**图 30－13 平均单次经济损失前 10 位的省（区、市）**

由图 30－13 可知，辽宁省的平均单次损失最为严重，约为 28. 52 亿元；第二为是吉林省，约为 20. 94 亿元；第三为江苏省，约为 13. 10 亿元。这个结果需要引起注意。辽宁省 20 年暴雨频数为 13 次，平均每次暴雨的经济损失却位于第一位。有同样情况的还有吉林省。

# 第三节 暴雨灾害的频数分析

## 一、暴雨发生频数在地域上的分布

将各省（区、市）及暴雨影响地区分类汇总之后，对 1990～2009 年存在损失记录的 31 个省（区、市）暴雨影响频数进行了统计（见表 30－4）。31 个省（区、市）包括：安徽、北京、甘肃、广西、贵州、河北、河南、黑龙江、湖北、吉林、辽宁、内蒙古、宁夏、青海、山东、山西、陕西、上海、四川、西藏、新疆、云南、重庆、浙江、广东、福建、海南、湖南、江西、天津和江苏。由于重庆在 1997 年才成为直辖市，1997 年之前的数据无法得到，考虑地域因素，将重庆市和四川省仍然统一为四川省处理。

表 30-4　各省（区、市）暴雨发生频数

| 安徽 | 北京 | 福建 | 甘肃 | 广东 | 广西 | 贵州 | 海南 |
|---|---|---|---|---|---|---|---|
| 80 | 8 | 35 | 67 | 59 | 77 | 89 | 9 |
| 河北 | 河南 | 黑龙江 | 湖北 | 湖南 | 吉林 | 江苏 | 江西 |
| 38 | 60 | 34 | 159 | 135 | 29 | 51 | 92 |
| 辽宁 | 内蒙古 | 宁夏 | 青海 | 山东 | 山西 | 陕西 | 上海 |
| 13 | 40 | 16 | 21 | 64 | 38 | 59 | 3 |
| 四川 | 天津 | 西藏 | 新疆 | 云南 | 浙江 | | |
| 243 | 2 | 4 | 27 | 83 | 48 | | |

将上述频数排序后得到频数依次递减的统计（见图 30-14）。

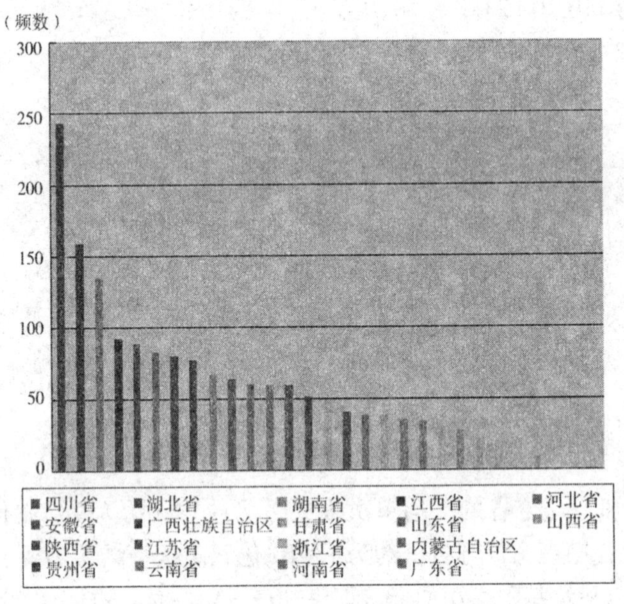


图 30-14　1990～2009 年各省（区、市）频数统计及地图

从图 30-14 可以看出，位列前几位的省（区、市）依次为四川、湖北、湖南、江西、贵州和安徽，均属于长江流域。其中，位列前 3 位的四川、湖北、湖南的登陆频数远高于其他地区，依次为 243 次、159 次和 135 次；之后的江西、贵州、云南、安徽为 92 次、89 次、83 次、80 次；广西为 77 次；甘肃、山东、河南、广东、陕西、江苏都是在 60 次左右；其余各省（区、市）登陆次数均在 50 次及以下。可见长江流域暴雨多发。

我国暴雨灾害的发生主要是由于东亚气候系统的变化，几个物理因子为：ENSO 循环、西太平洋暖池海水热力异常、青藏高原上空的热源异常、亚洲季风环流异常以及西太平洋副热带高压异常。

当 ENSO 事件处于发展阶段，即当赤道东太平洋海温处于上升阶段时，该年夏季我国江淮流域降水将会偏多，可能发生暴雨，引起洪涝灾害。

当西太平洋暖池的海温偏低时，菲律宾周围的对流活动较弱，长江中、下游地区和淮河流域的降水往往偏多。

青藏高原冬、春雪盖面积大，夏季洞庭湖、鄱阳湖和江南地区的梅雨强。

由于东亚气候受到东亚季风很大影响，因此，东亚气候的年际变化是很大的，从而造成东亚旱涝等气候灾害发生频率高，尤其在我国东部。

西太平洋副热带高压偏南时，我国长江流域梅雨强。

由以上几个物理因子的影响结果可知，四川省处于西太平洋副热带高压边缘，并受西南涡天气系统的影响，淮河流域与四川省盆地东北部、南部的雨带相通，而且有青藏高原的热力状况影响，所以暴雨发生十分频繁。湖北省、湖南省受夏季季风的影响以及西太平洋暖池海水热力异常也常发生暴雨。

青海省、宁夏回族自治区、天津市、北京市受副热带高气压带的控制，所以经常干旱少雨。

## 二、暴雨发生频数在时间上的分布

### （一）各年暴雨发生频数统计

1990～2009年全国的暴雨频数统计见图30－15。

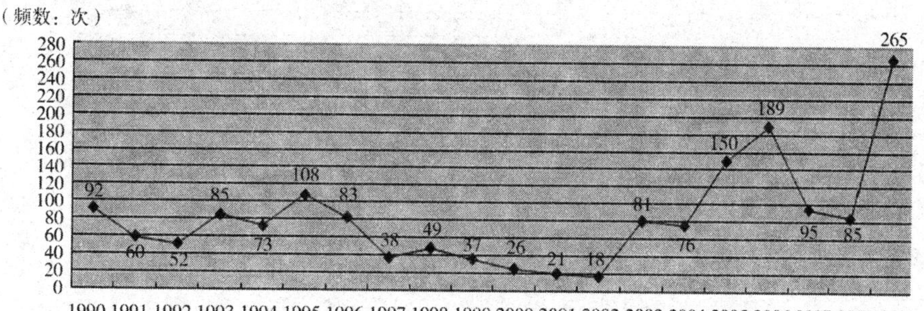


**图30－15 1990～2009年各年全国暴雨总频数统计**

从最近几年全国暴雨总频数来看，主要在50～100次之间，每两年有一定波动，有几次波动范围较大。如在1996～1998年这3年，1996年83次，1997年只有38次，1998年又达到49次。2000～2003年，2000年26次，2001年降到21次，2002年是18次，2003年又增加到81次。根据《中国减灾》的统计，2001年和2002年全国出现了普遍性的干旱天气，所以暴雨次数骤减。而2006年，我国降雨比平时偏多10毫米，南方地区暴雨频繁以及台风的提前登陆使暴雨发生频数突然上升。因此，不能因为头几年的暴雨次数很低，就简单预估当年暴雨频数也会不高，否则会造成对风险的准备不足，从而影响稳定。

### （二）各月暴雨发生频数

1990～2009年各月全国暴雨发生频数统计数据见图30－16。

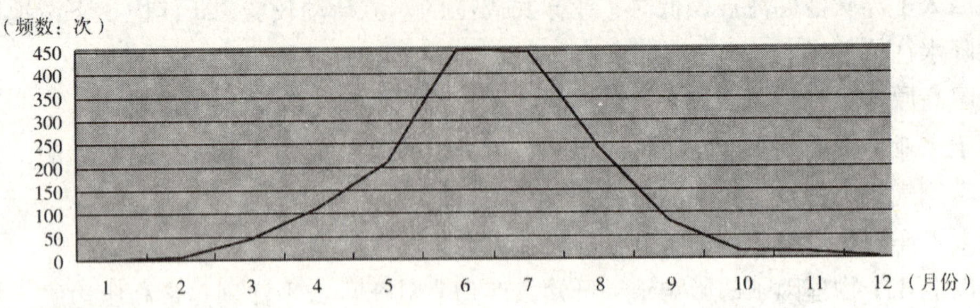


**图 30－16　1990～2009 年各月暴雨发生频数统计**

从统计数据可以看出，5 月、6 月、7 月和 8 月是暴雨频数最高的几个月，1 月在最近 20 年间只发生过 4 次暴雨，12 月在最近 20 年仅发生了 2 次。可见，我国暴雨在时间上有很强的季节性，暴雨主要出现在夏季，其次是春秋季节，冬季出现暴雨的机会最少，大部分地区没有出现过暴雨。

### （三）各季节暴雨发生频数统计

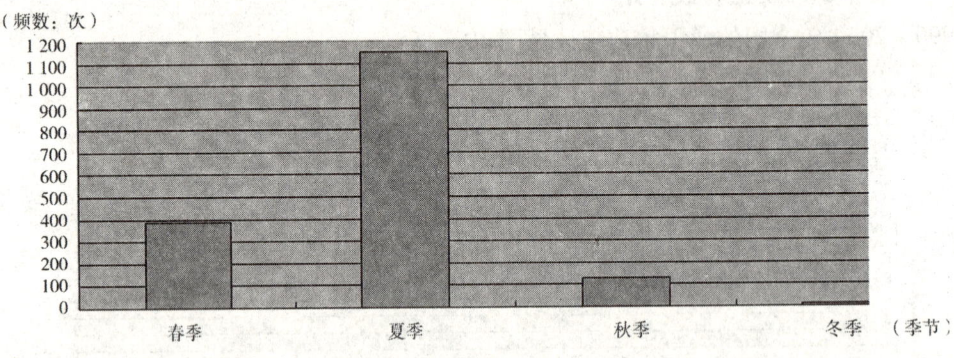


**图 30－17　1990～2009 年各季暴雨发生频数统计**

由图 30－17 可以看出，夏季暴雨发生频数远远多于其他季节，春季次之，也是秋季的 3 倍多，冬季几乎没有暴雨发生。

## 三、暴雨发生频数的拟合分布

### （一）暴雨发生频数的统计量

从 1990～2009 年各年全国暴雨频数表可得到频数直方图（见图 30－18）。由直方图可以直观地看出，20 年来每年全国暴雨发生频数在 80～120 次之间的最多，有 7 年的全国暴雨频数都是在此区间内。其次是在 0～40 次和 40～80 次之间，各有 5 年的全国暴雨频数是在此区间内。最后是在 120～160 次之间、160～200 次之间和 200～280 次之间，各有 1 年的全国暴雨频数是在此区间内。

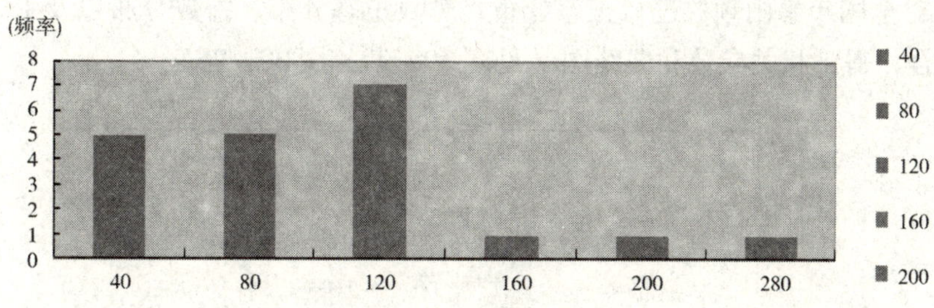


图 30－18　频数直方图

根据图 30－19 可知，1990～2009 年，我国每年平均发生 66.48 次暴雨，大多数年份每年 37～85 次（约 50% 的年份），一年最少发生 4 次，最多 265 次。

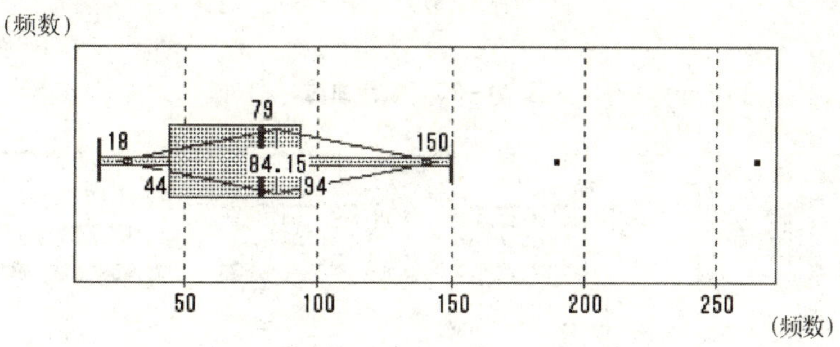


图 30－19　频数统计特征图

**（二）暴雨发生频数的拟合分布**

1. 年度的频数连续拟合。要对频数分布进行估计可以通过估计频数的密度函数进行。

首先，由变量分位数表（见图 30－20）和常用统计量表（见图 30－21）可知暴雨发生频数的一些基本统计量，如均值为 84.15，偏度系数为 1.7326，第 1 四分位数（第 25 百分位数）为 43.5，第 3 四分位数（第 75 百分位数）为 93.5 等。

| 分位数 | | | | |
|---|---|---|---|---|
| 100% | 最大值 | 265.0000 | 99.0% | 265.0000 |
| 75% | Q3 | 93.5000 | 97.5% | 265.0000 |
| 50% | 中位数 | 78.5000 | 95.0% | 227.0000 |
| 25% | Q1 | 43.5000 | 90.0% | 169.5000 |
| 0% | 最小值 | 18.0000 | 10.0% | 23.5000 |
| | 极差 | 247.0000 | 5.0% | 19.5000 |
| | Q3-Q1 | 50.0000 | 2.5% | 18.0000 |
| | 众数 | 85.0000 | 1.0% | 18.0000 |

图 30－20　分位数表

| 矩统计量 | | | |
|---|---|---|---|
| N | 20.0000 | 权重总和 | 20.0000 |
| 均值 | 84.1500 | 总和 | 1683.0000 |
| 标准偏差 | 59.7973 | 方差 | 3575.7132 |
| 偏度 | 1.7326 | 峰度 | 3.6287 |
| 未校平方和 (USS) | 209563.000 | 校正平方和 (CSS) | 67938.5500 |
| 变异系数 | 71.0603 | 标准误差 | 13.3711 |

图 30－21　矩统计量

用 SAS 对全国年暴雨频数进行正态分布、对数正态分布、指数分布以及韦伯分布四个分布函数的拟合，得到相关参数和曲线图（见图 30－22～图 30－26）。

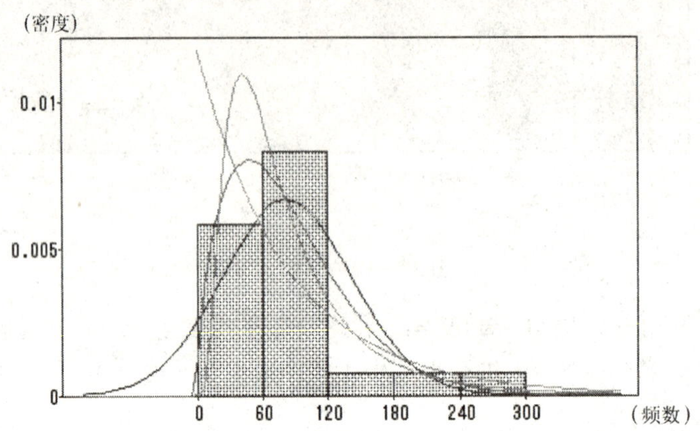


图 30－22　拟合曲线

| 参数密度估计 | | | | | | |
|---|---|---|---|---|---|---|
| 曲线 | 分布 | 方法 | 均值/Theta | Sigma | Zeta/C | 众数 |
| | 正态 | 样本 | 84.1500 | 59.7973 | | 84.1500 |
| | 对数正态 | MLE | 0 | 0.6746 | 4.2144 | 42.9227 |
| | 指数 | MLE | 0 | 84.1500 | | 0 |
| | 韦伯 | MLE | 0 | 94.3500 | 1.5683 | 49.3888 |

图 30－23　拟合分布参数

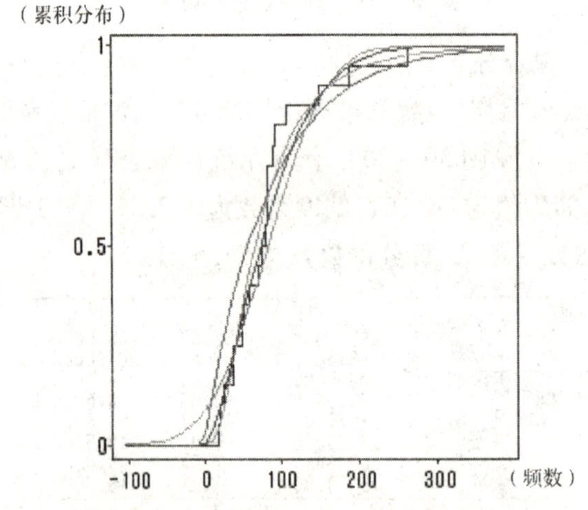


图 30－24　累积分布函数

| 分布检验 | | | | | | |
|---|---|---|---|---|---|---|
| 曲线 | 分布 | 均值/Theta | Sigma | Zeta/C | Kolmogorov D | Pr > D |
| | 正态 | 84.1500 | 59.7973 | . | 0.2280 | <.01 |
| | 对数正态 | 0 | 0.6921 | 4.2144 | 0.1437 | >.15 |
| | 指数 | 0 | 84.1500 | . | 0.2058 | 0.1326 |
| | 韦伯 | 0 | 94.3500 | 1.5683 | 0.1639 | >.10 |

图 30－25　拟合分布检验

| 正态性检验 | | |
|---|---|---|
| 检验统计量 | 值 | P 值 |
| Shapiro-Wilk | 0.914629 | 0.1039 |
| Kolmogorov-Smirnov | 0.151604 | >.1500 |
| Cramer-von Mises | 0.064611 | >.2500 |
| Anderson-Darling | 0.478342 | 0.2153 |

**图 30－26　正态分布的 4 种检验**

从以上检验可以看出，在原假设是服从某个分布的前提下，当显著性水平为 5% 时，按照检验结果的标准，对数正态分布、指数分布和韦伯分布可以通过检验。拟合后的密度函数如下：

对数正态分布函数：

$$f(x)=\frac{1}{\sqrt{2\pi}\times 0.6921x}e^{-\frac{(\ln x-4.2144)^2}{2\times 0.6921^2}},\ (0<x<\infty)$$

指数分布函数：

$$f(x)=\frac{e^{-(\frac{x}{84.15})}}{84.15}$$

直接计算韦伯分布函数的参数比较复杂，这里使用一种间接的方法对韦伯函数的参数进行估计。由于韦伯函数累积分布形式为 $F(x)=1-e^{-(x/\theta)^{\tau}}$，因而通过图 30－20，选取 75% 和 25% 分位数下相对应的 Q3 和 Q1 两个观察值，从而计算出累积分布函数 F（x），再计算出密度函数 f（x）①，得：

$\theta=79.79$　　$\tau=2.06$

$$f(x)=0.000249x^{1.06}e^{-0.000121x^{2.06}}$$

取置信度为 5% 时，四种分布都能通过检验。接下来探讨季节的拟合结果来比较四种函数的优劣。

2. 分季度的频数连续拟合。将频数分为 4 个季节分别进行拟合，12 月、1 月、2 月作为冬季，3 月、4 月、5 月为春季，6 月、7 月、8 月为夏季、9 月、10 月、11 月为秋季。据此，得到表 30－5。

**表 30－5　　1990～2009 年各季频数**

| 季度 / 年度 | 春季 | 夏季 | 秋季 | 冬季 |
|---|---|---|---|---|
| 1990 | 19 | 63 | 8 | 2 |
| 1991 | 14 | 43 | 3 | 0 |
| 1992 | 27 | 21 | 4 | 0 |
| 1993 | 16 | 67 | 1 | 1 |
| 1994 | 12 | 55 | 6 | 0 |
| 1995 | 26 | 78 | 4 | 0 |

① 这种方法的缺点在于，不同分位数的选择或者样本选择的不同会对参数造成差异。由于函数的拟合目的在于能够表现真实的分布情况，因而密度函数的存在也不唯一。

续表

| 年度＼季度 | 春季 | 夏季 | 秋季 | 冬季 |
|---|---|---|---|---|
| 1996 | 14 | 65 | 4 | 0 |
| 1997 | 16 | 21 | 1 | 0 |
| 1998 | 16 | 29 | 2 | 2 |
| 1999 | 8 | 29 | 0 | 0 |
| 2000 | 3 | 21 | 2 | 0 |
| 2001 | 3 | 17 | 1 | 0 |
| 2002 | 0 | 15 | 1 | 2 |
| 2003 | 25 | 50 | 6 | 0 |
| 2004 | 15 | 48 | 13 | 0 |
| 2005 | 29 | 111 | 10 | 0 |
| 2006 | 46 | 128 | 15 | 0 |
| 2007 | 28 | 53 | 14 | 0 |
| 2008 | 18 | 60 | 7 | 0 |
| 2009 | 54 | 178 | 28 | 5 |
| 合计 | 389 | 1 152 | 130 | 12 |

冬季的数据量十分小，即使拟合精确度也很低，效果不理想，因此，对其不予考虑。首先，以春季的频数拟合可以得到拟合分布（见图 30－27～图 30－29）。

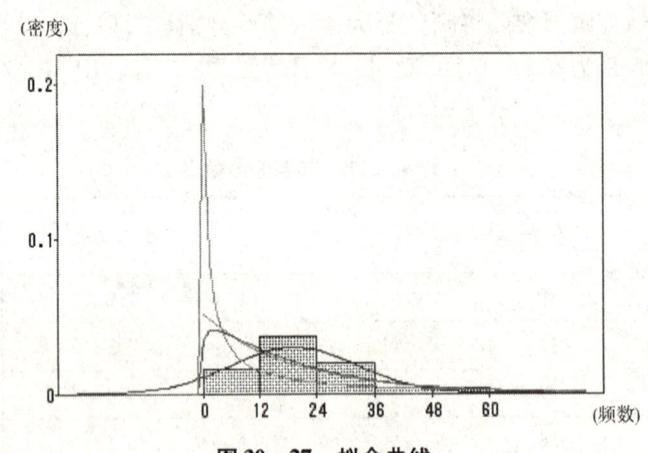


图 30－27　拟合曲线

参数密度估计

| 曲线 | 分布 | 方法 | 均值/Theta | Sigma | Zeta/C | 众数 |
|---|---|---|---|---|---|---|
| ———— | 正态 | 样本 | 19.4501 | 13.4103 |  | 19.4501 |
| ········ | 对数正态 | MLE | 0 | 2.2330 | 2.3141 | 0.0691 |
| ········ | 指数 | MLE | 0 | 19.4501 |  | 0 |
| ———— | 韦伯 | MLE | 0 | 19.8625 | 1.0926 | 2.0758 |

图 30－28　拟合分布参数

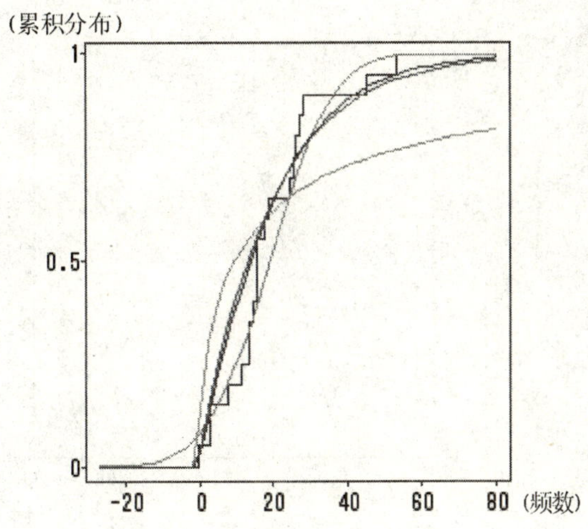


图 30－29　累积分布函数

再对拟合分布进行检验可得到图 30－30。

| 分布检验 | | | | | | |
|---|---|---|---|---|---|---|
| 曲线 | 分布 | 均值/Theta | Sigma | Zeta/C | Kolmogorov D | Pr > D |
| —— | 正态 | 19.4501 | 13.4103 | . | 0.1634 | >.15 |
| —— | 对数正态 | 0 | 2.2910 | 2.3141 | 0.3297 | <.01 |
| —— | 指数 | 0 | 19.4501 | . | 0.2631 | 0.0204 |
| —— | 韦伯 | 0 | 19.8625 | 1.0926 | 0.2446 | <.01 |

图 30－30　拟合分布检验

在 95% 置信水平下，只有正态分布通过了检验。拟合函数为：

$$f(x)=\frac{1}{\sqrt{2\pi}\times 13.4103}e^{-\frac{(x-19.4501)^2}{2\times 13.4103^2}}\quad (0<x<\infty)$$

类似的，对夏季的频数分别进行拟合并检验，得到图 30－31～图 30－34。

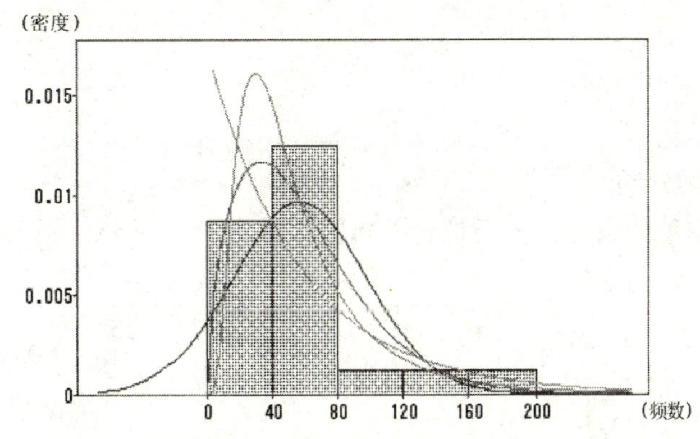


图 30－31　拟合曲线

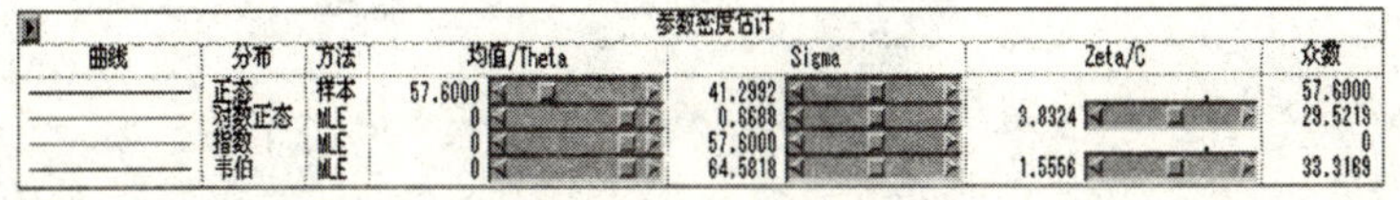

| 参数密度估计 | | | | | | |
|---|---|---|---|---|---|---|
| 曲线 | 分布 | 方法 | 均值/Theta | Sigma | Zeta/C | 众数 |
| —— | 正态 | 样本 | 57.6000 | 41.2992 | | 57.6000 |
| —— | 对数正态 | MLE | 0 | 0.6688 | 3.8324 | 29.5219 |
| —— | 指数 | MLE | 0 | 57.6000 | | 0 |
| —— | 韦伯 | MLE | 0 | 64.5818 | 1.5556 | 33.3169 |

图 30－32　拟合分布参数

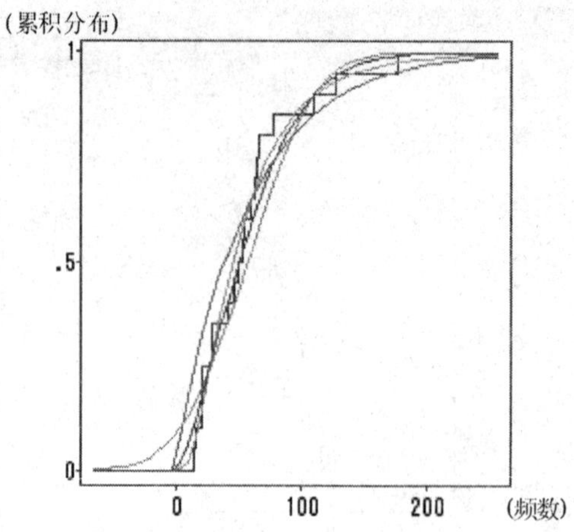


**图 30－33　累积分布函数**

| 曲线 | 分布 | 均值/Theta | Sigma | Zeta/C | Kolmogorov D | Pr > D |
|---|---|---|---|---|---|---|
| | 正态 | 57.6000 | 41.2992 | . | 0.2100 | 0.0209 |
| | 对数正态 | 0 | 0.6862 | 3.8324 | 0.1246 | >.15 |
| | 指数 | 0 | 57.6000 | . | 0.2293 | 0.0653 |
| | 韦伯 | 0 | 64.5818 | 1.5556 | 0.1469 | >.10 |

**图 30－34　拟合分布检验**

夏季频数拟合对数正态、指数、韦伯分布都通过了检验。拟合函数分别为：

对数正态分布函数：

$$f(x)=\frac{1}{\sqrt{2\pi}\times 0.6376x}e^{-\frac{(\ln x-3.7429)^2}{2\times 0.6376^2}}\quad(0<x<\infty)$$

指数分布：

$$f(x)=\frac{e^{-\frac{x}{57.6}}}{57.6}$$

韦伯分布函数：

$$f(x)=0.00253x^{0.62}e^{-0.00156x^{1.62}}$$

类似的，对秋季的频数分别进行拟合并检验，得到图 30－35～图 30－38。

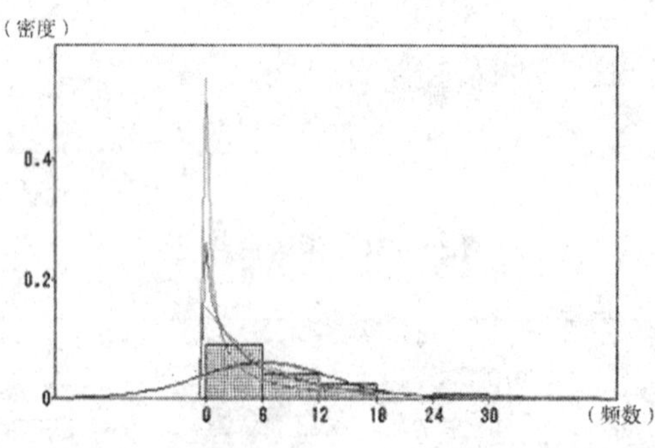


**图 30－35　拟合曲线**

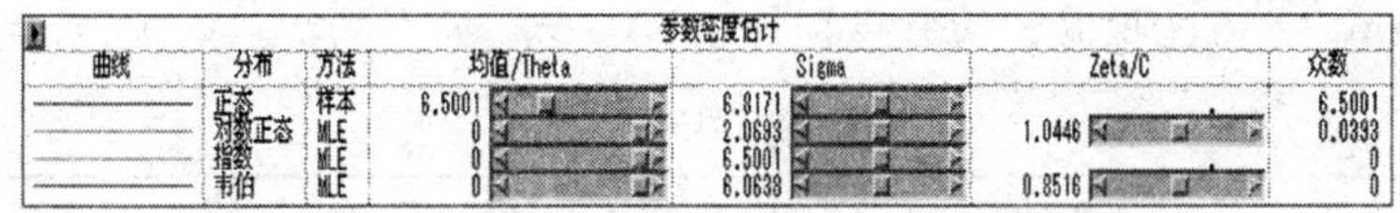

| 参数密度估计 | | | | | | |
|---|---|---|---|---|---|---|
| 曲线 | 分布 | 方法 | 均值/Theta | Sigma | Zeta/C | 众数 |
| | 正态 | 样本 | 6.5001 | 6.8171 | | 6.5001 |
| | 对数正态 | MLE | 0 | 2.0693 | 1.0446 | 0.0393 |
| | 指数 | MLE | 0 | 6.5001 | | 0 |
| | 韦伯 | MLE | 0 | 6.0638 | 0.8516 | 0 |

**图 30－36　拟合分布参数**

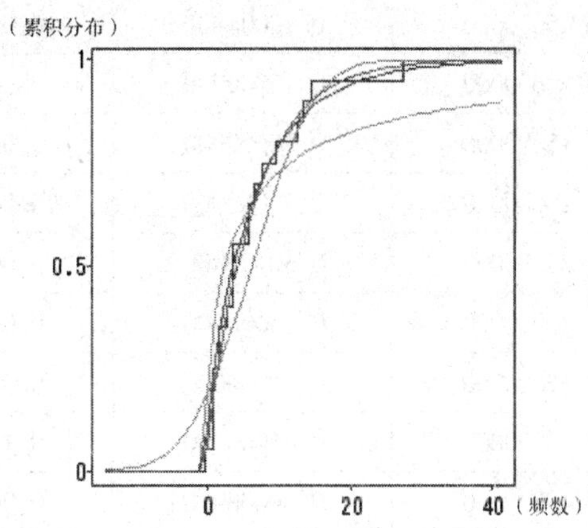


**图 30－37　累积分布函数**

| 分布检验 | | | | | | |
|---|---|---|---|---|---|---|
| 曲线 | 分布 | 均值/Theta | Sigma | Zeta/C | Kolmogorov D | Pr > D |
| | 正态 | 6.5001 | 6.8171 | . | 0.1931 | 0.0486 |
| | 对数正态 | 0 | 2.1231 | 1.0446 | 0.2614 | <.01 |
| | 指数 | 0 | 6.5001 | . | 0.1074 | >.15 |
| | 韦伯 | 0 | 6.0638 | 0.8516 | 0.1438 | >.10 |

**图 30－38　拟合分布检验**

秋季只有指数分布和韦伯分布通过了检验。拟合函数为：

指数分布函数：

$$f(x) = \frac{e^{-\left(\frac{x}{6.5001}\right)}}{6.5001}$$

韦伯分布函数：

$$f(x) = 0.17668x^{-0.12}e^{-0.2008x^{0.88}}$$

考虑到暴雨的发生具有明显季节性以及以年为单位的频数拟合状况，正态分布在春季、夏季和一整年 95% 的置信水平下均能通过检验。而在秋季，如果在置信水平 99% 下，正态分布也可以通过检验。因此，运用正态分布进行拟合是比较好的。指数分布在 99% 的置性区间，春季和夏季的频数拟合都可以通过检验，在 95% 的置信区间，秋季和一整年的频数拟合可以通过检验。所以指数分布虽然效果不及正态分布，但相对于对数正态和韦伯分布，拟合效果比较理想。

3. 频数的离散拟合。由于频数本身是离散的，再考虑用离散的函数对其进行拟合，年度频数的偏斜度为 1.0788，比较接近 1，而且频数本身也呈现两边低中间高的单峰情形，所以可以利用泊松分布、二项分布、负二项分布来进行拟合。

（1）首先用泊松分布对其进行拟合，得：

$\lambda = 84.15$

然后再利用K－S方法检验，检验过程见表30－6。

**表30－6　　泊松分布检验过程**

| 样本点 | F（x－） | F（x＋） | F＊（x） | 最大差值 |
|---|---|---|---|---|
| 18 | 0.00000000 | 0.05000000 | 0.00000000 | 0.05000000 |
| 21 | 0.05000000 | 0.10000000 | 0.00000000 | 0.10000000 |
| 26 | 0.10000000 | 0.15000000 | 0.00000000 | 0.15000000 |
| 37 | 0.15000000 | 0.20000000 | 0.00000001 | 0.19999999 |
| 38 | 0.20000000 | 0.25000000 | 0.00000001 | 0.24999999 |
| 49 | 0.25000000 | 0.30000000 | 0.00002300 | 0.29997700 |
| 52 | 0.30000000 | 0.35000000 | 0.00011206 | 0.34988794 |
| 60 | 0.35000000 | 0.40000000 | 0.00350324 | 0.39649676 |
| 73 | 0.40000000 | 0.45000000 | 0.12135344 | 0.32864656 |
| 76 | 0.45000000 | 0.50000000 | 0.20366694 | 0.29633306 |
| 81 | 0.50000000 | 0.55000000 | 0.39276278 | 0.15723722 |
| 83 | 0.55000000 | 0.60000000 | 0.47897303 | 0.12102697 |
| 85 | 0.60000000 | 0.65000000 | 0.56549663 | 0.08450337 |
| 85 | 0.60000000 | 0.65000000 | 0.56549663 | 0.08450337 |
| 92 | 0.70000000 | 0.75000000 | 0.81955937 | 0.11955937 |
| 95 | 0.75000000 | 0.80000000 | 0.89041321 | 0.14041321 |
| 108 | 0.80000000 | 0.85000000 | 0.99472359 | 0.19472359 |
| 150 | 0.85000000 | 0.90000000 | 1.00000000 | 0.15000000 |
| 189 | 0.90000000 | 0.95000000 | 1.00000000 | 0.10000000 |
| 265 | 0.95000000 | 1.00000000 | 1.00000000 | 0.05000000 |

在95%的置信区间下，判别值可以粗略估计为$\frac{1.36}{\sqrt{19}}=0.31200540$，查表得判别值为0.31200540，而拟合函数D值为0.396497，所以在95%的置信区间里，泊松分布无法通过检验。

（2）对于二项分布有：

$E(x)=np$，$p+q=1$

同时n取频数发生的最大值①。

根据样本数据可以得到：

p＝0.31754717，q＝0.68245283

① 如果用$Var(x)=npq$与两式结合进行3个参数的计算，数据均值远远小于方差，$p$值不满足0～1的范围。

利用K－S方法的检验过程见表30－7。

表30－7　二项分布检验过程

| 样本点 | F（x－） | F（x+） | F*（x） | 最大差值 |
|---|---|---|---|---|
| 18 | 0.00000000 | 0.05000000 | 0.00000000 | 0.05000000 |
| 21 | 0.05000000 | 0.10000000 | 0.00000000 | 0.10000000 |
| 26 | 0.10000000 | 0.15000000 | 0.00000000 | 0.15000000 |
| 37 | 0.15000000 | 0.20000000 | 0.00000000 | 0.20000000 |
| 38 | 0.20000000 | 0.25000000 | 0.00000000 | 0.25000000 |
| 49 | 0.25000000 | 0.30000000 | 0.00000084 | 0.29999916 |
| 52 | 0.30000000 | 0.35000000 | 0.00000682 | 0.34999318 |
| 60 | 0.35000000 | 0.40000000 | 0.00067196 | 0.39932804 |
| 73 | 0.40000000 | 0.45000000 | 0.07867916 | 0.37132084 |
| 76 | 0.45000000 | 0.50000000 | 0.15631158 | 0.34368842 |
| 81 | 0.50000000 | 0.55000000 | 0.36598148 | 0.18401852 |
| 83 | 0.55000000 | 0.60000000 | 0.46901019 | 0.13098981 |
| 85 | 0.60000000 | 0.65000000 | 0.57372473 | 0.07627527 |
| 85 | 0.60000000 | 0.65000000 | 0.57372473 | 0.07627527 |
| 92 | 0.70000000 | 0.75000000 | 0.86440977 | 0.16440977 |
| 95 | 0.75000000 | 0.80000000 | 0.93171930 | 0.18171930 |
| 108 | 0.80000000 | 0.85000000 | 0.99918708 | 0.19918708 |
| 150 | 0.85000000 | 0.90000000 | 1.00000000 | 0.15000000 |
| 189 | 0.90000000 | 0.95000000 | 1.00000000 | 0.10000000 |
| 265 | 0.95000000 | 1.00000000 | 1.00000000 | 0.05000000 |

在95%的置信区间下，查表得K－S检验临界值0.31200540，而拟合函数D值为0.399328，所以在95%的置信区间里，二项分布无法通过检验。

（3）对于负二项分布有：

$E(x)=\frac{kq}{p}$，$p+q=1$，$Var(x)=\frac{kq}{p^2}$

根据样本数据可以得到：

p＝0.023533767，q＝0.976466233，k＝2.028095205

在负二项分布中k应该是一个整数，所以将k近似取为2。

利用K－S方法的检验过程见表30－8。

表 30-8 负二项分布检验过程

| 样本点 | F（x-） | F（x+） | F＊（x） | 最大差值 |
|---|---|---|---|---|
| 18 | 0.00000000 | 0.05000000 | 0.07955386 | 0.07955386 |
| 21 | 0.05000000 | 0.10000000 | 0.10121202 | 0.05121202 |
| 26 | 0.10000000 | 0.15000000 | 0.14024977 | 0.04024977 |
| 37 | 0.15000000 | 0.20000000 | 0.23366330 | 0.08366330 |
| 38 | 0.20000000 | 0.25000000 | 0.24240151 | 0.04240151 |
| 49 | 0.25000000 | 0.30000000 | 0.33830518 | 0.08830518 |
| 52 | 0.30000000 | 0.35000000 | 0.36394858 | 0.06394858 |
| 60 | 0.35000000 | 0.40000000 | 0.43024282 | 0.08024282 |
| 73 | 0.40000000 | 0.45000000 | 0.52943129 | 0.12943129 |
| 76 | 0.45000000 | 0.50000000 | 0.55059546 | 0.10059546 |
| 81 | 0.50000000 | 0.55000000 | 0.58435152 | 0.08435152 |
| 83 | 0.55000000 | 0.60000000 | 0.59731796 | 0.04731796 |
| 85 | 0.60000000 | 0.65000000 | 0.60997743 | 0.04002257 |
| 85 | 0.60000000 | 0.65000000 | 0.60997743 | 0.04002257 |
| 92 | 0.70000000 | 0.75000000 | 0.65188087 | 0.09811913 |
| 95 | 0.75000000 | 0.80000000 | 0.66870826 | 0.13129174 |
| 108 | 0.80000000 | 0.85000000 | 0.73409925 | 0.11590075 |
| 150 | 0.85000000 | 0.90000000 | 0.87509022 | 0.02509022 |
| 189 | 0.90000000 | 0.95000000 | 0.94071111 | 0.04071111 |
| 265 | 0.95000000 | 1.00000000 | 0.00000000 | 1.00000000 |

在95%的置信区间下，查表得K-S检验临界值0.31200540，而拟合函数D值为0.131292，所以在95%的置信区间里，负二项分布通过了检验。其函数形式为：

$$p\ (X=x)\ =\binom{1+x}{x-1}p^2q^2$$

# 第四节 暴雨灾害的损失程度分析

## 一、暴雨损失程度在地域上的分布

由于每年暴雨灾害造成的损失除了受暴雨的强度影响外，还与当年国内生产总值（GDP）的水平相关。国内生产总值越高，暴雨造成的损失可能会相对越大。因此，为了使1990～2009年这20年间暴雨造成的各年损失具有可比性，我们首先用GDP对实际年损失额进行调整（见表30-9）。其次，由于无法得到一些暴雨灾害完整的次损失数据，这里采用调整后的损失额除以当年的暴雨频数计算平均次损失。具体调整方法如下：

首先，选取2009年作为基准年，由此产生公式：

第i年的调整后的损失＝第i年的实际损失×调整系数

调整系数＝2009年GDP/第i年的GDP

平均次损失＝调整后的损失/当年的暴雨频数

**表30－9　各年调整系数**

| 年度 | 1990 | 1991 | 1992 | 1993 | 1994 | 1995 | 1996 |
|---|---|---|---|---|---|---|---|
| 调整系数 | 18.24031 | 15.63285 | 12.64721 | 9.636826 | 7.064773 | 5.60102 | 4.783973 |
| 年度 | 1997 | 1998 | 1999 | 2000 | 2001 | 2002 | 2003 |
| 调整系数 | 4.311686 | 4.034333 | 3.797035 | 3.432026 | 3.105252 | 2.829712 | 2.506994 |
| 年度 | 2004 | 2005 | 2006 | 2007 | 2008 | 2009 | |
| 调整系数 | 2.129788 | 1.858486 | 1.606744 | 1.364594 | 1.132494 | 1 | |

在将暴雨影响地区分类汇总之后，对1990～2009年存在损失记录的31个省（区、市）暴雨损失程度进行了统计。30个省（区、市）包括：安徽、北京、甘肃、广西、贵州、河北、河南、黑龙江、湖北、吉林、辽宁、内蒙古、宁夏、青海、山东、山西、陕西、上海、四川（含重庆市）、西藏、新疆、云南、浙江、广东、福建、海南、湖南、江西、天津和江苏。每年的损失乘以不同的调整系数并进行求和得到表30－10。

**表30－10　1990～2009年各省（区、市）损失额**　（单位：亿元）

| 湖南 | 江苏 | 湖北 | 江西 | 安徽 | 吉林 | 四川 |
|---|---|---|---|---|---|---|
| 4 741.828 | 4 632.63 | 4 358.77 | 4 305.553 | 4 132.661 | 2 828.04 | 2 814.73 |
| 山东 | 浙江 | 广西 | 辽宁 | 福建 | 河南 | 广东 |
| 2 396.634 | 2 029.487 | 1 961.845 | 1 961.64 | 1 647.433 | 1 629.865 | 1 481.057 |
| 贵州 | 河北 | 陕西 | 黑龙江 | 海南 | 云南 | 新疆 |
| 1 164.271 | 1 061.538 | 612.5866 | 510.5571 | 217.4936 | 188.4478 | 183.7716 |
| 山西 | 内蒙古 | 甘肃 | 北京 | 宁夏 | 天津 | 青海 |
| 171.3937 | 113.4193 | 113.2102 | 71.76279 | 30.71817 | 12.01011 | 10.55427 |
| 上海 | 西藏 | | | | | |
| 0.32549 | 0.191765 | | | | | |

将上述频数排序后得到损失额依次递减的统计和分布图（见图30－39）。

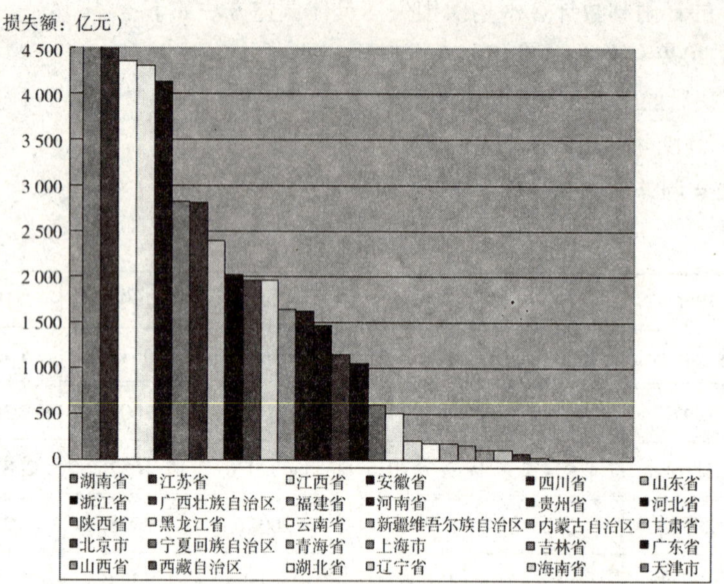


图 30－39　1990～2009 年各省（区、市）暴雨损失程度图

可以看到，发生频数最高的四川省损失额并不是最大的，湖南省、江苏省、湖北省经济较为发达，GDP 较四川省也高，虽然频数略低于四川省，但是造成的损失却比四川省要大。上海市经济发达，投入的水利建设资金较多，同时暴雨发生次数实在十分有限，所以造成的经济损失很小。

## 二、暴雨损失程度在时间上的分布

### （一）各年暴雨的损失额

由上述公式可以计算出 1990～2009 年各年发生暴雨的损失额以及平均次损失额（见表 30－11）。

表 30－11　1990～2009 年各年发生暴雨的损失额以及平均次损失额　（单位：亿元）

| 年度 | 损失额 | 调整后损失额 | 平均次损失 |
|---|---|---|---|
| 1990 | 138. 4583 | 2 525. 522558 | 27. 45133215 |
| 1991 | 584. 8523 | 9 142. 907927 | 152. 38179880 |
| 1992 | 232. 6747 | 2 942. 686133 | 56. 59011794 |
| 1993 | 290. 0115 | 2 794. 790212 | 32. 87988485 |
| 1994 | 688. 1828 | 4 861. 855179 | 66. 60075588 |
| 1995 | 1 036. 1056 | 5 803. 248192 | 53. 73377955 |
| 1996 | 948. 8073 | 4 539. 068555 | 54. 68757295 |
| 1997 | 369. 9251 | 1 595. 000737 | 41. 97370361 |
| 1998 | 1 009. 1923 | 4 071. 417769 | 83. 09015855 |
| 1999 | 382. 5363 | 1 452. 503653 | 39. 25685550 |

续表

| 年度 | 损失额 | 调整后损失额 | 平均次损失 |
|---|---|---|---|
| 2000 | 219.4415 | 753.1288672 | 28.966494890 |
| 2001 | 125.0659 | 388.3610931 | 18.493385390 |
| 2002 | 0.9823 | 2.7796265 | 0.154423693 |
| 2003 | 464.1756 | 1 163.685592 | 14.366488790 |
| 2004 | 279.7501 | 595.808270 | 7.839582500 |
| 2005 | 538.08669 | 1 000.026361 | 6.666842404 |
| 2006 | 432.4234 | 694.793912 | 3.676158263 |
| 2007 | 449.2732 | 613.075305 | 6.453424260 |
| 2008 | 391.8469 | 443.764171 | 5.220754949 |
| 2009 | 462.97990 | 462.979880 | 1.747093887 |

由表 30－11 可以看出，1991 年是异常点，其余各年度的损失程度有一定波动性。如 1996～1998 年，1996 年是 4 539.068555 亿元，1997 年只有 1 595.000737 亿元，1998 年又有 4 071.417769 亿元，波动较大。2001 年和 2002 年由于旱灾的原因，全国暴雨损失很小。2000 年以后暴雨损失虽然也有波动，但明显降低，而且损失额也明显减小。2006 年暴雨发生频数很高，但是损失额并不高，说明我国水利建设加大投入，在抵御暴雨灾害上取得了明显的成效。

**（二）1990～2009 年各月暴雨的损失**

1990～2009 年各月暴雨损失如表 30－12 所示。

**表 30－12　　1990～2009 年各月暴雨总损失额**　　（单位：亿元）

| 月份 | 1 | 2 | 3 | 4 | 5 | 6 |
|---|---|---|---|---|---|---|
| 损失 | 5.079605 | 27.44284 | 920.919 | 1 075.315 | 2 480.755 | 19 454.5 |
| 月份 | 7 | 8 | 9 | 10 | 11 | 12 |
| 损失 | 16 184.35 | 4 853.057 | 525.8123 | 278.1486 | 42.01485 | 0.0035 |

可以看到，夏季的 6 月、7 月、8 月暴雨频数发生高，损失程度也大，说明暴雨的强度很大；春季次之；而 12 月损失额数据较小，说明该月虽然发生过暴雨，但造成的损失额度非常小，以至于统计的时候忽略。

## 三、暴雨灾害次损失额的拟合

### （一）年度暴雨灾害次损失额的拟合

从 1990～2009 年各年全国暴雨次损失额表可得到次损失额盒形图（见图 30－40）。由它直观地看出，1990～2009 年，我国每年暴雨的平均次损失为 28.9394 亿元，大多数年度的次损失在 6.4534 亿～53.7338 亿元之间（约 50% 的年份），次损失额最少是 0.1544 亿元，最多

83.0902 亿元①。

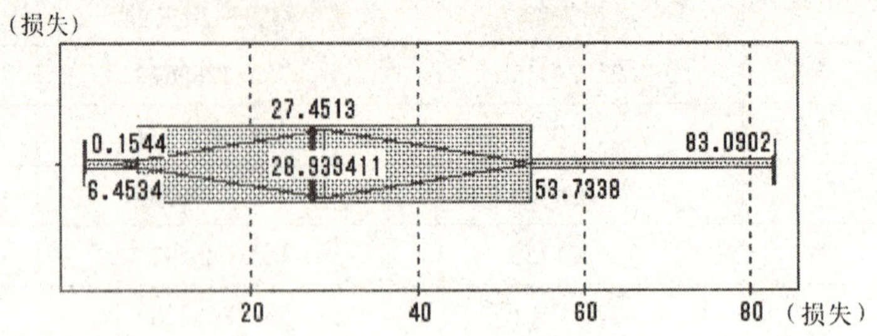


图 30－40　次损失额盒形图

要对次损失额分布进行估计，可以通过估计次损失额的密度函数来进行。由图 30－41 和图 30－42 可得到，暴雨灾害次损失额的相关统计量，如均值是 28.9394，偏度系数是 0.6362，第 1 四分位数为 6.4534，第 3 四分位数为 53.7338 等。

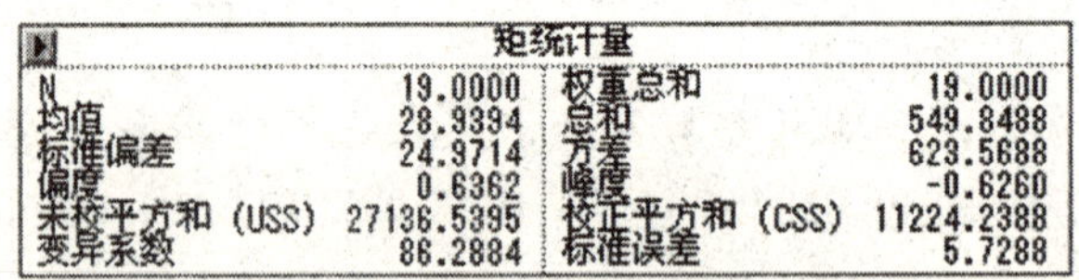

| 矩统计量 | | | |
|---|---|---|---|
| N | 19.0000 | 权重总和 | 19.0000 |
| 均值 | 28.9394 | 总和 | 549.8488 |
| 标准偏差 | 24.9714 | 方差 | 623.5688 |
| 偏度 | 0.6362 | 峰度 | -0.6260 |
| 未校平方和（USS） | 27136.5395 | 校正平方和（CSS） | 11224.2388 |
| 变异系数 | 86.2884 | 标准误差 | 5.7288 |

图 30－41　矩统计量

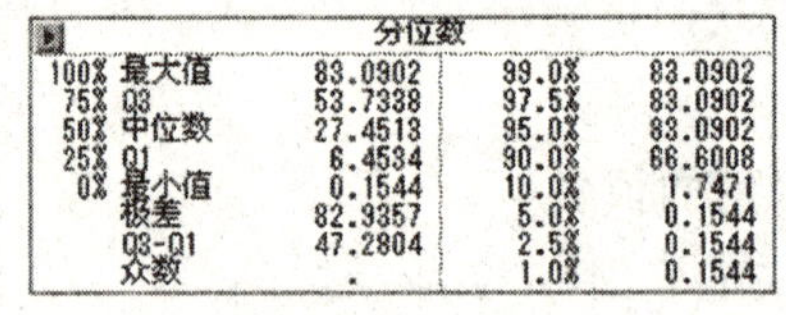

| 分位数 | | | | |
|---|---|---|---|---|
| 100% | 最大值 | 83.0902 | 99.0% | 83.0902 |
| 75% | Q3 | 53.7338 | 97.5% | 83.0902 |
| 50% | 中位数 | 27.4513 | 95.0% | 83.0902 |
| 25% | Q1 | 6.4534 | 90.0% | 66.6008 |
| 0% | 最小值 | 0.1544 | 10.0% | 1.7471 |
| | 极差 | 82.9357 | 5.0% | 0.1544 |
| | Q3-Q1 | 47.2804 | 2.5% | 0.1544 |
| | 众数 | . | 1.0% | 0.1544 |

图 30－42　分位数表

用 SAS 对全国年暴雨次损失额进行正态分布、对数正态分布、指数分布以及韦伯分布 4 个分布函数的拟合，得到相关参数和曲线图 30－43 和图 30－44。

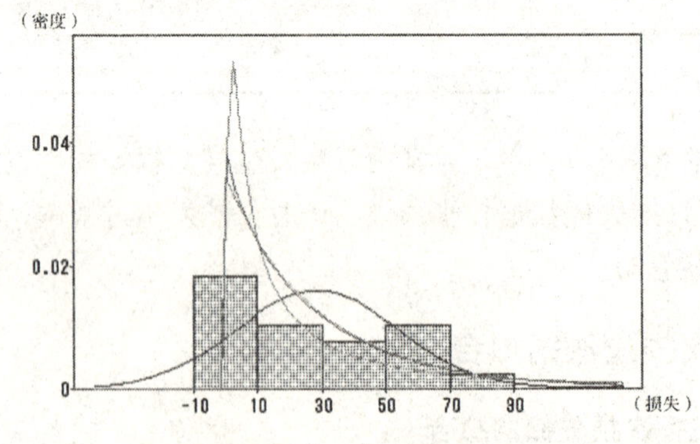


图 30－43　拟合曲线

① 由于 1991 年的平均次损失额相对其他年度高出很多，因此将其列为异常数据处理，此处计算时不计入 1991 年的次损失额。

参数密度估计

| 曲线 | 分布 | 方法 | 均值/Theta | Sigma | Zeta/C | 众数 |
|---|---|---|---|---|---|---|
| | 正态 | 样本 | 28.9394 | 24.9714 | | 28.9394 |
| | 对数正态 | MLE | 0 | 1.5236 | 2.6982 | 1.4578 |
| | 指数 | MLE | 0 | 28.9394 | | 0 |
| | 韦伯 | MLE | 0 | 28.5829 | 0.9679 | 0 |

图 30－44　拟合分布参数

对上述拟合进行检验，得到图 30－45、图 30－46 和图 30－47。

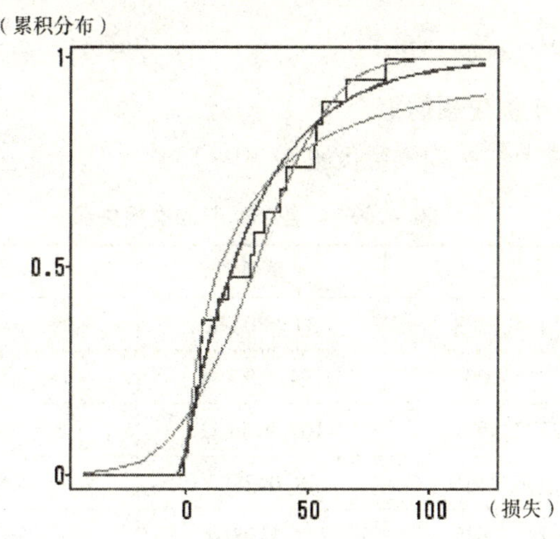


图 30－45　累积分布函数

分布检验

| 曲线 | 分布 | 均值/Theta | Sigma | Zeta/C | Kolmogorov D | Pr > D |
|---|---|---|---|---|---|---|
| | 正态 | 28.9394 | 24.9714 | . | 0.1694 | >.15 |
| | 对数正态 | 0 | 1.5653 | 2.6982 | 0.1789 | 0.1068 |
| | 指数 | 0 | 28.9394 | . | 0.1390 | >.15 |
| | 韦伯 | 0 | 28.5829 | 0.9679 | 0.1441 | >.10 |

图 30－46　拟合分布检验

Tests for Normality

| Test Statistic | Value | p-value |
|---|---|---|
| Shapiro-Wilk | 0.940041 | 0.3187 |
| Kolmogorov-Smirnov | 0.129356 | >.1500 |
| Cramer-von Mises | 0.050688 | >.2500 |
| Anderson-Darling | 0.360042 | >.2500 |

图 30－47　正态分布的四种检验

从以上检验可以看出，在原假设是服从某个分布的前提下，当显著性水平为 5% 时，按照 Test for Distribution 的标准，正态分布、对数正态分布、指数分布和韦伯分布都可以通过检验。拟合后的密度函数如下：

正态密度函数：

$$f(x)=\frac{1}{\sqrt{2\pi}\times 24.9714}e^{-\frac{(x-28.9394)^2}{2\times 24.9714^2}}\quad(0<x<\infty)$$

指数分布的密度函数：

$$f(x)=\frac{e^{-28.9394x}}{28.9394}\quad(x>0)$$

对数正态分布函数：

$$f(x)=\frac{1}{\sqrt{2\pi}\times 1.5653x}e^{-\frac{(\ln x-2.6982)^2}{2\times 1.5653^2}}\quad (0<x<\infty)$$

韦伯分布函数①：

$$F(x)=1-e^{-(x/\theta)^\tau}$$

从而得出：

$\theta=34.56$，$\tau=0.74$

$$f(x)=0.05379x^{-0.26}e^{-0.07269x^{0.74}}$$

**（二）季节暴雨灾害次损失额的拟合**

1990～2009 年各个季节的次损失额度见表 30－13。

**表 30－13　1990～2009 年各个季节的次损失额**　（单位：亿元）

| 年度 | 春季 | 夏季 | 秋季 | 冬季 |
|---|---|---|---|---|
| 1990 | 14. 507288 | 34. 580678 | 5. 554175 | 13. 433990 |
| 1991 | 52. 559091 | 194. 498713 | 14. 545324 | 0. 000000 |
| 1992 | 27. 234927 | 103. 401192 | 8. 979520 | 0. 000000 |
| 1993 | 13. 623461 | 38. 042807 | 27. 946797 | 0. 000000 |
| 1994 | 47. 212640 | 77. 112834 | 9. 016274 | 0. 000000 |
| 1995 | 19. 899218 | 67. 654122 | 2. 211745 | 0. 000000 |
| 1996 | 22. 168791 | 64. 621769 | 7. 072626 | 0. 000000 |
| 1997 | 13. 998184 | 64. 149669 | 23. 886738 | 0. 000000 |
| 1998 | 12. 874414 | 129. 555801 | 51. 377230 | 2. 777235 |
| 1999 | 12. 202721 | 46. 720065 | 0. 000000 | 0. 000000 |
| 2000 | 6. 097566 | 28. 553065 | 67. 610906 | 0. 000000 |
| 2001 | 8. 135759 | 19. 582429 | 31. 052517 | 0. 000000 |
| 2002 | 0. 000000 | 0. 185308 | 0. 000000 | 0. 000000 |
| 2003 | 6. 114299 | 19. 564744 | 5. 431821 | 0. 000000 |
| 2004 | 3. 085920 | 8. 706323 | 10. 124306 | 0. 000000 |
| 2005 | 1. 428999 | 8. 032715 | 6. 695399 | 0. 000000 |
| 2006 | 4. 236500 | 3. 844846 | 0. 518312 | 0. 000000 |
| 2007 | 1. 348220 | 10. 765077 | 0. 341148 | 0. 000000 |
| 2008 | 1. 266103 | 6. 074948 | 8. 068209 | 0. 000000 |
| 2009 | 0. 955941 | 2. 255920 | 0. 346491 | 0. 020700 |
| 总计 | 11. 50896897 | 35. 14923033 | 6. 507505979 | 2. 710495738 |

① 计算韦伯分布的方法同频数拟合。

冬季的数据量很少，大部分年度损失的额度都很小，因此拟合时对其不予考虑，而1991年是异常的样本点，所以拟合时将1991年数据剔除。

1. 对于春季次损失拟合的过程见图30－48～图30－50。

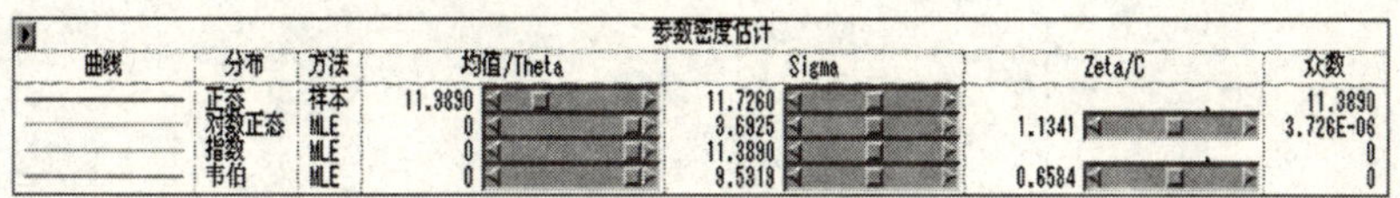

| 参数密度估计 | | | | | | |
|---|---|---|---|---|---|---|
| 曲线 | 分布 | 方法 | 均值/Theta | Sigma | Zeta/C | 众数 |
| | 正态 | 样本 | 11.3890 | 11.7260 | | 11.3890 |
| | 对数正态 | MLE | 0 | 3.6925 | 1.1341 | 3.726E-06 |
| | 指数 | MLE | 0 | 11.3890 | | 0 |
| | 韦伯 | MLE | 0 | 9.5319 | 0.6584 | 0 |

**图30－48　拟合分布参数**

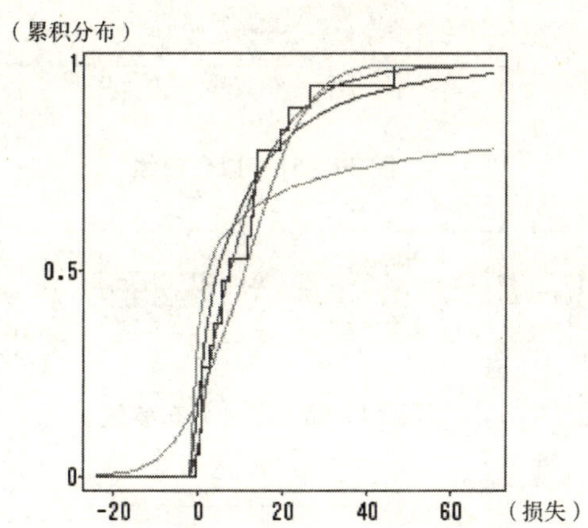


**图30－49　累积分布函数**

| Tests for Distribution | | | | | | |
|---|---|---|---|---|---|---|
| Curve | Distribution | Mean/Theta | Sigma | Zeta/C | Kolmogorov D | Pr > D |
| | Normal | 9.2322 | 8.6686 | . | 0.2006 | 0.0688 |
| | Lognormal | 0 | 3.9316 | 0.9637 | 0.3432 | <.01 |
| | Exponential | 0 | 9.2322 | . | 0.1498 | >.15 |
| | Weibull | 0 | 8.0563 | 0.6843 | 0.1932 | 0.0814 |

**图30－50　拟合分布检验**

可以看到在5%的置信度下，正态分布、指数分布和韦伯分布都通过了检验。

正态分布函数：

$$f(x)=\frac{1}{\sqrt{2\pi}\times 11.7260}e^{-\frac{(x-11.3890)^2}{2\times 11.7260^2}}\quad (0<x<\infty)$$

指数分布函数：

$$f(x)=\frac{e^{-\frac{x}{9.2322}}}{9.2322}\quad (x>0)$$

韦伯分布函数[①]：

$$F(x)=1-e^{-(x/\theta)^{\tau}}$$

从而得出：

$\theta=8.96$，$\tau=0.68$

---

① 计算韦伯分布的方法同频数拟合。

$f(x)=0.1531x^{-0.32}e^{-0.2251x^{0.68}}$

2. 夏季的次损失拟合过程见图 30－51～图 30－54。

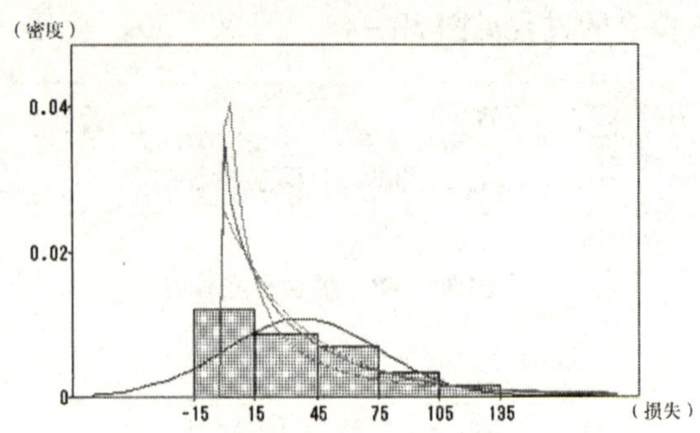


图 30－51　拟合曲线

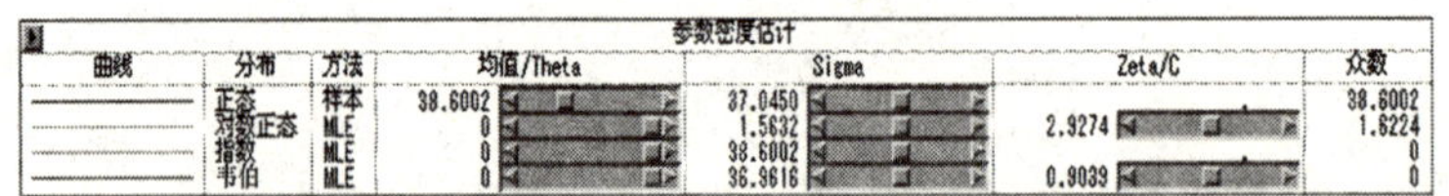

| 参数密度估计 | | | | | | |
|---|---|---|---|---|---|---|
| 曲线 | 分布 | 方法 | 均值/Theta | Sigma | Zeta/C | 众数 |
| | 正态 | 样本 | 38.6002 | 37.0450 | | 38.6002 |
| | 对数正态 | MLE | 0 | 1.5632 | 2.9274 | 1.6224 |
| | 指数 | MLE | 0 | 38.6002 | | 0 |
| | 韦伯 | MLE | 0 | 36.9616 | 0.9039 | 0 |

图 30－52　拟合分布参数

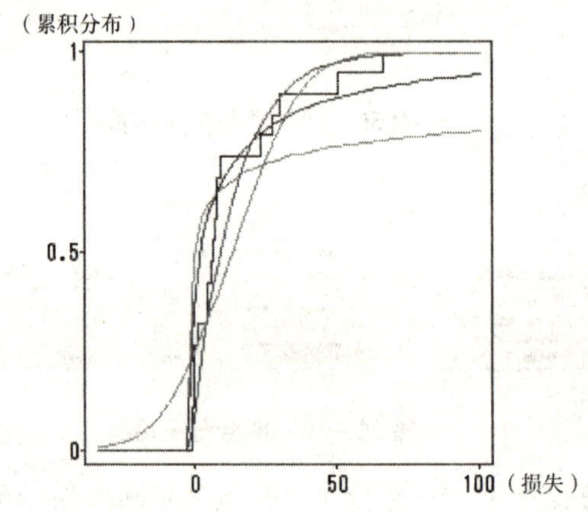


图 30－53　累积分布函数

| 分布检验 | | | | | | |
|---|---|---|---|---|---|---|
| 曲线 | 分布 | 均值/Theta | Sigma | Zeta/C | Kolmogorov D | Pr > D |
| | 正态 | 38.6002 | 37.0450 | . | 0.1698 | >.15 |
| | 对数正态 | 0 | 1.6060 | 2.9274 | 0.1431 | >.15 |
| | 指数 | 0 | 38.6002 | . | 0.1260 | >.15 |
| | 韦伯 | 0 | 36.9616 | 0.9039 | 0.1230 | >.10 |

图 30－54　拟合分布检验

可以看到四种分布均通过了检验。

正态分布函数：

$$f(x)=\frac{1}{\sqrt{2\pi}\times 37.045}e^{-\frac{(x-38.6002)^2}{2\times 37.045^2}}\quad(0<x<\infty)$$

对数正态分布函数：

$$f(x) = \frac{1}{\sqrt{2\pi} \times 1.606x} e^{-\frac{(\ln x - 2.9274)^2}{2 \times 1.606^2}} \quad (0 < x < \infty)$$

指数分布函数：

$$f(x) = \frac{e^{-\frac{x}{38.6002}}}{38.6002} \quad (x > 0)$$

韦伯分布函数①：

$$F(x) = 1 - e^{-(x/\theta)^{\tau}}$$

从而得出：

$\theta = 41.91$，$\tau = 0.75$

$$f(x) = 0.04553x^{-0.25} e^{-0.06071x^{0.75}}$$

3. 秋季次损失拟合过程见图 30－55～图 30－57。

参数密度估计

| 曲线 | 分布 | 方法 | 均值/Theta | Sigma | Zeta/C | 众数 |
|---|---|---|---|---|---|---|
| | 正态 | 样本 | 14.0123 | 18.6879 | | 14.0123 |
| | 对数正态 | MLE | 0 | 5.0412 | 0.2381 | 1.1653E-11 |
| | 指数 | MLE | 0 | 14.0123 | | 0 |
| | 韦伯 | MLE | 0 | 7.7687 | 0.4086 | 0 |

图 30－55　拟合分布参数

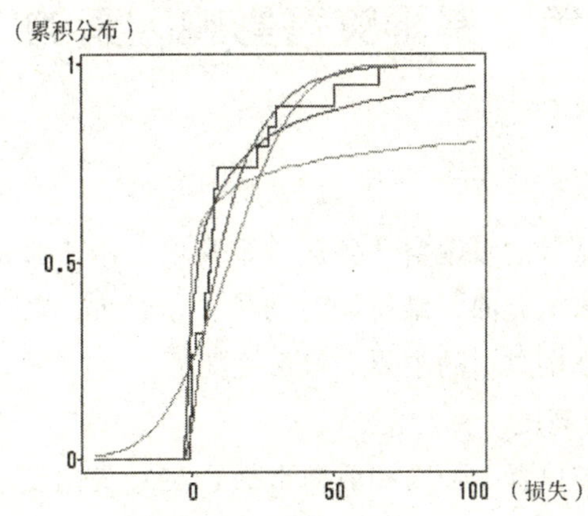


图 30－56　累积分布函数

分布检验

| 曲线 | 分布 | 均值/Theta | Sigma | Zeta/C | Kolmogorov D | Pr > D |
|---|---|---|---|---|---|---|
| | 正态 | 14.0123 | 18.6879 | . | 0.3192 | <.01 |
| | 对数正态 | 0 | 5.1793 | 0.2381 | 0.2948 | <.01 |
| | 指数 | 0 | 14.0123 | . | 0.2268 | 0.0837 |
| | 韦伯 | 0 | 7.7687 | 0.4086 | 0.2627 | <.01 |

图 30－57　拟合分布检验

在 95% 置信水平下，只有指数分布通过检验，这与秋季在两个年度出现了零损失有很大关系。由此可见，指数分布在进行损失额度拟合时相对于其他 3 个函数是比较好的。

指数分布的密度函数为：

$$f(x) = \frac{e^{-\frac{x}{14.0123}}}{14.0123} \quad (x > 0)$$

① 计算韦伯分布的方法同频数拟合。

# 第三十一章

# 暴雨灾害的影响因素分析

判定暴雨损失与影响因素之间关系的方法有很多，但大体可以分为两类——定性分析方法和定量分析方法。定性分析方法，即定性描述各个影响因素与暴雨损失之间的关系，正向、负向或是不能确定。这种方法的优点是直观，简单易懂；缺点是不能给出影响因素与暴雨损失之间的确定关系，不能用作暴雨损失的预测。定量分析方法，依据大量数据资料和数学模型，定量给出各个影响因素与暴雨损失之间的关系，在进行损失预测时十分有用。其中定量的方法主要是回归分析。

## 第一节　暴雨灾害影响因素的定性分析

### 一、暴雨的成因

大气上升运动输送低层的暖湿空气到达一定高度，由于冷却的作用，形成水汽凝结，造成降雨。这种上升运动水汽充沛，维持的时间长、量级大，就会形成暴雨；暴雨范围广，就会导致暴雨洪水。影响暴雨洪水的主要天气系统如下：

**（一）太平洋副热带高压**

太平洋副热带高压的位置、强度和活动直接影响着我国夏季大陆上的降雨。稳定少动的副热带高压西北侧边缘常常形成长时间、高强度、大范围的暴雨洪水。1998 年长江发生的持续性强降雨过程，即是副热带高压偏强、稳定少动的结果。

**（二）锋面**

北方的冷空气和南方的暖空气相遇时，形成一条温度和湿度不连续的交界面（即锋面），锋面上的暖空气温度高、密度小，被冷空气抬升到高空，形成锋面降雨。

**（三）切变线**

高空风场上风向的不连续线称为切变线（如西南风和东南风之间，或偏南风和偏北风之间）。切变线附近上升运动强烈，容易发生强降雨，暴雨区大多分布在切变线附近的区域。

**（四）低涡**

高空天气图上气压比四周低的漩涡称为低涡。影响我国的低涡常由西风带延伸槽切断而成，或气流经特定地形（如青藏高原）后产生。按照地区分为华北低涡、东北低涡和西南低涡。低涡内有较强的上升运动，为降雨提供了有利条件，如果水汽充沛，也常有暴雨产生。如 1998 年松花江上游嫩江连续降雨即受东北低涡影响而成。

**（五）气旋**

气旋是指地面气压比四周低的区域，即低气压。按照气旋生成地划分，有江淮气旋、黄河气旋、东北低压。在气旋中心，由于冷暖空气相互作用，常有大雨或大暴雨出现。

**（六）台风**

台风是形成我国暴雨洪水的主要原因之一，台风是在西太平洋热带海洋上生成的、直径约为几百公里的暖性涡旋。

世界气象组织规定涡旋中心附近最大风力小于 8 级（即风速为 13.9 ~ 17.1 米/秒）时，称为热带低压；风力达 8 ~ 9 级（即风速为 17.2 ~ 24.4 米/秒）时，称为热带风暴；风力达 10 ~ 11 级（即风速为 24 ~ 32.6 米/秒）时，称为强热带风暴；当中心风力达 12 级（即风速在 32.7 米/秒以上）时，称为台风。台风登陆时风大雨急，如深入内陆后与中纬度西风带系统相互作用，则会发生强暴雨过程，以致发生灾害性暴雨洪水。

## 二、暴雨灾害的影响因素

暴雨是一种自然现象，而暴雨灾害是暴雨作用于人类社会而形成的社会事件。暴雨灾害造成的灾害程度和范围往往同暴雨成灾机制、成灾条件密切相关。

**（一）雨灾要素**

暴雨造成的雨灾后果，归纳起来主要有对人员的伤害、对财产的破坏、对资源环境的破坏和对社会经济功能的影响四个方面。

1. 人员的伤害及影响：包括人员伤亡，生理受伤，心理、精神创伤，以及对居住和生活状况的影响等。

2. 对财产的破坏及造成直接经济损失：包括对建筑物如房屋、设施的破坏，对生命线工程如通讯、交通、供水、供电、供气设施的破坏，对设备和家庭财产等的破坏，以及因此而造成的直接经济损失。

3. 对资源环境的破坏：如暴雨造成山体崩塌、滑坡、地表塌陷，海水或江湖水积水上漫等造成森林、土地、水等资源和环境的破坏及其带来的直接经济损失。

4. 社会经济影响：针对社会产生的综合影响，包括对经济功能和社会功能的影响及由此造成的间接损失，如生产条件破坏造成自然停工停产和人员外流、搭建防雨棚等带来的间接经济损失和对社会安定的影响，以及暴雨灾害对社会发展的长远影响等。

**（二）成灾条件**

暴雨能否造成灾害，既取决于暴雨本身的特征，也取决于受灾对象——人和社会的基本状况。

1. 暴雨本身的特征。

（1）暴雨强度、频度的影响。理论上讲，暴雨灾害同暴雨强度、频度呈正相关，暴雨强度越大，灾害也越大。目前，常用年降水量的多少、雨季降水量的距平、最大 1 日降雨量、最大 3 日降雨量、最大 7 日降雨量、最大 15 日降雨量、最大 30 日降雨量等作为指标来定量反映区域降水强度的大小。

（2）地点的影响。首先，对于不同的流域、地区、城市，暴雨发生的可能性、强度特征都会不同。其次，暴雨灾害同其他自然灾害一样，都是自然同人的关系的表现，离开了人和社会，任何自然现象就无灾可言。暴雨发生的地点对灾害大小具有制约作用：发生在人口密集城市的暴雨比发生在人口稀少山区的暴雨造成的灾害将重得多。发生的地点对于雨灾种类也有制约作用，发生在山区的暴雨，多伴有滑坡、泥石流等灾害；临近水域的暴雨可能引发洪水灾害。

（3）时间的影响。在基本统计分析的章节中，本文已经分析了暴雨具有很强的季节性，在夏季暴雨发生集中，造成灾害损失大。

2. 受灾对象方面的条件。

（1）经济发展水平。理论上讲，暴雨灾害大小同经济发展程度呈明显正相关，经济发展水平越高，社会财富越大，暴雨可能造成的损失就越大。我国经济发展程度存在明显的地区差别，这种差别是我国东部雨灾损失较西部大的一个重要原因。

（2）人口密度。人口密度越大，暴雨灾害可能造成的人员伤亡就越惨重。

（3）建筑密度。建筑密度越大，暴雨灾害可能造成的经济损失就越大。

（4）对暴雨的防备程度。暴雨灾害是否发生、灾害大小，一个较关键的因素是人和社会的防范程度，暴雨灾害大小同防范程度强弱呈负相关。如：

建筑物的防雨性能：对新建工程进行防雨性能设计，对现有不符合防雨标准要求的建筑物进行必要的防雨性能设计，可以大大减轻暴雨造成的灾害。

政府的防灾职能和公众的防灾意识：政府的防灾职能和公众的防灾意识强，能根据预报意见事先做好防雨准备和避雨安排，也可避免或减轻暴雨灾害。

城市的排涝能力：包括城市所在地形特征和城建规划两方面，高原区或丘陵区比盆地具有明显的排涝优势。

## 第二节　暴雨灾害影响因素的定量分析

### 一、影响因素的指标选取

由上述成灾机制的理论，可以从中分析出模型中可用的暴雨灾害的影响因素。

#### （一）雨灾要素的选取

本文采用直接经济损失作为雨灾要素的指标。首先，直接经济损失是可度量的指标；其次，它包括暴雨灾害除了对人员伤亡之外的其他雨灾要素的度量，包括对财产的破坏、资源环境的破坏以及对社会经济的影响的直接度量；再次，本文是从保险公司的角度研究暴雨灾害；最后，直接经济损失是统计资料上最完整的要素。因此本文着重关注直接经济损失。

根据研究目的的不同，可以选取不同的时间段、不同的地域的数据，如年度全国的直接经济损失、每次各地的直接经济损失以及各季节各地区的直接经济损失等。

#### （二）成灾条件

1. 暴雨本身的要素。暴雨灾害主要是由于降水异常偏多、强度过大而引起的，因此我们用暴雨灾害发生的频率和强度及其他指标来反映暴雨灾害的主要致灾因子。

（1）暴雨灾害发生的频率。暴雨发生的频率可以采用年均频数，即：

$\bar{f}=\frac{\sum_{i=1}^{n}f_i}{n}$，$n$ 是年数。

一般地，暴雨发生的频率越大，成灾的可能性越大。

（2）暴雨发生的强度。目前，常用年降水量的多少、雨季降水量的距平、最大 1 日降雨量、最大 3 日降雨量、最大 7 日降雨量、最大 15 日降雨量、最大 30 日降雨量等作为指标来定量反映区域降雨强度的大小。一般来说，暴雨发生的强度越大，可能造成的灾害越大。

受可收集到的数据所限，我们采用《中国统计年鉴》上“主要城市降水量”之和作为年度全国降水量的指标。

（3）暴雨发生的地点。对暴雨发生的地点可以进行分流域、分省（区、市）、分农村与城市、分东西部等等进行研究。我们能收集到的经济损失数据基本是按照地区统计的，因此可以加入地区作为解释变量，研究各地区之间不同的暴雨灾害损失特征。由于一个地区可能同时分属于不同的流域，分流域分析经济损失的影响因素的可行性不强。同样是受统计数据所限，我们基本无法对农村和城市进行分别的定量建模分析。分东西部的分析过于笼统，研究意义不大。

（4）暴雨发生的时间。引入季节作为解释变量，对比各个季节暴雨损失定量上的差别。

（5）暴雨对建筑物的影响程度。引入暴雨造成的房屋倒塌和损毁数据，体现影响损失的直接因素。

2. 受灾对象方面的要素的选取。

（1）经济发展水平。社会财富的存量指标是最佳的解释变量，但由于我国没有类似的统计数据，因此采用全国 GDP、分省（区、市）GDP 等，期望能在一定程度上反映经济发展水平。此外，由于暴雨造成的损失很大一部分是发生在农村的，因此，也可以加入农业 GDP 作为解释变量。还可以尝试加入工业 GDP 作为解释变量，观察其对暴雨灾害造成的损失影响是否显著。

（2）人口密度。由于直接经济损失包括暴雨灾害除了对人员伤亡之外的其他雨灾要素的度量，如对财产的破坏、资源环境的破坏以及社会经济的影响的直接度量，所以不考虑人口的因素。用建筑密度也可以间接表示人口的密度。

（3）建筑密度。对于全国的影响因素分析不存在与其他地区的比较，只关注年与年之间人口变化造成的影响大小，因此可以直接采用全国各年的建筑业生产总值作为解释变量。对于分省（区、市）的影响因素分析，需要用建筑业生产总值除以各省（区、市）面积得出的密度作为解释变量。

（4）对暴雨的防备程度。用水利基础建设投资额作为暴雨防备程度的解释变量。

（5）暴雨的继发灾害。如泥石流、滑坡和洪涝等，都会对人民生命和财产造成不可估量的损失。在此将其作为暴雨损失的解释变量。

## 二、数据的处理

受到可收集到的数据种类和统计年度的限制，本章影响因素的定量分析采用的数据基本情况如表 31－1 所示。

数据年度：1991～2009年[①]。

表31－1　　　　数据处理说明表

| | 变量 | 数据来源 | 处理方法 |
|---|---|---|---|
| 被解释变量 | 暴雨灾害的损失额（loss，单位：亿元） | 《中国减灾》每期的“灾情实录” | — |
| 解释变量 | GDP（单位：亿元） | 《中国统计年鉴2010》“国内生产总值” | — |
| | 农作物受灾面积（agricul_ area，单位：亩） | 《中国减灾》“灾情实录” | — |
| | 房屋倒塌和损毁数量（house_ num，单位：间） | 《中国减灾》每期的“灾情实录” | — |
| | 继发灾害（洪涝/泥石流、滑坡）（after_ num，单位：次） | 《中国减灾》每期的“灾情实录” | — |
| | 水利建设投资额（water_ constr，单位：万元） | 《中国水利年鉴》中《中国水利建设投资完成额统计（按流域分）》 | — |
| | 暴雨频数（frequency） | 《中国减灾》每一期的“灾情实录” | — |
| | 建筑业生产总值（architect，单位：万元） | 《中国统计年鉴2010》“国内生产总值” | — |

## 三、回归分析

由图31－1所示，从损失额与各解释变量的相关系数可以看出，房屋倒塌数量与损失额是显著正相关，相关系数为0.82292，说明暴雨灾害引起的房屋倒塌和损毁数量越多，暴雨灾害造成的损失会越大。水利建设投资额与损失额是显著负相关，相关系数为－0.43880，说明水利建设投资额越大，水灾防范能力越强，暴雨造成的损失越小。农作物受灾面积与暴雨损失也是正相关，相关系数为0.40297，说明农作物面积越多，暴雨造成的损失越大。这与我国暴雨造成的灾害主要在农村的情况有关，暴雨损失与暴雨频数也是显著正相关，相关系数为0.34218，说明暴雨发生频数越多，暴雨损失越大。其他的相关系数都不很显著。由于只有19年的数据，所以不能完全接受这些相关系数，仅供参考。

由图31－2～图31－4可以看出，损失额与房屋倒塌数目和暴雨发生频数呈线性关系，与水利投资额没有明显的线性或常见曲线的关系，其他散点图在此不一一列出。因此，不考虑用非线性模型进行回归，仅采用线性回归模型进行拟合。

首先对数据进行线性诊断，得到F检验量为8.92，F检验量的P值为0.0006，表明数据间的线性关系显著。

① 受水利建设投资额数据年度的限制，只能从1991年开始；受GDP数据的年度的限制，只能到2009年为止。

Pearson 相关系数, N = 20
当 H0: Rho=0 时，Prob > |r|

| | loss | GDP | water_ constr | frequency | agricul_ area | architect | house_num | afer_num |
|---|---|---|---|---|---|---|---|---|
| Loss | 1.00000 | -0.08132<br>0.7332 | -0.16051<br>0.4990 | 0.21593<br>0.3605 | 0.48652<br>0.0296 | -0.04872<br>0.8384 | 0.79684<br><.0001 | 0.03944<br>0.8689 |
| GDP | -0.08132<br>0.7332 | 1.00000 | 0.94212<br><.0001 | 0.61897<br>0.0036 | -0.25675<br>0.2745 | 0.99586<br><.0001 | -0.51758<br>0.0194 | 0.77858<br><.0001 |
| water_constr | -0.16051<br>0.4990 | 0.94212<br><.0001 | 1.00000 | 0.58190<br>0.0071 | -0.30693<br>0.1881 | 0.93955<br><.0001 | -0.52634<br>0.0171 | 0.83002<br><.0001 |
| frequency | 0.21593<br>0.3605 | 0.61897<br>0.0036 | 0.58190<br>0.0071 | 1.00000 | -0.04955<br>0.8356 | 0.64849<br>0.0020 | -0.13808<br>0.5615 | 0.85619<br><.0001 |
| agricul_area | 0.48652<br>0.0296 | -0.25675<br>0.2745 | -0.30693<br>0.1881 | -0.04955<br>0.8356 | 1.00000 | -0.23098<br>0.3272 | 0.52178<br>0.0183 | -0.16173<br>0.4957 |
| architect | -0.04872<br>0.8384 | 0.99586<br><.0001 | 0.93955<br><.0001 | 0.64849<br>0.0020 | -0.23098<br>0.3272 | 1.00000 | -0.48995<br>0.0283 | 0.80860<br><.0001 |
| house_num | 0.79684<br><.0001 | -0.51758<br>0.0194 | -0.52634<br>0.0171 | -0.13808<br>0.5615 | 0.52178<br>0.0183 | -0.48995<br>0.0283 | 1.00000 | -0.28177<br>0.2288 |
| afer_num | 0.03944<br>0.8689 | 0.77858<br><.0001 | 0.83002<br><.0001 | 0.85619<br><.0001 | -0.16173<br>0.4957 | 0.80860<br><.0001 | -0.28177<br>0.2288 | 1.00000 |

**图 31－1　相关系数矩阵图**

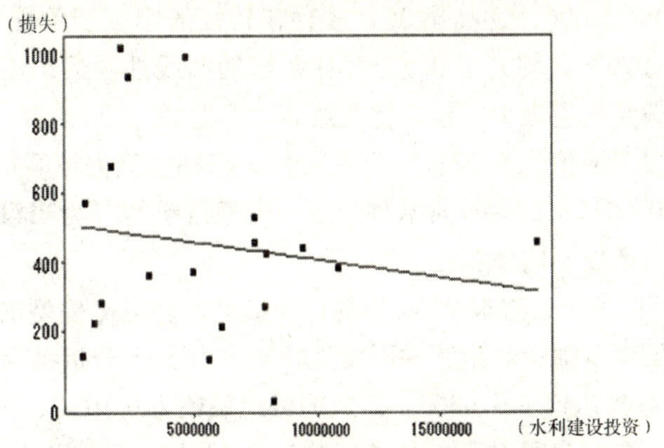


**图 31－2　损失额与水利建设投资额的散点图**

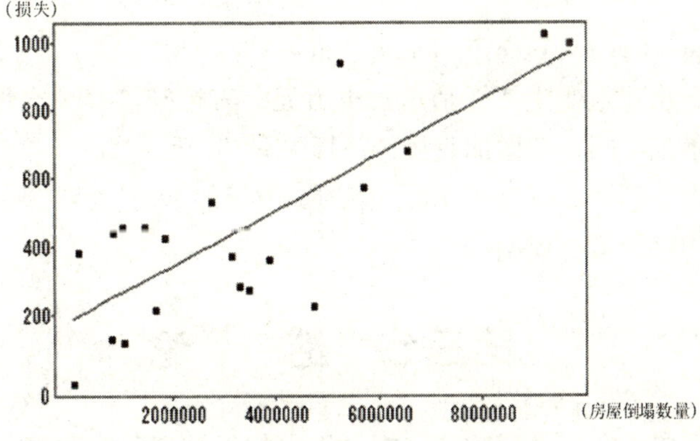


**图 31－3　损失额与房屋倒塌数量的散点图**

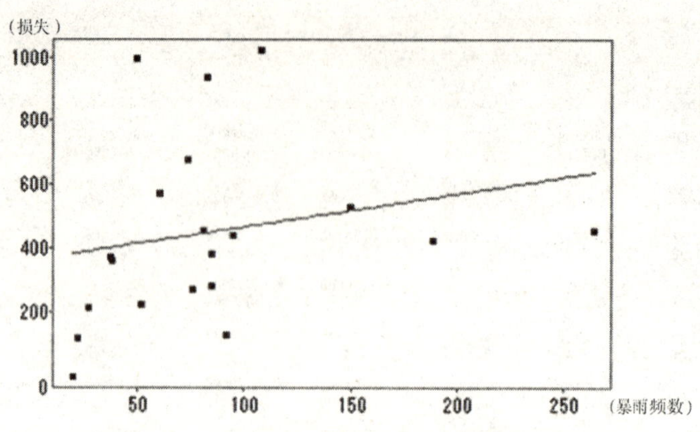


**图 31 - 4　损失额与暴雨频数的散点图**

由于备选解释变量很多，而且有些变量如 GDP、农业受灾面积和暴雨继发灾害对暴雨损失程度的影响与经济理论相悖，我们推断自变量存在多重共线性。利用 SAS 作共线性诊断，可知模型的条件数是 90.30006，远高出 30，故存在较强的中度相关性。GDP、architect 的方差分量为 0.99311、0.97976，均大于 0.5，存在明显的共线性。运用逐步回归法，剔除存在共线性的变量，得出解释变量最少、拟合优度最高的模型。

当有截距项时，模型 F 值为 8.92，可决系数为 0.8388。当去掉截距项时，模型 F 值变为 38.7，可绝系数变为 0.9542，故去掉常数项。因为由经济学解释为当没有暴雨发生时，不会有暴雨损失发生，故常数项不应该存在。

在 stepwise 逐步回归法下，选取 0.05 为解释变量进入和退出模型的标准，最后只留下两个解释变量——房屋倒塌及损毁数量和暴雨发生频数。由 SAS 分析结果可以看出模型的 F 值达到了 111.42，可绝系数达到了 0.9369。调整的可绝系数为 0.9285，模型拟合很显著。对于自变量的 p 值也很小，自变量很显著。其条件数为 2.43512，远小于 10，可以认为不存在相关性。所以得出的模型拟合得很好。

最终结果为：

loss = 0.01858architect + 0.0009701house_ num

从该方程可以看出建筑业生产总值增加 1 万元，直接经济损失会增加 0.01858 亿元。房屋倒塌或损毁数每增加 1 间，会增加直接经济损失 9 701 元。

将显著性水平提高到 0.15 和 0.2 时，逐步回归的结果和这个结果一样。说明这个模型是一个在目前因素下很好的拟合模型。

## 第三节　结　　论

通过对我国暴雨灾害数据进行统计分析，得出如下结论：在我国，就每年暴雨造成的直接经济损失额来说，房屋倒塌和损毁数量是最主要的影响因素，也是影响直接经济损失的最直接因素。其次，年暴雨发生的频数是次重要的解释变量。其中，由回归模型可以看出，房屋倒塌和损毁数量和一年中暴雨发生的频数与暴雨损失正相关。具体来看，在多元回归模型中，暴雨发生次数每增加一次，直接经济损失会增加 1.97668 亿元；房屋倒塌或损毁数每增加 1 间，会增加直接经济损失 8 654 元。

对于其他的影响因素，如 GDP、水利建设投资额、建筑业生产总值和农业受灾面积等，在目前的数据回归过程中，由于解释力不强都被剔除了，但不代表没有相关性。如农作物受灾面积也是正相关，相关系数为 0.40297，说明农村农作物受灾面积越大，暴雨造成的损失越大，这与我国暴雨造成的灾害主要在农村有关。

从上述定性分析和定量分析的结果可以看出，在这 19 年中，对直接经济损失影响最大的是房屋倒塌和损毁数量，正相关系数达到 0.82292。对于暴雨灾害的防治，首先要估算房屋的受灾概率。一般城市的排水防水和建筑物牢固程度都比农村和山区好，所以城市的房屋受灾概率较小，相反农村的受灾程度会很大。由相关矩阵可以看出，水利建设投资额与暴雨直接经济损失负相关，相关系数达到 -0.43880，所以要加大水利建设投资和增强农村山地的排水防水能力，从而使暴雨灾害降到最低限。

本部分需要说明的几点：第一，本文所采用的数据仅局限于我国，因此其研究结论主要适用于我国境内对暴雨灾害进行风险评估，境外的暴雨灾害数据可能与本文的研究结论并不完全一致；第二，本文采用的是我国 1991 ~ 2009 年有完整记录的暴雨灾害数据和其他影响因素数据，使得可用的数据量受到较大限制，研究结论是否能够适用于 1991 年之前的灾害数据或者用于预测，有待进一步研究。

# 第三十二章

# 暴雨灾害的脆弱性研究

## 第一节　脆弱性介绍

“脆弱性（Vulnerability）”这个概念最初来源于流行病学领域，描述的是哪些地区更容易发生流行病或已被流行病所感染。从20世纪70年代开始，逐渐将脆弱性应用于生态领域研究。20世纪80年代，“脆弱性”这个概念已经在全球环境生态变化和可持续发展研究中频繁出现，并逐渐延伸到灾害学以及社会经济系统领域。

现今，脆弱性分析与评价已经是环境学、灾害学和社会经济发展研究领域的一个热点和难点。

本章通过选取社会发展过程中不同类型的指标，利用层次分析方法，对全国所有地区进行脆弱性评价研究，指出脆弱性指标发展趋势，为防灾防损提供建议。

### 一、暴雨灾害脆弱性研究

#### （一）暴雨灾害脆弱性的定义

根据承灾体论，承灾体就是各种致灾因子作用的对象，常见的致灾因子主要包括地震、火山喷发、台风、暴风雨、风暴潮、山洪、泥石流等自然致灾因子，也包括战争、核事故、动乱等人为致灾因子。承灾体的划分标准有很多，本章出于研究需要，将承灾体划分为社会经济因素与自然因素两大类。

综上所述，暴雨灾害的脆弱性可定义为：承灾体易于或敏感于遭受暴雨灾害威胁与损失的性质与状态。

#### （二）暴雨灾害脆弱性的影响因素

1. 自然因素：主要包括气候因素、天然植被和土壤、地势地貌、水系分布情况及水土流失等。

2. 社会经济因素：人口密度、社会生产总值、灾害防治投入（如水利建设投入、地质灾害投入、排水管道建设等）。

### 二、层次分析法介绍

#### （一）层次分析法定义

层次分析法是指将一个复杂的多目标决策问题作为决策系统，将目标分解为多个标准或准则，进而分解为多指标（或准则、约束）的若干层次，通过定性指标模糊量化方法计算出层次单排序（权数）和总排序，并作为目标（多指标）、多方案优化决策的系统方法。

**（二）层次分析基本步骤**

1. 建立层次结构模型。在深入分析实际问题的基础上，将各个因素按照不同属性自上而下分解成若干个层次。同一层的诸因素从属于上一层的因素或对上层的因素有影响，同时又支配下一层的因素或受到下层因素的作用。最上层为目标层，通常只有一个因素；最下层通常为方案或对象层；中间可以有一个或几个层次，通常为准则或指标层。当准则过多时（譬如多于9个）应进一步分解出子准则层。

2. 构造成对比较矩阵。从层次结构模型的第二层开始，对于从属于（或影响）上一层各因素的同一层诸因素，用成对比较法和1～9比较尺度，直到最下层。

3. 计算权重向量并进行一致性检验。对于每一个成对比较矩阵计算最大特征根及对应特征向量，利用一致性指标、随机一致性指标和一致性比率进行一致性检验。若检验通过，特征向量（归一化后）即为权重向量；若不通过，则需重新构造成对比较矩阵。

## 第二节　暴雨灾害脆弱性的定量研究

### 一、脆弱性模型指标选取

**（一）指标层次**

根据暴雨灾害脆弱性研究需要，将指标分解为如下三个层次：

1. 目标层：脆弱性指标评价值。

2. 一级指标层：人口密度、社会正创造财富、灾害防治力度、自然基础情况。

3. 二级指标层：

（1）人口密度无需再次细分；

（2）社会正创造财富可细分为：地区生产总值、农业生产总值、房地产行业生产总值；

（3）灾害防治力度可细分为：水库总库容量、地质灾害防治投资额、水利建设完成投资额、排水管道长度；

（4）自然基础情况可细分为：森林覆盖率、农村耕地、河流面积、降雨量。

**（二）选取指标解释**

1. 人口密度：通常一个地区人口密度越大，暴雨灾害造成的伤亡就会越大。其与脆弱性正相关。

2. 社会正创造财富：经济总产值越高，暴雨造成的损失可能就会越大。其与脆弱性正相关。

3. 灾害防治力度：反映出一个地方对灾害防治所做的投入工作。其与脆弱性负相关。

4. 自然基础情况：体现一个地区的自然状况。由于暴雨主要以次生灾害的形式给一个地区造成损失，而次生灾害尤以洪水与泥石流为最主要的两种形式，所以选取森林覆盖率等指标。其中，森林覆盖率与脆弱性负相关，农村耕地、河流面积、降雨量与脆弱性正相关。

**（三）选取指标来源**

选取的指标数据来源于已公开出版的各年《中国统计年鉴》、《中国水利年鉴》及地方性统计年鉴。

## 二、脆弱性研究方法及思路

### （一）研究方法

层次分析法。

### （二）研究思路

1. 首先进行全国层面的研究，分为空间和时间两个方面。空间上计算全国各省（区、市）脆弱性水平；时间上计算各省（区、市）3 年的脆弱性水平。

2. 针对暴雨灾害重点地区进行脆弱性定性分析。

3. 针对全国与重点灾害地区两个层面，对防灾防损提出建议。

脆弱性指标评价体系标准见表 32－1 和表 32－2。

**表 32－1　　脆弱性指标评价体系标准**

| 脆弱性分级 | 脆弱性指标指数（%） |
|---|---|
| 极度脆弱区 | 80～100 |
| 高度脆弱区 | 50～80 |
| 中度脆弱区 | 40～50 |
| 低度脆弱区 | 30～40 |
| 一般脆弱区 | 0～30 |

**表 32－2　　脆弱性指标选取及数据来源**

<table>
<tr><td rowspan="14">脆弱性指标评价体系</td><td>一级指标</td><td>二级指标</td><td>数据来源</td></tr>
<tr><td>人口情况</td><td>人口数（万人）</td><td rowspan="6">《中国统计年鉴》</td></tr>
<tr><td rowspan="3">社会正创造财富</td><td>地区生产总值（亿元）</td></tr>
<tr><td>农业生产总值（亿元）</td></tr>
<tr><td>地产行业新增总值（亿元）</td></tr>
<tr><td rowspan="4">灾害防治力度</td><td>水库总库容量（亿立方米）</td></tr>
<tr><td>地质灾害防治投资（万元）</td></tr>
<tr><td>水利建设投资额（亿元）</td><td>《中国水利年鉴》</td></tr>
<tr><td>排水管道长度（公里）</td><td rowspan="5">《中国统计年鉴》</td></tr>
<tr><td rowspan="4">自然基础情况</td><td>森林覆盖率（%）</td></tr>
<tr><td>农村耕地面积（千公顷）</td></tr>
<tr><td>河流面积（千公顷）</td></tr>
<tr><td>降雨量（毫米）</td></tr>
</table>

## 三、脆弱性指标定量研究

根据一级指标构造判断矩阵如下：

$$\begin{pmatrix} 1 & 0.5 & 0.333333333 & 0.25 \\ 2 & 1 & 0.5 & 0.333333333 \\ 3 & 2 & 1 & 0.5 \\ 4 & 3 & 2 & 1 \end{pmatrix}$$

按列归一化得：

$$\begin{pmatrix} 0.1 & 0.076923077 & 0.086956522 & 0.12 \\ 0.2 & 0.153846154 & 0.130434783 & 0.16 \\ 0.3 & 0.307692308 & 0.260869565 & 0.24 \\ 0.4 & 0.461538462 & 0.521739130 & 0.48 \end{pmatrix}$$

采用规范列平均法（和法），计算特征向量为：

$$\begin{pmatrix} 0.0957 \\ 0.16107 \\ 0.27714 \\ 0.465819 \end{pmatrix}$$

根据特征向量计算其最大特征根，并进行一致性检验。经计算其可通过一致性检验，可采用此特征向量作为一级指标相应权重。

以此类推，分别对每一个一级指标相对应的二级指标构造判断矩阵，计算其相应权重，并进行一致性检验，得到最终权重值（见表 32 -3）。

表 32 -3 脆弱性指标权重列表

| | 一级指标 | 一级权重 | 二级指标 | 二级权重 |
|---|---|---|---|---|
| 脆弱性指标评价体系 | 人口情况 | 0.09597 | 人口数 | 1 |
| | 社会正创造财富 | 0.16107 | 地区生产总值 | 0.163781 |
| | | | 农业生产总值 | 0.297258 |
| | | | 地产行业新增总值 | 0.538961 |
| | 灾害防治力度 | 0.27714 | 水库总库容量 | 0.09597 |
| | | | 地质灾害防治投资 | 0.16107 |
| | | | 水利建设投资额 | 0.27714 |
| | | | 排水管道长度 | 0.465819 |
| | 自然基础情况 | 0.465819 | 森林覆盖率 | 0.088287 |
| | | | 农村耕地面积 | 0.157508 |
| | | | 河流面积 | 0.271798 |
| | | | 降雨量 | 0.482407 |

由此可得二级指标最终权重值（见表 32 -4）。

表 32－4　二级指标最终权重值

| 指标 | 权重值 |
|---|---|
| 人口数 | 0.095970 |
| 地区生产总值 | 0.026380 |
| 农业生产总值 | 0.047879 |
| 地产行业新增总值 | 0.086811 |
| 水库总库容量 | 0.026597 |
| 地质灾害防治投资 | 0.044639 |
| 水利建设投资额 | 0.076807 |
| 排水管道长度 | 0.129097 |
| 森林覆盖率 | 0.041126 |
| 农村耕地面积 | 0.073370 |
| 河流面积 | 0.126609 |
| 降雨量 | 0.224714 |

以 2008 年数据为例，计算全国各省（区、市）的脆弱性指标数值（见表 32－5）。

表 32－5　脆弱性指标数值

| 省（区、市） | 指数数值（%） |
|---|---|
| 海南 | 58.27 |
| 广东 | 56.13 |
| 湖南 | 54.67 |
| 江苏 | 54.65 |
| 河南 | 54.35 |
| 山东 | 52.12 |
| 湖北 | 50.35 |
| 安徽 | 50.03 |
| 天津 | 49.71 |
| 广西 | 49.56 |
| 江西 | 48.53 |
| 吉林 | 48.29 |
| 河北 | 48.16 |
| 上海 | 48.01 |
| 山西 | 44.88 |

续表

| 省（区、市） | 指数数值（%） |
|---|---|
| 浙江 | 44.76 |
| 福建 | 43.76 |
| 贵州 | 43.41 |
| 四川 | 42.58 |
| 重庆 | 42.34 |
| 云南 | 40.63 |
| 宁夏 | 40.47 |
| 北京 | 40.17 |
| 陕西 | 39.75 |
| 黑龙江 | 38.96 |
| 甘肃 | 37.75 |
| 辽宁 | 37.63 |
| 内蒙古 | 36.92 |
| 西藏 | 35.10 |
| 青海 | 33.93 |
| 新疆 | 32.23 |

据此结果，可对全国各省（区、市）脆弱性进行排序，结果见表 32－6。

**表 32－6　各省（区、市）脆弱性分类评价结果**

| 极度脆弱区 | 无 | | | | | |
|---|---|---|---|---|---|---|
| 高度脆弱区 | 海南 | 广东 | 湖南 | 江苏 | 河南 | 山东 |
| | 湖北 | 安徽 | | | | |
| 中度脆弱区 | 天津 | 广西 | 江西 | 吉林 | 河北 | 上海 |
| | 福建 | 贵州 | 四川 | 重庆 | 云南 | 宁夏 |
| | 山西 | 浙江 | 北京 | | | |
| 低度脆弱区 | 陕西 | 黑龙江 | 甘肃 | 辽宁 | 内蒙古 | 西藏 |
| | 青海 | 新疆 | | | | |
| 一般脆弱区 | 无 | | | | | |

以此类推，计算出 2007～2009 年全国各省（区、市）脆弱性指标数值（见表 32－7）。

表 32 -7　　　　　　　　　　　　　　　　脆弱性年度指标

| 省（区、市） | 2009 年 | 2008 年 | 2007 年 |
|---|---|---|---|
| 北京 | 38. 72% | 40. 17% | 38. 91% |
| 天津 | 50. 89% | 49. 71% | 49. 12% |
| 河北 | 47. 35% | 48. 16% | 46. 02% |
| 山西 | 47. 22% | 44. 88% | 46. 50% |
| 内蒙古 | 33. 56% | 36. 92% | 33. 72% |
| 辽宁 | 43. 65% | 37. 63% | 47. 69% |
| 吉林 | 44. 17% | 48. 29% | 48. 59% |
| 黑龙江 | 39. 38% | 38. 96% | 40. 48% |
| 上海 | 52. 05% | 48. 01% | 61. 08% |
| 江苏 | 57. 23% | 54. 65% | 61. 42% |
| 浙江 | 45. 51% | 44. 76% | 52. 16% |
| 安徽 | 49. 88% | 50. 03% | 55. 11% |
| 福建 | 42. 17% | 43. 76% | 44. 97% |
| 江西 | 46. 10% | 48. 53% | 52. 75% |
| 山东 | 51. 42% | 52. 12% | 56. 74% |
| 河南 | 54. 30% | 54. 35% | 56. 22% |
| 湖北 | 48. 80% | 50. 35% | 50. 65% |
| 湖南 | 51. 07% | 54. 67% | 53. 74% |
| 广东 | 43. 47% | 56. 13% | 55. 62% |
| 广西 | 41. 26% | 49. 56% | 48. 07% |
| 海南 | 58. 09% | 58. 27% | 57. 79% |
| 重庆 | 43. 50% | 42. 34% | 57. 32% |
| 四川 | 39. 92% | 42. 58% | 42. 37% |
| 贵州 | 41. 14% | 43. 41% | 46. 82% |
| 云南 | 35. 33% | 40. 63% | 45. 45% |
| 西藏 | 32. 95% | 35. 10% | 36. 24% |
| 陕西 | 40. 67% | 39. 75% | 45. 33% |
| 甘肃 | 36. 22% | 37. 75% | 39. 90% |
| 青海 | 34. 46% | 33. 93% | 37. 49% |
| 宁夏 | 40. 16% | 40. 47% | 40. 36% |
| 新疆 | 33. 82% | 32. 23% | 35. 99% |

### 四、脆弱性结果解释及相应防灾措施建议

针对上述定量分析，本部分针对不同地区的不同脆弱性结果进行定性分析，并对今后的防灾防损提供建议。

**（一）高度脆弱区分析**

高度脆弱区大部分位于我国长江中下游流域以及珠江流域。由此，此类地区暴雨灾害的特点就是：频数高，损失密度大，易发生极端灾害事件。在高度脆弱地区中，不少地方城市化的速度越来越快，但城市排水系统的建设却跟不上城市化的步伐、森林覆盖率逐渐降低等等，进一步加剧了暴雨来袭时这些地区的脆弱性。

对此类地区的防灾建议是：在农村，大力发展水利设施建设，同时利用现有资源，让建设好的水利设施真正服务于民；同时，在大城市加快城市排水管网系统的升级改造。

**（二）中度脆弱区分析**

中度脆弱区大致可分为三种。第一种是临海地区，如浙江省、福建省等；第二种是超大型城市，如北京市、上海市等。这种地区人口密度大，GDP 产值高，造成脆弱性数值偏大；第三种则是中国内陆多山地区，如四川省、贵州省等。这些地区的特点是多山川，暴雨来袭时极易引发山体滑坡与泥石流，造成人员财产的较大伤亡。

对于第一种类别，防灾建议仍是以继续加强水利设施建设为主；对于第二种类别，防灾重点应放在城市的排水系统上，特别是像北京、上海这样的大城市，如果不加快城市排水系统改造，一旦暴雨来袭，城市发生内涝的可能性会非常大，极易造成交通瘫痪与人员伤亡；对于第三种类别，针对暴雨极易引致山体滑坡和泥石流，防灾重点应放在提高森林覆盖率、防止土地流失上。

**（三）低度脆弱区分析**

低度脆弱区暴雨灾害频数较少，损失密度低，多为经济欠发达地区，因此防灾重点应放在严密防范短时的强降雨过程可能引发的地质灾害上。

## 第三节　脆弱性重点地区——湖南省分析

### 一、湖南省基本状况描述

暴雨灾害有其自身的特点，即暴雨本身不会造成很大的人员财产损失，但是由暴雨引发的次生灾害往往会造成比较大的人员伤亡以及经济损失。暴雨灾害的主要次生灾害为洪涝与泥石流。暴雨灾害引致的泥石流主要多发于我国山区，如四川省、贵州省等。而暴雨灾害引致的洪涝灾害强度大，波及范围广，往往会带来较大损失。本节根据暴雨灾害自身的特点，以湖南省为例进行暴雨灾害的脆弱性分析。

### 二、指标选取与模型构建

鉴于地方性年鉴可供查找的数据来源及对重点地区脆弱性分析的指标要求，重点地区的脆弱性分析指标选取见表 32－8。

表 32 – 8　　重点地区脆弱性指标评价体系

| | 一级指标 | 二级指标 | 数据来源 |
|---|---|---|---|
| 脆弱性指标评价体系 | 人口情况 | 人口数（万人） | 《湖南省统计年鉴》 |
| | 社会正创造财富 | 地区生产总值（亿元） | |
| | | 农业生产总值（亿元） | |
| | | 地产行业新增总值（亿元） | |
| | 灾害防治力度 | 水库总库容量（亿立方米） | |
| | | 塘坝容量（亿立方米） | |
| | | 堤坝长度（公里） | |
| | | 排水管道长度（公里） | |
| | 自然基础情况 | 农村耕地（千公顷） | |
| | | 降雨量（毫米） | |

## 三、重点地区脆弱性指标定量研究

根据一级指标构造判断矩阵如下：

$$\begin{pmatrix} 1 & 0.5 & 0.333333333 & 0.25 \\ 2 & 1 & 0.5 & 0.333333333 \\ 3 & 2 & 1 & 0.5 \\ 4 & 3 & 2 & 1 \end{pmatrix}$$

按列归一化得：

$$\begin{pmatrix} 0.1 & 0.076923077 & 0.086956522 & 0.12 \\ 0.2 & 0.153846154 & 0.130434783 & 0.16 \\ 0.3 & 0.307692308 & 0.260869565 & 0.24 \\ 0.4 & 0.461538462 & 0.521739130 & 0.48 \end{pmatrix}$$

采用规范列平均法（和法），计算特征向量为：

$$\begin{pmatrix} 0.0957 \\ 0.16107 \\ 0.27714 \\ 0.465819 \end{pmatrix}$$

根据特征向量计算其最大特征根，并进行一致性检验。经计算其可通过一致性检验，可采用此特征向量作为一级指标相应权重。

依此类推，分别对每一个一级指标相对应的二级指标构造判断矩阵，计算其相应权重，并进行一致性检验，得到最终权重值（见表 32 – 9 和表 32 – 10）。

表 32－9　　脆弱性指标体系权重值

<table>
<tr><td rowspan="12">脆弱性指标评价体系</td><td>一级指标</td><td>一级权重</td><td>二级指标</td><td>二级权重</td></tr>
<tr><td>人口情况</td><td>0.0959699</td><td>人口数</td><td>1</td></tr>
<tr><td rowspan="3">社会正创造财富</td><td rowspan="3">0.161070234</td><td>地区生产总值</td><td>0.163780664</td></tr>
<tr><td>农业生产总值</td><td>0.297258297</td></tr>
<tr><td>地产行业新增总值</td><td>0.538961039</td></tr>
<tr><td rowspan="4">灾害防治力度</td><td rowspan="4">0.277140468</td><td>水库总库容量</td><td>0.0959699</td></tr>
<tr><td>塘坝容量</td><td>0.161070234</td></tr>
<tr><td>堤坝长度</td><td>0.277140468</td></tr>
<tr><td>排水管道长度</td><td>0.465819398</td></tr>
<tr><td rowspan="2">自然基础情况</td><td rowspan="2">0.465819398</td><td>农村耕地</td><td>0.333333333</td></tr>
<tr><td>降雨量</td><td>0.666666667</td></tr>
</table>

表 32－10　　二级指标最终权重赋值

| 人口数 | 0.095969900 |
|---|---|
| 地区生产总值 | 0.026380190 |
| 农业生产总值 | 0.047879464 |
| 地产行业新增总值 | 0.086810581 |
| 水库总库容量 | 0.026597143 |
| 塘坝容量 | 0.044639080 |
| 堤坝长度 | 0.076806839 |
| 排水管道长度 | 0.129097406 |
| 农村耕地 | 0.155273133 |
| 降雨量 | 0.310546265 |

湖南省主要城市 3 年脆弱性结果见表 32－11 和图 32－1。

表 32－11　　湖南省主要城市 3 年脆弱性指标

| 城市＼时间 | 2008 年 | 2007 年 | 2006 年 |
|---|---|---|---|
| 长沙 | 47.52% | 54.05% | 76.15% |
| 株洲 | 53.50% | 43.86% | 57.33% |
| 湘潭 | 49.31% | 60.10% | 62.85% |
| 衡阳 | 56.86% | 55.92% | 60.86% |
| 邵阳 | 39.24% | 50.50% | 45.71% |
| 岳阳 | 36.99% | 37.89% | 44.54% |

续表

| 城市＼时间 | 2008 年 | 2007 年 | 2006 年 |
| --- | --- | --- | --- |
| 常德 | 48.48% | 48.06% | 53.40% |
| 张家界 | 37.92% | 25.43% | 25.28% |
| 益阳 | 36.49% | 42.32% | 65.17% |
| 郴州 | 61.29% | 62.09% | 47.66% |
| 永州 | 44.50% | 46.01% | 48.49% |
| 怀化 | 42.47% | 37.64% | 42.46% |
| 娄底 | 68.72% | 56.70% | 58.52% |
| 湘西 | 58.77% | 31.18% | 34.09% |

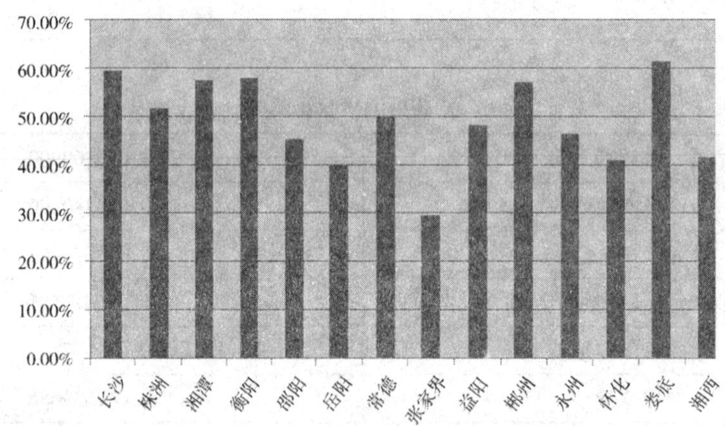


**图 32－1　湖南省主要城市脆弱性均值指标图**

## 四、脆弱性结果解释及相应防灾防损措施建议

根据计算结果，湖南省主要城市脆弱性平均指标前三位分别是娄底、长沙、衡阳。数据结果基本与全国层次分析一致，产值越高、人口密度越大、城市化进程较快的地区在本次脆弱性模型评价中排名靠前。

鉴于本次脆弱性模型评价的理论基础、指标选取等因素，对湖南省今后的防灾防损措施建议如下：

第一，在平原、农田地区，应加强相关水利设施建设，同时积极发挥现有水利设施的作用，调整好农田收获时节与暴雨集中时节的关系，使暴雨对农田的毁坏程度降至最低。

第二，在一些山区，应着力提高森林覆盖率，防止水土流失。因为在山区，若土地流失严重，一旦暴雨来临极易引发山洪泥石流，造成人员伤亡与财产损失。

第三，在城市地区，加快排水系统建设，合理进行城市化布局，使城市排水系统的建设赶得上城市其他设施发展的进程，否则一旦暴雨来袭极易造成严重内涝。

# 第三十三章

# 暴雨灾害的异常损失分析

## 第一节　暴雨灾害的 Gumbel 异常损失分析

### 一、对于暴雨在未来一年内超过单次历史最高值的预测

根据暴雨拟合的信息，暴雨的年度频数符合参数值为 k = 2、p = 0.0235338、q = 0.9764662 的负二项分布，再根据 Gumbel's Method of Exceedance 中 S 的分布，可以得到未来一年内单次暴雨损失超过历史最高值的概率。

由于在给定未来一年暴雨频数的情况下 S 是一个超几何分布，而暴雨的频数符合一个二项分布，因此可以用全概率公式来计算未来一年内超过历史单次最大损失的概率。即：

$$P(S=j)=\frac{\binom{r+n-k-j}{n-k}\binom{j+k-1}{k-1}}{\binom{r+n}{n}}$$

$$p(X=x)=\binom{1+x}{x-1}p^2q^x,\ p=0.0235338,\ q=0.9764662$$

$$P(S=0)=\sum_{i=1}^{\infty}P(S=0\mid r=i)\,P(i)$$

通过计算，得到未来一年内，暴雨不超过历史单次最大损失的概率为 0.252896307。

在给定未来一年暴雨频数的情况下，未来一年中单次暴雨损失不超过历史最大值的概率如图 33 - 1 所示。

可以看到，随着未来一年暴雨次数增加，未来一年不超过历史最大值的概率下降，即超过历史最大值的概率上升。

### 二、对未来年度暴雨造成的总损失的预测

在未来年度暴雨造成的总损失预测中，可以利用的年度损失数据是 1990 ~ 2007 年的数据，一共 18 个，数据量较小，其中最大值为 1991 年的 6 700.096 亿元（经过调整）。

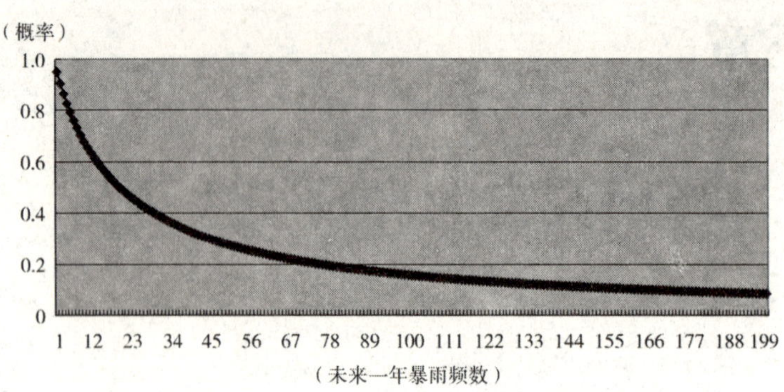


**图 33－1　未来一年中单次暴雨损失不超过历史最大值的概率图**

先对数据进行排序，然后通过计算，得到表 33－1，未来 20 年内暴雨年度总损失不超过 1991 年 6 700. 096 亿元的概率为 0. 48718，超过 1991 年 1 次的概率为 0. 25641，超过 2 次的概率为 0. 13167。同样的，未来 20 年中，暴雨年度总损失不超过以前第二大总损失的概率为 0. 230769，超过 1 次的概率为 0. 24948，超过 2 次的概率为 0. 197505。

**表 33－1　　未来 20 年内暴雨年度总损失预测情况**

| | 不超过 | 超过 1 次 | 超过 2 次 | 超过 3 次 | 超过 4 次 |
|---|---|---|---|---|---|
| 最大值 | 0. 487180 | 0. 256410 | 0. 131670 | 0. 065835 | 0. 031977 |
| 第二顺序量 | 0. 230769 | 0. 249480 | 0. 197505 | 0. 135432 | 0. 084645 |
| 第三顺序量 | 0. 106029 | 0. 176715 | 0. 191862 | 0. 169290 | 0. 130815 |
| 第四顺序量 | 0. 047124 | 0. 107712 | 0. 150480 | 0. 164160 | 0. 152618 |
| 第五顺序量 | 0. 020196 | 0. 059400 | 0. 102600 | 0. 134663 | 0. 147695 |

从图 33－2 中可以看到，未来 20 年不超过前 5 大极值的概率逐渐变小，而且概率下降速度非常快。未来 20 年内不超过最大值的概率还是比较大，但是不超过第 5 顺序变量的概率非常小，即说明未来 20 年超过 1991 年度损失 6 700. 096 亿元的概率非常大。

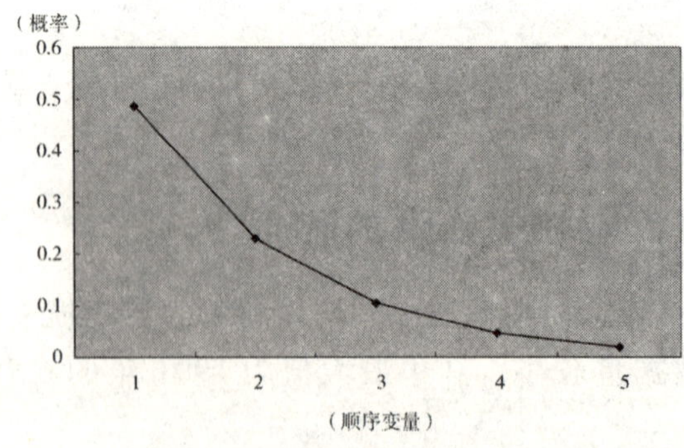


**图 33－2　未来 20 年不超过前 5 大极值的概率分布图**

图 33－3 展示的是未来 5 年、10 年、15 年、20 年中不超过最大的 5 个顺序统计量的概率。

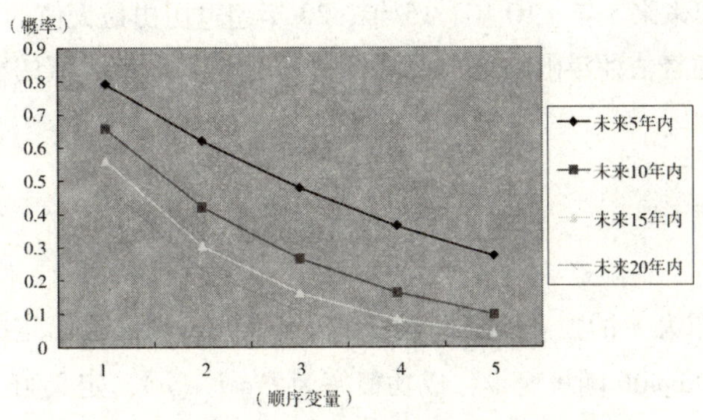


**图 33-3 未来不超过最大的 5 个顺序统计量的概率**

从图 33-3 可以看到，预测的时间期限越长，不超过特定值的概率越小，即超过特定值的概率越大。这跟我们的常识理解是一致的。但这几条线的曲度不是很一致。未来 5 年的情况下，不超过前 5 大极值的概率差不多呈直线下降；而预测期为未来 20 年的情况下，是一个下凸型的下降曲线，概率下降速度先快后慢。

通过图 33-4 可以看到未来 20 年的年度损失量中，不超过最大损失量的概率比较大，超过一次的概率约在 0.25 的位置，以后超过次数越多，概率越小。

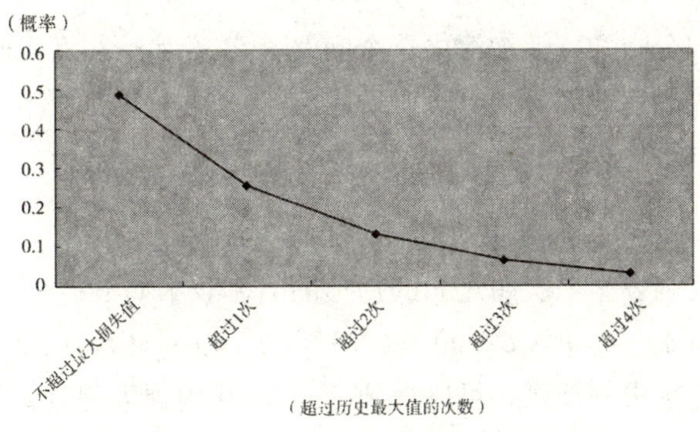


**图 33-4 未来 20 年年度损失量的极值预测图**

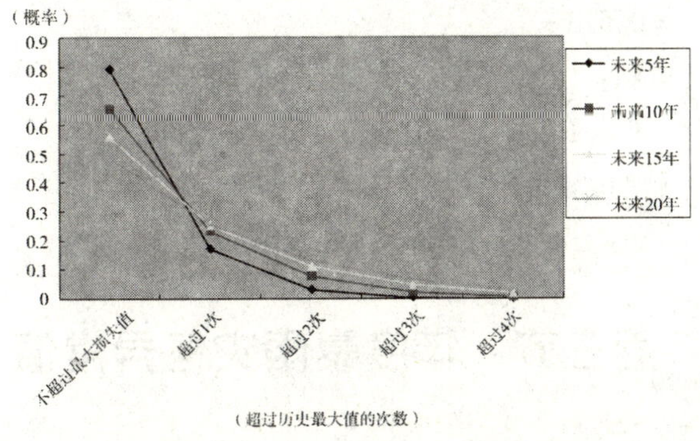


**图 33-5 未来年度损失量的极值预测**

图33－5对比了未来5年、10年、15年、20年超过历史最大值的概率，可以看到未来不超过最大值的概率随着估计年限的增长而降低，而超过未来最大值的概率随着估计年限的增长而增长。

## 第二节　暴雨的赔期

$X_i$ 可以作为分布为 $F$ 的独立的随机变量，$u$ 定义为一个已经给定的开始值。这样可以把 $I_{\{X_i>u\}}$ 当成是一个 Bernoulli 随机变量，成功概率为 $P=\overline{F}(u)$。定义第一次成功的时间为：

$$L(u)=min(i\geqslant 1: X_i>u)$$

则：

$$P(L(u)=k)=(1-p)^{k-1}p$$

注意到独立同分布的随机变量：

$$L_1(u)=L(u)$$

$$L_{n+1}(u)=min\{i>L_n(u): X_i>u\},\ n\geqslant 1$$

$L_{n+1}(u)$ 可以用来表示连续两个超过给定值的损失之间的时间间隔。

事件 $\{X_i>u\}$ 的赔期可以定义为：

$$EL(u)=p^{-1}=\overline{(F(u))}^{-1}$$

下面可以通过几何分布的特性来解决这个问题。定义为 $r_k$ 在 $k$ 段时间之前至少发生一次超过 $u$ 的损失的概率，表达式如下：

$$r_k=P(L(u)\leqslant k)=p\sum_{i=1}^{k}(1-p)^{i-1}=1-(1-p)^k,\ k\in N$$

这样就得到 $r_k$ 与 $p$ 之间一一对应的关系。

在赔期之前的时间内发生一次超过 $u$ 的损失的概率表示如下：

$$P(L(u)\leqslant EL(u))=P(L(u)\leqslant[1/p])=1-(1-p)^{[1/p]}$$

根据前面对年度总损失的预测，可以得到未来20年内损失超过 $u$ 的概率为：

$$P(X_i>u)=1-P(X_i<u)=1-0.487=0.513$$

即：

$$P(L(u)\leqslant 20)=0.513$$

根据前面的分析，得到：

$$P(L(u)\leqslant 20)=1-(1-p)^{20}=0.513$$

解得 $p$ 为0.0351，赔期为 $p$ 的倒数28.3年。即像1991年那样大的年度损失，统计意义上28.3年才会再发生一次。

## 第三节　年度暴雨灾害异常值

### 一、年度暴雨灾害异常值统计表

年度暴雨灾害异常值统计表见表33－2。

表 33－2 年度异常值统计

| 统计指标 | 年度 | 数据 |
|---|---|---|
| 暴雨频数最大 | 2009 年 | 265 次 |
| 农作物受灾面积最大 | 1997 年 | 26 881 千公顷 |
| 受灾人口最多 | 1998 年 | 24 485 万人 |
| 房屋倒塌数量最多 | 1998 年 | 9 744 625 间 |
| 死亡及失踪人口数量 | 1998 年 | 353 183 人 |
| 经济损失额最高 | 1995 年 | 1 036 亿元 |

## 二、代表性暴雨灾害的介绍与分析

根据相关灾害发生理论的研究①，“灾害是地球表面异变过程的产物，是致灾因子②、孕灾环境③与承灾体④综合作用的结果”。因此，在下文中的代表性暴雨灾害——1998 年长江流域暴雨的介绍与分析中，将主要从这三个方面进行分析。

### （一）灾情总体描述

1998 年主汛期（6～8 月），长江流域降雨为全流域型偏多。鄱阳湖饶、修、抚水和湖区，清江，洞庭湖澧水、资水、沅江，雅砻江下游等流域 6～8 月降雨量在 1 000 毫米以上，澧水上游总降雨量超过 2 000 毫米。与历年均值比较，长江上中游干流区偏多达六成，金沙江、乌江、洞庭湖和鄱阳湖水系偏多为四五成，嘉陵江偏多三成，汉江区偏多一成，岷江、沱江及长江下游干流区偏多不到一成（见图 33－6）。

根据天气形势的转变和雨带分布特点，1998 年主汛期长江降雨发展过程可分为以下四个阶段。

1. 6 月 11 日～7 月 3 日（中下游第一阶段梅雨期）。降雨集中在鄱阳湖水系的昌江、乐安河、信江、赣江吉安以下、抚河、锦江、潦河、修水和湖区以及洞庭湖水系的湘江湘潭以下、资水、沅江局地和湖区，降雨均在 300 毫米以上。降雨大于 500 毫米的笼罩面积近 9 万平方公里，局部地区如江西省信江的上清、弋阳、铁路坪站（铅山县）分别为 1 120 毫米、1 032毫米和 1 004 毫米，为本次梅雨中心雨量最大的 3 个站。另外在三峡区间下段、清江及澧水部分地区也有一个大于 300 毫米的区域，最大为清江的建始站 440 毫米。6 月 11 日～7 月 3 日太于 300 毫米的笼罩面积为 26.4 万平方公里（见图 33－7）。

① 史培军：“再论灾害研究的理论与实践”，《自然灾害学报》1996 年第 5 卷第 4 期。

② 致灾因子包括自然致灾因子，例如地震、火山喷发、滑坡、泥石流、台风、暴风雨、风暴潮、龙卷风、尘暴、洪水、海啸等，也包括环境及人为致灾因子，如战争、动乱、核事故等。

③ 孕灾环境包括孕育产生灾害的自然环境与人文环境。持孕灾环境论的有关研究者认为，近年灾害发生频繁，损失逐年增加，其原因与区域及全球环境变化有密切关系，其中最为主要的是气候与地表覆盖的变化以及物质文化环境的变化。

④ 承灾体就是各种致灾因子作用的对象，是人类及其活动所在的社会与各种资源的集合。其中，人类既是承灾体，又是致灾因子。

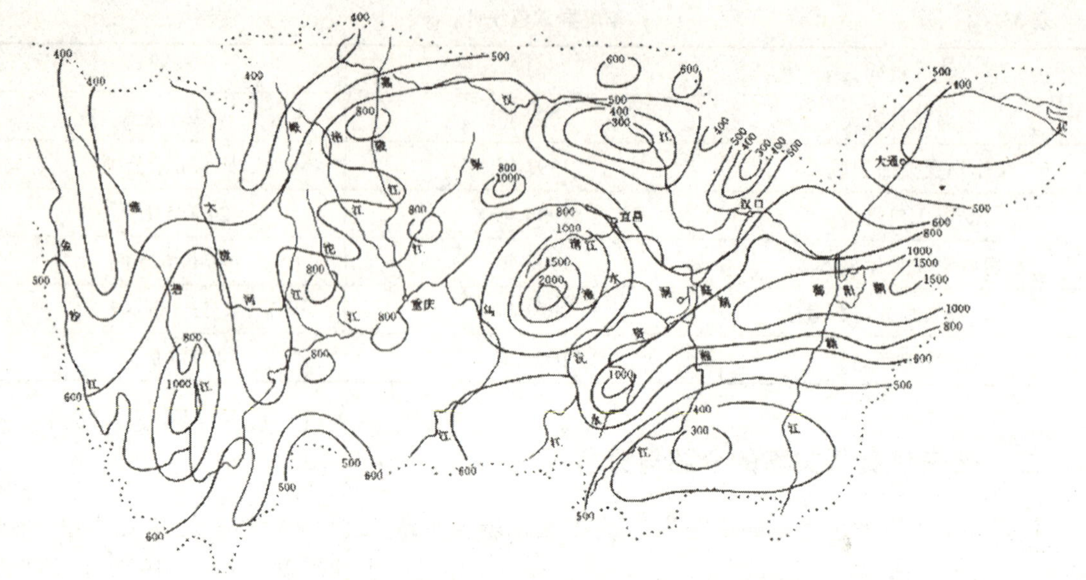


图 33-6 1998 年 6~8 月长江流域降雨量等值线图

图 33-7 1998 年 6 月 11 日 8 时~7 月 4 日 8 时长江流域降雨量等值线图

2. 7 月 4 日~15 日（上游第一阶段集中降雨期）。此阶段主要降雨集中在长江上游及汉江上游地区，长江中下游基本无雨。

3. 7 月 16 日~31 日（中下游第二阶段梅雨期）。从 7 月 16 日开始，雨带又重新回到了长江中下游干流及江南地区，直到 7 月 31 日，为 1998 年的第二度梅雨期。7 月 16 日~31 日，乌江、沅江、澧水、武汉市、鄂东北和鄱阳湖水系的信江、乐安河、抚河、修水等地相继出现大暴雨。这段时期累积雨量超过 300 毫米的范围为 17 万多平方公里，400 毫米以上为 6 万多平方公里，并有 3 个大于 500 毫米的雨区。3 个区域的中心以湖南省沅江的龙山县水田站 1 001 毫米为最大；其次为江西省乐安河的婺源县三都站 881 毫米；靖安县潦河的叶家站 618 毫米（见图 33-8）。

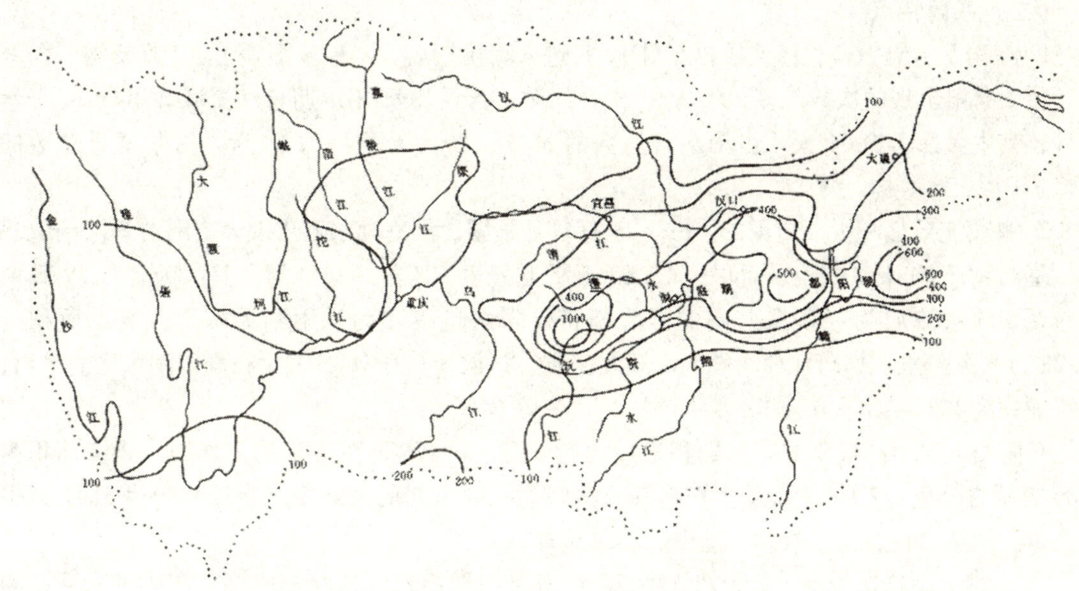


图 33－8　1998 年 7 月 16 日 8 时～8 月 1 日 8 时长江流域降雨量等值线图

4. 8 月 1 日～29 日（上游第二段集中降雨）。8 月 1 日～15 日，岷江、乌江、清江、三峡区间、汉江中下游先后出现暴雨，主要降雨区集中在三峡以上地区及汉江流域。16～18 日雨区发展到长江中下游及江南地区。19～25 日雨区又回到嘉岷流域及汉江流域，26～29 日雨区再度影响长江中下游及江南地区。

8 月 1 日～29 日，大于 300 毫米的区域主要集中在三峡万县至宜昌区间，清江流域，乌江下游，沅、澧水上游，汉江中下游以及嘉岷流域的部分地区，其中 500 毫米以上的地区在沅、澧水上游及清江的部分地区，以澧水的桑植县五道水站 869 毫米为最大（见图 33－9）。

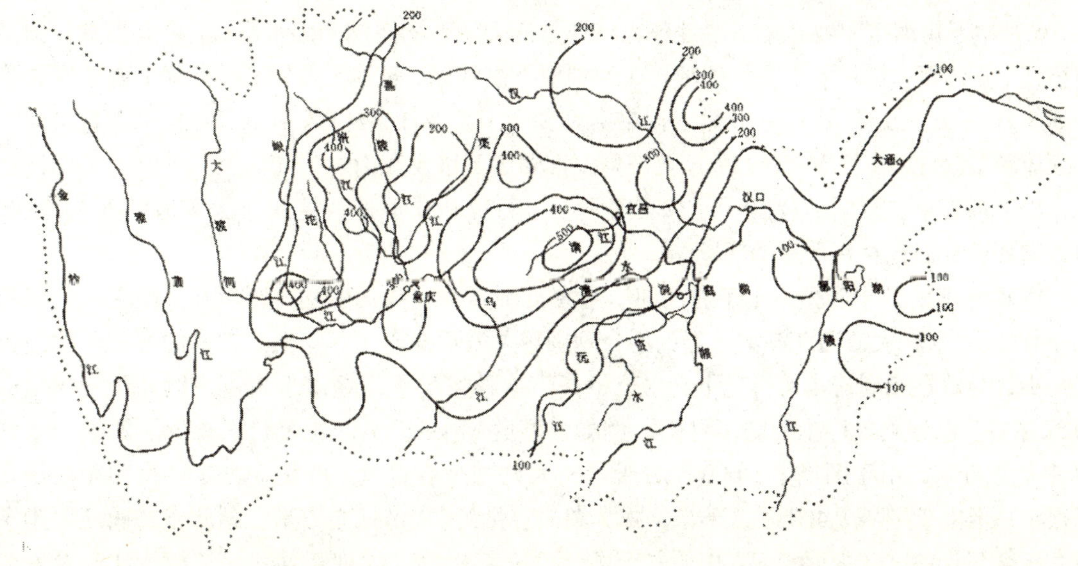


图 33－9　1998 年 8 月 1 日 8 时～8 月 30 日 8 时长江流域降雨量等值线图

**（二）暴雨特点**

1. 暴雨发生频繁。长江流域自6月11日进入梅雨期后，各地暴雨频繁。7月暴雨、大暴雨、特大暴雨出现的次数最多，仅7月11日间歇1天。1998年汛期长江流域共出现74个暴雨日，其中大暴雨为64天，占暴雨日总数的86%；特大暴雨日为18天，占暴雨日总数的24%。

2. 暴雨笼罩面积大、范围广。6月23日，鄱阳湖、洞庭湖水系出现大范围的暴雨到大暴雨，降雨大于50毫米的笼罩面积达15.60万平方公里，跨及9条江河。其次为7月22日两湖水系、陆水流域为一条东西向的强降雨带，降雨量级多为暴雨到大暴雨，笼罩面积为13.28万平方公里，横跨江西、湖南、湖北三省。再次为6月18日发生在鄱阳湖水系的暴雨，笼罩面积为12.24万平方公里。

日降雨大于100毫米的笼罩面积最大的为6月13日发生在两湖的大暴雨，笼罩面积为5.06万平方公里。7月21日发生在乌江、洞庭湖、鄂东北的大暴雨，笼罩面积为3.41万平方公里，居第二位，跨及贵州、湖南、湖北3省。

3. 暴雨中心稳定少动。6月11日~26日强降雨带稳定维持在洞庭湖、鄱阳湖水系，滞留时间长达16天之久。7月4日~16日强降雨带推移到长江上游广大地区，维持13天。7月20日~31日强降雨带又回到两湖水系，历时15天。8月1日~29日长江上游再次出现稳定的强降水，暴雨到大暴雨长时间笼罩在长江上游及汉江流域，历时长达29天。

4. 暴雨强度大、雨量集中。1998年最强的一次降水过程发生在7月19日~25日，尤以20日~22日3天为最大，暴雨中心湖南省沅江的龙山县水田站3天日雨量均超过100毫米，分别为214毫米、339毫米和102毫米，累计达655毫米，成为1998年连续3天大暴雨之最。同时在这次过程中，武汉市在7月20日20时~22日20时的48小时内，降雨量达到457毫米，其中最大1小时降雨达95毫米（21日6：05~7：05），造成武汉三镇的严重渍水。

5. 雨带南北拉锯、上下游摆动明显。主汛期雨带出现明显的南北拉锯及上下游摆动现象。6月中下旬雨带主要在中下游地区，特别是鄱阳湖、洞庭湖两湖水系；7月上半月，雨带推移到上游地区；7月下半月，雨带再次回到中下游地区；8月，雨带又推移到上游地区，稳定到8月15日；8月16日~18日，雨带又推到中下游及江南地区；8月19日~25日又回到嘉岷流域及汉江；8月26日~29日雨带再次推到中下游及江南。

以上都着重在暴雨的程度，即致灾因子上进行分析。但造成这次巨大灾害的人为原因，即致灾环境方面也存在严重的问题。

1998年前的几十年里，由于通江湖泊遭盲目围垦，丧失面积达1 200万公顷左右。仅长江原有的22个较大的通江湖泊，都因不合理围垦开发而减少了576亿立方米的容积。湖泊容积缩小，导致在相同流量的情况下，水位抬高。这种情况下汛期洪水水位一般高于境内地面10米左右，以致险象环生，防不胜防。例如，洞庭湖1949年以来因淤积减少了湖泊容量约40多亿立方米，由于围垦了1 600平方千米，大约减少容量近100亿立方米。鄱阳湖的淤积量很小，但由于围垦1 400平方千米，减少湖泊容量约80多亿立方米。湖北省的长江两岸湖泊由于全部封锁，减少面积5 700平方千米。1949年以来，湖南、湖北、江西、江苏及安徽5省，因围垦共增加耕地约1 400平方千米。

另根据数据统计，在长江上游100万平方千米的流域范围内，地面固体物质的年均侵蚀量为 15. 68 亿吨，长江干流宜昌站的年均输沙量为 5. 3 亿吨，输移比为 0. 33。宜昌以下，汉口站的年均输沙量为 4. 3 亿吨，下游大通站为 4. 68 亿吨。宜昌和汉口的差值，主要淤在洞庭湖区；大通站的输沙量，绝大部分流入东海。据研究，森林植被不仅具有很高的经济价值，也具有不可替代的生态效益和社会效益。森林对降水的截留率高达 12. 6%，与无林地相比，可减少地表水流失 85. 1%，减少土壤冲刷量 58%。显然，植被遭破坏的结果，必然使水土流失加剧，河流泥沙量增加，洪枯比加大，径流量减少。水土流失还造成河道和湖泊、水库淤积，使河床抬高，水库库容减小，湖泊萎缩。但多年来，森林采伐与更新比例为 11 : 1。据 1957 年的调查统计，长江流域森林覆盖率为 22%，水土流失面积 36. 38 万平方公里，占流域总面积的 20. 2%。到 1986 年，森林覆盖率减少了一半，水土流失面积达到 73. 94 万平方公里，猛增了 1 倍，占流域总面积的 41%。

生态严重破坏、盲目围湖造田以及不合理的水利建设等共同形成的这个环境是灾害发生的重要原因。

下面我们看看承灾体遭受的大致损失。

1998 年的暴雨洪水灾害，据各地区统计，农田受灾面积为 2 229 万公顷（3. 34 亿亩），成灾面积为 1 378 万公顷（2. 07 亿亩），死亡 4 150 人，倒塌房屋 685 万间，直接经济损失 2 551亿元。江西、湖南、湖北、黑龙江、内蒙古、吉林等省（区、市）受灾最重。

## 第四节　单次暴雨灾害异常值统计

### 一、单次暴雨灾害异常值统计表

单次暴雨灾害异常值统计表见表 33 - 3。

**表 33 - 3**　　**单次暴雨灾害异常值统计**

| 统计指标 | 时间及地区 | 数据 |
| --- | --- | --- |
| 农作物受灾面积最大 | 1997 年 6 月，江西省 | 19 620 千公顷 |
| 日降雨量最大 | 2010 年 6 月，广西壮族自治区 | 442 毫米 |
| 受灾人口最多 | 1998 年 6 月，贵州省 | 7 261 万人 |
| 房屋倒塌数量最多 | 1998 年 7 月，湖北省 | 2 464 千间 |
| 死亡及失踪人口数量 | 1998 年 7 月，湖北省 | 198 148 人 |
| 经济损失额最高 | 1998 年 7 月，湖北省 | 280 亿元 |

### 二、重庆市“7 · 16”——115 年来最强雷暴雨介绍与分析

2007 年 7 月发生在重庆市沙坪坝区的暴雨，降雨量达到 266. 6 毫米，突破 1892 年有气象观测记录以来的历史最大日降雨量的记录，成为 2007 年度十大灾害事件之一。

#### （一）灾情总体描述

2007 年 7 月 16 日下午，重庆市沙坪坝、璧山、铜梁、合川、北碚等 22 个区县出现暴雨

至特大暴雨天气，其中沙坪坝区降雨量达到266.6毫米，突破1892年有气象观测记录以来的历史最大日降雨量。强降雨导致沙坪坝区、璧山县、铜梁县城区进水受淹，重庆市主城区高压供电线路发生跳闸，发生电力故障300余起，48条线路一度发生停电；成渝、渝邻高速公路、多处国道和主城区轻轨交通中断。据统计，重庆市合川、大足、北碚等37个区县的511个乡镇（街道）遭暴雨袭击，共造成742.24万人受灾，死亡55人，失踪7人，伤病1 872人，紧急转移安置30.64万人；农作物受灾面积230.93千公顷，绝收面积23.14千公顷；倒塌房屋3.35万间，损坏9.174万间；直接经济损失29.78亿元。以上损失的发生基本上可以看作是该次灾害的承载体。

**（二）成灾原因分析**

1. 致灾因子——气候因素。我国东部沿海的副高对重庆市影响较弱，导致晴天高温一直无法出现。北方南下的冷空气开始逐步西进，同时从热带海洋地区生成的西南暖湿气流比较强盛。北方冷空气、西南暖湿气流在高空“打架”并持续交锋，便造成本次持续性强降雨。

2. 孕灾环境之一：城市建设存在漏洞。此次事件中，地下排水管网排涝标准设计较低，个别地区不重视排水管网建设是引发洪灾的一个重要原因，折射出市政等部门危机安全意识薄弱。

重庆市生态绿地建设发展相对滞后，导致城市透水功能和蓄水功能减弱。以重庆市硬化面积不断增加为例，大面积出现硬化道路、硬化广场，影响了城市的透水功能；同时，城市建设过程中，重庆市原有城市生态中水系退化甚至消失。以原江北嘉陵公园的水库和洋河公园的水库为例，由于城市建设的需要，这两个水库被填，从而导致城市蓄水功能减弱。

3. 孕灾环境之二：缺乏独立的专门危机管理机构。在应急指挥机构方面，重庆市只是在市政府层面设立了“重庆市人民政府突发公共事件应急委员会”，统一组织领导全市应急管理工作，主任由市长担任，副主任由有关副市长和市政府秘书长担任。按照国务院将突发公共事件分为自然灾害、事故灾难、公共卫生和社会安全四大类，设立了对应的应急指挥部。指挥长分别由市政府分管副市长担任。这种委员会下设四部的模式没能从根本上解决问题。要使危机管理工作高效运行，必须设立独立的、专门的危机管理机构。

4. 孕灾环境之三：应急宣传教育滞后。此次暴雨灾害损失之严重反映出在城市危机管理中缺乏相应的宣传教育。对增强市民防范危机意识以及应急突发事件能力的宣传教育上，近几年虽有所重视，但力度不够。市民缺少危机意识，在应对灾害、突发事件时缺乏基本常识，缺少自救、互救能力，不能采取有效措施减少灾害或突发事件造成的损失。应对危机，重在预防。平时加强危机的宣传教育，提高公众识别危机、抵御危机和躲避危机的能力，是把危害降低到最低程度的重要举措。

## 三、2010年6月1日广西壮族自治区来宾特大暴雨

**（一）灾情总体描述**

2010年5月31日~6月2日，受弱冷空气和低涡切变系统共同影响，广西壮族自治区境内出现了大部暴雨、部分大暴雨、局部特大暴雨的天气过程，此次强降水具有强度大、范围广、强降水诱发的灾害重等特点。

受弱冷空气和低涡切变共同影响，2010年5月31日14时~6月2日8时，重庆市出现

了一次历史罕见的暴雨到特大暴雨降雨过程。过程累计雨量：超过250毫米的有11个乡（镇），最大降水出现在来宾兴宾区桥巩乡（503.9毫米）；100~249.9毫米的有32个乡（镇）；50~99.9毫米的有14个乡（镇）。

此次降雨过程具有日降雨量大、强度强、降雨集中、强雷电持续时间长、灾害损失重等特点。其中，6月1日来宾本站442.7毫米，突破1956年来宾本站有气象记录以来日雨量的极值；且来宾本站1日4~11时，除8时1小时降雨量低于25毫米外，其余7个小时每小时降雨均在35毫米以上，桥巩自动雨量站凌晨1时1小时降雨量约92毫米。其过程日雨量之大、降雨之强、强降雨之集中、来势之猛为历史同期罕见。5月31日晚到6月1日清晨，来宾、忻城出现了持续近12小时的强雷电天气，武宣、象州等地也分别于1日凌晨到上午出现了长时间的强雷电天气。其雷电之强、持续时间之长为历史同期少见，均打破各自建站以来日雨量的历史记录，给当地造成了巨大损失。

截至6月1日17时初步统计，这次洪涝灾害共造成来宾市5个县（市、区）51个乡镇受灾。全市总计受灾人口75.22万人，转移人口37 967人。全市有65所学校受灾。同时，来宾市农作物受灾面积70.69千公顷，成灾面积4.73千公顷，减收粮食1.27万吨；水产养殖损失0.571千公顷，0.011万吨，公路中断15条次。直接经济损失总计5.8034亿元，其中水利设施直接经济损失0.0545亿元。

**（二）成灾原因分析**

1. 致灾因子——气候因素。此次特大暴雨过程受弱冷空气和低涡切变系统共同影响，过程前无急流建立。从5月31日起，西南上空的两支气流明显加强。一支是位于孟加拉湾的西南急流建立并加强，5月31日20：00西南气流在越南北部有明显的风速辐合，加剧了华南上空的水汽输送；另一支是四川省南部及贵州省一带偏东风明显增强，导致了低涡北侧气流增强，增加了低涡的南压分量，与南面的副高共同夹击，造成低涡移动缓慢，导致强降水的产生。

同时，暴雨发生前，受地面锋面抬升及低层低涡切变的共同影响，广西壮族自治区北部处于高温高湿不稳定区域中，强烈的上升运动达到对流层顶，为中小尺度系统的发生发展提供了有利的条件，利于强降水的产生。特大暴雨区位于广西壮族自治区相对密集区及拐点上，具备了高温高湿的不稳定条件。

2. 孕灾环境——设施建设滞后。目前广西壮族自治区多数城市的防洪排涝能力远远赶不上城市的飞速发展，城市的排涝设施存在“先天不足”和后天保养不够的问题。此外，城区原有的一些天然湖、水塘等已被填平改造，减少了雨水蓄水和分流功能。过去从可持续发展特别是从生态管理方面考虑得不够，只是考虑建设的需要，原来畅通、自然的排水系统被严重破坏，导致城区大量积水，造成了巨大的经济和社会损失。

## 第五节 暴雨重灾区——江西省分析

### 一、1990年以来全国重点省（区、市）暴雨灾害统计

从表33-4可以看出，虽然江西省的总暴雨受灾次数不足百次，远远低于四川省的242

次记录，但是从平均受灾次数经济损失额和死亡、受伤人数来看，远远高于其他地区。下面按照致灾因子论、孕灾环境论和承载体论的分析方式，结合2010年的受灾情况，重点研究江西省暴雨灾害频发的原因。

**表33-4　　1990年以来全国重点地区灾害统计**

| 省（区、市） | 暴雨受灾次数（次） | 总经济损失（亿元） | 死亡、伤、失踪人数（人） |
| --- | --- | --- | --- |
| 安徽 | 90 | 919 | 44 010 |
| 广西 | 77 | 521 | 56 830 |
| 贵州 | 89 | 221 | 30 395 |
| 湖北 | 159 | 917 | 91 468 |
| 湖南 | 133 | 967 | 155 924 |
| 江西 | 92 | 907 | 166 050 |
| 四川 | 242 | 697 | 74 148 |

## 二、致灾因子

一般认为灾害是致灾因子对承载体作用的结果，没有致灾因子就没有灾害。暴雨灾害的主要致灾因子是大气环流与天气、气候系统的影响。大气环流直接决定江西省的暴雨发生情况。2010年4月以来，由于“北极震荡”现象造成冷空气持续不断补充南下，与“厄尔尼诺-拉尼娜”现象带来的温暖湿气之间的“夹击”，导致江西省全省面临比1998年更大的暴雨灾害。

**（一）入汛以后的降雨量比1998年同期多，尤其4月、5月、6月3个月降雨均为全国暴雨中心区，为历史罕见**

2010年4月1日~6月26日8时，全省平均降雨量1 020毫米，比1998年同期845毫米多175毫米，是有记录降雨量最多的，比多年同期均值692毫米多328毫米。其中赣江、抚河、信江流域分别为1 024毫米、1 289毫米、1 213毫米，1998年同期为650毫米、927毫米、1 222毫米，赣江偏多近六成，抚河偏多近四成，信江持平。

**（二）暴雨过程多、局部强度大、暴雨笼罩范围广为历史罕见**

2010年全省共发生22次明显降雨过程，12次强降雨过程，以6月17日~22日降雨过程最强。2010年大暴雨笼罩范围为赣、抚、信、修及鄱阳湖共14万平方公里，1998年同期为抚、信、饶、修及鄱阳湖9万平方公里。范围明显扩大。

**（三）暴雨的强度大于1998年同期**

2010年6月16日8时至25日8时，全省平均降雨265毫米，抚河李家渡流域平均雨量409毫米，信江梅港流域平均雨量395毫米，抚河廖坊水库流域平均雨量480毫米。过程降雨以铅山县徐家厂站775毫米为最大，黎川县洲湖站725毫米次之。暴雨的强度，全省平均1日最大降雨77毫米、3日最大降雨151毫米、5日最大降雨191毫米、7日最大降雨210毫米。1998年同期，全省平均1日最大降雨44毫米、3日最大降雨92毫米、5日最大降雨144

毫米、7日最大降雨196毫米。

## 三、孕灾环境

孕灾环境指标主要有大气海洋环境指标、天体背景指标、水文气象环境指标和下垫面指标。江西省境内除北部较为平坦外，东、西、南部三面环山，中部丘陵起伏，成为一个整体向鄱阳湖倾斜而往北开口的巨大盆地。湿地面积大，地貌活跃复杂，高低起伏大，坡陡、谷深，地表切割强烈，部分土壤抗蚀能力弱等等，极易于降雨后地表径流迅速汇集，容易形成暴雨灾害及次生灾害。

一次集中性暴雨能够诱发大量滑坡。对于江西省这种三面环山、一面临江的地区来说，更是如此。1998年江西省特大暴雨引发的地质灾害多达11万处，其中主要是滑坡，损失较大的重点灾害点466处，造成人员伤亡的灾害点51处。2010年5月7日，赣州市定南县24小时降雨量高达335毫米，为当地有记录以来的最大值，倒塌房屋800多间，特大暴雨引发山洪泥石流，造成12人死亡。

## 四、承灾体

承灾体是各种致灾因子作用的对象，是人类及其活动所在的社会与各种资源的集合。作为洪涝主要致灾因子的暴雨的承灾体包括人、建筑、工矿、农林牧渔、交通、环境、水利设施等。造成暴雨灾害频繁的原因除气候、地理、江湖等因素外，鄱阳湖泥沙淤积、生态环境遭受破坏、水利工程失修、人类社会活动的加速等等，也是其重要原因。

### （一）洞庭湖泄洪功能日益衰退，总容量日益缩小

鄱阳湖是典型的季节性湖泊，水域面积随季节变化较大。根据对1992~2007年15年间的卫星遥感数据进行分析，发现近十几年来受气候变化影响，鄱阳湖水域面积呈逐渐缩小的变化趋势。资料显示，鄱阳湖水域面积最大的年份是1995年，为4 786平方千米；最小的年份是2006年，仅为2 886平方千米。其中2002~2007年的平均值为3 512平方千米，只有20世纪90年代平均面积的90%。湖面的减少使得鄱阳湖调节江西省上空大气运动的能力减弱，从而更容易遭到暴雨的袭击。

### （二）生态平衡遭到破坏，水土流失严重

多年来由于各种因素和人为的乱砍滥伐，毁林开荒，植被受到严重破坏，特别是长江中上游植被受到破坏，导致大量水土流失，每逢暴雨，泥沙在没有任何阻挡的情况下随着滚滚洪水冲入江湖，最后沉积在江河湖底，致使江湖河床淤高，水流受阻，水位抬升，造成灾害。植被受到破坏，生态失去平衡，由此带来的是局部或大部分地区气候反常，或久晴无雨，或长时期淫雨徘徊，或短时期暴雨不止的恶劣天气，这也是近几十年来江西省气候反常和水灾多发的原因。

### （三）灾害应急机制建设有待加强

长期以来，江西省作为我国暴雨受害最大的地区，缺乏足够的灾害应急机制。真正能够期待全面抗击自然灾害的应灾机制2010年之后开始全面建立。

2010年7月21日，国务院决定“加快实施山洪灾害防治规划，加强监测预警系统建设，建立基层防御组织体系，提高山洪灾害防御能力”。经财政部、水利部联合确定，江西省共有

32 个县（市、区）被列入 2010 年度全国山洪灾害防治县级非工程措施建设县，这对于减少暴雨成灾具有决定性作用。同时，2010 年 7 月 16 日，全省第一支综合性应急救援队伍——江西省应急救援总队组建，标志着该省在未来抗击暴雨灾害方面有更大的成效。

# 第三十四章

# 聚类分析与差异率分析

自然灾害系统是一个复杂的系统，减灾也是一项复杂的系统工程。为了反映两大系统某一项内容的地区差异性，可形成一种区划。自然灾害区划是按照自然灾害在时间上的演替和空间上的分布规律，对其空间范围进行区域划分的过程。自然灾害的结果是反映区域自然灾害差异性和一致性的图、表和相关说明。

聚类是一种统计学上定量的分组方法，可以帮助我们进行暴雨灾害的区划分析。首先运用聚类分析方法对全国各省（区、市）进行分组，使得同组内各省（区、市）暴雨发生的频数和所造成的直接经济损失具有一定程度的一致性，再对各组间的频数和损失程度等进行差异率分析。

## 第一节　暴雨灾害的聚类分析

### 一、暴雨分组的指标

史培军①等在综合国内外相关研究成果的基础上，提出区域灾害系统的理论观点，认为灾害是由孕灾环境、致灾因子、承灾体之间相互作用形成的，其轻重取决于孕灾环境的稳定性、致灾因子的风险性及承灾体的脆弱性，是由上述相互作用的三个因素共同决定的。灾害区划指标应包括三大类，即反映灾害自然强度、空间强度和时间强度的灾害强度指标，以及用货币形式体现的灾害损失指标（包括间接损失）和反映灾害对人口、经济、环境、社会影响的灾害影响指标。以其中任意指标或几个指标进行分组，都可以形成一种灾害区划。

在对全国各地区进行分组时，要考虑两方面的因素，即各地区暴雨发生的频率和所造成的损失。其中，暴雨发生在不同地区所造成的损失是不同的。它是受暴雨发生的地区的人口密度、GDP 水平、抗灾能力以及暴雨所造成的受伤人数、死亡人数等因素影响的。由于保险公司关注的是暴雨灾害的经济损失，因此我们仅采用暴雨灾害的发生频数、每次的平均损失额以及人口密度三个变量进行聚类分析。

**（一）暴雨灾害发生的频率**

暴雨的发生会带来经济损失，这是保险公司最关注的问题。保险公司制定的纯保费等于期望索赔频率和平均索赔额的乘积。根据统计数据，无法求得索赔频率，所以，我们用暴雨灾害发生的频率代替。令暴雨发生的频率等于暴雨的总发生次数除以统计年数。一般的，某

① 史培军："灾害研究的理论与实践"，《南京大学学报》，1991 年。

地区暴雨发生的频率越大，成灾的可能性越大。

### （二）暴雨造成的直接经济损失

如上所述，保险公司的纯保费等于期望索赔频率和平均索赔额的乘积。对于平均索赔额，用直接经济总损失的概念。之所以用直接经济损失，是因为以下几个原因：第一，直接经济损失是财物损坏、财产损失、生命线系统工程破坏以及其他一些暴雨造成的损失的价值形式，是暴雨保险中保险公司应当承担的责任。第二，间接损失包括暴雨造成的停工停产、营业中断、社会秩序混乱等带来的损失，还包括一些政府的救济费用。这些损失没有用来计算平均损失额，是因为有些间接费用很多都带有主观因素，并不全都是现实发生的经济损失；另外一个现实的原因是这些数据无法对每次暴雨逐条进行统计。

## 二、我国各地区暴雨聚类分析的构建

如前所述，对暴雨灾害聚类分析采用的变量主要是降雨发生的频率、强度和人口密度，具体数据见表 34 - 1。

**表 34 - 1　　我国各省（区、市）暴雨灾害的主要指标数据**

| 省（区、市） | 人口密度（人/平方公里）（2009 年） | 频数（次） | 次均损失（GDP 调整后）（亿元） |
|---|---|---|---|
| 安徽 | 441.08 | 84 | 47.350984 |
| 北京 | 1 044.64 | 9 | 7.973643 |
| 福建 | 302.25 | 35 | 48.263733 |
| 甘肃 | 58.57 | 52 | 2.101565 |
| 广东 | 518.17 | 62 | 23.126656 |
| 广西 | 211.13 | 69 | 26.769895 |
| 贵州 | 223.41 | 89 | 12.511915 |
| 海南 | 254.14 | 10 | 24.110592 |
| 河北 | 370.23 | 34 | 33.189823 |
| 河南 | 568.08 | 56 | 27.610915 |
| 黑龙江 | 81.58 | 31 | 15.521508 |
| 湖北 | 305.23 | 161 | 26.935335 |
| 湖南 | 305.05 | 131 | 35.367522 |
| 吉林 | 146.50 | 29 | 94.284271 |
| 江苏 | 752.92 | 52 | 84.053932 |
| 江西 | 266.04 | 89 | 47.204413 |
| 辽宁 | 296.43 | 13 | 140.122149 |
| 内蒙古 | 22.02 | 36 | 3.465492 |
| 宁夏 | 94.73 | 14 | 2.792561 |

续表

| 省（区、市） | 人口密度（人/平方公里）（2009 年） | 频数（次） | 次均损失（GDP 调整后）（亿元） |
|---|---|---|---|
| 青海 | 7.74 | 13 | 0.821328 |
| 山东 | 618.97 | 75 | 31.887724 |
| 山西 | 219.70 | 33 | 5.193747 |
| 陕西 | 184.00 | 51 | 11.562464 |
| 上海 | 3 098.39 | 3 | 0.108497 |
| 四川 | 167.73 | 213 | 12.939533 |
| 天津 | 1 086.87 | 2 | 6.005057 |
| 西藏 | 2.38 | 5 | 0.038353 |
| 新疆 | 13.49 | 24 | 7.370528 |
| 云南 | 116.02 | 70 | 2.970035 |
| 浙江 | 508.84 | 45 | 43.486344 |

## 三、暴雨灾害聚类结果

根据表 34-1 将各省（区、市）标准化后的人口密度、暴雨频数和次均损失额用 SAS 进行聚类，结果见图 34-1。

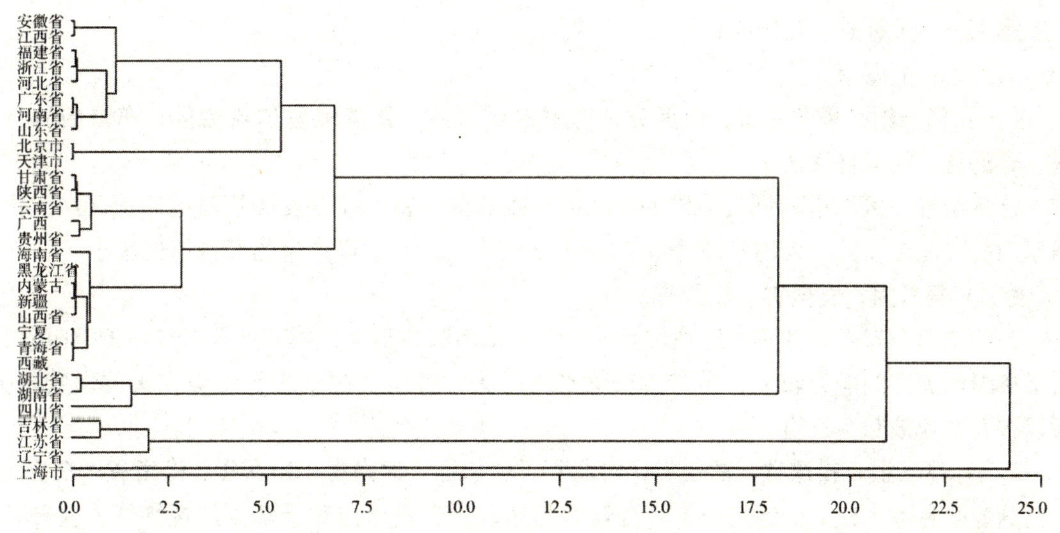


**图 34-1 我国暴雨灾害的聚类分组结果**

分组结果如下：

第一组：黑龙江省、山西省、内蒙古自治区、新疆维吾尔自治区、宁夏回族自治区、青海省、西藏自治区、海南省；

第二组：安徽省、江西省；

第三组：福建省、浙江省、河北省、广东省、河南省、山东省；

第四组：甘肃省、云南省、陕西省、广西壮族自治区、贵州省；

第五组：湖北省、湖南省、四川省；

第六组：北京市、天津市；

第七组：吉林省、江苏省；

第八组：辽宁省；

第九组：上海市。

鉴于江苏省与吉林省地理位置相距较远，进行相应调整。综合考虑江苏省近邻的地区——浙江省、河南省、山东省等地的自然地貌、人口密度、GDP、暴雨造成的经济损失额等，把江苏省划入第三组。辽宁省与吉林省都位于东北，具有许多相似的地方，降水量小，暴雨频数低，但是由于是我国粮食产区，受暴雨灾害的影响较大，次均损失额很高，所以划归为一组。另外，海南省位于我国南部，与第一组中其他地区地理差异太大。调整后的分组为：

第一组：黑龙江省、内蒙古自治区、新疆维吾尔自治区、山西省、宁夏回族自治区、青海省、西藏自治区；

第二组：安徽省、江西省；

第三组：福建省、浙江省、河北省、广东省、河南省、山东省、海南省、江苏省；

第四组：甘肃省、云南省、陕西省、广西壮族自治区、贵州省；

第五组：湖北省、湖南省、四川省；

第六组：北京市、天津市；

第七组：吉林省、辽宁省；

第八组：上海市。

**（一）第一组：黑龙江省、山西省、内蒙古自治区、新疆维吾尔自治区、宁夏回族自治区、青海省、西藏自治区**

这7个省（区、市）同处中国的最北面和西北部，属于综合发展相对落后地区。发生较强暴雨的可能性较低，人均GDP和人口密度比较小，因此暴雨产生的经济损失较小。

**（二）第二组：安徽省、江西省**

该组的两个省由于其所处地理位置的影响，暴雨频数很大，第一产业对经济的贡献较大，其抵御暴雨灾害的能力较弱，易产生较大经济损失，因而这两个省受暴雨灾害的影响很大，所以很自然地被归为一组。

**（三）第三组：福建省、浙江省、河北省、广东省、河南省、山东省、海南省、江苏省**

这8个省降水较少，但是由于经济较为发达，且产业结构对于暴雨的抵御能力较差，其中广东省经济发达且人口集中程度较高，因此一旦发生暴雨灾害，将会产生较大损失。

**（四）第四组：甘肃省、云南省、陕西省、贵州省、广西壮族自治区**

这5个省（区）分别地处黄土高原和云贵高原及其边缘，地理条件较为相似，地势较高、地形复杂，多高山峡谷，特殊的地形决定了这些地区是产生暴雨的频发区，更重要的是由于地势陡峭，一旦发生暴雨很容易造成泥石流等较严重的自然灾害，从而造成极大的经济损失。然而这些地区经济欠发达，经济损失程度较小。

**（五）第五组：湖北省、湖南省、四川省**

这组处于长江沿岸区域，气候条件较为相似，人口和经济发展水平也都属于一般水平。该组发生暴雨灾害的频数极大，且损失也很大，属于风险很高的一组。

**（六）第六组：北京市、天津市**

作为直辖市，两者都是北方的经济中心，GDP 和人口密度都达到相当的高度，气候地理条件也有极大的相似性，这自然使得两者被分在一组。该组降水强度较小，且经济以第二产业和第三产业为基础，对于暴雨的损害有较强的抵御力，因此风险较低。

**（七）第七组：吉林省、辽宁省**

吉林省、辽宁省均处于祖国的东北，降水量较少，所以很少发生暴雨灾害。但这两省是我国粮食产区，农业相对发达，受暴雨灾害的影响较大。因此，虽然暴雨频数较小，但是一旦发生，损害较大。

**（八）第八组：上海市**

上海市的人均 GDP 和人口密度在我国最大，人口和财富最为集中，而且该地区的降雨强度也较大。降雨强度大，人口和财富最为密集，使得上海市自成一类，成为我国大陆暴雨灾害风险很大的地区。

## 第二节　暴雨灾害的差异率分析

上一节通过聚类分析，按照各地区人口密度、暴雨频数、用 GDP 调整后的次均损失额四个参数标准化后的数值区分不同地区暴雨灾害的相似程度，得到以下 8 组：

第一组：黑龙江省、内蒙古自治区、新疆维吾尔自治区、山西省、宁夏回族自治区、青海省、西藏自治区；

第二组：安徽省、江西省；

第三组：福建省、浙江省、河北省、广东省、河南省、山东省、海南省、江苏省；

第四组：甘肃省、云南省、陕西省、广西壮族自治区、贵州省；

第五组：湖北省、湖南省、四川省；

第六组：北京市、天津市；

第七组：吉林省、辽宁省；

第八组：上海市。

其中第八组上海市仅仅产生 3 个数据，不予分析。

以下对前 7 组的频数、年损失额、年损失率和次损失率进行差异率分析，期望得到各组在暴雨灾害差异程度方面的具体信息。

某指标差异率 = 该指标额/基准指标

### 一、各组暴雨发生频数的差异率分析

对各组暴雨每年发生的频数进行分析，可以总结出平均年频数和最大年频数两组值，分别以平均年频数的最大值和最大年频数的最大值来作为基准，计算差异率，得到表 34 -2 和表 34 -3。

表 34－2　　各组平均年频数及其差异率表

| 组别 | 第一组 | 第二组 | 第三组 | 第四组 | 第五组 | 第六组 | 第七组 |
|---|---|---|---|---|---|---|---|
| 平均年频数值 | 7. 8000 | 8. 6500 | 18. 4500 | 16. 5500 | 25. 2500 | 0. 5500 | 2. 1000 |
| 差异率 | 0. 3089 | 0. 3426 | 0. 7307 | 0. 6554 | 1. 0000 | 0. 0218 | 0. 0832 |

表 34－3　　各组最大年频数及其差异率表

| 组别 | 第一组 | 第二组 | 第三组 | 第四组 | 第五组 | 第六组 | 第七组 |
|---|---|---|---|---|---|---|---|
| 最大年频数值 | 40 | 20 | 42 | 82 | 93 | 3 | 8 |
| 差异率 | 0. 4301 | 0. 2151 | 0. 4516 | 0. 8817 | 1. 0000 | 0. 0323 | 0. 0860 |

按差异率对各组排序，并对平均年频数和最大年频数的差异率结果进行比较，得到表 34－4。

表 34－4　　平均年频数和最大年频数的差异率升序排列比较表

| | | | | | | | | |
|---|---|---|---|---|---|---|---|---|
| 平均年频数 | 组别 | 第六组 | 第七组 | 第一组 | 第二组 | 第四组 | 第三组 | 第五组 |
| | 差异率 | 0. 0218 | 0. 0832 | 0. 3089 | 0. 3426 | 0. 6554 | 0. 7307 | 1. 0000 |
| 最大年频数 | 组别 | 第六组 | 第七组 | 第二组 | 第一组 | 第三组 | 第四组 | 第五组 |
| | 差异率 | 0. 0323 | 0. 0860 | 0. 2151 | 0. 4301 | 0. 4516 | 0. 8817 | 1. 0000 |

由表 34－4 可以看出，平均年频数和最大年频数通过差异率比较得出的各组暴雨灾害的差别是基本一致的，其中第六组是暴雨灾害频数最小的一组，第七组、第一组的频数是依次增加的。因此，由暴雨灾害的频数差异率分析可以得出，第三组和第五组的福建省、浙江省、河北省、广东省、河南省、山东省、海南省、江苏省、湖北省、湖南省、四川省这 11 个省是最容易发生暴雨灾害的，主要是由这 11 个省处在我国降雨高发带的地理位置决定的。北京市和天津市发生暴雨最少，平均每年发生暴雨的次数只相当于第五组暴雨发生次数的 0. 0218，这与这两市所处的地理位置少雨也是相符的。第七组的吉林省和辽宁省地处我国东北，发生暴雨次数也很少。

## 二、各组暴雨年损失额的差异率分析

年平均损失额＝各年损失额之和/年数

以年平均损失额最大的那组作为基准，计算差异率，得到表 34－5。

表 34－5　　各组年平均损失额及其差异率表

| 组别 | 第一组 | 第二组 | 第三组 | 第四组 | 第五组 | 第六组 | 第七组 |
|---|---|---|---|---|---|---|---|
| 年平均损失（亿元） | 51. 0303 | 421. 9107 | 754. 8069 | 202. 018 | 595. 7664 | 4. 188645 | 239. 484 |
| 差异率 | 0. 067607 | 0. 558965 | 1 | 0. 267642 | 0. 789296 | 0. 005549 | 0. 317278 |

将各组年平均损失额差异率进行排序，得到表 34－6。可以看出第六组的年平均损失额最小，第三组最大，即北京市、天津市两市的年平均损失额是各组中最小的，只有 4. 188645

亿元，仅相当于福建省、浙江省、河北省、广东省、河南省、山东省、海南省、江苏省这8个省年平均损失额的0.005549，这主要是由于北京市、天津市两市属于经济发达地区，经济以第二产业和第三产业为主，对于暴雨灾害的抗灾能力较强。而第三组的8个省则属于农业大省，对于暴雨灾害的抗灾能力较弱，所以损失很大。

表34-6 各组年平均损失额差异率排序表

| 组别 | 第六组 | 第一组 | 第四组 | 第七组 | 第二组 | 第五组 | 第三组 |
|---|---|---|---|---|---|---|---|
| 差异率 | 0.005549 | 0.067607 | 0.267642 | 0.317278 | 0.558965 | 0.789296 | 1 |

## 三、各组暴雨年损失率的差异率分析

年平均损失率=各年损失率之和/N，N表示年数。

各年损失率=组内各省（区、市）当年的年损失额之和/当年组内各省（区、市）GDP总和

使用1990~2009年的数据进行年损失率差异率分析，运用这20年各省（区、市）年损失额与GDP计算年平均损失率，N=20。首先得到各组的年平均损失率，再由各组的年平均损失率求其平均，得到全国的平均损失率，将其作为计算差异率的基准，算出各组的差异率（见表34-7）。

表34-7 年平均损失率和差异率表

| | 年平均损失率 | 与全国平均值相比的差异率 |
|---|---|---|
| 第一组 | 0.001712 | 0.190790 |
| 第二组 | 0.025045 | 2.790531 |
| 第三组 | 0.004943 | 0.550774 |
| 第四组 | 0.007084 | 0.789282 |
| 第五组 | 0.013386 | 1.491426 |
| 第六组 | 0.000306 | 0.034057 |
| 第七组 | 0.010350 | 1.153140 |
| 全国平均值 | 0.008975 | — |

由各组与全国平均值之间的差异率可以看出，第二组安徽省、江西省两省是全国平均水平的两倍多。这是因为这两个地区暴雨频数大，且农业等对暴雨抗灾能力较弱的产业占经济很大比重，所以年损失率很大。第五组、第七组略高于平均水平；其余各组是小于全国的平均水平的，其中，第六组北京市、天津市两市的年平均损失率远远小于全国年平均损失率，这与其经济中第一产业占比较小有关。

## 四、各组暴雨次损失率的差异率分析

年平均次损失率=各年次损失率之和/N

各年次损失率 = 各省（区、市）当年的平均次损失/当年组内各省（区、市）GDP 总和

按照年平均次损失率的计算公式，可计算出第一组的年平均次损失率。其余各组的年平均次损失率可以同理算出，再由各组的年平均次损失率求其平均，得到全国的平均次损失率，将其作为计算差异率的基准，算出各组的差异率（见表 34 - 8）。

表 34 - 8 各组年平均次损失率及差异率表

| | 年平均次损失率 | 与全国平均值相比的差异率 |
|---|---|---|
| 第一组 | 0.000388 | 0.336980 |
| 第二组 | 0.003168 | 2.749809 |
| 第三组 | 0.000300 | 0.260774 |
| 第四组 | 0.000585 | 0.508220 |
| 第五组 | 0.000667 | 0.579144 |
| 第六组 | 0.000194 | 0.168668 |
| 第七组 | 0.002761 | 2.396405 |
| 全国平均值 | 0.001152 | — |

由表 34 - 8 可以看出，第二组的平均次损失率最大，是全国平均水平的 2 倍多；第七组高于全国平均水平；其余各组都小于全国平均水平，其中，第六组最小，只有全国平均次损失率水平的 0.168668 倍。

## 五、各指标差异率分析结果的比较

将频数、年平均损失额、年平均损失率和年平均次损失率的差异率分析结果进行排序和比较，可得到表 34 - 9。

表 34 - 9 各指标差异率升序的组别顺序比较表

| 平均年频数 | 第六组 | 第七组 | 第一组 | 第二组 | 第三组 | 第四组 | 第五组 |
|---|---|---|---|---|---|---|---|
| 年平均损失额 | 第六组 | 第一组 | 第四组 | 第七组 | 第二组 | 第五组 | 第三组 |
| 年平均损失率 | 第六组 | 第一组 | 第三组 | 第四组 | 第七组 | 第五组 | 第二组 |
| 年平均次损失率 | 第六组 | 第三组 | 第一组 | 第四组 | 第五组 | 第七组 | 第二组 |

由差异率的排序比较表可以看出，各组在不同指标下在全国所处的水平是有很大差异的。

如第一组黑龙江省、山西省、内蒙古自治区、新疆维吾尔自治区、宁夏回族自治区、青海省、西藏自治区在年平均损失率、年平均损失额两个指标上较小，而平均年频数、年平均次损失率略高，这主要由于该组经济较不发达，所处的地理位置降雨量正常。总体来讲，属于风险较小组别。

第二组和第五组安徽省、江西省、湖北省、湖南省、四川省在平均年频数、年平均次损

失率和年平均损失率3个指标上最高，这是因为这5省地处我国降雨高发带，降雨频率较大，且其经济较发达，大多数地区农业发达，因此损失较高。但是第二组不同于第五组，平均年频数全国中等，说明这两个暴雨灾害的次数一般，只是暴雨灾害严重致使损失巨大。第五组年平均频数也最高。这两组都属于风险最大组别。

第三组福建省、浙江省、河北省、广东省、河南省、山东省、海南省、江苏省在年平均损失额的指标下，在全国是受暴雨灾害损失第一大的组别；但在年平均次损失率的指标下，就只排到了倒数第二的位置。其余两项指标处在全国中等水平，这与其所处地理位置、经济发展水平和结构十分相称。

第四组甘肃省、陕西省、云南省、贵州省、广西壮族自治区在所有4项指标中均处在全国中等水平，这与所处黄土高原和云贵高原的地理位置十分相称，降雨不大且经济损失一般，属于风险中等组别。

第六组北京市、天津市在4项指标中均处于最小水平。由于北京市、天津市在华北平原，属于降雨低发带，且经济以第二、第三产业为主，对于暴雨灾害的抗灾能力较强，因此属于风险最小组别。

第七组吉林省和辽宁省，在年平均次损失率的指标下，在全国是受暴雨灾害损失第二大的组别，但在平均年频数指标下，就只排到了倒数第二的位置。其余两项指标处在全国中等水平。这是由于吉林省和辽宁省地处我国东北，降雨较少，但是我国北方的粮食产地，第一产业较为发达，对于暴雨灾害的抵御能力较弱，因此虽然总体来说暴雨灾害损失总量不大，但是每次暴雨所带来的损失额很大。因此，在考察暴雨灾害对各省（区、市）影响大小时，要综合考虑频数、年损失额、年损失率和次损失率等多个指标，才能客观全面地得出结论。

## 第三节　暴雨灾害的各组频数与损失程度统计分析

### 一、第一组暴雨灾害的频数和损失分析①

#### （一）频数分析

表34－10统计的是第一组，包括黑龙江省、山西省、内蒙古自治区、新疆维吾尔自治区、宁夏回族自治区、青海省、西藏自治区1990～2009年所发生的暴雨灾害频数的数据记录。

**表34－10　　第一组暴雨灾害频数**

| 年度 | 1990 | 1991 | 1992 | 1993 | 1994 | 1995 | 1996 |
|---|---|---|---|---|---|---|---|
| 频数 | 9 | 5 | 4 | 10 | 9 | 6 | 3 |
| 年度 | 1997 | 1998 | 1999 | 2000 | 2001 | 2002 | 2003 |
| 频数 | 0 | 5 | 2 | 1 | 1 | 1 | 8 |

① 以后各组只给出结果。

续表

| 年度 | 2004 | 2005 | 2006 | 2007 | 2008 | 2009 | |
|---|---|---|---|---|---|---|---|
| 频数 | 5 | 17 | 31 | 11 | 12 | 40 | |

用SAS对上述数据分析可得如下结果（见图34－2～图34－4）。

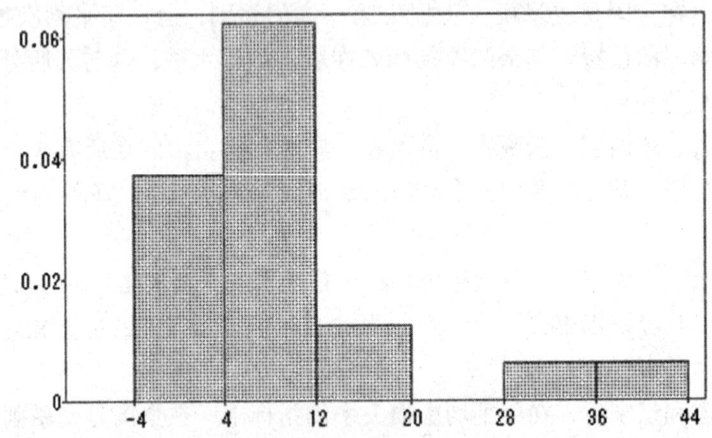


图34－2　第一组频数直方图

| 矩统计量 | | | |
|---|---|---|---|
| N | 20.0000 | 权重总和 | 20.0000 |
| 均值 | 9.0001 | 总和 | 180.0010 |
| 标准差 | 10.1670 | 方差 | 103.3675 |
| 偏度 | 2.1044 | 峰度 | 4.4791 |
| 未校平方和（USS） | 3584.0000 | 校正平方和（CSS） | 1963.9820 |
| 变异系数 | 112.9658 | 标准误差 | 2.2734 |

图34－3　矩统计量

| 分位数 | | | | |
|---|---|---|---|---|
| 100% | 最大值 | 40.0000 | 99.0% | 40.0000 |
| 75% | Q3 | 10.5000 | 97.5% | 40.0000 |
| 50% | 中位数 | 5.5000 | 95.0% | 35.5000 |
| 25% | Q1 | 2.5000 | 90.0% | 24.0000 |
| 0% | 最小值 | 0.0010 | 10.0% | 1.0000 |
| | 极差 | 39.9990 | 5.0% | 0.5005 |
| | Q3-Q1 | 8.0000 | 2.5% | 0.0010 |
| | 众数 | 1.0000 | 1.0% | 0.0010 |

图34－4　分位数

可以看出，1990年以后第一组年发生次数最多为40次，有75%的年度年发生暴雨次数在11次以下，有50%的年度发生暴雨次数集中在2～9次。可知：

$E(X)=9.0001$，$Var(X)=10.1670^2$

从1990～2009年损失频数来看，本区域内发生次数较不规律，年度间发生暴雨的次数变动比较大，这种情形主要是由于气候条件决定的。

## （二）频数拟合①

对该组 1990 ~ 2009 年数据进行拟合统计（见图 34 − 5 ~ 图 34 − 8）。

从检验结果可以看出，在 5% 显著性水平上，指数分布和韦伯分布可以通过检验。拟合后的密度函数如下：

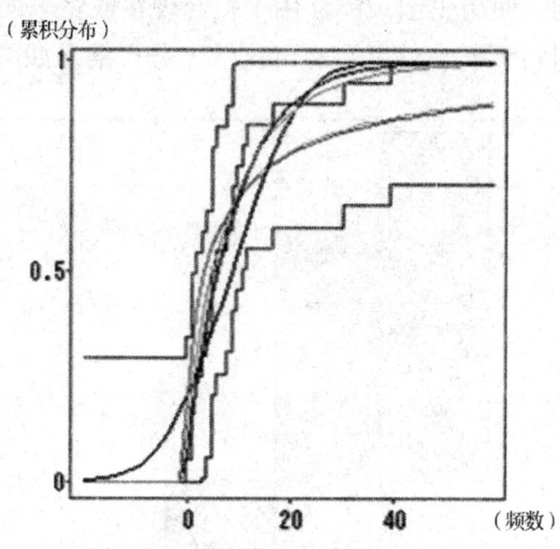


图 34 − 5　累积分布

| 拟合分布函数 | | | | | |
|---|---|---|---|---|---|
| 曲线 | 分布 | 方法 | 均值/Theta | Sigma | Zeta/C |
| | 正态 | 样本 | 9.0001 | 10.1670 | |
| | 对数正态 | MLE | 0 | 2.1426 | 1.3253 |
| | 指数 | MLE | 0 | 9.0001 | |
| | 韦伯 | MLE | 0 | 8.2228 | 0.8216 |

图 34 − 6　拟合分布参数

| 分布检验 | | | | | | |
|---|---|---|---|---|---|---|
| 曲线 | 分布 | 均值/Theta | Sigma | Zeta/C | Kolmo: | Pr > D |
| | 正态 | 9.0001 | 10.1670 | . | 0.2340 | <.01 |
| | 对数正态 | 0 | 2.1982 | 1.3253 | 0.2233 | <.01 |
| | 指数 | 0 | 9.0001 | . | 0.1136 | >.15 |
| | 韦伯 | 0 | 8.2228 | 0.8216 | 0.1355 | >.10 |

图 34 − 7　拟合分布检验

| 正态性检验 | | |
|---|---|---|
| 检验统计量 | 值 | P 值 |
| Shapiro-Wilk | 0.740030 | 0.0002 |
| Kolmogorov-Smirnov | 0.233971 | <.0100 |
| Cramer-von Mises | 0.292847 | <.0050 |
| Anderson-Darling | 1.745412 | <.0050 |

图 34 − 8　正态分布检验

指数分布函数：

$$f(x) = \frac{e^{-(\frac{x}{9.0001})}}{9.0001}$$

① 由于分组拟合时，有观察值为 0 的情况，而在进行拟合时不能有 0 值的情况，所以本文在频数中将 0 值全部用 0.001 代替。

韦伯分布：

$$f(x) = 6.7559x^{7.2228} \times e^{-0.8216x^{8.2228}}$$

**（三）损失分析**

以这7个省（区、市）1990～2009年每年成灾暴雨造成的总损失记录为基础，为了消除时间对货币价值的影响，使历史记录能够用于拟合现在或将来的损失分布，选用了2009年的GDP对原始损失记录进行调整，使其具有可比性。分析结果如图34－9～图34－11所示。

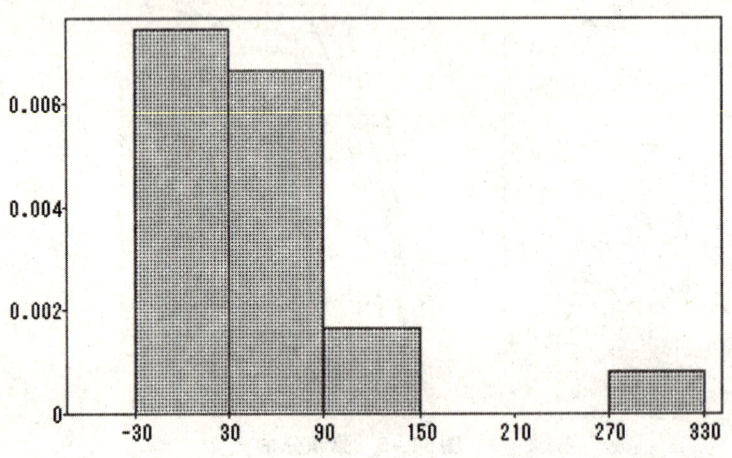


图34－9　第一组损失直方图

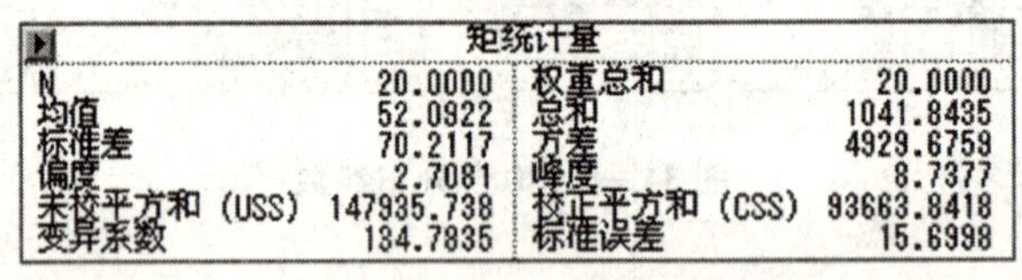

| 矩统计量 | | | |
|---|---|---|---|
| N | 20.0000 | 权重总和 | 20.0000 |
| 均值 | 52.0922 | 总和 | 1041.8435 |
| 标准差 | 70.2117 | 方差 | 4929.6759 |
| 偏度 | 2.7081 | 峰度 | 8.7377 |
| 未校平方和（USS） | 147935.738 | 校正平方和（CSS） | 93663.8418 |
| 变异系数 | 134.7835 | 标准误差 | 15.6998 |

图34－10　矩统计量

| 分位数 | | | | |
|---|---|---|---|---|
| 100% | 最大值 | 303.9180 | 99.0% | 303.9180 |
| 75% | Q3 | 60.1333 | 97.5% | 303.9180 |
| 50% | 中位数 | 35.1741 | 95.0% | 221.8814 |
| 25% | Q1 | 6.1409 | 90.0% | 122.9629 |
| 0% | 最小值 | 0.0010 | 10.0% | 1.1324 |
| | 极差 | 303.9170 | 5.0% | 0.0010 |
| | Q3-Q1 | 53.9924 | 2.5% | 0.0010 |
| | 众数 | 0.0010 | 1.0% | 0.0010 |

图34－11　分位数

从图34－10和图34－11可以看出，损失的年均值为52.0922亿元，标准差为70.2117亿元。最大年损失达到了303.918亿元（1994年）。从分位数可以看出，该区域里1/4的暴雨损失小于6.1409亿元，3/4的暴雨损失小于60.1333亿元，损失的波动幅度也比较大。

**（四）损失拟合**

对该组1990～2009年数据进行拟合统计，得到图34－12～图34－15。

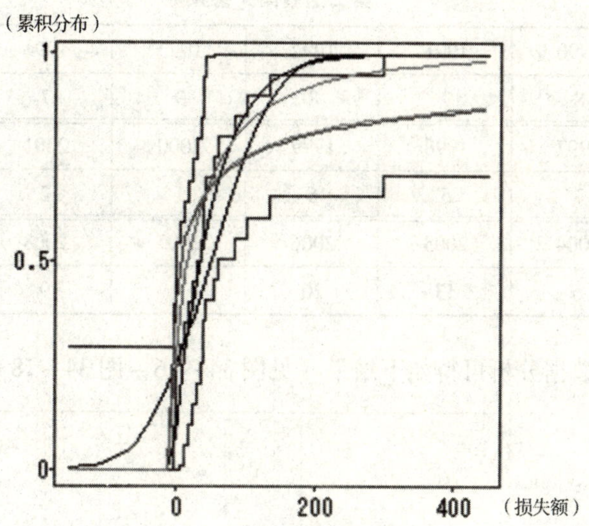


图 34－12 累积分布

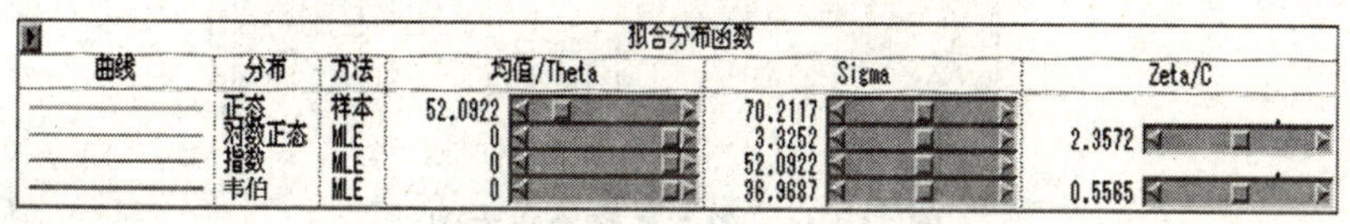

拟合分布函数

| 曲线 | 分布 | 方法 | 均值/Theta | Sigma | Zeta/C |
|---|---|---|---|---|---|
| | 正态 | 样本 | 52.0922 | 70.2117 | |
| | 对数正态 | MLE | 0 | 3.3252 | 2.3572 |
| | 指数 | MLE | 0 | 52.0922 | |
| | 韦伯 | MLE | 0 | 36.9687 | 0.5565 |

图 34－13 拟合分布参数

分布检验

| 曲线 | 分布 | 均值/Theta | Sigma | Zeta/C | Kolmogorov D | Pr > D |
|---|---|---|---|---|---|---|
| | 正态 | 52.0922 | 70.2117 | . | 0.2426 | <.01 |
| | 对数正态 | 0 | 3.4115 | 2.3572 | 0.2498 | <.01 |
| | 指数 | 0 | 52.0922 | . | 0.1758 | >.15 |
| | 韦伯 | 0 | 36.9687 | 0.5565 | 0.1792 | 0.0824 |

图 34－14 拟合分布检验

正态性检验

| 检验统计量 | 值 | P 值 |
|---|---|---|
| Shapiro-Wilk | 0.693019 | 0.0000 |
| Kolmogorov-Smirnov | 0.242573 | <.0100 |
| Cramer-von Mises | 0.317606 | <.0050 |
| Anderson-Darling | 1.874572 | <.0050 |

图 34－15 正态分布检验

从检验结果可以看出，在原假设是服从某个分布的前提下，当显著性水平为 5% 时，按照 Test for Distribution 的标准，4 种分布都没有通过检验。

## 二、第二组暴雨灾害的频数和损失分析

### （一）频数分析

表 34－11 统计的是第二组，包括安徽省和江西省 1990～2009 年所发生的暴雨灾害频数的数据记录。

**表 34－11**　　　　　　**第二组暴雨灾害频数**

| 年度 | 1990 | 1991 | 1992 | 1993 | 1994 | 1995 | 1996 |
|---|---|---|---|---|---|---|---|
| 频数 | 8 | 7 | 8 | 9 | 7 | 14 | 15 |
| 年度 | 1997 | 1998 | 1999 | 2000 | 2001 | 2002 | 2003 |
| 频数 | 7 | 5 | 6 | 1 | 2 | 1 | 5 |
| 年度 | 2004 | 2005 | 2006 | 2007 | 2008 | 2009 | |
| 频数 | 6 | 13 | 20 | 9 | 9 | 20 | |

用 SAS 对上述数据分析可得如下结果（见图 34－16～图 34－18）。

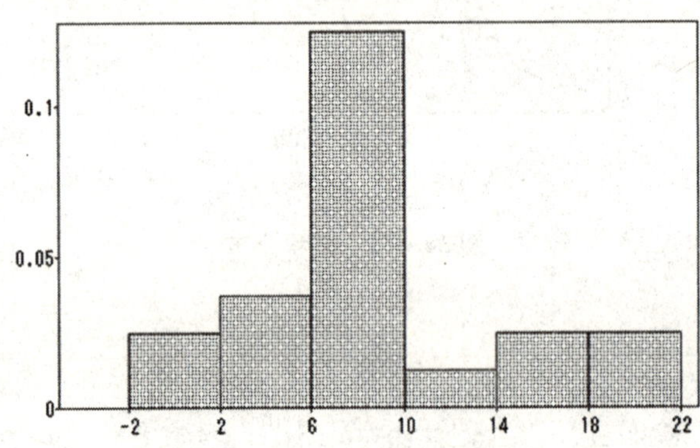


**图 34－16　第二组频数直方图**

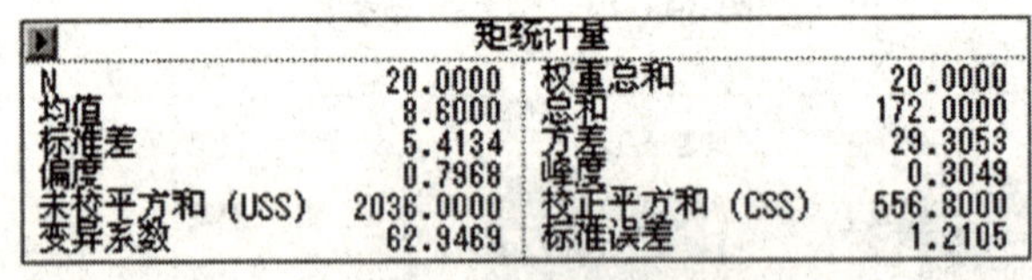

| 矩统计量 | | | |
|---|---|---|---|
| N | 20.0000 | 权重总和 | 20.0000 |
| 均值 | 8.6000 | 总和 | 172.0000 |
| 标准差 | 5.4134 | 方差 | 29.3053 |
| 偏度 | 0.7968 | 峰度 | 0.3049 |
| 未校平方和 (USS) | 2036.0000 | 校正平方和 (CSS) | 556.8000 |
| 变异系数 | 62.9469 | 标准误差 | 1.2105 |

**图 34－17　矩统计量**

| 分位数 | | | |
|---|---|---|---|
| 100% 最大值 | 20.0000 | 99.0% | 20.0000 |
| 75% Q3 | 11.0000 | 97.5% | 20.0000 |
| 50% 中位数 | 7.5000 | 95.0% | 20.0000 |
| 25% Q1 | 5.5000 | 90.0% | 17.5000 |
| 0% 最小值 | 1.0000 | 10.0% | 1.5000 |
| 极差 | 19.0000 | 5.0% | 1.0000 |
| Q3-Q1 | 5.5000 | 2.5% | 1.0000 |
| 众数 | 7.0000 | 1.0% | 1.0000 |

**图 34－18　分位数**

可以看出，1990 年以后第二组年发生次数最多为 20 次，有 75% 的年度年发生暴雨次数在 11 次以下，有 50% 的年度发生暴雨次数集中在 6～11 次。可知：

$E(X) = 8.6000$，$Var(X) = 5.4134^2$

**（二）频数拟合**

根据检验结果，在当显著性水平为 5% 时，只有韦伯分布可以拟合该组数据。拟合后的密度函数如下：

韦伯分布：

$f(x) = 15.7596x^{8.5902} \cdot e^{-1.6533x^{9.5902}}$

### （三）损失拟合

从检验结果可以看出，在原假设是服从某个分布的前提下，当显著性水平为5%时，按照 Test for Distribution 的标准，只有韦伯分布可以通过检验。拟合后的密度函数如下：

韦伯分布：

$f(x) = 225.9522x^{339.2895} \cdot e^{-0.6640x^{340.2895}}$

## 三、第三组暴雨灾害的频数和损失分析

### （一）频数分析

表 34－12 统计的是第三组，包括福建省、浙江省、河北省、广东省、河南省、山东省、海南省、江苏省 1990～2009 年所发生的暴雨灾害频数的数据记录。

**表 34－12　　第三组暴雨灾害频数**

| 年度 | 1990 | 1991 | 1992 | 1993 | 1994 | 1995 | 1996 |
|---|---|---|---|---|---|---|---|
| 频数 | 30 | 18 | 13 | 18 | 15 | 38 | 21 |
| 年度 | 1997 | 1998 | 1999 | 2000 | 2001 | 2002 | 2003 |
| 频数 | 10 | 12 | 7 | 9 | 3 | 5 | 16 |
| 年度 | 2004 | 2005 | 2006 | 2007 | 2008 | 2009 | |
| 频数 | 14 | 27 | 42 | 18 | 18 | 30 | |

用 SAS 对上述数据分析可得如下结果（见图 34－19～图 34－21）。

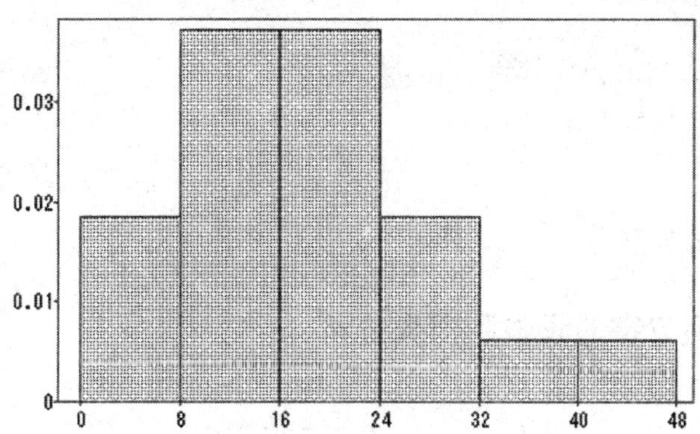


图 34－19　第三组频数直方图

矩统计量

| | | | |
|---|---|---|---|
| N | 20.0000 | 权重总和 | 20.0000 |
| 均值 | 18.2000 | 总和 | 364.0000 |
| 标准差 | 10.5212 | 方差 | 110.6947 |
| 偏度 | 0.8129 | 峰度 | 0.1938 |
| 未校平方和 (USS) | 8728.0000 | 校正平方和 (CSS) | 2103.2000 |
| 变异系数 | 57.8086 | 标准误差 | 2.3526 |

图 34－20　矩统计量

| 分位数 | | | |
|---|---|---|---|
| 100% 最大值 | 42.0000 | 99.0% | 42.0000 |
| 75% Q3 | 24.0000 | 97.5% | 42.0000 |
| 50% 中位数 | 17.0000 | 95.0% | 40.0000 |
| 25% Q1 | 11.0000 | 90.0% | 34.0000 |
| 0% 最小值 | 3.0000 | 10.0% | 6.0000 |
| 极差 | 39.0000 | 5.0% | 4.0000 |
| Q3-Q1 | 13.0000 | 2.5% | 3.0000 |
| 众数 | 18.0000 | 1.0% | 3.0000 |

**图 34-21　分位数**

可以看出，1990 年以后第三组年发生次数最多为 42 次，有 75% 的年度年发生暴雨次数在 24 次以下，有 50% 的年度发生暴雨次数集中在 11～24 次。可知：

$E(X) = 18.2000$，$Var(X) = 10.5212^2$

**（二）频数拟合**

根据检验结果，当显著性水平为 5% 时，对数正态分布和韦伯分布可以拟合该组数据。拟合后的密度函数如下：

对数正态分布函数：

$$f(x) = \frac{1}{\sqrt{2\pi} \times 0.6632x} e^{-\frac{(\ln x - 2.7201)^2}{2 \times 0.6632^2}} \quad (0 < x < \infty)$$

韦伯分布：

$$f(x) = 38.3254x^{19.5464} e^{-1.8653x^{20.5464}}$$

**（三）损失拟合**

从检验结果可以看出，在原假设是服从某个分布的前提下，当显著性水平为 5% 时，按照 Test for Distribution 的标准，对数正态分布和指数分布都可以通过检验。拟合后的密度函数如下：

对数正态分布函数：

$$f(x) = \frac{1}{\sqrt{2\pi} \times 3.1217} e^{-\frac{(x - 5.0370)^2}{2 \times 3.1217^2}} \quad (0 < x < \infty)$$

指数分布函数：

$$f(x) = \frac{1}{685.6149} e^{-\frac{1}{685.6149}x}$$

## 四、第四组暴雨灾害的频数和损失分析

**（一）频数分析**

表 34-13 统计的是第四组，包括甘肃省、云南省、陕西省、广西壮族自治区、贵州省 1990～2009 年所发生的暴雨灾害频数的数据记录。

**表 34-13　　第四组暴雨灾害频数**

| 年度 | 1990 | 1991 | 1992 | 1993 | 1994 | 1995 | 1996 |
|---|---|---|---|---|---|---|---|
| 频数 | 12 | 10 | 13 | 15 | 15 | 15 | 13 |

续表

| 年度 | 1997 | 1998 | 1999 | 2000 | 2001 | 2002 | 2003 |
|---|---|---|---|---|---|---|---|
| 频数 | 9 | 4 | 6 | 8 | 5 | 4 | 21 |
| 年度 | 2004 | 2005 | 2006 | 2007 | 2008 | 2009 | |
| 频数 | 16 | 30 | 52 | 24 | 21 | 82 | |

用 SAS 对上述数据分析可得如下结果（见图 34 - 22 ~ 图 34 - 24）。

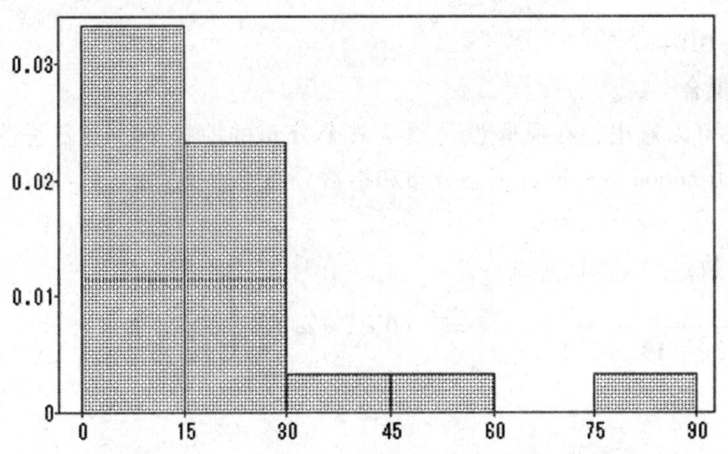


**图 34 - 22　第四组频数直方图**

| 矩统计量 | | | |
|---|---|---|---|
| N | 20.0000 | 权重总和 | 20.0000 |
| 均值 | 18.7500 | 总和 | 375.0000 |
| 标准差 | 18.5043 | 方差 | 342.4079 |
| 偏度 | 2.5529 | 峰度 | 7.2025 |
| 未校平方和 (USS) | 13537.0000 | 校正平方和 (CSS) | 6505.7500 |
| 变异系数 | 98.6894 | 标准误差 | 4.1377 |

**图 34 - 23　矩统计量**

| 分位数 | | | |
|---|---|---|---|
| 100% 最大值 | 82.0000 | 99.0% | 82.0000 |
| 75% Q3 | 21.0000 | 97.5% | 82.0000 |
| 50% 中位数 | 14.0000 | 95.0% | 67.0000 |
| 25% Q1 | 8.5000 | 90.0% | 41.0000 |
| 0% 最小值 | 4.0000 | 10.0% | 4.5000 |
| 极差 | 78.0000 | 5.0% | 4.0000 |
| Q3-Q1 | 12.5000 | 2.5% | 4.0000 |
| 众数 | 15.0000 | 1.0% | 4.0000 |

**图 34 - 24　分位数**

可以看出，1990 年以后第四组年发生次数最多为 82 次，有 75% 的年度年发生暴雨次数在 21 次以下，有 50% 的年度发生暴雨次数集中在 8 ~ 21 次。可知：

$E(X) = 18.7500$, $Var(X) = 18.5043^2$

**（二）频数拟合**

根据检验结果，在显著水平为 5% 时，对数正态分布、指数分布和韦伯分布都通过了检验。

指数分布：

$$f(x)=\frac{1}{18.7500}e^{-\frac{1}{18.7500}x}$$

对数正态分布函数：

$$f(x)=\frac{1}{\sqrt{2\pi}\times 0.7827}e^{-\frac{(x-2.6145)^2}{2\times 0.7827^2}}\quad(0<x<\infty)$$

韦伯分布：

$$f(x)=25.0194x^{19.2833}e^{-1.2335x^{20.2833}}$$

**（三）损失拟合**

从检验结果可以看出，在原假设是服从某个分布的前提下，当显著性水平为5%时，按照 Test for Distribution 的标准，正态分布和指数分布可以通过检验。拟合后的密度函数如下：

正态分布函数：

$$f(x)=\frac{1}{\sqrt{2\pi}\times 192.6242}e^{-\frac{(x-205.2385)^2}{2\times 192.6242^2}}\quad(0<x<\infty)$$

指数分布：

$$f(x)=\frac{1}{205.2385}e^{-\frac{1}{205.2385}x}$$

## 五、第五组暴雨灾害的频数和损失分析

### （一）频数分析

表 34－14 统计的是第五组，包括湖北省、湖南省、四川省 1990～2009 年所发生的暴雨灾害频数的数据记录。

**表 34－14　　第五组暴雨灾害频数**

| 年度 | 1990 | 1991 | 1992 | 1993 | 1994 | 1995 | 1996 |
|---|---|---|---|---|---|---|---|
| 频数 | 28 | 14 | 11 | 30 | 22 | 31 | 21 |
| 年度 | 1997 | 1998 | 1999 | 2000 | 2001 | 2002 | 2003 |
| 频数 | 12 | 23 | 16 | 7 | 8 | 6 | 29 |
| 年度 | 2004 | 2005 | 2006 | 2007 | 2008 | 2009 | |
| 频数 | 33 | 54 | 42 | 32 | 25 | 93 | |

用 SAS 对上述数据分析可得如下结果（见图 34－25～图 34－27）。

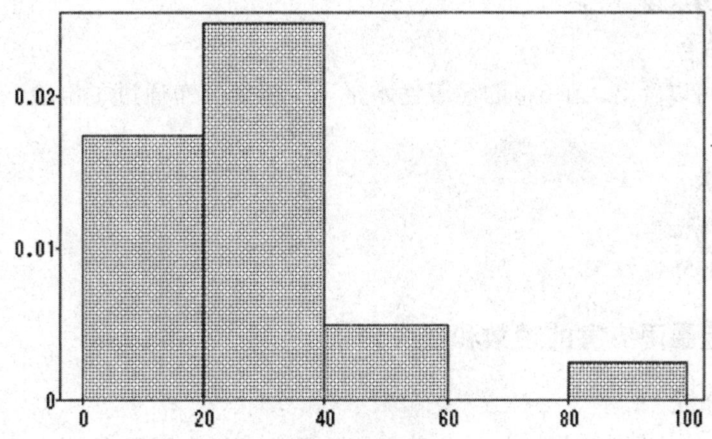


图 34-25　第五组频数直方图

| 矩统计量 | | | |
|---|---|---|---|
| N | 20.0000 | 权重总和 | 20.0000 |
| 均值 | 26.8500 | 总和 | 537.0000 |
| 标准差 | 19.8077 | 方差 | 392.3447 |
| 偏度 | 2.0981 | 峰度 | 6.0210 |
| 未校平方和 (USS) | 21873.0000 | 校正平方和 (CSS) | 7454.5500 |
| 变异系数 | 73.7717 | 标准误差 | 4.4291 |

图 34-26　矩统计量

| 分位数 | | | | |
|---|---|---|---|---|
| 100% | 最大值 | 93.0000 | 99.0% | 93.0000 |
| 75% | Q3 | 31.5000 | 97.5% | 93.0000 |
| 50% | 中位数 | 24.0000 | 95.0% | 73.5000 |
| 25% | Q1 | 13.0000 | 90.0% | 48.0000 |
| 0% | 最小值 | 6.0000 | 10.0% | 7.5000 |
| | 极差 | 87.0000 | 5.0% | 6.5000 |
| | Q3-Q1 | 18.5000 | 2.5% | 6.0000 |
| | 众数 | . | 1.0% | 6.0000 |

图 34-27　分位数

可以看出，1990 年以后第五组年发生次数最多为 93 次，有 75% 的年度年发生暴雨次数在 32 次以下，有 50% 的年度发生暴雨次数集中在 13～32 次。可知：

$E(X) = 26.8500$，$Var(X) = 19.8077^2$

**（二）频数拟合**

从检验结果可以看出，在 5% 的显著性水平下，对数正态分布、指数分布和韦伯分布均通过了检验，拟合后的密度函数如下：

对数正态分布函数：

$$f(x) = \frac{1}{\sqrt{2\pi} \times 0.6936x} e^{-\frac{(\ln x - 3.0679)^2}{2 \times 0.6936^2}}$$

指数分布函数：

$$f(x) = \frac{e^{-\left(\frac{x}{26.8500}\right)}}{26.8500}$$

韦伯分布函数：

$f(x)=45.9782x^{29.0452}e^{-1.5303x^{30.0452}}$

**（三）损失拟合**

从检验结果可以看出，在5%的显著性水平下，指数分布通过了检验，拟合后的密度函数如下：

指数分布函数：

$$f(x)=\frac{e^{-(\frac{x}{608.6647})}}{608.5547}$$

## 六、第六组暴雨灾害的频数和损失分析

**（一）频数分析**

表34－15统计的是第六组，包括北京市、天津市1990～2009年所发生的暴雨灾害频数的数据记录。

**表34－15　　第六组暴雨灾害频数**

| 年度 | 1990 | 1991 | 1992 | 1993 | 1994 | 1995 | 1996 |
|---|---|---|---|---|---|---|---|
| 频数 | 1 | 1 | 0 | 1 | 2 | 0 | 3 |
| 年度 | 1997 | 1998 | 1999 | 2000 | 2001 | 2002 | 2003 |
| 频数 | 0 | 0 | 0 | 0 | 0 | 1 | 0 |
| 年度 | 2004 | 2005 | 2006 | 2007 | 2008 | 2009 | |
| 频数 | 1 | 0 | 0 | 0 | 0 | 0 | |

用SAS对上述数据分析可得如下结果（见图34－28～图34－30）。

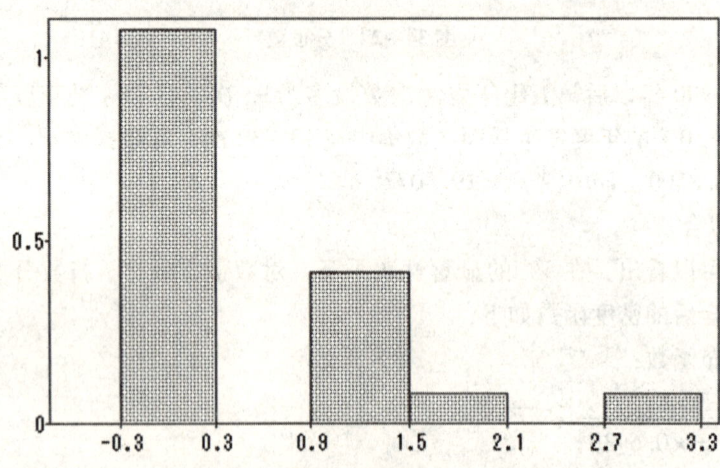


**图34－28　第六组频数直方图**

| 矩统计量 | | | |
|---|---|---|---|
| N | 20.0000 | 权重总和 | 20.0000 |
| 均值 | 0.5007 | 总和 | 10.0130 |
| 标准差 | 0.8268 | 方差 | 0.6835 |
| 偏度 | 1.8611 | 峰度 | 3.4491 |
| 未校平方和（USS） | 18.0000 | 校正平方和（CSS） | 12.9870 |
| 变异系数 | 165.1367 | 标准误差 | 0.1849 |

图 34－29　矩统计量

| 分位数 | | | | |
|---|---|---|---|---|
| 100% | 最大值 | 3.0000 | 99.0% | 3.0000 |
| 75% | Q3 | 1.0000 | 97.5% | 3.0000 |
| 50% | 中位数 | 0.0010 | 95.0% | 2.5000 |
| 25% | Q1 | 0.0010 | 90.0% | 1.5000 |
| 0% | 最小值 | 0.0010 | 10.0% | 0.0010 |
| | 极差 | 2.9990 | 5.0% | 0.0010 |
| | Q3-Q1 | 0.9990 | 2.5% | 0.0010 |
| | 众数 | 0.0010 | 1.0% | 0.0010 |

图 34－30　分位数

可以看出，1990 年以后第六组年发生次数最多为 3 次，有 75% 的年度年发生暴雨次数在 1 次以下，有 50% 的年度发生暴雨次数集中在 0～1 次。可知：

$E(X)=0.5007$，$Var(X)=0.8268^2$

**（二）频数拟合**

对这组数据进行拟合的结果可以看出，当显著性水平为 5% 时，正态分布、对数正态分布、指数分布和韦伯分布都不能通过检验，北京市、天津市属于暴雨发生很少的地区，数据量十分有限，所以各种分布均不能很好拟合。

**（三）损失拟合**

从检验结果可以看出，在原假设是服从某个分布的前提下，当显著性水平为 5% 时，按照 Test for Distribution 的标准，正态分布、对数正态分布、指数分布和韦伯分布都不可以通过检验。因而上述 4 种假设并不能代表调整后损失的真实分布情况。

## 七、第七组暴雨灾害的频数和损失分析

**（一）频数分析**

表 34－16 统计的是第六组，包括吉林省、辽宁省 1990～2009 年所发生的暴雨灾害频数的数据记录。

表 34－16　　第七组暴雨灾害频数

| 年度 | 1990 | 1991 | 1992 | 1993 | 1994 | 1995 | 1996 |
|---|---|---|---|---|---|---|---|
| 频数 | 4 | 5 | 3 | 1 | 3 | 4 | 7 |
| 年度 | 1997 | 1998 | 1999 | 2000 | 2001 | 2002 | 2003 |
| 频数 | 0 | 0 | 0 | 0 | 2 | 0 | 2 |
| 年度 | 2004 | 2005 | 2006 | 2007 | 2008 | 2009 | |
| 频数 | 1 | 8 | 2 | 0 | 0 | 0 | |

用 SAS 对上述数据分析可得如下结果（见图 34－31～图 34－33）。

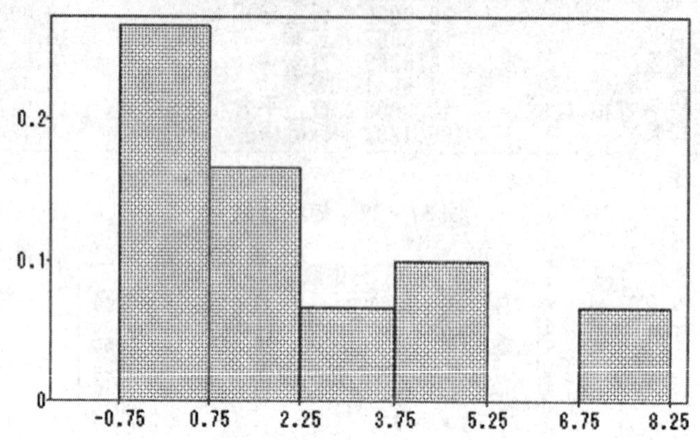


图 34－31　第七组频数直方图

| 矩统计量 | | | |
|---|---|---|---|
| N | 20.0000 | 权重总和 | 20.0000 |
| 均值 | 2.1004 | 总和 | 42.0080 |
| 标准差 | 2.4470 | 方差 | 5.9877 |
| 偏度 | 1.1407 | 峰度 | 0.5794 |
| 未校平方和（USS） | 202.0000 | 校正平方和（CSS） | 113.7664 |
| 变异系数 | 116.5006 | 标准误差 | 0.5472 |

图 34－32　矩统计量

| 分位数 | | | |
|---|---|---|---|
| 100% 最大值 | 8.0000 | 99.0% | 8.0000 |
| 75% Q3 | 3.5000 | 97.5% | 8.0000 |
| 50% 中位数 | 1.5000 | 95.0% | 7.5000 |
| 25% Q1 | 0.0010 | 90.0% | 6.0000 |
| 0% 最小值 | 0.0010 | 10.0% | 0.0010 |
| 极差 | 7.9990 | 5.0% | 0.0010 |
| Q3-Q1 | 3.4990 | 2.5% | 0.0010 |
| 众数 | 0.0010 | 1.0% | 0.0010 |

图 34－33　分位数

可以看出，1990 年以后第七组年发生次数最多为 8 次，有 75% 的年度年发生暴雨次数在 4 次以下，有 50% 的年度发生暴雨次数集中在 0～4 次。可知：

$E(X)=2.1004$，$Var(X)=2.4470^2$

**（二）频数拟合**

从检验结果可以看出，在 5% 显著性水平检验下，4 种方法均不能通过检验。

**（三）损失拟合**

从检验结果可以看出，当显著性水平为 5% 时，上面 4 种分布都不可以通过检验。

## 八、第八组

对于第 8 组，只有上海市一个直辖市，几乎所有的年度暴雨发生次数为 0，个别年度为 1，而且上海市是一个经济发达的国际性大都市，城市水利投入较大，因此，即使发生暴雨，城市也有很强的抵御能力。所以综合数据和实际状况，对于本组没有必要进行年度和频数的拟合。

# 第三十五章

# 暴雨灾害的趋势分析

## 第一节　全国暴雨趋势的定量分析与预测

由于暴雨具有很强的季节性，因此，本章将按季节汇总数据，并采用季节时间序列模型进行定性分析。我国四季划分标准主要有三种。第一种是天文学标准，就是每年的立春为春季的开始，立冬就是冬季的开始。这个标准较为古老，仅适合于我国较北的少数省（区、市）。第二种是气候学标准，以下半年连续5天（气象上称为“候”）的日平均气温降到10℃以下为冬季的开始。这个说法适合我国北方的不少省（区、市）。比如，我国最北部的漠河及大兴安岭以北地区，早在9月上旬就已进入冬季，首都北京市10月下旬也已一派冬天的景象。第三个标准是气象学标准，主要以时间为划分标准，每年的3~5月为春季，每3个月为一个季节。依此类推，每年的12月到次年的2月是当年的冬季。这个标准在全国大范围采用。本文采用第三种气象学标准进行季节划分。

我们采用频数、损失额、次损失额等指标进行定量分析。在分析方法上，同时采用了时间序列的确定性模型和随机模型，并用其分别进行定量预测。

### 一、全国频数趋势分析与预测

#### （一）数据（见表35-1）

表35-1　　全国暴雨分季节频数

| 年度 | 冬季 | 春季 | 夏季 | 秋季 |
|---|---|---|---|---|
| 1990 | 2 | 19 | 63 | 8 |
| 1991 | 0 | 14 | 43 | 3 |
| 1992 | 0 | 27 | 21 | 4 |
| 1993 | 1 | 16 | 67 | 1 |
| 1994 | 0 | 12 | 55 | 6 |
| 1995 | 0 | 26 | 78 | 4 |
| 1996 | 0 | 14 | 65 | 4 |
| 1997 | 0 | 16 | 21 | 1 |
| 1998 | 2 | 16 | 29 | 2 |
| 1999 | 0 | 8 | 29 | 0 |

续表

| 年度 | 冬季 | 春季 | 夏季 | 秋季 |
|---|---|---|---|---|
| 2000 | 0 | 3 | 21 | 2 |
| 2001 | 0 | 3 | 17 | 1 |
| 2002 | 0 | 0 | 15 | 1 |
| 2003 | 2 | 25 | 50 | 6 |
| 2004 | 0 | 15 | 48 | 13 |
| 2005 | 0 | 29 | 111 | 10 |
| 2006 | 0 | 46 | 128 | 15 |
| 2007 | 0 | 28 | 53 | 14 |
| 2008 | 0 | 18 | 60 | 7 |
| 2009 | 5 | 54 | 178 | 28 |

由图 35－1 可以看出，前文对暴雨从 1990 年以来的趋势定性描述与该图十分吻合，如 2000～2003 年全国一直干旱，暴雨灾害很少，在发生频数上也很小。此外，暴雨的季节性在此图中一览无余，每年的夏季暴雨频数最大，冬春两季较小。

由图 35－1 可以看出，我国暴雨灾害频数没有明显上升或下降趋势，但具有季节性变化，而且季节变化的振幅越来越大；分段来看，均值和方差变化很大，由此看出该序列不具有平稳性。下文进一步通过自相关、偏相关、逆自相关图系数图来分析。

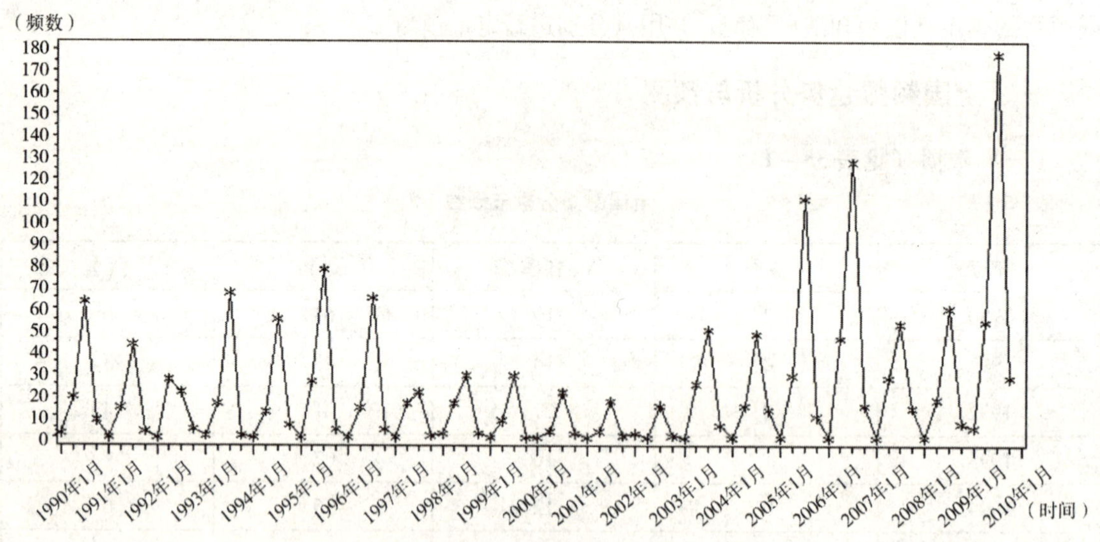


**图 35－1　暴雨全国季节频数折线图**

观察自相关图，发现季节频数与其 4 倍数的滞后期存在显著的自相关关系。自相关图显示出来的这个性质和该序列时序图显示出的周期性质是非常吻合的，说明其具有很强的周期性。此外，自相关函数衰减很慢，而且通过观察白噪声检验的结果，也进一步印证了该时间序列是非平稳的。

### （二）时间序列 ARIMA 模型

ARIMA 模型是“Autoregressive Integrated Moving Average Models”的缩写。可记为 ARIMA（p，d，q），括号内 3 个参数分别表示自回归阶数、差分阶数和滑动平均阶数。通过对不同分析方法、模型的比较，用 ARIMA 模型对暴雨频数进行时间序列分析。

由于所分析的时间序列是非平稳的，需将其转换为平稳的时间序列。可通过对序列进行季节差分，达到转换目的。

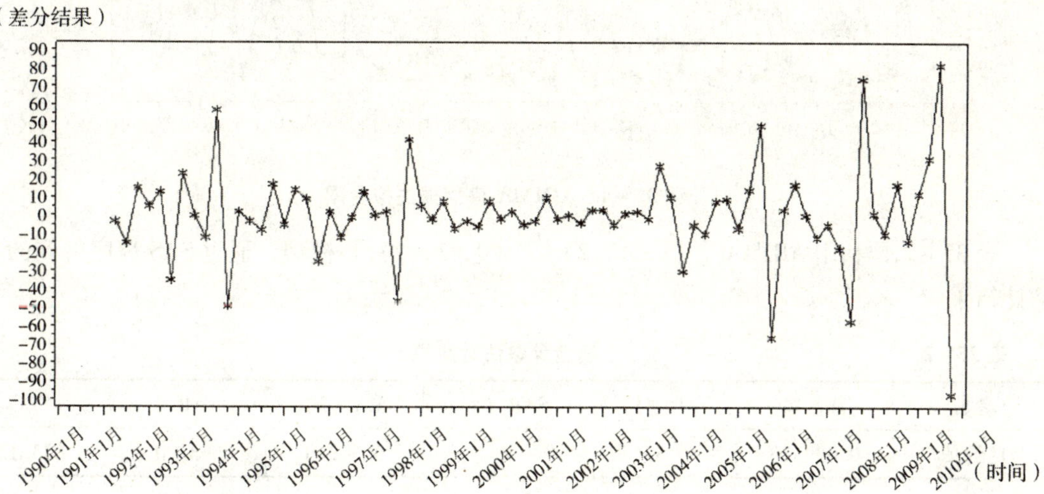


**图 35－2 季节差分图**

通过对时间序列自相关图、偏相关图、逆自相关图的观察，并使用 AIC、SBC 信息准则对模型的滞后阶数进行筛选，还要对各种滞后阶数的模型进行估计比较（见图 35－3 和图 35－4），时间序列模型 ARIMA $[(1, 1, 2) \times (0, 1, 1)_4]$ 较好拟合了时间序列，且通过了白噪声检验。因此，我们采用此模型对时间序列进行预测。

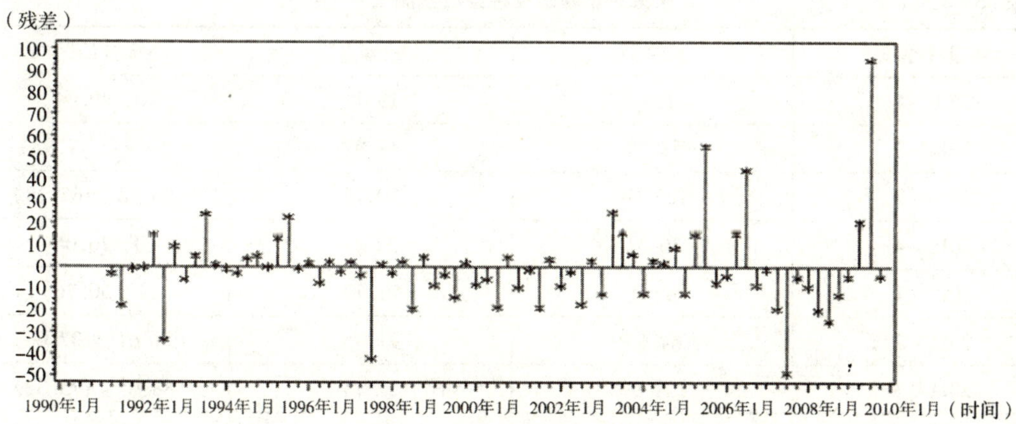


**图 35－3 ARIMA 模型残差图**

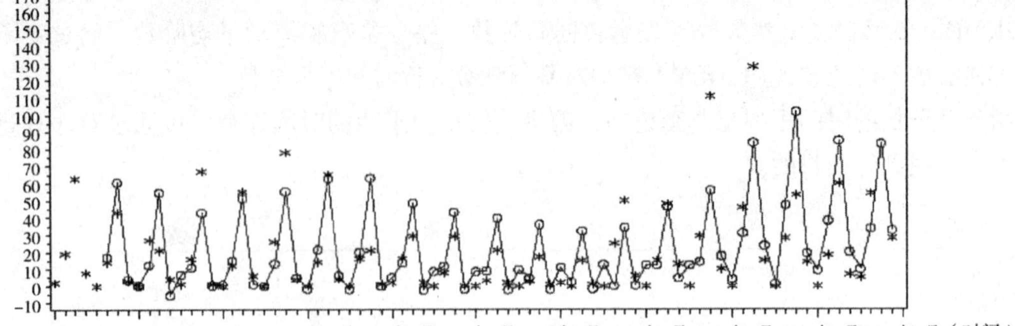


**图 35－4　ARIMA 模型损失拟合图**

表 35－2 是利用 ARIMA ［（1，1，2）×（0，1，1）$_4$］模型，通过 SAS 程序得到的参数估计结果。

**表 35－2　　　　模型参数估计结果**

| 参数 | 常数项 | AR（1） | SAR（4） | MA（2） | AIC | SBC |
|---|---|---|---|---|---|---|
| 估计值 | 0.099326 | －0.83577 | 1 | 0.50946 | 663.90 | 673.12 |

根据如上的参数估计结果，得到暴雨灾害频数的时间序列预测方程：

$(1+0.83577L)(1-L^4)(x_t-0.099326)=(1-L^2)(1-0.50946L^4)e_t$

其中，$L$ 为滞后算子，$e_t$ 为白噪声过程。

模型预测：通过 ARIMA ［（1，1，2）×（0，1，1）$_4$］模型的参数结果，可以对暴雨灾害频数进行预测。假设预测期数为 20 期，得到的预测结果见表 35－3。

**表 35－3　　　　未来 5 年暴雨灾害频数预测表**

| 年度－季度 | 预测值 | 标准差 | 95%置信区间 |
|---|---|---|---|
| 2010－1 | 2.01 | 19.71 | （0，40.64） |
| 2010－2 | 58.79 | 19.97 | （19.64，97.93） |
| 2010－3 | 125.68 | 20.15 | （86.18，165.18） |
| 2010－4 | 36.31 | 20.28 | （0，76.06） |
| 2011－1 | 8.19 | 21.72 | （0，50.76） |
| 2011－2 | 64.64 | 21.95 | （21.61，107.66） |
| 2011－3 | 131.99 | 22.11 | （88.65，175.32） |
| 2011－4 | 42.41 | 22.22 | （0，85.96） |
| 2012－1 | 14.65 | 23.56 | （0，60.82） |
| 2012－2 | 70.98 | 23.76 | （24.41，117.56） |

续表

| 年度-季度 | 预测值 | 标准差 | 95%置信区间 |
|---|---|---|---|
| 2012-3 | 138.61 | 23.91 | (91.75, 185.47) |
| 2012-4 | 48.99 | 24.01 | (1.93, 96.04) |
| 2013-1 | 21.45 | 25.25 | (0, 70.94) |
| 2013-2 | 77.78 | 25.45 | (27.90, 127.65) |
| 2013-3 | 145.59 | 25.58 | (95.45, 195.72) |
| 2013-4 | 55.99 | 25.67 | (5.68, 106.31) |
| 2014-1 | 28.61 | 26.84 | (0, 81.22) |
| 2014-2 | 84.99 | 27.02 | (32.03, 137.96) |
| 2014-3 | 152.94 | 27.15 | (99.73, 206.15) |
| 2014-4 | 63.41 | 27.23 | (10.03, 116.79) |

置信区间下限有可能为负值，但是暴雨灾害发生频数不会为负值，因此对置信下限为负值的一律进行零值处理。

图35-5为未来5年暴雨灾害发生频数预测图。

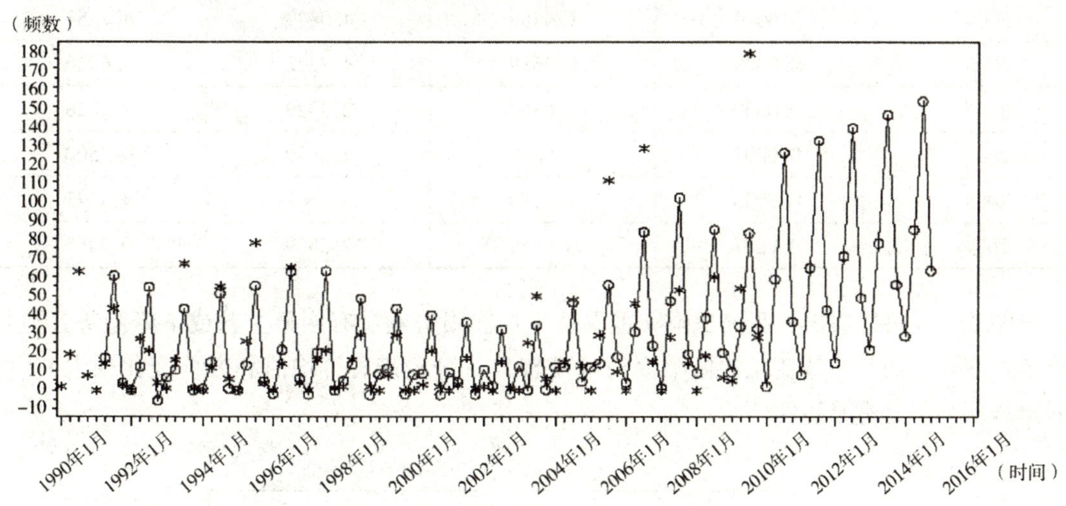


图35-5 未来5年暴雨灾害频数预测图

## 二、全国次损失额趋势分析与预测

### （一）数据

次损失额的数据等于每季度的总损失额除以每季度暴雨发生频数，得到表35-4。

**表 35 -4　　全国暴雨分季节次损失额**　　（单位：亿元）

| 年度 | 冬季 | 春季 | 夏季 | 秋季 |
|---|---|---|---|---|
| 1990 | 0.7365 | 0.7953 | 1.8958 | 0.3045 |
| 1991 | 0.0000 | 3.3621 | 12.4417 | 0.9304 |
| 1992 | 0.0000 | 2.1534 | 8.1758 | 0.7100 |
| 1993 | 0.0000 | 1.4137 | 3.9476 | 2.9000 |
| 1994 | 0.0000 | 6.6828 | 10.9151 | 1.2762 |
| 1995 | 0.0000 | 3.5528 | 12.0789 | 0.3949 |
| 1996 | 0.0000 | 4.6340 | 13.5080 | 1.4784 |
| 1997 | 0.0000 | 3.2466 | 14.8781 | 5.5400 |
| 1998 | 0.6884 | 3.1912 | 32.1133 | 12.7350 |
| 1999 | 0.0000 | 3.2138 | 12.3044 | 0.0000 |
| 2000 | 0.0000 | 1.7767 | 8.3196 | 19.7000 |
| 2001 | 0.0000 | 2.6200 | 6.3062 | 10.0000 |
| 2002 | 0.0000 | 0.0000 | 0.0655 | 0.0000 |
| 2003 | 0.0000 | 2.4389 | 7.8041 | 2.1667 |
| 2004 | 0.0000 | 1.4489 | 4.0879 | 4.7357 |
| 2005 | 0.0000 | 0.7689 | 4.3222 | 3.6026 |
| 2006 | 0.0000 | 2.6367 | 2.3929 | 0.3226 |
| 2007 | 0.0000 | 0.9880 | 7.8889 | 0.2500 |
| 2008 | 0.0000 | 1.1180 | 5.3642 | 7.1243 |
| 2009 | 0.0207 | 0.9559 | 2.2559 | 0.3465 |

由图 35 -6 可以看出，我国暴雨灾害季度平均次损失额没有明显上升或下降趋势，但具有季节性变化，而且季节变化的振幅变动幅度较大（分段来看，均值和方差变化很大），由此看出该序列不具有平稳性。

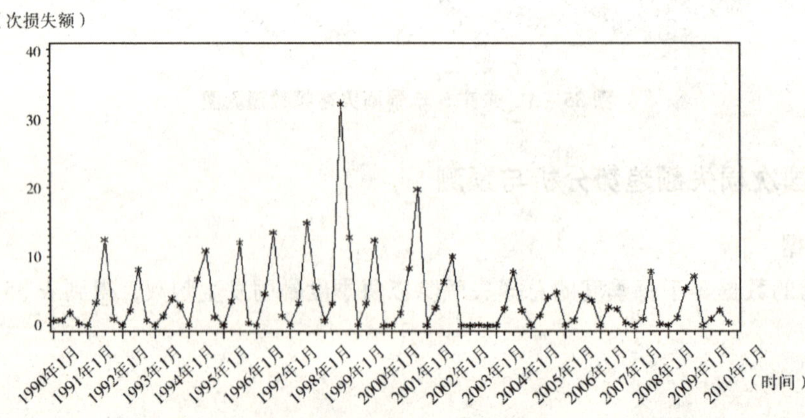


**图 35 -6　暴雨次损失额折线图**

### （二）时间序列 ARIMA 模型

继续选择 ARIMA 模型进行时间序列分析。由于该序列不平稳，需要对其进行差分处理。利用 ADF 检验控制差分过程，经过试验，发现对该序列进行一阶季节差分之后，就能够通过 ADF 检验，意味着该序列已经被转换为平稳时间序列。

差分效果图见 35－7。

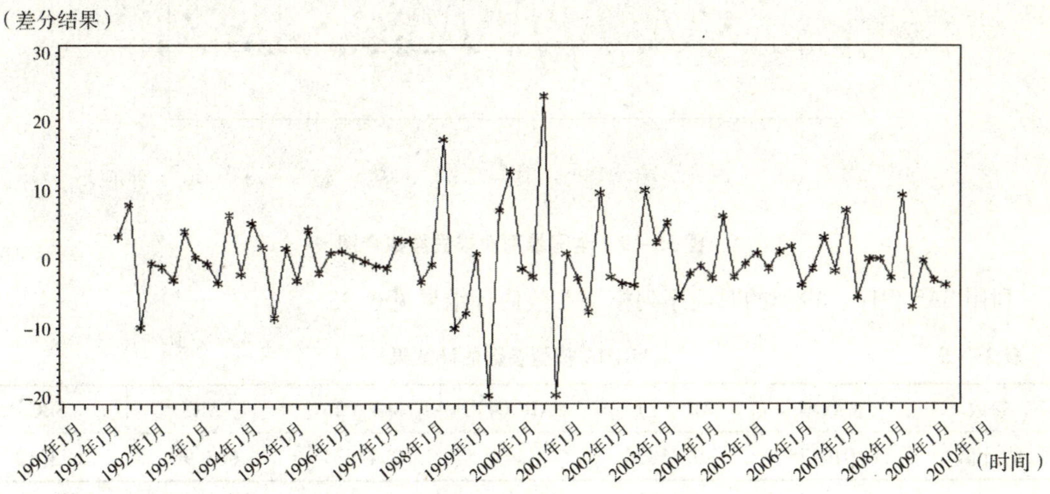


**图 35－7　暴雨次损失额一阶季节差分图**

通过对时间序列自相关图、偏相关图、逆自相关图的观察，并使用 AIC、SBC 信息准则对模型的滞后阶数进行筛选，并对各种滞后阶数的模型进行估计比较（见图 35－8 和图 35－9），时间序列模型 ARIMA［（1，1，2）×（0，1，1）$_4$］较好地拟合了时间序列，且通过了白噪声检验。因此，采用此模型对时间序列进行预测。

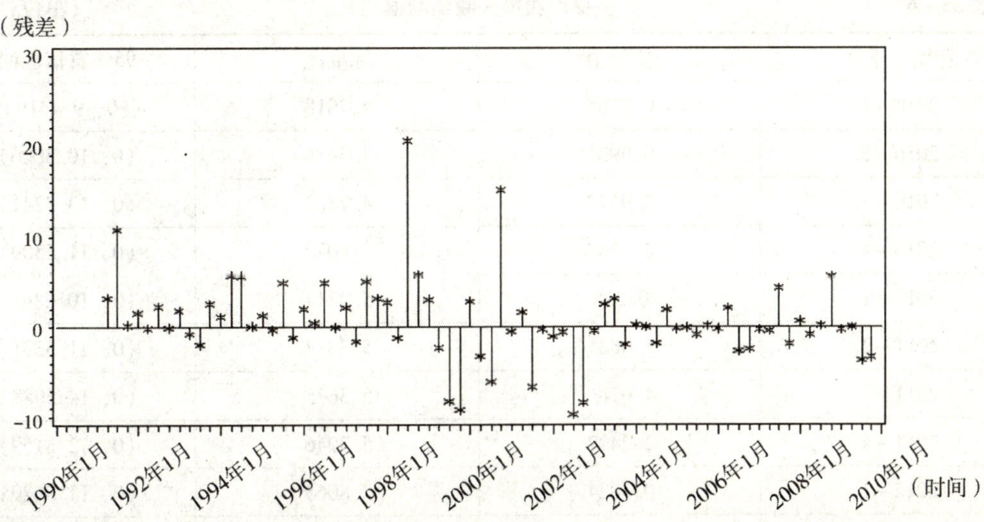


**图 35－8　模型残差图**

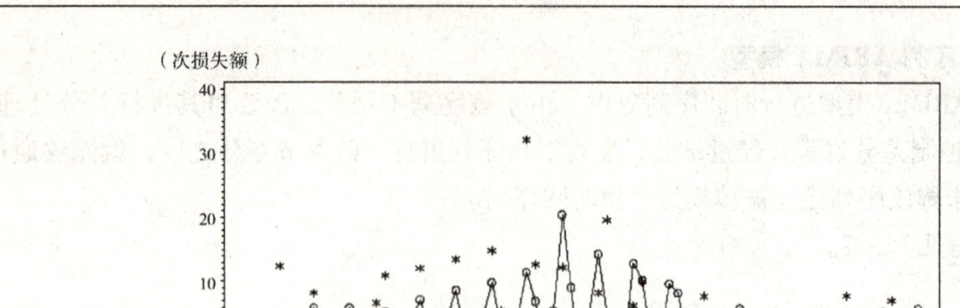


**图 35 -9　全国暴雨次损失额拟合图**

利用 SAS 程序，得到的时间序列模型参数估计结果见表 35 -5。

**表 35 -5　　ARIMA 模型参数估计结果**

| 参数 | 常数项 | AR（1） | SAR（4） | MA（2） | AIC | SBC |
|---|---|---|---|---|---|---|
| 估计值 | 0.010178 | -0.85858 | 1 | 0.44635 | 663.90 | 673.12 |

根据以上参数估计结果，得到暴雨灾害平均次损失额的时间序列预测方程为：

$$(1+0.85858L)(1-L^4)(x_t-0.010178) = (1-0.99886L^2)(1-044635L^4)e_t$$

其中，$L$ 为滞后算子，$e_t$ 为白噪声过程。

模型预测：通过 ARIMA [ (1, 1, 2) × (0, 1, 1)$_4$] 模型的参数结果，可以对暴雨灾害平均次损失额进行预测。假设预测期数为 20 期，得到的预测结果见表 35 -6 和图 35 -10。

**表 35 -6　　平均次损失额预测值**　　（单位：亿元）

| 年度 - 季度 | 预测值 | 标准差 | 95% 置信区间 |
|---|---|---|---|
| 2010 - 1 | 0.2265 | 4.7018 | (0, 9.4419) |
| 2010 - 2 | 0.9935 | 4.7486 | (0, 10.3006) |
| 2010 - 3 | 3.9513 | 4.7822 | (0, 13.3241) |
| 2010 - 4 | 2.1288 | 4.8073 | (0, 11.5509) |
| 2011 - 1 | 0.338 | 5.2814 | (0, 10.6894) |
| 2011 - 2 | 1.0831 | 5.3317 | (0, 11.5331) |
| 2011 - 3 | 4.0786 | 5.3675 | (0, 14.5988) |
| 2011 - 4 | 2.2427 | 5.3946 | (0, 12.8159) |
| 2012 - 1 | 0.4824 | 5.8065 | (0, 11.8629) |
| 2012 - 2 | 1.2203 | 5.857 | (0, 12.6997) |
| 2012 - 3 | 4.2408 | 5.8927 | (0, 15.7903) |
| 2012 - 4 | 2.4023 | 5.9199 | (0, 14.0051) |

续表

| 年度-季度 | 预测值 | 标准差 | 95%置信区间 |
|---|---|---|---|
| 2013-1 | 0.6631 | 6.2906 | (0, 12.9925) |
| 2013-2 | 1.4018 | 6.3397 | (0, 13.8274) |
| 2013-3 | 4.4406 | 6.3742 | (0, 16.9339) |
| 2013-4 | 2.6053 | 6.4008 | (0, 15.1506) |
| 2014-1 | 0.8823 | 6.7418 | (0, 14.0960) |
| 2014-2 | 1.626 | 6.7891 | (0, 14.9323) |
| 2014-3 | 4.6794 | 6.822 | (0, 18.0503) |
| 2014-4 | 2.8505 | 6.8447 | (0, 16.2716) |

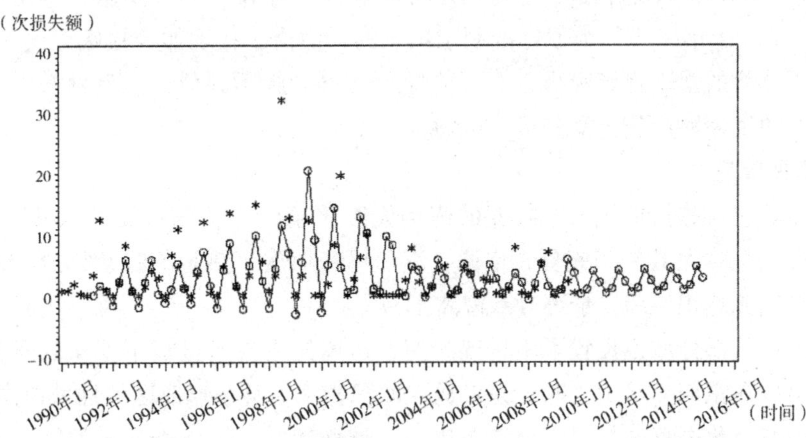


**图 35-10 暴雨平均次损失额预测图**

# 第二节 暴雨灾害趋势分析

## 一、时间序列模型的结论

### （一）暴雨灾害年际波动很大

年际变化是年与年之间的降水分配情况。中国大多数地区降水量年际变化较大，一般是多雨区年际变化较小，少雨区年际变化较大；沿海地区年际变化较小，内陆地区年际变化较大，以内陆盆地年际变化最大。

从收集到的最长的、准确的全国数据（1990～2009年）来看，暴雨灾害在这20年中波动很大，有频数很高、损失额很大的年度，如1995年、1996年等，也有连续干旱的几年，如2000年、2001年等。

### （二）暴雨灾害有极端化发生的趋势

从2005年以来，我国出现了极端性气候频发的现象，如2007年7月，重庆市、济南市的暴雨。政府间气候变化专业委员会（IPCC）认为，随着气候变暖，由此引起的极端气候事件的变化也会发生。IPCC 认为，1950 年以来，全球的热浪数量增加，暖夜的数量也普遍增多。由于陆地降水有所减少，同时由于偏暖的条件造成蒸发增加，因此受干旱影响的区域有所扩大。另外，导致洪水的日强降水事件的数量增加了，但不是所有地方都如此。气象灾害变化的一个主要迹象是观测到过去 50 年中纬度地区强降水事件增多，甚至在平均总降水量没有增加的地方。关于特大降水事件，也有日益增多的趋势，但还不是普遍增多。

## 二、关于暴雨灾害今后发展趋势的分析

### （一）对暴雨灾害认定标准的讨论

近些年来，随着全球气候变暖，拉尼娜现象、厄尔尼诺现象频发，对全球气候环境产生了深远影响，极端天气气候频发。我国也不例外。在此背景下，需要对暴雨这个气象灾害认定的标准有一个全面的讨论、修正。因为地方水利设施建设等防灾措施，都是按照暴雨程度“一年一遇”或“十年一遇”类似标准制定出来的，但由于在现如今极端天气频发的情况下，如果仍然沿用之前的暴雨界定标准，有可能导致防灾措施不到位，一旦暴雨灾害来袭，可能会使人民群众的生命财产安全受到极大威胁。

### （二）雨岛效应

所谓雨岛效应，是指把城市中林立的高楼大厦比喻成“钢筋水泥的森林”，而随着“森林”密度不断增加，尤其一到盛夏，空调、汽车尾气加重了热量的超常排放，使城市上空形成热气流，热气流越积越厚，最终导致降水形成。

美国曾经在其部分城市设置了雨量观测网，运用先进技术进行了 5 年的研究，证实了雨岛效应集中出现在汛期和暴雨之时，易形成大面积积水，甚至形成区域性城市内涝。

随着我国城市化进程的加快，楼越盖越多、越盖越高，这就进一步加剧了雨岛效应可能带来的危害。

### （三）许多大中城市的脆弱性会进一步加剧

中国的许多大型城市，如北京市、上海市，还有南方的一些省会城市，近些年来发展越来越快，地铁等工程比比皆是，但是相应的排水系统改造却跟不上城市发展的脚步，导致有些城市的排水系统严重老化，难以承受暴雨灾害的强度，而且排水系统改造本身就是一个十分系统、复杂的工程。根据现有的城市发展形势，尚难以对城市排水系统作出一个根本性的改善。因此很多城市的脆弱性会进一步加剧，暴雨所引致的灾害有可能扩大，这一点需要引起有关部门的足够重视。

### （四）暴雨灾害的周期性特征

有学者研究得出了我国区域暴雨灾害的周期。如研究表明 200 年左右、120 年左右，40 ~ 70年周期变化特征在西北地区降水变化中是比较普遍的现象。但由于我们主要研究的是暴雨灾害发生频数和损失额等造成社会经济损失的变量，而这类数据的可靠且完整的记录在我国很短，只有 20 年，因此无法得出类似的结论，只能引用相关研究结果提供参考。

# 第六篇　道路交通事故灾因分析

# 第三十六章

# 道路交通事故

## 第一节　道路交通事故的基本概念

### 一、道路交通事故的界定

交通是指从事旅客和货物运输及语言和图文传递的行业，包括运输和邮电（邮政和电信）两个方面，在国民经济中属于第三产业。其中，运输方面主要有铁路、公路、水路、航空和管道5种方式。

交通事故一般是指在交通运输过程中发生的人身伤亡和财产损失的事件。在交通运输的5种方式中，道路交通事故带来的人员伤亡和经济损失远远大于其他交通方式。这也正是在交通事故灾因分析中集中研究道路交通事故的原因。

根据2004年5月1日起施行的《中华人民共和国道路交通安全法》（简称《道路交通安全法》）第八章第119条第五款，我国的“交通事故”定义为：“车辆在道路上因过错或者意外造成的人身伤亡或者财产损失的事件。”《道路交通安全法》中有关交通事故的定义，较之以前我国实行的《道路交通事故处理办法》（1992年1月1日起施行，《道路交通安全法》施行起废止，以下简称《处理办法》）中的定义①，扩大了定义范围，将意外造成的交通事件也涵盖进来（如地震、台风等不可抗拒的自然灾害造成的交通事故），不仅有利于公安交警部门对交通事故的认定，同时也为保险公司有关车险业务的开展提供了合理的法律依据。

**（一）道路交通事故的特征**

除了《道路交通安全法》的交通事故定义外，还应了解交通事故的构成要素或者说基本特征，这些基本要素或基本特征会帮助我们更加清楚明了地鉴定交通事故。一般来说，一起交通事故通常具备如下基本特征：

1. 车辆。构成交通事故的前提条件就是有车辆，没有车辆参与则不能算作是交通事故。比如行人之间的刮蹭、碰撞即便造成重大伤害甚至死亡也不能算作交通事故。《道路交通安全法》中对车辆的定义也是非常明确的，第八章第119条第二到四款指出，“车辆”是指机动

① 1991年9月22日我国国务院令第89号发布的《中华人民共和国道路交通事故处理办法》第一章第二条，本办法所称道路交通事故，是指车辆驾驶人员、行人、乘车人以及其他在道路上进行与交通有关活动的人员，因违反《中华人民共和国道路交通管理条例》和其他道路交通管理法规、规章的行为，过失造成人身伤亡或者财产损失的事故。

车[①]和非机动车[②]。从《道路交通安全法》中有关“车辆”的定义中可以认为道路交通事故包括车辆与行人、车辆与车辆之间发生的交通事故，从而将火车、飞机、轮船等交通工具引发的事故排除在外。

2. 道路。交通事故发生的地点必须是在道路上，这里的道路是指在公用的道路上。《道路交通安全法》第八章第119条第一款就明确指出：“道路是指公路、城市道路和虽在单位管辖范围但允许社会机动车通行的地方，包括广场、公共停车场等用于公众通行的场所。”这强调了道路的特性，即交通事故发生的道路是用于公众通行的道路及与此毗连的供公众通行的地方，只要交通管理部门认定是供公众通行的地方都在道路范围之内。只供本单位车辆和行人通行的不具有公共使用性质的道路不在此范围之内。而且，判断是否在道路上，应以事故发生时人、车所在的位置为准，而不是以最后停止的位置为准。同时，《道路交通安全法》第五章第77条指出，车辆在道路以外通行时发生的事故，公安机关交通管理部门接到报案的，参照本法有关规定办理。这一条可以说间接地扩大了道路交通事故使用的范围，但应该明确的是，参照适用的主体是接到报案的公安机关交通管理部门。保险公司的工作人员在保险理赔过程中仍要以《道路交通安全法》第119条第一款来核定赔案是否属于道路交通事故。

3. 心理状态（过错或者意外）。与旧的《处理办法》相比，《道路交通安全法》中的交通事故定义不再强调违法行为，而是强调交通事故当事人的心理状态是过错，不包括主观故意。同时，加入“意外”这一情况，即事故出于人的意料之外而偶然发生的事件，当事人虽然尽到了合理注意仍无法预见或避免其发生。

4. 运动状态。运动状态是指交通事故中各当事方面至少有一方车辆处于运动状态，否则均不能认定为交通事故。

5. 发生事态。发生事态是指交通事故应该存在碰撞、碾压、刮擦、翻车、坠车、爆炸、失火等现象中的一种或几种。若没有这些现象中的任何一种发生，而是由于其他原因造成的人身伤亡或财产损失则不属于交通事故。例如，车上的乘客因为急刹车而受到惊吓，突发心脏病猝死，就不属于交通事故。

6. 损害后果。道路交通事故必须有损害后果发生，人身伤亡、财产损失或者二者兼而有之。如果没有损害后果发生，则不能将一起交通事件认定为交通事故。

综上所述，一起交通事故必须具备以上六点基本特征。

**（二）排除范围**

下述几种情况不能算作交通事故的统计范围：

1. 极其轻微的事故。

2. 不在公用道路上通行的车辆在其专用道路上发生的事故，比如农场内自用的农用车

① 《道路交通安全法》第八章第119条第三款：“机动车是指以动力装置驱动或者牵引，上道路行驶的供人员乘用或者用于运送物品以及进行工程专项作业的轮式车辆。”

② 《道路交通安全法》第八章第119条第四款：“非机动车是指以人力或者畜力驱动，上道路行驶的交通工具，以及虽有动力装置驱动但设计最高时速、空车质量、外形尺寸符合有关国家标准的残疾人机动轮椅车、电动自行车等交通工具。”

辆，机场、港口、货场内使用的特殊车辆；铁路道口及渡口发生的事故。

3. 在道路上举行军事演习、体育竞赛时以及施工作业路段中发生的事故。军车、武警车辆发生未涉及地方车辆或人员的事故。

4. 蓄意驾车行凶、自杀，酗酒者、精神病患者自己碰撞车辆等发生的事故。

5. 车辆尚未开动时发生的事故。

## 二、道路交通事故的形式及特点

### （一）道路交通事故的形式

道路交通事故的形式即交通事故现象，是指交通事故中所表现出来的具体形态，基本上可以分为碰撞、碾压、刮擦、翻车、坠车、爆炸和失火七种。

1. 碰撞事故。是指交通强者（相对而言）车辆的正面部分与他方接触，或同类车辆的正面部分相互接触。

2. 碾压事故。是指作为交通强者的车辆，对交通弱者的车辆或交通弱者自身的推碾或压过。

3. 刮擦事故。是指交通强者车辆的侧面部分与他方接触，造成自身或他方的人身伤亡或财产损坏。机动车之间的刮擦事故还可根据运动情况分为会车刮擦、超车刮擦和静点刮擦。

4. 翻车事故。是指车辆没有发生其他事态，部分或全部车轮悬空、车身着地的现象。翻车事故一般分为侧翻和滚翻两种：车辆一侧轮胎离开地面称为侧翻；所有的车轮都离开地面称为滚翻。

5. 坠车事故。是指车辆坠落，且在坠落过程中有一个离开地面的落体过程，通常是坠落到与路面有一定高度差的路面外。

6. 爆炸事故。是指将易燃易爆物品带入车内，因本车辆或他方车辆的违章行为，在行驶过程中由振动等原因引起爆炸造成的事故。

7. 失火事故。是指车辆在行驶过程中，由于人为的或技术上的原因引起的火灾。

一起交通事故中可能只存在一种交通事故现象，也可能有多种交通事故现象存在。在认定时，可以按发生时间先后顺序加以认定，也可以按现象主次顺序认定。

### （二）道路交通事故的特点

一般来说，道路交通事故具有五大特点：

1. 随机性。道路交通事故是由多种因素共同作用引发的结果，这其中的因素大多是随机的，而发生过程本身也是随机的，因此交通事故的发生具有很大的随机性。

2. 突发性。交通事故具有突发性，大多数交通事故的发生是没有任何先兆的，而且交通事故的发生往往是瞬时的，留给当事人的感知时间和采取措施的时间都极为短暂，这就很难避免事故的发生。

3. 频发性。由于经济的迅猛发展，交通运输业迅速膨胀，人口、车辆、道路的数量急速增加，有效的交通管理措施又存在滞后性，这就使得交通事故具有频发性。

4. 社会性。道路交通事故是随着社会发展和经济发展而发展的客观存在的社会现象，因此交通事故是具有社会属性的。

5. 不可逆性。道路交通事故具有不可逆性，事故一旦发生就无法挽回，也不可重现。

## 三、道路交通事故的分类

对道路交通事故进行科学严谨的分类可以更加有效地对道路交通事故进行统计，进而对交通事故进行科学分析、研究和处理。根据我国目前道路交通管理和事故处理的实际情况，主要有5种事故分类方法：按事故后果分类、按事故原因分类、按事故对象分类、按事故中肇事方的交通工具分类以及按事故发生地点分类。

### （一）按事故后果分类

1991年12月2日，为配合国务院颁布的《处理办法》第一章第6条[①]规定，并与最高人民法院、最高人民检察院《关于严格依法处理道路交通肇事案件的通知》等有关标准相协调，经国家统计局同意，公安部出台了《关于修订道路交通事故等级划分标准的通知》，要求自1992年1月1日起在交通事故的统计和处理中使用以下等级划分标准[②]（见表36－1）：

**表36－1**　　交通事故等级划分标准

| 事故类型 | 对应情况 | | | | |
|---|---|---|---|---|---|
| | 情况1 | 情况2 | 情况3 | 情况4 | 情况5 |
| 轻微事故 | 轻伤1～2人 | 机动车事故财产损失不足1 000元 | 非机动车事故不足200元 | | |
| 一般事故 | 重伤1～2人 | 轻伤3人以上 | 财产损失不足3万元 | | |
| 重大事故 | 死亡1～2人 | 重伤3～10人 | 财产损失3万～6万元 | | |
| 特大事故 | 死亡3人以上 | 重伤11人以上 | 死亡1人，重伤8人以上 | 死亡2人，重伤5人以上 | 财产损失6万元以上 |

在交通事故的人身伤亡统计中，死亡以事故发生后7天内死亡为限；重伤、轻伤按司法部、最高人民法院、最高人民检察院、公安部1990年颁布的《人体重伤鉴定标准》和《人体轻伤鉴定标准（试行）》执行。但在交通事故的处理中，死亡不以事故发生后7天内死亡为限。

在交通事故的财产损失统计中，包含道路交通事故造成的车辆、财产直接损失折款，不含现场抢救（险）、人身伤亡善后处理的费用，也不含停工、停产、停业等所造成的财产间接损失。但在交通事故的处理中，财产损失应包含现场抢救（险）、人身伤亡善后处理费用。

① 《处理办法》第一章第6条，根据人身伤亡或者财产损失的程度和数额，交通事故分为轻微事故、一般事故、重大事故和特大事故。具体标准由公安部制定。

② 该标准原文为："轻微事故，是指一次造成轻伤1至2人，或者财产损失机动车事故不足1 000元，非机动车事故不足200元的事故。一般事故，是指一次造成重伤1至2人，或者轻伤3人以上，或者财产损失不足3万元的事故。重大事故，是指一次造成死亡1至2人，或者重伤3人以上10人以下，或者财产损失3万元以上不足6万元的事故。特大事故，是指一次造成死亡3人以上，或者重伤11人以上，或者死亡1人，同时重伤8人以上，或者死亡2人，同时重伤5人以上，或者财产损失6万元以上的事故。"

**（二）按事故原因分类**

道路交通事故在进行分析处理过程中，可以找出其发生的原因，并以此对发生过的交通事故进行分类。通常情况下，可以分为主观原因和客观原因两大类。主观原因类是指交通事故当事人本身存在的不利因素（即主观故意或过失）导致的交通事故。客观原因类则是指由于车辆和道路条件等客观方面存在不利因素导致的交通事故。其具体的分类又有若干种类，参见图 36－1。

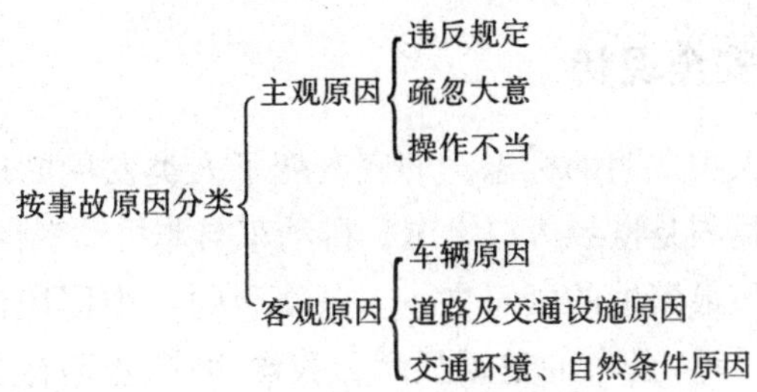


**图 36－1　道路交通事故按原因分类框架图**

**（三）按事故对象分类**

交通事故按事故对象分类有六种情况：车辆间产生的交通事故（车辆之间发生刮擦、碰撞而引起的事故）；车辆与行人间产生的交通事故（机动车对行人的碰撞、碾压、刮擦等事故）；机动车与非机动车之间产生的交通事故（我国混合交通路段较多，常易出现）；车辆单独事故（自行翻车、坠车事故）；车辆对固定物的交通事故（机动车与道路两侧的固定物相撞的事故）；铁路道口事故（车辆或行人在铁路道口被火车撞死撞伤的事故）。

**（四）按事故中肇事方的交通工具分类**

根据构成道路交通事故的交通方式或交通工具来划分交通事故，主要有三种类型：机动车事故（即在事故当事方中机动车负主要以上责任的事故）；非机动车事故（指非机动车负主要以上责任的事故）；行人事故（即由于行人过失或违反交通规则而发生的交通事故）。2009 年的交通事故中按事故中肇事方交通工具划分的各种类事故占比如图 36－2 所示。

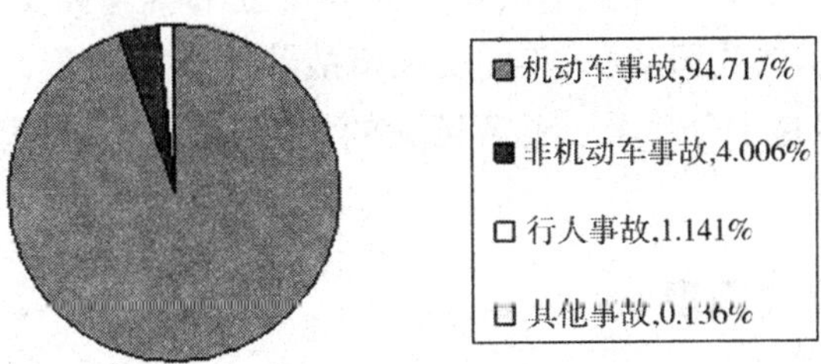


**图 36－2　道路交通事故中肇事方交通工具占比饼状图**

资料来源：2010 年《中国交通年鉴》。

**（五）按事故发生地点分类**

在我国，公路分为高速公路及一、二、三、四级公路五个等级；城市道路则分为快速路、主干路、次干路、支路四个等级。同时，也可以分为路段和道路交叉口两类。

除了以上五种主要的道路交通事故分类方法外，还可以根据具体的使用目的从其他角度进行分类，比如按伤亡人员职业类型分类、按肇事者所属行业分类、按肇事驾驶员所持驾驶证种类或驾龄分类。目前，我国在道路交通事故的统计过程中，普遍采用按事故后果分类、按事故原因分类和按事故发生地点分类三种方式。本篇的灾因分析也将在后文采用这三种分类方法对相应的事故基本数据进行分类分析。

## 第二节　我国道路交通事故现状

### 一、我国道路交通安全现状

汽车等交通工具作为人类文明的标志，彻底改变了人类发展的历史进程，给人类带来舒适便捷等诸多正面效应。我国是世界人口大国，机动车与非机动车保有量也居世界领先地位，同时也是世界上路网最多、最繁忙的国家之一。最新版的《中国统计年鉴（2010 年版）》和《中国交通年鉴（2010 年版）》公布的数据显示，我国 2009 年新修公路 13.06 万公里，其中包括高速公路 4 753 公里，我国公路里程达到 386.08 万公里。民用汽车拥有量总计6 280.61 万辆，新增注册民用车辆 1 181 万辆。与此同时，公路运输在社会经济生活中也发挥着更大的效能，2009 年全年公路客运量达到 277.9 亿人，货运量达到了 212.8 亿吨。在 13.35 亿人口中，有执照的机动车驾驶员达 1.917 亿人。

然而，这些高科技的产物也带来了一些负面效应。随着我国道路交通事业的飞速发展，交通事故猛增已成了交通管理所面临的严重问题。由于缺乏有效的管理机制和先进的管理手段，加之人们的交通安全意识还不强、车辆与道路的设计建造和保养维护水平还有待提高，我国也成为世界上发生道路交通事故最严重的国家之一。据统计，我国在 2009 年，共发生道路交通事故 238 351 起，造成 67 759 人死亡、275 125 人受伤，直接财产损失 9.1 亿元，与上年同期相比，事故起数减少 26 853 起，下降 10.1%；死亡人数减少 5 725 人，下降 7.8%；受伤人数减少 29 794 人，下降 9.8%；直接财产损失减少 1.1 亿元，下降 10.7%。其中，发生一次死亡 3 人以上道路交通事故 1 264 起，同比减少 26 起；发生一次死亡 5 人以上道路交通事故 261 起，同比增加 11 起；发生一次死亡 10 人以上特大道路交通事故 24 起，同比减少 5 起①。由上可以看出，虽然我国 2009 年的交通事故状况有所改善，但是事故总量数据仍然居高不下，交通事故仍然是十分严重、危害巨大的灾害。因此，对道路交通事故的研究非常必要。

### 二、道路交通事故致因现状

目前，我国道路交通事故数量和人身伤亡、财产损失情况绝对指标依然很大，形势依然严峻，不容乐观。这是由于我国固有的一些道路交通安全隐患并没有得到彻底根除，甚至一些顽疾并没有得到太大的改观。归结起来有以下几点：

第一，人们的交通安全意识还很薄弱，违法违规驾驶比比皆是，行人抢行、无视交通信号灯指示依然大有人在。

① 本节信息数据摘自公安部交通管理局官方网站的统计信息网页，网址：http：//www.mps.gov.cn/n16/n85753/n85870/2450243.html。

第二，公路无论从数量上还是从质量上都还远没有达到与车辆、人口、经济发展水平相适应的要求。

第三，车辆性能不尽如人意，很多驾驶员不注重车辆保养，一些货运车辆经常出现超载现象和将近报废仍在使用现象，这为道路交通安全增添了极大的隐患。

第四，更为严重的隐患是，我们国家的道路交通安全管理体系和手段还很落后，而且发展极不均衡，北京市、上海市等大城市的道路交通管理设施相对非常完备，甚至达到并超越了发达国家大型城市的交通管理水平，而其他大部分城市、乡镇、农村的交通管理水平还很落后。

## 三、车辆保险现状

汽车保险，也叫“机动车辆保险”，分为基本险和附加险两大类。基本险，即主险，主要包括机动车交通事故责任强制保险（简称“交强险”）、第三者责任险（简称“三责险”）和车辆损失保险（简称“车损险”）。附加险主要有全车盗抢险（简称“盗抢险”）、车上责任险、无过失责任险、车载货物掉落责任险、玻璃单独破碎险、车辆停驶损失险、自燃损失险、新增设备损失险、不计免赔特约险等。这其中大部分产品属于机动车车主自愿购买的商业保险，只有交强险属于国家立法强制投保的险种，它实际上是一种基本的赔偿责任保障。

随着保险行业的规模不断壮大，产品设计技术不断完善，人民生活水平的提高和风险意识的加强，汽车保险在道路交通安全系统中的作用越来越重要，而保险公司也能够协助交通管理部门，在道路交通事故的预防控制和减灾防损工作中扮演十分有影响力的角色。

2008 年我国车险业务原保费收入 1 702.5 亿元，占当年财险原保费收入（2 446.3 亿元）的 69.59%；赔款给付 1 046.5 亿元，占财险赔付总额（1 475.5 亿元）的 70.93%，2008 年车险赔付率为 61.47%。2009 年车险业务原保费收入 2 155.6 亿元，占当年财险原保费收入（2 992.9 亿元）的 72.02%；赔款给付 1 200.7 亿元，占财险赔付总额（1 638.2 亿元）的 73.29%，2009 年车险赔付率为 55.70%。2009 年与 2008 年相比，车险保费收入同比增长 26.61%，赔付额同比增长 14.73%，车险赔付率同比减少 5.77%（见图 36 - 3）①。

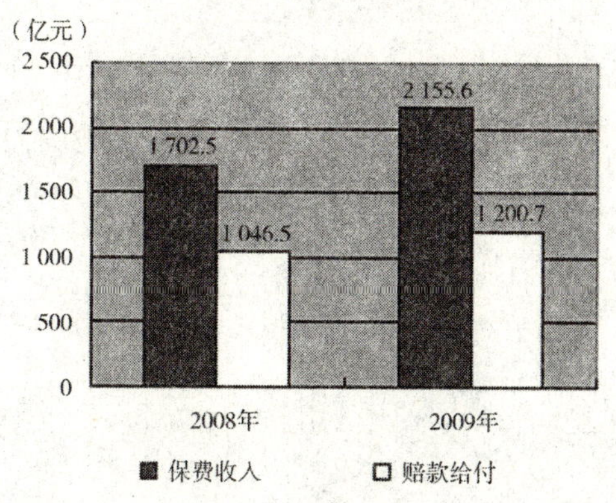


**图 36 - 3 2008 年、2009 年车险保费收入、赔款给付柱状图**

资料来源：2010 年《中国交通年鉴》。

① 原始数据摘自《中国统计年鉴（2010 年版）》电子版，中华人民共和国国家统计局编。网址：http：//www.stats.gov.cn/tjsj/ndsj/2010/indexch.htm。

保险在道路交通安全中的具体作用大致体现在以下三个方面：

**（一）事故发生前的教育、预防**

保险公司在与客户订立汽车保险合同过程中，双方对于合同的研究与签订过程就是一个对交通安全事项的再学习过程。同时，车险合同中的奖惩机制（即无赔款优待条款，NCD 系统）对机动车驾驶人员也是一个无形的督促和激励。结合保险公司与社会有关部门定期共同开展的一些安全出行、安全驾驶宣传教育活动，可以说，保险公司在道路交通事故发生前的教育、预防工作中起到了多层次、多角度的重要作用。

**（二）交通事故中的减灾、控损**

保险公司理赔部门中有一支专门的专业车险查勘队伍，拥有具备丰富道路交通事故查勘定损工作经验的专业人员和先进的查勘定损设备。在事故现场，除了能够完成公司的查勘定损任务外，还能够辅助事故当事人和交通管理部门做好控制事故损失、防止灾害进一步扩大的工作。

**（三）事故发生后的损失补偿**

保险公司在交通事故发生后，对于人员伤亡和财产损失的经济补偿作用是任何其他单位都替代不了的，经过专业、科学、严谨、快速有效的核查、评估，保险公司协同专业的维修机构，能够在合同范围内最大限度地补偿道路交通事故当事各方的经济损失，尽力保证受害各方从事故损失中恢复过来，尽早投入正常的工作生活当中。

# 第三十七章

# 道路交通事故的基本统计分析

## 第一节　数据来源与数据基本情况

道路交通事故的统计数据主要来自《中国交通年鉴》和《中国统计年鉴》，其他有《中国交通年鉴》（1986～2010）、《中国法律年鉴》（1991～1993）、《国民经济和社会发展统计公报》（2004～2009）以及百度文库。各种交通事故的统计指标基本都为事故次数、死亡人数、受伤人数和直接损失（或称损失折款）。

其中，事故次数是在轻微事故、一般事故、重大事故和特大事故分类基础上所指的一般事故、重大事故和特大事故的总数。死亡是指事故发生后7天内死亡的。受伤包括重伤和轻伤。重伤是指人体受伤程度达到司法部、最高人民法院、最高人民检察院、公安部颁布的《人体重伤鉴定标准》的。轻伤是指人体受伤程度达到最高人民法院、最高人民检察院、公安部、司法部发布的《人体轻伤鉴定标准（试行）》的。直接损失是指交通事故造成的车辆、物资的直接损失折款，包括修理费、赔偿费和牲畜死、残作价等，但不包含现场抢救（抢险）、人身伤亡善后处理的费用，也不包含企业或其他单位、个体工商户等的停工、停产、停业等所造成的财产间接损失。

最终得到的道路交通事故数据为：1951～2009年全国道路交通事故统计、1985～2009年各地区道路交通事故统计、1990～2009年道路交通事故级别统计数据、1996～2009年道路交通事故主要原因统计。

1990～2009年道路交通事故级别统计数据中缺2004年数据，且2005年和2006年的数据中，特大事故包括在重大事故内，主要表现在2005年重大事故死亡人数和总计死亡人数相等，2007年重大事故死亡人数加特大事故死亡人数超过了总计死亡人数。从其排列方式也可以看出这一点。由于重大事故和特大事故的定义未发生变化，故将数据口径调整为和之前的统计口径一致。1990～1993年级别统计数据的总计数与全国道路交通事故中的总数稍有差别。对此，我们认为是统计口径差别造成的，不作调整。

在1996～2009年道路交通事故主要原因统计中，2004年和2005年的原因将第一类由原来的机械故障调整为意外原因，包括机件故障、自然灾害、爆胎和其他意外，是由于2003年通过的《道路交通安全法》将交通事故的定义进行了修改，将交通事故的定义为："交通事故是指车辆在道路上因过错或者意外造成的人身伤亡或者财产损失的事件。"相比之前，将道路交通事故的原因归纳为过错或者意外两类情形，在新的分类标准中的意外原因中，机件故障与原来的机械故障类似，其他各项意外原因未作统计。为了与新的标准一致，我们将第一类原因的名称保持为新的意外原因，2004年以前的这一类数据等于原来的机械故障原因数据。

需要说明的是，引起交通事故的车辆包括机动车和非机动车，大部分交通事故都是由机动车造成的。其中，机动车又分为汽车、电车、摩托车、拖拉机和轮式自行机械车。在数据的收集过程中，民用汽车数量比较完整，其他机动车的数量都只能得到部分年度的，无法有效利用。另外，所谓“民用”是相对“军用”而言。对保险公司来说，汽车中只考虑民用汽车即可。故在需要用到车辆数的时候，如对交通事故次数进行调整时，可用民用汽车代替民用车辆。这样做除了数据的局限外，也是有一定道理的。首先，交通事故大多数都是由汽车引起的；其次，车辆数的整体变化趋势和汽车数是一致的，只是幅度更大。

## 第二节　全国道路交通事故频数的基本统计分析

### 一、道路交通事故发生频数的分析

#### （一）道路交通事故发生频数的数据处理及统计量分析

我国每年道路交通事故发生频数随着经济快速发展和汽车工业的繁荣，呈明显增长趋势。本节先就道路交通事故发生频数进行基本统计分析和拟合，分析其发展变化的趋势，同时考虑到道路交通事故与民用车辆数之间密切的关系。下一节用民用车辆数来调整频数，从而更深层次地反映道路交通事故的变化趋势。

由于改革开放后我国经济增长有着质的飞跃，改革开放前的数据指导意义不大，因此我们舍弃改革开放前的数据，仅对 1978 ~ 2009 年的道路交通事故发生频数进行数据处理及分析。表 37 - 1 和图 37 - 1 是年意外发生频数（未调整）。

**表 37 - 1**　　道路交通事故发生频数　　（单位：次）

| 年度 | 频数 | 年度 | 频数 |
|---|---|---|---|
| 1978 | 107 251 | 1990 | 250 297 |
| 1979 | 117 848 | 1991 | 264 817 |
| 1980 | 116 692 | 1992 | 228 278 |
| 1981 | 114 679 | 1993 | 242 343 |
| 1982 | 103 777 | 1994 | 253 537 |
| 1983 | 107 758 | 1995 | 271 843 |
| 1984 | 118 886 | 1996 | 287 685 |
| 1985 | 202 394 | 1997 | 304 217 |
| 1986 | 295 136 | 1998 | 346 129 |
| 1987 | 298 147 | 1999 | 412 860 |
| 1988 | 276 071 | 2000 | 616 971 |
| 1989 | 258 030 | 2001 | 754 919 |

续表

| 年度 | 频数 | 年度 | 频数 |
|---|---|---|---|
| 2002 | 773 137 | 2006 | 378 781 |
| 2003 | 667 507 | 2007 | 327 209 |
| 2004 | 517 889 | 2008 | 265 204 |
| 2005 | 450 254 | 2009 | 238 351 |

资料来源：《中国交通年鉴》。

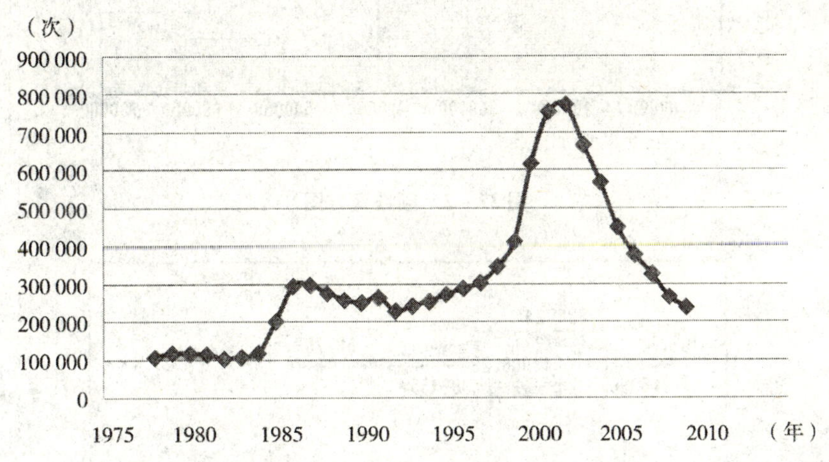


**图 37－1 1978～2009 年道路交通事故发生频数**

从表 37－1 和图 37－1 可以较清晰地看出，2003 年以前，道路交通事故发生频率具有不断上升的趋势，存在两个明显的增长跳跃点。第一个跳跃点是 1984～1987 年。在这个阶段，道路交通事故发生次数从每年 118 886 起增加到 298 147 起，增加了近两倍，这与当时经济环境发生变化、道路交通环境落后有很大关系。第二个跳跃点是在 1997～2001 年，道路交通事故发生次数从 304 217 起增加到 754 919 起。之所以发生意外次数会不断增加，主要原因在于基数不断增加，即人们生活水平不断提高，交通设施不断健全，人均拥有汽车量增大，出门远行越来越频繁，人们越来越多地以车代步，依赖汽车工业带来的便利，因此不可避免地发生意外事故次数增多。而近年来人们越来越意识到汽车在给人们带来便利的同时也给人身、财产带来的巨大伤害，汽车安全性能逐渐加强、道路安全性研究渐渐深入。自 2004 年以来，我国道路交通事故发生频数逐渐回落。

从 1978～2009 年各年全国道路交通事故频率表 37－1 可得到频率直方图（见图 37－2）。由直方图可以直观地看出，32 年来每年全国道路交通事故发生频数在 180 000 起到 300 000 起之间的最多，有 14 年的全国道路交通事故频率都是位于此区间内。由图 37－3～图 37－5 可以看出，1978～2009 年这 32 年间，我国每年意外事故发生频数平均为 313 086 起，约 50% 的年度每年发生频率在 215 336～362 455 起之间。

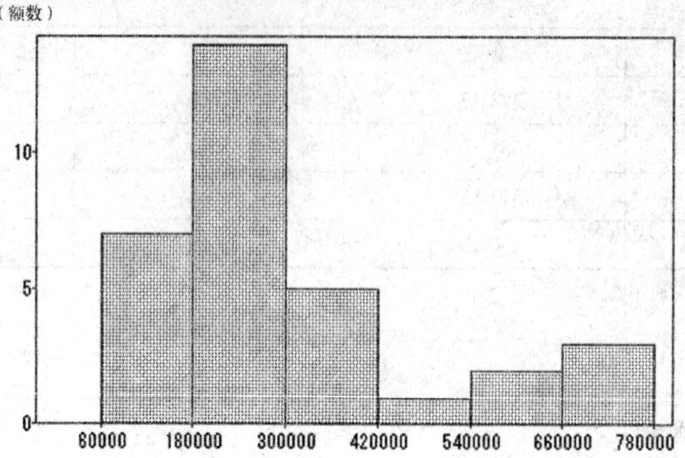


图 37－2　频数直方图

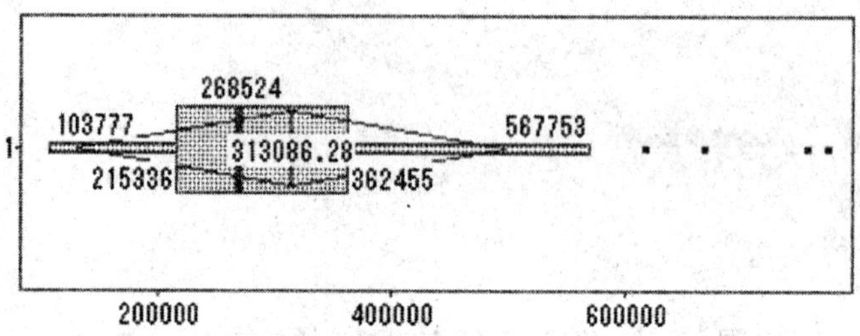


图 37－3　频数盒状图

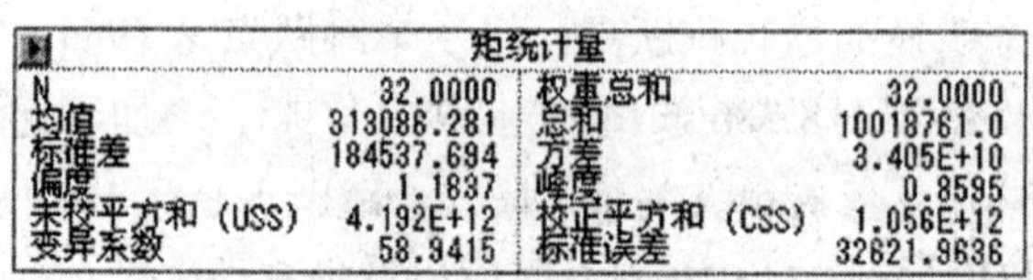

| 矩统计量 | | | |
|---|---|---|---|
| N | 32.0000 | 权重总和 | 32.0000 |
| 均值 | 313086.281 | 总和 | 10018761.0 |
| 标准差 | 184537.694 | 方差 | 3.405E+10 |
| 偏度 | 1.1837 | 峰度 | 0.8595 |
| 未校平方和（USS） | 4.192E+12 | 校正平方和（CSS） | 1.056E+12 |
| 变异系数 | 58.9415 | 标准误差 | 32621.9636 |

图 37－4　频数统计特征量

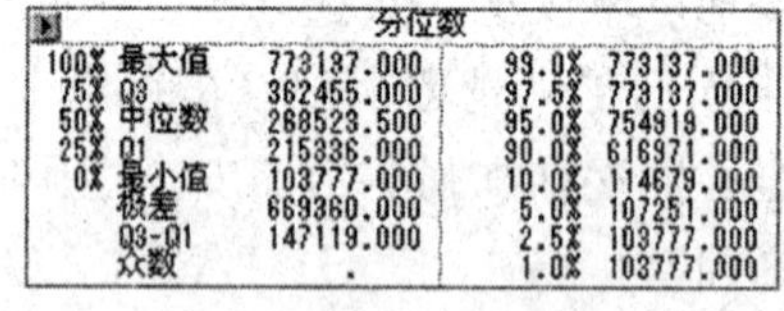

| 分位数 | | | | |
|---|---|---|---|---|
| 100% | 最大值 | 773137.000 | 99.0% | 773137.000 |
| 75% | Q3 | 362455.000 | 97.5% | 773137.000 |
| 50% | 中位数 | 268523.500 | 95.0% | 754919.000 |
| 25% | Q1 | 215336.000 | 90.0% | 616971.000 |
| 0% | 最小值 | 103777.000 | 10.0% | 114679.000 |
| | 极差 | 669360.000 | 5.0% | 107251.000 |
| | Q3-Q1 | 147119.000 | 2.5% | 103777.000 |
| | 众数 | . | 1.0% | 103777.000 |

图 37－5　频数分位数

### （二）频数的离散分布拟合

由于频数本身是离散的，我们用离散函数对其进行拟合。历年交通意外灾害发生频数的方差大于其均值，可以考虑用负二项分布拟合洪涝灾害发生频数。

对于负二项分布有：

$$E(x)=\frac{r}{p},\ p+q=1,\ Var(x)=\frac{rq}{p^2}$$

先将数据调整为以万为单位，应用 Excel 数据分析功能，得到如表 37 – 2 所示基本统计量。

表 37 – 2　以万为单位的频数数据基本统计量

| 平均 | 31.34375 | 区域 | 67 |
|---|---|---|---|
| 标准误差 | 3.257005 | 最小值 | 10 |
| 中位数 | 27 | 最大值 | 77 |
| 众数 | 11 | 求和 | 1 003 |
| 标准差 | 18.4244 | 观测数 | 32 |
| 方差 | 339.4587 | 最大（1） | 77 |
| 峰度 | 0.807968 | 最小（1） | 10 |
| 偏度 | 1.169819 | 置信度（95.0%） | 6.642706 |

根据样本数据可以得到：

$p=0.092$，$r=3.1885$

在负二项分布中 $r$ 应该是一个整数，所以将 $r$ 近似取为 3，再用一阶矩估计求得 $p=0.08735$。

然后再利用 K – S 方法检验，有表 37 – 3 所示的检验过程。

表 37 – 3　负二项分布检验

| 频数 | $F(x^-)$ | $F(x^+)$ | $F^*(x)$ | 最大误差 |
|---|---|---|---|---|
| 10 | 0 | 0.03125 | 0.098302460 | 0.09830246 |
| 11 | 0.03125 | 0.12500 | 0.117324227 | 0.086074227 |
| 12 | 0.12500 | 0.21875 | 0.137577765 | 0.081172235 |
| 20 | 0.21875 | 0.25000 | 0.325714058 | 0.106964058 |
| 23 | 0.25000 | 0.28125 | 0.39950491 | 0.14950491 |
| 24 | 0.28125 | 0.34375 | 0.423658504 | 0.142408504 |
| 25 | 0.34375 | 0.40625 | 0.447465728 | 0.103715728 |
| 26 | 0.40625 | 0.46875 | 0.470864694 | 0.064614694 |
| 27 | 0.46875 | 0.53125 | 0.493801564 | 0.037448436 |
| 28 | 0.53125 | 0.56250 | 0.516230084 | 0.046269916 |
| 29 | 0.56250 | 0.59375 | 0.538111103 | 0.055638897 |
| 30 | 0.59375 | 0.68750 | 0.55941208 | 0.12808792 |
| 33 | 0.68750 | 0.71875 | 0.619598064 | 0.099151936 |
| 35 | 0.71875 | 0.75000 | 0.656477945 | 0.093522055 |
| 38 | 0.75000 | 0.78125 | 0.706829117 | 0.074420883 |

续表

| 频数 | F（x⁻） | F（x⁺） | F*（x） | 最大误差 |
|---|---|---|---|---|
| 41 | 0.78125 | 0.81250 | 0.751310313 | 0.061189687 |
| 45 | 0.81250 | 0.84375 | 0.801979318 | 0.041770682 |
| 57 | 0.84375 | 0.87500 | 0.904693617 | 0.060943617 |
| 62 | 0.87500 | 0.90625 | 0.930932807 | 0.055932807 |
| 67 | 0.90625 | 0.93750 | 0.95036513 | 0.04411513 |
| 75 | 0.93750 | 0.96875 | 0.971181927 | 0.033681927 |
| 77 | 0.96875 | 1.00000 | 0.974909334 | 0.025090666 |

在95%的置信区间下，判别值D（32，0.05）=0.242，而拟合函数D值为0.1495，所以在95%的置信区间里，负二项分布通过了检验。其函数形式为：

$$Pr\{X=x\}=C_{x+2}^{2}\cdot 0.08735^{3}\cdot 0.91265^{x}$$

**（三）频数的连续分布拟合**

由上一节的分析可以看出，偏度系数skewness=1.1837>0，说明意外发生频率密度函数应为右偏。先利用SAS统计软件对频率用连续型分布进行拟合分布。SAS统计软件采用拟合分布为正态、对数正态、指数和韦伯分布。拟合效果图见图37-6~图37-9。

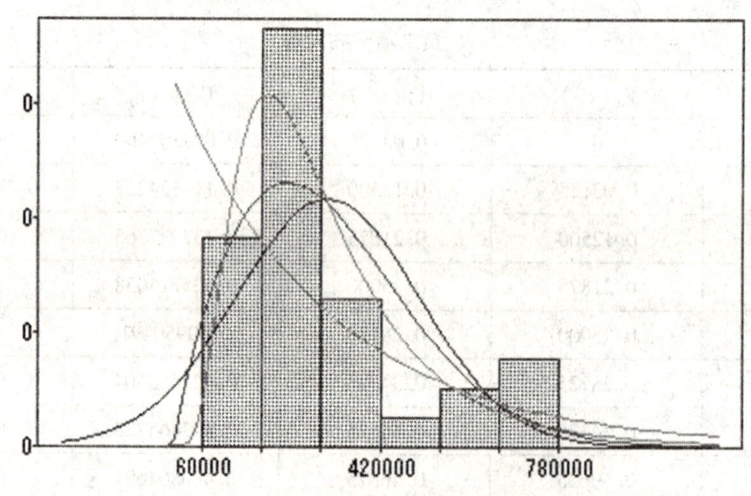


图37-6　四种分布拟合结果

参数密度估计

| 曲线 | 分布 | 方法 | 均值/Theta | Sigma | Zeta/C | 众数 |
|---|---|---|---|---|---|---|
| | 正态 | 样本 | 313086.281 | 184537.694 | | 313086.281 |
| | 对数正态 | MLE | 0 | 0.5718 | 12.4942 | 192379.788 |
| | 指数 | MLE | 0 | 313086.281 | | 0 |
| | 韦伯 | MLE | 0 | 354706.841 | 1.8514 | 233161.633 |

图37-7　四种分布拟合参数密度估计

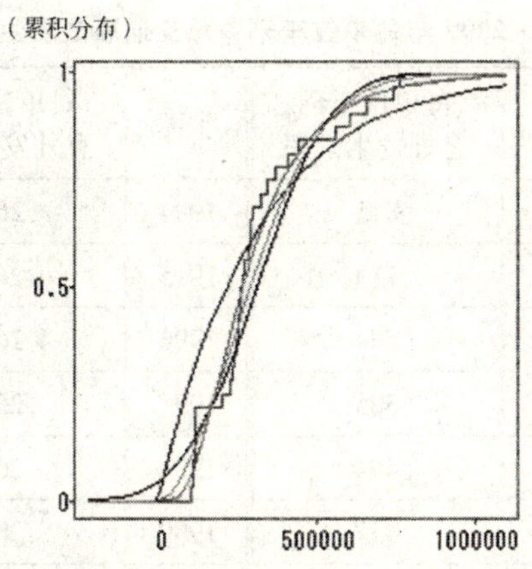


图 37－8　拟合分布参数及相关曲线图

分布检验

| 曲线 | 分布 | 均值/Theta | Sigma | Zeta/C | Kolmogorov D | Pr > D |
|---|---|---|---|---|---|---|
| —— | 正态 | 313086.281 | 184537.694 | . | 0.2067 | <.01 |
| —— | 对数正态 | 0 | 0.5810 | 12.4942 | 0.1442 | 0.0888 |
| —— | 指数 | 0 | 313086.281 | . | 0.2821 | <.01 |
| —— | 韦伯 | 0 | 354706.841 | 1.8514 | 0.1587 | 0.0310 |

图 37－9　四类拟合分布函数的检验

从 SAS 软件的检验可以看出，在原假设是服从某个分布的前提下，当显著性水平为 5%时，按照 Test for Distribution 的 P 值标准，正态分布、指数分布和韦伯分布没有通过检验，而对数正态分布可以通过检验。因此选用对数正态分布进行拟合，拟合密度函数如下：

$$f(x)=\frac{1}{0.5810\sqrt{2\pi x}}e^{-\frac{1}{2}\left(\frac{\ln x-12.4942}{0.5810}\right)^2}$$

## 二、基于民用汽车总量调整的道路交通事故发生频数的分析

### （一）道路交通事故发生频数的数据处理及统计量分析

这一节试图用民用汽车总量对道路交通事故发生频数进行调整。意外的发生大部分是由机动车引起的，因此道路交通事故与机动车所行驶的总里程数以及民用车辆数有很大关系。但是民用车总量数据不全，而民用汽车总量占民用车总量的绝大部分比例，并且大部分交通意外都是由汽车所引起的，因此我们用民用汽车总量代替民用车总量来对道路交通事故发生频数进行调整处理。对每单位车辆道路交通事故发生频率进行如下定义：

$$每单位车辆道路交通意外发生频率=\frac{意外发生频数}{民用汽车总量}$$

对调整后的数据进行分析和拟合分布。舍弃改革开放前的数据，仅对 1978～2009 年的道路交通事故发生频数进行数据处理及分析。表 37－4 和图 37－10～图 37－12 是每单位车辆意外发生频率。

表 37－4　　1978～2009 年每单位车辆道路交通事故发生频率　　（起/万辆）

| 年度 | 每单位车辆意外发生频率 | 年度 | 每单位车辆意外发生频率 | 年度 | 每单位车辆意外发生频率 | 年度 | 每单位车辆意外发生频率 |
|---|---|---|---|---|---|---|---|
| 1978 | 790 | 1986 | 815 | 1994 | 269 | 2002 | 377 |
| 1979 | 758 | 1987 | 713 | 1995 | 261 | 2003 | 280 |
| 1980 | 655 | 1988 | 594 | 1996 | 262 | 2004 | 211 |
| 1981 | 576 | 1989 | 505 | 1997 | 250 | 2005 | 143 |
| 1982 | 481 | 1990 | 494 | 1998 | 262 | 2006 | 102 |
| 1983 | 463 | 1991 | 437 | 1999 | 284 | 2007 | 75 |
| 1984 | 457 | 1992 | 330 | 2000 | 383 | 2008 | 52 |
| 1985 | 630 | 1993 | 296 | 2001 | 419 | 2009 | 38 |

资料来源：《中国交通年鉴》、《中国统计年鉴》。

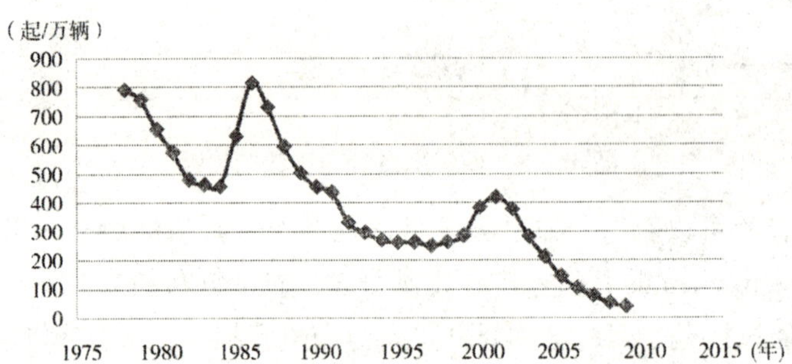


图 37－10　1978～2009 年每单位车辆道路交通事故发生频率

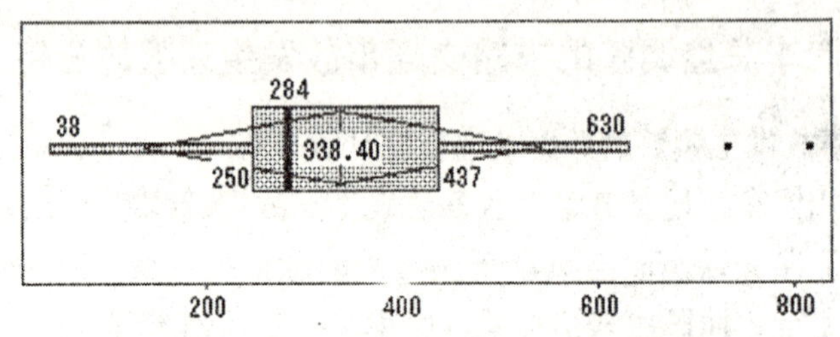


图 37－11　每单位车辆意外发生频率盒状图

分位数

| | | | | |
|---|---|---|---|---|
| 100% | 最大值 | 815.0000 | 99.0% | 815.0000 |
| 75% | Q3 | 437.0000 | 97.5% | 815.0000 |
| 50% | 中位数 | 284.0000 | 95.0% | 731.0000 |
| 25% | Q1 | 250.0000 | 90.0% | 630.0000 |
| 0% | 最小值 | 38.0000 | 10.0% | 75.0000 |
| | 极差 | 777.0000 | 5.0% | 52.0000 |
| | Q3-Q1 | 187.0000 | 2.5% | 38.0000 |
| | 众数 | 262.0000 | 1.0% | 38.0000 |

图 37－12　每单位车辆意外发生频率分位数

可以看出，每单位车辆道路交通事故发生频率呈现不断下降的趋势。在这 32 年中，每单位车辆道路意外发生频率也有两次增长阶段。第一阶段是 1984～1986 年，意外发生频率 3 年内由457增加到815；第二阶段是1997～2001年。这5年内，由初始的250增加到419。而其他年度，特别是从1986年后，意外发生频率一直下滑，直到2009年的38。之所以意外次数会不断增加，主要原因在于基数不断增加，即人们生活水平不断提高，交通设施不断健全，人均拥有汽车量增大，出门远行也越来越频繁，因此不可避免地意外事故次数增多。

**（二）频率的离散分布拟合**

由于频率本身是离散的，用离散函数对其进行拟合。图37－13可以看出，历年交通意外灾害发生频数的方差大于其均值，可以考虑用负二项分布拟合洪涝灾害发生频数。

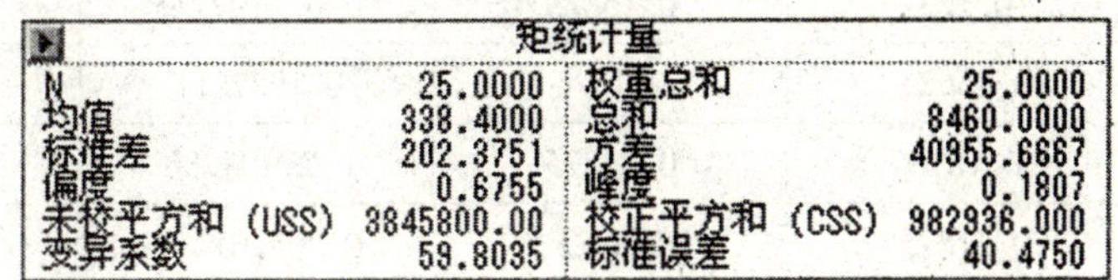

| 矩统计量 | | | |
|---|---|---|---|
| N | 25.0000 | 权重总和 | 25.0000 |
| 均值 | 338.4000 | 总和 | 8460.0000 |
| 标准差 | 202.3751 | 方差 | 40955.6667 |
| 偏度 | 0.6755 | 峰度 | 0.1807 |
| 未校平方和（USS） | 3845800.00 | 校正平方和（CSS） | 982936.000 |
| 变异系数 | 59.8035 | 标准误差 | 40.4750 |

**图37－13　每单位车辆意外发生频率统计特征量**

对于负二项分布有：

$$E(x)=\frac{r}{p},\ p+q=1,\ Var(x)=\frac{rq}{p^2}$$

首先，将上述调整数据除以10，为每10万辆车发生交通意外的频数；然后进行离散拟合，应用Excel数据分析功能，得到如表37－5所示基本统计量。

**表37－5　以10万为单位的频率数据基本统计量**

| 平均 | 39.59375 | 区域 | 78 |
|---|---|---|---|
| 标准误差 | 3.848664 | 最小值 | 4 |
| 中位数 | 38 | 最大值 | 82 |
| 众数 | 26 | 求和 | 1 267 |
| 标准差 | 21.77133 | 观测数 | 32 |
| 方差 | 473.9909 | 最大（1） | 82 |
| 峰度 | －0.69614 | 最小（1） | 4 |
| 偏度 | 0.26982 | 置信度（95.0%） | 7.849402 |

根据样本数据可以得到：

$p=0.08353$，$r=3.6088$

在负二项分布中r应该是一个整数，所以将r近似取为4，再用一阶矩估计求得$p=0.9176$。

然后再利用K－S方法检验，有表37－6所示的检验过程。

**表 37－6　　负二项分布检验**

| 频率 | F（$x^-$） | F（$x^+$） | $F^*$（x） | 最大误差 |
|---|---|---|---|---|
| 4 | 0 | 0.03125 | 0.004259092 | 0.026990908 |
| 5 | 0.03125 | 0.0625 | 0.006712349 | 0.055787651 |
| 8 | 0.0625 | 0.09375 | 0.019806697 | 0.073943303 |
| 10 | 0.09375 | 0.125 | 0.034108364 | 0.090891636 |
| 14 | 0.125 | 0.15625 | 0.077109143 | 0.079140857 |
| 21 | 0.15625 | 0.1875 | 0.1927611 | 0.0365111 |
| 25 | 0.1875 | 0.21875 | 0.27404986 | 0.08654986 |
| 26 | 0.21875 | 0.3125 | 0.295261497 | 0.076511497 |
| 27 | 0.3125 | 0.34375 | 0.316667426 | 0.027082574 |
| 28 | 0.34375 | 0.40625 | 0.338192276 | 0.068057724 |
| 30 | 0.40625 | 0.4375 | 0.381316583 | 0.056183417 |
| 33 | 0.4375 | 0.46875 | 0.445243486 | 0.023506514 |
| 38 | 0.46875 | 0.53125 | 0.546383426 | 0.077633426 |
| 42 | 0.53125 | 0.5625 | 0.619885892 | 0.088635892 |
| 44 | 0.5625 | 0.59375 | 0.653694081 | 0.091194081 |
| 46 | 0.59375 | 0.65625 | 0.685426759 | 0.091676759 |
| 48 | 0.65625 | 0.6875 | 0.715053017 | 0.058803017 |
| 49 | 0.6875 | 0.71875 | 0.729076415 | 0.041576415 |
| 51 | 0.71875 | 0.75 | 0.755560652 | 0.036810652 |
| 58 | 0.75 | 0.78125 | 0.832643012 | 0.082643012 |
| 59 | 0.78125 | 0.8125 | 0.841809576 | 0.060559576 |
| 63 | 0.8125 | 0.84375 | 0.874360406 | 0.061860406 |
| 66 | 0.84375 | 0.875 | 0.89482879 | 0.05107879 |
| 71 | 0.875 | 0.90625 | 0.922499611 | 0.047499611 |
| 76 | 0.90625 | 0.9375 | 0.943483083 | 0.037233083 |
| 79 | 0.9375 | 0.96875 | 0.953458575 | 0.015958575 |
| 82 | 0.96875 | 1 | 0.961805735 | 0.038194265 |

在95%的置信区间下，判别值D（32，0.05）＝0.242，而拟合函数D值为0.0917，所以在95%的置信区间里，负二项分布通过了检验。其函数形式为：

$$Pr\{X=x\}=C_{x+4}^{4}\cdot 0.09176^{5}\cdot 0.90824^{x}$$

**（三）频率的连续分布拟合**

要对频率分布进行估计可以通过估计频率的密度函数来进行。利用SAS统计软件对频率用连续型分布进行拟合分布。SAS 统计软件采用拟合分布为正态、对数正态、指数和韦伯分布。拟合效果图见图 37 - 14 ~ 图 37 - 16。

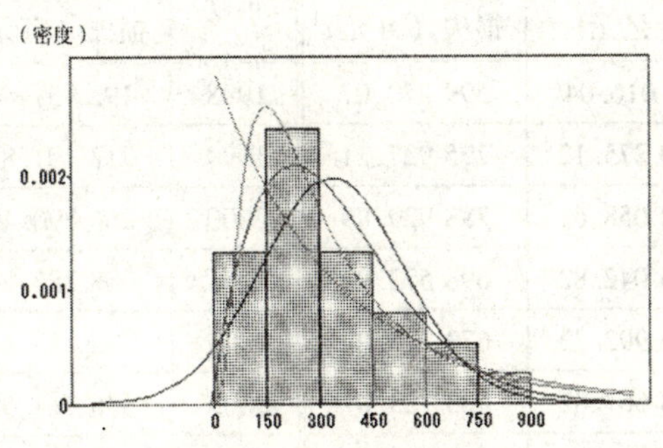


图 37 - 14　分布拟合结果

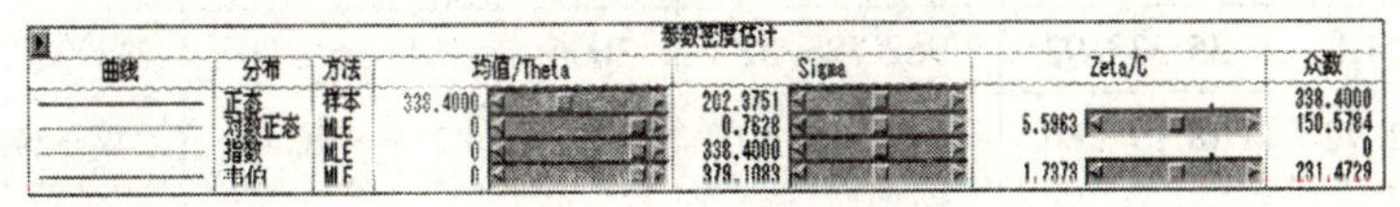

参数密度估计

| 曲线 | 分布 | 方法 | 均值/Theta | Sigma | Zeta/C | 众数 |
|---|---|---|---|---|---|---|
|  | 正态 | 样本 | 338.4000 | 202.3751 |  | 338.4000 |
|  | 对数正态 | MLE | 0 | 0.7628 | 5.5963 | 150.5784 |
|  | 指数 | MLE | 0 | 338.4000 |  | 0 |
|  | 韦伯 | MLE | 0 | 379.1083 | 1.7373 | 231.4729 |

图 37 - 15　拟合分布参数

分布检验

| 曲线 | 分布 | 均值/Theta | Sigma | Zeta/C | Kolmogorov D | Pr > D |
|---|---|---|---|---|---|---|
|  | 正态 | 338.4000 | 202.3751 | . | 0.1430 | >.15 |
|  | 对数正态 | 0 | 0.7785 | 5.5963 | 0.2217 | <.01 |
|  | 指数 | 0 | 338.4000 | . | 0.2823 | <.01 |
|  | 韦伯 | 0 | 379.1083 | 1.7373 | 0.1444 | >.10 |

图 37 - 16　拟合分布检验

从 SAS 软件的检验可以看出，在原假设是服从某个分布的前提下，当显著性水平为 5% 时，按照 Test for Distribution 的 P 值标准，与通过 GDP 调整的道路交通事故发生频率一样，正态分布、韦伯分布均可以通过检验：

$$f(x)=\frac{1}{202.3751\sqrt{2\pi}}e^{-\frac{1}{2}\left(\frac{x-338.4}{202.3751}\right)^2}\quad(x>0)$$

$$f(x)=\frac{1.7373\ (x/379.1083)^{1.7373}e^{-(x/379.1083)^{1.7373}}}{x}\quad(x>0)$$

## 第三节　全国道路交通事故损失程度基本统计分析

### 一、全国道路交通事故总损失额的分析

#### （一）道路交通事故总损失额的数据处理及统计量分析

前面对全国道路交通事故频数进行了分析统计，本节对道路交通事故的损失程度进行分析。在这里，损失程度用损失金额来衡量大小，因此接下来对意外损失总额进行分析。为使数据更具可比性，将各年数据按 GDP 调整到 2009 年，调整后损失金额见表 37 - 7。

表 37-7　　1985～2009 年全国道路交通事故总损失额概况

| 年度 | 直接财产损失（万元） | GDP（亿元） | 调整后财产损失（万元） | 年度 | 直接财产损失（万元） | GDP（亿元） | 调整后财产损失（万元） |
|---|---|---|---|---|---|---|---|
| 1985 | 15 867.64 | 9 016.04 | 599 270.07 | 1998 | 192 951.40 | 84 402.28 | 778 430.20 |
| 1986 | 24 018.00 | 10 275.12 | 795 927.21 | 1999 | 212 401.81 | 89 677.05 | 806 497.10 |
| 1987 | 27 938.94 | 12 058.61 | 788 929.89 | 2000 | 266 890.40 | 99 214.55 | 915 974.70 |
| 1988 | 30 861.37 | 15 042.82 | 698 572.96 | 2001 | 308 787.26 | 109 655.20 | 958 862.20 |
| 1989 | 33 598.45 | 16 992.32 | 673 275.02 | 2002 | 332 438.11 | 120 332.70 | 940 704.20 |
| 1990 | 36 354.81 | 18 667.82 | 663 123.07 | 2003 | 336 914.69 | 135 822.80 | 844 643.30 |
| 1991 | 42 835.97 | 21 781.50 | 669 648.27 | 2004 | 277 477.52 | 159 878.30 | 590 968.20 |
| 1992 | 64 482.96 | 26 923.48 | 815 529.63 | 2005 | 188 401.20 | 183 217.40 | 350 140.90 |
| 1993 | 99 907.01 | 35 333.92 | 962 786.52 | 2006 | 148 956.00 | 211 923.50 | 239 334.20 |
| 1994 | 133 382.72 | 48 197.86 | 942 318.60 | 2007 | 119 878.40 | 249 529.90 | 163 585.30 |
| 1995 | 152 266.56 | 60 793.73 | 852 848.07 | 2008 | 100 972.17 | 300 670.00 | 114 350.40 |
| 1996 | 171 768.52 | 71 176.59 | 821 735.98 | 2009 | 91 436.83 | 340 506.90 | 91 436.83 |
| 1997 | 184 615.85 | 78 973.03 | 796 005.50 | | | | |

资料来源：《中国交通年鉴》、《中国统计年鉴》。

调整后的损失额 = 当年损失额 × 2009 年全国 GDP/当年全国 GDP

由表 37-7 可以看出，与未调整损失只出现一个极值点不同，调整后的损失额出现了若干个极值点，波动性较大，并且呈现出一定的周期性。特别是第二个极大值点和第三个极大值点，其折线形状出现了惊人的相似。调整后的损失额在 1993 年取得最大值，为 962 786.52 万元，未调整的直接损失在 2003 年取得最大值，为 336 914.69 万元。

从 1985～2009 年各年全国意外总损失额概况表可得到年损失额盒形图。由它直观地看出，1985～2009 年，我国每年意外总损失额平均为 67 995.93 万元，大多数年份的平均损失在 599 270 万～788 930 万元之间（约 50% 的年份），年损失额最少是 239 334 万元，最多 962 786 万元。

由图 37-17～图 37-19 可以看出，全国各年意外损失总额的偏度为 -1.1471 < 0，说明意外损失总额密度函数应为左偏。

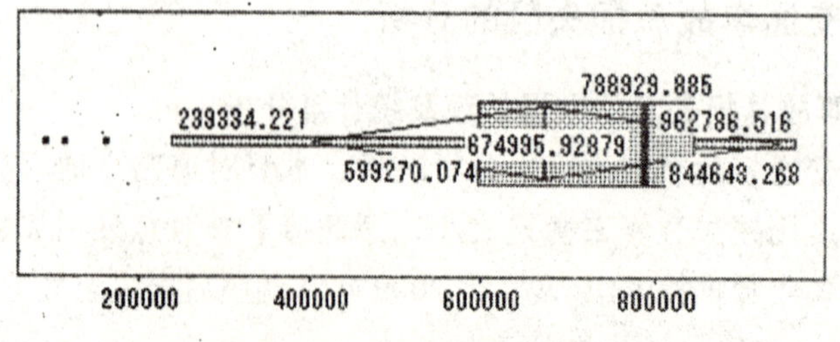


图 37-17　调整后损失额盒状图

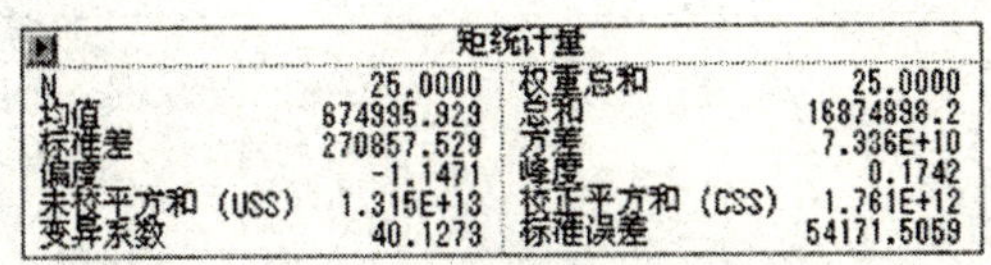

| 矩统计量 | | | |
|---|---|---|---|
| N | 25.0000 | 权重总和 | 25.0000 |
| 均值 | 674995.929 | 总和 | 16874898.2 |
| 标准差 | 270857.529 | 方差 | 7.336E+10 |
| 偏度 | -1.1471 | 峰度 | 0.1742 |
| 未校平方和（USS） | 1.315E+13 | 校正平方和（CSS） | 1.761E+12 |
| 变异系数 | 40.1273 | 标准误差 | 54171.5059 |

图 37－18　调整后损失额统计特征量

| 分位数 | | | | |
|---|---|---|---|---|
| 100% | 最大值 | 962786.516 | 99.0% | 962786.516 |
| 75% | Q3 | 844643.268 | 97.5% | 962786.516 |
| 50% | 中位数 | 788929.885 | 95.0% | 958862.151 |
| 25% | Q1 | 599270.074 | 90.0% | 942318.598 |
| 0% | 最小值 | 91436.8329 | 10.0% | 163585.295 |
| | 极差 | 871349.683 | 5.0% | 114350.353 |
| | Q3-Q1 | 245373.194 | 2.5% | 91436.8329 |
| | 众数 | . | 1.0% | 91436.8329 |

图 37－19　调整后损失额分位数

## （二）道路交通事故总损失额的拟合分布

利用 SAS 统计软件对全国意外总损失额分别用正态、对数正态、指数和韦伯分布进行拟合。拟合效果图见图 37－20～图 37－23。

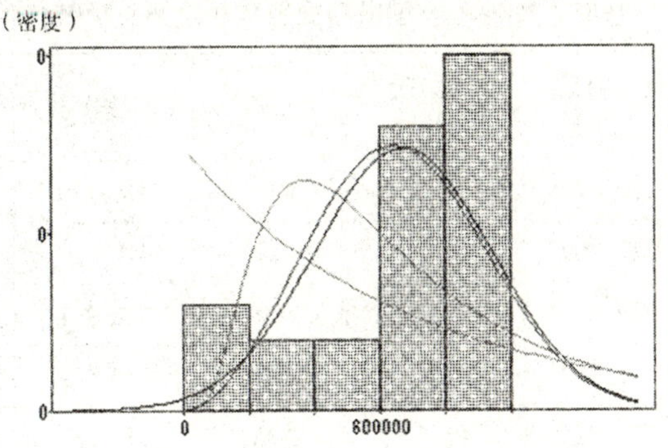


图 37－20　损失额分布拟合结果

| 参数密度估计 | | | | | | |
|---|---|---|---|---|---|---|
| 曲线 | 分布 | 方法 | 均值/Theta | Sigma | Zeta/C | 众数 |
| | 正态 | 样本 | 674995.929 | 270857.529 | | 674995.929 |
| | 对数正态 | MLE | 0 | 0.6631 | 13.2703 | 373483.727 |
| | 指数 | MLE | 0 | 674995.929 | | 0 |
| | 韦伯 | MLE | 0 | 750622.787 | 2.8288 | 643361.077 |

图 37－21　损失额分布拟合参数估计

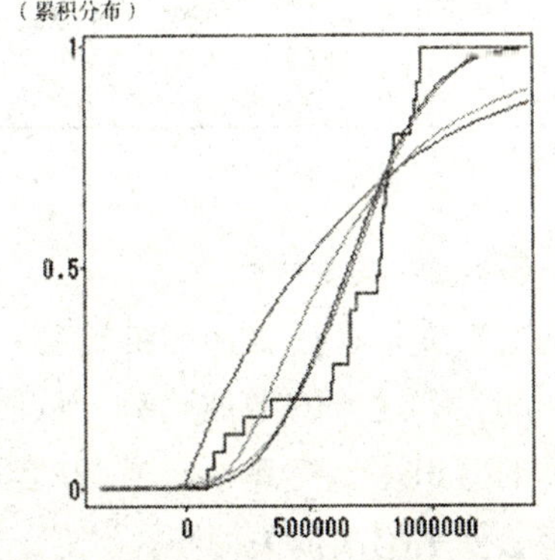


图 37－22　损失额分布拟合累积分布曲线图

| 分布检验 | | | | | | |
|---|---|---|---|---|---|---|
| 曲线 | 分布 | 均值/Theta | Sigma | Zeta/C | Kolmogorov D | Pr > D |
| | 正态 | 674995.929 | 270857.529 | . | 0.2087 | <.01 |
| | 对数正态 | 0 | 0.6768 | 13.2703 | 0.3113 | <.01 |
| | 指数 | 0 | 674995.929 | . | 0.3834 | <.01 |
| | 韦伯 | 0 | 750622.787 | 2.8288 | 0.2299 | <.01 |

图 37－23　损失额拟合分布函数检验

从 SAS 统计软件的拟合效果来看，在原假设是服从某个分布的前提下，当显著性水平为 5%时，按照 Test for Distribution 的标准，以上四种分布都无法通过检验。

## 二、全国道路交通事故平均次损失额的分析

### （一）道路交通事故平均次损失的数据处理及统计量分布

将全国各年道路交通事故总损失按 GDP 调整后再除以当年意外发生次数，得到意外次损失额（见表 37－8）。

表 37－8　　1985～2009 年全国道路交通事故次损失额概况

| 年度 | 事故次数 | 调整后财产损失（万元） | 平均次损失（万元） | 年度 | 事故次数 | 调整后财产损失（万元） | 平均次损失（万元） |
|---|---|---|---|---|---|---|---|
| 1985 | 202 394 | 599 270.0738 | 3.0 | 1998 | 346 129 | 778 430.1946 | 2.2 |
| 1986 | 295 136 | 795 927.2098 | 2.7 | 1999 | 412 860 | 806 497.0697 | 2.0 |
| 1987 | 298 147 | 788 929.8854 | 2.6 | 2000 | 616 971 | 915 974.7113 | 1.5 |
| 1988 | 276 071 | 698 572.9621 | 2.5 | 2001 | 754 919 | 958 862.1506 | 1.3 |
| 1989 | 258 030 | 673 275.0240 | 2.6 | 2002 | 773 137 | 940 704.2339 | 1.2 |
| 1990 | 250 297 | 663 123.0683 | 2.6 | 2003 | 667 507 | 844 643.2682 | 1.3 |
| 1991 | 264 817 | 669 648.2679 | 2.5 | 2004 | 567 753 | 590 968.1843 | 1.0 |
| 1992 | 228 278 | 815 529.6309 | 3.6 | 2005 | 450 254 | 350 140.9177 | 0.8 |
| 1993 | 242 343 | 962 786.5157 | 4.0 | 2006 | 378 781 | 239 334.2211 | 0.6 |
| 1994 | 253 537 | 942 318.5978 | 3.7 | 2007 | 327 209 | 163 585.2952 | 0.5 |
| 1995 | 271 843 | 852 848.0650 | 3.1 | 2008 | 265 204 | 114 350.3529 | 0.4 |
| 1996 | 287 685 | 821 735.9795 | 2.9 | 2009 | 238 351 | 91 436.8329 | 0.4 |
| 1997 | 304 217 | 796 005.5072 | 2.6 | | | | |

资料来源：《中国交通年鉴》、《中国统计年鉴》。

平均次损失＝调整后的损失额/意外发生次数

由表 37－8 可以看出，平均次损失呈现逐年递减的特征。原因可能在于意外发生频数逐年增加，而调整后的意外损失额却没有过强的增加趋势，从而导致意外年平均次损失随着时间的推移逐渐减少。这也与人们的意识逐步提高、交通基础设施建设逐渐完善、交通管理逐渐规范等原因有关，这些因素都会使平均次损失减小。

从 1985～2009 年各年全国意外总损失额概况（见表 37－8）可得到年损失额盒状图。可

以由它直观地看出，1985 ~2009 年，我国道路交通事故平均次损失额平均为 2.064 万元，大多数年份的平均次损失在 1.2 万 ~2.7 万元之间（约 50% 的年份）。年平均次损失额最少是 0.4 万元，最多 4.0 万元。

由图 37 -24 ~图 37 -26 可以看出，全国各年意外次损失额的偏度为 -0.0807 <0，说明意外损失总额密度函数应为稍左偏。

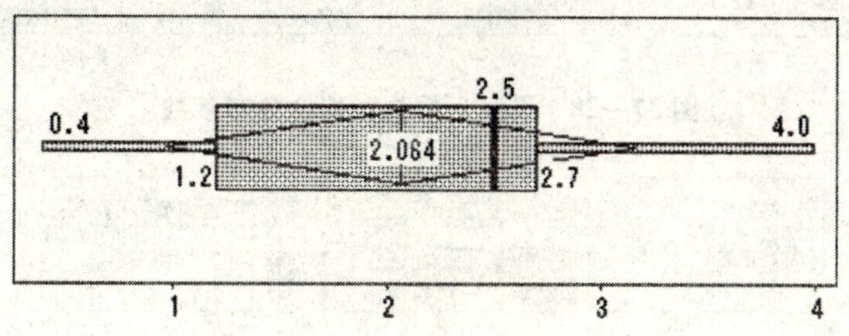


图 37 -24　调整后损失额盒状图

| 矩统计量 | | | |
|---|---|---|---|
| N | 25.0000 | 权重总和 | 25.0000 |
| 均值 | 2.0640 | 总和 | 51.6000 |
| 标准差 | 1.0893 | 方差 | 1.1866 |
| 偏度 | -0.0807 | 峰度 | -1.1022 |
| 未校平方和 (USS) | 134.9800 | 校正平方和 (CSS) | 28.4776 |
| 变异系数 | 52.7760 | 标准误差 | 0.2179 |

图 37 -25　调整后损失额统计特征量

| 分位数 | | | | |
|---|---|---|---|---|
| 100% | 最大值 | 4.0000 | 99.0% | 4.0000 |
| 75% | Q3 | 2.7000 | 97.5% | 4.0000 |
| 50% | 中位数 | 2.5000 | 95.0% | 3.7000 |
| 25% | Q1 | 1.2000 | 90.0% | 3.6000 |
| 0% | 最小值 | 0.4000 | 10.0% | 0.5000 |
| | 极差 | 3.6000 | 5.0% | 0.4000 |
| | Q3-Q1 | 1.5000 | 2.5% | 0.4000 |
| | 众数 | 2.6000 | 1.0% | 0.4000 |

图 37 -26　调整后损失额分位数

### （二）道路交通事故平均次损失的拟合分布

利用 SAS 统计软件对全国意外总损失额分别用正态、对数正态、指数和韦伯分布进行拟合。拟合效果图见图 37 -27。

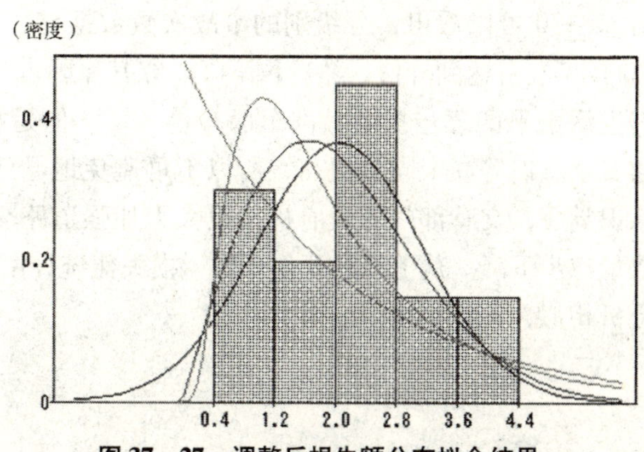


图 37 -27　调整后损失额分布拟合结果

从SAS统计软件的拟合效果来看（见图37－28和图37－29），在原假设是服从某个分布的前提下，当显著性水平为5%时，按照Test for Distribution的标准，四种分布均无法通过检验。

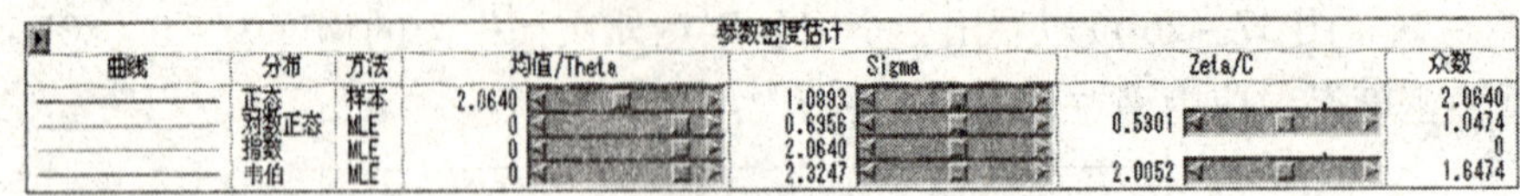

参数密度估计

| 曲线 | 分布 | 方法 | 均值/Theta | Sigma | Zeta/C | 众数 |
|---|---|---|---|---|---|---|
| | 正态 | 样本 | 2.0640 | 1.0893 | | 2.0640 |
| | 对数正态 | MLE | 0 | 0.6956 | 0.5301 | 1.0474 |
| | 指数 | MLE | 0 | 2.0640 | | 0 |
| | 韦伯 | MLE | 0 | 2.3247 | 2.0052 | 1.6474 |

图37－28　调整后损失额拟合分布参数

分布检验

| 曲线 | 分布 | 均值/Theta | Sigma | Zeta/C | Kolmogorov D | Pr > D |
|---|---|---|---|---|---|---|
| | 正态 | 2.0640 | 1.0893 | . | 0.1755 | 0.0456 |
| | 对数正态 | 0 | 0.7099 | 0.5301 | 0.2268 | <.01 |
| | 指数 | 0 | 2.0640 | . | 0.2222 | 0.0359 |
| | 韦伯 | 0 | 2.3247 | 2.0052 | 0.2055 | <.01 |

图37－29　调整后损失额拟合分布函数检验

## 第四节　依级别道路交通事故基本统计分析

1991年《公安部关于修订道路交通事故等级划分标准的通知》中指出，道路交通事故依级别可以分为轻微事故、一般事故、重大事故和特大事故。轻微事故，是指一次造成轻伤1～2人，或者财产损失机动车事故不足1 000元，非机动车事故不足200元的事故。一般事故，是指一次造成重伤1～2人，或者轻伤3人以上，或者财产损失不足3万元的事故。重大事故，是指一次造成死亡1～2人，或者重伤3人以上10人以下，或者财产损失3万元以上不足6万元的事故。特大事故，是指一次造成死亡3人以上，或者重伤11人以上，或者死亡1人，同时重伤8人以上，或者死亡2人，同时重伤5人以上，或者财产损失6万元以上的事故。按照国家统计局批准的交通事故统计范围的规定，轻微事故只作处理，不作统计。根据《中国交通年鉴》，本文找到1990～2009年20年道路交通事故级别统计的数据。

### 一、数据概况

#### （一）事故次数

通过表37－9和图37－30可以看出，分级别的事故次数数据与总体数据的趋势很相似，都是先逐年递增，在2000年左右达到峰值，然后再下降。究其原因也与前面分析的一致。随着20世纪90年代人们生活水平的逐步提高，汽车保有量大增，但是相应的基础设施建设、交通法规、人们的交通安全意识等尚未同步提高，所以不可避免地导致事故大量发生。问题的出现促进了人们的意识觉醒，交管部门等政府机构也大力加强道路交通安全建设，在人们的共同努力下，事故数量稳步下降。从下面的死伤人数、损失额统计中也能发现同样的趋势，产生的原因皆与以上分析相似，不再赘述。

表 37－9　　1990～2009 年道路交通事故依级别分类事故次数

| 年度＼分类 | 特大 | 重大 | 一般 | 合计 |
|---|---|---|---|---|
| 1990 | 2 307 | 48 047 | 199 890 | 250 244 |
| 1991 | 2 978 | 52 350 | 209 268 | 264 596 |
| 1992 | 1 193 | 52 410 | 174 723 | 228 326 |
| 1993 | 1 703 | 56 364 | 182 556 | 240 623 |
| 1994 | 2 285 | 60 088 | 191 164 | 253 537 |
| 1995 | 2 556 | 64 956 | 204 331 | 271 843 |
| 1996 | 2 813 | 66 591 | 218 281 | 287 685 |
| 1997 | 2 865 | 66 908 | 234 444 | 304 217 |
| 1998 | 2 770 | 70 418 | 272 941 | 346 129 |
| 1999 | 2 878 | 75 991 | 333 991 | 412 860 |
| 2000 | 3 014 | 85 637 | 528 320 | 616 971 |
| 2001 | 3 495 | 99 327 | 652 097 | 754 919 |
| 2002 | 4 022 | 103 309 | 665 806 | 773 137 |
| 2003 | 3 927 | 91 758 | 571 822 | 667 507 |
| 2004 | NA | NA | NA | 517 889 |
| 2005 | 1 924 | 84 136 | 364 194 | 450 254 |
| 2006 | 1 671 | 76 275 | 300 835 | 378 781 |
| 2007 | 1 469 | 69 820 | 255 920 | 327 209 |
| 2008 | 1 290 | 62 894 | 201 020 | 265 204 |
| 2009 | 1 276 | 57 959 | 179 116 | 238 351 |

NA：该年数据缺失。

图 37－30　交通事故次数折线图

**（二）死亡人数（见表37-10和图37-31）**

表37-10　　**1990~2000年道路交通事故依级别分类死亡人数**　　（单位：人）

| 年度＼分类 | 特大 | 重大 | 一般 | 合计 |
|---|---|---|---|---|
| 1990 | 3 477 | 45 316 | 450 | 49 243 |
| 1991 | 4 064 | 48 720 | 420 | 53 204 |
| 1992 | 4 111 | 53 383 | 1 229 | 58 723 |
| 1993 | 5 223 | 57 674 | 654 | 63 551 |
| 1994 | 6 548 | 59 814 | 0 | 66 362 |
| 1995 | 6 651 | 64 817 | 26 | 71 494 |
| 1996 | 7 226 | 66 397 | 32 | 73 655 |
| 1997 | 6 956 | 66 836 | 69 | 73 861 |
| 1998 | 7 221 | 70 787 | 59 | 78 067 |
| 1999 | 7 265 | 76 264 | 0 | 83 529 |
| 2000 | 7 421 | 86 432 | 0 | 93 853 |
| 2001 | 7 467 | 98 463 | 0 | 105 930 |
| 2002 | 8 217 | 101 164 | 0 | 109 381 |
| 2003 | 7 720 | 92 594 | 4 058 | 104 372 |
| 2004 | NA | NA | NA | 107 077 |
| 2005 | 7 639 | 91 099 | 0 | 98 738 |
| 2006 | 6 611 | 82 427 | 417 | 89 455 |
| 2007 | 5 713 | 75 936 | 0 | 81 649 |
| 2008 | 5 222 | 68 262 | 0 | 73 484 |
| 2009 | 5 058 | 62 701 | 0 | 67 759 |

NA：该年数据缺失。

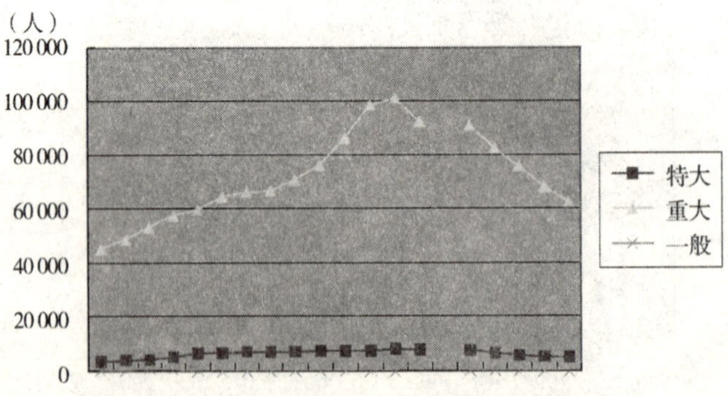


**图37-31　交通事故死亡人数折线图**

## （三）受伤人数（见表37－11和图37－32）

**表37－11　　1990～2009年道路交通事故依级别分类受伤人数**　　（单位：人）

| 年度＼分类 | 特大 | 重大 | 一般 | 合计 |
|---|---|---|---|---|
| 1990 | 5 988 | 15 783 | 133 320 | 155 091 |
| 1991 | 6 480 | 17 989 | 137 493 | 161 962 |
| 1992 | 4 973 | 18 619 | 120 429 | 144 021 |
| 1993 | 6 464 | 23 882 | 111 925 | 142 271 |
| 1994 | 7 944 | 28 251 | 112 622 | 148 817 |
| 1995 | 8 053 | 30 107 | 121 148 | 159 308 |
| 1996 | 8 536 | 31 866 | 134 045 | 174 447 |
| 1997 | 8 084 | 32 969 | 149 075 | 190 128 |
| 1998 | 7 995 | 35 873 | 178 853 | 222 721 |
| 1999 | 8 020 | 41 790 | 236 270 | 286 080 |
| 2000 | 8 445 | 45 547 | 364 729 | 418 721 |
| 2001 | 9 399 | 53 894 | 483 192 | 546 485 |
| 2002 | 10 374 | 56 830 | 494 870 | 562 074 |
| 2003 | 8 167 | 50 116 | 435 891 | 494 174 |
| 2004 | NA | NA | NA | 480 864 |
| 2005 | 5 627 | 42 300 | 421 984 | 469 911 |
| 2006 | 5 024 | 41 765 | 384 350 | 431 139 |
| 2007 | 4 508 | 38 094 | 337 840 | 380 442 |
| 2008 | 3 359 | 34 643 | 266 917 | 304 919 |
| 2009 | 3 530 | 31 710 | 239 885 | 275 125 |

NA：该年数据缺失。

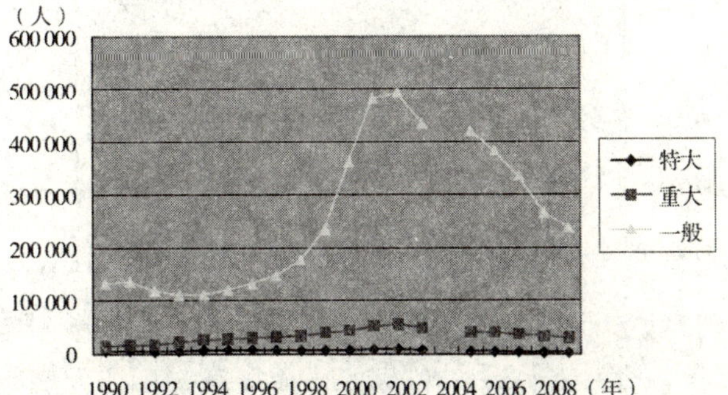


**图37－32　交通事故受伤人数折线图**

### （四）损失折款（见表37－12和图37－33）

表37－12　　1990～2009年道路交通事故依级别分类损失折款　　（单位：万元）

| 年度＼分类 | 特大 | 重大 | 一般 | 合计 |
|---|---|---|---|---|
| 1990 | 4 413.4 | 6 994.3 | 23 953.9 | 35 361.6 |
| 1991 | 6 380.7 | 8 978.0 | 27 398.9 | 42 757.6 |
| 1992 | 5 040.1 | 11 109.3 | 48 184.2 | 64 333.6 |
| 1993 | 9 103.8 | 20 224.0 | 70 688.3 | 100 016.1 |
| 1994 | 15 633.0 | 28 536.3 | 89 213.4 | 133 382.7 |
| 1995 | 17 916.8 | 33 445.2 | 100 904.6 | 152 266.6 |
| 1996 | 20 917.9 | 37 413.7 | 113 436.9 | 171 768.5 |
| 1997 | 23 682.2 | 39 028.2 | 121 905.4 | 184 615.8 |
| 1998 | 20 456.1 | 40 138.5 | 132 356.8 | 192 951.4 |
| 1999 | 21 090.5 | 42 438.8 | 148 872.5 | 212 401.8 |
| 2000 | 23 825.3 | 46 021.7 | 197 043.4 | 266 890.4 |
| 2001 | 25 538.7 | 52 638.9 | 230 609.7 | 308 787.3 |
| 2002 | 33 525.7 | 57 203.6 | 241 708.8 | 332 438.1 |
| 2003 | 33 922.0 | 58 312.0 | 244 680.6 | 336 914.6 |
| 2004 | NA | NA | NA | 239 141.0 |
| 2005 | 7 811.9 | 50 074.2 | 130 515.1 | 188 401.2 |
| 2006 | 6 689.0 | 45 752.0 | 96 515.0 | 148 956.0 |
| 2007 | 5 441.0 | 40 225.6 | 74 211.7 | 119 878.3 |
| 2008 | 4 083.0 | 41 725.0 | 55 164.2 | 100 972.2 |
| 2009 | 4 604.4 | 37 554.7 | 49 277.7 | 91 436.8 |

NA：该年数据缺失。

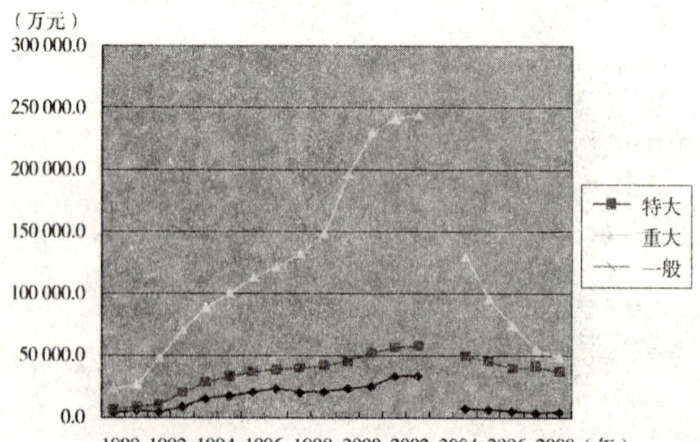


图37－33　交通事故损失折线图

## （五）次损失额（见表37－13和图37－34）

表37－13　　1990～2009年道路交通事故依级别分类平均每起事故损失　　（单位：万元）

| 年度＼分类 | 特大 | 重大 | 一般 | 合计 |
|---|---|---|---|---|
| 1990 | 19 130 | 1 456 | 1 198 | 21 784 |
| 1991 | 21 426 | 1 715 | 1 309 | 24 450 |
| 1992 | 42 247 | 2 120 | 2 758 | 47 125 |
| 1993 | 53 457 | 3 588 | 3 872 | 60 917 |
| 1994 | 68 416 | 4 749 | 4 667 | 77 832 |
| 1995 | 70 097 | 5 149 | 4 938 | 80 184 |
| 1996 | 74 362 | 5 618 | 5 197 | 85 177 |
| 1997 | 82 660 | 5 833 | 5 200 | 93 693 |
| 1998 | 73 849 | 5 700 | 4 849 | 84 398 |
| 1999 | 73 282 | 5 585 | 4 457 | 83 324 |
| 2000 | 79 049 | 5 374 | 3 730 | 88 153 |
| 2001 | 73 072 | 5 300 | 3 536 | 81 908 |
| 2002 | 83 356 | 5 537 | 3 630 | 92 523 |
| 2003 | 86 381 | 6 355 | 4 279 | 97 015 |
| 2004 | NA | NA | NA | NA |
| 2005 | 40 602 | 5 952 | 3 584 | 50 138 |
| 2006 | 40 030 | 5 998 | 3 208 | 49 236 |
| 2007 | 37 039 | 5 761 | 2 900 | 45 700 |
| 2008 | 31 651 | 6 634 | 2 744 | 41 029 |
| 2009 | 36 085 | 6 480 | 2 751 | 45 316 |

NA：该年数据缺失。

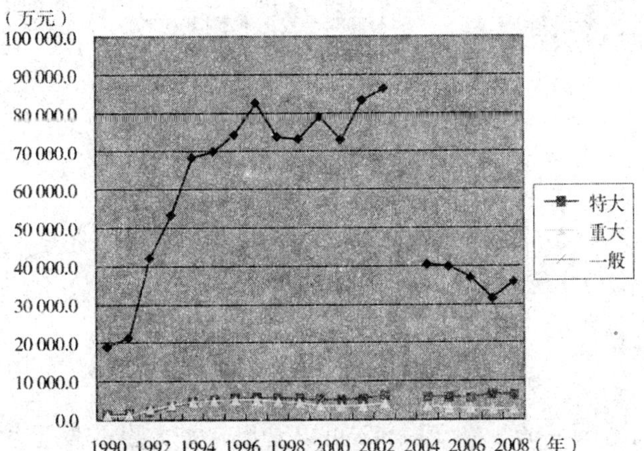


图37－34　交通事故平均损失折线图

## 二、各项指标的基本统计分析

### （一）事故次数

1. 特大事故。从图 37－35～图 37－38 可以看出，特大事故的年平均发生次数为2 444次，大部分年度特大事故发生次数集中在 1 671 次和 2 978 次之间。

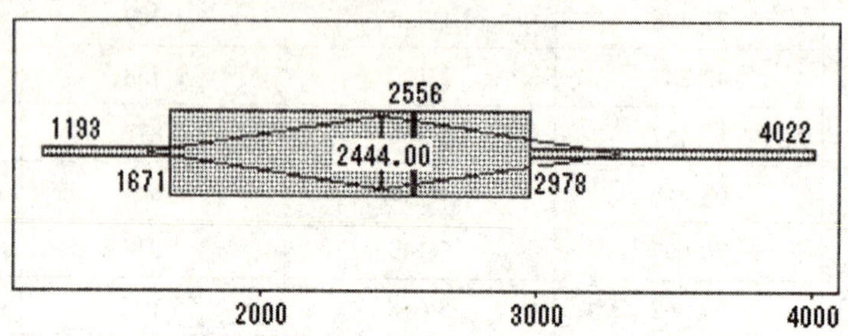


**图 37－35　特大事故次数盒状图**

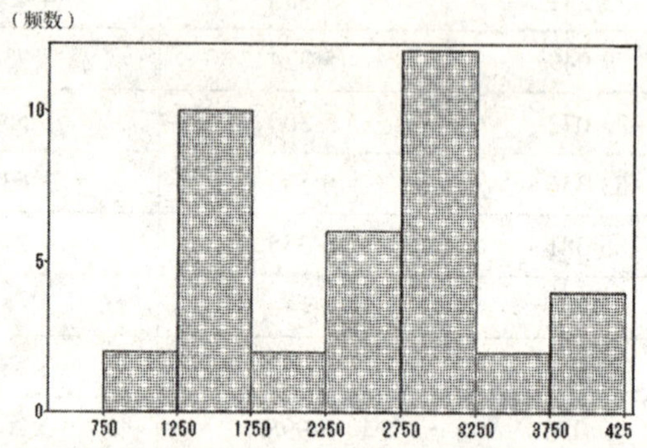


**图 37－36　特大事故频数直方图**

| 矩统计量 | | | |
|---|---|---|---|
| N | 38.0000 | 权重总和 | 38.0000 |
| 均值 | 2444.0000 | 总和 | 92872.0000 |
| 标准差 | 860.4598 | 方差 | 740391.027 |
| 偏度 | 0.1703 | 峰度 | -0.9096 |
| 未校平方和（USS） | 254373636 | 校正平方和（CSS） | 27394468.0 |
| 变异系数 | 35.2070 | 标准误差 | 139.5850 |

**图 37－37　特大事故频数统计特征量**

| 分位数 | | | | |
|---|---|---|---|---|
| 100% | 最大值 | 4022.0000 | 99.0% | 4022.0000 |
| 75% | Q3 | 2978.0000 | 97.5% | 4022.0000 |
| 50% | 中位数 | 2556.0000 | 95.0% | 4022.0000 |
| 25% | Q1 | 1671.0000 | 90.0% | 3927.0000 |
| 0% | 最小值 | 1193.0000 | 10.0% | 1276.0000 |
| | 极差 | 2829.0000 | 5.0% | 1193.0000 |
| | Q3-Q1 | 1307.0000 | 2.5% | 1193.0000 |
| | 众数 | 1193.0000 | 1.0% | 1193.0000 |

**图 37－38　特大事故次数分位数**

2. 重大事故。从图 37－39～图 37－42 可以看出，重大事故发生年度次数平均为70 802次，大部分年度重大事故发生次数集中在 57 959 次和 84 136 次之间，和特大事故年度发生次数的差异较大。

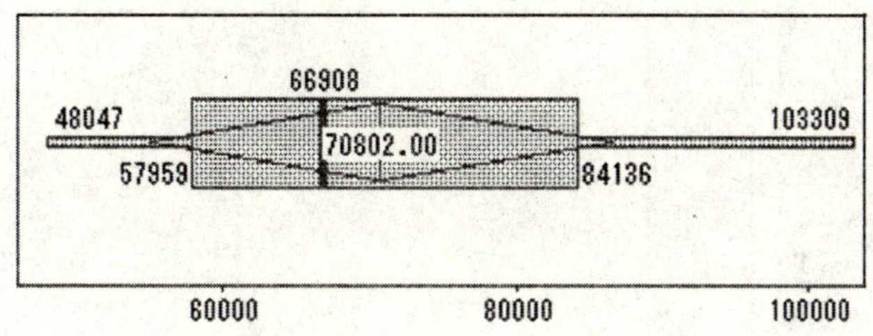


图 37－39　重大事故次数盒状图

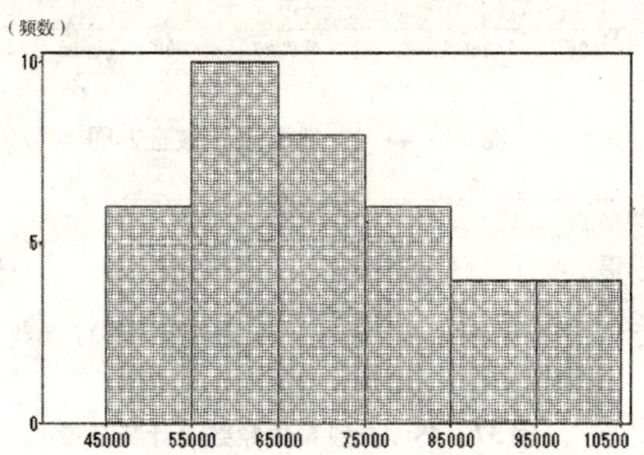


图 37－40　重大事故频数直方图

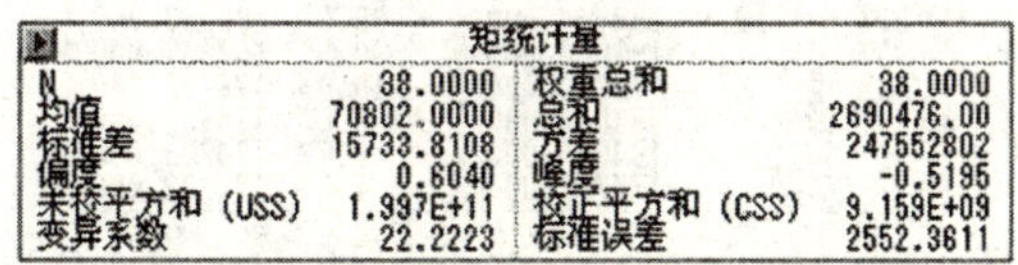

| 矩统计量 | | | |
|---|---|---|---|
| N | 38.0000 | 权重总和 | 38.0000 |
| 均值 | 70802.0000 | 总和 | 2690476.00 |
| 标准差 | 15733.8108 | 方差 | 247552802 |
| 偏度 | 0.6040 | 峰度 | -0.5195 |
| 未校平方和（USS） | 1.997E+11 | 校正平方和（CSS） | 9.159E+09 |
| 变异系数 | 22.2223 | 标准误差 | 2552.3611 |

图 37－41　重大事故频数统计特征量

| 分位数 | | | | |
|---|---|---|---|---|
| 100% | 最大值 | 103309.000 | 99.0% | 103309.000 |
| 75% | Q3 | 84136.0000 | 97.5% | 103309.000 |
| 50% | 中位数 | 66908.0000 | 95.0% | 103309.000 |
| 25% | Q1 | 57959.0000 | 90.0% | 99327.0000 |
| 0% | 最小值 | 48047.0000 | 10.0% | 52350.0000 |
| | 极差 | 55262.0000 | 5.0% | 48047.0000 |
| | Q3-Q1 | 26177.0000 | 2.5% | 48047.0000 |
| | 众数 | 48047.0000 | 1.0% | 48047.0000 |

图 37－42　重大事故频数分位数

3. 一般事故。从图 37－43～图 37－46 可以看出，一般事故发生年度次数平均为312 670次，大部分年度一般事故发生次数集中在 199 890 次和 364 194 次之间。

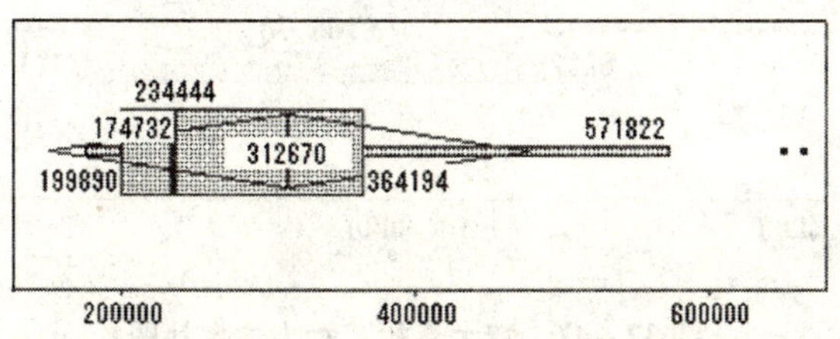


图 37－43　一般事故次数盒状图

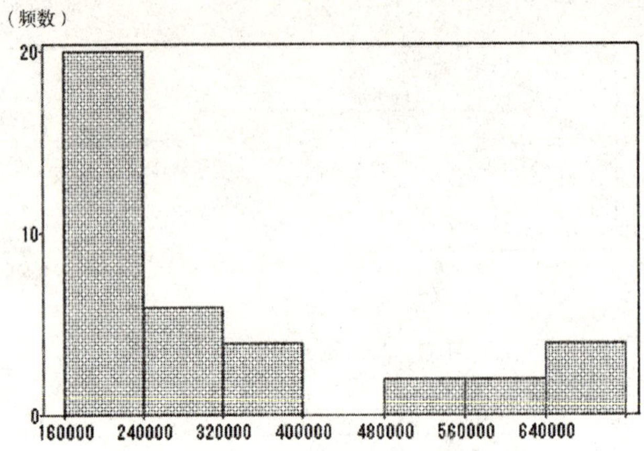


图 37－44 一般事故频数直方图

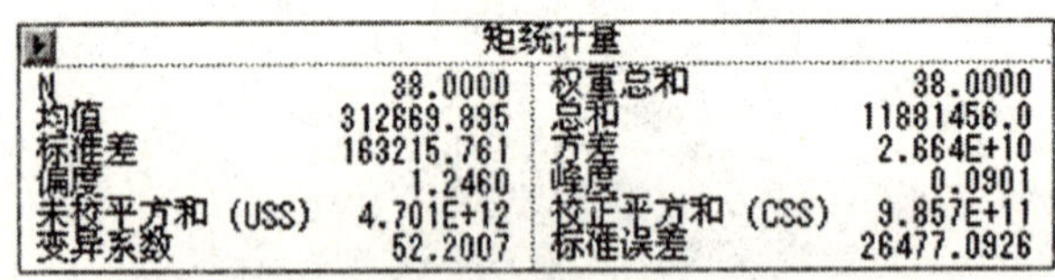

| 矩统计量 | | | |
|---|---|---|---|
| N | 38.0000 | 权重总和 | 38.0000 |
| 均值 | 312669.895 | 总和 | 11881456.0 |
| 标准差 | 163215.761 | 方差 | 2.664E+10 |
| 偏度 | 1.2460 | 峰度 | 0.0901 |
| 未校平方和 (USS) | 4.701E+12 | 校正平方和 (CSS) | 9.857E+11 |
| 变异系数 | 52.2007 | 标准误差 | 26477.0926 |

图 37－45 一般事故频数统计特征量

| 分位数 | | | | |
|---|---|---|---|---|
| 100% | 最大值 | 665806.000 | 99.0% | 665806.000 |
| 75% | Q3 | 364194.000 | 97.5% | 665806.000 |
| 50% | 中位数 | 234444.000 | 95.0% | 665806.000 |
| 25% | Q1 | 199890.000 | 90.0% | 652097.000 |
| 0% | 最小值 | 174732.000 | 10.0% | 179116.000 |
| | 极差 | 491074.000 | 5.0% | 174732.000 |
| | Q3-Q1 | 164304.000 | 2.5% | 174732.000 |
| | 众数 | 174732.000 | 1.0% | 174732.000 |

图 37－46 一般事故频数分位数

### （二）死亡人数

1. 特大事故。从图 37－47～图 37－50 可以看出，每年特大事故死亡人数平均为 6 305.79，大部分年度在特大事故中丧生的人数在 5 222 人和 7 421 人之间。这个数字警示我们道路交通安全不容忽视，应从各个方面规范道路交通行为，减少交通意外事故给人们带来的伤痛和损失。

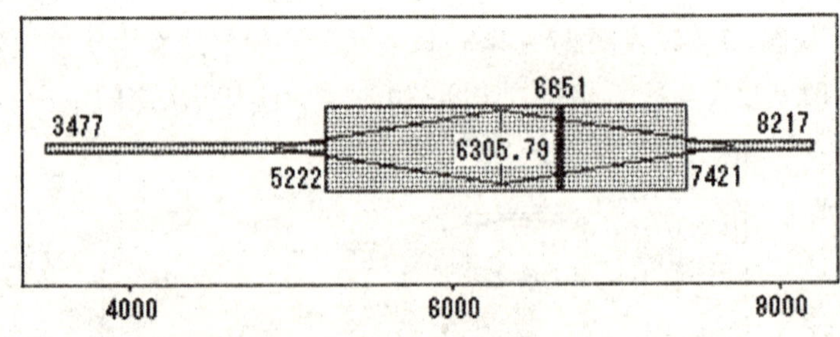


图 37－47 特大事故死亡人数盒状图

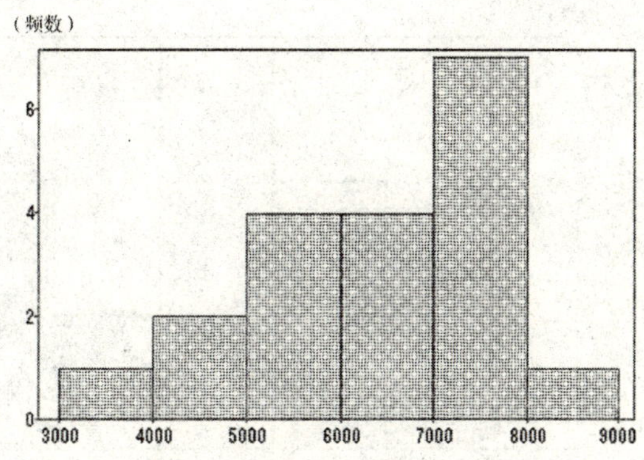


图 37－48　特大事故死亡人数直方图

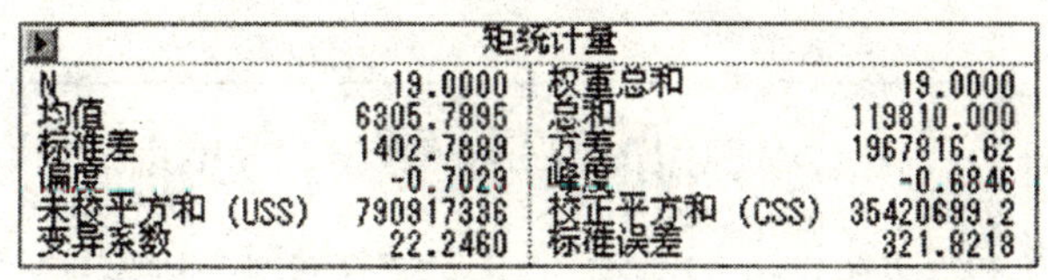

| 矩统计量 | | | |
|---|---|---|---|
| N | 19.0000 | 权重总和 | 19.0000 |
| 均值 | 6305.7895 | 总和 | 119810.000 |
| 标准差 | 1402.7889 | 方差 | 1967816.62 |
| 偏度 | -0.7029 | 峰度 | -0.6846 |
| 未校平方和（USS） | 790917336 | 校正平方和（CSS） | 35420699.2 |
| 变异系数 | 22.2460 | 标准误差 | 321.8218 |

图 37－49　特大事故死亡人数统计特征量

| 分位数 | | | | |
|---|---|---|---|---|
| 100% | 最大值 | 8217.0000 | 99.0% | 8217.0000 |
| 75% | Q3 | 7421.0000 | 97.5% | 8217.0000 |
| 50% | 中位数 | 6651.0000 | 95.0% | 8217.0000 |
| 25% | Q1 | 5222.0000 | 90.0% | 7720.0000 |
| 0% | 最小值 | 3477.0000 | 10.0% | 4064.0000 |
| | 极差 | 4740.0000 | 5.0% | 3477.0000 |
| | Q3-Q1 | 2199.0000 | 2.5% | 3477.0000 |
| | 众数 | . | 1.0% | 3477.0000 |

图 37－50　特大事故死亡人数分位数

2. 重大事故。从图 37－51～图 37－54 可以看出，重大事故年死亡人数平均为 72 057.16 人，大部分年度的死亡人数在 59 814 人到 86 432 人之间，是三类事故中死亡人数最多的一类事故。

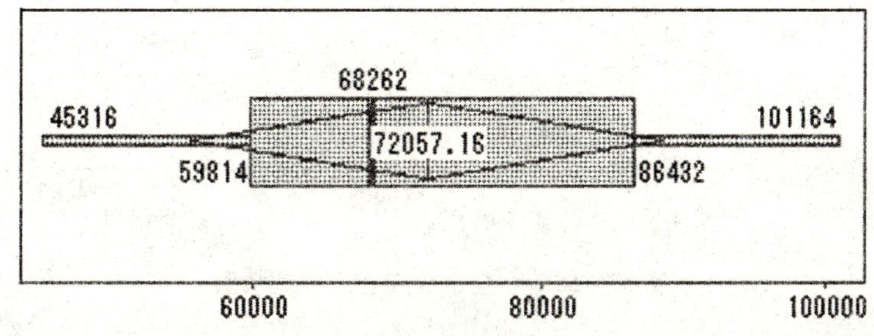


图 37－51　重大事故死亡人数盒状图

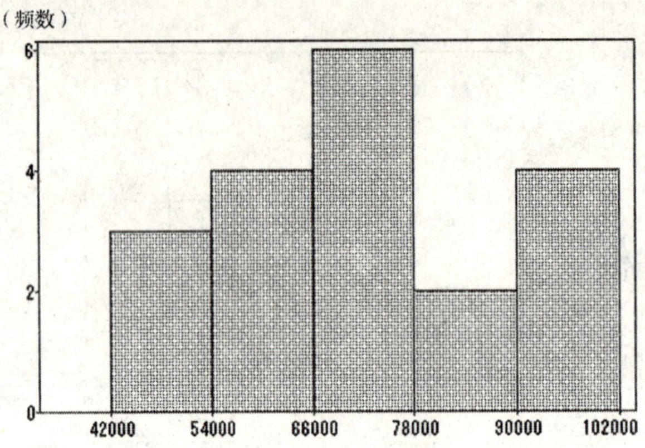


图 37－52　重大事故死亡人数直方图

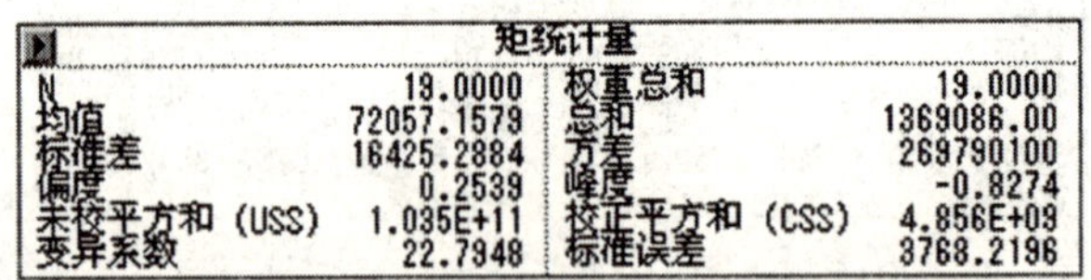

矩统计量

| | | | |
|---|---|---|---|
| N | 19.0000 | 权重总和 | 19.0000 |
| 均值 | 72057.1579 | 总和 | 1369086.00 |
| 标准差 | 16425.2884 | 方差 | 269790100 |
| 偏度 | 0.2539 | 峰度 | -0.8274 |
| 未校平方和（USS） | 1.035E+11 | 校正平方和（CSS） | 4.856E+09 |
| 变异系数 | 22.7948 | 标准误差 | 3768.2196 |

图 37－53　重大事故死亡人数统计特征量

分位数

| | | | | |
|---|---|---|---|---|
| 100% | 最大值 | 101164.000 | 99.0% | 101164.000 |
| 75% | Q3 | 86432.0000 | 97.5% | 101164.000 |
| 50% | 中位数 | 68262.0000 | 95.0% | 101164.000 |
| 25% | Q1 | 59814.0000 | 90.0% | 98463.0000 |
| 0% | 最小值 | 45316.0000 | 10.0% | 48720.0000 |
| | 极差 | 55848.0000 | 5.0% | 45316.0000 |
| | Q3-Q1 | 26618.0000 | 2.5% | 45316.0000 |
| | 众数 | . | 1.0% | 45316.0000 |

图 37－54　重大事故死亡人数分位数

3. 一般事故。从图 37－55～图 37－58 可以看出，一般事故年死亡人数平均为 390.21 人，较前两类事故大大降低，但是仍然不能忽略一般事故给人们日常生活带来的损失和纠纷。

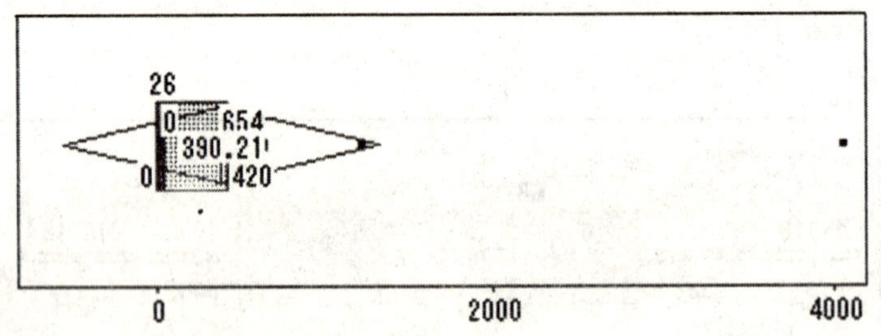


图 37－55　一般事故死亡人数盒状图

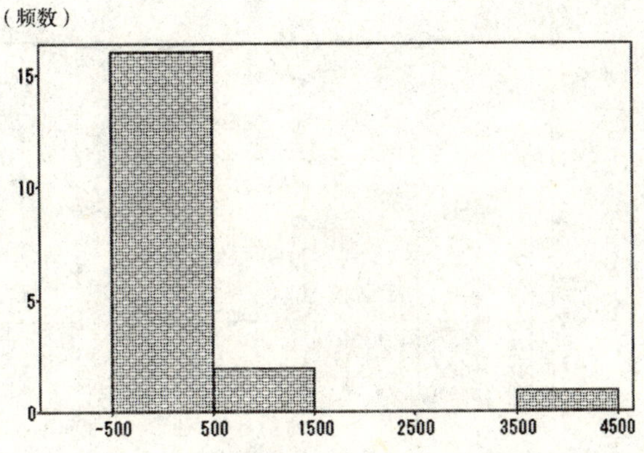


图 37－56　一般事故死亡人数直方图

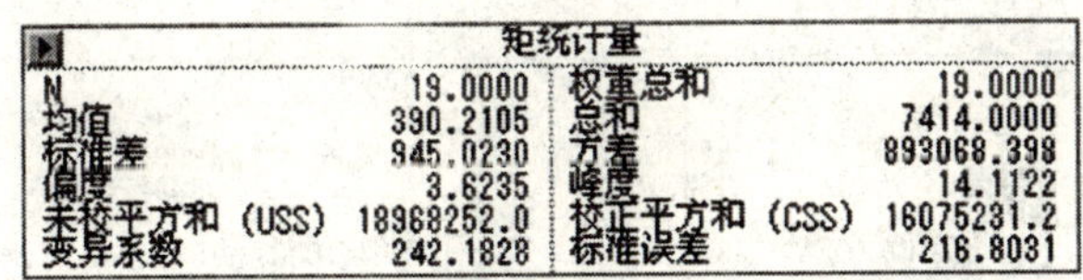

| 矩统计量 | | | |
|---|---|---|---|
| N | 19.0000 | 权重总和 | 19.0000 |
| 均值 | 390.2105 | 总和 | 7414.0000 |
| 标准差 | 945.0230 | 方差 | 893068.398 |
| 偏度 | 3.6235 | 峰度 | 14.1122 |
| 未校平方和（USS） | 18968252.0 | 校正平方和（CSS） | 16075231.2 |
| 变异系数 | 242.1828 | 标准误差 | 216.8031 |

图 37－57　一般事故死亡人数统计特征量

| 分位数 | | | | |
|---|---|---|---|---|
| 100% | 最大值 | 4058.0000 | 99.0% | 4058.0000 |
| 75% | Q3 | 420.0000 | 97.5% | 4058.0000 |
| 50% | 中位数 | 26.0000 | 95.0% | 4058.0000 |
| 25% | Q1 | 0 | 90.0% | 1229.0000 |
| 0% | 最小值 | 0 | 10.0% | 0 |
| | 极差 | 4058.0000 | 5.0% | 0 |
| | Q3-Q1 | 420.0000 | 2.5% | 0 |
| | 众数 | 0 | 1.0% | 0 |

图 37－58　一般事故死亡人数分位数

**（三）受伤人数**

1. 特大事故。从图 37－59～图 37－62 可以看出，特大事故年受伤人数平均为 6 893. 18 人，大部分年度的受伤人数在 5 024 人到 8 167 人之间。

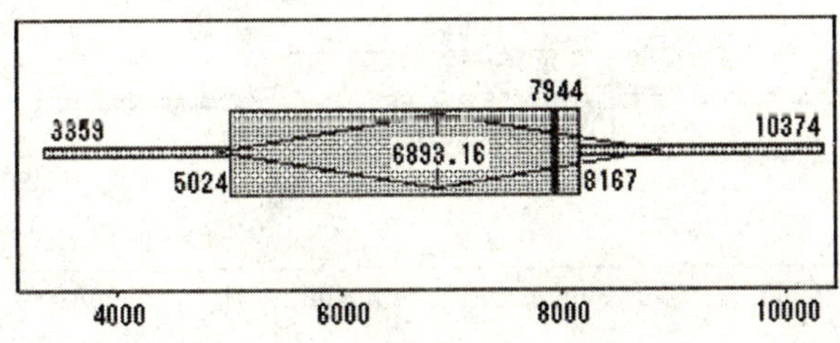


图 37－59　特大事故受伤人数盒状图

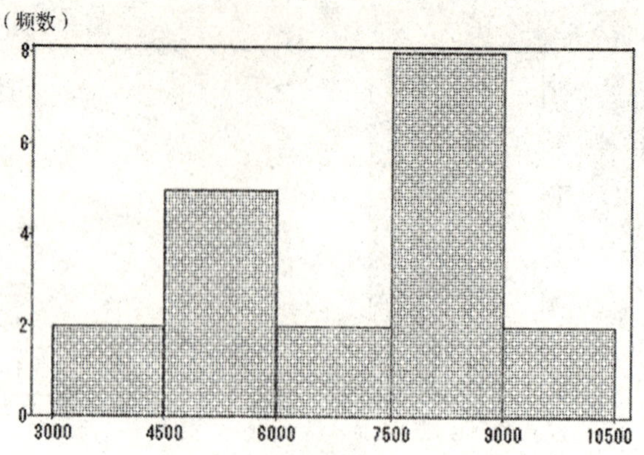


图 37－60　特大事故受伤人数直方图

| 矩统计量 | | | |
|---|---|---|---|
| N | 19.0000 | 权重总和 | 19.0000 |
| 均值 | 6893.1579 | 总和 | 130970.000 |
| 标准差 | 1985.0125 | 方差 | 3940274.58 |
| 偏度 | -0.2934 | 峰度 | -0.7966 |
| 未校平方和（USS） | 973721832 | 校正平方和（CSS） | 70924942.5 |
| 变异系数 | 28.7969 | 标准误差 | 455.3931 |

图 37－61　特大事故受伤人数统计特征量

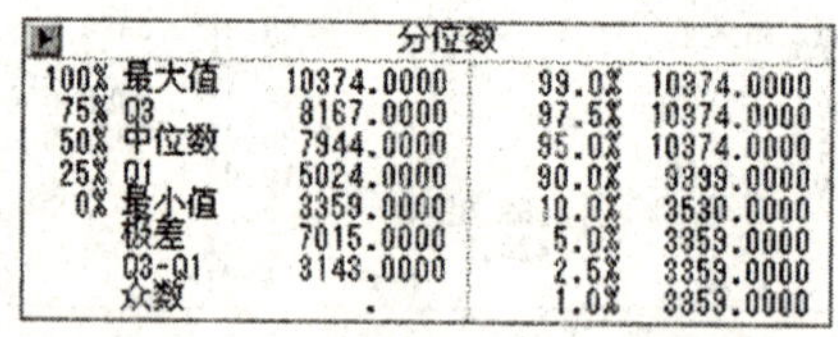

| 分位数 | | | | |
|---|---|---|---|---|
| 100% | 最大值 | 10374.0000 | 99.0% | 10374.0000 |
| 75% | Q3 | 8167.0000 | 97.5% | 10374.0000 |
| 50% | 中位数 | 7944.0000 | 95.0% | 10374.0000 |
| 25% | Q1 | 5024.0000 | 90.0% | 9399.0000 |
| 0% | 最小值 | 3359.0000 | 10.0% | 3530.0000 |
| | 极差 | 7015.0000 | 5.0% | 3359.0000 |
| | Q3-Q1 | 3143.0000 | 2.5% | 3359.0000 |
| | 众数 | . | 1.0% | 3359.0000 |

图 37－62　特大事故受伤人数分位数

2. 重大事故。从图 37－63～图 37－66 可以看出，重大事故年受伤人数平均为 35 369. 89 人，大部分年度的受伤人数在 28 251 人到 42 300 人之间。

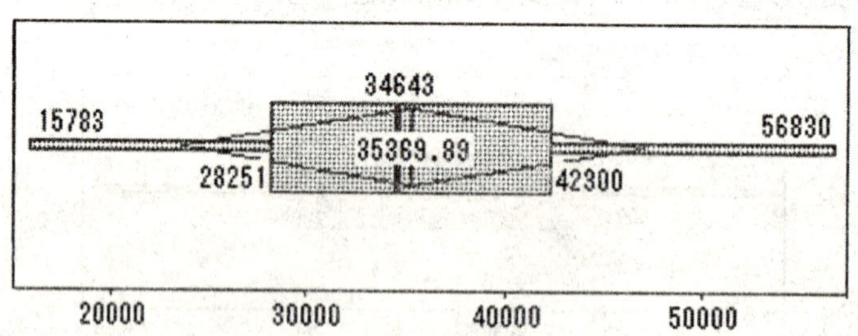


图 37－63　重大事故受伤人数盒状图

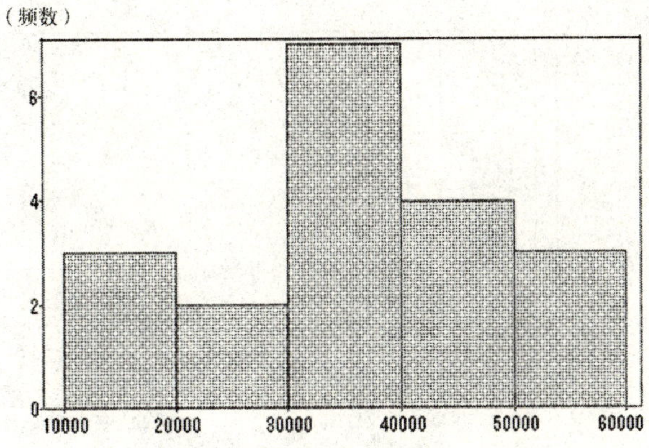


图 37－64　重大事故受伤人数直方图

| 矩统计量 | | | |
|---|---|---|---|
| N | 19.0000 | 权重总和 | 19.0000 |
| 均值 | 35369.8947 | 总和 | 672028.000 |
| 标准差 | 11716.9457 | 方差 | 137286816 |
| 偏度 | 0.0689 | 峰度 | -0.5597 |
| 未校平方和（USS） | 2.624E+10 | 校正平方和（CSS） | 2.471E+09 |
| 变异系数 | 33.1269 | 标准误差 | 2688.0517 |

图 37－65　重大事故受伤人数统计特征量

| 分位数 | | | | |
|---|---|---|---|---|
| 100% | 最大值 | 56830.0000 | 99.0% | 56830.0000 |
| 75% | Q3 | 42300.0000 | 97.5% | 56830.0000 |
| 50% | 中位数 | 34643.0000 | 95.0% | 56830.0000 |
| 25% | Q1 | 28251.0000 | 90.0% | 53894.0000 |
| 0% | 最小值 | 15783.0000 | 10.0% | 17983.0000 |
| | 极差 | 41047.0000 | 5.0% | 15783.0000 |
| | Q3-Q1 | 14049.0000 | 2.5% | 15783.0000 |
| | 众数 | . | 1.0% | 15783.0000 |

图 37－66　重大事故受伤人数分位数

3. 一般事故。从图 37－67～图 37－70 可以看出，一般事故年受伤人数平均为256 044. 11 人，大部分年度的受伤人数在 133 320 人到 384 350 人之间。

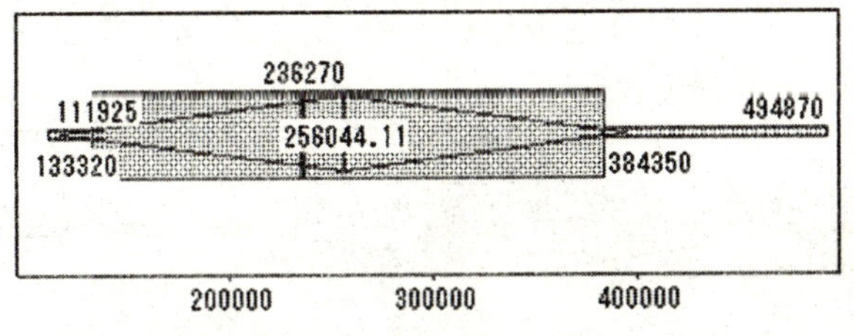


图 37－67　一般事故受伤人数盒状图

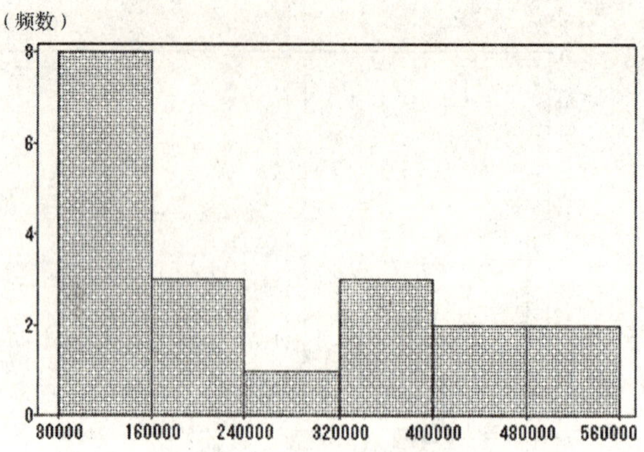


图 37－68　一般事故受伤人数直方图

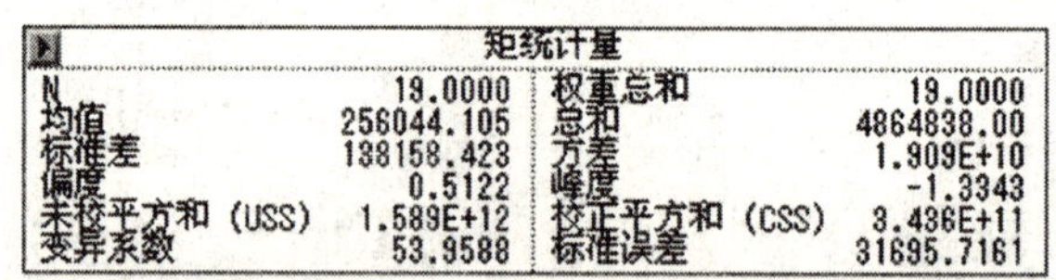

| 矩统计量 | | | |
|---|---|---|---|
| N | 19.0000 | 权重总和 | 19.0000 |
| 均值 | 256044.105 | 总和 | 4864838.00 |
| 标准差 | 138158.423 | 方差 | 1.909E+10 |
| 偏度 | 0.5122 | 峰度 | -1.3343 |
| 未校平方和 (USS) | 1.589E+12 | 校正平方和 (CSS) | 3.436E+11 |
| 变异系数 | 53.9588 | 标准误差 | 31695.7161 |

图 37－69　一般事故受伤人数统计特征量

| 分位数 | | | | |
|---|---|---|---|---|
| 100% | 最大值 | 494870.000 | 99.0% | 494870.000 |
| 75% | Q3 | 384350.000 | 97.5% | 494870.000 |
| 50% | 中位数 | 236270.000 | 95.0% | 494870.000 |
| 25% | Q1 | 133320.000 | 90.0% | 483192.000 |
| 0% | 最小值 | 111925.000 | 10.0% | 112622.000 |
| | 极差 | 382945.000 | 5.0% | 111925.000 |
| | Q3-Q1 | 251030.000 | 2.5% | 111925.000 |
| | 众数 | . | 1.0% | 111925.000 |

图 37－70　一般事故受伤人数分位数

### （四）调整损失折款

1. 特大事故。从图 37－71～图 37－74 可以看出，特大事故年调整损失折款平均为 15 267.132万元，大部分年度的调整损失折款在 5 441 万元到 23 682.2 万元之间。特大事故带来人身伤亡的同时，也带来了巨大的财产损失。

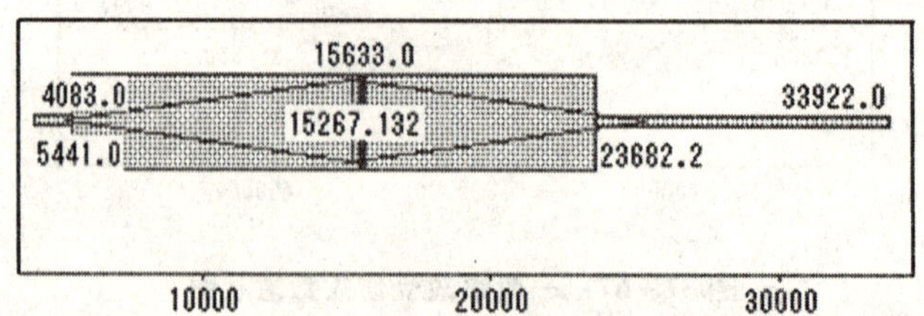


图 37－71　特大事故调整损失折款盒状图

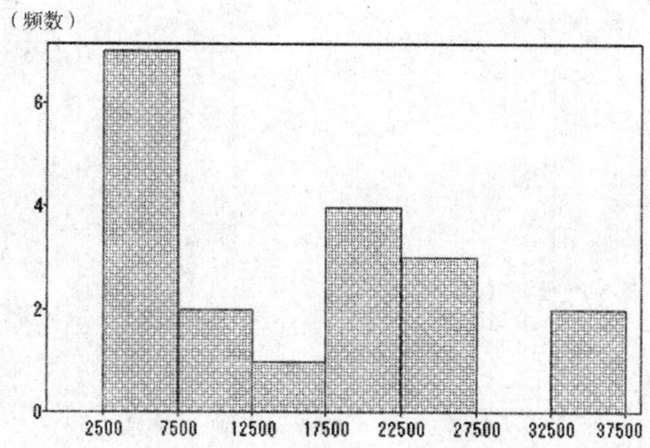


**图 37－72　特大事故调整损失折款直方图**

| 矩统计量 | | | |
|---|---|---|---|
| N | 19.0000 | 权重总和 | 19.0000 |
| 均值 | 16267.1316 | 总和 | 280075.500 |
| 标准差 | 10095.9571 | 方差 | 101928349 |
| 偏度 | 0.4545 | 峰度 | -1.0665 |
| 未校平方和 (USS) | 6.263E+09 | 校正平方和 (CSS) | 1.835E+09 |
| 变异系数 | 66.1287 | 标准误差 | 2316.1714 |

**图 37－73　特大事故调整损失折款统计特征量**

| 分位数 | | | | |
|---|---|---|---|---|
| 100% | 最大值 | 33922.0000 | 99.0% | 33922.0000 |
| 75% | Q3 | 23682.2000 | 97.5% | 33922.0000 |
| 50% | 中位数 | 15633.0000 | 95.0% | 33922.0000 |
| 25% | Q1 | 5441.0000 | 90.0% | 33525.7000 |
| 0% | 最小值 | 4083.0000 | 10.0% | 4413.4000 |
| | 极差 | 29839.0000 | 5.0% | 4083.0000 |
| | Q3-Q1 | 18241.2000 | 2.5% | 4083.0000 |
| | 众数 | . | 1.0% | 4083.0000 |

**图 37－74　特大事故调整损失折款分位数**

2. 重大事故。从图 37－75～图 37－78 可以看出，重大事故年调整损失折款平均为36 727.053万元，大部分年度的调整损失折款在 28 536.3 万元到 46 021.7 万元之间。

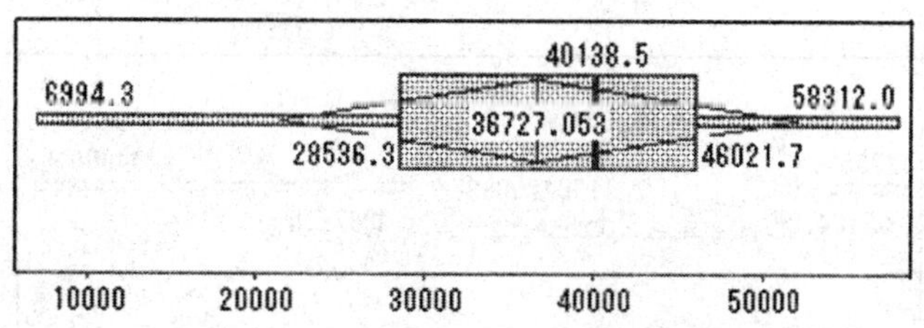


**图 37－75　重大事故调整损失折款盒状图**

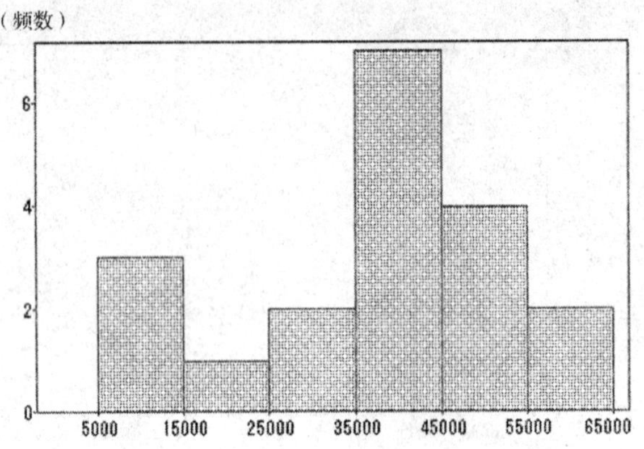


图 37－76 重大事故调整损失折款直方图

| 矩统计量 | | | |
|---|---|---|---|
| N | 19.0000 | 权重总和 | 19.0000 |
| 均值 | 36727.0526 | 总和 | 697814.000 |
| 标准差 | 15334.8385 | 方差 | 235157273 |
| 偏度 | -0.7326 | 峰度 | -0.2208 |
| 未校平方和 (USS) | 2.986E+10 | 校正平方和 (CSS) | 4.233E+09 |
| 变异系数 | 41.7535 | 标准误差 | 3518.0532 |

图 37－77 重大事故调整损失折款统计特征量

| 分位数 | | | | |
|---|---|---|---|---|
| 100% | 最大值 | 58312.0000 | 99.0% | 58312.0000 |
| 75% | Q3 | 46021.7000 | 97.5% | 58312.0000 |
| 50% | 中位数 | 40138.5000 | 95.0% | 58312.0000 |
| 25% | Q1 | 28536.3000 | 90.0% | 57203.6000 |
| 0% | 最小值 | 6994.3000 | 10.0% | 8978.0000 |
| | 极差 | 51317.7000 | 5.0% | 6994.3000 |
| | Q3-Q1 | 17485.4000 | 2.5% | 6994.3000 |
| | 众数 | . | 1.0% | 6994.3000 |

图 37－78 重大事故调整损失折款分位数

3. 一般事故。从图 37－79～图 37－82 可以看出，一般事故年调整损失折款平均为 115 612.689万元，大部分年度的调整损失折款在 55 164 万元到 148 873 万元之间。

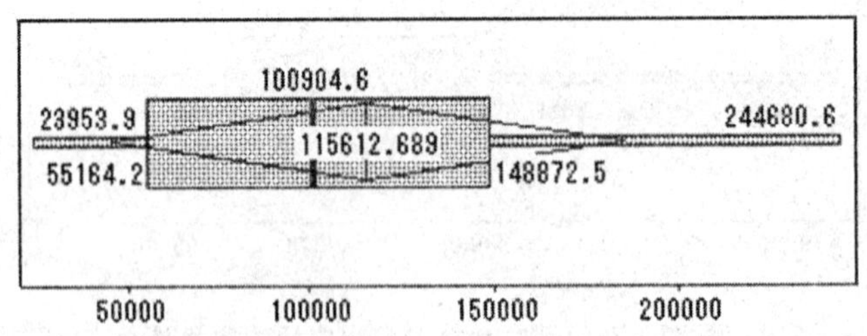


图 37－79 一般事故调整损失折款盒状图

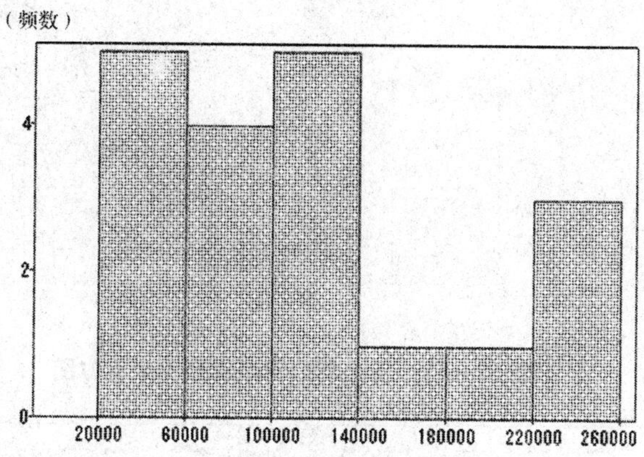


图 37－80　一般事故调整损失折款直方图

| 矩统计量 | | | |
|---|---|---|---|
| N | 19.0000 | 权重总和 | 19.0000 |
| 均值 | 115612.689 | 总和 | 2196641.10 |
| 标准差 | 69865.4242 | 方差 | 4.881E+09 |
| 偏度 | 0.6909 | 峰度 | -0.5025 |
| 未校平方和（USS） | 3.418E+11 | 校正平方和（CSS） | 8.786E+10 |
| 变异系数 | 60.4306 | 标准误差 | 16028.2276 |

图 37－81　一般事故调整损失折款统计特征量

| 分位数 | | | | |
|---|---|---|---|---|
| 100% | 最大值 | 244680.600 | 99.0% | 244680.600 |
| 75% | Q3 | 148872.500 | 97.5% | 244680.600 |
| 50% | 中位数 | 100904.600 | 95.0% | 244680.600 |
| 25% | Q1 | 55164.2000 | 90.0% | 241708.800 |
| 0% | 最小值 | 23953.9000 | 10.0% | 27398.9000 |
| | 极差 | 220726.700 | 5.0% | 23953.9000 |
| | Q3-Q1 | 93708.3000 | 2.5% | 23953.9000 |
| | 众数 | . | 1.0% | 23953.9000 |

图 37－82　一般事故调整损失折款分位数

### （五）经 GDP 调整后的平均每起事故损失

1. 特大事故。从图 37－83～图 37－86 可以看出，特大事故年调整次损失折款平均约为 57 168万元，大部分年度的调整损失次损失折款在 37 039 万元到 74 362 万元之间。

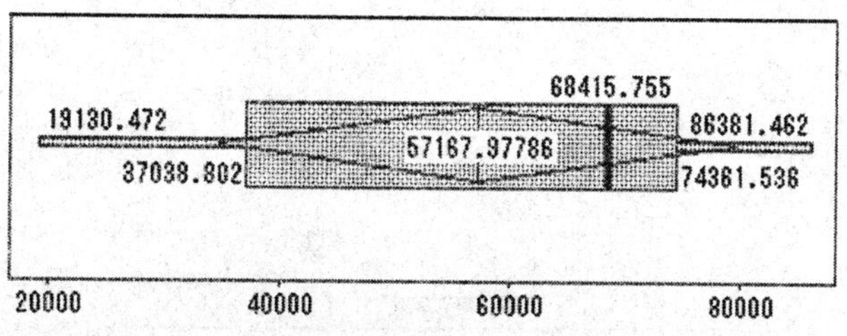


图 37－83　特大事故调整次损失折款盒状图

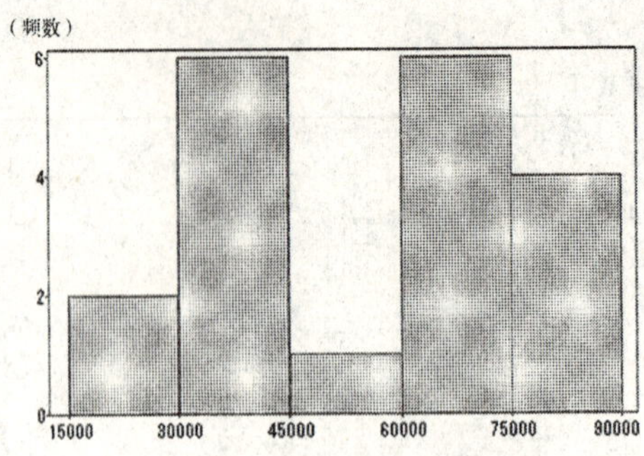


图 37－84　特大事故调整次损失额直方图

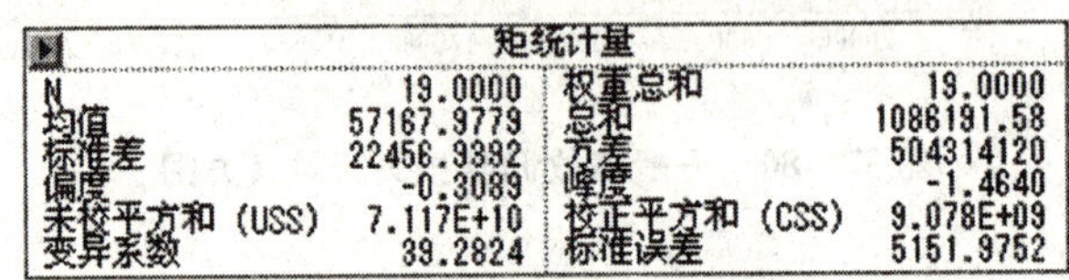

| 矩统计量 | | | |
|---|---|---|---|
| N | 19.0000 | 权重总和 | 19.0000 |
| 均值 | 57167.9779 | 总和 | 1086191.58 |
| 标准差 | 22456.9392 | 方差 | 504314120 |
| 偏度 | -0.3089 | 峰度 | -1.4640 |
| 未校平方和（USS） | 7.117E+10 | 校正平方和（CSS） | 9.078E+09 |
| 变异系数 | 39.2824 | 标准误差 | 5151.9752 |

图 37－85　特大事故调整次损失额统计特征量

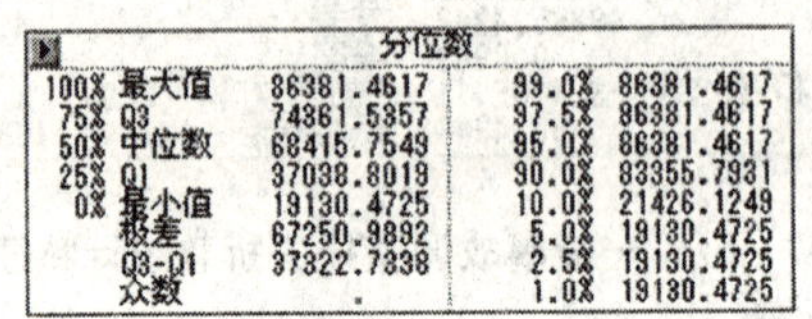

| 分位数 | | | | |
|---|---|---|---|---|
| 100% | 最大值 | 86381.4617 | 99.0% | 86381.4617 |
| 75% | Q3 | 74361.5357 | 97.5% | 86381.4617 |
| 50% | 中位数 | 68415.7549 | 95.0% | 86381.4617 |
| 25% | Q1 | 37038.8019 | 90.0% | 83355.7931 |
| 0% | 最小值 | 19130.4725 | 10.0% | 21426.1249 |
| | 极差 | 67250.9892 | 5.0% | 19130.4725 |
| | Q3-Q1 | 37322.7338 | 2.5% | 19130.4725 |
| | 众数 | . | 1.0% | 19130.4725 |

图 37－86　特大事故调整次损失额分位数

2. 重大事故。从图 37－87～图 37－90 可以看出，重大事故年调整次损失折款平均约为 4 995元，大部分年度的调整损失次损失折款约在 4 749 元到 5 952 元之间。

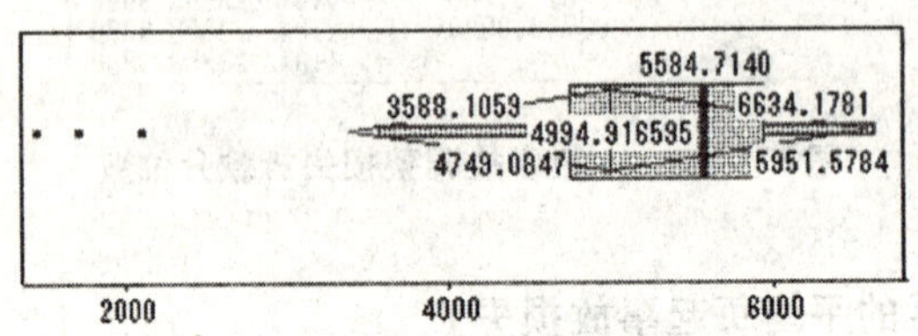


图 37－87　重大事故调整次损失折款盒状图

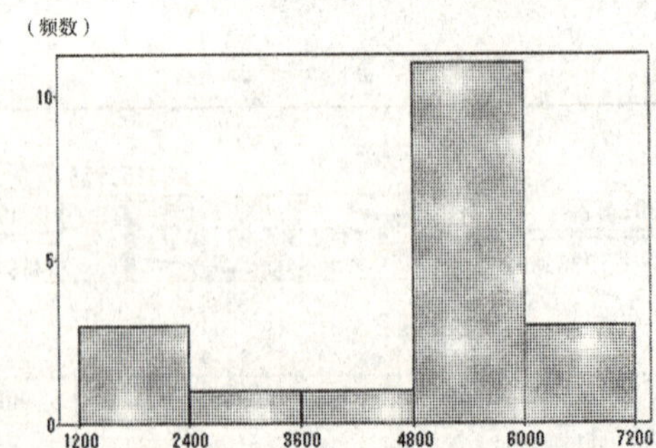


图 37－88　重大事故调整次损失折款直方图

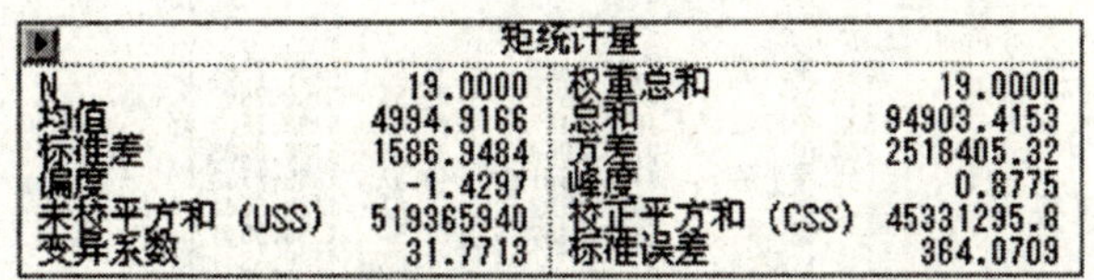

| 矩统计量 | | | |
|---|---|---|---|
| N | 19.0000 | 权重总和 | 19.0000 |
| 均值 | 4994.9166 | 总和 | 94903.4153 |
| 标准差 | 1586.9484 | 方差 | 2518405.32 |
| 偏度 | -1.4297 | 峰度 | 0.8775 |
| 未校平方和 (USS) | 519365940 | 校正平方和 (CSS) | 45331295.8 |
| 变异系数 | 31.7713 | 标准误差 | 364.0709 |

图 37－89　重大事故调整次损失折款统计特征量

| 分位数 | | | | |
|---|---|---|---|---|
| 100% | 最大值 | 6634.1781 | 99.0% | 6634.1781 |
| 75% | Q3 | 5951.5784 | 97.5% | 6634.1781 |
| 50% | 中位数 | 5584.7140 | 95.0% | 6634.1781 |
| 25% | Q1 | 4749.0847 | 90.0% | 6479.5286 |
| 0% | 最小值 | 1455.7204 | 10.0% | 1714.9952 |
| | 极差 | 5178.4577 | 5.0% | 1455.7204 |
| | Q3-Q1 | 1202.4937 | 2.5% | 1455.7204 |
| | 众数 | . | 1.0% | 1455.7204 |

图 37－90　重大事故调整次损失折款分位数

3. 一般事故。从图 37－91～图 37－94 可以看出，一般事故年调整次损失折款平均约为 3 621元，大部分年度的调整损失次损失折款约在 2 758 元到 4 667 元之间。

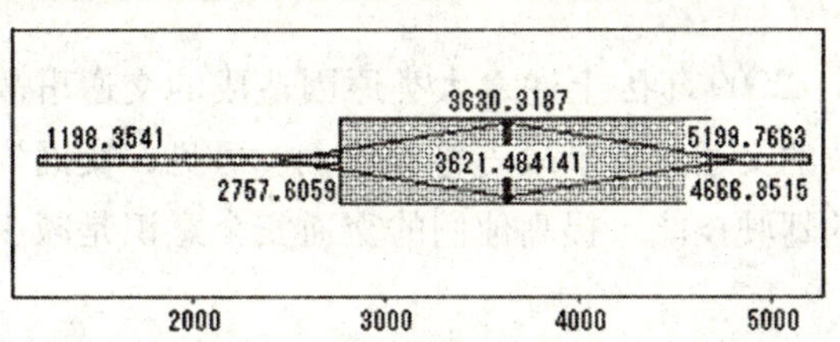


图 37－91　一般事故调整次损失折款盒状图

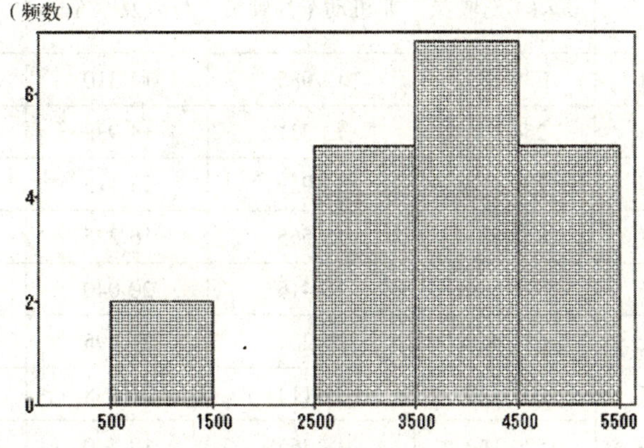


图 37－92　一般事故调整次损失折款直方图

| 矩统计量 | | | |
|---|---|---|---|
| N | 19.0000 | 权重总和 | 19.0000 |
| 均值 | 3621.4841 | 总和 | 68808.1987 |
| 标准差 | 1171.5148 | 方差 | 1372446.94 |
| 偏度 | -0.5798 | 峰度 | -0.0877 |
| 未校平方和 (USS) | 273891845 | 校正平方和 (CSS) | 24704044.8 |
| 变异系数 | 32.3490 | 标准误差 | 268.7639 |

图 37－93　一般事故调整次损失折款统计特征量

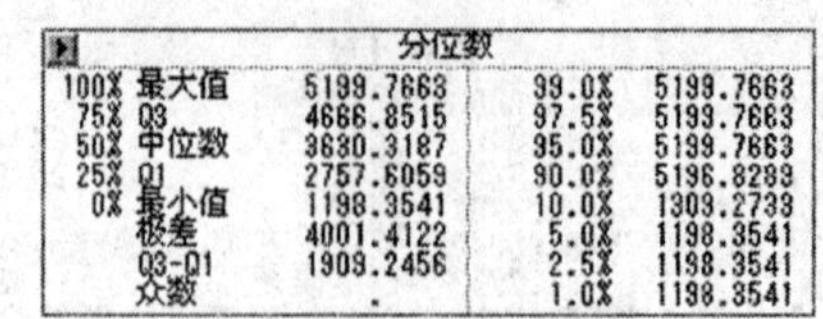

分位数

| | | | | |
|---|---|---|---|---|
| 100% | 最大值 | 5199.7663 | 99.0% | 5199.7663 |
| 75% | Q3 | 4666.8515 | 97.5% | 5199.7663 |
| 50% | 中位数 | 3630.3187 | 95.0% | 5199.7663 |
| 25% | Q1 | 2757.6059 | 90.0% | 5196.8289 |
| 0% | 最小值 | 1198.3541 | 10.0% | 1309.2733 |
| | 极差 | 4001.4122 | 5.0% | 1198.3541 |
| | Q3-Q1 | 1909.2456 | 2.5% | 1198.3541 |
| | 众数 | . | 1.0% | 1198.3541 |

**图 37－94　一般事故调整次损失折款分位数**

# 第五节　依原因道路交通事故基本统计分析

根据第一节中的说明，我们将道路交通事故依照事故原因分为六大类，分别是：意外原因、机动车驾驶人原因、非机动车驾驶人原因、行人乘车人原因、道路原因和其他原因。根据《中国交通年鉴》，我们共找到 1996～2009 年 14 年的依事故原因分类的道路交通事故数据。其中 2007～2009 年其他原因事故次数等各项指标均为零，是因为统计口径改变造成的。

## 一、数据概况

表 37－14 显示 1996～2009 年因上述六大类原因造成的交通事故发生次数，可以直观地看出，因驾驶员因素导致的交通意外事故占绝大比例。可见，交通安全事故更多地表现出人为性特征，加强驾驶员的驾驶技能、提高他们的交通安全意识是减少此类事故发生的根本性措施。

**表 37－14　　1996～2009 年依事故原因分类道路交通事故次数**　　（单位：次）

| 分类<br>年度 | 意外原因 | 机动车驾驶员 | 非机动车驾驶员 | 行人及乘车人 | 道路原因 | 其他 |
|---|---|---|---|---|---|---|
| 1996 | 13 481 | 239 279 | 12 985 | 14 310 | 370 | 7 260 |
| 1997 | 13 594 | 254 426 | 13 321 | 14 932 | 369 | 7 575 |
| 1998 | 14 274 | 291 618 | 13 959 | 15 515 | 422 | 10 341 |
| 1999 | 14 161 | 351 881 | 15 565 | 16 225 | 323 | 14 705 |
| 2000 | 30 475 | 516 516 | 18 416 | 20 040 | 876 | 30 647 |
| 2001 | 19 252 | 654 416 | 23 204 | 21 895 | 1 082 | 35 070 |
| 2002 | 20 925 | 675 449 | 22 114 | 21 238 | 937 | 32 474 |
| 2003 | 19 259 | 576 162 | 18 365 | 18 740 | 1 007 | 33 974 |
| 2004 | 17 662 | 465 083 | 14 320 | 11 383 | 1 362 | 8 079 |
| 2005 | 11 550 | 417 355 | 12 374 | 7 716 | 757 | 502 |
| 2006 | 1 197 | 353 848 | 12 027 | 6 062 | 55 | 5 592 |
| 2007 | 666 | 308 595 | 12 472 | 5 461 | 15 | 0 |
| 2008 | 404 | 251 659 | 9 492 | 3 638 | 11 | 0 |
| 2009 | 301 | 225 760 | 9 548 | 2 719 | 23 | 0 |

表 37－15 显示 1996～2009 年因上述六大类原因造成的交通事故死亡人数。同前，因驾

驶员因素导致的交通意外事故占绝大比例。

**表 37－15　　1996～2009 年依事故原因分类道路交通事故死亡人数**　　（单位：人）

| 年度 | 意外原因 | 机动车驾驶人原因 | 非机动车驾驶人原因 | 行人、乘车人原因 | 道路原因 | 其他原因 | 合计 |
|---|---|---|---|---|---|---|---|
| 1996 | 4 472 | 52 871 | 4 965 | 7 250 | 108 | 3 989 | 73 655 |
| 1997 | 4 606 | 53 694 | 4 610 | 7 089 | 103 | 3 759 | 73 861 |
| 1998 | 4 633 | 57 009 | 4 631 | 7 287 | 126 | 4 381 | 78 067 |
| 1999 | 4 302 | 62 105 | 4 644 | 7 117 | 120 | 5 241 | 83 529 |
| 2000 | 4 752 | 63 071 | 4 046 | 6 414 | 141 | 15 429 | 93 853 |
| 2001 | 3 974 | 81 846 | 4 797 | 7 046 | 193 | 8 074 | 105 930 |
| 2002 | 4 150 | 85 916 | 4 589 | 6 798 | 189 | 7 739 | 109 381 |
| 2 003 | 4 527 | 80 710 | 4 473 | 6 361 | 247 | 8 054 | 104 372 |
| 2004 | 4 607 | 93 550 | 2 660 | 3 990 | 328 | 1 942 | 107 077 |
| 2005 | 3 085 | 91 062 | 1 725 | 2 482 | 257 | 127 | 98 738 |
| 2006 | 387 | 83 236 | 1 839 | 2 026 | 15 | 1 952 | 89 455 |
| 2007 | 295 | 77 401 | 1 968 | 1 982 | 3 | 0 | 81 649 |
| 2008 | 178 | 70 306 | 1 609 | 1 388 | 3 | 0 | 73 484 |
| 2009 | 173 | 64 810 | 1 578 | 1 189 | 9 | 0 | 67 759 |
| 合计 | 44 141 | 1 017 587 | 48 134 | 68 419 | 1 842 | 60 687 | 1 240 810 |

表 37－16 显示 1996～2009 年因上述六大类原因造成的交通事故受伤人数。同前，因驾驶员因素导致的交通意外事故占绝大比例。

**表 37－16　　1996～2009 年依事故原因分类道路交通事故受伤人数**　　（单位：人）

| 年度 | 意外原因 | 机动车驾驶人原因 | 非机动车驾驶人原因 | 行人、乘车人原因 | 道路原因 | 其他原因 | 合计 |
|---|---|---|---|---|---|---|---|
| 1996 | 10 400 | 141 651 | 9 098 | 7 819 | 198 | 5 281 | 174 447 |
| 1997 | 10 902 | 154 628 | 9 776 | 8 782 | 228 | 5 812 | 190 128 |
| 1998 | 11 617 | 181 816 | 10 793 | 9 321 | 461 | 8 713 | 222 721 |
| 1999 | 12 530 | 235 903 | 13 303 | 11 000 | 250 | 13 094 | 286 080 |
| 2000 | 22 329 | 345 253 | 15 422 | 14 155 | 645 | 20 917 | 418 721 |
| 2001 | 16 606 | 462 251 | 20 151 | 16 248 | 760 | 30 469 | 546 485 |
| 2002 | 17 337 | 479 452 | 19 238 | 16 144 | 669 | 29 234 | 562 074 |
| 2003 | 16 824 | 417 876 | 16 580 | 14 235 | 704 | 27 957 | 494 176 |
| 2004 | 15 559 | 435 787 | 13 554 | 8 327 | 1 117 | 6 519 | 480 863 |

续表

| 年度 | 意外原因 | 机动车驾驶人原因 | 非机动车驾驶人原因 | 行人、乘车人原因 | 道路原因 | 其他原因 | 合计 |
|---|---|---|---|---|---|---|---|
| 2005 | 11 298 | 439 220 | 12 284 | 5 970 | 609 | 530 | 469 911 |
| 2006 | 1 301 | 408 193 | 34 084 | 4 723 | 55 | 4 647 | 453 003 |
| 2007 | 889 | 362 539 | 12 954 | 4 043 | 17 | 0 | 380 442 |
| 2008 | 538 | 291 778 | 9 969 | 2 620 | 14 | 0 | 304 919 |
| 2009 | 378 | 262 832 | 10 151 | 1 743 | 21 | 0 | 275 125 |
| 合计 | 148 508 | 4 619 179 | 207 357 | 125 130 | 5 748 | 153 173 | 5 259 095 |

表 37－17 显示 1996～2009 年因上述六大类原因造成的交通事故损失折款。同前，因驾驶员因素导致的交通意外事故损失占绝大比例。折线图 37－95 显示了 1996～2009 年各原因交通事故损失总和的年度变化趋势。自 2002 年开始，损失额急剧下降，这是因为我国道路建设发展迅猛、驾驶员水平提升、人们道路交通安全意识逐渐加强。

**表 37－17　　1996～2009 年依事故原因分类道路交通事故损失折款**　　（单位：万元）

| 年度 | 意外原因 | 机动车驾驶人原因 | 非机动车驾驶人原因 | 行人、乘车人原因 | 道路原因 | 其他原因 | 合计 |
|---|---|---|---|---|---|---|---|
| 1996 | 9 480.0 | 156 020.0 | 2 062.0 | 1 663.0 | 262.0 | 2 282.0 | 171 769.0 |
| 1997 | 9 711.2 | 168 208.5 | 2 205.4 | 1 833.2 | 289.2 | 2 368.3 | 184 615.8 |
| 1998 | 9 568.4 | 176 099.0 | 2 330.9 | 1 840.6 | 283.3 | 2 829.2 | 192 951.4 |
| 1999 | 8 729.7 | 195 728.3 | 2 557.5 | 1 869.1 | 201.0 | 3 316.1 | 212 401.8 |
| 2000 | 19 038.8 | 236 696.2 | 2 156.1 | 1 769.3 | 287.8 | 6 942.2 | 266 890.4 |
| 2001 | 11 452.9 | 283 589.5 | 3 282.7 | 2 310.9 | 416.7 | 7 734.6 | 308 787.3 |
| 2002 | 16 634.7 | 301 707.5 | 3 212.0 | 2 412.7 | 309.4 | 8 161.7 | 332 438.1 |
| 2003 | 12 448.8 | 306 233.2 | 3 248.1 | 2 548.7 | 697.1 | 11 738.9 | 336 914.7 |
| 2004 | 11 119.1 | 220 210.5 | 1 764.5 | 1 895.7 | 467.2 | 3 684.1 | 239 141.0 |
| 2005 | 6 940.3 | 178 119.8 | 1 358.3 | 1 564.0 | 107.5 | 311.3 | 188 401.2 |
| 2006 | 2 452.3 | 143 211.3 | 1 247.0 | 1 065.9 | 27.7 | 951.7 | 148 956.0 |
| 2007 | 2 095.7 | 115 140.1 | 1 249.5 | 1 381.0 | 12.1 | 0.0 | 119 878.4 |
| 2008 | 325.4 | 98 880.9 | 1 059.0 | 700.0 | 7.0 | 0.0 | 100 972.3 |
| 2009 | 481.7 | 89 053.8 | 1 111.8 | 785.8 | 3.6 | 0.0 | 91 436.8 |

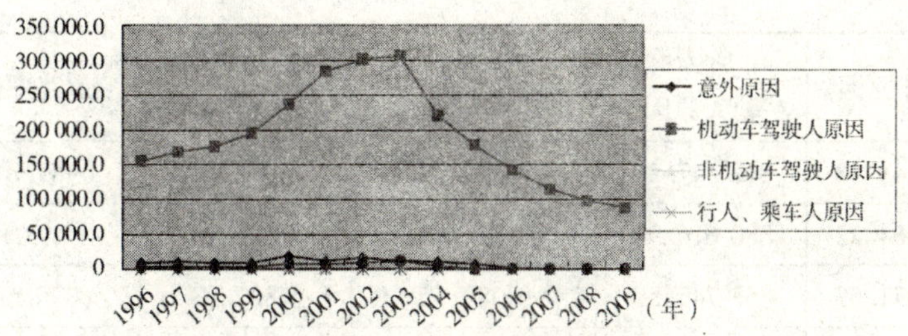


**图 37－95　1996～2009 年交通事故损失额折线图**

与之前类似，事故次数需经民用汽车数调整到 2009 年，损失折款经 GDP 调整到 2009 年（见表 37－18、表 37－19 和图 37－96）。

**表 37－18　　1996～2009 年依事故原因分类道路交通事故调整次数**

| 年度 | 意外原因 | 机动车驾驶人原因 | 非机动车驾驶人原因 | 行人、乘车人原因 | 道路原因 | 其他原因 |
|---|---|---|---|---|---|---|
| 1996 | 76 971 | 1 366 198 | 74 139 | 81 705 | 2 112 | 41 452 |
| 1997 | 70 034 | 1 310 773 | 68 628 | 76 927 | 1 901 | 39 025 |
| 1998 | 67 952 | 1 388 265 | 66 452 | 73 860 | 2008 | 49 228 |
| 1999 | 61 213 | 1 521 072 | 67 282 | 70 135 | 1 396 | 63 565 |
| 2000 | 118 963 | 2 016 293 | 71 889 | 78 229 | 3 419 | 119 634 |
| 2001 | 67 098 | 2 280 821 | 80 872 | 76 310 | 3 771 | 122 228 |
| 2002 | 64 009 | 2 066 186 | 67 646 | 64 966 | 2 866 | 99 337 |
| 2003 | 50 760 | 1 518 571 | 48 404 | 49 392 | 2 654 | 89 544 |
| 2004 | 41 180 | 1 084 379 | 33 388 | 26 540 | 3 175 | 18 836 |
| 2005 | 22 958 | 829 596 | 24 596 | 15 337 | 1 504 | 997 |
| 2006 | 2 033 | 601 074 | 20 430 | 10 297 | 93 | 9 499 |
| 2007 | 959 | 444 700 | 17 972 | 7 869 | 21 | 0 |
| 2008 | 497 | 309 939 | 11 690 | 4 480 | 13 | 0 |
| 2009 | 301 | 225 760 | 9 548 | 2 719 | 23 | 0 |

**表 37－19　　1996～2009 年依事故原因分类道路交通事故调整损失折款**　　（单位：万元）

| 年度 | 意外原因 | 机动车驾驶人原因 | 非机动车驾驶人原因 | 行人、乘车人原因 | 道路原因 | 其他原因 |
|---|---|---|---|---|---|---|
| 1996 | 45 352.07 | 746 395.50 | 9 864.55 | 7 955.75 | 1 253.40 | 10 917.03 |
| 1997 | 41 871.46 | 725 262.40 | 9 509.07 | 7 904.06 | 1 246.81 | 10 211.50 |
| 1998 | 38 601.97 | 710 442.00 | 9 403.74 | 7 425.41 | 1 142.98 | 11 414.12 |
| 1999 | 33 147.03 | 743 187.30 | 9 711.04 | 7 097.17 | 763.11 | 12 591.39 |

续表

| 年度 | 意外原因 | 机动车驾驶人原因 | 非机动车驾驶人原因 | 行人、乘车人原因 | 道路原因 | 其他原因 |
|---|---|---|---|---|---|---|
| 2000 | 65 341. 58 | 812 347. 50 | 7 399. 72 | 6 072. 14 | 987. 81 | 23 825. 93 |
| 2001 | 35 564. 22 | 880 616. 90 | 10 193. 48 | 7 175. 86 | 1 293. 97 | 24 017. 73 |
| 2002 | 47 071. 53 | 853 745. 50 | 9 089. 15 | 6 827. 28 | 875. 63 | 23 095. 18 |
| 2003 | 31 209. 01 | 767 725. 00 | 8 142. 85 | 6 389. 55 | 1 747. 52 | 29 429. 32 |
| 2004 | 23 681. 29 | 469 001. 50 | 3 758. 11 | 4 037. 38 | 994. 97 | 7 846. 30 |
| 2005 | 12 898. 40 | 331 033. 10 | 2 524. 35 | 2 906. 72 | 199. 70 | 578. 62 |
| 2006 | 3 940. 24 | 230 104. 00 | 2 003. 68 | 1 712. 64 | 44. 56 | 1 529. 19 |
| 2007 | 2 859. 77 | 157 119. 50 | 1 705. 03 | 1 884. 54 | 16. 50 | 0 |
| 2008 | 368. 51 | 111 982. 00 | 1 199. 31 | 792. 75 | 7. 93 | 0 |
| 2009 | 481. 75 | 89 053. 83 | 1 111. 82 | 785. 84 | 3. 60 | 0 |

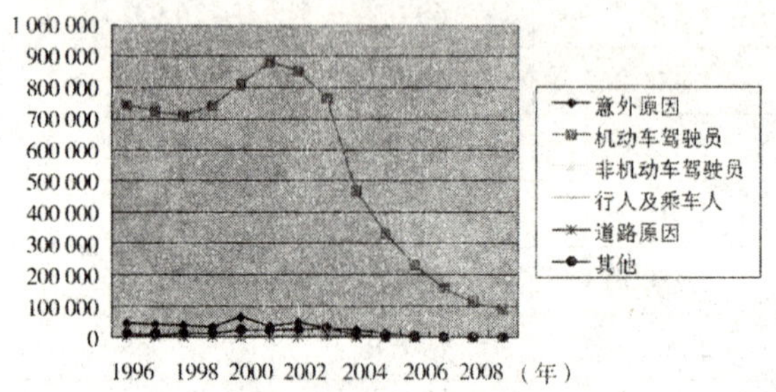


**图 37－96　1996～2009 年交通事故调整损失额折线图**

## 二、各项指标的基本统计分析

由于在各项指标中，机动车驾驶人原因都占到了绝对比例，所以主要对机动车驾驶人原因造成的事故进行基本统计分析。

### （一）事故次数

从图 37－97～图 37－100 可以看出，机动车驾驶人原因造成的事故次数年平均约为 398 717. 64次，大部分年度事故次数在 225 760 次和 516 516 次之间；将各年事故次数用民用车辆数调整后的事故次数年平均值为 773 843 次，大部分年度调整事故次数在 659 426 次和 1 014 360次之间。

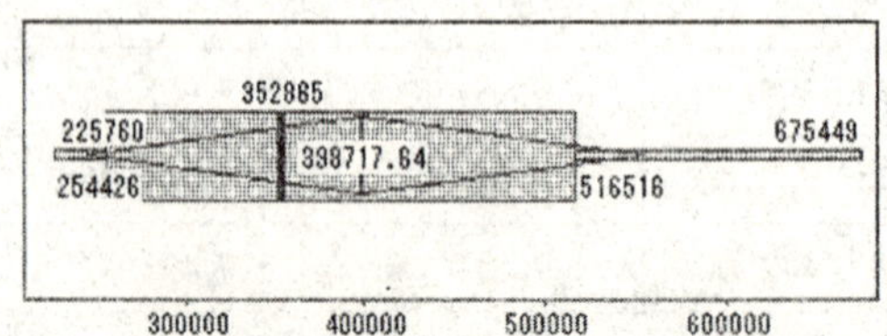


**图 37－97　事故次数盒状图**

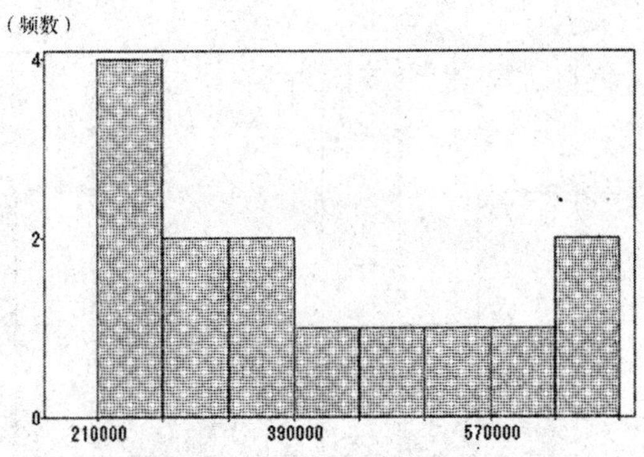


图 37－98　事故次数直方图

| 矩统计量 | | | |
|---|---|---|---|
| N | 14.0000 | 权重总和 | 14.0000 |
| 均值 | 398717.643 | 总和 | 5582047.00 |
| 标准差 | 155330.241 | 方差 | 2.413E+10 |
| 偏度 | 0.6673 | 峰度 | -0.8996 |
| 未校平方和 (USS) | 2.539E+12 | 校正平方和 (CSS) | 3.137E+11 |
| 变异系数 | 38.9575 | 标准误差 | 41513.7531 |

图 37－99　事故频数统计特征量

| 分位数 | | | | |
|---|---|---|---|---|
| 100% | 最大值 | 675449.000 | 99.0% | 675449.000 |
| 75% | Q3 | 516516.000 | 97.5% | 675449.000 |
| 50% | 中位数 | 352864.500 | 95.0% | 675449.000 |
| 25% | Q1 | 254426.000 | 90.0% | 654416.000 |
| 0% | 最小值 | 225760.000 | 10.0% | 239279.000 |
| | 极差 | 449689.000 | 5.0% | 225760.000 |
| | Q3-Q1 | 262090.000 | 2.5% | 225760.000 |
| | 众数 | . | 1.0% | 225760.000 |

图 37－100　事故次数分位数

### （二）死亡人数

从图 37－101～图 37－104 可以看出，因驾驶员原因导致的交通意外死亡人数年平均约为 72 685人，大部分年度的该原因交通意外死亡人数在 62 105 人到 83 236 人之间。

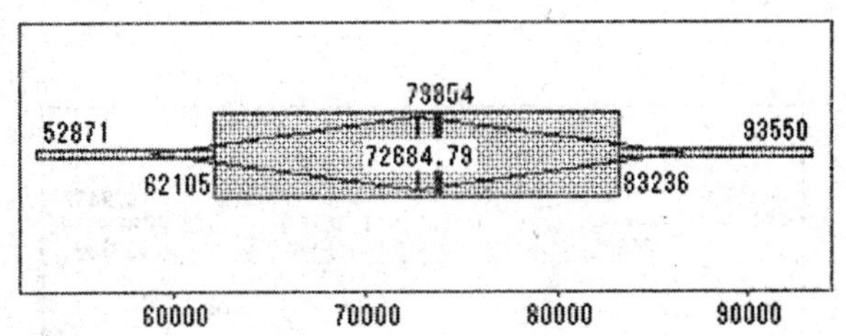


图 37－101　死亡人数盒状图

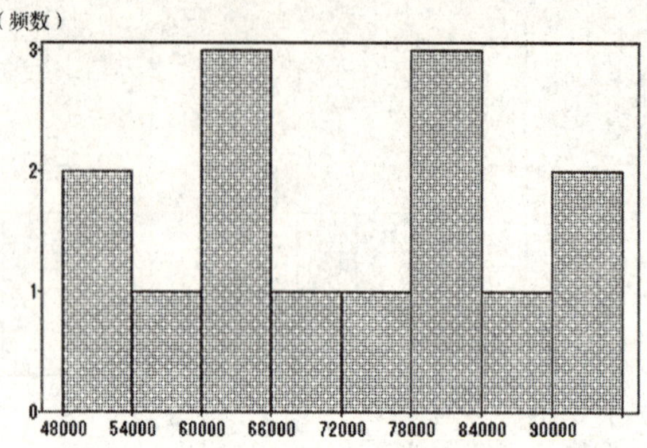


图 37 – 102　死亡人数直方图

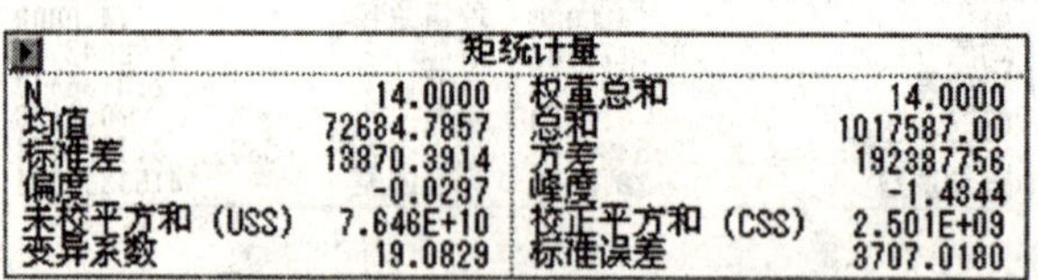

| 矩统计量 | | | |
|---|---|---|---|
| N | 14.0000 | 权重总和 | 14.0000 |
| 均值 | 72684.7857 | 总和 | 1017587.00 |
| 标准差 | 13870.3914 | 方差 | 192387756 |
| 偏度 | -0.0297 | 峰度 | -1.4344 |
| 未校平方和（USS） | 7.646E+10 | 校正平方和（CSS） | 2.501E+09 |
| 变异系数 | 19.0829 | 标准误差 | 3707.0180 |

图 37 – 103　死亡人数统计特征量

| 分位数 | | | | |
|---|---|---|---|---|
| 100% | 最大值 | 93550.0000 | 99.0% | 93550.0000 |
| 75% | Q3 | 83236.0000 | 97.5% | 93550.0000 |
| 50% | 中位数 | 73853.5000 | 95.0% | 93550.0000 |
| 25% | Q1 | 62105.0000 | 90.0% | 91062.0000 |
| 0% | 最小值 | 52871.0000 | 10.0% | 53694.0000 |
| | 极差 | 40679.0000 | 5.0% | 52871.0000 |
| | Q3-Q1 | 21131.0000 | 2.5% | 52871.0000 |
| | 众数 | . | 1.0% | 52871.0000 |

图 37 – 104　死亡人数分位数

### （三）受伤人数

从图 37 – 105 ~ 图 37 – 108 可以看出，因驾驶员原因导致的交通意外事故的年受伤人数平均约为 329 941 人，大部分年度该原因导致的交通意外事故的年受伤人数在 235 903 人到 435 787 人之间。

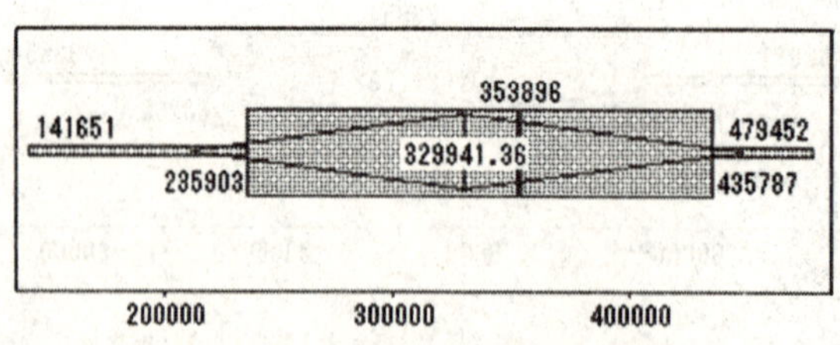


图 37 – 105　受伤人数盒状图

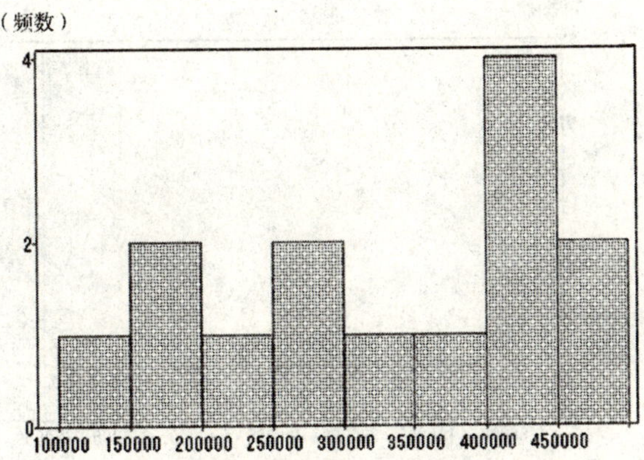


图 37－106 受伤人数直方图

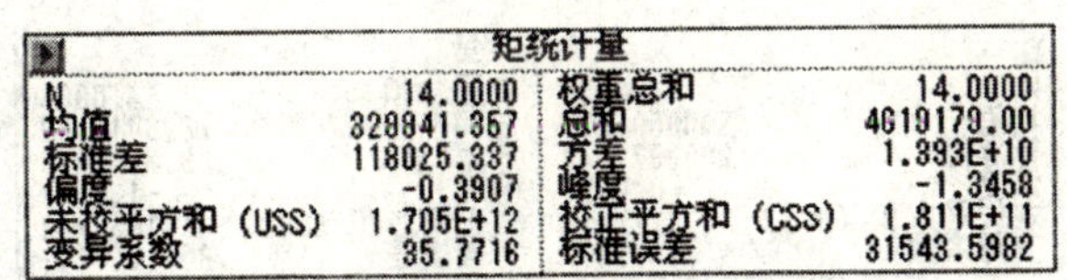

| 矩统计量 | | | |
|---|---|---|---|
| N | 14.0000 | 权重总和 | 14.0000 |
| 均值 | 328841.357 | 总和 | 4619179.00 |
| 标准差 | 118025.337 | 方差 | 1.393E+10 |
| 偏度 | -0.3907 | 峰度 | -1.3458 |
| 未校平方和（USS） | 1.705E+12 | 校正平方和（CSS） | 1.811E+11 |
| 变异系数 | 35.7716 | 标准误差 | 31543.5982 |

图 37－107 受伤人数统计特征量

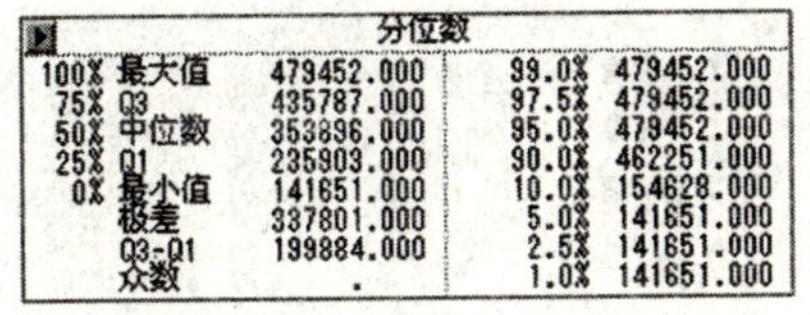

| 分位数 | | | | |
|---|---|---|---|---|
| 100% | 最大值 | 479452.000 | 99.0% | 479452.000 |
| 75% | Q3 | 435787.000 | 97.5% | 479452.000 |
| 50% | 中位数 | 353896.000 | 95.0% | 479452.000 |
| 25% | Q1 | 235903.000 | 90.0% | 462251.000 |
| 0% | 最小值 | 141651.000 | 10.0% | 154628.000 |
| | 极差 | 337801.000 | 5.0% | 141651.000 |
| | Q3-Q1 | 199884.000 | 2.5% | 141651.000 |
| | 众数 | . | 1.0% | 141651.000 |

图 37－108 受伤人数分位数

### （四）调整损失折款

从图 37－109～图 37－112 可以看出，因驾驶员原因导致的年调整损失折款平均约为544 858万元，大部分年度的该原因导致损失折款约在 230 104 万元和 767 725 万元之间。

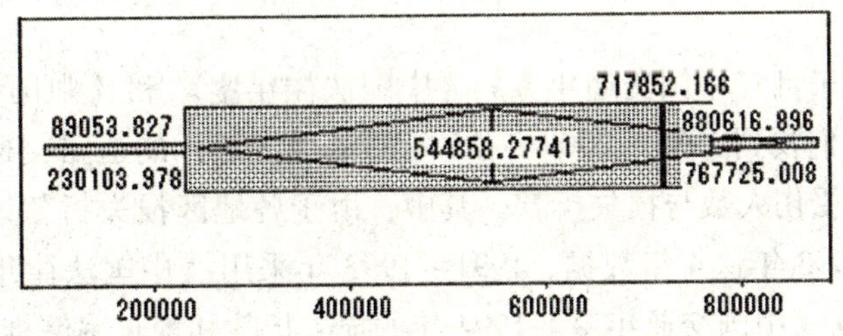


图 37－109 调整损失折款盒状图

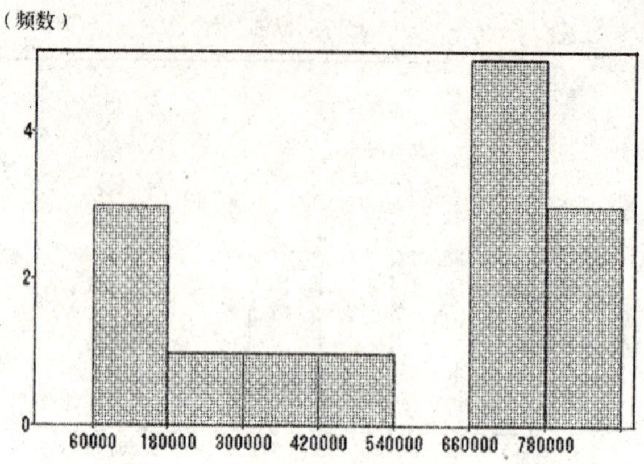


图 37－110 调整损失折款直方图

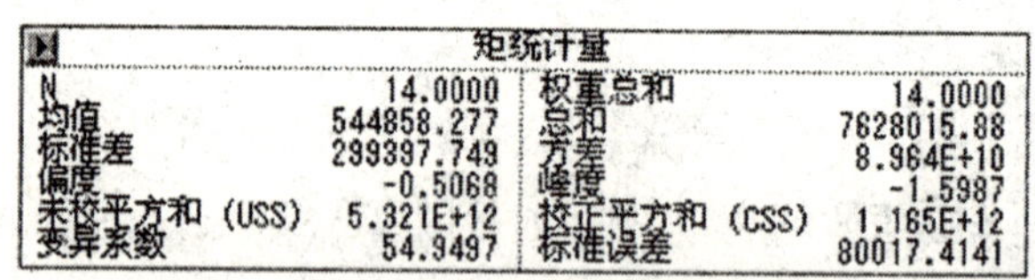

| 矩统计量 | | | |
|---|---|---|---|
| N | 14.0000 | 权重总和 | 14.0000 |
| 均值 | 544858.277 | 总和 | 7628015.88 |
| 标准差 | 299397.749 | 方差 | 8.964E+10 |
| 偏度 | -0.5068 | 峰度 | -1.5987 |
| 未校平方和 (USS) | 5.321E+12 | 校正平方和 (CSS) | 1.165E+12 |
| 变异系数 | 54.9497 | 标准误差 | 80017.4141 |

图 37－111 调整损失折款统计特征量

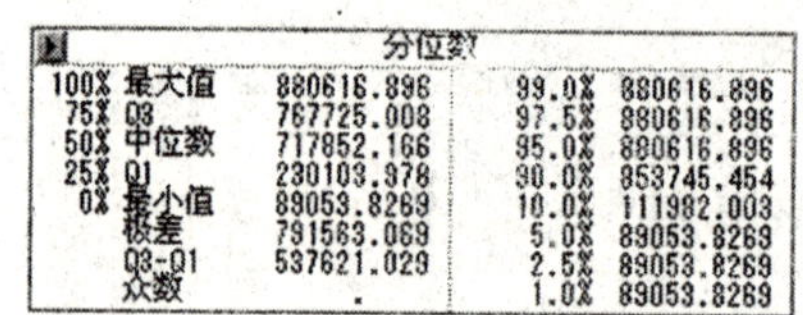

| 分位数 | | | | |
|---|---|---|---|---|
| 100% | 最大值 | 880616.896 | 99.0% | 880616.896 |
| 75% | Q3 | 767725.008 | 97.5% | 880616.896 |
| 50% | 中位数 | 717852.166 | 95.0% | 880616.896 |
| 25% | Q1 | 230103.978 | 90.0% | 853745.454 |
| 0% | 最小值 | 89053.8269 | 10.0% | 111982.003 |
| | 极差 | 791563.069 | 5.0% | 89053.8269 |
| | Q3-Q1 | 537621.029 | 2.5% | 89053.8269 |
| | 众数 | . | 1.0% | 89053.8269 |

图 37－112 调整损失折款分位数

# 第六节 依地区道路交通事故基本统计分析

## 一、数据来源

本节中所有数据来自《中国交通年鉴》《中国法律年鉴》和《中国统计年鉴》。在《中国交通年鉴》中，我们找到 1985～2009 年 25 年的依地区统计的道路交通事故数据，包括事故次数、死亡人数、受伤人数与损失折款。其中，由于各地区损失折款统计项缺少 1990 年、1991 年、1992 年、1993 年这 4 年数据，1991～1993 年采用《中国法律年鉴》中的数据予以补充，而 1993 年根据《中国交通年鉴》1994 年的损失折款和增长率倒推得出。

## 二、数据概况

### （一）各地区事故次数统计

图 37－113 为各地区 1985～2009 年各年交通事故次数的柱状图。通过柱状图，可以清晰

地看出各省（区、市）的交通事故次数从1985年到21世纪初期随年度的增长而增加，基本在2001年或2002年两年达到最大值，随后的年度交通事故次数逐年减少。其中，广东省、浙江省、四川省、山东省等地属于交通事故多发地区。而西藏自治区、青海省、海南省、贵州省等地发生交通事故的次数相对较少。

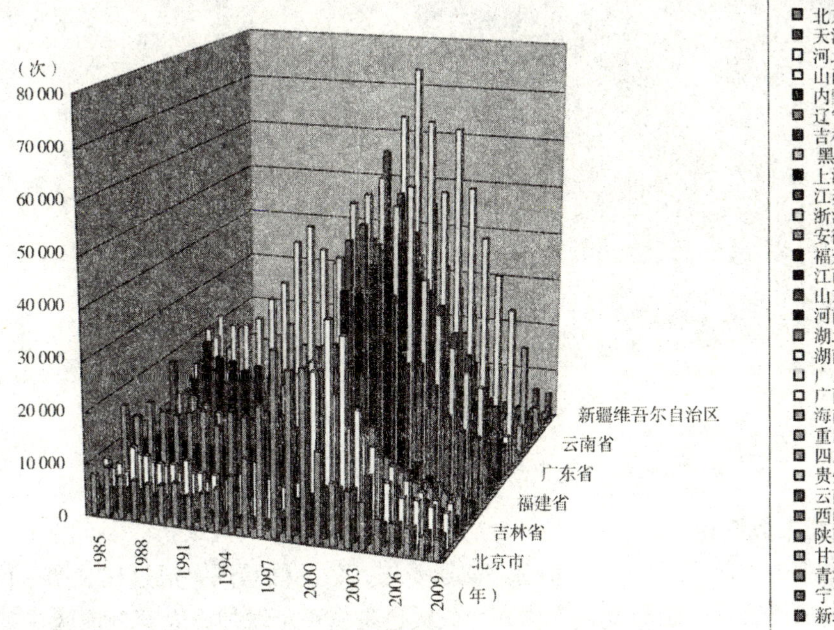


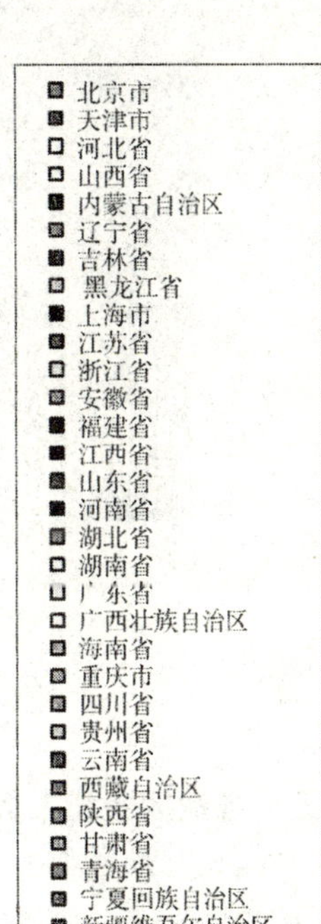


**图37－113　各地区交通事故次数**

附录二中的图37－114是根据各省（区、市）1985～2009年年平均交通事故次数制成的地图。颜色越深表明该地区年平均交通事故次数越多。可以明显地看出，平均交通事故次数较高的地区集中于我国的东部地区。

**（二）各地区死亡人数统计**

图37－115为各地区1985～2007年各年道路交通事故死亡人数的柱状图。通过柱状图，可以清晰地看出各省（区、市）各年道路交通事故死亡人数的变化曲线与交通事故次数相似。其中，广东省、山东省、江苏省、浙江省等地每年道路交通事故死亡人数较多，而西藏自治区、青海省、海南省、宁夏回族自治区等地每年道路交通事故死亡人数则相对较少。

附录二中的图37－116是根据各省（区、市）1985～2009年年平均道路交通事故死亡人数制成的中国地图。颜色越深表明该地区年平均道路交通事故死亡人数越多。

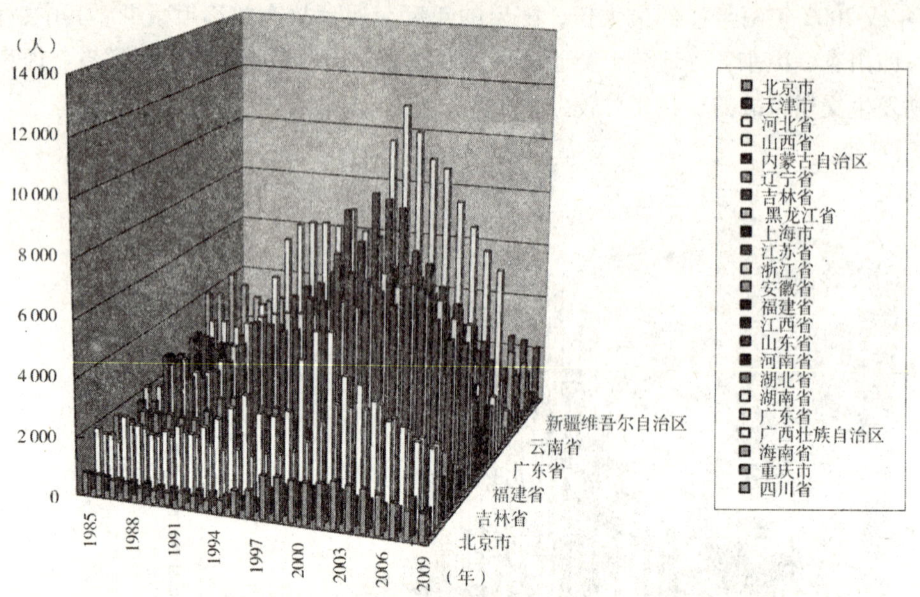


**图 37－115　各地区道路交通事故死亡人数**

### （三）各地区受伤人数统计

图 37－117 为各地区 1985～2009 年各年道路交通受伤人数的柱状图。通过柱状图，可以清晰地看出各省（区、市）各年道路交通受伤死亡人数也是先逐年增加，大部分地区在 2002 年的受伤人数达到最大值，后逐年减少。其中，广东省、四川省、山东省、浙江省等地每年道路交通受伤人数较多，而西藏自治区、青海省、海南省、宁夏回族自治区等地每年道路交通受伤人数相对较少。

附录二中的图 37－118 是根据各省（区、市）1985～2009 年年平均道路交通事故受伤人数制成的中国地图。颜色越深表明该地区年平均道路交通事故受伤人数越多。

### （四）各地区损失折款统计

图 37－119 为各地区 1985～2009 年各年道路交通事故损失折款金额的柱状图。通过柱状图，可以清晰地看出各省（区、市）各年道路交通事故损失折款金额都在随年度的增长而增加。其中，浙江省、广东省、上海市、江苏省等地每年道路交通事故损失折款金额较高，而西藏自治区、青海省、海南省、宁夏回族自治区等地每年道路交通事故损失折款金额相对较低。

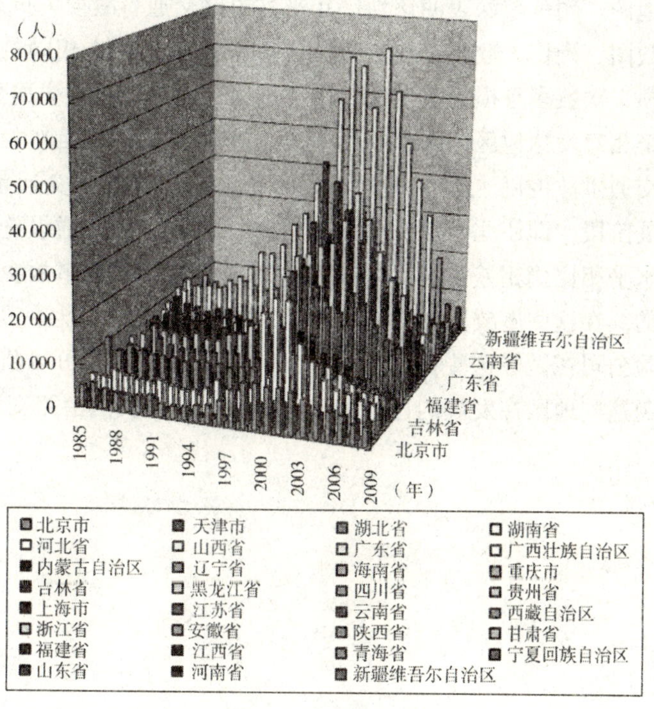


**图 37－117　各地区道路交通受伤人数**

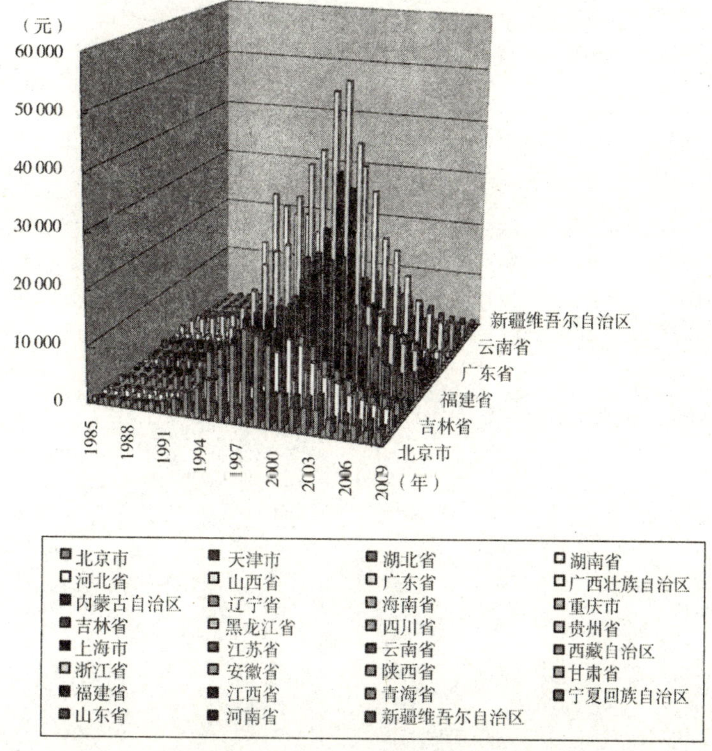


**图 37－119　各地区道路交通损失折款图**

附录二中的图 37－120 是根据各省（区、市）1985～2009 年年平均道路交通事故损失折款金额制成的中国地图。颜色越深表明该地区年平均道路交通事故损失折款金额越高。

以上的事故次数图、死伤人数图、损失额图等基本反映了一个相同的情况，那就是东部沿海地区中部地区损失次数多且损失程度大，中部地区比西部地区损失次数多且损失程度大。东部地区是我国经济相对发达地区，人口密度大，汽车保有量高，虽然相应的基础设施建设也比较完善，但是交通事故的随人属性决定了人多车多的地区发生交通事故的可能性更大，而且我国尚处在发展阶段，即使北京市、上海市等一线大城市的交通设施建设、交通安全管理水平同世界一流水平相比仍相差甚远，所以人多车多的地方交通事故更加频繁且损失程度较大也是可以理解的。在这些事故频发的地区，作为事后补救的最佳手段之一，保险的作用发挥比较充分，保险公司在做好这些相对发达地区的业务的同时也可以将积累的经验用于相对欠发达地区，避免这些地区在发展的过程中重走弯路，加快我国道路交通安全的建设步伐。

# 第三十八章

# 道路交通事故的影响因素分析

如何有效防止和减少交通事故，已成为人们普遍关注的社会问题之一。为了有效防止和减少交通事故，首先需要对交通事故的成因进行分析。本章从人为、非人为两个方面进行损失影响因素分析，并且分析各种影响因素是如何影响交通意外损失的。另外，在数据收集和整理基础上可以通过对相关变量进行回归分析，从而更加直观地描述损失的影响因素。

## 第一节　道路交通事故影响因素定性分析①

### 一、交通事故的成因分布

英国的Sabey和美国的Treat经过对大量交通事故的深入研究得到表38－1的结论。从表中可以看出，在造成交通事故的各类原因中，与道路有关的因素是28%～34%，与人有关的因素是93%～94%，与车辆有关的因素是8%～12%，这表明人是造成交通事故的关键因素。

表38－1　各因素对交通事故的影响程度

| 原　因 | Sabey 结论（占比，%） | Treat 结论（占比，%） | 原　因 | Sabey 结论（占比，%） | Treat 结论（占比，%） |
|---|---|---|---|---|---|
| 单纯路 | 2 | 3 | 人和车 | 4 | 6 |
| 单纯人 | 65 | 57 | 路和车 | 1 | 1 |
| 单纯车 | 2 | 2 | 人、车、路 | 1 | 3 |
| 路和人 | 24 | 27 | 其他 | 1 | 1 |

然而，前苏联莫斯科公路学院的O.A.季沃奇金经过对13 000起交通事故研究，并仔细对照了事故发生地点的道路特征后，却得出了与Treat和Sabey差别很大的结论，认为70%的交通事故都与不良的道路条件存在直接或间接的联系。一般认为这种差别是由不同国家道路交通发展水平不同，以及各国对交通安全评价的具体标准不一致所造成的。

表38－2是我国2009年度的交通事故主要原因的统计结果。从表中可以看出，当年共发生交通事故238 351起，造成1 240 810人死亡、275 125人受伤、财产损失9.14亿元人民币。其中，主要因为人的原因导致的交通事故为238 027起，共造成1 134 140人死亡、274 726

① 本节主要参考文献：裴玉龙，王炜：《道路交通事故成因及预防对策》，科学出版社2004年版。

人受伤、财产损失近9.1亿元，各项指标分别占当年交通事故统计总数的99.86%、91.40%、99.85%和99.47%，是造成交通事故最重要的原因。在主要因为人的原因导致的交通事故当中，由机动车驾驶人的原因造成的交通事故又占到了绝大部分。可见，我国目前的交通事故在总体上是以机动车驾驶人引发为主，而行人、乘车人和非机动车驾驶人基本上都处于事故受害人的弱势地位。

表38－2　　2009年我国道路交通事故主要原因分布

| 项目 | 次数（次） | | 死亡人数（人） | | 受伤人数（人） | | 经济损失（万元） | |
|---|---|---|---|---|---|---|---|---|
| | 数量 | 占比（%） | 数量 | 占比（%） | 数量 | 占比（%） | 数量 | 占比（%） |
| 意外 | 301 | 0.13 | 44 141 | 3.56 | 378 | 0.14 | 482 | 0.53 |
| 机动车驾驶人 | 225 760 | 94.72 | 1 017 587 | 82.01 | 262 832 | 95.53 | 89 054 | 97.39 |
| 非机动车驾驶人 | 9 548 | 4.01 | 48 134 | 3.88 | 10 151 | 3.69 | 1 112 | 1.22 |
| 行人、乘车人 | 2 719 | 1.14 | 68 419 | 5.51 | 1 743 | 0.63 | 786 | 0.86 |
| 道路 | 23 | 0.01 | 1 842 | 0.15 | 21 | 0.01 | 4 | 0 |
| 其他 | 0 | 0 | 60 687 | 4.89 | 0 | 0 | 0 | 0 |
| 合计 | 238 351 | 100 | 1 240 810 | 100 | 275 125 | 100 | 91 437 | 100 |

资料来源：2010年《中国交通年鉴》。

## 二、交通事故中的人为因素

人是道路交通运行的支配者和受益人，具体控制着道路交通运行的方向、方式、节奏和强度，并通过道路交通的运行活动获取利益。交通事故则会损害人在交通运行中的利益。人在道路交通系统中的这种独特地位和作用，决定了他既是交通事故的受害者，也是交通事故的肇事者，大部分交通事故都是由人的因素引起的。交通事故中人的因素包括机动车驾驶人的因素、非机动车驾驶人的因素、行人的因素和乘车人的因素等，其中最重要的是机动车驾驶人的因素。

### （一）人的反应特征对交通事故的影响

无论是机动车驾驶人、非机动车驾驶人，还是行人或乘车人，他们引发交通事故的基本原因都是大体相同的，因为他们从事道路交通活动的过程，实质上都是一个根据一定外部信息作出相应动作的刺激反应过程，如果人在感知、判断、反应三个环节中的任何一个环节出现错误，都可能导致其交通行为发生偏差，并偏离安全的状态和时空领域，最终引发交通事故。美国印第安大学对2 258起交通事故的研究结论是：感知错误引起交通事故占48.1%，判断错误占36.0%，反应操作错误占7.9%，打瞌睡占0.9%，其他占7.1%。日本汽车技术研究会安全评价委员会对385起交通事故的研究结论是：198起因认识迟缓引起，占总事故的51.43%；142起因判断错误引起，占总事故的36.85%；19起因行为故障引起，占总事故的4.94%；26起因其他原因引起，占总事故的6.78%。

1. 感知错误。感知错误，也称观察错误，是指人不能正确或者及时地感知交通环境中的事物，包括没有感知到事物的存在、对被发觉的事物感知错误、感知不全面和对事物感知不及时等。以汽车驾驶过程为例，驾驶人在感知方面发生的错误主要表现为以下方面：

（1）注意不当。注意不当是指驾驶人由于注意范围狭窄和注意不集中或注意分配不当、注意转移不及时等原因，未能及时注意观察道路交通情况，致使本来可以发现的险情没有被发现，或者没有及时发现。这类情形在道路交叉口处发生的交通事故中表现得尤为突出。

（2）观察错误。观察错误是指驾驶人由于视线固定，视野狭窄，看不出道路交通状况的变化发展，分辨不清道路危险程度等而造成的知觉延误，观察不准确、不全面。统计资料和相关试验结果显示，缺乏经验的驾驶新手和处于疲劳、醉酒状态的驾驶人，容易出现此类情况。

（3）视觉障碍和干扰。视觉是驾驶人在驾驶车辆过程中最主要的信息通道，超过90%的道路交通信息需要由视觉来感知。如果在人的视线范围内存在树木、建筑物、构筑物、山壁等阻碍，或者有广告牌、霓虹灯、特殊景物等吸引或干扰，都会导致驾驶人无法及时感知到事物的存在，甚至错误感知事物。

2. 判断错误。判断错误是指驾驶人对感知到的事物，通过大脑思考后，所作出的判断和决定与道路交通实际情况不符。驾驶人在行车过程中需要判断的内容主要包括道路线形、距离、速度、超车时机、其他车辆和行人的交通行为等。对这些问题的判断出现错误，将会导致车辆操作上的错误，进而容易引发交通事故。

（1）道路线形的判断错误。在汽车驾驶过程中，驾驶人必须根据道路的线形变化情况及时调整车辆的行驶方向，防止车辆脱离安全的行驶轨迹。然而，在某些情况下，视觉错误往往会导致驾驶人对道路线形的判断出现错误。对道路线形的判断错误主要表现在对弯道的判断错误上。例如，弯道可见部分越小的，驾驶人就越会低估弯道的曲率；在蛇形弯道上，由于注视点的快速反向移动，容易让人产生前方弯道更为弯曲的错觉。眼动实验表明，驾驶人主要依赖路缘线的走势来判断弯道曲率。为了避免弯道错觉，实践中一般在弯道内侧设置红白相间的导向标志，以引导驾驶人的视线，使其正确判断道路弯道的变化情况。另外，驾驶人对道路坡度及其变化的判断也容易出现错误，并导致对车辆行驶速度控制的失误。

（2）时间、距离和速度的判断错误。无论是驾驶车辆还是步行，都应当具有对道路上其他车辆、行人、物体的位置和移动速度等进行准确判断和估计的能力。例如，统计资料显示，汽车在左转弯过程中发生的碰撞事故，大部分是由于驾驶人判断失误所致；汽车在超车、尾随过程中发生的刮擦、碰撞事故，也有一半左右是由驾驶人判断不准确造成的。这些判断失误可以概括为以下两种情况：一是对迎面和其他方向来车的距离、速度以及与之相遇的时机判断错误；二是对所跟随车辆的速度、距离及其变化情况判断错误。

3. 反应操作错误。驾驶人对车辆的操作行为，主要包括通过手操纵方向盘来控制车辆的行驶轨迹和通过操纵加速、刹车踏板来控制车辆行驶速度两个方面。而反应操作错误是指驾驶人在接受到外部信息，经过大脑的思考并向手和脚下达操作指令之后，出现的手和脚的反应动作不及时和不准确的现象。尽管由反应操作错误引起的交通事故要比由感知错误、判断错误所引起的交通事故少很多，但是，反应不及时、不准确仍然是人造成交通事故的各项因素中的一个重要方面。统计资料显示，导致驾驶人反应操作错误的主要原因是驾驶人的驾驶技术不够熟练、应变能力差。

**（二）影响人反应特性的主要因素**

如前所述，之所以会造成交通事故，其直接原因是人在参与道路交通活动时出现了感知、判断和反应上的错误，而人自身能够导致或影响这些错误的有生理和心理两个方面的因素。例如，感觉器官的暂时性障碍、酒后或疲劳驾驶、疾病、应急情绪状态等生理或心理因素可能导致驾驶人感知上出现错误，而年龄、饮酒、性格、能力、情绪等生理或心理因素也可能导致驾驶人判断出现错误。

1. 饮酒。饮酒会影响人的注意力、思维判断能力和行为控制能力，降低人的交通安全可靠性。实验及调查结果都表明，人体血液、呼气中酒精含量的多少与发生交通事故的危险度之间成高度的正相关关系。导致酒后容易发生交通事故的原因主要是：人在饮酒之后的感觉能力、思考判断能力、记忆力和操作能力都会减退，反应时间相应变长，行动也变得轻率，并敢于冒险（见表38－3）。

**表38－3　血液、呼气中酒精含量与交通事故危险度的关系**

| 血液酒精含量（mg/100ml） | 呼气酒精含量（ug/100ml） | 主要表现 | 事故相对危险度 |
|---|---|---|---|
| 10～49 | 5～24 | 精神愉快，飘然感，注意力、判断力降低 | 1 |
| 50～99 | 25～49 | 兴奋，肌肉协调能力减弱，敏感反应降低，语无伦次 | 1.5 |
| 100～149 | 50～74 | 自然感觉好，易激动，吵闹，控制力降低 | 2.5 |
| 150～199 | 75～99 | 情绪易变，口齿不清，共济失调，判断力迟钝，不能进行车辆操作 | 9.7 |
| 200以上 | 100以上 | 神经混乱，失去平衡能力，语言含糊，定向力降低或丧失，对外界反应冷淡、呆滞 | 9.7以上 |

注：事故相对危险度以10mg/100ml～150mg/100ml血液酒精浓度为标准1。

2. 疲劳。疲劳是指人经过体力或脑力劳动后身心机能下降的现象。尽管驾驶车辆是一种熟练劳动，但是在车速快、噪音大、震动颠簸、身体姿势单一，加之车外情况复杂、变化快、潜在危险时有出现的条件下，驾驶人的感觉器官及运动器官始终处于紧张状态，需要付出一定的生理能量和较大的心理能量。

3. 情绪。情绪是人们对客观事物是否符合自己需要而表现出来的态度或体验，如快乐、愤怒、悲哀和恐惧就是人最基本的情绪状态。人的情绪具有满意和不满意、愉快和悲伤、爱和憎等肯定和否定性质的两极性特征，并可以根据其发生的速度、强度、紧张度和持续时间的长短分为心境、激情和应激三种状态。车辆驾驶人的各种性质和状态的情绪，都会对其驾驶行为产生不同形式和程度的影响。

（1）心境。心境是人微弱而持久的情绪状态。当人处于某种心境时，往往会以特定的情绪看待周围事物，从而影响人的行为表现。其中，积极、良好的心境可以使人精神振奋，朝气蓬勃，勇于克服困难，提高工作效率；消极、不良的心境则会使人萎靡不振，意志消沉，影响工作任务的完成。

（2）激情。激情是一种迅猛爆发、激动而短暂的情绪状态。例如，暴怒时，横眉竖目，暴跳如雷；发生交通事故时，浑身颤抖，面如土色；高兴时，手舞足蹈，欣喜若狂；绝望时心灰意冷，头昏脑沉等。当人处于激情状态时，认识会被局限在引起激情的事物上，以致认识范围变得狭窄，理智的分析能力受到抑制，对自己的控制意识减弱，不能正确评价自己行动的意义和后果，以至于说出不该说的话，做出不该做的事，甚至出现不顾一切的行为。

（3）应激。应激是人在某些出乎意料的紧急情况下，所产生的一种十分强烈的情绪状态。当人们遇到突然出现的事件或意外发生的危险时，为了应付这种紧急情境，就必须果断地采取决定，迅速作出反应，而应激正是人在这种情境中产生的内心体验。当人处于应激状态时，人的生理和心理会发生一系列的变化。例如，肌肉的紧张度、腺体分泌、血液循环和呼吸系统等会发生显著变化，神经系统和运动系统也都处于高度激活状态。通常，此时人的知觉和注意范围会缩小，注意的分配与转移变得困难，容易出现顾此失彼的现象；同时，感知、记忆可能发生错误，分析、判断能力减弱，思维容易出现混乱。以上这些反应往往使人行为紊乱，出现错误动作，在极端情况下甚至完全丧失操作能力。然而，同样处于应激状态下，不同的人却会有不同的反应。例如，有的人会惊慌失措，反应不当；有的人会肌肉紧张，呆若木鸡，甚至暂时休克；有的人则沉着果断，机智勇敢，集中全力应付危急局面。之所以会有如此大的差异，主要原因是每个人的个性特征、知识经验和所受的训练不同。

4. 性格。性格是人最鲜明的个性心理特征，是指一个人对待现实事物稳定的态度和与之相应的惯常行为方式。性格是人在长期生活经历中反复受到各种事物的影响，而逐渐形成并稳固保存下来的特有的态度和行为方式，并成为人心理面貌的一个突出方面。

有关性格的分类在目前心理学界还存有不同意见。就常见的内倾型和外倾型性格分类而言，一些相关的统计研究表明，内倾型性格驾驶人发生道路交通安全违法行为和交通事故的频次明显要比外倾型性格驾驶人低。在车辆安全驾驶方面，内倾型性格较外倾型性格更有优势。一般认为，这是因为内倾型性格的人在为人处世方面，普遍表现出比外倾型性格的人更加谨慎、有条理、避风险和严于自我监督等特点，从而有利于确保行车的安全性。对内倾型和外倾型两种性格驾驶人所发生交通事故的原因进行分析后发现：内倾型性格驾驶人的感知比较迟钝，动作反应敏捷性较差，容易出现延误性错误；外倾型性格驾驶人则易冲动，爱冒险，容易出现错误操作，例如超速行驶、强行超车等。

5. 能力。能力是指人成功地完成某种活动所必须具备的心理特征。它是人经常、稳定地表现出来的心理特征的综合表现。例如汽车驾驶活动要求驾驶人具有感知敏锐、注意力良好、情绪稳定、意志坚强、动作反应灵活协调等心理品质。只有在上述各种心理特征的综合作用下，才能顺利完成驾驶活动。各种心理特征综合表现的水平高低，显示出驾驶人驾驶能力的强弱。

能力与知识和技能有密切的关系，它们之间相互联系、相互制约。能力的发展是在掌握运用知识、技能的过程中完成的，并在一定程度上决定着一个人在知识、技能的掌握上可能取得的成就。即掌握知识、技能要以一定能力为前提，能力制约着掌握知识、技能的快慢、深浅、难易和巩固程度，而对知识技能的掌握又会导致能力的提高。

一般来说，人在进行某种活动时，常常既有一般能力，又有特殊能力的参与。其中，一般能力是指人从事各种基本活动时表现出来的能力，如观察力、记忆力、抽象概括力等；特殊能力是指人在从事专业活动时表现出来的能力。汽车驾驶活动既需要人的一般能力，又需要人具有操作车辆和准确判断道路情况的特殊能力。国外的研究结果表明，人的智力水平等能力因素与发生交通事故之间有一定的联系（见表38－4）。

表38－4　　智力水平与交通事故的关系

| 智力水平 | 无事故驾驶人群体 | 有事故驾驶人群体 |
|---|---|---|
| 优 | 6.40% | 4.80% |
| 较优 | 30.80% | 17.50% |
| 一般 | 40.40% | 23.80% |
| 较差 | 21.30% | 34.90% |
| 差 | 1.10% | 19.00% |
| 总计 | 100.00% | 100.00% |

6. 感知能力。在行车过程中，驾驶人需要通过自己的各种感受器官及时感知各种道路交通信息，并以此作为操作车辆行驶的依据。人的感觉器官有眼、耳、鼻、舌和皮肤5种，分别完成视觉、听觉、嗅觉、味觉、触觉、痛觉、温觉和冷觉8种感觉。感觉器官的功能在于将各种客观事物的刺激能量转换为人体大脑能够识别的神经冲动，然后经神经传输给大脑，并在大脑中形成对客观事物的感、知觉。根据统计分析，各种感觉器官在驾驶人获取道路交通信息过程中所分担的任务量是不相同的。其中，视觉分担约80%，听觉分担约14%，触觉、味觉、嗅觉各分担2%。可见，视觉在驾驶人的感知通道中占据着极其重要的地位。交通心理学的研究结果表明，人的视觉感知能力除了受眼睛本身的视敏度、视野范围、视觉适应性等生理特性的影响以外，还会受到环境光线亮度、目标的颜色、运动方向、运动速度、目标与背景的反差和视线阻挡等因素的影响。

归纳以上影响驾驶人反应特性的各项生理因素和心理因素，可以得到如图38－1所示的影响交通事故的驾驶人方面主要因素结构图。其中，各项因素又按照其持续的时间长短，相应被分为短时因素和长时因素两类。

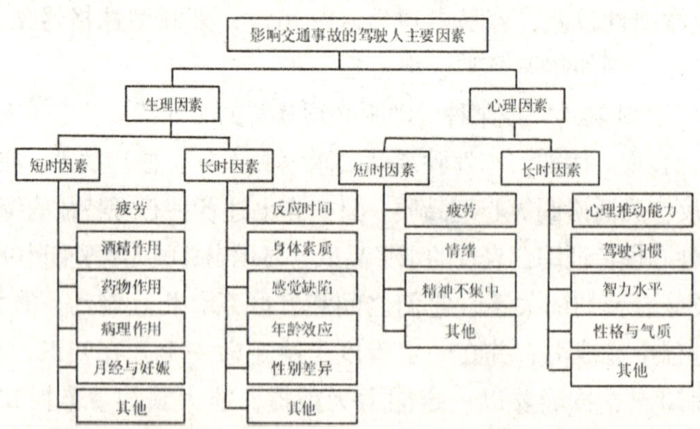


图38－1　影响交通事故的驾驶人方面主要因素结构图

## 三、交通事故中的非人为因素

### （一）车辆对发生交通事故的影响

车辆是构成道路交通的基本要素之一，与发生交通事故之间有着紧密的联系。一方面，如果车辆本身安全可靠性不高，可能使车辆因为出现机械故障而引发交通事故；另一方面，如果车辆的结构和性能不够完善，将容易导致驾驶人因为操作失误而发生交通事故。

实际交通事故的统计结果证实了车辆的制动性、操作稳定性、灯光和其他性能不良是引发交通事故的重要原因。根据交通事故统计资料，引起交通事故的各项车辆因素主要包括机动车的转向系统、制动系统、行驶系统、电气系统和其他系统、装置、零部件等等。

如前所述，如果道路交通系统所具有的能量违背人的意愿发生意外释放和逸出，就会导致交通事故的发生。行驶车辆所具有的动能是道路交通系统中能量最主要的构成。而机动车制动系统的功能就在于，当需要时以摩擦生热等安全方式将车辆的行驶动能耗散掉，因此是使行驶车辆得以降低车速或停车的重要安全控制机构。由制动系统故障引发的交通事故，除了与制动系统的工作效能太差甚至完全丧失，行驶车辆不能及时减速和停车有关以外，多数是由车辆在制动时的行驶方向稳定性变差，引起制动侧滑、制动跑偏所致的。

转向系统是控制车辆的行驶方向和行驶轨迹的极重要的车辆操纵机构，对车辆的行驶安全影响很大。转向系统除了在发生转向失效这样严重的故障时会引发交通事故以外，当出现转向沉重、转向发飘、严重的转向轮侧滑等故障时，也会通过影响驾驶人操作行为的准确性，使车辆脱离正常的行驶轨迹而引发交通事故。

车辆行驶系统中对交通安全影响最大的是轮胎，因为轮胎是车辆在行驶过程中唯一与地面发生接触，并通过其与地面之间的附着力来保证车辆获得驱动力、制动力和侧滑力的部件。在车辆的行驶过程中，如果轮胎发生爆裂、严重磨损、气压不足或车轮脱落等故障，都可能直接或间接引发交通事故。尤其是在高速公路上行驶的车辆，如果发生轮胎爆破，将会导致车辆突然失去方向稳定性和部分制动效能，进而极容易引发碰撞或翻车事故。

在机动车电气系统中对交通安全影响较大的主要是灯光、喇叭和风窗刮水器，因为他们的主要功能在于供车辆在夜间或雾天行驶时照明道路，方便驾驶人在行车过程中与其他车辆、人员之间进行信息交流，以及在雨雪天气为驾驶人提供良好的视觉信息通道。如果灯光、喇叭和风窗刮水器出现故障，不仅会因为失去照明和视觉通道而使车辆无法行驶或者使驾驶人不能及时发现道路上的危险情况，而且还会因为车辆失去信息和传递功能，而使其他车辆、人员无法及时发现该车或者准确掌握其运行动态，以致丧失相互采取避险措施的有利时机而引发交通事故。

车辆除了制动、转向、行驶、电气等系统的故障会引发交通事故以外，其传动系、后视镜、发射器等系统及零部件的故障也可能导致交通事故。

### （二）道路对发生交通事故的影响

道路是车辆及行人通行的场所和基础条件。如果道路的结构及性能出现缺陷，往往也会成为引发交通事故的重要因素。例如 2005 年 4 月 12 日发生在四川省阿坝州巴郎山上的一起造成 26 人死亡、13 人受伤、车辆报废的特大交通事故，就与现场路面的横坡过大和附着系数过低有关。道路对交通事故的影响可分为两种情况：一种是因为道路的缺陷直接导致交通事故的发生，例如路基塌陷、路面溜滑、路面坑洼等；另一种是因为道路的缺陷诱使驾驶人的驾驶行为发生偏差，进而导致交通事故的发生，例如道路几何线形设计不合理、路面宽度不足、行车视距不足等。

影响交通事故的道路因素可分为道路几何特征、道路交叉、路面状况和交通设施四个大方面（见图 38 – 2）。

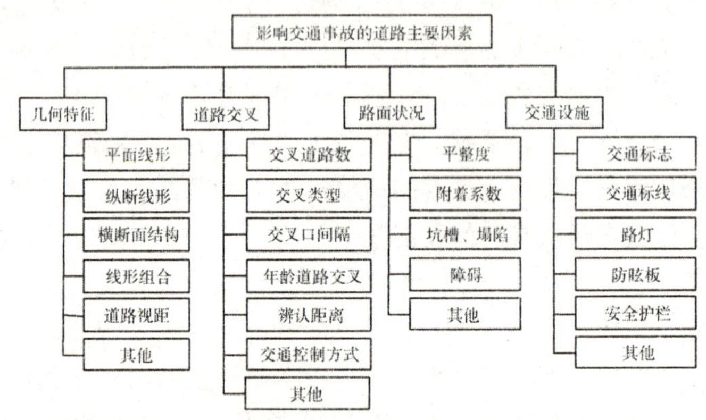


**图 38 – 2　影响交通事故的道路主要因素**

与发生交通事故有关系的道路几何特征分为道路平面线形、纵断线形、横断面结构、线形组合和道路视距等几个方面，重点包括弯道半径、转弯偏角、弯道超高、直线段长度、道路坡度、坡道长度、竖曲线半径、道路及车道宽度、路肩宽度以及道路线形的连续性和道路的超车视距、会车视距和安全停车视距等。

道路交叉口是道路交通的枢纽。在各种类型的道路交叉中，平面交叉口通常是交通事故的高发点。根据交通事故统计分析和理论研究，一般认为在交叉路口容易引起交通事故发生的根本原因在于以下三个方面：一是交通流在交叉路口内的交织冲突点多，情况复杂，容易使驾驶人心理紧张而出现操作失误；二是行车视距容易受到道路几何结构、周围建筑物、树木和其他车辆等的影响，驾驶人不能及时发现危险；三是交叉路口内的车辆及行人分布范围大，驾驶人难以十分周详地观察到各种可能的危险信息。

路面状况对交通事故也有较大影响。比较典型的有：路面附着系数偏低，造成车辆制动距离延长或者方向跑偏；路面平整度差造成车辆振动大，容易使驾驶人疲劳而引发交通事故；路面坑槽、塌陷、障碍造成驾驶人在躲避过程中发生车辆颠覆或者与其他车辆、物体碰撞等。

安全护栏、交通标志、交通标线、路灯、防眩板等交通工程设施不完善或者设置不合理，也可能引发交通事故，或者加重交通事故损害后果。例如，近年来四川省有关部门在国内重点旅游线路——九环线上采取的加装波形护栏措施，就在很大程度上预防和减少了重、特大交通事故的发生。

**（三）环境对发生交通事故的影响**

环境是车辆、道路、行人共同所处的时间、空间范围及其特征的总和。其中，影响交通事故的环境因素可分为地理环境、气候条件、交通条件和其他因素四个方面（见图 38 – 3）。

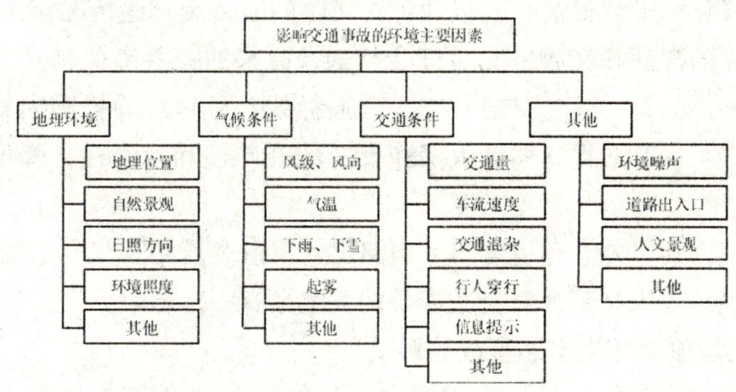


**图 38－3 影响交通事故的环境主要因素**

在地理环境方面影响交通事故的因素主要有：道路所处的地理位置、周围的地形、地貌等自然景观及其与道路的协调性、环境的光线照度、太阳照射方向与道路走向的关系等等。由于目前对自然景观与道路的协调性方面还缺乏较深入的研究，因此，有关交通事故的调查统计也仅局限于地形、道路照明灯常规项目上。一般来说，山区道路所造成的人员死亡率要高于平原地区道路和丘陵地区道路，夜间无路灯照明情况下发生交通事故所造成的人员死亡率要比在有路灯照明情况下和白天高 1 倍多。

在气候条件方面影响交通的因素主要有：风级（风力大小）、风向、气温、下雨、下雪、起雾等。一般来说，雨天和阴天发生交通事故的比例比较高，但是雨天发生交通事故所造成的人员受伤和死亡率却相对较低。分析认为，这可能与下雨天视线不好、路面较滑、车速不高有关。

在交通条件方面可能对交通事故有影响的因素主要有：道路上的交通量、车流速度、交通混杂程度、行人及非机动车在道路上穿行和道路交通信息提示程度等。第一，就交通量对交通事故的影响而言，交通量与交通事故之间有一定的关系。当交通量很小时，交通事故率较低，这时车辆的行驶主要取决于车辆本身的性能，而发生交通事故往往是由于驾驶人高速行驶、冒险行车所致。随着交通量的不断增加，车辆密度、车流速度和车辆间距等交通条件逐渐成为引发交通事故的重要因素，由于车辆间的相互干扰和互成障碍，容易因为超车不当、避让不及而造成交通事故。第二，就车流速度对交通事故的影响而言，有人曾提出以下研究结论：一条道路上，交通事故的多少与交通流的总体速度本身关系较小，而主要与交通流中各车辆速度的离散程度成正比。也就是说，当某车辆的速度与整个交通流的速度相差过大时容易发生交通事故，而顺应交通流的一般速度则比较安全。当然，从整个交通流来说，在交通量一定的情况下，交通流的平均速度越低，交通事故率也越低；反之，则交通事故率高。第三，就交通混杂程度以及行人和非机动车在道路上穿行对交通事故的影响而言，有人曾对德国高速交通进行调查后发现，在稳定的小客车交通流中，若混入载货汽车，交通事故率将随载货汽车混杂率的增加而急剧增大。我国道路交通目前总体上还处于混合交通的条件下，车辆与行人混杂、机动车与非机动车混杂、货车与客车混杂、小型车与大型车混杂、行人及非机动车在道路上任意穿行等复杂情况对交通事故的影响是不言而喻的。第四，就道路交通信息提示对交通事故的影响而言，由于车辆的行车过程中，需要驾驶人通过自己的感觉器官不断从变化着的交通环境中获得信息，以便针对实际的道路及交通情况作出恰当的操作反应，而随着目前车流速度的提高和交通情况的日益复杂，原来的一些潜伏信息和凸显信息对交通安全的威胁越来越大。因此，通过交通标志、交通标线、显示屏等措施向驾驶人提供有用的前方道路交通信息，可以有效提高驾驶人操作反应的准确性和及时性，降低交通事故的发生率。

除了上述几方面因素以外，环境噪声、道路出入口以及道路及其周边的建筑物、广告牌、霓虹灯、标语、跨线桥等人文景观对交通事故的发生也有一定影响。

**（四）交通安全管理对发生交通事故的影响**

交通安全管理是有关部门为了实现交通安全目的，而根据道路交通的具体状况和条件，通过采取一系列方法和措施，对人员、车辆、道路和环境所施加的控制和影响。如果交通安全管理不能从宏观上有效协调人员、技术和环境子系统的关系，就有可能使整个道路交通系统处于容易发生交通事故的危险境地。交通组织管理缺陷作为引发车辆、道路不安全状态和交通参与者违法行为或事物的隐性故障，是导致交通事故的间接原因，对道路交通系统发生交通事故的影响很大。一般的，高强度控制（包括民警指挥和民警＋信号）条件下发生交通事故的历史比例很小，低强度控制（包括信号、标志标线、信号灯＋标志标线和其他安全设施）条件下几乎占到1/2，无控制条件下占比也较高。可见，即便剔除有关交通控制方式在实际道路网中分布广度的因素，是否采取交通控制，选择哪种控制方式，以及交通控制方式是否科学、得当，对发生交通事故的影响也仍然很大。当然，对道路交通的指挥控制只是道路交通安全管理的一个方面，作为道路交通安全管理的其他方面，例如驾驶人管理、车辆管理、道路管理、道路交通违法行为查处、交通安全宣传教育等，对发生交通事故都有着很大的影响。

但需要指出的是，正因为管理缺陷是影响道路交通系统安全的隐性故障，它主要是通过人、车和环境间接对交通事故产生作用的缘故，导致人们在分析处理交通事故的实践中，更多关注的只是事故当事人的过错和违法行为等造成交通事故的直接原因，而很少从更深层次寻找引发交通事故的道路交通安全管理方面的原因。例如，在2002年发生的773 137起交通事故中，只有10起交通事故最终被归咎为道路交通管理方面的原因所引发。这不仅不符合发生交通事故的实际情况，有损交通事故当事人的合法权益和道路交通安全法的公平正义性，而且还容易让人忽视道路交通安全管理的重要性，以及放纵道路交通安全管理部门及其工作人员的失职行为。

## 第二节　道路交通事故回归分析

上一节是对道路交通事故的定性分析，即从逻辑上涵盖了导致意外事故发生的各种因素，并分别分析了这些因素对交通意外事故的影响。这种定性的影响因素分析不够直观，且无法确定这些影响因素对交通意外事故的影响程度，因此有必要建立一个定量的分析模型，即影响因素回归分析模型，以对损失的各种影响因素能够有更加直观的印象。此外，对损失的回归分析一定程度上可以预测损失的发展趋势。因此，本节采用计量中的多元回归模型对道路交通事故进行了回归分析，使用的统计软件是SAS。

## 一、变量选取

### （一）被解释变量

由于是对损失的灾因进行分析，所以选取相关的损失变量作为被解释变量。与损失相关的变量有损失次数、损失总额以及次损失额。考虑到这三个变量的参考意义，这里选择次损失额作为被解释变量，这样对于单起交通事故及其保险费率厘定更有参考价值。由于在相关损失中进行 GDP 调整会影响模型数据的真实性，所以在被解释变量和解释变量中，是不通过调整 GDP 来完成的。

### （二）解释变量

凡是能够对损失造成影响的变量都应该包括在解释变量的范围内。由于资料来源方面的限制，只能尽量选取相对比较贴合的指标。相信随着数据结构的完善，未来的回归模型还能够进一步得到完善。这里选择全国人口总数、民用汽车数、客运量、货运量、人均收入以及公路里程数作为模型的解释变量。其中，货（客）运量指在一定时期内，各种运输工具指实际运送的货物（旅客）数量，这两个指标在一定程度上代表了道路的拥挤程度。

## 二、数据说明

根据本文对公共数据的需求，我们首先进行数据收集和整理，然后对部分数据进行甄别和调整，最终得到可以进行统计计算的初等数据。

参考《中国财产保险重大灾因分析报告（2008）》和对公共数据的掌握情况，我们选择性收集和整理了官方的公共数据（见表 38 –5）。

表 38 –5　用于回归分析的公共数据情况及来源表

| 数据名称 | | 单位 | 数据状况及来源说明 |
|---|---|---|---|
| 解释变量信息来源 | 全国人口数 | 万人 | 1980 ~ 2009 年，全，《中国统计年鉴》（2001 ~ 2010 年） |
| | 民用汽车数 | 万辆 | 1980 ~ 2009 年，全，《中国统计年鉴》（2010 年） |
| | 支出法 GDP | 元 | 1980 ~ 2009 年，全，《中国统计年鉴》（1981 ~ 2010 年） |
| | 客运量 | 万人 | 1980 ~ 2009 年，全，《中国统计年鉴》（2001 年，2005 年，2010 年） |
| | 货运量 | 万吨 | 1980 ~ 2009 年，全，《中国统计年鉴》（2001 年，2005 年，2010 年） |
| | 公路里程数 | 公里 | 1980 ~ 2009 年，全，《中国统计年鉴》（1981 ~ 2010 年） |
| 被解释变量信息来源 | 道路交通事故总损失额 | 亿元 | 1980 ~ 2009 年，全，《中国统计年鉴》（1981 ~ 2010 年） |
| | 全国人口数 | 万人 | 1980 ~ 2009 年，全，《中国统计年鉴》（2001 ~ 2010 年） |

其中，解释变量人均收入以支出法 GDP 除以全国总人口得到，而被解释变量年次均损失额亦由总损失除以总人口数获得。据以上处理，得到具体数据（见表 38 –6）。

表 38 - 6　　1980 ~ 2009 年定量回归分析数据表

| 年度 | 年平均次损失（元） | 全国人口数（万人） | 民用汽车数（万辆） | 人均收入（元） | 客运量（万人） | 货运量（万吨） | 公路里程数（公里） |
|---|---|---|---|---|---|---|---|
| 1980 | 425.08 | 98 705.60 | 178.29 | 460.52 | 222 799 | 382 048 | 883 300 |
| 1981 | 443.30 | 100 072.20 | 199.14 | 488.80 | 261 559 | 363 663 | 897 500 |
| 1982 | 468.26 | 101 540.70 | 215.75 | 524.26 | 300 610 | 379 205 | 907 000 |
| 1983 | 541.57 | 102 495.10 | 232.63 | 581.75 | 336 965 | 401 413 | 915 100 |
| 1984 | 617.09 | 103 475.30 | 260.41 | 696.60 | 390 336 | 533 382 | 926 700 |
| 1985 | 784.00 | 104 532.10 | 321.12 | 851.76 | 476 486 | 538 062 | 942 400 |
| 1986 | 813.79 | 105 721.20 | 361.95 | 955.77 | 544 259 | 620 113 | 962 800 |
| 1987 | 937.09 | 107 240.40 | 408.07 | 1 103.26 | 593 682 | 711 424 | 982 200 |
| 1988 | 1 117.88 | 108 978.00 | 464.38 | 1 354.89 | 650 473 | 732 315 | 999 600 |
| 1989 | 1 302.11 | 110 676.00 | 511.32 | 1 507.69 | 644 508 | 733 781 | 1 014 300 |
| 1990 | 1 452.47 | 113 274.20 | 551.36 | 1 632.76 | 648 085 | 724 040 | 1 028 348 |
| 1991 | 1 617.57 | 114 510.80 | 606.11 | 1 880.59 | 682 681 | 733 907 | 1 041 100 |
| 1992 | 2 824.76 | 115 563.00 | 691.74 | 2 297.80 | 731 774 | 780 941 | 1 056 700 |
| 1993 | 4 122.55 | 116 276.60 | 817.58 | 2 981.34 | 860 719 | 840 256 | 1 083 500 |
| 1994 | 5 260.88 | 117 673.70 | 941.95 | 4 021.52 | 953 940 | 894 914 | 1 117 800 |
| 1995 | 5 601.27 | 121 121.00 | 1 040.00 | 5 019.25 | 1 040 810 | 940 387 | 1 157 009 |
| 1996 | 5 970.72 | 122 389.00 | 1 100.00 | 5 815.60 | 1 122 110 | 983 860 | 1 185 800 |
| 1997 | 6 068.56 | 123 626.00 | 1 219.09 | 6 388.06 | 1 204 583 | 976 536 | 1 226 400 |
| 1998 | 5 574.55 | 124 761.00 | 1 319.30 | 6 765.12 | 1 257 332 | 976 004 | 1 278 500 |
| 1999 | 5 144.64 | 125 786.00 | 1 452.94 | 7 129.34 | 1 269 004 | 990 444 | 1 351 700 |
| 2000 | 4 325.82 | 126 743.00 | 1 608.91 | 7 828.01 | 1 347 392 | 1 038 813 | 1 402 698 |
| 2001 | 4 090.34 | 127 627.00 | 1 802.04 | 8 591.85 | 1 402 798 | 1 056 312 | 1 698 000 |
| 2002 | 4 299.86 | 128 453.00 | 2 053.17 | 9 367.84 | 1 475 257 | 1 116 324 | 1 765 200 |
| 2003 | 5 047.36 | 129 227.00 | 2 382.93 | 10 510.40 | 1 464 335 | 1 159 957 | 1 809 800 |
| 2004 | 3 189.95 | 129 988.00 | 2 693.71 | 12 299.47 | 1 624 526 | 1 244 990 | 1 870 700 |
| 2005 | 4 184.33 | 130 756.00 | 3 159.66 | 14 061.91 | 1 697 381 | 1 341 778 | 3 345 187 |
| 2006 | 3 932.51 | 131 448.00 | 3 697.35 | 16 042.16 | 1 860 487 | 1 466 347 | 3 456 999 |
| 2007 | 3 663.66 | 132 129.00 | 4 358.36 | 18 665.02 | 2 050 680 | 1 639 432 | 3 585 700 |
| 2008 | 3 807.34 | 132 802.00 | 5 099.61 | 22 640.47 | 2 682 114 | 1 916 759 | 3 730 200 |
| 2009 | 3 836.23 | 133 474.00 | 6 280.61 | 25 511.10 | 2 779 081 | 2 127 834 | 3 860 800 |

## 三、多元回归模型

依据前面对被解释变量及解释变量的分析，建立多元回归方程如下：

$$AL = \alpha_1 NP + \alpha_2 NC + \alpha_3 AI + \alpha_4 PC + \alpha_5 QS + \alpha_6 MR$$

其中，AL（Average Loss）为年均次损失额，NP（Number of Population）为全国总人数，NC（Number of Cars）为民用汽车数，AI（Average Income）为人均收入，PC（Passenger Capacity）为客运量，QS（Quantity of Shipments）为货运量，MR（Miles of Road）为公路里程数。

采用逐步回归方法，通过 SAS 软件回归分析，得到回归结果（见表 38－7）。

**表 38－7　　回归分析参数表**

| 变量 | 回归系数 | Std. E | F | p |
|---|---|---|---|---|
| 截距项 | 12666 | 4996. 37621 | 6. 43 | 0. 0185 |
| NC | －5. 57739 | 1. 98266 | 7. 91 | 0. 0099 |
| AI | 1. 37365 | 0. 56112 | 5. 99 | 0. 0224 |
| NP | 0. 12444 | 0. 12444 | 5. 41 | 0. 0292 |
| PC | 0. 00534 | 0. 00415 | 1. 66 | 0. 2108 |
| QS | 0. 00884 | 0. 00452 | 3. 82 | 0. 0630 |
| MR | 0. 00128 | 0. 00076211 | 2. 84 | 0. 1054 |

从上面的回归结果中可以看出，在 5% 的显著水平下，民用汽车数（NC）、人均收入（AI）和全国人口数（NP）可以通过检验，回归系数由大到小依次为－5. 57739、1. 37365、0. 12444。

从回归结果看出，人均收入、全国人口数系数为正，民用汽车数的系数为负。对此，我们解释为：随着人口数量的增加，人口密度相应增加，车人之间的事故概率增加，因而会造成交通事故后医疗费用支出的增加，进而带来交通事故年平均次损失的增加。人均收入的提高从两方面带来年平均次损失的增加：第一，人均收入的增加会促进物价提高，这无疑增加了每起交通事故的经济损失；第二，人均收入增加后，所购买的汽车档次会相应提高，发生交通事故后造成的损失也相应提高，因而促使交通事故年平均次损失增加。民用汽车数的增加，会增加汽车之间摩擦和碰撞的次数，但意外事故的增加反而减少了次均损失额，无疑意味着总损失额增加的速度小于事故次数增加的速度。单次事故的损失金额之所以有所减少，究其原因应归功于近年来汽车安全措施以及民众安全意识的增强。此外，整个回归方程拟合效果比较理想，回归方程在理论上成立，其经济意义如下：

第一，根据回归模型，民用汽车数增加 1%，就会造成总损失次数增加，进而导致次均损失减少 5. 57739%。

第二，人均收入与次均损失额正相关，人均收入每增长 1%，次均损失额就增加 1. 37365%。

第三，全国人口系数增加 1%，次均损失额增加 0. 12444%。这是由于虽然人口增加导致意外次数的增加，有降低次均损失额的作用，但另一方面它也会导致总损失额更大的上升，因此最终导致次均损失额的增加。

由上面的分析可以知道，民用汽车的增加会间接导致次均损失的减少，而依据目前的经济发展趋势以及人民生活水平的走向，不难预测未来近 5 ~ 10 年我国民用汽车总量必然会不断增加。因此，正如上文所述，保险公司如果能参与道路交通安全系统的构建及增强民众安全意识的宣传，就能有效降低单次交通意外事故的保单赔偿金额。此外，人均收入的增加导致次损失额增加，意味着保险公司可以在人均收入较高的地区适当增加保费，另一方面人均收入较高地区的投保人也相对可以承受保单费用的增加。人口密度较大的地区亦是如此，可以综合考虑当地的收入水平及参保意愿，决定费率的增加程度。无论如何，应该综合考虑这些因素的影响，从而作出正确的决策。

# 第三十九章

# 道路交通事故的脆弱性分析

## 第一节　道路交通系统脆弱性及其形成机理

有关脆弱性分析方法的理论在前面篇章中已有介绍，这里就不再赘述了。本章将利用该分析方法，结合有关道路交通安全的信息数据，对道路交通系统的脆弱性加以分析。而在开始分析之前，先就道路交通系统的脆弱性问题加以简单论述。

### 一、道路交通系统脆弱性的概念

脆弱性强调的是承灾体易于受到损害的性质，是承灾体对破坏和伤害的敏感性；同时，也强调了承灾体自身抵御灾害的能力，是承灾体易受或敏感于灾变破坏与伤害的状态。在道路交通安全系统中，交通系统的脆弱性就是指机动车辆、驾乘人员、车载货物及交通环境易受或敏感于交通事故破坏与伤害的状态或性质。

交通系统的脆弱性也可以用交通系统的安全性加以描述，即系统脆弱性增加，交通安全性就降低；系统脆弱性越强，抗御事故和从事故灾难中恢复的能力就越差。

道路交通系统由人、车、路三要素构成，系统内任何一个要素受到外界的扰动和影响都会造成道路交通系统的状态变化。道路交通系统的脆弱性正是对状态变化敏感程度的度量，也就是交通状态的易受干扰性，它从另一个角度反映了道路交通系统对环境的适应能力。

### 二、道路交通系统脆弱性的形成机理

道路交通系统脆弱性的形成存在多方面的原因与渠道。

第一，道路交通系统存在着内在的不稳定性。道路交通系统总体来看由人、车、路三个基本要素构成。而人、车、路三要素说起来简单，本身也是三种非常复杂、极不稳定的子系统。人员、车辆和道路三者相互作用的过程中又会产生新的不稳定性。

第二，道路交通系统的外部影响因素也存在着极大的不稳定性。道路交通系统如同人体的循环系统一般，担负着物质运输、互通有无的重要职能，是社会经济系统中极为重要的组成部分，道路交通系统在宏观经济体系中受到其他系统的制约和影响，这就使得道路交通系统的脆弱性也受到这些方面的干扰。比如自然环境、社会环境都可能对道路交通系统产生扰动。

第三，对于来自外部和内部的这些干扰和影响，道路交通系统的反应非常敏感。由于道路交通系统内三要素——人、车、路数量日益增加，系统规模日益庞大，这种敏感性越发增强了。一个很不起眼的小扰动或者几个因素相互作用，就会使交通系统的稳定性受到冲击。比如，雾天情况下，交通高峰时段重点路段出现两车刮擦，造成两个车道的阻塞，结果就可

能导致整个路段的瘫痪。

第四，道路交通系统在内外部不稳定因素的作用冲击下，会造成系统内的损失，这种损失难以复原。这一点主要表现在，道路交通事故本身会造成人员伤亡和财产损失，而且会引起间接的损失，这些损害后果都是不可逆的，一旦发生，即便得到保险公司的补偿，其损害已经发生了，从社会经济整体上讲，造成的经济损伤无法弥补、不可挽回。虽然道路交通事故造成的直接经济损失和人员伤亡可能不会像自然灾害那样巨大，然而由于道路交通事故的频发性，累积起来依旧是非常巨大的，甚至超过自然灾害所造成的损害。

综合以上四点分析，可以粗略看出道路交通系统脆弱性的形成。同时也表明，对道路交通系统的脆弱性进行评价是非常重要且必要的。本章即采取脆弱性分析方法，对我国各地区的道路交通系统加以评价，从而了解各地区的道路交通系统脆弱性等级状况。

## 第二节　按地区划分的道路交通脆弱性分析

### 一、脆弱性分析的层次研究及指标选取

在道路交通系统脆弱性形成机理的指导下，利用层次分析法（AHP 方法），建立道路交通系统脆弱性层次结构，即脆弱性评价的指标体系。将影响道路交通系统脆弱性的指标划分为两大类别：内在因素指标和外在因素指标。内在因素指标主要包括有关驾乘人员、车辆情况和道路情况三个方面的指标。外在因素指标主要包括社会经济发展状况、自然环境状况、道路运输状况、交通管理状况等方面的指标（见图 39 - 1）。

根据道路交通系统脆弱性分析需要及能够收集到的数据信息的筛选，我们最终选取 6 个指标作为脆弱性分析的选择指标：驾驶员数量、公路里程数、民用车辆数、人均 GDP、客运量和货运量。其中，前三者属于内在因素指标层次，并且三种要素指标各选取一个；后三者属于外在因素指标层次，选取了一个社会经济指标和两个交通运输指标。交通管理指标由于数据信息缺乏的原因没有选取，自然环境指标没有选取的主要原因是考虑到我国行政区划较多且地理上幅员辽阔，各地区的气候差异性极大，自然环境及天气状况可能不具可比性，因此未选取。

对 6 项指标的原始数据进行处理，把绝对指标转化为相对指标：该地区的人均 GDP（单位：元）、该地区驾驶员占人口比例、该地区客运量占人口比例、该地区每公里公路货运量（单位：万吨），该地区的公路里程数（单位：公里）及民用车辆数（单位：辆）则仍使用绝对指标。

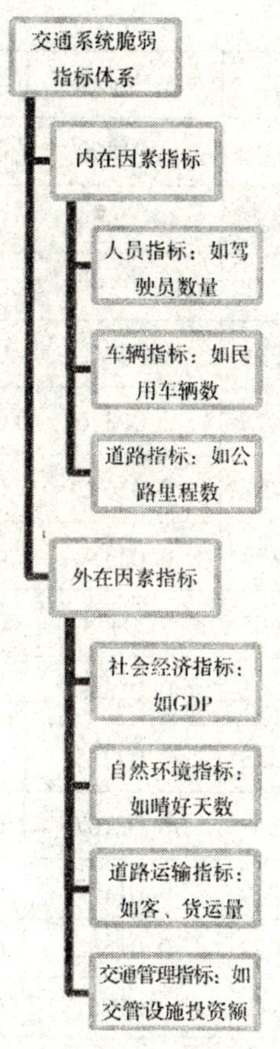


图 39－1　交通系统脆弱性指标体系框架图

对处理过的6项指标再进行无量纲化处理，去掉因为各自单位不统一造成的问题，得到表39－1。

表 39－1　处理后的脆弱性分析指标

| 省（区、市） | 公路里程 | 民用车辆 | 人均 GDP | 驾驶员人数 | 客运量 | 货运量 |
|---|---|---|---|---|---|---|
| 北京 | 0.005375802 | 0.058609941 | 0.08013 | 0.07243806 | 0.110823 | 0.033382213 |
| 天津 | 0.003708022 | 0.020698424 | 0.07087 | 0.045343131 | 0.028493 | 0.099862557 |
| 河北 | 0.039404852 | 0.063020087 | 0.02835 | 0.034032321 | 0.016611 | 0.027347203 |
| 山西 | 0.032980049 | 0.032791965 | 0.02484 | 0.028605522 | 0.015994 | 0.029064803 |
| 内蒙古 | 0.039047674 | 0.023892844 | 0.04653 | 0.039708708 | 0.013704 | 0.025534839 |
| 辽宁 | 0.026190557 | 0.038542236 | 0.04076 | 0.036903662 | 0.033209 | 0.04515597 |
| 吉林 | 0.022904467 | 0.019701307 | 0.03074 | 0.037466058 | 0.032126 | 0.013300367 |
| 黑龙江 | 0.039232608 | 0.025502624 | 0.02597 | 0.026169842 | 0.017037 | 0.01209363 |
| 上海 | 0.003022934 | 0.023422125 | 0.09063 | 0.049116688 | 0.007506 | 0.222111629 |
| 江苏 | 0.03724676 | 0.069548849 | 0.05161 | 0.043872939 | 0.03902 | 0.03586498 |
| 浙江 | 0.027701894 | 0.068739867 | 0.05136 | 0.04494206 | 0.057727 | 0.047906484 |

续表

| 省（区、市） | 公路里程 | 民用车辆 | 人均 GDP | 驾驶员人数 | 客运量 | 货运量 |
|---|---|---|---|---|---|---|
| 安徽 | 0.038640506 | 0.026647306 | 0.01899 | 0.022898926 | 0.034614 | 0.044562148 |
| 福建 | 0.023182646 | 0.025369452 | 0.03904 | 0.039861868 | 0.031056 | 0.021976804 |
| 江西 | 0.035487548 | 0.017049271 | 0.01999 | 0.031964555 | 0.02389 | 0.021238885 |
| 山东 | 0.058716298 | 0.088129389 | 0.04142 | 0.042166122 | 0.037205 | 0.042356213 |
| 河南 | 0.062762331 | 0.050325425 | 0.02376 | 0.030388158 | 0.022828 | 0.0236973 |
| 湖北 | 0.051076209 | 0.026799791 | 0.02622 | 0.029672522 | 0.02476 | 0.013539823 |
| 湖南 | 0.049576269 | 0.026683879 | 0.02359 | 0.022262306 | 0.032964 | 0.022760597 |
| 广东 | 0.047906934 | 0.104909435 | 0.0474 | 0.047230504 | 0.065277 | 0.031009019 |
| 广西 | 0.026028415 | 0.019082975 | 0.01849 | 0.018271469 | 0.021217 | 0.031782543 |
| 海南 | 0.005190868 | 0.004878635 | 0.02215 | 0.029654654 | 0.070743 | 0.031030047 |
| 四川（含重庆） | 0.093275028 | 0.059801068 | 0.02167 | 0.024955174 | 0.045421 | 0.017540763 |
| 贵州 | 0.036925067 | 0.014557236 | 0.01192 | 0.017208397 | 0.025664 | 0.008250163 |
| 云南 | 0.053363807 | 0.030108022 | 0.01562 | 0.031990167 | 0.011697 | 0.007545979 |
| 西藏 | 0.013946523 | 0.00236372 | 0.01761 | 0.014865109 | 0.040391 | 0.000564912 |
| 陕西 | 0.037326018 | 0.02328967 | 0.02506 | 0.029211512 | 0.033566 | 0.021717203 |
| 甘肃 | 0.029527414 | 0.010468747 | 0.01487 | 0.014290167 | 0.028437 | 0.007886073 |
| 青海 | 0.01557597 | 0.003877475 | 0.02245 | 0.032686993 | 0.026949 | 0.005563968 |
| 宁夏 | 0.005647765 | 0.005022475 | 0.02505 | 0.030727415 | 0.030268 | 0.045259605 |
| 新疆 | 0.039028766 | 0.016165758 | 0.02293 | 0.031094989 | 0.020803 | 0.010093279 |

## 二、构造判断矩阵

建立了交通系统层次结构和指标体系并且处理好相应数据后，需要构造一个判断矩阵，来分析选取的 6 项指标的重要性。为确定这 6 项指标的重要程度，将 6 项指标分别对道路交通事故的 4 个参数（道路交通事故起数、死亡人数、受伤人数和直接财产损失）作了影响因素分析，并由此对 6 个指标的重要程度进行了定性排序。按照重要程度从高到低来看：驾驶员数量 > 人均收入 > 民用车辆数 > 公路里程数 > 客运量 > 货运量。为具体比较出 6 个指标两两之间的重要关系，将重要程度分为五级：一级为稍微重要，二级为明显重要，三级为重要，四级为强烈重要，五级为绝对重要。6 项指标的排序每差一级即差出一定的数值（通常选为 1），由此根据重要等级排序建立判断矩阵（见表 39 – 2）。

表 39－2　交通系统脆弱性分析判断矩阵

| 判断矩阵 | 公路里程 | 民用车辆 | 人均 GDP | 驾驶员数 | 客运量 | 货运量 |
|---|---|---|---|---|---|---|
| 公路里程 | 1.000 | 2.000 | 3.000 | 4.000 | 0.500 | 0.333 |
| 民用车辆 | 0.500 | 1.000 | 2.000 | 3.000 | 0.333 | 0.250 |
| 人均 GDP | 0.333 | 0.500 | 1.000 | 2.000 | 0.250 | 0.200 |
| 驾驶员数 | 0.250 | 0.333 | 0.500 | 1.000 | 0.200 | 0.125 |
| 客运量 | 2.000 | 3.000 | 4.000 | 5.000 | 1.000 | 0.500 |
| 货运量 | 3.000 | 4.000 | 5.000 | 8.000 | 2.000 | 1.000 |

## 三、交通系统脆弱性计算

判断矩阵的构造中存在很多主观因素，因为这个判断矩阵毕竟是通过研究者的比较得出的，其中必然有主观成分的存在。因此，对判断矩阵的合理性要进一步检验，一旦检验不合格，则需要重新构造判断矩阵。这两步很有可能要反复进行多次才能够得到令人满意的矩阵结果。得到检验合格的判断矩阵后，就可以结合指标矩阵加以计算，得出交通系统脆弱性的具体数值。

利用构造好的判断矩阵求出其相应的特征根和特征向量（见表 39－3）。

表 39－3　各指标的特征根与特征向量

| 指标名称 | 特征向量 | 特征根 | 特征根/特征向量 |
|---|---|---|---|
| 公路里程 | 0.158066 | 0.96599 | 6.111305048 |
| 民用车辆 | 0.100665 | 0.60831 | 6.042863397 |
| 人均 GDP | 0.064349 | 0.38717 | 6.016710951 |
| 驾驶员人数 | 0.040066 | 0.24337 | 6.074151194 |
| 客运量 | 0.245968 | 1.51726 | 6.16854528 |
| 每公里公路货运量 | 0.390886 | 2.40195 | 6.144888164 |

AHP 计算方法的根本问题是计算判断矩阵的最大特征根 $\lambda_{max}$ 及其对应的特征向量，这里我们将采用比较常用的和积法来计算。将各指标的特征根与特征向量相除，然后对所得的 6 个数值求平均，即得到 $\lambda_{max}$，该最大特征根为 6.093077339。由此计算一致性检验指标 CI：

$$CI = \frac{\lambda_{max} - n}{n - 1} = \frac{6.0931 - 6}{6 - 1} = 0.018615468$$

其中：$n$ 表示矩阵阶数，即选取指标数量。查表得到 6 阶矩阵对应的平均随机一致性指标 RI，该值为 1.24，则判断矩阵的随机一致性比例 CR = CI/RI = 0.0186/1.24 = 0.015012474。CR 值远小于 0.1，说明该矩阵具有满意的一致性。那么该判断矩阵的特征向量就可以作为脆弱性分析的指标权重进行计算了。将指标矩阵与特征向量相乘，即可得到各地区相应的道路交通系统脆弱性数值（见表 39－4）。

表 39 -4　　各省（区、市）道路交通系统脆弱性数值

| 北京 | 0.055115668 | 浙江 | 0.049329 | 海南 | 0.033455 |
|---|---|---|---|---|---|
| 天津 | 0.055089916 | 安徽 | 0.036862 | 四川（含重庆） | 0.041186 |
| 河北 | 0.030535732 | 福建 | 0.026557 | 贵州 | 0.018296 |
| 山西 | 0.026553862 | 江西 | 0.02407 | 云南 | 0.019579 |
| 内蒙古 | 0.026514482 | 山东 | 0.048215 | 西藏 | 0.014327 |
| 辽宁 | 0.03794009 | 河南 | 0.032611 | 陕西 | 0.027772 |
| 吉林 | 0.022183933 | 湖北 | 0.02503 | 甘肃 | 0.017328 |
| 黑龙江 | 0.020405882 | 湖南 | 0.029937 | 青海 | 0.01441 |
| 上海 | 0.099302091 | 广东 | 0.051253 | 宁夏 | 0.029378 |
| 江苏 | 0.041584372 | 广西 | 0.025599 | 新疆 | 0.01958 |

## 四、脆弱性综合评价与分析

将各地区的指标矩阵与指标权重的矩阵（特征向量）相乘，得出各地区的脆弱性指标。将指标按照降序排列，并按照一定的值域划分脆弱性等级，将地区进行分类（见表 39 -5 和表 39 -6）。

表 39 -5　　交通系统脆弱性分级及取值范围

| 区间范围 | 脆弱性等级 |
|---|---|
| [0.05，1) | 极高脆弱性 |
| [0.04，0.05) | 高脆弱性 |
| [0.03，0.04) | 较高脆弱性 |
| [0.02，0.03) | 脆弱 |
| (0，0.02) | 低脆弱性 |

表 39 -6　　我国各地区交通系统脆弱性分级结果

| 省（区、市） | 脆弱性等级 | 省（区、市） | 脆弱性等级 |
|---|---|---|---|
| 上海 | 极高脆弱性 | 陕西 | 脆弱 |
| 北京 | 极高脆弱性 | 福建 | 脆弱 |
| 天津 | 极高脆弱性 | 山西 | 脆弱 |
| 广东 | 极高脆弱性 | 内蒙古 | 脆弱 |
| 浙江 | 高脆弱性 | 广西 | 脆弱 |
| 山东 | 高脆弱性 | 湖北 | 脆弱 |

续表

| 省（区、市） | 脆弱性等级 | 省（区、市） | 脆弱性等级 |
|---|---|---|---|
| 江苏 | 高脆弱性 | 江西 | 脆弱 |
| 四川（含重庆） | 高脆弱性 | 吉林 | 脆弱 |
| 辽宁 | 较高脆弱性 | 黑龙江 | 脆弱 |
| 安徽 | 较高脆弱性 | 新疆 | 低脆弱性 |
| 海南 | 较高脆弱性 | 云南 | 低脆弱性 |
| 河南 | 较高脆弱性 | 贵州 | 低脆弱性 |
| 河北 | 较高脆弱性 | 甘肃 | 低脆弱性 |
| 湖南 | 脆弱 | 青海 | 低脆弱性 |
| 宁夏 | 脆弱 | 西藏 | 低脆弱性 |

由此可以看出北京市、上海市、天津市、广东省的道路交通系统脆弱性是极高的，其中上海市的交通系统脆弱性甚至达到了0.099，远远高出其他地区，比第二位的北京市也要高出很多。在脆弱性等级位列第二梯队的有浙江省、山东省、江苏省、四川省（含重庆市）。这样的排序应该说和预期情况大致吻合，造成这样的脆弱性排序，原因大致有如下几个方面：

第一，经济发展水平使得同样程度的道路交通事故损失在不同地区会有很大不同，比如同样是剐蹭事故，在乡村公路上的可能是两辆拖拉机，事故双方可能粗略查看一下车体刮痕认为没有多大影响就不再继续深究了；而在发达城市道路上，两辆高级轿车剐蹭，却可能造成很大的经济损失，因为两车在维修时费用会非常高昂。

第二，交通系统的发展水平也会因地区有很大差距，进而造成脆弱性的差异，比如发达城市的路网密集，行人车辆数量都十分大，有限空间内的交通量就会非常大，交通密度大大超过欠发达地区，这都会使得交通系统水平较为发达地区的安全性降低，即脆弱性较高。

第三，客货运量的差异造成损失上的差异会很大。发达地区的客运量、货运量都会非常大，其发生事故造成损失的概率也就会相应高很多，这也使得发达地区的脆弱性有所提高。就结论情况来看，排在前两个等级的4个地区：上海市、北京市、天津市、广东省，都是我国经济最为发达、道路交通系统最为繁忙的地区，都是经济发展水平较高、人口稠密、交通处于枢纽地位的地区，无论是人员流动还是货物运输数量都十分大，因此其脆弱性也就居高不下。而新疆维吾尔自治区、云南省、贵州省、甘肃省、青海省和西藏自治区，相对经济发展水平落后，又都是交通上相对发展程度不高且处于国内交通网络终点位置的地区，人口密度较低，汽车拥有量较低，道路网也相对稀疏，客货运量又不是很高，因此它们的脆弱性相对会比较弱。

## 五、脆弱性分析方法在道路交通系统中应用的前景

本章仅仅是初步选取一些指标，对道路交通系统脆弱性加以分析，其中还有很多问题值得深入探讨。第一，就是指标的选取是否科学，指标间的相关性是否会影响到之后的分析。

在选取指标时，我们深感对此领域的研究还有很多不足，对道路交通安全学科的学习和认识还有待加强，我们的道路交通系统脆弱性层次结构模型和指标体系还有很大的改进空间，而且对指标之间的相关性问题还没有展开探讨，这种相关性对分析结果有多大影响还有待进一步确认。第二，即使建立了科学的指标体系，但能否拿到数据仍是一个令人头疼的问题。我国道路交通系统发展迅速，而相应的管理体系却还很落后，相应的统计机制也非常不完备，很多重要指标数据并不完整甚至拿不到，拿到的数据也是口径不一，处理起来有相当大的难度。第三，我国道路交通安全学科发展时间不长，加之交通系统又十分复杂，因此对判断矩阵的建立很难做到客观，即使是该行业专家也很难给出较为满意的、令人信服的、相对一致的判断值。第四，由于道路交通系统的影响因素层次多、指标繁杂，使得矩阵阶数无法控制在一个很有限的数字内，阶数过高会导致比较值难以确定，这就需要其他分析方法的介入来帮助判断。第五，地区以及标的脆弱性结论给出后，对排序的分析是非常重要，也是非常困难的，如何解释排序，给出科学合理的分析作为改进系统的依据是非常不容易的。

当然，困难固然很多，但不可否认，脆弱性分析方法对于道路交通系统的安全性研究工作来说是一个非常有效的方法，应该说脆弱性分析在今后的道路交通系统研究中会有非常重要的作用。除了各地区的交通系统脆弱性分析会给各地道路交通安全工作提供帮助和决策依据外，在道路交通系统的车、路、人、环境这些具体要素上的应用，也会有不错的效果。目前，在车辆制造、道路工程建设中已经开始使用脆弱性分析方法来改善汽车及路面设计中的安全性问题。

# 第四十章

# 道路交通事故的异常损失分析

## 第一节　Gumbel 异常损失分析

### 一、Gumbel 异常损失分析的适用性

Gumbel 的应用有一系列的假设条件，其中之一就是将过去发生的损失看成独立同分布的有限连续随机变量的现实值。而在交通意外事故中，过去年度的损失额具有趋势性，从定性的角度来讲，损失额会随着机动车数量的增加而增加，随着监管力度增强而下降，不能完全认为是独立同分布的。但是，本章依然运用 Gumbel 方法对交通事故的异常损失进行分析，提供统计学上的分析结果以供参考。

### 二、对未来年度交通事故造成的总损失的分析

在未来年度交通事故造成的总损失的分析中，可以利用的年度损失数据是 1985 ~ 2009 年的数据，一共 25 个，数据量较小，其中最大值为 1993 年的 96. 28 亿元（经过调整）。

先对数据进行排序，按照降序，其中前 5 个顺序统计量分别为 96. 28 亿元、95. 89 亿元、94. 23 亿元、91. 6 亿元、94. 07 亿元，通过计算，得到表 40 - 1，未来 20 年内交通事故年度总损失不超过 1993 年 96. 28 亿元的概率为 0. 555556，超过 1993 年一次的概率为 0. 252525，超过两次的概率为 0. 111581。同样的，未来 20 年中，交通事故年度总损失不超过以前第二大总损失的概率为 0. 30303，超过一次的概率为 0. 281889，超过两次的概率为 0. 191282。

表 40 - 1　　　　未来 20 年内交通事故年度总损失分析情况

| | 不超过 | 超过一次 | 超过两次 | 超过三次 | 超过四次 |
|---|---|---|---|---|---|
| 最大值 | 0. 555556 | 0. 252525 | 0. 111581 | 0. 04782 | 0. 019828 |
| 第二顺序量 | 0. 303030 | 0. 281889 | 0. 191282 | 0. 11197 | 0. 059484 |
| 第三顺序量 | 0. 162086 | 0. 231551 | 0. 214609 | 0. 160956 | 0. 105241 |
| 第四顺序量 | 0. 084902 | 0. 165663 | 0. 196725 | 0. 181592 | 0. 142167 |
| 第五顺序量 | 0. 043486 | 0. 108716 | 0. 158893 | 0. 175618 | 0. 161379 |

图 40 - 1 描绘的是表 40 - 1 中第一列数据的变化情况，未来 20 年不超过前五大极值的概率从 0. 555556 到 0. 043486 逐渐变小，起初下降迅速，而后从第三顺序量起下降较缓和，且对应概率处于较低水平，这说明未来 20 年内不超过 94. 23 亿元的概率较低，但是不超过最大

值96.28亿元的概率还是比较大的。

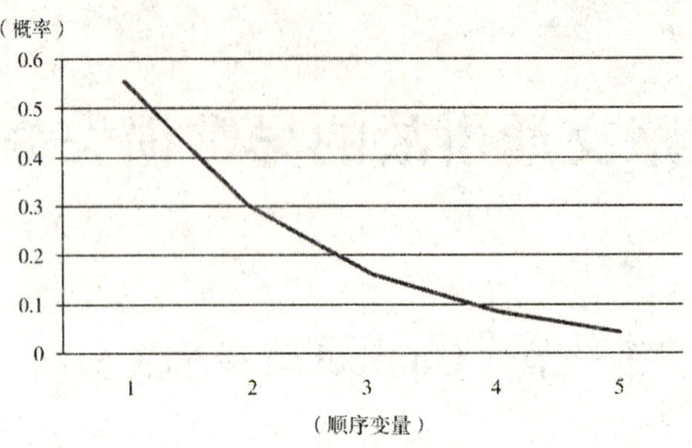


**图40－1　未来20年不超过前5大极值的概率分布图**

与图40－1的构造方法类似，绘制出未来5年、10年、15年中不超过最大的5个顺序统计量的概率，并画在图40－1的坐标系中，得到图40－2。

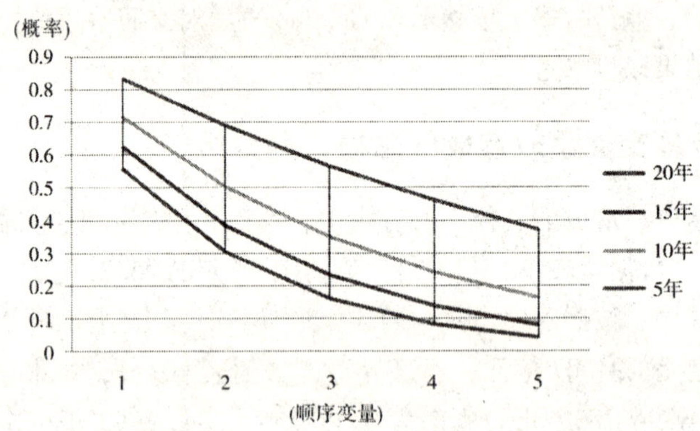


**图40－2　未来不超过最大的5个顺序统计量的概率**

从图40－2可以看到，分析的时间期限越长，不超过特定值的概率越小。即超过特定值的概率越大，这跟我们的常识理解是一致的。但是这几条线的曲度不是很一致。未来5年的情况下，不超过前五大极值的概率差不多呈直线型下降；而分析期为未来20年的情况下，是一个下凸型的下降曲线，概率下降速度先快后慢。

图40－3描绘的是表40－1第一行数据的变化情况，可以看到未来20年的年度损失量中，不超过最大损失量的概率比较大，为0.555556，超过一次的概率约在0.25的位置；以后超过次数越多，概率越小，超过两次及以上的可能性很小。

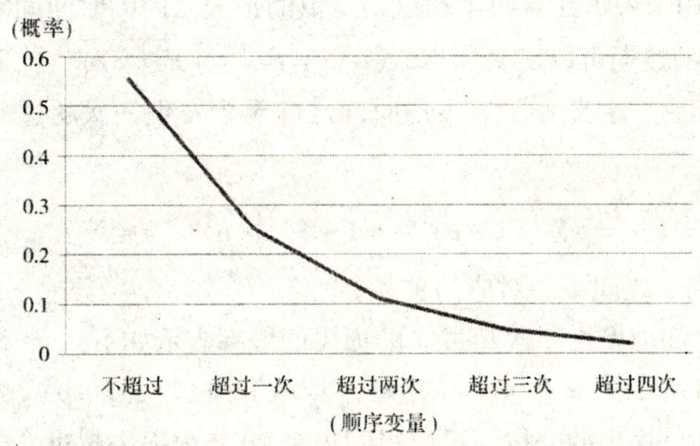


图 40－3　未来 20 年年度损失量的极值分析图

与图 40－3 的构造方法类似，绘制出未来 5 年、10 年、15 年、20 年中超过历史最大值的概率，并在图 40－4 中对比，可以看到未来不超过最大值的概率随着估计年限的增长而降低，而超过未来最大值的概率随着估计年限的增长而增长，且超过两次及以上的概率都处于较低水平。

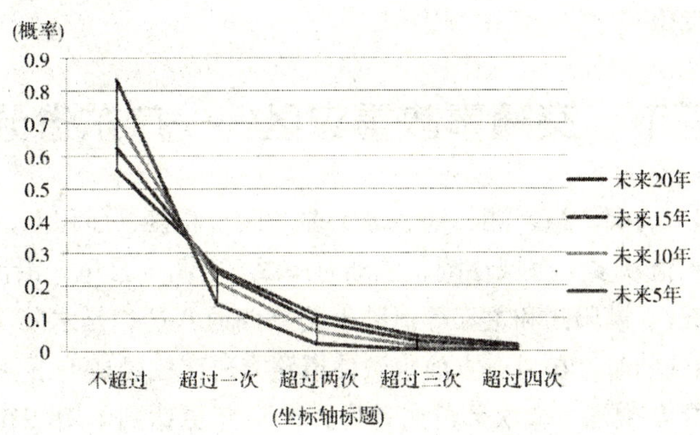


图 40－4　未来年度损失量的极值分析

## 第二节　道路交通事故的赔期

$X_i$ 可以作为分布为 $F$ 的独立的随机变量，$u$ 定义为一个已经给定的开始值，这样可以把 $I_{\{x_i>u\}}$ 当成是一个 *Bernoulli* 随机变量，成功概率为 $P=\overline{F}(u)$。定义第一次成功的时间为：

$L(u)=\min(i\geqslant1:X_i>u)$

则：

$P(L(u)=k)=(1-p)^{k-1}p$

注意到独立同分布的随机变量：

$L_1(u)=L(u)$

$L_{n+1}(u)=\min\{i>L_n(u):X_i>u\},\ n\geqslant1$

$L_{n+1}$（$u$）可以用来表示连续两个超过给定值的损失之间的时间间隔。

事件 $\{X_i > u\}$ 的赔期可以定义为 $EL(u) = P^{-1} = (\overline{F(u)})^{-1}$。下面可以通过几何分布的特性来解决这个问题。定义 $r_k$ 为在 $k$ 段时间之前至少发生一次超过 $u$ 的损失的概率，表达式如下：

$$r_k = P(L(u) \leqslant k) = p\sum_{i=1}^{k}(1-p)^{i-1} = 1-(1-p)^k,\ k \in N$$

这样就得到 $r_k$ 与 $p$ 之间一一对应的关系。

在赔期之前的时间内发生一次超过 $u$ 的损失的概率表示如下：

$$P(L(u) \leqslant EL(u)) = P(L(u) \leqslant [1/p]) = 1-(1-p)^{[1/p]}$$

根据前面对年度总损失的分析，可以得到未来20年内损失超过 $u$ 的概率为：

$$P(X_i > u) = 1 - p(X_i < u) = 1 - 0.5556 = 0.4444$$

即：

$$P(L(u) \leqslant 20) = 0.4444$$

根据前面的分析，得到：

$$P(L(u) \leqslant 20) = 1-(1-p)^{20} = 0.4444$$

解得 $p$ 为0.028958，赔期为 $p$ 的倒数34.5年。即像1993年那样大的年度损失，统计意义上34.5年才会再发生一次。

## 第三节　交通事故重灾区——广东省分析

广东省毗邻港澳，与闽、赣、湘、桂、琼5省（区）相接，面积17.8万平方公里，人口7 000多万人。境内河流众多，海域辽阔，大陆海岸线3 368.1公里，沿海岛屿759个，内陆江河主要有珠江、韩江、漠阳江和鉴江等。陆上公路四通八达，是水陆交通较发达的地区之一。广东省交通繁荣的同时，在另一方面也致使道路交通事故居高不下，在1985～2009年这25年间，广东省有21年交通事故次数位居首位，2002年更达到了78 929次的巅峰，相应的死亡人数、受伤人数和损失金额在全国范围内始终是名列前茅，可谓是我国交通事故的重灾区。表40－2展示了广东省1985～2009年交通事故的详细情况。

**表40－2　　　　1985～2009年广东省交通意外事故状况**

| 年度 | 事故次数（次） | 名次 | 死亡人数（人） | 名次 | 受伤人数（人） | 名次 | 损失金额（调整到2009年，万元） | 名次 |
|---|---|---|---|---|---|---|---|---|
| 1985 | 14 767 | 3 | 1 984 | 7 | 9 316 | 3 | 1 525 | 1 |
| 1986 | 22 642 | 1 | 2 773 | 3 | 13 484 | 1 | 2 940 | 1 |
| 1987 | 25 668 | 1 | 3 594 | 2 | 16 172 | 1 | 3 599.7 | 1 |
| 1988 | 23 993 | 1 | 3 640 | 2 | 14 635 | 1 | 3 970 | 1 |
| 1989 | 24 299 | 1 | 3 478 | 2 | 15 133 | 1 | 4 600.8 | 1 |
| 1990 | 25 909 | 1 | 3 639 | 2 | 14 875 | 1 | 5 043.8 | 1 |
| 1991 | 30 326 | 1 | 4 429 | 1 | 16 979 | 1 | 6 621.5 | 1 |

续表

| 年度 | 事故次数（次） | 名次 | 死亡人数（人） | 名次 | 受伤人数（人） | 名次 | 损失金额（调整到2009年，万元） | 名次 |
|---|---|---|---|---|---|---|---|---|
| 1992 | 34 023 | 1 | 5 509 | 1 | 18 270 | 1 | 10 463.9 | 1 |
| 1993 | 42 700 | 1 | 6 933 | 1 | 21 075 | 1 | 19 805.03 | 1 |
| 1994 | 46 195 | 1 | 7 504 | 1 | 25 039 | 1 | 29 153 | 1 |
| 1995 | 41 570 | 1 | 7 639 | 1 | 25 031 | 1 | 27 160 | 1 |
| 1996 | 38 967 | 1 | 7 664 | 1 | 27 635 | 1 | 25 890 | 1 |
| 1997 | 38 820 | 1 | 7 592 | 1 | 33 020 | 1 | 26 020.3 | 1 |
| 1998 | 38 830 | 1 | 8 229 | 1 | 36 038 | 1 | 22 922.3 | 2 |
| 1999 | 38 339 | 3 | 7 487 | 2 | 43 834 | 1 | 20 232.5 | 2 |
| 2000 | 39 527 | 5 | 7 333 | 3 | 22 800 | 6 | 16 382.1 | 4 |
| 2001 | 69 555 | 1 | 10 801 | 1 | 64 788 | 1 | 30 098.9 | 2 |
| 2002 | 78 929 | 1 | 12 035 | 1 | 75 040 | 1 | 35 833.8 | 2 |
| 2003 | 68 903 | 1 | 11 151 | 1 | 73 170 | 1 | 31 387.5 | 3 |
| 2004 | 55 082 | 2 | 10 261 | 1 | 63 417 | 1 | 22 988.93 | 3 |
| 2005 | 67 756 | 1 | 9 959 | 1 | 77 591 | 1 | 20 882.8 | 1 |
| 2006 | 56 217 | 1 | 8 828 | 1 | 67 637 | 1 | 16 384.9 | 1 |
| 2007 | 46 558 | 1 | 7 994 | 1 | 55 566 | 1 | 12 075.29 | 1 |
| 2008 | 39 389 | 1 | 7 182 | 1 | 46 998 | 1 | 10 013.59 | 1 |
| 2009 | 32 455 | 1 | 6 542 | 1 | 38 598 | 1 | 8 552.878 | 2 |

资料来源：1986～2010年《中国交通年鉴》，1991～1993年《中国法律年鉴》。

《中国交通年鉴》中，将道路交通事故按以下原因分类：意外原因（自然灾害、机械故障、爆胎、其他意外），机动车违法（超速行驶、酒后行驶、逆向行驶、疲劳行驶、违法变更车道、违法超车、违法倒车、违法掉头、违法会车、违法牵引、违法抢行、违法上道路行驶、违法停车、违法占道行驶、违法装载、违法装载超限及危险品运输、违反交通信号、未按规定让行、无证驾驶、不按规定使用灯光、其他影响安全行为），机动车非违法过错行为（制动不当、转向不当、油门控制不当、其他操作不当），非机动车违法（超速行驶、酒后行驶、逆行、违法超车、违法牵引、违法抢行、违法上道路行驶、违法停车、违法占道行驶、违法装载、违反交通信号、未按规定让行、无证驾驶、其他影响安全行为），行人乘车人违法（违法上道路行驶、违法占道、违法装载超限及危险品运输、违反交通信号、其他影响安全行为），道路原因（未设置道路安全设施、安全设施损坏、灭失、道路缺陷、其他道路原因），其他原因。

国内外对于几种主要自然灾害的理论研究主要有致灾因子论、孕灾环境论和承灾体论，将其引入交通事故这一人为因素占主导地位的巨灾分析当中，分别从这三个方面分析广东省为什么是全国交通事故灾害最严重的地区。

## 一、致灾因子

一般认为灾害是致灾因子对承灾体作用的结果，没有致灾因子就没有灾害，道路交通事故的直接致灾因子是碰撞或翻坠等。为了使研究有意义，将其引申到上述因子的原因。人和车的因素便成为道路交通事故的致灾因子。如《中国交通年鉴》分类中的机动车、非机动车和行人的违法违规行为以及意外原因。

在广东省发生的道路交通事故中，因为驾驶人违法驾驶车辆造成事故的占事故总数的绝大多数。超速超员、疲劳驾驶、酒后驾驶等违法行为成为恶性交通事故的幕后黑手。这种情况与全国其他省（区、市）的情况基本相同，由于本节旨在探究广东省交通事故异常严重的原因，下面分析中对于与其他省（区、市）相同情况将不再赘述。

## 二、孕灾环境①

将孕灾环境指标定义为影响行车、路面和驾驶员状况的各种环境因素，如交通繁忙程度、雨雪雾等天气状况、光线状况、盘山道高速公路等特殊路段以及《中国交通年鉴》原因分类中的道路原因、监管情况等。

广东省道路交通事故频发可能与以下两点有关：

### （一）广东省交通繁忙

广东省的运输业在全国占有举足轻重的地位，此外，每人每年旅客出行也高于全国平均水平。据广东省和国家国民经济统计公报显示，2009 年全国公路客运量 278 亿人，货运量 209.7 亿吨，广东省公路客运量 40.63 亿人，货运量 12.5 亿吨，分别占全国的 14.62% 和 5.96%。

此外，广东省外来人员较多，特别是来粤务工人员较多，客流量集中，尤其是春运期，旅客运输局部性和季节性紧张情况严重。

### （二）广东省特殊路段

广东省的地形复杂，存在一些临崖、临水，多弯路、桥梁、隧道的危险路段。此外，山区和东西两翼由于经济基础薄弱，交通建设资金筹集困难等原因，交通运输业发展相对比较缓慢。有些地区的公路路面等级偏低，高速公路里程在地区公路里程中所占比重较低。

## 三、承灾体

承灾体是各种致灾因子作用的对象，是人类及其活动所在的社会与各种资源的集合。道路交通事故的主要承灾体包括人和车，但在道路交通事故面前，人与人之间差别微乎其微且不易考量，而车的性能种类和用途对事故造成的损失有重大影响，因此首先考虑车这一主要承灾体。

广东省机动车数量巨大，据广东省和国家国民经济统计公报显示，2009 年全国机动车保有

---

① 中华人民共和国国家统计局网站：《广东交通运输业发展现状、存在问题及对策》，网址 http：//www.stats.gov.cn/was40/reldetail.jsp?docid=402359082；广东省统计信息网：《广东交通运输发展现状分析》，网址：http：//www.gdstats.gov.cn/tjfx/t20061128_42376.htm；《南方日报》：《广东道路交通事故连续四年下降》。

量为 7 619 万辆，广东省机动车保有量为 660.24 万辆，占全国的 8.67%。交通事故次数有一定的趋势性，随着机动车保有量的增加而增加。这是广东省道路交通事故频发的主要原因之一。

## 第四节　恶性交通意外事故案例分析①

案例一：2005 年 7 月 16 日凌晨 3：55，当车行驶至 318 国道 1528 公里 +60 米上坡缓弯路段时，因邓某长时间驾车，极度疲劳，致车撞击行驶方向左侧路边 3 个警示墩并向前冲出十多米后触地，翻入崖下，酿成 17 人死亡、38 人受伤的特大车祸。

案例二：2005 年 11 月 14 日，山西省沁源县郭道镇发生特大交通事故，一辆大货车冲向路边跑操的学生，造成 21 名师生遇难。交通事故直接原因是司机疲劳驾驶。

案例三：2005 年 12 月 19 日下午 5：20，京石高速路河北省望都段两辆正在由南向北行驶当中的大货车追尾后先后飞越护栏，与由北向南行驶的一辆中巴车相撞，当场造成 3 辆车上共 20 人死亡，其中 13 人为中巴车上的乘客。初步认定发生事故的原因有：一辆大货车驾驶人疲劳驾驶；另一辆大货车所载货物（钢管）超长，钢管最长超过车厢长 1.9 米；事故发生地中央隔离带护栏防撞能力差等。

案例四：2006 年 2 月 24 日上午 6：30，贵州省贵阳市境内的贵新公路 12 公里处，一辆从广东省方向开往四川省的双层卧铺大客车失控撞破护栏冲出路基，翻下 7 米多高的路坎，坠入一条小河中。车内有 45 名乘客，23 人当场死亡，另 22 名受伤乘客被当地警方送往医院抢救。警方初步查明事故原因是：驾驶员在行驶过程中起身取物，导致车辆偏离前进方向而坠河肇事。

案例五：2006 年 8 月 26 日凌晨，在京珠高速韶关乳源段，一辆满载铁矿石的大货车因车辆发生故障，在路边停车维修，但没有及时在车尾处设置警示标志；随后的大客车司机因长时间疲劳驾驶处于精神恍惚状态，误以为大货车是处于缓慢行驶状态，于是加大油门想超过大货车继续行驶，没想到大客车此时的车速较快，未能敏捷“越位”，发生碰撞，导致大客车半边车身都被铲掉，造成 17 人死亡，多人受伤。事故原因：驾驶员疲劳驾车，判断失误；超速行驶以致车辆失控。

案例六：2007 年 5 月 7 日凌晨，在贵州省黔西县境内贵毕公路上，一辆从浙江省金华市开来的双层巴士在上坡时冲出左行车道前面的波形防护栏后，翻到斜高 137 米的路坎下。翻车造成 21 人死亡，25 人受伤。这起事故发生的直接原因，是驾驶员廖某安全意识淡薄，疲劳驾驶，导致车辆方向失控冲出道路。间接原因主要是肇事车辆所属单位对安全工作重视不够，管理制度不健全，管理不力，没有针对超长线运输特点的具体管理制度和措施，落实安

① 案例参考公安局公告及网易汽车：《车祸猛于虎——近年国内最悲惨 10 大交通事故》，网址：http：//auto.163.com/10/0912/11/6GCJDVL400081TPJ.html；车天下论坛：《国内最悲惨 10 大交通事故车祸排名再次被改写》，网址：http：//bbs.chetx.com/102/10_11856724_11856724.htm；中顾交通事故网《回顾 2009 年——全国重大交通事故盘点》，http：//news.9ask.cn/jtsg/JtBjTj/201010/908418.shtml；网易《2010 年全国发生的 10 人以上特大交通事故》，http：//yumin7779.blog.163.com/blog/static/41754082201011319292788l/。

全责任不到位。

案例七：2008年9月13日13：40，四川省巴中市巴运集团公司所属一辆宇通客车（核载51人，实载51人），由巴中市开往浙江省宁波市，行至省道S101线525KM+700M处（巴中市南江县桃园镇卫家坝林场）时，坠入约150米高的岩下，造成51人死亡。事故发生的直接原因：一是驾驶员违法超速驾驶（限速20公里/小时，实际44公里/小时）；二是驾驶员操作不当（左转弯角度过小）。事故的主要原因：一是地方政府隐患排查治理工作不到位；二是企业安全管理薄弱，存在严重漏洞；三是机动车驾驶员教育培训不到位。

案例八：2008年12月2日8：30左右，国道314线库车县境内762公里处发生一起特大交通事故，造成22人死亡，3人重伤。初步勘察，事故是由大客车占道、与对面驶来的拉煤大货车相撞引起的。车上生还乘客称事故原因是司机弯腰捡东西。

案例九：2009年3月19日下午16：00～17：00，黑龙江省哈同公路哈尔滨去往佳木斯447公里处发生一起重大交通事故，造成19人死亡，多人受重伤。此次事故的直接原因是由于车辆驶入冰雪路面，车速过快，肇事金龙大客车驾驶人驾驶非准驾车型行车措施不当所致。

案例十：2009年3月27日，沪昆高速公路江西省丰城境内发生一起特大交通事故，当场造成20人死亡，另有11人受伤。15：15，一辆大客车在沪昆高速公路江西省丰城境内超速行驶。当时正值下雨，路面湿滑，司机操作不当，车辆从西线冲过路中间的隔离栏，与东线迎面驶来的两辆重型半挂车相撞，交警部门初步调查了解到，这辆大客车核载人数为33人，事发时实载31人。车主来自江西省新余市，车辆挂靠在江西省内一家旅游公司。车上乘客大多为当天从外地返回新余市的游客。

案例十一：2009年4月25日，云南省楚雄发生重大交通事故，共造成21人死亡，其中16人当场死亡，2人在送往医院途中死亡，3人在抢救过程中死亡，受伤人员已基本脱离生命危险。凌晨1：40许，载煤大货车在昆楚高速公路行驶至昆明至楚雄方向126KM+600M处时，失控后撞在公路左边护栏上，占据了高速路一个半车道。事故发生后，昆楚高速公路交巡警大队在该车500米后放置了警示锥桶和安全警示标志。当日6：40许，云南省旅游公司旅游车（载客36人，含1名驾驶员和1名导游）行驶至该路段时，发现警示标志后减速行驶，在旅游车后紧随着的一辆载西瓜的大货车失控，与前面的旅游车发生追尾，将旅游车撞向右边的护栏，旅游车撞坏护栏后翻下高速路边约100米的山地内，载西瓜大货车（载客5人，含驾驶员）也随之翻至客车旁约50米的山地内。经过调查，警方初步认为在4月25日的楚雄重大交通事故中，运载西瓜的货车严重超载，制动失灵，导致惨剧发生。

案例十二：2009年10月2日9：10左右，湖南省祁阳县发生死亡17人的特大交通事故。驰兴汽车运输有限公司一辆大客车，核载30人，实载71人，行至祁阳县大江林场黄沙村斋公冲地段（属急转弯陡坡路段，坡度约20%），在下坡时冲出路面，坠入公路外侧约4米深的山沟，造成17人不幸罹难（其中当场死亡9人，经医院抢救无效死亡8人），54人受伤（其中7人重伤）。据祁阳县公布的死亡人员名单中包括客车司机，罹难人员中年龄最大的87岁，最小的还不满周岁。

案例十三：2010年2月28日，河南省郑州发生一次死亡19人的特大道路交通事故。17：15，河南省新密市交通运输总公司驾驶人吴某驾驶大型客车，乘载26人（核载27人），由郑州驶往新密，行至郑密公路侯寨桥下，因雨雪天气、湿滑路面，超速行驶，车辆坠入尖岗水库中，造成19人死亡、7人受伤。

案例十四：2010年3月6日，西藏自治区山南地区桑日县发生一起死亡26人的特大道路交通事故，5：00许，西藏自治区山南地区贡嘎县甲竹林镇一辆自卸货车，搭载34名朝佛群众（驾驶室内载4人，货厢内违法搭载30人）前往桑日县丹萨梯寺朝佛。11时50分，车辆返回途中经过寺庙自建道路一下坡转弯路段时，刹车失灵，导致车辆撞在路边山体，造成车上25人当场死亡，1人送医院途中抢救无效死亡，9人受伤。

案例十五：2010年5月23日，辽宁省发生一起特大交通事故，肇事车辆为一个体运营户驾驶的半挂货车，核载33吨，实载57.32吨，在高速公路行驶中错过出口，进入服务区后违章调头逆行，与迎面行驶的核载36人、实载54人的卧铺大客车相撞，导致两车起火，造成货车上的3人全部死亡，大客车上的30名乘客死亡、24人受伤。经初步调查，货车违法违规超载、逆向行驶，大客车严重超员是导致事故发生、扩大的直接原因。

案例十六：2010年10月9日上午，宁合高速合肥往南京方向454.1公里处发生一起重大交通事故，造成17人死亡、6人重伤。10月9日8：35，江苏省泰州驾驶人何某驾驶重型半挂牵引车牵引挂车，运载80吨货物（核载27吨），行至南京境内宁合高速公路454KM+100M处，因团雾且遇前方事故车辆导致行驶缓慢，与湖北省十堰亨运集团客运有限公司竹西分公司大型客车（核载47人，实载53人）因大雾追尾相撞，起火后冲出护栏，翻到匝道下（距离路面5米），槽罐车叠压大客车上。

以上这些是近年来几起有代表性的群死群伤恶性交通事故，死伤人数都多达数十人。多年以来，交通资金和科技投入与防灾减损能力的不断加强，使我国道路交通安全状况逐渐好转。但是由于机动车数量、驾驶员数量和通车里程数逐年大幅增多，我国的道路交通安全工作仍然任重道远。下面仍然从致灾因子、孕灾环境、承灾体三方面对群死群伤的特大交通事故进行分析。

## 一、致灾因子

从事故原因上看，多为司机的违法违规操作，其中疲劳和超速驾驶应被高度重视。此外车辆状况异常也是主要原因，如刹车制动失灵等。

## 二、孕灾环境

从路段上看，多为高速公路或弯道、盘山道、坡面等特殊路段，容易出现车速过快、刹车失灵、视线遮挡或躲闪不及的情况。从时间上看，多发生在凌晨，此时驾驶员容易疲劳，且这段时间光线不足，可视性差。从天气上看，多发生在大雾或雨雪天气之后，此时路面湿滑，可视性差，易酿成交通事故。

## 三、承灾体

从车辆类型上看，大型货车、客车居多。恶性道路交通事故的特点之一就是群死群伤，较之多车连环相撞而言，载客多的大型车辆肇事为主流。大型货车、客车多为长途运送且以营利为目的，容易出现疲劳超载、疏于检修等违规操作问题。而且这种特殊车型对驾驶员的驾驶技术要求更高，运行路段也与日常出行的小型家用、商用车有所不同。

# 第四十一章

# 道路交通事故的聚类分析

## 第一节　聚类分析方法说明

用聚类分析对各地区交通事故的情况进行分组。在方法上，我们选择系统聚类中的离差平方和法对数据作标准化处理，使其均值为0，标准差为1。样本间的距离用SAS默认的欧式距离。

对于道路交通事故经常统计的4项指标——事故次数、死亡人数、受伤人数和GDP调整后的损失折款（经GDP调整到2009年）进行一定处理。

将各地区事故次数逐年加总，得到事故次数的指标。

将死亡人数、受伤人数和GDP调整后的损失折款处理为次死亡人数、次受伤人数和GDP调整后的次损失折款。具体为将各年度统计数值加总，除以相应地区的各年事故次数加总。这里需要注意的是，次死亡人数和次受伤人数得到的结果均为小数，作为聚类的指标，不考虑其实际意义，只将其作为聚类分组的依据之一（见表41－1）。

**表41－1　　　　各省（区、市）交通意外事故频数及损失统计表**

| 省（区、市） | 事故次数 | 平均次死亡人数 | 平均次受伤人数 | 平均次损失（万元，调整至2009年） |
|---|---|---|---|---|
| 北京 | 304 652 | 0.0794841 | 0.5046282 | 2.3423570 |
| 天津 | 128 725 | 0.1422490 | 0.6882191 | 2.3013635 |
| 河北 | 337 792 | 0.2452338 | 0.7551866 | 1.8887929 |
| 山西 | 231 410 | 0.2524480 | 0.7927056 | 1.6286266 |
| 内蒙古 | 133 719 | 0.2487530 | 0.7863804 | 1.0919004 |
| 辽宁 | 386 870 | 0.1793083 | 0.6121333 | 2.2517761 |
| 吉林 | 197 312 | 0.2254551 | 0.6136677 | 1.3425252 |
| 黑龙江 | 127 131 | 0.3166576 | 0.8416122 | 1.3142998 |
| 上海 | 451 713 | 0.0524581 | 0.3742443 | 2.2784100 |
| 江苏 | 551 806 | 0.2279116 | 0.6301798 | 1.9370110 |
| 浙江 | 735 917 | 0.1711633 | 0.7321451 | 2.3129833 |
| 安徽 | 277 144 | 0.2591505 | 0.8739356 | 1.3748737 |

续表

| 省（区、市） | 事故次数 | 平均次死亡人数 | 平均次受伤人数 | 平均次损失（万元，调整至2009年） |
|---|---|---|---|---|
| 福建 | 426 728 | 0.1664925 | 0.8412010 | 1.6542111 |
| 江西 | 195 182 | 0.2683239 | 0.7917841 | 1.6628582 |
| 山东 | 636 876 | 0.2187883 | 0.7792239 | 1.4892443 |
| 河南 | 478 264 | 0.1988609 | 0.8170027 | 1.5651811 |
| 湖北 | 270 447 | 0.2566862 | 0.8069086 | 1.6691633 |
| 湖南 | 347 646 | 0.2141259 | 0.9165473 | 1.7416510 |
| 广东 | 1 041 419 | 0.1672526 | 0.8797045 | 2.1135732 |
| 广西 | 208 454 | 0.2911386 | 0.9322680 | 1.9651153 |
| 海南 | 37 848 | 0.2337508 | 0.9393891 | 2.3643026 |
| 四川（含重庆） | 695 880 | 0.1723674 | 0.8588076 | 1.2189050 |
| 贵州 | 95 596 | 0.3415519 | 0.6897674 | 2.2624323 |
| 云南 | 220 268 | 0.2392631 | 0.6488187 | 2.0417815 |
| 西藏 | 17 735 | 0.4377220 | 0.8351283 | 3.2069987 |
| 陕西 | 235 706 | 0.2111232 | 0.6967366 | 1.4583262 |
| 甘肃 | 93 006 | 0.3653958 | 0.8278713 | 1.3846918 |
| 青海 | 42 910 | 0.3141692 | 0.7338383 | 2.5223496 |
| 宁夏 | 81 930 | 0.1778225 | 0.7018430 | 1.1888379 |
| 新疆 | 167 082 | 0.2901450 | 0.7986378 | 1.9697402 |

## 第二节　聚类过程、结果及分组

运用SAS软件进行聚类分析，首先将山西省和湖北省合并为一类成第29类，之后再将江西省和第29类合并为一类成第28类，依次进行，最终，将所有样本合并为一类。

合适的聚类数目可以由输出的CCC、PSF、PST2这些量决定。一般情况下，CCC和PSF出现峰值时所对应的分类数较为合适，PST2出现峰值的前一行所对应的分类数较为合适。同时，还可以通过再合并成新类时RSQ值的减少最多（即每一次合并时，信息的损失程度SPRSQ值最大）来验证。在本次输出结果中，CCC在NCL＝3处有峰值，PST2在NCL＝5处有峰值，通常取再减一的分类比较合适，即分成4类。从SPRSQ值分析，从4类合并成3类时，有较大的信息损失（0.1434）；从3类合并成2类时，有较大的信息损失（0.1970）；从2类合并成1类时，有较大的信息损失（0.2398）。

输出的树形图见图41－1。

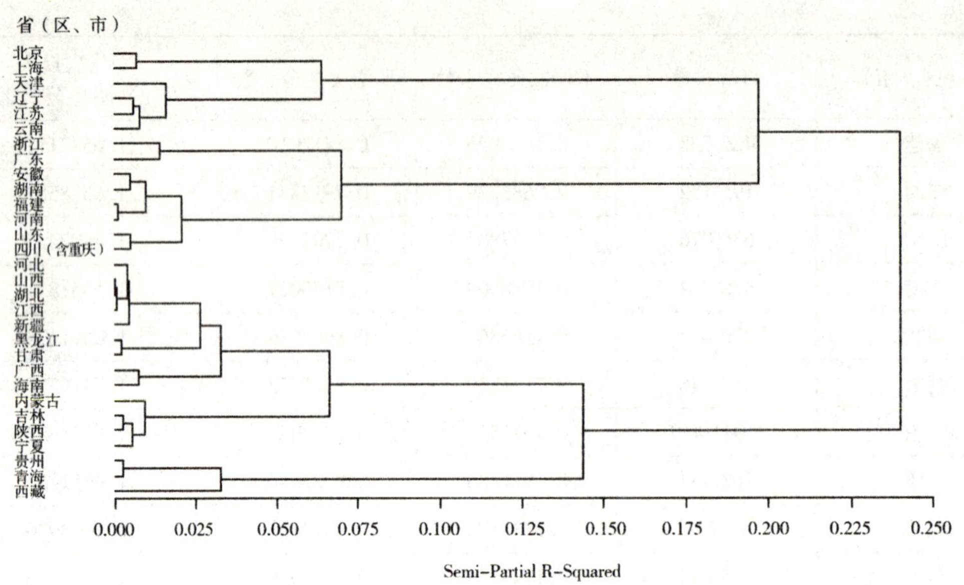


**图 41－1　SAS 聚类树形图**

结合树形图综合考虑，将各省（区、市）分为四组。具体分组如下（见附录二中的图41－2）：

第一组：北京市、上海市、天津市、辽宁省、江苏省、云南省；

第二组：浙江省、广东省、安徽省、湖南省、福建省、河南省、山东省、四川省（含重庆市）；

第三组：河北省、山西省、江西省、湖北省、新疆维吾尔自治区、湖南省、广西壮族自治区、海南省、内蒙古自治区、黑龙江省、甘肃省、吉林省、陕西省、宁夏回族自治区；

第四组：贵州省、西藏自治区、青海省。

# 第三节　差异率分析

以上各节对各组的损失发生频数和损失额度进行了分析，除此之外，各个组之间的差异率状况也是很重要的信息，对了解各组交通事故特点有重大意义。聚类来说明组内地区的共性，而差异率来说明组内地区的差异性，两者结合有利于我们了解交通事故分布的全貌。

从成因分析来看，环境因素、各地区发展水平与道路交通事故发生有关，但人的因素是占主导地位的，因此按地区分类的差异率不会同自然灾害因素一样明显。

## 一、差异率计算的说明

### （一）指标选取说明

差异率是各个地区之间道路交通事故损失发生情况的差别，可以是事故发生次数、死亡人数、受伤人数等指标。根据保险公司的需要，本文所研究的是各地区每次发生道路交通事故带来损失之间的差异率。

进行差异率分析时，使用聚类分析所利用的平均次损失指标，以反映损失和频数，同时用 GDP 调整，更具有现实的参考意义。

某年某地区/组平均次损失 $=\frac{adjloss_i}{N_i}$

其中，$\mathrm{adjloss_i}$ 为第 i 年某地区/组的损失折款用 GDP 调整到 2009 年的损失额，$\mathrm{N_i}$ 为该年该地区发生事故次数。

某地区/组平均次损失 $=\frac{\mathrm{adjloss_i}}{\mathrm{N_i}}$

其中，$\mathrm{adjloss_i}$ 为每年该地区/组损失折款用 GDP 调整到 2009 年的总损失额，$\mathrm{N_i}$ 为事故发生总次数，所研究的年度为 1985～2009 年。

**（二）组间差异率指标计算**

根据上面的指标，首先计算出每一组年平均次损失的标准差（1985～2009 年），然后计算差异率指标：

该组平均次损失差异率 = 该组平均次损失/基准组平均次损失

该组 1 倍标准差差异率 =（该组平均次损失 +1 倍标准差）/（基准组平均次损失 +1 倍标准差）

**（三）组内差异率指标计算**

组内平均次损失差异率 = 该地区平均次损失/组平均次损失

## 二、组间差异率分析

通过前面聚类分析得到以下分组：

第一组：北京市、上海市、天津市、辽宁省、江苏省、云南省；

第二组：浙江省、广东省、安徽省、湖南省、福建省、河南省、山东省、四川省（含重庆市）；

第三组：河北省、山西省、江西省、湖北省、新疆维吾尔自治区、湖南省、广西壮族自治区、海南省、内蒙古自治区、黑龙江省、甘肃省、吉林省、宁夏回族自治区；

第四组：贵州省、西藏自治区、青海省。

根据上面组间差异率计算方法，得到表 41－2。

**表 41－2　　　　组间差异率分析表**

| 组别 | 平均次损失 | 标准差 | 差异率 | 1 倍标准差差异率 |
|---|---|---|---|---|
| 第一组 | 2.17 | 1.05 | 1.00 | 1.00 |
| 第二组 | 1.75 | 1.06 | 0.81 | 0.87 |
| 第三组 | 1.63 | 0.85 | 0.75 | 0.82 |
| 第四组 | 2.44 | 0.96 | 1.13 | 1.09 |

通过计算各组年均损失额的差异率，得到如下结论：如果以第一组的平均次损失为单位损失的话，则第二组的次损失额约为第一组平均次损失额的 81%，第三组的次损失额约为第

一组平均次损失额的 75%，第四组的次损失额约为第一组平均次损失额的 1.12 倍。

此外，从上面差异率表可以看出，第四组的平均次损失最高，这与西部、南部地区地形多险阻、经济水平落后、道路设施不完善、道路安全意识淡薄有关。值得注意的是，第四组的平均次损失指标大于第一组的平均次损失指标，与前面的聚类分类结果有所不同，这是因为在聚类时，考虑的不仅是次损失，还有发生频数、死亡人数、受伤人数，而这一节我们只关注次损失指标。

## 三、组内差异率分析

### （一）第一组：北京市、上海市、天津市、辽宁省、江苏省、云南省

根据组内损失差异率计算方法得到表 41－3。

表 41－3　　　　第一组组内损失差异率分析

| 省（区、市） | 平均次损失 | 差异率分析 |
|---|---|---|
| 北京 | 2.34 | 1.08 |
| 上海 | 2.28 | 1.05 |
| 天津 | 2.30 | 1.06 |
| 辽宁 | 2.25 | 1.04 |
| 江苏 | 1.94 | 0.89 |
| 云南 | 2.04 | 0.94 |

在这一组中，组内差异率较明显，北京市、上海市、天津市、辽宁省的损失率基本持平且处于较高水平，这一结果符合预期，经济较发达地区的损失率较高。

### （二）第二组：浙江省、广东省、安徽省、湖南省、福建省、河南省、山东省、四川省（含重庆市）

根据组内损失差异率计算方法得到表 41－4。

表 41－4　　　　第二组组内损失差异率分析

| 省（区、市） | 平均次损失 | 差异率分析 |
|---|---|---|
| 浙江 | 2.31 | 1.32 |
| 广东 | 2.11 | 1.20 |
| 安徽 | 1.37 | 0.78 |
| 湖南 | 1.74 | 0.99 |
| 福建 | 1.65 | 0.94 |
| 河南 | 1.57 | 0.89 |
| 山东 | 1.49 | 0.85 |
| 四川（含重庆） | 1.22 | 0.69 |

该组的组内差异率比较明显，其中浙江省、广东省经济较发达地区的损失率较高，而四

川省、河南省等内陆地区的损失率较低。

**（三）第三组：河北省、山西省、江西省、湖北省、新疆维吾尔自治区、湖南省、广西壮族自治区、海南省、内蒙古自治区、黑龙江省、甘肃省、吉林省、宁夏回族自治区**

根据组内损失差异率计算方法得到表 41-5。

**表 41-5　第三组组内损失差异率分析**

| 省（区、市） | 平均次损失 | 差异率分析 | 省（区、市） | 平均次损失 | 差异率分析 |
|---|---|---|---|---|---|
| 河北 | 1.89 | 1.16 | 广西 | 1.97 | 1.21 |
| 山西 | 1.63 | 1 | 海南 | 2.36 | 1.45 |
| 湖北 | 1.67 | 1.03 | 内蒙古 | 1.09 | 0.67 |
| 江西 | 1.66 | 1.02 | 吉林 | 1.34 | 0.83 |
| 新疆 | 1.97 | 1.21 | 陕西 | 1.46 | 0.9 |
| 黑龙江 | 1.31 | 0.81 | 宁夏 | 1.19 | 0.73 |
| 甘肃 | 1.38 | 0.85 | | | |

这一组的组内差异率较小。

**（四）第四组：贵州省、西藏自治区、青海省**

根据组内损失差异率计算方法得到表 41-6。

**表 41-6　第四组组内损失差异率分析**

| 省（区、市） | 平均次损失 | 差异率分析 |
|---|---|---|
| 贵州 | 2.26 | 0.93 |
| 青海 | 2.52 | 1.03 |
| 西藏 | 3.21 | 1.31 |

根据前面组间差异率的分析，该组的损失率是这五组中最高的一组，而从表 41-6 来看，这一组内差异率较小。

# 第四节　各组频数及损失程度统计分析

本节根据前面聚类所得到的结果，对各组道路交通事故发生的频数和损失进行分析，得出各组频数和损失的均值等基本统计数据，再对各组频数和损失额进行拟合分析。

## 一、第一组道路交通事故的频数和损失分析

### （一）频数分析

第一组包括北京市、上海市、天津市、辽宁省、江苏省、云南省，先对这一组的道路交通事故发生频数进行分析。同前所述，频数拟合所运用的方法一样，由于道路交通事故的发生有着一定的趋势性，因此，我们用全国各年的民用汽车总量对道路交通事故频数进行调整，

调整结果见表 41 - 7。

**表 41 - 7　　1985 ~ 2009 年第一组频数统计**　　（单位：起/万辆）

| 年度 | 调整频数 | 年度 | 调整频数 | 年度 | 调整频数 | 年度 | 调整频数 | 年度 | 调整频数 |
|---|---|---|---|---|---|---|---|---|---|
| 1985 | 155.40 | 1990 | 102.25 | 1995 | 63.56 | 2000 | 104.76 | 2005 | 20.54 |
| 1986 | 144.48 | 1991 | 96.30 | 1996 | 63.14 | 2001 | 93.14 | 2006 | 15.29 |
| 1987 | 176.24 | 1992 | 66.43 | 1997 | 67.83 | 2002 | 77.68 | 2007 | 10.41 |
| 1988 | 136.21 | 1993 | 65.47 | 1998 | 84.00 | 2003 | 64.96 | 2008 | 7.53 |
| 1989 | 112.77 | 1994 | 64.67 | 1999 | 79.67 | 2004 | 50.53 | 2009 | 5.90 |

用 SAS 对上述数据分析，从图 41 - 3 ~ 图 41 - 5 可以清晰地看出，1985 年后第一组的道路交通事故发生频数最多为每万辆民用汽车 176.24 起/万辆，最低为 5.90 起/万辆，均值为 77.17 起/万辆。大部分年度的发生频数都落在 63.14 ~ 102.25 起/万辆间。

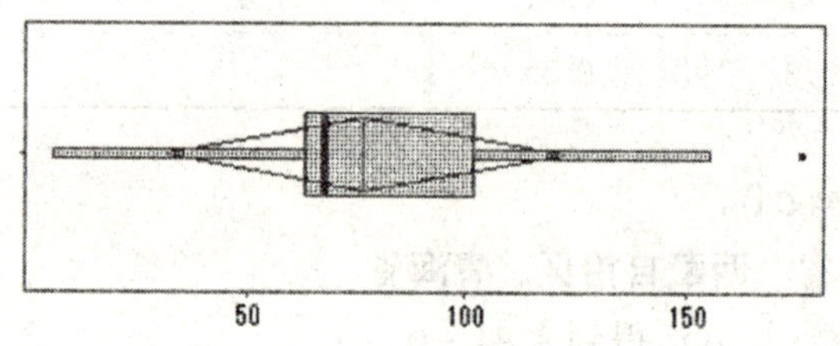


**图 41 - 3　第一组频数盒状图**

| 矩统计量 | | | |
|---|---|---|---|
| N | 25.0000 | 权重总和 | 25.0000 |
| 均值 | 77.1659 | 总和 | 1929.1485 |
| 标准差 | 45.8445 | 方差 | 2101.7188 |
| 偏度 | 0.2860 | 峰度 | -0.2155 |
| 未校平方和（USS） | 199305.815 | 校正平方和（CSS） | 50441.2509 |
| 变异系数 | 59.4103 | 标准误差 | 9.1689 |

**图 41 - 4　1985 ~ 2009 年第一组频数统计量（单位：起/万辆）**

| 分位数 | | | | |
|---|---|---|---|---|
| 100% | 最大值 | 176.2418 | 99.0% | 176.2418 |
| 75% | Q3 | 102.2526 | 97.5% | 176.2418 |
| 50% | 中位数 | 67.8301 | 95.0% | 155.3967 |
| 25% | Q1 | 63.1436 | 90.0% | 144.4840 |
| 0% | 最小值 | 5.9029 | 10.0% | 10.4051 |
| | 极差 | 170.3389 | 5.0% | 7.5335 |
| | Q3-Q1 | 39.1090 | 2.5% | 5.9029 |
| | 众数 | . | 1.0% | 5.9029 |

**图 41 - 5　1985 ~ 2009 年第一组频数分位数（单位：起/万辆）**

另外，可以看出第一组频数的偏度系数为 0.2860，为右偏，偏度系数比较接近 0，因此可以考虑用正态分布进行拟合。

**（二）损失分析**

以北京市、上海市、天津市、辽宁省、江苏省、云南省 1985 ~ 2009 年各年道路交通事故总损失记录为基础，为了消除时间对货币价值的影响，使历史记录能够用于拟合现在或将来的损失分布，选用了 2009 年的 GDP 对原始损失记录进行调整，使其具有可比性，并除以每年这5个省（市）总的事故频数，得到第一组次损失额，调整结果见表41－8。

表41－8　　1985～2009年第一组损失额统计　　（单位：万元）

| 年度 | 次损失额 | 年度 | 次损失额 | 年度 | 次损失额 | 年度 | 次损失额 | 年度 | 次损失额 |
|---|---|---|---|---|---|---|---|---|---|
| 1985 | 2.88 | 1990 | 3.04 | 1995 | 3.65 | 2000 | 1.67 | 2005 | 1.01 |
| 1986 | 2.88 | 1991 | 2.97 | 1996 | 3.20 | 2001 | 1.55 | 2006 | 0.73 |
| 1987 | 2.70 | 1992 | 4.45 | 1997 | 2.71 | 2002 | 1.51 | 2007 | 0.58 |
| 1988 | 2.70 | 1993 | 4.76 | 1998 | 2.26 | 2003 | 1.50 | 2008 | 0.53 |
| 1989 | 2.94 | 1994 | 4.18 | 1999 | 2.16 | 2004 | 1.25 | 2009 | 0.45 |

对表41－8用SAS进行统计分析，分析结果见图41－6、图41－7和图41－8。

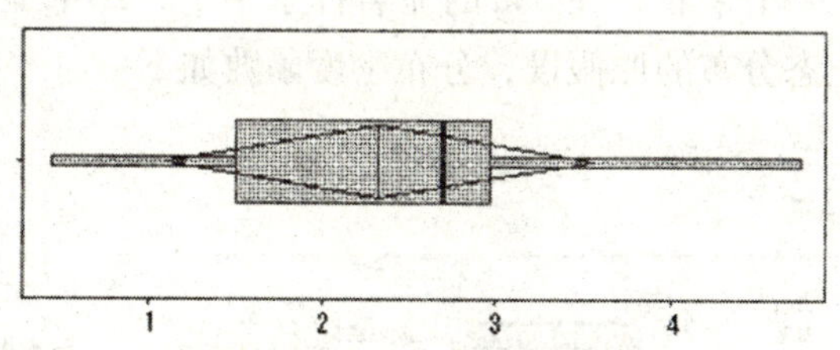


图41－6　第一组损失额盒状图

| 矩统计量 | | | |
|---|---|---|---|
| N | 25.0000 | 权重总和 | 25.0000 |
| 均值 | 2.3298 | 总和 | 58.2459 |
| 标准差 | 1.2319 | 方差 | 1.5176 |
| 偏度 | 0.1732 | 峰度 | -0.7085 |
| 未校平方和（USS） | 172.1260 | 校正平方和（CSS） | 36.4226 |
| 变异系数 | 52.8754 | 标准误差 | 0.2464 |

图41－7　1985～2009年第一组损失额统计量（单位：起/万辆）

| 分位数 | | | | |
|---|---|---|---|---|
| 100% | 最大值 | 4.7645 | 99.0% | 4.7645 |
| 75% | Q3 | 2.9720 | 97.5% | 4.7645 |
| 50% | 中位数 | 2.7004 | 95.0% | 4.4532 |
| 25% | Q1 | 1.4986 | 90.0% | 4.1771 |
| 0% | 最小值 | 0.4462 | 10.0% | 0.5784 |
| | 极差 | 4.3184 | 5.0% | 0.5284 |
| | Q3-Q1 | 1.4734 | 2.5% | 0.4462 |
| | 众数 | . | 1.0% | 0.4462 |

图41－8　1985～2009年第一组损失额分位数（单位：起/万辆）

基本统计特征为：最大值4.76万元，最小值为0.45万元，均值为2.33万元，偏度系数0.1732，右偏，偏度系数比较接近0，因此可以考虑用正态分布进行拟合。

**（三）频数拟合**

根据前面基本统计分析的结果，用SAS自带的四种分布对调整频数进行拟合。拟合效果图见图41－9。

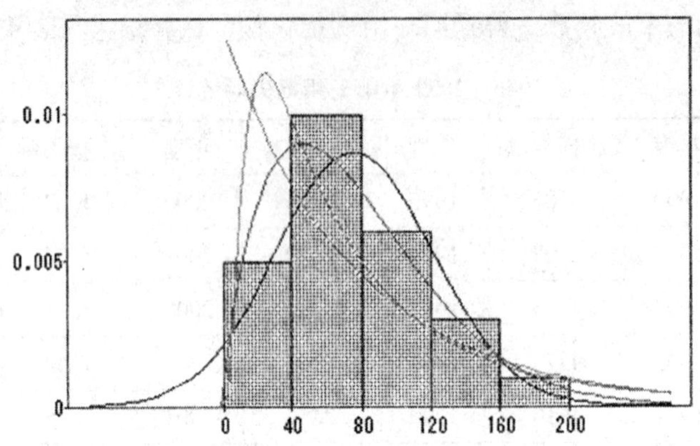


图 41－9　第一组频数拟合分布直方图

从图 41－10 和图 41－11 来看，在 5% 的显著性水平下，结果显示只有正态分布通过检验，可以接受数据服从正态分布的原假设，分布密度函数如下：

$$f(x)=\frac{1}{45.8445\sqrt{2\pi}}e^{-\frac{1}{2}\left(\frac{x-77.1659}{45.8445}\right)^2}\quad(x>0)$$

参数密度估计

| 曲线 | 分布 | 方法 | 均值/Theta | Sigma | Zeta/C | 众数 |
|---|---|---|---|---|---|---|
| ———— | 正态 | 样本 | 77.1659 | 45.8445 | | 77.1659 |
| ———— | 对数正态 | MLE | 0 | 0.9165 | 4.0567 | 24.9475 |
| ———— | 指数 | MLE | 0 | 77.1659 | | 0 |
| ———— | 韦伯 | MLE | 0 | 85.4504 | 1.6417 | 48.2198 |

图 41－10　第一组频数拟合参数估计

分布检验

| 曲线 | 分布 | 均值/Theta | Sigma | Zeta/C | Kolmogorov D | Pr > D |
|---|---|---|---|---|---|---|
| ———— | 正态 | 77.1659 | 45.8445 | . | 0.1399 | >.15 |
| ———— | 对数正态 | 0 | 0.9354 | 4.0567 | 0.2978 | <.01 |
| ———— | 指数 | 0 | 77.1659 | . | 0.3188 | <.01 |
| ———— | 韦伯 | 0 | 85.4504 | 1.6417 | 0.2159 | <.01 |

图 41－11　第一组频数拟合分布检验

**（四）损失拟合**

根据前面基本统计分析的结果，用 SAS 自带的四种分布对损失额数据进行拟合。拟合效果图见图 41－12～图 41－14。

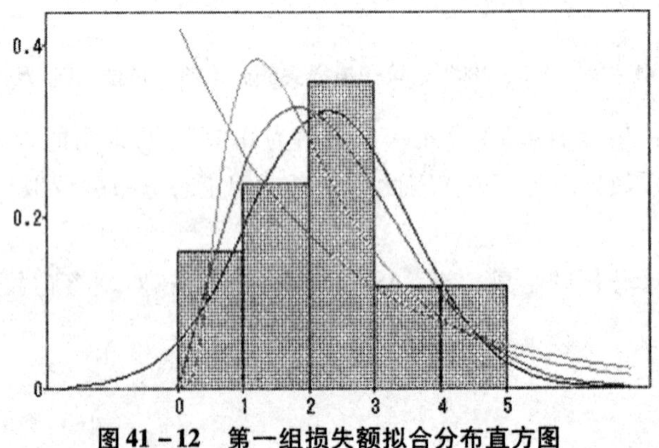


图 41－12　第一组损失额拟合分布直方图

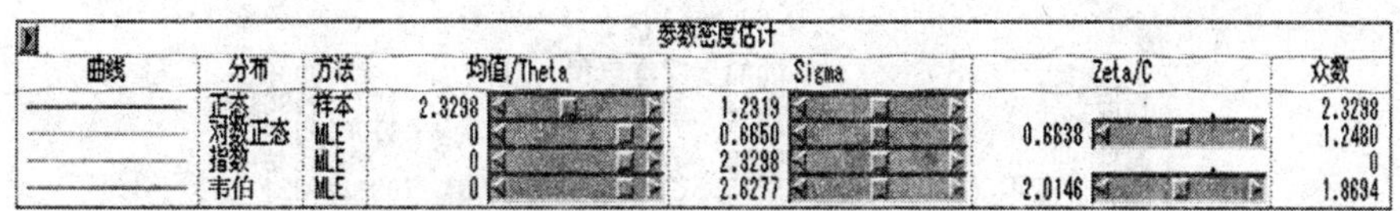

参数密度估计

| 曲线 | 分布 | 方法 | 均值/Theta | Sigma | Zeta/C | 众数 |
|---|---|---|---|---|---|---|
| | 正态 | 样本 | 2.3298 | 1.2319 | | 2.3298 |
| | 对数正态 | MLE | 0 | 0.6650 | 0.6638 | 1.2480 |
| | 指数 | MLE | 0 | 2.3298 | | 0 |
| | 韦伯 | MLE | 0 | 2.6277 | 2.0146 | 1.8694 |

**图 41－13　第一组损失额拟合参数估计**

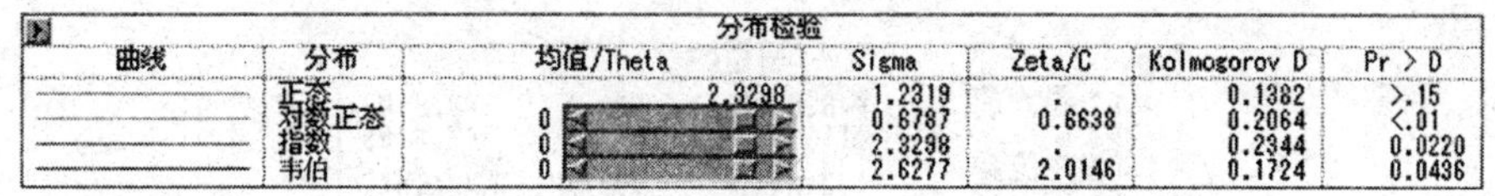

分布检验

| 曲线 | 分布 | 均值/Theta | Sigma | Zeta/C | Kolmogorov D | Pr > D |
|---|---|---|---|---|---|---|
| | 正态 | 2.3298 | 1.2319 | . | 0.1382 | >.15 |
| | 对数正态 | 0 | 0.6787 | 0.6638 | 0.2064 | <.01 |
| | 指数 | 0 | 2.3298 | . | 0.2344 | 0.0220 |
| | 韦伯 | 0 | 2.6277 | 2.0146 | 0.1724 | 0.0436 |

**图 41－14　第一组损失额拟合分布检验**

从检验结果来看，在5%的显著性水平下，只有正态分布进行拟合 P 值大于 0.15，通过检验，正态分布密度函数如下：

$$f(x) = \frac{1}{1.2319\sqrt{2\pi}} e^{-\frac{1}{2}\left(\frac{x-2.3298}{1.2319}\right)^2} \quad (x>0)$$

## 二、第二组道路交通事故的频数和损失分析

### （一）频数分析

第二组包括浙江省、广东省、安徽省、湖南省、福建省、河南省、山东省、四川省（含重庆市），先对这一组的道路交通事故发生频数进行分析。同前面第一组所运用的方法一样，用全国各年的民用汽车总量对道路交通事故频数进行调整，调整结果见表 41－9。

**表 41－9　　1985～2009 年第二组频数统计　　（单位：起/万辆）**

| 年度 | 调整频数 | 年度 | 调整频数 | 年度 | 调整频数 | 年度 | 调整频数 | 年度 | 调整频数 |
|---|---|---|---|---|---|---|---|---|---|
| 1985 | 246.61 | 1990 | 215.42 | 1995 | 129.92 | 2000 | 171.24 | 2005 | 85.12 |
| 1986 | 285.48 | 1991 | 211.11 | 1996 | 127.38 | 2001 | 207.75 | 2006 | 60.33 |
| 1987 | 348.81 | 1992 | 168.77 | 1997 | 119.22 | 2002 | 195.71 | 2007 | 44.16 |
| 1988 | 281.20 | 1993 | 152.19 | 1998 | 120.93 | 2003 | 144.22 | 2008 | 29.89 |
| 1989 | 237.90 | 1994 | 139.28 | 1999 | 142.01 | 2004 | 106.70 | 2009 | 21.90 |

用 SAS 对上述数据分析，得到图 41－15～图 41－17。

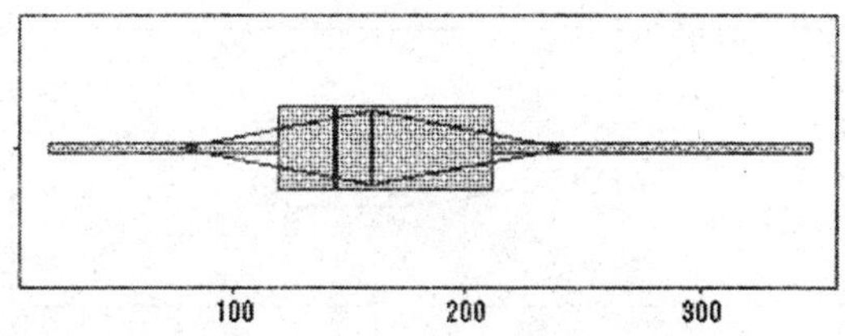


**图 41－15　第二组频数盒状图**

| 矩统计量 | | | |
|---|---|---|---|
| N | 25.0000 | 权重总和 | 25.0000 |
| 均值 | 159.7303 | 总和 | 3993.2586 |
| 标准差 | 82.4412 | 方差 | 6796.5509 |
| 偏度 | 0.3266 | 峰度 | -0.1346 |
| 未校平方和（USS） | 800961.775 | 校正平方和（CSS） | 163117.221 |
| 变异系数 | 51.6127 | 标准误差 | 16.4882 |

图 41－16　1985～2009 年第二组频数统计量（单位：起/万辆）

| 分位数 | | | | |
|---|---|---|---|---|
| 100% | 最大值 | 348.8103 | 99.0% | 348.8103 |
| 75% | Q3 | 211.1118 | 97.5% | 348.8103 |
| 50% | 中位数 | 144.2241 | 95.0% | 285.4814 |
| 25% | Q1 | 119.2201 | 90.0% | 281.1964 |
| 0% | 最小值 | 21.8990 | 10.0% | 44.1563 |
| | 极差 | 326.9113 | 5.0% | 29.8872 |
| | Q3-Q1 | 91.8918 | 2.5% | 21.8990 |
| | 众数 | . | 1.0% | 21.8990 |

图 41－17　1985～2009 年第二组频数分位数（单位：起/万辆）

可以清晰地看出，1985 年后第二组的道路交通事故发生频数最多为每万辆民用汽车 348.81 起/万辆，最低为 21.90 起/万辆，均值为 159.73 起/万辆。大部分年度的发生频数都落在 119.22～211.11 起/万辆间。

另外，可以看出第二组频数的偏度系数为 0.3266，为右偏。

**（二）损失分析**

以浙江省、广东省、安徽省、湖南省、福建省、河南省、山东省、四川省（含重庆市）1985～2009 年各年道路交通事故总损失记录为基础，并选用 2009 年的 GDP 对原始损失记录进行调整，使其具有可比性，并除以每年这 8 个省（市）总的事故频数，得到第二组次损失额，调整结果见表 41－10。

**表 41－10　　1985～2009 年第二组损失额统计**　　（单位：万元）

| 年度 | 次损失额 | 年度 | 次损失额 | 年度 | 次损失额 | 年度 | 次损失额 | 年度 | 次损失额 |
|---|---|---|---|---|---|---|---|---|---|
| 1985 | 3.38 | 1990 | 2.45 | 1995 | 3.17 | 2000 | 1.50 | 2005 | 0.66 |
| 1986 | 3.13 | 1991 | 2.42 | 1996 | 2.94 | 2001 | 1.28 | 2006 | 0.55 |
| 1987 | 2.61 | 1992 | 3.39 | 1997 | 2.71 | 2002 | 1.22 | 2007 | 0.44 |
| 1988 | 2.44 | 1993 | 3.91 | 1998 | 2.34 | 2003 | 1.24 | 2008 | 0.37 |
| 1989 | 2.53 | 1994 | 3.73 | 1999 | 1.94 | 2004 | 0.98 | 2009 | 0.32 |

对表 41－10 用 SAS 进行统计分析，分析结果见图 41－18～图 41－20。

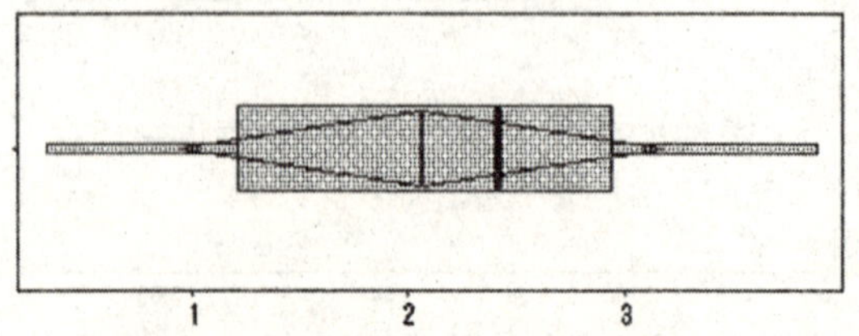


图 41－18　第二组次损失额盒状图

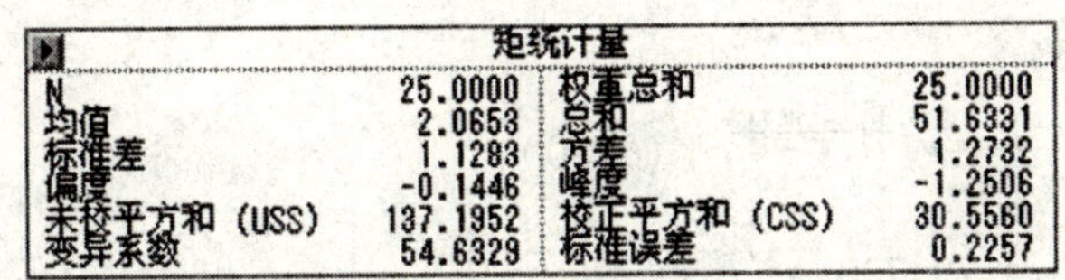

| 矩统计量 | | | |
|---|---|---|---|
| N | 25.0000 | 权重总和 | 25.0000 |
| 均值 | 2.0653 | 总和 | 51.6331 |
| 标准差 | 1.1283 | 方差 | 1.2732 |
| 偏度 | -0.1446 | 峰度 | -1.2506 |
| 未校平方和（USS） | 137.1952 | 校正平方和（CSS） | 30.5560 |
| 变异系数 | 54.6329 | 标准误差 | 0.2257 |

**图 41－19　1985～2009 年第二组损失额统计量（单位：起/万辆）**

| 分位数 | | | |
|---|---|---|---|
| 100% 最大值 | 3.9053 | 99.0% | 3.9053 |
| 75% Q3 | 2.9398 | 97.5% | 3.9053 |
| 50% 中位数 | 2.4228 | 95.0% | 3.7299 |
| 25% Q1 | 1.2182 | 90.0% | 3.3851 |
| 0% 最小值 | 0.3204 | 10.0% | 0.4360 |
| 极差 | 3.5849 | 5.0% | 0.3674 |
| Q3-Q1 | 1.7216 | 2.5% | 0.3204 |
| 众数 | . | 1.0% | 0.3204 |

**图 41－20　1985～2009 年第二组损失额分位数（单位：起/万辆）**

基本统计特征为：最大值为 3.91 万元，最小值为 0.32 万元，均值为 2.07 万元，偏度系数 -0.1446，左偏，偏度系数比较接近 0，因此可以考虑用正态分布和韦伯分布进行拟合。

**（三）频数拟合**

根据前面基本统计分析的结果，用 SAS 自带的 4 种分布对调整频数进行拟合。拟合效果图见图 41－21～图 41－23。

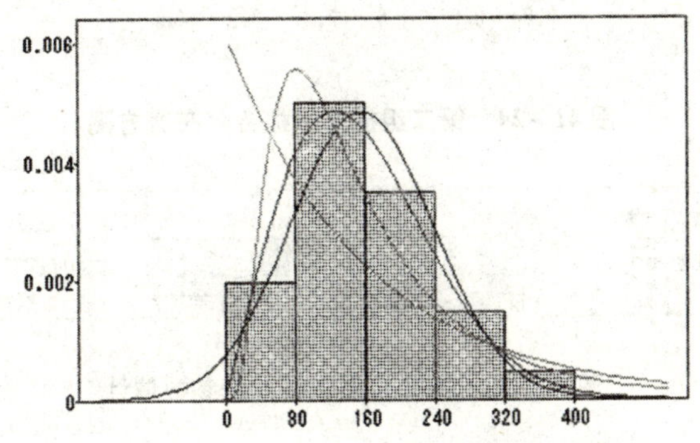


**图 41－21　第二组频数拟合分布直方图**

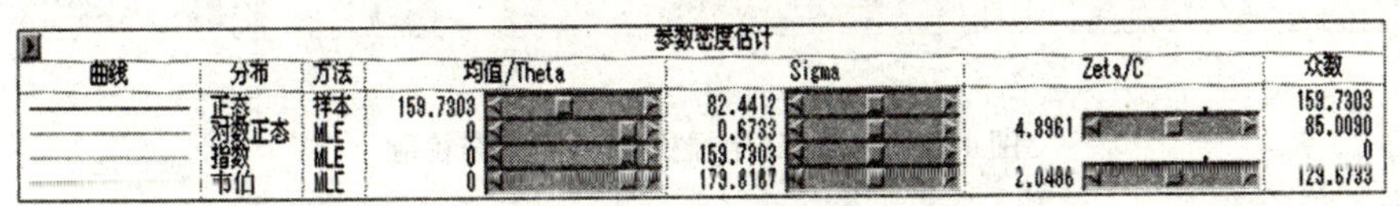

| 曲线 | 分布 | 方法 | 均值/Theta | Sigma | Zeta/C | 众数 |
|---|---|---|---|---|---|---|
| | 正态 | 样本 | 159.7303 | 82.4412 | | 159.7303 |
| | 对数正态 | MLE | 0 | 0.6733 | 4.8961 | 85.0090 |
| | 指数 | MLE | 0 | 159.7303 | | 0 |
| | 韦伯 | MLE | 0 | 179.8187 | 2.0486 | 129.6793 |

**图 41－22　第二组频数拟合参数估计**

| 曲线 | 分布 | 均值/Theta | Sigma | Zeta/C | Kolmogorov D | Pr > D |
|---|---|---|---|---|---|---|
| | 正态 | 159.7303 | 82.4412 | . | 0.0964 | >.15 |
| | 对数正态 | 0 | 0.6872 | 4.8961 | 0.1935 | 0.0169 |
| | 指数 | 0 | 159.7303 | . | 0.2873 | <.01 |
| | 韦伯 | 0 | 179.8167 | 2.0486 | 0.1101 | >.10 |

**图 41－23　第二组频数拟合分布检验**

在 5% 的显著性水平下，正态分布和韦伯分布均通过检验，并且拟合效果良好。给出二者的拟合分布密度函数：

$$f(x)=\frac{1}{82.4412\sqrt{2\pi}}e^{-\frac{1}{2}(\frac{x-159.7303}{82.4412})^2}\quad(x>0)$$

$$f(x)=\frac{2.0486\ (x/179.7303)^{2.0486}e^{-(x/179.7303)^{2.0486}}}{x}\quad(x>0)$$

### （四）损失拟合

根据前面基本统计分析的结果，用SAS自带的4种分布对损失额数据进行拟合。拟合效果图见图41－24～图41－26。

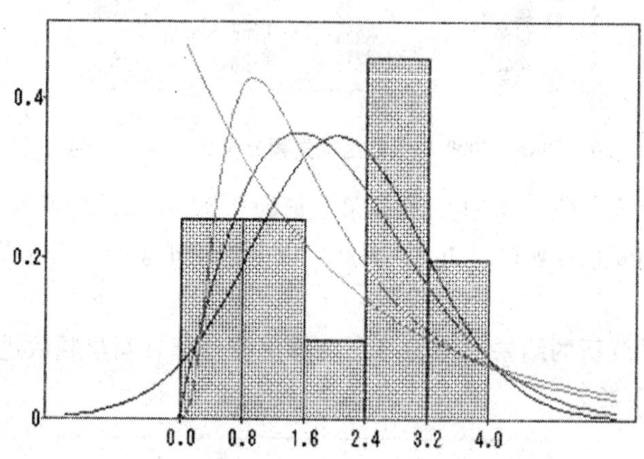


图41－24 第二组损失额拟合分布直方图

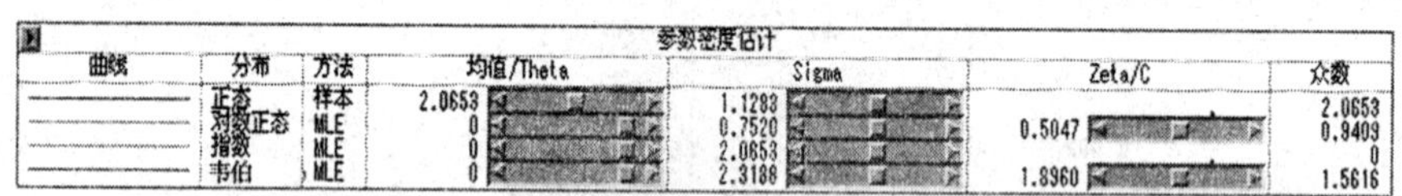

参数密度估计

| 曲线 | 分布 | 方法 | 均值/Theta | Sigma | Zeta/C | 众数 |
|---|---|---|---|---|---|---|
| | 正态 | 样本 | 2.0653 | 1.1283 | | 2.0653 |
| | 对数正态 | MLE | 0 | 0.7520 | 0.5047 | 0.9409 |
| | 指数 | MLE | 0 | 2.0653 | | 0 |
| | 韦伯 | MLE | 0 | 2.3188 | 1.8960 | 1.5616 |

图41－25 第二组损失额拟合参数估计

分布检验

| 曲线 | 分布 | 均值/Theta | Sigma | Zeta/C | Kolmogorov D | Pr > D |
|---|---|---|---|---|---|---|
| | 正态 | 2.0653 | 1.1283 | . | 0.1576 | 0.1063 |
| | 对数正态 | 0 | 0.7675 | 0.5047 | 0.2345 | <.01 |
| | 指数 | 0 | 2.0653 | . | 0.2386 | 0.0191 |
| | 韦伯 | 0 | 2.3188 | 1.8960 | 0.1998 | <.01 |

图41－26 第二组损失额拟合分布检验

在5%的置信水平下，正态分布通过检验，拟合分布密度函数：

$$f(x)=\frac{1}{1.1283\sqrt{2\pi}}e^{-\frac{1}{2}(\frac{x-2.0653}{1.1283})^2}\quad(x>0)$$

## 三、第三组道路交通事故的频数和损失分析

### （一）频数分析

第三组包括河北省、山西省、江西省、湖北省、新疆维吾尔自治区、湖南省、广西壮族自治区、海南省、内蒙古自治区、黑龙江省、甘肃省、吉林省、陕西省、宁夏回族自治区，

先对这一组的道路交通事故发生频数进行分析。同前面第一组所运用的方法一样，用全国各年的民用汽车总量对道路交通事故频数进行调整，调整结果见表 41－11。

**表 41－11　1985～2009 年第三组频数统计**　（单位：起/万辆）

| 年度 | 调整频数 | 年度 | 调整频数 | 年度 | 调整频数 | 年度 | 调整频数 | 年度 | 调整频数 |
|---|---|---|---|---|---|---|---|---|---|
| 1985 | 202.59 | 1990 | 120.02 | 1995 | 63.42 | 2000 | 104.30 | 2005 | 35.21 |
| 1986 | 153.87 | 1991 | 114.64 | 1996 | 66.57 | 2001 | 114.49 | 2006 | 25.63 |
| 1987 | 182.48 | 1992 | 86.39 | 1997 | 58.80 | 2002 | 99.79 | 2007 | 19.60 |
| 1988 | 156.31 | 1993 | 71.77 | 1998 | 54.14 | 2003 | 67.60 | 2008 | 13.81 |
| 1989 | 135.58 | 1994 | 59.87 | 1999 | 59.76 | 2004 | 51.29 | 2009 | 9.57 |

用 SAS 对上述数据分析，结果见图 41－27～图 41－29。

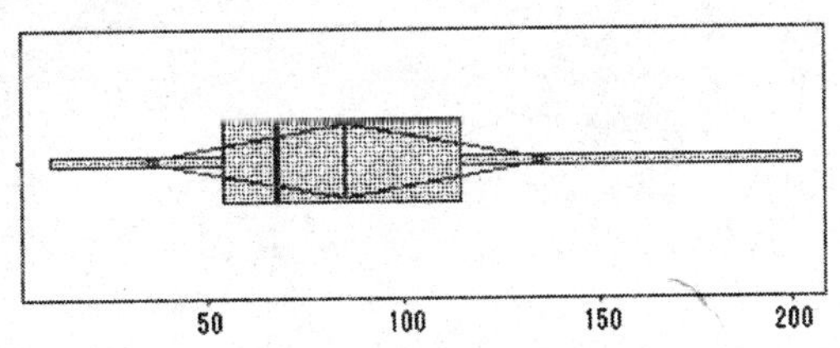


**图 41－27　第三组频数盒状图**

| 矩统计量 | | | |
|---|---|---|---|
| N | 25.0000 | 权重总和 | 25.0000 |
| 均值 | 85.1009 | 总和 | 2127.5221 |
| 标准差 | 52.3007 | 方差 | 2735.3639 |
| 偏度 | 0.6055 | 峰度 | -0.2838 |
| 未校平方和（USS） | 246702.746 | 校正平方和（CSS） | 65648.7346 |
| 变异系数 | 61.4573 | 标准误差 | 10.4601 |

**图 41－28　1985～2009 年第三组频数统计量（单位：起/万辆）**

| 分位数 | | | |
|---|---|---|---|
| 100% 最大值 | 202.5940 | 99.0% | 202.5940 |
| 75% Q3 | 114.6393 | 97.5% | 202.5940 |
| 50% 中位数 | 67.5987 | 95.0% | 182.4809 |
| 25% Q1 | 54.1370 | 90.0% | 156.3116 |
| 0% 最小值 | 9.5688 | 10.0% | 19.6037 |
| 极差 | 193.0252 | 5.0% | 13.8116 |
| Q3-Q1 | 60.5022 | 2.5% | 9.5688 |
| 众数 | . | 1.0% | 9.5688 |

**图 41－29　1985～2009 年第三组频数分位数（单位：起/万辆）**

可以清晰地看出，1985 年后第三组的道路交通事故发生频数最多为每万辆民用汽车 202.59 起/万辆，最低为 9.57 起/万辆，均值为 85.10 起/万辆。大部分年度的发生频数都落在 54.14～114.64 起/万辆间。

另外，可以看出第三组频数的偏度系数为 0.6055，为右偏。

**（二）损失分析**

以河北省、山西省、江西省、湖北省、新疆维吾尔自治区、湖南省、广西壮族自治区、海南省、内蒙古自治区、黑龙江省、甘肃省、吉林省、宁夏回族自治区 1985～2009 年各年道路交通事故总损失记录为基础，并选用 2009 年的 GDP 对原始损失记录进行调整，使其具有可比性，并除以每年这13个省（区）总的事故频数，得到第三组次损失额，调整结果见表41－12：

**表41－12　　1985～2009年第三组损失额统计**　　（单位：万元）

| 年度 | 次损失额 | 年度 | 次损失额 | 年度 | 次损失额 | 年度 | 次损失额 | 年度 | 次损失额 |
|---|---|---|---|---|---|---|---|---|---|
| 1985 | 2.42 | 1990 | 2.42 | 1995 | 2.56 | 2000 | 1.25 | 2005 | 0.91 |
| 1986 | 2.75 | 1991 | 2.37 | 1996 | 2.37 | 2001 | 1.02 | 2006 | 0.74 |
| 1987 | 2.60 | 1992 | 3.27 | 1997 | 2.30 | 2002 | 0.98 | 2007 | 0.58 |
| 1988 | 2.52 | 1993 | 3.44 | 1998 | 1.99 | 2003 | 1.09 | 2008 | 0.50 |
| 1989 | 2.47 | 1994 | 3.20 | 1999 | 1.68 | 2004 | 0.94 | 2009 | 0.48 |

对表41－12用SAS进行统计分析，分析结果见图41－30～图41－32。

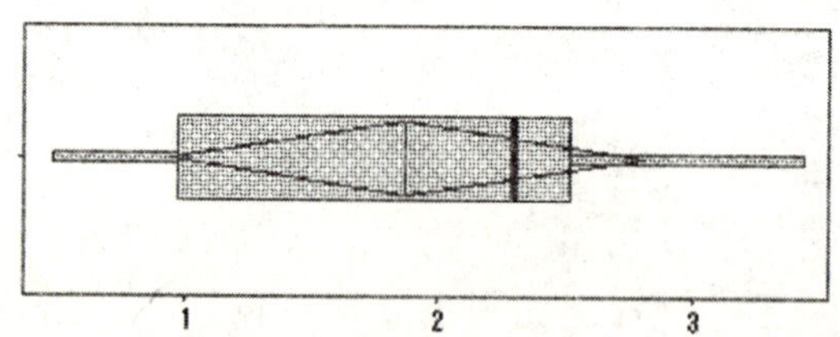


**图41－30　第三组次损失额盒状图**

| 矩统计量 | | | |
|---|---|---|---|
| N | 25.0000 | 权重总和 | 25.0000 |
| 均值 | 1.8737 | 总和 | 46.8436 |
| 标准差 | 0.9384 | 方差 | 0.8806 |
| 偏度 | -0.0719 | 峰度 | -1.3644 |
| 未校平方和（USS） | 108.9072 | 校正平方和（CSS） | 21.1343 |
| 变异系数 | 50.0816 | 标准误差 | 0.1877 |

**图41－31　1985～2009年第三组损失额统计量（单位：起/万辆）**

| 分位数 | | | | |
|---|---|---|---|---|
| 100% | 最大值 | 3.4372 | 99.0% | 3.4372 |
| 75% | Q3 | 2.5162 | 97.5% | 3.4372 |
| 50% | 中位数 | 2.3005 | 95.0% | 3.2695 |
| 25% | Q1 | 0.9756 | 90.0% | 3.2004 |
| 0% | 最小值 | 0.4764 | 10.0% | 0.5808 |
| | 极差 | 2.9608 | 5.0% | 0.5021 |
| | Q3-Q1 | 1.5407 | 2.5% | 0.4764 |
| | 众数 | . | 1.0% | 0.4764 |

**图41－32　1985～2009年第三组损失额分位数（单位：起/万辆）**

基本统计特征为：最大值为3.44万元，最小值为0.48万元，均值为1.88万元，偏度系数－0.0719，左偏，偏度系数比较接近0，因此可以考虑用正态分布和韦伯分布进行拟合。

**（三）频数拟合**

根据前面基本统计分析的结果，用SAS自带的4种分布对调整频数进行拟合。拟合效果图见图41－33～图41－35。

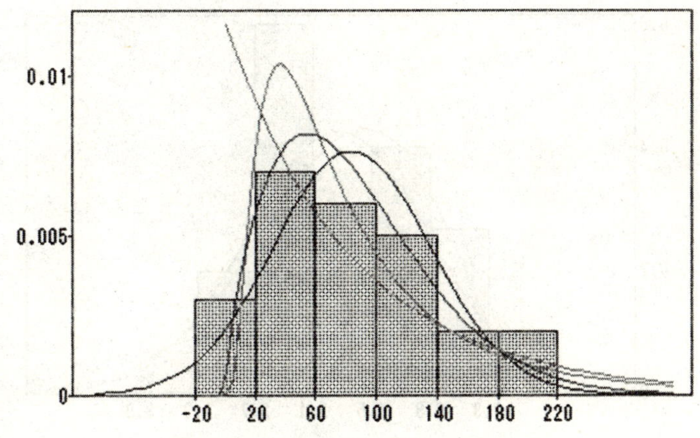


图 41－33　第三组频数拟合分布直方图

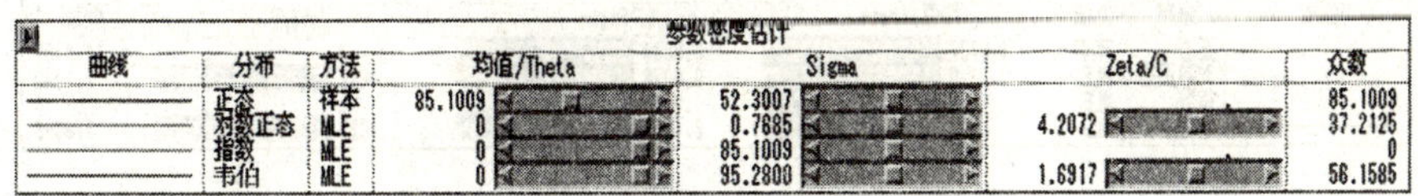

参数密度估计

| 曲线 | 分布 | 方法 | 均值/Theta | Sigma | Zeta/C | 众数 |
|---|---|---|---|---|---|---|
|  | 正态 | 样本 | 85.1009 | 52.3007 |  | 85.1009 |
|  | 对数正态 | MLE | 0 | 0.7685 | 4.2072 | 37.2125 |
|  | 指数 | MLE | 0 | 85.1009 |  | 0 |
|  | 韦伯 | MLE | 0 | 95.2800 | 1.6917 | 56.1585 |

图 41－34　第三组频数拟合参数估计

分布检验

| 曲线 | 分布 | 均值/Theta | Sigma | Zeta/C | Kolmogorov D | Pr > D |
|---|---|---|---|---|---|---|
|  | 正态 | 85.1009 | 52.3007 | . | 0.1606 | 0.0937 |
|  | 对数正态 | 0 | 0.7843 | 4.2072 | 0.1655 | 0.0770 |
|  | 指数 | 0 | 85.1009 | . | 0.2527 | <.01 |
|  | 韦伯 | 0 | 95.2800 | 1.6917 | 0.0984 | >.10 |

图 41－35　第三组频数拟合分布检验

在 5% 的显著性水平下，正态、对数正态、韦伯分布均可以通过检验，接受数据服从上述分布的原假设，拟合效果良好，给出三者分布密度函数：

$$f(x) = \frac{1}{52.3007\sqrt{2\pi}} e^{-\frac{1}{2}\left(\frac{x-85.1009}{52.3007}\right)^2} \quad (x>0)$$

$$f(x) = \frac{1}{0.7843\sqrt{2\pi x}} e^{-\frac{1}{2}\left(\frac{\ln x-4.2072}{0.7843}\right)^2} \quad (x>0)$$

$$f(x) = \frac{1.6917\ (x/95.28)^{1.6917} e^{-(x/95.28)^{1.6917}}}{x} \quad (x>0)$$

**（四）损失拟合**

根据前面基本统计分析的结果，用 SAS 自带的 4 种分布对损失额数据进行拟合。拟合效果图见图 41－36～图 41－38。

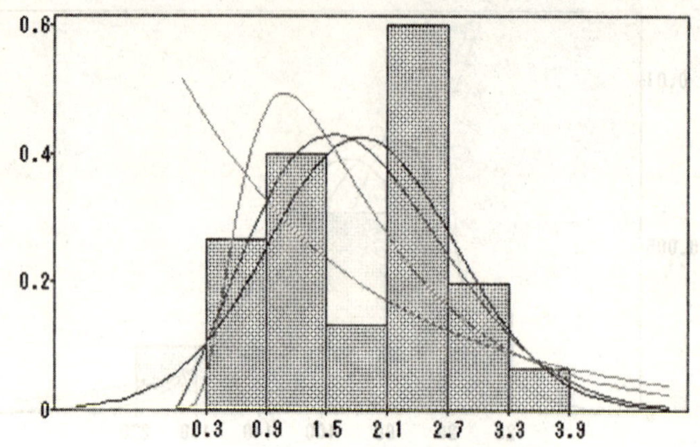


图 41－36　第三组损失额拟合分布直方图

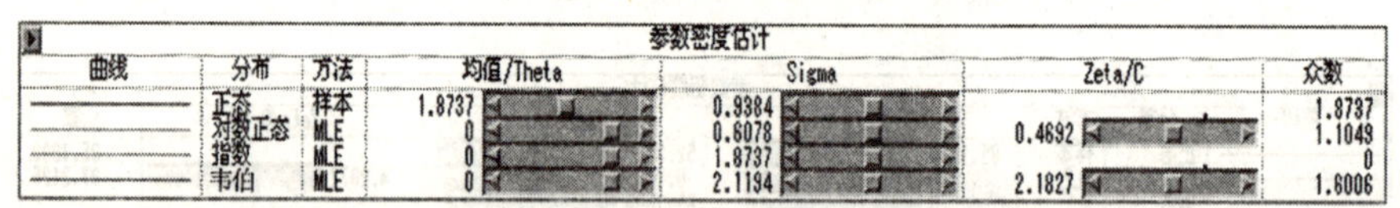

参数密度估计

| 曲线 | 分布 | 方法 | 均值/Theta | Sigma | Zeta/C | 众数 |
|---|---|---|---|---|---|---|
| | 正态 | 样本 | 1.8737 | 0.9384 | | 1.8737 |
| | 对数正态 | MLE | 0 | 0.6078 | 0.4692 | 1.1049 |
| | 指数 | MLE | 0 | 1.8737 | | 0 |
| | 韦伯 | MLE | 0 | 2.1194 | 2.1827 | 1.6006 |

图 41－37　第三组损失额拟合参数估计

分布检验

| 曲线 | 分布 | 均值/Theta | Sigma | Zeta/C | Kolmogorov D | Pr > D |
|---|---|---|---|---|---|---|
| | 正态 | 1.8737 | 0.9384 | . | 0.1954 | 0.0150 |
| | 对数正态 | 0 | 0.6203 | 0.4692 | 0.2413 | <.01 |
| | 指数 | 0 | 1.8737 | . | 0.2271 | 0.0291 |
| | 韦伯 | 0 | 2.1194 | 2.1827 | 0.2176 | <.01 |

图 41－38　第三组损失额拟合分布检验

在 5% 的置信水平下，4 种分布均不能通过检验，不能接受数据服从正态分布、对数正态分布、韦伯分布、指数分布的假设，由于偏度系数为 －0.0719，接近于 0，给出正态分布拟合密度函数作为参考：

$$f(x)=\frac{1}{0.9384\sqrt{2\pi}}e^{-\frac{1}{2}(\frac{x-1.8737}{0.9384})^{2}}\quad(x>0)$$

## 四、第四组道路交通事故的频数和损失分析

### （一）频数分析

第四组包括贵州省、西藏自治区、青海省，先对这一组的道路交通事故发生频数进行分析。同前面第一组所运用的方法一样，用全国各年的民用汽车总量对道路交通事故频数进行调整，调整结果见表 41－13。

表 41－13　　1985～2009 年第四组频数统计　　（单位：起/万辆）

| 年度 | 调整频数 | 年度 | 调整频数 | 年度 | 调整频数 | 年度 | 调整频数 | 年度 | 调整频数 |
|---|---|---|---|---|---|---|---|---|---|
| 1985 | 25.68 | 1990 | 16.27 | 1995 | 4.49 | 2000 | 3.17 | 2005 | 1.62 |
| 1986 | 25.15 | 1991 | 14.86 | 1996 | 4.44 | 2001 | 3.55 | 2006 | 1.20 |

续表

| 年度 | 调整频数 | 年度 | 调整频数 | 年度 | 调整频数 | 年度 | 调整频数 | 年度 | 调整频数 |
|---|---|---|---|---|---|---|---|---|---|
| 1987 | 23.09 | 1992 | 8.41 | 1997 | 3.69 | 2002 | 3.39 | 2007 | 0.91 |
| 1988 | 20.78 | 1993 | 6.98 | 1998 | 3.30 | 2003 | 3.33 | 2008 | 0.77 |
| 1989 | 18.39 | 1994 | 5.34 | 1999 | 2.71 | 2004 | 2.25 | 2009 | 0.58 |

用SAS对上述数据分析，可得图41-39~图41-41。

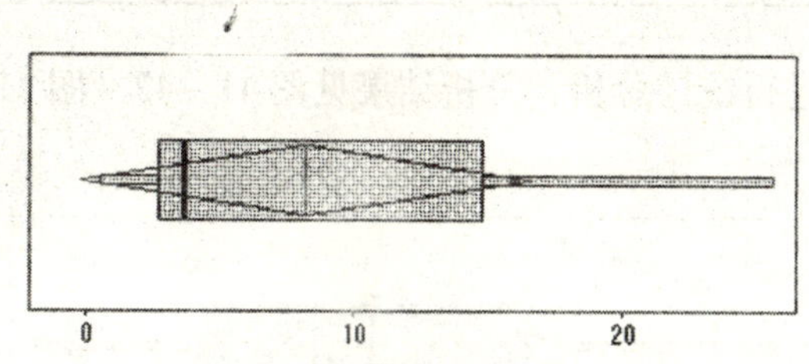


图41-39　第四组频数盒状图

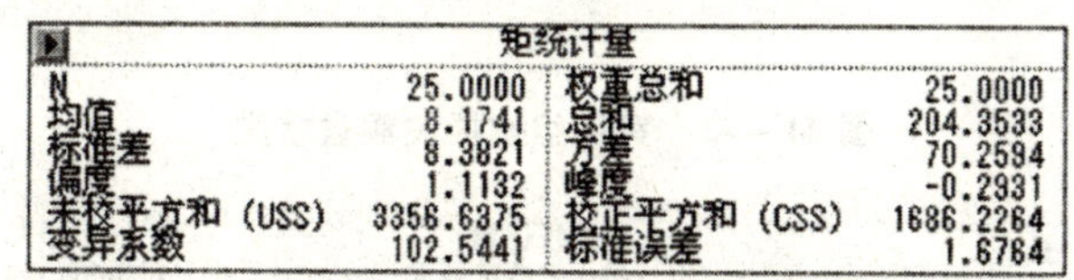

| 矩统计量 | | | |
|---|---|---|---|
| N | 25.0000 | 权重总和 | 25.0000 |
| 均值 | 8.1741 | 总和 | 204.3533 |
| 标准差 | 8.3821 | 方差 | 70.2594 |
| 偏度 | 1.1132 | 峰度 | -0.2931 |
| 未校平方和 (USS) | 3356.6375 | 校正平方和 (CSS) | 1686.2264 |
| 变异系数 | 102.5441 | 标准误差 | 1.6764 |

图41-40　1985~2009年第四组频数统计量（单位：起/万辆）

| 分位数 | | | | |
|---|---|---|---|---|
| 100% | 最大值 | 25.6758 | 99.0% | 25.6758 |
| 75% | Q3 | 14.8620 | 97.5% | 25.6758 |
| 50% | 中位数 | 3.6896 | 95.0% | 25.1526 |
| 25% | Q1 | 2.7076 | 90.0% | 23.0941 |
| 0% | 最小值 | 0.5810 | 10.0% | 0.9111 |
| | 极差 | 25.0948 | 5.0% | 0.7724 |
| | Q3-Q1 | 12.1544 | 2.5% | 0.5810 |
| | 众数 | . | 1.0% | 0.5810 |

图41-41　1985~2009年第四组频数分位数（单位：起/万辆）

可以清晰地看出，1985年后第四组的道路交通事故发生频数最多为每万辆民用汽车25.68起/万辆，最低为0.58起/万辆，均值为8.17起/万辆。大部分年度的发生频数都落在2.7076~14.8620起/万辆间。

另外，可以看出第二组频数的偏度系数为1.1132，为右偏。

**（二）损失分析**

以贵州省、西藏自治区、青海省1985~2009年各年道路交通事故总损失记录为基础，并选用2009年的GDP对原始损失记录进行调整，使其具有可比性，并除以每年这3个省（区）总的事故频数，得到第四组次损失额，调整结果见表41-14。

**表 41－14　　　　1985～2009 年第四组损失额统计**　　　　（单位：万元）

| 年度 | 次损失额 | 年度 | 次损失额 | 年度 | 次损失额 | 年度 | 次损失额 | 年度 | 次损失额 |
|---|---|---|---|---|---|---|---|---|---|
| 1985 | 3.77 | 1990 | 2.54 | 1995 | 3.02 | 2000 | 2.19 | 2005 | 1.38 |
| 1986 | 3.66 | 1991 | 2.25 | 1996 | 2.95 | 2001 | 1.59 | 2006 | 1.08 |
| 1987 | 3.04 | 1992 | 3.17 | 1997 | 3.11 | 2002 | 1.62 | 2007 | 0.96 |
| 1988 | 2.64 | 1993 | 3.72 | 1998 | 2.71 | 2003 | 1.52 | 2008 | 0.68 |
| 1989 | 2.58 | 1994 | 3.59 | 1999 | 2.58 | 2004 | 1.36 | 2009 | 0.60 |

对表 41－14 用 SAS 进行统计分析，分析结果见图 41－42～图 41－44。

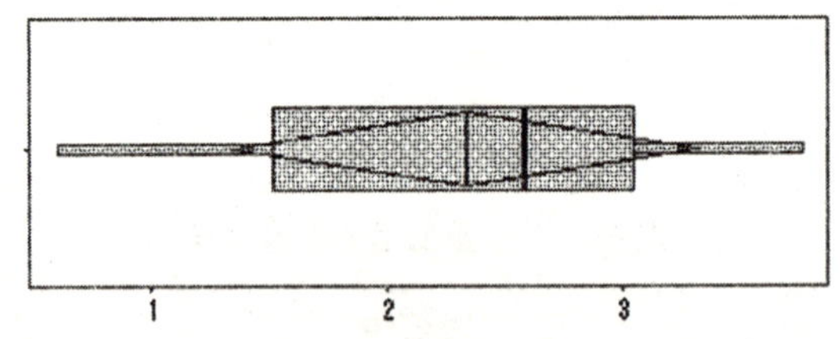


**图 41－42　第四组次损失额盒状图**

矩统计量

| | | | |
|---|---|---|---|
| N | 25.0000 | 权重总和 | 25.0000 |
| 均值 | 2.3318 | 总和 | 58.2952 |
| 标准差 | 0.9818 | 方差 | 0.9639 |
| 偏度 | -0.2519 | 峰度 | -1.1036 |
| 未校平方和 (USS) | 159.0662 | 校正平方和 (CSS) | 23.1330 |
| 变异系数 | 42.1034 | 标准误差 | 0.1964 |

**图 41－43　1985～2009 年第四组损失额统计量（单位：起/万辆）**

分位数

| | | | |
|---|---|---|---|
| 100% 最大值 | 3.7698 | 99.0% | 3.7698 |
| 75% Q3 | 3.0371 | 97.5% | 3.7698 |
| 50% 中位数 | 2.5755 | 95.0% | 3.7166 |
| 25% Q1 | 1.5215 | 90.0% | 3.6619 |
| 0% 最小值 | 0.6006 | 10.0% | 0.9629 |
| 极差 | 3.1692 | 5.0% | 0.6815 |
| Q3-Q1 | 1.5156 | 2.5% | 0.6006 |
| 众数 | . | 1.0% | 0.6006 |

**图 41－44　1985～2009 年第四组损失额分位数（单位：起/万辆）**

基本统计特征为：最大值为 3.77 万元，最小值为 0.60 万元，均值为 2.33 万元，偏度系数－0.2519，左偏，偏度系数比较接近 0，因此可以考虑用正态分布和韦伯分布进行拟合。

**（三）频数拟合**

根据前面基本统计分析的结果，用 SAS 自带的 4 种分布对调整频数进行拟合。拟合效果图见图 41－45～图 41－47。

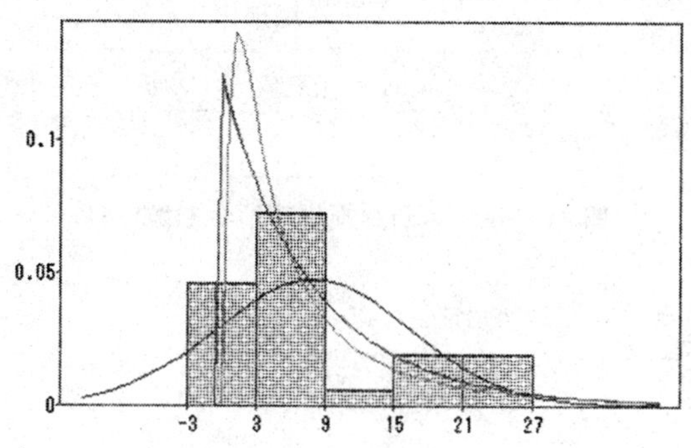


图 41－45　第四组频数拟合分布直方图

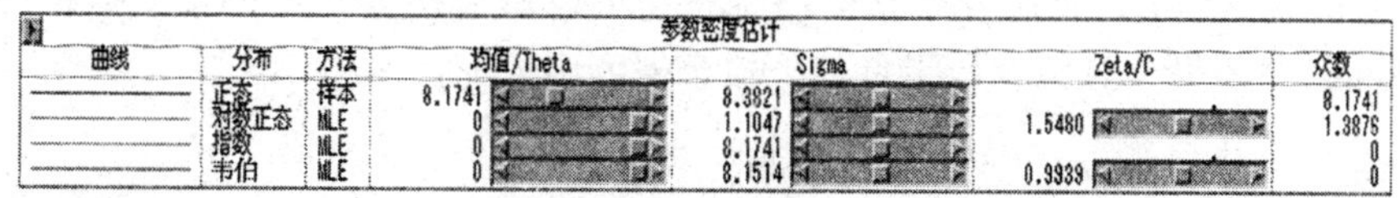

参数密度估计

| 曲线 | 分布 | 方法 | 均值/Theta | Sigma | Zeta/C | 众数 |
|---|---|---|---|---|---|---|
| | 正态 | 样本 | 8.1741 | 8.3821 | | 8.1741 |
| | 对数正态 | MLE | 0 | 1.1047 | 1.5480 | 1.3876 |
| | 指数 | MLE | 0 | 8.1741 | | 0 |
| | 韦伯 | MLE | 0 | 8.1514 | 0.9939 | 0 |

图 41－46　第四组频数拟合参数估计

分布检验

| 曲线 | 分布 | 均值/Theta | Sigma | Zeta/C | Kolmogorov D | Pr > D |
|---|---|---|---|---|---|---|
| | 正态 | 8.1741 | 8.3821 | . | 0.2723 | <.01 |
| | 对数正态 | 0 | 1.1275 | 1.5480 | 0.1263 | >.15 |
| | 指数 | 0 | 8.1741 | . | 0.1773 | >.15 |
| | 韦伯 | 0 | 8.1514 | 0.9939 | 0.1753 | 0.0378 |

图 41－47　第四组频数拟合分布检验

在 5% 的置信水平下，对数正态分布和指数分布可以通过检验，可以接受数据服从对数正态分布和指数分布的原假设，且拟合效果良好，给出对二者拟合分布密度函数：

$$f(x)=\frac{1}{0.1263\sqrt{2\pi x}}e^{-\frac{1}{2}\left(\frac{\ln x-1.548}{0.1263}\right)^2}\quad(x>0)$$

$$f(x)=e^{-\frac{x}{8.1741}}\quad(x>0)$$

**（四）损失拟合**

根据前面基本统计分析的结果，用 SAS 自带的 4 种分布对损失额数据进行拟合。拟合效果图见图 41－48～图 41～50。

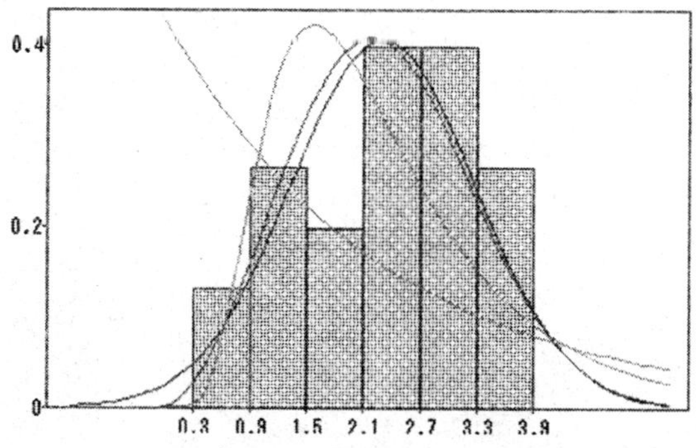


图 41－48　第四组损失额拟合分布直方图

| 参数密度估计 | | | | | | |
|---|---|---|---|---|---|---|
| 曲线 | 分布 | 方法 | 均值/Theta | Sigma | Zeta/C | 众数 |
| | 正态 | 样本 | 2.3318 | 0.9818 | | 2.3318 |
| | 对数正态 | MLE | 0 | 0.5180 | 0.7331 | 1.5917 |
| | 指数 | MLE | 0 | 2.3318 | | 0 |
| | 韦伯 | MLE | 0 | 2.6260 | 2.6948 | 2.2108 |

图 41－49　第四组损失额拟合参数估计

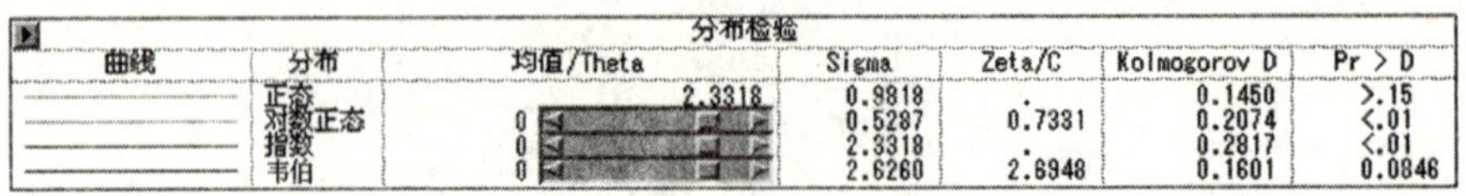

| 分布检验 | | | | | | |
|---|---|---|---|---|---|---|
| 曲线 | 分布 | 均值/Theta | Sigma | Zeta/C | Kolmogorov D | Pr > D |
| | 正态 | 2.3318 | 0.9818 | . | 0.1450 | >.15 |
| | 对数正态 | 0 | 0.5287 | 0.7331 | 0.2074 | <.01 |
| | 指数 | 0 | 2.3318 | . | 0.2817 | <.01 |
| | 韦伯 | 0 | 2.6260 | 2.6948 | 0.1601 | 0.0846 |

图 41－50　第四组损失额拟合分布检验

在5%的置信水平下，正态分布和韦伯分布均可以通过检验，可以接受数据服从正态分布和韦伯分布的原假设，且拟合效果良好，拟合密度函数为：

$$f(x) = \frac{1}{0.9818\sqrt{2\pi}} e^{-\frac{1}{2}\left(\frac{x-2.3318}{0.9818}\right)^2} \quad (x>0)$$

$$f(x) = \frac{2.6948\ (x/2.626)^{2.6948} e^{-(x/2.626)^{2.6948}}}{x} \quad (x>0)$$

# 第四十二章

# 趋势分析

台风、洪涝等巨灾事故往往呈现一种明显的季节性变化，而道路交通事故没有明显的季节特征。由于前几章中对全国道路交通事故的损失次数、总损失额度及年均次损失额度等数据进行了统计，因此本章将分别从这三个方面进行相关的趋势分析。最后本章还探索了道路交通安全系统工程，以期为道路交通灾害的预防和减损提供一定的参考。

## 第一节　道路交通事故趋势分析概述

预测是科学决策的重要前提，道路交通安全决策也不例外。我国的道路交通事故目前正处在多发的关键时期。道路交通事故在一段时期内，还将随着经济的发展、汽车保有量的增加呈现增长的趋势。在道路交通规划、设计、管理、法规和教育等方面，道路交通安全的科学决策显得越来越重要，不仅在数量上越来越多，而且对时间和质量的要求也越来越高。因此，做好道路交通事故的趋势分析工作，对提高道路交通安全管理工作水平具有十分重要的意义。预测道路交通事故可以为制定预防道路交通事故对策、针对性防范措施及交通法规提供依据。此外，预测道路交通事故近期状态特征还可以为制定合理的交通安全管理目标和评价交通安全措施的可行性和实施成果提供数量上的参考。因此，对道路交通事故的损失量进行合理的预测和趋势分析是很有必要的。

目前趋势分析的方法主要有定性趋势分析和定量趋势分析。定性趋势分析指在数据资料掌握不多，或需要短时间内作出预测的情况下，运用专家的经验和判断能力，用逻辑思维方法把有关资料予以加工，对道路交通事故的发展趋势和特征作出定性的描述。常用的道路交通事故方面的定性趋势分析技术有专家会议法、德儿菲法（专家调查法）、主观概率法、趋势判断法、类推法和相互影响分析法等。定性趋势分析的主要缺点在于其预测精度受相关专家专业知识、社会背景的制约，它多采用主观经验方面的判断预测方法，与数学上较为完善的定量趋势分析方法相比，显得粗糙、简单，预测精度不高。因此比较适用于短期宏观预测。定量趋势分析则是依据历史数据和统计资料，运用数学或其他分析技术，建立可以表现数量关系的模型，利用它来预测道路交通事故在未来可能出现的数量。常用的定量趋势分析技术有时间序列趋势外推法、回归分析法、灰色预测法和组合预测法等。定量分析具有可靠、客观的特点，它常常是人们认识事物和进行决策的重要依据。但是，定量趋势分析对样本的数据量和分布都有一定的要求，需要对样本进行考查和检验。

本章首先采用时间序列方法来进行道路交通事故的定量趋势分析。时间序列分析大体上可以分为确定性时间序列模型和随机时间序列模型。道路交通事故的发生受到许多经济和环境因素的影响，这些因素又具有明显的不确定性，因此采用随机时间序列模型分析更为妥当。

## 第二节 道路交通事故损失额度趋势分析

### 一、数据说明

先将损失额度用GDP进行调整，调整前后的总损失额度见表42－1。

表42－1 1974～2009年全国道路交通事故总损失额概况 （单位：万元）

| 年度 | 直接损失 | 调整损失 | 年度 | 直接损失 | 调整损失 |
|---|---|---|---|---|---|
| 1974 | 4 470.44 | 542 931.008 | 1992 | 64 482.96 | 815 529.63 |
| 1975 | 5 136.36 | 580 454.024 | 1993 | 99 907.01 | 962 786.52 |
| 1976 | 5 567.34 | 640 120.778 | 1994 | 133 382.72 | 942 318.60 |
| 1977 | 6 295.3 | 665 484.799 | 1995 | 152 266.56 | 852 848.06 |
| 1978 | 5 641.29 | 526 963.942 | 1996 | 171 768.52 | 821 735.98 |
| 1979 | 5 374.28 | 450 447.693 | 1997 | 184 615.85 | 796 005.51 |
| 1980 | 4 960.29 | 371 569.004 | 1998 | 192 951.40 | 778 430.19 |
| 1981 | 5 083.74 | 353 884.685 | 1999 | 212 401.81 | 806 497.07 |
| 1982 | 4 859.48 | 310 835.502 | 2000 | 266 890.40 | 915 974.71 |
| 1983 | 5 835.84 | 333 265.119 | 2001 | 308 787.26 | 958 862.15 |
| 1984 | 7 336.39 | 346 569.574 | 2002 | 332 438.11 | 940 704.23 |
| 1985 | 15 867.64 | 599 270.074 | 2003 | 336 914.69 | 844 643.27 |
| 1986 | 24 018 | 795 927.21 | 2004 | 239 141.01 | 509 319.56 |
| 1987 | 27 938.94 | 788 929.885 | 2005 | 188 401.20 | 350 140.92 |
| 1988 | 30 861.37 | 698 572.962 | 2006 | 148 956.00 | 239 334.22 |
| 1989 | 33 598.45 | 673 275.024 | 2007 | 119 878.40 | 163 585.30 |
| 1990 | 36 354.81 | 663 123.068 | 2008 | 100 972.17 | 114 350.35 |
| 1991 | 42 835.97 | 669 648.268 | 2009 | 91 436.83 | 91 436.83 |

将上表数据作出折线图（见图42－1），通过对调整损失的初步分析可以看出，调整损失总体呈上升趋势，并且呈周期性变化，大体可以估测周期在7～8年左右，并且无明显指数上升、振幅增大的趋势。

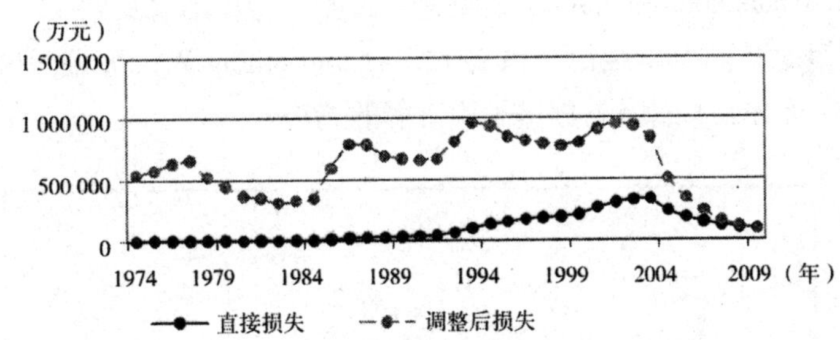


**图 42－1　1974～2009 年直接损失与调整损失**

## 二、ARIMA 时间序列分析

在 SAS 统计分析软件中画出 1974～2009 年道路交通事故调整后总损失金额示意图（见图 42－2）。

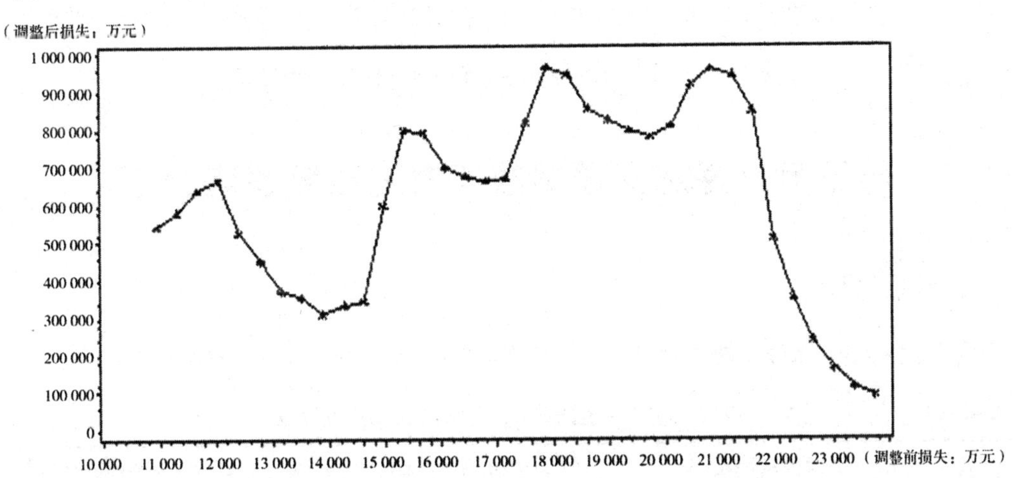


**图 42－2　1974～2009 年道路交通事故调整后总损失金额示意图**

通过对原始时间序列的自相关、偏自相关图的观察，发现其自相关系数时正时负，衰减缓慢，呈现出明显的正弦波动规律，因而可以判断出原始序列为具有周期变化规律的非平稳序列。此处对原数据取时滞为 7 的差分，得到一个平稳序列，然后利用 MINIC 准则对模型的滞后阶数进行筛选，并对各种滞后阶数的模型进行估计比较，得出 ARIMA（1，7，5）为拟合交通事故调整总损失的最优模型（见表 42－2）。

**表 42－2　　道路交通事故调整总损失额度 ARIMA 模型 MINIC 筛选值**

| 筛选值 | AR（0） | AR（1） | AR（2） | AR（3） | AR（4） | AR（5） |
|---|---|---|---|---|---|---|
| MA（0） | 23.86253 | 22.99916 | 22.40395 | 22.50445 | 21.64299 | －11.972 |
| MA（3） | 23.43722 | 22.77285 | 22.51281 | 22.39587 | 21.26353 | －15.7748 |

利用该时间序列模型对交通事故次损失额进行预测，发现该模型在5%的显著性条件下 P＝0.7689＞0.05，无法通过条件最小二乘等检验。因此，采用 SAS 自带的时间序列预测系统

中的 Damped Trend Exponential Smoothing 模型进行预测，得出结果见图 42－3。

由各个预测模型的 P 值得出结论，只有 LEVEL Smoothing Weight 通过检验，预测结果如图 42－3，即未来时间内未来总损失额呈平稳下降的趋势。

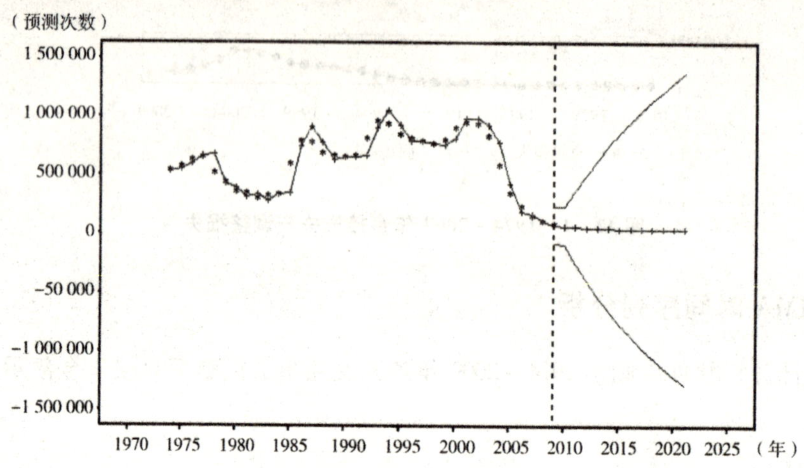


**图 42－3　LEVEL Smoothing Weight 模型的预测结果**

## 第三节　道路交通事故次损失额度趋势分析

### 一、数据说明

对各年道路交通事故次损失进行统计，然后进行趋势分析，统计结果见表42－3。

**表 42－3　　1974～2009 年全国道路交通事故次损失额概况**

| 年度 | GDP 调整的次损失（万元） | 年度 | GDP 调整的次损失（万元） | 年度 | GDP 调整的次损失（万元） |
|---|---|---|---|---|---|
| 1974 | 66 477.01 | 1986 | 26 968.15 | 1998 | 22 489.60 |
| 1975 | 63 364.19 | 1987 | 26 461.10 | 1999 | 19 534.40 |
| 1976 | 62 832.09 | 1988 | 25 304.11 | 2000 | 14 846.32 |
| 1977 | 59 300.74 | 1989 | 26 092.90 | 2001 | 12 701.52 |
| 1978 | 49 133.71 | 1990 | 26 493.45 | 2002 | 12 167.37 |
| 1979 | 38 222.77 | 1991 | 25 287.21 | 2003 | 12 653.70 |
| 1980 | 31 841.86 | 1992 | 35 725.28 | 2004 | 11 411.10 |
| 1981 | 30 858.72 | 1993 | 39 728.26 | 2005 | 7 776.52 |
| 1982 | 29 952.25 | 1994 | 37 166.91 | 2006 | 6 318.54 |
| 1983 | 30 927.18 | 1995 | 31 372.82 | 2007 | 4 999.41 |
| 1984 | 29 151.42 | 1996 | 28 563.74 | 2008 | 4 311.79 |
| 1985 | 29 609.08 | 1997 | 26 165.71 | 2009 | 3 836.23 |

将上面的数据进行简单统计分析就可以看到，我国道路交通事故的次损失额基本上是一个平稳的过程（见图 42 -4）。

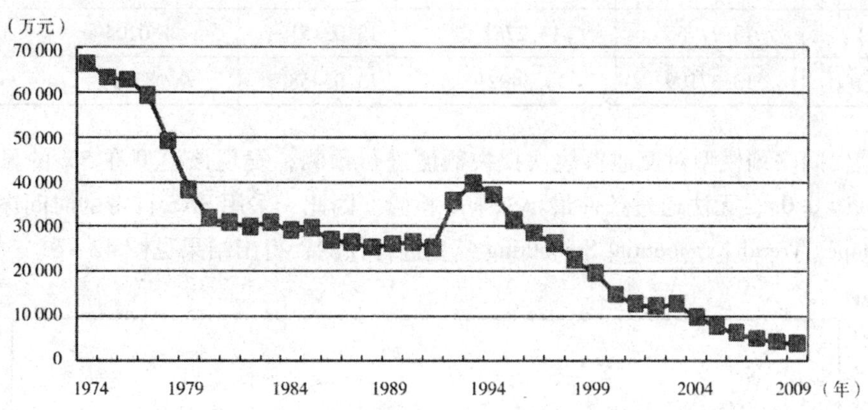


图 42 -4　1974 ~ 2009 年全国道路交通事故次数次损失额

## 二、ARIMA 时间序列分析

1974 ~ 2009 年全国道路交通事故次数序列如图 42 - 5 所示。通过观察该序列的自相关系数及偏自相关图，其自相关图衰减缓慢，偏自相关图出现一个峰值之后呈正弦衰减形式，因此为非平稳序列，进行一阶差分后转化为平稳序列，其中自相关系数延迟 2 期落入 2 倍标准差，偏相关系数在第 1 期有一个峰值，随后振荡衰减，且由 ADF 检验亦知一阶差分后得到一个平稳序列。

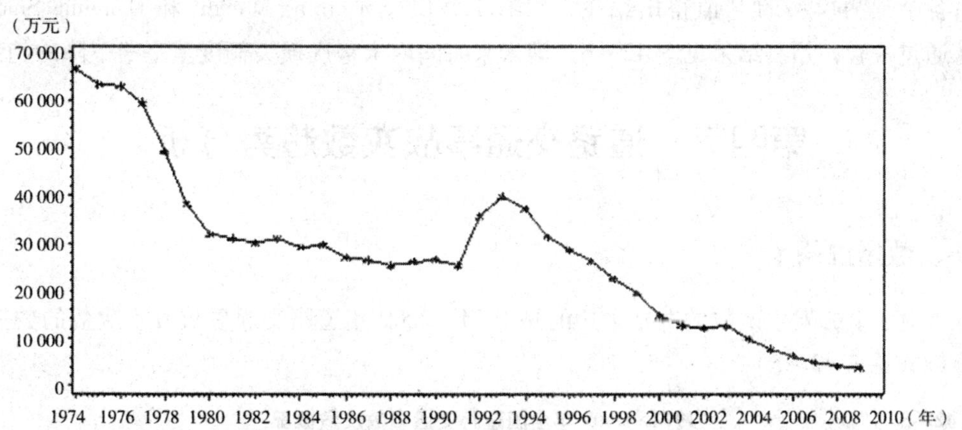


图 42 -5　1974 ~ 2009 年全国道路交通事故次均损失额度序列图

根据 MINIC 准则对差分后序列模型的阶数进行筛选，得出 ARIMA（2，1，4）模型是拟合道路交通事故次数的最优模型（见表 42 -4）。

表 42－4　　道路交通事故次均损失额度 ARIMA 模型的 MINIC 筛选值

| 筛选值 | MA（0） | MA（1） | MA（2） | MA（3） | MA（4） |
|---|---|---|---|---|---|
| AR（0） | 13.9161 | 13.38081 | 13.09853 | 12.2715 | 11.50051 |
| AR（1） | 13.27965 | 13.2767 | 13.03151 | 11.0105 | 5.648051 |
| AR（2） | 13.37109 | 13.34921 | 13.03458 | 9.983855 | －23.829 |

利用该时间序列模型对交通事故次损失额度进行预测，发现该模型在5%的显著性条件下 P＝0.885＞0.05，无法通过条件最小二乘等检验。因此，采用 SAS 自带的时间序列预测系统中的 Damped Trend Exponential Smoothing 模型进行预测，得出结果见图 42－6。

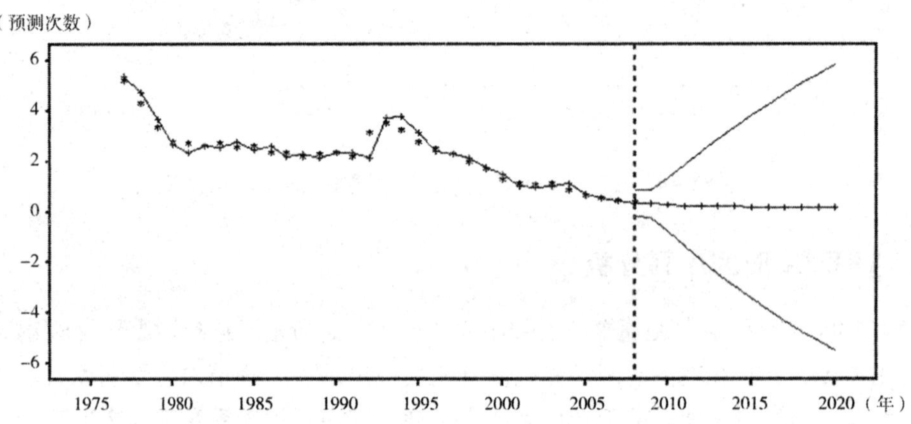


图 42－6　LEVEL Smoothing Weight 模型的预测结果

由各个预测模型的 P 值得出结论，只有 LEVEL Smoothing Weight 和 Damping Smoothing Weight 通过检验，预测结果见图 42－6，即未来时间内未来次损失额度呈平稳下降的趋势。

## 第四节　道路交通事故次数趋势分析

### 一、数据说明

本节对于事故发生次数的数据采用的是 1974～2009 年道路交通事故发生次数的数据进行趋势分析（见表 42－5）。

表 42－5　　1974～2009 年全国道路交通事故次数概况

| 年度 | 事故次数 | 年度 | 事故次数 | 年度 | 事故次数 | 年度 | 事故次数 |
|---|---|---|---|---|---|---|---|
| 1974 | 81 672 | 1983 | 107 758 | 1992 | 228 278 | 2001 | 754 919 |
| 1975 | 91 606 | 1984 | 118 886 | 1993 | 242 343 | 2002 | 773 137 |
| 1976 | 101 878 | 1985 | 202 394 | 1994 | 253 537 | 2003 | 667 507 |
| 1977 | 112 222 | 1986 | 295 136 | 1995 | 271 843 | 2004 | 5 684 |

续表

| 年度 | 事故次数 | 年度 | 事故次数 | 年度 | 事故次数 | 年度 | 事故次数 |
|---|---|---|---|---|---|---|---|
| 1978 | 107 251 | 1987 | 298 147 | 1996 | 287 685 | 2005 | 450 254 |
| 1979 | 117 848 | 1988 | 276 071 | 1997 | 304 217 | 2006 | 378 781 |
| 1980 | 116 692 | 1989 | 258 030 | 1998 | 346 129 | 2007 | 327 209 |
| 1981 | 114 679 | 1990 | 250 297 | 1999 | 412 860 | 2008 | 265 204 |
| 1982 | 103 777 | 1991 | 264 817 | 2000 | 616 971 | 2009 | 238 351 |

对上面的数据进行简单的统计分析就可以看到，我国道路交通事故的发生次数 2002 年之前逐年攀升，尤其是在 1998 ~ 2002 年事故次数急剧增加，随后在波动中逐渐减少，这说明 2002 年以来我国严格的交通管制手段无疑是有成效的（见图 42 – 7）。

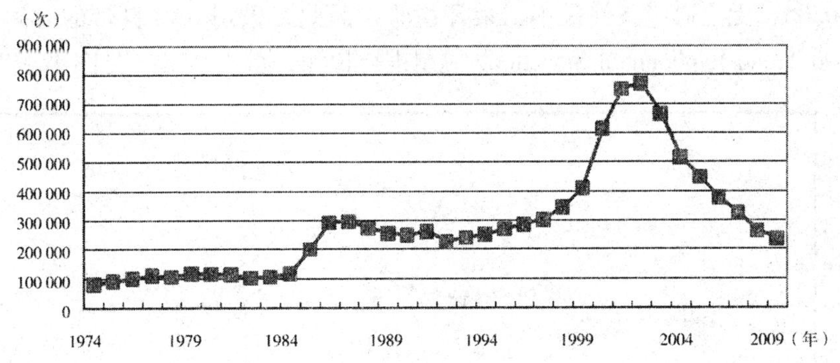


**图 42 – 7　1974 ~ 2009 年全国道路交通事故次数概况**

## 二、ARIMA 时间序列分析

1974 ~ 2009 年全国道路交通事故次数序列如图 42 – 8 所示。通过观察该序列的自相关系数及偏自相关图，并进行相关检验，可知该序列为非平稳序列，因此进行一阶差分后，再进行平稳性检验，得出一阶差分序列为平稳序列的结论。

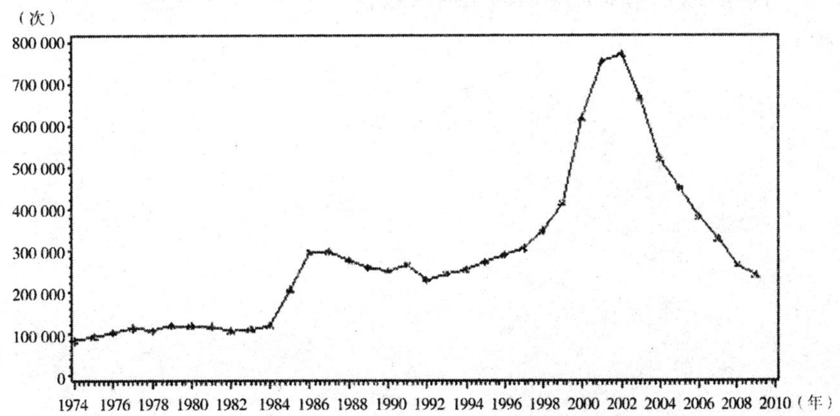


**图 42 – 8　1974 ~ 2009 年全国道路交通事故次数序列图**

根据 MINIC 准则对阶数进行筛选，得出 ARMA（5，3）模型是拟合道路交通事故次数的最优模型（见表 42 -6）。

**表 42 -6　　道路交通事故次数的 ARMA 模型 MINIC 筛选值**

| 筛选值 | AR（0） | AR（1） | AR（2） | AR（3） | AR（4） | AR（5） |
|---|---|---|---|---|---|---|
| MA（0） | 19. 22359 | 19. 11207 | 18. 89657 | 18. 55898 | 16. 45685 | - - |
| MA（1） | 19. 29757 | 19. 09254 | 18. 90914 | 18. 06328 | 16. 12618 | -14. 8497 |
| MA（2） | 18. 56378 | 18. 64749 | 18. 47904 | 17. 28993 | -16. 31790 | -13. 373 |
| MA（3） | 17. 82144 | 17. 85731 | 16. 92007 | 15. 80079 | -13. 57430 | -19. 762 |

利用该时间序列模型对交通意外次数进行预测，发现该模型在 5% 的显著性条件下 P = 0. 0758 > 0. 05，无法通过条件最小二乘等检验。因此，采用 SAS 自带的时间序列预测系统中的 Damped Trend Exponential Smoothing 模型进行预测，得出结果（见图 42 -9）。

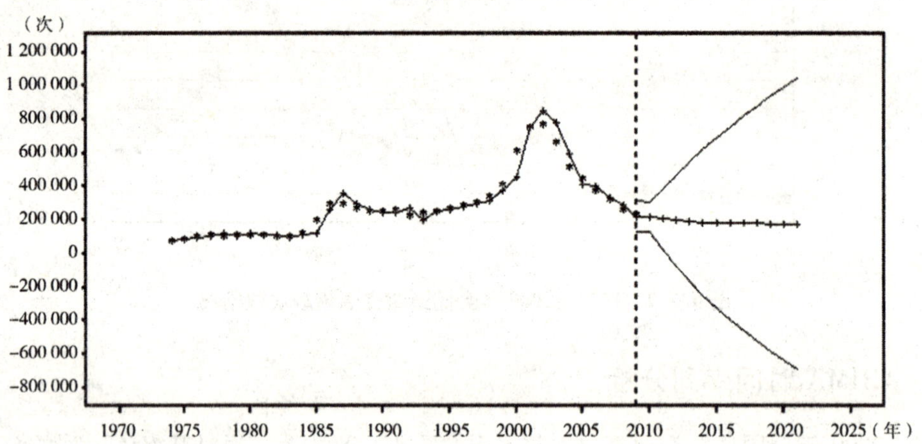


**图 42 -9　Damped Trend Exponential Smoothing 模型的次数预测图**

由图 42 -9 可以看出，未来几年内的交通次数将呈平稳下降的趋势。

# 专题1：地震预测综述

## 一、地震预测定义

在地震发生之前，能够明确地指出地震发生的地点、地震发生的时间，以及地震的规模、震度等，就叫地震预测①。

依据1991~2006年的地震资料统计，我国台湾地区平均每年约发生18 500次地震，也就是每天大概有51次之多，这时假定有人预测说："最近台湾地区将会发生地震。"由资料显示其预测到的几率非常高，但是，这种含糊的预测并没有指明地震发生的地点、时间、大小（简称为地震"三要素"），因此无法供地震防灾使用，所以也就没有任何防灾意义。也就是说，一次高质量的地震预测将会为社会带来福利。Allen（1976）对这种高质量的地震预测提出了6个必备要求：（1）时间；（2）空间；（3）震级；（4）预测者自己对于此次预测可靠度的信心；（5）将地震作为随机事件时，它发生的可能性；（6）必须以某种易理解的形式给出，使得预测失败的数据与预测成功的数据一样容易被获得②。

## 二、地震预测的困难

地震预测是公认的科学难题。归纳起来，地震预测的困难主要有如下三点：地球内部的"不可入性"、大地震的"非频发性"、地震物理过程的复杂性。

### （一）地球内部的"不可入性"

地球内部的"不可入性"指的是人类目前还不能深入到处在高温高压状态的地球内部设置台站、安装观测仪器对震源直接进行观测。迄今最深的钻井是前苏联科拉半岛的超深钻井，达10公里，德国和捷克边境附近进行的"德国大陆深钻计划"预定钻探15公里。和地球平均半径6 370公里相比，超深钻所达到的深度还是"皮毛"，况且这类深钻并不在地震活动区内进行，虽然其自身有重大的科学意义，但还是解决不了直接对震源进行观测的问题。地球表面约70%为海洋所覆盖，地震学家只能在地球表面（在许多情况下是在占地球表面面积仅约30%的陆地上）和距离地球表面很浅的地球内部（至多是几千米的井下），用相当稀疏、很不均匀的观测台网进行观测，利用由此获取的、很不完整、很不充足、有时甚至还是很不精确的资料来反推地球内部的情况。凡此种种都极大地限制了人类对震源所在环境及对震源本身的了解。

---

① 台湾地区交通部中央气象局：《地震百问》，2008年11月。

② Hiroo Kanamori，Earthquake Prediction：An Overview，International handbook of earthquake and engineering seismology，volume 81B.

**（二）大地震的“非频发性”**

大地震是一种稀少的“非频发”事件，大地震的复发时间比人的寿命、比有现代仪器观测以来的时间长得多，限制了作为一门观测科学的地震学在对现象的观测和对经验规律的认知上的进展。迄今对大地震前兆现象的研究仍然处于对各个震例进行总结研究阶段，缺乏建立地震发生的理论所必需的切实可靠的经验规律，而经验规律的总结概括以及理论的建立验证都由于大地震是一种稀少的“非频发”事件而受到限制。

**（三）地震物理过程的复杂性**

从常识上说，不言而喻，地震是发生于极为复杂的地质环境中的一种自然现象，地震过程是高度非线性的、极为复杂的物理过程。地震前兆出现的复杂性和多变性可能与地震震源区地质环境的复杂性以及地震过程的高度非线性、复杂性密切相关。从专业技术的层面具体地说，地震物理过程的复杂性指的是地震物理过程从宏观至微观的所有层次上都是很复杂的。例如，宏观上，地震的复杂性表现在：在同一断层段上再次地震破裂之间的时间间隔长短不一，变化很大，地震的发生是非周期性的；地震在很宽的范围内遵从古登堡 - 里克特定律；在同一断层段上不同时间发生的地震，其断层面上滑动量的分布图像很不相同；大地震通常跟着大量的余震，而且大的余震常常还有自己的余震等等。在微观上，地震的复杂性表现在：地震的起始是很复杂的，先是在“成核区”内缓慢演化，然后突然快速地动态破裂、“级联”式地骤然演变成一个大地震①。

## 三、地震可预测性

地震预测从一开始就是一个有争议的问题，特别在经过数十年探索研究仍未解决的情况下，围绕着地震能不能预测的问题，争议更为激烈。1996 年，盖勒等人在《自然》和《科学》等杂志上连续发表文章，提出地震不能预测，随即韦斯等人针锋相对地发表了反驳文章，国际地震学界爆发了一场迄今为止最为激烈的争论，吸引了国际科学界的广泛关注。这场争论，一方面向地震科学提出挑战，另一方面大量科学问题在争论中提了出来，地震预测正酝酿着新的探索方向并在某些问题上逐步达成共识。这些问题包括：

**（一）地震预测探索的重点**

对地震过程的观测与模拟包括对地震孕育发生的全过程（即震前、震时、震后）的观测和对该过程及其过程中所观测到的各种现象、事件的物理与数值模拟的科学探索，即在实际观测的基础上探索地震物理过程。

**（二）大陆强震成因的动力学研究**

大陆强震成因的动力学研究由板块边界向大陆内部延伸，包括大陆地震弥散型广泛分布的构造成因理论和动力学（含水平与垂直、浅部和深部等动力）背景；板块边界动力作用和板块边界变形机制研究向大陆内部发展和延伸，包括大陆强震孕育发生的深浅部构造环境等。

**（三）震源区的研究**

震源区的研究由地球物理方法反演向震源实体勘测发展，如人工地震、天然数字地震台

---

① 陈运泰：“地震预测——进展、困难与前景”，《地震地磁观测与研究》2007 年第 28 卷第 2 期。

阵、大地电磁测深、重力勘测等探测、反演，在探测研究壳幔结构、震源深浅部构造等的基础上，发展震源区（体）深部探测。如美国圣安德烈斯断层地震深钻、日本阪神地震深钻，以直接勘测震源体断层、岩芯和震源区细结构、物性、温度、应力场、含水层流体、孔隙压等，开展震源的综合研究。

**（四）经验性预测**

经验性预测向强化物理基础发展，主要包括地震前兆观测和分析与地震物理过程（即地震孕育发生过程）内在联系的探索，以及地震前兆方法手段自身监测和反映孕震信息的前兆物理研究等。

**（五）地震观测**

强化科学基础、注重科学质量对地震过程（震前、震时、震后）的观测，是地震预测研究最基本、最重要的基础，而其核心则是观测质量。可靠的观测结果能作出符合实际的科学结论。因此强化各学科地震观测技术和观测台网的科学基础，注重和提高其观测质量是地震预测科学探索的关键①。

虽然准确预测地震还有待努力，但由于各种地震观测资料日渐增多，地震发生后可能造成的灾害评估技术也越趋成熟，如：（1）可能发生破坏的地区；（2）破坏发生的几率；（3）破坏的程度。这样对提高救灾效率、降低生命财产的损失就有明显的帮助。这也是目前地震预测技术的发展过程中最可预期的成效。

## 四、长期、中期预测方法

尽管地震学家对短期（短临）预测问题争论激烈，但对地震中长期预测的进展则普遍给予肯定。多数专家认为，数年至一二十年的中长期预测探索是将基础理论研究成果，如板块构造学说、弹性回跳理论、断层和地震活动相互作用的应力隐区理论等应用于预测实践最富有成果的范例。在这些理论研究成果基础上发展起来的特征地震、地震复发模型、影响概率、地震空区、应力触发、区域地震活动增强等中长期预测方法，在地震危险性分析等领域得到广泛应用。如在土耳其 1999 年伊兹米特 7.8 级地震前，基于北安纳托利亚断层的活动特性及其强震活动，依据上述中长期预测方法，在 20 世纪 80 年代就圈出了该区为重点地震危险区，并建立了国际地震预测试验场。在 1989 年美国洛马普瑞塔地震前，从 80 年代初开始，美国学者林德、赛克斯、肖尔茨等曾分别对该地区做过未来一二十年内可能有强震的中长期预测。

在我国，于 1995 年完成的“2005 年前全国地震重点监视防御区图”给出了 21 个强震危险区，自 1996 年以来，在研究区内西部 7 级、东部 6 级以上强震共有 5 次，基本上都发生在所预测的这 10 年尺度的重点危险区中。这些结果表明，中长期预测的成果不但可以在地震危险性分析和社会公众的防震减灾中发挥重要作用，而且应可以在地震的中短期预测中起到先导性作用。因此，充分重视和进一步加强地震中长期预测的探索研究，可以在一定程度上确立中长期预测在整个地震预测工作程序中的基础地位②。

---

① 张国民等：“地震预报回顾与展望”，《国际地震动态》2005 年第 5 期。

② 张国民等：“我国地震预报研究近十年的发展与展望”，《地球物理学报》1997 年第 40 卷增刊。

**（一）地震长期预测方法：特征地震法**①

“地震空区”指的是在时间上已超过了平均复发时间、但仍未以特征地震的方式破裂过的一段断层。在地震长期预测方面，最突出的进展是板块边界大地震空区的确认。在环太平洋地震带，几乎所有的大地震都发生在利用“地震空区”方法预先确定的空区内。在我国，板内地震空区的识别也有一些成功的案例。

地震是地下岩石中“应变缓慢积累——快速释放”的过程。对地震过程的这一认识是“地震空区”方法的物理基础。基于这一认识可以推知：在指定的一段断层上，将会准周期性地发生具有大小特征与平均复发时间的地震。这种地震称作“特征地震”。特征地震的大小（震级）可以由在该段断层上已发生过的特征地震的震级予以估计，也可以根据该断层的长度或面积予以估计，也可以由地震的平均滑动量除以断层的长期滑动速率予以估计。

特征地震的概念对于地震物理学与地震灾害评估有着重要的意义。在地震灾害的评估中，特征地震的平均复发时间是一个很重要的物理量。上一个特征地震的发震时间好比是一只“地震钟”的“零时”。从这个“零时”开始，与这个特征地震类似的下一个特征地震的发生概率即可予以估计。

作为地震长期预测的一种方法，特征地震方法取得了一定程度的成功。用这个方法预测大地震原理很直观，看上去很简单，做起来似乎也很容易，但要推广应用仍有一定的困难，因为不易确定特征地震的震级并且缺少估计复发时间所需的完整的地震记录资料。此外，由于地震过程内禀的不规则性以及地震的发生具有“空间—时间群聚”的趋势，所以在实际应用地震空区假说同时预测特征地震的震级与发震时间时仍有困难。

**（二）地震中期预测方法**②

1. 应力影区。由地震空区模式可以推知，地震的发生受到先前发生的地震所引起的应力变化的影响而加速或减速。如果大地震的发生降低了破裂带附近某区域的应力，从而降低了该区域发生地震（既包括比该地震大的地震，也包括比该地震小的地震）的可能性，直至该区域内的应力得以恢复为止，这便是“应力影区”模式。应力影区模式不同于地震空区模式，它不仅涉及断层段，而且也涉及其周围区域。此外，由于应力是张量，所以地震的发生既可能使某些断层段上应力增加，也可能使某些断层段上应力减小。在靠近已破裂的断层段的某些区域，应力实际上是增加的，从而应力影区模式对“地震群聚”现象提供了一种物理上说得通的解释。

2. 地震活动性图像。地震活动性图像是用得最多的一种地震预测方法。之所以用得多，部分原因是比较可靠的地震活动性资料几乎随处可得。茂木清夫（Mogi，1985）提出，一次大地震之后接着是频度随时间逐渐减少的余震，然后是长期平静期（第一次平静期），这个平静期后依次是：未破裂带地震活动性增加→中期平静期（第二次平静期）→前震活动期→短期平静期（第三次平静期）→大地震。这就是地震活动性图像的“茂木模式”。需要指出的是，在实际发生的地震震例中，茂木模式所描述的任何一个阶段都有可能缺失；并且各个阶段尚未有公认一致的、可被客观运用的定义。此外，迄今也还没有对茂木模式进行过全面

①　②陈运泰：“地震预测——进展、困难与前景”，《地震地磁观测与研究》2007年第28卷第2期。

的检验。

3. 图像识别。克依利斯·博罗克及其俄国同事提出了一种称作强震发生“增加概率的时间”（Time of Increased Probability，TIP）的中期预测方法，运用计算机进行图像识别，以识别大地震即将来临前的信息。他们提出了为预测全球8级以上大地震而设计的“M8算法”以及为预测美国加州和内华达州而设计的“CN算法”，在地震活动区中预先给定的范围内对地震目录进行扫描，寻找地震发生率的变化、大小地震比例的变化、余震序列的活动度与持续时间以及可用作诊断的其他标志。他们称，在他们预测的未来比较可能发生大地震的那些范围内取得了意义重大的成功。

## 五、短临期预测方法

当前国内外地震预报方法以观测前兆现象及异常信号为主，采用地震前兆预报地震的方法有1 000多种；当然也有部分地震工作者采用其他方法来预报地震。下面作简要介绍①。

### （一）地应力测量

地壳的应力应变异常是临震的直接性前兆信息。地应力的产生是由于地球加速度的变化以及地球极移现象产生离心惯性力的切向分力、纬向惯性力引起大陆块滑动，地壳中的物质在惯性力作用下不断挤压产生地应力。测量地应力的方法很多，一般常用的有钻孔变形应力计、体积式应变计以及水压致裂法，还有电阻应变片传感器。如北京市工业大学地震研究室李均之教授研制的几种电阻应变片传感器经过室内实验及实际应用，证明性能是良好的。其主要的GD－5型传感器结构为：3个内铜环，每个内铜环沿直径方向用2个小铜棒与外铜环连接；3对小铜棒的方向夹角相等；在内铜环上贴电阻应变片，测量3个已知方向的应变。将传感器埋入地壳（岩石或土体中），并且由公式测得应变推出主应力大小及方向，根据土应力方向确定震中位置。在地应力测量范围内，应力与应变成正比，线性关系较好。

### （二）井水含氡量的变化

前苏联科学家在加尔姆地区发现在水井中的含氡量在地震前会增加。1978年日本伊豆—大岛7级地震前在震中附近观测到含氡量突变异常，日本地震当局震前1个小时发出过地震预报。

氡是一种放射性物质，科学家们认为当岩石受到强大压力时，岩石内部产生无数微小裂隙，通常只有用显微镜才看得见。岩石有了裂隙之后，显露于雨水的表面积自然也会增加，当雨水渗入裂隙之中，补满裂开的空隙，可以接触到较多的放射性物质，同时吸收更多量的氡。直到地震发生，岩石突然崩裂，氡的含量又逐渐下降。因此，监测井水含氡量，可以知道岩石受力情形，从而预测地震。但含氡量变化是无方向量，故不易指示未来震中位置。

### （三）自然电场

此指标日本和前苏联学者最早用过。我国在1966年邢台大地震后也用过（钱复业），但因电极极化干扰而成效有限。最近十余年来希腊学者用良好的电极和观测系统曾成功地对若干个6级左右地震作过短临预报。我国现在自制的电极更好（陆阳泉），曾在华北和西北观测到良好的震例，从6级左右地震前异常到发震时间符合倍九律，即震前倍九天的日期出现

① 蒋灏，夏雅琴：“地震预报研究水平、预报方法及展望综述”，《北京市工业大学学报》2001年第27卷第2期。台湾地区交通部中央气象局：《地震百问》，2008年11月。

前兆突跳。自然电场震前产生前兆可能是由于震源地方微裂和预滑产生的电场，或是调整单元流体位移产生的过滤电势。希腊学者利用自然电场预报地震在国际上曾掀起几次辩论高潮，评价者意见不一。

**（四）次声波**

次声波异常是临震预报的一个重要方法。用频率0.04～0.10Hz次声波传感器及记录仪组成次声波观测系统，记录的是电压信号。次声波有衰减小、传播远的优点，因而世界范围内7级以上地震一般在震前能观测到次声波信号异常。次声波异常发生后9天发震，震级大小由次声波异常幅度大小确定；发震时间误差在4天以内，震级误差小于0.4级，不能预测震中位置。

**（五）动物异常**

大地震前许多动物具有异常行为，因此利用动物异常行为来预报地震不失为一种简易方法。例如北京市工业大学地震研究室把虎皮鹦鹉异常行为作为一种预报方法。在笼内放置一对虎皮鹦鹉，笼内横杆上安装传感器并接计数器，记录每日虎皮鹦鹉跳动次数（频率）及跳动频率的相对值确定异常状况，异常出现后8天内发震。该观测方法只能预测发震时间。

**（六）测地法**

根据过去许多记录，在大地震发生时地壳会发生变动，而有时会发生在地震之前。因此测量地壳变动情形并研判地震前兆现象，可以预测是否有大地震发生。此外，地壳发生变动的面积会随地震规模增大而增加，也就是说地壳发生异常变动的范围越广，可能发生地震的规模也越大。

**（七）分析天然气含量**

德国杜秉根大学的地质学家恩斯特教授，在富有沼气的地方从事地下沼气含量的分析，建立了一种具有地方特色的地震警告系统。

在公元1969年，他首次观测到探测器里沼气含量先增加0.2%～2%，而经过强烈地震后沼气含量又下降。发生余震时，沼气含量也会增加。在1973年，恩斯特教授在中美洲的哥斯达黎加的首都圣荷西担任客座教授时，与哥斯达黎加的地质研究所合作研究，以天然气探测器观测的结果，发现地球天然气与火山爆发有连带关系。此法也能预测地震。

**（八）验潮**

在大地震发生前后，过去住在海岸一带的人，往往会发现海岸线或岛屿急剧上升或下降。因此，有完善设备的验潮站点，经常监视验潮记录，很可能发现大地震发生的前兆现象。

**（九）地壳变动的连续观测**

每隔几年实施一次大地测量，是发现地壳变动相当有效的一种方法。只有利用高灵敏度的倾斜计及伸缩计进行观测，方可获得地壳变动的连续记录。

日本松代群地震发生时，设在松代地震观测所内的水管倾斜计，其观测记录显示与地震活动消长有相当密切的关系，有时会有前驱异常倾斜现象出现。因此，也是预测地震的有效方法之一。

**（十）利用历史资料进行预测预报**

地震前兆信息有其复杂性，与地震机理有很大的联系。由于目前对地震机理了解甚少，有的学者另辟蹊径，绕过了对震源模型、地震机理的研究，而仅根据历史地震资料进行预测分析。像万迪坤等人利用概率统计方法从历史资料中提取统计信息，在确定时间中研究地震的非均匀空间分布或在确定空间中研究地震的非均匀时间分布，由此找出发震概率高的地区或是发震概率高的阶段。而翁文波院士的以信息为基础的预测理论，以否定随机性为原则，重点研究自然体系的属性的不确定性、不稳定性及非排中、可数｛量子化、离散化｝、可公度性方面的属性。翁文波的预测理论应用于地震预报，十几年共预测5级以上地震85次，69次三要素基本对应，准确率达80%以上。此外，北京市理工大学郑联达先生从地震能量积累速率出发，建立了“发震时间公式”，对国内外地震作出30余次成功的短临及年度预测。“发震时间公式”是利用地震能量积累速率的原理，以大量已发地震现象和地震数据为依据，绕过地震孕育原因和过程，对孕育和能量积累过程作出等效体模式。因此，该公式根据以往地震目录资料的相关性进行时间结构分析，即可计算出将要发生地震的时间及震级。

## 六、地震预报新技术、新方法的探索①

地震预报尚处于初期的探索阶段，因此从国内外各科学领域中吸收有关的科技成果，不断开发和发展地震预报的新技术和新方法是推动地震预报进展的不可缺少的途径。近10年来通过对我国大量震例的广泛调研，结合当前世界科学发展的新动向，研究开发了一批有科学潜力、物理意义清晰并较有预报效能的地震预报新技术和新方法。如电磁波、地下气、地温、加卸载响应比、S波分裂、非线性方法等六大方法技术。此外，还开展了全球空间定位技术（GPS）、卫星遥感技术（RS）和层析成像技术（CT）在地震预报中应用的探索。限于篇幅，这里仅作简要介绍。

### （一）地震电磁辐射（电磁波）方法

地震电磁辐射现象是地震孕育进入短临阶段的重要信息，国内外时有报道，我国已对其进行了多年的观测研究。20世纪90年代以来，我国加强了电磁波观测台网的建设，制定了观测规范，统一了仪器校定方法，清理了200多台次的震例资料。在此基础上，发现了可利用接收天线的方向特性测出电磁辐射的来波方向，并进行多台交汇以确定辐射源位置，来预测发震地点。根据异常形态和异常出现时间预报发震时间，进一步发展了地震电磁波预报方法，并推进了其在短临预报中的应用。

### （二）地下气研究

地下气体是孕震过程中的活跃因子。近10年来，在加强地下气观测系统建设的同时，开展了在不同构造条件及物性条件下对地下气灵敏组分（或元素）的选择等基础性的研究工作，在一些重点地震区建设布局合理的台网。在此基础上，取得了一批区域性可供对比的群体异常资料。这些群体异常资料还反映出大震前后地下气区域异常时空动态演化过程，在地震预报中显示了良好的前景。

### （三）地热预报地震的研究

在地热前兆观测方面，近年来将深井地温、水温、浅层土温以及卫星热红外观测到的地表温度等由深及浅进行立体观测，并在云南省等多震区形成初具规模的地温观测网。在近10

① 张国民等：“我国地震预报研究近十年的发展与展望”，《地球物理学报》1997年第40卷增刊。

年的实际监测中，取得了1988年澜沧7.6级、1995年孟连7.3级、1996年丽江7.0级等大震前地热异常的一系列重要震例资料。

**（四）加卸载响应比研究**

加卸载响应比方法是在地震力学强度理论和非线性科学等学科基础上，结合我国多年地震预报研究和实践经验提出的一种新的地震预报方法。根据震源区介质的本构关系，在弹性变形阶段，加卸载响应比为1；当孕震过程进入非弹性变形阶段，特别是临近地震发生阶段，加卸载响应比将远大于1。20世纪90年代以来，通过大量国内外震例的分析研究，以及通过对有震区和无震区的对比研究，建立了加卸载响应比的分析计算方法，总结了加卸载响应比的异常特征，研究了用响应比异常进行地震预报的判据、指标和方法，并在近年地震预报实践中取得了可喜的成效。

**（五）S波分裂**

S波分裂是英国科学家在土耳其地震预报实验场研究提出的一种旨在用于地震预报的方法，我国自20世纪80年代开始引进研究。近10年来，在如何从现场获得大震前可靠的S波分裂记录，以及如何最大限度地从观测资料中吸取可供S波分裂研究的科学数据等方面，进行了大量的工作，提出了5种S波分裂的分析方法，即提取慢S波的自适应法、最大特征值法、波形识别算子法、最大似然法及线性变换法，并在部分强震震例研究中给出了S波分裂的地震前兆异常。

**（六）在非线性研究方面的进展**

针对地震结构具有有限、离散、点集等特点，发展了多重分形谱的异常分析，PP类聚在震群分析中应用、地震形变场的临界行为及其Lyapunov指数研究，以及子波网络预测方法等一系列研究，其中有的方法已在地震预报中发挥作用。

**（七）VAN方法①**

VAN方法是一种有争议的地震预测方法，它的理论假设是岩石中的矿物质在强大的应力下会放射出特有的电信号（Electrical Signals）。VAN方法的命名来自提出该方法的3位教授的姓：Panayotis Varotsos、Caesar Alexopoulos以及Kostas Nomikos。目前，VAN小组隶属于希腊雅典大学固体地球物理研究所，由Panayotis Varotsos教授领导。

这种方法通过对地震电信号（Seismic Electric Signals，SES）的探测、记录与估计来预测地震。这些电信号的基本频率为1Hz或者更小，其振幅与地震的震级成比例。根据VAN小组的说法，地壳构造板块运动时对岩石造成的巨大应力，使岩石释放出地震电信号SES。他们将这种现象归结于两种原因：一是矿物质的压电现象，特别是石英；二是在应力下由于晶体缺陷所产生的效应。在地震发生的数周前，岩石所受到的机械应力将会达到临界值，便出现了这些SES。

地震电信号在地壳断层中传播时衰减相对较小，这是由于地下水以及矿物质的离子特性增强了导电性。工作站将配有放大器与滤波器的一对电极插入地下，从而探测到这些电信号。然后工作站会将探测到的电信号传送到VAN小组在雅典的总部用于记录与评估。目前VAN

① VAN method，Wikipedia，http：//en.wikipedia.org/wiki/VAN_method.

小组共有 9 个工作站在运行。VAN 小组声称他们能够预测震级在 5 级以上的地震，能够把误差控制在震级 0.7 个单位以及时间在 2 小时到 11 天之间。VAN 工作站有一定的空间选择性。举例来说，工作站 IOA 坐落于 Loannina，探测到了对应于西伯罗奔尼撒半岛和爱奥尼亚海地壳活动的地震电信号，却没有探测到有关 Loannina 地壳活动的信号。

最近几年来，VAN 小组已经在试着改善地震发生时间的预测精度，引入自然时间这个参数。自然时间参数指示了从地震电信号产生到地壳断层断裂整个过程的演化。

虽然已经通过实验室实验证明，矿物质在可以导致折碎的高应力下确实会产生电信号，但是，VAN 方法在预测地震方面的有效性仍有争论，Sir James Lighthill《A Critical Review of VAN》书概括了正反两方的观点。

除上述新方法之外，近 10 年来，GPS、RS、CT 等高新技术在地震预报应用的探索和研究方面也取得可喜的进展。

# 专题2：日本海啸研究

2011年3月11日，日本东北部地区太平洋近海发生里氏9.0级逆断层地震，震中位于日本仙台市以东130公里的海底，震源深度约20公里。这次巨大地震引发日本太平洋沿岸及至少20个国家的海啸和撤离警告，其中包括北美洲和南美洲的整个太平洋海岸。地震发生后，小时内，最高达37.9米的海啸巨浪越过防波堤重创日本，海浪深入内陆多达10公里。其他多个国家则遭遇较小海浪袭击。这次地震成为日本有史以来最强的地震和海啸，共造成12 431人遇难，15 153人失踪，房屋、铁路、公路、通信等生命线工程被严重损毁，40多万人无家可归，包括东京在内的数百万户居民断水、断电。同时，地震和海啸还引发了福岛核事故，核电站周围20公里以内的居民被紧急疏散，核泄漏对人体健康和生态环境造成的影响尚难以估量。世界银行估计，此次地震和海啸造成的经济损失高达1 220亿~2 350亿美元，相当于日本国内生产总值的2.5%~4%，其中保险损失估计为140亿~330亿美元。

## 一、海啸的成因分类

根据海啸形成原因的不同，科学家将其分为四种类型：海底地震引发的地震海啸、气象变化引起的风暴潮、火山爆发诱发的火山海啸、海底滑坡带来的滑坡海啸。

### （一）地震海啸

地震海啸是由海底激烈的地壳变化造成大片水域突然上升或者下降而引起的海洋巨浪，其破坏力极大，大约95%的海啸都是由地震引发的。但是否所有的地震一定都会引发海啸，主要取决于地震震级、地震断层的错动方式和震源深度。一般来说，震级达到里氏6.5级、震源深度在50公里以上的地震才有触发海啸的可能。断层垂直错动方式更容易引发海啸。

### （二）风暴潮

风暴潮又称为“风暴海啸”或“气象海啸”，通常指热带气旋（台风、飓风）和温带气旋（寒流）等强烈的大气扰动引起的海面异常升高、使受其影响的海区潮位大大超过平常潮位的现象。灾害的轻重一方面取决于受风暴增水的大小和当地天文大潮高潮位的制约，如果与天文高潮相叠，酿成灾难更大；另一方面与受灾地区的地理位置、海岸形状和海底地形等密切相关，如果位置正处于海上大风的正面袭击，海岸呈喇叭口形状，海底地形较平缓，受灾更重。

全球有8个热带气旋（即台风或飓风）多发区，西北太平洋是台风最易生成的海区，全球台风有1/3左右发生在这里，强度也最大。在西北太平洋的沿岸国家中，我国是受台风袭击最多的国家。历史资料表明，几乎每隔三四年就会发生一次特大的风暴潮灾害。

### （三）火山海啸

火山如果在海洋的地下爆发，会使海水体积突然增大并且被抬升，然后下降，形成波浪。

当能量足够大时，就会在海岸形成破坏力极大的海啸。位于海洋中的火山岛也会引发可怕的海啸。这些火山岛往往在喷发了几个世纪后突然因耗费完所有的能量而坍塌，并且滑向深深的大海。这个剧烈的过程会引起海水水位的巨变，引发的海啸可以掀起 100 米高的浪头。

**（四）滑坡海啸**

海底滑坡指较浅或较深的海洋地区的滑坡。产生海底滑坡有两个原因：一是海底大量不稳定泥浆和沙土聚集在大陆架和深海交汇处的斜坡上，产生“滑移”。二是由于海底蕴藏的气体喷发，导致浅层沉积海底坍塌，出现水下“崩移”。由海底滑坡引起的海啸，称为滑坡海啸。

## 二、日本海啸的原因分析

此次日本海啸属于典型的由地震引起的海啸。地球表面被分为 7 个主要的板块，他们覆盖在半熔融岩层上，随着板块运动，它们会互相拉开或碰到一起，引发地震。日本位于太平洋板块和亚欧板块交界处，是火山、地震频发的国家，这次日本地震发生正是因为太平洋板块俯冲至日本本州岛所处的陆地板块之下，同时释放大量能量造成的。地震后，日本仙台海岸断裂了 130 公里，断裂深度约 32 公里，海床则上升了几米，本州岛整体向东移动了 2.4 米。

海啸在日语中被称为“津波”，意思是渡口的巨浪。海啸是由一个水体中大量水的整体位移造成的。当地震引起海床陡然变形，上面的海水竖直移位，引起附近海水的极大扰动，再通过波的形式传递出去。在深海，海啸的浪宽可达 200 公里，穿行速度超过 800 公里/小时。当海啸到达岸边时，水变得越来越浅，海浪被压缩，速度降低到每小时 80 公里以下，浪宽则减小至不到 20 公里。前面的浪速度在减慢，后面的浪迎头赶上，两相叠加就会掀起几十米高的巨浪涌向岸边，形成海啸。海啸所携带的能量惊人，水墙高速前进和携带巨大水体砸向陆地，形成巨大破坏力。

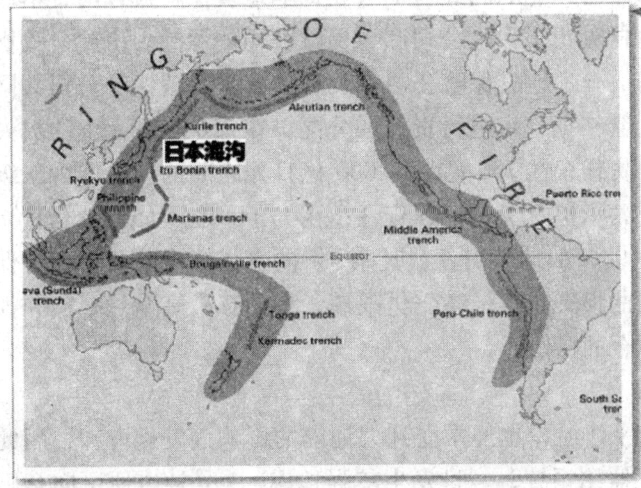


**环太平洋火山地震带**

环太平洋火山地震带有时也简称太平洋火山带，是指太平洋海底中发生大量地震和火山喷发的一片区域。这个长40 000公里的马蹄形地带中，几乎连续分布着一系列的海沟、火山岛弧（从空中看，是与弧状山区平等的火山链）和火山带（一大片火山活动活跃的地区）。环太平洋火山地震带上有452座火山，占全球火山和休眠火山总数的75%。全球大约90%的地震和大约80%的巨大地震都发生在这个地震带上。环太平洋火山地震带是地壳板块运动碰撞的直接后果，其中太平洋板块沿着堪察加半岛经过日本，这便是日本火山爆发和地震频繁的根本原因。

资料来源：《防灾博览》（2011 年 2 月刊）。

## 三、日本的防灾减灾机制

### （一）日本的巨灾保险机制

在日本海啸的灾后重建中，保险业发挥了一定的作用，有效缓解了灾民的损失。日本是巨灾保险实施较早的国家，1952 年日本损害保险协会设立了地震风水灾害调查委员会，提出了地震保险的概念。1966 年，日本国会正式通过了《地震保险相关法案》和《地震再保险特别会计法案》，标志着日本地震保险制度初步形成；此后日本政府又颁布了《有关地震保险法律施行令》等配套法令，使日本地震保险制度趋于完善；1999 年地震保险相关法案就内容、费率确定以及保险公司和政府的各自责任方面进行了较大幅度的修改和完善。目前地震保险制度主要包括以下几方面的内容：

1. 保险责任。地震保险属于家庭财产保险的附加险种，客户在投保家庭财产保险的同时可以选择投保或不投保地震险。一旦客户投保，保险公司对于因地震、海啸、火山的发生并因此引起的火灾等一系列的灾害对房屋和屋内财产造成的损失要承担赔偿保险金的责任。

2. 保险金额。地震保险的保险金额一般占到房屋火灾保险金的 30% ~50%，并且有一个赔偿的限额，房屋的保险金限额为 5 000 万日元，生活品的保险金限额为 1 000 万日元。

3. 保险赔偿。日本地震保险法规定，属于全损的，将获得全额地震保险金的赔偿，但不能超过最大赔偿限额；属于半损的，将获得地震保险金额 50% 的赔偿；一部分损坏的，将获得地震保险金额 5% 的赔偿。

4. 保险费率的制定。地震保险的费率是根据被保险的建筑以及其建筑结构、周围所处环境等因素决定的。通常，根据地震发生的规律和灾害特征，相关机构对日本地区的地震危险性作出了数字化的评估，划分为 4 个等级，并根据不同的等级确定相应的地震保险费率，每一个等级中木造的和非木造的房屋费率也有一定差别。

5. 在再保险安排上，由于保险公司的承保能力有限，保险公司普遍采用再保险的方式将大量集中的风险转移出去，以保证保险公司能顺利经营下去。日本地震保险最终由日本政府对地震再保险公司进行再再保险，这样分担了保险公司和再保险公司的风险。由此，我们可以看出，日本的地震风险由日本政府、日本地震保险公司以及日本各个民营保险公司共同承担。当地震发生后，地震再保险公司会根据规定进行责任的分配：在 750 亿日元内的损失称为一级损失，由原保险公司承担赔偿责任；在 750 亿 ~17 000 亿日元之间的损失称为二级损失，由原保险公司和地震再保险公司各承担 50% 的赔偿责任；在 17 000 亿 ~55 000 亿日元之间的损失称为三级损失，由政府承担 95% 的赔偿责任，其余 5% 的责任由保险公司和再保险公司来承担。但当一次地震保险事故的损失超过最高赔付限额，将计算最高赔付限额和损失总额的比例，然后按比例来进行保险金的赔偿。

### （二）日本的海啸预警系统

日本是多火山、地震的国家，太平洋沿岸也经常受到大地震的影响而发生海啸，因此日本政府投入巨资建立高科技的自动化监测系统，一旦发生较强地震，3 分钟内便可向全国各个海滩发出警报。

1. 在预警管理体系上，日本将全国划分为 6 个责任区，并设置了 6 个海啸预警中心，预警中心可以及时将观测分析结果通知给各政府部门，并通过广播、电视、报纸、网络等媒介告知公众。

2. 在技术设备方面，世界上观测海啸方面最有力的装备是海啸浮标。日本沿海潮位站、地震台站十分完备，其信息通讯主要通过地下电缆传输。在1999年之前，海啸预报主要是把发生过的地震震级与该地震引起的海啸规模之间的关系汇总，然后形成海啸预报图，预测海啸的规模。1999年之后开始采用新的海啸预报方法，即根据各地海岸的地质和地理情况，预先在电脑上模拟日本近海各地发生的地震，然后计算海啸到达沿海各地时的高度和规模，利用其结果建立数据库，一旦发生地震，就从数据库中调出与此次地震相近的案例，输出海啸预测数据，

3. 在科普教育方面，日本很早就把防灾减灾教育纳入国民教育体系，防灾意识早已深入每个人的心中，日本政府每年都会组织灾害自救演习，指定应急预案和逃生路线，提高公民应对灾害的技能。在日本海啸中，日本人民表现出的镇定和有条不紊与其多年的国民教育是分不开的。

4. 在工程建设上提高防灾减灾能力。日本在沿海人口比较密集的地方都建有防波堤，在此次地震中防波堤虽然没能阻挡住海啸袭击，但为人们赢得宝贵的逃生时间创造了条件。

日本在此次强震后，第一时间启动了海啸信息发布程序，各大电视台自动切换电视画面，滚动播发海啸警报；地震海啸发生仅5分钟，日本首相官邸就设立了官邸对策室，并在之后的内阁会议成立紧急对策部，协调指挥全国的地震和海啸灾害应对工作；沿海居民按照既定的应急手册有序撤离，核电站、新干线、机场等重要基础设施紧急关闭，显示了较强的防灾减灾能力。

## 四、我国的地震海啸

### （一）历史上的海啸

我国海区辽阔，海岸线北起辽宁省，经河北省、山东省、江苏省、浙江省、福建省、台湾、广东省、广西壮族自治区、海南省等，长达1.8万余公里。渤海、黄海、东海、南海等沿海地带都曾发生过地震海啸灾害。至今2000多年来我国地震海啸仅发生25次，其中8~9次为破坏性海啸，且70%集中在台湾和南海海域，频率相当低。史书记载，1781年在台湾海峡发生的一次海啸，造成4万~5万人死亡，这应是我国台湾最严重的一次地震海啸灾害。1867年台湾基隆北海中的地震海啸也造成500多人死亡。

20世纪50年代至今，我国大陆曾监测记录到近海的3次海啸波。第一次是1969年7月18日渤海7.4级地震引起的海啸，在唐山记录了20厘米左右的海啸波。第二次是1992年1月4~5日海南岛西南海域发生最大为3.7级的8次地震，1月5日在榆林、东方、秀英等验潮站分别记录到幅度为20~80厘米的海啸波。第三次是1994年9月13日台湾海峡7.3级地震，在福建省的东山岛验潮站、广东省的汕头验潮站和台湾的澎湖验潮站分别记录到26厘米、47厘米、38厘米的海啸波。

2011年3月11日日本地震发生后，中国国家海洋环境预报中心发了3次海啸预报消息、2次海啸预警。这也是中国首次发布海啸灾害预警。此次地震海啸在中国沿海的整个传播过程有惊无险。主要是因为受地震断层展布方向约束，日本地震海啸的波能主要向东南方向传播，我国大陆及台湾沿岸均不在其主传播方向上，加之沿海大陆架宽广，海啸波能快速衰减。

### （二）我国的沿海地质条件不利于海啸形成

总体上我国地震海啸的频度较低，破坏较轻。我国大陆东临太平洋，有宽广的大陆架，位于全球地震强度与频度最高的地带——西太平洋地震带。黄海和东海地区水深较浅（前者平均深度40多米，后者平均200多米），并且外侧有数道岛链环绕围护，阻碍了太平洋、印度洋越洋海啸对于我国的影响，不利于地震海啸的形成和传播；同时，中国海区一般没有现今活动的板块俯冲带和海沟构造，近代垂直差异运动表现不强烈，已发生的地震震源断层多为走滑型，所以多数沿海地区发生地震海啸的可能性不大。但在平均深度1 200米的南海，特别是在台湾岛附近海域，具备发生地震海啸的地质构造和深度条件，是产生地震海啸的危险地段。南海地理环境特殊，除台湾岛和菲律宾群岛之间的巴士海峡和一些岛屿与大洋相通之外，总体上是一个相对封闭的海域，受越洋海啸袭击的可能性很小。

### （三）我国的海啸研究

中国地震海啸的研究始于1976年唐山大地震之后。经历那次灾难之后，人们对自然灾害的安全意识大大增强，中国地震与海洋学者开始研究中国的地震海啸问题。据统计，我国近海海底地震引发海啸的比例只有全球平均水平的1/4，但也并不排除某次强地震诱发大海啸的可能，特别是台湾周边海域和南海。曾有学者对我国进行了海啸发生的区划研究，首先将我国沿海划分为三个区：（1）台湾东部沿岸；（2）黄海、东海和南海沿岸；（3）渤海沿岸。这三部分受海啸影响的相对频率分别是200、50、12，比率为16:4:1。也就是说第一个区为海啸的高发区，第二个区为中发区，第三个区为低发区。

我国于1983年加入国际海啸预警系统，目前有4个海面浮标观测系统承担着太平洋海啸的监测工作。国家海洋环境预报中心具体承担我国海啸预警业务工作，根据太平洋海啸警报中心发布的有关越洋地震海啸信息，发布我国沿海的海啸预警报。一旦我国沿海受到海啸影响，国家海洋环境预报中心会立即通过海啸预警报系统发布受影响地区的海啸预警警报。同时，有关地区启动相应的海啸应急预案，应对可能产生的海啸袭击。虽然我国是太平洋海啸预警系统的参与国，但太平洋海啸预警系统对中国防灾意义有限。越洋海啸对中国沿海的影响很小，主要原因是受日本、琉球群岛、菲律宾、印尼诸岛和宽广平坦的浅海大陆架的保护，越洋海啸进入中国沿海后能量衰减很快，不足以引起灾害。太平洋以及印度洋几次著名的大海啸传播到我国近海仅有几十厘米的波高。

目前我国开展的地震海啸研究时间较短，相对于发达国家还有一定差距，关于南海海域地震海啸的基础地质研究工作比较薄弱，与地震相关的构造，例如发震活动断裂等研究较少。南海面积约350×104平方公里，为渤海、黄海和东海总面积的3倍。在其周缘的大陆架和大陆坡的沉积盆地中蕴藏着丰富的油气资源，近年来已陆续打出了高产油气井，加之其他的矿产资源和海洋生物资源，南海资源宝库已崭露广阔的开发前景。而其北部的华南沿海，包括港、澳、台和深圳、珠海等地区，人口稠密，经济发达，属于密集型城市区。若在该地区发生大的海啸，则在相应的沿海地区造成的人员伤亡及经济损失将难以估量。所以加强海洋地震研究，掌握海洋地震规律，对提高我国防御地震海啸灾害的能力，为我国沿海经济建设发展提供保障具有重要的现实意义。

## 五、日本海啸对我国防灾减灾建设的启示意义

与此次日本海啸的原因类似，大部分海啸（95%以上）都是由地震引起的，而目前地震预报的总体水平还停留在经验性的预报上，预报成功率较低，其主要原因就是观测技术问题。目前的观测还只停留在地表，不能深入到地球内部，而地震通常发生在地下十几公里或几十公里，甚至更深的地方。地表观测的干扰因素很多，这是阻碍地震准确预报的一个主要原因。另外，相比地球几十亿年的地质演化史，人类开始研究地震、海啸的时间非常短，在20世纪初期才开始进行系统性的研究，科学记录的研究数据也非常缺乏。但是，海啸的发生是有规律可循的。从地震发生到海啸形成并最终对陆地造成破坏性影响有一个形成过程，这就为海啸观测和预警提供了空间。在海啸登陆之前也会发生一些显而易见的前兆现象，如海水退潮和涨潮的时间与平常不一致，且海水退涨的速度和幅度比平常大得多，离海岸不远的浅海区，深蓝色的海面会突然变成白色，并在其前面出现一道长长的明亮白色水墙，浅海区的船只突然上下剧烈颠簸，海上突然传来巨大和惊人的异常声响等，都是提示人们赶紧撤离的信号。

为了提高灾害管理能力，有效应对和防范海啸风险，作为我国经济最发达的东部沿海地区，尤其是江河入海口，对自然变异（风暴潮、巨浪、海平面上升以及海水内侵等）极其敏感和脆弱。因此要大力提高沿海地区各级政府和公众的防灾减灾意识，认真贯彻以防为主的减灾方针，对沿海的防灾能力建设作相应的投入。沿海滩涂围海造田、海水养殖、工业基地建设等，要根据当地实际情况进行科学论证，统筹规划，合理开发建设。

### （一）建立全方位预警系统，提高海洋预报精度

及时准确的海洋灾害预报，在防灾、减灾工作中起着关键作用，而先进的监测手段、预报方法及通讯系统是及时准确发布预报的保障。我国目前还要进一步增加对海洋环境预报的投入，要加强和完善海洋台站观测及浮标观测系统，加强沿海区域海洋预报台和地方海洋预报台的建设，改善通讯设施，调整海洋预报的对外广播时间及增加广播次数。为更好地利用现有水文气象观测设施，提高预报精度，有关部门应在资料的联网、互享方面通力合作。

### （二）普及海洋知识，开展防灾减灾宣传，提高防灾、减灾意识，促进防灾工程建设

提高全民对海啸的防灾和警惕意识是一项系统工程，它不仅可以增强事前预防能力（如对房屋选址的选择和提高建筑标准），又可以在海啸来临时增强人们的逃生能力（如有意识地寻找逃生通道、增强自救能力等），是一项利国利民的社会公益事业。要搞好这一工作，需要各级政府加强领导，各有关部门、社会各界广大民众通力合作。因此，通过宣传，切实增强全民族的减灾意识，认真贯彻落实“以防为主，防、抗、救相结合的方针”，在沿海经济发展的同时增加防灾投入，提高沿海工程综合防灾能力。

### （三）加强海岸带管理，制订防潮应急规划

加强海岸带的综合管理，制定有关法规，避免由于管理不善而增加人为灾害。各地防灾部门要根据管辖区域的历史情况和地质条件，尽快制订应急性的救灾抢险方案，包括人员撤离路线、避难以及物资转移场所等，编制长远的防灾规划。

### （四）加强法制建设，科学合理开发利用海洋资源

当前，人们越来越感到海洋对人类生存的重要性。在“向海洋进军”的口号下，开发利用海洋资源的活动日益频繁，但是，有少数人忧患意识淡薄，法制观念不强，在开发利用海

洋的过程中不顾后果，有法不依、执法不严的情况普遍存在，一旦发生海啸等重大灾害，后果不堪设想。因此，完善海洋综合管理法制、加强执法力度势在必行。

**（五）做好灾情调查，建立灾情评估标准**

为更及时、全面地了解海啸灾害情况，应建立灾后调查制度。为避免人力、物力的重复与浪费，中央到地方各有关部门应相互协助、各尽其职，并将各自分管区域的海洋灾害情况通报国家有关部门。同时，需建立灾情评估标准，以便为预报部门做好灾害预报以及为国家制定防灾、救灾措施提供依据。

**（六）组织实施包括地震、海啸等责任的巨灾保险制度，发挥保险业在灾后重建中的功能作用**

目前我国的财产保险大多把地震、海啸等灾害造成的损失作为除外责任，保险公司由于巨灾风险太大而不愿承保，完全依靠市场自身建立起巨灾保险制度不太现实。参考日本的巨灾保险发展经验，巨灾保险市场需要政府在法律法规、财政政策、市场培育、再保险安排等方面做好组织实施工作，建立灾害保障基金和实现风险共担，减少海啸对单一组织、个人或地区的冲击。

## 附表：

**200 年来最致命的海啸**

| |
|---|
| 1755 年 11 月 1 日，葡萄牙里斯本发生 7.8 级地震，引发海啸，巨浪高 21 米。波及西班牙和摩洛哥海岸附近地区，损失极其严重，致使 6 万人丧生。 |
| 1883 年 8 月 27 日，因喀拉喀托火山爆发引起海啸，冲击了印尼的爪哇和苏门答腊海岸，浪高 35 米，致使 3.6 万人死亡。 |
| 1896 年 6 月 15 日，日本三陆发生 7. 6 级地震，引发海啸，浪高 24.4 米，导致 2.7 万人死亡，1.4 万间房屋被毁。 |
| 1960 年 5 月 22 日，智利发生 9.5 级大地震，在太平洋海域引发了最大的一次海啸。海浪高约 25 米，在 500 公里宽的沿岸地带反复冲击达数小时之久，沿岸一切荡然无存。巨浪余波持续了一周，灾难空前。 |
| 1964 年 3 月 27 日，阿拉斯加发生 8.3 级地震，引发海啸，浪高 9 米，死亡 131 人，其中海啸死亡 122 人，地震死亡 9 人；地震和海啸造成的总损失达 4 亿～5 亿美元。 |
| 1976 年 8 月 16 日，菲律宾棉兰老岛发生 8.0 级地震并引发海啸，浪高 6 米，数万人无家可归，死亡 8 000 多人。 |
| 1993 年 7 月 12 日，日本北海道奥沉岛发生 7.8 级地震，海啸浪高 21 米，死亡 81 人。 |
| 1998 年 7 月 17 日，海底地震引发海啸，浪高达 49 米，冲击了巴布亚新几内亚，造成灾难。 |
| 2004 年 12 月 26 日，印尼苏门答腊岛附近海域发生近 40 年来最强的 8.7 级地震，并引发海啸，浪高几十米，近 30 万人死亡，受灾人口达 500 万之多，经济损失还无法评估，是一次灭顶之灾。 |
| 2011 年 3 月 11 日，日本海啸死亡 12 431 人，失踪 15 153 人。 |

资料来源：《生命与灾害》（2011 年 4 月刊）。

# 参考文献

1. Kristin J. Forbes, Roberto Rigobon. No contagion, only interdependence: Measuring stock market comovements [J]. Journal of Finance, 2002 (57): 2223 ~ 2261.

2. Heffernan J. E. A directory of coefficient of tail dependence [J]. Extremes, 2000 (3): 279 ~ 290.

3. Lee William, K. Hiroo, J. Paul, K. Carl. Earthquake Prediction: An Overview, International handbook of earthquake and engineering seismology, volume 81B.

4. F. M. Longin. From VaR to stress testing: The extreme value approach [J]. Journal of Banking and Finance, 2000 (24): 1097 ~ 1130.

5. F. M. Longin, Solnik B. Extreme correlation of international equity markets [J]. The Journal of Finance, 2001 (56): 649 ~ 676.

6. National Fire Data Center. Socioeconomic factors and the incidence of fire [R]. United States Fire Administration, Federal Emergency Management Agency, 1997 (6). Report No FA170.

7. Pielke, Roger A., Christopher W. Landsea. Normalized Hurricane Damages in the United States: 1925 ~ 95 [J]. Weather Forecasting, 13, 621 ~ 631.

8. Zhang Z., ShinKi K. Extreme co - movements and extreme impacts in high frequency data in finance [J]. Journal of banking and Finance, 2007 (31): 1399 ~ 1415.

9. 台湾地区交通部中央气象局:《地震百问》[M], 2008 年 11 月。

10. 张国民等:“我国地震预报研究近十年的发展与展望”[J],《地球物理学报》1997 年第 40 卷增刊。

11. 中国地震局:《中国地震烈度区划图》[M], 北京, 地震出版社 1991 年版。

12. 中国法学会:《中国法律年鉴》[M], 北京, 中国法律年鉴社 1991 ~ 1993 年版。

13. 中国交通运输协会:《中国交通年鉴》[M], 北京, 中国交通年鉴社 1986 ~ 2010 年版。

14. 中国统计局:《中国统计年鉴》[M], 北京, 中国统计出版社 1986 ~ 2010 年版。

15. 中国统计局:《中国灾情报告: 1949 ~ 1995 之地震灾情报告》[M], 中国统计出版社 1995 年版。

16.《中华人民共和国道路交通安全法》。

17.《中华人民共和国道路交通事故处理办法》。

18. 陈佩燕, 杨玉华, 雷小途, 钱燕珍:“我国台风灾害成因分析及灾情预估”[J],《自然灾害学报》2009 年第 18 卷。

19. 陈运泰:“地震预测——进展、困难与前景”[J],《地震地磁观测与研究》2007 年第 28 卷第 2 期。

20. 范维澄，王清安，周建军：《火灾学简明教程》［M］，合肥，中国科学技术大学出版社1995年版。

21. 范维澄，孙金华，陆守香等：《火灾风险评估方法学》，科学技术出版社2006年版。

22. 冯利华，吴樟荣："区域易损性的模糊综合评判"［J］，《地理学与国土研究》2001年第2期。

23. 高吉喜，潘英姿，柳海鹰等："区域洪水灾害易损性评价"［J］，《环境科学研究》2004年第17期。

24. 公安部消防局：《中国火灾统计年鉴》［M］，北京，中国人事出版社1998～2003年版。

25. 公安部消防局：《中国消防年鉴》［M］，北京，国际文化出版公司2004～2010年版。

26. 国家防办："2010年全国洪涝灾情"［J］，《中国防汛抗旱》2011年第1期。

27. 何刚："火灾与气象因素的二元线性回归关系浅析"［J］，《消防管理研究》2005年第5期。

28. 黄勇，李崇银，王颖："西北太平洋热带气旋频数变化特征及其与海表温度关系的进一步研究"［J］，《热带气象学报》2009年第6期。

29. 蒋灏，夏雅琴："地震预报研究水平、预报方法及展望综述"［J］，《北京工业大学学报》2001年第27卷第2期。

30. 李剑兵，侯雪梅："台风临近环境预兆与台风灾害"［J］，《广东气象》2001年第3期。

31. 李景保，王克林，朱宁等："湖南省水旱灾害与暴雨径流资源的调控"［J］，《自然资源学报》2004年第19期。

32. 李善邦：《中国地震》［M］，北京，地震出版社1981年版。

33. 李树，吕昭河等："浅析经济发展与火灾的关系"［J］，《火灾工程与技术》2005年第7期。

34. 李英，陈联寿，张胜军："登陆我国热带气旋的统计特征"［J］，《热带气象学报》2004年第2期。

35. 刘松涛，刘文利，张向阳，张靖岩和彭华："基于能力和脆弱性分析的火灾风险综合评价体系研究"［J］，《建筑科学》2010年第5期。

36. 刘哲民："致灾因素分析"［J］，《宝鸡文理学院学报（自然科学版）》1997年第12期。

37. 欧阳资生："极值估计在金融保险中的应用"［D］，北京，中国人民大学统计学院，2004年。

38. 潘懋，李铁锋：《灾害地质学》，北京，北京大学出版社2002年版。

39. 裴玉龙，王炜：《道路交通事故成因及预防对策》，北京，科学出版社2004年版。

40. 沈浒英，匡奕煜，訾丽："2010年长江暴雨洪水成因及与1998年比较"［J］，《人民长江》2011年第6期。

41. 史培军："再论灾害研究的理论与实践"［J］，《自然灾害学报》1996年11月。

42. 覃筱："多元极值统计学的前沿问题及在金融危机中的应用研究"［D］，北京，北京航空航天大学经济管理学院，2009 年。

43. 覃筱，任若恩：“多元极值的参数建模方法及其金融应用：最新进展述评”［J］，《统计研究》2010 年第 7 期。

44. 田宏伟，詹原瑞：“极值理论（EVT）方法用于受险价值（VaR）计算的实证比较与分析”［J］，《系统工程理论与实践》2000 年第 15 卷第 1 期。

45. 田玉敏等：《消防经济学》［M］，化学工业出版社 2007 年版。

46. 万昕，吴玉锋：“长江流域洪灾规律、成因及对策研究”［J］，《湘潭师范学院学报（自然科学版）》2004 年第 1 期。

47. 魏一鸣，金菊良：“洪水灾害评估体系研究”［J］，《灾害学》1997 年第 12 期。

48. 翁向宇，胡丽甜，李晓娟，谢定升，梁健：“登陆中国的热带气旋强度和频数物理统计预测模型及其应用”［J］，《热带气象学报》2010 年第 8 期。

49. 闫淑春：“2009 年全国洪涝灾情”［J］，《中国防汛抗旱》2010 年第 1 期。

50. 燕文明，刘凌：“长江流域生态环境问题及其成因”［J］，《河海大学学报（自然科学版）》2006 年第 34 卷第 6 期。

51. 杨立中，江大白：“中国火灾与社会经济因素的关系”［J］，《中国工程科学》2003 年第 2 期。

52. 张国民，李丽：“地震大形势预测的科学思路及未来几年我国地震形势”［A］，国家地震局分析预报中心。

53. 张国民等：“地震预报回顾与展望”［J］，《国际地震动态》2005 年第 5 期。

54. 张晓峒：《应用数量经济学》［M］，北京，中国机械工业出版社 2007 年版。

55. 赵宏声：“对中国本世纪第五次大震高潮的探讨”［J］，《地震研究》1990 年。

56. 中国地震台网中心编：《中国地震趋势预测研究（1998 年度）》［C］，北京，地震出版社 1997 年版。

57. 仲启东等：“上海 11 · 15 高层住宅大火事故调查报告”，2010 年。

58. 周成虎，万庆，黄诗峰等：“基于 GIS 的洪水灾害风险区划研究”［J］，《地理学报》2000 年第 1 期。

59. 周俊华，史培军，范一大，徐伟：“西北太平洋热带气旋风险分析”［J］，《自然灾害学报》2004 年第 13 期。

60. 朱文晶，李长安：“长江中游洪涝灾害的成因与防治对策”［J］，《华中师范大学学报（自然科学版）》2006 年第 40 卷第 1 期。

# 附录一：主要插图

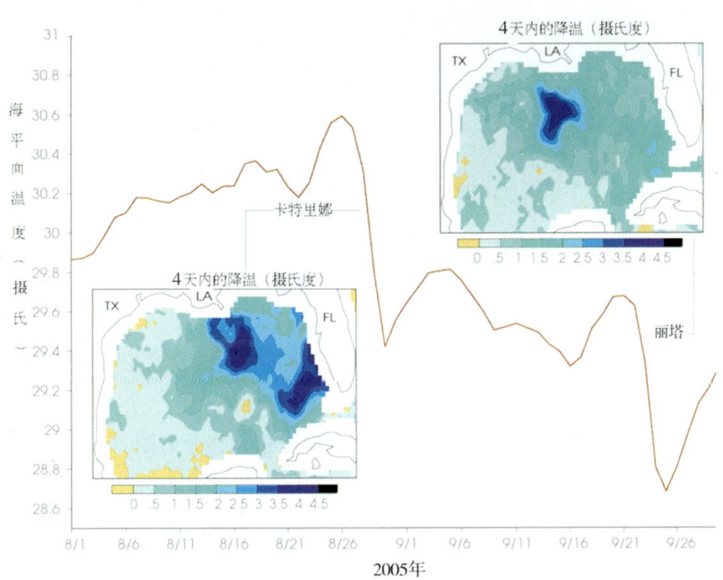


**图1－1　热带气旋经过时海平面水温的下降**

资料来源：NASA。

**图13－1　全国流域图**

资料来源：中国水利规划计划司：http：//ghjh. mwr. gov. cn/lyxx/。

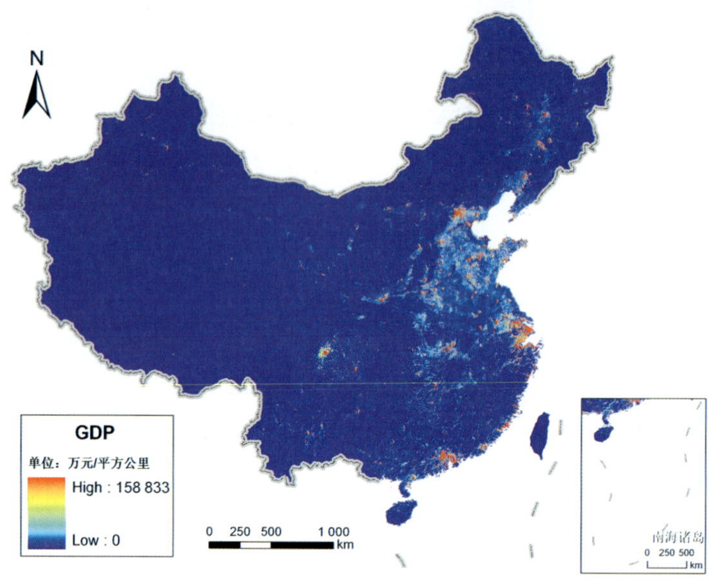


图 13－3　2003 年我国 GDP 公里网格分布图

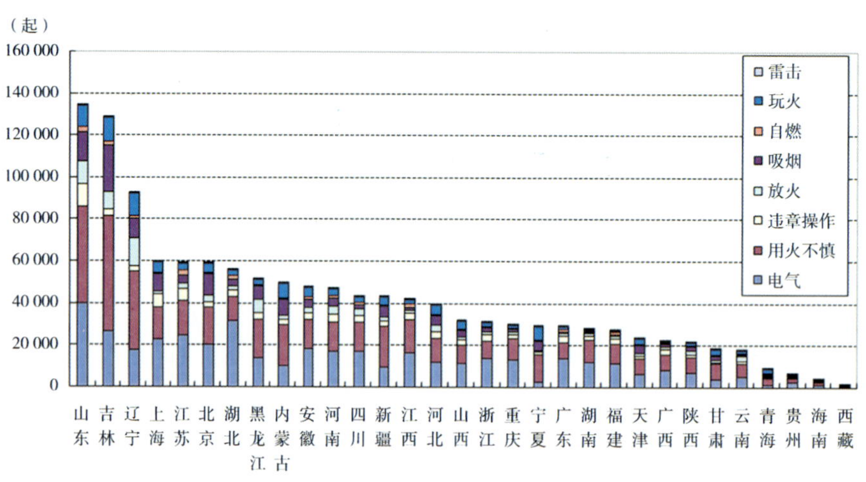


图 20－26　1997～2009 年各省（区、市）火灾起数按起火原因统计图

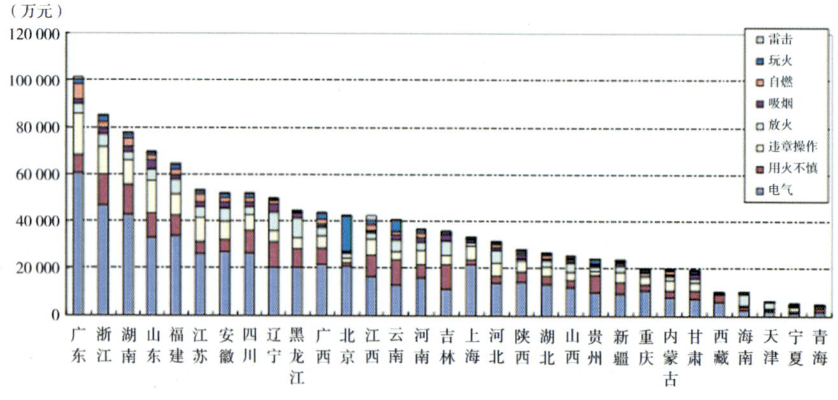


图 20－27　1997～2009 年各省（区、市）火灾造成损失按起火原因统计图

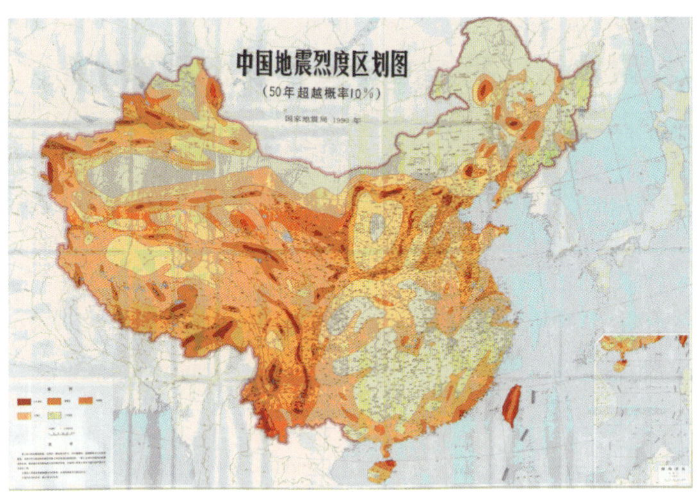


**图 22－3　中国地震烈度区划图**

资料来源：《中国地震烈度区划图》，地震出版社 1991 年第 1 版。

# 附录二：我国主要灾害事故风险地图

## 一、台风

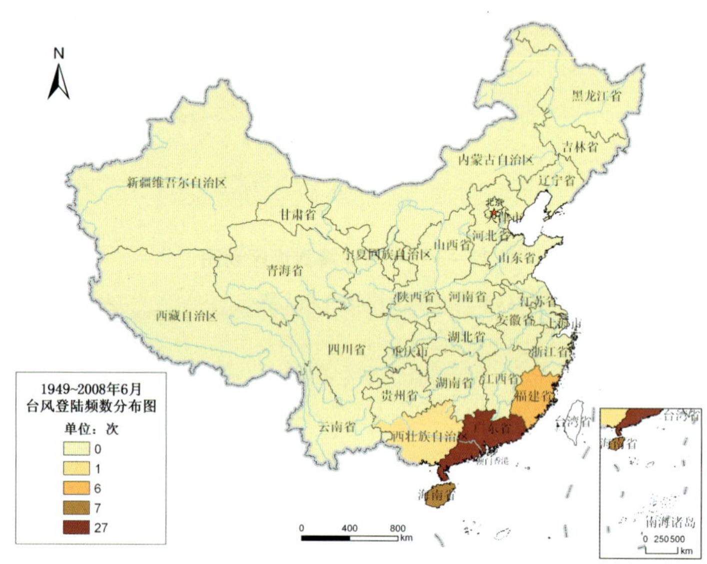


图 2－2　1949～2008 年各省（区、市）6 月台风登陆频数分布图

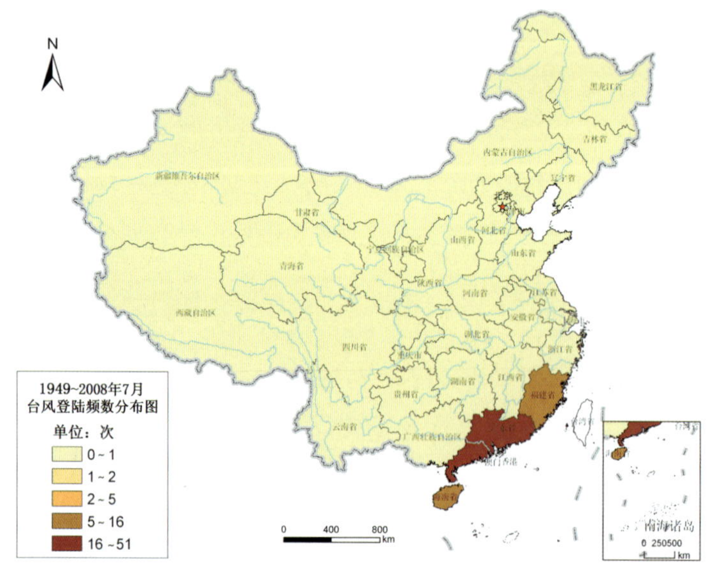


图 2－3　1949～2008 年各省（区、市）7 月台风登陆频数分布图

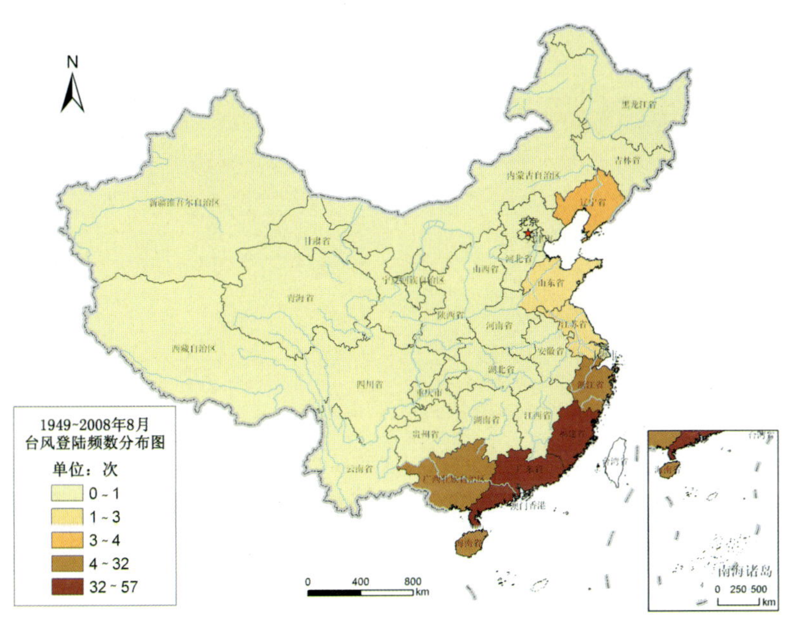


图 2－4　1949～2008 年各省（区、市）8 月台风登陆频数分布图

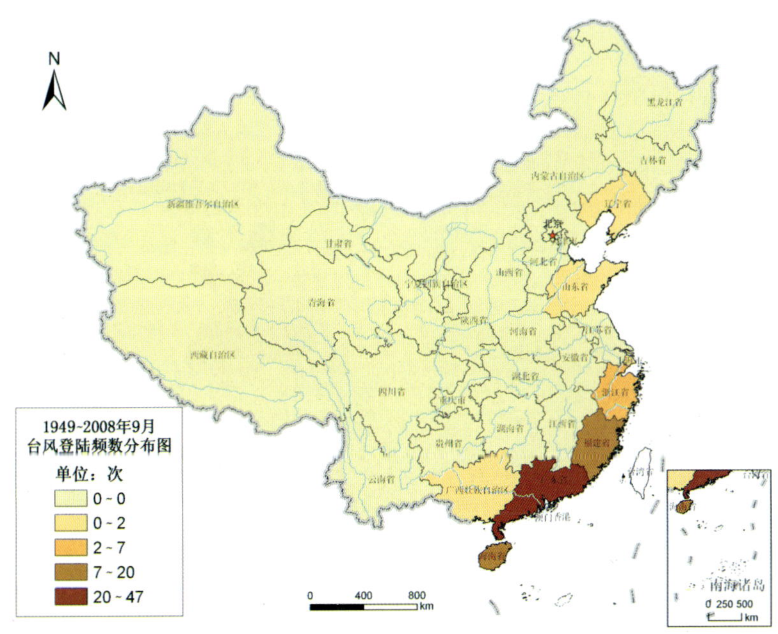


图 2－5　1949～2008 年各省（区、市）9 月台风登陆频数分布图

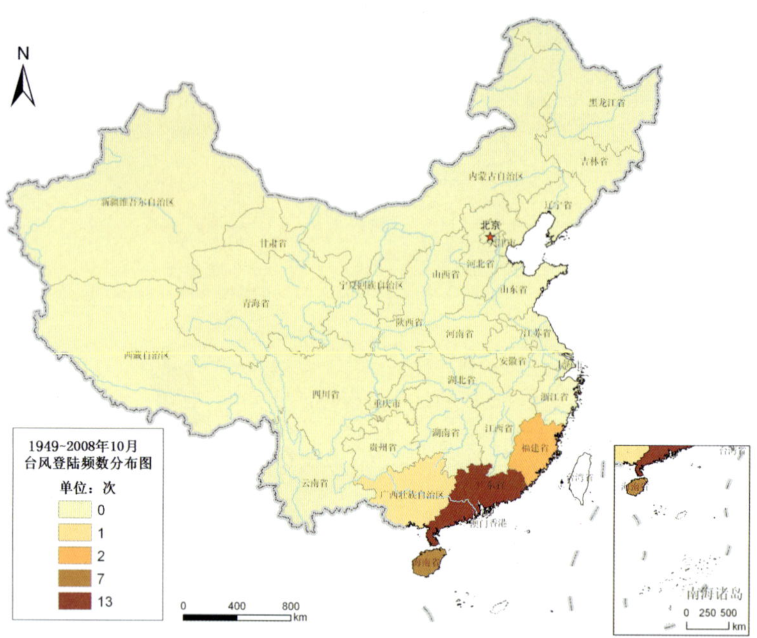


图 2－6　1949～2008 年各省（区、市）10 月台风登陆频数分布图

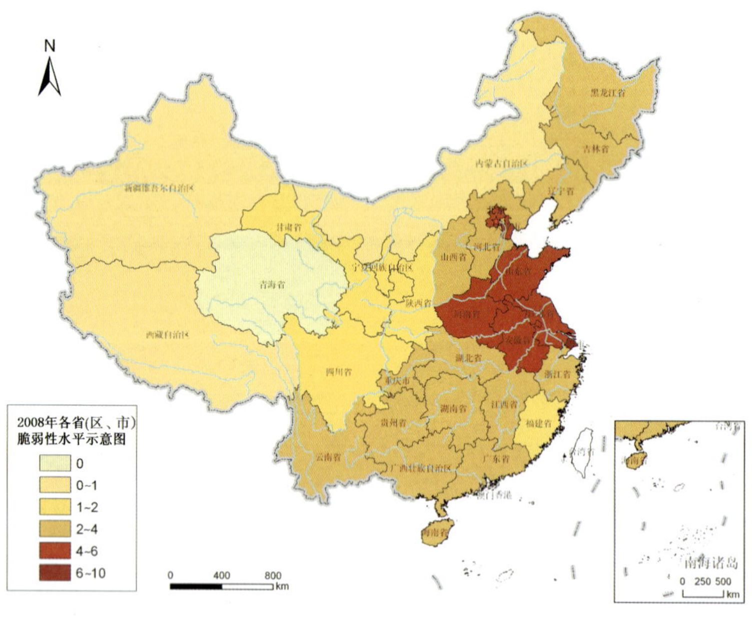


图 4－3　全国各省（区、市）台风灾害脆弱性水平示意图

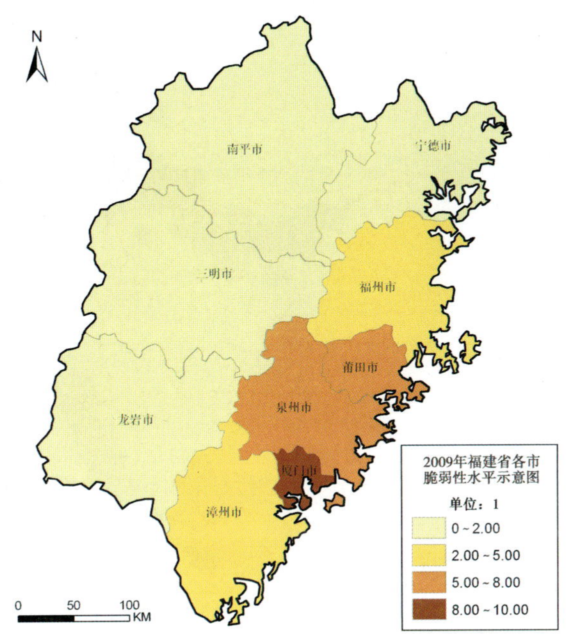


**图 4－4　2009 年福建省各市台风灾害脆弱性水平示意图**

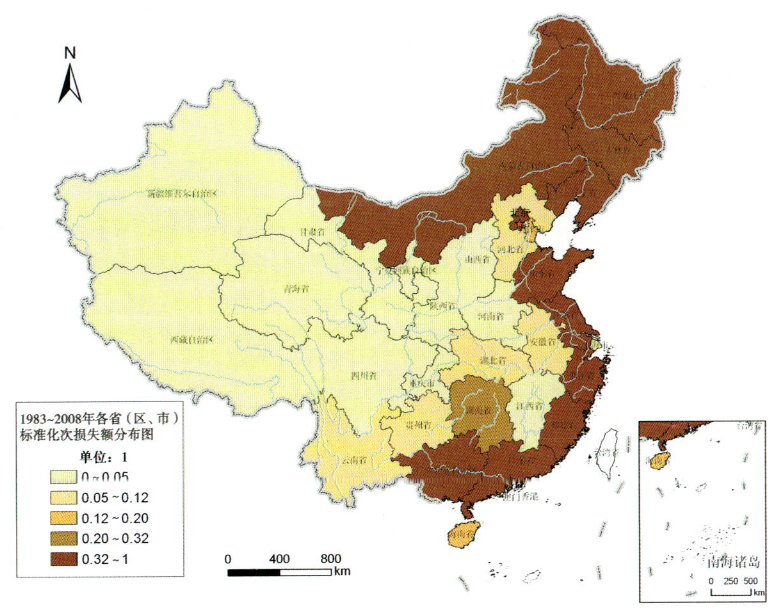


**图 6－2　1983 ~ 2008 年各省（区、市）台风灾害标准化次损失额分布状况**

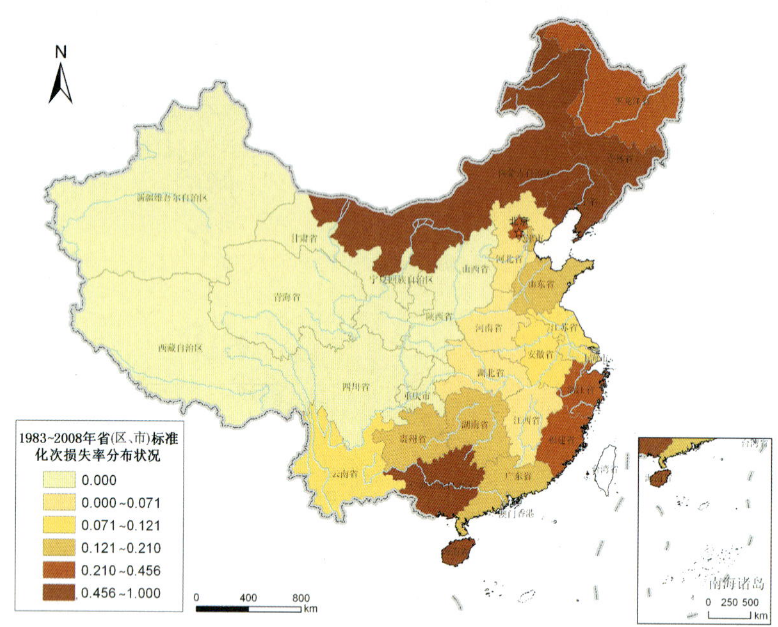


图6-4 各省（区、市）台风灾害标准化次损失率分布状况

## 二、洪涝

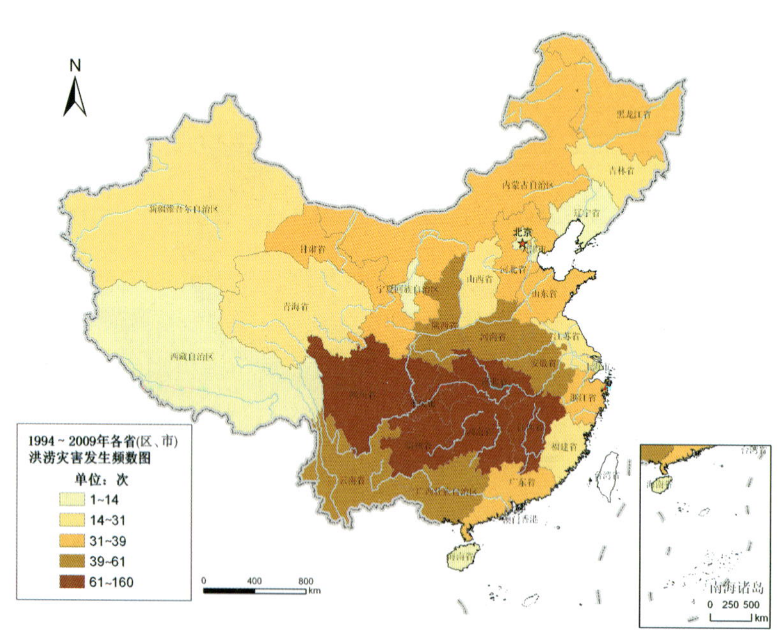


图9-12 1994~2009年各省（区、市）洪涝灾害发生频数图

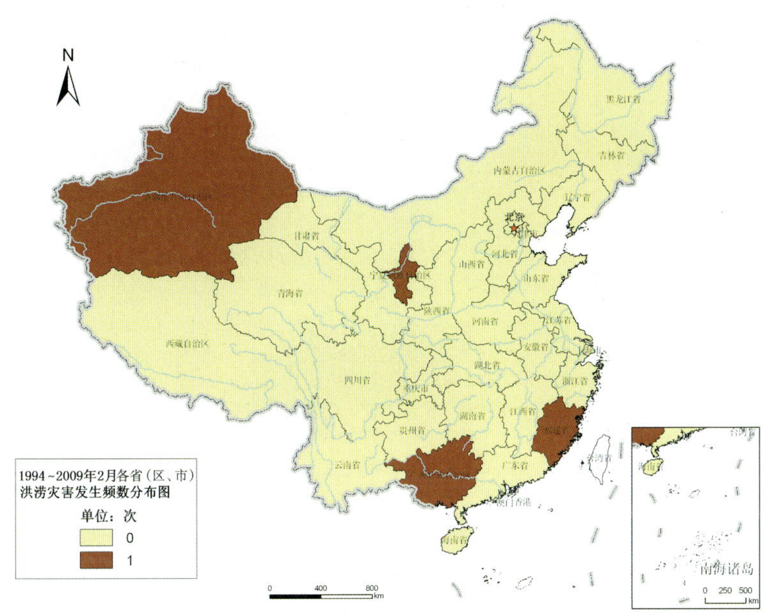


图 9－13　1994～2009 年 2 月各省（区、市）洪涝灾害发生频数图

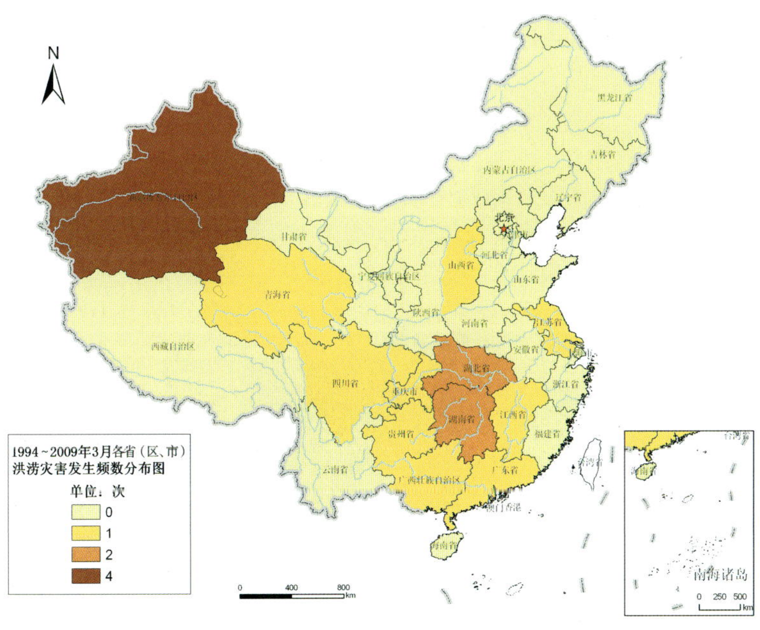


图 9－14　1994～2009 年 3 月各省（区、市）洪涝灾害发生频数图

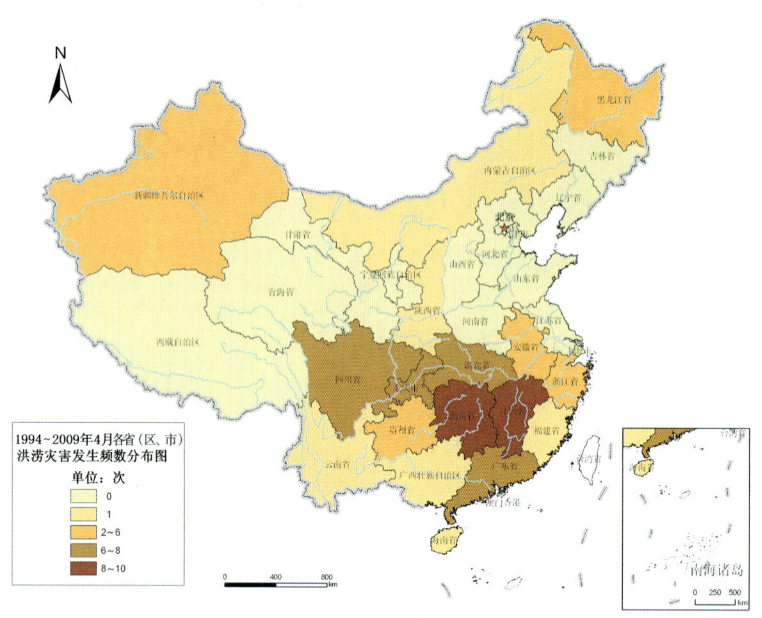


图 9-15　1994~2009 年 4 月各省（区、市）洪涝灾害发生频数图

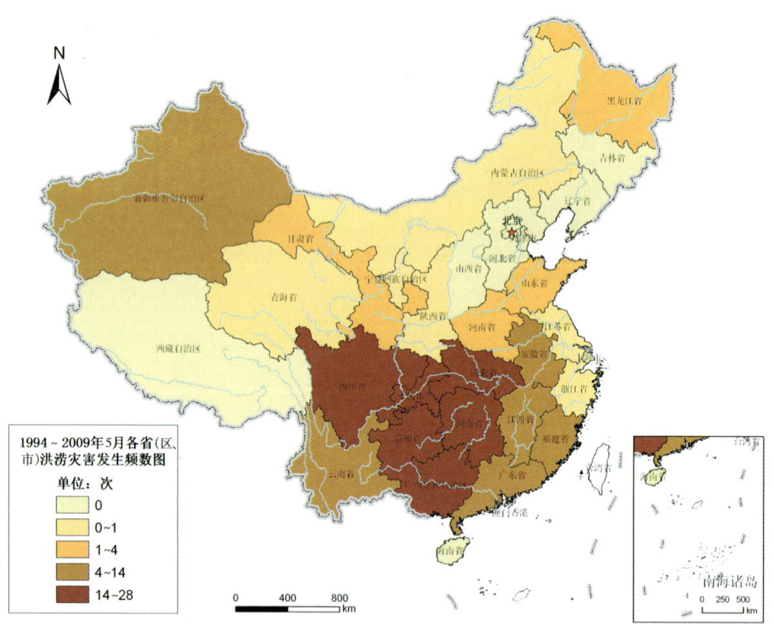


图 9-16　1994~2009 年 5 月各省（区、市）洪涝灾害发生频数图

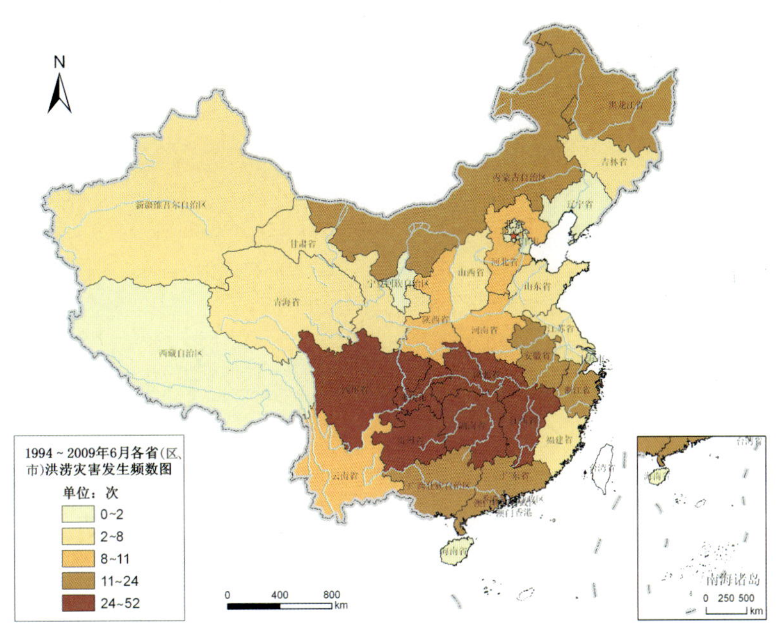


图 9－17　1994～2009 年 6 月各省（区、市）洪涝灾害发生频数图

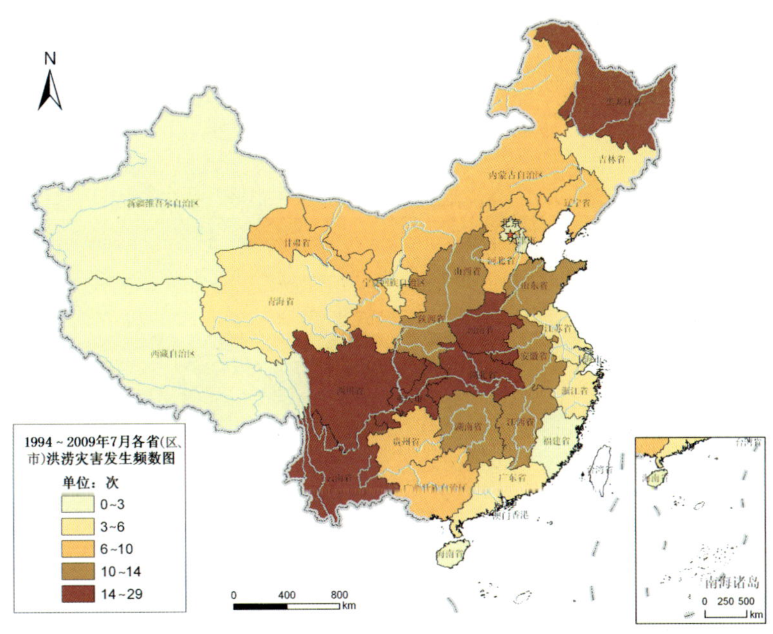


图 9－18　1994～2009 年 7 月各省（区、市）洪涝灾害发生频数图

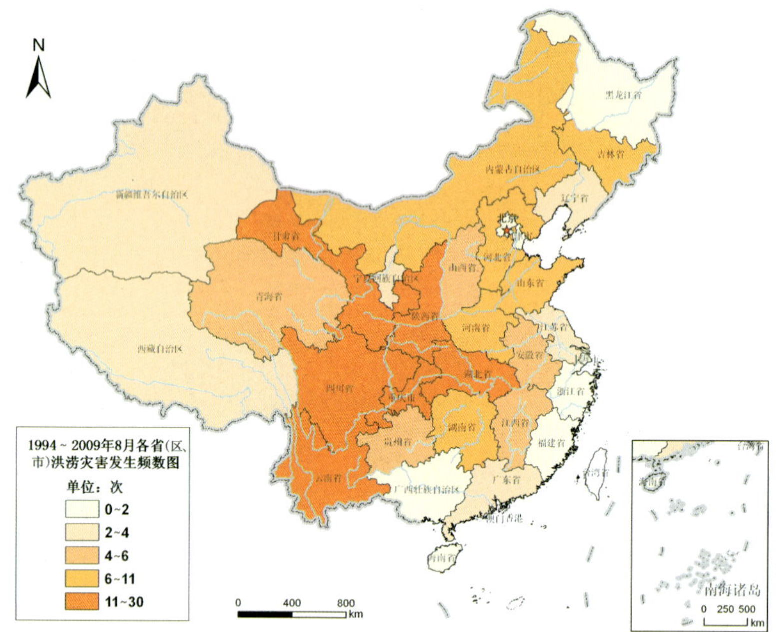


图 9－19　1994～2009 年 8 月各省（区、市）洪涝灾害发生频数图

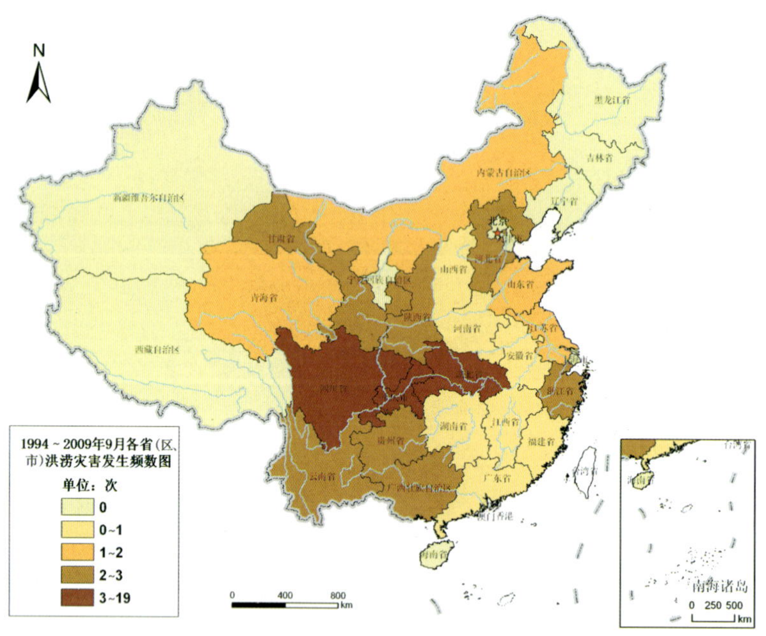


图 9－20　1994～2009 年 9 月各省（区、市）洪涝灾害发生频数图

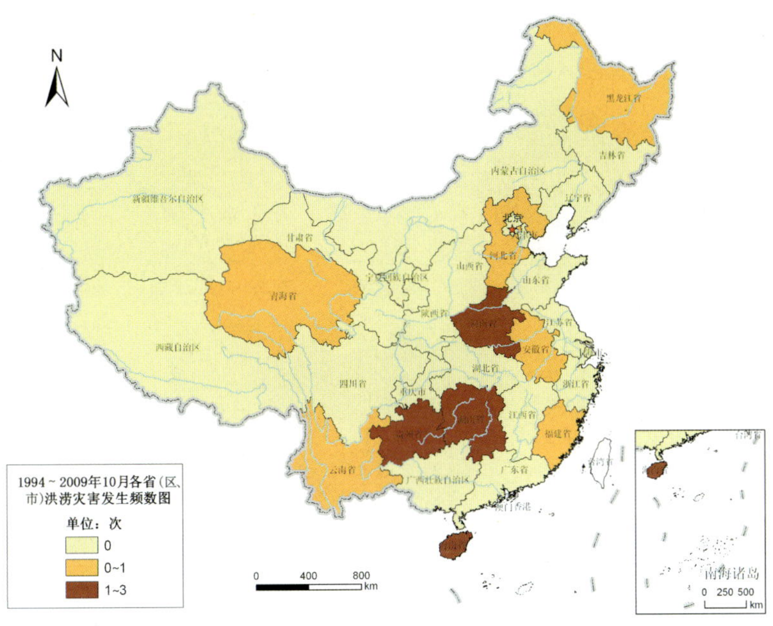


图 9－21　1994～2009 年 10 月各省（区、市）洪涝灾害发生频数图

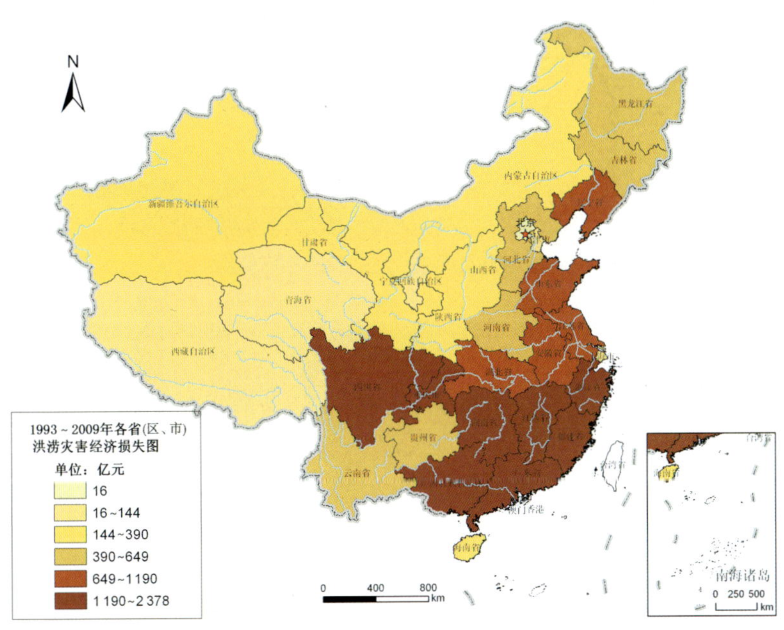


图 9－37　1993～2009 年各省（区、市）洪涝灾害经济损失图

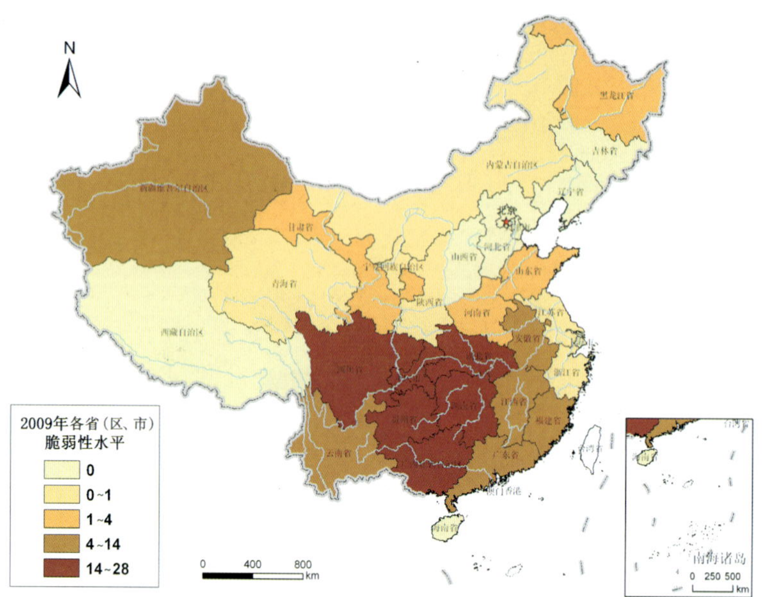


图 11 -1　2009 年各省（区、市）洪涝灾害脆弱性水平

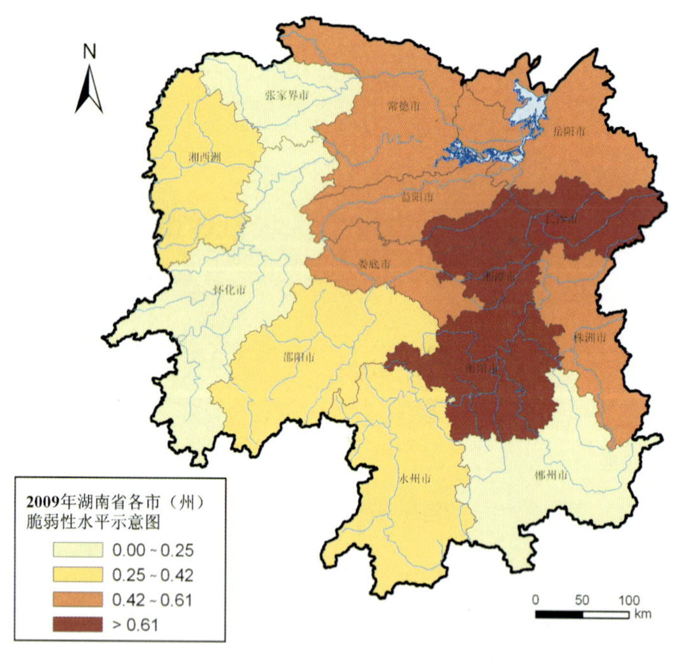


图 11 -2　2009 年湖南省各市（州）洪涝灾害脆弱性水平

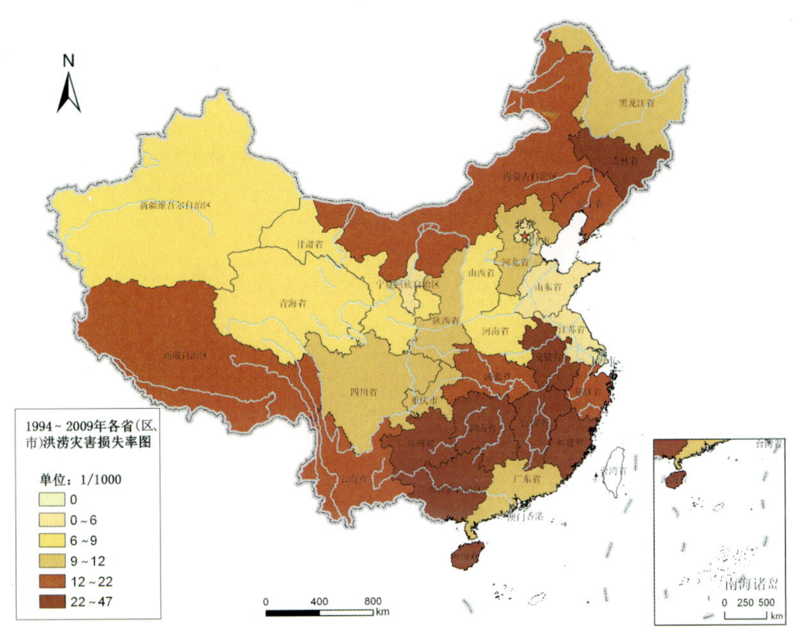


图 13－5　1994～2009 年各省（区、市）洪涝灾害损失率图

## 三、火灾

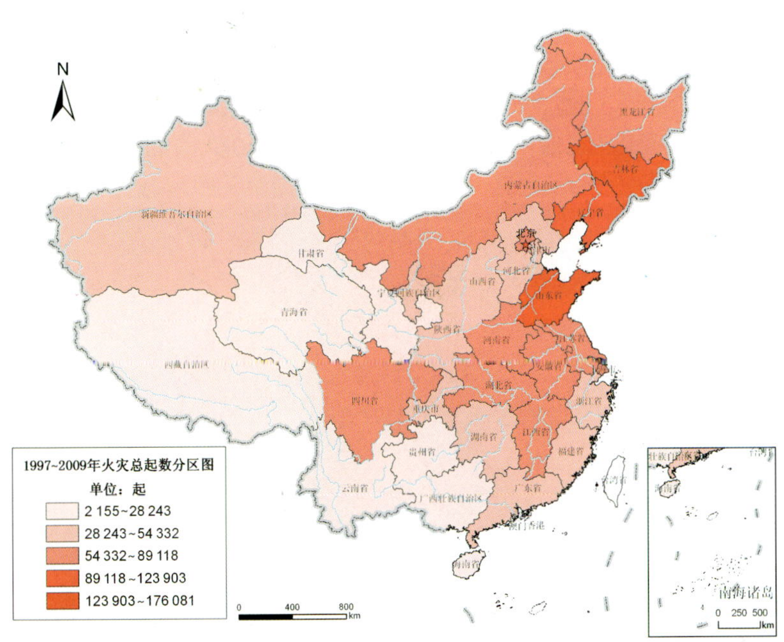


图 19－5　1997～2009 年火灾总起数分区图

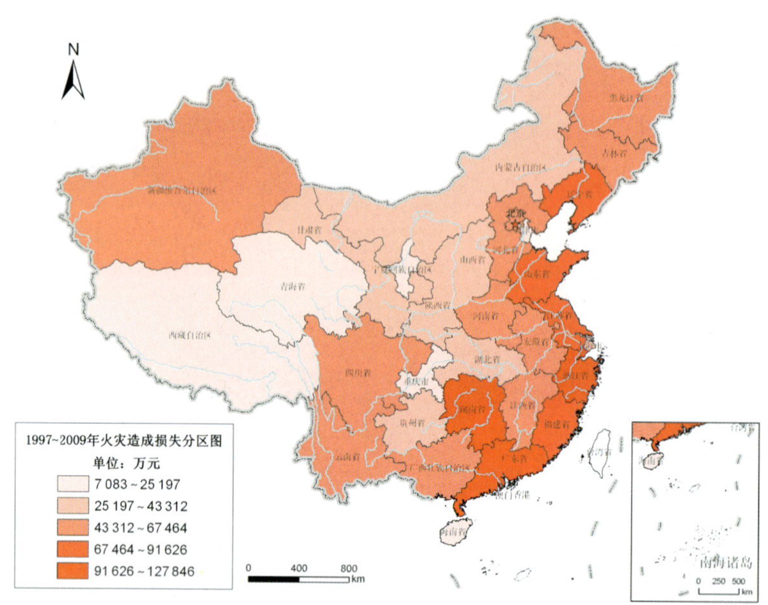


图 19－6　1997～2009 年火灾造成损失分区图

## 四、地震

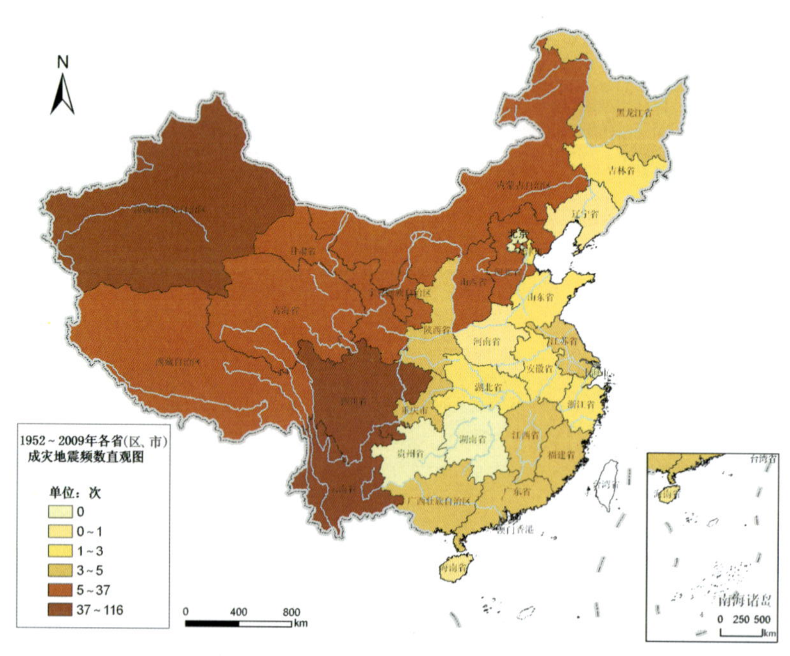


图 23－1　1952～2009 年各省（区、市）成灾地震频数图

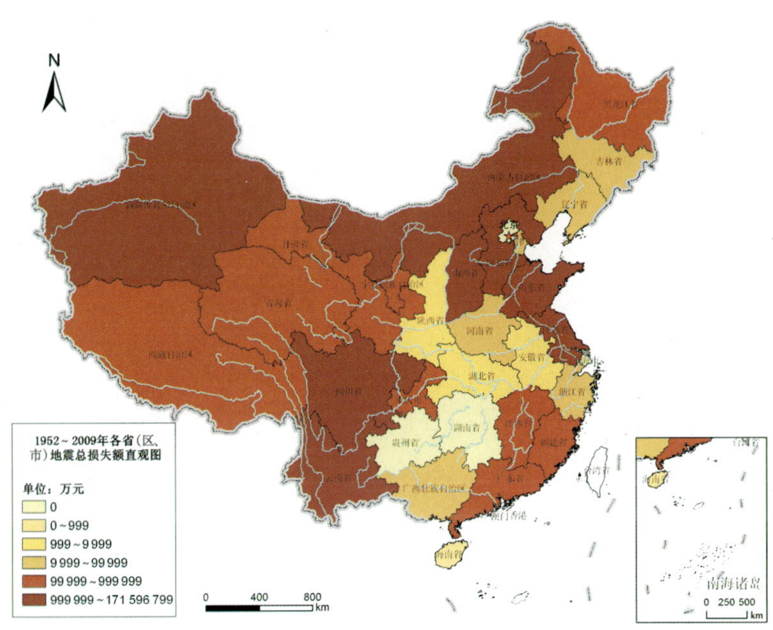


图 23－41　1952～2009 年各省（区、市）地震总损失额分布图

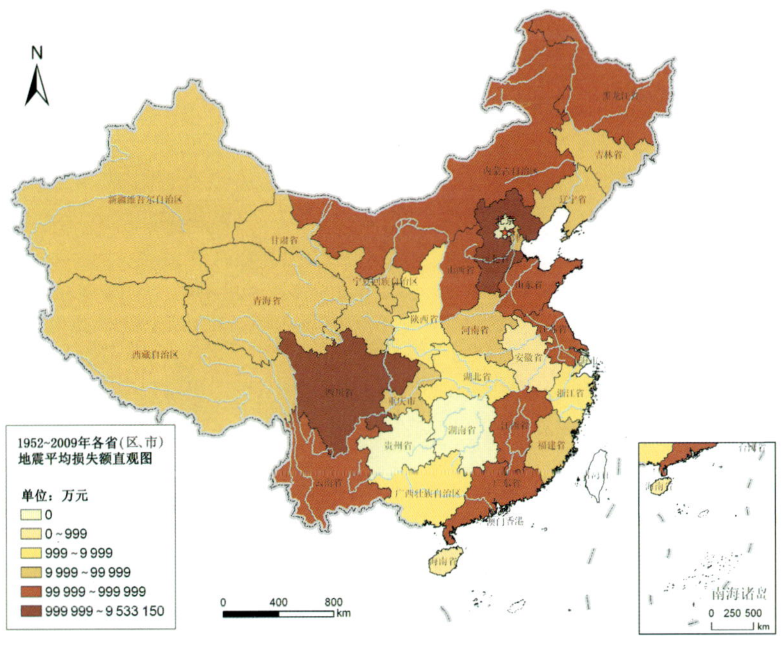


图 23－42　1952～2009 年各省（区、市）地震平均损失额分布图

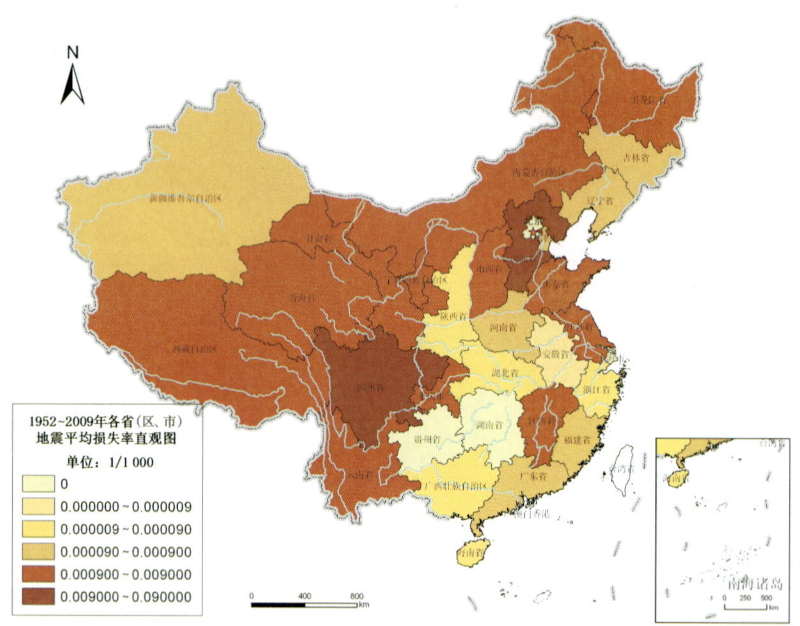


图 23－43　1952～2009 年各省（区、市）地震平均损失率图

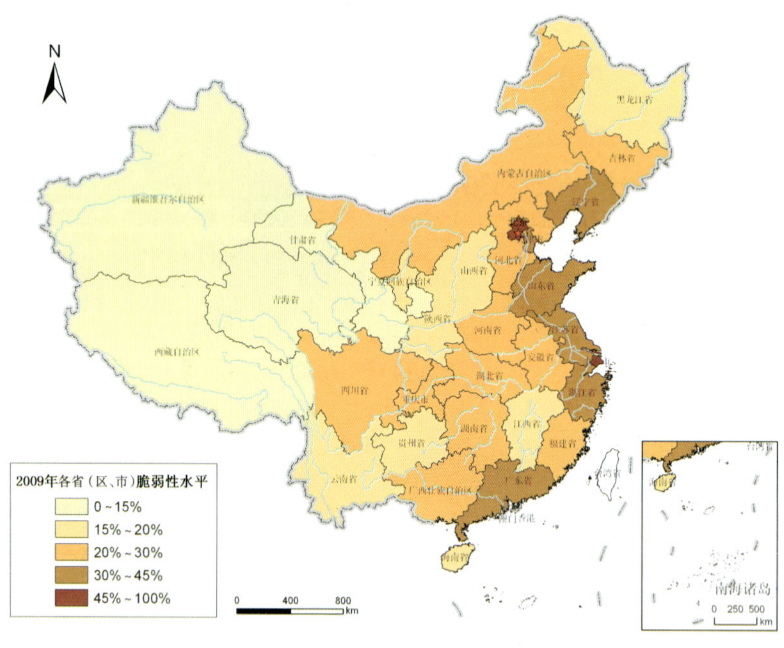


图 25－3　2009 年各省（区、市）地震灾害脆弱性水平

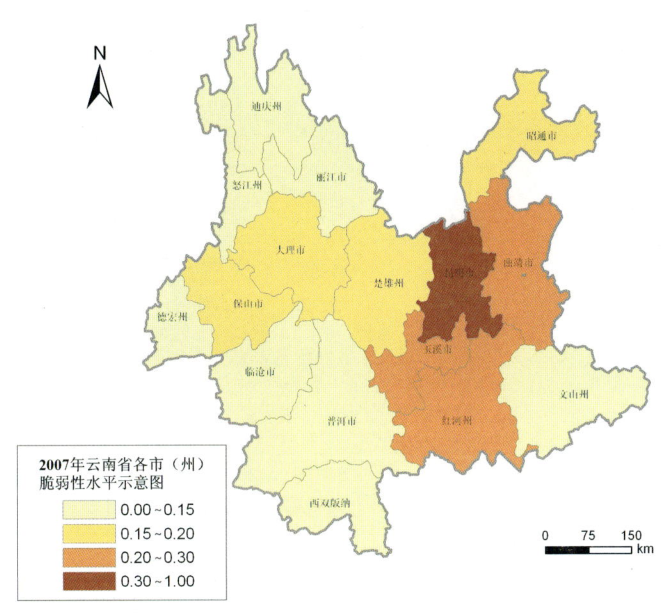


图 25-4 2007 年云南省各市（州）地震灾害脆弱性水平

## 五、道路交通

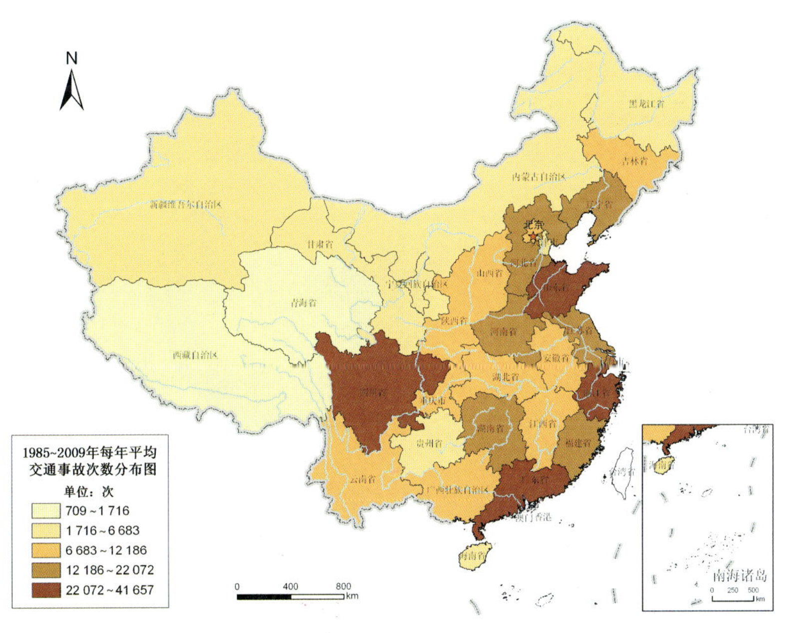


图 37-114 1985~2009 年各省（区、市）平均交通事故次数分布图

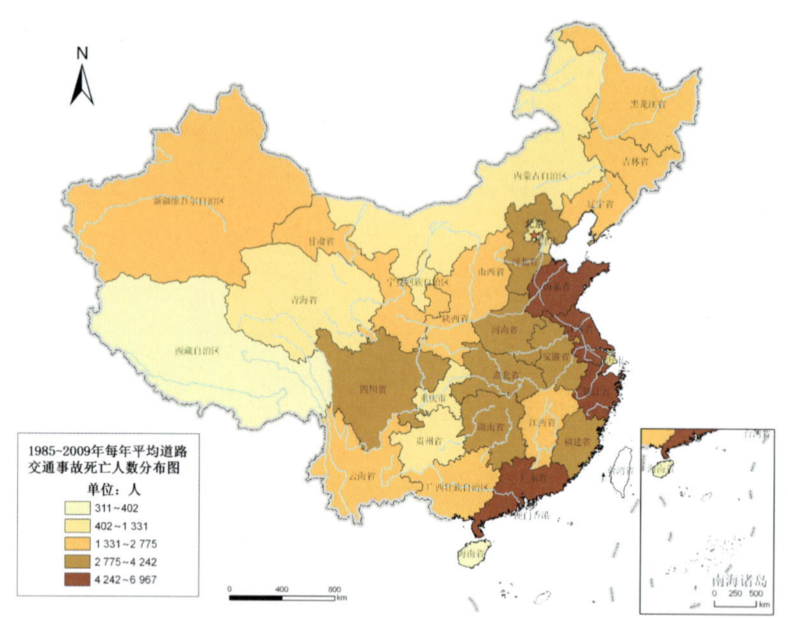


图 37－116　1985～2009 年各省（区、市）平均道路交通事故死亡人数分布图

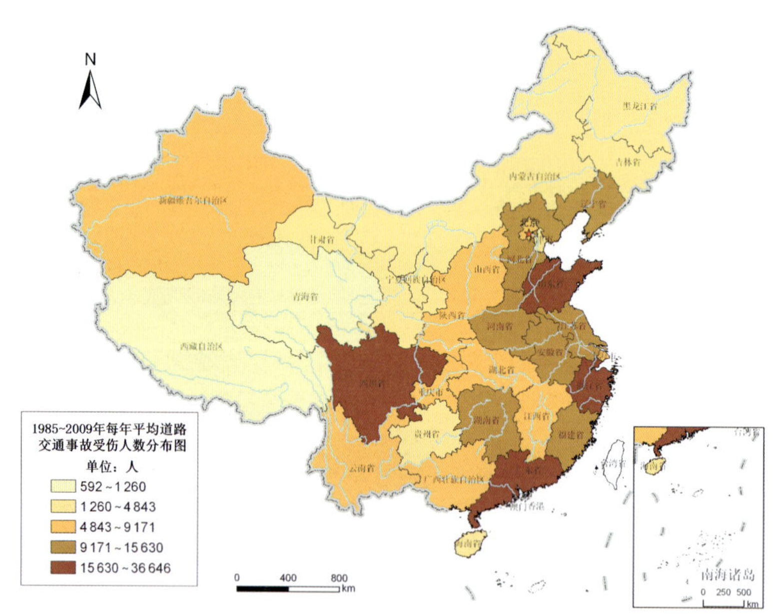


图 37－118　1985～2009 年各省（区、市）平均道路交通事故受伤人数分布图

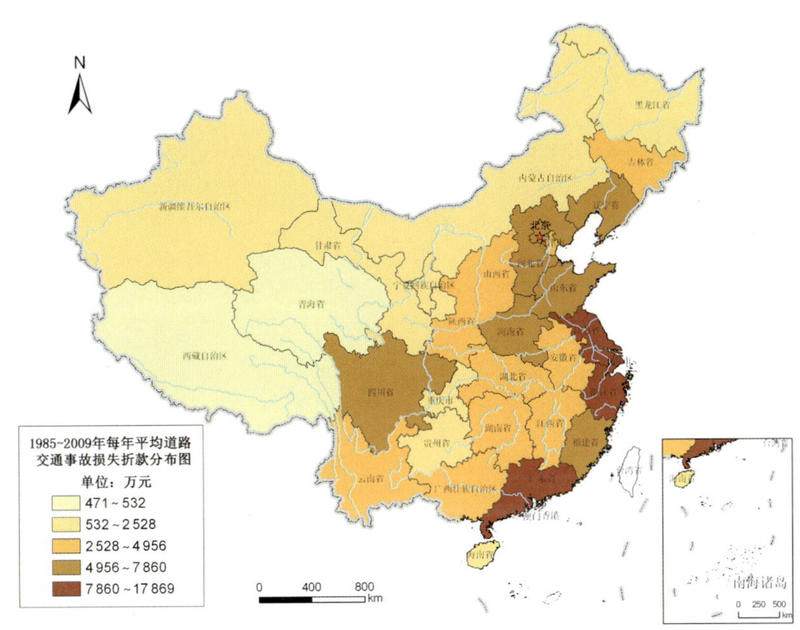


图 37 - 120　1985 ~ 2009 年各省（区、市）平均道路交通事故损失折款分布图

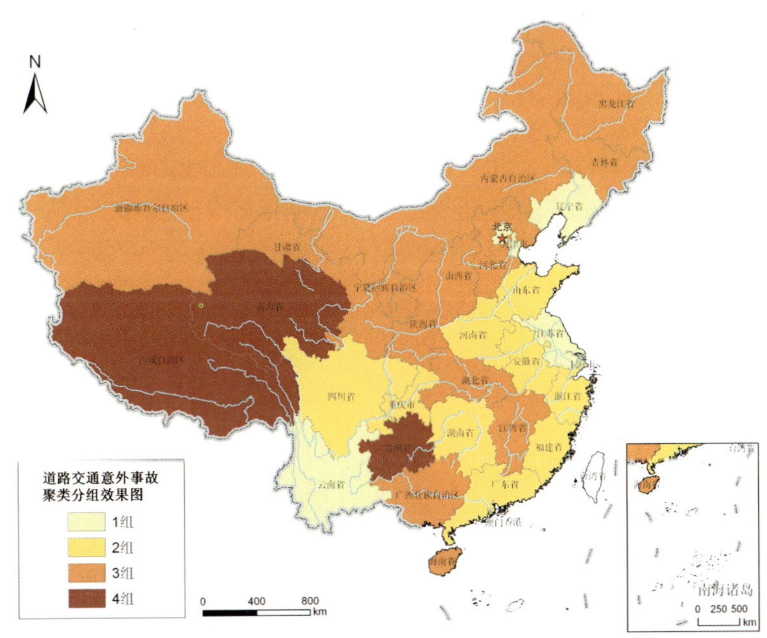


图 41 - 2　道路交通事故全国聚类分组效果图